中国石化"十三五"重点科技图书出版规划项目

炼油工艺技术进展与应用丛书

催化重整技术进展与应用

赵日峰　主编

U0264178

中国石化出版社

内 容 提 要

本书系统介绍了催化重整技术的国内外进展、反应化学、原料和产品、催化剂、工艺技术和工艺计算、反应系统环境控制、装置开停工管理、异常处理、主要设备、分析技术、过程控制与优化、腐蚀与防腐、工程伦理与职业操守等方面的内容,特别是重点突出了工艺计算的内容。

本书具有很强的实用性和学术性,对从事催化重整领域的科研、设计、生产和管理的广大人员及高等院校有关专业师生有较大的学习参考价值。

图书在版编目(CIP)数据

催化重整技术进展与应用 / 赵日峰主编 . —北京:
中国石化出版社,2021.5
(炼油工艺技术进展与应用丛书)
ISBN 978-7-5114-6131-5

Ⅰ.①催… Ⅱ.①赵… Ⅲ.①催化重整-研究
Ⅳ.①TE624.4

中国版本图书馆 CIP 数据核字(2021)第 063193 号

中国石化出版社出版发行
地址:北京市东城区安定门外大街 58 号
邮编:100011 电话:(010)57512500
发行部电话:(010)57512575
http://www.sinopec-press.com
E-mail:press@sinopec.com
北京富泰印刷有限责任公司印刷
全国各地新华书店经销
*
787×1092 毫米 16 开本 47 印张 1173 千字
2021 年 5 月第 1 版 2021 年 5 月第 1 次印刷
定价:298.00 元

撰 稿 人

第一章　马爱增

第二章　马爱增　臧高山

第三章　马爱增　张新宽

第四章　夏国富　张秋平　臧高山

第五章　潘锦程　臧高山　刘建良

第六章　罗家弼

第七章　袁忠勋　徐又春

第八章　张新宽　濮仲英

第九章　曾宪文　袁忠勋

第十章　张新宽　刘　彤

第十一章　李啸东　刘长爱　孙　毅　杨立民

第十二章　杨德凤　李长秀

第十三章　王建平　刘贵平　冯新国

第十四章　于凤昌

第十五章　孙　策

其他撰稿人　匡华清　陈玉石　赵恒平　徐志海

前　　言

催化重整装置是生产芳烃的龙头装置，也是炼油化工企业由炼油向化工转型的关键装置。截至 2020 年底，我国催化重整装置的加工规模已超过 130Mt/a，居世界第二位，拥有单套加工能力 3Mt/a 以上的重整装置 6 套；在节能降耗、大型化和系列化、自动控制水平、长周期运行、催化剂性能、环保配套技术等方面均取得了长足的进步，有的达到国际先进水平。

进入"十四五"时期，炼油行业的发展也已由注重数量的高速发展转变为注重质量效益的高质量发展，迫切需要众多专家型人才。为了适应这一形势，满足广大从事催化重整领域的研究开发、工程设计、生产操作和运行管理的人员深入了解催化重整的发展方向、工艺技术、设备技术、工程技术、生产和管理技术的需要，特别是满足生产和管理人员掌握基本工艺计算和设备计算的知识需要，中国石化于 2017 年、2018 年连续举办了两期连续重整专家培训班，培养了一批催化重整装置专家，中国石化出版社适时组织授课专家依据讲授的内容编写了《催化重整技术进展与应用》一书。

全书共 15 章，系统介绍了催化重整技术的国内外进展、反应化学、原料和产品、催化剂、工艺技术和工艺计算、反应系统环境控制、装置开停工管理、异常处理、主要设备、分析技术、过程控制与优化、腐蚀与防腐、工程伦理与职业操守等方面的内容，特别是重点突出了工艺计算的内容。

本书由中国石油化工股份有限公司副总裁赵日峰主编，参与本书编写的作者是多年来一直从事催化重整领域的教学、科研、设计、生产和管理专家，这些同志都具有较高的理论水平和丰富的实践经验，为本书的质量提供了基本保证。本书具有很强的实用性和学术性，达到较高的技术水平，对从事催化重整领域的科研、设计、生产和管理的广大人员及高等院校有关专业师生有较大的学习参考价值。

本书的编写力求做到理论与实践相结合、工艺与工程相结合，以使本书具科学性、新颖性、系统性和实用性。但由于国外可供参考的有关催化重整的书籍较少，多数撰写者都有繁忙的本职工作，时间有限，虽经多次审查、讨论和修改，仍难免有不妥和不足之处，敬请广大读者批评指正。

在本书编写过程中，还有一些专家班学员参与了资料收集和编写工作，中国石化炼油事业部李鹏和中国石化出版社王瑾瑜对本书的编写、编辑和出版提供了强有力的支持，在此一并表示感谢。

目　　录

第一章 绪论

催化重整（Catalytic Reforming）是以重石脑油为原料，在一定温度、压力、临氢和催化剂存在的条件下进行烃类分子结构重排反应，生产芳烃、高辛烷值重整汽油和副产大量氢气的工艺过程。它是现代炼油和石油化工的支柱技术之一，重整汽油是高辛烷值汽油调和组分，在欧美等发达国家的汽油池中，重整汽油的比例已经达到了三分之一[1]；重整芳烃是化纤、塑料和橡胶的基础原料，全球70%以上芳烃来自重整芳烃[1]；重整氢气是廉价氢源，炼化企业50%以上的用氢由催化重整提供[1]，因此催化重整的发展关系到国计民生。为此，自20世纪50年代，我国开始致力于催化重整技术的研发。

图1-0-1为催化重整装置在现代炼油厂加工流程的一个实例[2]。不同国家和地区的催化重整装置加工能力占原油一次加工能力的比例不尽相同，一般在10%~30%之间[3~5]。

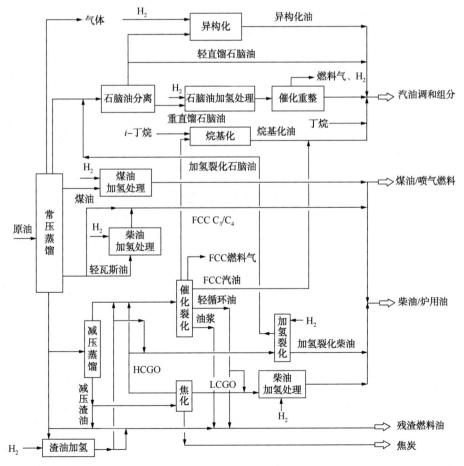

图 1-0-1 催化重整装置在现代炼油厂的位置和作用

催化重整的主要反应包括六元环烷烃脱氢、五元环烷烃脱氢异构化、烷烃脱氢环化、烷烃异构化、氢解、加氢裂化和积炭等反应等[4,5]。与热重整相比，催化重整可以得到具有更高辛烷值的重整生成油、更多的芳烃和氢气[6]。

为了实现上述反应，催化重整过程所使用的催化剂需要两种不同的活性中心，即金属中心和酸性中心[7~14]。金属中心催化烃类的加氢和脱氢反应，主要由贵金属铂和非贵金属铬、钼、钨等金属提供[9~11]；酸性中心主要催化烃类的重排反应，由含卤素的氧化铝提供[12~14]。因此，催化重整催化剂一般由氧化铝、卤素、金属和其他助剂组成[10~14]。

由于催化剂对催化毒物(如：烯烃、水、砷、铅、铜、硫、和氮)敏感，原料须先经预处理[3,4]。

催化重整装置主要是加工直馏石脑油，也可加工热加工石脑油(经加氢处理后的焦化石脑油和减黏裂化石脑油)、加氢裂化和加氢改质后的石脑油、乙烯裂解汽油的抽余油和催化裂化汽油馏分等。

催化重整过程的主要目的是生产高辛烷值汽油或芳烃。当生产高辛烷值汽油时，进料为宽馏分，沸点范围一般采用 $80 \sim 180 ℃$ 馏分($C_6 \sim C_{12}$)。当生产芳烃时，进料为窄馏分，沸点范围一般采用 $60 \sim 145 ℃$ 馏分。

催化重整装置所生产的重整汽油因具有辛烷值高，一般为 $90 \sim 106$(RONC)，烯烃含量低，一般为 $0.1\% \sim 1.0\%$，基本不含硫、氢、氧等杂质的特点，故可直接作为车用汽油调和组分，它是炼油厂主要的汽油调和组分之一。国外汽油池中催化重整汽油的比例一般为 $30\% \sim 40\%$。

苯、甲苯和二甲苯(Benzene、Toluene、Xylene，简称 BTX)是石油化工工业的一级基本原料。按全球范围计算，催化重整装置生产的 BTX 约占 BTX 生产量的 70% 左右。

副产氢气是炼油厂加氢装置用氢的重要来源之一。催化重整的纯氢产率为 $2.5\% \sim 4.0\%$，典型的催化重整的产氢量为 $100 \sim 270 Nm^3/m^3$ 原料，氢产品的纯度相对较高[典型值(体积分数)为 $80\% \sim 90\%$ 以上]，可直接用于炼油厂中的各种加氢装置。一般，全球炼油厂的加氢装置的用氢量约一半左右是由催化重整装置提供，美国炼油厂的催化重整装置约提供全美炼油厂用氢量的 65%[5,15]。

第一节　催化重整装置的构成和类型

催化重整装置按产品用途主要分为两种：一种是用于生产高辛烷值汽油调和组分；另一种则用于生产石油化工基本原料的芳烃，主要为苯、甲苯、二甲苯(BTX)。

由于目的产品不同，装置构成也不相同。用于生产高辛烷值汽油调和组分的催化重整装置包括：原料预处理部分、催化重整反应部分和产品稳定等部分。用于生产芳烃(BTX)的催化重整装置除上述以外，还应包括芳烃抽提和芳烃精馏等部分。图 1-1-1 表示催化重整装置的基本构成。

一、生产汽油的催化重整装置

以生产汽油为目的的催化重整装置，一般包括原料预处理、预加氢、催化重整反应和产品稳定部分。由于催化重整装置的原料油，在进入重整反应系统之前一般都要先进行预处理，以切取适合的馏分和除去有害的杂质。预处理过程包括预分馏和预加氢(石脑油加氢精制)两部分。催化重整反应部分是 $C_6 \sim C_{11}$ 石脑油馏分的原料，在一定操作条件和催化剂的作

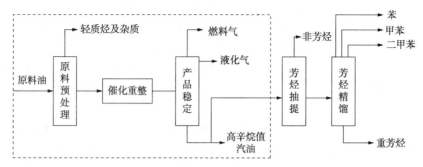

图 1-1-1　催化重整装置的构成[16]

用下，烃分子重新排列，使环烷烃和烷烃转化为芳烃和异构烷烃（即：重整油），并同时产生氢气。一般重整生成油均经过稳定塔脱除轻烃（C$_4^-$）后出装置，直接作为汽油调和组分。

　　按照稳定塔的操作方式，一种是按照汽油规格要求的蒸汽压进行操作，生产出蒸气压合格的汽油。这种汽油除含有一部分丁烷之外，还有一部分丙烷。另一种操作方式是按照丁烷要求操作，按这种操作则可使稳定塔出来的重整生成油中的丁烷含量不超过1%，并且不含丙烷，汽油蒸气压在出装置后再按照需要用掺入丁烷的方法进行调整，这种脱丁烷的操作方式，在汽油规格允许的条件下，可以最大量地生产汽油。

二、生产芳烃的催化重整装置

　　催化重整装置生产的重整生成油，其典型组成为65%～82%的芳烃和18%～35%的非芳烃，非芳烃一般为 C$_5$～C$_7$烷烃，大部分是异构烷烃。芳烃和非芳烃因会形成共沸物难以分离，工业上一般用溶剂抽提和精馏方法，得出苯、甲苯和混合二甲苯。苯是石油化工的基础原料，甲苯和重芳烃作为溶剂或汽油调和组分，市场需求量都很大。邻二甲苯是苯酐原料，混合二甲苯中的对二甲苯是聚酯纤维原料。因此，要将混合二甲苯分离出目的芳烃，则需要采用芳烃转化和分离技术。工业上采用的芳烃转化技术有歧化、烷基转移和异构化等，而分离技术有冷冻分离或吸附分离等过程。这些转化工艺和分离工艺都不是单独使用的，需要把它们组合在一起成为芳烃联合加工流程，以优化产品结构，提高产品收率和降低加工能耗。

　　由于原料性质和产品方案不同，生产芳烃的催化重整工艺按其芳烃联合加工流程的不同，可以有多种不同的加工流程，主要可分为两大类型，即炼油厂型芳烃加工流程和石油化工厂型芳烃加工流程，后者又称为芳烃联合装置[4,17]。

（一）炼油厂型芳烃加工流程

　　催化重整的生成油经溶剂抽提和精馏后，分离成苯、甲苯和混合二甲苯等产品，可以直接出厂使用或送到其他石油化工厂进一步加工。这种芳烃加工流程称为炼油厂芳烃加工流程，这种流程较简单，加工深度浅，而且没有芳烃之间的转化和分离过程，苯和对二甲苯等产品收率较低。

　　1. 生产苯、甲苯和二甲苯的催化重整装置

　　用于生产芳烃（苯、甲苯、二甲苯）作为石油化工基础原料的催化重整装置，除上述生产汽油调和组分的部分之外，还应包括芳烃抽提和芳烃精馏部分。

　　由于重整生成油中芳烃和非芳烃的沸点相近或有共沸现象，一般用精馏方法很难将它们分开，为了获得所需要纯度的芳烃，通常采用溶剂抽提方式，将芳烃和非芳烃分开。溶剂抽提出的混合芳烃，采用精馏的方法切割成苯、甲苯和混合二甲苯等化工产品，这些化工产品

可以出厂直接使用或送到其他石油化工厂进一步加工。采用精馏的方法分离混合芳烃的部分就是芳烃精馏部分。目前我国的芳烃精馏的工艺流程有两种类型：

一种是三塔流程，用以生产苯、甲苯、混合二甲苯和重芳烃；

一种是五塔流程，用以生产苯、甲苯、乙基苯、间对二甲苯、邻二甲苯和重芳烃。

抽余油(非芳烃)可切割成不同规格的溶剂油，或作为裂解乙烯原料，或作为汽油组分。

2. 苯抽提

为了减少汽油的苯含量，除将重整原料的初馏点提高，不让 C_6 馏分进重整装置之外，另一个办法就是从重整生成油中切取 C_6 馏分进行低温加氢脱除烯烃，然后进行溶剂抽提，将烷烃和芳烃分开，芳烃经精馏后可直接作苯产品，烷烃可直接作为 6 号溶剂油，这种苯抽提的方法既解决汽油中含苯问题，也生产出高附加值的苯和 6 号溶剂油产品。

中国石化茂名石化公司就建有苯抽提装置。

(二) 石油化工型芳烃加工流程(芳烃联合装置)

催化重整生成油经过溶剂抽提和精馏后，混合二甲苯再经分离和转化过程进一步加工，得到收率更高的对二甲苯和苯等。这是目前石油化工一体化中应用得最广泛的一种工艺，也称为石油化工型芳烃加工流程。

溶剂抽提的芳烃经精馏后得到苯、甲苯和混合二甲苯(xylol)，混合二甲苯是邻二甲苯(O-xylene)、间二甲苯(M-xylene)、对二甲苯(P-xylene)和乙基苯(ethylbenzene)的混合物。C_8 芳烃异构物中各种组分的组成见表 1-1-1[17]。二甲苯的同分异构物体中的对二甲苯需求量自 1999 年以来以年均 6.4% 的速度增长，邻二甲苯需求量也相对较大。

表 1-1-1　C_8 芳烃异构物的分类　　　　　　　　　　%

项　　目	重整油	裂解汽油	歧化(C_7/C_9进料)	异构化
乙苯	17.7	42.3	4.0	8.3~8.6
对二甲苯	18.3	11.4	22.5	21.0~22.6
间二甲苯	39.7	29.5	50.1	50.2~51.9
邻二甲苯	24.3	16.8	23.4	20.5~21.9
对二甲苯/乙苯	1.03	0.27	5.62	2.5~6.3

从表 1-1-1 可见，由于对二甲苯在重整油和裂解汽油中的比例相对较低以及 C_8 芳烃异构物供需之间的平衡和产品价格的因素，需用歧化/烷基转移、二甲苯异构化和精馏过程，将非平衡的邻、间、对二甲苯混合物转化为平衡组成，然后分离出需求量大的对二甲苯。这种芳烃间的转化过程——歧化/烷基转移、二甲苯异构化和吸附分离等工艺过程组成芳烃联合装置，以生产对二甲苯和苯，满足需求的增长。

典型的生产对二甲苯的芳烃联合装置的工艺流程如图 1-1-2 所示。催化重整生成油经过溶剂抽提和精馏后，混合二甲苯再经分离和转化过程进一步加工，得到收率更高的对二甲苯和苯等。

从图 1-1-2 可见，以石脑油为原料生产对二甲苯的芳烃联合装置一般包括：预处理、催化重整、芳烃抽提、芳烃分离、歧化/烷基转移、二甲苯异构化和吸附分离等操作单元。

1. 芳烃抽提

芳烃抽提的主要目的是将重整生成油中的苯、甲苯和混合二甲苯与非芳烃分离。

自 1952 年美国环球油品公司(UOP)和道化学公司(DOW)研究成功以二、三甘醇(DEG、

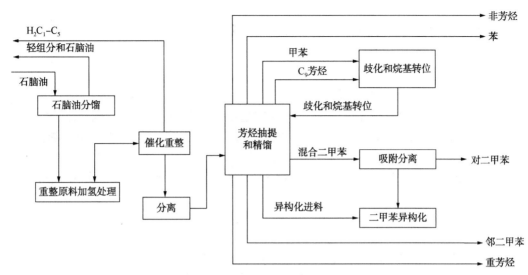

图 1-1-2 典型的生产对二甲苯的芳烃联合装置的方框图[3,16,17]

TEG)为溶剂的 Udex 法投入生产以后，各国又相继研究开发了多种芳烃抽提工艺[17]：

1）中国石化石油化工科学研究院（RIPP）开发了三、四甘醇为溶剂的芳烃抽提工艺。

2）美国 Union Cabide 公司开发了以四甘醇为溶剂的 Tetra 液-液抽提工艺。

3）Shell/UOP 公司开发了以环丁砜（Sullfolane）为溶剂的 Sullfolane 工艺。

4）德国 Lurgi 公司开发了以 N-甲基吡咯烷酮（NMP）和乙二醇为溶剂的 Arosolvan 工艺。

5）法国 IFP 开发了以二甲基亚砜为溶剂的 DMSO 液-液抽提工艺。

6）美国 HRI 公司和 Arco 公司共同开发了以环丁砜为溶剂的 Arco 工艺[3,4]

7）德国 Krupp Kopper 公司开发了以 N-甲酰基吗啉（NFM）为溶剂的 Morphylane 和 Octener 抽提蒸馏工艺[3,4]。

8）意大利 SNAM 公司开发了以 N-甲酰基吗啉（NFM）为溶剂的 Formax 工艺[3,4,17]。

9）德国 Lurgi 开发了以 N-甲基吡咯烷酮（NMP）为溶剂的 Distapex 抽提蒸馏工艺。

10）中国石化石油化工科学研究院（RIPP）开发了以环丁砜为溶剂的 SED 芳烃抽提蒸馏工艺。

11）美国 GTC 公司开发了以环丁砜为主溶剂的 GT-BTX 三苯抽提蒸馏工艺。

2. 芳烃歧化和烷基转移

芳烃歧化是将 C₇ 芳烃转化为苯、二甲苯；芳烃烷基化转移是将 C₇、C₉ 甚至 C₁₀ 转化为二甲苯。重整生成油中混合芳烃中含有 40%~60% 的甲苯和 C₉ 以上重芳烃，为了充分利用这部分资源，增产需求量大的对二甲苯和苯，需要采用歧化和烷基转移技术，实质上是芳烃间互相转化的一种技术，通过歧化和烷基转移调节苯、甲苯、二甲苯和 C₉ 芳烃之间的供求平衡关系。

工业上应用的甲苯歧化和烷基转移的主要工艺有[17]：

1）美国 Atlanfic Richfied 公司的 Xylene-Plus（二甲苯增产法）工艺；

2）日本东丽公司的 Tatoray 工艺；

3）美国 Mobil 公司的 LTD 工艺；

4）美国 Mobil 公司的 MTDP 工艺；

5）Fina & Chem 公司的 T₂BX 工艺；

6）美国 Mobil 公司的 MSTDP 工艺；

7）美国 Exxon-Mobil 公司的 Trans Plus 工艺[18]；

8）美国 UOP 公司的 PX-Plus 工艺[16]；

9）中国石化上海石油化工研究院的 S-TDT 工艺。

3. 二甲苯异构化

C_8 芳烃异构化是通过异构化实现芳环上甲基的转移生成对二甲苯（PX）的过程。C_8 芳烃中的对二甲苯是聚酯纤维的原料，而邻二甲苯则是制取苯酐的原料，其需求量约占 C_8 芳烃总量的95%，但在重整 C_8 芳烃中，它们分别只占20%左右，其余均为间二甲苯和乙基苯。为了增产对二甲苯，工业上采用二甲苯异构化工艺，把已分离出对二甲苯或邻二甲苯的非热力学平衡的 C_8 芳烃，通过催化作用，转化成热力学平衡的 C_8 芳烃，以便再分离出更多的对二甲苯和邻二甲苯。

工业上应用的二甲苯异构化的主要工艺有[3,4,16,17]

1）美国 Englhard 公司的 Octafining 工艺和 Octafining-Ⅱ 工艺；

2）美国 UOP 公司的 Isomar 工艺和 Newest Isomar 工艺；

3）日本东丽公司的 Isolene-Ⅰ 工艺和 Isolene-Ⅱ 工艺；

4）中国石化石油化工科学研究院（RIPP）的 SKI 工艺；

5）美国 Mobil 公司的 MVPI、MLPI、MHTI 和 MHAI 工艺；

6）日本三菱瓦斯公司的 MGCC 工艺；

7）英国 ICI 公司和美国 Chevron 公司的专有工艺；

8）美国 Exxon-Mobil 公司的 MyMax-2 工艺；

9）法国 IFP 公司的 Oprais 工艺。

4. C_8 芳烃异构体的分离

C_8 芳烃异构体的分离就是从 C_8 芳烃异构体中分离出对二甲苯的工艺过程。

催化重整生成油经溶剂抽提得到芳烃混合物，主要包括苯、甲苯和 C_8 芳烃，由于苯、甲苯沸点（分别为80.10℃和110.63℃）比 C_8 芳烃沸点（136.19～144.42℃）低得多，采用精馏技术就可把苯、甲苯与 C_8 芳烃分开。C_8 芳烃的同分异构体包括邻二甲苯、间二甲苯和乙基苯。它们之间沸点相近[17]（见表1-1-2），不能采用精馏技术进行分离。

表1-1-2　C_8芳烃各种同分异构体的分离特性因数

物 理 性 质	邻二甲苯	间二甲苯	对二甲苯	乙基苯
沸点/℃	144.2	139.10	138.35	136.19
熔点/℃	−25.18	−47.87	13.26	−94.98
相对吸收浓缩因子	0.2	0.3	1.0	0.5
与 HF-BF$_3$ 形成络合物的相对稳定性	2	20	1	

工业上常用的模拟移动床吸附分离的工艺过程有：

1）美国 UOP 公司的 Parex 工艺；

2）日本东丽公司的 Aromax 工艺；

3）法国 Axens（原法国 IFP 和 Procatalyse）的 Eluxyl 工艺[14]。

世界上各石油化工公司如：UOP 公司、Axene 公司、Mobil 公司和 GTL/Lyondell 公司等均有自行开发的芳烃联合加工流程。

我国于20世纪80年代实现了芳烃抽提装置工艺技术和工程设计国产化。90年代又实现了芳烃联合装置的工程设计国产化。2012 年又开发出拥有自主知识产权的芳烃联合装置成套技术。预加氢、催化重整、歧化和异构化催化剂均实现了国产化，其性能达到国际先进水平。图 1-1-3 为典型的芳烃联合装置总工艺流程图。

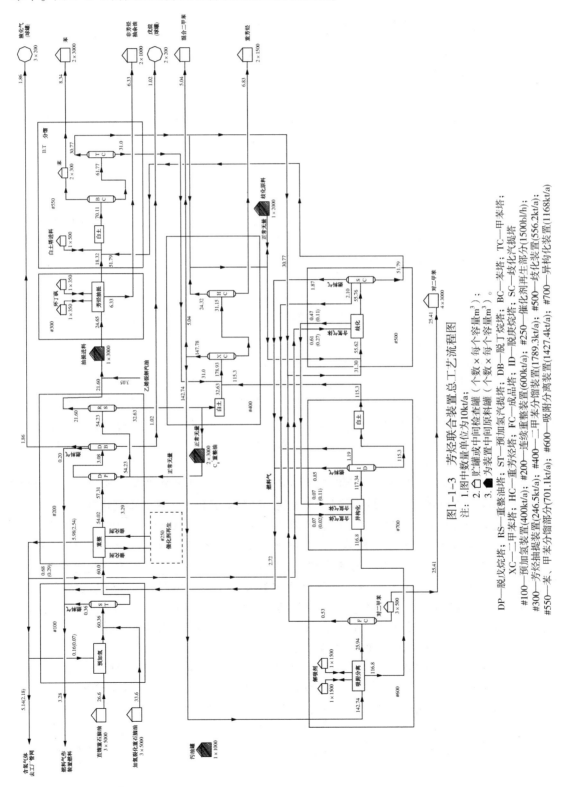

图1-1-3　芳烃联合装置总工艺流程图

注：1.图中数量单位为10kt/a；
2.□贮罐或中间检查罐（个数×每个容量m³）；
3.▨为装置中间原料罐（个数×每个容量m³）。

DP—脱戊烷塔；RS—重整油塔；HC—重芳烃塔；DB—脱丁烷塔；ID—脱庚烷塔；SC—歧化汽提塔；XC—二甲苯塔；BC—苯塔；TC—二甲苯提塔；ST—预加氢汽提塔；FC—成品塔；
#100—预加氢装置(600kt/a)；#200—连续重整装置(1789.3kt/a)；#250—催化剂再生部分(1500bl/h)；#300—芳烃抽提装置(400kt/a)；#400—二甲苯分馏装置(246.5kt/a)；#500—歧化装置(556.2kt/a)；#550—苯、甲苯分馏部分(701.1kt/a)；#600—吸附分离装置(1427.4kt/a)；#700—异构化装置(1168kt/a)；

第二节　催化重整的发展史

一、催化重整催化剂

催化重整催化剂能够加速石脑油重整过程中烃类分子的重排反应。催化重整催化剂的发展经历了非铂催化剂、单铂催化剂和铂加助金属催化剂的三大过程[3]。重整催化剂的发展主要在不断提高催化剂的活性、选择性、稳定性，进一步降低催化剂的积炭速率，进一步提高催化剂的水热稳定性。为实现上述目标，在催化剂制备方面不断改进催化剂载体，通过助剂等进一步调整催化剂的"金属-酸性功能"，同时进一步降低贵金属含量，降低催化剂成本。其表现概括为：

1）载体性能不断改进，提高了催化剂的活性、选择性、稳定性及再生性能。国内开发的 PS-VI 催化剂已经可以连续再生 450 次以上。

2）贵金属铂（Pt）含量从 0.37%~0.6% 下降到现在的 0.15%~0.3%。例如，国外的高堆比连续重整催化剂的铂含量从 0.29% 下降到了 0.25%；半再生重整催化剂 Pt-Re/Al₂O₃ 从最初的铼铂比（Pt/Re）≤1.0，提高到铼铂比等于 2 的 R-62、E-803、CB-7 和 B-8 系列催化剂，还有铼铂比等于 3 的 E-611。

3）酸性组元卤素的变化，由全氯型逐渐取代了氟氯型。

4）逐渐形成半再生重整催化剂以 Pt/Re 为主，连续再生催化剂以 Pt/Sn 为主的格局。

（一）催化重整催化剂的发展阶段

催化重整催化剂的发展，大致分为以下五个阶段[3]：

（1）第一阶段（1935~1949 年）的铬、钼、钴金属氧化物催化剂

从 1935 年到 1949 年，此期间的催化重整工业装置上主要采用铬、钼、钴等金属氧化物为活性组分的催化剂（MoO_3/Al_2O_3、CoO_3-MoO_3/Al_2O_3 和 Cr_2O_3/Al_2O_3 等），其活性及芳构化选择性较低，尤其是烷烃的芳构化选择性较低，稳定性差，操作周期短，反应 4~12h 后，即需进行催化剂的烧焦再生[3,4,17]。

1937 年，美国人 V. Haensel 等在使用将油品通过一个铂/活性炭催化剂使六元环烷烃脱氢的实验方法中得到启示，经过一系列试验发现一种含氟氧化铝单体的铂催化剂，可以大幅度提高汽油辛烷值，又能长期运转，这就为铂重整的开发奠定了基础。

1940 年美国投入工业化生产的临氢催化重整装置，使用的是 MoO_3/Al_2O_3 催化剂，称之为钼重整，以后又出现 Cr_2O_3/Al_2O_3 为催化剂的铬重整。德国在二次世界大战期间使用的催化重整催化剂是 CuO/Al_2O_3 的催化剂，这些均称为非铂重整催化剂阶段。它与近些年的铂重整相比活性和稳定性低，还存在运转周期短和操作费用高等缺点，在二次大战时期，因战争需要，得以发展，后因铂重整的出现和战争的结束，非铂重整催化剂自行消亡。

（2）第二阶段（1949~1967 年）的铂重整催化剂

1949 年美国环球油品公司（UOP）成功开发了以贵金属铂为活性金属的重整催化剂（Pt/Al₂O₃），并建成和投产了世界上第一套铂重整工业装置，到 1967 年为单铂重整催化剂阶段。

Pt/Al₂O₃ 催化重整催化剂的成功发明，可以说使催化重整催化剂实现了一次划时代的飞跃，开创了铂重整的新纪元。Pt/Al₂O₃ 催化剂比非铂的 MoO_3/Al_2O_3 催化剂活性高十多倍，比 Cr_2O_3/Al_2O_3 催化剂的活性高 100 多倍，而且催化剂的选择性好、液体产品收率高，

稳定性好,连续运转周期长。上述优点使 Pt/Al$_2$O$_3$ 催化剂在 20 世纪 50 年代和 60 年代得到了极大的发展,并很快取代了含铬、钼和钴金属氧化物的催化剂。

在这个阶段中,各国相继开发了多种牌号含铂的催化重整催化剂。这是一种双功能催化剂,除含有加氢/脱氢活性组分的贵金属铂之外,还含有具有异构化性能的酸性组分卤素。最初有使用氟化氢作酸性组分的。研究证明,氟化氢具有较高的酸性和酸强度,且运转过程中流失缓慢,初活性较高,但酸性不易调节控制,后各公司都改用氯作为酸性组分助剂。

催化剂的载体最初选用 η-Al$_2$O$_3$,其比表面积大(约为 400m^2/g 以上),但热稳定性较差,孔分布较弥散,孔径较小。随后各公司都改用 γ-Al$_2$O$_3$ 作为催化重整催化剂的载体,并在制备技术上进行了大量改进工作。近代催化重整催化剂的 γ-Al$_2$O$_3$ 载体,一般具有杂质低、纯度高、孔分布集中和水稳定性好等特点。

(3)第三阶段(1967~1979 年)的双(多)金属重整催化剂

1967 年美国雪弗隆研究公司(Chevron Research Co.)首次宣布成功发明铂-铼/氧化铝双金属重整催化剂,并在美国埃尔帕索(EI Parsol)炼厂投入工业应用,命名为"铼重整"。自此,重整催化剂开始进入双(多)金属催化重整催化剂阶段。这种双(多)金属催化剂不仅活性和芳构化选择性得到了改进,温度对烷烃脱氢环化反应速率的影响大于或等于加氢裂化速率,更主要的是稳定性比 Pt/Al$_2$O$_3$ 催化剂有着成倍的提高,从而可使催化重整装置能在较低压力(1.5~2.0MPa)下长期运转,烃类芳构化选择性的显著改善,使重整液体产品和氢气产率明显增加。

铂-铼双(多)金属催化剂的问世,给催化重整技术带来了"革命"性的提高。三十多年来,各国相继研究开发成功了铂-铼、铂-锡、铂-铱等系列的多种双(多)金属重整催化剂,反应性能不断得到改进,较快地取代了 Pt/Al$_2$O$_3$ 催化剂。

20 世纪 70 年代初,美国 Exxon 公司开发研究了 KX-130 型 Pt/Ir 系列催化剂。法国 IFP 公司也研究开发了 RG 系列的 Pt/Ir 催化剂。由于 Ir 元素资源贫乏,价格又高于 Pt 元素,Pt/Ir 系列逐渐被 Pt/Re 和 Pt/Sn 系列催化剂所替代。

这个阶段投入工业化的催化剂,主要是 Pt-Re 系列催化剂,其中有:美国 UOP 公司的 R-16G 催化剂、R-10 和 R-20 系列催化剂、R-32 催化剂和 R-50 型催化剂;美国 Chevron 公司的 B 型-E 型催化剂;法国 IFP 公司的 RG-451(Pt-Ir 系列催化剂)系列催化剂;荷兰 AKZO 公司的 CK-433 催化剂和美国 Engelhard 公司的 E-603 和 E-612 型催化剂等。

(4)第四阶段(1980~2000 年)的高铼铂比的铂-铼和铂-锡系列双(多)金属催化剂

据 1993 年"OGJ 美国《油气杂志》"的"Catalyst Report"统计,Pt/Re 催化剂已达到了 26 种。在此期间,各国公司都在研究降低催化剂中的铂含量,相继开发了多种高铼铂比的催化剂,铼/铂比由过去的 1.0 提高到 2.0 左右,大大提高了催化剂的稳定性,如 Engelhard 公司的 E-803(铼铂比为 2.0),比 E-603(铼铂比为 1.0)催化剂的稳定性提高 0.8 倍,从而为提高固定床催化装置的反应苛刻度创造了必要条件。

由于这个时期,环境保护对无铅汽油的要求和石油化工对芳烃需求量的增加,以及炼厂所需氢气日益增加,连续重整装置得以迅速发展,用于连续重整装置的 Pt/Sn 催化剂也得到迅速发展。据 1997 年"OGJ 美国《油气杂志》"的"Catalyst Report"统计,Pt/Sn 催化剂已达到了 20 余种。

20 世纪 70 年代,出现了一种命名为 ZSM-5 的新型分子筛,由于其独特的孔道结构,对许多有机催化反应都表现出择形催化作用[20]。

国外 80 年代开始进行了含分子筛的催化重整催化剂的研究和开发工作，这标志着催化重整催化剂已进入到又一个新的发展阶段。90 年代开始先后有了工业化运行的报道，如美国 Mobil 公司开发的 M2-Forming 工艺就是采用含分子筛的催化剂。日本三菱公司和日本千代田公司合作开发的 Z-Forming 重整工艺已在俄罗斯建设了一套 50kt/a 的工业化装置。含分子筛的催化重整催化剂将会有更大的发展前景[20]。

（5）第五阶段——近期催化剂的发展、性质和工业应用

目前，重整催化剂已达到很高的水平，其发展正处于一个相对稳定的时期。催化重整催化剂金属组元，固定床以 Pt/Re 为主导，连续重整以 Pt/Sn 为主导的二大系列，引入第三金属组元（或复合金属组元），以改善催化剂的活性、选择性和稳定性。

由于半再生式的催化重整和连续再生式的催化重整的操作方式不同，对催化剂的要求也有所不同，一般半再生催化剂要求催化剂有更好的稳定性、更低的积炭速率，而连续重整催化剂是在系统内再生，对催化剂要求有着良好的低压高温反应性能、抗积炭性能和再生性能、金属抗烧结性能和金属再分散性能、适当的堆积密度和良好的机械性能、高抗磨强度、高的水稳定性和氯保持能力以保证催化剂寿命。连续重整催化剂开始是沿用半再生的 Pt/Re 催化剂，由于选择性欠佳，很快就被稳定性较差但选择性良好的 Pt/Ⅳ族金属（Pt/Ge，Pt/Sn）催化剂所替代。各公司都按照对催化剂的要求不断研究改进和开发新的催化剂。

（二）催化重整催化剂

1. 国外催化剂[3]

（1）美国 UOP 公司

美国 UOP 公司一直是连续重整催化剂国外专利商典型代表之一，自 1971 年以来，开发的多个牌号的催化剂实现了工业应用。

第一阶段主要在 1972 年前，开发了 R-16 和 R-17 系列催化剂，这些催化剂的显著特点是低水热稳定性、低选择性；

第二阶段 1974~1988 年，解决了第一代催化剂选择性较低问题，开发了低水热稳定性、但选择性得到改善的 R-30、R-32、R-34 系列催化剂；

第三阶段 1992~1998 年，解决了催化剂水热稳定性较低问题，开发了高活性、高水热稳定性和较高选择性的 R-130、R-160、R-170 系列催化剂；

第四阶段从 1999 年开始，解决了催化剂积炭速率较高问题，已经开发了低积炭速率、高选择性的 R-230、R-260、R-270 及 R330 系列催化剂。

UOP 公司连续重整催化剂的开发向系列化发展（见图 1-2-1）。R-130 和 R-230 系列催化剂是通用型催化剂，适合绝大多数情况；R-160 和 R-260 系列催化剂的堆密度增加，适合老装置扩能有催化剂贴壁现象的情况；R-170 和 R-270 系列催化剂选择性提高，适合用于点低、芳潜特低的原料生产高辛烷值产品的情况，但由于活性下降，要求加热炉具备额外的能力。

（2）法国 Axens 公司

法国 Axens 公司开发的连续重整催化剂，按压力分类的发展和应用过程如图 1-2-2 所示[3]。

法国 Axens 公司实现了连续重整催化剂和固定床半再生重整催化剂的开发和工业应用，共有三个系列。CR 系列一般用于汽油的生产，AR 系列一般侧重于芳烃的生产，而 RG 系列则用于固定床半再生重整。所有催化剂根据要求可提供还原态或氧化态。Axens 公司根据使用的压力不同，开发了不同牌号的催化剂，比如 CR401/AR501 适合的压力为 345~621kPa

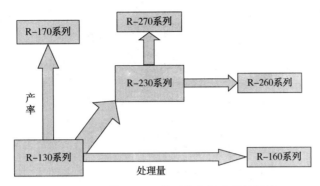

图 1-2-1　美国 UOP 公司催化剂系列的发展

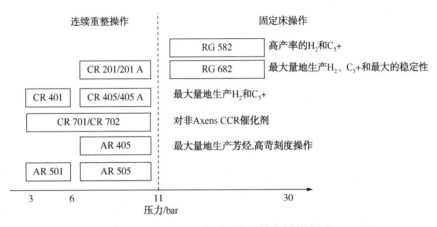

图 1-2-2　Axens 公司开发的催化剂的应用

注：1bar=100kPa

（表），CR505/AR505 则适用于较高的压力。上述催化剂的堆比较高，当需要降低催化剂装填量时，可采用低堆比的 CR701/ 和 CR702 催化剂[20]。

美国 Criterion 公司也是连续重整催化剂的重要开发和供应商，相继开发了 PS-10/20/40/100 催化剂，其中 PS-40 催化剂的积炭比 PS-20 减少了 30%~50%，强度也有所改进。2011 年 1 月 6 日，Axens 公司获得 Criterion 公司的 Willow Island、West Virginia 重整催化剂生产厂和相应的知识产权，为此上述催化剂也一并成为 Axens 公司的催化剂序列，具有代表性的催化剂及其特性如表 1-2-1 所示。

表 1-2-1　Axens 公司最新连续重整催化剂及其特点

项　　目	CR 600S	AR 700S	PS 40	PS 100
目的	汽油	芳烃	汽油/芳烃	汽油/芳烃
Pt/%	0.25	0.30	0.29	0.29
移动床密度/(t/m³)	0.65	0.65	0.54	0 54
特点	产量高	活性高	活性高	产量高

除美国 UOP 公司和法国 Axens 公司外，国外的 Exxon Research and Engineering Co.、Indian Petrochemicals Corp Ltd 等公司也开发并实现了重整催化剂的工业应用。表 1-2-2 为世界石脑油催化重整催化剂的统计概况[3,4,20,21~23]。

表1-2-2 世界石脑油催化重整催化剂

公司及牌号	主要特征	应用(原料)	应用(产品)	形状	堆积密度/(g/cm³)	载体	活性组分
Axens（阿克森斯公司）							
AR-405, 501/505	生产芳烃	石脑油	芳烃	球形	0.66	Al$_2$O$_3$	Pt, Sn
CR-201, 301, 401/405	连续重整	石脑油	汽油	球形	0.66	Al$_2$O$_3$	Pt
CR-502	循环重整，半再生（Pt）	石脑油	汽油	球形	0.56	Al$_2$O$_3$	Pt
CR-701, 702	连续重整，（高稳定性）	石脑油	汽油、瓦斯油、芳轻	球形	0.56	Al$_2$O$_3$	Pt, Sn
RG-412	半再生（Pt）	石脑油	汽油	挤条	0.66	Al$_2$O$_3$	Pt
RG-482	半再生（Pt, Re）	石脑油，S<0.5μg/g	汽油，芳轻	挤条	0.66	Al$_2$O$_3$	Pt, Re
RG-492	双金属	石脑油	汽油	挤条	0.69	Al$_2$O$_3$	Pt
RG-532	循环再生（Rt+助剂）	石脑油	汽油	挤条	0.66	Al$_2$O$_3$	Pt
RG-582/582A	半再生以得到最大H$_2$，C$_{5^+}$产率	石脑油，S<1.0μg/g	汽油	挤条	0.67	Al$_2$O$_3$	Pt, Re, 助剂
RG-682/682A	半再生（Pt, Re）	石脑油，S<0.5μg/g	汽油	挤条	0.69	Al$_2$O$_3$	Pt
CR-712	连续重整	石脑油	汽油	球形	0.56	Al$_2$O$_3$	Pt, Sn, 助剂
CR-617	连续重整	石脑油	汽油	球形	0.56	Al$_2$O$_3$	Pt, Sn, 助剂
CR-601/607	连续重整	石脑油	汽油	球形	0.56	Al$_2$O$_3$	Pt, Sn, 助剂
AR-701/707	连续重整	石脑油	芳烃	球形	0.56	Al$_2$O$_3$	Pt, Sn, 助剂
Criterion Catalyst. Co. LP（美国标准公司）							
KX-120, 130, 160, 170, 190	见Exxon Research and Engineering Co.（埃克森美孚研究工程公司）						
P-15	高活性，单金属，低结焦，改进稳定性，高产率	石脑油	汽油或BTX	专有	专有	Al$_2$O$_3$	Pt, Cl
P-93, 96	单金属	石脑油	汽油或BTX	专有	专有	Al$_2$O$_3$	Pt, Cl
PHF-43, 46	单金属	石脑油	汽油或BTX	专有	专有	Al$_2$O$_3$	Pt, Cl
PR-9, 11	双金属	石脑油	汽油或BTX	专有	专有	Al$_2$O$_3$	Pt, Re, Cl
PR-15, 29, 30, 33	双金属	石脑油	汽油或BTX	专有	专有	Al$_2$O$_3$	Pt, Re, Cl

续表

公司及牌号	主要特征	应用(原料)	应用(产品)	形状	堆积密度/(g/cm³)	载体	活性组分
PR-40, 80	双金属	石脑油	汽油或BTX	专有	专有	Al_2O_3	Pt, Sn, Cl
PS-10, 20, 30, 40	双金属	石脑油	汽油或BTX	专有	专有	Al_2O_3	Pt, Cl
PS-100	双金属	石脑油	汽油或BTX	专有	专有	Al_2O_3	Pt, 助剂, Cl
ENGLHARD CORP.							
E-801	双金属, 半再生	石脑油	汽油, BTX	挤条	0.64(40)	Al_2O_3	Pt, Re, Cl
E-802	双金属, 半再生	石脑油	汽油, BTX	挤条	0.64(40)	Al_2O_3	Pt, Re, Cl
E-803	双金属, 半再生	石脑油	汽油, BTX	挤条	0.64(40)	Al_2O_3	Pt, Re, Cl
Exxon Research& Engineering Co. (埃克森美孚研究工程公司)							
KX-120	多金属, 半再生或循环再生	直馏/裂化后石脑油	高辛烷值汽油, 芳烃	圆柱, 挤条	0.69(43)	Al_2O_3	Pt, Re, Cl
KX-130	多金属, 半再生	直馏石脑油	高辛烷值汽油	圆柱	0.7(44)	Al_2O_3	Pt, Re, Cl
KX-160, 170	双金属, 高活性, 高稳定	直馏石脑油	高辛烷值汽油	圆柱	0.705(44)	Al_2O_3	Pt, Re, Cl
KX-190	多金属, 循环再生	直馏石脑油	高辛烷值汽油	圆柱	0.69(43)	Al_2O_3	Pt, Sn
Indian Petrochemicals Corp. Ltd(印度石油化工有限公司)							
ICR-1001	单金属, 高稳定性	石脑油, S<5μg/g	芳烃, 汽油	圆柱, 挤条	0.63(39)	Al_2O_3	Pt, Cl
ICR-1002	单金属, 低铂, 高稳定性	石脑油, S<5μg/g	芳烃, 汽油	圆柱, 挤条	0.63(39)	Al_2O_3	Pt, Cl
ICR-2001	双金属, 高活性, 高稳定	石脑油, S<5μg/g	芳烃, 汽油	圆柱, 挤条	0.63(39)	Al_2O_3	Pt, Re, Cl
ICR-3001	多金属, 高活性, 高稳定	石脑油, S<5μg/g	芳烃, 汽油	圆柱, 挤条	0.67(42)	Al_2O_3	Pt, Re, 助剂
UOP(美国环球油品公司)							
R-55	单金属, 半再生	石脑油	汽油或芳烃	挤条	0.78(48)	Al_2O_3	Pt
R-56	双金属, 半再生	石脑油	汽油或芳烃	挤条	0.78(48)	Al_2O_3	Pt, Re
R-85	单金属, 半再生	石脑油	汽油或芳烃	挤条	0.66(41)	Al_2O_3	Pt
R-86, 88	双金属, 半再生	石脑油	汽油或芳烃	挤条	0.66(41)	Al_2O_3	Pt, Re
R-132, 134	连续重整, 高活性	石脑油	汽油或芳烃	小球	0.56(35)	Al_2O_3	Pt, 助剂

续表

公司及牌号	主要特征	应用(原料)	应用(产品)	形状	堆积密度/(g/cm³)	载体	活性组分
R-162, 164	连续重整, 高密度	石脑油	汽油或芳烃	小球	0.67(42)	Al_2O_3	Pt, 助剂
R-232, 234, R334	连续重整, 低结焦性能	石脑油	汽油或芳烃	小球	0.56(35)	Al_2O_3	Pt, 助剂
R-272, 274	连续重整, 低结焦性能, 高产率	石脑油	汽油或芳烃	小球	0.56(35)	Al_2O_3	Pt, 助剂
R-254, 264, 284	连续重整, 高密度	石脑油	汽油或芳烃	小球	0.67(42)	Al_2O_3	Pt, 助剂
中国石化石油化工科学研究院							
CB-6	选择性好, 抗硫化物性能好	石脑油	高辛烷值汽油, 芳烃	球形	0.78	$\gamma\text{-}Al_2O_3$	Pt, Re
CB-7	抗结焦能好	石脑油	高辛烷值汽油, 芳烃	球形	0.78	$\gamma\text{-}Al_2O_3$	Pt, Re
CB-60(3922)	选择性好, 抗硫化物性能好	石脑油	高辛烷值汽油, 芳烃	挤条	0.72	$\gamma\text{-}Al_2O_3$	Pt, Re
CB-70(3933)	抗结焦能好	石脑油	高辛烷值汽油, 芳烃	挤条	0.72	$\gamma\text{-}Al_2O_3$	Pt, Sn
PRT-C	提高 C_{5^+} 和 H_2 产率	石脑油	高辛烷值汽油, 芳烃	挤条	0.72	$\gamma\text{-}Al_2O_3$	Pt, Re
PRT-D	低结焦性能, 寿命长, 提高 C_{5^+} 和 H_2 产率	石脑油	高辛烷值汽油, 芳烃	挤条	0.72	$\gamma\text{-}Al_2O_3$	Pt, Re
SR-1000	低结焦性能, 寿命长, 提高 C_{5^+} 和 H_2 产率	石脑油	高辛烷值汽油, 芳烃	挤条	0.72	$\gamma\text{-}Al_2O_3$	Pt, Sn
PS-IV	热稳定性好	石脑油	高辛烷值汽油, 芳烃	球形	0.57	$\gamma\text{-}Al_2O_3$	Pt, Sn
PS-V	高热稳定性, 低铂含量	石脑油	高辛烷值汽油, 芳烃	球形	0.57	$\gamma\text{-}Al_2O_3$	Pt, Sn
PS-VI	降低结焦, 提高催化剂寿命和提高 C_{5^+} 及 H_2 产率	石脑油	高辛烷值汽油, 芳烃	球形	0.57	$\gamma\text{-}Al_2O_3$	Pt, Sn, 助剂
PS-VII	降低结焦, 提高催化剂寿命和提高 C_{5^+} 及 H_2 产率	石脑油	高辛烷值汽油, 芳烃	球形	0.57	$\gamma\text{-}Al_2O_3$	Pt, Sn, 助剂
PS-VIII	降低结焦, 提高催化剂寿命和提高 C_{5^+} 及 H_2 产率	石脑油	高辛烷值汽油, 芳烃	球形	0.64	$\gamma\text{-}Al_2O_3$	Pt, Sn, 助剂

2. 国内催化剂[3,24,25]

我国催化重整催化剂的研究和开发工作始于 20 世纪 50 年代，1958 年研制开发成功了我国第一个铂重整催化剂，并于 1965 年成功地应用到大庆炼油厂我国自行设计、建设的第一套铂重整装置中。此后，又开发了一系列单铂和双(多)金属催化剂并先后实现了工业化。20 世纪 80 年代以后，又开发了新一代的 Pt/Re 双(多)金属催化剂，并开发了使用两种类型催化剂的两段装填催化重整工艺。进入 90 年代后，主要开展了连续重整催化剂(Pt/Sn)系列的研究和应用，并在国内连续重整装置上得以广泛应用。实践证明：国产催化剂无论从贵金属含量、理化性质和反应性能等方面都已达到世界先进水平。

我国已工业化的重整催化剂的主要发展情况列于表 1-2-3。按反应压力，我国的半再生催化剂的发展可以分成四个阶段，即催化剂可以分成四代[4]，如图 1-2-3 所示。

表 1-2-3　我国半再生重整催化剂的发展

催化剂牌号	组成/%			载体	相对稳定性	工业化年份
	Pt	Re	其他			
1226	0.30			压片		
高铂小球	0.50			小球		1965
3741	0.50	0.30		小球		1974
3741-2	0.50	0.45		小球		1984
3752	0.54		Ir: 0.1, Ce: 0.22	小球		1977
CB-5	0.50	0.30	Ti: 0.20	小球		1983
CB-5B	0.50	0.30	Ti: 0.20	小球		1983
CB-6	0.30	0.27		小球	1.0	1986
CB-7	0.21	0.42		小球	1.5	1990
CB-8	0.15	0.30		小球		1991
CB-9	0.25	0.25	X	小球	1.0	1997
3932	0.25	0.25		挤条	1.0	1995
3933	0.21	0.46		挤条	>1.5	1995
PRT-A	0.25	0.25	X_1	GK 条	1.15	2002
PRT-B	0.21	0.48	X_2	GK 条	>1.8	2002

第一代催化剂为单铂催化剂，催化剂载体为 η-Al_2O_3。由于这类催化剂采用了较高的铂含量，因此，催化剂具有较高的初活性。但是，由于单铂同时具有较高的脱氢活性和氢解活性，因而金属积炭速率高，失活较快，选择性较差。采用的 η-Al_2O_3 载体的比表面积较大、酸性强、孔径小，且无集中孔，因而，裂化反应和载体积炭速度较快，热稳定性较差，催化剂的运转周期以及催化剂的寿命较短。

第二代催化剂为双、多金属催化剂，催化剂载体为 η-Al_2O_3。与第一代相比，第二代的最大区别就在于助剂的引入。由于助剂对铂进行了修饰，使单铂中心增加、多铂中心减少，大大改善了金属中心的性能，同时，由于助剂具有使积炭前驱物分解的功能，因而，使金属积炭速率大大下降，催化剂的选择性得到改善，催化剂的运转周期得到延长。

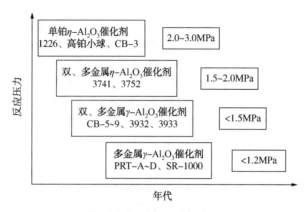

图 1-2-3　我国半再生重整催化剂及技术的进步

第三代催化剂为双、多金属催化剂，催化剂载体为 γ-Al_2O_3。在第二代催化剂的基础上，第三代催化剂采用了 γ-Al_2O_3 为载体。由于 γ-Al_2O_3 的比表面积稍小、孔径大、孔径集中、热稳定性较好，因此，催化剂的寿命得到进一步延长。

第四代催化剂为多金属催化剂，催化剂载体为 γ-Al_2O_3。在第三代催化剂的基础上，第四代催化剂采用了新助剂，对催化剂的金属功能和酸性功能进一步进行调节，使之达到最佳配合，增加了催化剂的选择性，进一步降低了催化剂的积炭速率，使之适合在更低的压力下使用，推动了半再生重整工艺的进步。

如何进一步改进第三代催化剂的催化性能，特别是活性稳定性，使之适合在更低的压力下使用，一直是国内研发的努力方向。通过大量的研究发现，在 Pt-Re 体系中，进一步引入非铼助剂，可以进一步调节催化剂的酸性-金属功能，使之达到最佳配合，可以有效地改善催化剂的性能。为此成功地研究开发了第四代半再生催化剂 PRT-A、PRT-B、PRT-C、PRT-D。

特别需要指出的是，国内采用的特殊的载体材料和独特的制备技术，开发成功了无需硫化的 SR-1000 催化剂，属国际首创，打破了固定床半再生重整催化剂开工需要注硫的传统做法，使得开工简单且环保，受到了国内外的广泛关注，并在国内外成功实现工业应用。

连续重整工艺以其液收高、氢产高和芳烃产率高等优点，在高辛烷值汽油和芳烃的生产中受到人们的极大重视。连续重整催化剂作为连续重整技术的核心部分之一，一直是各国研究和开发的热点。1986 年，我国第一个连续重整催化剂 3861 工业放大成功，经过中法双方进行评价测试，法国 IFP 确认 3861 催化剂性能良好，可以用于引进的使用法国 IFP 技术的连续重整工业装置，并承担合同指标的保证责任。1990 年在抚顺石油三厂引进的 400kt/a 连续重整装置上首次应用成功；1994 年，GCR-10 催化剂开始在广州石化总厂的使用 UOP 技术的连续重整装置上实现了工业化。随后，我国成功地开发了一系列连续重整催化剂，如表 1-2-4 所示。

表 1-2-4　国内连续重整催化剂概况[3,24]

商品牌号	金属组元/%		堆密度/(kg/m^3)	形状	载体	工业化年份	备注
	铂	其他					
3861	0.38	Sn 0.30	560	ϕ1.4~2.0 小球	γ-Al_2O_3	1990	
GCR-10	0.29	Sn 0.30	560	ϕ1.4~2.0 小球	γ-Al_2O_3	1994	

商品牌号	金属组元/%		堆密度/（kg/m³）	形状	载体	工业化年份	备注
	铂	其他					
GCR-100A	0.35	Sn 0.31	560	φ1.4~2.0 小球	γ-Al$_2$O$_3$	1996	CCR
3961	0.35	Sn 0.31	560	φ1.4~2.0 小球	γ-Al$_2$O$_3$	1996	高水热稳定性
GCR-100	0.28	Sn 0.30	560	φ1.4~2.0 小球	γ-Al$_2$O$_3$	1998	低压
3981	0.28	Sn 0.30	560	φ1.4~2.0 小球	γ-Al$_2$O$_3$	1998	低压
RC-011	0.28	Sn 0.31+X	560	φ1.4~2.0 小球	γ-Al$_2$O$_3$	2001	低积炭高选择性
PS-Ⅶ（实验室牌号）	0.35	Sn 0.31+X	560	φ1.4~2.0 小球	γ-Al$_2$O$_3$	2004	高铂
PS-Ⅷ	0.25	Sn 0.31+X	640	φ1.4~2.0 小球	γ-Al$_2$O$_3$	2017	

　　按照催化剂的特点，表1-2-4中所列的催化剂可以分成三代：PS-Ⅱ（3861）和PS-Ⅲ（GCR-10）为第一代，其特点为活性好、选择性好、再生性能好，磨损小；PS-Ⅳ（3961、GCR-100A）和PS-V（3981、GCR-100）为第二代，其特点是活性、选择性较第一代催化剂有较大提高，尤其是水热稳定性得到大幅度改善；PS-Ⅵ（RC011）/Ⅶ/Ⅷ为第三代催化剂，特点是在保持第二代催化剂水热稳定性、活性的同时，选择性进一步提高，特别是催化剂的积炭大幅度降低。

　　第一代连续重整催化剂PS-Ⅱ和PS-Ⅲ采用了γ-Al$_2$O$_3$小球作为载体，小球是通过热油柱成型，其缺点就是水热稳定性较差。连续重整催化剂的使用寿命主要取决于在反复再生过程中催化剂比表面积的下降速率，而催化剂的比表面积在高温和含水气氛下的稳定性即水热稳定性又主要取决于载体制备中采用的原料、路线、载体的纯度及孔隙结构等。因此，第二代连续重整催化剂开发的总体思想是通过载体性能的改进，配合以多年研究积累的催化剂制备、表征和分析评价等方面的技术和经验，研制出高水热稳定性、高活性的催化剂。

　　在技术路线上，第二代催化剂的研制摈弃了老一代催化剂采用的以金属铝为原料，通过热油柱成型方法制备氧化铝载体的路线，研究采用以高纯氢氧化铝为原料制备的、具有特殊孔结构的球形氧化铝载体，使催化剂水热稳定性得到显著改进；研究中采用特殊的助剂引入方式和竞争吸附技术，确保金属组元的高度分散和均匀分布，有效发挥金属组元的作用，使贵金属的用量低于国外同类催化剂；根据新载体的特点进行催化剂上金属功能与酸性功能平衡的研究，使催化剂的性能得到优化；此外，研究并改进催化剂器外还原技术，为连续重整装置开工提供优质的还原态催化剂，简化开工程序，确保开工安全。

　　第二代催化剂具有高活性和高水热稳定性，但积炭速率相对较快。为此，我们希望得到积炭速率低、选择性更好的连续重整催化剂。积炭速率的降低，不仅可以降低连续重整装置再生器的投资和运转成本，而且还可以满足受再生能力限制的连续重整装置扩能改造的需要。而选择性的进一步增加，可以为连续重整装置带来更大的经济效益。

　　降低催化剂初始比表面积是降低催化剂的初始积炭速率的有效技术途径之一[25]。然而，催化剂比表面积的下降对催化剂性能有较大影响。常规的连续重整催化剂初始比表面积一般为200m²/g，由于催化剂在使用的过程中，反应部分的温度一般均在500℃以上，再生部分的温度有时接近甚至超过600℃，反应和再生环境均含有水，因此，随着使用时间的延长，催化剂的比表面积不断下降，催化剂的积炭也不断下降。为此，现有技术中多采用了"降低催化剂的初始比表面积，从而降低催化剂的初始积炭速率"的技术途径[25]。

然而，催化剂初始比表面积的降低，一方面导致催化剂持氯能力大幅度下降，为了保持催化剂上具有相同的氯含量，注氯量需要增加。大量氯的注入，使重整产物中氯含量增加，由此带来管线、设备与机泵等的严重腐蚀。另一方面，催化剂初始比表面积的降低，导致催化剂使用寿命缩短。

为了克服上述问题，国内主要通过新助剂与制备方法的创新，在不降低比表面积的前提下，通过引入新助剂来调节催化剂的酸性功能和金属功能，使其比同类技术催化剂具有更高的比表面积、更长的寿命、更好的持氯能力；采用了竞争吸附剂及助剂引入新技术，使助剂达到高度分散、均匀分布；采用了独特的制备工艺，使新助剂最大限度地发挥对双功能的调节作用，使催化剂保持高活性的同时，降低催化剂的裂解、氢解和积炭性能，使其具有低积炭和高选择性。通过进一步优化助剂与 Pt 中心的相互作用；通过制备工艺流程的优化与技术的改进，实现对金属中心微观结构的调变及两种 Pt 中心比例的调控，充分降低不利的 A1 中心，增加有益的 A2 中心；通过金属功能与酸性功能的优化匹配，国际首创高铂含量低积炭速率高选择性的 PS-Ⅶ催化剂，成功地解决了高铂型催化剂高积炭的难题，实现了催化剂积炭速率的降低及液体、芳烃和氢气产率的增加。由此开发了 PS-Ⅶ催化剂，并率先实现工业化[25]。在此基础上，进一步开发了高堆比的 PS-Ⅷ催化剂。

二、催化重整工艺

1. 国外工艺[3]

催化重整工艺的发展与催化重整催化剂的发展密切相关，两者相辅相成。

20 世纪 30 年代，由于高辛烷值汽油的需求，将直馏汽油馏分通过热转化将其转化为高辛烷值汽油，这种流程称为热重整(Thermal reforming)过程。该流程实质上是从热化过程发展过来的，将低辛烷值的石脑油转化为较高辛烷值的石脑油或汽油。热重整工艺曾一度广泛使用，但以后逐渐被催化重整(Catalyst reforming)所替代。

1936~1940 年，С К макаров 和 А В агафонов 在研究热重整汽油加氢稳定反应过程中，采用钼催化剂，在氢压 4.0~6.0MPa、400~450℃的条件下，发现借助脱氢和反应生成芳烃，焦炭沉积很少。这一发现被应用于随后的工业芳构化过程——临氢重整。

1940 年，美国美孚石油公司在美国得克萨斯州的得克萨斯城的泛美公司的炼油厂建成了世界上第一个催化重整装置，以氧化钼(或氧化铬)/氧化铝为催化剂，称为"临氢重整"，又称钼重整(或铬重整)。在 480~530℃、1.0~2.0MPa 氢压下，以 8~200℃的直馏汽油为原料，得到辛烷值约 80 的汽油组分。由于该方法处理量小，催化剂活性低，积炭速率很低，因而反应周期短，操作费用大。第二次世界大战后，就停止了发展[17]。

1949 年，美国 UOP 公司建成了世界上第一套以铂-氧化铝为双功能催化剂的固定床重整装置，称为铂重整(Platforming)工业装置。该装置可在较缓和的条件下(450~520℃、1.5~5.0MPa 氢压)，得到辛烷值约 90 以上的汽油组分，液体收率高，约为 90% 左右，催化剂活性较高，积炭速率较快，一般可以连续生产半年至一年而不需要再生催化剂，铂重整工业装置的投产，是世界催化重整工艺过程发展中的一个重要的里程碑。从此，催化重整工艺得到了迅速的发展[16]。

1955 年，由于铂重整反应苛刻度提高，美国 Exxon Research&Engineering 公司开发了固定床循环强化重整和半再生式强化重整[2,26,27]。

1967 年，由于铂-铼双金属重整催化剂的工业化，美国 Chevron Research 公司开发了一种固定床半再式石脑油催化重整工艺，采用铂-铼双金属催化剂的铼重整（Rheniforming）工艺，使催化重整工艺又有了新的突破[3,4,26]。

1971 年和 1973 年，美国 UOP 公司的 CCR Platforming 工艺和法国 IFP 的 Octanizing 工艺工业化以后，使积炭催化剂得以连续再生，催化剂可长期显示最高活性，重整生成油的液体收率、芳烃产率可达到最佳状态，催化重整工艺技术达到一个崭新的阶段。

半个世纪以来，根据所使用的催化剂类型、工艺流程和催化剂的再生方式的特点，各国各公司相继开发了多种催化重整工艺过程，其中有：UOP 公司的铂重整（Platforming）、Air Product and chemicals（空气化工产品）公司的胡德利重整（Houdriforming）工艺和 Iso－Plus Houdriforming 工艺、Indiana Mobil（印第安纳美孚）公司的超重整（Uitraforming）工艺、Exxon Research & Engineering（埃克森美孚研究和工程）公司的强化重整（Powerforming）工艺、Engelhard Minerals & Chemicals（恩格哈德矿物化工）公司的麦格纳重整（Magnaforming）工艺、Chevron Research（雪佛龙研究）公司的铼重整（Rheniforming）工艺、UOP 公司的连续重整（CCR Platforming）工艺和 IFP（法国石油研究院）的辛烷化/芳构化（Octanizing/Aromizing）工艺等。表 1-2-4 列出了各种工业化的催化重整工艺[2~4,16,17,26]。

表 1-2-4　各种工业化的催化重整工艺

方 法 名 称	专 利 单 位	公布时间	首次工业化时间	床型及再生方式	催化剂
固定床临氢重整 （Fixed-bed Hydroforming）	Mobil（美孚）石油公司	1939	1940.3	固定床，循环再生	MoO_2/Al_2O_3
铂重整 （Platforming）	UOP（美国环球油品）公司	1949.3	1949.10	固定床，半再生	Pt/Al_2O_3
卡特重整 （Carfroming）	Atlantic Rafining（大西洋炼油）公司	1951.2	1952.8	固定床，半再生	$Pt/SiO_3-Al_2O_3$
流化床临氢重整 （Fluid Hydroforming）	Mobil（美孚）石油公司	1951.5	1952.12	流化床，连续再生	MoO_3/Al_2O_3
胡德利重整 （Houdriforming）	Air Product chemicals （空气化工产品）公司	1951.5	1953.9	固定床，半再生	Pt/Al_2O_3
塞莫重整 （Thenmoforming）	Socoy-Vacuum （苏尼康－真空泵）石油公司	1951.5	1955.3	移动床，连续再生	Cr_2O_3/Al_2O_3
超重整 （Ultraforming）	Indiana Mobil （印第安纳美孚）石油公司	1953.11	1954.5	固定床，循环再生	Pt/Al_2O_3
正流式流化重整 （Orthoforming）	Kellog（凯洛格）公司	1953.7	1955.4	流化床，连续再生	MoO_3/Al_2O_3
索伐重整 （Sovaforming）	Socoy-Vacuum （苏尼康－真空泵）石油公司	1954.1	1954.11	固定床，半再生	Pt/Al_2O_3

续表

方法名称	专利单位	公布时间	首次工业化时间	床型及再生方式	催化剂
移动床重整 (Hyperforming)	Union Oil Co. of California (加州联合石油公司)	1952.2	1955.5	移动床,连续再生	CoO_3-MoO_3/Al_2O_3
强化重整 (Powerforming)	Exxon Research &Engineering (埃克森美孚研究和工程)公司	1955.3	1955	固定床,循环再生或半再生	Pt/Al_2O_3
IFP催化重整 (IFP Catalytic Reforming)	IFP(法国石油研究院)	1960	1961	固定床,半再生	Pt/Al_2O_3
麦格纳重整 (Magnaforming)	Engelhard Minerals & Chemicals (恩格哈德矿物化工)公司	1965	1967.5	固定床,半再生	Pt/Al_2O_3
铼重整 (Rheniforming)	Chevron Research (雪佛龙研究)公司	1967	1970.1	固定床,半再生	Pt-Re/Al_2O_3
连续催化剂再生铂重整 (CCR Platforming)	UOP公司	1971	1971.1	移动床,连续再生	Pt-Re/Al_2O_3
IFP连续重整 (Octanizing、Aromizing)	IFP(法国石油研究院)	1971	1973	移动床,连续再生	多金属催化剂

(1) 临氢重整工艺(Hydroforming)

临氢重整工艺是最早在工业中应用的催化重整工艺过程,属固定床循环再生式工艺流程。

1939年,美国的美孚石油公司、凯洛格公司和印第安纳美孚石油公司宣布固定床临氢重整工艺方法,并于1940年11月在美国得克萨斯州的泛美炼油厂建成世界上第一套工业化装置,取名为"临氢重整"[2,17]。该工艺为固定床循环再生式工艺流程,使用含9%的MoO_3/Al_2O_3催化剂。装置有4个固定床反应器,每2个反应器串联成一组,分成A、B两组,交替切换操作,即A组进行反应时,B组催化剂进行烧焦再生。工艺操作参数为:反应压力1.0~2.0MPa,反应温度500~560℃,体积空速0.35~1.0h^{-1},循环氢气1000~1500Nm³/(m³油·h),反应周期6~12h。这种"临氢重整"装置在第二次世界大战期间共建了7套,用于生产TNT炸药原料——甲苯和航空汽油。第二次世界大战后,这些临氢重整装置用于生产车用汽油调和组分。

(2) 流化床临氢重整工艺(Fluid hydroforming)

自1939年美孚石油公司第一个"临氢重整"工艺装置投产以后,1952—1955年期间又陆续推出了铬、钼和钴-钼氧化物/氧化铝为催化剂的移动床及流化床临氢重整工艺(Fluid Hydroforming)[17]。由于流化床临氢重整采用金属氧化物MoO_3/Al_2O_3·Cr_2O_3为催化剂,因其活性低、反应温度较高(480~540℃),液时空速较低(0.3~1.0h^{-1}),工艺操作较复杂、反应效率低,因而在工业上未得到应用。图1-2-4为当时的流化床临氢重整工艺流程。

(3) 移动床催化重整工艺(Hyperforming)[11,32]

1955年,美国加州联合油公司(Union Oil Co. of California)移动床催化重整工艺也是采用金属氧化物CoO_3-MoO_3/Al_2O_3为催化剂,以直馏石脑油为原料,反应器的工艺操作条件为温度425~480℃（800~895℉），压力2758kPa（400lbf/in²）。催化剂在510℃（950℉）和2861 kPa（415lbf/in²）的操作条件下再生[2]。但因催化剂活性低、反应温度较高，操作较复杂，因而在工业上也未得到广泛应用。图1-2-5为移动床催化重整工艺[17]。

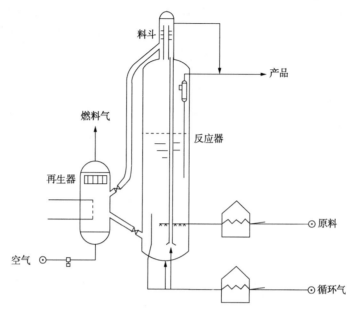

图1-2-4 流化床临氢重整工艺流程

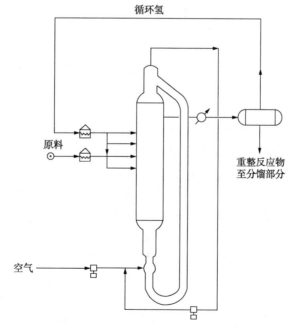

图1-2-5 移动床重整工艺流程

（4）半再生催化重整工艺（Semiregenerative cotalytic reforming procoss）

固定床半再生式工艺过程是早期发展的催化重整工艺，第一套工业化装置于1949年建成投产，是美国UOP公司研究开发的。此工艺也是至今世界上应用最为广泛的工艺过程，预计在相当长一段时期仍为催化重整工艺中主要的再生工艺过程。

半再生式催化重整工艺，反应器采用固定床型式，并列布置。当运转一定时期后，因催化剂活性降低而不能继续使用，必须将装置停下来进行催化剂的再生（或更新催化剂），然后重新开工运转。其中以 UOP 公司的铂重整（Platforming）工艺、Houdry Division of Air Products and Chemicals 公司的胡德利（Houdriforming）工艺、Englhard Minerals and chemicals 公司的麦格纳重整（Magnaforming）工艺和 Chevron Research 公司的铼重整（Rheniforming）工艺应用较广泛。

近年来，由于采用工业化的双（多）金属催化剂，根据原料和产品要求，固定床半再生催化重整装置也可生产 RON 达 85~100 的重整汽油，个别装置 RON 可达到 104。催化剂一般可再生 5~10 次，装置操作周期一般为 6~12 个月以上，也有的装置操作周期可以为 3 个月~3 年[2]。

（5）循环再生催化重整工艺（Cyclical catalytie reforming process）

循环再生催化重整工艺是 1955 年由美国 Exxon Research & Engineering 公司开发的强化重整（Poweforming）工艺，它可以使装置不间断地运转。

循环再生工艺过程类似于半再生工艺过程，反应器采用固定床型式，不同的是除采用同样大小的 4 个反应器之外，其中一个反应器作为交替切换用，即游动反应器（Swing reactor）。任何一个反应器均可从反应系统切出，进行催化剂就地再生，以保持系统中催化剂的活性与选择性。一般每天切换 1~2 个反应器进行再生，根据原料性质和操作苛刻度，催化剂再生周期可从几天至几周或数月。

循环再生工艺包括 Indiana Mobil 公司的超重整（Ultraforming）工艺、Exxon Research & Engineeing 公司的强化重整（Powerforming）工艺。强化重整工艺又分为半再生式强化重整工艺和固定床循环再生强化重整工艺两种类型[22,28]。

20 世纪 70 年代末，Exxon 公司结合 KX-130 铂-铱重整催化剂的应用，依据循环再生工艺原理，又开发了末反再生技术。即在系统内设置 3~4 个反应器串联操作，必要时将最后一个反应器从反应系统中切出，进行再生后再返入系统。

该工艺过程因每台反应器都要从系统中单独切除，管线和阀门较多，流程复杂，一般适用于处理能力较大、原料较难处理以及高苛刻度操作生产高辛烷值汽油产品的工况。

（6）连续（再生）催化重整工艺[Continuous（moving-bed）catalytic reforming process]

连续再生催化重整工艺流程与半再生和循环再生工艺流程不同的是除反应器外，还设一个再生器，反应器为移动床型式。催化剂可以连续地从反应器下部气提到再生器内再生，再生后催化剂返回到第一反应器。这种流程允许装置在高苛刻条件下操作，压力和氢/油比较低，产品收率较高，而且操作稳定，运转周期长，可以生产 RON 为 95~108 的汽油馏分[3]。

1971 年，美国环球油品公司在美国海岸炼厂投产了世界上第一个催化剂连续再生式的连续重整装置（CCR Platforming），常压再生，处理能力为 90.2kt/a；1974 年，又投产了处理能力为 2.0Mt/a 的连续重整装置；1979 年，该公司完成了世界上第一个半再生催化重整装置改造为催化剂连续再生式的催化重整装置；1988 年 11 月，在美国 Koch 炼制公司的得克萨斯州的 Corpus Cristi 炼厂投产了世界上第一个加压再生的第二代连续重整装置，装置处理能力为 1.30Mt/a；1993 年，该公司又开发了 CycleMax（第三代）连续再生技术，进一步简化了操作并提高了低费用下的操作性能[3]。

1973 年，法国 IFP/Axens 的第一套连续再生式催化重整装置（Octanizing）在意大利的 San Quirico 炼厂投产，处理能力为 81.6kt/a，该装置是由半再生式催化重整装置改造为连续再生式催化重整装置，按间歇批量再生；1988 年，在意大利的 IROM 投产了 IFP 的低压连续再生催化重整装置，加工能力为 645kt/a；1991 年，在韩国 Sangyong 公司的炼厂投产了 IFP 的第一套第二代连续再生式催化重整，并相继开发了 RagenB、RegenC 和 Regen C2 等再生技术[3]。

IFP 的连续重整装置用于生产高辛烷值汽油组分的称为"Octanizing"，用于生产芳烃的称为"Aromizing"[2~4,20]。

2. 国内工艺

从 20 世纪 50 年代开始，我国的炼油科研、设计、施工和生产单位在炼油工业的催化裂化、催化重整、延迟焦化、尿素脱蜡和其他一些炼油工艺方面做了大量的科研开发、设计和生产建设工作，取得了一系列的成就，被誉为炼油工业的"五朵金花"，使得我国炼油工业的二次加工技术有了较大的技术进步。

我国催化重整工艺的研究开发工作始于 20 世纪 50 年代，1965 年实现工业化。由于我国原油性质较重，所含重整原料少，因此，70 年代所建设的装置，大多数是规模较小的固定床半再生式催化重整；80 年代以后陆续引进了美国 UOP 公司和法国 IFP 的连续再生式催化重整工艺技术，规模也逐步大型化，至今已掌握世界最先进的催化重整工艺和工程技术。其过程大致分为五个阶段：

（1）20 世纪 60 年代，我国被誉为炼油"五朵金花"之一的催化重整装置诞生

从 20 世纪 50 年代中期开始，我国开始研制催化重整催化剂并进行工业实验。1955 年在实验室制成了铂催化剂，并进行小型恒温反应实验，着重对原料预精制、重整反应工艺和产品抽提及精制等方面进行了研究工作。50 年代后期，开始进行利用二乙二醇醚溶剂抽提生产芳烃的实验室工作[3]。

60 年代初，在石油三厂建成 20kt/a 的催化重整工业实验装置，以此实验装置为依托开始了研究、设计、生产相结合的铂重整工艺的试验工作。在试验期间，先后克服了催化剂砷中毒、重整反应器结构及保温、芳烃分离的工艺流程和自动控制等难题[3]。

1963 年，石油三厂的铂重整装置在完成工业试验工作的同时，生产出硝化级苯、甲苯和二甲苯等化工产品。与此同时，在大庆炼油厂进行了 100kt/a 的铂重整装置的设计和施工工作[3]。

1965 年 12 月，由我国自行设计、建设和开工的大庆炼油厂的 100kt/a 铂重整装置试运投产一次成功，该装置采用我国自行研究开发和生产的 3651 铂催化剂。这是我国第一套铂重整装置，被誉为我国炼油工业 60 年代"五朵金花"之一。填补了我国炼油工业的一个空白[3]。

1966 年 6 月，从意大利进口的铂重整装置在石油二厂建成投产。

20 世纪 60 年代，我国共建设了 4 套半再生式催化重整装置，总加工能力为 550kt/a。

（2）20 世纪 70 年代，我国第一套采用双金属、多金属催化剂的催化重整装置建成投产

在 20 世纪 70 年代，我国催化重整工艺技术也取得了新的发展，主要表现在开发应用了双（多）金属催化剂和相应的催化重整工艺，改进了催化重整反应器的结构，以及革新了装置的操作技术等方面[3]。

1974 年 9 月，我国自主开发出 3741 铂-铼双金属催化剂，并在兰州炼油厂的铂重整装置改建而成的低压铂-铼双金属催化重整工业装置上应用。在装置开工和操作中先后解决了催化剂的干燥、还原和硫化等问题，使装置运行良好。经标定，装置的芳烃转化率比铂重整装置高 20%以上，轻质芳烃收率由铂重整装置的 28.5%，提高到 36%以上。铂-铼双金属催化剂的研制成功和铂-铼催化重整装置的工业化，使我国催化重整技术进入了一个新的发展阶段[3]。

1975 年，含有铂、铱、铝、铈等组分的多金属催化剂研制成功[3]。

1976 年，在石油三厂进行了多金属重整催化剂工业放大试生产。与此同时，在大连石油七厂新建的铂重整装置改建为 150kt/a 的多金属重整装置[3]。

1977 年 5 月，我国第一套 150kt/a 多金属催化重整装置在大连石油七厂建成投产。该装置设计中除采用国产 3752 铂-铱-铝-铈多金属催化剂外，还采用了新的蒸馏脱水流程和低压反应等工艺过程。该装置首次采用我国自行设计和制造的径向反应器、多流路加热炉、纯逆流立式换热器、联合烟道等新设备和国产微量分析仪、芳烃在线分析仪等仪器。该套装置操作条件为：压力 1.3MPa(表)，温度 502℃，体积空速 1.96h^{-1}，氢油体积比 1460。以大庆直馏石脑油为原料，重整芳烃产率 55.4%，循环氢系统压力降 0.526MPa，达到当时引进同类装置的技术水平[3]。

1977 年在催化重整装置上首次实现了二段混氢新工艺，提高了反应的选择性和三苯收率，而且降低了系统压降和能耗。此外，还进行了氟氯型单铂催化剂的氯化更新的研究，不仅改善了催化剂的活性和稳定性，而且保证了装置的长周期操作。有的装置加强了对单铂催化剂的水氯调整，改进环境控制，并适当补加氢气，强化操作，使三苯产率提高 2.5 个单位，芳烃转化率提高 6 个单位[29]。

(3) 20 世纪 80 年代开始建设催化剂连续再生式催化重整装置

20 世纪 80 年代开始引入催化剂连续再生式催化重整工艺技术。同时我国自行研究和开发的催化重整工艺和重整催化剂均得到了一定的发展，取得了一些成果。在此期间共有 21 套催化重整装置，总加工能力达 3.85Mt/a，其中半再生重整装置 20 套，总加工能力为 2.75Mt/a；连续重整装置 1 套，加工能力为 600kt/a[3]。

1983 年，石油三厂开始建设一套采用法国 IFP 专利技术的连续催化重整装置。由国内承担工程设计，第一次在我国的连续重整装置上使用国产催化剂，有 96%以上的设备由国内自行制造。这套装置于 1990 年 8 月试车投产一次成功，这套装置也是我国第一套采用法国 IFP 专利技术的连续催化重整装置[3]。

1985 年 3 月，上海金山石化 400kt/a 连续催化重整装置投产，这是我国引进的第一套连续催化重整装置[3]，采用 UOP 公司第一代重叠式常压催化剂连续再生技术生产芳烃，重整反应压力 0.8MPa。1998 年改造为 500kt/a 处理能力。

1988 年底，我国第一套末反再生技术的催化重整装置在克拉玛依炼油厂投产。加工直馏宽馏分原料，处理能力为 30kt/a，生产 RONC 85 的产品。这套装置也是我国唯一的末反再生技术的催化重整装置[3]。

1989 年，我国自行设计的第一套以环丁砜为溶剂的 200kt/a 的抽提装置在锦州石油六厂建成投产[3]。

在这个时期投产的半再生装置有 7 套(天津、锦西、镇海、克拉玛依、吉林、泽普、乌鲁木齐和锦州），总加工能力为1.28Mt/a。投产的连续重整装置只有上海金山石化的400kt/a装置[3]。

（4）20世纪90年代，催化重整进入大发展时期，连续重整装置迅速发展

为了满足生产高辛烷值汽油和增产芳烃与氢气的需要，90年代以后，我国催化重整进入了大发展时期，尤其是连续重整装置迅速发展。同期开始设计和建设芳烃联合装置[3]。

20世纪90年代末，我国共有催化重整装置51套，总加工能力为15.65Mt/a，其中半再生重整装置39套，总加工能力为7.75Mt/a；连续重整装置12套，总加工能力为7.90Mt/a，超过半再生重整装置的总加工能力，占51套催化重整装置总加工能力的50.47%[3]。

90年代，扬子石化、广州石化、石油三厂、洛阳炼厂、辽阳化纤、吉林石化、镇海炼厂、燕山石化、金陵石化、高桥石化、兰州石化先后投产了11套连续重整装置，总加工能力达7.30Mt/a。其中属于UOP公司常压再生技术的2套，加压再生技术的4套，CycleMax技术的3套。属于IFP(Axens)分批再生技术的2套，RegenB技术的1套。在此期间在引进专利技术的同时，工程设计和工程承包均由国内承担[3]。

90年代，我国开始建设辽阳二期芳烃联合装置，包括石脑油加氢、催化重整、芳烃抽提、歧化、异构化、二甲苯分馏和吸附分离等7套装置组成的联合装置[3]，年产250kt对二甲苯、20kt邻二甲苯和120kt苯。联合装置中的7套装置分别采用美国UOP公司的连续重整一代再生技术、环丁砜法的芳烃抽提技术[3]、Isomar异构化技术、Tatoray歧化技术和Parex二甲苯分离技术，共有各类设备921台，控制回路378个。在此之前，辽阳化纤、天津石化、金山石化、扬子石化和齐鲁石化曾先后建设了同类装置，一般采用80年代后期技术，而且均由国外工程公司提供工程设计，国外承包商提供承包。而辽阳化纤的芳烃联合装置，则由国内承包，大部分设备均由国内自行制造，装置于1996年8月一次投产成功，对二甲苯的产品纯度达99.9%，邻二甲苯产品纯度达99.20%，苯的冰点5.46℃，达到同期同类型的联合装置中的领先水平[3]。

这个时期还分别开始建设了天津石化和洛阳石化的芳烃联合装置。

（5）21世纪初，我国自行开拓创新的催化重整工艺相继投入工业应用

"掌握连续重整成套技术，提升我国石油炼制与石油化工行业的竞争力"一直是我国石化行业领导和科技人员的目标。鉴于连续重整成套技术难度大，涉及的核心技术较多的具体情况，降低研究开发与工业应用的风险，确定了对核心技术逐项突破与创新，分步工业实施，最后技术集成的总体研究开发思路。即首先实现核心技术催化剂的突破与创新，开发高性能连续重整催化剂；其次攻克现有工艺技术不足，形成独特的连续再生工艺；接着开发配套的专用设备、控制技术、工程模型等工程技术；最后对多项核心技术进行集成，形成具有自主知识产权的"超低压石脑油连续重整成套技术"[31,32]。

自20世纪90年代初，中国石化组织石油化工科学研究院（简称RIPP）进行连续重整催化剂及工艺技术的研究[24,30~49]，开发了重整反应工艺模型、低压组合床工艺[42]等，并在反应工艺、再生技术与再生器等方面形成了多项专利技术。洛阳石油化工工程公司（简称LPEC）在连续重整的再生工艺、设备、控制技术等方面进行了研究开发[50~54]，并形成了多项专利技术。

2002年3月，LPEC和RIPP联合开发的"低压组合床技术"在中国石化长岭分公司获得成功工业应用[54]。重整加工能力为50kt/a，一反和二反采用固定床半再生重整工艺，使用

高活性、高稳定性的铂铼重整催化剂；重整三反和四反采用移动床连续重整工艺，使用高选择性、高水热稳定性的铂锡重整催化剂；设置催化剂连续再生系统对重整三反和四反的催化剂进行连续再生。低压组合床重整工艺流程见图1-2-6。该技术的重整生成油收率可提高3.0%以上，芳烃收率提高2%~3%，氢气产率明显提高。

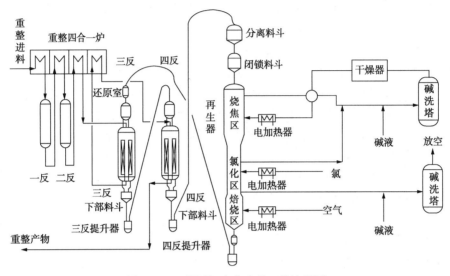

图1-2-6　低压组合床重整工艺流程图

2005年7月，"国产连续重整成套技术"在中国石化洛阳分公司700 kt/a连续重整装置改造中得到成功应用[47]。与低压组合床重整工艺相比，连续再生重整工艺实现了四台重整反应器内催化剂全部连续移动及运行；降低了重整反应压力，平均反应压力由0.90MPa降低至0.62MPa；装置规模得到提高，尤其是再生规模（催化剂循环量），由260kg/h提高到500kg/h。

由于洛阳分公司700kt/a连续重整装置受到设备利旧等的限制，改造后装置的反应压力为0.68MPa，较高的压力不利于重整反应的进行，导致重整液体收率、芳烃产率及氢气产率等指标均未达到超低压连续重整的水平。

针对上述不足，LPEC和RIPP联合开发了具有自主知识产权的"国产连续重整成套技术"，主要技术创新表现在：通过对反应规律的研究，提出了"依据目标芳烃产物和辛烷值收率最大化原则进行芳烃型和汽油型装置设计"的理念；通过重整反应器优化布置，解决装置大型化引起的反应器制造、运输、安装和维护等难题，降低了制造及安装的难度，同时易于操作及维护；通过再生器内网结构的新设计，避免了热应力造成的再生器内构件损坏，使内构件安装、更换更加方便；开发了再生循环气固体脱氯技术，解决了氯腐蚀、碱腐蚀及堵塞等问题；通过优化焙烧区和氯化区放空气体流程，解决了氯化电加热器因气流量过低导致联锁的问题，实现了催化剂的低烧焦；在新型闭锁料斗控制系统的开发中，通过采用新的硬件平台及功能更强大的监控软件使操作的可靠性、安全性及灵活性进一步提高，通过增设催化剂循环量标定程序使催化剂循环量更精准，通过增加闭锁料斗控制系统使运行更安全；开发了"硫化-脱硫"专利技术，解决了"装置无硫结焦-催化剂有硫中毒"的难题[30~32]。

2009年，"石脑油超低压连续重整成套技术"开始在中国石化广州分公司新建1.0Mt/a连续重整装置上开始工业应用。采用了最低的重整反应压力（平均反应压力0.35MPa、重整气液分离器压力 0.25MPa）。连续重整部分工艺流程示意图如图 1-2-7 所示[55]。

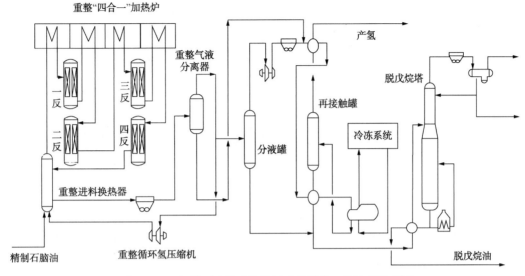

图 1-2-7　超低压连续重整装置重整部分工艺流程示意图

　　为了引领连续重整工艺技术的发展方向，中国石化工程建设公司与 RIPP 开展了与传统理念不同的"逆流连续重整工艺"，该技术与现有连续重整技术的不同之处，主要是改变了催化剂在反应区的流动方向。催化剂在反应区循环输送方向与反应物料的流动方向相反，即催化剂为逆流输送。

　　逆流连续重整工艺的研发思路主要解决了传统催化重整工艺催化剂的活性与催化重整反应不匹配的难题。催化重整主要反应速率顺序为：环烷脱氢 >> 异构化 > 烷烃脱氢环化 > 加氢裂化和氢解。第一反应器中主要进行以环烷脱氢为主的反应；而在最后一个反应器中主要进行裂解和烷烃脱氢环化反应。传统连续重整工艺的催化剂积炭、活性及反应的关系如下[55]：

　　为解决上述不匹配的问题，连续重整工艺采用催化剂逆流输送方式，催化剂从第四反应器向第一反应器移动，催化剂积炭、活性及反应的关系如下：

逆流连续重整工艺的重整反应物料及催化剂流向见图 1-2-8[55]。

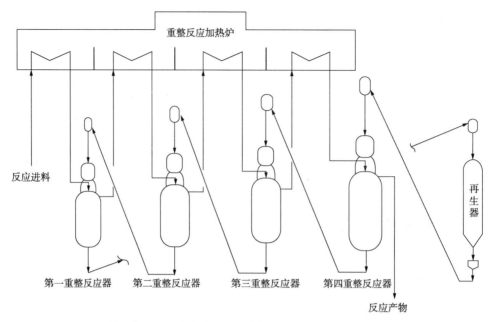

图 1-2-8　逆流连续重整反应物料和催化剂流向示意图

2013 年，国内外首套采用逆流连续重整工艺、规模为 600kt/a 的连续重整装置在中国石化建成投产。该装置以直馏及焦化加氢石脑油为原料，采用国产 PS-Ⅵ连续重整催化剂，生产高辛烷值汽油调和组分并副产氢气。该装置投产后运行平稳，操作状况良好[56]。

第三节　催化重整的地位与作用

催化重整过程是以辛烷值较低（RON 为 30~60）的石脑油为原料生产高辛烷值汽油和芳烃的过程，同时副产廉价的氢气和液化气。近代石油化工工业中，催化重整过程主要生产车用汽油调和组分和基本有机化工原料——苯、甲苯和二甲苯（BTX），成为现代炼油和石油化工工业中主要加工工艺之一。催化重整过程生产的汽油具有辛烷值高、烯烃含量低和硫含量低的特点，对提高调和汽油质量的作用很大；催化重整过程生产的芳烃——苯、甲苯和二甲苯，占世界芳烃总生产量的 70% 左右，芳烃又是石油化工基本原料，所以在石油化工型炼油厂内，催化重整过程也占有十分重要的地位；随着环境保护要求的日益严格，炼厂加氢装置的建设越来越多，对氢气的需求日益增加，作为廉价氢源供应者的催化重整装置也就倍受人们重视。

一、催化重整过程在炼油厂总流程的位置和作用

催化重整过程的产品主要是高辛烷值汽油组分和芳烃，同时副产氢气。在各个历史时期其目的产品也不相同。二次世界大战期间，主要用于生产军用的甲苯和航空汽油。现阶段主要生产高辛烷值汽油和芳烃。预计未来炼油厂结构中，催化重整是生产高辛烷值汽油和芳烃的主要过程之一，副产的氢气是炼油厂氢源的重要来源。

随着原油性质变重、变劣，原油价格上涨，汽、柴油需求增长和燃料油需求下降，发动

机排放尾气对环境污染日趋严重，各国对油品的质量，特别是汽、柴油质量提出了严格要求，相应地增加了加氢处理装置外，还增加烷基化和异构化等装置，因而炼油厂加工流程的复杂程度有所增加。

在现代炼油厂中，催化重整过程除用于提高汽油质量外，另一种重要作用就是为各种加氢装置提供廉价氢气。一般燃料型炼油厂是最大量地生产高辛烷值汽油调和组分。石油化工型炼油厂在增加催化重整苛刻度的同时，最大量地生产芳烃[23,57]。随着移动源大气毒物规范（Mobil Source Air Toxcis，MSAT）第二阶段的颁布和实施，有些石油公司在炼油厂总流程设计中组合了从重整生成油降低苯含量的工艺装置[58,59]。图1-3-1为21世纪初美国海湾沿岸炼油厂的典型流程[60]。

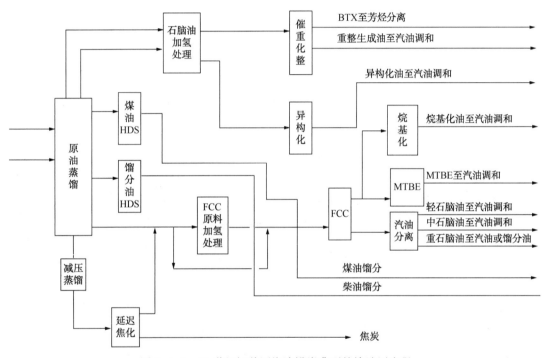

图1-3-1　21世纪初美国海湾沿岸典型的炼油厂流程

二、催化重整过程在清洁汽油生产中的作用

一般车用汽油的调和组分有：直馏汽油、重整汽油、催化裂化汽油、热加工汽油（主要是焦化汽油）、加氢裂化汽油、烷基化油、异构化油、叠合汽油、MTBE和丁烷等组分。

（一）催化重整汽油是主要的车用调和汽油组分之一

表1-3-1～表1-3-3分别为北美和欧洲汽油调和组分的构成[61,62]、美国汽油组成[27,61,63,64]、我国车用汽油调和组分的构成[63~65]。

表1-3-1　北美和欧洲汽油调和组分的构成　　　　%

汽油调和组分	世界范围总和	北美	东/西欧
占总产量	100.0	40.0	38.0
FCC　C6+	26.0	27.0	22.0

汽油调和组分	世界范围总和	北美	东/西欧
FCC C_5	8.0	10.0	6.0
重整汽油	33.0	29.0	41.0
烷基化油	8.0	13.0	4.0
叠合/二聚	0.8	1.0	1.0
加氢裂化汽油	2.0	3.0	3.0
C_5/C_6异构化油	6.0	6.0	9.0
直馏汽油	9.0	4.0	8.0
丁烷	5.0	5.0	5.0
MTBE	1.0	1.3	0.8
ETBE	0.1	/	0.1
TAME	0.1	0.1	0.3
乙醇	0.9	1.4	0.5
总计	100.0	100.0	100.0

从表1-3-1中可见，由于各国家和地区的环境不同，生产的汽油调和组分和调和汽油组分构成也不相同。北美和东/西欧的汽油量分别占世界总汽油量的40%和38%；在调和汽油组分的构成中，北美和欧洲重整汽油占调和组分比例分别为29%和41%。

表 1-3-2 美国汽油组成 %

项目	1979 年	1988 年	1995 年	2004 年	2010 年
丁烷	6.00	7.00	5.50		
催化重整汽油	12.00	35.20	33.50	31.00	24
轻直馏馏分	12.00	3.00		8.00	
异构化油		5.00	10.00	7.00	
催化裂化汽油	35.00	33.00	34.50	23.00	38
加氢裂化汽油	3.00	2.00	1.50	13.00	
焦化汽油	2.00	0.60			
烷基化汽油	10.00	11.20	12.50	13.00	19
MTBE		2.50	2.50		
异辛烷/异辛烯				5.00	19

表 1-3-3 我国汽油调和组分的构成

项目	1985 年	1995 年	2003 年	2010 年
直馏汽油	24.05	16.10	9.80	
催化裂化汽油	66.00	73.96	74.10	68.7
催化重整汽油	1.20	6.55	14.60	17.7
烷基化油	0.61	0.25	0.40	0.3

续表

项 目	1985 年	1995 年	2003 年	2010 年
加氢裂化汽油	0.38	0.97		
焦化、热裂化汽油	6.81	0.80		
芳烃	0.19	0.60		
MTBE	1.07	1.82	1.10	

从表 1-3-2 和表 1-3-3 中可以看到，美国汽油组成以催化裂化汽油和催化重整汽油为主，其中催化裂化汽油已由 1979 年的 35.00%降至 2004 年的 23.00%，而催化重整汽油的比例从 1979 年的 12.00%升至 2004 年的 31.00%，催化裂化汽油和催化重整汽油在调和组分约各占 1/3 左右，烷基化油和异构化油各占 1/10，且异构化的比例呈上升趋势。

我国调和汽油组分中，以催化裂化汽油为主，其比例太高，2003 高达 74.1%。尽管因其硫含量和烯烃含量较高，催化裂化汽油比例逐渐下降，到 2010 年仍然高达 68.7%；催化重整汽油的比例逐渐增加，到 2010 年已经上升到 17.7%。

（二）催化重整汽油是理想的车用汽油调和组分

表 1-3-4 列出了各种车用汽油调和组分的性质[23]。由表中可见，催化重整汽油组分具有辛烷值高（RON 为 95～106）、烯烃含量低（0.1%～0.6%）、芳烃含量较高（55%～80%）和基本不含硫、氮、氧等杂质，而且重整汽油安定性好等特点，是十分理想的车用汽油调和组分。

表 1-3-4 部分典型汽油组分的性质

项 目	芳烃/%（体）	苯/%（体）	烯烃/%（体）	RON	雷氏蒸气压/psi（表）
FCC 汽油	25～35	0.51	20～40	92	5
催化重整汽油	60～70	0.55+	1	94～102	3
烷基化汽油	0	0	0	97	5
轻直馏汽油（C_5/C_6）	1～10	1～10	0	65～70	11
异构化汽油	0	0	0	81～90	13
正丁烷	0	0	0	93	52
MTBE	0	0	0	118	9
乙醇	0	0	0	132	11
汽油池目标	30+	0.62	0	94±	6～9

注：1psi=6894.757Pa。

1. 催化重整汽油辛烷值高，是调和汽油辛烷值的主要贡献者

催化重整过程中，C_{5+}重整油辛烷值与所采用的工艺条件、操作苛刻度、催化剂性能、原料油组成等均有关系。一般半再生重整汽油的研究法辛烷值可达 90 以上，连续重整汽油的研究法辛烷值可达 95 以上。重整汽油的辛烷值可以根据需要进行调节，大大增加了生产的灵活性，这也是相比其他炼油工艺（如催化裂化、烷基化、异构化等）的优势。表 1-3-5 表示典型的半再生式催化重整和连续半再生式催化重整汽油的性质[3]。

表 1-3-5　催化重整汽油的性质[③]

馏程/℃	半再生式催化重整[①]					连续再生式催化重整[②]				
	IBP	10%	50%	90%	EBP	IBP	10%	50%	90%	EBP
	54	74	113	153	188	42	71	114	180	190
辛烷值										
RON	98.0					100.3				
MON	87.5					89.8				
(R+M)/2	92.8					95.1				
烯烃	<0.5%					0.97%[1.01%(体)]				
硫/(μg/g)	<1					<1				

① Pt/Re 催化剂，反应条件：$WABT=495.1℃$，$LHSV=2.0h^{-1}$，$p=1.8MPa$，C/HC=1390(体)，原料油为大庆 80～180℃ 直馏汽油，P/N/A=52.0/45.2/2.8

② Pt/Sn 催化剂，反应条件：$WABT=497.5℃$，$LHSV=2.3h^{-1}$，$p=0.88MPa$，C/HC=3.1(摩尔)，

③ 原料油为中东 78～169℃ 直馏汽油，P/N/A=61.57/28.82/9.53。

2. 催化重整汽油对调和汽油的降烯烃作用大

催化裂化汽油是炼油厂调和汽油中的主要组分，其烯烃含量一般在 30%～45%，重油催化裂化甚至高达 50% 以上，不能满足汽油规格要求。从表 1-3-5 可见，无论是半再生式催化重整还是连续再生式催化重整，其重整汽油烯烃含量都很低，一般不高于 2%。因此，催化重整汽油作为车用汽油调和组分，可大幅度地降低成品油中的烯烃含量。

我国炼油厂汽油的生产是以催化裂化装置为主，因此用催化重整汽油来降低调和汽油中的烯烃含量尤为重要。

3. 催化重整汽油的硫含量很低，对调和汽油的降硫作用大

催化重整汽油的硫含量一般不高于 $1μg/g$。重整汽油作为车用汽油调和组分，可大幅度降低成品汽油中的硫含量。

4. 催化重整汽油的辛烷值分布与催化裂化汽油恰好相反，二者可以改善汽油辛烷值分布

车用汽油的辛烷值分布不良会导致汽车的使用性能变差，污染物排放增加。所谓辛烷值分布，指的是汽油的<100℃馏分(俗称头部馏分)和>100℃馏分油的辛烷值情况。汽油辛烷值分布的好坏，以其各段馏分辛烷值与全馏分油辛烷值差异的大小来衡量，汽油头部馏分与全馏分油的辛烷值差值小则辛烷值分布好。表 1-3-6 比较了大庆 VGO 催化裂化汽油和大庆宽馏分催化重整的辛烷值分布[3]。

表 1-3-6　催化裂化汽油和催化重整汽油的辛烷值分布比较

项　目	大庆 VGO 催化裂化汽油		大庆宽馏分催化重整汽油	
	MON	RON	MON	RON
A(<100℃馏分)	79.9	91.6	70.0	72.0
B(>100℃馏分)	74.7	82.1	93.5	102.5
C(全馏分)	78.2	87.1	86.0	97.0
$Δ_1=A-C$	+1.7	+4.5	-16.0	-25.0
$Δ_2=B-C$	-3.5	-5.0	+7.0	+5.0

表 1-3-6 说明，催化重整汽油的头部馏分辛烷值较低，后部辛烷值很高，与催化裂化汽油恰好相反。因此，将两者按适当比例掺入汽油中，可改善成品汽油的辛烷值分布。

三、催化重整过程在石油化工一体化中的地位和作用

芳烃是石油化学工业的重要基础原料，在总数约为 800 万种的已知有机化合物中，芳烃化合物约占 30%左右，其中 BTX 芳烃（苯、甲苯和二甲苯）被称为一级基本有机化工原料。

随着人们生活水平的提高和科学技术的进步，促进了以芳烃为基础的化学纤维、塑料、橡胶等合成材料以及溶剂、农药、染料、涂料、添加剂等有机合成中间体等生产的迅速发展。其中，苯主要用于生产乙苯、异丙苯和苯乙烯等，甲苯用作汽油组分和溶剂，也可经脱烷基制苯和歧化制苯和二甲苯的原料。二甲苯中的对二甲苯用量最大，是生产对苯二甲酸（PTA）和聚对苯二甲酸二甲酯（PMT）的主要原料；邻二甲苯是生产增塑剂、醇酸树脂、不饱和聚酯树脂的原料；间二甲苯经异构化可生产对二甲苯，也可氧化为间苯二甲酸等。

表 1-3-7 为世界苯和对二甲苯需求量增长速度与世界生产总值提高速度的关系[3]。从表中可见，在各个时期，苯和对二甲苯需求的增长速度高于世界同期生产总值的增长速度。

表 1-3-7　世界苯和对二甲苯需求量增长速度与世界生产总值增长速度的关系　　　　%

项　　目	1970~1980 年	1980~1990 年	1990~2000 年	2000~2010 年
世界生产总值增长	3.6	2.7	2.7	2.8
世界苯需求量增长	4.8	3.0	2.8	3.1
世界对二甲苯需求量增长	9.3	7.0	4.5	3.5

BTX 芳烃主要来自石脑油催化重整生成油和裂解汽油，少部分来自煤焦油。表 1-3-8 为重整生成油和产品中各种芳烃的组成[3]。由于重整生成油中的芳烃组成和芳烃之间供需关系的不同，近年来通过轻质芳烃芳构化及重芳烃轻质化来生产 BTX 技术得到迅速发展。为了满足各种芳烃不同需要，相应发展了芳烃间的转化和分离技术，芳烃生产的生产链也有所延长。

表 1-3-8　重整生成油和产品中芳烃的组成　　　　%（体）

组　　分	重整生成油	产品	组　　分	重整生成油	产品
苯	1~4	3~10	混合二甲苯	3~8	16~33
甲苯	3~7	14~27	C_9+芳烃	2~7	10~22

（一）催化重整过程是芳烃的主要来源

1. 苯

在典型的重整生成油中，苯含量为 7%~9%（体）。由于苯与 C_6~C_7 非芳烃沸点相近，用传统方法不能生产出纯苯，只能用溶剂抽提的方法，一般从芳烃抽提生产的苯纯度可达99.9%。世界苯产量的主要来源为乙烯副产和催化重整装置，分别占 38%和 36%[66]。

图 1-3-2 为世界纯苯生产与消费趋势[66]。从图中可见，全球纯苯的产能增长已进入慢速增长期，产能和消费的增速有震荡放缓的趋势。产能年均增长约为 3%，消费年均增长为4%，产能的年均增长率比消费大约低 1 个百分点。

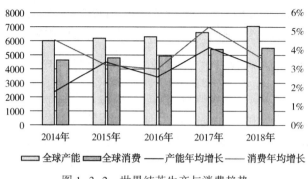

图 1-3-2　世界纯苯生产与消费趋势

2. 甲苯

19 世纪后期，甲苯主要由焦化副产中回收。第二次世界大战期间，以甲苯为原料生产的三硝基甲苯(即 T. N. T)需求量剧增，甲苯的来源转为用石油为原料生产。到 20 世纪 50 年代，甲苯的主要来源已转为催化重整和烃类裂解。各国由石油生产的甲苯途径不尽相同，美国主要来源于催化重整生成油，而西欧和日本则主要来源是裂解汽油。

随着炼油产业的扩张，世界甲苯产能增速加快。表 1-3-9 表示 2018 年世界各地区甲苯供需状况[67]。2018 年全球甲苯产能为 42090kt/a、产量为 27270kt，分别比上年增长 3.6%、208%，见表 1-3-9；装置平均开工率为 64.8%，较上年下降 0.5 个百分点。受中国石化产业投资热潮高涨影响，世界甲苯产能增速加快，预计到 2020 年全球甲苯产能将达到 45740kt/a，新增能力主要来自催化重整装置。甲苯的生产和消费主要集中在东北亚及北美地区。2018 年以上两个地区产能分别占世界总产能的 47.8% 和 16.6%；消费量分别占全球的 42.5% 和 21.8%。东北亚地区的甲苯供需增量占世界的 70% 以上，是全球产能增长最快的地区，产能占比从 2010 年的 42% 增长到 2018 年的 48%，年均增长率为 4.2%，产量年均增长率为 3.7%，需求量年均增长率为 4.0%。

表 1-3-9　2018 年世界各地区甲苯供需状况

地　　区	产能/kt	产量/kt	消费量/kt	地　　区	产能/kt	产量/kt	消费量/kt
非洲	163	76	121	北美	6996	5952	6187
中欧	552	430	425	东北亚	20125	11589	11714
独联体	1467	712	748	南美	1008	745	663
印巴	2346	1174	1579	东南亚	2828	2107	1648
中东	3962	2506	2477	西欧	2647	1978	1708

国内甲苯市场整体供过于求[67]。2018 年我国甲苯产能达到 12330kt/a，同比提高 4.5%；产量为 7150kt，同比提高 8.5%，开工率为 58.0%。近年我国甲苯产能产量情况见表 1-3-10。国内甲苯多数用于调油、歧化及溶剂涂料等领域。经过 2008~2012 年产能的飞速扩张，我国甲苯市场供应能力大幅提升，但也造成了供应过剩，整体开工率不高。整体来看，我国甲苯的需求增速明显慢于供应增速，未来新扩建速度将逐渐放缓，多数装置将直接或间接配套下游 PX 装置。

表 1-3-10 我国甲苯产能产量情况

年 份	产能/kt	同比/%	产量/kt	同比/%	产能利用率/%
2018	12330	+4.5	7150	+8.5	58.0
2017	11790	+30.3	6590	+27.4	55.9
2016	9050	+7.3	5170	-14.0	57.1

3. C_8 芳烃和对二甲苯

C_8 芳烃有三种异构体——邻二甲苯、间二甲苯、对二甲苯，是 C_8 芳烃的主要成分，主要用于高辛烷值汽油调和组分或溶剂，也是有机化学工业的重要原料。C_8 芳烃主要来源于催化重整、热裂解汽油，其次是甲苯歧化/烷基转移及煤焦油等。各种来源的 C_8 芳烃见表 1-3-11[17]。

表 1-3-11 不同来源的 C_8 芳烃组成 %

组 分	催化重整	裂解汽油	苯歧化	炼焦副产粗苯
邻二甲苯	20	15	24	20
间二甲苯	40	40	50	50
对二甲苯	20	15	26	20
乙苯+苯乙烯	15(乙苯)	30	—	10

各种来源的 C_8 芳烃，基本处于平衡状态，而需求量最大的对二甲苯在催化重整生成油的 C_8 芳烃混合物中仅为 20%，因此，进行芳烃之间的转化和分离来增产对二甲苯。

当 C_8 芳烃通过分离方法分离出对二甲苯、邻二甲苯或间二甲苯后，其他异构体可通过二甲苯异构化方法，将非平衡组成的 C_8 芳烃混合物转化为平衡组成，这是有效地增产对、邻或间二甲苯的有效方法。

对二甲苯作为炼油和化工的桥梁，既是芳烃产业中最重要的产品，亦是聚酯产业的龙头原料。近年来，我国对二甲苯始终保持供不应求的局面，图 1-3-3 为 2012~2019 年中国对二甲苯行业产量及增长情况。截至 2019 年，我国对二甲苯新增产能实现增长，产量达到 14640kt，同比增长 43.1%[68]。

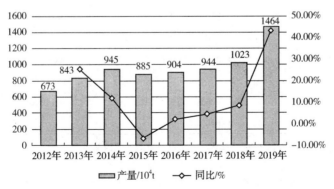

图 1-3-3 2012~2019 年中国对二甲苯行业产量及增长

图 1-3-4 给出了 2012~2019 年中国对二甲苯行业需求量及增长情况。由此可见，我国对二甲苯需求量不断增长，截至 2019 年需求量达到 29620kt，同比增长 13.3%。

由于我国自身产能远远不能满足需求，2015~2018 年我国对二甲苯进口量逐年增长，

2018 年对二甲苯进口量达到 15908.4kt，进口金额达到 168.84 亿美元，2019 年我国对二甲苯进口量有所下降，降至 14978.3kt。截至 2020 年 1 - 10 月，我国对二甲苯进口量为 11725.9kt，进口金额为 1172.59 亿美元。

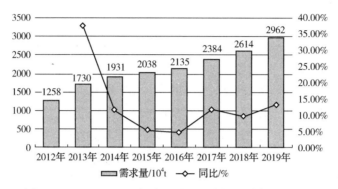

图 1-3-4　2012-2019 年中国对二甲苯行业需求量及增长

（二）催化重整工艺在石油化工一体化生产链中的作用

1. BTX 的回收和转化的增值效益

美国斯坦福研究所曾指出：如 1t 原油直接作为燃料，仅产生 100 的价值；如用于生产油品，价值为 226；加工成有机合成原料，则价值为 1470；如再进一步生产精细化学品，还能增值 200 多倍。美国商业部曾统计：1 美元的石化产品在经深加工之后，一般可增值到 100~500 美元。炼油业只有向石油化工一体化方向发展，才能走出目前的低利润困境，提高经济效益。

美国 Flour 公司研究指出：催化重整装置获得高氢产率的同时也获得高产率的 BTX 芳烃。可将它们从重整生成油中抽出，作为石化原料，生产对二甲苯、苯乙烯、苯酚及其衍生物，其增值范围差异也较大，如表 1-3-12 所示[69]。

表 1-3-12　重整生成油中 BTX 芳烃回收和转化的增值效益①

可能产品	产能②/(kt/a)	增值③范围/(美元/t)	可能产品	产能②/(kt/a)	增值③范围/(美元/t)
苯	140~320	200~250	聚苯乙烯	180~420	750~1000
甲苯	120~140	190~250	异丙苯	190~460	200~300
混二甲苯	280~500	150~250	苯酚	160~380	400~500
对二甲苯	400~450	250~400	丙酮	100~230	150~250
邻二甲苯	10~450	250~300	双酚 A	180~440	750~850
乙苯	190~440	250~300	环己烷	140~320	150~200
苯乙烯	180~420	450~650			

① 以 10.00Mt/a 炼油厂配套 17.2kt/a 催化重整、2.50Mt/a FCC 装置为基础。

② 产能指单项产品最大能力。

③ 增值指产品价格超过作为燃料的原料价格。增值仅为典型值，因地区而异。

2. 芳烃回收和转化在石油化工一体化中的经济效益

美国 Bechtel 石油化学公司技术执行董事长 R. Ragsdale 和能源咨询专家 C. L. Emy 利用工艺工业模型系统(PIMS)及室内数据和估算技术，对中东项目(炼油厂的芳烃和烯烃的回收和转化应用)进行了经济性分析，其结果充分反映了炼油厂的芳烃和烯烃回收和转化应用或炼油厂和石油化工一体化的经济效益和优点。

方案研究以 5.00Mt/a 炼油厂为基础进行研究，各种情况组合如下：

方案 A：5.00Mt/a 炼油厂；

方案 B：方案 A+730kt/a 混合二甲苯装置；

方案 C：方案 B+510kt/a 对二甲苯装置；

方案 D：方案 C+450kt/a 乙烯装置；

方案 E：方案 D+460kt/a 聚乙烯装置；

方案 F：方案 E+220kt/a 聚丙烯装置。

各种方案的经济性预测列于表 1-3-13 中[70]。

表 1-3-13　炼油厂芳烃利用的经济性

项　　目	方案 A	方案 B	方案 C	方案 D	方案 E	方案 F
装置组成	炼油厂	A+BTX	B+PX	C+乙烯	D+PE	E+PP
投资/(亿美元)	11.2	14.0	18.0	24.0	26.0	27.1
净收益/(亿美元/年)	2.24	3.60	5.60	6.80	8.60	9.34
内部收益率/%			23.0			
投资回收期/年	5.0	3.8	3.1	3.5	3.0	2.9

由于方案 D、E、F 涉及烯烃的回收和转化利用，暂且不讨论。从表 1-3-13 可见，从方案 A 到 C，投资由 11.2 亿美元增加到 18.0 亿美元，提高了 1.6 倍。但年净收益则由 2.24 亿美元/年增加到 5.60 亿美元/年，提高了 2.5 倍。而投资回收期从 5.0 年降低到 3.1 年，几乎减少了近 2 年。

3. 催化重整工艺在石油化工一体化生产链上的作用

现代的炼油工业已逐渐形成三大生产链分支，分别为：汽油、煤油、柴油和润滑油等生产链；乙烯、基本有机原料和合成材料等生产链；PX、PTA（PET）瓶级树脂薄膜等生产链[3]。

美国 UOP　LLC 公司利用炼厂复杂系数和物流方向分析了炼油厂和石油化工厂一体化的可能性和层次。研究指出：炼厂中的催化重整装置生产的 BTX，正好是下游石油化工的极好原料，而化工产品最大的可变成本是原料，通过一体化，可以优化原料以及派生出中间产品和最终产品，使之成为高价值产品以提高利润。

催化重整装置生产的苯和 FCC 装置的丙烯可直接转化为高价值的异丙苯。或在催化重整装置之后增加甲苯脱烷基和二甲苯异构化装置，以生产异丙苯和邻二甲苯，这两种产品市场需求量大，而且比甲苯作为辛烷值调和组分的效益显著增值。或将炼厂催化重整装置的重整生成油集中在一起，送至更大规模的 BTX 抽提装置；或与其他物料(如已处理过的裂解汽油)合在一起进行抽提，然后作为一个规模化、一体化的生产烯烃和芳烃的组合石油化工厂，以生产对二甲苯，供作聚酯纤维原料。由于合成纤维的需求在全球呈两位数字增加和其价格因素，效益可观[33]。图 1-3-5 为催化重整工艺在石油化工一体化价值链上的作用[3]。

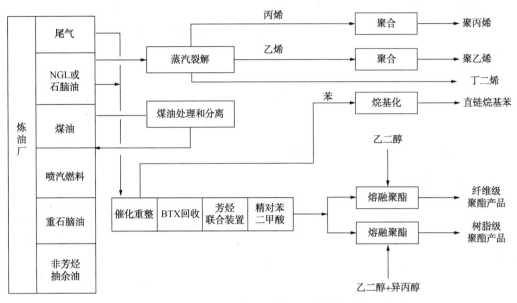

图 1-3-5　催化重整工艺在石油化工一体化生产链上作用

四、催化重整工艺过程的副产氢是加氢工艺过程的重要氢源

催化重整工艺过程除了生产高辛烷值汽油和芳烃之外，还副产大量氢气，炼油厂为提高油品质量，需要建设加氢装置，氢气的需求量随之增加，催化重整氢气是炼油工业加氢过程的主要氢源。据斯坦福国际研究学会(SRI)报告，全球石油化工过程所需要的氢气约50%以上来自催化重整装置，其中美国和西欧约60%及50%的氢气来自催化重整装置。

（一）催化重整工艺过程是炼厂和石油化工厂重要的副产氢气生产装置之一

1. 催化重整过程副产氢气产率最高

表 1-3-14 为炼厂和石油化工厂各工艺过程副产氢气的产率[71]。从表中可见，催化重整工艺过程副产氢气产率较高。

表 1-3-14　炼厂和石油化工厂工艺装置的氢气产率

工艺过程	产率(占进料的质量分数)/%	工艺过程	产率(占进料的质量分数)/%
半再生式催化重整	2.0~2.5	柴油裂解制乙烯副产氢气	0.58
连续再生式催化重整	3.5	加氢尾油裂解制乙烯副产氢气	0.46~0.69
催化裂化	0.1	乙烷裂解制乙烯副产氢气	3.86~5.0
石脑油裂解制乙烯副产氢气	0.76~0.89		

2. 重整副产气体中氢气含量最高

炼厂低浓度氢气主要来源有催化重整装置、加氢装置、催化裂化装置和延迟焦化装置的副产气体，表 1-3-15 为几种含氢气体的组成[71]。从表中可见，催化重整副产气体中氢含量最高，一般为65%~90%(体)。

表 1-3-15 各装置副产气体的组成 %(体)

组 成	催化重整装置	催化裂化装置	加氢装置	延迟焦化装置
H_2	65~90	5~20	40~65	6.1
CH_4	4~10	10~50	20~35	31.9
$C_2H_4 + C_2H_6$	4~10	40	0~5	26.8
$C_3H_6 + C_3H_8$	2~6	10~30	0~3	20.5
C_4+	2~10	0~19	0~1	12.2

从各装置副产的气体中回收低浓度的氢气，一般有变压吸附(PSA)工艺、膜分离工艺和深冷分离工艺三种。由于这些回收工艺的投资远比新建制氢装置低(可低至 1/10 左右)，且操作简单，因此在炼厂中应用越来越广泛。据统计在过去 5 年中，由各种副产气体中回收的氢气约占总产氢量的 30% 左右。以美国和西欧为例，几乎有近 $100 \times 10^4 Nm^3/h$ 的氢气来自炼厂副产气体的提浓装置。

(二)催化重整过程的操作工况决定了副产氢气的产率

催化重整氢气产率与工艺类型、操作条件、原料组成、催化剂性能等密切相关。图 1-3-6 给出了氢产率与 C_5+ 重整油辛烷值(RONC)的关系，图 1-3-7 给出了氢产率与反应压力及 C_5+ 重整油辛烷值的关系[16]，表 1-3-16 给出了半再生与移动床催化重整装置的氢产率和氢纯度的比较[3]。

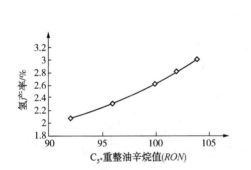

图 1-3-6 氢产率与 C_5+ 重整油辛烷值(RON)的关系

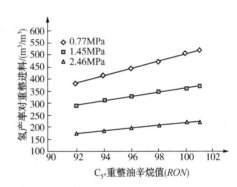

图 1-3-7 氢产率与反应压力、C_5+ 重整油辛烷值的关系

表 1-3-16 半再生与移动床催化重整装置的氢产率和氢纯度的比较

	半再生式催化重整	移动床催化重整
原料组成(P/N/A)/%	64/30/6	64/30/6
处理量/(kt/a)	600	600
C_5+ 产品辛烷值(RONC)	98	102
平均反应压力/MPa(表)	1.5	0.35
反应器入口温度/℃	500/500/510/510	325/325/525/525
氢油摩尔比	3.43/6.86	2.2
催化剂型号	GB-6/CB-7	GCR-100

	半再生式催化重整	移动床催化重整
催化剂再生规模/(kg/h)	-	500
$C_5{}_+$液体收率/%	85.93	87.56
芳烃产率/%	61.98	67.14
纯氢产率/%	2.85	3.69
产氢纯度/%(摩尔)	91.00	92.7

由此可见，随着反应压力的降低及 $C_5{}_+$重整油辛烷值的增加，重整氢气产率增加。

根据催化重整装置的原料和产品不同和采用的工艺过程和催化剂型号的不同，产氢量也各不相同，一般折合每吨重整进料大约产 $250\sim400Nm^3$ 氢气，即按规模计算，300kt/a 半再生重整装置产氢为 $10000\sim12000Nm^3/h$，而 600kt/a 连续重整装置产氢约 $20000\sim37500Nm^3/h$，纯度约为 $85\%\sim92\%$。

半再生催化重整装置和连续催化重整装置的高压分离器的压力分别为 1.0~1.2MPa(表)和 0.7~0.23MPa(表)，而副产的重整氢是直接由高压分离器外送出装置，它将携带较多的轻烃，降低重整氢的纯度。一般工业上用再接触方式、膜分离方法和变压吸附法提纯重整氢气，提纯后氢纯度可达 $92\%\sim99\%$。其中应用最广泛的是变压吸附法，装置最大规模为 $116000Nm^3/h$。

第四节　催化重整技术的发展与展望

一、未来发展前景

(一)未来几十年内汽油仍是不可替代的车用燃料

进入 21 世纪，全球不断改进传统汽油和柴油燃料使资源和环境和谐。但由于石油是不可再生的资源、空气质量变劣、石油价格上扬和对石油产品需求上升以及石油贸易的增长，促使人们寻找新的石油资源和开发代用燃料。

美国 AIChE 的替代燃料工作组报告中指出：在可以预见的未来，虽然美国将仍然依赖石油产品，但出现可以补充或替代传统的汽油和柴油的燃料是可能的。

确定替代燃料(ATFs)的可行性要考虑燃料费用、交通工具费用、能源依赖性、净能源效率、温室(非温室)排放、基础设施和驾驶性能等因素。目前已试验的 ATFs 有：醇类(甲醇、乙醇等)、气态烃(压缩天然气(CNG)、液化天然气(LNG)和液化石油气(LPG))、合成燃料、二甲醚(DME)、生物柴油和汽油、氢气、电力和燃料电池等。

在这些 ATFs 中，最容易投入使用的是 CNG 和 LPG。因为需要解决高压、低温的天然气液化问题，所以 LNG 不易使用。醇类燃料技术比较成熟，但甲醇的毒性和甲醇及乙醇的热值低，当乙醇汽油价格高于汽油价格，醇类燃料难于大范围推广应用。合成燃料、二甲醚和生物柴油的运用，则需要汽车业在 21 世纪使用混合动力系统。电动汽车的使用性能不如混合动力车。氢发动机的有效能源利用率不如 H_2-O_2 燃料电池[72,73]。

目前，在世界范围内各种 ATFs 均在不同程度和不同范围中逐步应用，且有一定的增长势头，如表 1-4-1 所示[74]。预计在未来 10~20 年内，气态烃和醇类燃料将会首先投入市场，合成燃料、二甲醚和生物柴油将主要用于混合动力车，燃料电池技术将取得明显的技术进步，并投入小批量生产。但没有一种 ATFs 无论就其价格、开车里程、能源效率、燃料特性、可靠性和储存运输形式可以与车用汽油和柴油相比拟。据法国 IFP 对世界能源发展趋势的研究的报告，替代燃料在发展，但其市场份额极小（见表 1-4-2）[74]，主要是替代燃料成本远高于传统的汽油和柴油。生物燃料比传统燃料成本（不含税）高 2~4 倍，氢气成本（包括生产成本和分销成本）则更高。对于目前在运输行业中仅少量应用的替代燃料，首先要解决的是降低 CO_2 和其他温室气体排放。为此，预计在未来 20 年内车用汽油仍将占主导地位。

表 1-4-1 技术比较成熟的代用燃料的综合评价指数[①]

项 目	指 数	备 注	项 目	指 数	备 注
乙醇	2.6		CNG	4.1	易投入使用
甲醇	3.1		LPG	4.0	易投入使用
电	3.2				

① 指数越大越好。

表 1-4-2 欧盟委员会提议的替代燃料推广进程[①]

项 目	2000 年	2005 年	2010 年	2020 年
石油基燃料合计/(Mt/a)	272	297	314	325
汽油	132	142	144	150
柴油	140	155	170	175
替代燃料合计/%	0	2	8	23
生物燃料		2	6	8
天然气			2	10
氢气				5

① 在欧洲，2000 年有少量乙醇和脂肪酸甲酯用作石油替代燃料，因所占比例甚小，忽略不计。

（二）催化重整汽油是清洁汽油不可缺少的车用燃料

在各种汽油的调和组分中，催化重整汽油由于其辛烷值高、烯烃含量少、硫含量低和辛烷值分布等特性，是优良的调和组分。尤其在当前，解决了因道路运输所造成的环境问题，改善了空气质量，以保持人们赖以生存的环境。

汽油中的硫为活性硫和非活性硫，它们在汽车发动机中燃烧后，全部转化为 SO_2 和 SO_3，与排气管中的凝结水相遇，形成强腐蚀性的亚硫酸和硫酸。SO_2 和 SO_3 排入大气会导致酸雨，污染环境，破坏生态环境，对人体产生危害。因此，汽油中的硫含量一定要严格控制。清洁汽油的生产技术难点，就是在保持汽油辛烷值和收率不降低的条件下，降低硫含量和烯烃含量[65]。

表 1-4-3 为各种汽油调和组分的组成和硫含量[75]，由表中可见，重整汽油在调和汽油中几乎不含硫，是清洁汽油中不可缺少的调和组分。

表 1-4-3　各种调和汽油组分的组成和硫含量

调和汽油组分	S 含量/(μg/g)	汽油中典型组成/%	硫贡献/%
FCC 汽油	800	30~50	90
LSR 汽油	150	3	5
烷基化油	16	10	2
MTBE	20	5	1
丁烷	10	5	<1
重整油	26	20~40	<1
异构化油	3	5	<1

（三）催化重整氢气是炼化企业及燃料电池汽车的重要氢气来源

未来 30 年，全世界在石油炼制上的投资估计为 4100 亿美元[73]，利用这些投资可以增加炼油能力，提升炼油技术水平，使其能满足环境保护要求的产品需求，生产出更轻质、清洁并且低硫和低芳烃的产品。为了达到该目的，解决方案是采用加氢工艺脱除产品中的各种杂质。因此，加氢工艺是生产优质燃料必不可少的核心技术之一，近年来逐渐为人们所接受而发展很快，尤其是对清洁汽油和柴油生产的要求，如催化裂化原料预处理、汽油选择性加氢和柴油深度加氢等工艺。此外，对加工高硫、高金属、重质原油和生产石油化工产品均需要利用加氢工艺，氢气的需求量将大幅度上升，而催化重整装置的副产氢正好适应这一需求。它较轻油或天然气制氢方法便宜，轻油制氢一般要 3~3.5t 制 1t 氢气。因此重整氢气成本相对较低。

一般来说，催化重整的纯氢产率为 2.5%~4.0%。一个 600kt/a 的半再生装置，年产纯氢量约 15kt；一个 600kt/a 的连续再生装置，年产纯氢量约 24kt，可供一套 1.20~2.00Mt/a 柴油加氢精制的用氢量。每吨重整进料可提供副产氢 250~500Nm³（因工艺条件、原料性质和催化剂性能而各不相同）。

此外，氢燃料电池类新型燃料汽车的发展，需要大量廉价氢气。相对于电解水制氢等技术，催化重整是规模化供给的廉价氢源。

（四）芳烃需求的增长为催化重整的发展提供了更大空间

炼油厂的石油化工资源，是石油化工原料十分重要的组成部分。据报道，在世界范围内，炼油为石油化工行业提供总值为 750 亿美元/年的芳烃和重要化学品原料，生产出 2550 亿美元/年聚合物材料（63%），以及价值达 1500 亿美元/年的其他产品（37%），可供产生附加值为每年 3300 亿美元[3]。

一般来说，炼油厂都配有催化重整装置，在大多数情况下，主要用于生产清洁汽油和联产氢气，但也有的催化重整装置主要为石油化工工业提供 BTX 芳烃。世界上约有 1/3 的催化重整装置用于生产芳烃，我国 60% 的连续重整加工能力用于生产芳烃。

图 1-4-1 为世界汽油和芳烃需求趋势，图 1-4-2 为世界石脑油生产芳烃的供需平衡。从图中可见，芳烃需求增长率比汽油更高。到 2025 年，芳烃的总需求量几乎接近汽油需求量的 20%[76]。与此同时，由于乙烯裂解原料趋向轻质化，增加了生产芳烃原料的供应，目前可提供的石脑油原料为 12.5×10⁶bbl/d，2025 年将增加到 15.0×10⁶bbl/d。而生产芳烃的石脑油需求量 2000 年为 20%，2025 年将增加到 40%[76]。

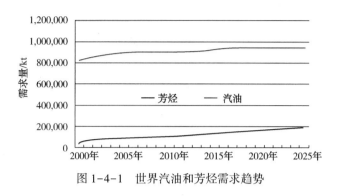

图 1-4-1　世界汽油和芳烃需求趋势

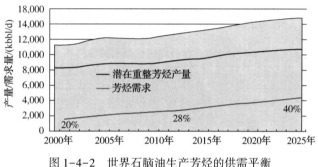

图 1-4-2　世界石脑油生产芳烃的供需平衡

由于汽油需求减少，汽油规格限制芳烃含量，将汽油组分转化为芳烃，也为芳烃的发展提供了空间。图 1-4-3 为世界 PTA 和 PX 需求和产能的增长[5]。从图中可见，PX 的产能远远满足不了 PTA 的需求。

二、挑战与机遇

（一）汽油质量升级

1. 汽油质量升级的挑战

近年来，随着经济的快速发展，城市人口密度和汽车拥有量不断增加，汽车尾气对环境的污染日益严重，已经成为城市首要污染源，引起广泛重视。美国和欧洲等发达国家相继颁布了汽车

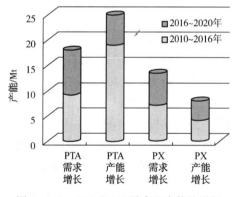

图 1-4-3　PTA 和 PX 需求和产能的增长

尾气排放标准，限制汽车尾气中的 CO、HC、SO_x、NO_x、PM 和炭烟等有害污染物的含量。

实现汽车尾气达标排放的关键在于提高车用燃料油的质量。为此，美国、欧洲、日本等都提出了清洁的车用汽油标准。美国 1990 年率先推行新配方汽油，加州地区实施了更苛刻的汽油标准。1998 年由美国、欧洲、日本的汽车制造商协会包括 AA-MA、ACEA 和 JAMA 组成的世界燃料委员会也提出了世界燃料规范，对车用汽油的组成确定了具体指标。欧洲自 1993 年开始实施欧盟机动车污染物排放第 Ⅰ 阶段标准（欧 Ⅰ 排放标准）相对应的 EN228 标准。此后，车用汽油标准不断更新。表 1-4-4 为欧洲汽油质量标准，表 1-4-5 为世界燃油规范的汽油标准。从表中的数据来看，汽油质量变化的主要趋势是硫含量、芳烃含量、苯含量和烯烃含量的不断降低，欧盟最新标准中硫含量已经降低到 0.001%（体），芳烃含量 35%

(体)，苯含量 1%(体)，烯烃含量 18%(体)。

表 1-4-4　欧洲汽油质量标准

汽油标准	EN228—1993	EN228—1998	EN228—1999	EN228—2004	EN228—2008	EN228—2012
硫/%(质)	≯0.1	≯0.05	≯0.015	≯0.005	≯0.001	≯0.001
苯/%(体)	≯5	≯5	≯1	≯1	≯1	≯1
芳烃/%(体)	—	—	≯42	≯35	≯35	≯35
烯烃/%(体)	—	—	≯18	≯18	≯18	≯18
氧/%(体)	—	—	≯2.7	≯2.7	≯2.7	≯2.7/3.7*
对应排放标准	欧Ⅰ	欧Ⅱ	欧Ⅲ	欧Ⅳ	欧Ⅴ	欧Ⅵ

* 对于较早生产或不具备生物燃料的汽车，规定除甲醇、乙醇外其余氧化物总和的最大氧含量不大于 2.7%，其余汽车使用最大氧含量不大于 3.7%。

表 1-4-5　世界燃油规范石脑油标准

燃油规范	Ⅰ	Ⅱ	Ⅲ	Ⅳ
硫/%(质)	≯0.10	≯0.02	≯0.003	≯0.001
烯烃/%(体)	—	≯20.0	≯10.0	≯10.0
芳烃/%(体)	≯50.0	≯40.0	≯35.0	≯35.0
苯/%(体)	≯5.0	≯2.5	≯1.0	≯1.0
氧/%(质)	≯2.7	≯2.7	≯2.7	≯2.7
铅/(g/L)	≯0.013	未检出	未检出	未检出

　　我国国家质量监督检验检疫总局于 2011 年 5 月 11 日颁布了 GB 17930—2011《车用汽油》标准，其中包含了车用汽油(Ⅲ)、车用汽油(Ⅳ)和建议性车用汽油[车用汽油(Ⅴ)]技术要求和试验方法。2013 年 12 月 18 日颁布了《车用汽油标准(GB 17930—2013)》，于 2018年全国范围内实行国Ⅴ阶段车用汽油标准。为进一步化解机动车污染、保护环境，我国国Ⅵ阶段车用汽油标准于 2016 年 12 月 23 日颁布，并于 2019 年 1 月 1 日实施。国Ⅵ阶段车用汽油标准主要降低烯烃、芳烃等含量，进一步降低氮氧化物和颗粒物的排放限值。我国车用汽油标准(GB 17930)主要指标演变列于表 1-4-6。

表 1-4-6　我国车用汽油质量标准[77]

项　　目	国Ⅰ	国Ⅱ	国Ⅲ	国Ⅳ	国Ⅴ	国Ⅵ(A/B)
发布时间	1999	2005-07-01	2006-12-06	2011-05-12	2013-12-18	2016-12-23
执行时间		2006-01-01	2009-12-31	2014-01-01	2018-01-01	2019-01-01/ 2024-01-01
硫/%(质)	≯0.1	≯0.05	≯0.015	≯0.005	≯0.001	≯0.001
苯/%(体)	≯2.5	≯2.5	≯1	≯1	≯1	≯0.8
芳烃/%(体)	≯40	≯40	≯40	≯40	≯40	≯35
烯烃/%(体)	—	—	≯18	≯18	≯18	≯18
氧/%(体)	—	—	≯2.7	≯2.7	≯2.7	≯2.7

此外，我国为了缓解石油资源短缺、解决粮食过剩，于 2001 年在 GB 17930—1999《车用无铅汽油》标准的基础上制定了 GB 18351—2001《车用乙醇汽油》标准，2004 年又颁布了 GB 18351—2004《车用乙醇汽油》标准，2011 年出台了 GB 18351—2011《车用乙醇汽油》标准，车用乙醇汽油中乙醇的体积分数为 8%~12%，其硫、苯、芳烃及烯烃含量与相应的车用汽油基本相同。

此外，我国为了缓解石油资源短缺、解决粮食过剩，于 2001 年在 GB 17930—1999 车用无铅汽油标准的基础上制定了 GB 18351—2001 车用乙醇汽油标准，2004 年又颁布了 GB 18351—2004 车用乙醇汽油标准，2011 年出台了 GB 18351—2011 车用乙醇汽油标准，车用乙醇汽油中乙醇的体积分数为 8~12%，其硫、苯、芳烃及烯烃含量与相应的车用汽油基本相同。2017 年，国家 15 部委联合强制推出车用乙醇汽油标准（GB 18351—2017），在全国范围内车用汽油必须加质量分数 10% 的乙醇，同时要求乙醇汽油中除乙醇外的其他含氧化合物质量分数不得超过 0.5%，且不得人为添加。这意味着 MTBE 和醚化轻汽油等将不能作为汽油高辛烷值调和组分使用。

对比这些标准可以发现，国内外汽油质量变化的主要趋势是硫含量、芳烃含量、苯含量和烯烃含量的不断降低。为此，如何有效降低催化重整的苯含量及芳烃含量是面临的挑战之一。其次，汽油组分中烯烃和芳烃的辛烷值较高，其含量的降低必然会导致汽油辛烷值下降，汽油的辛烷值如何保持是面临的挑战之二。

2. 汽油质量升级的机遇

降低催化重整汽油中的芳烃含量一般有两种措施：一是降低催化重整反应的深度，通过控制反应条件如温度和压力等，就可以控制将原料转化为芳烃转化率，从而达到降低重整生成油中芳烃含量的目的。这种措施的不足是随着重整反应深度的降低，重整生成油的辛烷值降低，氢气产率降低。二是不降低催化重整反应的深度，将重整生成油中的芳烃通过后续分离（如芳烃抽提、抽提蒸馏等）进行控制。这种措施的优势是重整汽油的辛烷值可以通过芳烃的脱除程度进行控制，并且可以保证氢气的产率。

降低催化重整汽油中的芳烃含量，首先需要分析一下其来源。清洁汽油调和组分中一般包括 FCC 汽油、重整汽油、烷基化油、异构化油等，尽管不同国家与地区的各种汽油调和组分的比例不尽相同，但是，FCC 汽油和重整汽油是其中的主要组分。表 1-4-7 列出了车用汽油中各调和组分的比例、苯含量及对汽油中苯含量的贡献[3]。

表 1-4-7　调和组分中的苯对汽油中苯含量的贡献

项　　目	在汽油中的比例/%（体）	苯含量/%（体）	对汽油中苯含量的贡献/%
重整汽油	30	1~6	70~85
FCC 汽油	35~40	0.5~1.2	10~25
烷基化油	10~15	0	0
异构化油	5~10	0	0
加氢裂化轻油	0~4	1~3	4
轻直馏油	5~10	0.3~4	2
焦化轻石脑油	0~2	1~3	1
天然汽油	0~5	0.3~3	1
丁烷	3~5	0	0

由表 1-4-7 可见，炼油厂多种汽油调和组分对汽油苯含量的贡献中，70% ~ 85% 的苯来源于催化重整装置的重整汽油，10% ~ 25% 来自于 FCC 汽油，4% 来自于加氢裂化轻质油，2% 来自于轻直馏油，1% 来自于焦化轻石脑油。因此，催化重整装置重整生成油中的苯是汽油中苯的主要来源，降低汽油中苯含量的关键是对重整生成油中苯含量的有效控制。

在催化重整过程中，苯的来源主要有以下几种途径：①原料中原有的苯；②环己烷脱氢生成苯；③甲基环戊烷异构为环己烷，再脱氢生成苯；④C_6 烷烃转化为环己烷，再脱氢生成苯；⑤C_{7+} 芳烃加氢裂化(脱烷基)生成苯。

在重整过程中，原料中的环己烷几乎 100% 转化为苯，大约一半的甲基环戊烷和 20% 的 C_6 烷烃转化为苯，较重芳烃加氢裂化(脱烷基)生成苯的量与重整装置的操作压力和苛刻度有关。

降低重整汽油中的苯含量主要有三种途径：一是选择适合的重整操作方案；二是脱除重整原料中的苯以及苯的前驱体；三是当苯生成后，从重整生成油中将其除去。

重整方案的选择主要包括降低重整装置压力、更换催化剂等。从化学热力学和动力学角度出发，降低重整装置压力，由于氢分压降低，减少了加氢脱烷基(HAD)反应，从而减少了苯的生成。同时重整装置压力降低，有助于氢气产量的增加、汽油产率的提高、产品雷氏蒸气压(RVP)的降低。重整催化剂的性能对反应有较大影响，通过调整催化剂的组分等可以调整催化剂的功能，在一定程度上可以减少由烷烃和环烷烃生成的苯以及烷基苯加氢脱烷基生成的苯，使总苯产率降低。

切除重整原料中苯前驱体是指将可以生成苯的组分从重整进料中切除。按照催化重整反应化学的实质，苯的生成主要是含有 6 个碳的组分，其中环己烷和甲基环戊烷是苯的两种主要前驱体。为此，只要保证重整进料中不含有 C_6 以下组分(即 C_{7+} 重整)，重整生成油中苯的含量一般较低，可以满足汽油质量的要求。

从重整生成油中脱除苯的流程如图 1-4-4 所示[3]。含有 C_{6+} 的重整原料直接进入重整装置，催化重整过程可以在高辛烷值苛刻度下操作，生成的富含苯的轻石脑油可以从重整生成油的分馏塔中切出。

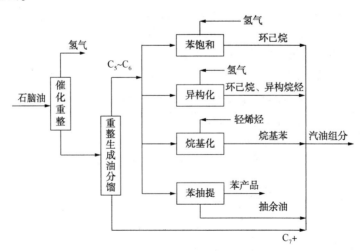

图 1-4-4　从重整生成油中脱除苯的流程示意图

从重整生成油的分馏塔中切出的富含苯的轻石脑油可以采用下列方式进行处理加工：

1) 在苯加氢饱和装置中，重整生成油中的苯被加氢饱和为环己烷。美国 *CD Tech* 公司的 CD Hydro 工艺、芬兰 Neste 公司的 NExSAT 工艺、美国 UOP 公司的 Bensat 工艺、Axens 公司的 Benfree 工艺等均属此类。

2) 在异构化装置中,重整生成油中的苯发生饱和、开环、异构化等反应,同时 C_5/C_6 烷烃发生异构化反应,使产物辛烷值提高。按照反应温度的高低,异构化催化剂可以划分为低温型、中温分子筛及超强酸等类型。烷烃异构化工艺可分为两类,即一次通过流程和循环流程。典型的一次通过流程,国外有 UOP 公司的 Penex 流程、Shell 公司的 Hysomer 流程、BP 公司的 BP 流程,国内有 RIPP 的 RISO 异构化技术。循环流程包括 C_5 循环、C_6 循环、全异构(TIP)、C_5 循环+全异构、C_6 循环+全异构等流程。

3) 在烷基化装置中,重整生成油中的 C_6 组分与乙烯、丙烯等发生烷基化反应,生成烷基化芳烃。该过程不耗氢,并且能增加轻重整生成油的辛烷值。但是,汽油中的芳烃并不能降低。此外,由于生成的重质芳烃的沸点较高,可能导致汽油组分 T_{90} 升高。利用烷基化技术,可以将重整生成油中的苯转化为烷基苯,不仅可以降低苯含量,同时由于烷基苯的辛烷值(例如乙基苯调和 RON 为 124、正丙苯调和 RON 为 127、异丙苯调和 RON 为 132)比苯更高,因此也使液体产物辛烷值得到提高。

4) 在芳烃抽提装置中,重整生成油中的苯可采用液−液抽提或抽提蒸馏的方法,抽出重整生成油中的苯,作为石油化工的原料。

图 1-4-5 给出了多种方式结合的方法降低重整汽油中苯的方法。首先石脑油进入预分馏塔,塔顶的 C_5、C_6 组分去异构化,切除 C_6^- 的塔底原料进行催化重整。对催化重整生成油进行分离,分离得到的苯可以加氢饱和为环己烷,可以在异构化装置中发生饱和、开环、异构化等反应,可以在烷基化装置中与乙烯、丙烯等发生烷基化反应生成烷基化芳烃,或者在芳烃抽提装置中抽出重整生成油中的苯,作为石油化工的原料。

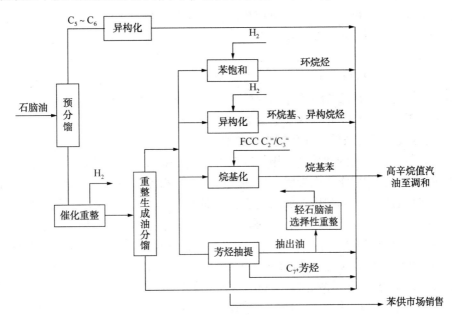

图 1-4-5 多种方式结合降低重整油中苯的方法

为了对比不同降苯方案的技术指标,以一种常规石脑油为例,对比了几种主要降苯方案的结果，见表 1-4-8[78]。

表 1-4-8　几种降苯方案技术对比

项　　目	DH+CCR①	DH+异构化+CCR	CCR+苯饱和	CCR+烷基化	CCR+抽提
辛烷收率②	87.52	90.08	93.27③	>95.64④	85.90
汽油中苯含量/%	0.98	0.43	0.70	0.70	<0.05
LPG 产率/%	3.46	3.71	5.85	>7.85	5.85
干气产率/%	1.39	1.39	2.87	>3.27	2.87
氢气产率/%	3.25	3.20	3.30	3.74	3.74
商品苯产率/%	0	0	0	0	6.33

① DH、CCR 分别表示预分馏脱己烷、连续重整。

② 为液体产率与辛烷值(RON)的乘积。

③ 环己烷和苯的 RON 分别按照 110、98，苯转化率按照 90%计算。

④ 通过 MBR 工艺后体积约增加 7%，研究法辛烷值增加 10，MBR 前后的密度分别取 0.741g/mL 和 0.777g/mL，RON分别取 87 和 97 计算。

由表 1-4-8 可知，辛烷收率、液化气、干气、氢气的收率与所选择方案相关，可以根据各自的具体情况以及技术经济评估情况进行选择，对于化工原料市场较好时，还可以考虑生产苯的 CCR+抽提方案。

汽油组分中高辛烷值组分烯烃和芳烃含量降低，势必导致汽油辛烷值下降。应对这样的挑战，解决途径之一就是提高汽油池中其他组分的辛烷值。众所周知，汽油池中除芳烃和烯烃外，其他的组分主要就是烷烃，为此增加烷烃的辛烷值就显得格外重要。烷烃具有不同的异构体，随着烷烃支链化程度的提高，辛烷值增加。因此，如果想提高烷烃的辛烷值，就必须增加多支链烷烃的比例。制备多支链烷烃的技术有 C_5、C_6 异构化技术，可以增加 C_5、C_6 异构化烷烃的含量。但是由于受到组分含量的限制，仅仅增加这部分组分的辛烷值不能完全弥补上述辛烷值的损失。今后如何增加 C_{7+} 多支链异构烷烃就成为解决问题的关键。

生产 C_{7+} 多支链异构烷烃的主要途径可以从两个方面入手解决，一是将重整原料中的 C_{7+} 烷烃异构化，转化为多支链 C_{7+} 异构烷烃。另外一条途径就是通过其他途径合成多支链异构烷烃，如异丁烷丁烯烷基化、烯烃叠合等。

（二）页岩气规模化利用对催化重整的影响

随着世界各地页岩气的开采与利用，改变了一直以来乙烯与重整争料的局面。页岩气当前的主要用途之一就是用作蒸汽裂解装置的原料，生产乙烯，并联产丙烯、丁二烯和苯。美国和加拿大在页岩气开发和利用方面的突破，增加了原料供应，降低了轻质原料的价格，在乙烯等的生产方面使其比其他采用石脑油为原料的国家的优势显而易见。

当前世界各国都在积极开展页岩气的开采与利用。我国具有巨大的页岩气储藏量，正在加大开采和利用的力度，预计到 2030 年我国页岩气年产量有望达到 $600×10^8m^3$[79]。

页岩气的开采与利用，导致蒸汽裂解装置大量采用页岩气，一方面打破了现有的催化重整与蒸汽裂解争抢原料的局面，而且还会导致石脑油资源相对过剩。由于受到汽油池芳烃的限制，催化重整汽油调入汽油池的比例不能进一步增加，为此这些过剩的石脑油不能简单地加工为催化重整汽油。此外，由于受到未来芳烃需求的限制，这些过剩的石脑油也不能简单地加工为芳烃。

页岩气的开采与利用，使蒸汽裂解装置大量采用页岩气，进而导致蒸汽裂解苯的大幅度下降，将打破现有世界苯38%来自乙烯副产和36%来自催化重整装置的局面，引发芳烃特别是苯的供给结构发生根本性变化。

应对上述挑战，一方面需要我们开发石脑油转化的催化重整新技术，将石脑油转化为芳烃含量低、辛烷值高的催化重整汽油；另一方面需要开发高目标芳烃选择性的石脑油转化技术，可以根据市场需求调节苯、甲苯和二甲苯的产率。

（三）石脑油资源的高效利用

原油是一种不可再生的稀缺资源，作为原油中的轻质组分之一，石脑油在原油中的比例一般小于30%。随着原油重质化和劣质化趋势，石脑油资源进一步减少。从长远看，原油价格不断攀升是大势所趋，这样势必会造成石脑油成本不断增加，因此将石脑油资源高效利用是摆在我们面前的重要课题。

为实现石脑油的高效利用，首先我们要敢于挑战当今催化重整技术的极限，开展新材料和新反应化学研究，寻找跨越式技术进步的新途径，突破传统催化重整反应极限，大幅度增加芳烃、氢气和汽油收率。从新材料与新反应途径寻找突破口，开发增产芳烃特别是目标芳烃BTX的石脑油转化技术，开发低芳烃含量、高异构烷烃及环烷烃含量的高辛烷值汽油调和组分生产技术。

针对清洁燃料-润滑油型炼厂模式，通过抑制加氢裂化、促进烷烃异构化及调控环烷烃转化，生产低芳烃含量、高异构烷烃及环烷烃含量的汽油调和组分，开发清洁汽油产率最大化的新一代催化重整催化剂及工艺技术。

针对油化结合型炼厂模式，通过调控环烷烃及烷烃选择转化，在保证生产低芳烃高辛烷值汽油调和组分的同时，最大化生产轻质芳烃BTX及轻质饱和烷烃，开发兼顾清洁汽油和化工原料的催化重整新催化剂及新工艺技术。

对化工型炼厂模式，通过促进环烷烃转化，调控烷烃转化的选择性，最大化生产轻质芳烃BTX及轻质饱和烷烃，开发化工原料最大化的催化重整新催化剂及新工艺技术。

参　考　文　献

[1] 马爱增，徐又春，赵振辉. 连续重整成套技术的开发及工业应用[J]. 石油炼制与化工，2011，42(2)：1-4.

[2] James G Speigt Baki Ozum. Petroleum Refining Processes[M]. New York：Marcel Pekker lne，2002.

[3] 徐成恩. 石脑油催化重整[M]. 北京：中国石化出版社，2009.

[4] George J，Antos. Catalytie Naphtha Reforming Science andTechnology[M]. New York：Marcel Dekker，Inc，1995.

[5] David Netzer. Reducing Benzene While Elevating Octane and Co-Producing Petrochemicals[C]. NPRA Annual Meeting，AM-07-49，2007.

[6] 关明华，丁连会，王凤来，等. 3955轻油型加氢裂化催化剂的研制[J]. 石油炼制与化工，2001，31(12)：1-4.

[7] Mills G A，Heinemann H，Milliken T H，et al. Catalytic Mechanism[J]，Ind. Eng. Chern.，1953，45(1)：134-137.

[8] Parera J M，Beltramini J N，Querini C A，et al. The Role of Rhenium and Sulfur in the Platinum-rhenium-sulfur/alumina Catalyst[J]. J. Catal.，1986，99(1)：39-52.

［9］ Haensel V. Reforming Process［P］. USA, 2478916. 1949.

［10］ Haensel V. Reforming Process and Catalyst therefor［P］. USA, 2611736. 1952.

［11］ Haensel V. Method of Manufacturing Platinum-containing Catalyst［P］. USA, 2623860. 1952.

［12］ 郭燮贤, 谢安惠, 过中儒. 铂催化剂的多重性—Ⅰ. 铂、氟含量对反应性能的影响［J］. 燃料学报, 1958, 3(1): 16-22.

［13］ 张晏清, 依·瓦·卡列契茨. 关于烃类转化的机理和铂重整催化剂的活性中心问题［J］. 科学通报, 1958, (15): 477-478.

［14］ 张晏清, 依·瓦·卡列契茨. 关于烃类转化的机理和铂重整催化剂的活性中心问题. 科学通报, 1958, (15): 476-477.

［15］ 王凤来, 关明华, 胡永康. 高抗氮高生产灵活性加氢裂化催化剂性能研究［J］. 石油炼制与化工, 1994, 25(1): 50-56.

［16］ Robert A, Meyers. Handbook of Petroleum Refining Processes (Second edition)［M］. New York M. Graw Hill, 1997.

［17］ 赵仁殿. 芳烃工学［M］. 北京: 化学工业出版社, 2001.

［18］ David A Stachelzyk. Trans Plus (A Flexible Approach for Upgrading Heavy Aromatics)［C］. NPRA Annual Meeting, AM-00-60, 2000.

［19］ 曹坚. 芳烃联合装置的设计及考核［J］. 炼油设计, 2002, 34(9): 46-49.

［20］ http://www.axens.net/product/technology/1002s/octanizing.html/100361eluxyl.html.

［21］ http://www.uop.com/producing-solution/petrochemicals/benzenes-para-xylene-production.

［22］ Mark T Latinski. Innovating for increased ReformingCapacity［J］. Hydrocarbon Processing, 2004, 83(9): 29-33.

［23］ Joy Ross. Advances in Naphtha Processing for Reformated Fuels Production［C］. NPRA Annual Meeting, AM-10-148, 2010.

［24］ Ma Aizeng. Catalytic Reforming Catalysts and Technology in China［J］. China Petroleum Processing and Petrochemical Technology, 2003, (4): 15-24.

［25］ 马爱增, 潘锦程, 杨森年, 等. 低积炭速率连续重整催化剂的研发及工业应用［J］. 石油炼制与化工, 2012, 43(4): 15-20.

［26］ 石油化工研究院综合研究所. 催化重整［M］. 北京: 燃料化学工业部科学技术情报研究所, 1974.

［27］ Milevinbuk et al. Reduction of Aromatics and Benzene in Reformates from Semi-regeneration Reformers for Reformulate Gasoline Production［C］. NPRA Annual Meeting AM-09-74, 2009.

［28］ Matthew Yong. CCR Reforming Reload Economics［C］. NPRA Annual Meeting AM-12-09, 2009.

［29］ 石油化工部炼油设计研究院工艺室. 我国催化重整的现状及今后设计努力的方向［J］. 炼油设计, 1978(2): 36-47.

［30］ 马爱增. 中国催化重整技术进展［J］. 中国科学: 化学, 2014, 44(1): 25-39.

［31］ 马爱增, 徐又春, 杨栋. 1Mt/a超低压连续重整成套技术［J］. 炼油与石化工业技术进展, 2013: 73-80.

［32］ 马爱增, 徐又春, 杨栋. 石脑油超低压连续重整成套技术开发与应用［J］. 石油炼制与化工, 2013, 44(4): 1-7.

［33］ 潘锦程, 马爱增, 杨森年. PS-Ⅵ型连续重整催化剂的研究和评价［J］. 炼油设计, 2002, 32(7): 53-55.

［34］ 潘茂华, 马爱增. PS-Ⅵ型连续重整催化剂的工业应用试验［J］. 石油炼制与化工, 2003, 34(7): 5-8.

［35］ 叶晓东, 徐武清, 马爱增. PS-Ⅵ催化剂在IFP第一代连续重整装置上的工业应用［J］. 石油炼制与化工, 2003, 34(5): 1-4.

[36] 张宝忠，何志敏，马爱增.PS-Ⅵ重整催化剂的工业应用试验[J].化学反应工程与工艺，2007，23
(3)：273-278.

[37] 汪莹，马爱增，潘锦程，等.铕对Pt-Sn/γ-Al$_2$O$_3$重整催化剂性能的影响[J].分子催化，2003，17
(2)：151-155.

[38] 梁维军，马爱增，潘锦程.铁对Pt-Sn连续重整催化剂催化性能的影响[J].石油炼制与化工，2004，
35(11)：15-19.

[39] 马爱增，潘锦程，杨森年.高铂型低积炭速率连续重整催化剂PS-Ⅶ的研究和评价[J].炼油技术与
工程，2004，34(12)：45-47.

[40] Ma Aizeng, Pan Jincheng, Yang Sennian. Development and Commercial Application of High-Platinum CCR
Catalyst with Low Coke Deposition Rate[J]. China Petroleum Processing and Petrochemical Technology,
2007, (4)：13-20.

[41] 周明秋，陈国平，马爱增.PS-Ⅶ型连续重整催化剂的工业应用[J].石油炼制与化工，2008，39(4)：
26-30.

[42] 张兰新，赵仁殿，孟宪评，等.低压组合床重整技术的研究和开发[J].石油炼制与化工，2002，33
(10)：1-5.

[43] 赵志海.连续重整催化剂再生新方法的开发[J].炼油技术与工程，2008，38(2)：46-50.

[44] 赵志海，师峰，赵仁殿.连续重整催化剂再生过程循环气体水含量的研究[J].炼油设计，2002，32
(10)：36-39.

[45] 赵志海.IFP与UOP连续重整再生技术烧炭过程的分析和比较[J].炼油设计，2002，32(1)：14-17.

[46] 马爱增.芳烃型和汽油型连续重整技术选择[J].石油炼制与化工，2007，38(1)：1-6.

[47] 马爱增，师峰，李彬，等.洛阳分公司连续重整装置改造工艺及催化剂方案研究[J].石油炼制与化
工，2008，39(3)：1-5.

[48] 付锦晖，刘贞华，金欣，等.催化重整装置粗汽油开工技术工业应用的若干问题[J].石油炼制与化
工，1998，29(5)：4-7.

[49] 赵志海.缓和重整降低催化裂化汽油的烯烃含量[J].炼油技术与工程，2008，38(3)：9-12.

[50] 徐又春，韩宇才.低压组合床重整装置的技术经济性探讨[J].炼油设计，2002，32(12)：38-41.

[51] 刘红云，朱学栋，杨宝贵，等.新型离心式径向反应器的开发及工业应用[J].2009，39(1)：29-31.

[52] 刘德辉.一种新型闭锁料斗的开发[J].炼油设计，2002，32(4)：38-40.

[53] 刘德辉，彭世浩，刘太极，等.连续重整装置再生系统动态数学模型[J].炼油设计，1998，28(1)：
37-41.

[54] 徐又春，阎观亮.低压组合床催化重整装置的设计及考核[J].炼油设计，2002，32(1)：8-13.

[55] 戴厚良.芳烃技术[M].北京：中国石化出版社，2014.

[56] 王杰广，马爱增，袁忠勋，等.逆流连续重整低苛刻度反应规律研究[J].石油炼制与化工，2016，
47(8)：47-52.

[57] Anthony Poparad. Reforming Solution for Improved Profits in an Up-Down World[C]. NPRA Annual Meeting,
AM-11-59, 2011.

[58] 世界石油大会中国国家委员会.第十六届世界石油大会论文集[C](上册).北京：中国石化出版
社，2002.

[59] Gaffetetal D. 2010年炼厂的加工方案[J].当代石油石化，2001，9(1)：41-44.

[60] Khorram M. US Refiners need more hydrogen to satisfy future gasoline and diesel Specifications[J]. Oil & Gas
Journal Nov. 25, 2002, 42-47.

[61] Sampsa Halinen. Economic Evaluation of Production of Iso-octene and Iso-octane Produced by Iso-butylene
Dimerization-Fortum Oil[C]. NPRA Annual Meeting AM-05-28, 2005.

[62] Scott w Shorey et al. Improvement in Sulfuric Acid Alkylation—CD Tech. [C]. NPRA Annual Meeting, AM-05-76, 2005.

[63] 高步良 . 高辛烷值汽油组分生产技术 [M]. 北京：中国石化出版社，2005.

[64] 大会组委会 . 第六届(2012)北京国际炼油技术进展交流会论文集[C]. 北京：中国石化出版社，2012.

[65] 吕家欢 . 提高我国汽柴油质量的相关问题思考[J]. 当代石油石化，2004，12(4)：8-11.

[66] 韩芳，迟洪泉 . 纯苯市场供需分析及预测[J]. 中国石油和化工经济分析，2019(4)：58-61.

[67] 许杰 . 甲苯市场分析及前景展望[J]. 中国石油和化工经济分析，2019(10)：56-58.

[68] https：//www. toutiao. com/a6905294800308879880.

[70] Ralph Bagsdal. The economics of integrating refining and petrochemicals [J]. Petroleum Technology Quarterly, 1999(4)：69-75.

[71] 李大东 . 加氢处理工艺与工程 [M]. 北京：中国石化出版社，2004.

[72] David Netzer. Benzene Recovery from Refinery Sources By-Production of Olefins [C]. NPRA Annual Meeting, AM-03-10, 2003.

[73] 国际能源署：世界能源展望 2002 [M]. 北京：中国石化出版社，2004.

[74] 世界石油大会中国国家委员会 . 第十七届世界石油大会论文集[C]. 北京：中国石化出版社，2004.

[75] Norman H Sweed. Meeting the low Sulphune Mogas Challenge [C]. Petroleum Technolgy Quarterly, Autumm, 2001：45-51.

[76] Blake Eskew, Chris Geisler. Petrochemical Integration：Changing Markets, Changing strategies[C]. AFPM Annual Meeting, AM-13-65, 2013.

[77] 许友好，徐莉，王新，等.我国车用汽油质量升级关键技术及其深度开发[J]. 石油炼制与化工，2019，50(2)：1-11.

[78] 马爱增，张大庆，潘锦程，等.降低汽油中苯含量的技术选择 [J]. 石油炼制与化工，2009，40(9)：1-7.

[79] 赵文智，董大忠，李建忠，等 . 中国页岩气资源潜力及其在天然气未来发展中的地位[J]. 中国工程科学，2012，14(7)：46-52.

第二章　催化重整反应化学

催化重整是以 $C_6 \sim C_{12}$ 石脑油馏分为原料，在一定的操作条件和重整催化剂的作用下，烃分子发生重新排列，使环烷烃和烷烃转化成芳烃或异构烷烃，同时产生氢气的过程。重整生成油既可以用作车用汽油高辛烷值调和组分，又可以制取苯、甲苯和二甲苯，副产的氢气是加氢装置用氢的重要来源，因此催化重整是炼油和石油化工的重要生产工艺之一。

催化重整原料在进入重整装置之前一般均经过预加氢精制或处理，因此原料中主要含链烷烃和环烷烃等饱和烃，也含有少量芳香烃。在催化重整反应条件下，芳香烃的芳环十分稳定。因此，在研究和讨论催化重整所涉及的化学反应时主要考虑的是链烷烃和环烷烃的转化反应，其中包括六元环烷烃的脱氢、五元环烷烃的脱氢异构、链烷烃的脱氢环化以及链烷烃的异构化等有利于生成芳烃或高辛烷值汽油组分的主要反应，也包括这些饱和烃类的氢解和加氢裂化等生成轻烃产物的副反应。在重整反应条件下，芳烃也可能发生少量的脱烷基和烷基转移等反应；此外，还会发生使重整催化剂逐渐失活的积炭反应，既由于中间产物烯烃的聚合和环化生成的稠环化合物，会逐渐积累在催化剂表面，导致催化剂表面积炭的生成。

一般工业催化重整催化剂是双功能型催化剂，既具有金属催化的加氢、脱氢的功能，又具有异构化、裂解等酸性功能。通过这两种功能的协调作用，使重整反应向有利的方向进行。在催化重整操作条件的选择上，应尽可能选择反应热力学和动力学有利的条件，但由于在主反应进行的同时也存在着副反应，操作参数不仅影响转化率和收率，同时也会影响催化剂的失活速率。因此，要选择合适的催化重整操作条件，通过催化剂的合理使用，使得生成高辛烷值组分或芳烃的有利反应能够选择性地进行，减少裂解反应，从而大大提高高辛烷值汽油组分或芳烃的收率。另外，炼油企业也希望获得最长反应操作周期。

通过对各类主要催化重整反应的热力学、动力学和催化反应机理的研究，可以从理论上了解各种操作参数和催化剂性能对反应的影响，在应用实践中尽可能地选择最适宜的反应条件和最大限度地改进催化剂的活性和选择性。这些研究对推动催化学科的发展具有重要意义。

第一节　重整反应热力学

化学反应热力学决定某化学反应的可行性、化学反应平衡和反应在一定条件下可能达到的最高转化深度。根据化学反应热力学原理，某反应的热效应(恒压下反应的热效应)可以用如下关系式表示：

$$\Delta H = H_{生成物} - H_{反应物} \tag{2-1-1}$$

式中，H 为物质的"热含量"或焓；ΔH 为反应的焓变。$\Delta H < 0$ 为放热反应；$\Delta H > 0$ 为吸热反应。

根据化学反应热力学原理，可以根据某化学反应标准自由能的变化 ΔG_R^0 来判断该反应的可行性。ΔG_R^0 可以由如下关系式进行计算：

$$\Delta G_R^0 = -RT\ln K_p \qquad (2-1-2)$$

式中，R 为气体常数；T 为以绝对温度表示的反应温度；K_p 是以分压表示的气相反应的化学平衡常数，对于某反应 $A \rightleftharpoons B+C$：

$$K_P = P_B \times P_C / P_A \qquad (2-1-3)$$

以摩尔分数表示的平衡常数 K_X 与 K_p 的关系如下：

$$K_X = K_p P^{-\Delta Y} \qquad (2-1-4)$$

式中，P 为总压；ΔY 为产品与原料化学计量数之差。

如果 $\Delta G_R^0 < 0$，则反应是可行的；反之，$\Delta G_R^0 > 0$，则反应向反方向进行。

一、六元环烷烃脱氢反应

表 2-1-1 列出了四种六元环烷烃脱氢反应的反应热和平衡常数。

表 2-1-1　六元环烷烃脱氢反应的反应热和平衡常数[1]

反　　应	$\Delta H(500℃)/(kJ/mol)$	$K_p(500℃，0.1MPa)$
环己烷 $\rightleftharpoons$ 苯$+3H_2$	221	7.1×10^5
甲基环己烷 $\rightleftharpoons$ 甲苯$+3H_2$	216	9.6×10^5
乙基环己烷 $\rightleftharpoons$ 乙苯$+3H_2$	213	2.5×10^6
1,3-二甲基环己烷 $\rightleftharpoons$ 间二甲苯$+3H_2$	224	1.2×10^7

表 2-1-1 的数据说明：

① 环烷脱氢反应的热熔变化 ΔH 均为正值，反应的热熔有很大的增加，说明这些反应为强吸热反应，因此提高反应温度有利于生成芳烃。

② 脱氢反应有很大的平衡常数值，这不仅在热力学上是可行的，而且平衡几乎完全向芳烃生成的方向移动。

③ 随着分子中的碳数增加，平衡常数也增加，热力学上更加有利。

从图 2-1-1 可以看出，提高温度和降低压力有利于甲基环己烷脱氢生成甲苯[2]。

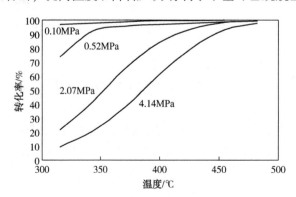

图 2-1-1　温度和压力对甲基环己烷脱氢生成甲苯的影响

二、异构化反应

1. 五元环烷烃的异构化

表 2-1-2 中列出了三种烷基环戊烷异构脱氢反应的反应热和平衡常数。从表中可以看出，五元环烷烃脱氢异构反应同样是强吸热反应，在常压和 500℃ 条件下的平衡常数也很大，有利于芳烃的生成，分子中碳数增加时更加对生成芳烃的反应有利。

表 2-1-2 五元环烷烃异构脱氢反应的反应热和平衡常数[1]

反 应	$\Delta H(500℃)/(kJ/mol)$	$K_p(500℃, 0.1MPa)$
甲基环戊烷⇌苯+3H₂	205	$5.6×10^4$
乙基环戊烷⇌甲苯+3H₂	192	$1.4×10^6$
正丙基环戊烷⇌乙苯+3H₂	193	$1.6×10^6$

图 2-1-2 为温度和氢分压对甲基环戊烷脱氢异构生成苯的平衡反应的影响，从 0.5MPa、1.5MPa 和 3.0MPa 不同氢分压条件下苯的平衡产率随温度的变化情况来看，提高反应温度和降低反应压力有利于苯的生成。

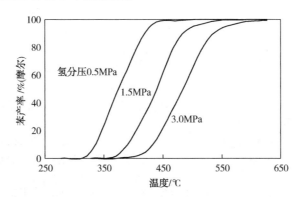

图 2-1-2 温度和氢分压对甲基环戊烷脱氢异构生成苯的平衡反应的影响

2. 直链烷烃的异构化

重整原料中有一定数量的正构烷烃(一般在 20% 以上)，在重整反应过程中将它们转化为异构烷烃有利于提高重整物的辛烷值。表 2-1-3 为不同温度下己烷和庚烷不同支链异构体的平衡浓度和辛烷值[3,4]，可以看出，随着温度的提高，正构烷烃和单支链烷烃平衡浓度增加，而具有高辛烷值的多支链烷烃的平衡浓度减少。从图 2-1-3 和图 2-1-4 可以看出，在催化重整的高温反应条件下，随着碳数的增加，烷烃的异构化对辛烷值的贡献不明显[5]。

表 2-1-3 烷烃异构物平衡浓度(摩尔分数)

物 质	温度						ASTM RON
	298K	400K	500K	600K	800K	900K	
正己烷	0.013	0.061	0.13	0.19	0.26	0.31	24.8
2-甲基戊烷	0.071	0.16	0.24	0.27	0.28	0.27	73.4
3-甲基戊烷	0.025	0.075	0.12	0.15	0.18	0.20	74.5

续表

物　　质	温度						ASTM *RON*
	298K	400K	500K	600K	800K	900K	
2,2-二甲基丁烷	0.84	0.61	0.41	0.29	0.18	0.13	91.8
2,3-二甲基丁烷	0.054	0.092	0.105	0.104	0.096	0.088	104.3
正庚烷	0.009	0.032	0.062	0.092	0.14	0.17	0
2-甲基己烷	0.068	0.12	0.15	0.16	0.17	0.18	42.4
3-甲基己烷	0.056	0.13	0.18	0.22	0.26	0.29	52.0
3-乙基戊烷	0.004	0.013	0.020	0.027	0.035	0.039	65.0
2,2-二甲基戊烷	0.30	0.15	0.10	0.068	0.044	0.033	92.8
2,3-二甲基戊烷	0.27	0.31	0.29	0.27	0.22	0.18	91.1
2,4-二甲基戊烷	0.090	0.079	0.68	0.056	0.043	0.037	83.1

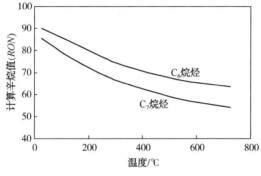

图 2-1-3　温度对烷烃平衡辛烷值的影响

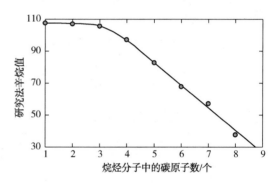

图 2-1-4　烷烃碳数与异构体平衡
混合物的辛烷值(482℃)

　　在催化重整反应条件下,烷烃异构化反应对于辛烷值提高的效果取决于反应条件和原料组成,反应热力学表明高温对生成多支链的异构烷烃是不利的,随着烷烃相对分子质量增加,其异构体对辛烷值提高的贡献降低。

　　正构烷烃异构化反应是放热反应,但热效应很小(2~20kJ/mol)且很少随温度变化。随着温度提高,正构烷烃向异构烷烃转化的平衡常数减少,说明从热力学角度出发低温对反应有利,而总压和氢分压对平衡都没有影响。

三、烷烃的脱氢环化反应

　　烷烃脱氢环化反应是催化重整中最重要的反应,这是由于链烷烃通常是石脑油中的主要组分,脱氢环化反应的辛烷值增量最大,每分子烷烃脱氢环化可生成4分子氢气。随着催化重整工艺的发展、催化剂的改进和反应苛刻度的提高,烷烃脱氢环化反应的作用也愈加显著。

　　表2-1-4列出了一组脱氢环化反应在800K条件下的气相平衡常数和反应热数据[4]。可以看到,烷烃脱氢环化是强吸热反应,并且有很大的平衡常数值,随着碳数增加反应的平衡常数 K_p 值增加,在给定的条件下,平衡几乎完全向芳烃方向移动。烷烃的碳数增加对转化

为芳烃有利，特别是在 C_6 和 C_7 之间差别较大。

表 2-1-4　链烷烃脱氢环化反应热和平衡常数(800K，0.1MPa)

反　应	$\Delta H/(kJ/mol)$	K_p
正己烷 ⇌ 苯 + $4H_2$ *RON*① 19　98	266	3.39×10^5
正庚烷 ⇌ 甲苯 + $4H_2$ *RON* 0　124	252	7.74×10^6
辛烷 ⇌ 乙苯 + $4H_2$ *RON* -18　124	254	9.85×10^6
正壬烷 ⇌ 正丙苯 + $4H_2$ *RON* -18　127	252	1.49×10^7

① 表中辛烷值数据为调和辛烷值。

热力学表明，温度和压力对链烷烃的脱氢环化反应平衡都有明显的影响。从图 2-1-5 温度和压力与正庚烷脱氢环化反应平衡混合物中甲苯含量的关系可以看出，提高温度和降低压力有利于正庚烷向甲苯的转化[6]。同时也表示出不同氢烃分子比的影响，而氢烃物质的量比从 4∶1 变化到 10∶1 对转化的影响很小。

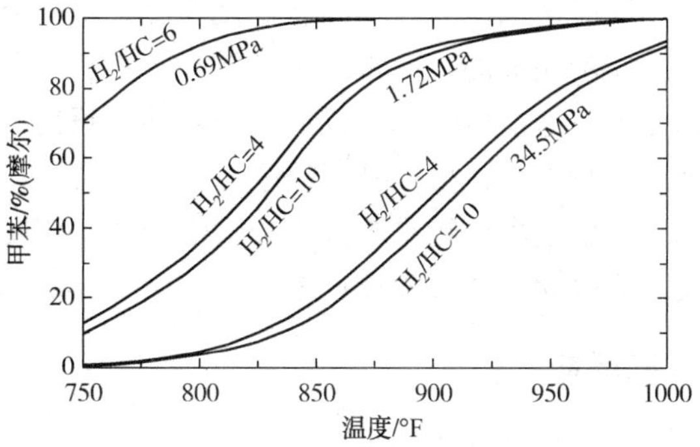

图 2-1-5　正庚烷-甲苯-氢气体系平衡分布

四、烷烃的氢解与加氢裂化反应

烷烃的氢解和加氢裂化都是发生碳链断裂的大分子变为小分子的反应，但两者的催化作用中心不同，产物组成也不同。氢解反应在金属中心上进行，主要发生分子末端碳链的断裂，气体产物以甲烷为主[7]；加氢裂化在酸性中心进行，主要在分子的中间位置发生碳链的断裂，气体产物中以 C_3 和 C_4 烷烃为主[8]。氢解和加氢裂化反应都会使重整反应的液体收率减少，选择性降低，同时由于是耗氢反应，也会导致氢气产率降低。芳烃脱烷基反应与氢解或加氢裂化反应类似，脱甲基反应在金属中心上进行，长链烷基苯烷基断裂则类似于烷烃的加氢裂化反应。

表 2-1-5 列出了正庚烷在不同温度下的氢解和加氢裂化的反应热和平衡常数等数据，可以看出氢解和加氢裂化都是强放热反应。两种反应均有很高的平衡常数值，说明反应有很大的可行性。温度对平衡有影响，温度提高平衡常数值减少。压力对平衡几乎没有影响。

表 2-1-5　氢解和加氢裂化反应的反应热和平衡常数

反　　应	$\Delta H/(kJ/mol)$			$K_p(0.1MPa)$		
	300K	500K	800K	300K	500K	800K
正庚烷+H$_2$⇌丙烷+丁烷	-40.8	-45.7	-51.0	3.4×10^8	2.6×10^5	3.1×10^3
正庚烷+H$_2$⇌甲烷+己烷	-54.3	-57.9	-62.5	2.1×10^{10}	2.6×10^6	1.2×10^4

目前，在催化重整的工业应用实践中已经采用了有效的抑制氢解反应的方法，其中包括在开工初期对半再生铂铼催化剂采用二甲基二硫进行预硫化或采用硫化态催化剂开工，以及在催化剂制备中通过加入某些金属添加物进行催化剂改性等。研究工作表明，在重整反应中，氢解反应对催化剂积炭最为敏感，在初期积炭过程中氢解反应会快速下降。因此，在正常重整工艺条件下氢解反应不起重要作用。

与氢解反应相比，加氢裂化反应在催化重整中的重要性要大得多。至今，如何控制加氢裂化反应，提高催化剂的选择性，即改善高辛烷值汽油的收率和芳烃产率仍然是催化重整研究中的重要课题之一。

第二节　催化重整反应动力学和机理

反应动力学是研究化学反应速率以及各种因素对化学反应速率影响的学科。绝大多数化学反应并不是按化学计量式一步完成的，而是由多个具有一定程序的基元反应(一种或几种反应组分经过一步直接转化为其他反应组分的反应，或称简单反应)所构成。反应进行的这种实际历程称为反应机理。一般说来，根据基元反应速率的理论计算来研究整个反应的动力学规律，进而研究反应机理。根据反应物系中各组分浓度和温度与反应速率之间的关系，来确定与实际反应过程和反应器等相关的工程设计参数。

一、六元环烷烃脱氢反应

在所有的重整反应中，六元环烷烃脱氢反应速度最快，而且能充分转化成芳烃，为高吸热反应，因此一反温降最大。这个反应在双功能催化剂上只由催化剂的金属功能催化。六元环烷烃脱氢是催化重整反应中最基本的反应，它的平衡常数最大，反应速度最快。温度提高时，芳烃产量增加，氢分压降低对芳烃的生成有利。所以，从平衡观点来看，高温、低压对生产芳烃最有利，但在工业生产上温度和压力都有一定的限度。

在催化重整反应条件下，担载在载体上的少量的铂(0.2%~0.6%)即可使六元环烷脱氢转化为芳烃，达到或接近热力学平衡值。因此，可以认为这一反应在催化重整条件下基本不存在动力学方面的限制。

表 2-2-1 列出了 1%Pt/Al$_2$O$_3$催化剂在温度 450℃、压力 1MPa 的反应条件下，环己烷同系物的脱氢生成芳烃的反应相对速率。可以看出，环己烷同系物的脱氢速率大于环己烷。

在六元环烷烃脱氢动力学方面曾进行了大量的工作，但由于不同研究工作者采用的试验条件和催化剂制备方法不同，特别是由于表面反应的复杂性和动力学研究方法本身的局限性，已经报道的铂催化剂上六元环烷烃脱氢反应的反应级数和活化能数据往往存在矛盾，对反应控制步骤的解释也还没有一致的看法。六元环烷脱氢动力学试验研究结果见表 2-2-2。

表 2-2-1　环己烷同系物脱氢反应速率比较[8]

反　应　物	相　对　速率	反　应　物	相　对　速率
环己烷	0.9	1,4-二甲基环己烷	1.53
甲基环己烷	1.0	1,3,5-三甲基环己烷	1.24
乙基环己烷	1.43	1,2-二乙基环己烷	1.26
1,2-二甲基环己烷	1.6	1,3-二乙基环己烷	1.45
1,3-二甲基环己烷	1.35	1,4-二乙基环己烷	1.53

表 2-2-2　六元环烷脱氢动力学试验研究结果

作　　者	反　　应	催化剂	试验条件	速率表达式	机　　理
Sinfelt 等[9]	甲基环己烷脱氢	Pt/Al_2O_3	$305 \sim 372℃$，烃分压 $0.07 \sim 2.2atm$，氢分压 $1.1 \sim 4.1atm$	$r=kbp_m/(1+bp_m)$ 活化能 $=33kcal/mol$	零级反应，速度由甲苯脱附控制
庞礼 等[10]	环己烷脱氢	Pt/Al_2O_3	$<300℃$，常压	$r=kP_1/(1+a_2P_2)$ 活化能 $=16.5kcal/mol$	受产品抑制的一级反应，环己烷吸附是控制步骤
Козлов 等[11]	环己烷脱氢	$Pt-Re/Al_2O_3$	$200 \sim 300℃$ 常压	$r=kC^n$ 活化能 $17kcal/mol$	一级反应

苏联学者 Баландин 的多位理论[12,13]在早期就研究了环己烷脱氢反应的六位模型。根据这一模型，反应物分子和催化剂之间存在着对称性元素，六元环平铺在原子以等边三角形分布的金属面上，并同时脱除 6 个氢原子，如图 2-2-1 所示。

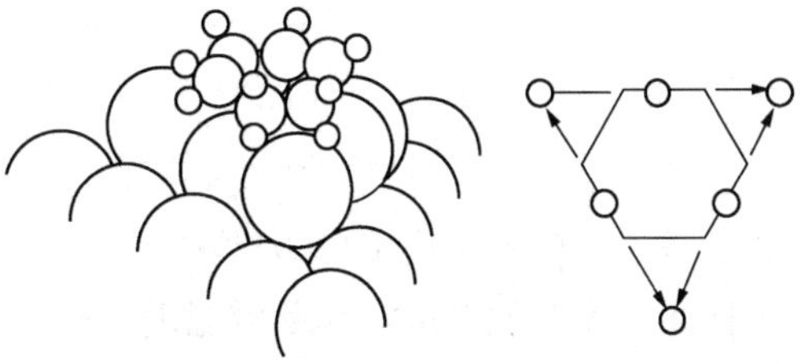

图 2-2-1　环己烷在金属上的六位平面模型

六元环烷类脱氢六位理论的一个重要依据就是在脱氢产物中很难检出有环己烯和环己二烯存在。但是，这一依据被后来的一些试验结果所动摇。Anderson 等[14]在铂膜上进行环己烷与氘交换反应，发现主要产物是 $C_6H_{11}D$ 而不是 $C_6H_6D_6$，这与六位模型是矛盾的。

$$C_6H_{12}+D_2 \longrightarrow C_6H_{11}D+HD \qquad (2-2-1)$$

更直接的证明环己烯是反应中间物的试验是由 Haensel 等[15]使用 Pt/Al_2O_3 催化剂，以比例为 1:1 的环己烷和苯为原料，在反应温度 520℃、2.1MPa 的反应条件下完成的。从表 2-2-3 可以看出，随着空速提高和转化率的降低，环己烯与生成苯的比例稳定增加，这表明环己烯是从环己烷生成苯的一个中间体。环己烷脱氢大空速试验见表 2-2-3。

表 2-2-3　环己烷脱氢大空速试验

体积空速/h^{-1}	1000	2000	4000	8000	16000	32000
环己烷转化/%	32.0	27.5	18.0	9.1	5.5	2.9
(环己烯/苯)$\times 10^3$	1	7	17	24	28	29

此后，在铂锡双金属催化剂研究中发现锡的引入降低了环己烷脱氢为苯的活性，同时在

产物中发现有明显量的环己烯和微量的环己二烯，因此也推论反应按如下顺序进行：环己烷→环己烯→环己二烯→苯。

二、异构化反应

1. 五元环烷烃的异构化

重整催化剂是双功能催化剂，活性金属起加氢和脱氢作用，氧化铝和氯提供酸性，主要起异构化作用。Mills 等[16]提出双功能催化剂上发生的重整反应的历程如图 2-2-2 所示。五元环烷烃脱氢异构化反应是典型的双功能催化反应。从图 2-2-2 可以看出，烷基环戊烷脱氢异构化反应首先是在金属中心上脱氢生成烷基环戊烯，然后迁移到酸性中心上进行异构化反应生成烷基环己烯，再进一步在金属中心脱氢，经过中间产物环己二烯生成烷基苯。

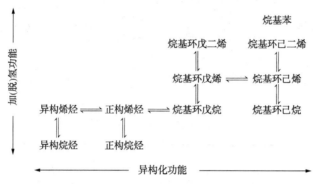

图 2-2-2 双功能催化剂上的烃类重整反应

五元环烷烃脱氢异构化反应需要两种中心的协同作用。表 2-2-4 列出了酸性和金属组元对甲基环戊烷异构化反应速度的影响[17]。在 Pt/Al_2O_3 催化剂中固定 Pt 含量为 0.3% 的情况下，通过改变氟含量，在反应温度 500℃、压力 1.84MPa 和空速 $4h^{-1}$ 的条件下，随着氟含量从 0.05% 提高至 0.5%，甲基环戊烷转化率直线增加，而当氟含量超过 1.0% 时苯产量已接近平衡值，转化率不再进一步增加。在相同反应条件下，固定催化剂上的氟含量为 0.77%，随着 Pt 含量的提高，可以看到很低的 Pt 含量即可满足甲基环戊烷脱氢异构化反应的要求，当 Pt 含量超过 0.075% 时转化率不再提高，此时转化率的提高受到氟含量的限制。

表 2-2-4 酸性和金属组元对甲基环戊烷脱氢异构化反应速率的影响

考察氟含量的影响	氟/%	0.05	0.15	0.30	0.50	1.0	1.25		
	苯/%	25	31.5	41	59	71	71.5		
考察 Pt 含量的影响	Pt/%	0.012	0.03	0.05	0.075	0.10	0.15	0.20	0.30
	苯/%	14.5	45	56	63	63.5	63	63.5	63

Keulemans 和 Voge[18]采用常压脉冲反应技术，在 350℃ 和过量氢存在的条件下测定了 30 种 $C_5 \sim C_8$ 单体环烷烃在 Pt/Al_2O_3-Cl 催化剂上的反应活性。从表 2-2-5 可以看出，五元环烷类转化为芳烃要比一般的六元环烷转化慢得多。作者提出烷基环烷烃转化为芳烃的主要步骤如下：

1）首先在金属中心脱氢为烯烃；

2）烯烃迁移到酸性中心；

3) 在酸性中心上烯烃添加一个质子形成正碳离子;

4) 正碳离子发生碳骨架重排的异构化反应;

5) 生成一个新烯烃并向金属中心迁移;

6) 在金属中心上烯烃脱氢为芳烃。

在这一复杂反应中,步骤4)即正碳离子的骨架异构化是反应的控制步骤。

表 2-2-5 五元、六元环烷转化为芳烃的对比常压脉冲反应结果

化合物	沸点/℃	总流出物/%(质)	
		未转化	产物
环己烷	80.7	4	苯 96
甲基环己烷	100.9	2	甲苯 98
乙基环己烷	131.8	0	乙苯 100
甲基环戊烷	71.8	96.0	苯 2.6,正己烷 1.4
乙基环戊烷	103.5	74.0	甲苯 25,正庚烷 1.0

2. 直链烷烃的异构化

链烷烃异构化反应在各类重整反应中属速度较快的反应。表 2-2-6 列出了正庚烷异构化反应与其他几类主要反应速率的测定结果[5]。从表 2-2-6 可以看出,正庚烷异构化反应速率明显高于加氢裂化和脱氢环化反应速率。甲基环己烷脱氢生成芳烃的反应在几类反应中速率最快,约为正庚烷总转化速率的 3~4 倍。

表 2-2-6 正庚烷异构化反应与其他几类反应速率对比

温度/℃	压力/MPa	正庚烷反应				甲基环己烷芳构化	二甲基环戊烷芳构化
		总转化 r_0	加氢裂化 r_1	异构化 r_2	脱氢环化 r_3	r_4	r_5
496	3.55	0.3	0.10	0.16	0.04	0.95	
496	2.48	0.28	0.08	0.15	0.05		
496	1.42	0.26	0.05	0.13	0.06	0.95	0.13
468	3.55	0.18	0.10	0.10	0.01		
468	1.42	0.16	0.04	0.09	0.02		

注:r 为初始转化速率[mol/(h·g)]。

从图 2-2-3 正己烷在 Pt/Al_2O_3 催化剂上进行一系列重整反应的反应网络图可以看出,正己烷在异构化反应的同时也发生加氢裂化和脱氢环化反应,异构化反应速度显著高于加氢裂化和脱氢环化[8]。同时还表明,正己烷不能直接生成多支链的异构体,需要先生成 2-甲基戊烷,才能再转化为 2,3-二甲基丁烷,反应速度明显降低。异构化反应需要金属和酸性两种功能协同进行。

表 2-2-7 列出了 Pt/Al_2O_3 催化剂中 Pt 含量对正庚烷异构化、脱氢环化和甲基环戊烷脱氢异构反应速度的影响[19]。从表中可以看出,在单纯氧化铝载体上没有反应发生。在 Pt 含量为 0.1%~0.6%范围内正庚烷异构化反应速度实际上与 Pt 含量无关,这说明脱氢活性和烯烃中间物的生成不是反应的控制步骤。在 Pt 含量为 0.3%~0.6%范围内,异构化反应速度增加不明显,但脱氢环化反应速度显著提高,这说明异构化反应速度不受 Pt 含量的影响。

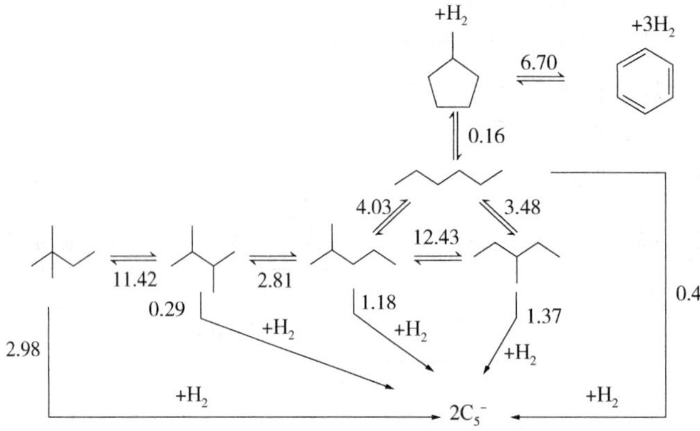

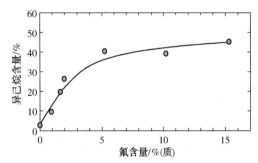

图 2-2-3　Pt/Al₂O₃ 催化剂上正己烷转化反应

表 2-2-7　Pt 含量对正庚烷异构化反应速度的影响

Pt 含量/%（质）	0	0.10	0.30	0.60
nC_7 异构化				
471℃	0	0.035	0.035	0.038
527℃	0	0.12	0.13	0.12
nC_7 脱氢环化				
471℃	0	0.0022	0.0027	0.0045
527℃	0	0.020	0.025	0.035
MCP 脱氢异构				
471℃	0		0.019	0.021
527℃	0		0.039	0.043

注：反应速度单位为 mol/(h·g)，反应压力 2.13MPa，H₂/HC=5。

图 2-2-4 为正己烷在 Pt/Al₂O₃ 催化剂上考察了氟对异构化反应的影响[1]，反应温度 400℃、压力 4MPa、空速 1.5h⁻¹、H₂/HC=6。从图中可以看出，在催化剂不含氟时，基本上不发生正己烷异构化反应，随着氟含量增加至 5%，正己烷异构化产物从 2%~3% 增加到 40%~45%，这说明酸性中心上的反应阶段是异构化反应的控制步骤。

图 2-2-4　氟含量对正己烷异构化反应的影响

因此，通过改变双功能催化剂的 Pt 含量或只改变催化剂的酸性可以判断在哪一种活性中心上的反应是控制步骤。

烷烃异构化反应机理的主要步骤如下：

1）正构烷烃 $\overset{M}{\rightleftharpoons}$ 正构烯烃 + H₂；

2）正构烯烃 $\overset{A}{\rightleftharpoons}$ 异构烯烃；

3）异构烯烃 + H₂ $\overset{M}{\rightleftharpoons}$ 异构烷烃。

其中第1)和第3)步由金属催化,第2)步烯烃异构按正碳离子机理在载体的酸性中心上进行。

三、烷烃的脱氢环化反应

反应动力学研究结果表明,链烷烃脱氢环化反应是速度相当慢的反应。脱氢环化反应速度远低于六元环烷烃脱氢,也低于五元环烷烃脱氢异构,其速度与加氢裂化相当。不同反应的反应速度如表2-2-8所示。Burnett等[20]测定了典型工业重整催化剂上C_7烷烃的各类反应的比速度数据,如表2-2-9所示。表2-2-9数据表明,在所采用的重整反应条件下,烷烃脱氢环化反应速度比环烷脱氢低两个数量级,比环烷异构低一个数量级,因此烷烃脱氢环化是最慢的反应。工业重整装置中,烷烃脱氢环化反应受动力学限制,只能进行到一定程度,达不到热力学平衡。在催化重整反应条件下,C_6烷烃脱氢环化只能完成0~5%,C_7、C_8和C_9烷烃则分别可完成25%~45%、30%~50、55%~65%。

表2-2-8　烃类重整反应速度比较

反应	活化能/(kJ/mol)	比速度/[mol/(h·g)]	反应	活化能/(kJ/mol)	比速度/[mol/(h·g)]
K_1(环烷异构化)	12.5	1.7	K_4(加氢裂化)	31.1	0.27
K_2(环烷脱氢)	14.4	14	K_5(脱氢环化)	32.7	0.21
K_3(开环)	14.8	0.4			

注:条件为反应温度510℃、压力1.75MPa、H_2/HC=6(摩尔)。

反应动力学研究结果表明,提高反应温度和降低反应压力对脱氢环化反应有利。表2-2-9列出了不同温度和压力对正庚烷重整反应的影响[5]。可以看到,脱氢环化产物随反应温度提高和反应压力的降低而增加;但是,由于裂解产物收率也随反应温度提高,因此提高反应温度对环化反应的选择性无明显改善,而降低压力的结果是在提高脱氢环化反应速度的同时还可以明显改善环化选择性。因此,降低反应压力对于提高烷烃脱氢环化选择性起决定性作用。

表2-2-9　温度和压力对正庚烷重整反应的影响

反应压力/MPa	1.4		2.45	3.5	
温度/℃	469	496	496	468	496
正庚烷转化/%	83.7	96.0	96.0	85.8	95.3
环化产物/%	20.3	37.7	25.0	8.6	16.9
裂解产物/%	28.2	50.6	56.5	36.8	62.7
环化选择性/%①	41.9	42.7	30.7	18.9	21.2

① 环化选择性=环化产物/(环化产物+裂解产物)×100%。

此外,研究还表明,烷烃的碳原子数增加,脱氢环化反应速度增加[21,22],正构烷烃的脱氢环化反应速度高于相同碳数的带支链的异构烷烃。

烷烃脱氢环化生成芳烃的反应机理十分复杂,在不同反应条件下,不同分子结构的烷烃可能经过多种反应途径进行,包括在单功能的金属中心上的反应和涉及金属和酸性中心的双功能催化反应、五元或六元关环反应以及一系列的顺序进行的串行或并行反应等。按照 Mills 等提出的双功能反应机理(图 2-2-2)，烷烃首先在金属中心脱氢生成烯烃，然后在酸性中心环化为烷基环戊烷，再转移到金属中心脱氢为烷基环戊烯，随后在酸中心上异构为六元环烯烃并最后回到金属中心上脱氢为芳烃。这一机理很好地说明了工业重整催化剂中金属和酸性两种活性中心的作用。工业实践也表明两种活性中心缺一不可。但情况并非如此简单。自烷烃芳构化反应发现以来，特别是开发了催化重整工艺以来，一直存在着有关烷烃芳构化的可能途径的争论，并且公开发表了一些不同的，甚至针锋相对的观点[23~28]。对双功能反应机理的挑战主要来自单功能的金属催化剂上的脱氢环化反应的研究。这些研究表明，与双功能反应机理不同，烷烃芳构化反应可以通过直接的 C_6 关环而不需要经过 C_5 环扩环到 C_6 环的步骤。因此一些研究工作者指出，双功能反应途径并不是烷烃脱氢环化反应的唯一途径[29]。尽管存在着争论，但已有的研究和讨论使如下的看法趋于一致，即在工业催化重整条件下，烷烃的脱氢环化反应主要通过双功能反应机理进行。

四、烷烃的氢解与加氢裂化反应

氢解是在氢气存在下，金属中心上发生的 C—C 键断裂和 C—H 键生成的反应，需要催化剂上有相邻的金属原子中心。烷烃在 Pt/Al_2O_3 催化剂上的氢解反应速度与相对分子质量和结构有关[30]。如在常压和 300℃ 条件下，一些烷烃的氢解反应速度顺序为：乙烷<丙烷<新戊烷<异丁烷<正丁烷<异戊烷。

反应动力学研究表明，饱和烃氢解反应速度随温度和压力提高而增加，但氢分压对反应的影响随着烃分子不同而不同。

研究结果和工业应用实践表明，在催化剂制备中引入金属添加物进行催化剂改性和在开工过程中进行催化剂的预硫化或采用硫化态催化剂都可以抑制氢解反应。研究表明，在重整反应中，氢解反应对催化剂积炭最为敏感，在初期积炭过程中氢解反应已快速下降。因此，在正常重整工艺条件下氢解反应不起重要作用。

加氢裂化与氢解反应相比更重要，可提高辛烷值，但液体收率降低，液化气产量增加。虽然加氢裂化与催化裂化(FCC)一样是在催化剂的酸性中心上发生，但二者有明显不同，加氢裂化在氢压下和双功能催化剂上进行。催化剂中金属的作用：①烷烃首先在金属中心脱氢为烯烃，后者更容易在酸性中心生成正碳离子而发生裂化反应；②裂化产生的烯烃在金属中心很快加氢为饱和烃。因此催化剂失活速率要比催化裂化催化剂慢得多。催化裂化是在酸性分子筛催化剂上发生大分子裂化为小分子的过程，特点是产品中烯烃含量较高。

影响加氢裂化反应的因素主要是反应温度、压力和催化剂的酸性。随着反应温度提高、压力增加和酸性提高，加氢裂化反应速度增加。另外，烷烃的碳数和结构影响反应速度，正烷烃加氢裂化反应速度随分子中碳原子数增加而明显提高。$C_6 \sim C_{12}$ 正构烷烃在 Pt/Al_2O_3 催化剂、反应温度 450℃、压力 3MPa 的条件下的加氢裂化反应速度：正庚烷、正辛烷和正壬烷的加氢裂化速度分别为正己烷的 1.9、3.2 和 5.1 倍[1]。

烷烃按照双功能机理发生加氢裂化反应的步骤以正庚烷为例如下：

1) 正烷烃在催化剂金属中心脱氢为正烯烃；
2) 正烯烃吸附在催化剂酸性中心上生成仲正碳离子：

$$CH_3CH = CHCH_2CH_2CH_3 + H^+ \Longleftrightarrow CH_3CH_2 - C^+HCH_2CH_2CH_3$$

3) 正碳离子发生 β 裂解生成较小的正碳离子和烯烃：

$$CH_3CH_2—C^+HCH_2CH_2CH_2CH_3 \Longleftrightarrow CH_3CH_2CH=CH_2+C^+H_2CH_2CH_3$$

$$\Longleftrightarrow CH_3CH_2CH=CH_2+CH_3C^+HCH_3$$

4) 裂化生成的正烯烃异构化为异烯烃：

$$CH_3CH_2CH=CH_2+H \Longleftrightarrow CH_3CH_2C^+HCH_3$$

$$CH_3CH_2C^+HCH_3 \Longleftrightarrow CH_3C^+H(CH_3)CH_3 \Longleftrightarrow CH_3CH(CH_3)=CH_2+H^+$$

5) 生成的烯烃在催化剂的金属中心上加氢为相应的烷烃。

第三节 各类重整反应化学特性比较

表 2-3-1 对于各类主要重整反应的热力学和动力学特性进行了归纳和对比[31]。表中"+"号代表温度或压力提高时对该反应平衡转化率或反应速率的提高有利，而"-"号则代表的意义相反。表中前三类反应都可达到热力学平衡，后两类反应则受动力学控制。最希望发生的有利于提高辛烷值和芳烃产率的三类反应，即六元环烷脱氢、五元环烷脱氢异构和烷烃脱氢环化反应，都是在低压、高温条件下有利的。其中烷烃脱氢环化反应进行的同时伴随着烷烃加氢裂化反应。由于温度提高对加氢裂化同样有利，因此降低压力是提高烷烃脱氢环化反应的选择性的最有效的途径。

表 2-3-1 各类重整反应热力学和动力学的比较

反应	反应速度	热效应	达到热力学平衡	热力学		动力学		H$_2$	蒸气压	密度	液体产率
				压力	温度	压力	温度				
六元环烷脱氢	很快	强吸热	是	−	+	−	+	产氢	降低	增	降
五元环烷脱氢异构	快	强吸热	是	−	+	−	+	产氢	降低	增	降
烷烃异构化	快	轻度放热	是	无	−①	+	+	不产	略降	略降	略增
烷烃脱氢环化	慢	强吸热	否	−	+	−	+	产氢	降低	增	降
加氢裂化，氢解	很慢	放热	否	无	无	++	++	耗氢	显著增	降	显著降

注：+代表压力或温度增加时平衡转化率或反应速度增加；++代表有很大增加；-代表减少；

① 影响程度较轻。

第四节 重整催化剂烧焦动力学

烧焦动力学的研究对重整催化剂再生过程的模拟和设计是非常重要的，根据重整催化剂烧焦的特点，对影响重整催化剂烧焦的因素归纳如下：

1) 催化剂积炭的形态和类型。

2) 催化剂上的积炭量多少。

3) 烧焦过程的温度和循环气量。

4) 烧焦过程的系统压力。

5）烧焦过程的补氧量或氧分压。

6）系统残存的烃类总量等。

重整催化剂烧焦是一个复杂的过程，由于积炭分为金属上的积炭和载体上的积炭，并且这两种积炭的数量和 H/C 比有所不同，因此燃烧的情况就有所差别[32]，如下所示：

$$积炭（金属上）+O_2 \xrightarrow{低温} CO+CO_2$$

$$积炭（载体上）+O_2 \xrightarrow{高温} CO+CO_2$$

一、固定床烧焦动力学

主要讨论烧焦温度、压力和积炭量对烧焦的影响。

（一）烧焦温度对烧焦速率的影响

重整催化剂烧焦是一个动力学反应，对温度比较敏感，适宜的烧焦温度对催化剂性能的恢复很重要。在气剂比、氧分压相同的条件下，国内研究人员在实验室用积炭量为 4.0% 的等铂铼比催化剂考察了烧焦温度对烧焦速率的影响，结果见表 2-4-1。

表 2-4-1 烧焦温度对烧焦速率的影响

烧焦温度/℃	烧焦速率 $R_c \times 10^7 / [mol/(s \cdot mL)]$	烧焦温度/℃	烧焦速率 $R_c \times 10^7 / [mol/(s \cdot mL)]$
380	0.722	460	1.247
420	0.970		

从表 2-4-1 可以看出，随烧焦温度的提高烧焦速率加快。但是过高的烧焦温度会导致催化剂表面温度过高（由于积炭燃烧放热）而使催化剂的金属晶粒和载体烧结，特别是载体的烧结，为不可逆的，因此必须控制适宜的烧焦温度。

（二）氧分压对烧焦速率的影响

烧焦时通常采用氮气与氧气的混合气作为烧焦介质，介质中的氧分压是烧焦过程中必须要控制的重要参数。氧分压过低，烧焦速率较慢，烧焦时间较长，还会导致催化剂上的氯流失较大；氧分压过高，烧焦速率很快，积炭燃烧的热量会使催化剂表面温度超高，催化剂出现过烧结，严重的会导致烧焦装置烧坏。在烧焦温度、气剂比相同的条件下，在实验室用积炭量为 4.0% 的等铼铂比催化剂考察了氧分压对烧焦速率的影响，结果见表 2-4-2。

表 2-4-2 氧分压对烧焦速率的影响

氧分压/MPa	烧焦速率 $R_c \times 10^7 / [mol/(s \cdot mL)]$	氧分压/MPa	烧焦速率 $R_c \times 10^7 / [mol/(s \cdot mL)]$
0.11	1.043	0.195	1.376
0.165	1.244		

从表 2-4-2 可以看出，随烧焦介质中氧分压的提高，烧焦速率逐渐加快，因此适当地提高介质中的氧分压可以加快烧焦速度，缩短烧焦时间，这对于全氯型铂铼重整催化剂十分重要。要根据实际情况在不同的烧焦阶段控制不同的氧分压。

（三）积炭量对烧焦速率的影响

在烧焦温度、气剂比及氧分压相同的条件下，催化剂上的积炭量对烧焦速率也有影响。根据催化剂上的积炭量不同，也要相应地调整烧焦温度、氧分压。在烧焦温度、氧分压相同的情况下，不同积炭量对催化剂烧焦速率的影响结果见表 2-4-3。

表 2-4-3　积炭量对烧焦速率的影响

积炭量/%(质)	烧焦速率 $R_c \times 10^7$/[mol/(s·mL)]	积炭量/%(质)	烧焦速率 $R_c \times 10^7$/[mol/(s·mL)]
1.40	0.4012	8.00	1.8807
2.63	0.667	11.50	2.5601
4.00	1.0434	14.1	3.0440

从表 2-4-3 以看出，在相同的烧焦条件下，随着催化剂上的积炭量的增加，烧焦速率也会增加。

根据以上研究的结果，催化剂的烧焦速率方程可归纳为：

$$R_c = 5.9 \times 10^{-3} \times e^{-3450/T} \times C_c^{0.85} \times (P_{O_2} \times G/120)^{0.485} \tag{2-4-1}$$

式中　R_c——烧焦速率，mol/(s·mL)；

T——催化剂床层平均温度，K；

P_{O_2}——烧焦介质的氧分压，MPa(绝)；

C_c——催化剂上的积炭浓度，mol/mL；

G——气剂体积比，$Nm^3/(m^3 \cdot h)$。

必须指出，由于催化剂的载体、金属含量等的不同，导致催化剂上的积炭形态和类型不同，因此由实验结果推导出的催化剂烧焦速率方程也可能有所不同。

二、移动床烧焦动力学

刘耀芳等[33~36]研究了 R-32 和 3861 铂锡连续重整催化剂的积炭燃烧过程。R-32 和 3861 两种铂锡催化剂以 $\gamma-Al_2O_3$ 为载体，负载 0.38%Pt 和 0.32%~0.37%Sn。积炭的 R-32 取自工业连续重整装置，炭含量为 4.8%。积炭的 3861 催化剂取自小型固定床重整装置，炭含量为 5.6%。催化剂原颗粒直径为 1.5~2.0mm，为了考察和避免烧炭过程中内扩散传质的影响：积炭的 R-32 催化剂经破碎后筛取 20~40 目和 100~150 目粒度作为试验样品。积炭的 3861 催化剂经破碎后筛取 40~60 目和 60~100 目，然后将 40~60 目研磨成大于 200 目的细粉，将大于 200 目和 60~100 目粒度的催化剂作为试验样品。

烧炭动力学方程的建立和研究过程如下：

1) 由于催化剂上沉积的积炭实质上是高度缩合的碳氢化合物，碳是积炭的主要成分。由于积炭燃烧过程中氢的氧化速率较碳快 1~2 倍，因此该研究以测试积炭中的燃烧行为表示催化剂上积炭的燃烧特性。

2) 烧炭动力学方程的假设：假设重整催化剂上积炭中碳的燃烧速率与炭含量为一级反应关系，与氧分压为 n 级关系，则：

$$\frac{-dc}{dt} = kp_{O_2}^n C \tag{2-4-2}$$

式中　C——催化剂上炭含量，%；

t——反应时间，min；

$p_{O_2}^n$——气相中氧分压，$\times 10^5 Pa$；

k——速率常数，$(10^5 Pa)^{-n}/min$；

n——常数。

3）通过不同温度下的大量试验结果表明：重整催化剂上积炭中的碳在燃烧过程中，反应速率与碳含量成正比，但先后以三种不同的速率常数 k_1、k_2、k_3 进行反应。

同一条件下存在三种不同速率常数的反应，这意味着催化剂上存在三种燃烧性能不同的 Ⅰ、Ⅱ、Ⅲ 类型的积炭。根据试验结果：①$k_1 \gg k_3 > k_2$；②Ⅰ 型炭数量很少，约为 0.25% 左右，Ⅲ 型炭数量约 0.5%，其余皆为 Ⅱ 型炭。

关于试验中观察到的三种速率常数，可作如下解释：催化剂内仍然裸露着的铂金属表面上沉积着积炭前身物和少量积炭，此为 Ⅰ 型炭，多半是比较容易再生的无定形炭。这些 Ⅰ 型炭量少，在烧焦过程中，受裸露铂的直接催化作用，燃烧速度快。催化剂中除 Ⅰ 型炭外均属 Ⅱ 型炭，以多层形式沉积在 Al_2O_3 载体表面和已被覆盖的铂金属表面上，它们多是不易再生的石墨化炭，薄层，片状，接近理想的石墨结构，表明它们基本平行于沉积的固体表面，是在烃分压降低、温度较高的条件下形成的。Ⅱ 型炭量大，在燃烧过程中，它们不与裸露铂直接接触，所以燃烧速度较 Ⅰ 型炭慢得多，但由于裸露的铂的氧溢流作用，其燃烧速度比无铂存在的纯 Al_2O_3 载体上的积炭燃烧速度快得多。当大部分 Ⅱ 型炭被烧掉后，原来被覆盖着的铂金属逐渐裸露出来，催化剂上这时还残留着部分 Ⅱ 型炭，但与没有裸露铂存在时的特性已经不同，因此，称它们为 Ⅲ 型炭。Ⅲ 型炭由于被覆盖的铂表面重新裸露出来，因此它们的燃烧速度远比 Ⅱ 型炭快，但不及 Ⅰ 型炭。

4）在 525℃、氧分压为 1~25kPa 下对 R-32 和 3861 催化剂的 Ⅱ 型和 Ⅲ 型炭进行大量的烧炭试验，得到 Ⅱ 型和 Ⅲ 型炭的燃烧速率与氧分压的关系为 0.55 级。

由于 Ⅱ 型和 Ⅲ 型炭占总积炭量的 90% 以上，因此积炭烧焦动力学方程为：

$$\frac{-\mathrm{d}c}{\mathrm{d}t} = k p_{O_2}^{0.55} C \qquad (2-4-3)$$

5）以空气为介质，在 450~575℃ 不同恒温条件下对 R-32 和 3861 催化剂进行烧炭试验，由上述动力学方程得到 k_2 和 k_3 值。以 $\ln k$ 与 $1/T$ 作图，发现 $\ln k$ 与 $1/T$ 的线性关系较好，说明 Ⅱ 型和 Ⅲ 型炭的燃烧速率常数与温度关系遵循 Arrhenius 方程。

因此，对 R-32 和 3861 催化剂的 Ⅱ 型炭：

$$k_2 = 3.0 \times 10^{10} \exp\left(\frac{-154.54 \times 10^3}{8.314T}\right) \qquad (2-4-4)$$

对 R-32 催化剂的 Ⅲ 型炭：

$$k_3 = 4.32 \times 10^{11} \exp\left(\frac{-165 \times 10^3}{8.314T}\right) \qquad (2-4-5)$$

对 3861 催化剂的 Ⅲ 型炭：

$$k_3 = 5.28 \times 10^{11} \exp\left(\frac{-168.3 \times 10^3}{8.314T}\right) \qquad (2-4-6)$$

这些研究结果在进行计算机模拟计算时造成了一些困难，因此为了简化模拟计算，有必要建立一个单一连续的动力学方程，以描述积炭燃烧的全过程。

在对氧微分的固定床反应器内，以空气为介质，对 20~150 目颗粒的积炭 R-32 催化剂进行了烧炭研究，结果表明，在 450~570℃ 的恒温条件下，烧炭的全过程可用下列单一动力学方程来表示[37]：

$$\frac{-\mathrm{d}c}{\mathrm{d}t} = k_\mathrm{T} p_{\mathrm{O}_2}^{0.55} C^{0.65} \tag{2-4-7}$$

其中速率常数 k_T 与温度的关系为：

$$k_\mathrm{T} = 4.39 \times 10^{10} \exp\left(\frac{-166.15 \times 10^3}{8.314T}\right) \tag{2-4-8}$$

对上述动力学方程是否适用于工业上使用的直径为 $\phi 0.5 \sim 1.5\mathrm{mm}$ 的小球状催化剂进行了研究，由于工业上原颗粒重整催化剂上积炭燃烧时存在内扩散传质阻力，在温度为 $470 \sim 575^\circ\mathrm{C}$ 时，其反应的有效因子为 $0.8 \sim 0.4$，为简化计算，取其平均值为 0.6，因此原颗粒重整催化剂的烧炭速率常数为：

$$k_\mathrm{G} = 0.6k_\mathrm{T} \tag{2-4-9}$$

其烧炭动力学方程为：

$$\frac{-\mathrm{d}c}{\mathrm{d}t} = 0.6k_\mathrm{T} p_{\mathrm{O}_2}^{0.55} C^{0.65} \tag{2-4-10}$$

式中　k_T——上述细颗粒催化剂在消除内扩散阻力情况下所测得的速率常数。

在处理高积炭含量催化剂时要特别引起重视。对于连续重整装置来自死区(反应器底部催化剂不能流动的部位)的高积炭催化剂(积炭量大于 10%)没有被分离出来，而是返装到反应器中，那么在催化剂循环过程中，这部分高积炭催化剂就会被带到再生器，造成再生烧焦床层超温，催化剂载体会被烧结并发生相变，从而使催化剂失活，局部的烧焦床层高温还会损坏再生设备。因此，催化剂再生烧焦不得不长时间进行黑烧，确保高积炭死区催化剂上的积炭烧尽，才能转为正常白烧。一般对于异常高含量的积炭催化剂需要筛分后进行废剂回收处理。

方大伟等[38]对连续重整装置死区高积炭 PS-Ⅵ 催化剂进行了烧焦研究认为：①高积炭催化剂上含有石墨型炭；②死区催化剂球心在多次烧焦后仍存在较高的积炭；③在氧含量较低(体积分数为 1.0%)的条件下，烧焦温度达到 540℃ 以上时，死区催化剂上的积炭可以被引燃；④死区催化剂烧焦黑心球中的积炭量较高，在高氧含量(体积分数为 21.0%)的条件下，引燃温度仍然较高(480℃ 以上)，说明石墨型炭的烧焦条件比较苛刻。

参 考 文 献

[1] 徐承恩，催化重整工艺与工程[M]. 北京：中国石化出版社，2006.

[2] Draeger G T, Gwin G T, Leesemann C J G, et al. Production of High-octane Gasoline Compounds[J]. Petroleum Refiner, 1951, 30(8)：71.

[3] G Egloff, G hulla, V I Komarewsky. Isomerization of Pure Hydrocarbons[M]. New York：Reinhold Publishing Corp., 1942.

[4] ASTM. Knocking Characteristics of Pure Hydrocarbons, API Research Projects 45, Phila., 1958.

[5] Hettinger W P, Keith C D, Gring J L, et al. Hydroforming Reactions[J]. I E C, 1955, 47(4)：719.

[6] Ciapetta F G, Dobres R M, Baker R W. In Emmett P H Ed[M]. Catalysis Vol 6. New York：Reinhould Publishing Corp., 1958.

[7] Matsumoto H, Saito Y, Yoheda. The Classification of Metal Catalysts in Hydrogenolysis of Hexane Isomers[J]. J Catalysis, 1971, 22(2)：182.

[8] Marin G B, Froment G F. Reforming of C6 Hydrocarbons on a Pt-Al$_2$O$_3$ Catalyst[J]. Chem Eng Sci, 1982, 37(5)：759.

［9］Sinfelt J H, Hurwitz H, Shulman R A. Kinetics of Methylcyclohexane Dehydrogenation over Pt–Al$_2$O$_3$［J］. J. Phys. Chem., 1960, 64, 1559.

［10］庞礼, 丁余庆, 李大东. 流动循环法研究环己烷在铂重整催化剂上的脱氢反应动力学［J］. 燃料化学学报, 1965, 6(3): 175–186.

［11］Козлов Н С, Давидовская, Корнейчук, ид. Кинетика дегидрирования циклогексана наалюмоплатино рениевых катализаторах［J］. Докл. Акад. Наук БССР, 1979(7): 623–626.

［12］Баландин А А. Мультиплетная Теория Ката-лиза［M］. Издательство МГУ, 1963.

［13］Trapnell B M W. Balandins Contribution to Heterogeneous Catalysis, in "Adv. in Catalysis" Ed. By W G Frankenburg et al. Vol 3. 1 1951.

［14］Anderson J R, Kemball C. Catalysis on Evaporated Metal Films［M］. Proc. London: Roy. Soc. 1954, A226, 472.

［15］Haensel V, Donaldson G R, Riedl F J. Mechanisms of Cyclohexane Conversion over Platinum–Alumina Catalysts［J］. Proc. 3rd Int. Congr. Catal. Amsterdam 1964(1): 294.

［16］Mills G A, Heinemann Heinz, Milliken T H, et al. Catalytic Mechanism［J］, I E C, 1953, 45(1): 134.

［17］Sterba M J, Haensel V, Catalytic Reforming［J］. I E C, Proc. Res. Dev. 1976, 15(1), Section C.

［18］Keulemans A I M, Voge H H. Reactivites of Naphthenes over a Platinum Reforming Catalyst by a Gas Chromatographic Technique［J］. J Phys Chem, 1959, 63: 476.

［19］Sinfelt J H, Hurwitz H, Rohrer J C. Role of Dehydrogenation Activity in the Catalytic Isomerization and Dehydrocyclization of Hydrocarbons［J］. J Catalysis, 1962(1): 481.

［20］Burnett R L, Steinmetz H L, Blue E M, et al. An Analog Computer Model of Conversion in a Catalytic Reformer. A C S Preprints, Div Petrol Chem, 1965, 10(1).

［21］Sinfelt J H, Rohrer. Reactivity of Some C$_6$–C$_8$ Paraffins over Pt–Al$_2$O$_3$［J］. J. Chem. & Eng. Data, 1963, 8(1).

［22］Krane H G, Groh A B. Schulman B L et al. Reactions in Catalytic Reforming of Naphthas［J］. Proc. 5th World Petrol. Congr. New York, 1959, Ⅲ–4, p. 39.

［23］Paál Z. On the Possible Reaction Scheme of Aromatization in Catalytic Reforming［J］. J. Catalysis, 1987, 105: 540–542.

［24］Parera J M. Reply to "On the Possible Reaction Scheme of Aromatization in Catalytic Reforming", 1987, 105: 543.

［25］Shum V K, Butt J B, Sachtler, The Dehydrocyclization–controlling Site in Bifuctional Reforming Catalysts［J］. Applied Catalysis, 1984(11): 151–154.

［26］Margitfalvi, Göbölös. Dehydrocyclization Controlling Site in Bifuctional Reforming Catalysts［J］. Applied Catalysis, 1988, 36: 331–335.

［27］Shum V K, Butt J B, Sachtler W M H. Dehydrocyclization Controlling Site in Bifuctional Reforming Catalysts (Reply to letter by Margitfalvi and Göbölös)［J］. Applied Catalysis, 1988, 36.

［28］Menon P G, Paál Z. Some Aspects of the Mechanisms of Catalytic Reforming Reaction［J］. I. E. C., Res., 1997, 36, 3282–3291.

［29］Menon P G, Paál Z, Some Aspects of the Mechanisms of Catalytic Reforming Reaction, I. E. C., Res., 1997, 36, 3282–3291.

［30］Leclercq G, Leclercq L, Maurel R. Hydrogenolysis of Saturated Hydrocarbons. J Catalysis, 1976, 44: 68–75.

［31］Parera J M, Figoli N S. Reactions in Commercial Reformer., in " Catalytic Naphtha Reforming" Ed. by Antos G J etal, 1995.

[32] J N Beltramini, T J Wessel, R Datta. Kinetics of deactivation of bifunctional Pt/Al$_2$O$_3$-Cl catalysts by coking [J]. Catalyst Deactivation Symposium, AIChE Meeting, Los Angeles, 1991, 37(6): 845-854.

[33] 刘耀芳, 杨朝合, 杨九金, 等. 铂锡重整催化剂再生过程的研究(1. 催化剂上焦炭燃烧过程的特征) [J]. 石油炼制与化工, 1988, 19(11): 24-32.

[34] 刘耀芳, 杨朝合, 杨九金, 等. 铂锡重整催化剂再生过程的研究(2. 烧炭速度与氧分压的关系)[J]. 石油炼制与化工, 1989, 20(5): 46-50.

[35] 刘耀芳, 杨朝合, 杨九金, 等. 铂锡重整催化剂再生过程的研究(3. 烧炭过程的动力学参数)[J]. 石油炼制与化工, 1989, 20(9): 37-42.

[36] 高劲松, 卢春喜, 吕瑾, 等. 连续重整新型铂锡催化剂的表观烧炭动力学[J]. 炼油设计, 1999, 29 (11): 41-45.

[37] 潘国庆, 王虹, 刘耀芳, 等. 连续重整移动床径向再生器中烧炭的数学模拟(1)—烧炭过程的动力学方程及数学模拟[J]. 炼油设计, 1995, 25(1): 42-52.

[38] 方大伟, 潘锦程, 马爱增. 高积炭连续重整催化剂的烧焦与结焦分析[J]. 石油炼制与化工, 2014, 45(6): 32-35.

第三章 原料和产品

第一节 重整原料类型和性质

在汽柴油质量升级和芳烃需求旺盛的背景下，国内催化重整加工规模迅速扩张，能够提供满足重整所需要的原料类型除直馏石脑油外，还大量掺炼加氢裂化重石脑油、焦化石脑油、乙烯裂解石脑油抽余油甚至部分催化裂化石脑油等二次加工石脑油。近年来，随着大量煤制油项目不断投产和规模日益扩大，煤基石脑油总产量快速增长，其中煤直接液化石脑油具有很高的芳烃潜含量，是优质的重整原料。

一、直馏石脑油

直馏石脑油是指原油经常压蒸馏后得到的石脑油沸程范围内的烃类化合物。直馏石脑油按其沸程可分为两部分，即轻直馏石脑油和重直馏石脑油，重直馏石脑油作为重整原料。

直馏石脑油的收率及性质主要取决于原油的性质。我国原油普遍偏重，石脑油所占原油的比例较少。表3-1-1列出的初馏点约180℃的数据表明，四种原油石脑油的质量收率都在8%以下，而芳构化指数(N+2A)相对较高的胜利、辽河原油的石脑油收率在5%以下。

表3-1-1 初馏点~180℃石脑油馏分的性质[1]

分 析 项 目		大庆油	胜利油	辽河油	塔河油
质量收率/%		7.97	4.68	3.56	7.18
体积收率/%		9.40	5.59	4.45	9.36
$API°$		60.3	56.2	53.6	60.4
密度(20℃)/(g/cm³)		0.7332	0.7495	0.7600	0.7331
酸度/(mgKOH/100mL)		0.3	1.9	0.18	0.30
硫含量/(μg/g)		233.0	205	130.6	181.4
氮含量/(μg/g)		1.0	0.3	1.9	0.3
硫醇硫含量/(μg/g)		93	13	19.0	37.0
馏程/℃	初馏点	49.5	60.0	83.1	54.9
	10%	87.2	73.0	104.1	89.3
	30%	109.2	102.0	117.9	109.4
	50%	127.2	123.0	130.0	126.4
	70%	143.5	139.0	146.1	144.0
	90%	161.0	154.0	162.3	161.3
	终馏点	177.0	169.0	176.8	176.9

续表

分析项目		大庆油	胜利油	辽河油	塔河油
组成/%	正构烷烃	39.14	20.98	17.38	32.53
	异构烷烃	21.78	29.13	25.91	33.16
	环烷烃	33.67	37.43	41.00	25.00
	芳烃	5.11	12.15	15.57	9.32
	N+2A	43.89	61.73	72.14	43.64

表3-1-2 中列出了中东地区原油的石脑油馏分收率和性质。由表3-1-2 可见，中东地区原油石脑油馏分的收率都比较高，一般在18%～30%之间。中东地区原油石脑油馏分的密度较低，初馏点约200℃石脑油馏分的大多在0.73g/cm³以下；伊朗轻质原油石脑油和伊朗重质原油石脑油的酸度较高，达到2.0mgKOH/100mL 左右；硫含量随原油产地变化较大，最高的为伊拉克巴士拉原油石脑油，达到了1435μg/g。

表3-1-2　中东地区原油的石脑油馏分收率及性质[1]

原　油	阿曼	也门马西拉	沙特阿拉伯			伊　朗		伊拉克巴士拉	科威特
			轻质	中质	重质	轻质	重质		
石脑油馏分	初馏点～200℃								
收率/%	18.28	20.09	23.75	22.74	18.49	29.57	23.27	23.16	18.51
密度(20℃)/(g/cm³)	0.7100	0.7319	0.7159	0.7134	0.7076	0.7237	0.7136	0.7102	0.7051
酸度/(mgKOH/100mL)	1.20	0.92	0.40	0.60	0.18	1.95	2.14	1.57	0.65
硫含量/(μg/g)	737	130	398	547	492	722	1121	1435	1039
辛烷值(RON)	43.1	43.5	46.6	48.0	41.6	51.6	55.9	46.4	41.1

非洲地区原油的石脑油馏分的收率和性质列于表3-1-3 中，由表3-1-3 可知，除乍得的多巴原油(Doba Blend)、安哥拉奎托(Kuito)原油和刚果的杰诺原油的石脑油收率较低外，其他原油的石脑油收率都比较高，其中阿尔及利亚的撒哈拉原油(Sahara)的初馏点约200℃的石脑油收率高达40.85%。

非洲地区原油中直馏石脑油馏分的密度在0.7074～0.7775g/cm³之间，大多属于高酸原油，除安哥拉卡宾达原油(Cabinda)和阿尔及利亚的撒哈拉原油(Sahara)的石脑油酸度低于1.0mgKOH/100mL 外，其他原油的石脑油酸度均高于3.0mgKOH/100mL，安哥拉吉拉索原油(Girassol)的石脑油酸度甚至高达11.35mgKOH/100mL；杰诺(Djeno)和奎托(Kuito)石脑油的硫含量最高，分别达到了662μg/g 和454μg/g，其余均在240μg/g 以下。

表3-1-3　非洲原油的石脑油馏分收率及主要性质[1]

国　家	赤道几内亚	安哥拉				乍得	刚果	阿尔及利亚
地区	赛巴(Ceiba)	奎托(Kuito)	吉拉索(Girassol)	罕戈(Hungo)	卡宾达(Cabinda)	多巴(Doba Blend)	杰诺(Djeno)	撒哈拉(Sahara)
石脑油馏分	初馏点～200℃							
收率/%	18.4	9.46	19.88	19.49	19.91	1.79	12.36	40.85

续表

国　家	赤道几内亚	安哥拉				乍得	刚果	阿尔及利亚
地区	赛巴 （Ceiba）	奎托 （Kuito）	吉拉索 （Girassol）	罕戈 （Hungo）	卡宾达 （Cabinda）	多巴（Doba Blend）	杰诺 （Djeno）	撒哈拉 （Sahara）
密度（20℃）/（g/cm³）	0.7074	0.7775	0.7378	0.7300	0.7217	0.7706	0.7289	0.7168
酸度/（mgKOH/100mL）	5.07	4.42	11.35	5.65	0.72	3.76	1.12	0.27
硫含量/（μg/g）	92	454	149	237	119	114	662	15
辛烷值（RON）	52.2	75.6	54.8	47.2	47	51.9	47.2	51.6

表 3-1-4 为我国其他进口原油的石脑油馏分收率及性质，不同产地的石脑油馏分收率、酸值和硫含量差异较大。

表 3-1-4　其他进口原油的石脑油馏分收率及性质[1]

国　家	印度尼西亚		马来西亚			巴西	俄罗斯
产油区	米纳斯 （Minas）	辛塔 （Cinta）	乌拉尔 （Ural）	维杜里 （Widuri）	杜里 （Duri）	塔皮斯 （Tapis）	马利姆 （Marlim）	乌拉尔 （Ural）
石脑油馏分	初馏点~200℃							
收率/%	14.08	12.27	21.60	6.49	3.75	34.68	8.99	21.60
密度（20℃）/（g/cm³）	0.7299	0.7429	0.7300	0.7336	0.735	0.7265	0.7611	0.7300
酸度/（mgKOH/100mL）	0.42	1.35	3.59	1.19	5.49	0.50	2.77	3.59
硫含量/（μg/g）	36	82	482	53	121	59	509	482
辛烷值（RON）	38	45.8	50.8	44.6	57.6	49.4	62.1	50.8

直馏石脑油除含有硫外，还含有氮、金属杂质（As、Cu、Pb 等）以及烯烃和水，这些对催化剂均有毒害作用，因此，直馏石脑油必须经过预处理才能作为重整装置的合格原料。

二、加氢裂化重石脑油

加氢裂化重石脑油的产率主要与产品方案和流程特点有关（见表 3-1-5）。用于生产石脑油的加氢裂化工艺一般为石油化工型缓和加氢裂化、高压一段串联全循环加氢裂化、高压两段全循环加氢裂化。这些工艺的特点是通过对流程的选择和反应条件的控制，控制反应的深度，从而达到最大量生产适合作重整原料的重石脑油的目的。例如，选择合适的原料油（大庆减压馏分油：胜利减压馏分油 = 8：2）、采用合适的反应条件（14.8MPa 和 373℃）和工艺过程（"石脑油"型一段串联、>177℃馏分全循环），重石脑油的收率可以高达 66.37%[2]。

表 3-1-5　不同产品方案中石脑油的产率

工艺特点	单段串联 一次通过	单段串联 一次通过	单段串联 一次通过	单段串联 >177℃全循环	单段 >177℃全循环	两段全循环
产品方案	石脑油	兼顾 石脑油和尾油	尾油	石脑油	石脑油	石脑油
原料	VGO+SRGO	中东高硫 VGO	减压蜡油和 焦化蜡油	大庆 VGO、 胜利 VGO	大庆、黄岛 混合油	减压蜡油+柴油

续表

工艺特点	单段串联 一次通过	单段串联 一次通过	单段串联 一次通过	单段串联 >177℃全循环	单段 >177℃全循环	两段全循环
裂化段温度/℃	370	360	378	373	360	一段380~397 二段301~336
高分压力/MPa	13.9	11.2	13.2	14.8	14.7	一段15.14 二段14.94
重石脑油收率/%	41.97	30.46	18.73	66.37	65.44~67.22	60.96~59.16
文献	[1]	[1]	[1]	[2]	[3]	[4]

加氢裂化重石脑油的质量与加氢裂化原料油的种类有关,产品石脑油芳烃潜含量与原料油特性因数的关系见图3-1-1(适用于石脑油型裂化催化剂),随着原料油特性因数降低,产品中环烷烃(N)+芳烃(A)的含量增高[1]。我国大庆VGO的特性因数K值为12.5,属石蜡基原料;胜利VGO K值为12.1,属中间基原料;而孤岛原油VGO K值为11.6,属芳香基原料。对这三种原料用国产3824催化剂(以超稳Y沸石为载体的Mo-Ni加氢裂化催化剂),在氢分压为12~15MPa下,进行加氢裂化反应,所得窄馏分重整原料(65~132℃)的芳烃潜含量,以孤岛油的61.2%为最高,大庆油最低,为44.9%,胜利油居中,为52.7%。因此,生产重整原料的加氢裂化最适宜的原料油为中间基或芳香基。

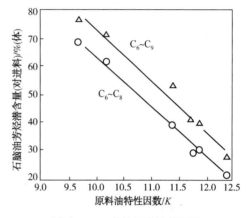

图3-1-1　产品石脑油芳烃潜含量与原料油特性因数的关系

另外,反应条件对加氢裂化重石脑油的产量和质量有较大影响。例如,提高反应温度,可使加氢裂化速度加快,反应产物的中沸点组分含量增加,但是产品中烷烃含量增加,而环烷烃含量下降,异构烷烃与正构烷烃比例下降。因此,兼顾重石脑油的产量和质量,就必须选择合适的反应条件。

加氢裂化石脑油的密度一般在0.6900~0.7800g/cm³之间。由于经过了加氢过程,大部分烯烃以及在加氢裂化过程中所产生的烯烃被饱和。另外,经过加氢裂化过程,许多无机杂质和有机杂质大部分被除去。因此,加氢裂化石脑油的突出特点是不饱和烃含量低和有害杂质含量少,是理想的重整原料[3~6]。

加氢裂化重石脑油中的杂质含量与许多因素有关,不仅与原料、操作条件、催化剂等有关,还与工艺流程有关。一般来说,经过加氢裂化后,加氢裂化重石脑油的硫含量和氮含量均在0.5μg/g以下,其他杂质含量也能够满足重整进料的要求,因此,可不用经过预加氢,而直接作为催化重整进料。

三、焦化石脑油

焦化石脑油是延迟焦化加工工艺的产品之一,反应条件对焦化产品的分布有较大影响。根据延迟焦化目的产品的不同,可以大概将延迟焦化工艺分成三个方面,即多产重馏分油延迟焦化、多产焦化汽柴油延迟焦化和生产优质石油焦延迟焦化，不同延迟焦化工艺对产品的分布影响较大。

表3-1-6为国内部分延迟焦化装置加工渣油的产品收率及石脑油性质[1,4]。由表3-1-6可见，焦化石脑油中杂质硫的含量变化较大。焦化石脑油中杂质硫的含量主要与焦化原料油中的硫含量和硫分布有关，还与焦化的操作条件和产品方案有关。另外，焦化石脑油中的氮含量也比较高，有时高达上百μg/g。表3-1-7为焦化汽油中的硫含量、氮含量在不同馏分段分布情况，可以看出组分越重，硫、氮含量越高，特别是氮含量变化趋势尤其显著，因此，作为重整原料，必须调整焦化分馏塔的操作，降低焦化石脑油的终馏点。

表3-1-6　国内部分延迟焦化装置加工渣油的产品收率及石脑油性质

原料油		中东混合减渣	新疆塔里木混合减渣	胜利减压渣油	辽河减压渣油	大庆减压渣油
产品分布/%	气体	10.70	8.8	6.8	9.9	19.5
	石脑油	15.98	14.3	14.7	14.0	28.7
	柴油	24.16	29.7	35.6	25.3	38.0
	重馏分油	12.56	17.7	19.0	21.2	0
	焦炭	36.60	29.5	23.9	29.6	13.8
石脑油性质	密度(20℃)/(g/cm³)	0.7270	0.735	0.7329	0.7401	0.7414
	溴价/(gBr/100g)	80.0	80.0	57.0	58.0	7.27
	硫/(μg/g)	7000	3000		1100	100
	氮/(μg/g)	110	150		330	140
	辛烷值(MON)			61.8	60.8	58.5
	馏程/℃					
	初馏点	48	56	54	58	52
	10%	74	87	84	88	89
	50%	117	125	119	128	127
	90%	159	157	159	164	162
	终馏点	181	180	184	201	192

表3-1-7　焦化汽油中的硫、氮含量分布[7]

馏程/℃	硫含量/(μg/g)	氮含量/(μg/g)	馏程/℃	硫含量/(μg/g)	氮含量/(μg/g)
<80	4100	39.5	160~170	6800	238.6
80~120	5600	55.3	170~177.8	6700	281.0
120~160	6900	145.0			

焦化石脑油的密度一般为0.7300~0.7500g/cm³，主要取决于原料油的种类和馏程；辛烷值较低，RON一般在40~65之间，大部分小于60，抗爆性能不佳。与直馏石脑油和加氢裂化重石脑油相比，焦化石脑油的另一个特点是烯烃含量较高，且变化较大，溴价在40~60gBr/100g之间。因此，焦化石脑油必须经过预处理，才能作为重整装置的合格原料。此外，炼油厂为了追求高轻质油收率，一般会在焦化装置中注入消泡剂，如果消泡剂为含硅

剂，其中的含硅化合物可能会随焦化汽油一起进入石脑油加氢装置[8~11]。

表 3-1-8 为一种典型的加氢焦化石脑油的性质及组成。焦化石脑油除了杂质含量和烯烃含量较高外，原料环烷烃含量少、芳烃潜含量也很低，不是理想的重整原料。

表 3-1-8　典型的加氢焦化石脑油的性质及组成

密度（20℃）/（kg/m³）	722.4						
馏程（ASTMD-86）/℃	初馏点	10%	30%	50%	70%	90%	终馏点
	80	95	113	127	140	157	180
族组成/%（质）	P		N			A	
C_5-	3.76		0.37				
C_6	8.93		2.27			0.14	
C_7	13.32		4.81			0.90	
C_8	17.32		7.00			2.00	
C_9	15.98		5.59			2.25	
C_{10}	8.99		2.12			0.94	
C_{11}	3.12		0.19				
合计	71.42		22.35			6.23	

四、催化裂化石脑油

近年来，随着催化重整工艺技术在炼化企业得到越来越广泛的应用，为了进一步拓宽催化重整装置原料的来源，极少数企业考虑掺炼催化汽油组分，一些研究单位先后开发了以催化裂化汽油为原料生产催化重整原料的工艺技术。催化裂化石脑油的收率除与原料油性质有关外，还取决于催化裂化工艺、催化剂以及操作参数等[12~16]。

催化裂化石脑油硫含量高[1]。我国不同炼油厂生产的催化裂化石脑油的硫含量存在较大差异，硫含量为 100~1500μg/g。实际上，硫含量还与产品方案及工艺流程特点有关，例如，催化裂解石脑油中硫含量有时可以高达 2400μg/g 以上。

催化裂化石脑油中还含有杂质氮，含量通常为 2~110μg/g，个别催化裂化石脑油的氮含量可达到 1000μg/g[1]。

另外，催化裂化石脑油中还含有胶质，含量一般为 0.4~5.1mg/100cm³[1,4]。

催化裂化石脑油的典型化学组成见表 3-1-9。由表 3-1-9 可见，催化裂化石脑油烯烃含量高、环烷烃含量少，因此，全馏分的催化裂化石脑油不能单独作为重整原料。

表 3-1-9　我国催化裂化石脑油的典型组成[17]　　　　　　　　　　%

项　　目	P	O	N	A	合计
C_4	0.81	3.50			4.31
C_5	7.03	10.66			17.69
C_6	7.28	9.26	1.33	0.35	18.22
C_7	5.82	7.65	2.17	1.63	17.27

续表

项　目	P	O	N	A	合计
C_8	4.94	4.94	1.67	4.41	15.96
C_9	3.54	2.50	1.87	5.04	12.95
C_{10}	3.02	0.51	0.67	3.59	7.79
C_{11}	2.55	0.61	1.14		4.3
C_{12}	1.33				1.33
C_{13}	0.06				0.06
合计	36.38	39.63	8.85	15.02	99.88

　　当重整装置掺炼催化裂化石脑油时，由于含有大量烯烃和少量的二烯烃及胶质[18]，且硫、氮等化合物含量高，在预加氢条件下，催化裂化石脑油中的烯烃会产生很高的温升，而且所含的硫化物也可能是较难加工的噻吩类化合物、氮含量高，常规的预加氢装置反应条件很难满足要求，因此，掺炼催化裂化石脑油时需要较高的氢分压，必须经过特殊的加氢处理，才能作为重整原料。因此，需要掺炼催化裂化石脑油时，应根据炼厂的实际情况选取不同的技术方案[19~21]：如果作为重整原料直接进预加氢装置，掺入的比例不宜大于20%；催化柴油加氢精制装置掺炼催化重汽油，可以生产重整预加氢的原料。

五、乙烯裂解抽余油

　　在裂解生产乙烯的过程中，有裂解石脑油产生，裂解石脑油经抽提后的抽余油可以作为催化重整原料。乙烯裂解抽余油的收率与裂解原料、工艺技术、工艺流程以及操作条件有关。表3-1-10中列出了不同原料和裂解深度对产物收率的影响，由表3-1-10可见，随着原料油变重和裂解苛刻度减缓，乙烯的收率减少，裂解石脑油和抽余油收率增加。

表3-1-10　原料和裂解深度对产物收率的影响　　　　%

原料	乙烷	丙烷	正丁/异烷	全馏分石脑油		常压柴油	减压柴油
				高深度裂解	中深度裂解		
乙烯收率	77.0	42.0	42.0	32.64	29.40	26.00	20.76
裂解汽油	1.88	7.39	11.36	23.45	24.90	18.60	18.99
抽余油	0.73	3.74	4.35	4.35	12.34	7.54	9.70

　　裂解石脑油中一般含有烯烃以及硫、氮等杂质，由于在芳烃抽提前，裂解石脑油需要加氢处理、饱和烯烃及脱除杂质，因此，经过处理后的抽余油中烯烃较低。典型的乙烯裂解石脑油抽余油的性质和组成见表3-1-11，可以看出硫、氮杂质小于0.5μg/g，能够满足重整进料的要求；烷烃含量较低，环烷烃含量高达60%以上，因而是良好的重整原料油。需要指出的是，裂解汽油抽余油中的环烷烃以C_6和C_7为主，且其中C_6环烷烃中的甲基环戊烷占70%以上[22]，重整装置掺炼裂解抽余油有利于多产苯和少量的甲苯。

表 3-1-11　典型的乙烯裂解抽余油性质和组成

密度(20℃)/(kg/m³)	747.7				
馏程(ASTM D-86)/℃	初馏点	10%	50%	90%	终馏点
	74	80	89	131	170
硫含量/(μg/g)	<0.5				
氮含量/(μg/g)	<0.5				
组成/%(质)	碳数	烷烃	环烷烃	烯烃	芳烃	芳潜
	C_4	0.02				
	C_5	0.17	1.77			
	C_6	12.44	34.65	0.07	0.36	32.54
	C_7	6.87	14.61	0.10	0.15	13.87
	C_8	5.95	10.07		1.44	10.97
	C_9	2.08	2.44		4.05	6.37
	C_{10}^+	1.43	1.23		0.01	1.18
	总计	28.96	64.77	0.17	6.01	64.93

六、煤基油石脑油

煤基石脑油是煤直接液化或煤焦油加氢等现代煤化工技术的轻质油产物。近年来,随着大量煤制油等项目不断投产和规模日益扩大,煤基石脑油总产量快速增长,这将大大促进其规模化深加工产业发展。煤直接液化和间接液化所获得的产物性质相差很大,且均不能直接作为燃料使用,需要进一步加氢提质才能得到所需产品,因此,煤基石脑油的性质、组成与不同的煤种和煤液化工艺有直接关系[23]。

(一)煤直接液化石脑油

煤直接液化是指将煤磨碎成细粉后与循环溶剂油混合制成煤浆,然后在高温、高压和催化剂存在下,通过加氢使煤直接转化为液体燃料和其他化学品的工程[24]。煤直接液化所生产的液化油(煤液化粗油)是一种以芳烃、环烷烃为主,含有硫、氮、氧等杂原子的组成非常复杂的混合物,经过稳定加氢脱除杂质,然后再进行加氢改质得到石脑油和柴油产品,表3-1-12为煤液化粗油稳定加氢石脑油性质。

表 3-1-12　煤液化粗油稳定加氢石脑油性质[23]

20℃密度/(kg/m³)	767	ASTM-D86 馏程/℃	
		初馏点	73
S 含量/(μg/g)	57.5	10%	91
N 含量/(μg/g)	7.9	30%	99
RON	66.4	50%	107
MON	65.7	70%	118
芳潜/%	75.58	90%	137
		终馏点	176

从表3-1-12可见，煤液化粗油稳定加氢石脑油的芳潜含量高达75%以上，但硫、氮含量仍不能满足重整进料要求，需要进一步加氢改质。典型的加氢改质后石脑油性质与组成见表3-1-13。从表3-1-13可见，煤液化稳定油经加氢改质后所得到的石脑馏馏分芳潜很高，硫、氮含量低，不需进行预加氢，是优质的重整原料[25]。

表3-1-13　煤直接液化稳定油经加氢改质后的石脑油性质

20℃密度/(kg/m³)	760.6	ASTM-D86 馏程/℃	
		初馏点	85
S 含量/(μg/g)	<0.5	10%	99
N 含量/(μg/g)	<0.5	30%	103
RON	66.0	50%	107
MON	65.6	70%	118
芳潜/%	73.71	90%	133
		终馏点	161

(二) 煤间接液化(费托合成)加氢处理石脑油

由于煤间接液化(费托合成)油基本上由正构烷烃组成，经加氢处理后的石脑油性质如表3-1-14所示，加氢处理所得石脑油辛烷值很低，正构烷烃含量很高，是较差的重整原料，也无法直接作为汽油或其调和组分，可以作为优质的乙烯原料[23,26]。

表3-1-14　费托合成油经加氢处理后的石脑油性质

项　目	数值	项　目	数值
馏程范围/℃	<150	RON	<40
密度(20℃)/(g/cm³)	~0.70	MON	<40
S 含量/(μg/g)	<1	正构烷烃含量/%(体)	>90
N 含量/(μg/g)	<1	环烷烃+芳烃含量/%(体)	<3

第二节　重整原料馏分选取与产品的关系

一、原料的表征

(一) 馏程

原料油的馏程是重整原料的一个非常重要的性质，也是炼油厂对原料油进行控制的一个非常重要的参数。一般采用 ASTM D—86 蒸馏的方法来确定原料油的馏程。按照一般炼油厂的加工流程，石脑油的终馏点是由上游装置的蒸馏塔控制，石脑油的初馏点是由石脑油分馏塔控制。

重整原料油的馏程与重整原料的组成有关，重整原料中涉及的主要组成环烷烃、芳烃和烷烃的沸点见表3-2-1中。

表 3-2-1 重整原料中主要组分烃的沸点[27]

烃	分子式	沸点/℃	烃	分子式	沸点/℃
环烷烃			间二甲苯	C_8H_{10}	139.1
环戊烷	C_5H_{10}	49.3	对二甲苯	C_8H_{10}	128.4
甲基环戊烷	C_6H_{12}	71.8	乙苯	C_8H_{10}	136.2
环己烷	C_6H_{12}	80.7	烷烃		
乙基环戊烷	C_7H_{14}	103.4	正戊烷	C_5H_{12}	36.1
顺式 1,2-二甲基环戊烷	C_7H_{14}	99.6	异戊烷	C_5H_{12}	27.8
甲基环己烷	C_7H_{14}	100.9	正己烷	C_6H_{14}	68.7
环庚烷	C_7H_{14}	118.8	2-甲基戊烷	C_6H_{14}	60.3
异丙基环戊烷	C_8H_{16}	126.4	正庚烷	C_7H_{16}	98.4
乙基环己烷	C_8H_{16}	131.8	2,2-二甲基戊烷	C_7H_{16}	79.2
1,1-二甲基环己烷	C_8H_{16}	119.6	正辛烷	C_8H_{18}	125.6
1,1,2-三甲基环己烷	C_9H_{18}	145.2	2,2-二甲基己烷	C_8H_{18}	106.8
1,2,4-三甲基环己烷	C_9H_{18}	141.2	2,2,3-三甲基戊烷	C_8H_{18}	109.8
正丁基环己烷	$C_{10}H_{20}$	180.9	正壬烷	C_9H_{20}	150.8
芳烃			2,2-二甲基庚烷	C_9H_{20}	132.7
苯	C_6H_6	80.1	正癸烷	$C_{10}H_{22}$	174.1
甲苯	C_7H_8	110.6	正十一烷	$C_{11}H_{24}$	195.9
邻二甲苯	C_8H_{10}	144.4	正十二烷	$C_{12}H_{26}$	216.3

甲基环戊烷和环己烷是形成苯的组分，正戊烷、异戊烷和环戊烷在重整过程中不能转化为芳烃，因此重整原料中一般包括六碳烷烃和环烷烃，不包括五碳烷烃和环烷烃。由表 3-2-1 可知，甲基环戊烷和环己烷的沸点分别为 71.8℃ 和 80.7℃，正戊烷、异戊烷和环戊烷的沸点分别为 36.1℃、27.8℃ 和 49.3℃，因此，重整原料的最低沸点通常为 60℃。

由于超过 204℃ 的烃在重整过程中形成多环芳烃的量明显增加，多环芳烃与催化剂上的积炭有关，缩短催化剂的运转周期。

Dean Edgar 认为[27]，当最高 ASTM 终馏点是 204℃ 时，终馏点每增加 0.6℃，催化剂的运转周期减少 0.9%~1.3%。如果最高 ASTM 终馏点是 216℃，终馏点每增加 0.6℃，运转周期的减少为 2.1%~2.8%。L. R. Mains 认为[27]，当原料的终馏点在 191~218℃ 时，原料终馏点每增加 14℃，催化剂的寿命就减少 35%。一些炼油工作者将重整反应进料的终馏点控制在远远低于 204℃，以避免意外的高沸点物质的混入。图 3-2-1 中给出了原料油的终馏点与催化剂积炭的关系。由图 3-2-1 可见，随原料终馏点的升高，积炭相对速率增加，当终馏点超过 175℃ 后时，随终馏点的增加，催化剂的相对积炭速率明显加快。

控制终馏点的另一个原因是重整产物的终馏点比原料的终馏点更高。石脑油经过重整后，重整生成油的干点一般增加 20~30℃。按照我国 GB 17930—2016 车用无铅汽油标准，汽油的终馏点为 205℃，因此，我国重整原料的终馏点最高为 180℃。

重整原料的馏程对 C_{5+} 液收也有较大的影响。原料 50% 沸点(简称 T_{50})与 C_{5+} 液收的关系如图 3-2-2 所示。由图 3-2-2 可见，在低温区（<135℃），随原料的 50%沸点的增加，C_{5+} 的液收的增加幅度很大；但当超过 135℃后，曲线的上升变得平缓；超过 150℃，再增加 50%沸点，C_{5+} 液收的增加幅度反而下降。

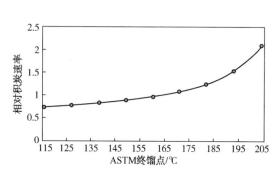

图 3-2-1　催化剂相对积炭速率与原料终馏点的关系

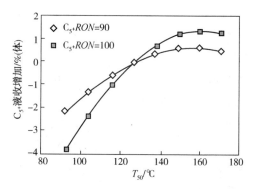

图 3-2-2　C_{5+} 液收与重整原料 T_{50} 的关系

（二）组成

重整原料中含有超过一百多种可以确定的组分，还有一些不可确定的组分以及微量杂质。按元素组成分析，重整原料中主要含有碳和氢、少量的硫、氧、氮以及微量的氯、砷、铜、铅等元素。一般碳和氢的含量在 99%以上，硫、氧、氮三种元素的总和通常不大于 0.5%。因此，重整原料中的基本组分是碳和氢两种元素。但碳和氢元素不是独立存在的，而是以碳氢化合物（烃）的形式存在于重整原料中。

一般重整原料中含有烷烃、环烷烃、芳烃和烯烃，但经过预加氢后，烯烃达到了饱和，因此重整进料中一般不再含有烯烃。表 3-2-2 为几种国内外重整原料的按碳数分布的烃族组成数据。从表中可以看出，不同原油石脑油的烃组成会有很大变化。

石脑油原料中的 C_5 组分在重整过程中不能转化为芳烃，因此，重整进料中应尽可能除去，一般情况，应控制重整进料中的 C_5 组分含量在 1%以下。

（三）芳构化指数

重整原料的组成与产品的质量、收率和重整操作条件等密切相关。在早期，常常采用一些简便的方法估算原料的贫富、重整产物的收率等。这些简便的估算方法是依据原料中的环烷烃与芳烃的含量，表示为 $N+A$、$N+2A$ 或 $N+3.5A$ 的液体体积分数，重整原料的 $N+A$、$N+2A$ 或 $N+3.5A$ 就称为芳构化指数或重整指数。重整指数通常用（$N+2A$）表示，N 表示环烷烃含量，A 表示芳烃含量，它的具体定义为：

$$(N + 2A) = \sum C_i^N\% + 2 \sum C_i^A\%$$

式中　$C_i^N\%$——原料中环烷烃的含量；

　　　$C_i^A\%$——原料中芳烃的含量；

　　　　　i——碳原子数。

原料中环烷烃和芳烃的含量越高，重整生成油的芳烃产量越大，辛烷值越高，这就是重整指数的基本含义。

我国几种原油重整原料的（$N+2A$）值见表 3-2-3。由表中可见，辽河初馏点约 180℃馏分、中原 65~145℃馏分及胜利 65~180℃馏分的（$N+2A$）值较高，是优质的重整原料。

表 3-2-2　重整原料油烃组成

原料油		大庆直馏	胜利直馏	辽河直馏	惠州直馏	中原直馏	塔中直馏	大港直馏	新疆直馏	长庆直馏	加氢裂化重石脑油	伊朗直馏	阿曼直馏	沙轻直馏
馏程/℃		初馏点~160	65~180	初馏点~180	初馏点~160	65~145	初馏点~160	96~172	103~173	85~196	82~177	95~169	92~170	86~148
烷烃/%	C_3	0.05	—	—	—	—	—	—	—	—	—	—	—	—
	C_4	1.43	0.01	0.10	0.38	0.10	0.51	0.03	0.11	1.60	—	—	—	0.42
	C_5	6.33	0.64	1.40	2.93	1.21	6.50	3.56	1.39	5.82	7.69	3.77	9.81	8.77
	C_6	10.98	3.92	4.50	6.81	5.91	12.26	11.00	7.69	8.57	12.19	13.20	17.28	16.81
	C_7	14.60	9.06	6.10	9.67	13.97	12.48	11.77	13.20	9.68	12.16	14.77	19.43	18.31
	C_8	16.27	9.90	6.80	16.66	17.35	12.48	10.47	17.28	10.90	10.12	13.48	16.44	17.65
	C_9	13.19	12.10	7.10	17.43	9.87	10.27	6.50	10.02	13.70	6.01	10.81	2.93	6.56
	C_{10}	1.51	11.12	8.90	16.80	0.75	9.62	—	—	—	—	—	—	—
	C_{11}	—	1.85	3.22	0.98	—	2.50	—	—	—	—	—	—	—
	Σ	64.36	48.60	38.10	70.68	49.16	65.62	43.33	42.69	50.27	48.17	56.03	65.89	68.52
环烷烃/%	C_5	1.24	0.14	0.30	—	0.21	0.30	0.01	0.03	0.40	6.36	3.16	3.44	0.09
	C_6	7.89	4.34	4.40	—	5.39	3.08	5.23	1.97	5.24	13.75	7.65	5.57	2.28
	C_7	12.48	8.78	10.50	2.18	9.50	5.33	13.50	5.89	11.71	13.11	7.50	3.90	4.25
	C_8	6.31	9.41	12.00	6.29	8.31	4.36	10.45	10.55	11.12	10.56	8.47	9.87	4.83
	C_9	5.96	9.39	11.80	6.03	4.99	4.85	8.72	18.66	7.95	4.52	0.43	1.23	4.07
	C_{10}	0.25	4.72	7.30	7.18	0.22	1.23	3.64	7.39	4.78	—	—	—	1.23
	C_{11}	—	0.33	—	0.98	—	0.05	—	—	—	—	—	—	—
	Σ	34.13	37.11	46.30	22.66	28.62	19.20	41.55	44.49	41.20	48.30	27.21	22.78	16.75
芳烃/%	C_6	0.26	0.34	0.40	—	5.87	0.08	0.92	0.07	0.22	0.73	0.83	0.96	0.54
	C_7	—	3.91	1.70	0.90	8.87	1.77	4.11	1.46	2.02	0.88	4.00	1.86	3.35
	C_8	0.92	4.93	7.20	3.00	6.93	7.31	6.53	3.66	2.90	1.02	6.72	3.47	6.34
	C_9	0.32	3.90	4.90	2.76	0.55	5.08	3.56	1.63	3.39	0.90	5.21	5.04	4.50
	C_{10}	—	1.21	1.40	—	—	0.94	—	—	—	—	—	—	—
	Σ	1.51	14.29	15.60	6.66	22.22	15.18	15.12	6.82	8.53	3.53	16.76	11.33	14.73

* 胜利 VGO 加氢裂化重石脑油。

表 3-2-3　重整原料的（N+2A）值

原　油	大庆	胜利	辽河	惠州	中原	塔中
实沸点范围/℃	初馏点~160	65~180	初馏点~180	初馏点~160	65~145	初馏点~160
N+2A/%（体）	34.6	51.1	71.9	33.5	68.0	46.1

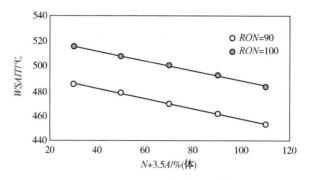

图 3-2-3　WAIT 与重整原料组成的关系

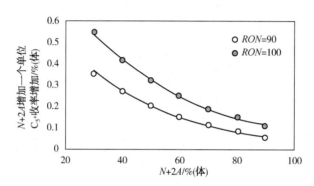

图 3-2-4　液收与重整原料组成的关系

在实际应用中，可以利用原料中的环烷烃和芳烃的含量来估算重整操作条件、重整产率

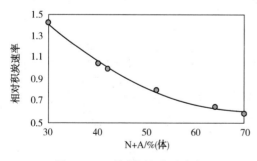

图 3-2-5　催化剂积炭速率与
重整原料组成的关系

和辛烷值。图 3-2-3 为加权平均进口温度（WAIT）与重整原料的 N+3.5A 的关系，原料中 N+3.5A 的含量越高，达到相同辛烷值时需要的 WAIT 就越低。图 3-2-4 为重整生成油收率与重整原料的 N+2A 的关系，随着原料中 N+2A 的增加，重整生成油 C_{5+} 液收增加，原料中 N+2A 数值越高，C_{5+} 液收增加幅度越小。图 3-2-5 为催化剂积炭速率与重整原料中 N+A 的关系：随着原料中 N+A 的增加，积炭相对速率下降。应该指出的是，这些变化曲线是与催化剂的性质密切相关的，性能不同的催化剂，曲线的变化规律不尽相同。一般情况下由重整工艺或催化剂专利商提供以上所用的对应关系。

　　芳烃潜含量是表征原料性质的另一指标。芳烃潜含量 Ar（%）的含义与重整指数（N+2A）的含义相近。原料中 C_6 以上的环烷烃全部转化为芳烃的量与原料中的芳烃量之和，称为芳烃潜含量。重整生成油中芳烃产率与原料的芳烃潜含量之比称为芳烃转化率。芳烃转化率与芳烃潜含量的计算方法如下：

$$Ar(\%) = 苯潜含量 + 甲苯潜含量 + C_8芳烃潜含量 + C_{9+}芳烃潜含量$$

$$苯潜含量(\%) = C_6N(\%) \times 78/84 + 苯(\%)$$

$$甲苯潜含量(\%) = C_7N(\%) \times 92/98 + 甲苯(\%)$$

$$C_8芳烃潜含量(\%) = C_8N(\%) \times 106/112 + C_8芳烃(\%)$$

C_{9+}依此类推。

式中的 78、84、92、106、112 分别为苯、C_6N、甲苯、C_7N、C_8A、C_8N 的相对分子质量。

$$重整转化率(\%) = [芳烃产率(\%)/芳烃潜含量(\%)] \times 100$$

例如，某重整原料油中含环己烷 4.5%，甲基环戊烷 2.5%，C_7 环烷烃 18%，C_8 环烷烃 14%，C_9 环烷烃 4%，苯 0.5%，甲苯 1.5%，二甲苯 1.6%，C_9 芳烃 0.4%，其芳烃潜含量为：

$$Ar\% = 7 \times 78/84 + 18 \times 92/98 + 14 \times 106/112 + 4 \times 120/126 + (0.5 + 1.5 + 1.6 + 0.4) = 44.46\%$$

原料中芳烃潜含量只能说明生产芳烃的可能性，实际的芳烃转化率除取决于催化剂的性能和操作条件外，还取决于环烷烃的分子结构。例如，文献[27]给出了在 1.72MPa，采用馏程为 84~157℃、$P/N/A$ 为 49.5/37.2/13.3 的重整原料，当产品的辛烷值（RON）为 97 时，各类环烷烃对芳烃的贡献。以此为依据，计算出各类环烷烃的转化率见表 3-2-4。因此，对于生产芳烃来说，良好的重整原料不仅要求环烷烃含量高，而且其中的甲基环戊烷含量不要太高。环烷烃高的原料不仅在重整时可以得到较高的芳烃产率，而且可以采用较大的空速，催化剂的积炭少，运转周期也较长。

表 3-2-4　各类环烷烃的转化率

环烷烃	甲基环戊烷	环己烷	二甲基环戊烷	甲基环己烷	C_{8+}环烷烃
转化率/%	35.94	79.45	36.53	82.30	83.63

另外，在重整反应条件下，烷烃也可以转化为芳烃。

重整指数和芳烃潜含量都是描述重整原料油质量的具体指标。国外多用重整指数，而我国一般用芳烃潜含量。

二、芳烃和高辛烷值汽油调和组分生产的原料选取

现有的催化重整装置主要有两种生产目的，即生产高辛烷值汽油调和组分或芳烃。

（一）生产芳烃

生产芳烃的重整工艺是要得到苯、甲苯、二甲苯等轻质芳烃。重整原料中应包括能生成苯的甲基环戊烷和环己烷。因此，初馏点要低，不需要产生重芳烃，所以终馏点要低，尽可能把 C_{9+} 去除。生产各种芳烃的适宜馏程见表 3-2-5[28]，生产 $C_6 \sim C_8$ 轻芳烃时，适宜的馏程是 60~145℃，但其中 130~145℃ 属于喷气燃料的馏程范围，因此在同时生产喷气燃料的炼油厂，重整原料一般采用的馏程是 60~130℃。

上述馏程的选择主要是根据重整过程中进行的化学反应和有关单体烃的沸点决定的（见表 3-2-1）。重整反应中最主要的反应是生成芳烃的反应，这类反应大多数是分子中碳原子数不变的反应。例如环己烷脱氢生成苯、甲基环戊烷异构脱氢生成苯以及正庚烷环化脱氢生

成甲苯。因此，在选择原料的馏程时应根据芳烃的碳原子数来确定。由表3-2-1所列的单体烃的沸点可见，C_6、C_7、C_8主要烃类的沸点分别为60~81℃、80~111℃、110~145℃，因此，当生产苯、甲苯、二甲苯时，重整原料的沸程分别选择60~85℃、85~110℃、110~145℃。沸点小于60℃的烃类分子中的碳原子数小于6，原料中含有沸点<60℃馏分进入反应器不仅不能增加芳烃的产率，而且会降低装置的有效处理能力[28,29]。

表3-2-5　生产高辛烷值汽油调和组分以及各种芳烃时的适宜馏程

目 的 产 物	适宜馏程/℃	目 的 产 物	适宜馏程/℃
苯	60~85	苯-甲苯-二甲苯	60~145
甲苯	85~110	苯-甲苯-二甲苯①	60~165
二甲苯	110~145	高辛烷值石脑油调和组分	80~180

① 要求最大量生产二甲苯并配建有歧化装置的芳烃厂，原料油终馏点可达165℃。

现阶段，随着装置加工规模大型化，以生产芳烃为目的产物的重整装置都采用宽馏分重整，特别是连续重整装置，由于操作苛刻度高（RON 一般在102以上），重整生成油通过分馏即可得到纯度较高的混合二甲苯产物，而苯和甲苯产品仍需要通过抽提获得，C_{9+}组分作为高辛烷值汽油调和组分。

（二）生产高辛烷值石脑油调和组分

当生产高辛烷值汽油调和组分时，一般采用80~180℃馏分。

对生产高辛烷值汽油调和组分来说，C_6以及以下的烷烃本身已经具有较高的辛烷值，而C_6环烷烃转化为苯后，其辛烷值反而下降（见表3-2-6），因此，重整原料一般应切取>C_6的馏分，因为沸点最低的C_7异构烷烃的沸点为79.2℃，所以初馏点应选取在80℃左右。至于原料终馏点则一般取不大于180℃，因为烷烃和环烷烃转化为芳烃后，其沸点会升高，如果原料的终馏点过高，则重整汽油的终馏点会超过要求。通常原料经重整后其终馏点升高20~40℃（与反应苛刻度有关）。此外，终馏点过高则会导致催化剂积炭速率加快，缩短半再生重整装置的生产周期，或造成连续重整装置再生系统运行异常。图3-2-1给出了原料的终馏点对催化剂积炭的影响。由图中可见，当终馏点超过180℃，随终馏点升高，催化剂的积炭速率近乎成直线增加。

由于车用汽油对苯含量指标由严格要求，以高辛烷值汽油为目的产物的重整装置均设有苯抽提，降低调和汽油中的苯含量；此外，为了满足汽油池对苯含量的要求，在重整原料中除去苯的前驱物[53~55]。

表3-2-6　环烷烃及芳烃的调和辛烷值（RON）[30]

化 合 物	调和辛烷值	化 合 物	调和辛烷值
甲基环戊烷	107	乙基环己烷	43
环己烷	110	苯	99
乙基环戊烷	75	甲苯	124
二甲基环戊烷	95	对二甲苯	146
甲基环己烷	104	邻二甲苯	120
二甲基环己烷	67~95	间二甲苯	145
三甲基环己烷	94	乙苯	124

三、原料组成与产物收率和产物分布

（一）原料组成对产物收率和产物分布的影响[28]

原料组成对重整反应有重要影响。尽管在实际应用中经常利用原料中的环烷烃和芳烃含量来估算重整操作条件和重整产率，然而原料的族组成只是粗略估算原料好坏的一个判据，并不能全面科学地评价原料的优劣。表3-2-7中给出了两种基本相同 $N+A$ 和芳潜的重整原料组成，表3-2-8中给出了相应的连续重整液体收率、氢气产率、芳烃产率和主要芳烃分布等。由表3-2-8可见，尽管原料A与原料B的 $N+A$ 和芳潜基本相同，但是重整产物的液体收率、氢气产率、芳烃产率等却有较大差别；由于原料组成的碳数分布不同，导致了重整产物的芳烃分布变化较大。因此，原料组成的碳数分布对重整产物的液体收率、氢气产率、芳烃产率以及产物分布等均有较大影响。

表3-2-7　两种具有基本相同 $N+A$ 的重整原料的组成　　　　　　　　%

原料	原料 A			原料 B		
族组成	P	N	A	P	N	A
C_5	0.01	0.02		0.00	0.00	
C_6	7.39	2.32	0.45	20.28	4.57	0.28
C_7	17.90	5.09	2.55	19.38	7.76	2.11
C_8	19.57	5.49	5.14	19.74	8.02	3.15
C_9	16.88	4.42	3.63	9.92	3.80	0.23
C_{10}	8.09	0.92	0.13	0.36	0.00	0.00
合计	69.94	18.26	11.90	69.69	24.15	6.17
$N+A$		30.16			30.31	
芳潜		29.12			28.91	

表3-2-8　两种重整原料的主要反应结果

项目	原料 A 反应产物	原料 B 反应产物	项目	原料 A 反应产物	原料 B 反应产物
C_5+RON	102	102	C_6A	3.60	8.05
产品液体收率/%	87.94	85.57	C_7A	14.63	20.69
产品芳烃含量/%	78.72	76.78	C_8A	25.25	25.48
$\sum P/\%$	26.04	25.93	C_9+A	25.75	11.48
$\sum N\%$	0.63	0.54	纯氢产率/%	3.80	3.93
$\sum A/\%$	69.23	65.70			

在重整过程中，根据碳原子数以及结构的不同，环烷烃转化为芳烃的速率差异较大。除此之外，部分烷烃也转化为芳烃，并且转化速率与碳原子数及结构也有很大关系。因此，从原料的详细组成出发，根据催化重整反应规律和催化剂特点，才能够科学预测重整产率及产物分布。表3-2-9中列出了几种典型原料及其对应连续重整产品分布的数据。

表 3-2-9　　几种典型原料及其连续重整产物分布

项　　目	原料C	产物C	原料D	产物D	原料E	产物E	产物E	原料F	产物F	原料G	产物G
$C_{5+}RON$		105		105		102	104		106		105
H_2/%		3.98		4.31		3.58	3.74		4.05		4.21
C_{5+}液收/%		84.81		87.55		90.47	89.73		91.93		84.43
$\sum P$/%	66.27	10.30	58.14	10.36	49.55	23.24	20.92	26.27	14.29	71.73	23.87
C_5P	0.00		0.05		0.04			0.99			
C_6P	0.83		1.98		9.85			1.92		14.70	
C_7P	24.14		17.75		9.79			6.28		18.90	
C_8P	24.86		18.61		10.92			6.74		16.48	
C_9P	16.06		14.05		10.53			5.97		14.99	
$C_{10}{}^{+}P$	1.15		5.70		8.42			4.36		6.66	
$\sum N$/%	22.34	0.72	35.42	0.61	36.07	0.89	0.79	61.97	1.36	20.06	0.77
C_5N								0.16			
C_6N	2.90		2.42		4.14			3.16		3.03	
C_7N	5.20		9.53		8.40			14.48		5.22	
C_8N	8.09		12.87		9.65			19.95		5.45	
C_9N	5.57		9.25		8.03			17.15		2.90	
$C_{10+}N$	0.58		1.35		5.85			7.08		3.46	
$\sum A$/%	10.62	72.88	6.49	75.71	14.38	72.29	74.55	11.76	80.30	8.21	71.75
C_6A	0.40	4.14	0.21	3.09	0.50	4.65	5.48	0.54	3.44	0.42	6.09
C_7A	2.75	16.92	1.43	17.31	2.27	12.81	14.21	3.14	17.35	2.66	18.89
C_8A	5.20	30.36	3.27	28.63	4.32	20.90	21.98	4.53	27.46	3.65	23.74
C_9A	2.27	20.19	1.54	21.59	5.13	21.06	20.09	2.76	32.05	0.27	22.43
$C_{10+}A$	0.00	1.27	0.04	5.09	2.16	12.87	12.79	0.80	34.44	1.20	

（二）反应工艺条件对产物收率和产物分布的影响

1. 重整工艺形式的影响

依据催化重整的工艺不同，产品收率和产品分布变化较大。表 3-2-10 为重整原料 H 的组成，表 3-2-11 为重整技术形式对产率和产物分布的影响。由表 3-2-11 可见，采用连续重整技术时，尽管产物的 RON 为 102，远远大于采用半再生技术时的 95，但是，液体收率、芳烃产率、氢气产率均远远高于半再生重整。从芳烃分布来看，除苯的产率略低外，其他芳烃的产率均远远高于半再生重整，并且碳数越大，差距越大。

表 3-2-10　重整原料 H 的组成　　　　　　　　　　　　　　　%

族组成	P	N	A
C_5	0.09	0.19	

续表

族组成	P	N	A
C_6	10.8	3.73	0.68
C_7	12.57	7.24	1.64
C_8	15.73	8.95	4.29
C_9	13.36	7.25	3.88
C_{10}	7.22	1.35	0.21
C_{11}	0.83	0	0
合计	60.6	28.71	10.69

表 3-2-11　原料 H 的主要反应条件和反应结果

项　目	连续再生	固定床
反应压力/MPa	0.35	1.40
C_{5^+}产品辛烷值(RON)	102	95
氢油摩尔比	2.4	3.75/6.55[1]
C_{5^+}产品液收/%	89.81	87.03
C_{5^+}产品芳含/%	77.60	61.61
$\sum P$/%	24.87	41.80
$\sum N$/%	1.64	2.15
$\sum A$/%	69.79	53.62
C_6A	4.8	4.94
C_7A	13.82	12.15
C_8A	22.69	18.25
C_9A	28.39	18.26
纯氢产率/%	3.79	2.43

① 一段氢油摩尔比为 3.75，二段氢油摩尔比为 6.55。

2. 工艺条件的影响

在重整过程中，重整的工艺条件对产品的质量、收率和产品分布有较大影响。

表 3-2-12 中为重整原料 I 的组成，表 3-2-13 为连续重整压力、产物 RON 以及氢油比对产率和产物分布的影响。由表 3-2-13 可见，随着反应压力降低，液体收率、芳烃产率和氢气产率增加，产物分布也发生变化，芳烃分布呈现重芳烃增加、轻芳烃减少的趋势；随着产物 RON 增加，液体收率、烷烃、环烷烃减少，芳烃产率和氢气产率增加，产物分布变化较大，苯、甲苯增加，苯产率从 4.33%增加到 6.21%；随着氢油比降低，液体收率、芳烃产率和氢气产率增加，产物分布也略有变化，烷烃、环烷烃减少，重芳烃略有增加，轻芳烃略有减少。

在以上连续重整的工艺条件中，产物的 RON 对产品收率和产品分布影响最大。表 3-2-14 为两种典型原料油和对应不同产物 RON 的产物分布。

表 3-2-12　重整原料 I 的组成　　　　　　　　　　%

族组成	P	N	A
C_6	9.92	4.07	0.63
C_7	20.32	7.28	3.77
C_8	17.69	7.67	5.15
C_9	16.08	4.02	0.33
C_{10}	2.26	0.77	0
合计	66.27	23.81	9.92

表 3-2-13　原料 I 的主要反应条件和反应结果

项　　目	工况 1	工况 2	工况 3	工况 4
反应压力/MPa	0.35	0.40	0.35	0.35
C_5^+ 产品辛烷值(RON)	105	105	102	105
氢油摩尔比	2.5	2.5	2.5	2.0
C_5^+ 产品液收/%	84.22	83.35	87.43	84.54
C_5^+ 产品芳含/%	85.37	85.25	79.47	85.38
$\sum P$/%	23.51	24.54	24.86	23.22
$\sum N$/%	0.56	0.53	1.81	0.54
$\sum A$/%	71.90	71.06	69.48	72.18
C_6A	6.21	6.27	4.33	6.11
C_7A	20.19	19.77	19.50	20.38
C_8A	26.73	26.56	26.69	26.79
C_9A	16.57	16.28	16.68	16.66
纯氢产率/%	4.03	3.87	3.85	4.06

表 3-2-14　两种典型原料及其在不同产物 RON 下的连续重整产物分布

项　　目	原料 I	产物 I1	原料 D	产物 D	原料 E	产物 E	产物 E	原料 F	产物 F	原料 G	产物 G
C_5^+RON		105		105		102	104		106		105
H_2/%		3.98		4.31		3.58	3.74		4.05		4.21
C_5^+ 液收/%		84.81		87.55		90.47	89.73		91.93		84.43
$\sum P$/%	66.27	10.30	58.14	10.36	49.55	23.24	20.92	26.27	14.29	71.73	23.87
C_5P	0.00			0.05		0.04			0.99		
C_6P	0.83			1.98		9.85			1.92		14.70
C_7P	24.14			17.75		9.79			6.28		48.90
C_8P	24.86			18.61		10.92			6.74		16.48
C_9P	16.06			14.05		10.53			5.97		14.99

续表

项　　目	原料 I	产物 I1	原料 D	产物 D	原料 E	产物 E	产物 E	原料 F	产物 F	原料 G	产物 G
$C_{10}+P$	1.15		5.70		8.42			4.36		6.66	
$\sum N/\%$	22.34	0.72	35.42	0.61	36.07	0.89	0.79	61.97	1.36	20.06	0.77
C_5N								0.16			
C_6N	2.90		2.42		4.14			3.16		3.03	
C_7N	5.20		9.53		8.40			14.48		5.22	
C_8N	8.09		12.87		9.65			19.95		5.45	
C_9N	5.57		9.25		8.03			17.15		2.90	
$C_{10}+N$	0.58		1.35		5.85			7.08		3.46	
$\sum A/\%$	10.62	72.88	6.49	75.71	14.38	72.29	74.55	11.76	80.30	8.21	71.75
C_6A	0.40	4.14	0.21	3.09	0.50	4.65	5.48	0.54	3.44	0.42	6.09
C_7A	2.75	16.92	1.43	17.31	2.27	12.81	14.21	3.14	17.35	2.66	18.89
C_8A	5.20	30.36	3.27	28.63	4.32	20.90	21.98	4.53	27.46	3.65	23.74
C_9A	2.27	20.19	1.54	21.59	5.13	21.06	20.09	2.76	32.05	0.27	22.43
$C_{10}+A$	0.00	1.27	0.04	5.09	2.16	12.87	12.79	0.80	34.44	1.20	

第三节　原料油中主要杂质类型及其分布

一、硫化合物

（一）硫化物类型

石脑油中的硫化物类型比较复杂，主要有硫化氢、硫醇、硫醚、噻吩、苯并噻吩和二硫化物等。张炜等[31]通过对中东高硫原油的直馏石脑油和重油催化裂化石脑油的有机硫化物色谱研究，给出了硫化物的定性结果（见表3-3-1）。研究结果表明，重油催化裂化石脑油中的硫化物主要以噻吩和苯并噻吩类硫化物形态存在，另外有少量的低碳硫醇，而中东高硫原油的直馏石脑油中有机硫形态比较复杂，其含量顺序为：硫醇硫>噻吩硫>硫醚硫>二硫化物>苯并噻吩>硫化氢。

通过对直馏石脑油、催化裂化石脑油和焦化石脑油的研究发现，直馏石脑油中的含硫化合物主要为硫醇RSH、硫醚RSR和噻吩类化合物，其分布和原料油的来源密切相关，例如，哈萨克斯坦原油的直馏石脑油馏分中很大部分是硫醇类化合物，而伊朗轻质原油直馏石脑油中的硫醚则相对多一些。催化裂化石脑油中的含硫化合物主要是噻吩类化合物和苯并噻吩类化合物，硫醇和硫醚类化合物较少，其中苯并噻吩类的含量取决于分馏时的切割温度，当切割温度<180℃时，将没有或只有少量的苯并噻吩（沸点221℃）。焦化石脑油中的含硫化合物和催化裂化石脑油类似。

表 3-3-1　石脑油中硫化物的定性结果[31]

峰号	化合物名称	经验分子式	保留时间/min	峰号	化合物名称	经验分子式	保留时间/min
1	硫化氢	H_2S	1.51	26	环硫杂己烷	$C_5H_{10}S$	5.23
2	甲硫醇	CH_4S	1.56	27	2,3-二甲基噻吩	$C_6H_{12}S$	5.36
3	乙硫醇	C_2H_6S	1.66	28	2,4-二甲基噻吩	$C_6H_{12}S$	5.63
4	二硫化碳	CS_2	1.78	29	异己硫醇	$C_6H_{10}S$	5.80
5	甲基乙基硫醚	C_3H_8S	1.89	30	异丙基噻吩	$C_7H_{14}S$	5.92
6	丙硫醇	C_3H_8S	1.95	31	正己硫醇	$C_6H_{14}S$	5.96
7	噻吩	C_4H_4S	2.27	32	异庚硫醇	$C_7H_{16}S$	6.08
8	异丁硫醇	$C_4H_{10}S$	2.33	33	异庚硫醇	$C_7H_{16}S$	6.20
9	甲基异丙基硫醚	$C_4H_{10}S$	2.46	34	C_3-噻吩	$C_7H_{14}S$	6.36~6.79
10	二乙基硫醚	$C_4H_{10}S$	2.57	35	异庚硫醇	$C_7H_{16}S$	6.88
11	正丁硫醇	$C_4H_{10}S$	2.69	36	C_3-噻吩	$C_7H_{14}S$	6.93
12	乙基异丙基硫醚	$C_5H_{12}S$	3.03	37	C_3-噻吩	$C_7H_{14}S$	7.13
13	异戊硫醇	$C_5H_{12}S$	3.20	38	异庚硫醇	$C_7H_{16}S$	7.28
14	异戊硫醇	$C_5H_{12}S$	3.34	39	C_3-噻吩	$C_7H_{14}S$	7.34
15	3-甲基噻吩	C_5H_6S	3.43	40	异庚硫醇	$C_7H_{16}S$	7.44
16	3-甲基噻吩	C_5H_6S	3.56	41	C_3-噻吩	$C_7H_{14}S$	7.51
17	异戊硫醇	$C_5H_{12}S$	3.72	42	正庚硫醇	$C_7H_{16}S$	7.61
18	环硫杂戊烷	C_4H_8S	3.86	43	异辛硫醇	$C_8H_{18}S$	7.93
19	正戊硫醇	$C_5H_{12}S$	4.16	44	C_4-噻吩	$C_8H_{16}S$	7.96~8.62
20	丙基异丙基硫醇	$C_6H_{14}S$	4.40	45	正辛硫醇	$C_8H_{18}S$	8.80
21	甲基环硫杂戊烷	$C_5H_{10}S$	4.63	46	苯并噻吩	C_8H_6S	9.28
22	异己硫醇	$C_6H_{14}S$	4.81	47	正壬硫醇	$C_9H_{20}S$	9.69
23	3-乙基噻吩	$C_6H_{12}S$	4.95	48	甲基苯噻吩	C_9H_8S	9.85~10.67
24	2,5-二甲基噻吩	$C_6H_{12}S$	5.04	49	正葵硫醇	$C_{10}H_{22}S$	10.79
25	2,4-二甲基噻吩	$C_6H_{12}S$	4.18				

（二）硫化物的分布

1. 总硫含量

不同来源的石脑油的总硫含量和分布有很大不同，图 3-3-1 为直馏石脑油、加氢裂化重石脑油、焦化石脑油和催化裂化石脑油中总硫随馏程的典型分布。

由图 3-3-1 可见，加氢裂化石脑油的硫含量很低，甚至比直馏石脑油还低，通常都在 1μg/g 以下。直馏石脑油、焦化石脑油和催化裂化石脑油的硫含量与原油中的硫含量有关。对于同一种原油，催化裂化石脑油中的硫含量是直馏石脑油的 2~5 倍，然而，焦化石脑油中的硫含量比直馏石脑油高 10~20 倍。尽管在不同石脑油中总硫含量差异较大，但总硫随

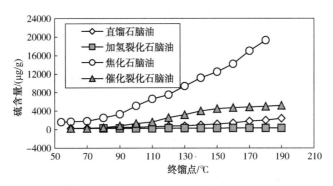

图 3-3-1　总硫在不同石脑油中随馏程的典型分布

馏程的变化呈现相似的变化规律，即轻馏分中硫含量较低，随着终馏点的升高，硫含量明显增加，特别是焦化石脑油，当超过80℃后，硫含量随终馏点几乎呈直线增加。加氢裂化重石脑油硫含量较低，且随终馏点升高，硫含量略有增加，但幅度较小。

几种典型直馏石脑油馏分中总硫含量的分布见表3-3-2。由表中可见，除哈萨克斯坦直馏石脑油的硫含量随馏程变化不大外，其他几种直馏石脑油中总硫含量差别较大，但硫含量随馏程的分布规律却具有相似性。轻馏分(50~100℃)中硫含量较低，随着馏程升高，硫含量增加，重馏分(150~200℃)中的硫含量大约为轻馏分的2.5~5倍。科威特、沙轻和沙中直馏石脑油的中馏分(100~150℃)的硫含量与轻馏分(50~100℃)中硫含量基本相同，而伊轻和伊重中馏分(100~150℃)的硫含量大约为轻馏分(50~100℃)中硫含量的2倍。

表 3-3-2　典型直馏石脑油馏分中总硫的分布　　　　　　　　　μg/g

项　目	50~100℃	100~150℃	150~200℃
伊轻	278	608	1361
伊重	530	965	2188
沙轻	170	153	711
沙中	294	287	1043
科威特	211	258	561
哈萨克斯坦	2845	2383	2778
伊拉克	530	965	2188

2. 类型硫

研究结果表明，石脑油中所含硫化物存在形式有元素硫、硫化氢、硫醇、硫醚、二硫化物以及噻吩等，有机硫是石脑油中的主要含硫化合物[31]。直馏石脑油和催化裂化石脑油中的类型硫典型分布如图3-3-2所示。由图中可见，直馏石脑油中类型硫的含量为：硫醇硫>噻吩硫>硫醚硫。催化裂化石脑油中类型硫的含量为：噻吩硫>硫醇硫>硫醚硫。即催化裂化石脑油中的硫含量以噻吩硫为主[32~34]，而直馏石脑油中的类型硫以硫醇硫为主。

催化裂化和渣油催化裂化石脑油中类型硫含量如表3-3-3所示，类型硫的含量分布见图3-3-3。从图中可见，催化裂化石脑油中类型硫含量分布为：硫醇硫和二硫化物硫含量较少，占总硫含量的15%左右；硫醚硫占总硫含量的25%左右；噻吩硫占总硫含量的60%以上；硫醚硫和噻吩硫之和占总硫含量的85%以上。渣油催化裂化石脑油中类型硫含量分布

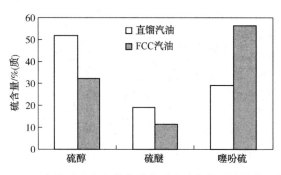

图3-3-2　直馏石脑油和催化裂化石脑油中类型硫的典型分布

规律基本与催化裂化石脑油类似。

表3-3-3　催化裂化和渣油催化裂化石脑油中类型硫含量

石脑油类型	硫含量/(μg/g)					
	总硫	硫醇	硫醚	二硫化物	硫化氢	噻吩硫
催化裂化	519	58.7	129.0	13.0	0.0	318.5
渣油催化裂化	1318.6	138.4	269.0	21.1	0.0	890.1

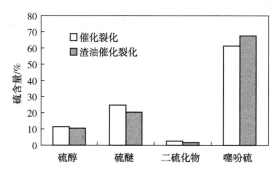

图3-3-3　催化裂化和渣油催化裂化石脑油中类型硫的含量分布[33]

　　高于100℃的催化裂化石脑油馏分中硫化合物的含量见表3-3-4[34]。从表中数据可以看出，高于100℃的催化裂化石脑油馏分中的硫化合物除了少量的硫醇、硫醚和二硫化物外，主要是不同取代基的噻吩，其中，以二甲基噻吩的含量最高，达34.47%，其次是三甲基噻吩，占26.52%，3-甲基噻吩和3-甲基噻吩之和也达到了14.40%。

表3-3-4　高于100℃的催化裂化石脑油馏分中硫化合物的含量

硫化合物种类	噻吩	硫醇	3-甲基噻吩+3-甲基噻吩	硫醚和二硫化物	二甲基噻吩	三甲基噻吩	C₄取代噻吩
硫化物/%	0.6948	0.3243	14.40	11.13	34.47	26.52	12.45

　　焦化石脑油中类型硫的分布与催化裂化石脑油相类似，噻吩硫和硫醚硫占绝对比例，而加氢裂化石脑油中的硫几乎全部为噻吩硫和硫醇硫。

（三）硫化物的作用

　　硫在重整原料中的含量从几 μg/g 到几百 μg/g 不等，它对催化重整过程有独特的作用。一方面，它是重整催化剂的毒物，在催化重整的条件下，重整原料油中硫含量超过 0.5μg/

g，可以使双金属重整催化剂的活性和选择性受到损害，硫中毒造成重整装置停工的事故案例并不罕见。但是另一方面，利用硫对重整催化剂活性的减活作用，可限制某些催化剂（如Pt-Re 催化剂）开工时超温现象，因此，铂铼重整装置开工时，通常需要向催化剂床层注硫，利用硫对催化剂进行钝化，这就是所谓的预硫化过程；由于连续重整装置操作苛刻度高，为了防止加热炉管、反应器器壁等高温部位结焦生产丝状炭、损坏反应器内构件，也需要在重整进料中注入适量的硫，抑制高温部位结焦。

二、氮化合物

（一）氮化物类型

石脑油中的氮化合物大致可以分成两类：碱性氮化合物和非碱性氮化合物。碱性氮和非碱性氮之和为石脑油的总氮。碱性氮化合物主要有脂肪族胺类、吡啶类、喹啉类和苯胺类。表 3-3-5 为胜利催化裂化石脑油中碱性氮化合物的定性定量分析结果[35]。

表 3-3-5　胜利催化裂化石脑油中碱性氮化合物色谱分析

峰号	相对分子质量	碱性氮化合物	相对含量/%	含量/（μg/g）
1	79	吡啶	0.37	0.18
2	93	3-甲基吡啶	0.95	0.47
3	93	4-甲基吡啶	0.57	0.28
4	107	2,3 二甲基吡啶	0.74	0.36
5	133	四氢喹啉	0.04	0.02
6	107	3-乙基吡啶	0.74	0.36
7	107	3,4 二甲基吡啶	0.68	0.33
8	107	2,4 二甲基吡啶	0.2	0.1
9	121	3-乙基-4 甲基吡啶	0.12	0.06
10	107	3-乙基吡啶	0.15	0.07
11	121	3-甲基-6-乙基吡啶	0.32	0.15
12	93	苯胺	13.93	6.83
13	121	2,4,6-三甲基吡啶	0.73	0.36
14	135	3-丁基吡啶	0.2	0.1
15	121	2,3,6-三甲基吡啶	0.66	0.32
16	121	3-甲基-6-乙基吡啶	0.19	0.09
17	121	3-甲基-4-乙基吡啶	0.07	0.03
18	121	3-乙基-5-乙基吡啶	0.06	0.03
19	121	C_3-吡啶	0.06	0.03
20	135	2,4-二甲基-6-乙基吡啶	0.05	0.02
21	135	3-顺丁基吡啶	0.09	0.05
22	107	3-甲基苯胺	22.26	10.91

峰号	相对分子质量	碱性氮化合物	相对含量/%	含量/(μg/g)
23	107	4-乙基吡啶	20.43	10.01
24	135	C₄-吡啶	0.09	0.05
25	135	C₄-吡啶	0.27	0.13
26	149	N-乙基-4-乙基苯胺	0.06	0.03
27	135	C₄-吡啶	0.12	0.06
28	149	N-乙基-3-乙基苯胺	0.21	0.11
29	121	5-乙基-3-甲基吡啶	2.22	1.09
30	121	2,3-二甲基苯胺	10.62	5.21
31	121	2,6-二甲基苯胺	9.33	4.57
32	121	3,4-二甲基苯胺	4.36	2.13
33	121	2,5-二甲基苯胺	3.85	1.89
34	135	N-乙基-3-甲基苯胺	0.12	0.06
35	135	N-乙基-N-苯基甲酰胺	0.71	0.35
36	135	4-(1,1-二甲基乙基)吡啶	0.37	0.18
37	135	2,6-二甲基-3-乙基吡啶	0.22	0.11
38	135	C₄-吡啶	0.88	0.43
39	135	3,4-二羟基-1,1-苯并恶嗪	0.74	0.36
40	135	C₄-吡啶	0.15	0.07
41	135	C₄-吡啶	0.49	0.24
42	135	2,6-二甲基-4-乙基吡啶	0.62	0.3
43	143	3-甲基喹啉	0.07	0.03
44	149	C₅-吡啶	0.12	0.06
45	149	C₅-吡啶	0.12	0.06
46	149	C₅-吡啶	0.08	0.04
47	157	C₃-喹啉	0.04	0.02
48	157	2,6-二甲基喹啉	0.16	0.08
49	157	2,4-二甲基喹啉	0.02	0.01
50	171	5-氨基-4-苯基嘧啶	0.04	0.02
51	171	3-异丙基喹啉	0.04	0.02
52	171	2,3,4-三甲基喹啉	0.05	0.02
53	171	C₃-喹啉	0.06	0.03
54	171	C₃-喹啉	0.06	0.03

由于从石油及其馏分中分离非碱性氮化合物的技术难度较大，因此这方面的工作进展比

较缓慢，远没有碱性氮化合物那么深入。然而大量的研究结果表明，非碱性氮化合物主要有吡咯类、吲哚类、咔唑类、吩嗪类、腈类和酰胺类[36]。

（二）氮化物分布

1. 总氮含量分布

同一种原油不同石脑油中总氮含量与馏程的关系如图3-3-4所示。直馏石脑油的氮含量一般比硫低一个数量级。与硫的变化趋势一致，加氢裂化石脑油中的氮含量最低，同一种原油直馏石脑油中的氮含量随着馏程的升高，呈现一个尖锐的拖尾，即氮含量迅速增加（见图3-3-4中的放大图）。当接近终馏点时，焦化石脑油和催化裂化石脑油中的氮含量比直馏石脑油高20~50倍。

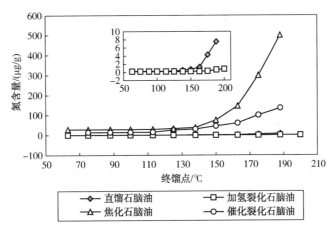

图3-3-4　同一种原油不同石脑油中总氮含量与馏程的关系

2. 不同类型氮化合物的分布

在作为重整原料的石脑油中，虽然含有碱性氮化合物和非碱性氮化合物，但非碱性氮化合物的含量极低，且吡咯类化合物非常难分离[37]。因此，重整原料的石脑油主要为碱性氮化合物，且氮化合物的含量随着馏分沸点的升高而增加。

梁咏梅等人[37]的研究结果表明，在渣油催化裂化石脑油中的氮化合物主要是苯胺类化合物，同时还有少量吡啶类及喹啉类化合物，非碱性氮化合物主要是吡咯。苯胺类化合物、吡啶类及喹啉类化合物等的含量见表3-3-6。在催化裂化石脑油中，苯胺类约占全部氮化合物的2/3，吡啶约占1/3。

表3-3-6　渣油催化裂化石脑油中氮化合物分布

化合物	苯胺类	吡啶类	喹啉类	苯酚类	其他
含量/%（质）	59.2~86.4	0.4~2.8	0.2~0.3	9.4~30.9	3.6~6.8

在石脑油低沸点馏分中，氮含量很低，且主要是碱性氮化合物，非碱性氮化合物主要集中在较重的馏分中，且随馏分沸点的升高而增加[38]。

（三）氮化物的作用

氮也是重整催化剂的毒物，在重整原料中氮的含量通常比硫少。在重整反应条件下，氮化物将转化为 NH_3 和烃，NH_3 是碱性化合物，将降低催化剂的酸性功能，使催化剂性能受到影响。同时，NH_3 可以与 HCl 结合成为固体白色粉末 NH_4Cl，造成下游机泵严重堵塞。此外，原料中氮含量高会导致重整催化剂的金属分散度下降，影响催化剂的反应性能。

三、氯化物

在原油的开采过程中，为了提高原油产量，会使用一些含有机氯化物的化学助剂，如清蜡剂、降凝剂、减黏剂和破乳剂等，造成原油氯含量升高。有机氯分布在原油的各馏分段中，其中在石脑油馏分中的比例较高，因此造成石脑油中氯化物含量增加，导致原料预处理系统的腐蚀、结盐等[39-43]。

石脑油中的氯化物对催化重整过程具有十分重要的影响。一方面，催化重整催化剂需要保持一定的氯含量，使催化剂具有足够的酸性，满足双功能重整催化剂金属-酸性平衡的需要；另一方面，反应过程及再生过程中 Pt 晶粒的分散需要氯的参与。因此，催化重整的操作参数之一是催化剂的水氯平衡控制。为了充分发挥催化剂的性能，要求催化剂在运转过程中保持氯含量为 1.0%~1.3%。氯含量太低，会造成催化剂 Pt 晶粒的长大和酸性功能的下降，影响催化剂的性能和寿命；而氯含量太高，催化剂的酸性功能太强，会造成催化剂的裂化和积炭功能太强，影响催化剂的选择性和寿命。因此，在催化重整以及再生过程中，必须注水、注氯，实现水氯平衡控制，这就要求对重整进料中的氯含量进行控制。

原料中的氯含量太高，或原料中水含量过高进而导致注氯量过高，都会引起重整预加氢和下游用氢装置设备堵塞腐蚀，如装置加工含氮量高的原料时，会生成氯化铵，从而堵塞下游压缩机和管道等，影响正常生产。因此，必须对原料油中的氯含量以及水含量进行控制。

四、金属有机化合物

在重整原料中，除硫和氮等杂原子化合物之外，通常还含有一些金属有机化合物，它们是：含砷化合物、含铜化合物和含铅化合物等。

（一）含砷化合物

人们对于重整原料中砷的研究较少，重整原料中含有多少种砷的化合物以及砷化合物的结构状态尚不清楚。但是，一般重整原料中有代表性的含砷有机化合物有：二乙基胂化氢 $(C_2H_5)_2AsH$，沸点为 161℃；三乙基胂 $(C_2H_5)_3As$，沸点 140℃；三甲基胂化氢 $(CH_3)_3$ AsH，沸点 52℃。大量的研究和工业实践表明，砷能与铂生成 $PtAs$ 化合物，使催化剂丧失活性，而且不能再生，造成重整催化剂永久性中毒。因此，对砷的要求很严格，通常重整进料中含砷量不得大于 1ng/g。

（二）含铜、铅化合物

含铜、铅化合物与含砷化合物一样，也是重整催化剂的永久毒物。各种不同来源的重整原料中多含有微量的含铜、铅化合物，大庆直馏石脑油中的铜、铅含量比砷低得多。而且，在原料预加氢或预脱砷的同时也能被除去。

（三）含硅化合物

焦化石脑油硅含量较高。在延迟焦化过程中，原料渣油中通常添加含硅消泡剂以抑制焦炭塔内泡沫的产生，含硅消泡剂高温下易分解为小分子环硅氧烷并进入焦化石脑油中[8~11,44,45]。消泡剂一般为硅氧烷类和有机硅-聚醚共聚物类等，硅是焦化石脑油加氢精制过程中的毒物，一般硅含量约为 0.5μg/g，某些情况下达到 1μg/g，在焦化石脑油的后续加氢处理时易沉积在加氢催化剂表面，并覆盖催化剂的活性金属，堵塞催化剂孔道，造成催化剂孔容和比表面积损失，使催化剂永久失活，导致加氢处理装置的运行周期缩短。另外，硅容易进入下游催化重整反应器，引起重整催化剂中毒。因此，为了保证含硅石脑油加氢装置长周期运行，避免重整催化剂硅中毒，必须在加氢催化剂前加装捕硅剂控制，同时应控制加氢石脑油原料油中硅质量分数小于 $1.5\mu g/g$[45]。

第四节　重整催化剂对原料中杂质含量的要求

对重整原料中杂质的要求，通常与所使用的催化剂的类型和操作参数有密切关系。一般来讲，单铂催化剂耐受杂质的能力高于双（多）金属催化剂；而对于铂含量不同的同类催化剂，耐受杂质的能力次序为：高铂催化剂>低铂催化剂。对于不同的操作条件，如铂催化剂的反应压力较高时，允许的杂质含量稍高；对于双金属催化剂和反应压力较低时，对杂质的限制就更加严格，特别是水和硫。随着重整催化剂的不断发展和对杂质影响的认识加深，对原料中杂质含量的限制也越来越严格。

一、单铂催化剂

20 世纪 50~60 年代，以卤素为助剂的 Pt/Al_2O_3 双功能催化剂开始推广应用。由于一些杂质会使此类催化剂中毒，因而，开始对原料中的杂质进行限制。表 3-4-1 列出了一些工业化的单铂重整催化剂的铂含量、使用压力以及对杂质含量的要求。

表 3-4-1　国内外单铂重整催化剂对原料中杂质含量的要求

项　目	国外 A 催化剂	国外 B 催化剂	国外 C 催化剂	国内催化剂
铂含量/%	0.35	0.6	0.55	0.30/0.50
反应压力/MPa	2.0~3.5	2.0~3.5	2.0~3.5	2.0~3.5
S/(μg/g)	≯5	≯30	≯10	≯10
N/(μg/g)	≯1	≯1	≯1	≯2
Cl/(μg/g)	≯1	≯1	≯1	≯1
O/(μg/g)	≯1	≯1	≯1	
H_2O/(μg/g)	≯5	≯5	≯5	≯30
Pb/(ng/g)	≯5	≯5	≯5	≯20
As/(ng/g)	≯5	≯5	≯5	≯1
Cu/(ng/g)				≯15
Hg/(ng/g)				≯10

由表 3-4-1 可见，催化剂的铂含量为 B>C>A，对于硫含量的要求分别不超过为 $30\mu g/g$、$10\mu g/g$、$5\mu g/g$。对于单铂催化剂，铂含量越低，对于杂质含量的要求就越严格。国内单铂催化剂对原料中杂质含量的要求与国外催化剂基本相似。

另外，由表 3-4-1 的数据还可以看出，单铂催化剂对于氮和金属的要求比较严格，而对于硫、水、氯的要求比较宽松。

二、双(多)金属催化剂

20 世纪 70 年代以来，Pt-Re、Pt-Ir、Pt-Sn/Al$_2$O$_3$ 等系列双(多)金属重整催化剂开始应用，逐渐取代了单铂催化剂，同时，反应压力也由早期的单铂催化剂时的 3.0~3.5MPa 降低到 1.4~2.0MPa，因而，对重整进料中的杂质含量提出了更为严格的要求。在表 3-4-2 中列出两种工业化双金属重整催化剂对原料中杂质含量的要求。

表 3-4-2　国外双多金属重整催化剂对原料中杂质含量的要求

公司	S/ (μg/g)	N/ (μg/g)	Cl/ (μg/g)	O/ (μg/g)	H$_2$O/ (μg/g)	Cu/ (ng/g)	Pb/ (ng/g)	As/ (ng/g)	其他金属/ (ng/g)
A	0.25~0.5	≤0.5	≤0.5	≤2.0	≤2.0	≤20	≤10	≤1	≤20
B	≤0.5	≤0.5	≤1.0	<4	≤5	≤3	≤3		≤20[①]

① 全部重金属含量。

新型的高铼铂比重整催化剂要求原料中的硫含量更低，最好是在无硫的条件下操作。我国双(多)金属重整催化剂对原料中杂质含量的要求与限制见表 3-4-3。

表 3-4-3　我国双(多)金属催化剂对重整原料杂质含量的限制

杂　　质	半再生催化剂	连续重整催化剂	杂　　质	半再生催化剂	连续重整催化剂
As/(ng/g)	<1	<1	S/(μg/g)	<0.5	0.25~0.5
Pb/(ng/g)	<10	<10	Cl/(μg/g)	<0.5	<0.5
Cu/(ng/g)	<10	<10	H$_2$O/(μg/g)	<5	<5
N/(μg/g)	<0.5	<0.5			

第五节　重整产品

一、高辛烷值汽油组分

(一)车用汽油标准

近年来，随着经济的快速发展，城市人口密度和汽车拥有量不断增加，汽车尾气对环境的污染日益严重，已经成为城市首要污染源，引起广泛重视。美国和欧洲等发达国家相继颁布了汽车尾气排放标准，限制汽车尾气中的 CO、HC、SO$_x$、NO$_x$、PM 和炭烟等有害污染物的含量。

实现汽车达标排放的关键在于提高车用燃料油的质量。为此，美、欧、日等都提出了清洁的车用汽油标准。美国于 1990 年率先推行新配方汽油，加州地区实施了更苛刻的汽油标准。2000 年以后，美国执行 RFG 复杂模型第二阶段(RFG Ⅱ)汽油标准。1998 年由美、欧、日的汽车制造商协会包括 AA-MA、ACEA 和 JAMA 组成的世界燃料委员会也提出了世界燃料规范，对车用汽油的组成确定了具体指标。欧洲自 1993 年开始实施欧盟机动车污染排放第Ⅰ阶段标准(欧Ⅰ排放标准)相对应的 EN228 标准以来，车用汽油标准不断更新。表 3-5-1 为欧洲汽油质量标准，表 3-5-2 为欧洲联盟轻型汽油车排放标准，表 3-5-3 为世界燃油规范的汽油标准。从表中数据来看，汽油质量变化趋势是硫含量、芳烃含量、苯含量和烯烃含量不断降低，欧盟最新标准中硫含量已经降低到0.001%（体）、芳烃含量35%（体）、苯含量1%（体）、烯烃含量18%（体）。

表3-5-1　欧洲汽油质量标准

项　目	1993年	1998年	2000年	2005年	2009年	2013年
汽油标准	EN228—1993	EN228—1998	EN228—1999	EN228—2004	EN228—2008	EN228—2012
硫/(mg/kg)	≥1000	≥500	≥150	≥50	≥10	≥10
苯/%（体）	≥5.0	≥5.0	≥1.0	≥1.0	≥1.0	≥1.0
芳烃/%（体）	—	—	≥42	≥35	≥35	≥35
烯烃/%（体）	—	—	≥18	≥18	≥18	≥18
氧/%（体）	—	—	≥2.7	≥2.7	≥2.7	≥2.7 ≥3.7[①]
对应排放标准	欧Ⅰ	欧Ⅱ	欧Ⅲ	欧Ⅳ	欧Ⅴ	欧Ⅵ

① 随着欧洲生物燃料使用量的增加，欧Ⅵ汽油标准制定了两个版本，两个版本对氧含量和乙醇加入量作了不同的规定。对于较早生产或使用的不具备使用高生物燃料含量的汽车，规定除甲醇、乙醇外，其余氧化物总和的最大氧含量2.7%，最大乙醇添加量5.0%（体）；其余汽车使用最大氧含量3.7%、最大乙醇添加量10.0%（体）的汽油规定。

表3-5-2　欧洲联盟轻型汽油车排放标准

标准	执行时间	CO/ (g/kg)	HC/ (g/kg)	非甲烷烃 NMHC/(g/kg)	NO$_x$/ (g/kg)	HC+NO$_x$ (g/kg)	PM(仅限于直喷车)/(g/kg)
欧Ⅰ	1992~1995	≥3.16	—	—	—	≥1.13	—
欧Ⅱ	1996~1999	≥2.2	—	—	—	≥0.5	—
欧Ⅲ	2000~2005	≥2.3	≥0.20	—	≥0.15	—	—
欧Ⅳ	2005~2009	≥1.0	≥0.10	—	≥0.08	—	—
欧Ⅴ	2009~2013	≥1.0	≥0.10	0.068	≥0.06	—	0.005-0.0045
欧Ⅵ	2013~	≥1.0	≥0.10	0.068	≥0.06	—	0.005-0.0045

表3-5-3　世界燃油规范石脑油标准

项　目	Ⅰ	Ⅱ	Ⅲ	Ⅳ	Ⅴ
硫/(mg/kg)	≥1000	≥200	≥30	≥10	≥10
烯烃/%（体）	—	≥18	≥10	≥10	≥10
芳烃/%（体）	≥50	≥40.0	≥35	≥35.0	≥35.0
苯/%（体）	≥5.0	≥2.5	≥1.0	≥1.0	≥1.0
氧/%（体）	≥2.7	≥2.7	≥2.7	≥2.7	≥2.7
铅/(g/L)	≥0.013	未检出	未检出	未检出	未检出

表3-5-4　我国主要车用汽油质量标准对比

项目	GB 17930—1999	GB 17930—2006	GB 17930—2011(Ⅲ)	GB 17930—2016(Ⅳ)	GB 17930—2016(Ⅴ)	GB 17930—2016(ⅥA)	GB 17930—2016(ⅥB)	DB 11/238—2004	DB 11/238—2007	DB 31/238—2009	DB 44/238—2009	DB 11/238—2012	DB 11/238—2016
实施时间	2000-01-01	2006-13-06	2011-05-12	2014-01-01	2017-01-01	2019-01-01	2023-01-01	2004-10-01	2008-01-01	2009-10-01	2010-06-01	2013-05-31	2017-01-01
硫/(mg/kg)	≯1000	≯500	≯150	≯50	≯10	≯10	≯10	≯500	≯50	≯50	≯50	≯10	≯10
锰/(mg/L)	—	≯0.018	≯0.016	≯0.008	≯0.002	≯0.002	≯0.002	—	≯0.006	≯0.008	≯0.008	≯0.008	≯0.002
铅/(g/L)	≯0.005	≯0.005	≯0.005	≯0.005	≯0.005	≯0.005	≯0.005	≯0.005	≯0.005	≯0.005	≯0.005	≯0.005	≯0.005
苯/%(体)	≯2.5	≯2.5	≯1.0	≯1.0	≯1.0	≯0.8	≯0.8	≯2.5	≯1.0	≯1.0	≯1.0	≯1.0	≯0.8
芳烃/%(体)	≯40	≯40	≯40	≯40	≯40	≯35	≯35	≯40	—	—	—	—	≯35
芳烃+烯烃/%(体)	—	—	—	—	—	—	—	—	<60	<60	<60	<60	—
烯烃/%(体)	≯35	≯35	≯30	≯28	≯25	≯18	≯15	≯30	≯25	≯25	≯25	≯25	≯15
氧/%(质)		≯2.7	≯2.7	≯2.7	≯2.7	≯2.7	≯2.7	≯2.7	≯2.7	≯2.7	≯2.7	≯2.7	≯2.7
蒸气压/kPa 冬季	≯88	≯88	≯88	42~85	45~85	45~85	45~85	≯88	≯88	≯88	≯60	45~85	注
蒸气压/kPa 夏季	≯74	≯74	≯72	40~68	40~65	40~65	40~65	≯70	≯65	≯65	≯45	42~65	

注: DB 11/238—2016细化了蒸气压的要求，规定每年3月16日至5月14日蒸气压为45~70kPa，5月15日至8月31日蒸气压为42~62kPa，9月1日至11月14日蒸气压45~70kPa，11月15日至3月15日47~80kPa，每个时间段末可增加15d的过渡期，以满足下一时间段规定的技术要求。

表 3-5-5 GB 17930—2016 车用汽油（Ⅳ）的技术要求和试验方法

项 目		质 量 指 标			试 验 方 法
		90	93	97	
抗爆性					
研究法辛烷值（RON）	不小于	90	93	97	GB/T 5487
抗暴指数（RON+MON）/2	不小于	85	88	报告	GB/T 503、GB/T 5487
铅含量/（g/L）	不大于	0.005			GB/T 8020
馏程：					GB/T 6536
10%蒸发温度/℃	不高于	70			
50%蒸发温度/℃	不高于	120			
90%蒸发温度/℃	不高于	190			
终馏点/℃	不高于	205			
残留量/%（体）	不高于	2			
蒸气压/kPa					GB/T 8017
11 月 1 日至 4 月 30 日		42~85			
5 月 1 日至 10 月 31 日		40~68			
胶质含量/（mg/100mL）					GB/T 8019
未洗胶质含量（加入清净剂前）	不大于	30			
溶剂洗胶质含量	不大于	5			
诱导期/min	不小于	480			GB/T 8018
硫含量/（mg/kg）	不大于	50			SH/T 0689
硫醇（需满足下列要求之一即判断为合格）					
博士试验		通过			SH/T 0174
硫醇硫含量/%（质）		≯0.001			GB/T 1792
铜片腐蚀（50℃，3h）/级	不大于	1			GB/T 5096
水溶性酸或碱		无			GB/T 259
机械杂质及水分		无			目测
苯含量/%（体）	不大于	1.0			SH/T 0713
芳烃含量/%（体）	不大于	40			GB/T 11132
烯烃含量/%（体）	不大于	28			GB/T 11132
氧含量/%（质）	不大于	2.7			SH/T 0663
甲醇含量/%（质）	不大于	0.3			SH/T 0663
锰含量/（g/L）	不大于	0.008			SH/T 0711
铁含量/（g/L）	不大于	0.01			SH/T 0712

表 3-5-6 GB 17930—2016 车用汽油（Ⅴ）的技术要求和试验方法

项 目	质 量 指 标			试 验 方 法
	89	92	95	
抗爆性				

续表

项　目		质　量　指　标			试　验　方　法
		89	92	95	
研究法辛烷值(RON)	不小于	89	92	95	GB/T 5487
抗暴指数(RON+MON)/2	不小于	84	87	90	GB/T 503、GB/T 5487
铅含量/(g/L)	不大于	0.005			GB/T 8020
馏程					GB/T 6536
10%蒸发温度/℃	不高于	70			
50%蒸发温度/℃	不高于	120			
90%蒸发温度/℃	不高于	190			
终馏点/℃	不高于	205			
残留量/%(体)	不高于	2			
蒸气压/kPa					GB/T 8017
11月1日至4月30日		42~85			
5月1日至10月31日		40~65			
胶质含量/(mg/100mL)					GB/T 8019
未洗胶质含量(加入清净剂前)	不大于	30			
溶剂洗胶质含量	不大于	5			
诱导期/min	不小于	480			GB/T 8018
硫含量/(mg/kg)	不大于	10			SH/T 0689
硫醇(博士试验)		通过			NB/SH/T 0174
铜片腐蚀(50℃，3h)/级	不大于	1			GB/T 5096
水溶性酸或碱		无			GB/T 259
机械杂质及水分		无			目测
苯含量/%(体)	不大于	1.0			SH/T 0713
芳烃含量/%(体)	不大于	40			GB/T 11132
烯烃含量/%(体)	不大于	24			GB/T 11132
氧含量/%(质)	不大于	2.7			SH/T 0663
甲醇含量/%(质)	不大于	0.3			SH/T 0663
锰含量/(g/L)	不大于	0.002			SH/T 0711
铁含量/(g/L)	不大于	0.01			SH/T 0712
密度(20℃)/(kg/m³)		720~775			GB/T 1884，GB/T 1885

表 3-5-7　GB 17930—2016 车用汽油(ⅥA)的技术要求和试验方法

项　目		89	92	95	试　验　方　法
抗爆性					
研究法辛烷值(RON)	不小于	89	92	95	GB/T 5487
抗暴指数(RON+MON)/2	不小于	84	87	90	GB/T 503、GB/T 5487

续表

项　　目		89	92	95	试验方法
铅含量/(g/L)			0.005		GB/T 8020
馏程					GB/T 6536
10%蒸发温度/℃	不高于		70		
50%蒸发温度/℃	不高于		120		
90%蒸发温度/℃	不高于		190		
终馏点/℃	不高于		205		
残留量/%(体)	不高于		2		
蒸气压/kPa					GB/T 8017
11月1日至4月30日			42~85		
5月1日至10月31日			40~65		
胶质含量/(mg/100mL)					GB/T 8019
未洗胶质含量(加入清净剂前)	不大于		30		
溶剂洗胶质含量	不大于		5		
诱导期/min	不小于		480		GB/T 8018
硫含量/(mg/kg)	不大于		10		SH/T 0689
硫醇(博士试验)			通过		NB/SH/T 0174
铜片腐蚀(50℃，3h)/级	不大于		1		GB/T 5096
水溶性酸或碱			无		GB/T 259
机械杂质及水分			无		目测
苯含量/%(体)	不大于		0.8		SH/T 0713
芳烃含量/%(体)	不大于		35		GB/T 11132
烯烃含量/%(体)	不大于		18		GB/T 11132
氧含量/%(质)	不大于		2.7		SH/T 0663
甲醇含量/%(质)	不大于		0.3		SH/T 0663
锰含量/(g/L)	不大于		0.002		SH/T 0711
铁含量/(g/L)	不大于		0.01		SH/T 0712
密度(20℃)/(kg/m³)			720~775		GB/T 1884，GB/T 1885

表 3-5-8　GB 17930—2016 车用汽油(ⅥB)的技术要求和试验方法

项　　目		89	92	95	试验方法
抗爆性					
研究法辛烷值(RON)	不小于	89	92	95	GB/T 5487
抗暴指数(RON+MON)/2	不小于	84	87	90	GB/T 503、GB/T 5487
铅含量/(g/L)			0.005		GB/T 8020
馏程					GB/T 6536
10%蒸发温度/℃	不高于		70		

续表

项　　目		89	92	95	试验方法
50%蒸发温度/℃	不高于		120		
90%蒸发温度/℃	不高于		190		
终馏点/℃	不高于		205		
残留量/%(体)	不高于		2		
蒸气压/kPa 11月1日至4月30日 5月1日至10月31日			42~85 40~65		GB/T 8017
胶质含量/(mg/100mL) 未洗胶质含量(加入清净剂前) 溶剂洗胶质含量	 不大于 不大于		 30 5		GB/T 8019
诱导期/min	不小于		480		GB/T 8018
硫含量/(mg/kg)	不大于		10		SH/T 0689
硫醇(博士试验)			通过		NB/SH/T 0174
铜片腐蚀(50℃,3h)/级	不大于		1		GB/T 5096
水溶性酸或碱			无		GB/T 259
机械杂质及水分			无		目测
苯含量/%(体)	不大于		0.8		SH/T 0713
芳烃含量/%(体)	不大于		35		GB/T 11132
烯烃含量/%(体)	不大于		15		GB/T 11132
氧含量/%(质)	不大于		2.7		SH/T 0663
甲醇含量/%(质)	不大于		0.3		SH/T 0663
锰含量/(g/L)	不大于		0.002		SH/T 0711
铁含量/(g/L)	不大于		0.01		SH/T 0712
密度(20℃)/(kg/m³)			720~775		GB/T 1884,GB/T 1885

表 3-5-9　我国车用乙醇(E10)汽油质量标准对比

项　　目		GB 18351—2001	GB 18351—2004	GB 18351—2010	GB 18351—2013	GB 18351—2015	GB 18351—2017	
阶段		I	II	III	IV	V	VIA	VIB
实施时间		2001-04-15	2004-13-1	2011-07-01	2014-1-1	2015-5-8	2017-9-7	2019-1-1
硫/(mg/kg)	不大于	1000	800	150	10	10	10	10
锰/(mg/L)	不大于	—	0.018	0.016	0.008	0.002	0.002	0.002
铅/(g/L)	不大于	0.005	0.005	0.005	0.005	0.005	0.005	0.005
乙醇/%(体)		9.0~10.5 10±0.5	10±2	10±2	10±2	10±2	10±2	10±2
苯/%(体)	不大于	2.5	2.5	1.0	1.0	1.0	0.8	0.8
芳烃/%(体)	不大于	40	40	40	40	40	35	35

项　　目		GB 18351—2001	GB 18351—2004	GB 18351—2010	GB 18351—2013	GB 18351—2015	GB 18351—2017
烯烃/%（体）	不大于	35	35	30	28	24	18　　15
其他机含氧化合物/%（体） 不大于		—	0.1	0.5	0.5	0.5	0.5　　0.5
蒸气压/kPa 　冬季 　夏季		≥88 ≥74	≥88 ≥74	≥88 ≥72	42~85 40~65	42~85 40~65	42~85　42~85 40~65　40~65

我国车用汽油在 20 世纪经历了高标号化和无铅化后，于 2000 年开始逐步转入清洁化生产过程。在借鉴了国际经验、结合我国石油加工行业的实际情况并考虑可操作性的基础上，我国制定出了一系列车用汽油标准，其中包括一些地方标准，这些地方标准的制定为车用汽油的质量升级起到示范作用，并与国家车用汽油标准相互借鉴、相互参考，使我国车用汽油的清洁化道路持续而有成效地向前推进。表 3-5-4 中列出了其中一些重要的标准对比。

从 2000 年 1 月 1 日开始，在全国范围内执行 GB 17930—1999《车用无铅汽油》标准。该标准是我国第一套与欧洲机动车污染物排放体系接轨的成品油质量标准体系，其技术要求是参照欧美标准和世界燃油规范并充分考虑到我国石油加工行业的技术水平制定的。该标准较欧洲 EN228—1998 的硫含量限值要高很多，同时对烯烃含量作了要求。

进入 2004 年，我国车用汽油清洁化的步伐加快，几个大中城市相继出台了各自的车用汽油地方标准，出现了车用汽油国家标准和地方标准齐头并进的局面。北京市率先执行 DB 11/238—2004《车用汽油》标准，该标准分 2 个阶段执行，具有一定的超前性：第 1 阶段自 2004 年 10 月 1 日开始执行，即京标 A（国Ⅱ汽油标准，相当于欧洲Ⅱ汽油标准），其技术要求修改采用 GB 17930—1999 标准；第 2 阶段自 2005 年 7 月 1 日开始执行，即京标 B（国Ⅲ汽油标准），其修改采用欧盟标准 EN 228—1999，相当于欧Ⅲ汽油标准。

2006 年，国家质检总局对 GB 17930—1999 标准进行了修订，发布了 GB 17930—2006《车用汽油》标准。GB 17930—2006 标准分别规定了车用汽油（Ⅱ）和车用汽油（Ⅲ）质量指标，其中车用汽油（Ⅱ）从标准发布之日，即 2006 年 12 月 6 日起实施；而车用汽油（Ⅲ）于 2010 年 1 月 1 日执行。

2006 年 8 月，广东省技术监督局发布了 DB 44/345—2006《车用汽油》地方标准，标志着广州市将逐步迈入执行国Ⅲ汽油标准的行列，成为继北京市之后我国第 2 个使用符合国Ⅲ汽油标准的车用汽油的城市。随后，珠三角几个城市陆续开始实施 DB 44/345—2006 地方标准。

深圳与香港有着密切的经济来往，考虑到香港于 2005 年就已经推广使用符合国Ⅳ汽油标准、硫含量为 50mg/kg 的清洁汽油，深圳市于 2007 年 1 月发布了 SZJG 13—2007《含清净剂车用汽油》地方标准，并于 2007 年 3 月 1 日开始执行。SZJG 13—2007 技术规范是在 GB 17930—2006《车用汽油》，即国Ⅲ汽油标准的基础上制定的，比广东省的 DB 44/345—2006《车用汽油》，即粤国Ⅲ汽油标准的要求更全面。

2007 年 7 月、2009 年 2 月、2009 年 11 月北京、上海、广州相继出台了符合国Ⅳ汽油标准的 DB 11/238—2007、DB 3l/427—2009、DB 44/694—2009《车用汽油》标准。在全国各省

份彻底淘汰了国Ⅱ汽油标准，成功转入生产符合国Ⅲ汽油标准的车用汽油后，国家质量监督检验检疫总局于 2011 年 5 月 11 日颁布了 GB 17930—2011《车用汽油》标准，其中包含了车用汽油(Ⅲ)、车用汽油(Ⅳ)和建议性车用汽油[车用汽油(Ⅴ)]技术要求和试验方法。2013 年 12 月 18 日由国家标准委颁布 GB 17930—2013《车用汽油》标准并于同日实施，也是我国第Ⅴ阶段车用汽油标准即"国Ⅴ汽油标准"，进一步降低了硫含量、锰含量、烯烃含量的指标限制值，并且对车用汽油中的密度指标首次进行了限制规定，修订后的关键技术指标也与欧Ⅴ要求相当。考虑到企业在技术升级、设备改造需要时间和周期，新标准分 3 个阶段过渡实施与执行。北京市 2017 年 1 月 1 日率先实施第六阶段车用燃油标准即 DB 11/238—2016《车用汽油》地方标准，该标准在蒸气压阶段划分上严格于随后颁布实施的国Ⅵ标准。2016 年 12 月 23 日由国家标准委颁布 GB 17930—2016《车用汽油》标准并于同日实施，开始全面实施我国第Ⅵ阶段车用汽油标准即"国Ⅵ汽油标准"，再次降低了汽油中苯含量、芳烃含量、烯烃含量的指标限制值，同时分阶段降低烯烃含量，要求 2019 年 1 月 1 日起实施国ⅥA 汽油标准，2023 年 1 月 1 日起实施国ⅥB 汽油标准。

表 3-5-5 ~ 表 3-5-8 中列出了 GB 17930—2016 车用汽油的技术要求和试验方法。

此外，我国为了缓解石油资源短缺、解决粮食过剩，于 2001 年在 GB 17930—1999《车用无铅汽油》标准的基础上制定了 GB 18351—2001《车用乙醇汽油》标准，2004 年、2010 年进行了两次修订，大幅降低硫含量。随着环保要求的提高，乙醇汽油(E10)跟随车用汽油的标准变化，2013 年、2015 年、2017 年陆续颁布并实施了乙醇汽油(E10)第Ⅳ、第Ⅴ、第Ⅵ阶段的标准，逐步降低汽油中苯、芳烃及烯烃含量。表 3-5-9 列出了车用乙醇汽油标准各阶段的主要变化情况。

（二）催化重整生成油是理想的清洁汽油调和组分

在炼油厂中，很多炼油装置都能生产汽油组分，但是，各种不同类型装置生产出来的汽油辛烷值有很大差异(见表 3-5-10)，因此，并不是所有汽油组分都是理想的高辛烷值汽油调和组分。

表 3-5-10　几种汽油调和的辛烷值

汽油调和组分	RON	MON	(RON+MON)/2
催化裂化汽油	89 ~ 91	79 ~ 81	84 ~ 86
催化重整汽油	95 ~ 102	85 ~ 92	90 ~ 97
烷基化油	94 ~ 96	92 ~ 94	93 ~ 95
异构化油	79 ~ 91	77 ~ 88	78 ~ 89.5
甲基叔丁基醚	110	101	105.5
直馏汽油	38 ~ 69	36 ~ 67	37 ~ 68
焦化汽油	54 ~ 70	52 ~ 64	53 ~ 67

催化重整汽油是生产无铅汽油，特别是调和优质无铅汽油的重要组分，虽然有些组分的辛烷值也很高，如烷基化油，异构化油和甲基叔丁基醚等组分，但它们受到资源的限制，产量有限。因此，重整汽油是比较重要的组分。重整汽油作为汽油调和组分具有以下特点：

1. 对调和汽油的辛烷值贡献大

重整汽油的辛烷值高，半再生式重整的稳定汽油的研究法辛烷值一般可达到 95 以上，连续重整的稳定汽油的研究法辛烷值可达到102左右。因此，调和一定量的重整汽油，可以大幅度提高汽油的辛烷值。

国外提出了"提高辛烷值能力"的新概念，即指催化重整、烷基化及醚化生产的总能力占全国原油一次加工能力的百分数。在构成"提高辛烷值能力"的诸多要素中，催化重整生产能力是首要因素。按照"提高辛烷值能力"的概念来衡量，美国的"提高辛烷值能力"最高，为31.9%；欧洲次之，为18.4%；日本排名第三，为15.1%；我国的"提高辛烷值能力"极低，仅为7.9%，不到世界平均（16.8%）水平的一半。我国必须大力发展催化重整，以使我国的"提高辛烷值能力"迅速提高。

2. 大幅度降低调和汽油的烯烃含量

典型的催化重整汽油的性质见表3-5-11。由表中可见，重整汽油的烯烃含量很低，一般低于2%，作为车用汽油调和组分可大幅度降低成品汽油中的烯烃含量，其降烯烃作用随着重整汽油掺入比例的提高而增大。

表3-5-11　典型的催化重整汽油的性质

项　　目	半再生重整	连续重整
馏程/℃		
初馏点	54	42
10%	74	71
50%	113	114
90%	153	160
终馏点	188	190
RON	98	100.3
MON	87.5	89.8
$(RON+MON)/2$	92.8	95.1
烯烃含量/%（体）	<0.5	<1
硫含量/（μg/g）	<1	<1
芳烃含量/%（体）	65	69

3. 大幅度降低调和汽油的硫含量

重整汽油的硫含量很低，一般低于1μg/g。作为车用汽油调和组分可大幅度降低汽油中的硫含量，其降硫作用随着掺入比例的提高而增大。

4. 有效改善汽油辛烷值分布

车用汽油的辛烷值分布是个值得重视的问题。辛烷值分布不良会影响车用汽油的使用性能，导致汽车的使用性能变差，污染物排放增加。这里所说的辛烷值分布，指的是汽油<100℃馏分（俗称头部馏分）和>100℃馏分油的辛烷值与全馏分油辛烷值的差异。汽油辛烷值分布的好坏以其各段馏分辛烷值与全馏分油辛烷值差异的大小来衡量，差异小为辛烷值分布好。国外汽油的此值一般为1~1.5个单位，而目前我国汽油的头部馏分辛烷值与全馏分油的辛烷值差值达3~4个单位。这是由于我国汽油组分构成不合理的缘故。表3-5-12比较了大庆VGO催化裂化汽油和大庆宽馏分重整生成油的辛烷值分布，可以看出，重整汽油的辛烷值分布与催化裂化恰好相反，因此，将两者按适当比例掺入汽油中，可改善成品汽油的辛烷值分布。

表 3-5-12　催化裂化汽油和重整汽油的辛烷值分布

项　　目	大庆 VGO 催化裂化汽油		大庆宽馏分重整生成油	
	MON	RON	MON	RON
A<100℃馏分	79.9	91.6	70.0	72.0
B>100℃馏分	74.7	82.1	93.5	102.5
C 全馏分	78.2	87.1	86.0	97.0
Δ1 = |A-C|	1.7	4.5	16.0	25.0
Δ2 = |B-C|	3.5	5.0	7.0	5.0

(三) 催化重整生成油的现状和发展趋势

1. 各国对催化重整汽油的需求不同

众所周知，在欧美发达国家的汽油池中，催化裂化汽油约占 1/3，催化重整生成油约占 1/3，烷基化油、异构化油等约占 1/3。表 3-5-13 中列出了近年来我国汽油组分构成[46,47]。由表中可以看出，我国的车用汽油主要为催化裂化汽油，重整汽油比例不断升高。

表 3-5-13　我国汽油组分构成　　　　　　　　　　%

项　　目	2001 年	2002 年	2003 年	2005 年	2010 年
催化裂化汽油	81.4	76.5	74.1	74.7	69.4[②]
重整汽油	12.6	11.4	14.6	17.7	20.2
烷基化油		0.4	0.5		
MTBE	1.4	1.4	1.0		4.9
其他	4.6	10.3	9.8	3.8[①]	5.5

① 包含烷基化油。

② 包含 31.5%的加氢处理后的催化裂化汽油。

由于今后汽油质量变化趋势是降低芳烃含量，控制烯烃和苯含量，降低硫含量。这就决定了今后我国和欧美的催化重整的发展前景有很大不同。由于欧美现行车用石脑油中催化重整汽油的比例已经达到 1/3，车用汽油中芳烃含量的进一步下降，势必限制高芳烃含量的重整生成油的比例，因此，欧美的重整能力将过剩，实际上现在欧美等发达国家正在研究今后过剩的重整加工能力的利用问题。

但是对于中国来说，情况正好相反。我国的重整加工能力不足问题非常明显，在车用汽油中，重整汽油的比例与发达国家相比尚有较大差距，车用汽油的产品升级非常需要催化重整汽油，因而，我国的催化重整具有非常大的发展潜力。我国催化重整所面临的主要问题是：重整能力占一次加工能力的比例小，重整装置的规模小，装置的能耗大等。

2. 页岩气的开采与利用带来新机会与新挑战

随着世界各地页岩气的开采与利用，改变了一直以来乙烯与重整争料的局面。页岩气中回收的轻烃当前的主要用途之一就是用作蒸汽裂解装置的原料，生产乙烯，并联产丙烯、丁二烯和苯。美国和加拿大在页岩气开发和利用方面的突破，增加了原料供应，降低了轻质原料的价格，在乙烯等的生产方面比其他采用石脑油为原料的国家的优势显而易见。

当前世界各国都在积极开展页岩气的开采与利用。我国具有巨大的页岩气储藏量，正在加大开采和利用的力度。截至 2020 年，累计探明页岩气地质储量 $9408 \times 10^8 m^3$，2020 年页岩气产量达 $84.5 \times 10^8 m^3$，2030 年实现岩气产量 $800 \times 10^8 \sim 1000 \times 10^8 m^3$[48,49]。页岩气的开采与利用，导致蒸汽裂解装置大量采用从页岩气中回收的轻烃，使石脑油资源相对过剩，为此，将更多的石脑油转化为高辛烷值汽油组分是今后催化重整发展的重要推动力。

（四）降低重整汽油中的苯含量

由于汽车尾气中的苯是空气污染的重要因素之一，对 177 种空气中毒物进行的评价结果表明，苯是最有毒气体之一，具有最大的致癌危险[50]。当人们长期吸入含苯的汽车尾气后，会降低抵抗力，出现呼吸道感染或败血症等。为此，在世界各国的车用汽油标准的升级中，对于苯的含量也提出了越来越严格的限制，进一步降低了车用汽油中苯含量指标[51,52]。2016 年发布并实施的 GB 17930—2016《车用汽油》中，第六阶段（国Ⅵ）汽油中的苯含量已经降低至 0.8%（体）。

1. 汽油中苯的来源

清洁汽油调和组分中一般包括 FCC 汽油、重整汽油、烷基化油、异构化油等，尽管不同国家与地区的各种汽油调和组分的比例不尽相同，但是，FCC 汽油和重整汽油是其中的主要组分。表 3-5-14 中列出了美国车用汽油中各调和组分的比例、苯含量及对汽油中苯含量的贡献[50]。

由表 3-5-14 可见，炼油厂多种汽油调和组分对汽油苯含量的贡献中，70%~85% 的苯来源于催化重整装置的重整汽油，因此，汽油中的苯主要来自重整生成油。降低汽油中苯含量的关键是对重整生成油中苯含量进行有效控制。

表 3-5-14 调和汽油中苯对汽油中苯含量的贡献

项 目	在汽油中的比例/%（体）	苯含量/%（体）	对汽油中苯含量的贡献/%（体）
重整汽油	30	1~6	70~85
FCC 汽油	35~40	0.5~1.2	10~25
烷基化油	10~15	0	0
异构化油	5~10	0	0
加氢裂化轻油	0~4	1~3	4
轻直馏油	5~10	0.3~4	2
焦化轻石脑油	0~2	1~3	1
天然汽油	0~5	0.3~3	1
丁烷	3~5	0	0

在催化重整过程中，苯的来源主要有以下几种途径：①原料中原有的苯；②环己烷脱氢生成苯；③甲基环戊烷异构为环己烷，再脱氢生成苯；④C_6烷烃转化为环己烷，再脱氢生成苯；⑤C_{7+}芳烃加氢裂化（脱烷基）生成苯。

在重整过程中，原料中的环己烷几乎 100% 地转化为苯，大约一半的甲基环戊烷和 20% 左右的 C_6 烷烃转化为苯，较重芳烃加氢裂化（脱烷基）生成苯的量与重整装置的操作压力和苛刻度有关。

2. 降低汽油中苯含量的技术途径[53]

降低重整汽油中的苯含量主要有三种途径：一是选择适合的重整操作方案；二是脱除重

整原料中的苯以及苯的前驱体；三是当苯生成后，从重整生成油中将其除去。

（1）重整操作方案的选择

重整方案的选择主要包括降低重整装置压力、更换催化剂等。从化学热力学和动力学角度出发，降低重整装置压力，由于氢分压降低，减少了加氢脱烷基（HAD）反应，从而减少了苯的生成。同时重整装置压力降低，有助于氢气产量的增加、汽油产率的提高、产品雷氏蒸气压（RVP）的降低。重整催化剂的性能对反应有较大影响，通过调整催化剂的组分等手段可以调整催化剂的功能，在一定程度上可以减少由烷烃和环烷烃生成的苯以及烷基苯加氢脱烷基生成的苯，使总苯产率降低。重整操作方案对苯生成的影响见表3-5-15。由表中可见，采用了较高反应压力和Pt-Re/Al$_2$O$_3$的固定床半再生重整方案，当C$_{5+}$产品研究法辛烷值与低压连续重整方案，当C$_{5+}$产品苯含量比低压连续重整方案高1.8个百分点，并且C$_{5+}$产品液体收率和纯氢产率也明显低于低压连续重整方案。与其他方法相比，改变重整操作并不能根除苯，但是可以在一定程度上降低苯含量。

表 3-5-15　重整方案对苯生成的影响

项　　目	固定床半再生	低压连续重整
催化剂	Pt-Re/Al$_2$O$_3$	Pt-Sn/Al$_2$O$_3$
原料中 P/N/A/%	60.60/28.71/10.69	60.60/28.71/10.69
原料中 C$_6$P/C$_6$N/C$_6$A/%	10.80/3.73/0.68	10.80/3.73/0.68
平均反应压力/MPa（表）	1.4	0.35
C$_{5+}$产品 RON	95	95
C$_{5+}$产品收率/%	87.03	93.64
C$_{5+}$产品中苯含量/%	5.68	3.88
纯氢产率/%	2.43	3.34

注：P、N、A 分别代表烷烃、环烷烃、芳烃。

（2）切除重整原料中苯前驱体[53~55]

苯的前驱体是指在重整过程中能够转化为苯的分子。环己烷和甲基环戊烷是苯的两种主要前驱体。苯前驱体的含量取决于原油品种，对重整生成油的苯含量有决定性影响。脱除重整原料油中苯前驱体的流程如图3-5-1所示。从重整原料中脱除苯前驱体可以使重整生成油中的苯保持在较低含量。然而，在轻汽油中苯体积分数可以从0.5%急剧增加到5%，有些苯含量高的原油可以使脱己烷塔顶苯体积分数达到8%~10%。脱己烷塔顶流量可以增加约1/3，导致重整进料量下降约6%。

这种方案的优点是，在较少的投资下，使重整生成油和脱己烷塔顶轻汽油两股物流的总苯减少40%以上。但由于全部氢气损失不能通过增加重整苛刻度来弥补，导致了大约10%的氢气损失。切除的脱己烷塔顶轻组分由于含有苯且辛烷值较低，不能直接添加到汽油中去。另外，此方案不能除去重整过程中脱烷基而新产生的苯，因此依据反应条件的不同，重整生成油中的苯体积分数一般为0.3%~1.0%。采用不同催化剂和反应条件，对预分馏后的原料进行重整，重整生成油中的苯含量见表3-5-16中。

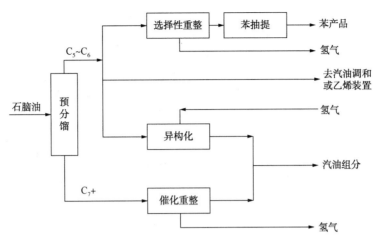

图 3-5-1 脱除原料油中苯前驱体的流程示意图

表 3-5-16 反应条件和催化剂对苯生成的影响

项 目	固定床半再生	低压连续重整
催化剂	Pt-Re/Al$_2$O$_3$	Pt-Sn/Al$_2$O$_3$
原料中 P/N/A/%	48.44/41.98/9.42	54.57/36.87/8.56
原料中 C$_6$P/C$_6$N/C$_6$A/%	0.00/0.17/0.00	0.04/0.06/0.04
平均反应压力(表)/MPa	1.2	0.35
体积空速/h^{-1}	2.0	1.8
WABT/℃	463/477/490	495
C$_5$+产品中苯含量/%(体)	0.52/0.73/1.04	0.42

注：WABT 表示加权平均床层温度

从重整进料中脱出苯和生成苯的前驱体后，脱己烷塔顶的轻石脑油可以用以下方法加工：①如果轻石脑油的苯含量低或炼油厂对汽油辛烷值要求不高，则可以直接调和成汽油；②采用异构化技术，轻石脑油的苯可以通过饱和、开环、异构化等反应，C$_5$/C$_6$烷烃发生异构化反应，最终反应产物可作为汽油调和组分；③采用选择重整，在沸石催化剂(例如 Pt/KL)的作用下，可以将 C$_6$ 和 C$_7$ 组分转化为苯和甲苯，进而生产化学品市场要求的苯产品；④作为乙烯裂解原料，乙烯收率一般比石脑油还高。

（3）从重整生成油中脱除苯

含有 C$_6$+ 的重整原料直接进入重整装置，催化重整过程可以在高苛刻度下操作，生成的富含苯的轻石脑油可以从重整生成油的分馏塔中切出，流程如图 3-5-2 所示。

从重整生成油分馏塔中切出的富含苯的轻石脑油可以采用下列方式进行处理加工：

① 在苯加氢饱和装置中，重整生成油中的苯被加氢饱和为环己烷。

② 在异构化装置中，重整生成油中的苯发生饱和、开环、异构化等反应，同时 C$_5$/C$_6$ 烷烃发生异构化反应，使产物辛烷烃提高。

③ 在烷基化装置中，重整生成油中的 C$_6$ 组分与乙烯、丙烯等发生烷基化反应，生成烷基芳烃。该过程不耗氢，并且能增加轻重整生成油的辛烷值。但是，汽油中的芳烃并不能降

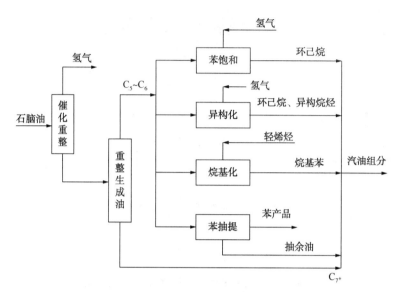

图 3-5-2 从重整生成油中脱除苯的流程示意图

低。此外，由于生成的重质芳烃的沸点较高，可能导致汽油组分 T90 升高。

④ 在芳烃抽提装置中，重整生成油中的苯可采用液-液抽提或抽提蒸馏的方法，抽出重整生成袖中的苯，作为石油化工的原料。

1）苯加氢饱和技术。通过苯加氢饱和反应可以有效降低重整生成油中的苯含量，主要产物是环己烷，在某些条件下有极少量的环己二烯和环己烯产生。苯加氢饱和为环己烷，辛烷值有较大变化。纯苯的调和辛烷值为 99，而环己烷的调和辛烷值可以高达 110。

脱除重整生成油中苯的加氢饱和技术已经比较成熟，有多家公司技术可供选择，主要有美国 CD Tech 公司的 CD Hydro 工艺、芬兰 Neste 公司的 NExSAT 工艺、美国 UOP 公司的 Bensat 工艺、Axens 公司的 Benfree 工艺等。

① 美国 CD Tech 公司的 CD Hydro 工艺[56]。美国 CD Tech 公司的 CD Hydro 工艺是 20 世纪 90 年代推出的一种催化蒸馏专利工艺，它将加氢反应器与产品汽提塔结合在一起，流程如图 3-5-3 所示。

重整生成油和氢气被送进催化蒸馏塔，在催化蒸馏塔内实现将苯加氢为环己烷，加氢饱和放出的反应热使液体汽化。通过压力恒定的沸腾系统实现催化剂区域温度的精确控制，较低的反应温度和等温操作增加了安全性。通过控制氢气的加入，实现对苯饱和程度的控制，苯加氢为环己烷的转化率可以超过 90%，工业上大多数的 CD Hydro 装置均按转化率 70% ~ 95% 进行设计。处理后的 C_6 产品从顶部取出，过量的氢气和轻烃被循环并从顶罐排除。C_{7+} 产品主要是重芳烃，从塔底取出全部回收。该工艺操作压力低，一般不超过 0.7MPa，装置投资低。回流的冲洗作用将重化合物从催化剂上冲洗掉，使聚合物的形成最小化，延长了催化剂寿命。世界上第一套汽油苯加氢工艺装置于 1995 年 12 月由美国 Texaco 公司在加利福尼亚州的 Bakersfield 炼油厂建成投产。

② 美国 UOP 公司的 Bensat 工艺[57]。美国 UOP 公司的 Bensat 工艺流程如图 3-5-4 所示。BenSat 工艺是用于处理高苯含量的 $C_5 ~ C_6$ 原料，主要处理苯体积分数 30% 或以上的原料。既可用于石脑油分馏塔拔头油中苯的脱除，也可用于重整生成油中苯的脱除。

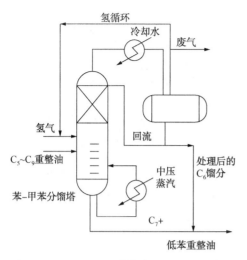

图 3-5-3　CD Hydro 苯加氢饱和流程示意图

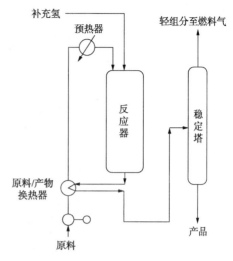

图 3-5-4　Bensat 示意流程图

在固定床催化剂上发生苯饱和反应,高选持性地转化为 C_6 环烷烃,无副反应发生。苯饱和反应的大量反应热被妥善用于控制反应器的温度。反应条件温和,仅仅需要稍高于化学计量的氢气。由于苯饱和生成的环己烷体积的膨胀,产物的体积收率大于 100%。对苯体积分数 5%~30% 的原料, C_{5+} 体积产率为 101%~106%。而同时不增加产品的雷氏蒸气压。

③ 法国 IFP 的 Benfree 工艺。自 2001 年法国 Axens 公司的第一套 Benfree™(图 3-5-5)工业化装置投产以后[58],近年来,该公司又对 Benfree™ 进行了技术创新[59],推出了处理轻质重整油的 Benfree_c(图 3-5-6)工艺和 Benfree_{RD} 工艺(图 3-5-7)。

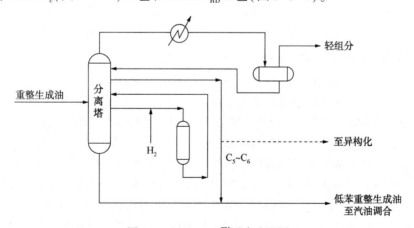

图 3-5-5　Benfree™ 示意流程图

在 Benfree™ 流程中(图 3-5-4),重整生成分离塔的侧线抽出富苯馏分,进入反应器,在该反应器中进行加氢饱和,使苯转化为环己烷,生成无苯和无 C_7 的轻重整生成油。由于环己烷不会与 C_7 形成共沸物,所以该工艺可降低轻重整生成油中环烷烃含量。此外,无苯的轻重整生成油是良好的异构化原料,如有需要可送至异构化装置。Benfree™ 装置完全可利旧(废)设备,也无须过量的氢气,因此投资费用较低。

Benfree_c 流程中(图 3-5-6),重整生成油分离塔的侧线抽出富苯馏分,进入反应器,与

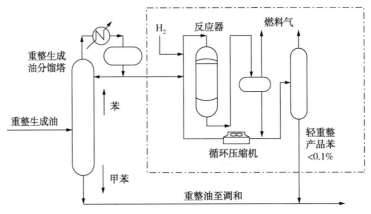

图 3-5-6　Benfree_c 示意流程图

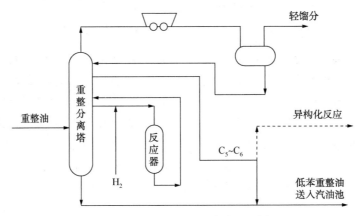

图 3-5-7　Benfree_RD 示意流程见图

引入的氢气在该反应器中进行加氢饱和，使苯转化为环己烷。反应后的产物经过产物分离后，得到的苯<0.1%液相产物与重整生成油分离塔底的液体产物混合后出装置。由于采用低成本、高活性的贵金属或非贵金属镍基催化剂，在较低的温度和压力下液相操作，就可使所有的芳烃饱和成环烷烃。因此，进入反应器的富苯馏分要严格排除甲苯以减少辛烷值损失。

　　Benfree_RD 工艺流程（图 3-5-7）与 Benfree 工艺流程基本相同，只是 Benfree_RD 工艺强化了利用反应加氢与重整汽油分离蒸馏塔相结合的反应蒸馏的概念。可以最小投资实现对苯的灵活控制。在重整油分馏塔抽出侧线进行苯饱和，苯饱和度80%~90%，加氢产物返回该塔上部继续分离。该工艺能够改进分离操作，并为异构化装置提供更清洁的 C_5、C_6 产品。该工艺在常规的固定床反应器中，改为专有的催化剂填料，催化剂装填和更换更方便。该工艺投资低、占地少，一般可脱除重整汽油中97%的苯。目前，全世界已有40多套 Benfree 工艺授权装置正在运转。

　　2）异构化技术[53,60,61]。C_5/C_6 烷烃异构化技术成熟，在国外得到广泛的应用。按照反应温度的高低，异构化催化剂可以分为低温型、中温分子筛及超强酸等类型。烷烃异构化工艺可分为两类，即一次通过流程和循环流程。典型的一次通过流程，国外有 UOP 公司的 Penex 流程、Shell 公司的 Hysomer 流程、BP 公司的 BP 流程，国内有 RIPP 的 RISO 异构化技术。循环流程包括 C_5 循环、C_6 循环、全异构（TIP）、C_5 循环+全异构、C_6 循环+全异构等流程，不同异构化工艺辛烷值对比见表 3-5-17。

表 3-5-17 不同异构化工艺辛烷值(RON)对比

工 艺 流 程	沸石催化剂	低温催化剂	工 艺 流 程	沸石催化剂	低温催化剂
一次通过	80	83	循环+脱异戊烷+吸附	88	90
脱异戊烷+一次通过	82	84	循环+脱异己烷+吸附	89	92
脱异己烷+循环	86	88			

从重整生成油的分馏塔中切出的富含苯的轻石脑油，在异构化过程中主要发生苯饱和、C_5/C_6烷烃异构化反应。苯饱和反应的主要产品是环己烷，在异构化条件下，环己烷可以发生开环、异构化等反应。环己烷的异构化反应，可生成甲基环戊烷，其纯组分辛烷值为91.3，调和辛烷值高达107。正戊烷和正己烷异构化反应为异戊烷和异己烷可以增加产物的辛烷值，异戊烷纯物质的辛烷值比正戊烷高35个单位，而异己烷纯物质的辛烷值比正己烷高约50个单位以上。然而，苯加氢的放热以及C_{7+}裂化引起的异构化催化剂失活等是异构化装置必然面临的问题。

3）烷基化技术[62~65]。利用烷基化技术，可以将重整生成油中的苯转化为烷基苯，不仅可以降低苯含量，同时由于烷基苯的辛烷值（例如乙基苯调和 RON 为124、正丙苯调和 RON 为127、异丙苯调和 RON 为132）比苯更高，因此也使液体产物辛烷值得到提高。

Mobil Research & Development Corp. 开发了 MBR(Mobil Benzene Reduction)工艺，该工艺采用密相流化床反应器和特制的 ZSM-5 催化剂，原料为来自稳定塔的苯中心馏分或者是重整生成油分馏塔塔顶馏分，烯烃来自 FCC 干气、焦化燃料气、轻 FCC 石脑油等。在适当的操作条件下，苯与轻烯烃反应生成烷基苯，同时还会发生轻烯烃齐聚形成 C_{5-}烯烃、C_{5+}烯烃裂化形成轻烯烃、C_{6-}直链烷烃裂化形成低碳烷烃和烯烃、烯烃聚合形成 C_5 和多环芳烃等反应。通过这些化学反应过程，重整生成油中的苯被烷基化，燃料气中的烯烃也被改质成汽油。该工艺与苯饱和技术相比，不仅避免了氢气消耗，还降低了汽油中苯和烯烃的含量，同时提高了汽油的辛烷值，尤其是提高了 MON。

MBR 工艺典型的操作压力为 1.2~1.5MPa，其基本流程如图 3-5-8 所示。全流程的 C_{5+}重整生成油被分割成 C_5 馏分、富含苯的重整产物苯中心馏分和高辛烷值的 C_{7+}重整重馏分。苯中心馏分进入 MBR 装置，FCC 干气通过一接触器经胺精制后进入 MBR 装置，与中心馏分进行反应。另外一个可选择的方案是，C_6 环烷烃不经过催化重整反应器，直接进入 MBR 装置。炼油厂可根据实际情况选用。

当利用催化裂化的轻烯烃气体原料来降低重整汽油中的苯时，MBR 装置的烯烃一次通过转化率大于90%，苯转化率为 60%~70%。如果将 MBR 反应物料部分循环，苯的总转化率可提高到90%。由于烯烃转化为汽油组分、重整汽油数量有所增加，苯蒸气压有所降低，因而在汽油池中可调入更多的丁烷。

当以重整产物的苯中心馏分作为原料（约占 C_{5+}重整生成油的 20%~30%）时，通过 MBR 工艺后体积约增加7%，研究法辛烷值增加10个单位，马达法辛烷值增加5个单位，蒸气压可降低 3.42kPa。

1998 年 12 月 1 日，Exxon 和 Mobil 公司合并成立 ExxonMobil 公司，ExxonMobile Research and Engineering Company(EMRE)为了避免移动床带来的基建投资增加过多的问题，推出了

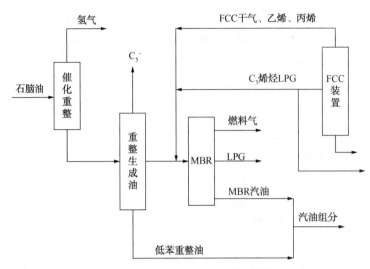

图 3-5-8　MBR 工艺流程示意图

重整生成油烷基化 BenzOUT 工艺(图 3-5-9),采用固定床反应器和单程周期长并可完全再生的固体酸催化剂,设置了轻烯烃预处理设施,除去其中的硫和氮杂质。

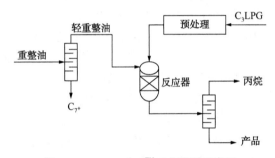

图 3-5-9　BenzOUT™工艺流程示意图

为了提高轻烯烃利用率,提出了液相烷基化和气相烷基化组合方案[62~64]。美国 ExxonMobil 公司的 BenzOUT™专利工艺已在北美的一家炼油厂得到工业验证[65]。

4)芳烃抽提技术[66]。苯是一种很有价值的石化产品,因此降低汽油池中苯含量的另一种策略就是从重整生成油中切取 C_6 馏分进行低温加氢脱除烯烃,然后进行溶剂抽提,将烷烃和芳烃分开,芳烃经精馏后可直接作苯产品,烷烃可直接作为 6 号溶剂油。这种苯抽提的方法既解决了汽油中苯含量高的问题,也生产出高附加值的苯和 6 号溶剂油产品。

3. 几种降苯方案技术对比[53]

为了对比不同降苯方案的技术指标,以一种常规石脑油为例(见表 3-5-18),对比了几种主要降苯方案,结果见表 3-5-19。

表 3-5-18　一种常规石脑油组成　　　　　　%

项　　目	P	N	A
C_5	0.10	0.21	
C_6	9.88	6.39	0.51
C_7	11.69	6.98	2.19
C_8	14.07	10.66	3.64
C_9	12.23	10.24	1.25
C_{10}	6.98	2.68	0
C_{11}	0.30	0.00	0
Σ	55.26	37.16	7.59

表 3-5-19 几种降苯方案技术对比

项 目	DH+CCR	DH+异构化+CCR	CCR+苯饱和	CCR+烷基化	CCR+抽提
辛烷值收率[①]	87.52	90.08	93.27[②]	>95.64[③]	85.90
汽油中苯含量/%	0.98	0.43	0.70	0.70	<0.05
LPG 产率/%	3.46	3.71	5.85	>7.85	5.85
干气产率/%	1.39	1.39	2.87	>3.27	2.87
氢气产率/%	3.25	3.20	3.30	3.74	3.74
商品苯产率/%	0	0	0	0	6.33

① 为液体产率与辛烷值 RON 的乘积。

② 环己烷和苯的 RON 可分别按照 110、98，苯转化率按照 90% 计算。

③ 通过 MBR 工艺后体积约增加 7%，研究法辛烷值增加 10，MBR 前后的密度分别取 0.741g/mL 和 0.777g/mL，RON 分别取 87 和 197 计算。

DH、CCR 分别表示预分馏脱己烷、连续重整。

由表 3-5-19 可知，重整原料脱除苯的前驱体后再进行重整方案，由于脱己烷塔顶的轻石脑油又直接调回汽油中，因此脱己烷塔顶的轻石脑油中的苯和重整生成油中的苯全部进入汽油池，使重整汽油中苯含量保持在 0.98%。同时，脱己烷塔顶的轻石脑油辛烷值较低，因此对辛烷收率有较大影响，仅比 CCR 抽提方案略高。

脱己烷塔顶的轻石脑油异构化与脱除苯前驱体后原料进行重整方案，由于经过异构化后脱己烷塔顶的轻石脑油辛烷值得到进一步提高，使辛烷值收率提高到 90.08%。

CCR+苯饱和方案，由于重整生成油中的苯被饱和为环己烷，尽管环己烷的纯物质 RON 只有 83，但是调和 RON 却可以达到 110，因此使辛烷收率比 DH+异构化+CCR 方案得到进一步提高。但是，由于重整过程中 C_{6-} 的加氢裂化和氢解，使 LPG 和干气产率增加明显。氢气产率比前两个方案略有增加。

CCR+烷基化方案，由于苯烷基化后辛烷值的增加和轻烯烃转化为 C_{5+}，使辛烷值产率明显增加，但是由于轻烃以及轻重整生成油在烷基化过程中副反应的发生，使其 LPG 和干气产率明显提高。本方案中，辛烷值产率、LPG 和干气的产率均为最高，相对于石脑油的产物总收率大于 100%，是燃料气中的烯烃也被改质成汽油的贡献。同时本方案的氢气产率也是最高的。

CCR+抽提方案，由于重整生成油中的苯被抽提后，单独作为化工原料出售，因此导致汽油收率降低，因而使其辛烷收率最低，但是氢气产率最高。

总之，辛烷、液化气、干气、氢气的收率与所选择方案相关，可以根据各自的具体情况以及技术经济评估情况进行选择，对于化工原料市场较好时，还可以考虑生产苯的 CCR+抽提方案。

二、苯

苯为无色透明、易挥发、可燃、具有特殊芳香气味的液体，熔点为 5.49℃、沸点为 80.1℃、相对密度（d_4^{20}）为 0.87901、折射率（n_4^{20}）为 1.5010。能与乙醇、乙醚、丙酮、氯仿、二硫化碳及乙酸等以任意比例混合，微溶于水。我国石油苯的国家标准编号为 GB 3405—2011，具体指标见表 3-5-20。

苯的用途十分广泛，主要用途如下：①制备生产塑料和橡胶的原料—乙苯；②制备生产表面活性剂和聚酰胺塑料的原料——苯酚；③制备生产聚酰胺的原料——环己烷；④制备生产染料、橡胶、塑料的原料——苯胺；⑤制备生产塑料、食品添加剂的原料——马来酐；⑥制备生产表面活性剂的原料——烷基苯；⑦是生产药物、杀菌剂、染料、杀虫剂等的基本原料。

催化重整生成油中苯的含量与多种因素有关。首先，与重整原料的组成有关。一般来讲，在重整过程中，苯主要由 C_6 环烷烃脱氢生成。同时，重整原料中的 C_6 烷烃也可以发生环化脱氢反应生成苯，但转化率较低。此外，C_{7+} 芳烃可以发生脱烷基反应生成苯，但转化率一般较小。因此，重整原料中的 C_6 环烷烃和芳烃含量越大，重整生成油中的苯含量就越高。

表 3-5-20　石油苯的质量标准

项　目		质量指标		试验方法
		石油苯-535	石油苯-545	
外观		透明液体，无不溶水及机械杂质		目测①
颜色（铂-钴色号）	不深于	20	20	GB/T 3143 ASTM D1209②
纯度/%	不小于	99.80	99.90	ASTM D4492
甲苯/%	不小于	0.10	0.05	ASTM D4492
非芳烃/%	不小于	0.15	0.10	ASTM D4492
噻吩/（mg/kg）	不大于	报告	0.6	ASTM D1685 ASTM D4735③
酸洗比色		酸层颜色不深于 1000mL 稀酸中含 0.20g 重铬酸钾的标准溶液	酸层颜色不深于 1000mL 稀酸中含 0.10g 重铬酸钾的标准溶液	GB/T 2012
总硫含量/（mg/kg）	不大于	2	1	SH/T 0253④ SH/T 0689
溴指数/（mg/100g）	不大于		20	SH/T 0630 SH/T 1551⑤ SH/T 1767
结晶点（干基）	不低于	5.35	5.45	GB/T 3145
1,4-二氧乙烷/%		由供需双方商定		ASTM D4492
氮含量/（mg/kg）		由供需双方商定		SH/T 0657 ASTM D6069
水含量/（mg/kg）		由供需双方商定		SH/T 02467 ASTM E1064
密度（20℃）/（kg/m³）		报告		GB/T 2013 SH/T 0604
中性试验		中性		GB/T 1816

①将试样注入 100mL 玻璃量筒中，在(20±3)℃下观察，应是透明的、无不溶水及机械杂质。对机械杂质有争议时，用 GB/T 511 方法进行测定，结果应为无。

②在有争议时，以 ASTM D1209 为仲裁方法。

③在有争议时，以 ASTM D4735 为仲裁方法。

④在有争议时，以 SH/T 0253 为仲裁方法。

⑤在有争议时，以 SH/T 1551 为仲裁方法。

三、甲苯

甲苯为无色透明、易挥发、有芳香气味的可燃液体；熔点-94.991℃，沸点110.625℃，相对密度(d_4^{20})0.8669，折射率(n_4^{20})1.4969。能与醇、醚、丙酮、氯仿、二硫化碳及乙酸等以任意比例混合，不溶于水。石油甲苯的中国国家标准编号为GB 3406—2010，具体指标见表3-5-21。

作为化工原料，甲苯主要用于脱烷基制苯、硝基甲苯及其衍生物、甲苯二异氰酸酯、苯甲醛、苯甲酸及其衍生物、甲苯磺酸和甲酚等。另外，甲苯还可以用作树脂、树胶、乙酸纤维素的溶剂及植物成分的浸出剂。

表3-5-21　石油甲苯的质量指标

项　目		质量指标		试验方法
		I 号	II 号	
外观		透明液体，无不溶水及机械杂质		目测[1]
颜色(Hazen 单位铂-钴色号)	不深于	10	20	GB/T 3143 ASTM D1209[2]
密度(20℃)/(kg/m³)		865~868		GB/T 2013[3] SH/T 0604
纯度/%	不小于	99.9		ASTM D4492
烃类杂质含量				
苯含量/%	不大于	0.03	0.10	GB/T 3144
C_8 芳烃含量/%	不大于	0.05	0.10	ASTM D6526[4]
非芳烃含量/%	不大于	0.1	0.25	
酸洗比色		酸层颜色不深于1000mL 稀酸中 含 0.2g 重铬酸钾的标准溶液		GB/T 2012
总硫含量/(mg/kg)	不大于	2		SH/T 0253[5] SH/T 0689
蒸发残余物/(mg/100mL)		3		GB/T 3209
中性试验		中性		GB/T 1816
溴指数/(mg/100g)	不大于	由供需双方商定		SH/T 0630 SH/T 1551 SH/T 1767

①将试样注入100mL 玻璃量筒中，在(20±3)℃下观察，应是透明的、无不溶水及机械杂质。对机械杂质有争议时，用 GB/T 511 方法进行测定，结果应为无。

②在有争议时，以 ASTM D1209 为仲裁方法。

③在有争议时，以 GB/T 2013 为仲裁方法。

④在有争议时，以 ASTM D6526 为仲裁方法。

⑤在有争议时，以 SH/T 0253 为仲裁方法。

（1）脱烷基制苯

在美国、日本或西欧一些国家，有10%~30%的苯是由甲苯脱烷基而来，甲苯脱烷基有热解法和催化法两种。一般认为，只有当苯的价格为甲苯的 1.3 倍时，用甲苯脱烷基制苯才有经济效益。因此，甲苯脱烷基的开工率取决于苯和甲苯的市场价格，一般只有 60% 左右。

（2）硝基甲苯及其衍生物

硝基甲苯简称为 MNT，分子式为 $C_7H_7NO_2$，相对分子质量为 137.14。

工业上生产硝基苯均以甲苯为原料，用硝化试剂，经硝化反应而得到邻、间和对三种异构体的硝基甲苯。三种异构体的比例为邻：间：对 = 60：4：36。混合硝基甲苯经过分离，得到各种异构体的工业品，是合成染料、农药、医药的重要化工原料。硝基甲苯经过二次硝化的二硝基甲苯，用于合成甲苯二异氰酸酯，经过三次硝化得到三硝基甲苯，可直接作为烈性炸药 TNT。

（3）用甲苯制甲苯二异氰酸酯（TDI）

甲苯二异氰酸酯常见的有 2，4- 和 2，6- 两种异构体，TDI 商品多为两种异构体的混合物。两种异构体含量的多少，主要取决于合成路线，其异构体的比率直接影响 TDI 产品性质。

甲苯二异氰酸酯的制备一般是从甲苯的硝化开始，经氢气还原、伯胺光气化等步骤合成甲苯二异氰酸酯。

甲苯二异氰酸酯是生产聚氨酯的基本原料，同时，甲苯二异氰酸酯还用于涂料和弹性体的生产。聚氨酯是人们现代生活中不可缺少的东西，它广泛用于生产家具、车辆、地毯等。

（4）甲苯制苯甲醛

苯甲醛俗称苦杏仁油，广泛存在于杏仁、桃仁、樱桃仁中，是结构最简单，也是工业上最重要的芳香醛。苯甲醛纯品是无色、挥发性油状液体，有苦杏仁味。可燃，燃烧时具有芳香味。微溶于水，与乙醇、乙醚、苯和氯仿混溶。

苯甲醛的制备方法有甲苯氯水解法、甲苯直接催化氧化法和电合成法。其中，甲苯直接氧化法有液相空气氧化法和气相空气氧化法。

苯甲醛主要用作医药、染料和香料的中间体，是生产晶绿、月桂酸和月桂醛的重要原料。

（5）苯甲酸及其衍生物

苯甲酸又名安息酸，以游离态或以盐、酯的形式广泛存在于自然界，是结构最简单的芳香酸。苯甲酸是无色片状结晶，微溶于水，溶于乙醇、乙醚、二硫化碳、四氯化碳、松节油、苯和氯仿。在 100℃ 迅速升华，能随水蒸气同时挥发。

目前，苯甲酸主要有三种生产方法，即甲苯氯化法、邻苯二甲酸酐脱羧法和甲苯氧化法。甲苯氧化法是目前生产苯甲酸的主要方法，甲苯的单程转化率达 35%，苯甲酸的产率在 90% 以上。与其他两种方法相比，此方法原料易得，生产工艺简单，生产成本较低，环境污染较小。

苯甲酸及其钠盐是食品的重要防腐剂，苯甲酸还广泛用作制药和染料的中间体、合成树脂的改性剂及增塑剂、香料和钢制设备的防腐剂等。

（6）甲苯磺酸和甲酚

甲苯磺酸有三个异构体，它们在常温下都是固体，邻甲苯磺酸是无色晶体，熔点 67.5℃，沸点 128.8℃（3.33kPa），溶于水、乙醇、和乙醚；对甲苯磺酸是无色叶状晶体，熔点 106~107℃，沸点 140℃（2.67kPa），溶于水、乙醇、乙醚。

甲苯磺酸由甲苯磺化制得。主要用于制造甲酚，也广泛用作酯化和缩合的催化剂、呋喃树脂的固化剂。

四、C₈芳烃

间二甲苯、邻二甲苯、对二甲苯和乙基苯都是 C_8 芳烃。和苯、甲苯一样，它们也都是无色、芳香，具有挥发性和可燃性等性质。

乙苯主要用于制备不饱和聚酯树脂、聚苯乙烯泡沫塑料、氯苯乙烯(树脂改性剂)；邻二甲苯主要用于制备苯酐，后者是苯二甲酸增塑剂的原料；对二甲苯主要用于生产对苯二甲酸，后者是生产涤纶和聚对苯二甲酰对苯二胺树脂的重要原料；间二甲苯主要用于生产增塑剂、固化剂和树脂的原料偏苯三酸酐，环氧树脂和不透气塑料瓶的原料间苯二腈，芳香族聚酰胺的原料间苯二甲酰氯，杀虫剂、防霉剂对氯间二甲基苯酚的原料3，5-二甲基苯酚。

(1) 邻二甲苯制取苯酐

邻苯二甲酸酐俗称苯酐，常温下为一种无色针状或小片状斜方或单斜晶体，有升华性和特殊轻微的刺激性气味，相对密度1.53，熔点130.8℃，沸点284.5℃。

苯酐是重要的有机化工原料，有60%以上用于制造聚氯乙烯增塑剂，30%用于聚酯树脂和醇酸树脂，其余10%则用于油漆、染料、医药和农药。20世纪80年代以来，世界各国相继开发了以邻二甲苯为原料的氧化工艺，使苯酐的生产工艺与技术有了较大进步。

(2) 间二甲苯制间苯二甲酸

间苯二甲酸又名1,3-苯二甲酸或异酞酸，相对分子质量166.13，为无色针状结晶，具有较强的耐热性和水解稳定性。间苯二甲酸主要用于制造不饱和聚酯、醇酸树脂、纤维增强塑料等。

最早生产间苯二甲酸是采用石油二甲苯为原料，经分离精制得到纯度为95%~98%的间二甲苯，把间二甲苯放入氨水介质中，在320℃和7~14MPa下用硫氧化生成酰胺，酰胺用硫酸水解得到纯度98%的间苯二甲酸。目前，工业化生产间苯二甲酸所使用的原料都是间二甲苯，采用在催化剂(钴盐、锰盐等)作用下的空气氧化法技术。其中以 Amoco 化学公司的一步氧化法最为著名。

(3) 对二甲苯制对苯二甲酸

对苯二甲酸是白色针状或无定形的固体，不溶于沸水和普通有机溶剂，受热不熔化而在300℃以上升华。精对苯二甲酸主要用于聚酯的生产，其在聚酯原料中所占比重已超过70%。世界各国生产的对二甲苯几乎全部用来生产对苯二甲酸二甲酯和对苯二甲酸，进而制取聚酯。

对苯二甲酸最先采用对二甲苯硝酸氧化法生产，由于存在缺点，已被后来的方法取代。目前，广泛采用 Amoco 法、ICI 法、三井-Amoco 法以及意大利 INCA 公司的对二甲苯氧化工艺，这些工艺都是以醋酸钴、醋酸锰作催化剂，用溴化剂作促进剂，在一定的温度和压力下，使对二甲苯在乙酸溶剂中空气氧化生成粗对苯二甲酸。

我国用于化工生产和溶剂的混合二甲苯分为3℃二甲苯和5℃二甲苯两个牌号，国家标准为 GB 3407—2010，具体指标见表3-5-22；石油邻二甲苯行业标准见表3-5-23；工业乙苯行业标准见表3-5-24。对二甲苯产品分离方法很多，不同方法分离出来的产品质量不尽相同，表3-5-25是阿洛麦克斯法生产的对二甲苯产品性状，表3-5-26为石油对二甲苯行业标准；表 3-5-27 是美国 ASTM 硝化级苯、甲苯、二甲苯的规格。

表 3-5-22　石油混合二甲苯的质量标准

项　　目		质 量 指 标		试 验 方 法
		3℃混合二甲苯	5℃混合二甲苯	
外观		透明液体，无不溶水及机械杂质		目测①
颜色(Hazen 单位 铂-钴色号)　　不深于		20		GB/T 3143
密度(20℃)/(kg/m³)		862~868	860~870	GB/T 2013② SH/T 0604
馏程/℃				
初馏点　　不低于		137.5	137	
终馏点　　不高于		141.5	143	GB/T 3146③
总馏程范围　　不大于		3	5	
酸洗比色		酸层颜色不深于 1000mL 稀酸中含 0.3g 重铬酸钾的标准溶液	酸层颜色不深于 1000mL 稀酸中含 0.5g 重铬酸钾的标准溶液	GB/T 2012
总硫含量/(mg/kg)　　不大于		2		SH/T 0253④ SH/T 0689
蒸发残余物/(mg/100mL)　　不大于		3		GB/T 3209
铜片腐蚀		通过		GB/T 11138
中性试验		中性		GB/T 1816
溴指数/(mg/100g)		供需双方商定		SH/T 0630 SH/T 1551 SH/T 1767

① 将试样注入 100mL 玻璃量筒中，在(20±3)℃下观察，应是透明的、无不溶水及机械杂质。对机械杂质有争议时，用 GB/T 511 方法进行测定，结果应为无。

② 在有争议时，以 GB/T 2013 为仲裁方法。

③ 在有争议时，以蒸馏法为仲裁方法。

④ 在有争议时，以 SH/T 0253 为仲裁方法。

表 3-5-23　石油邻二甲苯行业标准(SH/T 1613.1—2018)

项　　目		指　　标		分 析 方 法
		优等品	一等品	
外观		清晰，无沉淀物		注
色度/铂-钴色号	≤	10	20	GB/T 3143
邻二甲苯含量/%	≥	98.0	95.0	SH/T 1613.2
(对二甲苯含量+间二甲苯含量)/%	≤	1.3	3.5	SH/T 1613.2
异丙苯含量/%	≤	0.3	0.5	SH/T 1613.2
(非芳烃+C₉ 和 C₉ 以上芳烃含量)/%	≤	1.0	1.5	SH/T 1613.2
苯乙烯含量/%	≤	被告		SH/T 1613.2

项 目		指 标		分析方法
		优等品	一等品	
酸洗比色		酸层颜色不深于1000mL重铬酸钾 含量为0.15g标准比色液的颜色		GB/T 2012
溴指数/(mg/100g)	≤	100		SH/T 1551
总硫/(mg/kg)	≤	5		SH/T 1820
馏程(101.325kPa)/℃总馏程范围	≤	2.0(包括144.4)		GB/T 3146.1

表3-5-24 工业乙苯行业标准(SH/T 1140—2018)

项 目		指 标		试 验 方 法
		优极品	一等品	
外观		无色透明液体 无机械杂质和游离水		目 测
色度/铂-钴色号	≤	10		GB/T 3143
纯度/%	≥	99.80	99.50	SH/T 1148
二甲苯/%	≤	0.10	0.15	SH/T 1148
异丙苯/%	≤	0.030	0.050	SH/T 1148
二乙苯/%	≤	0.001		SH/T 1148
硫/(mg/kg)	≤	3.0	5.0	SH/T 1147
氯/(mg/kg)	≤	1.0		SH/T 1757

表3-5-25 阿洛麦克斯法对二甲苯质量标准

项 目	指 标	项 目	指 标
相对密度(15/4℃)	0.865	纯度/%	99.52(GC法)
色泽(APHA)	<10	杂质/%	GC法
含硫试验	阴性	非芳烃	0.01
溴值/(gBr/100g)	<0.01	甲苯	0.01
蒸馏范围/℃	最大1	间二甲苯	0.06
总硫/(mg/g)	<1	邻二甲苯	0.03
总氮/(mg/g)	<1	乙苯	0.37

表3-5-26 石油对二甲苯质量标准(SH/T 1486.1—2008)

项 目		质 量 指 标		试 验 方 法
		优等品	一级品	
外观		清澈透明,无机械杂质和游离水		目测[①]
纯度[②]/%	≥	99.7	99.5	SH/T 1489、SH/T 1486.2
非芳烃含量/%	≤	0.10		SH/T 1489、SH/T 1486.2
甲苯含量/%	≤	0.10		SH/T 1489、SH/T 1486.2

续表

项　目		质量指标		试验方法
		优等品	一级品	
乙苯含量/%	≤	0.20	0.30	SH/T 1489、SH/T 1486.2
间二甲苯含量/%	≤	0.20	0.30	SH/T 1489、SH/T 1486.2
邻二甲苯含量/%	≤	0.10		SH/T 1489、SH/T 1486.2
总硫含量/(mg/kg)	≤	1.0	2.0	SH/T 1147
颜色/铂-钴色号	≤	10		GB/T 3143
酸洗比色		酸层颜色不深于重铬酸钾含量 为 0.10g/L 标准比色液的颜色		GB/T 2012
溴指数③/(mgBr/100g)	≤	200		SH/T 1551、SH/T 1767
馏程(在 101.3kPa、138.3℃)/℃	≤	1.0		GB/T 3146

① 在 18.3~25.6℃ 进行目测。

② 在有异议时,以 SH/T 1489 方法为测定结果标准。

③ 在有异议时,以 SH/T 1551 方法为测定结果标准。

表 3-5-27　ASTM 硝化级芳烃规格

项　目	甲苯		二甲苯	
	ASTM D8841-10	试验方法①	ASTM D843-06	试验方法①
非芳烃/%(体)	≤1.5(1.2)	D2360/D7504	≤4.0	D6563
最大酸色度	2	D848	6	D848
铜腐蚀性	1A/1B	D849	1A/1B	D849
外观	②		②	
在 101.3kPa(760mmHg)的蒸馏范围/℃	≤1.0 (包括 110.6℃)	D850	≤5.0	D8506
颜色,Pt/Co 色号	≤20	D1209/D5386	≤20	D1209/D538
1,4-二氧杂环乙烷最高含量/(mg/kg)	按需求	D7504	按需求	D7504
最低初馏点/℃			≥137	D850
最高终馏点/℃			≤143	D850

① 如果列出了多个方法,生产者和使用者应该同意采用仲裁方法。

② 无色透明均匀液体,在 18.3~25.6℃ 观察室无沉淀和烟雾。

五、溶剂油

在芳烃生产过程中,重整生成油经芳烃抽提后分离出轻质芳烃(苯、甲苯、二甲苯),同时,产生部分抽余油。抽余油的产率与重整原料、所用催化剂、操作条件等因素有关,通常占重整进料的 25%~50%。

重整抽余油的典型组成如表 3-5-28 所示,其主要组分为烷烃和少量的环烷烃、芳烃(通常≯5%)和微量杂质。按照碳原子数,重整抽余油的主要组分为 $C_6 \sim C_8$ 的烷烃和环烷烃。

表 3-5-28 重整抽余油的典型组成[67]

化合物	烷烃/%	烯烃/%	环烷烃/%	芳烃/%
C_5	0.25	0	0	0
C_6	43.88	0.07	1.42	0.03
C_7	43.15	0.03	1.26	0.08
C_8	7.96	0	0.63	0.02
C_9	0.19	0	0.17	0.09
C_{10}	0.29	0	0.10	0.09
C_{11}	0.24	0	0.00	0.04
合计	95.97	0.10	3.58	0.35

由于重整抽余油不含有硫化物、氮化物以及重金属有害物质，是生产优质溶剂的良好原料。溶剂油的品种一般有 7 种（见表 3-5-29），其中 6#、90# 和 120# 溶剂油需求量最大。

表 3-5-29 用重整抽余油生产溶剂油的品种

产品名称	60#石油醚	90#石油醚	120#橡胶溶剂油	100#抽提溶剂油	70#香花溶剂油	6#抽提溶剂油	180#洗涤溶剂油
馏程/℃	30~60	60~90	80~120	90~110	60~71	60~90	40~180

各种溶剂油都有其特殊的质量标准。橡胶生产过程中使用的橡胶溶剂油、医药和化学试剂用的石油醚、香料抽提用的香花溶剂油等对馏分都有特殊要求，以保证要求的挥发性能和溶解度指标。同时，这些溶剂油要求良好的稳定性。影响油品稳定性的关键组分是烯烃，特别是双烯烃，极易氧化而生成胶质。为了减少芳烃对人体的危害，在橡胶溶剂油中必须严格控制芳烃含量，通常要求不大于 3%。橡胶工业用溶剂油的质量指标见表 3-5-30 所示。

表 3-5-30 橡胶工业用溶剂油（120#溶剂油）质量指标（SH 0004—90）

项 目	优级品	一级品	合格品	试验方法
密度（20℃）/（kg/m³）	≤700	≤730		GB/T 1884
初馏点/℃	≥80	≥80	≥80	GB/T 6536
110℃馏出量/%	≥98	≥93		
120℃馏出量/%	—	≥98	≥98	
残留量/%	≤1.0	≤1.5		GB/T 6536
溴值/（gBr/100g）	≤0.12	≤0.14	≤0.31	SH 0236
芳香烃含量/%	≤1.5	≤3.0	≤3.0	SH/T 0166
硫含量/%	≤0.018	≤0.020	≤0.050	GB/T 380
博士试验	通过	通过	通过	SH/T 0174
水溶剂酸或碱	无	无	无	GB/T 259
机械杂质及水分	无	无	无	
油渍试验	合格	合格	合格	

为了满足溶剂油对烯烃的质量指标要求，须脱除重整生成油的烯烃，使其产品溴指数达

到要求。脱除重整生成油烯烃的方法有白土精制、分子筛催化剂和加氢工艺路线[68~71]。但是，由于白土精制条件掌握困难、白土用量大、寿命短、切换频繁、废白土对环境污染严重等问题，白土精制工艺逐渐被淘汰。近年来开发的重整生成油缓和加氢工艺和催化剂逐步得到推广应用，该工艺具有投资少、工艺流程简单、催化剂使用周期长、芳环损失少等特点，可以完全取代传统的白土精制工艺[72~75]。

六、氢气

氢气作为催化重整反应的副产品，具有极其宝贵的使用价值。现代炼油、石油化工和合成行业(例如合成氨、合成甲醇等)等，都离不开氢气。以炼油厂为例，由于产品质量升级和渣油深度加工，使炼油厂耗氢量不断增加。一般情况下，重整氢气除了少量用于重整预加氢装置外，绝大部分经提纯后送出装置供炼油厂加氢装置，为加氢精制、加氢改质、加氢裂化、渣油加氢等提供氢源。此外，重整氢可以补充芳烃歧化装置、芳烃异构化装置和烷烃异构化装置的耗氢。

重整氢在清洁燃料生产中发挥更大的作用。为了满足日益严格的环保要求，进一步降低汽柴油中的烯烃和硫含量，必然要大力发展加氢技术，催化裂化原料的前加氢、催化裂化产品的后加氢、加氢脱硫技术、加氢异构技术等将有较大发展。同时，随着炼油业的微利和加工成本的不断提高，炼油企业越来越重视降低成本和增加效益。因此，廉价的重整氢必然成为各类加氢技术的主要氢源。

参考文献

[1] 侯芙生. 中国炼油技术[M]. 3版. 北京：中国石化出版社，2011.

[2] 张德义. 含硫含酸原油加工技术[M]. 北京：中国石化出版社，2012.

[3] 关明华，丁连会，王凤来，等. 3955轻油型加氢裂化催化剂的研制[J]. 石油炼制与化工，2000，31(12)：1-4.

[4] 刘家明，王玉翠，蒋荣兴. 炼油装置工艺与工程[M]. 北京：中国石化出版社，2017.

[5] 石亚华，石玉林，聂红，等. 多产中间馏分油的中压加氢裂化技术的开发[J]. 石油炼制与化工，2000，31(11)：7-10.

[6] 王凤来，关明华，胡永康. 3976高抗氮高生产灵活性加氢裂化催化剂性能研究[J]. 石油炼制与化工，2001，32(8)：36-39.

[7] 王晓璐. 加氢焦化汽油作重整原料的工业试验[J]. 石油炼制与化工，2000，31(2)：13-16.

[8] 张孔远，燕京，刘爱华，等. 加工劣质石脑油的加氢精制催化剂失活原因分析[J]. 石油炼制与化工，2003(07)：13-15.

[9] 曲涛，贾宝军，柴海，等. 加氢捕硅剂在焦化汽、柴油加氢处理装置上的应用[J]. 炼油技术与工程，2009(10)：47-49.

[10] 吴丽威，王长发. 焦化石脑油脱硅保护催化剂的研究进展[J]. 工业催化，2012(9)：20-23.

[11] 王玉章，李云龙，李锐. CDF-10延迟焦化消泡剂的应用[J]. 石油炼制与化工，2001，32(4)：17-19.

[12] 许友好，李宁，华仲炯. 催化裂化工艺技术手册[M]. 北京：中国石化出版社，2018.

[13] 许友好，张久顺，龙军. 生产清洁汽油组分的催化裂化新工艺MIP[J]. 石油炼制与化工，2001，32(8)：1-5.

[14] 陈祖庇，张久顺，钟乐新，等. MGD工艺技术的特点[J]. 石油炼制与化工，2002，33(3)：21-25.

[15] 谢朝刚, 汪燮卿, 郭志雄, 等. 催化热裂解(CPP)制取烯烃技术的开发及其工业试验[J]. 石油炼制与化工, 2001, 32(12): 7-10.

[16] 钟孝湘, 张执刚, 梨仕克, 等. 催化裂化多产液化气和柴油工艺技术的开发与应用[J]. 石油炼制与化工, 2001, 32(11): 1-5.

[17] 冯翠兰, 曹祖宾, 徐贤伦, 等. 催化裂化汽油降烯烃工艺研究进展[J]. 抚顺石油学院学报, 2002, 22(2): 25-29.

[18] 石玉林, 李大东, 习远兵, 等, 催化裂化汽油馏分中烯烃的加氢饱和反应规律研究[J], 石油炼制与化工, 2010(03): 28-31.

[19] 戴立顺, 屈锦华, 董建伟, 等. 催化裂化汽油加氢生产重整原料油技术路线研究[J]. 石化技术与应用, 2005(04): 267-270.

[20] 郭群, 董建伟, 石玉林. 直馏汽油掺炼催化裂化汽油加氢作重整原料的研究[J]. 石油炼制与化工, 2003, 34(6): 10-13.

[21] 田同虎, 魏建成. 连续重整装置加工催化裂化汽油的工业试验[J]. 石化技术与应用, 2012, 30(5): 439-442.

[22] 周召方. 芳烃抽提装置 C₆抽余油制环己烷综合应用[J]. 乙烯工业, 2017, 29(3): 36-38.

[23] 李大东, 聂红, 孙丽丽. 加氢处理工艺与工程(第二版)[M]. 北京: 中国石化出版社, 2016: 1330.

[24] 唐宏青. 现代煤化工新技术[M]. 北京: 化学工业出版社, 2009.

[25] 吴秀章, 石玉林, 马辉. 煤炭直接液化油品加氢稳定和加氢改质的试验研究[J]. 神华科技, 2009, 27(1): 74-77.

[26] 孙启文. 煤炭间接液化[M]. 北京: 化学工业出版社, 2006: 507-510.

[27] Donald M L. Catalytic Reforming [M]. Tulsa, Okalhoma, United State of America: PennWell Publishing Company, 1985.

[28] 马爱增. 芳烃型和汽油型连续重整技术选择[J]. 石油炼制与化工, 2007, 38(1): 1-6.

[29] 吴翔. 重整装置原料优化调整及效果[J]. 石油化工技术与经济, 2014, 30(4): 11-15.

[30] George J. Antos, Abdullah M. Aitani, José M. Parera. Catalytic Naphtha Reforming [M]. New York, New York, United State of America: Marcel Dekker, INC. 1995.

[31] 章炜, 陈富强, 沈捷. 用毛细管气相色谱与等离子体原子发射检测器联用技术测定汽油中的硫化物[J]. 石油炼制与化工, 1996, 27(1): 46-50.

[32] 梁咏梅, 刘文惠, 刘耀芳. 重油催化裂化汽油中含硫化合物的分析[J]. 色谱, 2002, 20(3): 283-285.

[33] 殷长龙, 夏道宏. 催化裂化汽油中类型硫含量分布[J]. 燃料化学学报, 2001, 29(3): 256-258.

[34] 山红红, 李春义, 赵博艺, 等. FCC 汽油中硫分布和催化脱硫研究[J]. 石油大学学报(自然科学版), 2001, 25(6): 78-80.

[35] 孙传经. 第二届毛细管色谱报告会议集[C]. 北京: 中国化学会, 1984: 306-308.

[36] Latham D R, et al. ASTM STP389 [S]. 1965: 385-398.

[37] 梁咏梅, 刘文惠, 史权, 等. 重油催化裂化汽油中含氮化合物的分析[J]. 分析测试学报, 2002, 21(1): 84-86.

[38] 文萍, 于道水, 沐宝泉, 等. 渣油热转化产物中氮分布的研究[J]. 齐鲁石油化工, 2002, 30(2): 92-95.

[39] 张晓静. 原油中氯化物来源和分布及控制措施[J]. 炼油技术与工程, 2004, 34(2): 15-16.

[40] 樊秀菊, 朱建华. 原油中氯化物的来源分布及脱除技术研究进展[J]. 炼油化工, 2009, 20(1): 8-11.

[41] 段永锋, 彭松梓, 于凤昌, 等. 石脑油中有机氯的危害与脱除进展[J]. 石油化工腐蚀与防护, 2011, 28(2): 1-6.

[42] 史军歌, 杨德凤, 韩江华. 石脑油中有机氯化物的形态及含量分析方法研究[J]. 石油炼制与化工, 2013, 44(8): 85-89.

[43] 史军歌, 杨德凤. 石脑油中有机氯的脱除方法[J]. 石油化工腐蚀与防护, 2014, 31(5): 1-5.

[44] 刘公召, 霍巍. 延迟焦化无硅消泡剂的研制与工业应用[J]. 炼油技术与工程, 2006, 36(1): 56-58.

[45] 郭蓉, 杨成敏, 姚运海, 等. 一种焦化石脑油捕硅剂及其应用: 中国, CN102051202A[P]. 2011-05-11.

[46] 吕家欢. 提高我国汽柴油质量的相关问题思考[J]. 当代石油化工, 2004, 12(4): 8-11.

[47] 孙丽丽. 清洁汽柴油生产方案优化选择[J]. 炼油技术与工程, 2012, 42(2): 1-7.

[48] 刘建亮, 王亚莉, 陆家亮, 等. 中国页岩气开发效益现状及发展策略探讨[J], 断块油气田, 2020, 27(6): 684-704.

[49] 蔡勋育, 刘金连, 张宇, 等. 中国石化"十三五"油气勘探进展与"十四五"前景展望[J], 中国石油勘探, 2021, 26(1): 17-29.

[50] Palmer R E, Shipman Ray, Kao Shih-Hsin. Options for reducing benzene in refinery Gasoline pool[C]. AM-08-10. 2008 NPRA Annual Meeting, San Diego, 2008.

[51] Ross Jay, Largeteau Delphina et al. Advances in naphtha processing for reformulated fuels production[C]. NPRA Annual Meeting AM-10-148, 2010, 27.

[52] 胡德铭. 国外催化重整工艺技术进展(2)[J]. 炼油工程与技术, 2008, 38(12): 1-5.

[53] 马爱增, 张大庆, 潘锦程, 等. 降低汽油中苯含量的技术选择[J]. 石油炼制与化工, 2009, 40(9): 1-7.

[54] 张大庆, 马爱增, 王杰广, 等. 原料预分馏降低重整汽油中苯含量[J]. 石油炼制与化工, 2010, 41(4): 7-9.

[55] 罗妍. 一种降低重整汽油中苯含量新技术的首次工业应用[J]. 炼油技术与工程, 2016, 46(6): 14-18.

[56] Kerry Rovkm, Arvids Judzis, Maarten Almering, Cost effective solutions for reduction benzene in gasoline[C]. AM-08-14, 2008 NPRA Annual Meeting, San Diego, 2008.

[57] Brian J Sciavone. Technology advancetments in benzene saturation[C]. NPRA Q & A technology forum, October 11, 2007: 4.

[58] Delphine Largeteau, Quentin Debuisschert, Jean-Luc Nocca. Benzene management in a MSAT 2 environment[C]. AM-08-11, 2008 NPRA Annual Meeting, San Diego, 2008.

[59] Ross Jay, Largeteau et al. Advances in naphtha processing for reformulated fuels production[C]. AM-10-148, 2010 NPRA Annual Meeting, Pheonix, 2010.

[60] 张秋平, 濮仲英, 于春年, 等. RISO 型 C_5/C_5 烷烃异构化催化剂的生产及应用[J]. 石油炼制与化工, 2005, 36(8): 1-4.

[61] 赵志海, 金欣, 杨克. 勇轻烃异构化新工艺的开发与工业应用[J]. 炼油技术与工程, 2009, 37(8): 6-9.

[62] Benjamin S. Umansky, Michael C Clark. Liquid phase aromitics alkylation process: USP 7476774B2[P]. 2009.

[63] Benjamin S. Umansky, Michael C Clark, Ajit B, et al. Vapor phase aromitics alkylation process: USP 7498474B2[P]. 2009.

[64] Alan R. Goelzer, Agustin Hernmandez-Robinson, Sanjeev Eam, et al. Refiners have several options for reducing gasoline benzene[J]. J. Oil Gas Journal, 1993, 91(37): 63-69.

[65] Michael C. Clark. Gasoline benzene reduction through ExxonMobil Research and Engineering Company's Reformate alkylation catalytic technology: BenzOUT[TM][C]. AM-10-147, 2010 NPRA Annual Meeting, Pheonix, 2010.

[66] 田龙胜，何盛宝，唐文成，等. 重整汽油抽提蒸馏分离苯新工艺的开发与工业应用[J]. 石油炼制与化工，2003，34(9)：1-5.

[67] 唐忠，陶庭树，冯仰渝，等. 重整抽余油组成对制氢催化剂性能的影响[J]. 精细石油化工进展，2001，2(2)：9-11.

[68] 田晓良，周敏，冯宝林. 重整抽余油全组分加氢一分馏工艺制己烷和溶剂油[J]. 石油炼制与化工，2004，35(11)：25-28.

[69] 娄阳. 芳烃重整生成油脱烯烃技术进展[J]. 化学工业，2011，29(9)：16-18.

[70] 程建，石培华，侯志忠，等. 重整油非临氢脱烯烃新工艺的研究[J]. 炼油技术与工程，2015，45(5)：28-30.

[71] 王志华. 金陵 TCDTO-1 脱烯烃精制剂的运行技术[J]. 安徽化工，2016，42(1)：69-73.

[72] 王丹，周清华，宋金鹤，等. Ni 系催化剂用于重整生成油选择性加氢的研究[J]. 石油炼制与化工，2011，42(5)：10-13.

[73] 樊红青. HDO-18 选择性加氢催化剂的工业应用[J]. 当代化工，2010，39(1)：51-54.

[74] 谢清峰，夏登刚，姚峰，等. 重整生成油全馏分 FITS 加氢脱烯烃技术的应用[J]. 炼油技术与工程，2016，46(1)：7-12.

[75] 臧高山，王涛. 重整生成油脱烯烃催化剂 TORH-1 的开发及其应用[J]. 石油炼制与化工，2020，51(1)：24-30.

第四章　原料预处理及产品后处理

催化重整所用的贵金属催化剂对硫、氮、砷、铅、铜等化合物的中毒作用十分敏感，因此对原料中杂质的限值要求也极其严格。催化重整装置的原料油在进入重整反应系统之前，一般都要先进行预处理，以切取合适的馏分和除去有害的杂质。

由于催化重整装置的原料油中含有氯离子等杂质，重整催化剂在运转过程中需要补充氯，以保持催化剂的水氯平衡，因此催化重整过程不可避免地受到氯的腐蚀以及铵盐的堵塞问题，原料及产品的脱氯已成为一个重要议题。

重整生成油中富含芳烃并含有少量的烯烃。由于烯烃（特别是微量的二烯烃）的性质比较活泼，对芳烃联合装置中的芳烃抽提以及下游装置的设备、PX 吸附剂和歧化催化剂等的性能会有不同程度的影响，因此重整生成油中烯烃的脱除也变得越来越重要。本章重点介绍重整原料预处理及产品后处理的工艺技术及相关催化剂。

第一节　原料预处理工艺

大部分石脑油原料的硫含量以及氮含量不符合要求，原料的脱硫、脱氮等预处理便成为催化重整装置不可缺少的一个组成部分。为了达到脱除硫、氮等杂质的目标，通常采用石脑油加氢精制工艺，也称为重整原料预加氢或简称预加氢。预加氢的目的是脱除原料油中对重整催化剂有害的杂质，其中包括硫、氮、烯烃以及砷、铅、铜和水分等。此外，原料预处理还担负着为重整装置提供馏程适宜、水分合格的进料的任务。预处理需具有三方面功能：原料油的切割、加氢精制脱除重整原料油中的杂原子化合物以及加氢产物的脱水、脱硫化氢。因此，原料预处理部分通常由原料预分馏、预加氢反应和汽提塔三部分组成，典型流程见图 4-1-1。

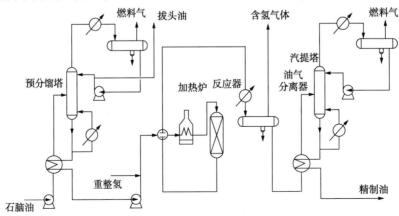

图 4-1-1　原料预处理典型流程

一、预分馏工艺

原料油的预分馏单元由分馏塔及其所属系统构成，其作用是根据重整产物的要求切割一定沸程范围的组分。预分馏过程同时脱除原料油中的部分水分。

根据分馏塔在预处理系统中的先后位置不同，可分为前分馏流程和后分馏流程。所谓前分馏流程，顾名思义，就是先分馏、后加氢；而后分馏流程则是先加氢、再分馏。

预分馏的方式又可以根据原料馏程不同大致分为：①原料油的终馏点由上游装置控制合格，但初馏点过低。这种情况可采用单塔蒸馏流程，除去原料中较轻的组分，塔底产品作为重整进料馏分；②原料油初馏点符合重整进料要求而终馏点过高。这种情况很少见，也采用单塔蒸馏流程，塔顶的轻组分作重整进料；③原料油的初馏点过低和终馏点过高，都不符合重整进料要求。这种情况很少见，也可采用双塔蒸馏流程或单塔开侧线流程，双塔流程即采用两个塔，分别拔掉轻组分和切除重组分；而单塔开侧线流程则为塔顶出轻组分，塔底出重组分，侧线为重整装置进料的合格馏分。

目前工业装置预分馏方式大多数为第一种，即原料油的终馏点由上游装置控制，但初馏点过低。因为预加氢装置进料绝大多数情况来自常压塔顶，即其进料的初馏点与原油初馏点有关，而终馏点可以由常压塔控制，通常不大于 $165\sim177℃$，所以可以采用单个预分馏塔切割，塔顶馏出的拔头油送出装置，塔底的重组分作为重整原料。因此，在本节中仅对前分馏流程和后分馏流程以单塔流程进行描述。

（一）前分馏流程

前分馏流程是典型的原料预处理流程，其基本流程为：全馏分石脑油由原料油泵从原料罐抽出并升压后，通过换热达到预定的温度后进入预分馏塔，在分馏塔切割分为轻、重两个组分，塔顶轻组分出装置，塔底重组分送到预加氢反应部分。前分馏工艺原则流程见图 4-1-1。采用这种流程，可以降低预加氢反应部分的处理负荷，预加氢汽提塔顶全回流，目的只是脱除 H_2S、NH_3、HCl 和 H_2O，但所得拔头油没有经过加氢精制，仍含有一定量的杂质。因此这种工艺流程对于拔头油硫含量要求不高的场合比较合适。

（二）后分馏流程

随着加工原油硫含量的增加，有些重整装置要求拔头油也需要经过加氢处理。否则因其硫含量高而无法作为汽油调和组分或下一道加工工序的进料，因而需要对预处理原料油全馏分加氢，然后再分馏以切取适宜重整原料油组分，即所谓后分馏流程。根据汽提塔和预分馏塔组合方式不同，后分馏流程又可分为三种类型：双塔并列流程、双塔合一流程和双塔流程（先拔头后汽提）。

1. 双塔并列流程（先汽提后分馏）

双塔并列流程（先汽提后分馏）的原则工艺流程见图 4-1-2，其特点是分馏塔设在汽提塔后面。全馏分石脑油进入预加氢装置界区后，经泵升压并与氢气混合，混合油气与预加氢反应器出口物流换热到一定的温度，再经过预加氢反应加热炉加热到所需的反应温度，进入加氢反应器进行加氢精制反应，反应生成物经换热进预加氢油气分离器进行气液分离。生成油进汽提塔，脱除硫化氢、氨、氯化氢和水等，汽提塔底油进预分馏塔，将产品油中轻组分从塔顶拔出，塔底油作重整进料。该流程的缺点是加氢反应部分的负荷较前分馏流程大，预分馏塔为了重整装置需要而提高操作压力或者设置重整进料泵。

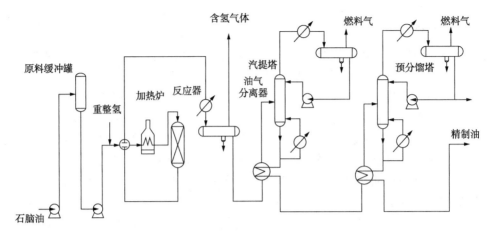

图 4-1-2　后分馏流程(先汽提后分馏)

2. 双塔合一流程

预分馏塔和汽提塔合二为一，原则工艺流程见图 4-1-3。双塔合一工艺流程的优点是省去一个塔，减少投资和占地，但缺点是预加氢反应部分的负荷要加大，而且拔头油由于在汽提塔回流罐内与 H_2S 浓度很高的气体处于气液平衡状态，因而含硫量高，还需要进一步处理后方可进入后续生产装置或作为产品出厂。

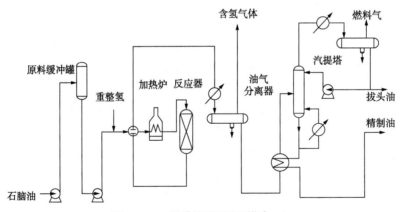

图 4-1-3　后分馏流程(双塔合一)

3. 双塔流程(先拔头后汽提)

双塔流程(先拔头后汽提)工艺流程图见图 4-1-4。该工艺流程的主要特点是原料油先经过加氢反应部分，油气分离后的生成油再经过预分馏塔拔头、脱硫和脱水，分馏塔底油作重整进料，分馏塔顶拔头油进一个小汽提塔进行脱硫化氢。

二、直馏石脑油预加氢工艺

重整装置进料对杂质含量有着非常严格的要求。双(多)金属重整催化剂通常要求进料中硫含量<0.5μg/g、氮含量 0.5μg/g、砷含量<1ng/g、铅含量<10ng/g、铜含量<10ng/g、水含量<5μg/g、氯含量<0.5μg/g 等。预加氢反应部分则是在适宜的催化剂和工艺条件下，将原料油中有机杂质转化为无机杂质。如果原料油中砷含量和氯含量超高，则还需要专门的脱砷和脱氯设施。

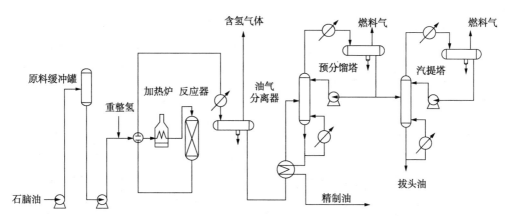

图 4-1-4 后分馏流程(先拔头后汽提)

重整装置的大部分原料为直馏石脑油。我国主要油区原油的石脑油性质见表4-1-1,中东地区原油石脑油性质见表4-1-2。从表中数据可以看出,国内原油直馏石脑油的硫含量明显低于中东原油直馏石脑油硫含量,不同地区的石脑油酸度变化较大。直馏石脑油中的硫化物类型主要为硫醇和硫醚类硫化物,噻吩类含量相对较低。直馏石脑油中氮含量普遍较低,一般情况下氮含量低于2μg/g。

表 4-1-1 我国主要油区原油的石脑油性质

原油	大庆	胜利	辽河	华北	北疆	大港	中原	惠州	塔中
实沸点范围/℃	初馏点~160	初馏点~130	初馏点~200	初馏点~140	初馏点~200	初馏点~160	初馏点~200	初馏点~200	初馏点~200
收率占原油/%	4.83	3.46	6.42	4.86	5.71	4.88	16.00	20.18	30.81
密度(20℃)/(g/cm³)	0.7221	0.7355	0.7733	0.7240	0.7579	0.7363	0.7571	0.7332	0.7336
馏程/℃									
初馏点	55	65	76	59	81	62	76	59	48
10%	83	88	110	82	114.0	92	103	97	83
50%	111	110	147	103	151.0	116	142	142	128
90%	141	142	182	127	183.0	144	185	180	172
终馏点	164	167	203	156	200.0	166	206	195	192
硫含量/(μg/g)	150	89		14	77		100	734	140
酸度/(mgKOH/100cm³)	0.29	0.82	1.19	0.50	3.95		2.23	1.90	0.23

表 4-1-2 中东地区原油石脑油性质

原油	阿曼	也门	沙特阿拉伯			伊朗		阿联酋		伊拉克	科威特
			轻质	中质	重质	轻质	重质	穆尔班	迪拜		
汽油馏分/℃	初馏点~180	初馏点~165	初馏点~200	初馏点~200	初馏点~200	初馏点~200	初馏点~200	初馏点~180	初馏点~145	初馏点~160	初馏点~130
收率/%	16.99	41.44	22.64	21.61	16.99	23.20	21.83	28.68	16.34	16.34	8.89
密度(20℃)/(g/cm³)	0.7236	0.7253	0.7190	0.7263	0.7273	0.7377	0.7380	0.7341	0.7192	0.7152	0.6865

续表

原油	阿曼	也门	沙特阿拉伯			伊朗		阿联酋		伊拉克	科威特
			轻质	中质	重质	轻质	重质	穆尔班	迪拜		
酸度/(mgKOH/100cm³)	1.98	2.55	0.26	0.39	1.14	2.44	2.32	1.20	0.11	0.97	0.01
硫含量/(μg/g)	200	50	410	620	400	800	1100	10	200	130	310
辛烷值[MON(RON)]	<40.0		(52.8)	(52.5)	38.0	53.8 (52.5)	52.9 (51.6)	42.6		46.7	

直馏石脑油中除硫、氮杂质外，还含有金属杂质、氯化物、烯烃及水。因此，直馏石脑油加氢工艺多采用较低的反应压力，压力等级为 2.0~3.0MPa；预加氢装置反应部分通常按照氢气是否循环使用而采用两种工艺流程：氢气循环流程、重整氢一次通过流程。

（一）氢气循环流程

采用氢气循环的原则流程见图 4-1-5。采用氢气循环流程，预加氢反应部分需投用一台循环氢压缩机，反应系统内氢气不断循环。由于装置存在氢耗，则需向装置补充重整氢。这种流程的优点：重整产氢不必全部通过预加氢系统，预加氢氢油比较小，重整产氢是在重整系统送出装置，不含 H_2S、NH_3 等杂质，对于原料油中硫、氮含量高，要求预加氢压力较高时，采用循环流程优于一次通过流程。由于有循环压缩机，操作比较灵活，且开、停工灵活性大。这种流程的缺点是：流程相对复杂，如不采取增压等提纯措施，装置产氢压力低，重整产氢的纯度比一次通过式低 2%~4%（体）。

（二）重整氢一次通过流程

重整氢一次通过流程见图 4-1-6。此流程预加氢部分不需要循环氢压缩机，部分或全部重整氢气进入预加氢反应系统，重整产氢经过油气分离器后送出装置。该流程的优点在于：流程比较简单，重整产氢经过预加氢系统气液平衡后氢纯度可提高 2%~4%（体），对下游用氢装置有利，且经过预加氢增压机增压后，氢气出装置压力高，提高了下游用氢装置压缩机入口压力，减少压缩级数。该流程的缺点是：重整产氢通过预加氢后 H_2S、NH_3、HCl 等杂质含量增加，由于没有循环压缩机预加氢系统，不能单独循环，在催化剂干燥、硫化再生等操作过程中有些困难。这种流程一般用于原料油中硫、氯及氮等杂质较低，预加氢原料油先经过预分离，对氢气压力要求不高的情况。

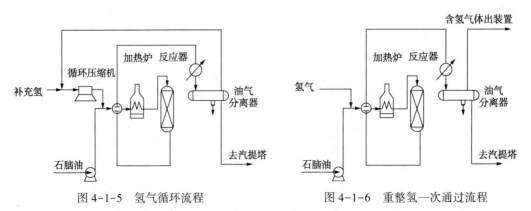

图 4-1-5　氢气循环流程　　　　　　　　图 4-1-6　重整氢一次通过流程

三、焦化石脑油加氢处理工艺

焦化石脑油是延迟焦化装置的重要产品之一。焦化石脑油的密度一般为 0.73~0.75g/cm³，主要取决于焦化原料油的种类和焦化石脑油的馏程。焦化石脑油的辛烷值较低，RON一般为 40~65，大部分小于 60；焦化石脑油的另一个特点是二烯烃及烯烃含量高，且变化较大，二烯烃含量可达到 4.2%~5.0%，溴价在 40~60gBr/100g 之间，其安定性较差；同时，焦化石脑油中硫、氮及重金属含量均较高，难以直接作为下一工序的进料，必须经过预处理，改善其安定性并脱除其杂质后才能使用。焦化石脑油加氢后作为重整料，不但可以提高汽油的辛烷值，生产低硫、低烯烃的汽油调和组分，而且还可以为其他装置提供廉价的氢源。对没有乙烯裂解装置的炼油厂，也存在焦化石脑油的利用问题，石脑油加氢处理后作为重整料是焦化石脑油一个较好的利用途径。

（一）高脱氮活性重整预加氢催化剂开发

由于二次加工石脑油氮含量高，掺混部分焦化石脑油或加氢后的焦化石脑油的重整预加氢对预加氢催化剂脱氮性能有着更严格的要求。通常情况下氮比硫更难以反应，特别是在低压下脱氮难度更大，因此在预加氢系统不变的情况下，必须要开发更高活性特别是更高脱氮活性的预加氢催化剂，以满足工业生产的要求。由于 Ni-W 体系催化剂脱氮性能优于 Ni-Mo 及 Co-Mo 体系催化剂，因此优选 Ni-W 体系催化剂。表 4-1-3 列出了一组 Ni-W/氧化铝催化剂对掺炼部分焦化汽油的精制效果[1]。

表 4-1-3　掺炼二次加工石脑油的预加氢精制

催化剂	Ni-W/Al₂O₃ 催化剂	
预加氢操作条件		
反应器压力/MPa	2.0	
反应温度/℃	300	
体积空速/h⁻¹	8	
氢油体积比	200	
原料油	管输直馏石脑油+25%加氢后焦化汽油	
杂质分析	精制前	精制后
S/(μg/g)	110	<0.5
N/(μg/g)	32.0	<0.5

（二）焦化石脑油单独加氢工艺

过去我国炼油厂焦化石脑油的产量较小，常与焦化柴油、催化柴油等一起混合加氢精制，但随着焦化装置的规模不断扩大，焦化石脑油也常常单独加氢精制，大庆石化、金陵石化、安庆石化、广州石化、荆门石化等均采用了焦化石脑油单独加氢精制工艺。

焦化石脑油单独加氢的典型工艺流程如图 4-1-7 所示。

原料油和新氢、循环氢混合后与反应产物换热，再经过加热炉加热到一定的反应温度进入反应器，完成硫、氮等非烃化合物的氢解和烯烃加氢反应。反应产物从反应器底部流出，经过换热冷却后进入高压分离器，分离出氢气和不凝气，氢气循环使用，油则进入低压分离

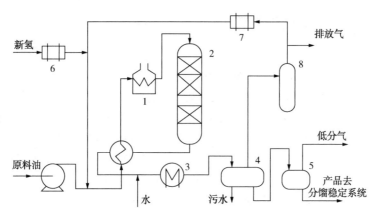

图 4-1-7　焦化石脑油加氢精制典型工艺流程

1—加热炉；2—反应器；3—冷却器；4—高原分离器；5—低压分离器；

6—新氢压缩机；7—循环氢压缩机；8—气液分离罐

器进一步分离轻烃组分，产品去分馏系统。

　　由于焦化石脑油的氮含量较高，一般焦化石脑油加氢装置压力等级为 3.0~4.0MPa。同时焦化石脑油中含有大量的二烯烃，二烯烃的缩合结焦常带来压降升高问题，严重影响装置

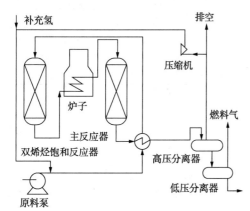

图 4-1-8　带保护反应器的焦化石脑油加工工艺流程图

的平稳操作。中国石化某分公司炼油二部Ⅰ号加氢装置是焦化石脑油加氢精制装置，在加氢精制过程中，在换热器出口及加氢反应器上部常常出现结焦，表现为炉前过滤器堵塞，反应器压降大，不得不频繁反吹和撇头，一般 3~5 天需要清洗一次过滤器，一年内要撇头 2~3 次，严重影响加氢装置的正常运行。国内外同类型装置均不同程度存在类似问题。

　　为了解决此类问题，首先要从设备上着手，主要是加强反应器入口过滤和反冲洗，对原料系统充惰性气体，防止其与氧接触。向原料油中加防焦剂或阻垢剂抑制生焦，也可延长开工周期。为此专门开发了 HAC-1 焦化石脑油加氢精制防

焦剂[2]，可以有效阻止烯烃聚合，防止结焦前驱物在固体表面聚集，达到防止或减缓结焦的目的。另外，为了更有效地解决二烯烃结焦问题，催化剂装填可以采用级配装填技术，或在主反应器前增加一个保护反应器，其工艺流程图见图 4-1-8。保护反应器在低温、高空速下运转，可以有效解决二烯烃结焦问题。

（三）掺混焦化石脑油的重整预加氢工艺[3-8]

　　焦化石脑油的硫、氮含量较高，且含有大量的烯烃，对采用常规的重整预加氢压力和空速条件的装置，直接通过一次加氢难以得到硫、氮均小于 $0.5\mu g/g$ 的重整进料。一般情况下先将焦化石脑油单独或与其他组分混合加氢精制，得到氮含量、烯烃含量符合重整预加氢进料要求的石脑油，然后再部分同直馏石脑油混合加氢，得到符合重整进料要求的石脑油。也可以采用直接在预加氢进料中掺混少量焦化石脑油的方法，但其比例一般不能超过 10%，

并且对预加氢催化剂的脱氮性能有更高的要求。

焦化石脑油用作重整料时，需要严格控制其终馏点不大于180℃。随着终馏点的提高，石脑油中的硫、氮会急剧增加，且易造成重整催化剂积炭增加、活性下降，影响装置的长周期运行。

但焦化石脑油的芳潜较低，掺入焦化石脑油后，重整装置的产氢量会有所减少，循环氢的浓度下降，为了达到相同的反应深度，需要提高重整的反应温度，这样就会造成 C_{5+} 收率的降低。据报道，当直馏石脑油中掺混20%焦化石脑油后，循环氢纯度下降5%，为了达到相同的辛烷值，需要提高重整第三、第四反应器入口温度5℃。现在安庆石化、荆门石化等企业根据企业实际情况，重整预加氢装置掺混10%~35%加氢后焦化石脑油作为重整装置的进料，扩大了重整原料的来源。

中国石化某分公司将部分加氢后低辛烷值的焦化汽油掺入到直馏石脑油中作为重整预加氢原料，直馏汽油掺混加氢后焦化汽油比例为5%~35%。在预加氢工艺条件不变的情况下，产物中硫、氮含量均小于0.5μg/g，符合重整进料的要求。表4-1-4列出了部分工业应用结果，工业应用结果重复了实验室的试验结果，说明RS-1催化剂具有好的脱硫、脱氮性能。

表4-1-4　重整预加氢RS-1催化剂工业装置运转部分结果

加氢后焦化汽油掺入质量分数/%	0		12.5		31.2		34.1	
分析项目	原料油	精制油	原料油	精制油	原料油	精制油	原料油	精制油
S/(μg/g)	301	<0.5	224	<0.5	221	<0.5	336	<0.5
N/(μg/g)	1.9	<0.5	5.3	<0.5	8.5	<0.5	13.4	<0.5

注：反应条件：氢分压1.8MPa、反应温度285℃、氢油体积比180~200、体积空速3.8~3.9h^{-1}。

（四）焦化石脑油加氢过程中应注意的问题

1. 压降问题

焦化石脑油加氢装置在运转过程中，往往会因为催化剂床层压力降增加而被迫停工处理。文献[38]报道了焦化石脑油加氢工业装置运转情况，由于床层压力降的上升，多次采取再生、撇头和反吹等措施以增加装置的运转时间。反应器的压差主要集中在上床层，上床层顶部积炭最为严重，将积垢采样分析后认为，这些积垢主要来自二烯烃的聚合。同时，焦化石脑油中含有的焦粉及腐蚀性物质(如硫化铁等)也是产生压降的重要原因。

根据不同企业的运转经验[9]，可以采用以下方法减少焦化石脑油加氢装置的压降，延长催化剂运转周期。

① 在原料罐和装置缓冲罐设氮气保护措施，隔绝空气，防止结焦前驱物的生成。

② 在焦化石脑油进原料罐前增设两组过滤器，可以切换使用，内装DV-F纤维和毛毡作填料，对焦粉进行先期过滤。

③ 在焦化石脑油进料泵前注入阻垢剂，有效终止系统中积垢物形成中的聚合反应，达到抑止积垢物的形成和分散积垢物的作用。

④ 在反应器顶部设置防垢篮筐，增加过滤面积，减少反应器顶部积垢。

⑤ 采用空隙率高的保护剂如鸟巢型、多孔柱型、拉西环型保护剂进行级配装填，使得有足够空间把颗粒及细粉捕集下来，以避免催化剂床层压降过快增加。

⑥ 注意做好保护剂活性过渡。在反应器最上层催化剂上面装填活性较低的保护剂。由于低活性保护剂的作用，使得在较低的温度下，原料油中易氧化的杂质部分饱和，避免反应器顶部催化剂结焦，延长催化剂使用周期。

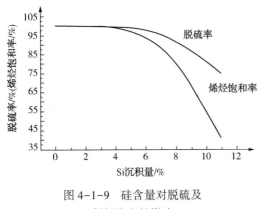

图 4-1-9　硅含量对脱硫及
烯烃饱和的影响

⑦ 优化操作条件，控制反应器入口温度和最高点温度，避免因反应器内部超温而造成催化剂的结焦；尽量在大氢油比条件下操作；控制一定的空速，避免因进料量过低，物料在炉管内流速不够、停留时间过长而导致的结焦现象。

2. 硅的问题[10~12]

硅是加氢催化剂的一种毒物。图 4-1-9 展示了硅对加氢精制催化剂的活性影响，从图中可以看出，当硅沉积到一定量时，催化剂活性急剧下降，其对烯烃饱和的影响大于对脱硫的影响。

焦化石脑油中的硅主要来自延迟焦化装置的消泡剂。国内某焦化装置中焦化石脑油中硅含量见表 4-1-5。可以看出其硅含量较高且稳定。

表 4-1-5　焦化石脑油中硅含量分析

采样时间	焦化石脑油中硅浓度/(mg/L)	采样时间	焦化石脑油中硅浓度/(mg/L)
2000-03-14	14	2000-03-31	13
2000-03-23	16	2000-04-12	12

有报道表明[12]，石脑油在加氢过程中，来源于焦化石脑油或减黏石脑油中的硅沿加氢催化剂的孔道均匀沉积到催化剂内部，堵塞催化剂孔道，降低催化剂的比表面积和孔体积，从而使催化剂中毒，图 4-1-10 显示了这种沉积分布。为了确定硅在失活催化剂中的分布情况，取工业装置中失活加氢精制催化剂 RN-10B，对其做电子探针分析，结果如图 4-1-11 所示。

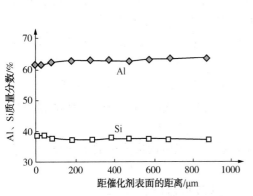

图 4-1-10　硅沿催化剂颗粒的径向分布

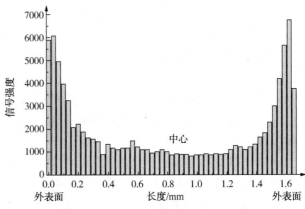

图 4-1-11　硅在失活催化剂中的分布

在图 4-1-10 中，横坐标为催化剂截面径向长度，纵坐标为信号强度，表示硅含量的相对多少。从图 4-1-11 可看出，硅在失活催化剂中为非均匀分布，在催化剂表面分布较多，在催化剂内部分布则较少，由外向内逐渐减少。

目前，解决催化剂硅中毒的主要方法是选用容硅性能较好的加氢催化剂，并采用组合装填。如美国 West-Coast 炼油厂采用 Akzo Nobel 公司的 KF841/647 以及 KF859 催化剂组合装填，不但提高了装置的脱硫、脱氮能力，而且较大地提高了容硅能力，装置运转可超过420 天。

四、催化裂化石脑油加氢作重整料工艺

催化裂化石脑油可以用作催化重整工艺的原料。具体说，就是蒸馏出催化裂化石脑油某一适宜的馏分，然后对其进行深度加氢脱硫、脱氮及烯烃饱和，以满足催化重整进料的要求。该技术具有以下优点：①通过催化重整工艺可以增产无硫、无烯烃、高辛烷值的汽油调和组分或芳烃。②扩大了催化重整装置原料的来源，并可代替直馏石脑油用于蒸汽裂解原料生产乙烯等化工产品。③在催化重整过程中产生的氢气可以用于加氢装置，降低炼厂加氢装置氢气消耗的成本。

针对催化裂化石脑油的性质特点，中国石化石油化工科学研究院对催化裂化石脑油加氢精制作重整原料的技术路线进行了系统研究，针对不同炼油企业的具体情况提出了三条技术路线：①重整预加氢进料掺炼部分催化裂化石脑油直接生产重整原料；②催化裂化石脑油单独加工，生产重整预加氢的原料；③催化裂化石脑油与柴油混合加氢，生产重整预加氢的原料。石油化工科学研究院在中型加氢试验装置上进行了系统工艺研究，为各条技术路线在工业装置上的推广应用提供了必要的技术基础，其中催化汽油与柴油混合加氢生产重整预加氢原料的技术路线已在中国石化燕山分公司进行工业试验。

将 20%催化裂化石脑油 85~172℃馏分掺入直馏石脑油中进行加氢试验，试验结果见表 4-1-6。在氢分压为 3.2MPa、体积空速 3h⁻¹时可得到硫、氮含量都小于 0.5μg/g 的加氢产品，而进料体积空速提高到 5h⁻¹时，加氢产品的硫含量升高到 0.9μg/g，不能满足催化重整催化剂进料性质要求。

表 4-1-6　直馏石脑油掺混 20%催化汽油加氢试验结果

项目	A	B
工艺条件		
氢分压/MPa	3.2	3.2
体积空速/h⁻¹	3.0	5.0
产品性质		
硫含量/(μg/g)	<0.5	0.9
氮含量/(μg/g)	<0.5	<0.5
烯烃含量/%	0	0

注：混合原料油性质，硫含量683μg/g、氮含量10μg/g、烯烃含量5.8%。

为发挥柴油加氢装置的潜力，2003 年燕山分公司对 lMt/a 柴油加氢装置进行了掺炼催化重汽油，以及从柴油加氢装置得到的加氢粗汽油作连续重整原料的工业试验。

柴油加氢装置的掺炼催化重石脑油的比例约为 20%（柴油处理量不变），操作压力为 7.5MPa，体积空速 1.1h^{-1}，催化剂床层平均温度为 323℃。催化重石脑油和加氢石脑油的性质见表 4-1-7。由表中可见，加氢石脑油的杂质含量（特别是氮和砷含量）都很低，符合连续重整装置预加氢进料要求。

表 4-1-7　柴油加氢装置掺炼的催化裂化重石脑油和得到的加氢粗石脑油性质

油品名称	催化裂化重石脑油	加氢粗汽油
密度(20℃)/(g/cm^3)	0.7626	0.7282
硫含量/(μg/g)	182	3
氮含量/(μg/g)	92	0.6
砷含量/(ng/g)	351	<1
族组成/%		
链烷烃	28.7	64.5
烯烃	35.9	0
环烷烃	10.9	17.9
芳烃	24.5	17.6
研究法辛烷值	87	56
马达法辛烷值	79	52
馏程(ASTM D-86)/℃		
初馏点~终馏点	76~185	64~173

以 47.3%的加氢粗石脑油掺入到连续重整装置的预加氢单元进料中。表 4-1-8 列出了掺炼加氢粗石脑油前后连续重整装置的操作数据。由表中可见，掺入加氢粗石脑油后，重整反应器的加权平均入口温度（WAIT）和加权平均床层温度（WABT）提高，总温降减小，脱戊烷油性质变化不大，氢气产率率有所降低。

表 4-1-8　掺混催化石脑油的连续重整装置操作性能

项目	未掺加氢粗石脑油	掺47.3%加氢粗石脑油
预加氢进料性质		
密度(20℃)/(g/cm^3)	0.7221	0.7221
(链烷烃/环烷烃/芳烃)/%	57.2/37.3/5.5	62.3/27.1/10.6
连续重整操作性能		
进料量/(t/h)	49	53
加权平均入口温度(WAIT)/℃	505	511
加权平均床层温度(WABT)/℃	471	483
总温降/℃	310	267
脱戊烷油质量收率/%	88.4	87.1
脱戊烷油芳含/%	76.1	73.4
脱戊烷油辛烷值(研究法辛烷值/马达辛烷值)	99/88	98/87
纯氢质量产率/%	3.58	3.24

采用适宜的工艺条件和催化剂，催化裂化石脑油无论是按一定比例直接掺入重整预加氢装置进料中，还是先将催化汽油单独加氢或者与柴油混合加氢后作为重整预加氢装置的进料，都可以生产出硫、氮含量都小于 0.5μg/g 的催化重整催化剂进料。这样既降低了汽油池的烯烃含量，同时也增加了高辛烷值汽油组分。

五、重整预加氢工业应用过程中出现的问题典型案例

重整预加氢生产过程中常出现的问题主要可归纳为两类：压降增大问题和产品不合格问题。以下案例是一些重整预加氢单元工业运转中出现过的问题及解决方法。

(一) 压降增大问题及处理方法

压降增大问题是重整预加氢装置最常遇到的问题，主要是由于固体颗粒物、腐蚀物、积炭或金属沉积物等堵塞催化剂床层造成压降上升。

案例1：某炼厂重整预处理装置在开工 11 个月、15 个月和 18 个月后三次由于反应器床层压降偏高而撇头处理，其中有一次在撇头前最高压降达到 0.80MPa。每次撇头时发现反应器顶部瓷球表面有黑色粉末，瓷球与催化剂接触面有一层结盖。撇完头之后，反应器压降就减小。表 4-1-9 列出了撇头的反应器顶部粉末和催化剂的分析结果。

表 4-1-9　样品分析数据

样品名称	分析项目/%									
	C	S	Fe	Na	Ca	W	Ni	Cu	Mg	Cl
催化剂	2.18	4.07	0.13	0.31	0.13	20.0	2.3	—	1.1	0.334
板结催化剂	0.11	0.072	0.23	0.52	0.14	21.3	2.2	—	0.71	0.037
粉末	9.28	11.71	10	8	0.23	—	0.50	0.02	0.2	—

从分析结果可以看出，反应器顶粉末样中的 Fe、Na 及 C 含量都非常高。Na 是由于在原料油碱洗过程中，沉淀时间不充分，被油携带进预加氢反应系统。大量的水（由于误操作预加氢系统连续进水 10t 以上）和碱液进入装置，水会使催化剂的强度变差，导致催化剂粉化；Na 沉积在催化剂间的空隙和催化剂的外孔中，不仅使顶层催化剂结块，而且使其丧失活性。因此必须消除 Na 对装置的影响，即进预加氢装置的油不能够经过碱洗。

粉末中的积炭含量和 Fe 含量偏高，这是由于频繁停电造成。据了解，该炼油厂重整装置停电较频繁，且停电之后预加氢反应器压降会有大幅度上涨。停电造成炉管瞬时超温，导致在炉管中的油热裂解积炭。Fe 来源于设备和炉管腐蚀。装置重新开启后，会产生脉动气流，将加热炉炉管中的机械杂质带到反应器入口。同时，装置在重新开工过程中反复充压和泄压，将反应器顶部的机械杂质、C、Fe 以及 Na 等物质压实，形成结盖，导致装置的压降升高很快。

解决方案如下：

① 消除 Na 对装置的影响，即进预加氢装置的油不能够经过碱洗。

② 消除原料中水和机械杂质的影响，脱水沉淀控制好，预分馏到预加氢反应器之间的流程中加一个过滤器，消除外来的机械杂质对装置的影响。

③ 装置再次开工前，将预加氢系统彻底清扫干净，特别是对反应器入口管线进行爆破性吹扫。

④ 催化剂再生、撇头、过筛，并且补充一定量的新剂。

⑤ 优化停电后的操作。对瞬间断电，在最短时间内将所有的参数恢复正常；对长时间断电，从压缩机入口补氮气，从压缩机出口排放，保持系统流动，尽快降温。

案例 2：某炼油厂重整预加氢装置有两台串联的反应器，开始一反压降上升，打开一反旁路线原料直接进二反，不久发生断电事故致使所有电机停运，重新开工后二反压降立即大幅上升。

压降升高的原因如下：根据预加氢反应器一反温升最高能达到 20℃ 来判断，预加氢装置进料中含有一定量的烯烃，其溴价能达到 10gBr/100g，而普通直馏石脑油的溴价通常为 1.0gBr/100g。此外，该公司石脑油中间储罐采用氮气保护，石脑油中的不饱和烯烃(尤其是二烯烃)会与空气中的氧发生反应生成结焦前驱物。结焦前驱物随原料进入预加氢反应系统，在加热炉炉管中，由于石脑油进料全部汽化，而携带的结焦前驱物则会形成软焦沉积在炉管内壁和反应器顶部。随运转时间的延长，软焦逐渐转变成硬焦，且在反应器顶部越积越多，导致反应器的压降也就越来越高。此外，当装置生产波动较大时，如装置断电，在断电瞬间，炉管中无介质流动，炉腔温度很难在瞬间内降下来，导致炉管内局部超温，原本粘附在炉管内的焦炭发生崩裂或松动。当装置恢复生产后，突然开启循环压缩机和进料泵，该物流对炉管产生的脉冲使炉管中掉落的粘附物随原料进入到反应器顶部并沉积下来，造成装置掉电后装置重新开工后，预加氢装置的反应器压降很快升高。

解决方案如下：

① 在装置停工期间，对预加氢加热炉炉管进行烧焦处理，避免开工初期炉管内的结焦物脱落被带到反应器顶部，造成反应器压降上升。

② 装置停工检修期间，对两台预加氢反应器进行撇头处理，补充部分新的催化剂。

案例 3：2009 年 8 月，某厂重整预加氢装置开工一个月后压降上升，同时精制油硫、氮含量均不合格。卸剂后经分析认定，是由于所加工的原料中含有的非直馏石脑油组分导致催化剂积炭严重，混入的非直馏石脑油组分引起反应器顶部催化剂层结焦严重，从而导致压降上升。与此同时，在外购的石脑油原料中发现含有重金属锰，锰在反应过程中沉积在催化剂上。多种因素共同作用引起了催化剂的失活以及压降上升，导致精制油产品不合格。

（二）产品质量不合格问题及原因

如果重整预加氢装置产品质量不合格，首先应检查是不是分析仪器有问题，如果分析仪器没有问题，则需再检查装置和催化剂。

案例 1：2008 年 3 月，某厂采用硫化态催化剂开工，开工后发现硫、氮含量超高，经检查发现系分析仪器原因，催化剂活性没有任何问题。

案例 2：2009 年，某厂 600kt/a 重整预加氢装置开工，开工后发现精制油硫含量超高，从汽提塔底取样经汞洗后分析，精制油硫含量合格，因此可以判定是汽提塔操作问题。后将各参数调整后精制油分析合格。

案例 3：2011 年，某公司重整预加氢装置精制油硫含量超高，从汽提塔底和汽提塔底与汽提塔进料换热器后取样分析发现，汽提塔底油分析合格，经换热后分析不合格。认定该换热器泄漏，经处理后正常。

案例 4：2011 年，某厂重整预加氢装置采用再生后的氧化态催化剂开工，开工后发现精制油产品不合格，后对该催化剂进行重新硫化后开工，精制油产品分析合格。因此可以判定为催化剂硫化度不够，活性没能充分发挥。

案例5：2010年，某公司重整预加氢装置氮含量分析不合格，出现问题前该装置进过颜色发黑的原料，后发现常减压装置一台预加氢原料与原油的换热器漏油，原油漏到预加氢原料中，一定量的金属和沥青质沉积到催化剂上，导致催化剂的活性损失。该装置更换新催化剂后正常。

重整预加氢单元虽小，但由于重整预加氢出现问题后将严重影响重整装置的运行，给炼油厂带来很大损失，因此必须对重整预加氢给予足够重视。在设计新装置时，不能一味追求高空速。如果未来有可能加工高氮原料油，需对主剂留下一定裕量；如果原料油为高酸或高氯原料，或含有二次加工石脑油，或需要外购大量石脑油时，则必须装填足够的保护催化剂。必要时增加一个保护反应器，当压降上升时走旁路并将第一反应器隔离换剂，延长装置操作周期。总之，重整预加氢工艺条件的选择需要留有一定的余量，稳定产品质量至关重要，以免导致催化重整装置产生重大经济损失。

六、重整预加氢工艺技术新进展

1. 重整预加氢催化剂开发新进展

随着重整技术的发展，国内重整装置处理能力也在不断扩大，作为常规重整进料的直馏石脑油和加氢裂化石脑油逐渐不能满足生产需求，重整进料中二次加工汽油（如焦化汽油或催化裂化汽油）掺炼比例日益增加，导致原料中的氮含量不断增加，而现有重整装置压力等级普遍较低，高氮含量的二次加工油的掺入使得原料预处理的操作难度显著提高，易出现质量波动。从现场操作经验看，许多重整装置由于进料中的微量氮与重整系统中的氯在低温部位发生结晶堵塞管线及设备的现象日益严重，影响重整装置长周期稳定运转，企业迫切希望重整预加氢单元提高预加氢催化剂的脱氮活性，将原料中的氮脱除至质量分数小于$0.3\mu g/g$，以进一步提高重整装置的操作稳定性，对重整预加氢催化剂的脱氮活性提出了更高的要求。因此，开发一种在缓和工艺条件下具有更高脱硫、脱氮活性的重整预加氢催化剂具有重要的现实意义。

石油化工科学研究院（简称石科院）在开发系列重整预加氢催化剂的基础上，通过对活性金属、载体和制备技术等方面的研究，开发了高脱氮活性重整预加氢催化剂RS-40并成功在多家企业应用。RS-40催化剂以Ni、Mo为活性组元，催化剂物化性质指标见表4-1-10。

表4-1-10　RS-40催化剂物化性质控制指标

物化性质	控制指标	分析方法
质量组成/%		
MoO_3	≮16.0	X荧光法
NiO	≮3.5	X荧光法
物化性质		
比表面积/(m^2/g)	≮160	BET法
孔体积/(mL/g)	≮0.35	BET法
强度/(N/mm)	≮16.0	
形状	蝶形	

与 RS-30 和 RS-1 催化剂相比，RS-40 催化剂在生产重整原料时具有更高的加氢活性，加工相同原料油时所需反应温度比 RS-30 催化剂低 10℃左右。RS-40 催化剂已在辽宁胜星石化 300kt/a 石脑油加氢装置、山东垦利石化 600kt/a 石脑油加氢装置上成功应用。表 4-1-11 列出了在垦利石化的工业应用结果。

表 4-1-11　RS-40 催化剂在垦利石化工业应用结果

项目	原料	产品
硫含量(S)/(mg/kg)	389	<0.5
氮含量(N)/(mg/kg)	0.85	<0.3
氯含量(Cl)/(mg/kg)	0.63	<0.3
水含量(H_2O)/(mg/kg)		<10.0
铁含量(Fe)/(mg/kg)	3.61	未检出

注：主要工艺条件：275℃、$8h^{-1}$、3.2MPa。

2. 重整预加氢催化剂预硫化技术进展

为了提高加氢催化剂的活性和稳定性，除了需要优化加氢催化剂的制备过程，传统的以 Co、Mo、Ni、W 为活性组元的加氢催化剂，还需要优化其硫化过程。这类氧化态加氢催化剂在使用前均需要经过硫化处理，硫化过程是加氢催化剂活性和稳定性发挥的重要过程。

加氢催化剂的硫化过程是将负载在催化剂内表面的氧化态金属转变为硫化态金属，硫化态金属具有较高的加氢性能。加氢催化剂的硫化过程具有硫化温度高、硫化氢浓度高、硫化剂剧毒、硫化过程较为繁琐等特点。目前加氢催化剂的硫化大部分在反应器内进行，一套加氢装置往往每隔三年左右才需要进行一次开工硫化，硫化过程所需要的专有设备在装置运转的绝大部分时间里处于闲置状态，额外增加了装置的投资。随着近年来全氢型炼厂的逐渐普及，加氢装置与炼厂其他各装置之间的协同作用逐渐增强，一旦某套加氢装置非计划停工，就会对上游常减压、罐区及下游装置的正常运转产生影响，因此，需要快速开工方案，硫化态加氢催化剂可在器内直接进油开工，以满足炼厂快速开工的要求。随着环保意识的逐渐增强，加氢装置在开工过程中产生的大量硫化氢和酸性水若微量泄漏就会对周边环境影响较大，器内硫化过程的安全环保风险较高，常用硫化剂 DMDS、CS_2 等硫化剂属于危化品，采购、储存、运输、使用等都有特殊要求，对加氢装置的器内硫化产生了不利影响。加氢催化剂在器外先进行硫化处理可以满足炼厂对降低开工风险、节省开工时间的需求。

国内外研究机构开发了多种加氢催化剂器外硫化技术，其中一类是加氢催化剂器外预硫化技术。该技术的原理是将单质硫或有机硫化物等硫化剂负载到氧化态催化剂上，再将该预硫化催化剂装入炼厂的加氢反应器中，通过升温分解硫化剂产生硫化氢，通过较长时间的循环继续硫化催化剂。该技术省去了炼油企业硫化过程中注硫化剂的步骤，不需要专门的硫化设备，与器内硫化方法相比具有一定的竞争力。但由于仍需要器内活化过程，实质上并未明显缩短开工时间，同时还带来催化剂孔道中硫化剂易流失、活化时硫化剂集中分解、床层易飞温、系统内硫化氢浓度高易腐蚀设备等新问题，开工风险仍然较高。这类器外预硫化技术在国内未得到大规模应用。

另一类加氢催化剂器外硫化技术是将加氢催化剂直接硫化为真正的硫化态催化剂，然后再装填到加氢装置反应器中，调整操作参数至反应条件并引原料油进装置，即可直接生产出合格产品的技术，这类器外硫化技术称为加氢催化剂器外真硫化技术。器外生产真正硫化态加氢催化剂在如下场合也将有广泛应用前景：装置临时换剂需要尽可能缩短开工周期的场合、在线置换催化剂的沸腾床等反应器不具备器内硫化条件的场合等。

目前我国炼油企业对真正硫化态加氢催化剂有较大需求。石科院自 2012 年开始系统开展器外真硫化技术的开发，通过对硫化过程的基础性研究和对工艺、工程优化方面的研究，开发了高效的加氢催化剂器外真硫化（e-Trust）技术（ex-situ Truly Sulfiding Technology for Hydrotreating Catalyst）。目前该技术已经产业化并成功在重整预加氢、柴油加氢、加氢裂化、润滑油加氢处理等工业装置成功工业应用。

真硫化态加氢催化剂在器外已经过真正的硫化，炼厂在装填到加氢反应器后，工艺上具备条件，可以直接引入原料油开工，具有高效、环保的特点。真硫化态催化剂在开工过程中，相比其他状态的加氢催化剂具有显著的优势，表 4-1-12 所示为器内硫化、器外预硫化和器外真硫化态催化剂在开工过程中的特点。

表 4-1-12　不同状态加氢催化剂在开工过程中的特点

项目	器内硫化	器外预硫化	器外真硫化
开工时间	~144h	~96h	~48h
安全环保	污染重	污染重	无污染
温度控制	易超温	极易超温	不超温
经济性	低	中	中
开工风险	高	高	低

从表 4-1-12 可以看出，各种形式的加氢催化剂在开工过程中表现出不同的特点。以柴油加氢精制装置的开工过程为例，在正常情况下，系统氢气气密通过后，器内硫化需要至少 144h 的开工时间，而器外预硫化只需要器内活化过程，开工时间约 96h，器外真硫化直接进初活稳定油，开工时间仅 48h 即可加工原料油，因此，器外真硫化催化剂具有明显的时间优势。从安全环保方面来看，器内硫化过程需要在现场注入硫化剂，产生硫化氢和酸性污水，少量泄漏就会对安全环保产生较大影响，器外预硫化态催化剂在器内开工过程中虽然无需再注入硫化剂，但在器内活化过程中，负载在催化剂孔道中的硫化剂仍然会分解产生硫化氢，活化过程产生大量的酸性污水，而器外真硫化态催化剂在开工过程中不产生任何污染物和毒物，具有安全环保的特点。硫化过程是强放热反应，器内硫化过程易导致床层超温，器外预硫化态催化剂在器内活化过程中由于负载在催化剂孔道中的硫化剂集中分解，极易造成床层瞬间超温，而器外真硫化态催化剂在器内开工过程中无放热反应发生，安全性高。器内硫化和器外预硫化催化剂开工时间长、安全环保性差，器外真硫化态催化剂开工时间短、经济性高，具有安全环保的特点。

真硫化态加氢催化剂在炼厂的开工使用流程如图 4-1-12 所示。

图 4-1-12　真硫化态加氢催化剂在炼厂的开工流程

　　真硫化态催化剂可以使用普通的布袋装填，为了确保安全，建议使用无氧装填方式，装填方案与氧化态催化剂相同。真硫化态催化剂在出厂前已经过干燥和密封包装，在器内开工过程中无需再次干燥，密封反应器中先使用氮气气密，再进行氢气气密，可以直接引油升温，部分催化剂需要初活稳定 48h，初活稳定结束后逐渐引入二次加工油进装置并调整反应温度正常生产。无需初活稳定过程的催化剂，可直接引原料油开工，开工时间更为缩短。开工过程中无硫化氢释放，无臭味，不放热，无酸性水排放，开工升温过程无氢气消耗，不产生废气。

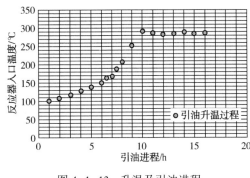

图 4-1-13　升温及引油进程

　　武汉石化 500kt/a 重整预加氢装置在 2019 年 6 月 16 日装填 RG-1 保护剂（真硫化态）1.0m³、RS-1 催化剂（真硫化态）9.1m³，堆比为 816kg/m³。6 月 22 日装置氢气气密试压合格后，开始进行氢气循环，准备引油。6 月 23 日反应器升温至 100℃，于 11：00 开始进原料油，11：35 低分 D102 见油，后路走硫化油线甩至污油线。12：30 改至 C102，C102 经 E107 送至污油线。16：00 开 P201 进 C201，经稳汽线甩至不合格油罐。18：00 反应温度恒至 285℃，等待引直馏石脑油进装置。24 日 13：40 引直馏石脑油进装置，17：00 采样分析精制油硫、氮含量合格，开始向重整供料，具体活化过程见图 4-1-13。

　　采用真硫化态催化剂，自反应器开始升温、引油至装置待料共计消耗了 10h。开工过程无注硫过程，仅是引油升温过程，开工过程简单。2019 年 9 月 9 日下午 18：00 至 12 日下午 18：00（共 72h）对装置进行 500kt/a 满负荷标定（见表 4-1-13）。

表 4-1-13　硫化态 RS-1(S) 催化剂在武汉石化工业应用标定结果

项目	原料	产品
硫含量(S)/(mg/kg)	168	<0.2
氮含量(N)/(mg/kg)	2.2	<0.2
氯含量(Cl)/(mg/kg)	0.20	<0.2
水含量(H₂O)/(mg/kg)	64.9	<10.0

　　注：主要工艺条件：284℃、7h⁻¹、1.8MPa。

　　工业应用结果表明，采用真硫化重整预加氢催化剂开工过程更为简单，时间短、环保安全。标定结果表明，在质量空速 7.05h⁻¹（设计值为 6h⁻¹）、氢油比 133（设计值为 139）、反应温度 284℃、高分压力 1.8MPa（设计值 2.0MPa）条件下，预加氢系统脱硫率达到 99.85%，脱氯、脱氮效果良好，重整进料中硫、氮、氯含量均控制在 0.2mg/kg，且稳定合格，可见预加氢催化剂活性好、稳定性好。

第二节　预加氢催化剂

　　重整原料的预加氢是一个催化反应过程。石脑油与氢气在一定的反应条件下，通过加氢催化剂的作用发生如下反应：硫、氮、氧和氧化物等加氢分解，分别生成 H_2S、NH_3、H_2O、HCl 等；烯烃加氢饱和；金属有机物加氢分解，并沉积在催化剂上。

一、预加氢过程的化学反应

预加氢过程是放热反应。通常原料油溴价每下降 1 个单位时放热 8.12kJ/kg 进料，硫含量每下降 1% 时放热 16.25kJ/kg 料。在预加氢反应中，脱砷、脱硫最快，其次是烯烃饱和，而脱氮反应最慢[13]。

（一）加氢脱硫（HDS）

在石脑油馏分中，硫化物类型主要有硫醇类、硫醚类、二硫化物、环硫化物和噻吩类。表 4-2-1 列出了一种直馏石脑油的硫化物类型及分布。

表 4-2-1　一种直馏石脑油的硫化物类型分布

项目	含量/(μg/g)	分布/%（对总硫）
总硫	583	100.0
硫醇类	302	51.8
硫醚（包括二硫化物和环硫化物类）	111	19.0
噻吩类	170	29.2

石脑油中硫化物的 HDS 反应式如下：

硫醇　　　　　　　　　　　$RSH + H_2 \longrightarrow RH + H_2S$

硫醚　　　　　　　　　　　$RSR' + H_2 \longrightarrow R'H + RH + H_2S$

二硫化物　　　　　　　　　$RSSR' + 3H_2 \longrightarrow R'H + RH + H_2S$

环硫化物

噻吩类

由上述反应式可见，石脑油中存在的硫化物在加氢过程中均会发生 C—S 键的断裂反应，生成相应的烃类及硫化氢。硫醇类、硫醚类、二硫化物以及环硫化物的 HDS 反应相对比较容易，噻吩及其衍生物由于其中硫杂环的芳香性，不易发生 C—S 键的氢解反应，导致噻吩类化合物的 HDS 比其他类硫化物困难得多。由此，噻吩类硫化物的 HDS 反应机理也得到了广泛研究。

在研究噻吩 HDS 反应机理过程中，许多学者提出了各自不同的观点。较早时，Owens 和 Amberg 提出[14]，噻吩 HDS 反应步骤是噻吩先加氢脱硫生成丁二烯，然后生成丁烯；而有一些学者[15]则认为，噻吩 HDS 反应是先加氢饱和成四氢噻吩（THT），然后再脱硫生成丁烯；也有一些研究者如 Pokorny 提出，THT 先脱硫成丁二烯，丁二烯再加氢饱和生成丁烯[16]；还有观点认为，噻吩直接脱硫生成丁烯[17]。到目前为止，对噻吩的 HDS 反应路径提出了如图 4-2-1 所示的可能性。

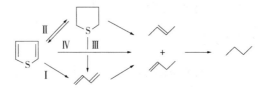

图 4-2-1　噻吩的 HDS 反应途径

石脑油中存在的硫化物的 HDS 反应中，绝大多数为放热反应，表 4-2-2 中列出了不同含硫化合物 HDS 反应的热效应。

表 4-2-2　含硫化合物 HDS 反应的热效应

反应	$\Delta H_m(700K)/(kJ/mol)$
$C_2H_5SH+H_2 \rightleftharpoons C_2H_6+H_2S$	−70
$C_4H_9SH+H_2 \rightleftharpoons C_4H_{10}+H_2S$	−67
$(C_2H_5)_2S+2H_2 \rightleftharpoons 2C_2H_6+H_2S$	−117
$(C_4H_9)_2S+2H_2 \rightleftharpoons 2C_4H_{10}+H_2S$	−122
$C_3H_7-S-S-C_3H_7+3H_2 \rightleftharpoons 2C_3H_8+2H_2S$	−162
⬡ $+2H_2 \rightleftharpoons n\text{-}C_4H_{10}+H_2S$	−122
⬡ $+2H_2 \rightleftharpoons n\text{-}C_5H_{12}+H_2S$	−133
⬡ $+4H_2 \rightleftharpoons n\text{-}C_4H_{10}+H_2S$	−281
⬡CH₃ $+4H_2 \rightleftharpoons i\text{-}C_4H_{10}+H_2S$	−276

由于 HDS 反应为放热反应，因此其热力学规律也值得关注。在表 4-2-3 列出了含硫化合物 HDS 反应的平衡常数 K_p，可见在 500~900K 的温度范围内，除噻吩以外，其他硫化物的 HDS 反应在很大的温度范围内化学平衡常数都是正值，表明 HDS 反应在热力学上都可以达到很高的平衡转化率。噻吩 HDS 反应的平衡转化率随反应温度和压力的变化情况见表 4-2-4。由表中可见，压力越低，温度的影响越明显；温度越高，压力的影响越显著。

表 4-2-3　含硫化合物 HDS 反应的平衡常数 $\lg K_p$

反应	500K	700K	900K
$CH_3SH+H_2 \rightleftharpoons CH_4+H_2S$	8.37	6.10	4.69
$C_2H_5SH+H_2 \rightleftharpoons C_2H_6+H_2S$	7.06	5.01	3.84

续表

反应	500K	700K	900K
$n\text{-}C_3H_7SH+H_2 \rightleftharpoons C_3H_8+H_2S$	6.05	4.45	3.52
$(CH_3)_2S+2H_2 \rightleftharpoons 2CH_4+H_2S$	15.68	11.42	8.96
$(C_2H_5)_2S+2H_2 \rightleftharpoons 2C_2H_6+H_2S$	12.52	9.11	7.13
$CH_2\text{—}S\text{—}S\text{—}CH_3+3H_2 \rightleftharpoons 2CH_4+2H_2S$	26.08	19.03	14.97
$C_2H_5\text{—}S\text{—}S\text{—}C_2H_5+3H_2 \rightleftharpoons 2C_2H_6+2H_2S$	22.94	16.79	13.23
(环戊硫醚) $+2H_2 \rightleftharpoons n\text{-}C_4H_{10}+H_2S$	8.79	5.26	3.24
(六元硫醚) $+2H_2 \rightleftharpoons n\text{-}C_5H_{12}+H_2S$	9.22	5.92	3.97
(噻吩) $+4H_2 \rightleftharpoons n\text{-}C_4H_{10}+H_2S$	12.07	3.85	-0.85
(甲基噻吩) $+4H_2 \rightleftharpoons i\text{-}C_4H_{10}+H_2S$	11.27	3.17	-1.43

表 4-2-4 噻吩 HDS 平衡转化率 %（摩尔）

温度/K	0.1MPa	1.0MPa	4.0MPa	10.0MPa
500	99.2	99.9	100	100
600	98.1	99.5	99.8	99.8
700	90.7	97.6	99.0	99.4
800	68.4	92.3	96.6	98.0
900	28.7	79.5	91.8	95.1

硫化物的 HDS 反应速率一般按下列顺序减小：

硫醇>二硫化物>硫醚≈四氢噻吩>噻吩>烷基取代的噻吩

（二）加氢脱氮（HDN）

石脑油中氮化合物可以分为两大类：碱性和非碱性。而按氮化物结构可以分为三类：脂肪胺及芳香胺类；②吡啶类的碱性氮杂环化合物；③吡咯类的非碱性氮化物。

加氢脱氮过程中涉及三类反应：杂环加氢饱和、芳环加氢饱和以及 C—N 键的氢解。脂肪胺只涉及 C—N 键的氢解反应；芳香胺涉及芳环加氢饱和以及 C—N 键的氢分解两类反应；吡啶和吡咯涉及杂环加氢饱和及 C—N 键的氢解两类反应；存在于较重馏分中的喹啉、咔唑等氮化物的 HDN 反应则涉及所有三类反应。

在各族氮化物中，脂肪胺类的反应能力最强，芳香胺类次之，碱性或非碱性氮化物，特别是多环氮化物很难反应。在加氢过程中，氮化物在催化剂作用下加氢转化为 NH_3 和相应的烃，从而被除去。

1. 胺类

$$R\!-\!NH_2 + H_2 \longrightarrow RH + NH_3$$

2. 吡啶类

在重整预加氢反应过程中，吡啶加氢生成哌啶的反应很快达到平衡，而哌啶应加氢生成正戊烷的反应是慢反应，是吡啶加氢脱氮反应的控制步骤。

3. 吡咯类

吡咯生成的四氢吡咯的反应很快达到平衡，正丁胺脱氮反应也很快；而四氢吡咯中 C—N 键的断裂生成正丁胺的反应则很慢，是整个吡咯 HDN 反应的控制步骤。由于吡咯环的加氢饱和受到化学平衡的限制，在不太高的氢分压下，随反应温度升高平衡向左移动，因此在热力学上不利于 HDN 反应的进行。但是，从动力学角度而言，升高温度，步骤(1)、(2)、(3)的反应速率将同时加快，特别是第(3)步速率的加快导致 HDN 转化率增加，上达到最大，再增加反应温度脱氮率反而下降。

在石脑油馏分中，无论是碱性氮化物或非碱性氮化物，它们的 HDN 反应动力学方程都很类似。因此用总氮对馏分油中的氮化物进行集总基本上能满足要求。许多模型氮化物的 HDN 反应结果表明，HDN 反应符合拟一级反应速率方程[13]：

$$\frac{dC_N}{dt} = -kC_N$$

式中　k——HDN 反应速率常数；

　　　C_N——氮含量，$\mu g/g$。

（三）烯烃的加氢饱和

直馏石脑油中烯烃含量很少，但需要加氢饱和才能作重整进料。若掺炼二次加工石脑油，由于烯烃含量很高，还含有一定量的双烯，就更需要进行烯烃的加氢饱和。

烯烃、二烯烃以及环烯烃的加氢反应如下：

$$R\!-\!CH\!=\!CH_2 + H_2 \longrightarrow RCH_2CH_3$$

$$R\!-\!CH\!=\!CH\!-\!CH\!=\!CH_2 + 2H_2 \longrightarrow RCH_2CH_2CH_2CH_3$$

研究表明[17~24]，烯烃的加氢反应发生在催化剂的加氢活性中心。氢气在烯烃加氢反应中为一级。

动力学研究表明，烯烃的加氢饱和反应速度与烯烃分子在催化剂表面上的吸附强度有关，其中链烯烃的吸附强度大于环己烯，而链烯烃中乙烯、乙炔等低分子的烯烃有更强的吸附。

烯烃的加氢反应为强放热过程，表4-2-5列出了一些单烯烃的反应热数据。

表4-2-5　单烯烃加氢饱和反应的反应热

烯烃	$\Delta H/(\text{kJ/mol})$	烯烃	$\Delta H/(\text{kJ/mol})$
$C_4^=$	-52.6	$C_8^=$	$-139.5 \sim -103.9$
$C_3^=$	$-89.5 \sim -70.1$	$C_9^=$	$-125.5 \sim -112.9$
$C_6^=$	$-105.3 \sim -93.3$	$C_{10}^=$	$-134.4 \sim -101.0$
$C_7^=$	$-147.6 \sim -109.4$		

（四）加氢脱氧

石油中的含氧化合物如苯酚、环烷酸等在加氢条件下能转化成相应的烃和水。

1. 酚

2. 环烷酸

（五）加氢脱金属

在石脑油馏分中，重金属（Cu、Pb 等）含量很少，有的已经达到重整进料要求。但对于不同的原料油，砷含量差别很大，而且该物质对重整催化剂毒害极大，因此对于砷含量高的原料必须进行脱砷预处理。

绝大多数金属（包括砷）经过预加氢反应器时，沉积在催化剂表面，并且其沉积是从预加氢反应器的催化剂上层开始，逐步下移。当金属沉积物穿透预加氢催化剂床层而使得预加氢生成油中的金属杂质含量不能满足重整催化剂要求时，必须更换预加氢催化剂。

二、重整原料预加氢催化剂

（一）加氢催化剂的组成

1. 活性组分

最常用的加氢催化剂的金属组分是 Co-Mo、Ni-Mo、Ni-W 体系，通常认为 Mo 或 W 是主要活性组分，Co 或 Ni 是助活性组分。

各种金属组分对加氢精制过程中各种基本类型的反应（加氢脱氮、加氢脱硫、加氢脱金属、芳烃饱和、烯烃加氢以及异构化等）影响的研究结果[1]表明，除贵金属外，Ni-W 体系具有最好的加氢活性。不同活性金属组配对于 HDN、加氢脱金属、芳烃饱和、烯烃加氢以及异构化反应的活性顺序如下：

$$Ni\text{-}W > Ni\text{-}Mo > Co\text{-}Mo$$

对于 HDS 反应，不同活性金属组配活性顺序与上所述有所不同，通常是 Co-Mo 或 Ni-

Mo 活性高于 Ni-W。我国的石脑油氮含量普遍较高，而且掺混二次加工石脑油其氮含量会更高。因此，就总体性能而言，推荐选用 Ni-W、Ni-Mo 体系催化剂，它们除对直馏石脑油具有良好的适应性外，对于掺混部分二次加工石脑油具有更好的脱氮性能，因此对不同原料油具有更好的适应性。

活性组分选定后，如何使活性组分最有效地发挥作用，是催化剂研究的重点。为了开发性能优良的加氢催化剂，必须弄清活性组分的结构或状态与催化剂反应性能的关系，并了解使催化剂活性达到最佳状态的方法或措施。如在催化剂制备过程中，活性组分 Ni^{2+} 很容易与氧化铝相互作用形成尖晶石结构，而这种结构的 Ni^{2+} 和 Co^{2+} 在预硫化过程中不能转化成活泼的硫化物，从而使催化剂的活性下降。通常认为，在加氢催化剂中的 Ni^{2+} 和 Co^{2+} 可能有八面体配位和四面体两种配位形式，只有八面体配位才能有效地发挥作用，而四面体配位的 Ni^{2+} 和 Co^{2+} 不仅没有活性，也难以和 Mo 或 W 形成有效的活性中心。形成尖晶石结构的 Ni^{2+} 和 Co^{2+} 是四面体配位。

2. 载体

载体的性质如孔分布、孔容、比表面积等，不仅影响催化剂的活性和稳定性，而且还对催化剂的机械强度有决定性的影响。载体性质取决于两个因素：氢氧化铝原粉性质和载体制备技术。在这两个因素中前者的影响更大，是本质的影响，但采用适当的成型技术能够改善载体性质。

对石脑油加氢催化剂而言，要求载体孔分布集中，绝大多数在 6~10nm 范围内，表 4-2-6 为几种石脑油加氢催化剂载体的孔分布数据。

表 4-2-6　几种石脑油加氢催化剂载体的孔分布数据

编号	孔径分布/%				可几孔径/nm
	<6nm	6~10nm	10~20nm	20~40nm	
A		56.2	43.8		7.2
B	0.1	95.0	4.5	0.4	7.4
C		92.5	6.2	1.3	8.6
D	0.2	65.3	28.5	6.18	7.8
E		82.7	13.8	3.5	6.8
F	4.2	92.1	3.2	0.5	7.2

（二）重整预加氢催化剂的选择

目前国内外用于预加氢装置上的石脑油加氢催化剂牌号很多，因此在选择重整预加氢催化剂时，要结合原料油性质、装置状况来综合考虑，以选择合适的加氢催化剂。例如，加工掺入杂质含量较高的二次加工石脑油时，因二次加工石脑油氮化物含量高，催化剂的加氢脱氮活性显得极为重要，在这种情况下，通常应考虑优先选用 Ni-W、Ni-Mo 系列催化剂。

1. 对重整预加氢催化剂的要求

选择重整预加氢催化剂至少应该满足如下要求：①能够使原料中的烯烃加氢饱和而不使芳烃加氢饱和；②能够脱除原料中各种不利于重整反应的杂质；③对重金属、砷、铅等毒物有一定的抵抗性；④有很好的机械强度。

2. 国内预加氢催化剂

国内重整原料预加氢装置上进行工业应用的催化剂有 3641、3665、CH-3、481、3761、481-3、RN-1、RS-1、RS-20、FDS-4A、RS-30、RS-40 等。各种催化剂的基本活性组分和物化性状见表4-2-7。

3. 国外预加氢催化剂

国外重整原料预加氢催化剂的牌号很多，如标准催化剂公司开发的 424、DC-185、DN-200等；克罗斯费尔德催化剂公司开发的 477、520、504K、506、594、599、465；ExxonMobil公司开发的 RT-3；墨西哥石油研究院开发的 IMP-DSD-IK、IMP-DSD-3；UOP 公司的 S-12、S-120、S-15、S-16 等；IFP 公司的 HR304、HR306 等。各种催化剂的基本活性组分和物化性质见表4-2-8。

表 4-2-7   国内预加氢催化剂物化性质

催化剂牌号	性状	堆密度/(g/mL)	活性组分/载体
3665	ϕ6mm×(3~4)mm，片		Mo-Ni/γ-Al$_2$O$_3$
CH-3	ϕ1.8mm×(6~8)mm，条	0.75	Mo-Ni/γ-Al$_2$O$_3$
481	ϕ2~3mm 球	0.89	Mo-Ni-SiAl$_2$O$_3$
3761	ϕ1.6mm×(6~8)mm，条	0.90~1.00	Mo-Co-Ni/γ-Al$_2$O$_3$
481-3	ϕ2~3mm 球	0.75~0.85	Mo-Co-Ni/Al$_2$O$_3$
RN-1	三叶草形 ϕ1.4mm，条	0.88	W-Ni/Al$_2$O$_3$
RS-1	三叶草形 ϕ1.4mm，条	0.75~0.80	W-Ni-Co/Al$_2$O$_3$-SiO$_2$
FDS-4A	ϕ1.5~2.5mm 球	0.75~0.85	Mo-Co/Al$_2$O$_3$
RS-20	三叶草形 ϕ1.4mm，条	0.95~1.00	W-Ni-Co/Al$_2$O$_3$
RS-30	蝶形 ϕ1.4mm，条	0.75~0.85	W-Ni-Co/Al$_2$O$_3$

表 4-2-8   国外预加氢催化剂物化性质

催化剂牌号	性状	活性组分	所属公司
424	三叶草形 ϕ1.3mm	Ni-Mo	CRITERION
DC-185	三叶草形 ϕ1.3mm	Co-Mo	CRITERION
DN-200	三叶草形 ϕ1.3mm	Ni-Mo	CRITERION
477	圆柱条形	Co-Mo	Crosfield
520	圆柱条形	Ni-Mo	Crosfield
504K	圆柱条形	Ni-Mo	Crosfield
506	圆柱条形	Ni-Mo	Crosfield
594	圆柱条形	Ni-Mo	Crosfield
599	链形	Ni-Mo	Crosfield
465	链形	Co-Mo	Crosfield
RT-3		Co-Mo	ExxonMobil
TMP-DSD-1K	球形	Ni-Mo-P	IMP
TMP-DSD-3	三叶草	Ni-Mo	IMP

催化剂牌号	性状	活性组分	所属公司
S-12	圆柱条形	Co-Mo	UOP
S-120	圆柱条形	Co-Mo	UOP
S-15	圆柱条形	Ni-Mo	UOP
S-16	圆柱条形	Ni-Mo	UOP
HR304	圆柱条形	Ni-Mo-Co	IFP
HR306	圆柱条形	Ni-Mo	IFP
TK-400		Ni-Mo	Topsфe
TK-500		Ni-Mo	Topsфe
KF-752	四叶草形 $\phi1.3mm$	Co-Mo	美国雅宝公司
KF-842	四叶草形 $\phi1.3mm$	Ni-Mo	美国雅宝公司
KF-845	四叶草形 $\phi1.3mm$	Co-Mo	美国雅宝公司
ICH-158	非对称三叶草形	Co-Mo	CHEVRON
M8-21	圆柱条形	Co-Mo	BASF

（三）催化剂性能

随着重整催化剂的发展，对原料中杂质要求更为严格，同时随着重整工艺技术的提高，重整原料油来源更为广泛，对预加氢催化剂的活性、选择性及稳定性的要求也相应提高。目前国内比较有代表性的预加氢催化剂有 RS-1、FDS-4A 以及 481-3 等，其活性及稳定性都要优于国外催化剂。在表 4-2-9 为国内预加氢催化剂与国外预加氢催化剂活性比较，其性能要优于国外催化剂。

表 4-2-9　国内外预加氢催化剂的活性比较

催化剂	RS-1	国外参比剂 1	国外参比剂 2	4813	国外参比剂 3	国外参比剂 2
原料油性质		大庆直馏汽油			大庆宽馏分油	
密度(20℃)/(g/cm³)					0.7239	
硫含量/(μg/g)		239			215	
氮含量/(μg/g)		1.0			2.0	
溴价/(gBr/100mL)		2.8			2.0	
操作条件						
氢分压/MPa		1.6			1.2	
温度/℃		260			300	
体积空速/h⁻¹		10			4.0	
氢油体积比		90			150	
生成油性质						
硫含量/(μg/g)	<0.5	1.9	0.7	<1.0	1.4	<1.0
氮含量/(μg/g)	<0.5	0.55	<0.5	0.08	0.17	0.11
溴价/(gBr/100mL)	0.1	0.1	0.4	0.1	0.1	0.1

我国早期的重整预加氢装置由于原料油中的硫含量较低，均采用低压、低空速、氢气一次通过操作方案。近年来，由于预加氢催化剂性能不断提高，预加氢催化剂可以在比较高的空速下操作，表4-2-10为几套装置的典型操作数据。

表4-2-10　重整预加氢装置典型操作数据

装置	苏丹炼油厂	湛江东兴	石油三厂	广州石化	镇海炼化
催化剂	RS-1	RS-1	RS-20	RS-30	FDS-4A
操作条件					
反应压力/MPa	1.6	1.7	2.5	2.4	2.3
反应温度/℃	280	280	280	280	300
体积空速/h^{-1}	8.0	10.0	6.0	9.0	6.5

第三节　预加氢操作参数

影响重整预加氢反应的操作参数主要有温度、压力、氢油比和空速。

一、反应温度的影响

加氢过程是放热反应，工业装置通常采用绝热反应器，这样将导致催化剂床层出现温升。为了准确表述催化剂床层的反应温度，通常采用催化剂床层加权平均温度（WABT）来表示。

反应温度对加氢反应速度的影响可用阿累尼乌斯公式描述：

$$k = Ae^{-E_a/RT}$$

式中　A——指前因子；

　　　R——气体常数，$R = 8.314 \text{J}/(\text{mol} \cdot \text{K})$；

　　　T——反应温度，K；

　　　E_a——反应活化能，kJ/mol。

对于直馏石脑油，反应温度升高，脱硫、脱氮反应速度加快，加氢深度增加；但温度过高，将降低生成油的液体产品收率，并促使焦炭生成速度增加，损害催化剂的活性。预加氢装置操作通常采用控制反应器入口温度来调整脱硫、脱氮率。然而，反应器入口温度不是独立的操作变量，它是进料质量的函数。当进料性质和数量一定时，反应器入口温度通常应控制在所需的最低值。随着运转时间的增长，催化剂的活性逐渐衰减，可提高反应温度来补偿。但是，最高的预加氢反应温度通常不超过370℃，超过此值，焦炭生成速度极快，而且将有裂化反应发生，加氢效果甚微。同时，在高温下，烯烃饱和反应达到平衡状态，产物中烯烃会与硫化氢结合，生成硫醇，其反应如下：

$$\underset{H}{\underset{|}{RC}} = \underset{H}{\underset{|}{CR'}} + H_2S \longrightarrow \underset{H}{\underset{|}{R'C}} \overset{H}{\underset{H}{\underset{|}{-}}} \underset{H}{\underset{|}{CR}} \overset{SH}{}$$

以沙中直馏石脑油为原料(硫含量 360μg/g、氮含量为 1.2μg/g),考察不同反应温度对 HDS 活性影响的试验结果见图 4-3-1。由图可见,随温度升高,脱硫活性上升,但温度超过一定值后,精制油中的硫含量已经达到极小值,基本没有变化。

对于掺有二次加工石脑油的原料,存在烯烃和 H_2S 生成硫醇的反应,如催化裂化石脑油的加氢,在脱硫、脱氮、烯烃饱和反应的同时,还存在烯烃和 H_2S 生成硫醇的反应。升高温度,加快了脱硫、脱氮、烯烃饱和的反应速度,同时也加快了烯烃和 H_2S 反应生成硫醇的速度。因此,在掺炼二次加工石脑油时,随着反应温度的升高,脱硫率会逐渐增大,但若温度太高,则会由于烯烃和 H_2S 反应重新生成硫醇而使脱硫率反而降低。图 4-3-2 说明了这一点。

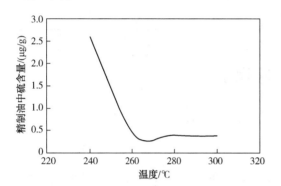

图 4-3-1 温度对催化剂 HDS 活性的影响
(反应条件:空速为 $10h^{-1}$,氢分压为 1.6MPa,氢油比为 $90Nm^3/m^3$,催化剂为 RS-1。)

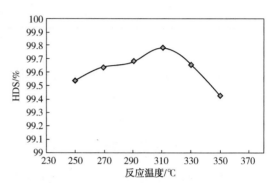

图 4-3-2 温度对催化剂 HDS 活性的影响
(反应条件:氢分压 2.4MPa、氢油体积比 $500Nm^3/m^3$、空速 $5h^{-1}$、催化剂为 RS-1。)

目前国内炼油厂掺炼二次加工石脑油的厂家很少,主要有独山子炼油厂、福建炼油厂以及玉门炼油厂。对于按加工直馏石脑油设计预加氢装置来说,很难用于加工掺炼二次加工石脑油。因为二次加工石脑油(如焦化石脑油或催化石脑油)含有大量的烯烃,在加工过程中会产生大量的反应热,使得床层强度很难控制,需要增加冷氢设备。同时,若反应器出口温度太高,烯烃和 H_2S 会重新生成硫醇。

二、重整预加氢反应压力的影响

压力对催化剂的活性也有影响。通常,压力有三个概念:反应器内氢分压、系统总压(反应器入口压力、反应器出口压力或油气分离器压力)以及循环氢中的氢分压。在本章不作特定说明的话,所提到的"氢分压"均指循环氢中的氢分压。压力对加氢反应影响的实际因素是反应器内氢分压。较高的氢分压有利于抑制脱氢反应,促进加氢反应,阻止或减少催化剂表面积炭的生成,提高催化剂的稳定性。

反应器内氢分压的大小取决于操作压力、氢油比、循环氢浓度以及原料油的汽化率。对预加氢反应来说,由于正常操作条件下是纯气相反应,因此原料油的汽化率为 100%。

反应器出口总压、反应器出口氢分压与反应器出口氢浓度之间的关系可用下式表达:

$$P_T = P_H / Y_{H2}$$

式中　P_T——反应器出口总压,MPa;

P_{H}——反应器出口氢分压，MPa；

$Y_{\mathrm{H_2}}$——反应器出口氢浓度，%（摩尔）。

反应器出口氢分压计算可按下式进行：

$$P_{\mathrm{H}} = (X_{\mathrm{H_2}} \times A + Y_{\mathrm{H_2}} \times B - C) \times P_{\mathrm{T}} / (A + B - C + D + V)$$

式中　$X_{\mathrm{H_2}}$——新氢纯度，%（摩尔）；

A——新氢量，$\mathrm{m^3/t}$；

$Y_{\mathrm{H_2}}$——循环氢纯度，%（摩尔）；

B——循环氢量，$\mathrm{m^3/t}$；

C——化学氢耗，$\mathrm{m^3/t}$；

D——硫化氢产率，$\mathrm{m^3/t}$；

V——进料汽化后体积，$\mathrm{m^3/t}$。

提高压力有利于提高脱硫、脱氮率，有利于将烯烃完全饱和，从而有利于深度脱硫。表4-3-1为考察压力对加氢产品性质影响的试验结果。试验的原料为掺 20% 催化裂化石脑油的沙轻直馏石脑油，反应条件为：温度 270℃、空速 $5\mathrm{h^{-1}}$、氢油体积比 300、催化剂 RS-1。

表 4-3-1　氢分压对产品性质的影响

项目	3.8MPa	3.2MPa	2.4MPa	1.6MPa
密度（20℃）/（$\mathrm{g/cm^3}$）	0.7254	0.7260	0.7264	0.7266
折光率/（20℃）	1.4097	1.4100	1.4104	1.4108
溴价/（gBr/100mL）	0.16	0.21	0.26	0.31
氮含量/（μg/g）	0.30	0.32	0.34	0.35
脱硫率/%	99.2	98.9	98.8	97.2

从表 4-3-1 可以看出，其他条件一定时，提高压力，加氢反应速度加快，有利于提高加氢深度。为了达到深度脱硫目的，需要使烯烃完全饱和，要求较高的氢分压。

图 4-3-3 为加工掺焦化石脑油的直馏石脑油情况下，考察不同氢分压对催化剂的HDN 活性影响的试验结果。由图可见，操作压力提高，催化剂的脱氮性能增加。

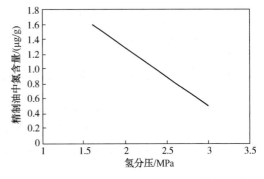

图 4-3-3　氢分压对催化剂 HDN 性能的影响

（反应条件：空速为 $8\mathrm{h^{-1}}$、温度为 280℃、氢油体积比为 180、催化剂为 RS-1。）

三、重整预加氢反应氢油比影响

在工业装置上，通用的氢油体积比是指在单位时间内进入反应器的氢气在标准状态下的体积量与进入反应器的原料油的体积（20℃时）量之比。在加氢过程中，如果不涉及反应工程的影响，仅就反应过程而言，氢油比的变化实质是影响反应过程的氢分压。

反应器内氢分压计算可按下式进行：

$$P_{\mathrm{H}} = (X_{\mathrm{H_2}} A + Y_{\mathrm{H_2}} B) P_{\mathrm{T}} / [A + B + (A + B) \times 22.4 / F \times 密度 / 油相对分子质量]$$

式中　X_{H_2}——新氢纯度，%（摩尔）；

　　　A——新氢量，mol/h；

　　　Y_{H_2}——循环氢纯度，%（摩尔）；

　　　B——循环氢量，mol；

　　　F——氢油体积比。

从上式可以看出，氢油体积比 F 越大，反应器内氢分压越大，对 HDS、HDN 等反应越有利。另外，较高的氢油比还有助于减缓催化剂表面的结焦速度，延长催化剂的使用周期。

对加工一般的直馏石脑油来说，氢油体积比通常为 50～120，但对于掺炼二次加工油的原料，则需要较高的氢油比。

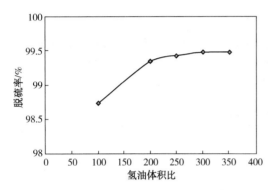

图 4-3-4　氢油比对脱硫率的影响

（反应条件：温度为 250℃、氢分压 3.2MPa、空速为 3h⁻¹、催化剂为 RS-1。）

以掺炼催化裂化石脑油的混合油为原料，在 250℃、3.2MPa、3h⁻¹ 的反应条件下，脱硫率随氢油比的变化见图 4-3-4。从图中可以看出，氢油体积比在小于 200 时，脱硫率随氢油比增加而上升；当氢油体积比大于 200 时，脱硫率增加变化趋缓，再继续提高氢油比对脱硫深度的影响倒不大。这种现象可解释为在反应总压力不变的情况下，提高氢油比可以提高氢分压，有利于加快反应速度，但同时降低了油气分压，且油气与催化剂的接触时间缩短，又产生不利的影响。因此，在掺炼比不太高的情况下，比较合适的氢油体积比为 200～300。

综上所述，重整预加氢反应要选择合适的氢油比。氢油比选择的一般原则是原料油含二次加工石脑油，如焦化石脑油或催化石脑油，则氢油比较大；加工直馏石脑油，则氢油比相应较小。

四、重整预加氢反应空速的影响

体积空速是指单位时间内每单位体积催化剂上流动通过的原料油的体积。如果取体积空速（LHSV）的倒数 1/LHSV=τ，则 τ 表示表观接触时间（τ=LHSV⁻¹）。因此空速的大小反映了反应物在反应器内停留时间的长短。工业上希望采用较高的空速以提高装置的处理能力，但空速的选择受反应速率的限制。

以沙轻直馏石脑油作重整原料的预加氢可以采用较高的空速，由图 4-3-5 可见，最高空速可以接近 14h⁻¹。

加工掺炼二次加工石脑油时，由于原料中含有较多的、反应速率相对较慢的噻吩类硫化物，尤其是 2，3，4-三甲基噻吩、2，3，5-三甲基噻吩等多取代基的噻吩类化合物，在大空速下反应时间短，这些硫化物不能被完全加氢脱除。图 4-3-6 是不同空速对脱硫率的影响。从图中可以看出，加工含有二次加工石脑油，要达到深度脱硫的水平，需要较低的空速，使反应速率较慢的烃基取代噻吩与催化剂的接触时间足够长。

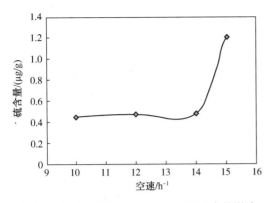

图 4-3-5　空速对直馏石脑油 HDS 反应的影响
（反应条件：温度 260℃、氢分压 1.6MPa、
氢油体积比 90、催化剂 RS-1。）

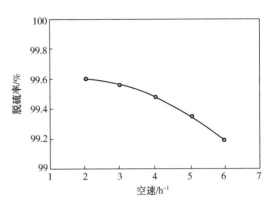

图 4-3-6　不同空速对脱硫率的影响
（反应条件：温度 290℃、氢分压 2.4MPa、
氢油体积比 300、催化剂 RS-1。）

第四节　重整预加氢原料的脱砷

砷化物是非常有害的物质，原料中极少量的砷化物就能促使催化剂发生永久性中毒失活，特别是重整催化剂中的铂对砷更敏感，它能与 As 结合生成 PtAs，永久性失活。通常催化重整装置要求进料中的砷含量小于 1ng/g，而一般的硫化态加氢催化剂对砷不像重整催化剂那么敏感，要求进料中砷含量小于 200ng/g。

我国的大庆原油和新疆原油含砷都较高，表 4-4-1 为我国一些直馏石脑油的含砷情况。

表 4-4-1　我国石脑油的砷含量

原料来源	石脑油馏分含砷量/(ng/g)	原料来源	石脑油馏分含砷量/(ng/g)
大庆原油	200~2000	胜利原油	50~200
新疆原油	100~500		

石油馏分中的砷化物通常具有 R_3As 的形式，其中 R 为一个氢原子或一个碳氢基团，也可以是不同的碳基团。表 4-4-2 为一些砷化物分子式和沸点，由表中可见，这些砷化物在石油蒸馏过程中，基按其沸点的高低，将会分别进入到石脑油、柴油等馏分中。

表 4-4-2　某些砷化物的沸点

化学物	分子式	沸点/℃	化学物	分子式	沸点/℃
砷化氢	AsH_3	-55	三甲基砷	$(CH_3)_3As$	52
甲基砷化氢	CH_3AsH_2	2	三乙基砷	$(C_2H_5)_3As$	140
二甲基砷化氢	$(CH_3)_2AsH$	35.6	二苯基砷化氢	$(C_6H_5)_2AsH$	161
乙基砷化氢	$(C_2H_5)_2AsH$	36	三苯基砷	$(C_6H_5)_3As$	360

石脑油作为预加氢进料，砷含量超过 200ng/g 时，会对加氢催化剂的活性和稳定性产生很大影响。因此加工含砷量高的原料油时，首先采用预脱砷的方法将原料油中的常量砷脱除，剩余的微量砷(<200ng/g)再由预加氢剂深度脱砷，获得重整要求的原料油。这样既可

以保证预加氢生成油中含砷量满足重整生产要求，又可以延长预加氢催化剂的使用寿命。

一、脱砷方法

目前常用的脱砷方法有以下几种：氧化脱砷、吸附脱砷、加氢脱砷。

（一）氧化脱砷

以过氧化氢异丙苯（CHP）为氧化剂，原料油和 CHP 在 80℃条件下，反应 3min，使油品中的砷化物氧化后提高沸点或水溶性，然后用蒸馏和水洗的方法将其除去。这种脱砷方法可以脱除原料油中约 95%的砷化物，会产生大量的含砷废液，环境污染严重。

（二）吸附脱砷

以浸硫酸铜的硅铝小球为吸附剂，采用吸附的方法脱除原料中的砷化物。这种吸附剂制备方法通常是用硫酸或元素硫与负载在载体上的 Cu_2O 或 CuO 相互作用，生成 Cu_xS_y，此吸附剂中 Cu 含量超过 50%[25]。

吸附脱砷方法也存在着缺陷，主要是其砷容量低（砷容量约为 0.3%），使用寿命短，使用后含砷废弃物不易处理，又产生新的污染。

（三）加氢脱砷

普通加氢催化剂虽可作为脱砷剂，但砷容量低（砷容量 2%~3%），使用寿命短。而对于加工高砷的原料，大多采用专门开发的脱砷剂。目前，国内用在预加氢装置的脱砷剂有 DAs-2、FDAs-1、RAs-2、RAs-20 以及 RAs-3 等。

脱砷剂的特点是：砷容量高、脱砷效率高、环境友好。目前采用的加氢脱砷流程有两种：

1）在预加氢反应器前面加一脱砷反应器，与预加氢反应器串联使用。该流程优点：一旦脱砷剂失效后，可将脱砷反应器切出系统，更换新鲜脱砷剂；缺点：需要增加一脱砷反应器，设备投资和占地面积增加。

2）脱砷剂和预加氢催化剂装填在同一反应器，脱砷剂放置在主催化剂的上部，操作条件随主催化剂而定。该流程较为简便，投资降低，但脱砷剂和主剂在更换和再生时很难分开，且脱砷剂的砷容量和催化剂使用周期要很好地匹配。

二、脱砷机理

石脑油的脱砷过程按照脱砷方法的不同也存在着两种机理：一种是吸附脱砷机理，另一种是化学反应脱砷机理。

吸附脱砷机理是：在较低的温度下，砷化物在脱砷剂与活性金属之间以化学吸附的形式结合在一起，砷同活性金属发生部分电子云转移：

$$R_3As+M \rightleftharpoons R_3As^{\delta+} \cdots M^{\delta+}$$

脱砷剂上的惰性金属常以活性基团形式分散，吸附过程在较低温度下进行，因而只能在活性基团的表面发生吸附，所以其砷容量很低，如过去常用的硫酸铜硅铝小球吸附剂等。

化学反应脱砷机理是：在一定的温度条件下，砷化物在脱砷剂的催化作用下，首先发生氢解反应，砷化物氢解为 AsH_3，AsH_3 同活性金属反应生成稳定的多种形式的双金属化合物：

$$R_3As+3H_2 \longrightarrow 3RH+AsH_3$$

$$AsH_3+MO \longrightarrow MAs+H_2O$$

由于这个过程发生的是化学反应，反应温度较高，因而所发生的反应可以进入活性基团的体相，活性金属充分发挥作用，所以砷容量大。

脱砷机理表明，化学反应脱砷过程是不可逆过程，容砷后的脱砷剂是不可再生的。因此，一旦催化剂因砷中毒失活就会是永久性失活，中毒后必须更换催化剂。

砷化物的吸附和反应首先在反应器床层上部进行，当上部催化剂的容砷量达到一定饱和度后，才逐步向下推移，直至整个催化剂床层全部砷饱和，但下部催化剂的砷容量明显低于上部催化剂的砷容量，这是由于脱砷过程需要一定的停留时间及合适的高径比，一旦高径比太低，就不能达到预期脱砷率，需要更换新的脱砷剂。例如有 1 台反应器处理含砷1150ng/g的原料油，反应器出口油料砷含量降至20ng/g以下，在操作300天后，测定顶部催化剂砷含量为2.73%，而床层2m以下的催化剂砷含量均小于0.1%。催化剂床层中不同高度的砷含量如图4-4-1所示[8]。

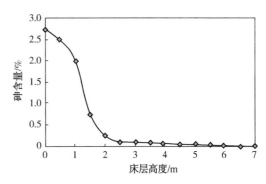

图 4-4-1　脱身反应器内脱砷剂床层砷的分布曲线

三、脱砷工艺条件

影响石油馏分加氢脱砷效果的主要操作参数为反应压力、温度、空速和氢油比。

（一）反应压力

研究结果表明[26]，在反应压力大于1.0MPa时，反应压力的变化对石油馏分的脱砷结果影响较小。采用预硫化脱砷剂，以一种常顶汽油为原料（含砷量为580ng/g），在290℃、氢油体积比150：1的条件下进行对比实验，结果见表4-4-3。

表 4-4-3　反应压力对脱砷活性的影响

反应压力/MPa	1.0	1.5	2.0
体积空速/h⁻¹	6	6	6
生成油含砷/(ng/g)	3.25	3.19	3.13
脱砷率/%	99.44	99.45	99.46

由表4-4-3可见，反应压力由1.0MPa升到2.0MPa，脱砷剂活性几乎保持不变，脱砷率均达到99%以上。

（二）反应温度

石油馏分加氢脱砷的过程，首先是在脱砷剂的作用下，砷化物发生氢解反应，因此需要一定的反应温度，而且反应速度随着反应温度的升高而增加。在生产初期，由于催化剂活性很高而采用较低的反应起始温度，以后随着催化剂表面积炭的增加，脱砷剂的活性下降而需要逐步提高反应温度。一旦提高反应温度仍不能达到质量要求时，就应将脱砷剂进行更换。

对于石油馏分的加氢脱砷反应温度一般为260~340℃。脱砷剂在不同反应温度的对比试验结果见表4-4-4[26]。由表4-4-4可见，在较低反应温度260℃下脱砷率即达95.4%；随着反应温度的增加，脱砷率进一步提高。从生成油中砷含量看，达到了后续催化剂对原料砷含量的要求。

表 4-4-4　反应温度对脱砷活性的影响

反应温度/℃	260	290	300
氢油体积比	150	150	150
生成油含砷/(ng/g)	28.2	3.1	1.2
脱砷率/%	95.4	99.5	99.8

（三）空速

石油馏分的加氢脱砷反应速度很快，因此可以达到较大的空速。对直馏石脑油，液时空速在 $6\sim20h^{-1}$ 左右；对掺混二次加工石脑油的原料油，液时空速在 $4\sim10h^{-1}$ 左右。一种脱砷剂在不同空速下的对比试验结果见表 4-4-5[26]。

表 4-4-5　空速对脱砷活性的影响

反应压力/MPa	2.0	2.0	2.0
体积空速/h^{-1}	6	12	20
生成油含砷/(ng/g)	3.13	4.35	4.70
脱砷率/%	99.44	99.25	98.14

由表 4-4-5 可见，反应空速从 $6h^{-1}$ 提高到 $20h^{-1}$，对脱砷活性影响甚微，脱砷率从 99.44% 降至 98.14%，说明加氢脱砷反应速度很快。

（四）氢油比

加氢脱砷过程中，氢耗较低，氢油比主要决定于原料油的性质。同时，增加氢油比，也有利于减缓催化剂表面积炭速度，延长催化剂的寿命。但增加氢油比，循环氢用量增加，将增加氢耗与能耗，因此需要综合分析，才能选择合适的氢油比。

第五节　原料与产品的脱氯技术

一、催化重整过程中氯的来源及危害

催化重整是生产高辛烷值汽油组分和芳烃的重要工艺技术，副产氢气是炼厂加氢装置用氢的重要来源[1,2]。

正如氯腐蚀以及氯化物(诸如氯化铵)引起的设备堵塞问题贯穿于炼油过程中的每个加工过程一样，催化重整过程也不可避免地受到氯的腐蚀以及铵盐的堵塞问题。与其他炼油装置中氯的影响相比，催化重整装置中氯的影响有其独有的特点，氯的来源既有重整原料带来的氯化物，也有重整催化剂在运行过程中自身氯的流失而存在于重整氢气、重整产物(生成油、LPG、干气)以及放空气中的氯化物。这些氯化物的存在，对重整装置的冷换设备、精馏塔塔盘、重整氢循环压缩机、加热炉喷嘴等设备有腐蚀或堵塞的隐患，将严重影响重整装置的平稳运转。

鉴于催化重整装置在炼厂中的重要地位，维持重整装置的平稳运行对于整个炼厂至关重要。近年来，重整技术尤其是连续重整发展迅速，中国石化系统的重整装置规模近 50Mt/a，

相关的配套技术——脱氯技术是不可或缺的技术，重整装置有 4 个部位需采用脱氯技术：①预加氢精制石脑油的脱氯技术；②重整产氢气的脱氯技术；③重整生成油中氯的脱除技术；④连续重整再生单元循环再生气和放空气中氯的脱除技术。

对于重整装置 4 个部位的氯脱除技术，通常既有碱洗脱除技术也有固体脱氯技术。碱洗脱氯工艺存在流程复杂、操作繁琐、不易监测控制、易造成碱洗塔的堵塞等问题，而固体脱氯技术存在脱氯流程简单、操作简单、过程检测控制快速准确等特点，碱洗脱氯技术逐步被固体脱氯技术所取代。

针对重整装置不同部位的工艺特点，石科院会同设计单位在充分考虑重整装置平稳运转的前提下，采用固体脱氯技术取代传统的碱洗法，并且根据预加氢高温脱氯、重整氢低温脱氯、重整生成油液相脱氯以及连续重整装置再生气脱氯等 4 种工艺的特点，开发了适应相关脱氯工艺特点的脱氯技术[3]。

本节从重整装置 4 种脱氯工艺的特点出发，对不同脱氯工艺中氯的来源及危害、典型的脱氯技术流程及最新的应用结果等分别给予介绍。

二、预加氢产物高温脱氯技术

1. 预加氢原料氯的来源及危害

随着经济的快速发展，对石油产品的需求大幅增加，石油储量的减少导致开采难度越来越大，油田采用注入化学剂手段来提高采油率，其中采用的氯化物多为有机氯化物，造成原油氯含量升高。这些氯在炼油过程中会分布于各个馏分之中，预加氢原料中的氯含量也越来越高，有的原料高达 150mg/kg 甚至更高。在预加氢反应过程中，有机氯化物经加氢生成氯化氢，同时氯化氢还可以和预加氢过程中生成的氨反应生成氯化铵，氯化铵在 150℃ 以下会结晶，尤其在低温环境下易于沉积，导致热交换、空气冷却器、水冷器低温部位的腐蚀，还会造成预分馏上部塔盘和氢压机入口铵盐沉积堵塞的现象，影响装置的正常运转（见图 4-5-1）。此外，如果这种含氯高的石脑油作为制氢原料时，将会降低高温变换催化剂的活性。所以在工业生产中，为消除上述氯的影响，在预加氢反应器后增加脱氯反应器，利用预加氢的反应余热，将预加氢产物中的氯化氢脱除，以保护下游装置及设备的正常运转和相关催化剂的性能。

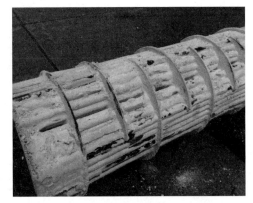

图 4-5-1 换热器管束的铵盐沉积

2. 预加氢产物高温脱氯技术

预加氢产物中的氯化氢脱除方法是固体脱氯技术，该方法投资和操作费用低，经济有效。

通常来说，含有有机氯化物的预加氢精制原料油在加氢精制催化剂的作用下将有机氯化物加氢生成为无机氯化氢，为避免氯化氢在低温环境下和水接触变为高腐蚀性的盐酸，高温脱氯工艺就是在预加氢反应器后串入一个脱氯反应器，利用预加氢反应的余热（温度通常在

250~320℃之间），通过吸附或化学反应将预加氢精制产物中的氯化氢去除（通常以化学反应为主），从而避免了后续设备的腐蚀。另外，预加氢精制产物中的铵离子由于没有了氯化氢，就不会形成氯化铵，从而消除了对后续换热器、空冷、水冷等设备的堵塞问题。

通过对预加氢脱氯工艺多年的跟踪，具备可切换的双脱氯反应器流程是最佳的脱氯工艺流程，通过控制前区脱氯反应器出口产物中的氯化氢含量低于 0.5μg/g，就可以保证后区脱氯反应器出口产物中的氯化氢含量低于 0.1μg/g，如此可以有效消除相关设备的腐蚀和堵塞。

3. 预加氢产物高温脱氯技术的工业应用

20 世纪 80 年代初期，石科院的重整催化剂在国内得到广泛应用，针对预加氢装置在运转过程中存在的氯腐蚀及铵盐堵塞的问题，优先开发出适用于重整过程预加氢高温脱氯剂（工业牌号 WGL-A），在脱氯剂从 20 世纪 80 年代到 21 世纪初在国内重整装置上得到了广泛应用，取得了很好的脱氯效果，装置的腐蚀和堵塞问题得到有效的缓解或消除。在此基础上，石科院又开发了脱氯性能更好、成本更低的 RDY-100 高温脱氯剂。

WGL-A 和 RDY-100 两种高温脱氯剂均具有穿透氯容高、活性组分不流失、强度高、不泥化、不易结块、易拆卸等特点，可以有效脱除重整预加氢生成油中的氯化氢，不含碱金属，不会对重整催化剂的催化活性产生影响。另外，由于预加氢产物中含有较高的硫化氢，硫化氢的存在会影响脱氯剂的脱氯效果，而 WGL-A 和 RDY-100 高温脱氯剂都具有非常好的脱氯选择性。

WGL-A 和 RDY-100 脱氯剂的物化性质和技术指标见表 4-5-1，工业使用条件见表 4-5-2。

表 4-5-1　WGL-A、RDY-100 脱氯剂的物化性质

名称	物化性质和技术指标	
外观	灰白条	灰白条
尺寸/mm	$\phi2\sim5\times5\sim10$	$\phi2\sim5\times5\sim10$
堆密度/(g/mL)	0.75±0.05	0.75±0.05
强度/(N/cm)	≥100	≥80

表 4-5-2　WGL-A、RDY-100 脱氯剂的脱氯工艺条件

使用温度/℃	250~500
使用压力/MPa	0.2~8.0
体积空速/h^{-1}	1.0~30.0
脱氯剂床层长径比	>3

WGL-A、RDY-100 高温脱氯剂在活性组分的选择方面非常严格，原料生产厂家固定，原料质量得到很好的保证，制备过程中对载体的孔结构等物化性能要求较高，使得WGL-A、RDY-100 脱氯剂具有较高的脱氯性能、较高的性价比。

由于脱氯剂的脱氯原理是利用脱氯剂的结构及活性组分使得氯化氢吸附在脱氯剂上或和活性组分反应生成氯化物固定在脱氯剂上，所以在脱氯反应器床层中，最先和氯化氢接触的脱氯剂优先和氯化氢反应或吸附，脱氯过程属活塞式从上而下反应过程，床层下部的脱氯剂

和氯化氢接触的时间相对减少，脱氯性能会相应下降，故脱氯剂的氯容分布随脱氯剂床层自上而下是降低的。也就是说，单脱氯反应器的流程不利于脱氯剂的有效利用，见表4-5-3。

表4-5-3　不同牌号的高温脱氯剂工业运转结果(单罐流程)

脱氯剂型号		A	B
穿透氯容/%	床层上部	33.8	29.96
	床层中部	19.64	6.66
	床层下部	7.84	2.83
	加权平均	20.43	13.15

双脱氯反应器流程，操作时既可以并联又可以串联，也可以根据每个反应器的运行情况调整前后顺序，有效地提高了脱氯剂的脱氯效率，同时不影响预加氢装置及重整装置的运转，即使当原料中的氯突然升高几倍或几十倍导致脱氯剂提前穿透的情况发生，依然能保证预加氢装置的平稳运行。表4-5-4是不同脱氯剂双反应器流程典型的工业运转结果。从表中可以看出，双脱氯反应器流程较单反应器流程，无论哪种脱氯剂其脱氯效率都大大提高。从运转结果可以看出，不同的脱氯剂有其不同的脱氯效果，A脱氯剂的氯容是B脱氯剂的157%，也增加57%的使用时间，也就是说，使用3批B脱氯剂，A脱氯剂只需要2批，因此A脱氯剂具有较高的性价比。

表4-5-4　两台脱氯罐串联运行期间几种脱氯剂的穿透氯容

脱氯剂型号		A	B
穿透氯容/%	床层上部	39.78	26.8
	床层中部	31.32	19
	床层下部	27.24	16.6
	加权平均	32.84	20.4

4. 影响预加氢产物高温脱氯技术的因素

预加氢产物高温脱氯技术有效地消除或减缓了重整原料中的氯化氢对下游设备的腐蚀和堵塞问题。

但预加氢产物高温脱氯在运行过程中也存在一些问题：①预加氢原料中的硫含量高达几千 $\mu g/g$，硫化氢和氯化氢在脱氯剂上存在竞争吸附，如果脱氯剂的活性组分选择不当，脱氯剂会吸附大量的硫化氢导致脱氯剂的脱氯能力降低，所以应选择脱氯选择性好的脱氯剂；②预加氢催化剂在精制过程中生成大量的水，含量可能会高达几万 $\mu g/g$，极易使脱氯剂泥化、结块，影响装置的平稳运转，因此所用脱氯剂应具有较好的抗水、抗泥化性能；③从脱氯剂的构成来看，均由活性组分和载体组成，但脱氯剂的性能受原料性质、生产技术、脱氯剂成本影响较大，如果选用的脱氯剂性能差，会造成原料油中的氯化氢脱除不彻底，继续造成装置腐蚀、设备堵塞，更为严重的是，如果脱氯剂中的组分流失，将会影响下游重整催化剂的催化活性，所以对预加氢产物高温脱氯剂来说，所含活性组分除要具有较好的脱氯性能、足够的强度的同时，还要求高温脱氯剂的组分不能为下游重整催化剂的毒物，而影响重整催化剂的性能，这也是预加氢高温脱氯剂应用时需要考虑的重要因素之一。

三、重整氢低温脱氯技术

1. 重整氢中氯的来源及危害

图 4-5-2　氢循环压缩机部位的铵盐堵塞

在催化重整装置运转过程中，无论是半再生还是连续重整催化剂，氯组元会不断地流失，为维持重整催化剂的催化性能，在运转操作中需要不断地注入有机氯化物，进行水氯平衡控制，其催化剂流失的氯组元和注入的氯化物一部分以氯化氢的形态存在于重整氢气中，另一部分存在于重整生成油中。这种含微量氯化氢的氢气在供给下游装置使用时，会带来许多不利的影响：首先，氯化氢会造成下游设备的腐蚀；其次，如果下游加氢装置的原料中带有微量的氮，就会生成氯化铵，造成冷却设备堵塞、循环压缩机入口频繁积垢，使装置的安全运转出现重大隐患，见图 4-5-2。同时，微量氯化氢会被下游加氢装置中的催化剂吸附，影响加氢催化剂的性能，为此必须采取措施脱除重整氢中的氯化氢以消除其影响。重整氢的固体脱氯技术可以很好地解决上述问题。

2. 重整氢低温脱氯技术

固体脱氯工艺是目前重整氢中氯化氢脱除的常用方法。脱氯工艺只需要 2 个串联的固定床脱氯反应器即可，固体脱氯剂法投资费用和操作成本较低，经济有效。

通常来说，重整装置正常操作条件下，重整氢中含有大约 $1\sim3\mu g/m^3$ 的氯化氢和微量的氯化铵（视重整原料中的氮的含量有所变化），含有上述氯化氢和氯化铵的重整氢在重整氢循环压缩机的低温部位逐渐沉积下来，积累到一定程度造成压缩机堵塞而停车，同时氯化铵在冷凝水的作用下分解为盐酸，造成垢下腐蚀。低温脱氯工艺就是将经过再接触的重整氢串入脱氯反应器，脱氯操作温度在 $4\sim40℃$ 之间，但受环境温度（四季温度）影响较大，通过吸附或化学反应将重整氢中的氯化氢及氯化铵脱除（物理吸附和化学反应兼有），从而避免了氢循环压缩机的堵塞和腐蚀。

通过对重整氢低温脱氯工艺多年的跟踪，具备可切换的双脱氯反应器流程是最佳的重整氢脱氯工艺流程，通过控制前区脱氯反应器出口产物中的氯化氢含量低于 $0.5\mu g/m^3$ 甚至更低，就可以保证后区脱氯反应器出口产物中的氯化氢含量低于 $0.1\mu g/m^3$，如此可以消除重整氢循环压缩机的腐蚀和堵塞。

3. 重整氢低温脱氯技术的工业应用

20 世纪 80 年代初期，石科院的重整技术在国内得到广泛应用，针对氢循环压缩机在运转过程中存在的氯腐蚀及铵盐堵塞的问题，开发出适用于重整氢低温脱氯剂（工业牌号 WDL-B），该脱氯剂从 20 世纪 80 年代到 21 世纪初在国内重整装置上得到了广泛应用，并推广到国外在重整装置上等到应用，取得了相对于对比剂良好的脱氯效果，重整氢循环压缩机的腐蚀和堵塞问题得到有效的缓解或消除。在此基础上，石科院又开发了脱氯性能更好、成本更低的 RDH-100 重整氢脱氯剂。

WDL-B 和 RDH-100 两种低温脱氯剂均不含碱金属，消除了对下游相关催化剂催化活性影响的隐患，可以有效脱除重整氢中的氯化氢。脱氯剂具有穿透氯容高、活性组分不流失、强度高、不泥化、不易结块、易拆卸等特点。

WDL-B 和 RDH-100 脱氯剂的物化性质和技术指标见表 4-5-5，工业使用条件见表 4-5-6。

表 4-5-5　WGDL-B、RDH-100 脱氯剂的物化性质和技术指标

名称	物化性质和技术指标	
外观	灰白条	灰白条
尺寸/mm	$\phi2\sim5\times5\sim10$	$\phi2\sim5\times5\sim10$
堆密度/(g/mL)	0.75±0.05	0.70±0.05
强度/(N/cm)	≥100	≥80

表 4-5-6　WGL-A、RDY-100 脱氯剂脱氯工艺条件

使用温度/℃	0~60
使用压力/MPa	常压~4.0
体积空速/h^{-1}	~2000
脱氯剂床层长径比	≥3

低温脱氯原理也是利用脱氯剂的结构及活性组分使得氯化氢吸附在脱氯剂上或和活性组分反应生成氯化物固定在脱氯剂上，但对低温脱氯剂来说，由于反应温度较低，传质速率降低，脱氯反应的速率也降低，氯化氢在脱氯剂上的吸附或反应效率就低，所以对低温脱氯剂来说，活性组分的选择和载体的选择尤为重要。

低温脱氯剂的脱氯过程与预加氢高温脱氯相同，脱氯剂的氯容分布自上而下也是降低的，也就是说，对于低温脱氯工艺，单脱氯反应器的流程同样不利于脱氯剂的有效利用。采用双脱氯反应器流程，操作时既可以并联又可以串联，也可以根据每个反应器的运行情况调整前后顺序，有效地提高了脱氯剂的脱氯效率。通过对 WDL-B 实验室评价数据对比，采用双脱氯反应器流程，脱氯剂的实际效率较单脱氯器反应流程提高 15% 左右。

2018 年 RDH-100 低温脱氯剂在某炼厂 1.0Mt/aCCR 装置重整氢脱氯装置得到应用，与对比剂比较，在相同的操作条件下，在保证出口重整氢中的氯化氢含量低于 0.5μg/m³ 的技术保证值前提下，运转时间超出 4 倍以上，具有较高的性价比，见表 4-5-7。

表 4-5-7　RDH-100 与对比剂工业运转结果

脱氯剂	穿透氯容/%	运转时间/天	脱氯罐出口氯含量控制指标/(μg/m³)
RDH-100	18.8	270	≤0.5
对比剂	3.4	68	

4. 影响重整氢低温脱氯技术的因素

重整氢低温脱氯技术有效地消除或减缓了重整氢循环压缩机的腐蚀和堵塞问题。但重整氢低温脱氯装置在运行过程中也存在问题：①运转时间明显低于技术保证值；②循环氢压缩机的堵塞问题依然存在；③重整氢脱氯罐顶部脱氯剂结块(见图 4-5-3)，造成脱氯罐压降增大，影响脱氯装置的平稳运行。究其原因如下：从脱氯剂的构成来看，均由活性组分和载体组成，但是脱氯剂的活性组分的选用至关重要，如果选用质量差、价格低的活性组分，脱氯剂成本得以下降，但脱氯剂性能也随之下降，脱氯罐运转时间就会明显缩短，尤其是低温

图 4-5-3　重整氢低温脱氯剂的结块

工况下，脱氯剂性能更易受活性组分种类和含量的影响，造成重整氢氯化氢脱除不彻底，设备堵塞现象继续存在。所以对重整氢低温脱氯剂来说，所含活性组分除要具有在低温环境下较好的脱氯性能、足够的强度的同时，还要求低温脱氯剂的组分不能为下游重整催化剂的毒物而影响重整催化剂的性能，这是选择低温脱氯剂应用时需要考虑的重要因素。

四、重整生成油液相脱氯技术

1. 重整生成油中氯的来源及危害

对于重整催化剂，氯是重整催化剂必不可少的活性组分之一。一般来说，重整催化剂上的氯含量为 1.1%～1.3%。重整反应过程中，无论是半再生重整催化剂还是连续重整催化剂，其含有的氯会不断地流失，为了维持催化剂的酸性功能，在运转操作中需要不断地注水和注有机氯化物（如全氯乙烯），进行催化剂的水氯平衡控制。重整过程中流失的氯以氯化氢的形态存在于重整氢气和重整生成油中。通常来说，重整生成油中氯是重整催化剂在运转过程中流失到生成油中的，含量随着重整催化剂的运转时间的增加会逐步增加，波动范围在 1～4μg/g，这部分氯的存在会造成脱戊烷塔和脱丁烷塔顶冷换设备的腐蚀，当重整生成油含有较高的铵离子时，和氯化氢结合生成氯化铵会在脱戊烷塔顶及脱丁烷塔顶低温部位逐渐沉积下来，积累到一定程度造成设备的堵塞，还有可能存在于重整装置的干气中，造成加热炉炉嘴的堵塞，影响重整装置的正常运转，这种情况在近年来的 CCR 装置中（尤其是处理量较大的装置）经常发生。另外，当重整生成油作为芳烃抽提原料时，由于氯的存在会对芳烃吸附剂的吸附性能产生影响。综上所述，需要对重整生成油采取脱氯处理。

2. 重整生成油液相脱氯技术

为消除上述影响，目前采用的脱氯技术是液相条件下的重整生成油固体脱氯技术，即在脱戊烷塔前串入脱氯反应器，脱氯操作温度为 4～40℃，但受环境温度（四季温度）影响较大，通过吸附或化学反应将生成油中的氯化氢及氯化铵脱除（物理吸附和化学反应兼有），从而消除后续设备的堵塞和腐蚀。

固体脱氯剂法投资费用和操作成本较低，控制好脱氯条件就可以达到较好的效果。通过对重整生成油脱氯工艺多年的跟踪，具备可切换的双脱氯反应器流程是最佳的重整氢脱氯工艺流程，通过控制前区脱氯反应器出口产物中的氯含量低于 0.5μg/g 甚至更低，就可以保证后区脱氯反应器出口产物中的氯含量低于 0.1μg/g，如此可以消除后续设备的腐蚀和堵塞。

3. 重整生成油脱氯技术的工业应用

随着连续重整装置在炼厂的地位越来越重要，维持重整装置平稳运转愈加重要，重整生成油的液相脱氯技术在 21 世纪初逐渐受到重视并得到大规模应用。石科院在整体考虑重整装置运作的基础上，针对生成油中氯造成的后续设备的腐蚀及铵盐堵塞问题，开发出适用于重整生成油液相脱氯剂（工业牌号 DL-1、RDL-100），在国内多套 CCR 装置应用取得了相对于对比剂良好的脱氯效果，后续设备的腐蚀和堵塞问题得到有效的缓解或消除。

为提高脱氯剂的液固传质速率，DL-1 和 RDL-100 两种脱氯剂具有丰富的大、中、小孔结构，通过选择合理的载体、黏结剂、扩孔剂使得液相脱氯剂具有较大的比表面积(240m²/g)以上，合理的孔分布提高了液相条件下的液固传质速率，可以有效脱除生成油中的氯。脱氯剂具有穿透氯容高、活性组分不流失、强度高、不泥化、不易结块、易拆卸等特点。

DL-1 和 RDL-100 脱氯剂的物化性质和技术指标见表 4-5-8，工业使用条件见表 4-5-9。

表 4-5-8　DL-1、RDL-100 脱氯剂物化性质和技术指标

项目	物化性质和技术指标	
脱氯剂	DL-1	RDL-100
外观	灰白条	灰白条
尺寸/mm	$\Phi(2\sim5)\times(5\sim10)$	$\Phi(2\sim5)\times(5\sim10)$
堆密度/(g/mL)	0.75±0.05	0.70±0.05
强度/(N/cm)	≥90	≥60

表 4-5-9　DL-1、RDL-100 脱氯工艺条件

项目	数据
使用温度/℃	0~60
使用压力/MPa	常压~6.0
质量空速/h⁻¹	≤4
脱氯剂床层长径比	≥4

众所周知，液固条件下的传质速率明显低于气固条件下的传质速率，也就是说，对于上下游液相脱氯剂，尤其要使得脱氯剂具有合理的孔结构、和氯反应快速的活性组分以及二者合理的配置。

同重整装置其他部位的脱氯过程相同，脱氯剂的氯容分布自上而下也是降低的，对于低温液相脱氯工艺，尤其要考虑脱氯剂的活性组分和刹车油中的氯的有效接触时间。采用双脱氯反应器流程，操作时既可以并联又可以串联，也可以根据每个反应器的运行情况调整前后顺序，可以有效地提高脱氯剂的脱氯效率。数据对比表明，采用双脱氯反应器流程，脱氯剂的实际效率较单脱氯反应流程提高20%左右。

2016 年 12 月，DL-1 脱氯剂在某炼厂 2.2Mt/aCCR 装置重整氢脱氯装置应用至今，与对比剂比较，操作条件相同，在保证出口重整氢中的氯化氢含量低于 $0.5\mu g/m^3$ 的技术保证值前提下，运转时间有原来的 3、4 个月提高至 8 个月，超出 2 倍以上，见表 4-5-10。脱氯剂投用期间，脱戊烷塔顶冷换铵盐堵塞的问题得到了有效缓解。

表 4-5-10　DL-1 生成油液相脱氯剂工业运转数据

脱氯罐位号	脱氯剂	应用时间	技术保证值
前	参比剂	2016.1.1~2016.4.12	脱氯罐出口氯含量≤0.5μg/g
前	DL-1	2016.12.5~2017.10.31	
前	DL-1	2017.11.13~2018.11.5	

4. 影响重整生成油液相脱氯技术的因素

合理的脱氯工况、准确而快捷的监测技术方案可以有效地消除或减缓重整生成油中的氯引起的设备腐蚀和堵塞问题。

但生成油脱氯装置在运行过程中也存在问题，主要问题就是脱氯反应器运转时间远低于技术保证值，实际应用结果均在 2%以下，不能满足装置长期运转的需要；下游相关设备的腐蚀、堵塞问题依然存在，有的装置甚至会出现脱氯罐出口氯含量高于入口氯含量的反常现象。究其原因有如下的可能：①脱氯剂的选择问题：任何脱氯剂均由活性组分和载体组成，但活性组分、载体的选择以及二者的有效匹配至关重要，既涉及到脱氯剂的研发水平，也受脱氯剂生产成本的影响；（②脱氯工艺的问题：多数生成油脱氯装置是重整装置建成运转后后续增设的，脱氯罐的设计只考虑了理论的设计条件，而没有考虑到实际的应用情况，导致生成油中的氯和脱氯剂的接触时间不够，影响了脱氯效果；③脱氯罐运转过程中的监测不及时、不准确，脱氯罐穿透后继续运行导致后续设备的堵塞问题发生，所以对于重整生成油的液相脱氯技术脱氯剂的选择、脱氯工艺以及脱氯装置的运行监测是重要的影响因素。

五、连续重整再生烟气脱氯技术

1. 再生烟气中氯的来源及危害

21 世纪，国内的连续重整技术得到了飞速的发展，到 2018 年底，国内已投产的连续重整装置数量达到 97 套。

无论是 UOP CCR、Axens CCR 还是国产 CCR 技术，催化剂的再生技术是其核心技术之一，在 21 世纪之前，连续重整装置的再生气脱氯多采用碱洗脱氯工艺，在运行过程中发现碱洗脱氯的不足之处在于设备投资大、工艺流程复杂、操作控制技术难度大、废水碱渣需要处理、设备腐蚀仍存在。2000 年以后，再生气的固体脱氯技术逐渐取代了碱洗脱氯，并取到了较好的效果。

但对再生气的固体脱氯工艺，CCR 装置的类型对其有不同的要求。

1）对于国产技术（SLCR 和逆流床）以及 Axens 公司的 CCR 装置，再生气的固体脱氯存在 2 种不同的工况：一是再生循环气的固体脱氯工艺；二是再生放空气的固体脱氯工艺，以 1.0Mt/a 连续重整装置规模计，二者的工艺条件见表 4-5-11。

表 4-5-11　国产 SLCR、逆流床及 Axens CCR 装置再生气工艺条件

项目	循环再生气工况	放空气工况
温度/℃	400~520	150~230
压力/MPa	0.55	0.52
流量/(kg/h)	~30000	~1000
H_2O/(mg/kg)	1000~2000	—
HCl/(mg/kg)	20~500	~2
N_2/%	80~90	80~90
O_2/%	0~8	0~8
CO_2/%	~16	~16

由表 4-5-11 可以看出，循环再生气中的氯主要是烧炭过程中从催化剂上流失的氯，而

放空气中的氯还有重整催化剂氯氧化过程中带来的氯。由于此类技术的重整催化剂的再生属于冷循环方式，需要在降温前脱除掉循环气中的氯，否则会严重影响循环气的再生系统，导致脱水罐腐蚀，存在爆裂的隐患。

2）对于 UOP 公司的 CCR 装置，由于再生单元循环气是热气循环，无脱氯工况，只有放空气为达标排放而采用脱氯技术，相对于其他类型 CCR 装置，UOP 公司的 CCR 装置放空气工况较为苛刻，而带有 Chlorsorb™氯吸附工艺的放空气工况更为苛刻，见表 4-5-12。

表 4-5-12　UOP 公司 CCR 装置放空气工艺条件

项目	放空气工况	Chlorsorb™氯吸附放空气工况
温度/℃	~580	~138
压力/MPa	0.35	0.35
流量/(kg/h)	~900	~900
H_2O/%	~6	~10.8
HCl/%	~1500	~2149
N_2/%	80~90	72.3
O_2/%	0~8	0.2
CO_2/%	~16	~16.5

对于 UOP 公司 CCR 装置的放空气中的影响，主要是带有 Chlorsorb™氯吸附工艺的放空气工况中，放空气换热器的低温部位存在严重的盐酸腐蚀问题，见图 4-5-4，由于放空气中的氯含量极高，换热器腐蚀极为频繁，有的装置 2、3 个月就需更换腐蚀泄漏的换热器。

Chlorsorb™脱氯工艺的连续重整装置运转结果表明：重整催化剂的比表面积下降速率明显高于没有 Chlorsorb™脱氯工艺的重整催化剂，成为影响重整催化剂催化性能的潜在隐患，见图 4-5-5。

图 4-5-4　Chlorsorb™氯吸附
系统换热器腐蚀

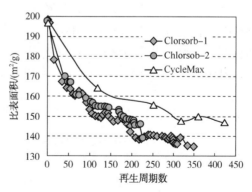

图 4-5-5　重整催化剂比
表面积与运转周期的关系

2. CCR 装置再生烟气固体脱氯技术

由于碱洗脱氯技术存在的不足，对于国产及 Axens 公司的 CCR 装置的循环气以及放空气的脱氯，可以用固体脱氯技术很好地解决问题。

对于国产 CCR 装置以及 Axens 公司的再生循环气固体脱氯技术，流程示意图见图 4-5-6。

对于 UOP 公司的一代、二代、CycleMax 公司的 CCR 装置的碱洗脱氯以及 Chlorsorb™ 氯吸附技术，采用固体脱氯技术，流程示意图见图 4-5-7。

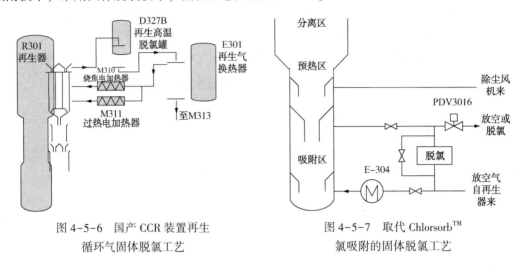

图 4-5-6　国产 CCR 装置再生　　　　　　　图 4-5-7　取代 Chlorsorb™
循环气固体脱氯工艺　　　　　　　　　　氯吸附的固体脱氯工艺

采用固体脱氯技术可以达到以下的目的：①放空气中的氯化氢清洁排放（小于 0.5μg/g）；②消除换热器的腐蚀；③降低再生气中的水对重整催化剂比表面积的冲击影响，有效延长重整催化剂使用寿命。

对于循环再生气的固体脱氯，建议采用 2 个串联的可切换操作的工艺流程，通过控制前区脱氯反应器出口产物中的氯含量低于 0.5μg/g 甚至更低，就可以保证后区脱氯反应器出口产物中的氯含量低于 0.1μg/g，如此可以消除再生气干燥部分脱水罐的腐蚀。而对于放空气的固体脱氯，采用单罐流程即可满足放空气的排放要求。

3. CCR 装置再生烟气固体脱氯技术的工业应用

针对 CCR 装置重整再生气（包括循环气和放空气）的工艺特点，石科院开发了 2 种再生烟气脱氯剂（工业牌号：GL-1 和 RDG-100）。2 种脱氯剂不含污染重整催化剂的组分，不会对催化剂活性产生影响，脱氯剂具有穿透氯容高、强度高、不泥化、不易结块、易拆卸等特点。2 种脱氯剂在国产 CCR 装置、Axens 公司以及 UOP 公司的 CCR 装置上均得到良好的效果[4,5]。

GL-1、RDG-100 脱氯剂的物化性质和技术指标见表 4-5-13，工业使用条件见表 4-5-14。

表 4-5-13　GL-1、RDG-100 再生烟气脱氯剂的技术指标

项目	指标	
脱氯剂	GL-1	RDG-100
外观	灰白色条状或球形	灰白色条状或球形
规格/mm	$\Phi(3\sim4)\times(5\sim10)$	$\Phi(2\sim5)\times(5\sim10)$
堆密度/(g/mL)	0.70±0.05	0.65±0.05
强度/(N/cm)	≥100	≥80

表 4-5-14　GL-1、RDG-100 脱氯剂的工艺条件

项目	指标
操作压力/MPa	0.1~2.0
操作温度/℃	150~55
体积空速/h^{-1}	≤1000

4. 在国产 1.2Mt/aCCR 装置上的应用

国产 1.2Mt/a 连续重整装置属第三代技术，于 2012 年建成投产，催化剂再生流程采用"干冷循环回路"，再生循环气和放空气均采用固体脱氯技术。

脱氯装置自 2012 年 9 月 15 日投产，到 2013 年 4 月 15 日期间，脱氯反应器出口的氯化氢含量低于 0.5μg/g，到 4 月 16 日前脱氯反应器穿透，前脱氯反应器平稳运转 210 天，见表 4-5-15。

对于放空气脱氯，脱氯装置从 2012 年 9 月 15 日投产到 2014 年 10 月 15 日期间，脱氯反应器出口的氯化氢含量低于 0.5μg/g，到 16 日脱氯反应器穿透，平稳运转 2 年多，达到了清洁排放的标准。

表 4-5-15　再生循环气脱氯反应器运转数据

日期	脱氯罐氯含量/(μg/g)		脱氯罐温度/℃		脱氯罐压力/MPa	
	入口	出口	入口	出口	入口	出口
2012-09-17	50	<0.5	477	453	0.48	0.46
2012-10-15	60	<0.5	486	463	0.49	0.47
2012-11-19	55	<0.5	484	462	0.48	0.46
2012-12-20	71	<0.5	485	462	0.48	0.46
2013-01-16	50	<0.5	482	462	0.48	0.46
2013-02-20	52	<0.5	481	461	0.49	0.47
2013-03-18	55	<0.5	483	462	0.48	0.46
2013-04-15	62	<0.5	482	462	0.48	0.46
2013-04-16	65	1.3	483	460	0.48	0.46

5. 取代 UOP 公司 Chlorsorb™氯吸附的固体脱氯技术应用

某炼厂 1.00Mt/a CCR 装置属 UOP 公司第三代 CycleMax 技术，放空气采用 Chlorsorb™氯吸附技术，该装置的放空气氯吸附系统的换热器在运行过程中多次出现腐蚀，同时，重整催化剂的比表面积下降速率加快，为此采用石科院开发的固体脱氯技术取代 Chlorsorb™氯吸附技术。

固体脱氯装置从 2013 年 12 月 18 日投产到 2014 年 6 月 18 日，前脱氯反应器出口的氯低于 1μg/g，平稳运转 6 个月，达到了技术保证值，运转数据见表 4-5-16。

固体脱氯技术取代 Chlorsorb™氯吸附技术工业试验结果表明：①固体脱氯技术取代 Chlorsorb™氯吸附技术可以消除装置的氯腐蚀隐患；②连续重整催化剂的比表面下降速率大幅减缓，重整催化剂的再生周期增加 100 次以上，催化剂总的运转寿命增加，放空气排放达到了清洁排放；③放空气氯的排放指标低于 1μg/g(国家标准≤10μg/g)的排放标准，做到了清洁排放。

表 4-5-16　固体脱氯反应器运转数据

日期	脱氯罐氯含量/(μg/g)		脱氯罐压力/MPa	
	入口	出口	入口	出口
2013-12-18	1250	<1	0.27	0.26
2014-01-15	1300	<1	0.27	0.26
2014-02-19	1200	<1	0.27	0.26
2014-03-19	850	<1	0.27	0.26
2014-04-16	800	<1	0.27	0.26
2014-05-20	900	<1	0.27	0.26
2014-06-18	880	<1	0.27	0.26
2014-07-16	930	2	0.27	0.26

6. 影响连续重整再生烟气脱氯技术的因素

连续重整循环再生烟气脱氯技术在应用过程中存在以下影响因素：①重整催化剂的粉尘影响：从再生段出来的再生循环气不可避免地携带了重整催化剂的粉尘，有可能沉积于脱氯罐，造成沟流甚至堵塞影响脱氯罐的运行；②再生循环气氯含量的变化：重整催化剂在运行初期，持氯能力强，循环烟气中氯含量最少，重整催化剂在运行末期，比表面积的下降导致持氯能力降低，循环烟气中氯含量会增加 50% 左右，影响脱氯剂的运行周期。所以对于再生烟气的脱氯，特别是循环烟气的脱氯，加强脱氯罐出口氯的监测至关重要。

六、结论

1）重整装置是炼厂重要的炼油装置之一，维持重整装置的平稳运转对炼厂来说至关重要，而脱氯技术作为重整装置的辅助技术，防止装置和设备的腐蚀和堵塞同样起着重要作用。

2）不同的脱氯部位有着不同的工况和脱氯要求，脱氯剂的开发及选择要在满足不同工况和脱氯要求的前提下，最大限度地提高其吸附氯的能力。

3）消除或减缓重整装置中氯的腐蚀和堵塞问题需要从重整原料的质量控制、不同脱氯工况所适用的脱氯剂的选择、脱氯工艺及操作的优化、脱氯装置实时运行监测、准确而及时的分析数据等方面综合考虑。

第六节　重整生成油脱烯烃

苯、甲苯和二甲苯(BTX)等轻质芳烃是重要的有机化工原料，其主要来源于石脑油的催化重整反应，重整生成油中富含芳烃并含有少量的烯烃。由于烯烃(特别是微量的二烯烃)的性质比较活泼，对芳烃联合装置中的芳烃抽提以及下游装置的设备、PX 吸附剂和歧化催化剂等的性能会有不同程度的影响[1~3]。随着重整装置加工原料日趋复杂多样化(重质化、劣质化)，重整催化剂的反应苛刻度越来越高，重整生成油中的烯烃含量呈显著上升的趋势。由于大多数芳烃精制装置仍采用传统的工业颗粒白土脱除烯烃的工艺，特别是对于 C_{8+} 混合芳烃馏分，由于含有胶质等容易使白土失活的重组分，导致白土更换频率越来越高，有些企业所使用的颗粒白土甚至一周左右就需要更换一次，不仅造成工人劳动强度非常大，而且白土的用量也非常大。废弃的白土属于危废品，其中含有一定量的重芳烃，填埋或烧焦处理会给环境带来严重污染，后处理费用也较高，导致白土综合使用费用居高不下。近年来，也有采用含分子筛脱烯烃催化剂非加氢催化脱烯烃的方法[4,5]，虽然其使用寿命比白土延长，但仍存在单程寿命相对较短、需要不断卸剂再生（属于危废转移）以及后处理填埋等环保问题。此外，由于颗粒白土和含分子筛精制催化剂的反应机理基本相似，主要发生烷基化、叠合和缩合等反应脱除烯烃，导致反应产物里利用价值不高的重芳烃含量增加，且反应产物的终馏点升高。因此，迫切需要一种绿色环保型的脱烯烃催化剂来替代工业颗粒白土和含分子筛精制催化剂。

其他脱除烯烃的方法主要是采用选择性临氢工艺，该工艺是指在临氢条件下，对全馏分重整生成油、C_{8+}混合芳烃馏分或抽余油中的烯烃进行选择性加氢，在芳烃不被加氢饱和的情况下，实现缓和加氢脱除其中的烯烃。与白土和含分子筛催化剂不同，采用临氢工艺脱除烯烃时，反应产物的终馏点不升高。在选择性临氢工艺中，一种是采用含有非贵金属（如 Co-Mo 或 Ni-Mo）催化剂催化加氢的方法，需要较高的反应温度（280~320℃）和较低的体积空速（1~2h⁻¹），芳烃损失大，且催化剂寿命短，目前该工艺及催化剂已被淘汰。另一种是采用贵金属（Pd、Pt）加氢精制催化剂的低温加氢工艺，反应苛刻度较低，反应温度为120~170℃，反应压力为 1.0~2.4MPa，芳烃损失小于 0.2%，同时催化剂能够长周期稳定运转。失活后的催化剂采用器外再生方式，废弃催化剂中的 Pd、Pt 等贵金属可以委托有危废处理资质的企业进行高效回收。选择性加氢工艺可分为普通滴流床加氢工艺[6,7]和液相加氢工艺[8]。滴流床加氢工艺采用常规工艺流程，液相加氢工艺采用镶嵌工艺流程，在重整脱戊烷塔进料前、重整产物预分馏塔前或二甲苯白土塔前镶嵌一个加氢反应模块，通过少量补充氢气就可以达到脱烯烃的目的。贵金属催化剂不足之处是一次性投资大，但从长期投资、长稳优操作、经济和社会效益以及环保等方面综合考虑，采用重整生成油液相加氢脱烯烃工艺和催化剂是今后发展的必然趋势。

一、白土脱烯烃

（一）白土的物化性质

白土是一种具有吸附和催化功能的固体酸性物质，以含蒙脱石（天然蒙脱石是由硅氧四面体和铝氧八面体所组成的 2∶1 层状结构的硅铝酸盐晶体）的膨润土为原料，经一系列加工过程制得。其典型制备工艺流程如下[9]：原矿→破碎→酸化→洗涤→过滤→成型（外加助挤剂、黏结剂）→热处理→后处理→筛分→颗粒白土。

我国于 1979 年开始研制颗粒白土，20 世纪 80 年代中期，上海石化总厂先后与浙江临安、湖北鄂州合作开发了 NC-01 及 JH-01 颗粒白土以取代 Tonsil 和 Filtrol 等进口的颗粒白土。另外，兰州石化公司、金陵分公司研究院、辽宁义县颗粒白土厂也开发了颗粒白土，主要用于重整装置芳烃精制及直馏喷气燃料脱色等。颗粒白土因制备工艺和原料产地的不同，其物化性能差异较大，国内外不同颗粒白土典型的物性数据见表 4-6-1[10]。

表 4-6-1　颗粒白土的典型物性数据

项目	Filtrol-24	Tonsil	JH-01	NC-01
比表面积/(m^2/g)	369	110	297	155
孔容/(cm^3/g)	0.40	0.19	0.39	0.22
平均孔半径/Å	21.5	34.8	26.2	30.8
压碎强度/(N/粒)	1.55	0.55	1.84	0.58
堆密度/(g/mL)	0.74	0.88	0.84	0.86
游离酸(以 H_2SO_4%计)	0.77	0.20	0.14	0.19
表面总酸量/(mmol/g)	0.68	0.20	0.54	0.51
溴指数/(mgBr/100g)	1.14	1.30	0.94	0.90

在颗粒白土的制备研究中，通常采用优化膨润土的酸化条件、焙烧条件以及引入助剂来改善白土的孔道结构、调变酸性，从而提高白土的脱烯烃性能[11~13]。

（二）白土脱烯烃作用机理

颗粒白土脱除芳烃中烯烃的反应机理有物理吸附作用，也有催化作用。由于颗粒白土具有很强的吸附性能、大的比表面积和孔容，可以将芳烃中的部分烯烃吸附在颗粒白土的微小空隙和表面上，以达到脱除烯烃的目的。但物理吸附具有一定的饱和度，当颗粒白土表面和空隙内的空间被烯烃吸附饱和不能再吸附烯烃时，即可认为颗粒白土失活[14]。

在反应温度为 150~200℃ 的范围内，烯烃会在颗粒白土的酸性活性中心上进行烷基化和聚合反应，生成大分子化合物以除去芳烃中的烯烃。这些大分子化合物大部分被芳烃物料从颗粒白土表面带走，然后在精馏段中与芳烃分离；小部分由于和蒙脱石晶粒之间的色散力及静电化学吸附作用被颗粒白土表面吸附，被吸附的大分子化合物部分进入孔道内进一步发生聚合，生成积炭，逐渐覆盖颗粒白土的酸性活性中心，堵塞孔道，使颗粒白土失活[15]。烯烃在颗粒白土上的反应一般在液相中进行，因此需要在一定的系统压力下防止物料汽化，当精制在液相中进行时，生成的反应物在液相中可以随物料离开反应中心，使颗粒白土的活性下降变慢。

烯烃与芳烃的烷基化反应是一个酸式催化反应，通过生成碳正离子中间体进行[16-17]。这要求固体酸催化剂具有一定的酸性，使反应物分子转化为碳正离子以进行烷基化反应。通过固体酸催化剂的酸中心作用，烯烃以两种方式转化为碳正离子：一种方式是固体酸催化剂中的 L 酸脱去烯烃的一个氢负离子生成碳正离子；另外一种方式是 B 酸酸中心进攻烯烃双键中的 π 电子以形成碳正离子，两种方式如下所示。

烯烃与 L 酸作用：

$$RCH_2-C=CH_2+L \longrightarrow R-C \overset{+}{\cdots} CH_2+LH^-$$

烯烃与 B 酸作用：

$$RCH=CH_2+H^+ \leftrightarrow R\overset{+}{C}HCH_3$$

芳烃中的多元环是一个闭合的共轭体系，π 电子均匀分布在苯环上，其电子云很容易极化形成供电子中心。而碳正离子较不稳定，很容易接受电子趋于稳定，因此碳正离子可以与共轭 π 电子相互作用生成 π 络合物，在一个碳原子上通过 σ 键形成比较稳定的 σ 络合物，最后反应生成烷基苯并释放一个质子酸，反应式如下：

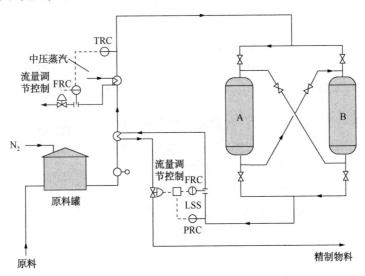

(三) 白土精制工艺流程图

从催化重整生成油经溶剂抽提得到的混合芳烃中含有微量的烯烃，一般需要采用颗粒白土进行液相精制处理，以除去其中的烯烃。典型的白土精制工艺流程如图 4-6-1 所示[18]。混合芳烃物料经换热和加热后进入白土塔，进行固液接触，使烯烃发生吸附、叠合和缩合反应，从白土塔塔底出来的混合芳烃与进料换热后送至相关芳烃精馏塔。一般设置 2~3 个白土塔，既可以并联使用，也可以串联使用。

图 4-6-1　典型白土精制工艺流程图

（四）影响白土使用的因素

影响颗粒白土使用寿命的因素主要为操作温度、空速、烯烃含量、胶质及投用方式等。由于正常生产中负荷相对稳定，因此空速变化很小，主要是进料烯烃含量、胶质和操作温度对白土寿命造成影响。白土塔操作的主要控制参数是入口温度，白土的催化作用受温度影响很大，随着操作温度的提高，白土的催化作用增强，但高温的反应基本上是烯烃与苯系物的烷基化反应，会导致芳烃损失。因此，在白土投用初期，为了降低反应烈度、降低芳烃损失，一般都在较低的温度下进行，随着使用时间的延长和性能的下降逐渐提高反应温度，但初期温度又不能过低，低温下白土的活性不足，无法满足脱除烯烃的需要。从另一个方面看，较高的温度是一个不利的因素，因为为了保持进料处于液相状态，必须采用较高的压力，主要是防止白土床层中的芳烃汽化现象，而且可能还需要额外的加热能力。此外，过高的温度（如高于200℃）可能会加剧烷基转移等副反应而使 C_8 芳烃损失增大。当温度高于150℃时催化功能占优势；温度低于150℃时，吸附能力高，但催化活性过低，致使白土的使用寿命因吸附趋于饱和而较短。对于给定的进料质量，提高温度可相应地延长白土的使用寿命。因此，通常白土的使用温度范围为150~200℃，压力为1.0~1.5MPa，质量空速0.5~2h^{-1}。在进料空速较稳定的情况下，进料溴指数为600 mgBr/100 g，以出口溴指数超过200 mgBr/100 g 为失活基准，白土使用寿命与进料烯烃含量的关系、操作温度与寿命的关系如图4-6-2、图4-6-3所示[19]。

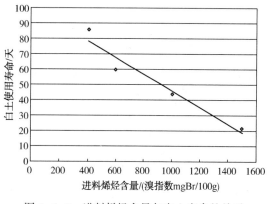

图4-6-2　进料烯烃含量与白土寿命的关系

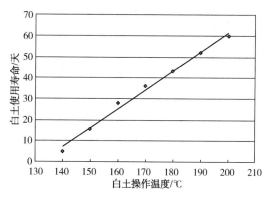

图4-6-3　操作温度与白土寿命的关系

另外，在加工重质原油时，反应苛刻度高时，重整原料干点高，重整生成油中烯烃含量特别是重质烯烃含量也逐渐升高，胶质含量也增加，这些大分子物质会堵塞孔道，因此白土的寿命会明显缩短。随着重整苛刻度的不断提高以及原料复杂多样化，白土的脱烯烃效果已越来越无法满足实际生产的要求。

使用颗粒白土脱除芳烃中的微量烯烃，工艺简单、操作方便，但白土性能较低，使用寿命短，需频繁更换，失活后的白土由于再生后性能较低，基本上作为废弃物处理，不利于环境保护。

二、分子筛精制催化剂

（一）脱烯烃催化材料的选择

大多数分子筛是通过其酸性作用起到催化作用的，其反应性能还与分子筛的孔道大小密切相关。因此，在选择催化材料时，要充分考虑其孔道大小、酸性和水热稳定性等因素。脱烯烃催化剂采用具有较多酸性中心的分子筛作为活性组分，并采用一定量的助剂对酸强度进行调变，使催化剂获得更高酸量的同时也获得合适的酸强度和酸分布，从而提高活性和稳定性。

脱烯烃过程主要发生烷基化和聚合等反应。烷基化催化反应是在分子筛孔道内进行的，而分子筛的孔径大小不同，其反应性能与催化剂的孔道大小有关。表 4-6-2 和表 4-6-3 分别列出了芳烃分子的直径与分子筛孔径的大小情况。臧高山[2]对不同分子筛催化材料对脱烯烃反应效果影响的研究结果表明，含分子筛催化剂对反应物和产物分子的形状和大小表现出较大的选择性。选用脱烯烃催化材料时应该首先考虑其孔径大小对催化剂脱烯烃性能的影响，可优先考虑选择 Y、MCM-22 等分子筛作为主要的活性组分。

表 4-6-2　几种芳烃分子的动力学直径[20]

芳烃分子	动力学直径/nm
苯	0.58~0.67
甲苯	0.67
间二甲苯	0.63~0.74
邻二甲苯	0.63~0.74

表 4-6-3　不同分子筛的孔径大小[20,21]

分子筛	有效孔径/nm
Y	0.7~0.9；有超笼
MCM-22	0.4×0.59；0.4×0.54；有超笼(0.71×0.71×1.82)
β	0.55×0.55；0.75×0.75
HM	0.4~0.66
SAPO-34	0.43~0.50
SAPO-41	0.6~0.65
ZSM-5	0.54×0.56；0.51×0.55
MCM-41	2~4

（二）分子筛精制催化剂脱烯烃反应机理

为了研究分子筛催化剂脱除芳烃中烯烃的机理，对在反应温度 200℃、压力 1.0 MPa、质量空速为 10h^{-1}的条件下，采用某芳烃厂 C$_{8+}$ 混合芳烃原料 A 考察了颗粒白土 A 和石油化工科学研究院开发的 TOR-1 催化剂[18]的脱烯烃反应初期的产物，用色谱-质谱(GC-MAS)联用的方法进行了分析，如图 4-6-4(a)、(b)所示。从图中可以看出，原料 A 反应前后的组成在保留时间 70min 以前从谱图上看不出有明显差异之处，但在保留时间 74~87min 范围的谱图上有明显差异，反应产物里新的物质生成，而且新物质较重，其中 TOR-1 催化剂反应产物中新物质的数量高于白土 A。通过质谱分析结果放入对比可以发现，TOR-1 和白土 A 的反应产物中新出现重物质的可能结构主要是烯烃与芳烃烷基化或叠合反应产物，见表 4-6-4。

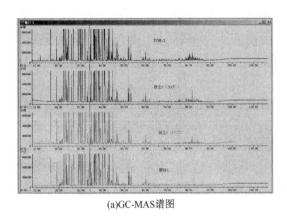

(a)GC-MAS谱图

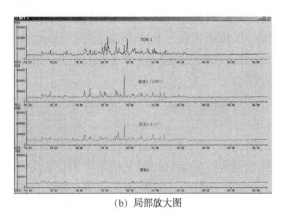

(b) 局部放大图

图 4-6-4　脱烯烃催化剂和白土反应产物 GC-MAS 谱图

表 4-6-4　催化剂反应产物质谱分析结果

保留时间/min	重物质可能的结构
79.80	
80.78，81.50	
80.20，81.69	
83.40	

为了进一步研究分子筛催化剂脱除芳烃中烯烃的机理，用分析纯的混合二甲苯与 1-辛烯配成原料，在反应温 180℃、压力 1.0 MPa、质量空速为 10h⁻¹ 的条件下，考察了 TOR-1 催化剂的脱烯烃反应，对反应前后的芳烃组分进行分析，通过质谱分析其产物组成，研究催化剂的反应机理，见表 4-6-5。

表 4-6-5　TOR-1 催化剂反应的原料及产物组成分析结果%

组成	1-辛烯	苯	甲苯	乙苯	二甲苯	其他
原料	4.01	1.12	3.06	58.02	33.79	—
反应 1h 产物	2.12	0.50	0.11	57.62	33.49	6.16

从表 4-6-5 可以看出，原料中主要是 1-辛烯、苯和甲苯发生了反应，乙苯与二甲苯虽

然参与反应，但反应量较少。这可能是因为二甲苯含有两个甲基，乙苯中含有一个乙基，这些基团的体积比甲苯中的一个甲基基团大，空间位阻影响较大，因此发生反应的可能性较小。甲苯的空间位阻虽然比苯大，但甲苯中的甲基表现出供电子的诱导效应，这使得苯环上电子密度增加，因此甲苯的反应活性较高。

将反应后的重产物做质谱分析，经分析得出主要产物分子式为 $C_{16}H_{26}$、$C_{15}H_{24}$ 和 $C_{14}H_{22}$。$C_{15}H_{24}$ 为甲苯与 1-辛烯的反应产物，$C_{16}H_{26}$ 为二甲苯与 1-辛烯的反应产物，$C_{14}H_{22}$ 为苯与 1-辛烯的反应产物，均为烷基化反应产物。其反应方程式为：

脱烯烃催化剂采用具有较多酸性中心的分子筛作为活性组分，并采用一定量的助剂对酸强度进行调变，使催化剂在获得更高酸量的同时也获得合适的酸强度和酸分布，从而提高了活性和稳定性。从表 4-6-6 催化剂的红外酸量分析结果可以看出，白土的 B、L 酸量都比较低，而含分子筛的催化剂均有较高的酸量，无论是 B 酸量还是 L 酸量都是白土的 3 倍以上。

表 4-6-6　催化剂的红外酸性分析结果

催化剂	弱酸量（200℃）			强酸量（350℃）		
	L 酸量/(μmol/g)	B 酸量/(μmol/g)	B 酸量/L 酸量	L 酸量/(μmol/g)	B 酸量/(μmol/g)	B 酸量/L 酸量
白土 A	0.125	0.049	0.39	0.114	0.016	0.14
TOR-1	0.516	0.469	0.91	0.418	0.373	0.89

注：B、L 酸量计算时以峰高作为吸光度。

催化剂的表面酸量和酸强度对烷基化反应有重要影响，其中 B 酸中心是反应的主要活性中心[22]，L 酸中心起辅助作用，另外 B 酸和 L 酸的比例关系也对反应行为有一定的影响。在强酸中心反应物料会发生裂解或者深度聚合，从而造成芳烃损失。因此，通过对脱烯烃催化剂的 B 酸、L 酸进行合适的调变，可以抑制裂解及深度聚合反应的发生，使得催化剂相对于工业白土表现出较高的催化活性和稳定性。

（三）分子筛精制催化剂及白土脱烯烃失活机理

影响颗粒白土和分子筛精制催化剂使用寿命的因素有反应温度、压力、空速、原料性质、白土类型和含水量等。其中反应温度、空速和原料性质是主要影响因素。

在反应温度 200℃、压力 1.0 MPa、质量空速为 $10h^{-1}$ 的条件下，白土 A 和 TOR-1 催化剂采用原料油 A 的反应产物性质见表 4-6-7。从表中可以看出，白土 A 和 TOR-1 催化剂在反应初期和中期反应产物的终馏点和胶质含量要明显高于原料油 A，这说明在反应过程中产生了较重物质，这些物质部分被白土或催化剂选择性地吸附，部分存在于反应产物中，当白土或催化剂上沉积的重积聚物越多或速度加快，这些积聚物会因堵塞接触活性部位的通道而导致白土或分子筛催化剂的活性降低，进而使其失活。

表 4-6-7 催化剂反应产物性质

催化剂	反应产物性质	反应时间/h			
		24	48	96	216
白土 A	初馏点/终馏点/℃	143.5/213.5	141/213.5	140.6/209.3	—
	胶质含量/(mg/100mL)	69.7	63.4	10.0	
TOR-1	初馏点/终馏点/℃	141.4/215.9	—	142/215.1	143.5/210
	胶质含量/(mg/100mL)	96.4	—	35.2	14.7

孙绪江等[23]对失活和新鲜颗粒白土的 UV-Vis 吸收光谱图进行分析发现，失活颗粒白土在 348nm、431 nm、446 nm、520 nm 和 645nm 处出现吸收峰，表明在白土表面不仅存在多烷基苯，而且存在稠环芳烃沉积物，据此结果可以推测在失活颗粒白土表面形成了较大分子的有机沉积物。因此白土失活主要是其表面吸附了较大分子的稠环芳烃或高终馏点化合物而形成积炭，造成白土的孔道尤其是微孔孔道被堵塞，导致白土的比表面积和孔容大幅度降低，同时表面酸中心数目明显减少，从而造成白土失活。上面的研究也表明，由于白土的比表面积和酸性中心数目相对较低，当积炭量超过 3%时，白土就已经失活[24]。另外，由失活白土与新鲜白土的 X 光衍射谱图(图 4-6-5)表明，二者主要由蒙脱石及石英杂质组成，没有明显的差异。由于颗粒白土的使用温度(150~200℃)较低，不会造成其晶体结构发生本质变化，即颗粒白土失活并非其物相组成的原因。

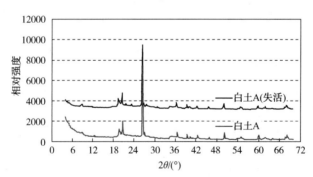

图 4-6-5 新鲜与失活白土 A 的 XRD 谱图比较

另外，在脱烯烃催化剂[3]使用过程中，尤其是新鲜或再生催化剂开工初期，还存在二甲苯烷基转移生成甲苯、苯和 C_9 芳烃等副反应，这都将加快脱烯烃催化剂上的不溶性高聚物的生成速度，由于这些沉积物堵塞了通往活性中心的通路，从而降低了脱烯烃催化剂的活性和稳定性。

根据研究和工业应用结果，颗粒白土一般积炭 3%后就失活，而含分子筛催化剂积炭 13%以上才失活[2,18]。一般脱烯烃精制催化剂失活过程并未造成骨架的明显破坏，反应过程中形成的大量积炭沉积在催化剂表面及堵塞孔道是造成催化剂失活的主要原因[25]。失活的催化剂由于其活性中心被积炭覆盖，其比表面积、孔容及酸量降低，因此需要必要的再生处理。

（四）分子筛精制催化剂的再生性能

在工业上能成功推广应用的脱烯烃催化剂不仅需要有好的活性和稳定性，而且还需要有较好的再生性能。

不同分子筛催化剂因孔道结构和酸性不同，其脱烯烃反应性能和再生性能也有不同程度的差异[2]。在反应温度 200℃、压力 1.0MPa、质量空速 10h⁻¹ 的条件下，采用原料油 A 考察了 TOR-1 催化剂的再生性能，见图 4-6-6。从图中可以看出，与白土 A 和新鲜 TOR-1 催化剂相比，TOR-1 反复再生催化剂的性能良好。

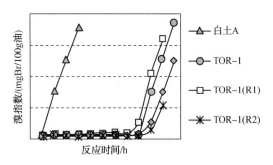

图 4-6-6　TOR-1 催化剂的再生性能

通过采用热重-质谱以及实验室烧焦对失活的白土 A 和 TOR-1 催化剂进行分析，失活颗粒白土表面的沉积物如果完全烧除需要在 600℃ 以上，而含有分子筛的 TOR-1 催化剂只要在 550℃ 左右即可烧掉积炭。从表 4-6-6 和表 4-6-8 可以看出，白土 A 烧焦仅一次后其酸性中心数目就损失较大，B 酸几乎全部流失，因此也就无法有效地进行再生。而再生第三次的 TOR-1(R3) 催化剂仍然有较多的 B 酸和 L 酸量。另外，由于 TOR-1 催化剂使用的分子筛具有较好的热(晶格崩塌温度大于 980℃)和水热稳定性，因此 550℃ 再生后 TOR-1 (R3)催化剂仍然保持较高的结晶保留度。

表 4-6-8　催化剂的红外酸性分析结果

催化剂	弱酸量(200℃)			强酸量(350℃)		
	L 酸量/ (μmol/g)	B 酸量/ (μmol/g)	B 酸量/ L 酸量	L 酸量/ (μmol/g)	B 酸量/ (μmol/g)	B 酸量/ L 酸量
白土 A(烧焦后)	0.109	0.013	0.12	0.109	0	0.00
TOR-1(R3)	0.347	0.431	1.24	0.265	0.316	1.19

注：B 酸、L 酸量计算时以峰高作为吸光度。

从以上的研究可以得知，脱烯烃催化剂的再生性能与分子筛的孔结构、酸性也有较大关系。含分子筛催化剂由于失活时积炭含量较高，且一般不设置在线再生设施，因此必须进行器外再生处理。卸剂前需要进行彻底的蒸汽和氮气吹扫处理。

（五）分子筛精制催化剂的工艺流程图

由于白土和含分子筛精制催化剂的脱烯烃机理和失活机理基本相似。与颗粒白土工艺流程相同，分子筛精制催化剂的精制工艺流程如图 4-6-1 所示。一般也设置 2~3 个脱烯烃塔，既可以并联使用，也可以串联使用[18,26]。串联使用时颗粒白土放在前面，分子筛精制催化剂放在后面；也可以两个罐单独、并联或串联使用分子筛精制催化剂。

（六）影响分子筛精制催化剂使用的因素

与白土相同，影响分子筛精制催化剂使用寿命的因素主要为操作温度、空速、烯烃含量、胶质及投用方式等。不同分子筛催化剂由于其孔结构性质及酸性有差异，因此其性能也有所不同。由于分子筛精制催化剂初期活性高，一般初期反应温度在 130℃ 左右，随着催化剂活性降低，逐渐提高反应温度，末期使用温度在 200℃ 左右。由于白土塔装填体积固定，分子筛催化剂的堆比约为白土的 80%。因此，在加工负荷一定的情况下，分子筛催化剂的反应空速是白土的 1.25 倍。为了保证分子筛催化剂的寿命，一般要求反应原料的溴指数不大于 1500mgBr/100g，胶质含量不大于 20mg/100mL。

三、加氢脱烯烃

（一）选择性加氢脱烯烃反应机理

选择性加氢脱烯烃是指在临氢条件下，对重整生成油及抽余油进行选择性加氢脱除烯烃，在芳烃不被加氢饱和的情况下，实现深度、缓和加氢脱除其中的烯烃。在选择性加氢脱烯烃过程中可能发生的反应主要有：

单烯烃的加氢反应：

$$R_1-CH=CH-R_2+H_2 \longrightarrow R_1-CH_2-CH_2-R_2 \tag{1}$$

双烯烃的加氢反应：

$$R_1-CH=CH-CH=CH-R_2+2H_2 \longrightarrow R_1-CH_2-CH_2-CH_2-CH_2-R_2 \tag{2}$$

加氢裂化反应：

$$R_1-CH_2-CH_2-R_2+H_2 \longrightarrow R_1-CH_3+R_2-CH_3 \tag{3}$$

芳烃加氢饱和反应：

$$C_nH_{2n-6}+3H_2 \longrightarrow C_nH_{2n} \tag{4}$$

其中，反应式（1）和（2）是希望发生的反应；而反应式（3）和（4）是不希望发生的反应，属于副反应，需要加以抑制。

烯烃的加氢反应，一般是在含Ⅷ族金属（如 Pd）催化剂的表面上进行[27]，这是由于Ⅷ族金属的 d 空穴适度（一般而言，过渡金属的 d 空穴太多，吸附太强；而 d 空穴太少，吸附太弱），对 H_2 的吸附强度适中，活性最高。H_2 分子在催化剂表面上解离化学吸附的活化能 E_a 比氢分子的解离能 DH-H 要小得多，催化剂实际上起到了降低解离能的作用。催化剂化学吸附氢气和烯烃，在金属表面先形成金属的氢化物和烯烃结合的络合物，然后在金属表面上金属氢化物的一个氢原子和双键碳原子结合，得到的中间体再与另一金属氢化物的氢原子生成烷烃，然后烷烃脱离催化剂表面，这就是通常认为的烯烃加氢反应过程。

由于重整生成油选择性加氢时会发生油品中重组分等热敏性物质的强吸附等可逆性失活现象，单 Pd/Al_2O_3 因稳定性差而不能满足重整生成油全馏分选择性加氢脱烯烃的要求。因此，可在单 Pd/Al_2O_3 的基础上采用添加助剂的方式，使助活性组分与 Pd 发生相互作用，进一步提高催化剂的活性、选择性和稳定性[28]。相对于 Rh、Pt 和 Ni 等金属而言，由于 Pd 金属对二烯烃和单烯烃选择性更好，同时在较低操作温度和相同烯烃转化率的条件下，能使本已极少的芳烃加氢副反应降到最低程度。此外，Pd 比 Ni 具有更高的活性，因此催化剂所需的金属含量更低，同时由于 Pd 金属价格高，为了降低一次性投资过大，在保证催化剂脱烯烃性能的前提下尽量降低 Pd 含量。虽然 Ni 基催化剂可以在低质量空速（$1.0 \sim 2.0\ h^{-1}$）和温度 $60 \sim 80\ ℃$ 的反应条件下达到重整生成油选择性脱烯烃的目的，但可操作温度范围较窄，反应温度在 $100\ ℃$ 时的芳烃损失接近 33%[29]。

选择性加氢脱烯烃反应过程中涉及的重要术语如下：

（1）溴指数或溴价

溴指数或溴价（或叫作溴值）是衡量有机物中不饱和烃含量的一个指标。100g 样品所消耗的溴的克数称为溴价，而 100g 样品所消耗的溴的毫克数则称为溴指数。溴价或溴指数越高，则说明样品中不饱和烃含量越高，即不饱和度越高。随着重整生成油中烯烃含量的增加，其溴价或溴指数也逐渐增加。重整生成油的烯烃含量与溴价或溴指数基本上呈较好的线性关系。

（2）烯烃脱除率

烯烃脱除率是衡量催化剂临氢脱烯烃活性的指标。

$$烯烃脱除率=（原料溴指数-产物溴指数）/原料溴指数×100\%$$

（3）芳烃损失

芳烃损失是衡量临氢脱烯烃反应过程中芳烃加氢副反应发生程度的指标。

$$芳烃损失=（原料油总芳-生成油总芳×液收）/原料油总芳×100\%$$

（4）活性

在相同反应原料、反应压力和相同空速条件下，维持相同烯烃脱除率时的反应温度较低；或在相同反应原料、反应压力和相同反应温度时，烯烃脱除率高。这都表明催化剂具有较好的脱烯烃活性。

（5）选择性

在相同的反应条件下，如果反应产物的芳烃损失较小，且反应原料中的单烯烃和双烯烃都加氢成为相应的烷烃，说明催化剂的选择性好。

（6）稳定性

催化剂能够将其活性和选择性保持时间长短的量度。与活性和选择性的下降速率成反比。主要指的是在维持一定量的烯烃脱除率的情况下，脱烯烃反应温度提温速度较慢（积炭较慢），或催化剂的选择性变化较小，这都说明催化剂的稳定性好。

（二）不同选择性加氢脱烯烃工艺及催化剂

1. 滴流床脱烯烃工艺及催化剂

国外典型的脱烯烃工艺有美国 UOP 公司的 ORP 工艺和法国 Axens 公司的 Arofining 工艺[6]，工艺流程示意见图 4-6-7 和图 4-6-8。两种工艺的共同特点是均采用液相反应条件下将重整生成油的烯烃选择性加氢为饱和烃。ORP 工艺的反应条件比较缓和，物料采用上进下出反应模式，采用两个反应器轮流切换使用，采用 Ni 系催化剂。典型工业应用例子是能将溴指数为 2500mgBr/100g（烯烃质量分数为 1.32%）的重整生成油处理成溴值为 70mgBr/100g 的产物。催化剂每 6 个月再生一次，预期总寿命为 3 年。Arofining 工艺的反应条件也比较缓和，氢耗低，采用球形单 Pd 贵金属催化剂，可脱除高含量的烯烃，产品溴值小于 20mgBr/100g，芳烃损失小于 0.5%。该技术实际脱烯烃转化率在 70% 左右，但后面仍需配套白土脱烯烃工艺。

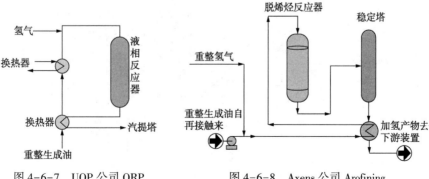

图 4-6-7　UOP 公司 ORP
脱烯烃工艺流程示意图

图 4-6-8　Axens 公司 Arofining
脱烯烃工艺流程示意图

　　中国石化大连石油化工研究院也开发滴流床重整生成油选择性加氢脱烯烃FHDO技术，其工艺流程如图4-6-9所示。该工艺流程特点是，原料进入选择性加氢反应器，加氢产物经油气分离后进入分馏单元，基本与ORP和Arofining工艺相同。FHDO重整生成油选择性加氢脱烯烃技术采用贵金属HDO-18催化剂，以Pd、Pt为复合活性金属组分，金属分布状态为有利于选择性加氢过程的薄壳型，具有良好的催化性能[30]。以上滴流床工艺进料都是采用上进下出的方式。

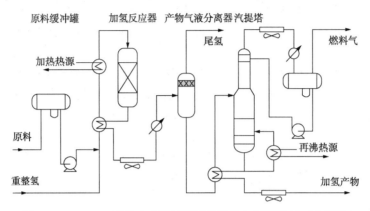

图4-6-9　FHDO重整生成油滴流床选择性加氢脱烯烃工艺流程

2. 重整生成油液相加氢脱烯烃工艺及催化剂

（1）FHDO重整生成油选择性液相加氢脱烯烃工艺及催化剂

　　中国石化大连石油化工研究院开发了重整生成油液相选择性加氢脱烯烃FHDO技术，其工艺流程如图4-6-10所示。该工艺以重整生成油全馏分为原料，采用补充氢气与重整生成油混合后的液相加氢技术，在缓和的工艺条件下完成加氢脱烯烃反应，原料是采用下进上出的方式。催化剂HDO-18采用齿球形改性氧化铝为载体，以Pt-Pd为活性组分，活性金属在载体颗粒表面呈蛋壳形分布。该工艺技术在工业应用时，在原料溴指数低于3000mgBr/100g时，可以基本满足生产需要。但原料溴指数高于4000mgBr/100g，脱烯烃转化率在70%左右，后续芳烃处理单元仍然需要串入白土，否则芳烃产品质量难以合格。

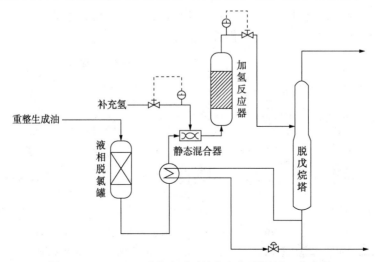

图4-6-10　FHDO重整生成油液相加氢脱烯烃工艺流程

（2）高效环保液相加氢脱烯烃工艺及催化剂

中国石化长岭分公司开发了一种 FITS 工艺技术[31]，该技术是由补充氢气纳米级微孔分散与重整生成油混合并采用管式反应器形式的液相加氢技术。反应系统不设液相循环泵。管式反应器技术特点是：结构简单，制造成本低；物流为平推流，返混小，无反应死区；多点定量给氢以便于合理供应反应氢气需求，减少氢气损耗；反应空速高，反应效率高。高度分散的微孔分散技术特点：微纳米级气泡大幅提高氢气和油品接触面积，促进氢气在油品中快速溶解，同时原料油携带的大量微纳米气泡中的氢气能够迅速弥补原料油在加氢过程中消耗的溶解氢，维持反应驱动力。

在实验室中型试验和工业侧线试验的基础上，2017 年 6 月在中国石化长岭分公司 700kt/a 连续重整装置配套的 FITS 工艺脱烯烃装置的 A 套反应器上，在反应温度 150 ℃、反应压力 1.65 MPa、质量空速 8～10 h^{-1}、氢油体积比 3～5 的条件下考察了石油化工科学研究院开发的 TORH-1 催化剂的脱烯烃反应性能，催化剂的物化指标见表 4-6-9，反应结果见表 4-6-10。TORH-1 催化剂以具有特殊孔道结构的新型氧化铝为载体，采用特殊浸渍方法制备了以 Pd 为主活性组元、Pt 为主助剂的 TORH-1 重整生成油临氢精制催化剂。采用竞争吸附剂优化了催化剂的活性组分引入方式，实现了活性组元的高度均匀分散，使活性组元更有效地发挥作用。

表 4-6-9 TORH-1 脱烯烃催化剂物化指标

项目	质量指标	项目	质量指标
Pt/%	≥0.08	比表面积/（m^2/g）	≥190
Pd%	≥0.19	孔体积/（mL/g）	0.60～0.70
助剂/%	专有	公称直径/mm	1.2～1.6
外观颜色	灰黑色	压碎强度/（N/cm）	≥100
外观形状	圆柱条	装填密度/（g/mL）	0.60±0.05

从表 4-6-10 可以看出，TORH-1 催化剂从开工初期到运转 730 天时，重整生成油的溴指数在 1810～2980mgBr/100g，加氢产物的溴指数小于 30 mgBr/100 g，烯烃脱除率在 99%左右。脱烯烃后的重整生成油颜色由黄绿色变为近水白色。试验过程中平均芳烃损失小于 0.2%。苯、二甲苯产品溴指数均小于 10 mgBr/100 g。工业应用结果进一步表明，TORH-1 催化剂具有好的脱烯烃活性、选择性和稳定性。截至 2019 年 9 月，TORH-1 催化剂已经平稳运行 2 年多，在反应条件基本不变的情况下，催化剂仍具有好的脱烯烃活性、选择性和稳定性。

表 4-6-10 TORH-1 催化剂用于 FITS 工艺的工业应用试验结果

运转时间/天	溴指数/（mgBr/100g）		烯烃脱除率/%
	原料	产物	
2	1 906	8	99.6
33	2697	14	99.5
52	2050	18	99.2
115	1950	13	99.3

续表

运转时间/天	溴指数/（mgBr/100g）		烯烃脱除率/%
	原料	产物	
142	1830	20	99.0
174	1810	18	99.0
249	2170	27	98.8
338	2 216	29	98.7
480	1 900	18	99.1
730	2 980	20	99.3

在 TORH-1 催化剂工业应用时，由于该催化剂为还原硫化态，催化剂装填且气密性试验合格后，既不需要干燥，也不需要现场还原和硫化，升温到 120℃ 直接进油，进油后反应产物的溴指数很快降至 20 mgBr/100 g 以下，开工方法简便、安全和环保。

在长岭分公司的工业应用试验的结果表明，TORH-1 催化剂和 FITS 工艺配套使用可使加氢重整生成油的溴指数控制在 30 mgBr/100 g 以下。根据重整生成油加氢前后的烯烃分布以及长岭分公司的工业应用结果，只要加氢重整生成油的溴指数控制在 200 mgBr/100 g 以下，苯抽提白土塔和二甲苯白土塔便可从系统中切除。因此，TORH-1 催化剂和 FITS 工艺配套使用可以完全替代白土。

2019 年 8 月 TORH-1 催化剂首次在盘锦浩业化工有限公司 1.20 Mt/a 连续重整装置配套的重整生成油 FITS 工艺脱烯烃装置上进行工业化应用，该重整装置设计既可生产高辛烷值汽油调和组分，也可生产苯、甲苯、混合二甲苯等轻质芳烃。重整装置原料以直馏石脑油为主，且 50% 以上石脑油为外购，因此重整原料复杂多样化。脱烯烃反应装置设置两个并联的 R205A/B 反应器。在反应温度 150℃、反应压力 1.65 MPa、质量空速 10 h^{-1}、氢油体积比 3~5 的条件下，TORH-1 催化剂的脱烯烃反应结果见表 4-6-11。

表 4-6-11　TORH-1 催化剂用于 FITS 工艺的首次工业应用结果

运转时间/天	溴指数/（mgBr/100g）		烯烃脱除率/%
	原料	产物	
2	3 680	24	99.3
6	4 780	100	97.9
8	7 720	187	97.6
57	3 940	14	99.6
163①	3 060	16	99.5
197	4 290	22	99.5
253	6 940	20	99.7
268	6 160	20	99.7
360	7420	31	99.6

①对 R205A 氢油混合器进行了优化改进（HER 技术）。

从表 4-6-11 可以看出，TORH-1 催化剂从开工初期到运转第 360 天，重整生成油的溴指数在 3060~7720mgBr/100g，加氢产物的溴指数小于 200mgBr/100g，烯烃脱除率在 97% 以上。尤其是盘锦浩业化工有限公司对 R205A 氢油混合器进行了优化改进（HER 技术），催化剂的烯烃脱除率在99.5%以上。苯抽提白土塔和二甲苯白土塔均未投用。脱烯烃后的重整生成油颜色由深黄绿色变为浅绿色，如图4-6-11所示。反应过程中平均芳烃损失小于0.2%。苯产品为优级品，分析结果见表4-6-12。首次工业应用结果进一步表明TORH-1催化剂具有好的脱烯烃活性、选择性、稳定性以及对复杂原料的适应性。

(a)重整生成油加氢前　　　(b)反应器R205B出口　　　(c)反应器R205A出口

图4-6-11　重整生成油脱烯烃前后颜色变化

表4-6-12　精苯产品质量

项目	分析结果
苯/%	99.99
铂钴色号/(Hazen 单位)	<15
酸洗比色重铬酸钾/(g/L)	<0.1
溴指数/(mgBr/100 g)	5.64

从TORH-1催化剂的中国石化长岭分公司工业应用试验及盘锦浩业化工有限公司的首次工业应用结果来看，与FITS加氢脱烯烃工艺以及盘锦浩业化工有限公司的改进工艺HER技术配套使用，在完全替代白土和含分子筛精制剂方面有如下五点优势：① 实现烯烃饱和，满足油品、芳烃的质量要求；② 改善油品颜色，提高产品的市场竞争力；③ 实现抽余油的烯烃饱和，可直接作为下游制乙烯的原料；④ 降低烯烃含量，改善抽提单元操作；⑤ 有效降低叠合、缩合反应产生的高干点重芳烃，提高高附加值产品收益。

（3）不同脱烯烃工艺技术的比较

对颗粒白土、分子筛精制、加氢脱烯烃等技术进行归纳总结[2,6,8,18,19,30,31]，见表4-6-13所示。

表4-6-13　不同脱烯烃技术对比

项目		颗粒白土	分子筛催化	滴流床加氢	高效液相加氢
原料	适应性	C_6+馏分、C_8+馏分	C_6+馏分、C_8+馏分	全馏分、C_6+馏分、C_8+馏分	全馏分、C_6+馏分、C_8+馏分
	溴指数(mgBr/100g)	<800	<1500	≥1500	≥1500

续表

项目		颗粒白土	分子筛催化	滴流床加氢	高效液相加氢
操作条件	反应温度/℃	150~200	130~200	120~190	120~170
	反应压力/MPa	0.9~1.5	0.9~1.5	1.2~3.0	1.2~2.2
	体积空速/h⁻¹	0.5~1.2	0.5~2.0	6~10	6~15
	氢油体积比	—	—	100~300	3~8
催化剂	数量	基准	少	较少	很少
	费用	基准	大	一次性较大	一次性较大
	填埋处理费用	基准	较少	很少	很少
	装卸费用	基准	较少	很少	很少
	单程寿命	短	是白土的8倍以上	~4年	~4年
	总寿命	短	是白土的24倍以上	~10年	~10年
	再生次数	不能	可以多次再生	可以多次再生	可以多次再生
	副反应类型	脱乙基、丙基	脱乙基、丙基	氢解、裂解	氢解、裂解
工艺流程		简单	简单	较复杂	简单
设备投资		基准	基准	很大	较大
操作难度		简单	简单	复杂	简单
能耗		较低	较低	很大	较低
产品质量		波动大，颜色和酸洗比色差	波动较大，颜色和酸洗比色较差	很稳定，颜色和酸洗比色较好	很稳定，颜色和酸洗比色很好
环境污染		废弃白土量很大，造成严重环境污染	废弃分子筛量大幅减少	污染少、催化剂器外再生	污染少、催化剂器外再生
综合运行成本		基准	较低	一次性投资相对较高	一次性投资相对较高，但长期受益

参 考 文 献

[1] 王致善. RS-1 加氢精制催化剂的工业应用[J]. 石油炼制与化工, 1998, 29(11): 17-21.

[2] 产圣. 焦化汽油加氢防焦剂研制[J]. 石化技术, 2006, 13(4): 5.

[3] Hargreaves A E, Ross J R H. An investigation of the mechanism of the hydrodesulfurization of thiophene over sulfided Co - Mo/Al₂O₃ catalysts: Ⅱ. The effect of promotion by cobalt on the C-S bond cleavage and double - bond hydrogenation/ dehydrogenation activities of tetrahydrothiophene and related compounds[J]. J Catal, 1979, 56: 363.

[4] P Pokorny, Zdrazil M. Single and competitive hydrodesulphurization of thiophene and benzo[b] thiophene on-molybdenum catalysts[J]. Collect Czech Chem Commun, 1981, 36: 2185.

[5] Startsev A N, Burmistrov V A, Yu I, et al. Sulphide catalysts on silica as a support: VⅢ. Peculiarities of thiophene hydrogenolysis and probable nature of "synergetic effect"[J]. Appl Catal, 1988, 45: l91.

[6] Satterfield C N, Roberts G W. Kinetics of thiophene hydrogenolysis on a cobalt molybdate catalyst[J]. AIChE J, 1988, 14: 159.

[7] zimek B O, Radomyski B. Chem Stosowana, 1976, 20: 245.

[8] Massoth F E. Studies of molybdena -alumina catalysts: Ⅵ. Kinetics of thiophene hydrogenolysis[J]. JCatal, 1977, 47: 316.

［9］刘建明．RN-1催化剂的应用及延长使用周期的经验［J］．石油炼制与化工，1995，26(4)：27-30.

［10］方向晨．加氢精制［M］．北京：中国石化出版社，2006.

［11］李大东．加氢处理士艺与工程［M］．北京：中国石化出版社，2004.

［12］张孔远．加氢劣质石脑油的加氢精制催化刑失活原因分析［J］．石油炼制与化工，2003，34(7)：13-15.

［13］林世雄．石油炼制工程［M］(下册)．北京：石油工业出版社，1988.

［14］Owens P J, Amberg C H. Thiophene Desulforizatjon by a Microreactor Technique［J］. Adv Chem Ser, 1961, 33：182.

［15］Hargreaves A E, Ross J R H. An investigation of the mechanism of the hydrodesulfurization of thiophene over sulfided Co - Mo/Al$_2$O$_3$ catalysts：Ⅱ. The effect of promotion by cobalt on the C-S bond cleavage and double - bond hydrogenation/ dehydrogenation activities of tetrahydrothiophene and related compounds［J］. J Catal, 1979, 56：363.

［16］Pokorny P, Zdrazil M. Single and competitive hydrodesulphurization of thiophene and benzo［b］thiophene on-molybdenum catalysts［J］. Collect Czech Chem Commun, 1981, 36：2185.

［17］Baxley G T, Weakley T J R, Miller W K, et al. Synthesis and catalytic chemistry of two new water -soluble chelating phosphines. Comparison of ionic and nonionic functionalities［J］. J Mol Catal A：Chemical, 1997, 116：191-198.

［18］Borowski A F, Cole-Hamilton D J, Wilkinson G. Water - soluble transition metal phosphine complexes and their use in two-phase catalytic reactions with olefins［J］. Nouv J Chim, 1978, 2：137-144.

［19］Smith R T, Ungar R K, Sandersion L J, et al. Rhodium complexes of the water -soluble phosphine Ph2 PCH2 CH2 NMe3+. Their complexes with hydride, olefin, and carbon monoxide ligands. Their use as olefin hydrogenation and hydroformylation catalysts in aqueous solution and in aqueous/organic solvent two-phase systems, and adsorbed on a cation -exchange resin ［J］. Organometallics, 1983, 2：1138-1144.

［20］Renaud E, Russell R B, Fortier S, et al. Synthesis of a new family of water -soluble tertiary phosphine lig 813)853 2 ands and of their rhodium(Ⅰ) complexes；olefin hydrogenation in aqueous and biphasic media［J］. J Organomet Chem, 1991, 419：403 -415.

［21］陈华，黎耀忠，程溥明，等．水溶性铱-膦配合物催化烯烃加氢反应的研究［J］．分子催化，1993，7(5)：377-384.

［22］李瑞样，陈骏如，李绪国，等．水溶性铱-膦配合物催化苯乙烯加氢反应研究［J］．分子催化，1996，10(2)：115-119.

［23］黎耀忠，程博明，李贤均，等．水浴性钯-膦配合物催化1-己烯加氢反应研究［J］．分子催化，1996，10(3)：171-177.

［24］陈华，黎耀忠，李东文，等．水溶性均相络合催化研究进展［J］．化学进展，1998，10(2)：146-157.

［25］吴永忠．铜系净化剂的应用和技术进展［J］．化学工业与工程技术，2004，25(3)：39.

［26］合金，愈杰，王占宇．FDAs-1脱砷剂的研究与开发［J］．工业催化，2004，12(3)：14.

［27］胡德铭．催化重整工艺与工程［M］．北京：中国石化出版社，2006.

［28］罗家弼．催化重整工艺与工程［M］．北京：中国石化出版社，2006.

［29］张秋平．催化重整过程中的脱氯工艺技术［J］．炼油技术与工程，2012，42(3)：25-28.

［30］时宝琦，张秋平．GL-1脱氯剂在连续重整装置放空烟气脱氯中的应用［J］．石油炼制与化工，2012，43(3)：79-82.

［31］汤杰国，邢卫东，李生运. 固态脱氯技术在重整催化剂再生系统中的开发应用［J］，工业催化，2008，16(3)：33-36.

［32］Adriaan Sachtler J W, Paul T, Barger. Removal of trace olefins from aromatic hydrocarbons：the United States, 4795550［P］. 1989-01-03.

［33］臧高山．不同催化材料脱除重整芳烃中微量烯烃的性能［J］．石油炼制与化工，2013，44(3)：44-49.

［34］Exxon Mobil Chemical Company. Olgone-ExxonMobil's New Aromatics Treatment Technology［C］. ARTC10th Annual Meeting, Refining & Petrochemical, 2007.

［35］程建，石培华，侯志忠，等．重整油非临氢脱烯烃新工艺的研究［J］．炼油技术与工程，2015，45

（5）：28-30.

[36] 王志华. 金陵 TCDTO-1 脱烯烃精制剂的运行技术[J]. 安徽化工, 2016, 42(1)：69-73.

[37] 曹祥. 重整生成油选择加氢脱烯烃[J]. 炼油技术与工程, 2010, 40(1)：18-21.

[38] 樊红青. HDO-18 选择性加氢催化剂的工业应用[J]. 当代化工, 2010, 39(1)：51-54.

[39] 谢清峰, 夏登刚, 姚峰, 等. 重整生成油全馏分 FITS 加氢脱烯烃技术的应用[J]. 炼油技术与工程, 2016, 46(1)：7-12.

[40] 何雅仙, 韩松, 郁桂芝. 精制芳烃用颗粒白土的研制[J]. 精细石油化工进展, 2001, 2(6)：15-19.

[41] 贺效宜. 颗粒白土的分类研究[J]. 金山油化纤, 1996, 3：8-10.

[42] 贺效宜, 吴宗汉, 庄建新. JH-01 颗粒白土的研制[J]. 石油炼制与化工, 1994, 25：58-62.

[43] 吴文娟, 陈昌伟, 江正洪, 等. 活性膨润土的改性及其在芳烃脱烯烃中的应用[J]. 金属矿山, 2009, 395(5)：146-148.

[44] 江正洪, 曾海平, 翁惠新, 等. 活性白土负载 AlCl₃ 催化剂对脱除芳烃中微量烯烃反应的性能研究[J]. 矿物岩石, 2010, 30(4)：17 -20.

[45] 张科峰, 王宏革. 芳烃联合装置白土的使用和再生[J]. 化工科技, 2001 , 9(3)：33-36.

[46] 屠洁梅, 方志民. 酸性白土在苯精制中的应用[J]. 燃料与化工, 1994, 25(1)：22-24.

[47] Maurizio L, Loretta S, Giuliano P, et al. Solid acid catalysts from clays Part 3：benzene alkylation with ethylene catalyzed by aluminum and aluminum gallium pillared clays[J]. Journal of Molecular Catalysis A：Chemical. 1999, 145：237-244.

[48] 佘励勤, 李宣文. 固体催化剂的研究方法-第四章化学吸附与表面酸性测定(下) [J]. 石油化工, 2000, 29(8)：621-635.

[49] 臧高山, 马爱增. TOR-1 重整生成油脱烯烃催化剂的研制[J]. 石油炼制与化工, 2016, 47(7)：57-60.

[50] 兰晓光. 颗粒白土在芳烃精制中的应用及发展[J]. 广东化工, 2013, 40(17)：106-107.

[51] 吴通好, 许宁. MCM-22 族分子筛的结构及催化性能[J]. 化学通报, 2004, 67：1-21.

[52] 陈昌伟, 吴文娟, 江正红, 等. 介孔材料改性及其脱除芳烃中微量烯烃的考察[J]. 石油炼制与化工, 2010, 41(1)：36-39.

[53] 于海江, 王一男, 曾拥军, 等. 磷钨酸改性 Y 型分子筛脱除芳烃中的微量烯烃的研究[J]. 石油与天然气化工, 2007, 36(4)：265-268.

[54] 孙绪江, 陈吉祥, 张立群, 等. 芳烃精制颗粒白土失活分析及再生初探[J]. 化学工业与工程, 2006, 23(1)：49-58.

[55] 屠洁梅, 方志民. NC-02 酸性白土工业性试验[J]. 宝钢技术, 1989, 4：42-46.

[56] 刘冠锋, 臧甲忠, 于海斌, 等. TCDTO -1 脱烯烃精制催化剂失活和再生研究[J]. 工业催化, 2015, 23(6)：476-479.

[57] 程建, 刘春祥, 孙学锋, 等. DOT-100 脱烯烃技术在重整装置的应用研究[J]. 石油化工技术与经济, 2013, 29(4)：35-38.

[58] 南军, 柴永明, 李彦鹏, 等. Pd/Al₂O₃催化剂用于连续重整汽油全馏分加氢的失活分析[J]. 工业催化, 2007, 15(1)：8-13.

[59] Emerson A S. Liquid-phase selective hydrogenation of hexa-1, 5-diene and hexa-1, 3-diene on palladium catalysts：Effect of tin and silver addition[J]. Journal of Catalysis, 2000, 195：96-105.

[60] 王丹, 周清华, 宋金鹤, 等. Ni 系催化剂用于重整生成油选择性加氢的研究[J]. 石油炼制与化工, 2011, 42(5)：10-13.

[61] 陈玉琢, 徐远国. HDO-18 选择性加氢脱烯烃催化剂的反应性能及应用[J]. 炼油技术与工程, 2005, 35(1)：49-54.

[62] 宋祖云. 用 FITS 加氢技术脱除重整生成油中烯烃[J]. 广东化工, 2017, 44(18)：147-158.

第五章　重整催化剂

第一节　催化剂的组成

催化重整是以石脑油馏分(包括直馏石脑油、加氢裂化石脑油、焦化汽油等)为原料,在催化剂和临氢条件下,使汽油馏分或反应过程中生成的产物分子结构重排的过程。该过程发生的主要化学反应包括六元环烷烃脱氢反应、五元环烷烃脱氢异构反应、烷烃脱氢环化反应、烷烃异构化反应、氢解反应、加氢裂解反应和积炭反应等。这些反应在动力学和热力学方面的表现相差较大,但却同时进行。重整反应需要两种不同的活性中心:金属活性中心和酸性活性中心。这两种活性中心分别提供金属加氢、脱氢功能和酸性异构化功能,这就是重整催化剂的双功能特性。催化重整的双功能特性可以简述如下:①金属功能催化烃类的加氢和脱氢反应。金属功能主要由 Pt 提供,它主要催化以下反应:环烷烃脱氢成芳烃、烷烃脱氢成烯烃、烯烃加氢。②酸性功能催化烃类的重排反应。酸性功能由含氯氧化铝提供,含氯氧化铝提供的酸性功能通过羰离子机理在异构化、环化和加氢裂解中起到结合或断开 C—C 键的催化作用。两种功能通过烯烃协同作用,烯烃是重整反应过程中的关键中间物。这两种活性中心对于重整反应无疑都是很重要的,任何一种活性中心的失活都会影响催化剂的性能。

重整催化剂主要由金属活性组元和载体组成。本节将介绍活性氧化铝载体的结构及其活性中心的形成原理,同时将催化剂按照金属组元进行了分类,主要介绍几种重要的工业化的重整催化剂的性能。

一、活性氧化铝载体

重整催化剂是负载型催化剂,一般均以活性氧化铝作为载体。活性氧化铝在重整催化剂中的主要作用是:①作为催化剂的活性组成部分。重整催化剂是双功能催化剂,其催化功能之一的酸性功能由含卤素的氧化铝载体提供。氧化铝载体酸性对重整催化剂的性能影响很大,酸性过强,催化剂的加氢裂化活性会过强,影响重整的液体收率;酸性过弱,催化剂的活性会较低。②起分散贵金属的作用。重整催化剂是贵金属催化剂,降低贵金属的用量可以明显降低催化剂的成本。贵金属本身的表面积很小,因此单独用贵金属作催化剂利用率较低。氧化铝载体的特点之一是比表面积较大,将贵金属负载在氧化铝载体上可以大大增加贵金属的表面积,即表面活性中心数目,从而提高催化剂的活性和选择性。此外,在氧化铝载体与分散的贵金属之间存在较强的相互作用,可以使金属活性中心保持较高的热稳定性。③提高催化剂的容炭能力。反应过程中的积炭是重整催化剂失活的主要原因之一。氧化铝载体大的比表面积可以大幅度提高催化剂的容炭能力。在反应过程中,金属活性中心上生成的积炭前身物可以迁移至氧化铝载体上，在氧化铝载体上进一步生成积炭。对重整催化剂积炭部位的研究发现，金属活性中心上的积炭只占催化剂总积炭量的 2%~3%，绝大部分积炭是在氧化铝载体上。④提供工业催化剂所要求的良好的机械强度和热稳定性。

（一）氢氧化铝热处理转变为氧化铝

氢氧化铝是活性氧化铝的前身物，经过加热处理后形成氧化铝。氢氧化铝也称为水合氧化铝、含水氧化铝和氧化铝水合物，其化学组成为 $Al_2O_3 \cdot nH_2O$。氢氧化铝的变体种类较多，一般将其分为结晶型和无定形两大类。结晶型氢氧化铝依据所含结晶水的多少分为三水氧化铝和一水氧化铝。三水氧化铝的变体主要有三水铝石、湃水铝石和诺水铝石，其化学通式为 $Al(OH)_3$ 或 $Al_2O_3 \cdot 3H_2O$。一水氧化铝的变体主要有硬水铝石、薄水铝石和拟薄水铝石，其化学通式为 $AlOOH$ 或 $Al_2O_3 \cdot H_2O$。另外一类无定形氢氧化铝是一种凝胶，结构中的水分子数不确定，含水量可以高达 40%。

三水氧化铝的结构是由两层氧 A 和 B 堆积而成的准六方密堆积。两层氧堆积形成的八面体的中心有 2/3 被铝离子所占据。三种三水氧化铝的 A、B 层排列顺序不同，其中三水铝石氧层排列为 BAABBA（见图 5-1-1），湃水铝石和诺水铝石的排列分别为 BABABA 和 ABBABA[1]。

一水氧化铝的结构也是由紧密堆积的氧原子构成，铝原子位于氧原子组成的八面体的中间。硬水铝石和薄水铝石两种变体的区别是由于在 a 轴方向反向平行的 HO—Al—O 链组成的双分子的排列不同。薄水铝石的结构模型见图 5-1-2。

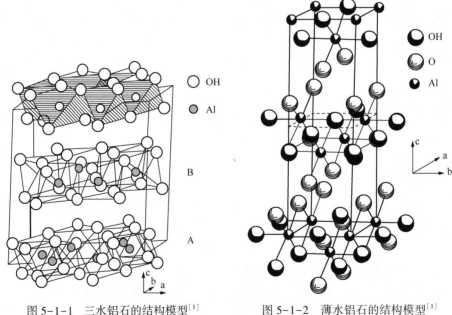

图 5-1-1　三水铝石的结构模型[1]　　　　　图 5-1-2　薄水铝石的结构模型[1]

$\eta\text{-}Al_2O_3$ 载体的前身是湃水铝石。湃水铝石的晶粒大小约 30~100nm，堆积松散，晶粒之间充满键合的水，因此其表面积较小，基本没有孔容。湃水铝石有触变性，研磨时会分离出部分水。在干燥和焙烧过程中，水分被脱除，孔结构形成。在焙烧过程中大晶粒分解成 $\eta\text{-}Al_2O_3$ 的小晶粒，从而增加氧化铝的表面积。

与薄水铝石相比，拟薄水铝石是一种低结晶的氧化铝水合物，含水量较高（约19%~22%，薄水铝石只有15%），晶粒更小。在110℃干燥拟薄水铝石可以得到薄水铝石。张明海等[2]研究了拟薄水铝石向薄水铝石的转变，发现在转变过程中晶粒变大，结晶的完整性和有序度逐渐得到提高，六配位铝离子的数量逐渐减少。该研究还提出，可以根据晶粒的大小来区分薄水铝石和拟薄水铝石，晶粒在10nm以下的是拟薄水铝石，50nm以上的是薄水铝石，10~50nm的称为中间态。在30℃以下得到的拟薄水铝石是由直径为2~3nm的小晶粒组成的二次颗粒，具有很好的可塑性，有利于成型得到强度好的氧化铝。

除硬水铝石外，所有的氢氧化铝经过适当的热处理，都可以生成不同过渡晶相的氧化铝。在相变的过程中，结构水脱除，生成新的晶相，新的晶相长大至一定程度后晶格重排，从而发生相变。热处理的温度超过1000℃，生成最稳定的晶相$\alpha\text{-}Al_2O_3$。硬水铝石热处理时直接转变成$\alpha\text{-}Al_2O_3$，没有过渡相。氢氧化铝热处理后的相变主要如图5-1-3[3]所示。

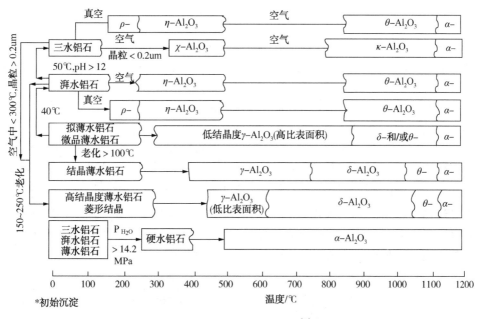

图5-1-3　氧化铝的相变[3]

一般可以将图5-1-3中氧化铝的过渡相分为两大类：第一类为低温氧化铝，是热处理温度在300~750℃之间生成的晶相，这部分晶相含有1%~2%化学吸附水，主要有$\rho\text{-}Al_2O_3$、$\gamma\text{-}Al_2O_3$、$\eta\text{-}Al_2O_3$、$\chi\text{-}Al_2O_3$四种形态；第二类为高温氧化铝，是热处理温度在850~1000℃之间生成的晶相，这部分晶相含有0.1%~0.5%化学吸附水，主要有：$\delta\text{-}Al_2O_3$、$\theta\text{-}Al_2O_3$、$\kappa\text{-}Al_2O_3$三种形态。在催化反应中使用最多的载体主要是$\gamma\text{-}Al_2O_3$和$\eta\text{-}Al_2O_3$，称为活性氧化铝。

（二）$\gamma\text{-}Al_2O_3$和$\eta\text{-}Al_2O_3$的表面结构

关于这两种氧化铝变体的表面结构和活性中心的形成曾提出了两个主要的表面模型。Peri[1]首先提出了$\gamma\text{-}Al_2O_3$的表面模型，在模型中他假设$\gamma\text{-}Al_2O_3$表面只存在（100）晶面，并采用计算机统计方法模拟表面的脱羟基过程，结果表明在高温干燥脱水的氧化铝表面上剩余的羟基主要以五种形式存在，如图5-1-4所示。

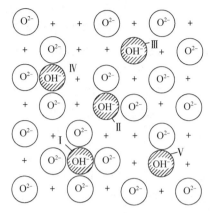

图 5-1-4　Al₂O₃ 表面五种类型羟基的示意图[4]

注：+代表表面下一层的铝离子。

从图 5-1-4 可以看出，这五种形式的羟基，分别与 0、1、2、3 或 4 个氧离子相邻。这些羟基所处的环境不同，局部电荷的密度也不同，从而可以解释不同温度处理后不同羟基红外光谱谱带的相对位置和强度。Peri 认为氧化铝脱水过程产生的由三个暴露的铝离子组成的表面缺陷可能是强的吸附中心，但需要进一步的证明。

Knözinger 等[5]的模型是基于在 Al₂O₃ 表面存在类似尖晶石结构中的(111)、(110)、(100)的三种低指数晶面。在(111)晶面上，铝离子的排列有两种形式，称为 A 层和 B 层，这两层的区别在于铝离子在其中的分布。在 A 层中有 8 个铝离子分布在八面体位，另外 16个分布在四面体位；B 层所有的铝离子都分布在八面体位(见图 5-1-5)。(110)晶面上铝离子也有两种排列形式，称为 C 层和 D 层。在 C 层中处于八面体位和四面体位的铝离子数目相同，D 层所有的铝离子都处于八面体位(见图 5-1-6)。(100)晶面上氧离子排列成正方形，所有的铝离子都只可能处于八面体位。

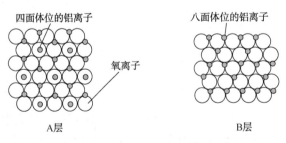

图 5-1-5　(111)晶面离子排列示意

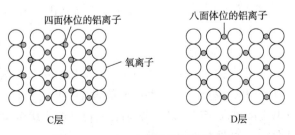

图 5-1-6　(110)晶面离子排列示意

　　根据鲍林的静电价态理论，晶面的终端只可能是一层阴离子。对于氧化铝，这层阴离子是表面羟基。Knözinger 等[5]认为，$\gamma-Al_2O_3$ 表面存在五种类型的表面羟基，分别称为Ⅰa、Ⅰb、Ⅱa、Ⅱb、Ⅲ型，如图 5-1-7 所示。

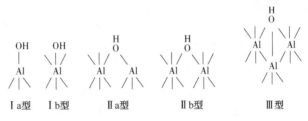

图 5-1-7　$\gamma-Al_2O_3$ 表面羟基模型

　　从图 5-1-7 可以看出，Ⅰa 型羟基与一个单独的四面体位的铝离子配位，Ⅰb 型羟基与一个单独的八面体位的铝离子配位，Ⅱa 型羟基与一个八面体位和一个四面体位的铝离子配位，Ⅱb 型羟基与两个八面体位的铝离子配位，Ⅲ型羟基与三个八面体位的铝离子配位。这些表面羟基分别出现在不同的晶面上，而且数目也各不相同。在(111)晶面 A 层上，可能存在Ⅰa、Ⅰb 和Ⅱa 型三种羟基，在 B 层上，可能存在Ⅱb 和Ⅲ型两种羟基；在(110)晶面 C 层上，可能存在Ⅰa 和Ⅱb 型两种羟基；在(110)晶面 D 层和(100)晶面上，只存在Ⅰb 型羟基。在(111)晶面 A 层上，Ⅱa 型羟基出现的频次是Ⅰa 型羟基的 3 倍；在(111)晶面 B 层上，Ⅱb 型羟基出现的频次是Ⅲ型羟基的 3 倍。

（三）活性氧化铝的性质

1. 氧化铝的酸性和催化性能

　　氧化铝的酸性和催化活性与氧化铝预处理温度有关。Cauwelaert 等[6]研究了氧化铝焙烧温度对正-仲氢转化反应的影响，结果见图 5-1-8，氧化铝焙烧温度与其表面羟基密度的关系见图 5-1-9。

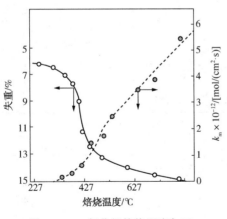

图 5-1-8　氧化铝焙烧温度与正-
仲氢转化反应速率的关系

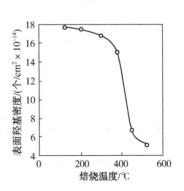

图 5-1-9　氧化铝焙烧温度与
表面羟基密度的关系

　　从以上两个图中可以看出，处理温度达到 400~500℃，氧化铝的失重急剧增加，表面羟基密度急剧下降，正-仲氢转化反应的速率常数也大幅增加。氧化铝表面羟基的脱除是其产生催化活性的原因。

Maciver[7]用氨吸附和脱附的方法研究了 $\eta\text{-Al}_2\text{O}_3$ 与 $\gamma\text{-Al}_2\text{O}_3$ 的酸性与氧化铝焙烧温度的关系。采用的两种氧化铝具有同样的化学组成以及很低的杂质含量，方法是将在不同温度下焙烧后的氧化铝在25℃条件下进行氨吸附，然后在不同温度下进行抽真空脱附，测定脱附后仍保留在氧化铝上的吸附氨量，测定结果见图5-1-10。图中横坐标为所用氧化铝样品的预处理温度，纵坐标表示经过24h抽空脱附后仍保留在氧化铝上的氨吸附量，各曲线上温度表示吸附氨的脱附温度，用来表征氧化铝酸性的强弱，酸性越强需要的脱附温度越高。假设在25℃脱附后保留的氨量代表氨的化学吸附总量，即总酸性中心量。从图中可以看出，两种氧化铝在低温下25℃预处理后实际上都是非酸性的。$\eta\text{-Al}_2\text{O}_3$ 在预处理温度趋近100℃时出现酸性，而 $\gamma\text{-Al}_2\text{O}_3$ 酸性的出现要在100℃以上。随着预处理温度的增加，两种氧化铝的酸性都快速增加。在这个上升阶段内，$\gamma\text{-Al}_2\text{O}_3$ 的总酸性等于或超过 $\eta\text{-Al}_2\text{O}_3$，但 $\eta\text{-Al}_2\text{O}_3$ 的酸性中心强度较高。预处理温度超过500℃时，总酸性有所下降；强酸性中心量在600℃附近出现一个最大值。在该研究中，根据氨脱附的温度将酸性中心人为地分为三组：脱附温度在25~200℃之间的酸中心为弱酸，200~400℃之间为中强酸，400℃以上为强酸。几种不同载体酸性比较见表5-1-1。

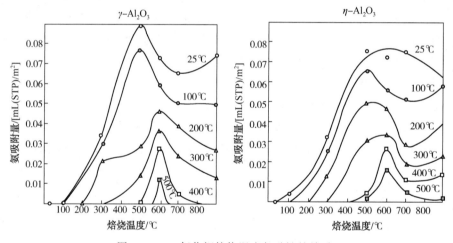

图5-1-10　氧化铝焙烧温度与酸性的关系

表5-1-1　几种载体的酸性比较

载体	焙烧温度/℃	酸量/(10^4meq/m²)			
		强酸	中强酸	弱酸	合计
$\gamma\text{-Al}_2\text{O}_3$	500	0.4	11.8	27.2	39.4
$\eta\text{-Al}_2\text{O}_3$	500	1.3	20.5	11.7	33.5
$\gamma\text{-Al}_2\text{O}_3$	700	2.9	19.4	15.9	38.2
$\eta\text{-Al}_2\text{O}_3$	700	6.5	10.0	27.0	43.5
$\gamma\text{-Al}_2\text{O}_3$	900	0	15.3	27.6	32.9
$\eta\text{-Al}_2\text{O}_3$	900	7.6	14.7	13.5	35.5

注：500℃焙烧的 $\gamma\text{-Al}_2\text{O}_3$ 和 $\eta\text{-Al}_2\text{O}_3$ 比表面积分别为204m²/g和240m²/g。

从表 5-1-1 可以看到，500℃预处理的 γ-Al_2O_3 主要具有弱酸性中心，而 η-Al_2O_3 则含有相当大量的中强和强酸性中心；处理温度提高到 700℃，两种氧化铝的酸强度都有增加；温度再高，γ-Al_2O_3 酸强度下降而 η-Al_2O_3 酸强度增加。

在以上工作基础上，MacIver 等进一步研究了 η-Al_2O_3 和 γ-Al_2O_3 的催化性能[8]，试验表明，对于 1-戊烯的双键和骨架异构化、2,4-二甲基戊烷裂化以及对二甲苯异构化等酸催化的反应，η-Al_2O_3 的活性均高于 γ-Al_2O_3，说明二者酸中心强度的差别是导致催化活性不同的原因。

应该指出，除了晶体结构本身以外，氧化铝的制备方法，特别是杂质含量会对酸性和催化性能产生很大的影响。Parera 曾采用四种工业氧化铝进行表面酸性和催化性能的研究[9]，发现纯度相近的 η-Al_2O_3 和 γ-Al_2O_3 相比，η-Al_2O_3 的总酸性和甲醇脱水活性均高于 γ-Al_2O_3。但它们之间的差别远不如杂质钠含量不同的两种 γ-Al_2O_3 之间的差别大。

2. 氧化铝的热稳定性

Russell 等[10]的研究工作表明，三水铝石加热分解时在 250~400℃ 比表面积迅速增加，在 400℃ 达到 330m^2/g 的最大值，此后随温度增加比表面积逐渐下降；湃水铝石加热时得到类似结果，在 300℃ 附近比表面积已达到最大值，随后逐渐下降。与三水氧化铝不同，胶态的薄水铝石加热时，直到 800℃ 一直保持较稳定的高比表面积。这些结果表明，由拟薄水铝石生成的 γ-Al_2O_3 比由湃水铝石生成的 η-Al_2O_3 具有更高的热稳定性。

表 5-1-2　焙烧温度对相组成和比表面积(S)的影响

样品号	性质	焙烧温度/℃								
		100	200	300	400	500	600	750	900	1100
5	相组成	拟薄 313	—	—	γ	—	γ			
	S/(m²/g)	—	—	—	320	—	305			
52	相组成	拟薄	拟薄	拟薄	γ	γ	γ	γ	—	—
	S/(m²/g)	260	250	253	255	255	243	210	—	—
130	相组成	拟薄	拟薄	拟薄	γ	γ	γ	γ	γ	θ+α
	S/(m²/g)	220	220	220	235	235	215	204	175	50
142-0	相组成	拟薄	拟薄	拟薄	γ	γ	—	γ	γ	θ+α
	S/(m²/g)	225	242	237	246	245	—	240	195	40
26-0	相组成	拟薄	—	拟薄	γ	γ	γ			α
	S/(m²/g)	125	—	125	—	160	155			
131	相组成	薄水	薄水	—	薄水+γ	—	γ	γ	γ	α
	S/(m²/g)	30	30		75	—	70	75	74	—
132	相组成	湃	湃+拟薄	拟薄+痕量湃	η	η	η	θ	θ	α
	S/(m²/g)	5	395	402	390	330	240	150	120	10
137	相组成	湃	湃+痕量拟薄	η+痕量拟薄	η	η	η	η	θ	α
	S/(m²/g)	30	100	425	450	335	240	166	106	9.7
141	相组成	湃	湃	η+痕量拟薄	η+痕量拟薄	η	η	η	θ	α
	S/(m²/g)	90	405	430	410	310	210	200	120	11.5

注：表中"拟薄"代表拟薄水铝石，"湃"代表湃水铝石。131 号薄水铝石样品是通过湃水铝石在高压釜中 200℃ 水热处理 10h 制备。

从表 5-1-2 可见，薄水铝石转变为 $\gamma-Al_2O_3$ 是发生在 300~400℃，在低于 750℃ 焙烧 $\gamma-Al_2O_3$ 时，其比表面积基本保持不变。$\gamma-Al_2O_3$ 向 $\theta-Al_2O_3$ 的转变发生在 900℃ 以上，在 1000℃ 以上时转变到 α 相。湃水铝石的分解开始于 200℃，此时比表面积迅速增加，在 300℃ 比表面积达到最大值 400~430m^2/g；400~600℃ 焙烧后样品晶相为 $\eta-Al_2O_3$，其比表面积随温度增加逐渐下降；在 750~900℃ η-氧化铝转变为 θ 相，在 1100℃ 转变为 α 相。

根据以上结果，作者指出，由于 $\eta-Al_2O_3$ 转变为 $\theta-Al_2O_3$ 的相变温度比 $\gamma-Al_2O_3$ 低 100~150℃，同时由于 $\eta-Al_2O_3$ 表面积的热稳定性较差，因此不应轻易选择 $\eta-Al_2O_3$ 作为高温反应的催化剂或载体。

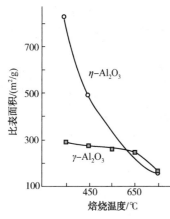

图 5-1-11　焙烧温度对氧化铝比表面积的影响

Маслянский 等[11] 也曾报道过 $\gamma-Al_2O_3$ 和 $\eta-Al_2O_3$ 比表面积与焙烧温度的关系。采用的样品是一种工业 $\gamma-Al_2O_3$ 和一种由纯度很高的湃水铝石制备的、具有很高比表面积的 $\eta-Al_2O_3$。从图 5-1-11 可以看出，在焙烧温度提高到 650℃ 时，$\gamma-Al_2O_3$ 保持基本恒定的比表面积（~230m^2/g），随后其比表面积缓慢下降。$\eta-Al_2O_3$ 初始表面积较大，随着焙烧温度的提高其表面积不断快速下降，在 650℃ 时已经低于 $\gamma-Al_2O_3$，这说明 $\gamma-Al_2O_3$ 具有较好的热稳定性。

除焙烧温度外，其他焙烧条件，如不同介质，特别是气氛中的水含量，对氧化铝的热稳定性也有明显影响。Шлегель 等[12] 曾报道了在同样温度下用马弗炉焙烧和在干空气流中焙烧对氧化铝比表面积的影响。所用的起始物是工业硝酸法氢氧化铝，结果见表 5-1-3。从表中可以看到，在马弗炉中焙烧的样品的比表面积明显低于干空气流中焙烧的样品。作者也考察了干空气流体积空速对比表面积的影响，发现体积空速高于 1000h^{-1} 时，样品的比表面积保持不变；但低于 1000h^{-1} 时比表面积下降。

表 5-1-3　工业氢氧化铝焙烧后的比表面积

采样位置	不同热处理阶段后的比表面积/(m^2/g)		
	110℃ 干燥	马弗炉中 650℃	空气流中 650℃（体积空速=1000h^{-1}）
干燥前成型颗粒	250	180	270
	190	190	270
	180	210	310
	220	210	300
	190	250	330

表 5-1-4 列出了在不同介质中焙烧工业氢氧化铝的结果，这些介质包括干燥空气、干燥二氧化碳、湿空气以及湿空气与干燥二氧化碳的混合气体。其中湿空气的水含量为 180g/m^3，加入湿空气中的二氧化碳量为 80~85L/m^3。气体空速为 1000h^{-1}。表中的数据说明，在干燥的空气流和二氧化碳中焙烧可以得到同样的比表面积，但在湿空气流中焙烧使比表面积明显降低。

表 5-1-4　焙烧介质对氧化铝比表面积的影响[12]

焙烧介质	堆密度/(kg/L)	比表面积/(m²/g)	计算的孔体积/(cm³/g)
干空气	0.72	335	0.53
干 CO_2	0.72	335	0.53
湿空气	0.74	170	0.51
湿空气+CO_2	0.72	270	0.53

3. 氧化铝的吸附性

氧化铝具有两性性质，在不同 pH 值的水溶液中其表面能形成不同的吸附位，与其他离子发生吸附或交换。在酸性介质中，氧化铝表面能形成 $AlOH_2^+$ 吸附位，呈正电性，能吸附阴离子。此时氧化铝是阴离子吸附剂；在碱性介质中，氧化铝表面能形成 AlO^- 吸附位，成为阳离子吸附剂。简要示意见图 5-1-12[6]。从图中可以看出，当溶液 pH>9 时，随着 pH 值增加，氧化铝对阳离子 Na^+ 的吸附量增加；当溶液 pH<9 时，随着酸性的增加，氧化铝对阴离子 Cl^- 的吸附量增加。

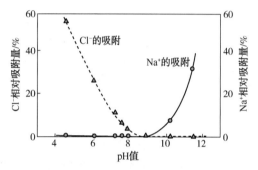

图 5-1-12　γ-Al_2O_3 在不同 pH 值条件下对离子的吸附

4. 卤素对氧化铝酸性的影响

氧化铝本身只具有很弱的酸性，它可以比较容易地催化烯烃双键位移和醇脱水等反应，但不容易催化烃类的骨架异构化和加氢裂化等需要较强酸性催化的反应。

卤素的引入可以提高氧化铝的酸性。Webb[13]采用氨化学吸附进行的研究表明，在氧化铝中加入氟氢酸提高了氧化铝的酸强度。Tanaka 等[14]的正丁胺滴定法测定结果表明，氧化铝的酸性随 HCl 吸附量的增加而线性增加。Arena 等[15]的工作表明，随氯含量的增加 γ-Al_2O_3 的表面酸性增加，同时环己烯异构化生成甲基环戊烯的活性增加，两者之间有很好的对应关系。

关于卤素对氧化铝酸性影响的机理已经提出了一些看法[11,14,16,17]，但仍有待进一步深入研究。一般认为氧化铝表面存在的主要是 Lewis 酸中心，即使有质子酸(Brönsted 酸，可给出质子)中心存在，也是少量的，并表现为弱酸性[18,19,20]。Tanaka 等用红外光谱研究 HCl 处理的氧化铝时发现有新的羟基谱带出现，并且这些羟基以质子酸形式参与正丁烯的异构化反应[14]，因此，他们推论新产生的质子酸中心是由于吸附在表面的氯离子的诱导效应使临近的羟基离子化的结果。Gates[17]提出了类似的观点，并且将氧化铝酸性提高的机理图示如下：

$$\begin{array}{ccccccc} & & & \delta_+ & \delta_+ & & \\ H & H & H & & H & H & H \\ | & | & | & & | & | & | \\ O & O & O & Cl & O & O & O \\ & Al & & & Al & Al & \end{array}$$

由于氯离子取代了一部分表面羟基，铝离子变为同两个不同的阴离子相连。氯离子的出现破坏了原有的电子对称性并从邻近的羟基吸引电子，使羟基上氢原子的正电性增加，即酸性提高。

在以氧化铝为载体的双功能重整催化剂中，氯是必不可少的一个重要组元。氯的引入使得重整反应中以生成正碳离子为中间步骤的烃类骨架异构和环化等有利的反应得以顺利进行；同时通过调节催化剂上的氯含量可以使催化剂的酸性达到最佳值，有利于提高催化剂的选择性和延长使用周期；在再生过程中氯对贵金属铂的再分散也起着重要作用。

二、催化剂的结构及性质

早期开发的重整催化剂是非贵金属催化剂，主要含第ⅥB族金属元素的氧化物，如 MoO_3、Cr_2O_3 等。这类催化剂的活性远不如贵金属催化剂，负载于氧化铝或氧化硅–氧化铝上的 Pt 的活性约为 MoO_3 催化剂的 500~1300 倍，更远高于 Cr_2O_3 催化剂。由于铂具有独特的活性和选择性，因此长期以来一直被用作工业重整催化剂的主要活性组元。单金属催化剂就是由铂载于含有卤素助剂的活性氧化铝上组成。

单金属重整催化剂铂含量一般为 0.3%~0.6%。随着铂含量的增加，催化剂表面活性中心的数量也会增加，因此在提高催化剂的抗毒物冲击能力以及在同样积炭条件下延长反应运转周期方面具有一定的优越性。

（一）铂分散度对金属表面结构和反应性能的影响

在工业重整催化剂的制备中，铂被分散在氧化铝载体上形成很小的铂晶粒，从而使尽可能多的铂原子暴露在金属和载体表面形成活泼的催化作用中心。金属分散度的定义就是暴露在表面的金属原子数与催化剂中总原子数的比值。金属颗粒越小，暴露在表面的原子数就越多。如果假设催化剂中铂的晶粒是有 5 个暴露的面的立方体，第六个面是同载体接触[21]，立方体的一个边长是 d，则每克铂的表面积为：

$$S = 5/\rho d$$

式中，ρ 是铂的密度。

该式表明了晶粒大小与暴露的表面积的关系。颗粒大小不仅与暴露的表面积直接有关，而且理论与实验工作均表明金属的小颗粒与大的晶粒相比在结构和性质上有明显的区别[22,23]。Полторак 等[24]曾计算了常规有序的、面心立方铂晶体的表面原子的配位数与晶粒大小的关系，结果见表 5-1-5。图 5-1-13 则表示一个含 44 个铂原子的面心立方八面体，并标明了顶角、边和面上原子的配位数。

表 5-1-5　不同大小的有序铂晶体的性质

晶体		表面原子分数/%	晶体总原子数	不同配位数(x)的表面原子的数量			表面原子中边角原子分数/%	表面原子平均配位数
原子数	边长/Å			角 $x=4$	边 $x=7$	面 $x=9$		
2	5.5	100	6	6	0	0	100	4.00
3	8.95	95	19	6	12	0	100	6.00
4	11.0	87	44	6	24	8	79	6.94
5	13.75	78	85	6	36	24	64	7.46
6	16.50	70	146	6	48	48	53	7.73
7	19.25	63	231	6	60	80	45	7.97
8	22.0	57.5	344	6	72	120	39	8.12

续表

晶体		表面原子分数/%	晶体总原子数	不同配位数(x)的表面原子的数量			表面原子中边角原子分数/%	表面原子平均配位数
原子数	边长/Å			角 x=4	边 x=7	面 x=9		
9	24.75	53	489	6	84	168	35	8.23
10	27.50	49	670	6	96	224	31	8.31
11	30.25	45	891	6	108	288	28	8.38
12	33.0	42	1156	6	120	360	26	8.44
13	35.75	39	1469	6	132	440	24	8.47
14	38.50	37	1834	6	144	528	22	8.53
15	41.25	35	2255	6	156	624	21	8.56
16	44.0	33	2736	6	168	728	19	8.59
17	46.75	31	3281	6	180	840	18	8.62
18	49.5	30	3894	6	192	960	17	8.64

从表 5-1-5 可以看到，晶粒大小为 49.5Å 时，暴露在表面的金属原子分数即分散度为 30%，随晶粒减小表面原子的分数逐渐增加至 100%。同时，很重要的是，随铂晶粒的减小低配位数的边、角原子在表面原子和总原子数目中所占的分数比例增加。这些配位不饱和的边、角原子，由于配位环境或电子性质的不同会对反应物与金属之间的化学吸附产生重要的影响，因此很可能它们就是催化作用的活性中心。这就是所谓的配位或电子效应，也是小晶粒与大的铂晶粒在性质上的重要区别之一。当晶粒大小超过 50Å 时，配位数为 9 的面原子在表面原子中的比例已超过 83%，表面原子的平均配位数已接近 9，此时表面的性质已基本与大的晶粒相同。

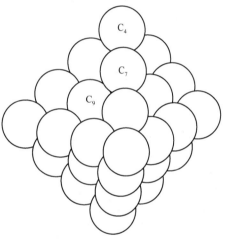

图 5-1-13　含 44 个原子的面心立方八面体
（标出了角，边和面原子的配位数）

　　以上的解释是立足于把微晶小颗粒看作一种很小的、本质上类似于规整的大晶体的材料。实际上，在高度分散的催化剂上的微晶颗粒不可能是完全有序的、规整的结构。在这些不规整的微晶上除了存在着与大晶体中的原子配位数不同的中心以外，还可能存在一些在大晶体中不会出现的、特殊的原子集团。对于某些反应物分子来说，这些集团正是适合于它们"着陆"和进行反应的特殊的活性中心，这就是所谓的集团效应。在这种效应中除了能量因素以外，几何因素也可能起主要作用。

　　关于金属分散度对反应性能的影响，Boudart 等[25]将第Ⅷ族金属上发生的反应分为两类：第一类是结构不敏感反应或容易进行的反应，其反应速率正比于总的金属表面积。在这类反应中，任何表面金属原子均是活性中心，活性中心的性质与晶粒大小以及配位环境无关。第二类是结构敏感反应或有苛刻要求的反应，其比活性(单位金属表面积或每个表面原子上的反应速率)随活性中心结构而改变。在这类反应中反应速率与金属表面积不成正比，而取决于金属分散度和催化剂的制备方法。

　　在金属催化的反应中，涉及 C—H 键断裂或生成的反应(加氢-脱氢)一般是结构不敏感的。如环丙烷加氢生成丙烷的反应[25]、环己烷脱氢[26,27]和反向的苯加氢反应[28,29]等；此外，金属催化的正己烷异构化[30]以及新戊烷异构化[31]等反应也表现为是结构不敏感的。涉及 C—C 键的反应和某些其他反应，如新戊烷[31]、甲基环戊烷[32]和乙烷[33,34]等烃类的氢解反应以及某些氧化反应[24]是结构敏感的反应。

结构敏感反应可能要求在催化剂表面上有一种特殊类型的活性中心，这种中心具有特殊的配位环境或一定大小的原子集团。Boudart 曾设想新戊烷的氢解是发生在三个铂原子组成的吸附位上[31]；Ponec 等通过烷烃在 Pt-Au 合金催化剂上发生的不同反应的研究认为，异构化反应可以在较小的集团甚至是一个中心上发生，脱氢环化需要较大的集团，而裂化反应则需要更大的集团[35,36]；Hardeveld 等[37]的研究也曾表明微晶上的一种含有五个原子的 B_5 中心具有特殊的吸附性能。Somorjai 等[38,39]进行的单晶表面结构和反应性能研究表明，在高 Miller 指数晶面上存在着原子"阶梯"（Steps）和阶梯上的"扭折"（Kinks），它们是一些特殊的催化活性中心。在有阶梯的表面上可优先发生 C—H 和 H—H 键断裂的反应，而在有扭折的阶梯上除具有 C—H 和 H—H 键断裂的反应活性外，还具有 C—C 键断裂的反应活性。以上这些研究对于从原子水平上进一步阐明高分散铂催化剂的活性中心的本质都具有重要的参考价值。

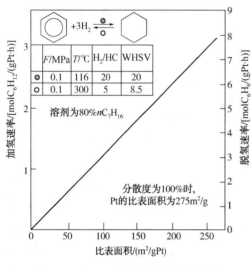

图 5-1-14　Pt 分散度对环己烷脱氢和苯加氢的影响[40]

在工业重整催化剂的制备中实现铂的高度分散是至关重要的。Franck 等[40]研究发现，完全由金属功能控制的脱氢和加氢反应的反应速率正比于金属 Pt 的分散度，如图 5-1-14 所示。Barbier 等[41~43]研究了金属分散度对重整催化剂积炭的影响，发现随着铂分散度的提高，单位表面金属原子上的积炭量减少。这可能是由于积炭反应要求一种与氢解反应类似的相邻的原子集团中心的缘故。研究还表明，随着金属分散度提高，催化剂（金属+载体）上总的积炭量增加，两者几乎成正比。这是由于反应物在金属中心脱氢生成的烯烃转移到载体上发生聚合反应的结果。

（二）催化剂的酸性功能

负载型铂催化剂的另外一个重要性质是其酸性功能。保持催化剂的酸性功能和金属功能之间的平衡是维持催化剂最佳性能的关键。如果催化剂的金属功能太强，会过度氢解生成气体；如果酸性功能太强，会导致过度加氢裂化和积炭。氧化铝载体本身的酸性较弱，可以通过加入不同含量的卤素进行调节和控制。一般采用的卤素是氯。

氯对催化剂的主要作用有两方面：一是调节催化剂表面的酸性，从而影响催化剂的性能；二是在催化剂再生过程中有助于再分散催化剂表面的 Pt 晶粒。Parera 等[44]研究认为，氯有助于氢向氧化铝载体的溢流，从而更容易加氢积炭前身物，降低催化剂的积炭速率。该研究发现，含氯量为0.89%的催化剂积炭速率最慢，因此存在一个最佳氯含量，通过活化氢溢流可以降低催化剂的积炭速率。另外，Pt/Al$_2$O$_3$催化剂中氯的加入可以增强金属与氧化铝载体之间的相互作用[45]，从而增强氧化铝表面Pt晶粒的稳定性，防止其烧结[46]。

三、催化剂类型

(一) 铂铼催化剂

1967年，铂铼双金属重整催化剂在美国Chevron公司的El Paso炼厂首次实现工业应用，这是催化重整催化剂研究开发中的一个重要突破。直到今日，铂铼系列重整催化剂仍然是半再生式工业重整装置中应用最广泛的主流催化剂。

与单铂催化剂相比，铂铼催化剂主要具有如下特点[47,48]：

（1）催化剂的活性稳定性明显提高

图5-1-15比较了两种铂铼催化剂与同样铂含量的单铂催化剂的活性稳定性。从图中可以看到，在催速老化试验中保持产品研究法辛烷值为102的条件下，铂铼催化剂的提温速度远低于单铂催化剂。从运转周期长度比较，1969年工业化的铼重整B型催化剂的活性稳定性约为单铂催化剂的4倍；1975年工业化的铼重整E型催化剂的活性稳定性则超过单铂催化剂的6倍；1978年工业化的F型催化剂的活性稳定性达到了单铂催化剂的8~9倍。

（2）催化剂的选择性稳定性明显提高

选择性稳定性是铂铼催化剂最重要的优点。图5-1-15同时表示出铂铼催化剂的选择性稳定性与单铂催化剂的对比。随活性下降和反应温度的提高，单铂催化剂的C$_5$+液体收率急剧下降，而铂铼催化剂的C$_5$+液体收率在整个运转周期内下降十分缓慢，甚至在运转中期还略有增加(见图中E型催化剂曲线)。

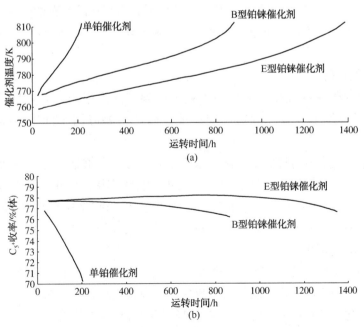

图5-1-15 单铂和铂铼催化剂的稳定性比较[47]

(评价条件：压力1.48MPa，RON控制在102，原料油为重石脑油。)

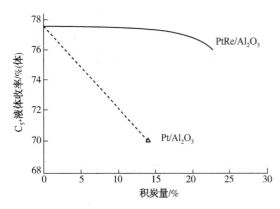

图 5-1-16　催化剂碳含量对选择性的影响

（3）催化剂的抗积炭能力显著改进

图 5-1-16 表示出催化剂碳含量对选择性的影响。对于单铂催化剂，碳含量为 14% 时选择性（C_5 收率）已经有非常大的下降；对于铂铼催化剂，在碳含量达到 20% 时，选择性仅有很小的降低。

（4）铂铼催化剂具有很强的氢解性能，开工时需要进行预硫化

研究开发的初期[49]，发现铂铼催化剂与单铂催化剂不同，具有很强的氢解性能。采用石脑油进行重整试验时会产生大量的甲烷和乙烷等气态轻烃，同时在催化剂床层中发生强烈的放热。采用预硫化的方法可以有效地抑制开工时过量的氢解反应和放热效应。但在正常运转时又必须严格控制原料中的硫含量小于 1mg/kg 或 0.5mg/kg。原料中硫的存在会降低催化剂的活性、选择性及稳定性。

Biloen 等[49]对于铼在铂铼催化剂中存在的状态和改进催化剂稳定性的作用机理进行了研究，认为硫和铼的协同作用主要是通过将 Pt 稀释和分割为较小的原子集团的几何因素，使催化剂的选择性和稳定性得到了改进，并提出了 Re-S 将表面 Pt 分割稀释为有较少相邻铂原子的集团的模型：

$$\begin{array}{ccccccc}
 & \text{S} & & \text{S} & & & \text{S} \\
 & | & & | & & & | \\
\text{Pt} & - & \text{Re} & - & \text{Re} & - & \text{Pt} & - & \text{Pt} & - & \text{Re} & - & \text{Pt}
\end{array}$$

到目前为止，关于 Re 的作用机理及其在催化剂表面存在的状态的研究已经积累了大量的实验材料，并提出了很多有重要参考价值的见解，但有些也存在着矛盾，有待于更加深入的工作。

（二）铂锡催化剂

铂锡催化剂是继铂铼催化剂之后在工业上得到广泛应用的另一类重整催化剂。由于其在低压和高温条件下具有优异的反应性能，因此主要应用于低压连续再生式的重整装置。

锡和铅等第Ⅳ族金属与过渡金属铼和铱等不同，对各类重整反应没有活性。不仅如此，在一定条件下锡和铅对于铂的活性还起到毒化和抑制的作用。Белый 等[50]的工作表明，对于苯加氢脉冲反应，在 Pt/Al_2O_3 催化剂的环己烷产率已达到 100% 的同样条件下，Pt-Sn/Al_2O_3 催化剂完全没有活性；对于环己烷脱氢反应，达到同样的苯产率时 Pt-Sn/Al_2O_3 催化剂的反应温度比 Pt/Al_2O_3 催化剂要高 150~200℃。

此外，锡的抑制作用还表现为对各类重整反应的抑制程度不同。表 5-1-6 为采用流动循环法测定的正己烷不同转化路线的活性数据。其中脱氢环化的产物为苯，C_5-环化生成甲基环戊烷，异构化代表正己烷的骨架异构，氢解产物为 C_1~C_5 的烷烃。

表5-1-6　正己烷不同转化路线的速度对比

催化剂[①]	550℃的活性/[mol/(g·h)]			
	脱氢环化	C_5环化	异构化	氢解
Pt/SiO_2	1.23	0.30	0.13	0.55
$(Sn+Pt)/SiO_2$	0.86	0.04	0.07	0.10

①Pt/SiO_2含Pt2.2%；$(Sn+Pt)/SiO_2$含Pt1.9%，Sn1.6%；600℃还原，反应压力0.101MPa。反应7h后测定。

从表5-1-6可见，在催化剂中引入锡后，氢解反应速度下降最为明显，导致脱氢环化反应的选择性明显提高。对于氧化铝为载体的铂锡催化剂得到了类似的结果[51]，采用微分床，在0.69MPa和470℃进行的正庚烷反应的活性测定表明，含0.5%Pt的催化剂在引入1.5%的Sn后正庚烷加氢裂化反应速度下降至Pt催化剂的1/56，脱氢环化反应速度相对下降较慢，约下降至Pt催化剂的1/13。

锡的引入虽然表现为对催化剂活性的一种抑制作用，但随着反应条件的变化，这种看似不利的因素可以向有利的方向转化。Völter等[52]的工作表明，锡的作用的发挥与反应条件有关，在缓和的条件下反应是受抑制的，而在苛刻的高温、低压条件下，铂锡催化剂的优越性得到充分发挥，表现为活性、选择性和稳定性均明显优于铂催化剂。图5-1-17表示出在315℃和500℃分别测定的环己烷脱氢活性和选择性。从图中可以看出，在低温下(315℃)，随着铅或锡的引入，脱氢活性逐渐下降，苯是唯一的产物；而在高温(500℃)条件下，适量铅或锡的引入有利于反应的进行，苯的生成量通过一个最大值。对于常压、500℃条件下的正庚烷转化反应也得到类似的结果(图5-1-17)，适量铅或锡的引入使正庚烷转化率特别是生成甲苯的选择性增加；但是如果将反应压力提高到0.8MPa，则在500℃条件下不能观察到双金属催化剂对正庚烷脱氢环化反应的有利影响，反应温度提高到550℃后才显示出双金属催化剂的优越性。

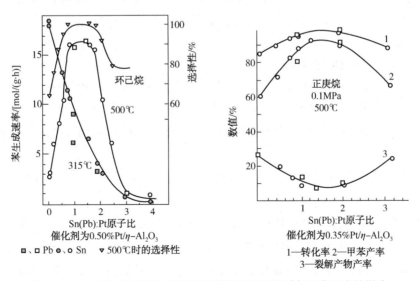

图5-1-17　锡和铅对催化剂环己烷脱氢和正庚烷脱氢环化反应的影响

铂锡催化剂在高温、低压的苛刻条件下的反应性能不仅优于单铂催化剂，而且优于其他类型的双金属催化剂[118,51]。图 5-1-18 表明，对于在常压和 520℃条件下的正庚烷脱氢环化反应，Pt-Sn 催化剂相对于其他催化剂来说具有更好的反应性能。图 5-1-19 比较了 Pt-Sn 和 Pt-Re 催化剂在中试装置上的评价结果，从图中可以看出，尽管 Pt-Re 催化剂是半再生式重整装置中使用的最佳催化剂，但是在低压、高温的苛刻条件下，Pt-Sn 催化剂的芳烃产率要比 Pt-Re 催化剂高出 2%~3%。

催化重整化学的基本规律表明，低压、高温的反应条件最有利于脱氢和脱氢环化等生成芳烃的反应，而 Pt-Sn 催化剂正是适合于在这种条件下使用的催化剂。

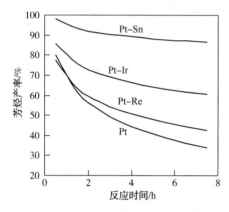
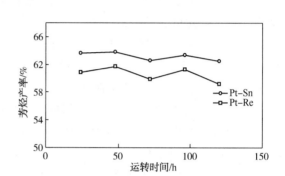

图 5-1-18　正庚烷脱氢环化反应结果
（反应条件：温度 520℃，
压力 0.1MPa，WHSV = 2.0h⁻¹）

图 5-1-19　铂锡和铂铼催化剂低压反应性能对比
（原料：60~130℃直馏石脑油，P/N/A = 54.4%/40.5%/5.1%
反应条件：WABT = 520，压力 0.69MPa，LHSV = 2.0h⁻¹）

关于铂锡重整催化剂中锡的作用机理看法不一。主要原因是对于锡在催化剂中存在的状态尚缺乏明确的认识。已有的研究对于锡的作用的解释主要还是归因于集团（几何）效应和配位（电子）效应。

（三）Pt-Ir 和 Pt-Ge 催化剂

与其他助剂不同，Ir 是活性组元，有许多性能与 Pt 相似。McVicker 等[ ] 比较了单体烃在 Pt/Al_2O_3 催化剂和 Ir/Al_2O_3 催化剂上的反应情况，结果发现，Pt/Al_2O_3 催化剂对环烷烃芳构化反应有更高的活性和选择性，而 Ir/Al_2O_3 催化剂对烷烃脱氢环化反应有更高的活性和选择性。

Carter 等[54] 比较了 $PtIr/Al_2O_3$ 催化剂与单铂催化剂的活性和稳定性，结果见图 5-1-20。从图中可以看出，$PtIr/Al_2O_3$ 催化剂具有更高的活性和更好的活性稳定性。Sinfelt 等[53] 研究了 Pt/Al_2O_3、$PtIr/Al_2O_3$ 和 $PtRe/Al_2O_3$ 催化剂的活性稳定性，结果见图 5-1-21。从图中可以看出，$PtIr/Al_2O_3$ 催化剂具有最高的活性和最好的活性稳定性。

Barbier 等[42] 研究了几种不同催化剂的积炭速率，结果见图 5-1-22。从图中可以看出，在相同的重整条件下，铂铱催化剂具有比单铂和铂锗催化剂低得多的积炭速率。Carter 等[54] 也发现，在相同的苛刻度下，铂铱催化剂的积炭量只有铂铼催化剂的 40% 左右。

对于 Ir 组元在还原态催化剂中的存在价态，一般均认为是金属态，而且 Pt 与 Ir 之间形成合金，有较强的相互作用。PtIr/Al$_2$O$_3$ 催化剂的高活性和较好的稳定性主要是由于 Ir 有较强的氢解活性。Ir 的氢解活性明显高于 Pt，因此，在某些方面 Ir 与 Re 的作用类似。Ir 较强的氢解活性破坏了积炭前身物，防止了积炭前身物进一步脱氢形成积炭。因此，铂铱双金属催化剂的积炭速率明显要低。较强的氢解活性会导致反应的液体收率大幅下降。因此，单铱催化剂无法得到工业应用。但是铂铱双金属催化剂的选择性较好，这说明 Pt 与 Ir 之间的相互作用减弱了 Ir 的氢解活性，使催化剂同时具有较慢的积炭速率和较好的选择性。另外 Ir 的加入稀释了表面 Pt 原子，抑制了积炭反应的发生。为了抑制 Ir 的氢解活性，铂铱双金属催化剂在使用时要进行预硫化。虽然铂铱双金属催化剂有良好的性能，但是 Ir 组元在催化剂处理和再生过程中容易聚集，严重影响催化剂的性能。因此，铂铱双金属的性能与制备方法关系很大。防止铱金属聚集成为这类催化剂研究的重要内容。

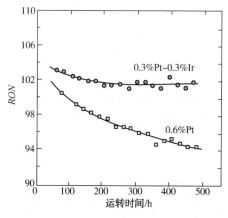

图 5-1-20　PtIr/Al$_2$O$_3$ 与 Pt/Al$_2$O$_3$ 催化剂活性和稳定性的比较[55]

[评价原料油族组成烷烃 P/N/A＝47.3%/42.2%/10.5%（体），初馏点/终馏点=50/200℃。反应条件：压力 1.46MPa，温度487℃，质量空速2.1h^{-1}，氢油摩尔比6。]

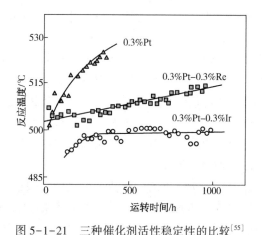

图 5-1-21　三种催化剂活性稳定性的比较[55]

[评价原料油 P/N/A＝43%/45%/12%（体），初馏点/终馏点=99/171℃。反应条件：压力 1.46MPa，RON=100，质量空速3h^{-1}，氢油摩尔比6。]

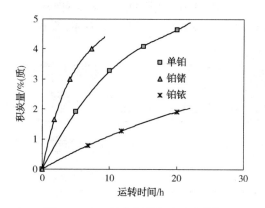

图 5-1-22　催化剂的积炭速率[55]

在铂催化剂中引入其他金属的研究时有报道，其中第ⅣA族金属中的锗也引起了人们的兴趣和关注。铂锗催化剂的性能基本上与铂锡催化剂类似，锗的作用也类似于锡组元，这在铂锡催化剂部分有论述。但铂锗催化剂有很好的抗硫性能。

第二节　催化重整催化剂的制备

一、氧化铝载体的制备

负载型石脑油重整催化剂所用的氧化铝载体主要是 η-Al_2O_3 或 γ-Al_2O_3。随着重整工艺和催化剂制备技术的发展，逐渐用 γ-Al_2O_3 取代 η-Al_2O_3。γ-Al_2O_3 和 η-Al_2O_3 的制备过程包括氢氧化铝的制备、载体成型和热处理。

（一）氢氧化铝的制备

氧化铝载体的制备方法有很多种，基本的顺序都是先生产氢氧化铝，再经成型、焙烧等工序得到氧化铝载体。氢氧化铝的制备工序主要包括成胶、老化、洗涤和干燥等步骤。氧化铝载体的晶相及物理性质与其前身物氢氧化铝和后续的热处理过程关系很大。在氢氧化铝的制备过程中，原材料种类以及成胶和老化的操作参数，主要包括 pH 值、温度、时间及气氛等，对氢氧化铝的性质影响很大；氢氧化铝的热处理温度、时间及气氛对氧化铝的晶相及结构影响也较大。根据制备氢氧化铝原料的不同，可以将氢氧化铝的制备方法分为铝酸盐中和法、铝盐中和法、铝溶胶中和法和醇铝水解法。

1. 铝酸盐中和法

这种方法所使用的铝酸盐一般是偏铝酸钠，由于偏铝酸钠容易水解，因此溶液中必须要有过量的碱，其 Na^+/AlO_2^- 摩尔比（通常称为苛性比）>1，一般控制在 1.2~1.4。制备时用酸（强酸如 HNO_3、HCl、H_2SO_4 等，弱酸如 NH_4HCO_3、H_2CO_3 等）或酸性化合物（如硫酸铝）的溶液加入到 $NaAlO_2$ 中得到氢氧化铝沉淀。由 $NaAlO_2$ 和酸中和反应得到的氢氧化铝在合适的 pH 值条件下经老化后可以得到拟薄水铝石。这种方法的基本原理如下：

$$AlO_2^- + H^+ + H_2O \longrightarrow Al(OH)_3 \qquad （用酸作为沉淀剂）$$

$$2AlO_2^- + CO_2 + 3H_2O \longrightarrow 2Al(OH)_3 + CO_3^{2-} \qquad （用 CO_2 作为沉淀剂）$$

$$AlO_2^- + Al^{3+} + 6H_2O \longrightarrow 4Al(OH)_3 \qquad （用铝盐作为沉淀剂）$$

图 5-2-1 是用 $NaAlO_2$ 和 $Al_2(SO_4)_3$ 生产 γ-Al_2O_3 的流程示意。该法可以间歇或连续操作。

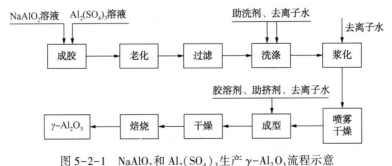

图 5-2-1　$NaAlO_2$ 和 $Al_2(SO_4)_3$ 生产 γ-Al_2O_3 流程示意

成胶时必须先加入 $Al_2(SO_4)_3$，再加入 $NaAlO_2$，并不停地搅拌保持溶液的 pH 值。间歇方式成胶时，也可以采用 pH 值摆动的方法，即 $Al_2(SO_4)_3$ 溶液和 $NaAlO_2$ 溶液分几次交替加入，使成胶时溶液的 pH 值由酸性到碱性交替变化。pH 值的交替变化可以使氢氧化铝粒子长大，得到大孔的氧化铝载体。

老化的目的是促使生成的氢氧化铝沉淀向晶形氢氧化铝转化，一定要保证一定的老化时间使这种转变完全。

洗涤的目的是除去 $Al_2(SO_4)_3$ 和 $NaAlO_2$ 带来的杂质 SO_4^{2-} 和 Na^+。Na^+ 容易洗净，只用去离子水就可以使其含量低于 0.1%；SO_4^{2-} 相对难以洗净，需要加入一些碱性物质，如氨水或 $NaCO_3$ 作为助洗剂，才能使其含量达到 1% 以下。因此由该法制备的 $\gamma\text{-}Al_2O_3$ 会有一定的杂质。

2. 铝盐中和法

一般所用的铝盐是 $AlCl_3$，可以由三水铝石和盐酸反应制得。为了完全溶解三水铝石，盐酸要适当过量。通常要精制脱铁降低其中的铁含量。用碱或碱性化合物（通常是氨水）与 $AlCl_3$ 反应，生成氢氧化铝沉淀，其原理为：

$$Al^{3+} + 3OH^- \longrightarrow Al(OH)_3$$

图 5-2-2 是采用铝盐中和法生产球形氧化铝载体流程示意。

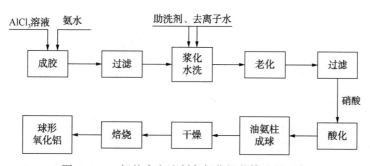

图 5-2-2　铝盐中和法制备氧化铝载体流程示意

制备 $\gamma\text{-}Al_2O_3$ 时，成胶、浆化洗涤和老化的温度都控制在 60~70℃，pH 值控制在 7.0~8.0。制备 $\eta\text{-}Al_2O_3$ 时，控制成胶和老化的 pH 值和温度，使得到的氢氧化铝为湃水铝石或湃水铝石与诺水铝石的混合物。这种方法生产的氧化铝载体的纯度可以达到重整催化剂的要求。

3. 铝溶胶中和法

该法是 UOP 公司开发的一种氧化铝制备和成型相结合的球形氧化铝制备技术[56,57]。其流程示意如图 5-2-3 所示。

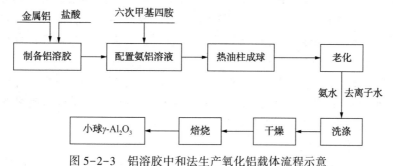

图 5-2-3　铝溶胶中和法生产氧化铝载体流程示意

该法的特点是以金属铝和盐酸为原料制备铝溶胶，如果金属铝的纯度不够，制备的铝溶胶还要经过脱铁精制的过程。在铝溶胶的制备过程中，将 Al/Cl 比或 Al 的浓度控制在一定的范围内，然后加入六次甲基四胺（HMT），混合均匀制成胺铝溶胶液，再将该胺铝溶胶液滴入油柱中（约 90℃）成型。在热油柱中六次甲基四胺分解出 NH_3，与铝溶胶反应生成氢氧化铝凝胶球。湿球经过老化、洗涤、干燥、活化后得到适用于重整催化剂制备的高纯度氧化铝载体。

4. 醇铝水解法

在齐格勒法生产脂肪醇的过程中，首先合成烷氧基铝，水解后得到脂肪醇，副产物为氢氧化铝，其流程示意如图 5-2-4 所示。用这种方法生产氧化铝时，金属铝与乙烯、氢气生成烷基铝的反应是有选择性的，金属铝中所含的杂质可以很容易除去，所以得到的氢氧化铝纯度很高。

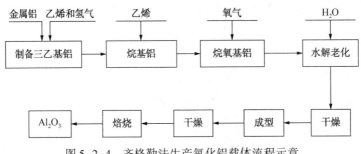

图 5-2-4 齐格勒法生产氧化铝载体流程示意

此后，Condea 公司在此基础上开发了一种由低碳醇和金属铝连续生产氧化铝的工艺，如图 5-2-5 所示。该工艺的主要特点在于醇类可以循环使用，后续步骤与齐格勒法相同。这种方法制备的氢氧化铝纯度很高。

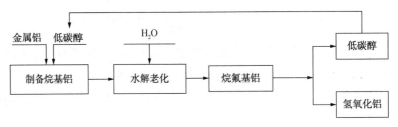

图 5-2-5 Condea 连续法生产氧化铝示意

用 Condea 连续法生产氧化铝的关键在于低碳醇的回收利用。也曾有使用异丙醇铝与金属铝生产氢氧化铝的报道[58]。但是由于异丙醇与水形成共沸物，所以异丙氧基铝水解后只能得到异丙醇稀水溶液，异丙醇循环使用比较困难。由于制备成本高，一直没有实现工业化。段启伟等[59]利用异丙醇共沸物中所含有的水来水解三异丙氧基铝，这样在得到氢氧化铝的同时得到含水量小于 0.2% 的异丙醇，从而可以循环使用异丙醇。美国专利 USP4238372[60]研究了由醇铝法和沉淀法制备的 Al_2O_3 载体对重整催化剂性能的影响，发现醇铝法 Al_2O_3 载体制备的重整催化剂具有更好的稳定性。

（二）载体的成型

半再生催化重整使用固定床反应器，因此催化剂通常制备成直径 1~2mm 的小球或圆柱条；连续催化重整使用移动床反应器，为了便于循环，减少机械磨损，催化剂必须制成 1～2mm 的光滑小球。随着重整催化剂和载体制备技术的发展，载体的成型技术也有很大的发展。目前载体成型常用的方法有压缩成型法、挤出成型法、转动造粒法、喷雾成型法和油中成型法等。对于重整催化剂载体成型，实验室和工业上应用最广泛的方法是转动造粒法、滴球成型法和挤出成型法。

1. 转动造粒法

转动造粒法是将氢氧化铝粉末逐渐用水或加适量的胶溶剂使其湿润而黏结成球，整个成型过程在一个围绕着倾斜轴旋转的滚球机中完成。氢氧化铝或氧化铝粉末逐渐加入到滚球机中，并用水湿润，或添加适量的胶溶剂，也可加入适量的晶核，在粉末强烈的吸水性和胶溶剂的作用下，随着滚球机不断的转动，晶核逐渐长大。当球的直径达到所要求的大小时，就可以将球分出。

滚球的质量和成品的物化性质与诸多的因素有关，其中包括氢氧化铝或氧化铝粉末的物化性质；原料粉末、水、胶溶剂等的加料速度，胶溶剂的种类、浓度和用量，物料的加入位置；滚球机的仰角和转速等。

2. 滴球成型法

滴球成型法是一种球形氧化铝的制造技术。按照初始溶胶的性质不同和使氢氧化铝凝固的方式不同，可以分为油柱成型工艺和油氨柱成型工艺。

（1）油柱成型工艺

油柱成型工艺是利用胺铝溶胶（制备方法见"氧化铝制备"部分）可以自身凝胶化的特性，将胺铝溶胶滴入热油柱中，在界面张力的作用下形成球滴，球滴内的 HMT 在足够高的温度下分解出氨使球滴迅速凝胶化，形成半透明富有弹性的氢氧化铝凝胶小球。该小球在油介质，或先油介质后水介质中进行晶化，最后经过水洗、干燥、活化得到氧化铝小球。铝溶胶的铝氯比和铝含量影响氧化铝小球的强度；晶化温度、pH 值和时间影响氧化铝的晶粒和堆密度。

（2）油氨柱成型工艺

油氨柱成型工艺是将氢氧化铝粉末加适量的水和胶溶剂（通常为盐酸、硝酸等）进行充分搅拌，得到黏度和固含量合适的氢氧化铝溶胶；将制备好的氢氧化铝溶胶滴入成型柱中，成型柱中上层是油层，下层是氨水层。油层的主要作用是使滴入的氢氧化铝溶胶成型，一般可以选用煤油、润滑油、机油等。选用的油与溶胶的界面张力要足够大，以保证滴入的溶胶成球；氨水层与油层之间的界面张力要足够小，使在油层中成球的溶胶球顺利地进入氨水层，并且不发生变形。为此在氨水层中需要加入少量的表面活性剂，例如高级脂肪酸及其盐类、高级醇或胺类等。溶胶球进入氨水层后，小球从表面开始逐渐向内部固化。固化的小球经过水洗、干燥、活化得到氧化铝小球。这种工艺制得的氧化铝小球的圆整度、均匀度、表面光滑度不如油柱成型工艺生产的小球。

滴球成型法最早用于制备 $\gamma\text{-Al}_2\text{O}_3$ 小球。如果通过老化步骤形成湃水铝石，那么也能制备 $\eta\text{-Al}_2\text{O}_3$ 小球[61]。

3. 挤出成型法

挤出成型法主要用来生产条形氧化铝载体。该法的第一步是将拟薄水铝石或薄水铝石粉末与水、少量的胶溶剂（通常为硝酸或醋酸等）、少量的助挤剂（如田菁粉）等混捏均匀后形成膏状物料，其氧化铝含量一般在 40% 左右。第二步是将这种膏状物料用挤条机挤出成型，控制模具的形状和尺寸，从而可以很容易地控制载体的形状和尺寸。随后将成型的载体进行养生、切粒、干燥、焙烧，从而得到最终的成型载体。重整催化剂载体的挤出条通常为 1~2mm 的圆柱体。挤条配方的确定是挤出成型法的关键。

采用 Condea 公司 Pural 用氢氧化铝进行的试验[62]表明，氢氧化铝起始颗粒的大小对成型载体的强度影响较大。当使用同样量的醋酸作为胶溶剂时，随颗粒粒度减小机械强度增加。为了达到一定的机械强度，对于起始颗粒较大的氢氧化铝原料则需要适当增加醋酸的用量。用同样颗粒大小（$d_{50} = 32\mu m$）的氢氧化铝进行的胶溶剂溶液酸度影响的试验表明，采用强无机酸和三氯乙酸胶溶，在代表 H^+ 浓度的 Hammett 酸度函数 $H_0 > 1$ 时，对颗粒的物性没有影响；当 $0 < H_0 < 1$ 时，随着 H_0 的降低，大孔消失，中孔体积变化不大，强度增加；当 $H_0 < 0$ 时，大孔消失，同时中孔体积开始较明显地降低，强度不再增加，而当 $H_0 < -0.25$ 以后，强度急剧下降。酸度过高导致颗粒在焙烧后产生很强的内应力，受压时容易开裂，因此强度降低。

成型方法并不能改变氧化铝前身物晶粒的大小，因此对氧化铝微孔（孔直径小于 5nm）的影响很小，对其比表面积的影响也很小。但是成型方法对载体的大孔（孔直径大于 50nm）影响较大，从而对载体的孔体积有影响。这是由于大孔是由二次粒子之间的空隙形成的。此外在成型前加入造孔剂（在焙烧过程中可以燃烧或分解）也可以调整载体的大孔比例。

（三）载体的热处理

无论是油中滴球成型还是挤出成型，氧化铝水合物成型之后，均需要经过干燥、焙烧过程。干燥过程的主要目的是除去成型颗粒中的物理结合水。由于成型的氧化铝水合物是多孔性物质，存在毛细现象，干燥时要采用分段缓慢干燥，使孔内的水分逐渐蒸发，避免降低成型颗粒强度。干燥过程完成之后，需要进行焙烧。氧化铝水合物焙烧的主要目的是：

1) 通过热分解反应除去氧化铝水合物成型颗粒中的易挥发和易分解的组分及化学结合水。易挥发和易分解的组分包括挤出成型时加入的胶溶剂、助挤剂或油中成型携带的油及铵盐等。

2) 焙烧过程是水合氧化铝载体发生相变的过程，在选定的条件下通过焙烧可以得到具有稳定的晶相、晶粒大小和一定孔结构及比表面积的氧化铝。

3) 焙烧过程中发生的氧化铝微晶烧结，可以提高氧化铝载体的机械强度，适当改善孔分布。

焙烧温度和气氛中的水含量是氧化铝载体焙烧过程中最重要的操作参数，对氧化铝载体最终的晶相、比表面积、酸性和机械强度等都会产生影响。在本章第一节的氧化铝部分中已有介绍。

二、催化重整催化剂制备

（一）活性组元引入

负载型催化剂金属组元的引入通常有以下六种方法：

1. 蒸气凝聚法

在超真空条件下将金属蒸气凝聚于载体表面。该法主要用于制备纯净的模型催化剂，可获得单分散的金属晶粒体系，用于表面技术的表征，一般主要用于基础研究方面。

2. 沉淀法(Precipitation)

在浸渍过程中加入沉淀剂,使金属定向沉淀于载体表面。通常是将含尿素的金属有机酸或硝酸盐溶液与载体粉末搅拌成悬浮液,再升温至60~85℃,使尿素缓慢水解生成OH⁻离子而使溶液的pH值均匀升高,当OH⁻离子的浓度升高至一定时,金属(M)离子生成氢氧化物(M—OH)沉淀,M—OH与载体表面的羟基(S—OH)发生失水反应:M—OH+S—OH→H₂O+M—O—S,从而使金属离子定向沉积于载体表面。由于尿素均匀分散于浸渍液中,因此升温过程中溶液里的OH⁻是均匀产生的,因而沉淀物均匀分布于载体上。由于生成沉淀的过程是可控制的,所以得到的晶粒较小而且操作也较简单。

3. 共胶法

也称为溶胶-凝胶法(Sol-Gel)。在载体的制备过程中,直接将含金属的盐溶液引入载体溶胶(如铝溶胶)中,载体成型后,金属就均匀分布于载体上。PtSn/Al₂O₃制备的方法之一就是将锡盐溶液直接引入铝溶胶中,最终得到含氧化锡晶粒<10nm的载体[63]。

4. 锚定法(Anchoring)

用金属有机化合物或羰基化合物与氧化物载体表面发生反应,主要是金属有机化合物或羰基配体与氧化物表面的羟基(—OH)进行配体交换反应,从而使金属定向锚定于载体表面。由于金属有机化合物或羰基化合物不稳定,浸渍时要在惰性气体(如N₂)的保护下进行,因此该法操作较复杂,使用较少。

5. 饱和浸渍法

又称无过剩溶液润湿浸渍法(Incipient Wetness Impregnation)或孔体积浸渍法(Pore Volume Impregnation)。该法主要用于金属前身物与氧化物载体相互作用较弱的情况。操作时先用去离子水测定氧化物载体的饱和吸水率,然后按该饱和吸水率配制含金属前身物(通常为金属有机酸或硝酸盐)的水溶液,载体全部吸收该溶液。由于溶质与载体靠分子间作用力或氢键弱结合,浸渍后不宜洗涤,必须通过加热除去杂质,固定金属。用该法制备催化剂时,金属的负载量无限制,可以制备金属组元含量较高的催化剂(如加氢催化剂),从而达到增大活性中心数目、提高催化剂的活性的目的。

6. 平衡浸渍法(Equilibrium Impregnation)

该法主要用于金属前身物电解质能与氧化物载体表面发生强相互作用的情况。操作时按一定液固比(超过载体的饱和吸水率)配制含金属前身物电解质的水溶液,该水溶液中的电解质与载体表面发生吸附或化学反应,较长时间后达到平衡,从而将金属负载于载体上。用该法制备的催化剂金属晶粒较小(<10nm),而且操作较简单,是实验室与工业上普遍采用的方法。

对于负载型重整催化剂,金属组元的引入虽然有时也采用共胶法和饱和浸渍法,但主要的制备方法是平衡浸渍法。

(二)催化剂的处理

1. 干燥、活化和还原

干燥的主要目的是在低温下除去载体孔内的大部分水分,这种操作可能会引起孔内溶液中所含物质的移动,导致载体颗粒内金属前身物的再分散。但是对于重整催化剂,浸渍过程中金属前身物与载体之间的相互作用较强,因此在干燥过程中这种再分散作用可以忽略。然而干燥会改变载体表面吸附的Pt络合物的形式。在工业条件或类似条件下制备的催化剂浸渍后加热至 100℃ 以上时，与载体表面以静电相互作用的 $[PtCl_6]^{2-}$ 会转变成含配位体氯和氧的络合物。用可见紫外光谱[63]检测表明存在 $[PtCl_yOH_x]^{2-}$ 物种，用 EXAFS[64] 方法检测到配位体含约两个氧原子的类似 $[PtCl_4O_2]$ 的物种。

干燥后需要对催化剂进行活化，活化的主要目的是将金属前身物转化成相应的氧化物和调节催化剂上的氯含量。在空气中 500~600℃ 活化后 $[PtCl_6]^{2-}$ 中的氯进一步被氧所替代，形成组成类似于 $[PtO_xCl_y]$ 的物种，如 Lieske[63] 提出的四配位的络合物 $[PtO_2Cl_2]^{2-}$ 和 Berdala 等[65]提出的六配位络合物 $[PtO_{4.5}Cl_{1.5}]$。

活化会改变催化剂上的氯含量。干燥后催化剂上的氯含量越高，活化时氯流失越多，活化气氛中含水量越高，氯流失也越快。这种氯流失与氧化铝本身的持氯能力密切相关。为了减少氯的流失，需要控制合适的活化条件，主要是活化温度和气氛。

活化条件不仅影响催化剂上的氯含量，而且对金属相的分散也有显著影响。Жарков 等[67]研究催化剂活化温度对 Pt/Al_2O_3 催化剂苯加氢活性的影响时发现，活化气氛中氯的存在导致活化温度对催化剂的性能影响不同。氯含量较低时，活化温度从 300℃ 提高到 600℃ 催化剂的活性持续下降；氯含量较高时，即使活化温度达到 600℃，催化剂活性也基本不下降。由于苯加氢活性与铂分散度直接有关，说明活化过程中氯的存在可以防止铂的烧结。Bournaoville 等[46]同样发现氯在氧化介质中对 Pt 的这种稳定作用。

助剂 Re、Sn、Ge 的引入加强了催化剂活化过程中 Pt 的抗烧结能力，提高了 Pt 分散度的稳定性。Zaidman 等[67]发现在单铂催化剂中引入助剂 Re、Sn 或 Cr 后，在 650℃ 空气流中焙烧时铂分散度的下降显著减少。Ерохцна 等[68]发现 Re 有助于提高 $PtRe/Al_2O_3$ 的热稳定性。

催化剂还原的主要目的是将活化后的铂的化合物转变成高度分散的金属 Pt。还原过程要控制好还原温度、H_2 中的水含量及 H_2 纯度。单铂催化剂的还原温度与其活化温度有关。程序升温还原试验结果表明，当催化剂的活化温度低于 300℃ 时，在 150℃ 就可以观察到最大的还原速度；活化温度在 500~550℃ 之间时，最大还原速度时的温度提高到 275℃。这可能是由于高温活化促进了金属氧化物与载体的相互作用。

还原过程中要严格控制 H_2 中的水含量。水含量过高会降低催化剂上的氯含量，但更主要的是使铂晶粒长大，降低金属分散度，从而影响催化剂的性能。Prestvik 等[70]研究了还原过程中水含量对 PtRe 催化剂性能的影响，发现还原时 H_2 中水含量为 0.1%（摩尔）和 0.5%（摩尔）时，甲基环己烷的转化率分别下降了 5% 和 7%。认为这是由于还原 H_2 中 H_2O 促使 Pt 积聚，降低了 Pt 的分散度。Жарков 等[70]发现，湿氢气还原的单铂催化剂加氢活性下降，认为是由于铂分散度下降造成的。Volter 等[71]发现活化后的单铂催化剂与空气接触吸收水分后再还原时，铂分散度明显下降，这可能是由于还原时水的存在减弱了铂同载体的相互作用，使铂晶粒容易迁移，从而发生金属的烧结。

还原时 H_2 中的杂质含量（如 CO_2、CO、轻烃等的含量）要严格控制。CO_2 和 CO 是催化剂的毒物，特别是 CO 与活性中心铂的相互作用较强，容易使催化剂中毒，催化剂上的铼与 CO 反应生成羰基铼，该化合物容易升华，使铼损失。轻烃（特别是 C_{2+} 烃类）在催化剂还原过程中会发生氢解，生成积炭，覆盖在金属活性中心上；而且氢解过程会放出大量的热量，造成局部温度过高，使金属晶粒烧结，降低金属分散度。王世怀等[72]研究发现，还原 H_2 中含有烃类会降低催化剂的活性。刘宇键等[]研究了还原 H_2 中乙烷或丙烷对催化剂性能的影响，发现随着 H_2 中乙烷或丙烷含量的增加，催化剂对甲基环戊烷的转化率逐渐降低，催化剂对氢气的吸附量也逐渐降低，这说明还原 H_2 中含有乙烷或丙烷会影响催化剂的金属功能。中型评价结果表明，H_2 中含有乙烷或丙烷降低了催化剂的活性和稳定性。

Mills[74] 等研究了还原压力对铂重整催化剂的影响，发现常压下还原的催化剂环己烷脱氢活性最高，随着还原压力的增加，催化剂环己烷脱氢活性明显下降，直至 2.0MPa；当还原压力大于 2.0MPa 后，其影响很小。

2. 气相氯化

采用 HCl 为竞争吸附剂制备重整催化剂时，活化后的催化剂通常含过多的氯(>1.5%)。为了降低氯含量并使其在催化剂颗粒中均匀分布，需要进行气相氯化。气相氯化是将含有一定比例的水蒸气和盐酸的空气在一定温度下通过催化剂，进行催化剂上氯含量的调节。由于一定温度下催化剂的平衡氯含量取决于 H_2O/HCl 摩尔比，因此通过控制 H_2O/HCl 摩尔比可以将催化剂上的氯含量调节到预期值。气相氯化时也可以用 CCl_4、$CHCl_3$、$C_2H_4Cl_2$ 等代替氯化氢作为氯化剂。这些化合物在接近 500℃ 的温度和过剩氧及水蒸气存在的条件下，在重整催化剂上反应生成氯化氢和二氧化碳。除了调节催化剂氯含量以外，气相氯化还可以起到提高新鲜或再生催化剂的铂分散度的作用。

3. 预硫化

硫对重整催化剂的作用与第ⅣA族金属(锗、锡、铅)类似。在单铂催化剂中引入少量的硫，虽然降低了催化剂的脱氢活性，但也降低了催化剂烷烃的氢解活性，提高了催化剂的选择性。Hayes 等[75] 在苛刻条件下(510℃、0.7MPa、RON100)考察了硫的引入对单铂催化剂稳定性的影响，结果见图 5-2-6。从图中可以看出，向原料中加入含硫化合物可以显著降低催化剂的失活速率，同时也减缓了催化剂选择性的下降幅度。此时，硫成为提高催化剂活性稳定性和选择性稳定性的助剂。硫的这种积极作用在于它能降低催化剂的积炭速率。Wang 等[76] 研究发现，铂的硫化物可以催化加氢双烯和环双烯，从而降低催化剂表面积炭前身物的含量，降低催化剂的积炭速率。

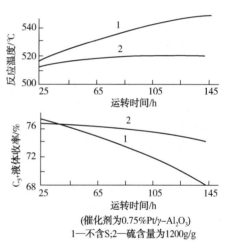

(催化剂为0.75%Pt/γ-Al₂O₃)
1—不含S;2—硫含量为1200g/g

图 5-2-6　硫对单铂催化剂稳定性的影响[76]

对于 PtRe 系列重整催化剂，由于金属 Re 具有很强的氢解活性，因此新鲜铂铼催化剂使用前必须进行预硫化。所使用的硫化剂主要有硫化氢、甲基硫醇、二甲基二硫醇等。Apesteguia 等[77] 的工作表明，硫化后 0.58%Pt/Al₂O₃、0.3%Pt-0.3%Re/Al₂O₃ 和 0.3%Pt-0.3%Ir/Al₂O₃ 催化剂上的硫含量约为 0.03%，即接近于硫/金属原子比为 0.5。硫阻塞了一部分金属活性中心，改变了金属活性中心上反应的相对速度。以上三种催化剂硫化后，环己烷脱氢速度分别降低了 1.5 倍、2.5 倍和 1.5 倍，而乙烷氢解速度分别降低了 240 倍、400 倍和 75 倍。因此，硫是选择性毒物，可以选择性地中毒重整催化剂较强的氢解活性中心。从热力学上分析，硫铼之间具有比硫铂之间高得多的亲和力，因此，硫首先选择性地吸附在 Re 上，硫的吸附量主要取决于催化剂上的 Re 含量。

含锗、锡和铅的双金属催化剂不需要硫化，因为这些金属会抑制氢解反应。

第三节　国内外半再生重整催化剂

一、国内催化剂

我国很早就进行了半再生重整催化剂的研究开发，并于 1965 年开发出第一个工业催化剂。20 世纪 80 年代以来，一系列铂铼双金属、多金属催化剂（PR 系列重整催化剂）相继开发成功并投入工业应用。PR 系列催化剂在载体改进、降低铂含量、引入助剂组元以及催化剂制备技术等方面不断进步。我国 PR 系列催化剂的发展见表 5-3-1。

表 5-3-1　PR 系列半再生重整催化剂

催化剂牌号	研制单位	活性组元	载体	工业化年代
CB-5	FRIPP	Pt、Re	改性 γ-Al_2O_3 小球	1985
CB-5B	FRIPP	Pt、Re、Ti	改性 γ-Al_2O_3 小球	1992
CB-6	RIPP	Pt、Re	γ-Al_2O_3 小球	1986
CB-7	RIPP	Pt、Re	γ-Al_2O_3 小球	1990
CB-8	FRIPP	Pt、Re	改性 γ-Al_2O_3 小球	1991
CB-9	RIPP	Pt、Re、助剂	γ-Al_2O_3 小球	1997
CB-11	FRIPP	Pt、Re	改性 γ-Al_2O_3 小球	1998
3932(CB-60)	RIPP	Pt、Re	γ-Al_2O_3 圆柱条	1995
3933(CB-70)	RIPP	Pt、Re	γ-Al_2O_3 圆柱条	1995
PRT-A	RIPP	Pt、Re、助剂	γ-Al_2O_3 圆柱条	2002
PRT-C	RIPP	Pt、Re、助剂	γ-Al_2O_3 圆柱条	2003
PRT-B	RIPP	Pt、Re、助剂	γ-Al_2O_3 圆柱条	2002
PRT-D	RIPP	Pt、Re、助剂	γ-Al_2O_3 圆柱条	2003
SR-1000	RIPP	Pt、Re、助剂	新型 γ-Al_2O_3 圆柱条	2015

国产催化剂一般分为等铼铂比和高铼铂比两种催化剂，这两种催化剂既可以单独使用，也可以两段装填使用。两段装填工艺更能发挥等铼铂比催化剂和高铼铂比催化剂各自的特点，特别是与两段混氢工艺相结合。

20 世纪 90 年代以来，对载体的成型方法进行了研究改进，开发出挤条形半再生重整催化剂。此前国产催化剂采用油氨柱成型法生产球形载体，工艺较复杂，成品收率低，生产成本高。采用挤条成型的方法生产条形载体，工艺较简单，成品收率高。由于制备中选择了合适的胶溶剂和助挤剂，使得载体压碎强度得到提高。同时，由于载体孔结构优化，催化剂性能得以改善。与球形载体催化剂 CB-6、CB-7 相比，条形催化剂 CB-60、CB-70 用于两段装填工艺，具有更高的活性、选择性和氢气产率。

进入 21 世纪以来，中国石化在金属组元配方和浸渍制备技术方面进行创新，并对载体进行优化改进，研发出选择性更高、稳定性更好的 PRT 系列催化剂。

基于硫对半再生重整催化剂还原过程作用机理和反应行为影响的基础研究，突破传统认知，首创"原位缓释硫化技术"，中国石化于2015年又开发了新型的SR-1000催化剂，该剂开工不需额外预硫化，开工方法更简便、绿色环保。

由于国产催化剂的优异性能，已经基本取代国外催化剂，在国内重整装置上得到广泛应用。PRT系列催化剂和SR-1000催化剂在国内市场得到广泛使用并表现出优异性能。表5-3-2是PRT-C/PRT-D催化剂在采用两段装填、两段混氢，SR-1000催化剂采用两段混氢重整工艺的400kt/a工业装置上运转的标定结果。工业运转结果表明，PRT-C/PRT-D、SR-1000催化剂在长周期运转下具有优异的活性、选择性和稳定性。

表5-3-2　PRT-C/PRT-D、SR-1000催化剂工业标定结果

催化剂		SR-1000	PRT-C/PRT-D
原料	ASTM D—86/℃	81～161	80～170
	N+A/%	46.0	45.7
反应条件	加权平均床层温度/℃	462.7	469.6
	质量空速/h^{-1}	2.0	1.9
	平均反应压力/MPa	1.4	1.4
反应结果	C$_{6+}$收率/%	86.9	85.8
	C$_{6+}$ RON	96.1	95.7

二、国外催化剂

美国、苏联、法国、德国等是世界上在催化重整技术发展方面占重要地位的国家，半再生重整装置在这些国家的炼油和石化工业中占据着很重要的地位。半再生式重整技术的核心是重整催化剂，这些国家对半再生重整催化剂的技术开发一直十分重视，其主要半再生重整催化剂的发展情况见表5-3-3～表5-3-11。国外半再生重整催化剂的进步也体现在载体改进、调整铂铼比含量、引入助剂组元以及催化剂制备技术等方面。

表5-3-3　Chevron公司半再生重整催化剂发展

牌号	活性组元	载体	工业化年代
A	Pt、Re	Al$_2$O$_3$圆柱条	1967
B	Pt、Re	Al$_2$O$_3$圆柱条	1969
D	Pt、Re	Al$_2$O$_3$圆柱条	1972
E	Pt、Re	Al$_2$O$_3$圆柱条	1975
F	Pt、Re	Al$_2$O$_3$圆柱条	1978
H	Pt、Re	Al$_2$O$_3$圆柱条	1987

表5-3-4　Engerlhard公司半再生重整催化剂发展

牌号	活性组元	载体	堆密度/(g/mL)
E-301	Pt	Al$_2$O$_3$圆柱条	0.721
E-302	Pt	Al$_2$O$_3$圆柱条	0.721
E-603	Pt、Re	Al$_2$O$_3$圆柱条	0.721
E-611	Pt、Re	Al$_2$O$_3$圆柱条	0.721

续表

牌号	活性组元	载体	堆密度 /(g/mL)
E-801	Pt、Re	Al_2O_3 圆柱条	0.641
E-802	Pt、Re	Al_2O_3 圆柱条	0.641
E-803	Pt、Re	Al_2O_3 圆柱条	0.641

表 5-3-5　Criterion 和 Exxon 公司半再生重整催化剂发展

牌号	活性组元	载体	堆密度 /(g/mL)
PHF-5	单金属	Al_2O_3 圆柱条	0.673
PRHF-30/33/37/50/58	双金属	Al_2O_3 圆柱条	—
PHF-4	Pt	Al_2O_3 圆柱条	0.689
P-8	Pt	Al_2O_3 三叶草或圆柱条	0.705
PR-9	Pt、Re	Al_2O_3 三叶草条	0.705
PR-28	Pt、Re	Al_2O_3 三叶草条	0.705
PR-29	Pt、Re	Al_2O_3 三叶草或圆柱条	0.705
PR-30	Pt、Re	Al_2O_3 圆柱条	—
KX-120	Pt、Re	Al_2O_3 圆柱条	0.689
KX-130	Pt、Ir	Al_2O_3 圆柱条	0.705
KX-160	Pt、Re	Al_2O_3 圆柱条	0.705
KX-170	Pt、Ir	Al_2O_3 圆柱条	0.705

表 5-3-6　UOP 公司半再生重整催化剂发展

牌号	活性组元	载体	堆密度 /(g/mL)	工业化年代
R-50	Pt、Re	Al_2O_3圆柱条	0.833(密相)	1978
R-51	Pt、Re	Al_2O_3圆柱条	0.673	—
R-56	Pt、Re	Al_2O_3圆柱条	0.833(密相)	1992
R-60	Pt、Re	Al_2O_3球	0.721	1980
R-62	Pt、Re	Al_2O_3球	0.705	1982
R-72	P*	Al_2O_3球	0.705	1994
R-85	Pt	Al_2O_3圆柱条	0.657	—
R-86/R-88	Pt、Re	Al_2O_3圆柱条	0.657	2001
R-98	Pt、Re、助剂	Al_2O_3圆柱条	0.657	2005
R-500	Pt、Re、助剂	Al_2O_3圆柱条	0.833(密相)	2010

注：P* 为专利配方。

表 5-3-7　Axens 公司半再生重整催化剂发展

牌号	活性组元	载体	堆密度 /(g/mL)
RG-412	Pt	Al_2O_3圆柱条	0.657
RG-482	Pt、Re	Al_2O_3圆柱条	0.657
RG-492	Pt、Re	Al_2O_3圆柱条	0.689
RG-582	Pt、Re、助剂	Al_2O_3圆柱条	0.673
RG-682	Pt、Re、助剂	Al_2O_3圆柱条	0.689
PR-150	Pt、Re、助剂	Al_2O_3圆柱条	高堆比
PR-156	Pt、Re、助剂	Al_2O_3圆柱条	高堆比

注：PR-150、156 为前 Criterion 催化剂。

表 5-3-8 Chevron 公司半再生重整催化剂发展

牌号	活性组元	载体	工业化年代
A	Pt、Re	Al_2O_3 圆柱条	1967
B	Pt、Re	Al_2O_3 圆柱条	1969
D	Pt、Re	Al_2O_3 圆柱条	1972
E	Pt、Re	Al_2O_3 圆柱条	1975
F	Pt、Re	Al_2O_3 圆柱条	1978
H	Pt、Re	Al_2O_3 圆柱条	1987

表 5-3-9 Engerlhard 公司半再生重整催化剂发展

牌号	活性组元	载体	堆密度 /(g/mL)
E-301	Pt	Al_2O_3 圆柱条	0.721
E-302	Pt	Al_2O_3 圆柱条	0.721
E-603	Pt、Re	Al_2O_3 圆柱条	0.721
E-611	Pt、Re	Al_2O_3 圆柱条	0.721
E-801	Pt、Re	Al_2O_3 圆柱条	0.641
E-802	Pt、Re	Al_2O_3 圆柱条	0.641
E-803	Pt、Re	Al_2O_3 圆柱条	0.641

表 5-3-10 Criterion 和 Exxon 公司半再生重整催化剂发展

牌号	活性组元	载体	堆密度 /(g/mL)
PHF-5	单金属	Al_2O_3 圆柱条	0.673
PRHF-30/33/37/50/58	双金属	Al_2O_3 圆柱条	—
PHF-4	Pt	Al_2O_3 圆柱条	0.689
P-8	Pt	Al_2O_3 三叶草或圆柱条	0.705
PR-9	Pt、Re	Al_2O_3 三叶草条	0.705
PR-28	Pt、Re	Al_2O_3 三叶草条	0.705
PR-29	Pt、Re	Al_2O_3 三叶草或圆柱条	0.705
PR-30	Pt、Re	Al_2O_3 圆柱条	—
KX-120	Pt、Re	Al_2O_3 圆柱条	0.689
KX-130	Pt、Ir	Al_2O_3 圆柱条	0.705
KX-160	Pt、Re	Al_2O_3 圆柱条	0.705
KX-170	Pt、Ir	Al_2O_3 圆柱条	0.705

表 5-3-11　AKZO 等公司半再生重整催化剂

牌号	开发公司	活性组元	载体
CK-300 系列	AKZO Nobel	Pt	Al_2O_3 圆柱条
CK-433		Pt、Re	Al_2O_3 圆柱条
CK-522		Pt、Re	Al_2O_3 三叶草条
CK-542		Pt、Re	Al_2O_3 三叶草条
8819/B	Kataleuna GmbH Catalysts	Pt、Re	Al_2O_3 圆柱条
8823		Pt、Re	Al_2O_3 圆柱条
IRC-1001	Indian Petrochemicals Corp. LTD.	Pt	Al_2O_3 圆柱条
IRC-1002		Pt	Al_2O_3 圆柱条
IPR-2001		Pt、Re	Al_2O_3 圆柱条
IPR-3001		Pt、Re、助剂	Al_2O_3 圆柱条
IMP-RNA-1	Instituto Mexicano Del Petroleo	Pt、Re	Al_2O_3 圆柱条
IMP-RNA-1(M)		Pt、Re	Al_2O_3 圆柱条
IMP-RNA-2		Pt、Re	Al_2O_3 三叶草条

第四节　国内外连续重整催化剂

一、连续重整工艺对催化剂性能的特殊要求

国内外连续重整装置操作的工艺条件不断向低压、高苛刻度方向发展，新近开发的连续重整工艺分离器的压力、氢油摩尔比越来越低，进料空速、重整产品辛烷值要求越来越高，催化剂的再生周期也相应缩短。连续重整工艺条件的发展对催化剂提出了特殊的要求，主要有以下几点：

① 连续重整工艺条件向超低压、高苛刻度发展，要求催化剂具有良好的低压、高温反应性能。近年来，为最大限度地增加经济效益，在提高催化剂选择性，即提高液体收率和氢气产率以及降低催化剂结焦速率等方面对催化剂提出了更高要求。

② 连续重整工艺要求催化剂具有良好的再生性能。催化剂烧焦速率要能够与反应部分相匹配，烧焦不完全将导致在再生器氯化区内烧毁催化剂和设备。此外还要求催化剂具有良好的抗金属烧结性能和再分散性能。

③ 催化剂处于连续流动和输送状态。要求催化剂为球形，具有适当的堆积密度、均匀的颗粒大小分布和颗粒圆度；要求催化剂具有良好的机械性能，特别是高抗磨性能。

④ 连续重整催化剂的使用寿命主要取决于催化剂持氯能力的降低程度、金属的烧结、载体的相变和毒物的污染等因素。催化剂的持氯能力与催化剂比表面积直接有关。当比表面积下降到一定程度，催化剂上不能再保持足够的氯量，反应性能降低到经济上不合理时，即需要更换催化剂。反应苛刻度的提高导致催化剂结焦速率加快，催化剂烧焦频率增加，每年甚至可达 100 次以上。这就对催化剂的水热稳定性(主要指催化剂比表面积的稳定性和保持氯的能力)提出了更高的要求。

二、国内催化剂

表5-4-1列出了我国自己开发研究的连续重整催化剂[83~91]。

表5-4-1　我国开发的连续重整催化剂

实验室名称	工业牌号	首次工业应用年	主要特性
PS-Ⅱ	3861	1990	高活性、选择性、耐磨性
PS-Ⅲ	GCR-10	1994	同3861，低贵金属含量
PS-Ⅳ	3961、GCR-100A	1996	新一代，高水热稳定性
PS-Ⅴ	GCR-100、3981	1998	同3961，低贵金属含量
PS-Ⅵ	RC011	2001	低积炭，高选择性，低贵金属量
PS-Ⅶ	RC031	2004	低积炭，高活性，高选择性
PS-Ⅷ	RC141	2018	低积炭，高活性，高选择性

1986年第一个国产连续重整催化剂3861工业放大成功，1990年在抚顺石油三厂引进使用法国IFP技术的400kt/a连续重整装置上首次工业应用。此后，1994年国产催化剂GCR-10也在广州石化总厂使用UOP技术的连续重整装置上实现了工业化。为适应连续重整工艺条件向高苛刻度发展的趋势，我国又开发出具有自己特色的高水热稳定性催化剂PS-Ⅳ（3961）和PS-Ⅴ（GCR-100/3981）[92]。表5-4-2列出了工业生产的3961催化剂和GCR-100催化剂的典型物化性质分析数据。

表5-4-2　催化剂性质

项目	3961催化剂	GCR-100催化剂
Pt含量/%	0.35	0.28
堆密度/(g/mL)	0.57	0.57
比表面积/(m²/g)	206	199
压碎强度/N	53	50
粒度(φ1.4~2.0mm)分布/%	99.6	99.9

PS-Ⅴ催化剂是继PS-Ⅳ催化剂之后开发的低贵金属含量催化剂，其性能与PS-Ⅳ催化剂性能相当，但是铂含量低。表5-4-3对比了PS-Ⅴ、PS-Ⅳ以及国外20世纪90年代推出的催化剂B的反应性能。从表中可以看出，在相同原料和反应条件下PS-Ⅴ的反应性能与PS-Ⅳ相当，二者的芳烃产率均高于催化剂B。

表5-4-3　PS-Ⅴ与PS-Ⅳ反应性能对比
（0.69MPa，530℃，原料P/N/A=55.70/41.38/2.92%）

催化剂	液体收率/%	芳烃含量/%	芳烃产率/%
PS-Ⅴ	80.3	79.90	64.2
PS-Ⅳ	80.1	80.27	64.3
催化剂B	79.2	79.50	63.0

PS-V（GCR-100）催化剂于 1998 年 5 月在上海高桥石化公司引进的使用 UOP CycleMax 再生技术的连续重整装置上首次工业应用，至 2004 年已正常运转 6 年多的时间，在装置运转一年时进行了满负荷标定，标定结果见表 5-4-4。

表 5-4-4　PS-V（GCR-100）工业试验标定结果

项目	设计值	标定值
WABT/℃	497.7	490
体积空速/h^{-1}	1.98	1.98
分离器压力/MPa	0.24	0.24
C$_{5+}$收率/%	88.4	89.4
C$_{5+}$ RON	100	100.7
芳烃产率/%	64.56	66.65
氢气产率/%	3.49	3.57

从表 5-4-4 可以看出，在反应温度（WABT）比设计值低 7.7℃ 的条件下，PS-V（GCR-100）催化剂标定的产品辛烷值比设计值高 0.7 单位，C$_{5+}$收率比设计值高 1.0%，芳烃产率高 2.09%，纯氢气产率也高于设计值。对催化剂的跟踪分析表明催化剂水热稳定性优良，经一年时间运转，其比表面积仍保持在 174m^2/g。在一年多运转时间内催化剂的粉尘生成量只有 350kg，远低于设计值≥1090kg/a 的指标。

PS-VI 和 PS-VII 型催化剂是石科院研究开发的新型连续重整催化剂[87~91]。由于引入了新的助剂并改进了制备方法，使催化剂选择性得到提高，积炭速率明显降低。表 5-4-5 为 PS-VI催化剂与国外催化剂 C 的性质对比。

表 5-4-5　催化剂性能对比

项目	PS-VI	催化剂 C
堆密度/(g/mL)	0.56	0.56
比表面积/(m^2/g)	197	198
Pt/%	0.28	0.29
助剂	Sn+A+B	Sn
磨损率/%	-3.1	基准
压碎强度/(N/粒)	+14	基准
催化剂寿命	更长	基准
C$_{5+}$收率/%	↑0.8~1.0	基准
积炭/%	↓25	基准

从表 5-4-5 可以看出，PS-VI催化剂主要通过加入第三金属组元来改善催化剂的性能。其显著特点是催化剂的选择性提高，积炭速率下降 25%。PS-VI催化剂与对比剂 C 的反应性能对比试验结果见表 5-4-6。

表 5-4-6　反应性能对比试验结果

（条件：530℃，0.69MPa，2h^{-1}，原料 P/N/A=55.70%/41.38%/2.92%）

催化剂	液体收率/%	RON	辛烷值产率/%	芳烃产率/%	催化剂积炭/%
①PS-Ⅵ	83.1	101.4	84.3	63.4	2.6
②催化剂 C	82.1	101.4	83.2	62.7	3.5
①-②差值	1.0	0	1.1	0.7	-0.9

由表 5-4-6 可见，在相同反应条件下两个催化剂的产品辛烷值相同，说明活性相当，但 PS-Ⅵ催化剂的液体收率比对比剂 C 高 1.0%，辛烷值产率高 1.1%，芳烃产率高 0.7%，积炭速率降低了 25.7%。2001 年 1 月 PS-Ⅵ催化剂通过了中国石化集团公司主持的专家评议，并于 5 月开始在镇海炼化公司的 1.0Mt/a 连续重整装置上工业应用。工业试验的标定结果见表 5-4-7。工业试验的结果验证了实验室的结论，表明 PS-Ⅵ催化剂具有好的活性、选择性和低积炭速率。PS-Ⅶ型催化剂的铂含量高于 PS-Ⅵ，其抗杂质污染能力较强，更适用于杂质含量较高的、高苛刻度操作条件下的装置。

表 5-4-7　PS-Ⅵ与参比剂 R₁工业标定结果比较

项目	PS-Ⅵ(1)	R₁(2)	(1)-(2)差值
WABT/℃	496	500	-4
重整原料芳潜/%	42.08	43.34	-1.26
稳定汽油 RON	102	101.8	+0.2
稳定汽油收率/%	88.19	86.87	+1.32
氢气产率/%	4.03	3.68	+0.35
积炭/%	2.16	2.93	-0.77

目前我国自己开发的 PS 系列连续重整催化剂已广泛地应用在包括 IFP 一代、Regen. B、Regen. C，UOP 公司一代、二代和采用 CycleMax 再生技术的各种类型的连续重整装置上。表 5-4-8 为国产新型连续重整催化剂的推广使用情况。

表 5-4-8　新型连续重整催化剂的推广应用

序号	用户	装置类型	能力/(10^4t/a)	催化剂	开工日期
1	上海石化Ⅰ	UOP 一代	40	PS-Ⅶ	2012-3
2	扬子石化	UOP 一代	105	PS-Ⅶ	2017-8
3	广州石化Ⅰ	UOP 一代	40	PS-Ⅵ	2013-6
4	洛阳石化	IFP 一代	50	PS-Ⅵ	2015-11
5	镇海炼化Ⅲ	UOP 二代	80	PS-Ⅵ	2014-11
6	燕山石化	UOP 二代	60	PS-Ⅵ	2016-6
7	金陵石化Ⅰ	IFP 二代	60	PS-Ⅵ	2018-4
8	高桥石化Ⅰ	UOP CycleMax	60	PS-Ⅵ	2018-5
9	天津石化Ⅰ	UOP CycleMax	60	PS-Ⅶ	2016-10
10	齐鲁石化	IFP 二代	60	PS-Ⅵ	2017-6

续表

序号	用户	装置类型	能力/(10⁴t/a)	催化剂	开工日期
11	长岭炼化	国产 CCR	50	PS-Ⅵ	2014-5
12	镇海炼化Ⅳ	UOP CycleMax	120	PS-Ⅵ	2016-6
13	湛江东兴	UOP CycleMax	50	PS-Ⅵ	2015-11
14	茂名石化	UOP CycleMax	120	PS-Ⅵ	2018-10
15	海南炼化	UOP CycleMax	120	PS-Ⅵ	2018-1
16	金陵石化Ⅱ	UOP CycleMax	100	PS-Ⅵ	2016-10
17	青岛大炼油	UOP CycleMax	150	PS-Ⅵ	2015-9
18	广州石化Ⅱ	国产 CCR	100	PS-Ⅵ	2015-12
19	福建炼化	UOP CycleMax	140	PS-Ⅵ	2018-12
20	上海石化Ⅱ	UOP CycleMax	100	PS-Ⅵ	2014-7
21	天津石化Ⅱ	UOP CycleMax	100	PS-Ⅵ	2016-9
22	高桥石化Ⅱ	UOP CycleMax	80	PS-Ⅵ	2018-5
23	荆门石化	UOP CycleMax	60	PS-Ⅵ	2018-1
24	北海石化	国产 CCR	60	PS-Ⅵ	2011-11
25	九江石化	国产 CCR	120	PS-Ⅵ	2012-7
26	上海石化Ⅲ	UOP CycleMax	100	PS-Ⅵ	2018-7
27	安庆石化	UOP CycleMax	100	PS-Ⅵ	2013-9
28	济南石化	国产逆流床	60	PS-Ⅵ	2013-9
29	扬子石化Ⅱ	国产 CCR	150	PS-Ⅵ	2014-6
30	塔河石化	国产 CCR	60	PS-Ⅵ	2014-7
31	石家庄石化	UOP CycleMax	120	PS-Ⅵ	2014-7
32	金陵石化Ⅲ	国产 CCR	150	PS-Ⅵ	2017-7
33	茂名石化Ⅱ	国产 CCR	150	PS-Ⅵ	2018-5
34	石油三厂	Rengen-C2	60	PS-Ⅵ	2018-10
35	辽阳化纤	UOP 二代	50	PS-Ⅵ	2013-9
36	吉林石化	UOP 二代	50	PS-Ⅵ	2018-6
37	兰州炼化	UOP CycleMax	80	PS-Ⅵ	2014-7
38	大连石化Ⅰ	UOP CycleMax	60	PS-Ⅵ	2017-4
39	锦西石化	UOP CycleMax	80	PS-Ⅵ	2016-11
40	乌石化Ⅰ	IFP Rengen-C	60	PS-Ⅵ	2013-11
41	华北石化	国产 CCR	80	PS-Ⅵ	2014-11
42	大连石化Ⅱ	UOP CycleMax	220	PS-Ⅵ	2017-5
43	哈尔滨炼厂	UOP CycleMax	80	PS-Ⅵ	2016-9
44	庆阳石化	IFP Rengen-C2	60	PS-Ⅵ	2018-10
45	长庆石化	IFP Rengen-C2	72	PS-Ⅵ	2016-6
46	呼和浩特	UOP CycleMax	60	PS-Ⅵ	2018-8

续表

序号	用户	装置类型	能力/(10^4t/a)	催化剂	开工日期
47	辽河石化	UOP CycleMax	60	PS-Ⅵ	2018-10
48	舟山和邦化学	UOP CycleMax	92	PS-Ⅵ	2018-9
49	延安石化厂	UOP CycleMax	120	PS-Ⅵ	2017-3
50	华锦石化	UOP CycleMax	50	PS-Ⅵ	2018-7
51	山东东明石化	国产 CCR	100	PS-Ⅵ	2013-2
52	榆林炼油厂	UOP CycleMax	100	PS-Ⅵ	2015-10
53	宁波大谢	国产 CCR	150	PS-Ⅵ	2016-4
54	万达天弘	国产 CCR	60	PS-Ⅵ	2016-9
55	山东金诚	UOP CycleMax	60	PS-Ⅵ	2016-12
56	泰州石化	国产逆流床	100	PS-Ⅵ	2016-10
57	山东万通	国产 CCR	60	PS-Ⅵ	2016-8
58	河北盛腾	国产 CCR	50	PS-Ⅵ	2016-12
59	惠州大炼油Ⅱ	UOP CycleMax	180	PS-Ⅵ	2017-6
60	盘锦浩业	国产 CCR	100	PS-Ⅵ	2018-1

二、国外催化剂

表 5-4-9 为国外先后开发和应用的连续重整催化剂的统计一览表[93~98]。

表 5-4-9　国外开发的连续重整催化剂

催化剂牌号	活性组分	开发公司	工业化年份
R-132/134	Pt-Sn	UOP	1992/1993
R-162/164	Pt-Sn	UOP	1998
R-172/174	Pt-Sn-助剂	UOP	1996
R-232/234	Pt-Sn	UOP	1999
R-272/274	Pt-Sn-助剂	UOP	2002
R-264	Pt-Sn	UOP	2004
R-262	Pt-Sn	UOP	2007
R-254	Pt-Sn-助剂	UOP	2010
R-284	Pt-Sn-助剂	UOP	2011
R-334	Pt-Sn-助剂	UOP	2013
R-364	Pt-Sn-助剂	UOP	2019
CR-301/401	Pt-Sn	Axens	
CR-405	Pt-Sn	Axens	
CR-701/702	Pt-Sn	Axens	
CR-601	Pt-Sn-助剂	Axens	
CR-607	Pt-Sn-助剂	Axens	

续表

催化剂牌号	活性组分	开发公司	工业化年份
CR-617	Pt-Sn-助剂	Axens	
CR-712	Pt-Sn	Axens	
AR-501	Pt-Sn	Axens	
AR-505	Pt-Sn	Axens	
AR-701	Pt-Sn-助剂	Axens	
AR-707	Pt-Sn-助剂	Axens	
PS-10/20	Pt-Sn	Axens	1991
PS-30/40	Pt-Sn	Axens	1998
PS-80	Pt-Sn	Axens	2007
PS-100			2012
PS-110			2017

1. UOP 催化剂

从表 5-4-9 可以看出，在连续重整催化剂的开发上，UOP 公司具有悠长的历史。历史上最先使用的连续重整催化剂是在半再生重整装置上使用的铂铼双金属催化剂，由于选择性欠佳，很快就被稳定性较差但选择性良好的铂-Ⅳ族金属（铂锗和铂锡）催化剂所代替。1974~1992年的 18 年期间，连续重整催化剂的开发除了在贵金属用量上逐渐降低外，其他方面没有什么实质性的进展。直到 1992 年 4 月 UOP 公司在葡萄牙 Petrogal 公司炼厂实现了新一代连续重整催化剂 R-132 的工业化[99]，并在随后开发了同类型低铂含量的 R-134 催化剂。新一代催化剂开发的历史背景主要是前面所述的连续重整工艺条件逐渐向高苛刻度发展。原有的 R-30 系列催化剂在较低操作苛刻度条件下，再生周期至少 150 次，可使用五年并保持与新鲜催化剂相当的活性和选择性。但是在现代的高苛刻度条件下，再生周期 150 次只不过相当于一年半或更短的时间。显然，在这样条件下催化剂寿命明显缩短。R-130 系列催化剂在性能上的主要改进就是明显地提高了催化剂的水热稳定性，经过多次再生后仍能保持较高的催化剂比表面积，催化剂再生周期数可达 300 次以上，从而使催化剂寿命明显延长。

R-132/134 催化剂性能的另一改进是反应活性有所提高，据报道，达到同样辛烷值时反应温度与 R-30 系列相比可降低 5.5℃。同时，由于比表面积稳定性的提高，催化剂的氯保持能力明显提高，再生注氯量减少近 1/2。

1998 年工业化的 R-160 系列催化剂是一种高密度连续重整催化剂，其开发目的主要用于在提高处理量时受贴壁余量限制而再生能力不受限制的连续重整装置[100]。较高的密度有利于防止贴壁，但也导致产生较多的焦炭。所谓"贴壁"是指在径向反应器中由于工艺流体的高流量造成催化剂向中心管的停靠。由于贴壁的催化剂能变成高度结焦的催化剂，因此必须避免任何贴壁现象的发生。一般连续重整装置在设计时考虑了很大的贴壁余量。贴壁余量是在一定条件下允许的质量流量和实际的质量流量之间的相对差值，通常以允许的质量流量的一个百分数表示。当加工能力受贴壁余量限制时，较高的催化剂密度可以增加允许的质量流量，从而可以增加处理量。对于 R-160 系列催化剂，在其他条件相同情况下约可增加处理量 10%。R-160 系列催化剂的活性、选择性以及表面积的稳定性与 R-130 系列催化剂相同，机械强度优于 R-30 和 R-130 系列催化剂。关于催化剂的积炭量，虽然相对于催化剂重量的积炭量与 R-130 系列相当，但由于 R-160 系列的密度高约 20%，因此总的焦炭量生成量相应增加。

1999 年 UOP 公司推出了一个新系列——R-230 系列连续重整催化剂[100]。R-230 系列开发的主要目的就是减少催化剂的结焦速率，同时改进催化剂的选择性，提高 C_{5+} 液体产品和氢气的收率。结焦速率的降低使炼厂操作灵活性增加，可以在更高处理量或更高苛刻度下操作；对于再生能力有限制的装置也有可能通过催化剂的更换来消除瓶颈。R-230 系列催化剂性能的改进据说是通过改变催化剂的酸性和氧化铝载体结构来实现的。表 5-4-10 说明 R-230 系列催化剂与 R-130 系列催化剂物理性质基本相同，但其初始比表面积为 $180m^2/g$，低于 R-130 系列催化剂。虽然初始表面积低，但 R-230 系列的最终催化剂寿命与 R-130 系列相同（见图 5-4-1）。表 5-4-11 为 R-230 系列的与 R-130 系列的主要性能对比。图 5-4-2 和图 5-4-3 为中试装置上 R-234 与 R-134 催化剂的液体收率、积炭和活性的对比试验结果。表 5-4-12 用几种方案说明了采用 R-230 系列催化剂的操作灵活性。

表 5-4-10　R-230 系列催化剂的物理性质

项目	R-230 系列	R-130 系列
堆密度/(g/mL)	0.56	0.56
直径/mm	1.6	1.6
形状	球	球
比表面积/(m²/g)	180	205

表 5-4-11　R-230 系列与 R-130 系列催化剂对比

优越性	相似性
积炭减少 25%	相同的寿命
选择性改善，收率提高	活性相当
	相同的再生条件
	相同的机械性能

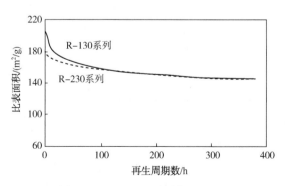

图 5-4-1　R-230 系列与 R-130 系列催化剂的寿命比较

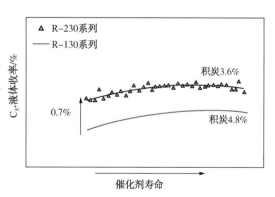

图 5-4-2　R-230 系列与 R-130 系列催化剂 C_{5+} 液体收率的比较

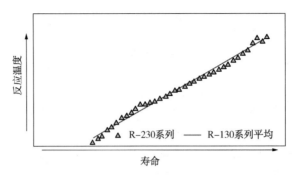

图 5-4-3 R-230 系列与 R-130 系列催化剂活性和稳定性的比较

表 5-4-12 R-230 系列催化剂操作灵活性

CCR 脱瓶颈	提高苛刻度	提高处理量
积炭减少 20% C$_{5+}$ 产率增加 0.7% （体）H$_2$ 产率增加 2.4%	RON 增加 0.9C$_{5+}$ 液体产率减少 0.4%（体）H$_2$ 产率增加 4.1%	辛烷-吨增加 12.5% C$_{5+}$ 液体产率增加 0.6%（体）H$_2$ 产率增加 17%

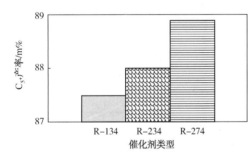

图 5-4-4 CCR 催化剂选择性的比较

继 R-230 系列催化剂之后是 2000 年推出的 R-270 系列催化剂[101]。该系列采用新的 R-200 系列改进的载体配方和 R-174 的高产率配方，制备出低积炭、高液体收率催化剂。与 R-134 和 R-234 系列催化剂相比，R-274 催化剂的 C$_{5+}$ 收率有明显提高（见图 5-4-4）。

表 5-4-13 中进行了 R-274 和 R-134 系列催化剂的性能比较。

表 5-4-13 R-274 和 R-134 催化剂性能比较

项目	R-134	R-274
C$_{5+}$ 产率/%（体）	基准	+(0.7~1.5)
芳烃产率/%	基准	+(1~3)
H$_2$ 产率/（m^3/m^3）	基准	+(8.9~26.7)
寿命	基准	相同
活性/℃	基准	-(6~8)（活性低）
生焦量/%	基准	-(20~25)

R-274 催化剂最适用于以下几种情况：较贫的原料（烷烃含量>55%）；低经馏点原料（<170℃）；高苛刻度操作（高 RON）；装置有额外的加热炉能力。

R-270 系列催化剂虽然在选择性上有明显提高，积炭速率也低于 R-130 系列催化剂，但其活性也明显低于 R-130 和 R-230 系列催化剂，导致其推广受到了限制。2004 年 UOP 公司推出了新一代高密度催化剂 R-264[102,103]。与 R-130 系列催化剂相比，R-264 催化剂采用了较高密度的氧化铝载体，同时对载体的孔结构进行了调整，减少了很小的孔所占的比

例并重新优化了催化剂金属和酸功能的平衡；R-264 催化剂的铂含量低于低密度的 R-134
催化剂，因而对于装填 R-134 催化剂的同一装置，换装 R-264 所需要的总铂量相同。

据报道，R-264 催化剂的活性高于 R-134 催化剂，积炭量要比 R-134 催化剂低 8%~
10%，可以在相同的反应条件和较高处理量下操作，达到同样的产品辛烷值而不增加积炭
量，同时由于密度比 R-134 催化剂高约 20%，减少了发生贴壁现象的可能性。表 5-4-14 和
表 5-4-15 分别列出了两个炼厂使用 R-264 催化剂代替原有 R-134 催化剂的效果，由表中
可以看出，炼油厂 A 原有装置受贴壁限制，换用 R-264 催化剂后处理量提高了 10%，产品
辛烷值和收率保持在同样水平；炼油厂 B 原有装置受反应器入口温度限制，换用 R-264 催
化剂后，由于催化剂活性高和积炭速率低，使得在相同反应器入口温度下处理量提高了
7%，产品辛烷值和收率保持在同样水平。

表 5-4-14　R-264 催化剂在炼油厂 A 的引用

操作条件	R-134 催化剂	R-264 催化剂
进料量/(Mt/a)	1.64	1.80
分离器压力/MPa	0.25	0.25
C_{5+} RON	105	105
WAIT/℃	基准	+1.1
收率		
C_{5+}/%	83.1	83.1
H_2/(m^3/m^3)	319	319
收益/(百万美元/年)		
H_2+重整生成油	基准	+66.4
原料+公用工程	基准	-55.6
总收益	基准	+10.8

表 5-4-15　R-264 催化剂在炼油厂 B 的引用

操作条件	R-134 催化剂	R-264 催化剂
进料量/(Mt/a)	3.80	4.10
分离器压力/MPa	0.61	0.61
C_{5+} RON	105	105
WAIT	基准	基准
收率		
C_{5+}/%	88.5	88.6
H_2/(m^3/m^3)	258	258
收益/(百万美元/年)		
H_2+重整生成油	基准	+115.7
原料+公用工程	基准	-90.2
总收益	基准	+25.5

继 R-264 催化剂后，UOP 公司于 2007 年将同系列高铂含量的 R-262 催化剂投入工业

应用，据称主要设计应用于高苛刻度操作和原料中杂质较高的装置[103]。

近年来，在 CCR 重整催化剂研制中 UOP 公司仍致力于提高催化剂的选择性，但力求在提高选择性的同时不牺牲和降低催化剂的活性[97]。2010 年推出的 R-254 催化剂是在高选择性 R-274 催化剂基础上调整了铂、锡和第三组元的相对含量，在 R-274 催化剂高选择性基础上改善了催化剂活性，因而有可能得到比 R-274 催化剂更广泛的应用。R-284 催化剂则是在高密度催化剂基础上引入了第三金属，在保持高活性的同时使选择性得到提高。

2013 年 UOP 公司推出了全新的 R-334 催化剂[95]，其追求最高液收、高稳定性、长寿命、高活性及低结焦量，目的在于强化氧化铝载体，减少裂化反应，进而提高选择性和液体收率。商业石脑油(51%链烷烃，150℃终馏点，100.3 研究法辛烷值)的测试结果(表 5-4-16)表明：相比于 R-234 催化剂，R-334 催化剂 C_{5+} 收率提高 1.7%，氢气提高 0.19%，总芳烃提高 1.8%，甲苯提高 0.5%，二甲苯提高 0.9%。

表 5-4-16　R-334 与 R-234 催化剂性能对比

项目	R-234	R-334
总芳烃收率/%	基准	+1.8
甲苯/%	基准	+0.5
二甲苯/%	基准	+0.9
乙苯/%	基准	+0.1
氢气/%	基准	+0.19
C_{5+} 收率/%	基准	+1.7

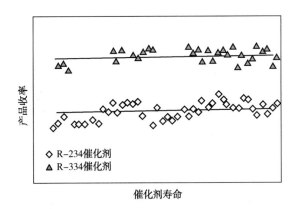

图 5-4-5　R-334 与 R-234 催化剂性能对比

由图 5-4-5 可知，相比于 R-234 催化剂，R-334 催化剂可明显提高产品液体收率，对于中等处理装置，收率提高超过 2%，约 400 万美元/年利润增长。

2. Axens 催化剂

法国 Axens 连续重整工艺首先采用的催化剂是铂铱系列的多金属催化剂，这种催化剂的低压反应性能和选择性不如铂锡系列，机械性能也较差，1985 年后逐渐被铂锡催化剂取代。

1998 年 IFP 和 Procatalyse(催化剂制造厂)共同报道了一种 CR-401 催化剂[104]，该催化剂的典型性质见表 5-4-17。表中列出了一项"最小颗粒压碎强度"的指标。IFP 认为在最初运转的 3~6 个月中，催化剂小碎片的产生主要来自压碎强度小于 1.5kg 的易碎颗粒。在这方面，CR-401 催化剂比 CR-201 催化剂有了改进。在循环磨损试验中也表明 CR-401 催化剂的细粉和碎片生成量比 CR-201 催化剂要减少一半。

表 5-4-17　CR-401 催化剂的性质

项目	CR-401 催化剂
Pt 含量/%	0.30
堆密度/(g/mL)	0.65
比表面积/(m²/g)	200
平均颗粒压碎强度/(kgf/粒)	>5
最小颗粒压碎强度/(kgf/粒)	1.5
颗粒直径/mm	1.8

CR-401 催化剂在中试装置上与 CR-201 催化剂的对比概括在表 5-4-18 中。

表 5-4-18　CR-401 与 CR-201 催化剂性能对比

（操作条件：RON 为 98~105，压力 0.3~0.7MPa，H_2/HC 摩尔比 1.5~3）

项目	CR-201 催化剂	CR-401 催化剂
C_{5+} 产率/%	基准	+(0.2~0.8)
H_2 产率/%	基准	+(0.1~0.15)
C_1+C_2/%	基准	=
C_3+C_4/%	基准	-(0.3~0.9)
活性改进/℃	基准	0~3

图 5-4-6 为在中试装置上进行的不同压力下这两种催化剂芳烃产率的对比试验，在超低压（0.3MPa）条件下，CR-401 催化剂的芳烃产率比 CR-201 高 1%。中试试验采用的条件为：原料中环烷+芳烃=50%（体），重整产物辛烷值 RON 为 102，H_2/HC 摩尔比为 2，压力范围 0.3~0.7MPa。

CR-401 催化剂的另一改进是保持氯的能力比 CR-201 催化剂明显提高，反应器中氯化物的损失可减少 50%，再生烧焦区氯化物损失减少 25%。最新的报道增加了一项重要内

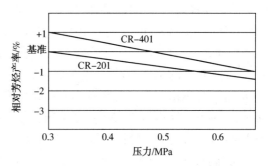

图 5-4-6　不同压力下 CR-401 与 CR-201 催化剂芳烃产率的比较

容，即中试结果表明与 CR-201 催化剂比较，CR-401 催化剂可减少积炭 20%~25%。

近年来 Axens 公司连续重整催化剂配方的改进，主要是在原有的双金属催化剂体系中引入新的金属助剂，以改善催化剂的选择性[98]。在研制中遇到的主要问题是，新助剂的引入虽然改进了催化剂的选择性，但由于焦炭产率增加导致催化剂稳定性下降。新开发的催化剂很好地解决了这一问题（表 5-4-19），中试结果表明，新开发的多助剂低密度催化剂 CR-617 与老一代催化剂相比 C_{5+} 收率提高了 1%。

表 5-4-19　Axens 公司新的 CCR 重整催化剂家族

催化剂	活性组分	堆密度	应用	操作压力/MPa
CR-712	Pt 0.29%，双金属	低	非 Axens 装置	0.3~1.2
CR-617	Pt 0.29%，多助剂	低	非 Axens 装置	0.3~1.2
CR-601	Pt 0.25%，多助剂	高	生产汽油	0.3~0.6
CR-607	Pt 0.25%，多助剂	高	生产汽油	0.6~1.2
AR-701	Pt 0.30%，多助剂	高	生产芳烃	0.3~0.6
AR-707	Pt 0.30%，多助剂	高	生产芳烃	0.6~1.2

Criterion 公司的 PS-10、PS-20 催化剂分别在 1991 年和 1995 年投入工业应用[105, 106]，1998 年又实现了 PS-40 催化剂的工业化[107, 108]。这些催化剂均强调具有高水热稳定性、耐磨性、良好的持氯能力和高活性等特点，催化剂物性参数见表 5-4-20。

表 5-4-20　Criterion 公司开发的连续重整催化剂

催化剂	Pt/%	Sn/%	Cl/%	堆密度/(g/mL)	比表面积/(m²/g)	孔体积/(mL/g)	强度/(N/粒)
PS-10/20	0.375/0.30	0.30	1.0	0.56	180	0.79	22
PS-40	0.30	0.30	1.0	0.56	185	0.79	33

PS-40 催化剂与 PS-20 相比主要的改进有两个方面：一方面是其积炭速率比 PS-20 催化剂减少了 30%~50%；另一方面是强度有了改善，最低压碎强度从 22N/粒提高到 33N/粒。PS-40 催化剂的活性与 PS-20 相当，但在液体收率和氢气产率上有所提高。2007 年 NPRA 年会上 Criterion 公司报道了一个新的 PS-80 催化剂，其铂含量与堆密度与 PS-40 催化剂相同，但活性提高，在达到同样产品辛烷值情况下反应温度可降低 5.5℃，产品收率不低于 PS-40 催化剂。与 PS-40 催化剂相比，PS-80 的另一优势是保持氯的能力有明显提高[109]。

Axens 公司在 2018 年的北京交流会上先后介绍了其 PS-100、PS-110 催化剂[110]。由表 5-4-21 催化剂的工业运转数据可知，PS-40 催化剂经历 660 次再生后比表面积仍可达到 150m²/g，显示出在寿命周期内比表面积维持能力强的特点，可以在长周期内提供高收率，同时，PS-100 催化剂与 PS-40 新鲜剂相比，C₅₊ 液体收率提高 0.8 个百分点。PS-110 催化剂于 2017 年底问世，是目前最先进的催化剂，目前有一套业绩应用在 UOP 技术的装置上。该催化剂通过更新载体，活性更高、选择性更好、表面积维持能力/稳定性与上一代催化剂持平或者稍高。与 PS-100 催化剂相比，PS-110 具有以下特点：高活性(~5℃)、生焦量减少(~15%)、选择性稍高、收率稳定性高/炭含量影响小、重整油烯烃含量少。以下装置适合使用 PS-110 催化剂：目前催化剂活性不足的装置；希望提高操作苛刻度的装置；有余量进一步降低氢油比的装置。

表 5-4-21　PS 系列催化剂的水热稳定性

催化剂来源	催化剂	再生次数	比表面积/(m²/g)	ΔC₅₊液收/%
新鲜剂	PS-40	0	187	基础
炼厂 1	PS-40	245	175	+0.1
炼厂 2	PS-40	540	162	-0.1

续表

催化剂来源	催化剂	再生次数	比表面积/(m²/g)	ΔC₅⁺液收/%
炼厂3	PS-40	610	165	-0.1
炼厂4	PS-40	660	150	-0.6
新鲜剂	PS-100	0	185	+0.8

注：在中等苛刻度条件下操作（C_5⁺ RON 为100），原料油 P/N/A = 50%/35%/15%，1.0%氯含量，压力8 bar，约50次再生/年。

第五节　重整催化剂失活与再生

在重整催化剂运转过程中，由于反应生成的积炭覆盖在催化剂的活性组分上，或催化剂的活性组分为杂质所污染中毒，或催化剂在高温下金属活性组分晶粒聚集变大及载体的孔结构发生变化而使金属和载体的比表面积降低，这些因素都会导致催化剂的活性逐渐下降、选择性变差、芳烃产率和生成油辛烷值降低。因此，在催化剂运转过程中，必须严格操作，尽量防止或减少这些失活因素的产生，以控制催化剂的失活速率，从而延长重整装置的开工周期。通常用提高反应温度来补偿催化剂的活性损失，当运转到后期，反应温度提到重整加热炉设计的极限，稳定汽油液体收率或芳烃产率有较大幅度下降而不经济时，重整催化剂必须进行再生。

重整催化剂的失活根据性质不同可以分为可逆失活和不可逆失活[111]。催化剂因积炭、硫氮化合物中毒、金属比表面积降低导致的失活为可逆失活，也称为暂时失活。这种失活的催化剂可以通过技术手段使催化剂的活性和选择性完全或部分地得到恢复。催化剂因发生重金属中毒、载体比表面积下降导致的失活为不可逆失活，也称为永久性失活。不可逆失活的催化剂的活性不能恢复，只能更换新催化剂。

一、催化剂积炭失活

重整催化剂积炭失活是常见现象。积炭的产生是一个非常复杂的过程，它受如下因素的影响：①活性金属（金属含量，晶体大小和分散度）；②催化剂载体（结构性质和酸性）；③助剂（如 Sn，Re，Ir，Ge 等）；④操作条件（反应温度、压力、空速、H_2/HC 比和运转时间等）；⑤原料性质（组成、结构以及烃类碱性等）。

积炭可以在金属位和在载体的酸性位上生成。在催化剂反应初期阶段，积炭主要是在金属微粒上沉积，然后转移到载体的酸性位上，并在此通过复杂的酸基催化反应生成如石墨结构的物质。积炭从开始生成时就以三维的形式沉积，并且在催化剂上的分布是不均匀的，呈现不规则方式排列[112,113]、金属含量、晶粒大小和分散度对积炭的生成有重要影响。提高 Pt 金属含量一般可导致催化剂积炭增加。另外，考虑催化剂成本问题，现在的重整催化剂上的铂含量一般在 0.2%~0.4%。Pt 金属分散度提高可降低催化剂上的积炭量[114,115]。积炭主要是在具有高配位的大金属晶粒上生成。与其他的晶粒相比，具有低配位数的金属晶粒具有较大的抵抗积炭的能力。

催化剂载体的结构、比表面积和酸性也是积炭生成的重要因素。提高载体的酸性可以提高积炭量并改变积炭的燃烧特性。

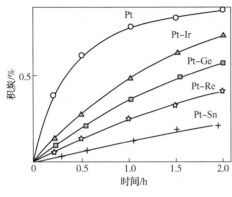

图 5-5-1　第二金属助剂对
催化剂积炭生成的影响

催化剂积炭也受添加金属助剂的影响。催化剂制备时在金属 Pt 的基础上加入第二金属如 Re、Sn、Ir 等[116~118]，可大大提高催化剂的稳定性。第二金属助剂如 Sn、Re 等可以抑制积炭聚集，通过电子或几何效应改变积炭的性质。金属助剂 Re 和 Ir 可以破坏积炭前身物，在载体上引起积炭的主要脱附，从而改善催化剂的稳定性。在以正庚烷为原料的重整反应中，催化剂积炭含量随着催化剂的不同而发生变化，在 2h 反应内，积炭含量按照如下次序增加：Pt-Sn < Pt-Re < Pt-Ge < Pt-Ir < Pt，如图 5-5-1 所示。从图中可以看出，双金属催化剂有较高的抗积炭能力。因此，现在的重整催化剂大多为多金属催化剂。

在重整催化剂上，氯的存在使 Pt 在载体上更均匀沉积，从而提高了金属相的分散。但是，随着载体上的氯含量增加，提高了积炭含量。重整催化剂有一个优化的氯含量，它通过一个氢从金属到载体的溢出和良好的金属分散的机理，使得积炭含量降低。硫使催化剂的活性位中毒，改变了最终积炭的性质和定位。在开工初期，进油前进行预硫化是钝化 Pt-Re 重整催化剂过高氢解活性的一个有效而且必要的方法[119]，也可减少积炭。

重整石脑油原料的组成是影响积炭的另一个因素。现在的重整原料复杂多样，如直馏石脑油、加氢裂化石脑油、加氢焦化石脑油、加氢催化汽油、抽余油、煤液化油、凝析油等都可以作为重整原料。一般可以控制原料的馏程范围为 65~180℃。一般来说，重馏分会产生较多积炭，而且原料的碱性度越高，催化剂上的积炭就越多[120]。

积炭生成也与反应的苛刻度(如产物辛烷值)或芳烃含量控制的高低，或与反应参数(如温度、压力、氢油比和运转时间)等因素密切相关。提高反应温度常会导致催化剂上的积炭含量增加，但如能将积炭前身物及时加氢或加氢裂解变成轻烃，则可减少积炭[121]。在高压下反应时，催化剂上的积炭呈过度脱氢和石墨化的性质[122]。在一定压力下，降低空速，同降低 H_2/HC 相似，在载体上生成较多的积炭。提高反应压力也会抑制积炭的生成，但压力加大后，烷烃和环烷烃转化成芳烃的速度减慢。提高氢油比有利于加氢反应的进行，减少催化剂上积炭前身物的生成。

二、催化剂中毒失活

(一)重整催化剂硫污染失活

含硫化合物对重整催化剂来说是一种典型的毒物，它可以导致催化剂失活。在重整反应条件下，几乎所有的含硫化合物都很容易生成 H_2S，它可以强烈地吸附于铂金属表面上，在很低的含硫化合物气相浓度下也会导致催化剂的脱氢和脱氢环化活性变坏，反应器温降减少，产品 RON 降低，必须提高反应温度来保持重整产物的 RON 不变化。从图 5-5-2 可以看出，在硫存在下必须提高反应温度来维持辛烷值不变[123]，但这会加快积炭的生成。因此，重整催化剂一旦发生硫中毒，建议尽快查找到硫的来源，必要时降低重整各反应器入口温度不高于 480℃操作，长时间不能确定时要考虑将重整装置停工。Pt-Sn/Al_2O_3 催化剂对积炭失活有较高的抵抗力，但是硫会使这种催化剂严重中毒，而对 Pt-Re / Al₂O₃ 而言，硫不仅会使催化剂积炭失活，而且还能使其发生硫中毒。

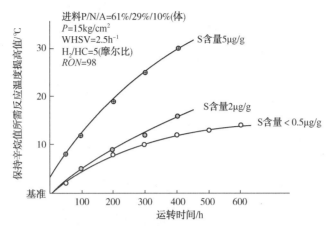

图 5-5-2　重整原料油硫含量对催化剂活性稳定性的影响

为了保持稳定操作，重整进料中的硫含量有最高限制，对 Pt-Re / Al₂O₃ 而言，硫含量要小于 0.5ug/g，这主要是由于 Pt-Re / Al₂O₃ 催化剂的芳烃产率对硫比较敏感[122]。但是，对于使用 Pt-Sn / Al₂O₃ 催化剂的移动床重整体系来说，维持一个含有较低硫含量的环境是非常重要的。移动床装置是在 WAIT 高达 530℃ 和 0.4MPa 的低压下生产高芳烃含量的重整产物。在这种苛刻的反应条件下，如果不保证一个含硫的氢气环境，就可能在反应器、加热器和催化剂传送管线的热金属表面上产生丝状炭聚集，进而产生较大炭块。由于积炭在设备的金属表面上生成，Pt-Sn / Al₂O₃ 催化剂不能在反应器和再生器间光滑地移动，或者甚至发生堵塞。在反应器和其他装置热点部位发现有严重的积炭堵塞现象，这使得装置必须立即停工。因此为了钝化金属壁表面，必须向重整原料中注入含硫化合物使硫保持 0.5μg/g。采用这种方法，可以解决在金属表面上生成丝状炭和较大积炭块的问题[124]。

（二）重整催化剂氮污染失活

含氮化合物经常以有机化合物的形式存在，如预加氢原料氮含量超过设计值、预加氢催化剂活性降低或换热器发生内漏等会导致重整精制油中氮含量超过 0.5μg/g。在重整反应条件下含氮化合物分解为 NH₃，它们主要抑制了催化剂的酸性功能，并在一定程度上改变了 Pt 金属的性质，在水存在下，由于 NH₄Cl 的生成使催化剂上的氯流失[125]。因此氮中毒主要是氮生成的氨与催化剂表面的酸性中心发生反应生成氯化铵，减少了催化剂表面酸性中心的数量，从而使催化剂的金属功能与酸性功能失调，使催化剂性能变差。氮中毒引起催化剂的积炭速度加快，催化剂的活性下降，使催化剂的周期寿命缩短。从图 5-5-3 氮中毒对催化剂失活的影响可以看出，当原料中氮含量为 2μg/g 时，为了维持 97 的辛烷值，需要适当提高温度来弥补催化剂活性的损失。

重整催化剂被氮污染后，需要增加注氯量以保持催化剂的正常氯含量。在氮含量准确测定的基础上，适当提高补氯量。

在污染期间最好能降温操作，不能用提温的方法来保持生成油的辛烷值，因催化剂上酸性/金属功能之间处于不平衡状态，提温操作会增加催化剂的积炭量，缩短周期运转寿命。

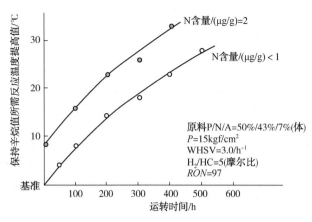

图 5-5-3 催化剂失活速率与原料氮含量的关系

NH₃中毒是暂时性的，一旦当毒物从原料中去除后，催化剂的活性很快得到恢复。

应尽快找出氮含量高的原因并及时排除，否则系统内生成的氯化铵(一般在220℃以下就有白色结晶物出现)将沉积在冷凝器、分离器、循环压缩机入口管线及稳定塔内，使冷却效果变差，甚至可导致压缩机损坏。有些炼油企业的重整装置出现严重的氮污染后，导致稳定塔塔盘上出现铵盐结晶现象，间歇注水后导致稳定塔操作波动较大，而且还影响产品质量。

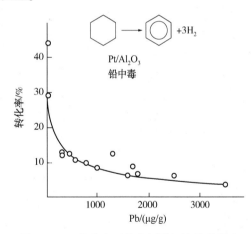

图 5-5-4 铅中毒对催化剂脱氢性能的影响

(三) 催化剂金属中毒失活

重整催化剂常见的金属毒物有 As、Hg、Zn、Cu、Pb 等，这些金属毒物能和金属 Pt 强烈结合形成非常稳定的化合物，造成不可逆的中毒。重金属对催化剂性能的改变，最明显的是使催化剂的脱氢性能变差，从图 5-5-4 可以看出，催化剂上铅的积存量达到约 500μg/g 时，环己烷的脱氢转化率(生成苯的活性)迅速下降至 10% 以下。金属毒物使催化剂中毒后，催化剂的脱氢和脱氢环化活性降低，Franck 等[125]认为这是由于氢和烃类间的吸附竞争发生改变的结果。

国内重整催化剂曾发生过 As、Zn 和 Cu 等中毒。催化剂发生金属中毒后，典型的表现是第一反应器的温降明显减少，第二反应器温降提高，但当毒物由第一反应器穿透进入第二反应器时，第二反应器温降又减少，第三反应器温降提高，重整生成油芳烃含量和辛烷值降低，循环气中氢浓度下降。将失活催化剂进行再生，结果表明，催化剂再生前后的活性几乎没有差别，说明不能用再生方法恢复其活性。金属中毒为不可逆中毒，中毒后必须更换新鲜催化剂。因此，必须严格控制重整精制油中的金属含量(As<1ng/g, Hg<1ng/g，Pb<10ng/g, Cu<10ng/g)，以防止催化剂发生永久性中毒。

另外，也要注意对有些非金属如硅(Si<0.2μg/g)的控制，否则也会引起发生永久性中毒[16]。

三、催化剂烧结失活

（一）重整催化剂铂金属烧结失活

在新鲜催化剂中，铂金属粒子分散很好，大小在 2~5nm 左右，而且分布均匀。重整催化剂在使用时，反应温度在 470~530℃范围内，处在临氢的条件下，反应是吸热的，金属和载体发生烧结的可能性非常小[127]。金属处在高温和在氧化气氛下比在氢气气氛下有更易烧结的趋势。在高温烧炭的条件下，催化剂载体表面上的金属粒子聚集很快，金属粒子变大，表面积减少，以致催化剂活性降低，因此一定要很好地控制烧炭温度，并且要防止硫酸盐的污染。另外，要选用热稳定性好的载体，如 γ-Al_2O_3 在高温下不易发生相变，可减少金属的聚集。

在金属位上，催化活性的损失主要是由于金属颗粒的长大和聚结造成的，其相反的过程称为金属的再分散（金属颗粒变小）。金属相烧结是可逆的，可以通过适当的措施如催化剂烧焦后进行氯化更新和还原使铂金属重新获得再分散[128]。

（二）催化剂载体烧结失活

在催化剂运转过程中，如果原料油中含水量过高，催化剂上的氯会加快流失，使催化剂酸性功能减弱而失活，既加速催化剂上铂晶粒的聚集，而且也使催化剂载体结构发生变化。氧及有机氧化物在重整条件下会很快变为水，所以必须避免原料油中过量水、氧及有机氧化物的存在。

$$O\diagup\begin{matrix}Al-Cl\\[1em]Al-OH\end{matrix}\quad+H_2O\ \Longleftrightarrow\ O\diagup\begin{matrix}Al-OH\\[1em]Al-OH\end{matrix}\quad+HCl$$

另一方面，催化剂在氧化气氛下烧焦时，烧焦反应是放热的，并且在烧焦过程中产生水。由于在催化剂颗粒内会产生高温和水，载体会发生烧结，不仅导致催化剂的比表面积降低，催化剂持氯能力降低，而且也导致催化剂的活性下降。因此，重整催化剂烧焦是最容易发生催化剂载体烧结的一个过程。由于催化剂载体烧结导致比表面积降低是不可逆的[111]，一般来说，半再生重整催化剂再生三次以上，催化剂比表面积在 165m²/g 以下，连续重整催化剂再生 400 次以上，催化剂比表面积在 150m²/g 以下，这时催化剂活性明显降低而不经济时，就需考虑更换新的催化剂。

四、催化剂再生

（一）重整催化剂常规再生

在工业运转过程中，重整催化剂的活性和选择性会逐渐下降，重整产品的芳烃含量或辛烷值降低，除了由于催化剂受杂质污染而中毒，或者催化剂在高温下金属活性组分晶粒聚集变大以及载体的孔结构发生变化而使金属和载体的表面积降低以外，主要原因是催化剂上生成的积炭堵塞了催化剂的活性位。催化剂因积炭失去活性，可以通过常规烧焦、氯化更新、还原及硫化等过程恢复催化剂的活性。连续重整再生会在有关移动床连续催化重整技术章节里介绍，这里主要介绍半再生催化剂重整再生的情况。

半再生重整催化剂再生包括以下几个主要环节：

1. 烧炭

重整催化剂烧炭与积炭的类型、积炭含量、烧焦温度、烧焦压力、氧含量等因素有关。烧炭在整个再生过程中所占时间最长，且在高温下进行，而高温对催化剂微孔结构的破坏、金属的聚集和氯的损失都有很大影响，所以要采取措施，尽量缩短烧炭时间并很好地控制烧炭温度。烧炭前将系统中的油气吹扫干净，以节省无谓的高温燃烧时间。为了加快烧炭速度，尽可能在设备运行的情况下提高烧炭压力，重整高分压力最好不低于 0.5MPa。烧炭时压缩机全量循环提高再生气的循环量，除了可加快积炭的燃烧外，还可及时将燃烧时所产生的热量带出。在烧炭过程中要严格控制烧焦温度和再生气中氧浓度，表 5-5-1 列出了铂铼催化剂烧炭的操作指标和要求。当反应器内燃烧高峰过后，温度会很快下降。如反应器进出口温度相同，表明此反应器内积炭已基本烧完。在条件允许的情况下，烧炭过程中投用再生后的分子筛可以减少催化剂上氯的流失和催化剂比表面积的降低。

表 5-5-1 铂铼催化剂烧炭的操作指标和要求

烧焦阶段	入口温度/℃	升温速率/(℃/h)	一反入口氧浓度/%(体)	温升控制/℃	N₂置换条件			结束标准
					CO₂/%(体)	SO₂/(μL/L)	CO/(μL/L)	
一	400	40~50	0.5~1.0	≤60	>10	>5	>1000	各反温升均<5℃，末反出口O₂>0.8%(体)，CO₂无明显增加
二	440	20	1.0~5.0	≤20	>10	>5	>1000	床层无温升，系统无氧耗，CO₂不增加
三	480	20~30	≥5.0	≤20	>10	>5	>1000	床层无温升，系统无氧耗，CO₂不增加

2. 氯化更新

氯化更新是再生中很重要的一个步骤。催化剂在含氧气氛下，注入一定量的有机氯化物，如二氯乙烷、三氯乙烷、四氯化碳和四氯乙烯等，补充烧焦过程中所损失的氯组分。在氯化更新过程中，在含氧和氯化剂的气氛下，在载体上形成 $PtCl_2O_2$ 复合物，它可以还原为单分散的活性 Pt 簇团，从而使大的铂晶粒再分散，以提高催化剂的性能[129]。氯化更新的好坏与循环气中氧、氯和水的含量及氯化温度、时间有关。表 5-5-2 列出了铂铼催化剂氯化、氧化的工艺条件及控制指标要求。氯化时需注意床层温度的变化，因在高温时，如注氯过快，或催化剂上残炭太多，会引起燃烧，将损害催化剂。氯化更新时要防止烃类和硫的污染。

表 5-5-2 铂铼催化剂氯化氧化的工艺条件及控制指标

阶段	介质	反应器入口温度/℃	高分压力/MPa	气剂体积比	气中氧/%(体)	时间/h
氯化	氮气+空气	420~500	0.5	≥800	≥13	4
氧化更新	氮气+空气	510~520	0.5	≥800	≥13	4

3. 还原

还原是将氯化更新后的氧化态催化剂用氢气还原成金属态催化剂，如下式所示：

$$PtO_2 + 2H_2 \longrightarrow Pt + 2H_2O$$
$$Re_2O_7 + 7H_2 \longrightarrow 2Re + 7H_2O$$

催化剂还原时控制重整高分压力 0.3~0.5MPa，反应器入口温度 450~500℃，还原 2h，循环氢气纯度不小于93%（体）。还原好的催化剂，铂晶粒小，金属表面积大，而且分散均匀，有良好的活性。由于水会使铂晶粒长大、载体比表面积减少，因此还原时必须很好地控制还原气中的烃和水，否则会影响催化剂的选择性和稳定性[130,131]。除去系统生成的水，一定要在还原时投用再生好的分子筛；烃类（C_{2+} 以上）在还原时会发生氢解反应，所产生的积炭覆盖在金属表面，影响催化剂的性能。氢解反应所产生的甲烷，还会使还原氢的浓度大大下降，不利于还原。

4. 催化剂预硫化

还原态的铂铼系列重整催化剂，初期具有很高的氢解活性，如果不进行硫化或硫化量不足，将在进油初期发生强烈的氢解反应，放出大量的反应热，使催化剂床层温度迅速升高，出现超温现象。一旦出现这种现象，轻则造成催化剂大量积炭，损害催化剂的活性和稳定性，重则烧坏催化剂和反应器。对催化剂进行硫化，目的在于抑制新鲜或再生后催化剂过度的氢解活性，以保护催化剂的活性和稳定性，改善催化剂初期选择性。

催化剂硫化时可使用二甲基二硫醚或二甲基硫醚（要求分析纯，纯度≥99%）等硫化剂。硫化量可根据催化剂上的铼含量、重整装置（新装置需多注一些）以及催化剂上已含有的硫含量高低等因素决定。

催化剂还原结束，硫化条件符合要求后，切除在线水分仪和在线氢纯度仪，切除分子筛罐。各反应器入口温度控制在 370~420℃，调节并控制好注硫速度，按照计算好的硫化量把硫化剂在 1h 内均匀地注入各重整反应器，同时密切注意检测各反应器出口气中 H_2S，观察硫穿透时间及反应器温升等情况。注硫结束后重整继续循环 1h，使催化剂硫化均匀。催化剂硫化完毕后就可以考虑重整进油。

（二）重整催化剂硫污染后再生

催化剂及系统被硫污染后，在烧焦前必须先将临氢系统中的硫及硫化亚铁除去，以免催化剂在再生时受硫酸盐污染。常用的脱除临氢系统中硫及硫化亚铁的方法有高温热氢循环脱硫法及氧化脱硫法。高温热氢循环脱硫是在装置停止进油后，压缩机继续循环，并将温度逐渐提到 510~520℃，循环气中氢在高温下与硫及硫化亚铁作用生成硫化氢，并通过分子筛吸附除去。当油气分离器的出口气中 H_2S 小于 1μL/L 时，热氢循环即结束。氧化脱硫[132]是将加热炉和热交换器等有硫化亚铁的管线与重整反应器隔断，在加热炉炉管中通入含氧的氮气，在高温下一次通过，将硫化亚铁中的硫氧化成二氧化硫而排出。

在催化剂烧炭时，存在炉管和热交换器内的硫化亚铁与氧作用生成二氧化硫和三氧化硫进入催化剂床层，在催化剂上生成亚硫酸盐及硫酸盐强烈吸附在铂及氧化铝上，促使金属晶粒长大，抑制金属的再分散[125]，活性变坏，并难于氯化更新[133]。

重整催化剂发生较为严重的硫酸盐中毒后（如等铼铂比 PRT-C 催化剂 SO_4^{2-} 含量>0.4%，高铼铂比 PRT-D 催化剂>0.2%），采用氧化脱硫和热氢脱硫的方法均达不到理想的脱硫效果，必须通过合适的方法进行脱硫酸盐处理，如在催化剂还原后，在氢气中加入一定量的含氯有机化合物,可以将催化剂上的硫酸根脱除,使催化剂的活性得以恢复。这种脱除硫酸根的方法已经在多套工业装置上得到了验证[134]。

(三) 重整催化剂器外再生

半再生重整催化剂再生可分为器内(在线)和器外(离线)两种方式。器内再生是重整装置停工后催化剂不从重整反应器内卸出,直接在反应器内完成烧炭、氯化更新和还原等再生步骤。器外再生是重整装置停工后催化剂从重整反应器内卸出进行过筛,然后在催化剂厂专门的设备上完成催化剂烧炭、氯化更新、还原等步骤。重整催化剂开工时不再采用氧化态而用还原态,催化剂装填反应器后经短时间的干燥和硫化后即可进油,大大缩短了开工时间,因此现在炼油企业普遍采用催化剂器外再生。

半再生重整催化剂器外再生与器内再生技术相比,在降低重整装置的开工风险、降低反应器压降、减轻装置腐蚀、降低金属和载体的烧结风险、防止催化剂硫酸盐中毒、提高催化剂氯化更新效果、提高催化剂还原质量以及保持催化剂比表面积等方面有自己的一定优势。多家炼厂重整催化剂器外再生后的工业应用情况表明,催化剂的运转情况良好,说明重整催化剂的器外再生技术是可行的。

五、催化剂典型失活案例分析

(一) 重整催化剂烧结失活

国内某炼厂半再生重整装置在进行催化剂(CB-60、CB-70)烧焦时,由于离心压缩机突然停机,压缩机再次启动时一反炉膛温度仍很高,因此导致一反出现大幅度超温,出口温度最高达到540℃。对一反进行卸剂后,发现约1/6的催化剂颜色为白色。将一反催化剂中颜色为灰黑色催化剂与白色催化剂分开,分别对其进行物化性能和晶相的表征,结果见表5-5-3和图5-5-5。结果表明,一反催化剂中灰黑色催化剂的条直径、强度、比表面积、孔体积和晶相与正常催化剂相符合,而白色催化剂的条直径小于正常催化剂,强度增加,发生相变,晶相为 α-Al_2O_3,表面积和孔体积非常小,远远小于正常值,这与晶相结果相一致。同时由于表面积明显变小,Pt 晶粒发生烧结,在晶相表征结果中能够观察到 Pt 晶相。催化剂载体的晶相由 γ-Al_2O_3 转变为 α-Al_2O_3,催化剂床层局部温度应该超过800℃。这说明一反催化剂在烧炭过程中发生局部超温,致使部分催化剂烧坏,而这部分催化剂通过过筛等方法不能分离出来,因此只能更换新催化剂。

一反卸剂完毕后,对反应器进行仔细检查,发现一反中心管局部两处发生烧坏,中心管上出现长6cm、宽3cm 左右的裂缝,这很可能是由于烧焦过程中发生严重超温所致。

表 5-5-3　一反 CB-60 催化剂的物化性能

催化剂名称	条直径/cm	强度/(N/cm)	比表面积/(m²/g)	孔体积/(mL/g)	晶相
一反筛后样-黑①	1.66	103	181	0.45	γ-Al_2O_3
一反筛后样-白②	1.33	297	4	0.02	α-Al_2O_3+Pt

①一反催化剂中颜色为灰黑色的催化剂;

②一反催化剂中颜色为白色的催化剂。

(二) 重整催化剂氮污染失活

国内某 A 炼厂300kt/a 半再生重整装置因预加氢催化剂器外再生不当,催化剂活性变差,加上原料油中氮含量偏高,导致重整精制油中氮含量大于 0.5μg/g。另外,由于车间判断失误，认为催化剂大量缺氯，长时间进行集中补氯 5μg/g，导致 PRT-C/PRT-D 重整催化剂氯含量偏高，加速了催化剂积炭。在重整高分压力 1.15MPa、精制油芳潜 48.25%、进料量 35t/h，各反入口温度/温降分别为一反 486/95℃、二反 489/60℃、三反 490/41℃、四反 493/26℃ 的反应条件下，总温降 222℃，重整稳定汽油的辛烷值仅为 88。由此可见，重整催化剂的活性变差。重整离心压缩机原设计的排量应该在 60000Nm³/h 左右，而实际显示排量最高为 35000Nm³/h，氢油比明显远低于设

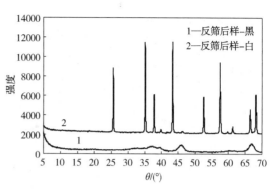

图 5-5-5　一反催化剂中颜色分别为灰黑色和白色催化剂的晶相分析（XRD）

计值，这不仅导致各反温降偏高，而且导致催化剂加快积炭。重整装置停工后，打开离心压缩机时发现压缩机入口封头、主轴附近的一级、二级流道里存在大量灰黑色结垢，结垢能溶于热水并略显酸性，在 500℃ 焙烧 6h 后残留组分约为 20%。从表 5-5-4 对结垢采用 X 光荧光分析结果可见，结垢中主要是铵盐和铁锈。

表 5-5-4　离心压缩机结垢组成　　%

项目	Cl	Fe_2O_3	N	SO_3	MnO	NiO	Cr_2O_3	CaO	SiO_2	Al_2O_3	MgO
组成	53.8	31.1	12.1	0.81	0.34	0.14	0.22	0.12	0.28	0.63	0.46

国内某炼厂一套半再生重整装置处理能力为 250kt/a，从 2009 年 11 月开始采用 PRT-C/PRT-D 催化剂以来，由于加工进口劣质含酸原油，预加氢原料多次出现超过装置设计的情况，如氮含量最高为 28μg/g（设计最高 2μg/g），硫含量 400~800μg/g（设计最高 300μg/g）。在预加氢高分操作压力为 2.2MPa 的条件下，重整进料中曾经出现高达 5.6μg/g 的氮，造成严重氮污染。重整稳定塔顶多次出现铵盐结晶现象，影响稳定塔操作，基本上是每月被迫注水一次。2011 年 8 月重整高分压力 1.20MPa，精制油芳潜 45.78%，重整进料量为 28t/h（质量空速 1.15h⁻¹），重整一、二段循环氢量 30900Nm³/h、26660Nm³/h，各反入口温度/温降分别为 473/43℃、474/40℃、475/15℃、476/9℃，总温降为 107℃。从温降分布来看，一反温降偏低，有明显后移现象，说明一反催化剂明显失活，稳定塔底油 RON 在 89 左右。

2012 年 8 月该重整装置停工检修，重整催化剂进行器外再生。停工检查时发现，稳定塔内腐蚀严重，打开的 5 个人孔处都发现有灰黑色粉末以及明显的锈斑，但塔顶人孔处锈斑最严重。塔内的浮阀塔盘也是如此，如图 5-5-6 所示。从这些现象可以推测出重整生成油中的氯、铵盐等超标，车间又多次进行了注水冲洗稳定塔，因此造成了稳定塔腐蚀严重。重整稳定塔塔底换热器也发生堵塞，有时外送稳定汽油受阻，铵盐结晶累积现象突出。

为了彻底解决氮污染催化剂以及对装置平稳运转带来的问题，提出如下解决措施：①控制预加氢原料中氮含量不超过设计值；②采用脱氮反应效果好的预加氢催化剂；③稳定塔顶回流罐增加切水包；④稳定塔进料前增加脱除氯化铵的过滤器；⑤稳定塔进料前增加液相脱氯设施。

图5-5-6　稳定塔塔底人孔处塔盘和人孔封头腐蚀和铵盐结晶情况

参 考 文 献

[1] 史泰尔斯 A B 著. 李大东译. 催化剂载体与负载型催化剂[M]. 北京：中国石化出版社，1992.

[2] 张明海，叶岗，李光辉，等. 薄水铝石和拟薄水铝石差异的研究[J]. 石油学报（石油加工），1994，15（2）：29.

[3] George J. A., Abdullah M. A. Jose M. P. Catalytic naphtha reforming：science and technology. New York：Marcel Dekker, INC, 1995.

[4] Peri J. B. A Model for the Surface of γ-Alumina, J. Phys. Chem., 1965, 69：220.

[5] Knozinger H. Ratnasamy P. Catalytic aluminas：surface models and characterization of surface sites. Catal. Rev. - Sci. Eng., 1978, 17(1)：31.

[6] Cauwelaert F. H. V., Hall W. K. Studies of the hydrogen held by solids. Part 17. The ortho-para H2 Conversion and H_2-D_2 exchange reactions over a transition alumina. Trans. Faraday Soc., 1970, 66：454.

[7] Maciver D. S. Catalytic aluminas I. Surface chemistry of eta and gamma alumina. J. Catal., 1963, 2(6)：485.

[8] MacIver D. S., Wilmot W. H., Bridges J. M. Catalytic Aluminas：Ⅱ. Catalytic Properties of Eta and Gamma Alumina. J. Catal., 1964, 3：(6), 502-511.

[9] Parera J. M. Activation of Catalytic Alumina. I E C, Prod. Res. Dev., 1976, 15(4) 234-241.

[10] Russell A. S., Cochran N. Surface Area of Heated Alumina Hydrates, I E C, 1950, 42(7)：1336-1340.

[11] Маслянский Г. Н., Шапиро Р. Н., Каталитичес-кий Реформинг Бензинов：Химия и Техноло-гия - Л.：Химия, 1985.

[12] Шлегель О. А., Матвеева Т Л, Бушуева А Л, и. д. Влияние условий сушки и прокаливания на физико-химические свойства окиси алюмия, Хим. Пром. 1973, 11：852-855.

[13] Webb A. N. Hydrofluoric Acid and Acidity of Alumina, I E C, 1957, 49(2)：261-263.

[14] Tanaka M. Ogasawara S. Infrared Studies of the Adsorption and the Catalysis of Hydrogen Chloride on Alumina and on Silica, J Catal., 1970, 16：157-163.

[15] Arena F., Frusteri F., Mondello N. Giordano N. Interaction Pathway of Chloride Ions with $\gamma-Al_2O_3$：Surface Acidity and Thermal Stability of the $Cl/\gamma-Al_2O_3$ System, J C S. Faraday Trans., 1992, 88(22)：3353-3356.

[16] Sterba M. J., Haensel V. Catalytic Reforming, I E C. Proc. Res. Dev., 1976, 15 (1), Section C.

[17] Gates B. C., Katzer R. J., Schuit G. C. A., Chemistry of Catalytic Processes, 1979, McGraw-Hill, New York, Chapter 3.

[18] Peri J. B., Infrared Study of Adsorption of Ammonia on Dry γ-Alumina, J Phys. Chem., 1965, 69(1)：

231-239.

[19] Parry E. P. An Infrared Study of Pyridine Adsorbed on Acidic Solids. Characterization of Surface Acidity, J Catal. , 1963, 2: 371-379.

[20] Knözinger H. , Kaerlein C. P. A test for the Development of Protonic Acidity in Alumina at Elevated Temperatures, J Catal. , 1972, 25(3): 436-438.

[21] Spenadel L. , Boudart M. Dispersion of Plutinum on Supported Catalysts, J Phys. Chem. , 1960, 64: 205.

[22] Burton J. J. Structure and Properties of Microcrysyalline Catalysts. Catalysis Review, 1974, 9(2): 209-222.

[23] Bond G. C. Small Particles of Platinum Metals. Platinum Metals Review. 1975, 19: 126-134.

[24] Полторак О. М. , Боронин В. С. Митоэцриякак Новый МеТод ИЗучения Активных Пентров Кристаллических Катализаторов. ЖФХ, 1966, 11, 2671.

[25] Boudart M. , Aldag A. , Benson J. E. , Dougharty N. A. Harkins C. G. On the specific activity of platinum catalysts, J. Catal. , 1966, 6: 92.

[26] Cusumano J. A. , Dembinski G. W. Sinfelt J. H. Chemisorption and catalytic properties of supported platinum, J. Catal. , 1966, 5(3): 471-475.

[27] Kraft M. , Spindler H. Studies on Some Relations between Structural and Catalytic Properties of Alumina-Supported Platinum, in 'Proceedings of 4th Int. Congr. On Catal. 286, 1971, 2: 286.

[28] Taylor W. F. , Staffin K. Catalysis over Supported Nickel. Trans. Faraday Soc. , 1967, 63: 2309.

[29] Dorling T. A. , Moss R. L. The structure and activity of supported metal catalysts: I. Crystallite size and specific activity for benzene hydrogenation of platinum/silica catalysts. J Catal. , 1966 , 5(1): 111-115.

[30] Dautzenberg F. M. , Platteeuw J. C. On the effect of metal particle size on the isomerization of n-hexane over supported platinum catalysts. J Catal. , 1972, 24: 364-365.

[31] Boudart M. , Aldag A. W. , Ptak L. D. , Benson J. E. On the selectivity of platinum catalysts , J Catal. , 1968, 11: 35.

[32] Maire G. , Corolleur C. , Juttard D. Gault F. G. Comments on a dispersion effect in hydrogenolysis of methylcyclopentane and isomerization of hexanes over supported platinum catalysts, J Catal. , 1971, 21: 250-253.

[33] Taylor W. F. , Sinfelt J. H. , Yates D. J. C. Catalysis over Supported Metals. IV. Ethane Hydrogenolysis over Dilute Nickel Catalysts. J. Phys. Chem. , 1965, 69: 3857.

[34] Carter J. L. , Cusumano J. A. , Sinfelt J. H. Catalysis over Supported Metals. V. The Effect of Crystallite Size on the Catalytic Activity of Nickel. J. Phys. Chem. , 1966, 70: 2257.

[35] Ponec V. Selectivity in Catalysis by Alloys. Catal. Rev. Sci. Eng. , 1975, 11(1): 41-70.

[36] Van Schaik J. R. H. , Dessing R. P. Ponec V. Reactions of alkanes on supported Pt-Au alloys, J. Catal. , 1975, 38: 273.

[37] Van Hardeveld R. Hartog F. Influence of Metal Partical Size in Nickel-on-Aerosil Catalysts on Surface Site Distribution, Catalytic Activity, and Selectivity. Adv. in Catalysis, 1971, 22: 75-113.

[38] Somorjai G. A. , Blakely D. W. Mechanism of Catalysis of Hydrocarbon Reactions by Platinum Surfaces, Nature 1975, 258: 580-583.

[39] Blakely D. W. Somorjai G. A. The Dehydrogenation and Hydrogenolysis of Cyclohexane and Cyclohexene on Stepped (High Miller Index) Platinum Surfaces, J. Catal. , 1976, 42: 181-196.

[40] Franck J. P. Martino G. Deactivation of reforming catalysts. In Deactivation and Poisoning of Catalysts. oudar J. and Wise H. , eds. Marcel Dekker, New York, 1985: 355.

[41] Barbier J. , Corro G. , Zhang Y. , Bournonville J. P. Franck J. P. Coke formation on platinum-alumina catalyst of wide varying dispersion, Appl. Catal. , 1985, 13: 245-255.

[42] Barbier J. Deactivation of reforming catalysts by coking-a review, Appl. Catal. , 1986, 23(2): 225-243.

［43］Barbier J. Deactivation by coking, in 'Catalytic Naphtha Reforming, 1994：279-311.

［44］Parera J. M. , Figoli N. S. , Jablonski E. L. , Sad M. R. , Beltramini J. N. Optimum chlorine on naphtha reforming catalyst regarding deactivation by coke formation , In Catalysts Deactivation, Pro. Int. Symp. , Anwerp, Oct. 1980：571.

［45］Primet M. , Basset J. M. , Mathieu M. V. Prettre M. , Infrared study of CO adsorbed on Pt/Al$_2$O$_3$. A method for determining metal-adsorbate interactions. J. Catal. 1973, 29：213.

［46］ Bournaoville J. P. , Martino G. Sintering of alumina supported platinum. In Catalysts Deactivation, Pro. Int. Symp. , Anwerp, Oct. 1980：159.

［47］Hughes T. R. Bimetallic Reforming Catalysts—Science and Technology. 中美化学工程会议论文集, 1982, 2：672-687.

［48］Hughes T. R. , Jacobson R. L. , Tamm P. W. Catalytic Processes for Octane Enhancement by Increasing the Aromatics Content of Gasoline, Catalysis 1987, J W Ward (editor), 1988：317-333.

［49］Biloen P, Helle J. N. , Verbeek H. , et al. The role of rhenium and sulfur in platinum-based hydrocarbon-conversion catalysts. J Catal. , 1980, 63(1)：112-118.

［50］БелыйА. С. , Дублякин В. К. , Фомичев Ю. В. , и. д. , Каталитические Свойства Системы (Pt-Sn)/Al$_2$O$_3$, React. Kinet. Catal. Lett. , 1977, 7(4)：461-466.

［51］石油化工科学研究院303组. 铂锡催化剂中锡的表面状态及其作用[J]. 石油炼制, 1978, 11-12：37-43.

［52］V 8130er8JB Biek G, Uhlemann M, Hermann M. Conversion of Cyclohexene on Pt-Pb/Al$_2$O$_3$ and Pt-Sn/Al$_2$O$_3$ Bimetallic Catalysts. J Catal. , 1981, 68：42-50.

［53］McVicker G. B. , Collins P. J. , Ziemiak J. J. Model compound reforming studies：A comparison of alumina-supported platinum and iridium catalysts, J. Catal. , 1982, 74(1)：156.

［54］ Carter J. L. , McVinker G B, Weissman W, et al. Bimetallic catalysts：application in catalytic reforming. Appl. Catal. , 1982, 3(4)：327-346.

［55］Sinfelt J. H. , Catalystic reforming of hydrocarbons. In：Anderson, John R. Boudart M. , eds. Catalysis-Scienceandtechnology. Vol. 1. Berlin, Heidelberg：Springer-Verlag; 1981：257.

［56］Hoekstra J. , USP2620314, Spheroidal alumina, 1952.

［57］Jasques R. , USP4273735, Production of spheroidal alumina shaped articles, 1981.

［58］GB844637, Preparation of eta alumina, 1960.

［59］段启伟, 戴隆秀, 等. 由烷氧基铝制备催化剂载体氧化铝[J]. 石油炼制与化工. 1994, 3(25)：1.

［60］Buss W. C. USP4238372, Catalytic Reforming Catalyst, 1980.

［61］Hayes J. C. , USP3887493, Method of preparing spheroidal eta-alumina particles, 1975.

［62］Jiiratova K. , Janacek L. Schneider P. Influence of aluminium hydroxide peptization on physical properties of alumina extrudates, in ' Preparation of Catalysts III; Poncelet G. , Grange P. , Jacobs P. A. , Eds. ; Elsevier：Amsterdam, 1983：653-663.

［63］Lieske H, Lietz G, Spindler H , Volter J. Reactions of platinum in oxygen- and hydrogen-treated Pt/γ-Al$_2$O$_3$ catalysts：I. Temperature-programmed reduction, adsorption, and redispersion of platinum. J Catal. , 1983, 81(1)：8.

［64］Sivasanker S. , Ramaswamy A. V. Ratnasamy, Factors Controlling the Retention of Chlorine in Platinum Reforming Catalysts, in 'Preparation of Catalysts II, Delmon B. , etal(edit.), 1979：185-196.

［65］Berdala J, Freund E , Lynch J. Environment of platinum atoms in a H$_2$PtCl$_6$/Al$_2$O$_3$ catalyst：influence of metal loading and chlorine content. J Phys, 1986, 47：269.

［66］Жарков Б. Б. , Маслнскцц Г. Н. , Анмццна Т. В. цэ р. , Вкн. ：Каталитические методы переработки углеводородов. Л. ：ВНИИНефехим，1975：54 .

[67] Zaidman N M，Sasvostin YU A，Kozhevnikova N G. A Systematic approach to studying the effects of promoters on the properties of platinum/alumina catalysts，Kinet. Katal. 1980，21，6：1564.

[68] Ерохцна К. Д. ，Ряшенцева М. А. ，Измацлов Р. И. цэ р. ，Изв АН СССР. Сер. хим. ，1981，9：1953.

[69] Prestvik R. ，Moljord K. ，Grande K. ，Holmen A. The influence of pretreatment on the metal function of a commercial Pt-Re/Al$_2$O$_3$ catalysts，J. Catal. ，1998，174(2)：119.

[70] Жарков Б Б，Маслянский Г Н，Рубинов А З，и д. О Прокаливании и Восстановлении Алюмоплатиновых Катализаторов Риформинга в Следе Увлажненных Газов. Ж ПХ，1976，1：226-229.

[71] Volter V. J. ，Lieske H. Uhlmann M. Platinum dispersity and rehydration of η - alumina in Pt/Al$_2$O$_3$ catalyst. Z. Anorg. Allg. Chem. ，1979，452，(5)：77

[72] 王世怀，刘耀芳，潘国庆，等. 干燥和还原气中气相组成对重整催化剂金属功能的影响[J]. 石油炼制与化工，1996，27(5)：16.

[73] 刘宇键，赵仁殿，濮仲英. 含烃氢气还原的铂铼重整催化剂的反应性能[J]. 石油学报(石油加工)，1998，14(4)：7.

[74] Mills G A，Weller S，Cornelius E B. The state of platinum in a reforming catalyst. Second Intern Congr on Catal，vol Ⅱ. Paris，1960：113.

[75] Hayes J C，Mitsche R T，Pollitzer E L et al. Sulfur as a tool in catalysis，PreprintsAm Chem Soc，Div Petrol Chem，1974，19(2)：334.

[76] Wang T. ，Vazquez A. ，Kato A. et al. ，Sulfur on noble metal catalyst particles，J. Catal. ，1982，78(2)：306 .

[77] Apesteguia C，Barbier J. Effect de la sulfuration des catalyseurs Pt/Al$_2$O$_3$ sur la reaction d'hydrogénolyse du cyclopentane. Bull Soc Chim France，1982，5~6(1)：165.

[78] OGJ International refining-catalyst compilation-1997. Oil & Gas Journal，1997，95(40)：43-44.

[79] OGJ International refining-catalyst compilation-1999. Oil & Gas Journal，1999，97(39)：47-54.

[80] OGJ International refining-catalyst compilation-2001. Oil & Gas Journal，2001，99(41)：58-79.

[81] Stell J. Catalyst developments driven by clean fuels strategies[J]. Oil & Gas Journal，2003，101 (38)：49-56.

[82] Stell J. Catalyst prices，demand on the rise[J]. Oil & Gas Journal，2005，103(39)：50-53.

[83] 杨森年，李庆骏，张宜修. 国产连续重整催化剂的工业应用[J]. 石油炼制，1992，6，30-35.

[84] 李国友，侯特超，谢英奋，等. GCR-10 连续重整催化剂的工业应用[J]. 石油炼制与化工，1997，28(2)，1-4.

[85] 朱国宏，沈文华，侯辉暄，等. 3961 连续重整催化剂的工业应用[J]. 石油炼制与化工，1999，30(2)，1-5.

[86] 冷家厂，郭顿，杨森年. GCR -100 型连续重整催化剂的工业应用[J]. 石油炼制与化工，2004，35(1)，39-42.

[87] 潘锦程，马爱增，杨森年. PS-Ⅵ型连续重整催化剂的研究和评价[J]. 炼油设计，2002，32，53-55.

[88] 马爱增，潘锦程，杨森年. 高铂型低积炭速率连续重整催化剂 PS-Ⅶ的研究和评价[J]. 炼油技术与工程，2004，34(12)，45-47.

[89] 潘茂华，马爱增. PS-Ⅵ型连续重整催化剂的工业应用试验[J]. 石油炼制与化工，2003，34(7)，5-8.

[90] 周明秋，陈国平，马爱增. PS-Ⅶ型连续重整催化剂的工业应用[J]. 石油炼制与化工，2008，39(4)，27-30.

[91] 马爱增，潘锦程，杨森年，等. 低积炭速率连续重整催化剂的研发和工业应用[J]. 石油炼制与化工，

2012, 43(4), 15-20.

[92] Yang Sennian. New Progress of Continuous Reforming Catalysts[J]. ChinaPetroleum Processing and Petrochemical Technology, 1999, 1-2: 40.

[93] Rhodes A K. Survey shows over 1, 000 refining catalysts[J]. Oil & Gas Journal, 1991, 89(41): 43.

[94] Rhodes A K. Number of catalyst formulations stable in a tough market[J]. Oil & Gas Journal, 1997, Oct 6, 95 (40): 35.

[95] Sander van Donk. Optimizing Hydrogen Production and Usage with UOP's Latest CCR Platforming™ and Hydrocracking Catalysts[J]. ERTC 18th Annual Meeting, 2013(12): 19-21.

[96] Takahashi H, Chang J, Nakamura Y. Improve CCR reforming profitability using a novel high-density catalyst [J]. Hydrocarbon Processing, 2019(4): 59-62.

[97] Poparad A, Ellis B, Glover B, et al. Reforming solutions for improved profits in an up-down world[C] . NPRA, 2011.

[98] Bouzet B, Cook J, Largeteau D, et al. Advances in naphtha processing for reforming fuels production[C]. NPRA, 2010.

[99] Gilsdorf N L, Doornbos A E, Gevelinger T J, et al. Commercialization of High-Performance Continuous Reforming Catalyst[C]. NPRA, 1993.

[100] Gautam R, Bogdan P, Lichtscheidl J. Maximize Assets with Advanced Catalysts[J]. Hydrocarbon Engineering, 2000: (4)38.

[101] Sajbel P O, Wier M J. The Power of Platforming Innovation Delivered[C]. NPRA, 2001.

[102] Lapinski M P, Rosin R R, Anderle C J. Innovating for increased reforming capacity [J]. Hydrocarbon Engineering, 2004(9): 29-31.

[103] Stine M. CCR Platforming process-Advancements and consideration of super-sized units [J]. Hydrocarbon Asia, 2006, (5): 12-19.

[104] Clause O, Dupraz C , Franck J P. Continuing Innovation in CAT Reforming[C]. NPRA, 1998.

[105] Edgar M D, Suchanek A J. Criterion Catalyst Moving Bed Reforming Catalysts[C]. NPRA, 1994.

[106] Gray S, Schuman J J. Application of the Criterion PS-20 Moving Bed Reforming Catalyst in the Shell Harberg Germany CCR Platformer 1995 to Date[C]. NPRA, 1999.

[107] Edgar M D, Shaikh A. Gulf Coast Refiner's CCR Reformer Expansion Pivots Around Catalyst Change[C]. NPRA. 2000.

[108] Gray S, Phansalkar S S, Fishcher M. Application of the Criterion PS-40 CCR catalyst at the ERE Refinery, Lyngen, Germany[C]. NPRA, 2002.

[109] Edgar M D, Phansalkar S S. New Reforming catalysts Help Refiners Cope with Greater Demand for Gasoline [C]. NPRA, 2007.

[110] Liu binglin. Reforming catalyst. Axens China Seminar, Beijing, June 2018.

[111] Parera J M, Figoli N S. Deactivation and Regeneration of Naphtha Reforming Catalysts[J]. Catalysis, 1990.

[112] D. Espinat, E. Freund, H. Dexpert and G. Martino . Localization and structure of carbonaceous deposits on reforming catalysts, Journal of Catalysis, 1990, 126(2): 496-518.

[113] T. S. Chang, N. M. Rodriguez, and R. T. K. Baker. Carbon deposition on supported platinum particles , Journal of Catalysis, 1990, 123(2): 486-495.

[114] J. Barbier, G. Corro and Y. ZhangJ. P. Bournonville and J. P. Franck . Coke formation on platinum-alumina catalyst of wide varying dispersion, Applied Catalysis, 1985, 13(2): 245-255.

[115] J. Barbier. Deactivation of reforming catalysts by coking. Applied Catalysis, 1986, 23(2): 225-243.

[116] 王君钰，肖建良，袁为军，等. 双金属重整催化剂中 Re、Sn、Ir 组元作用的研究[J]. 石油学报（石

油加工)，1989，5(1)：61-69.

[117] R. Burch and Alison J. Mitchell. The role of tin and rhenium in bimetallic reforming catalysts, Applied Catalysis , 1983, 6(1)：121-128.

[118] C. L. Pieck and J. M. Parera. Comparison of coke buring on catalysts coked in a commercial plant in the laboratory. Industrial & Engineering Chemistry Research, 1989, 28(12)：1785.

[119] Victor K. Shum, John B. Butt and Wolfgang M. H. Sachtler. The effects of rhenium and sulfur on the activity maintenance and selectivity of platinum/alumina hydrocarbon conversion catalysts, Journal of Catalysis, 1986, 96(2)：371-380.

[120] N. S. Figoli, J. N. Beltramini, E. E. Martinelli, P. E. Aloe and J. M. Parera . Influence of feedstock characteristics on activity and stability of Pt/Al$_2$O$_3$－Cl reforming catalyst, Applied Catalysis, 1984, 11 (2)：201-215.

[121] J. P. Franck and G. Martino. Deactivation of reforming Catalysts in Deactivation and Poisoning of Catalysts (J. Oudar and H. Wise, eds.). Marcel Dekker, New York, 1985.

[122] J. Barbier, E. Churin, and P. Marecot, and J. C. Menezo. Deactivation by Coking of Platinum/Alumina Catalysts：Effects of Operating Temperature and Pressure, Applied Catalysis, 1988, 36：277-285.

[123] W. P. Hettinger, Jr. , C. D. Keith, J. L. Gring, and J. W. Teter. Hydroforming Reactions－Effect of Certain Catalyst Properties and Poisons. Industrial & Engineering Chemistry , 1955, 47(4)：719-730.

[124] 王杰广，马爱增，任坚强，等．一种连续重整装置初始反应的钝化方法[P]．中国，CN 101423774B. 2012.

[125] J. P. Franck and G. Martino. Deactivation and Poisoning of Catalysts(J. Oudar and H. Wise, eds.), Martinus Nijhoff, The Hague, 1982.

[126] 臧高山，张大庆．硅对重整催化剂性能的影响[J]．石油炼制与化工，2014，45(3)：51-54.

[127] J. M. Parera. Deactivation and Reneneration of Naphtha Reforming Catalysts. Catalysis. p. 106.

[128] S. E. Wanke. Catalyst Deactivation (E. E. Petersen and A. T. Bell, eds.).Marcel Dekker, New York, 1986, p.65.

[129] H. Lieske, G. Lietz, H. Spindler and J. Völter . Reactions of platinum in oxygen－ and hydrogen－treated Pt/γ－Al$_2$O$_3$ catalysts：I. Temperature－programmed reduction, adsorption, and redispersion of platinum, Journal of Catalysis, 1983, 81(1)：8-16.

[130] 胡勇仁，等．微量水对Pt-Re/γ-Al$_2$O$_3$重整催化剂还原的影响(催化性能的影响)[J]．石油学报(石油加工)，1996，12(1)：17.

[131] 胡勇仁，等．微量水对Pt-Re/γ-Al$_2$O$_3$重整催化剂还原的影响(红外光谱表征结果)[J]．石油学报(石油加工)，1996，12(1)：23.

[132] 北京石油化工总厂东方红炼油厂．铂重整催化剂硫中毒及再生方法的探讨[J]．石油炼制，1977(2)：13-19.

[133] 毛学军．铂铼重整催化剂硫酸根污染的研究[J]．石油学报(石油加工)，2000，16(2)：25.

[134] 张大庆．铂铼重整催化剂硫酸根脱除方法及其工业应用[J]．炼油技术与工程，2003，33(2)：29.

第六章　催化重整工艺技术

第一节　催化重整工艺过程

一、工艺流程

催化重整工艺的主要目的是将低辛烷值的石脑油通过环烷脱氢、烷烃环化脱氢等化学反应，转化成高辛烷值的汽油组分，或者生产高芳烃含量的化工原料(苯、甲苯和二甲苯)，同时副产氢气。

重整工艺包括重整反应、反应产物的处理和催化剂的再生等过程。原料石脑油在进行重整反应之前，要先进行预处理，除去硫、氮、水、砷、铅、铜及烯烃等杂质，并切割出适当馏分，这是催化重整原料准备不可缺少的一部分。

重整反应是重整工艺的主要环节，需要在一定温度、压力和催化剂作用的临氢条件下进行，工艺过程包括升压、换热、加热、临氢反应、冷却、气液分离及氢气压缩等过程。重整反应生成的重整油需要通过蒸馏过程除去副产的轻烃并分割成各种需要的馏分。副产的氢气一般通过进一步压缩、与重整生成油再接触回收轻烃和脱氯等过程，然后送出装置。在重整的目的产品为芳烃时，重整工艺常常与溶剂抽提或抽提蒸馏等工艺组合成联合装置，以便进一步分离重整生成油中的芳烃和非芳烃。重整催化剂在使用一段时间后，由于副反应积炭，其活性会逐步下降，需要进行烧焦等再生过程进行恢复。

由于重整系吸热反应，物料通过绝热反应器后温度会下降，一般采用3~4台反应器，每台反应器前设有加热炉以维持足够的反应温度。为了增加氢分压以减少催化剂上积炭的副反应，设有循环氢压缩机使氢气在反应系统内循环。

重整工艺基本流程见图6-1-1。

原料(精制石脑油)用泵抽送进入装置后，与循环氢混合，然后进入混合进料换热器中与反应产物换热。换热后的物料经过第一重整加热炉(进料加热炉)加热到反应温度后进入第一重整反应器，然后依次经过第二重整加热炉(1号中间加热炉)、第二重整反应器、第三重整加热炉(2号中间加热炉)、第三重整反应器、第四重整加热炉(3号中间加热炉)、第四重整反应器。

从最后一台重整反应器出来的反应产物在混合进料换热器中与进料换热，然后经冷却器冷却并使其中油品冷凝后进入产物分离罐。罐顶分出含氢气体，一部分作为循环氢，用压缩机压缩并与原料混合后返回反应器；另一部分作为副产氢气，直接或经压缩后送出装置。为了回收副产氢气中的轻烃和提高氢气纯度，常常将压缩后的含氢气体与用泵加压后的产物分离罐底液体在较高压力下混合冷却，通过气液再接触，使气相中的轻烃溶于油中，达到新的平衡，然后再分离。

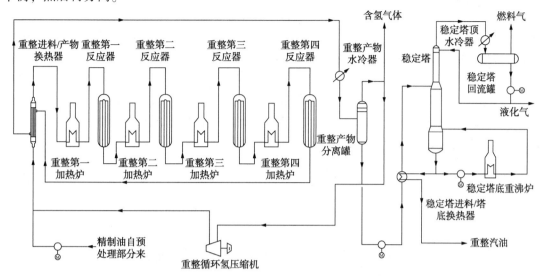

图 6-1-1　重整工艺基本流程

从产物分离罐底分出的液体用泵抽出，直接或经再接触后送往稳定塔（或脱戊烷塔）。塔顶气体经冷凝冷却后进入回流罐，罐顶出燃料气（有时返回上游与油再接触以回收其中的轻烃），罐底出液化气，一部分作回流，一部分作产品。塔底液体除一部分用泵抽出，经重沸炉加热后返回塔内给塔底供应热量外，其余部分作为重整油产品，与塔进料换热再经冷却后送出装置。

重整催化剂的再生包括烧焦、氧氯化、干燥、还原等过程。半再生重整装置催化剂的再生在装置停工后进行，一般利用原有设备按原有流程原位进行再生（器内再生），也可以送往催化剂制造厂进行再生（器外再生）。连续重整设有催化剂连续再生的专用设备，催化剂可以在反应器和再生器之间连续流动，一边反应，一边再生。

二、重整反应

（一）反应过程

重整的主要反应是环烷脱氢和烷烃环化脱氢，一般是在压力 0.35~1.5MPa、温度 480~530℃、氢烃分子比 2~8、体积空速 1~3h^{-1} 的临氢条件下进行。

重整反应要吸收大量热量，为了维持足够的反应温度，反应部分由多组反应器和加热炉组成。原料石脑油进入第一反应器以后，重整反应中六元环烷脱氢等反应速度快的反应首先进行，这些吸热反应使反应物料进入反应器后温度急剧下降，反应器下部处于较低的温度条件下，从而影响反应速度，使这部分催化剂不能充分发挥作用。因此第一反应器不用太大，催化剂不宜多装，同时需要在反应器后设置较大的加热炉将反应物料重新加热到所需的反应温度。加热后的反应物料进入较大的第二反应器，使五元环烷烃进行脱氢异构反应，温度也会下降，但下降幅度减小。此后，反应物料再进入三、四段反应器时，容易进行的反应基本都已完成，烷烃环化脱氢等速度较慢的反应需要更大的反应空间，同时吸热的脱氢反应减少，放热的加氢裂化反应逐渐增加，反应器温降较小。因此，各段重整反应从前到后反应器逐步加大，而加热炉负荷则逐步减小。

重整装置反应器从前到后催化剂典型的装料比，三个反应器一般依次为 15%、25%、60%，四个反应器一般依次为 10%、15%、25%、50%。重整反应加热炉的热负荷除第一个炉子(进料加热炉)与进料换热器的换热量有关外，后面三个炉子(中间加热炉)的热负荷都是由各段反应的反应热决定的，前边大后边小。

关于重整反应分几段的问题，与反应苛刻度和进料组成有关，有的采用三段，有的采用四段，这是一个技术经济问题，应根据辛烷值的要求和反应热的大小来确定。反应段数多，则反应器内床层温度变化范围小，对反应有利；但增加一段反应，投资要增加，经济上不一定合理。一般装置如果反应苛刻度不高，产品辛烷值 RON 不超过 98，反应热在 1000kJ/kg 以下，可考虑用三段反应；大于此数最好采用四段反应。

重整装置各反应器内的主要反应及温降(以半再生重整为例)见表 6-1-1。

表 6-1-1　重整装置各反应器内的主要反应及温降[2]

反应器名称	主要反应	组成变化	温降/℃
第一反应器	六元环烷脱氢，烷烃异构	环烷烃下降多，芳烃有增加	70~80
第二反应器	环烷脱氢、五元环烷异构脱氢及开环、C_7烷烃裂解	环烷烃继续下降，芳烃有增加，C_5~C_6有增加	30~40
第三反应器	烷烃脱氢环化，加氢裂化	C_{7+}烷烃减少，芳烃增加	15~25
第四反应器	烷烃脱氢环化，加氢裂化	C_5~C_6先增加，后略有下降，芳烃增加	5~10

重整进料中各种烃类在各反应器内的转化率见表 6-1-2。环己烷反应最快，基本在第一反应器内就完成，环戊烷大部分在第一和第二反应器内转化，而烷烃的转化则主要在第三和第四反应器内进行。

表 6-1-2　重整进料中各种烃类在各反应器内的典型转化率[22]

反应器名称	环己烷转化率/%	环戊烷转化率/%	烷烃转化率①/%
第一反应器	95	39	7
第二反应器	3	35	7
第三反应器	0	9	13
第四反应器	1	4	12
总转化率	99	87	39

①烷烃转化率不包括异构化。

重整反应器有轴向和径向两种结构形式，见图 6-1-2。

轴向反应器为空筒式反应器，反应物料自上而下沿轴向通过，其大小由催化剂装量决定，与装置规模和反应空速有关。催化剂均匀装填在反应器内，催化剂床层下一般依次铺垫 ϕ6mm、ϕ10mm 和 ϕ18mm 三层磁球，各层厚度约为 200~300mm，支撑着催化剂，防止催化剂从反应器内漏出。

轴向反应器只用作固定床反应器，设备结构简单，但反应器长径比必须合适，一般不宜小于 3，因为长径比太小，会加大反应器直径，增加反应器的壁厚和投资，同时气流分布不容易均匀，影响反应效率；但长径比太大也不好，会增加催化剂床层的压降，并容易使催化剂破损。为了使物料在流过催化剂床层时有较好的接触效率，使气体分布均匀，每米催化剂

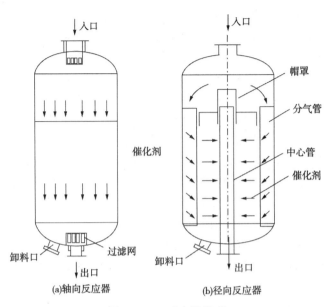

图 6-1-2　反应器类型

床层压降小于 5.6kPa 是不可取的；但压降也不能太大，一般认为每米催化剂床层压降在
10~20kPa 比较适宜[22]。

　　径向反应器内设有分气管、中心管（集气管）、帽罩等内构件，反应物料进入反应器
后先分布到四周分气管（环形空间或扇形筒）内，然后径向流过催化剂床层，从中心集气
管流出。与轴向反应器相比，径向反应器内部结构比较复杂，但气体流通面积较大，径
向流过床层厚度较薄，由于流体阻力与流通面积的平方成反比，与流通路程的长度成正
比，因此径向反应器物流通过反应器的压力降比轴向反应器小，有利于减小临氢系统的
压力降。

　　径向反应器的运行操作效率在很大程度上取决于反应物流分布的均匀度，如果流体分布
不均，将直接影响反应转化率和产品质量。反应物流通过分气管侧孔径向流过催化剂床层，
并通过小孔进入中心管。在分气管和中心管中，由于物流沿轴向不断流入或流出，而形成变
质量流动，从而影响物流的均布。影响径向反应器沿轴向均匀布气的主要因素有：反应器结
构参数和轴向流动形式、两主流道截面积比、反应器容积有效利用率、布气管开孔率以及反
应操作条件等[3]。

　　径向反应器气体分布管内静压与动能的分布规律可以大致用伯努利方程（能量守恒定
律）表示。设 p、γ、z 分别表示气体的静压力、密度、速度和位能，h 表示摩擦阻力，g 是重
力加速度，根据伯努利方程列出流通面上下 1、2 两个点的能量关系：

$$\frac{p_1}{\gamma_1} + \frac{w_1^2}{2g} + z_1 = \frac{p_2}{\gamma_2} + \frac{w_2^2}{2g} + z_2 + h$$

　　由于上、下两处垂直位能相差不大，气体密度变化也很小，忽略不计，则上式可简
化为：

$$\frac{p_2 - p_1}{\gamma} = \frac{w_1^2 - w_2^2}{2g} - h$$

目前使用的大部分径向反应器，气体从上部进入反应器，分布到反应器内四周的气体分布管中，然后在不同层面径向流过催化剂床层，通过中心管壁小孔进入中心管（集气管），

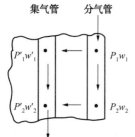

集气管　分气管

图 6-1-3　径向反应器气体流向

最后从中心管底流出。物料在分气管和中心管内的流动都是变质量流动过程，如图 6-1-3 所示。

气体从顶部进入反应器分气管后，在不同高度径向流过催化剂床层，再从集气管流出，由于床层厚度上下一样，管壁小孔都是均匀布置，阻力基本相同，但分气管和集气管内的压力分布是不一样的，因而影响通过催化剂床层的气流分布。

分气管内自上而下气量逐渐减少，速度不断降低，即 $w_2 < w_1$，摩擦阻力虽然沿流动方向逐渐增加，但动量交换效应要大于摩擦阻力效应，二者综合作用的结果，仍使静压沿流动方向增加，因而 $p_2 > p_1$，即分气管内的静压力下大上小。

对于中心集气管，由于气量自上而下不断增加，管内气体速度也不断增加，即 $w'_2 > w'_1$，动量交换效应与摩擦阻力效应的作用相同，从而使集气流道中的静压沿流动方向减小较快，因而 $p'_2 < p'_1$，即集气管内静压力下小上大，则：

$$(p_2 - p'_2) > (p_1 - p'_1)$$

即分气管与集气管的压力差下部大于上部。如不考虑其他影响因素，下部流过的气体会比上部流过的多。这种不均匀的气流分布会使上下物流与催化剂的接触机会不相等，反应不完全，影响反应的转化率。

为了克服以上不均匀流动现象，可以考虑采取以下几种办法：

1) 扩大分气管和集气管的流动截面积，降低流速，使分气管与集气管的压差沿管长变化减小，从而改善气流分布状况。此法由于受设备空间的限制，不能完全解决问题。

2) 将分气管和集气管设计成变截面的锥形管，以维持管内流速变化不大，减少管内静压力的变化。国内外都有人做过这样的试验，例如，将中心管做成上小下大的锥形管，但结果并不理想，一方面因为制造困难，另一方面由于压差不能调节，气流分布受流量变化的影响，效果并不好。

3) 分气管和集气管上下采用不同的开孔率，用小孔阻力的变化补偿管内压力变化。如果设计正确，这种方法是有效的。但考虑到实际生产时流量有变动，不可能完全按照设计的条件运转，因此实行起来也有问题。

4) 增加中心管过孔的阻力，即减小开孔率，使其大大超过分气管和集气管内的压力变化，虽然上下开孔是均匀分布的，但由于通过孔的压降较大，上下床层压降的差别就可以忽略不计了。

一般设计采用上述第四种办法，即用减小中心集气管开孔率的办法来减小压力降的差别，以达到流体均匀分布的目的。这种方法最简单，实践证明效果也是好的。

以某厂一台已生产多年的半再生重整装置反应器为例[4]，反应器直径 1.6m，切线高 4.7m，中心管直径 330mm，中心管开孔率 1.54%。物流从反应器上部进来，通过扇形筒分气管进入催化剂床层，然后进入中心集气管从反应器底部出去。按实际标定数据，重整进料量 17.64t/h，氢油体积比 1460，平均压力 1.27MPa，平均温度 498℃，催化剂平均粒径 ϕ2.5mm，物流通过反应器各部分压力降的核算结果见表 6-1-3。

表 6-1-3　径向反应器压降核算[4]

序号	项目	平均线速/(m/s)	压力降/kPa	压降分配/%
1	进口分配头	—	2.45	18.8
2	扇形筒小孔	0.66	0.01	0.1
3	催化剂床层	0.31	0.93	7.1
4	中心管外套筒小孔	2.90	0.03	0.2
5	中心筒小孔	48.2	9.63	73.8
6	合计		13.05	100.0

扇形筒(分气管)与中心管(集气管)内静压力变化情况,自上而下分成 10 段分别进行核算,各段静压差计算结果见表 6-1-4。

表 6-1-4　扇形筒与中心管各段静压力变化情况[4]

	段数(自上而下)	1	2	3	4	5	6	7	8	9	10
扇形筒	平均速度/(m/s)	15.5	13.9	12.4	10.8	9.3	7.7	6.2	4.6	3.1	1.6
	速度头差值(对入口)/mm 水柱	7.4	13.7	19.7	24.8	29.0	32.4	35.2	37.1	38.3	38.7
	摩擦阻力(对入口)/mm 水柱	3.7	6.7	9.0	10.8	12.0	12.9	13.4	13.7	13.8	13.9
	静压差(对入口)/mm 水柱	3.8	7.0	10.7	14.0	17.0	19.5	21.8	23.4	24.5	24.8
中心管	平均速度/(m/s)	3.3	6.7	10.1	13.4	16.7	20.0	23.3	26.6	30.0	33.3
	速度头差值(对出口)/mm 水柱	180.0	177.0	172.0	163.0	150.5	134.5	115.0	92.0	65.2	34.0
	摩擦阻力(对出口)/mm 水柱	11.5	11.5	11.4	11.2	10.8	10.1	9.0	7.5	5.6	3.1
	静压差(对出口)/mm 水柱	191.7	188.5	184.4	174.2	161.3	144.6	124.0	99.5	70.8	37.1

表 6-1-3 和表 6-1-4 中列出的静压力数据,综合表示在图 6-1-4 上。在中心管出口为零时,扇形筒与中心管的静压力可以分别从左、右两个纵坐标中读出。

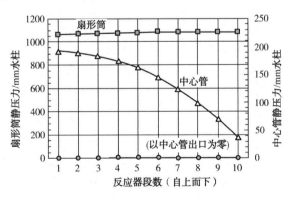

图 6-1-4　径向反应器不同高度静压差图

由表 6-1-4 和图 6-1-4 可以看出,气体在扇形筒和中心管内的静压力都是有变化的,特别是中心管的变化更为明显。扇形筒自上而下静压力逐渐增加,最大相差 21mm 水柱;中心管自上而下静压力逐渐减小,最大相差 154.6mm 水柱。因此,由于静压力的变化,扇形筒与中心管静压力差自上而下逐渐加大,最大相差 175.6mm 水柱,占整个反应器计算压力降(13.05kPa)的13.5%，上下压力降的比值为1-13.5%=86.5%，由于流量与压差的平方根成正比，反应器上下流量的比为93%，即静压差对流量引起的误差为7%。在工业生产中，流量的分布还有其他一些因素的影响(例如催化剂粒度不均、装填结实程度不同、设备制造误差等)，物料绝对均布是很难做到的，反应器限制中心管开孔率以后，静压力差引起的误差对生产影响不大，如果再适当加大中心管的直径，情况还会改善。反应器的实测结果表明，反应器催化剂床层内同温面的上、中、下温度非常接近，相差不超过1℃，说明反应器上、中、下气流分布基本上是均匀的。

但是，这种方法是以增加阻力为代价来均匀分布流体的，虽然数值不大，但也不够合理，因此在新的连续重整工艺中，物流虽然仍从上面进入反应器扇形筒内，但中心管内收集的气体则由下出改为上出。这样，尽管扇形筒内自上而下静压力逐渐增加，但中心管内静压力自上而下也是逐渐增加，上下压力降就相差不大了，流量分布比较均匀，因而中心管的过孔阻力可以减少。同时由于反应物料从反应器顶上出去，反应器底部结构比较简单，底部空间有利于催化剂出料管的布置，减少催化剂的死区。

反应器物流上进下出和上进上出对流体分布的影响可以从图6-1-5中看出来，在相同操作条件下，图中左右分别表示两种不同的工况。反应器物料上进下出时，上部压力差为12.30kPa，下部压力差为14.06kPa，通过下部的物流比上部多(多7.1%)；改成上进上出后，上部压力差为14.06kPa，下部压力差为13.70kPa，通过下部的物流比上部少(少1.3%)，可以认为是很均匀了。

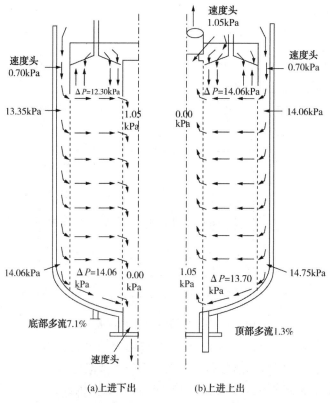

图6-1-5　反应器物流方向对气体均布的影响[5]

（二）氢气循环

从反应器出来的反应产物首先与进料换热，再经冷却后进入产物分离罐进行气液分离。分出的气体为纯度 70%~90%（体）的氢气（其他为 C_1~C_4 及少量 C_5 轻烃），液体为重整生成油及液化气。

为了抑制反应过程中催化剂上积炭，需要在反应过程中有较高的氢分压，为此反应系统要有大量氢气循环。同时，循环氢作为热载体，对改善反应器的温度分布也有好处。从产物分离罐顶出来的含氢气体，经循环氢压缩机压缩并与原料油混合后，与反应产物换热，在依次经过各段反应的加热炉和反应器之后，与原料换热，再经空冷器、水冷器冷凝冷却后返回产物分离罐，构成一个临氢的循环回路系统。

重整临氢系统中的氢气循环是重整反应最重要的部分，循环氢压缩机就是这部分的"心脏"，是装置运转正常与否的关键。规模较小的装置一般采用电动往复式压缩机，较大的装置采用汽动离心式压缩机。往复式压缩机一般为一级双缸式，可采用顶开进气阀的方法将气量调节为 0%、25%、50%、75%、100% 不同档次短期操作。离心式压缩机可以通过改变转速调节气量。

由于重整的氢气纯度是不固定的，开工初期和末期的气体密度不一样，对离心式压缩机的操作性能有很大影响，这一点在选用原动机时必须注意。根据离心式压缩机性能曲线，一定流量的压头是一定的，但进出口的压力差则会因为气体密度的不同而不同，需要通过改变转速进行调节，如果压缩机采用电动，转速不能改变，有可能循环不起来。例如某厂重整装置采用了电动离心式循环氢压缩机，转速不能调节，压缩机进出口设计压差值为 0.8MPa，正常操作时的循环氢纯度较低，气体密度大，相对分子质量为 7.9，压缩机可以维持较高的压差，运转没有问题，但是装置在开工初期要用纯氢循环，相对分子质量只有 2~3，压缩机的压差值上不去而无法克服循环系统的压降，气体进不了反应器，压缩机反飞动线自动启动，气体循环不起来。为此不得不向循环气中掺入一部分氮气，增加气体密度以提高压缩机的压力差，才把装置开起来[22]。在注入氮气后，气体能在反应系统正常循环，但人们担心，在不正常状态下氮气可能会将氧气夹带进入氢气系统，安全上有风险。因此，在选用离心式压缩机作循环氢压缩机时，一般都用汽轮机带动，既安全防爆，又能改变转速，调节压差和流量；如选用电机带动，必须设置变频调速，在开工时通过改变转速来调整压头。

氢气从循环氢压缩机出来以后，依次通过进料换热器管程、各段反应的加热炉和反应器、进料换热器壳程、冷却器、产品分离器，再回到循环氢压缩机，构成一个循环氢系统回路。循环氢系统压力降的大小决定了循环氢压缩机的压差，直接影响压缩机的功率。重整装置典型的循环氢系统压力降见表 6-1-5。

表 6-1-5　典型的循环氢系统压力降[4]　　　　　　　　　　　　　　　　　　MPa

设备	早期半再生重整（单铂）装置	近期半再生重整（多金属）装置	连续重整装置
反应器	0.24	0.10	0.08
加热炉	0.19	0.13	0.09
换热器	0.39	0.07	0.07
冷却器	0.09	0.07	0.01
管线及其他	0.11	0.06	0.05
合计	1.02	0.43	0.30

(三)进料换热

重整进料换热器对临氢系统压降和热能的利用有着巨大的影响。重整进料换热器的热负荷一般占进料总加热量的80%~85%,进料加热炉热负荷只占20%左右,因此换热的好坏对装置的能耗具有举足轻重的作用。早期重整装置采用4~6台普通卧式U形管换热器串联操作,传热效率低,压降高达0.2~0.4MPa;以后由于重整反应压力降低,这种换热器已不能适应需要。20世纪70年代初,纯逆流单管程立式管壳换热器问世,一般装置只用1台换热器就代替了原来的多台换热器,开始时管长12m,以后增加到22m,总压降降低到0.07~0.08MPa(管程0.01~0.02MPa,壳程0.05~0.06MPa),很好地解决了这一问题;同时,由于纯逆流换热,没有错流的温差影响,提高了传热效率。为了在允许压降条件下有一个合理的传热系数,同时使进入管内的两相混合进料分布均匀,管程质量流速一般不小于50kg/(m²·s),传热系数一般在0.23kg/(m²·℃)左右。

立式管壳进料换热器换热情况如图6-1-6所示[22]。冷流为进料与循环氢的混合物,入口98℃,自下而上地通过换热器管程进行加热,由气液两相变成全部气相,出口457℃。热流为反应产物,自上而下地流过换热器壳程进行冷却,入口504℃,出口121℃,接近出口处开始有液相生成。热端温差47℃,冷端温差23℃。

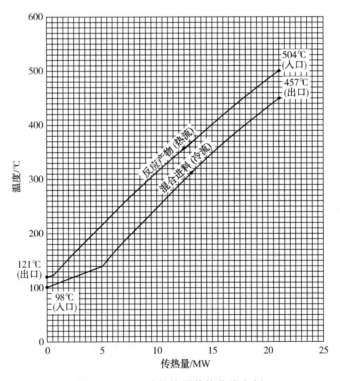

图6-1-6　立式换热器传热曲线实例

这种换热器除了纯逆流的工艺特点外,结构型式也比较特殊,进口有气液分配板,换热器内管程设有膨胀节。同时随着处理能力的提高需要加大挡板间距以降低压降,但由于挡板间距的加大,可能产生共振,为此需要设置特殊结构的挡板以防止设备振动。

由于进入进料换热器管程的物料是两相(液体石脑油和循环氢气),必须在进入众多换热管之前进行均匀混合。过去传统重整装置循环气量大、压力高，石脑油与循环氢气一般在换热器前的管线中直接混合，混合物进入换热器后通过一个分配板进入管束；但近期连续重整装置由于循环气量小、压力低，为了保证两相均匀分布，石脑油和氢气分别进入换热器，各自喷洒开以后再混合。液体石脑油从钻有很多小孔的喷头内喷出，与通过分配板的气体混合后再进入换热器管内。液体通过喷嘴的速度一般在 6m/s 左右，孔径小有利于液体雾化，但太小易于被脏物堵塞，这在操作中是必须避免的，因此如果前面没有过滤器，喷嘴孔径一般不小于 6mm。

进料换热器管程进料是石脑油和氢气的混合物，温度较低，为两相流动状态，气液两相能否均匀混合进入换热器是影响换热效率的重要因素。由于这种设备高度有一定限制，直径也不能太大，因此，800kt/a 以上的大型重整装置如果采用立式换热器，往往需要设置两台并联操作，这就需要改进液体进料与循环氢的混合结构，否则很容易造成偏流，严重影响换热效果。

两台进料换热器并联操作时，如果气液两相混合不均匀，进入各管内的气液分配比例可能不均，一旦一台换热器管内进入液体较多，就会增大阻力，使气体大量挤入另一台换热器内，两台换热器物料分配不均，造成偏流，使换热效率下降，这种情况还会愈演愈烈。表 6-1-6 所列两台并联进料换热器在偏流和正常情况下的实际操作数据就是一个典型的事例[22]。换热器在偏流情况下换热量大大下降，两台换热器由于进料量的差异，换热温度差别很大，进料经过换热后总的出口温度比正常情况低了 101℃，势必增加进料加热炉的热负荷，大大增加能耗，如果进料加热炉余量不大，则难于达到反应温度。因此改进进料喷嘴结构，改善气液混合状况以消除换热器的偏流现象十分重要。

表 6-1-6　并联换热器换热温度

状况	管程入口温度/℃		管程出口温度/℃		
	A 台换热器	B 台换热器	A 台换热器	B 台换热器	换热器总出口
偏流情况	73	101	290	373	327
正常情况	98	96	430	429	428

近年来，不少装置采用焊接板式换热器作为重整进料换热器。板式换热器用焊接在一起的波纹板进行换热，换热效率比立式管壳式换热器高，使热端温差由 50~60℃ 降低到 30~40℃，进一步提高了传热效率。

以一套 600kt/a 连续重整装置为例，立式管壳式换热器与板式换热器的计算结果比较见表 6-1-7。由表中可以看出，采用板式换热器与立式管壳换热器相比，在同样换热条件下，由于传热系数增加，换热面积减小 46%，体积小，重量轻；如将换热面积增加到立式换热器的 73%，就可以多回收热量 1.59MW，从而减少进料加热炉和反应产物冷却器的热负荷[22]。

表 6-1-7　立式管壳换热器与板式换热器的比较

项目	立式管壳换热器	板式换热器	
热负荷/MW	50.21	50.21	51.80
热端温差/℃	49	49	39
壳程数	2	1	1

续表

项目	立式管壳换热器	板式换热器	
总传热系数/[W/(m²·℃)]	270	502	499
总传热面积/m²	4657	2499	3396
总压降/kPa	62.6	80.8	81.6
管长或设备长度/m	19.8	13.4	14.9
设备直径/m	1.52	1.96	2.05
设备重量/t	2×54.8	36.6	49.7

焊接板式换热器的另一个突出优点是能够满足设备大型化的需要。大型连续重整装置进料换热器传热面积很大，如采用传统立式管壳换热器，往往需要用多台换热器并联而可能发生偏流影响传热的问题；采用焊接板式换热器一般只需要用一台设备，没有偏流的问题，可以简化流程和操作，已广泛得到应用。

近年来，在使用过程中，有些板式换热器产生泄漏而影响操作，有些用户已改用缠绕式换热器代替(图6-1-7)。缠绕式换热器外壳与板式换热器一样，也是一个立式圆筒。管束是反向缠绕的换热管子，管内介质以螺旋方式通过，壳程介质逆流横向交叉通过绕管，结构比较特殊。缠绕式换热器与焊接板式换热器的传热性能大体相当，最近已逐步在连续重整装置上使用。

图6-1-7 缠绕式换热器

(四)反应物料加热

加热炉是控制重整反应条件十分重要的设备。由于重整反应是分段进行的，为了提升由于反应热而降低的物料温度，在每段反应之前都设有加热炉，因此加热炉数量较多，并常常联合在一起。早期重整装置规模较小，多采用圆筒炉或联合箱式炉，目前一般采用多流路U形炉管(侧烧)或倒U形炉管(底烧)，如图6-1-8所示。炉管一般采用ϕ89mm或ϕ114mm规格，典型的管内质量流速为120~150kg/(m²·s)。

重整反应加热炉被加热物流为循环氢气和油气，体积流率很大，既要有利于加热，又要求压力降小，因此存在着一个多流路炉管的设计问题，并联流路有时高达几十路。各个物流能不能保证分布均匀，是一个必须考虑的问题。

以一台加热介质总流量为204820kg/h的重整装置四合一加热炉为例[22]，其入口和出口总管管径为750mm，炉管管径114mm×7.6mm，43路并联，四台加热炉炉管的流量分配情况

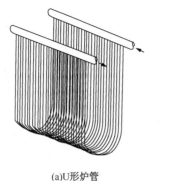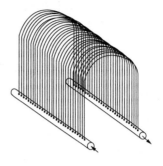

(a)U形炉管   (b)倒U形炉管

图6-1-8 重整加热炉的炉管和集合管

见表6-1-8。由表中计算结果可以看出,尽管炉管并联流路多达43路,但管内流量不均匀分配不超过2%,最高管壁温差不超过2.4℃,完全可以满足工业生产需要。

表6-1-8 多流路加热炉物流计算表

项目	一炉	二炉	三炉	四炉
总流量/(kg/h)	204820	204820	204820	204820
入口温度/℃	455	475	484	505
出口温度/℃	543	543	543	543
出口压力/MPa(表)	1.05	0.97	0.92	0.85
相对分子质量	24.9	22.6	20.9	19.9
体积流率(出口条件)/(m³/h)	47891	56709	64328	72539
热负荷/MW	20.11	15.53	13.34	8.70
炉管当量长度/m	26.10	20.30	20.30	15.30
总压降/MPa	0.0175	0.0172	0.0199	0.0187
每根炉管流量/(kg/s)				
平均	1.3231	1.3231	1.3231	1.3231
最大	1.3362	1.3377	1.3370	1.3384
最小	1.3140	1.3125	1.3127	1.3109
最高管壁温度/℃				
在平均流量时	622.3	622.7	612.2	603.2
在最大流量时	620.9	621.4	611.2	602.4
在最小流量时	623.2	623.6	613.0	604.8

重整反应加热炉出入口温度都较高,出口温度490~530℃,入口温度也在400℃以上,反应物料的加热都在辐射室内进行,而辐射室的热效率一般只有60%左右,从辐射室出来的烟气温度在700℃以上,因此必须考虑烟气热量的回收。典型加热炉的总热效率在90%以上,对流室利用的热量约占30%。

重整加热炉较多,一般采用联合烟道将烟气集中起来,通过安装在一炉或二炉上部的对流室回收热量,用于发生蒸汽或加热其他物料。

重整加热炉烟气热量回收最常用的方法是利用对流室的热量发生蒸汽，为此需要设置一套余热锅炉系统，设置对流炉管、汽包、锅炉给水泵、循环热水泵及排污罐等。加热炉烟气热量回收后，热效率可达90%以上，对装置能耗有决定性影响。以一套400kt/a重整装置为例，利用烟气余热发生蒸汽，可回收热量7.7MW，发生3.5MPa蒸汽9.7t/h[22]。根据需要，利用对流室热量加热其他物料以回收热量也是可以考虑的。余热锅炉典型流程如图6-1-9所示。

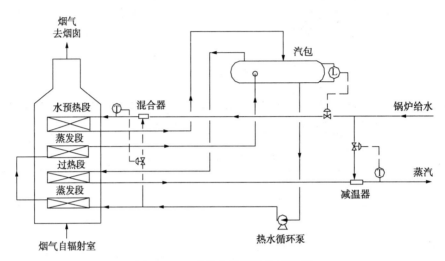

图6-1-9　重整余热锅炉典型流程

对流室自下而上分为蒸发段、过热段、蒸发段、水预热段（省煤器）共四段，脱氧水与循环热水混合加热到一定温度后进入水预热段加热，然后进入汽包（汽水分离器）。汽包内的热水依次经过下部和上部两个蒸发段，被加热并部分汽化后返回汽包。汽包产生的蒸汽经过过热段加热和脱氧水减温至一定温度后送往管网供使用。

近期新建的重整装置常要求将加热炉热效率提高到92%以上，为此需要增加余热回收设施，进一步降低排烟温度至130℃以下，最常用的方法是预热进炉空气。为了防止露点腐蚀，需要严格限制燃料气中的硫含量。

（五）化学品的调节

为了保证催化剂的活性，催化剂上应当保持一定的氯含量。循环气中水和氯化物的含量有平衡关系，气中水含量高时，催化剂上的氯会流失，需要注氯补充。重整进料经过预处理后，一般要求将水含量脱至5×10^{-6}以下（由于取样难于完全避免环境影响，实际取样分析数据往往偏高），重整循环气中的水含量在正常情况下应为15~25μL/L，相关的HCl含量约为1μL/L，催化剂上的氯含量在1%（质）左右。在循环气中的水含量高于50μL/L的条件下，为了减少洗掉的氯化物，反应器入口温度不应超过480℃。在循环气中水含量低于10μg/g时（一般不多见），催化剂酸性功能增加，可考虑往重整进料中注水，每注入1μg/g的水，可使循环气中水含量增加2~5μL/L（体）。

在重整反应工艺流程中设有小计量的注氯、注水设施，以便在需要时用注氯（一般为全氯乙烯）或注水量调节催化剂上的氯含量。

硫化物是重整催化剂的毒物，影响催化剂的活性。含硫高的原料进入重整反应器中，会污染催化剂，反应温降会明显减小，氢产率和循环气纯度降低，液化气产率增加，积炭速度增加。重整原料一般要求在预处理过程中将硫含量脱至 $0.5\mu g/g$ 以下。进料中含硫 $0.5\mu g/g$（质），循环气中 H_2S 大约为 $1\mu L/L$，脱戊烷塔顶排气中 H_2S 大约为 $5\mu L/L$。一旦发现催化剂被硫污染，应将反应温度降至 $480℃$ 以下，通过热氢循环脱除催化剂上的硫，直到循环气中 H_2S 含量低于 $1\mu L/L$ 时才能恢复高苛刻度的操作。

硫虽然是重整催化剂的毒物需要脱除，但由于它对某些反应有抑制作用，在重整进料中保留一定的硫含量又常常是不可缺少的。因此，重整装置一般均设有小剂量的注硫设备，注硫量必须精准控制。

半再生重整装置采用铂铼催化剂，开工时为了抑制新鲜催化剂的高活性，防止飞温，需要短时注硫。连续重整催化剂不需要像半再生重整那样在开工初期注硫以钝化催化剂活性，但进料中硫含量过少时，随着反应苛刻度的提高，反应器内存在着结焦的危险性，反应器器壁的铁离子会与碳结合，碳链长大生成针状焦，严重时大量焦炭结在反应器内堵塞通道，阻碍催化剂的流动，甚至将反应器内构件顶坏，这种现象曾经在有些装置上发生过。实践证明，硫对反应器器壁的结焦是很好的钝化剂。因此，现代连续重整装置一般都设有注硫设施，要求经常往经过加氢处理过的石脑油中注硫，以保证重整进料中的硫含量不会过低（一般要求不低于 $0.2\mu g/g$）。

注氯（一般用全氯乙烯）、注水和注硫（一般用二甲基二硫）的注入流量都很小，而且要求精确计量，大都采用电动柱塞式计量泵，用柱塞行程调节流量。需要经常监测泵的运行情况、是否上量，并定时用罐的液面计（带刻度）当容器标定，以校准泵的流量。

三、反应产物的处理

重整反应的产物需要进一步处理，分离成氢气、燃料气、轻烃和重整油，还需要脱氯、脱烯烃。

（一）再接触

副产氢气从产物分离罐出来，一般用氢气压缩机（增压机）压缩后送出装置。随着重整技术的发展，重整反应压力越来越低，半再生重整产物分离罐的操作压力一般为 $1.0\sim 1.3MPa$，但新型连续重整产物分离罐的操作压力却只有 $0.24MPa$，在这样低的压力下气液平衡，分离出的气体中会有大量的轻烃，既降低了氢气的纯度，又减少了重整油的收率。为了回收含氢气体中的轻烃，一个比较简单的办法就是设置一个再接触罐，使重整油与含氢气体在高压条件下再接触，重新建立气液平衡，使含氢气体中轻烃溶解在油中。再接触示意流程见图 6-1-10。

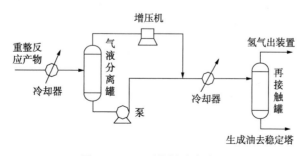

图 6-1-10　再接触示意流程

再接触的效果与操作条件有关，压力越高、温度越低效果越好。重整产氢送出装置前一般都要通过增压机提高压力到 1.2~2.5MPa 才能进入工厂氢气管网，这往往就是氢气在装置内的最高压力，油气再接触就可以选在这样的压力下进行。为了降低再接触温度，油气在进入再接触罐以前先进行冷却，用水可冷却到 38~40℃，如再用氨或其他冷冻剂则可冷却到 0~4℃。以一套 600kt/a 连续重整装置(产品辛烷值 RON 为 102)为例，计算再接触压力和温度对氢纯度和轻烃回收量的影响见图 6-1-11。

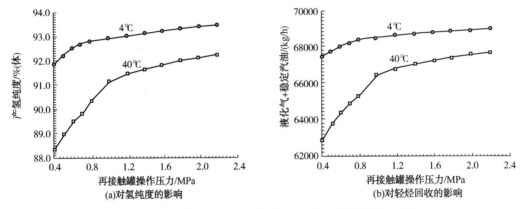

图 6-1-11　再接触压力和温度对氢纯度和轻烃回收的影响[7]

从图 6-1-11 可以看出，随着再接触压力的升高，产氢纯度提高，烃的回收量增加；温度降低也有同样的效果。在 40℃温度下，压力在 0.4MPa 时，氢纯度为 88.4%，稳定汽油与液化气总的液体产量为 62934kg/h，占进料的 83.9%，压力提高到 2.2MPa 时，氢纯度达到 92.2%，总的液体产量提高到 67635kg/h，占进料的 90.2%。而在 4℃条件下再接触，压力在 0.4MPa 时，氢纯度为 91.9%，总的液体产量为 67411kg/h，占进料的 89.9%；压力提高到 2.2MPa 时，氢纯度达到 93.4%，总的液体产量达到 68955kg/h，占进料的 91.9%。从提高氢纯度和增加轻烃回收的观点，降温比提压具有更为明显的效果[7]。

对于一套 400kt/a、操作压力为 0.8MPa 的连续重整装置，用于贫料和富料两种重整原料工况，在 2.5MPa、0℃条件下再接触的氢气提纯效果见表 6-1-9。

表 6-1-9　再接触氢气提纯效果[8]

	贫料(N+A=27.5%)		富料(N+A=37.8%)	
	再接触前(循环氢)	再接触后(产氢)	再接触前(循环氢)	再接触后(产氢)
流率/(kg/h)	6940	3075	5854	2704
组成/%(体)				
H_2	76.9	89.4	84.3	92.1
C_1	5.3	4.9	3.5	3.6
C_2	6.5	3.8	4.3	2.8
C_3	5.1	1.3	3.1	0.9
$i\text{-}C_4$	1.7	0.2	1.0	0.2
$n\text{-}C_4$	2.1	0.2	1.2	0.2
C_{5+}	2.4	0.2	2.6	0.2
合计	100.0	100.0	100.0	100.0

为了追求再接触的高效率，在工业装置上采用过一些不同的再接触流程。以一套1.0Mt/a连续重整装置为例[22]，重整反应压力0.35MPa，重整产氢从产物分离罐出来经过2～3级压缩后达到2.1MPa左右，然后送出装置进入工厂氢气管网。在这种条件下，氢气再接触可以有多种流程，以下是四种再接触流程的方案探讨：

1）方案A：产物分离罐液体去二级出口罐，一级出口罐液体与二级出口罐液体混合后去稳定塔（图6-1-12）。

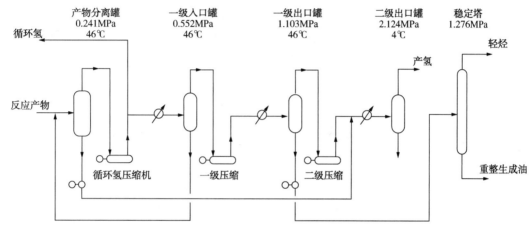

图6-1-12　方案A流程

2）方案B：产物分离罐液体去一级出口罐，一级出口罐液体去二级出口罐，二级出口罐液体去稳定塔（图6-1-13）。

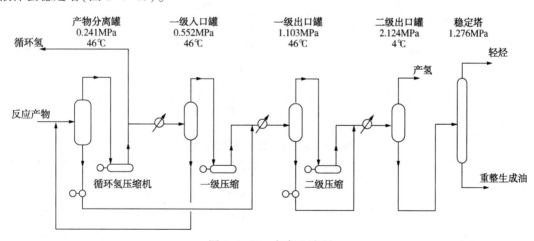

图6-1-13　方案B流程

3）方案C：产物分离罐液体去二级出口罐，二级出口罐液体去一级出口罐，一级出口罐液体去稳定塔（图6-1-14）。

4）方案D：产物分离罐液体去二级出口罐，二级出口罐液体去稳定塔，一级出口罐液体去产物分离罐（图6-1-15）。

四个方案的计算结果见表6-1-10。从表中可以看出，四个方案略有差别，差别不是太大。方案A、B氢纯度较高，但重整生成油收率较低；方案C重整生成油收率较高，但氢纯

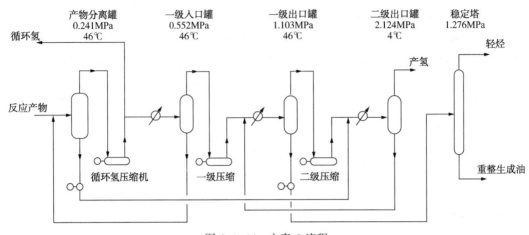

图 6-1-14　方案 C 流程

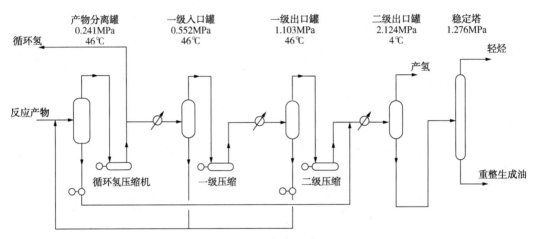

图 6-1-15　方案 D 流程

度较低；方案 D 不仅氢纯度高，重整生成油收率高，而且还可以少用一台泵，是比较理想的方案。

表 6-1-10　再接触流程方案比较

项目	方案 A	方案 B	方案 C	方案 D
产氢纯度/%	92.02	92.03	91.71	92.03
产氢流率/(kg/h)	11731	11723	12401	11723
液化气流率/(kg/h)	7759	7773	7372	7781
重整生成油流率/(kg/h)	99845	99840	99869	99865

(二)脱氯

为了满足后续加氢装置的需要，氢气在送出装置以前有时还要通过固体吸附方法脱除其中的氯化物。脱氯罐一般设置两台，内装脱氯剂，既可并联又可串联，如图 6-1-16 所示。

两台脱氯罐(A，B)，开始时按 A-B 次序串联操作，定期或不定期分析 A 罐出口氢气中的含氯量，当发现含氯量严重超标时，说明 A 罐脱氯剂已失效，将其切出，更换新的脱氯剂,此时只用 B 罐单独操作,仍然能够满足要求。A 罐更换新的脱氯剂后再投入使用,改为 B-A 串联操作,同时注意监视 B 罐出口氢气中的含氯量。当 B 罐脱氯剂严重失效后切出,用 A 罐单独操作,在 B 罐更换成新的脱氯剂后再投入使用,重新改为 A-B 串联操作。这样安排在装置生产的任何时间都可以切换脱氯剂,不影响操作,同时脱氯剂在卸出以前能充分发挥作用,保证操作的可靠性。

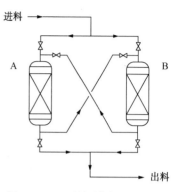

图 6-1-16　脱氯罐典型流程

(三)脱轻烃

从反应器及再接触出来的重整生成油中除 C_{6+} 烃类外,还含有少量 $C_1 \sim C_5$ 轻烃,在送出装置以前,先要经过稳定塔(脱丁烷塔)或脱戊烷塔脱除这些轻组分。塔在压力下操作,塔顶出液化气或戊烷油和燃料气,塔底出稳定汽油(高辛烷值汽油组分)或脱戊烷油(芳烃抽提原料)。

稳定塔回流罐顶的气体中含有不少丙烷、丁烷和少量 C_{5+} 组分,为了回收这部分烃类,稳定塔回流罐顶的气体不直接排入燃料气管网,而用稳定塔进料油吸收。目前工业上常用的有以下两种做法:

(1)稳定塔前吸收

在稳定塔前设一个液化气吸收罐,稳定塔回流罐顶气体单独用稳定塔进料油吸收,吸收后气体作燃料气(图 6-1-17)。

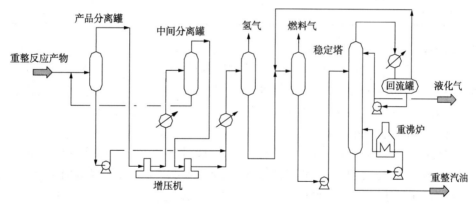

图 6-1-17　稳定塔前吸收流程

(2)增压机一段吸收

稳定塔回流罐顶气体排入增压机一段出口,与重整产氢一起用稳定塔进料油吸收,未吸收气体去二段出口再接触罐进一步用油吸收,罐顶排出的是氢气,不出燃料气(图 6-1-18)。

以一套 600kt/a 连续重整为例[22],再接触温度 4℃,压力 2.0MPa,重整生成油脱戊烷塔(稳定塔)操作压力 0.93MPa,按稳定塔前吸收流程、增压机一段吸收流程和回流罐顶气体不吸收三种工况计算吸收效果,见表 6-1-11。计算结果表明,回流罐顶气体吸收与不吸收比较,多耗能 23~29kW,但可回收戊烷油(液化气)116~215kg/h(或 928~1720t/a),经济上是有利的。稳定塔前吸收流程比增压机一段吸收流程可多回收戊烷油 99kg/h(或 792t/a)的戊烷油,但需增加一个罐,能耗基本相同,氢气纯度略高,产量略低。

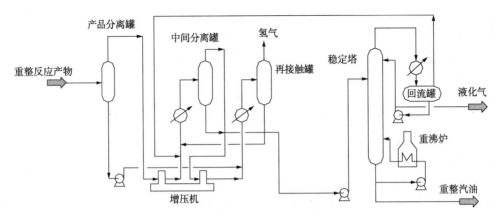

图 6-1-18　增压机一段吸收流程

表 6-1-11　回流罐顶气体不同吸收方法的计算结果

项目	稳定塔前吸收流程	增压机一段吸收流程	回流罐顶气体不吸收
脱戊烷油产量/(kg/h)	64933	64936	64937
戊烷油产量/(kg/h)	3339	3240	3124
燃料气产量/(kg/h)	19	0	231
含氢气体产量/(kg/h)	6510	6626	6510
含氢气体纯度/%(体)	92.70	92.52	92.70
氢气压缩机功率/kW	2888	2899	2888
重沸器热负荷/kW	3871	3865	3847

(四)脱烯烃

重整反应过程中会产生少量烯烃,反应苛刻度越高,烯烃含量越多。烯烃含量影响重整生成油及后续产品的溴指数及酸洗比色等指标,并容易发生氧化、聚合反应生成胶质,为此常常需要对重整生成油或其中芳烃馏分进行脱烯烃处理。脱除烯烃的方法有白土吸附、分子筛精制、低温后加氢和液相加氢。

1)脱除烯烃过去常用的方法就是白土精制,一般设有两个罐,内装颗粒白土,流程与脱氯类似(见图6-1-16),既能并联又能串联。物流通过白土时,烯烃被白土吸附而脱除。白土罐的操作温度一般不超过200℃,压力在1.1MPa以上。白土失活快、用量大,使用一段时间后就不能使用,废白土需要卸出填埋处理,污染环境,对环保不利。

2)分子筛精制可以延长使用周期,可少次再生,但价格较贵,最终仍有废物产生需要处理。

3)低温后加氢脱除烯烃,催化剂可以再生,贵金属可以回收,没有环保问题,但流程较复杂,投资较高。

4)液相加氢是近来发展较快的脱烯烃技术,一般是在重整装置脱戊烷塔前设置混氢器及液相反应器,使重整生成油与少量氢气混合,在反应温度150~180℃的条件下进行选择性液相加氢以脱除烯烃,流程简单,原料适应性广,催化剂可再生,反应效率高,氢耗量少,运行费用低。可使重整生成油溴指数由3000mgBr/100g以上降低到300mgBr/100g以下,芳烃溴指数达到产品要求。

四、催化剂的再生

(一) 再生类型

重整反应过程中会生成焦炭(其中95%是碳),沉积在催化剂上,影响催化剂的活性。反应苛刻度越高,情况越严重。为了维持长期稳定生产,催化剂使用一定时间后需要进行再生,以清除沉积的焦炭,恢复活性。

重整催化剂的再生有半再生、循环再生和连续再生三种类型。

1)半再生重整采用固定床反应器,催化剂装在反应器内不流动,催化剂再生于装置停工时进行,将反应系统置换干净,依次进行烧焦、氧氯化、干燥、还原等过程,基本按正常流程运行。再生的压力受供给空气条件的限制,一般不高于0.8MPa。有些厂在装置停工以后将催化剂从反应器内卸出,送往催化剂制造厂进行再生,再生好以后再装回反应器使用,这种异地再生的方式对催化剂再生质量更有保证,已被广泛采用。

2)循环再生重整工艺也是采用固定床反应器,在正常生产过程中,轮流有一台反应器单独进行再生,为此要为催化剂再生增设专用管线和阀门,定期切换操作,流程比较复杂。

3)连续重整采用移动床反应器,除了反应物料的基本工艺流程外,还设有催化剂的循环输送和连续再生系统,催化剂在反应器与再生器间连续流动,一边反应,一边再生,其流程因专利技术而异。

催化重整催化剂再生类型应根据原料性质、产品要求和装置规模进行技术经济比较后确定。半再生重整流程简单,投资较低,对于反应苛刻度要求不高的催化重整装置是首先考虑的方案。循环再生可以提高反应苛刻度,延长操作周期,但流程比较复杂,操作波动较大,它的长处已被后来问世的连续重整所取代,近来已很少发展。连续重整适用于高苛刻度、贫原料和规模较大的催化重整装置,可以在低压、高苛刻度的条件下运行,操作平稳、周期长,产品收率高,但投资要高一些。

(二) 再生步骤

重整催化剂再生包括以下四个基本步骤:

①烧焦:烧去催化剂上沉积的焦炭。

②氧化氯化:使金属铂氧化和分散并调整氯含量。

③干燥:脱除催化剂上的水分。

④还原:将铂金属由氧化态还原成金属态。

催化剂的连续再生系统前三个步骤在再生器内进行,最后一个步骤在反应器前的还原罐内进行。

1. 烧焦

烧焦是催化剂再生的第一个步骤。在一定温度下,催化剂上的焦炭与氧气化合,生成二氧化碳和水并放出热量。

$$焦炭 + O_2 \longrightarrow CO_2 + H_2O + 热量$$

这一反应除去了焦炭,但产生的热量会使催化剂的温度升高,过高温度会损坏催化剂,所以必须加以控制。方法是控制燃烧过程的氧含量。高氧会提高燃烧的温度,低氧则会使燃烧速度减慢。正常操作时,氧含量维持在0.5%~1.0%(摩尔)范围内。

2. 氧化氯化

催化剂在烧焦过程中有氯流失，并造成金属铂的聚结，因此催化剂再生的第二个步骤是调整氯含量、氧化和分散催化剂上的铂金属。这些反应既需要氧气又需要氯化物。在氯化区中，含氧和氯化物的气体在高温下与烧完焦炭的催化剂接触。

氯化物的调整反应可用下式表示：

$$氯化物 + O_2 \longrightarrow HCl + CO_2 + H_2O$$
$$HCl + O_2 \rightleftharpoons Cl_2 + H_2O$$
$$载体-OH + HCl \rightleftharpoons 载体-Cl + H_2O$$

氯化物对于保持催化剂的活性是必须的，但过多或过少对重整反应也不利。因此，加到催化剂上氯化物的量应当加以控制，方法是控制氯化物的注入量。正常操作时，氧化态催化剂的氯含量由催化剂系列确定，一般为 0.9%～1.3%（质）。

氧化和再分散的反应如下：

$$金属 + O_2 \xrightarrow{Cl_2} 氧化金属（分散）$$

金属在催化剂上分布得愈均匀，则催化剂的金属功能发挥愈好。对金属氧化和再分散有利的条件是高氧浓度、低水含量、足够的停留时间、适当的温度和适当的氯化物浓度。

3. 干燥

催化剂再生的第三个步骤是从催化剂上脱除水分，这些水分是在催化剂烧焦步骤中产生的，通过干燥气体流过催化剂时将水分带出：

$$载体-H_2O + 干燥气体 \longrightarrow 载体 + 气体 + H_2O$$

高温、足够的干燥时间和适当的干燥气体流量，并确保气体分布均匀是干燥的必要条件。

4. 还原

催化剂再生的第四个步骤就是将催化剂上的金属由氧化态变成还原态，以恢复催化剂的活性。催化剂在氢的存在下进行以下还原反应：

$$氧化态金属 + H_2 \longrightarrow 还原态金属 + H_2O$$

还原反应越完全越好。对这一反应有利的条件是高氢纯度、适当的还原气体流量和足够的还原温度。

连续重整催化剂的再生在装置内专设的设备内进行，烧焦、氧化氯化和干燥等三个步骤依次在再生器的上下不同区内进行。为了避免再生催化剂在氢气输送过程中非理想条件下发生还原反应和降低输送管线的材质要求，催化剂在离开再生器前先进行冷却。催化剂离开再生器后用氮气置换，确保没有氧气后进入还原罐，还原步骤在还原罐内氢气环境下进行。

（三）催化剂的输送与循环

催化剂为了连续再生，必须从反应器输送到再生器，然后再返回反应器。催化剂的循环通过提升和重力作用实现，设有专用的催化剂输送设备，使催化剂能在反应器和再生器系统内连续流动，其中包括催化剂收集罐、闭锁料斗、催化剂提升器及提升管、缓冲料斗以及特殊阀组等。催化剂输送采用过程控制系统，根据压差和催化剂料位自动控制。

1. 催化剂的提升

催化剂由低点输送到高点是用气体通过提升器在提升管内通过稀相输送实现的，典型催化剂提升器采用双气流发送罐型式，结构见图6-1-19。提升气分为两股：一股称为一次气，从提升器下部进入，用于补充提升气量；另一股称为二次气，从提升器旁边进入，将需要提升的催化剂送入提升气流中，催化剂的输送量由二次气的流量控制。在所有操作情况下，一次气和二次气的总量不变，以保证催化剂在提升管内有一定的流速（一般为2.5~3.0m/s）。流速过低会停止提升或堵塞提升管线，不能满足提升催化剂的需要；流速过高会侵蚀管线和增加催化剂的磨损，都应当避免。二次气量一般为总提升气量的0~20%。由于二次气量要根据催化剂输送量的变化要求而变化，因此一次气量应根据二次气量的变化通过自动控制阀进行相应的调节。催化剂输送管压差的高低直接反映催化剂提升量的多少。

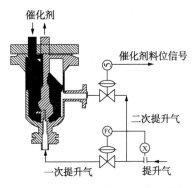

图6-1-19 催化剂提升器典型结构

由于气体体积流率与其压力、温度和相对分子质量有关，为了保持实际提升气速度不变，在改变提升气状态时，其流率应根据实际情况及时加以修正。

催化剂管道提升器，也叫"L阀组"，利用双气流发送罐的原理，同样用两股提升气进行控制，用管道形式代替罐式提升器，已在一些连续重整装置上广泛应用。

2. 闭锁料斗

催化剂由低压向高压的输送通常需要通过闭锁料斗进行升压。简单的闭锁料斗就是一个空罐，在使用过程中，不断通过阀门充气和排气改变其中的压力。装料前先放空泄压，并与上游低压催化剂输送管的压力平衡，打开阀门装料，使催化剂靠重力自动落入闭锁料斗中，然后再将闭锁料斗与低压催化剂输送管隔断，用气体充压，使其与下游的高压催化剂输送管压力平衡，再打开下部阀门卸料，使催化剂依靠重力自动从闭锁料斗落入下游催化剂输送管中。然后再放空泄压重复装料工作，如此循环，使催化剂一批批地从低压系统输送到高压系统。

目前有的工艺为了省去催化剂管线上的阀门，将闭锁料斗从上到下分成分离、闭锁、缓冲三个区，如图6-1-20所示，基本原理是一样的，即先开上部平衡阀，使分离区与闭锁区压力平衡，催化剂由分离区自动落入闭锁区，然后再关上部平衡阀、开下部平衡阀，使闭锁区与缓冲区压力平衡，催化剂由闭锁区自动落入缓冲区。缓冲区通过加压气体维持压力，下料管装有孔板保持料封，放空气由分离罐上排出。闭锁料斗有专门的操作程序，包括准备、加压、卸料、减压、加料等五个步骤，批量操作的周期时间决定催化剂的循环速度，实际操作时程序自动操作。

逆流连续重整没有闭锁料斗，用分散料封方法克服逆压差输送催化剂，用给定再生催化剂提升管压差办法，控制催化剂输送量，各上部料斗料位自动控制，操作连续平稳。

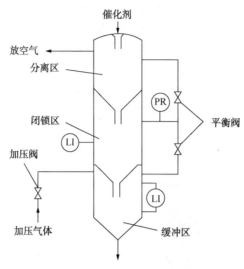

图 6-1-20　闭锁料斗示意图

3. 催化剂环境控制

催化剂在反应器和再生器之间循环流动，由于压力和环境不同，具有一定的危险性需要克服。一个是反应器和再生器的压力不一样，必须在任何情况下都保证低压设备的安全；另一个是环境不一样，反应器是氢/烃环境，而再生器是含氧的环境，两者必须在所有时间内严格分开。这可以通过设备设计和仪表程序控制进行监测和保护。氢/烃环境和含氧环境的隔离采用充氮置换和氮封的方法，保持纯氮区域的压力高于与其连接的设备，并有双阀联锁保护。

用待生催化剂供氮管线上的控制阀控制从提升器阀到催化剂收集器的压力降（约为 14kPa），以保证氮气向上流动将催化剂中的氢气吹扫干净。压降太高会影响催化剂下流速度，压降太低催化剂吹扫不够可能使氢气进入循环氮气。再生催化剂供氮管线上的压降也有同样要求。

4. 催化剂的淘析

连续重整催化剂在循环输送过程中，由于磨损，难免会产生粉尘，会堵塞再生器内筛网。为了除掉催化剂中的粉尘，连续重整催化剂输送管路上设有淘析与粉尘收集器。

淘析气用于从循环催化剂中分出碎粒和粉尘，一般应按设计流率保持恒定。流速太低，催化剂中夹带的碎粒和粉尘分不出来，会堵塞再生器内筛网或反应器中心管，粉尘还会使提升发生问题；流速太高，会使很多完整的催化剂颗粒与碎粒和粉尘一起带出。为了提高除尘效率，一般回收粉尘中会夹带一些整颗粒。粉尘多时淘析气量大，夹带的整颗粒比较多，约为 30%~50%，正常情况下夹带整颗粒约为 20%~30%。必要时在操作中进一步摸索经验，找寻最佳气体流率。

第二节　国内外催化重整工艺技术

1940 年美国 Mobil 石油公司在美国建成了世界上第一套催化重整装置，以氧化钼（或氧化铬）/氧化铝作催化剂，但因催化剂活性不高，操作周期太短，设备复杂，不久就被淘汰。

从 1949 年 UOP 公司第一套铂重整装置工业化以后，由于采用了含铂催化剂，大大改善了催化剂的性能，催化重整得到了迅速的发展。到 2018 年，全世界催化重整加工能力已达 570Mt/a，约占原油加工能力的 11.5%。

半个多世纪以来，催化重整技术不断发展，根据使用催化剂类型、工艺流程和催化剂再生方法的不同，相继出现了许多重整工艺和专利技术，如美国 AirProductsandChemicals 公司的胡德利重整（Houdriforming）、Amoco 公司的超重整（Ultraforming）、Exxon 公司的强化重整（Powerforming）、Chevron 公司的铼重整（Rheniforming）、UOP 公司的铂重整（Platforming）、法国 IFP/Axens 公司的辛烷化（Octanizing）和芳构化（Aromizing）、俄罗斯 SEC 的沸石重整（Zeoforming）以及我国开发的重整工艺技术等[1]。

根据催化剂再生方式的不同，催化重整工艺主要有半再生重整、循环再生重整和连续（再生）重整三种类型。

在催化重整工艺技术发展历史中，1949 年 UOP 公司采用铂催化剂，开始了催化重整工业发展的进程；1967 年 Chevron 公司首先采用铂铼双金属催化剂，大大改善了催化剂的活性和稳定性，优化了反应条件，提高了半再生重整的技术水平；1971 年 UOP 公司开发的连续重整工艺问世，催化剂连续进行再生，长期保持高活性，将重整反应苛刻度提高到一个新水平。

我国从 20 世纪 50 年代开始进行催化重整催化剂和工程技术的研发，并于 60 年代开始建设工业装置。21 世纪以来，我国催化重整不论是建设规模还是技术更新，都有了更快的发展，并开发了我国自创的先进技术。到 2018 年，我国已建成各类催化重整装置 120 余套，年加工总能力突破 100Mt，位居世界第二。

一、半再生重整工艺

半再生重整是最简单的催化重整工艺，采用轴向或径向固定床反应器，使用挤条形或球形催化剂，一般为 3~4 段反应，反应器并列布置。

随着反应时间的增加，反应器内催化剂上的积炭逐渐增多，活性逐渐下降，为了维持反应的苛刻度，就要逐步提高温度予以补偿。随着温度的提高，加氢裂化反应会增加，因而液体收率、芳烃产率和氢纯度都会下降。一般运转一年左右装置就要停下来进行催化剂再生，以恢复催化剂的活性。如果反应苛刻度不高，操作周期可以长一些。为了维持较长操作周期，降低催化剂的积炭速度，半再生重整反应苛刻度受到一定限制，反应压力和氢油比不能太低，产品辛烷值不能太高，RON 一般不超过 98。

早期半再生重整反应条件比较缓和，反应压力 2.5~3.5MPa，氢烃分子比在 8 左右。近年来，半再生重整进行了一系列改进，如采用容炭能力较强、稳定性较好的铂铼双金属催化剂，从而能够在较低压力（1.5MPa 左右）、中等氢油比及高空速条件下操作，同时改进设备和流程，降低了临氢系统压降，提高了产品的收率。

半再生重整催化剂在装置操作一个周期后停下来原位进行再生，再生压力约为 0.8MPa，再生流程与反应流程相同，只是将循环气由氢气改为氮气并注入空气。催化剂也可进行器外再生，即将其从反应器卸出，送往催化剂厂进行再生。催化剂经过多次再生以后，性能下降过多，达不到生产要求时，就需要更换新的催化剂。

采用固定床半再生重整的工艺有铂重整（Platforming）、胡德利重整（Houdriforming）、铼重整(Rheniforming)、辛烷值化(Octanizing)及芳构化(Aromizing)等。Engelhard 公司的麦格纳重整(Magnaforming)也属于这一类型。我国从 20 世纪 50 年代开始采用自行研制的重整催化剂，开发了自己的固定床半再生重整工艺，并成功建设了三十多套规模为 150~400kt/a 的工业装置。

(一)铂重整

铂重整(Platforming)是 UOP 公司开发的石脑油重整工艺，最先使用含铂金属催化剂，为催化重整在工业上的广泛使用奠定了基础。开始使用单铂催化剂，以后使用铂铼双金属催化剂，并陆续开发了一些不同系列的催化剂，提高了催化剂的活性、选择性和稳定性。在使用铂铼双金属催化剂以后，降低了反应压力，提高了反应苛刻度，并对设备进行了很多改进，如采用单管程立式换热器、径向反应器、四合一加热炉等，大大降低了临氢系统的压力降。

UOP 铂重整工艺，既有半再生重整工艺也有连续重整工艺，使用的催化剂和操作条件不同。铂重整典型操作数据见表 6-2-1。

表 6-2-1　铂重整典型操作数据[9]

项目	半再生重整	连续重整	项目	半再生重整	连续重整
有效开工时间/(天/年)	330	360	C_5+辛烷值	100	100
原料			催化剂	R-86	R-274
烷烃/环烷/芳烃/%(体)	63/25/12	63/25/12	产率		
初馏点/终馏点/℃	93/182	93/182	氢气/(Nm³/m³)	226	301
操作条件			C_5+/%	84.8	91.6
反应压力/MPa	1.4	0.35			

(二)胡德利重整

胡德利重整(Houdriforming)是空气产品和化学品公司 Houdry 分部开发的工艺，用于生产辛烷值 RON 为 80~100 的汽油组分或芳烃原料。采用常规半再生模式，生产芳烃用四台反应器，生产汽油用三台反应器。催化剂为 Pt/Al_2O_3 或双金属。典型的操作条件是：温度 482~537℃，压力 1.0~2.7MPa，液时空速 1~4h⁻¹，氢烃比 3~6[1]。操作数据见表 6-2-2。

表 6-2-2　胡德利重整操作数据[1]

项目	数据	项目	数据
原料(石脑油)		产率(对原料)	
相对密度(15.6℃)	0.7686	烷烃/%(体)	21
馏程/℃	92~192	环烷/%(体)	2
烷烃/环烷/芳烃/%(体)	43/38/19	芳烃/%(体)	77
产品 RON	100		

(三)铼重整

铼重整(Rheniforming)是 Chevron 公司开发的一种固定床半再生式石脑油催化重整工艺。它于 1968 年首次使用铂铼双金属催化剂，不仅活性得到改进，而且大大提高了催化剂的稳定性,增加了芳烃产率和氢产率,使半再生催化重整装置的发展进入一个新的阶段。其流程如图6-2-1所示。

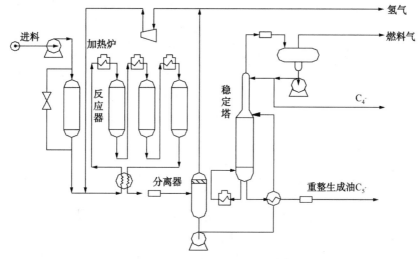

图6-2-1　铼重整工艺流程[1]

铼重整由一台硫吸附器、三台反应器、一台油气分离器和一个稳定塔组成。硫吸附器将重整进料中的硫含量降至0.2μg/g。采用铼重整 F/H 催化剂可以在低压下操作,氢烃比2.5~3.5,操作周期在6个月以上[1]。铼重整典型操作数据见表6-2-3。

表6-2-3　铼重整操作数据[1]

项目	数据	
原料(石脑油)		
类型	加氢精制石脑油	加氢裂化石脑油
馏程/℃	92~117	92~202
烷烃/环烷/芳烃/%(体)	68.6/23.4/8.0	32.6/55.5/11.9
硫/(μg/g)	<0.2	<0.2
氮/(μg/g)	<0.5	<0.5
操作条件		
反应压力/MPa	0.6　1.36	1.36
产品辛烷值 RON	98　99	100
产率(对进料)		
氢/%(质)	3.1　2.5	2.9
C_{5+}/%(体)	80.1　73.5	84.7
芳烃/%(体)	66.5　67.9	69.9
烷烃/%(体)	32.4　31.2	27.5
环烷烃/%(体)	1.1　0.9	2.6

(四)IFP(AXENS)重整

法国石油研究院 IFP(Axens)开发的石脑油重整工艺,用于生产高辛烷值汽油组分的称为辛烷化(Octanizing),用于生产芳烃的称为芳构化(Aromizing)。20世纪60年代开始工业化,70年代开始使用双金属催化剂并开发了连续重整工艺技术。固定床半再生重整装置操作压力一般为 1.2~2.5MPa，生产辛烷值 *RON* 为 90~100 的重整油，开始时使用铂铱双金属催化剂，后来使用铂铼双金属催化剂；连续重整使用铂锡催化剂。辛烷化重整工艺以 90~170℃馏分轻阿拉伯原料为例的典型产率见表6-2-4。

表 6-2-4　IFP 重整典型产率[9]

项目	半再生重整	连续重整	项目	半再生重整	连续重整
操作压力/MPa	1~1.5	<0.5	产率/%(质)		
辛烷值			H_2	2.8	3.8
RON	100	102	C_{5+}	83	88
MON	89	90.5			

(五)麦格纳重整

麦格纳重整(Magnaforming)是 Engelhard 公司开发的技术，其流程如图6-2-2所示。该工艺于1967年在美国首次工业化，将循环氢分段加入，以提高产品收率和改进操作性能。大约一半的循环氢进入前两个反应器，在缓和条件下操作；全部循环氢进入后部反应器，在苛刻条件下操作。循环氢的分流降低了临氢系统的压力降，可以减少压缩机的功率。

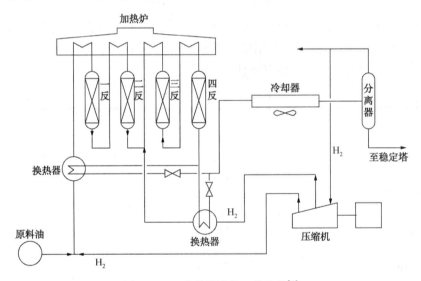

图 6-2-2　麦格纳重整工艺流程[1]

在重整反应过程中，前面反应器是以环烷脱氢反应为主，反应较快，积炭较少，可以采用较大的空速和较小的氢油比；后面的反应器以烷烃脱氢环化反应为主，反应较慢，易于积炭，需要较小的空速和较大的氢油比。因此这一技术应用于半再生重整装置是比较合理的。麦格纳重整一般采用3~5台反应器，催化剂装量按反应器顺序递增；反应器入口温度前边低后边高；循环氢分成两路，一路从一反进入，另一路从三反进入。

Engelhard 公司也曾将其用于与循环再生相结合，能将最后一台反应器断开，在装置不停工的条件下进行再生。

麦格纳重整初期使用单铂催化剂，后来采用 E600 和 E800 系列铂铼催化剂，很多装置还设有脱硫保护床，以降低重整进料中的硫含量。不同压力下麦格纳重整的产率见表6-2-5。

表 6-2-5　麦格纳重整典型产率[1]

项目	数据		
原料(石脑油)			
馏程/℃	67~207		
烷烃/环烷/芳烃/%(体)	55.0/34.4/10.6		
操作条件			
反应压力/MPa	2.4	1.7	1.0
产品 RON	100	100	100
产率(对原料)			
H_2/%	2.5	2.8	3.1
$C_1 \sim C_3$/%	8.5	6.1	4.0
$iC_4 + nC_4$/%(体)	7.1	5.2	3.4
C_5+/%(体)	78.9	81.5	84.0

(六)我国的半再生重整技术

我国催化重整在研制国产催化剂的同时，就从半再生重整开始开发重整工艺技术，先在抚顺建设试验装置，通过试验完善流程，改进设备。1965 年我国自行研究、设计和建设的第一套半再生催化重整工业装置在大庆建成投产，以后随着催化剂的更新，在工艺技术开发工作上进行了大量工作，陆续建设了数十套使用各种牌号国产催化剂的半再生催化重整工业装置，装置规模一般为 150~400kt/a。典型工厂实际标定数据见表 6-2-6。

表 6-2-6　我国半再生催化重整操作数据实例[22]

装置	AQ	HRB	装置	AQ	HRB
原料(石脑油)			体积空速/h^{-1}	1.81	2.0
馏程/℃	67~166	73~178	氢油体积比	1205	一段978/二段1599
烷烃/环烷/芳烃/%(质)	61.2/31.4/7.4	56.6/37.2/6.2	分离罐压力/MPa	1.25	1.0
操作条件			产品辛烷值 RON	91.0	94.2
催化剂	CB-6/CB-7	CB-11/CB-8	产率(对原料)		
一反入口温度/温降/℃	482/75	498/59	H_2/%(质)	2.15	2.48
二反入口温度/温降/℃	487/47	498/46	稳定汽油/%(质)	87.9	85.12
三反入口温度/温降/℃	502/27	500/22	芳烃产率/%(质)	48.7	49.1
四反入口温度/温降/℃	505/24	500/14			

从 20 世纪 60 年代开始，我国在发展催化重整工业过程中，曾多次组织各方面的力量进行技术会战，对重整工艺进行了一系列的改进，技术水平迅速提高。根据我国重整原料油的特性和产品要求，先后开发了原料预脱砷、双(多)金属重整、两段混氢、产品后加氢、两段装填等工艺技术，并在工业装置上研究采用了径向反应器、纯逆流立式换热器、多流路联合加热炉等高效设备，改进了工艺流程，减小了临氢系统的压力降，降低了能耗，提高了产品收率，技术达到国际先进水平。

1. 降低系统压降

我国半再生重整工艺由单金属催化剂发展到双(多)金属催化剂，将重整反应压力由 2.5MPa 降低到 1.5MPa 以下，工艺技术面临一系列的挑战，最主要的是要降低氢气循环回路的系统压降。

由于循环氢压缩机的功率是压缩比的函数,压缩比不仅与压差有关,操作压力高低的影响也很大,因此,对于操作压力较低的催化重整,循环氢系统要求有较低的压力降,以免压缩机功率过大而不经济。以一套300kt/a半再生重整装置为例,早期采用单铂催化剂时反应压力较高,临氢系统压力降一般为1.0MPa,循环氢压缩机轴功率为944kW;后来重整采用多金属催化剂,降低了反应压力,如果临氢系统压力降仍为1.0MPa,不改变氢油比,循环氢压缩机轴功率将增加至1765kW,是原来的1.87倍,是很不经济的。为此,需要将临氢系统的压力降降至0.6MPa以下,才能使循环氢压缩机功率基本不增加,见表6-2-7。

表 6-2-7 不同压力降对循环氢压缩机功率的影响[6]

装置	高压半再生重整	低压半再生重整	低压半再生重整
循环氢系统压力降/MPa	1.0	1.0	0.6
压缩机入口压力/MPa(表)	2.4	1.1	1.3
压缩机出口压力/MPa(表)	3.4	2.1	1.9
压缩比	1.40	1.84	1.43
压缩机功率(效率按70%计)/kW	944	1765	1005
功率比	1.00	1.87	1.06

随着重整技术的发展,反应压力不断降低,循环氢系统压力降也不断减少。降低循环氢系统压力降,除了尽量减小氢烃比外,还采取了改进反应器结构、采用新型换热器、增加炉管并联流路、优化管径、改进流程和合理布置等有效措施,取得很好效果。

2. 两段混氢

我国开发的两段混氢工艺已在半再生重整装置上广泛应用,即将循环氢分成两部分,一部分按常规流程与重整原料混合进入前面反应器,另一部分则在第二或第三反应器的出口线上引入,进入后部系统,从而降低系统的压力降,同时也有利于脱氢反应的进行,典型流程见图6-2-3。

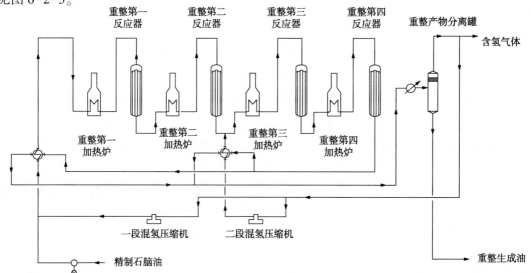

图 6-2-3 两段混氢流程

为了便于操作和降低能耗，两段混氢分别用两台循环氢压缩机压送氢气，并各自分别与反应产物换热后进入反应系统。两段混氢与传统半再生重整(一段混氢)系统压降比较见表6-2-8，反应效果比较见表6-2-9。

表 6-2-8　两段混氢与一段混氢系统压降比较[11]　　　　　　　　　　　　MPa

项目	一段混氢	两段混氢	两段混氢压降减少
进料换热器与第一加热炉	0.27	0.19	0.08
第一反应器	0.01	0.01	0
第二加热炉	0.09	0.08	0.01
第二反应器	0.01	0.01	0
第三加热炉	0.07	0.07	0
第三反应器	0.02	0.02	0
第四加热炉	0.09	0.09	0
第四反应器	0.04	0.04	0
产品冷换设备	0.15	0.11	0.04
合计(系统总压降)	0.75	0.62	0.13

表 6-2-9　两段混氢与一段混氢的反应效果比较[11]

项目	一段混氢	两段混氢	项目	一段混氢	两段混氢
反应压力/MPa	1.60	1.57	第四反应器	500/8.0	505/7.0
气油体积比/(Nm^3/m^3)	11756	88/1180	总温降/℃	139	160
体积空速/h^{-1}	2.20	2.18	加权平均床层温度/℃	483.7	484.1
反应温度(入口/温降)/℃			C_6^+油收率/%	82.2	84.2
第一反应器	495/83.5	495/94	重整进料芳烃潜含量/%	38.98	40.38
第二反应器	495/32	498/43.5	重整芳烃转化率/%	111.7	113.1
第三反应器	500/15.5	502/15.5			

从表中可以看出，在大致相同的操作条件下，两段混氢的系统总压降比一段混氢约减少17%，总温降增加21℃，汽油收率提高约2%，说明两段混氢工艺对于节约能量和提高汽油收率都是有利的。

3. 两段装填

20世纪90年代我国还开发了固定床重整催化剂两段装填技术。研究表明，等铼铂比催化剂与高铼铂比催化剂相比较，前者抗硫等杂质干扰能力较好，后者积炭速率较慢，活性稳定性好。根据两种催化剂各自的特点，结合工业装置中各个反应器所发生的反应，研究开发了催化剂两段装填技术，即在前部反应器中装入等铂铼比催化剂(CB-6)，在后部反应器中装入高铼铂比催化剂(CB-7)。

图6-2-4和图6-2-5为CB-6/CB-7两段装填与CB-6单段装填工艺的比较[12]。图6-2-4表明，单段装填和两段装填比较，在相同反应条件下，重整生成油的辛烷值相同，即活性相当，但CB-6/CB-7两段装填比CB-6单段装填的重整液收率高。图6-2-5表明，在相同的反应条件下，CB-6/CB-7两段装填工艺不仅重整液收率高，而且芳烃产率高，说明该

工艺改进了重整芳构化反应的选择性。

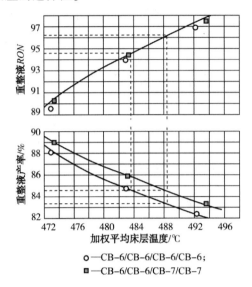

图 6-2-4　单段装填和两段装填工艺的中试数据比较

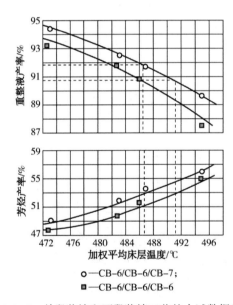

图 6-2-5　单段装填和两段装填工艺的中试数据比较

中试和工业运转数据表明，用国产 CB-6/CB-7 催化剂两段装填比全部装填 CB-6 催化剂，重整生成油研究法辛烷值可提高 1.2~1.7 个单位，重整生成油收率可提高 1.0~1.5 个百分点，催化剂生产操作周期也可以延长[2]。

4. 后加氢

重整反应过程中由于有加氢裂化反应而产生烯烃。为了降低重整油的烯烃含量，我国开发的高温后加氢工艺代替后续生产芳烃装置中的白土精制工艺，曾经在早期重整装置上发挥了很好的作用[2]。此方法是在重整循环氢回路中串联一台加氢反应器，以除去重整生成油中的烯烃，它适用于生产芳烃和同时利用抽余油作溶剂油的装置。这种后加氢工艺将最后一台重整反应器出来的物料经过换热器换热，使反应产物温度降到330℃左右，然后进入装有加氢催化剂的后加氢反应器，使重整生成油中的烯烃加氢，见图6-2-6。采用这种后加氢的脱烯烃效果见表6-2-10。

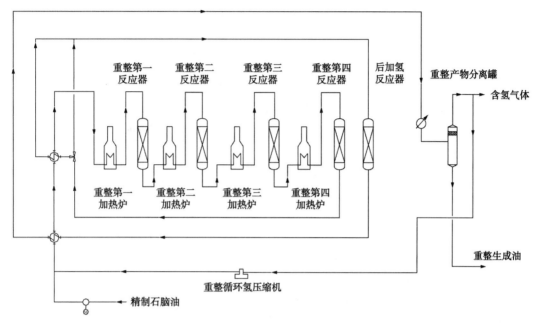

图6-2-6　后加氢工艺流程

表6-2-10　后加氢操作条件及效果[2]

项目	数据	项目	数据
后加氢催化剂	3641($Mo-Co-Al_2O_3$)	质量空速/h^{-1}	4.5
操作压力/MPa	1.61	加氢前重整生成油溴价/(gBr/100g)	0.7
操作温度/℃	330	加氢后重整生成油溴价/(gBr/100g)	<0.2

采用后加氢与在后续装置中设置芳烃白土精制相比，流程简单，操作方便，而且可以脱除整个重整生成油中的烯烃，进一步利用其中芳烃和非芳烃时均无需再脱烯烃，在我国重整工艺发展历史上曾经发挥过很好的作用。这项工艺的缺点是反应温度高，插入重整循环氢回路中增加了压降，从而增加了循环氢压缩机的能耗，后来由于重整反应压力降低，要求进一步降低循环氢的压降，此工艺现在已很少采用。近来我国开发的低温后加氢和重整油液相加氢技术，已克服了这一缺点，利用新的加氢技术代替白土精制，取得很好效果。

二、循环再生重整工艺

循环再生重整反应器也是固定床形式，它与半再生重整不同之处是增加了一台轮换再生的备用反应器。反应器一般有4~5台，规格相同，轮流有一台反应器切换出来进行再生，其他反应器照常生产，催化剂经再生后重新投入运转。由于催化剂可以在装置不停工的条件下轮流进行再生，能维持较长的操作周期，反应苛刻度可以提高。

循环再生重整工艺可在低压(小于 1.5MPa)和低氢烃比(分子比小于 5.0)条件下操作，C_{5+} 油收率和氢产率较高，并可用于宽馏分重整，产品辛烷值高达 100~104 的重整油。操作周期随原料性质和产品要求而变，以保持系统中的催化剂具有较好的活性和选择性，每台反应器使用的间隔时间从不到一周到一个月不等。工艺流程见图 6-2-7，切换反应器使催化剂就地连接单独的再生系统进行烧焦再生。

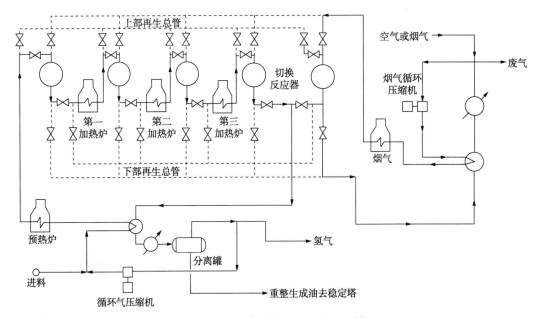

图 6-2-7　循环再生重整工艺流程[1]

循环再生重整工艺的缺点是所有反应器都要频繁地在正常操作时的氢烃环境和催化剂再生时的含氧环境之间变换，这就要有很严格的安全措施，同时为了便于切换，每台反应器大小都一样，催化剂装量也相同，而各反应器在反应过程中的温度条件是不一样的，因而催化剂在反应过程中的作用发挥不充分。这一工艺每一台反应器都要能单独切出系统进行再生，所以流程比较复杂，合金钢管线和阀门较多，设备费用较大。

过去一些原料较贫，而产品辛烷值又要求较高的大型装置采用过这项工艺。由于装置不必停工进行催化剂再生，可连续长周期运转，产品收率基本稳定。但在移动床重整(连续重整)开发成功以后，在新建的重整装置中已很少再采用循环再生工艺。

采用循环再生重整的有美国 Amoco 石油公司的超重整(Ultraforming)和 Exxon 公司的强化重整(Powerforming)。我国没有建设循环再生重整装置。

(一)超重整

超重整(Ultraforming)是 Amoco 石油公司开发的重整工艺。它是最早实现在重整装置连续运转情况下，进行催化剂循环再生的重整工艺，它采用带有一台切换反应器的固定床循环再生系统，可用于替代任何一台需要再生的反应器，既可用于半再生也可用于循环再生。所有反应器均采用相同大小，但第一台反应器只装一半催化剂。

超重整使用一种高强度的能频繁再生的催化剂，它可在低压高苛刻度条件下操作，贵金属含量较低。催化剂寿命预计循环再生为 4 年，半再生为 8 年。超重整操作数据见表 6-2-11。

表 6-2-11　超重整操作数据[1]

项目	数据		
原料(石脑油)	中东	中部大陆	重加氢裂化
馏程/℃	102~187	77~182	107~192
烷烃/环烷/芳烃/%(体)	68/19/13	52/35/13	25/36/39
产率(对进料)			
H_2/(Nm^3/m^3)	228	244	169
C_1~C_4/%	13.3	12.3	9.8
C_{5+}/%(体)	78.0	77.6	83.6
芳烃/%(体)	68	78	84
RON	99	103	106

(二)强化重整

强化重整(Powerforming)是 Exxon 公司开发的催化重整工艺，采用铂铼多金属催化剂。强化重整可以设计成既可以按半再生操作，也可以按循环再生操作，即半再生装置的反应器系统通过切换反应器可以迅速变换成循环操作。强化重整采用 Exxon 公司的 KX 系列双金属催化剂，可用于低压和低氢烃比的条件，处理宽馏分原料。催化剂再生频率根据反应苛刻度和反应条件确定，两次停工之间时间能够长达 6 年。1969 年建成的两套 2.1Mt/a 装置，一年内合计开工 563 天，再生了 224 次，平均两天半再生一次，比设计的平均 20h 再生周期的次数为少。典型产率见表 6-2-12。强化重整工艺流程如图 6-2-8 所示。

表 6-2-12　强化重整的产品产率[1]

项目	半再生式	循环再生式	项目	半再生式	循环再生式
原料性质			H_2/%(质)	2.3	2.6
°API	57.2	57.2	C_1~C_4/%(质)	13.1	11.2
烷烃/%(体)	57.0	57.0	C_{5+}/%(体)	78.5	79.1
环烷烃/%(体)	30.0	30.0	研究法辛烷值 *RON*	99	101
产品产率					

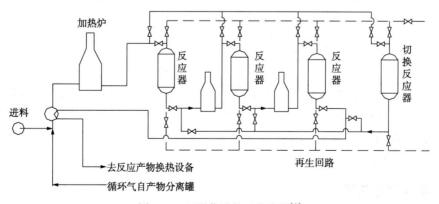

图 6-2-8　强化重整工艺流程[1]

(三) 末反再生重整

末反再生是将半再生和循环再生相结合的一种工艺，是 Exxon 公司在 20 世纪 70 年代开发出来的。在固定床重整的三台或四台反应器中，最后一台反应器中的催化剂装量约占总量的一半，主要进行烷烃环化脱氢反应，并伴有加氢裂化反应，因而积炭较快，使催化剂的活性和选择性下降。在半再生重整装置中反应能力下降时，前面几台反应器往往还具有相当高的活性，但因最后一台反应器的催化剂失活而停工再生。从表 6-2-13 早期重整各反应器催化剂上积炭量的实际分析数据举例，可以看出反应器积炭的一般规律，最末一台反应器的积炭量远远高于前边几台反应器的积炭量。

表 6-2-13　催化剂上的积炭量[4]

装置	一反/%	二反/%	三反(末反)/%
A	0.38	0.73	1.38
B	0.89	2.95	4.6
C	1.2	2.3	4.4
D	4.7	7.9	15.4

因此，如果加上一个再生系统，使最末一台反应器在装置运行的情况下单独切换出来进行催化剂再生，即末反再生，如图 6-2-9 所示，就可以延长开工周期，提高反应的苛刻度。在末反进行再生的过程中，前面的反应器可在暂时降低辛烷值的情况下继续生产。据报道，一年中由于末反再生影响总辛烷值降低仅 1%，但由于末反可中途再生，因而其入口温度可比前面反应器高，故总的产品辛烷值比半再生式重整可以提高约 4 个单位，运转周期可以增加一倍。

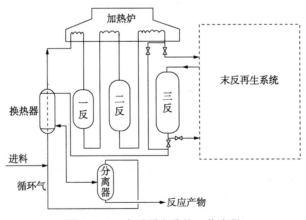

图 6-2-9　末反再生重整工艺流程

日本某炼油厂于 20 世纪 70 年代建设了一套末反再生重整装置，共有三台反应器，空速 2.0h⁻¹，反应温度 500~530℃，压力 1.23MPa，氢油体积比 1000∶1。末反应器催化剂的装入量为催化剂总容量的一半，入口温度比前面反应器高 17~28℃。末反应器三个月再生一次，时间大约 1~2 天[4]。

三、连续重整工艺

连续重整，即催化剂连续再生(CCR)的重整工艺，采用移动床反应器，催化剂在反应器和再生器之间连续移动。由于催化剂上的焦炭可以在重整反应不停工的条件下及时除掉，允许重整在苛刻度较高的反应条件下操作，压力和氢油比较低，产品收率较高，而且生产周期长，操作较稳定。

连续重整反应部分的工艺流程与固定床半再生重整基本相同，只是反应压力较低，氢烃比较小，反应苛刻度较高，产品辛烷值 RON 可高达 106。连续重整反应压力早期 0.88MPa，目前已降到 0.35MPa，一般均采用铂锡催化剂，选择性较高。由于反应压力低和铂锡催化剂的优势，连续重整装置的液体收率大约可以比半再生重整装置提高 5~8 个百分点，这可以从图 6-2-10 明显看出来。

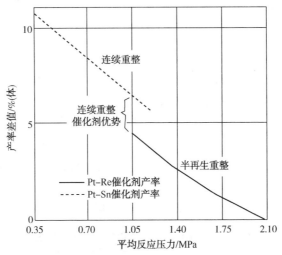

图 6-2-10　连续重整与半再生重整的收率比较[15]

连续重整反应器一般采用径向结构，催化剂在反应器内依靠重力自上而下流动，反应物料从催化剂外侧环形分气空间（扇形筒）横向穿过催化剂床层，进入中心收集管内。作为移动床反应器，设计要考虑催化剂流动的需要，除了要求反应器上下物流分配均匀外，还要求不会发生催化剂不流动的"贴壁"现象。

积炭后的待生催化剂从最后一个反应器出来，进入再生系统进行烧焦、氧氯化、干燥和还原等催化剂再生过程，恢复活性，然后再返回反应系统。连续重整反应苛刻度高，但反应器却不需要像循环再生那样来回切换。由于正常操作期间催化剂活性一直维持在比较高的水平，重整生成油的芳烃含量比较高，氢产率和氢纯度也比较高，反应状况稳定。

连续重整工艺自 20 世纪 70 年代初问世以来，发展很快，到 2017 年底全世界已建成连续重整装置 350 套，总加工能力 3.51Mt/a。

世界上连续重整工艺开发时间最长，应用最广的是美国 UOP 和法国 IFP/Axens 技术。这两家工艺都采用绝热式径向反应器多段反应，并设有单独的催化剂连续再生系统，催化剂在反应器与再生器之间连续流动，在具体工艺流程、设备结构和控制方法上各有特点，最主要的差别是：

1）UOP 反应器采取重叠式布置，占地比较小，反应器间催化剂靠重力流动，不用气体提升，但设备和框架比较高；IFP/Axens 反应器采取并列式布置，催化剂在反应器之间的输送用气体提升，设备高度较低，维修比较方便，但占地比较大，催化剂要多次用气体提升。

2）UOP 再生气采用热循环，流程比较简单，但设备和管线的材质要求比较高，再生气中水含量高；IFP/Axens 再生气采用冷循环加干燥流程，设备比较多，但采用的都是普通材质，供应比较方便，且再生气中水含量低，有利于保持催化剂的比表面积。

3) UOP 的闭锁料斗设在再生器底部，再生压力比反应压力低；IFP/Axens 的闭锁料斗设在再生器上部，再生压力比反应压力高，有利于催化剂的烧焦。

我国连续重整工业与世界同步发展，采用了各个时期美国 UOP 和法国 Axens 的先进技术。我国自行开发的连续重整工艺，已从本世纪开始陆续成功地实现了工业化，并逐步推广使用。

我国第一套连续重整装置于 1985 年在上海建成投产，到 2017 年底全国已投产连续重整装置 82 套，总能力达 80.1Mt/a，装置数已大大超过固定床半再生重整装置，总能力占全国催化重整的 93%。

(一) UOP 连续重整

连续重整工艺首先由美国 UOP 公司开发成功，第一套装置于 1971 年 3 月在美国建成投产，早期采用常压再生工艺(Atmospherictype)，反应压力 0.88MPa，再生压力为常压。1988 年 11 月第一套称为加压再生(Pressurizedtype)工艺的连续重整装置投产，技术全面更新，反应压力降至 0.35MPa，再生压力增加到 0.25MPa，大大提高了连续重整的效率。1996 年 3 月更新的连续重整工艺开始问世，取名为 CycleMax，反应和再生压力与加压再生相同，但对再生工艺流程、设备和控制作了很多改进，如再生器内筛网改为锥形，改进催化剂输送系统结构，采用两段还原等。

UOP 连续重整典型操作参数发展情况见表 6-2-14。

表 6-2-14　UOP 连续重整操作参数发展情况[4]

项目	1971 年	1980 年	1990 年
反应压力/MPa	1.23	0.88	0.35
氢烃比(物质的量比)	4~6	3~4	1~3
液时空速/h^{-1}	1.0~1.5	1.5~2.0	1.8~2.2
辛烷值 RON	95~98	100~103	101~104
催化剂再生规模/(b/h)	200	450~2000	1000~6000
催化剂循环一周时间/d	30	7	3

到 2017 年底，全世界已建成 UOP 连续重整工艺装置 270 套，总能力约 275Mt/a(669×10⁴bbl/d)。装置规模最小约 230kt/a(5500bbl/d)，最大约 3.5Mt/a(8.5×10⁴bbl/d)；催化剂再生规模最小 200lb/h(91kg/h)，最大 7000lb/h(3175kg/h)，包括常压再生工艺 126 套，加压再生工艺 25 套，CycleMax 工艺 119 套。

我国从 20 世纪 70 年代末开始引进 UOP 连续重整技术，至 2017 年底已有 51 套装置投产，其中常压再生工艺 3 套，加压再生工艺 4 套，CycleMax 工艺 44 套，部分装置设计操作条件及产品收率见表 6-2-15。

表 6-2-15　UOP 连续重整设计条件及产品收率[4]

装置	JS	YZ	LY	YS	GQ	LZ	WSH	HZ
规模/(kt/a)	400	1050	400	600	600	800	1000	2000
原料								
相对密度	0.739	0.743	0.751	0.733	0.733	0.730	0.738	0.760

续表

装置	JS	YZ	LY	YS	GQ	LZ	WSH	HZ
馏程/℃	82~177		84~166	82~175	83~175	91~176		
组成								
烷烃/%	50.5	51.0	47.4	56.9	53.5	65.8	52.3	30.6
环烷/%	46.5	42.6	41.6	39.7	42.8	27.8	41.0	56.7
芳烃/%	3.0	6.4	11.0	3.4	3.7	6.4	6.7	12.7
操作条件								
反应压力/MPa	0.88	0.88	0.35	0.35	0.35	0.35	0.34	0.35
反应温度 WAIT/℃	524	521	533	532	533	533	538	538
液时空速/h^{-1}	0.79	0.77	1.0	2.0	1.94	1.93	1.21	1.51
氢烃比(物质的量比)	4	4.5	2.2	1.4	1.8	2.8	2.25	2.75
催化剂(设计)	R-32	R-32	R-34	R-134	R-34	R-134	R-234	R-234
再生规模/(kg/h)	454	910	450	454	454	680	1361	2043
产品								
C$_5$+辛烷值 RON			105	100	100	102	105	106
C$_5$+产率/%	79.2	79.5	91.3	89.6	89.3	87.1	85.3	88.1
芳烃产率/%	66.9	67.1				67.2	74.0	80.5
H$_2$产率/%		2.86	4.15	3.78	3.97	3.79	4.17	4.19

1. 常压再生工艺(Atmospheric type)

UOP 在 20 世纪 70 年代初首先推出的连续重整工艺,反应压力 0.88MPa,采用的是常压再生流程。我国上海石化、扬子石化和广州石化早期建设的连续重整采用的就是这一工艺。再生系统由分离料斗、再生器、流量控制料斗、缓冲罐、还原区及有关管线、特殊阀组和设备组成,并由专用程序逻辑控制系统进行监测和控制。工艺流程见图 6-2-11。

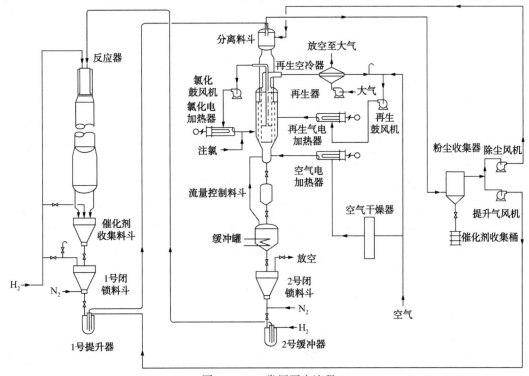

图 6-2-11　常压再生流程

　　为了保证催化剂在反应器与再生器之间安全输送，待生和再生催化剂各有一个闭锁料斗，规定了一系列程序步骤，包括准备、吹扫、卸料、加压、装料等。催化剂输送用程序逻辑控制系统通过仪表、定时器和阀门自动控制。

　　催化剂输送操作用两个程序逻辑控制器控制，一个控制待生催化剂，一个控制再生催化剂。整个系统催化剂的流动速率是由流量控制料斗设定的，它定时连续小批量地将再生器的催化剂输送到缓冲料斗，其他催化剂的输送是用两个闭锁料斗根据料位要求来控制的。

　　重整反应后已积炭的待生催化剂从最后一个反应器底部出来，经催化剂收集罐进入 1# 闭锁料斗，降压并用氮气冲洗掉催化剂上的烃类气体以后，进入 1# 提升器，再用提升鼓风机压送的氮气将催化剂提升到再生器顶部的分离料斗中。催化剂在分离料斗内落下时，其中夹带的催化剂粉末被自下而上的循环氮气吹出，带到集尘器中进行回收。集尘器顶部气体经提升气鼓风机加压后循环回到 1# 提升器去提升催化剂。

　　脱除粉末后的待生催化剂，靠重力流经分离料斗下部的连接管道，分布到再生器内外环形筛网之间并向下移动，依次通过烧焦区、氯化区和干燥区。

　　待生催化剂进入再生器后，先在烧焦区内以高温低氧的条件烧掉催化剂上的焦炭。燃烧气体由再生鼓风机经过电加热器送入燃烧区内，燃烧产生的废气和循环燃烧气体从燃烧区顶部排出，经过再生气冷却器后，部分气体放空，其余部分经再生鼓风机返回再生器。正常操作时开冷却器取走多余的热量，将再生器入口温度控制在 477℃；电加热器只在开工时才用。燃烧所需要的部分氧气从氯化区进入，并在再生鼓风机的入口通入少量仪表风，用以控制再生气的氧含量。循环再生气中含氧 0.8% ~ 1.3%。

　　烧焦后的催化剂流入氯化区进行氯化。氯化循环气通过氯化鼓风机密闭循环，经电加热器加热到 510℃，并加入氯化物后，送入再生器氯化区。催化剂在氯化区内补充烧焦过程中损失的氯化物，同时在高温和含氧 15% ~ 18% 的富氧条件下，使金属充分氧化，并使大的铂晶粒再分散。

　　氯化后的催化剂进入干燥区，用经过干燥并用电加热器加热到 538℃ 的仪表风干燥，脱除烧焦时所产生的水分。干燥后的气体向上依次通过氯化区、烧焦区，然后从再生气中排放。

　　经过烧焦、氯化和干燥的催化剂由再生器底部进入催化剂流量控制料斗，通过交替开关上下两个控制阀的开关频率，控制催化剂的再生循环量。

　　催化剂通过流量控制料斗到缓冲罐，然后进入 2# 闭锁料斗，用氮气吹扫除净氧气后，进入 2# 提升器。催化剂在 2# 提升器内用脱除凝液的重整氢提升到反应器顶部的还原区内。

　　在还原区内，用氢气将再生催化剂从氧化态还原为还原态。还原区是管壳式结构，利用反应物料的热量，将再生催化剂加热升温，完成催化剂的还原步骤。还原后的催化剂与还原气体一起进入反应器，完成催化剂的再生。

　　催化剂依靠重力自上而下，从第一个反应器依次通过各个反应器，直到从最后一个反应器底部再次出来，完成循环回路。催化剂在反应器之间和从反应器底部出来，都是通过 8 ~ 14 根对称布置的输送管下落以保证催化剂床层的均匀流动。

　　催化剂循环一周约一星期。催化剂在再生器内边移动边再生，烧焦、氯化均各有自己的气体循环回路，用热风机鼓风循环，其典型操作条件见表 6-2-16。

表 6-2-16　催化剂常压再生典型操作条件[2]

项目	数据	项目	数据
再生前催化剂含碳量/%	5.07	再生后催化剂含氯量/%	1.05
再生后催化剂含碳量/%	<0.02	烧焦区入口(479℃，340Pa)氧含量/%	1.03
再生前催化剂含氯量/%	0.99	氧氯化区入口(511℃，331Pa)氧含量/%	17.4

2. 加压再生工艺(Pressurized type)

1988 年 UOP 公司第二代连续重整技术(加压再生工艺)开始工业化，对原有反应条件和再生工艺都作了很大改进。主要表现在：

1)反应压力降至 0.35MPa，提高反应苛刻度，增加产品收率，同时反应器内物料由上进下出改为上进上出结构，以改善气流分布和减少死区。

2)改进再生器结构，将再生器的操作压力由常压提高到 0.25MPa，提高催化剂再生能力，缩短催化剂循环周期。

3)闭锁料斗改为分区变压控制，催化剂管线上无阀操作，减少催化剂磨损和阀门的检修维护工作。

4)还原罐布置在闭锁料斗上面，用高纯度氢气作还原气，还原后气体排入产氢管网，不进入反应器，避免水分带入反应系统。

5)设置放空气洗涤塔，放空气经过碱洗后再排入大气，以改善环保条件。

我国 20 世纪 90 年代中期建设的辽阳、吉林、镇海、燕山连续重整装置采用的就是这项工艺，工艺流程见图 6-2-12。

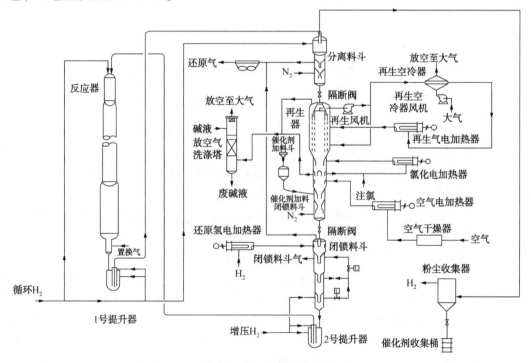

图 6-2-12　加压再生流程

待生催化剂从反应器最下部出来，靠重力通过收集器到提升器，然后用氢气提升至再生器顶部的分离料斗中。催化剂在分离料斗内用氢气吹出其中粉尘，含粉尘的氢气经粉尘收集器和除尘风机返回分离料斗。

再生器从上到下分成烧焦、氯化和干燥三个区域。待生催化剂从分离料斗落入再生器后，先在两个圆柱形筛网的环形空间进行烧焦。烧焦用再生气含氧 0.5% ~ 0.8%，再生器入口温度 477℃。再生气用再生风机抽出，经过空冷器和电加热器后返回再生器。烧焦后的催化剂依次进入挡板结构的氯化区和干燥区。用于氯化过程的气体为来自干燥区的空气，注入氯化物后通过氯化区催化剂床层，进入再生器温度为 510℃。干燥区设在再生器最下部，干燥介质为经过干燥并经电加热器加热到 565℃ 的热空气。

氧化态再生催化剂在再生器底部用氮气置换后，送至闭锁料斗上部的催化剂还原段进行还原。还原用高纯度的氢气，用电加热器加热到 538℃。

还原后的再生催化剂落入闭锁料斗中，用专用控制系统按照自动程序操作，最后通过提升器将再生催化剂送入第一个反应器。催化剂在重叠式反应器中，靠重力从第一反应器落回到第四反应器，同时进行重整反应，从而构成一个催化剂循环回路。

3. CycleMax 再生工艺

1996 年 UOP 公司新的催化剂再生工艺 CycleMax 问世，反应和再生操作条件与加压再生工艺相同，但在催化剂再生流程和设备上作了不少改进，使催化剂连续再生技术又有了新的提高，其主要特点是：

1) 再生器内采用锥形筛网，防止部分催化剂在高温高水分和缺氧的条件下停留时间过长而加速催化剂表面积的损失，同时使烧焦受供氧限制的床层上部增加气量，使烧焦受氧扩散限制的床层下部增加催化剂停留时间。

2) 改进催化剂提升系统，用管式"L 阀组"代替提升器，使用无冲击弯头，减少催化剂的磨损。

3) 催化剂在反应器顶部的还原罐内分两段在不同温度下还原，改善还原条件，从而有利于保持催化剂性能并可直接使用不用提纯的重整氢作还原气。

4) 增加一个加料斗，可以在不停工的条件下更换催化剂。

5) 待生催化剂用氮气输送，取消一个氮包，减少 35 个仪表回路，简化粉尘收集系统。

6) 增加了催化剂冷却循环模式 (Cooldown Mode) 流程，使催化剂必要时能在反应器内循环而得到松动，以防止临时停工后由于设备与催化剂在密闭冷却过程中体积变化速度不同而挤坏反应器内构件。

7) 增加了循环氢小流量少加热模式 (Low Flow Low Firing Mode) 流程，在反应系统临时停工重启时，先开增压机引少量氢气循环，以防止循环压缩机突然启动时大量冷气进入板式进料换热器和反应器，引起设备温度骤变而损坏内构件。

我国高桥、兰州、天津、大连、锦西和镇海石化等厂的连续重整采用的就是这项工艺，工艺流程见图 6-2-13。

CycleMax 工艺的再生器分为烧焦、再加热、氯化、干燥、冷却五个区。催化剂进入再生器后，先在上部两层筛网之间进行烧焦，烧焦所用氧气由来自氯化区的气体供给，烧焦气氧含量 0.5% ~ 0.8%。烧焦后气体用再生风机抽出，经空冷器冷却 (正常操作) 或电加热器加热 (开工期间) 维持一定温度 (477℃) 后返回再生器。

烧焦后的催化剂向下进入再加热区，与来自再生风机的一部分热烧焦气接触，其目的是

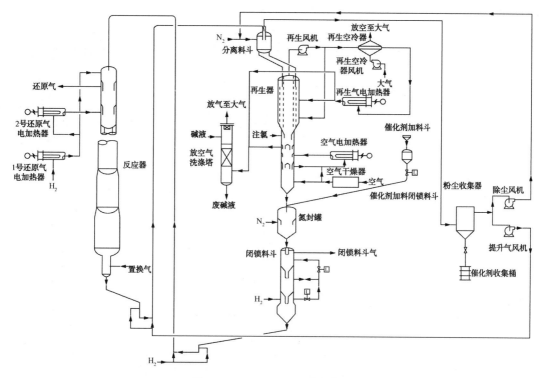

图 6-2-13 CycleMax 再生流程

提高进入氯化区催化剂的温度，同时保证使催化剂上所有的焦炭都烧光。

催化剂从烧焦和再加热区向下进入同心挡板结构的氯化区进行氧化和分散金属，同时通入氯化物。然后再进入干燥区用热干燥气体进行干燥。热干燥气体来自再生器最下部的冷却区气体和经过干燥的仪表风，进入干燥区前先用电加热器加热到 565℃。从干燥区出来的干燥空气，根据烧焦需要，一部分进入氯化区，多余部分引出再生器。

催化剂从干燥区进入冷却区，用来自干燥器的空气进行冷却，其目的是降低下游输送设备的材质要求和有利于催化剂在接近等温条件下提升，同时可以预热一部分进入干燥区的空气。

干燥和冷却后的催化剂经过闭锁料斗提升到反应器上方的还原罐内进行还原。闭锁料斗分为分离、闭锁、缓冲三个区，按准备、加压、卸料、泄压、加料等五个步骤自动进行操作，缓冲区进气温度 150℃。还原罐上下分别通入经过电加热器加热到不同温度的重整氢气，上部还原区 377℃，下部还原区 550℃。还原气体由还原罐中段引出。还原后的催化剂进入第一反应器。

重整催化剂在运转过程中有大量氯流失，对于 CycleMax 工艺，催化剂氯的流失包括以下四个部分，需要在再生过程中注氯以弥补[22]：

1）放空气带走：大约占 63%。

2）还原气带走：大约占 18%。

3）反应产物带走：大约占 9%。

4）干燥区带走：大约占 10%。

采用 CycleMax 催化剂再生工艺连续重整装置实际操作数据举例（HZ）见表 6-2-17 及表

6-2-18。

表 6-2-17　重整反应数据[4]

项目	数据	项目	数据
原料性质		催化剂	FR-234
密度(20℃)/(g/mL)	0.760	反应温度/℃	
馏程/℃		WAIT	521.7
初馏	86.4	总温降	330.4
10%	106.7	体积空速/h⁻¹	1.53
50%	126.5	氢油摩尔比	2.93
90%	153.8	产物分离罐压力/MPa	0.24
终馏	169.5	产品收率	
族组成/%		C₅₊收率/%	89.9
烷烃	25.85	C₅₊产品 RON	105
环烷	68.54	芳烃产率/%	81.34
芳烃	5.62	氢气纯度/%(体)	94.4
反应条件		纯氢产率/%	4.05

表 6-2-18　催化剂再生条件[4]

项目	数据	项目	数据
催化剂再生速率/(kg/h)	2045	烧焦区床层峰值温度/℃	546
待生催化剂碳含量/%	5.2	再生催化剂碳含量/%	0.04
待生催化剂氯含量/%	0.9	再生催化剂氯含量/%	1.03
烧焦区氧体积分数/%	0.69	四氯乙烯注入量/(kg/d)	37.7
氯化区床层温度/℃	447	粉尘量/(kg/d)	4.1

近年来，为了适应装置大型化的需要，UOP 对 CycleMax 工艺技术又作了一些改进，并命名为 CycleMaxII 和 CycleMaxIII 工艺，主要包括以下内容：

1)规模超过 2.0Mt/a 的大型装置推荐采取两两并列的重叠布置方式，以降低反应器的高度。

2)再生器与闭锁料斗由上下布置改为并列布置，再生催化剂提升进闭锁料斗，以降低再生设备高度。

3)闭锁料斗三个区分成三段，中间用阀连接。

4)增设一套再生催化剂粉尘收集系统，使催化剂在再生前后都有粉尘收集器。

5)烧焦区下部进气线上增设电加热器，使再加热气温度提高到 524℃。

6)再生放空气普遍采用 Chlorsorb 氯吸附技术回收氯化物后再放空。

典型 CycleMaxIII 工艺流程见图 6-2-14。

4. Chlorsorb 氯吸附工艺

从再生器出来的放空气(再生烟气)含有大量氯化物，其组成如表 6-2-19 所示，其中氯化氢含量为 0.22%(体)，相当于 3575mg/m³。再生烟气在排入大气以前先要除掉氯化物以满足环保要求。传统的催化剂再生流程，再生烟气在放入大气以前先通过碱洗塔脱除其中的氯化物，氯化物随同废碱液排掉。

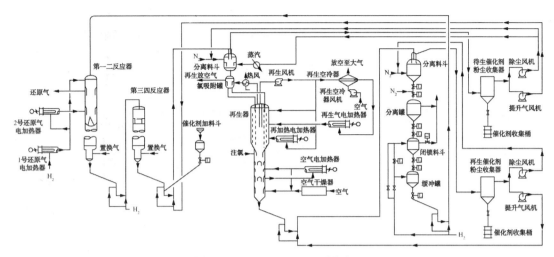

图 6-2-14　CycleMaxIII 再生流程

表 6-2-19　从再生器出来放空气的气体组成[18]

项目	数据/%(体)	项目	数据/%(体)
N_2	72.92	H_2O	11.24
O_2	0.36	HCl	0.22
CO_2	15.26		

催化剂再生烟气氯吸附(Chlorsorb)工艺是 UOP 公司近年来开发的一项用于连续重整的新技术，它利用重整催化剂 γ-Al_2O_3 载体在低温下持氯能力比在高温下强的特性，用待生催化剂吸附方法代替碱洗回收再生放空气中的氯化物，可省去碱洗设备并降低氯用量。这一技术于 1998 年实现工业化，现已在所有 UOP 公司设计的连续重整装置中使用。

催化剂的氯吸附受周围环境中的水氯分子比、催化剂的温度和催化剂表面积的影响。水和 HCl 作为 OH^- 和 Cl^- 在催化剂表面上争夺活性中心。在一定催化剂表面积和温度条件下，任一水氯比的催化剂都会有一个平衡的氯含量，在降低温度时，尽管水和氯的吸附能力都增加，但对于气相中一定水氯比来说，平衡的催化剂氯含量会增加。

使用 Chlorsorb 技术回收再生烟气中氯的流程中，在催化剂循环的分离料斗下部设置氯吸附段，催化剂和再生烟气进入氯吸附段的温度取决于脱氯的要求和腐蚀考虑。降低温度有利于脱氯，但要防止露点腐蚀，因为再生烟气中有水和氯化物，如果达到露点，将会引起严重腐蚀。烧焦气的露点大约是 88℃。

带 Chlorsob 氯吸附工艺的 CycleMax 催化剂再生流程已在近期建设的大连、上海、惠州、延安、广西、辽化和乌石化等厂的连续重整装置上使用，其流程如图 6-2-15 所示。

从分离料斗出来的待生催化剂用分出的一股除尘风机气体预热。气体先用蒸汽加热到138℃(102℃低温警报，93℃再生热联锁)，然后进入分离料斗下面的催化剂预热区，向上流过催化剂床层后与其余淘析气混合，催化剂则向下进入吸附段。从再生器出来的再生烟气首先用来自再生空冷器风机并经蒸汽加热到不低于93℃的一股热空气冷却到138℃，然后进入脱氯吸附区。再生烟气在吸附区中向上流过催化剂床层，其中氯化物从烟气中进入催化剂，脱除氯化物的烟气排入大气。

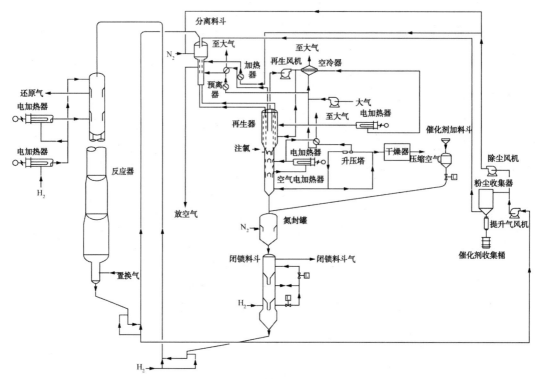

图 6-2-15　带 Chlorsorb 脱氯工艺的 CycleMax 再生流程

氯的吸附效果与吸附温度有直接关系。表 6-2-20 是 Chlorsorb 脱氯技术在开工后不久的一组实际操作数据，再生气经过吸附后排放气中氯化氢的含量在吸附温度 148℃ 以前的检测值为 0，在 158℃ 和 168℃ 时分别为 10.34mg/m³ 和 16.15mg/m³。在装置操作末期，催化剂持氯能力降低，氯的吸附效果会减少，专利商推荐的操作温度为 138℃。

表 6-2-20　吸附温度对再生放空气组成的影响[19]

组分	138℃	148℃	158℃	168℃
N_2/%（体）	82.13	80.87	80.40	79.95
O_2/%（体）	1.21	1.13	1.10	1.05
CO_2/%（体）	16.66	18.00	18.50	19.00
HCl/（mg/m³）	0	0	10.34	16.15

Chlorsorb 工艺可通过待生催化剂回收再生烟气中 97%~99% 的氯化氢和 100% 的氯气，大大降低催化剂的注氯量，并免除了碱洗操作带来的腐蚀、堵塞和废碱液处理等问题。表 6-2-21 是国外几套装置现场检测的数据。

表 6-2-21　Chlorsorb 氯吸附回收率

用户	装置类型	入口 HCl/（μL/L）	出口 HCl/（μL/L）	HCl 回收率/%
美国某炼厂	CycleMax	1389~1486	30.1~30.6	97.8~97.6
加拿大某炼厂	CycleMax	300~600	1~5	98.4~99.7
日本某炼厂	CycleMax	1300~1700	30	97.7~98.2
泰国某炼厂	CycleMax	1000~1200	10~40	97~99

Chlorsorb 氯吸附技术除了应用于催化剂再生放空气以外，也可应用于还原区的排出氢气(还原氢作为置换气进入反应器的底部)，前者称为 RVGChlorsorb 系统，后者称为 RZEG-Chlorsorb 系统。

2015 年我国颁布了新的大气污染物排放标准[17]，要求重整催化剂再生烟气中氯化氢含量一般地区不超过 30mg/m³，特别地区不超过 10mg/m³，非甲烷总烃一般地区不超过 60mg/m³，特别地区不超过 30mg/m³，Chlorsorb 工艺不能完全满足要求，再生烟气在排入大气前还需要增加一些补充净化措施。

(二)Axens 连续重整

法国 IFP/Axens 开发的连续重整工艺，于 1973 年在意大利开始工业化，反应器并列布置，反应压力 0.8MPa 左右，催化剂在再生器内分批进行再生，再生压力约 0.96MPa。20 世纪 90 年代初该公司新一代的连续重整工艺问世，反应压力降至 0.35MPa，催化剂由分批再生改为连续再生，称为 RegenB 工艺，再生压力 0.57MPa(略高于第一反应器的压力)。1995 年以后推出的 RegenC 和 RegenC2 工艺，进一步改善了催化剂的再生技术，并采用性能较好的 CR 和 AR 系列催化剂。

到 2017 年底，全世界已建成 Axens 连续重整工艺装置 61 套，总能力约 62Mt/a(151 万桶/天)，产品辛烷值 RON 最低 97，最高 106，规模最大的约 2.8Mt/a(6.8 万桶/天)，最小的一套约 240kt/a(5800 桶/天)。

我国从 1985 年开始引进 IFP/Axens 连续重整技术，到 2017 年底已有 11 套采用这项技术的装置投产，加工能力 12Mt/a，部分装置的设计操作条件及产品收率见表 6-2-22。

表 6-2-22　Axens 连续重整设计条件及产品收率[4]

	装置	JL	QL	WQ	FJ	XT
	规模/(kt/a)	600	600	400	1800	1500
原料	相对密度	0.737	0.743	0.723		0.727
	馏程/℃	82~174	79~171			
组成	烷烃/%	58.6	56.3	64.7	50.1	59.4
	环烷/%	29.3	32.3	29.6	35.9	29.4
	芳烃/%	12.1	11.4	5.7	14.0	11.2
操作条件	反应压力/MPa	0.35	0.35	0.35	0.35	0.35
	反应温度 WAIT/℃	520		530	519	525
	液时空速/h⁻¹	2.0	2.2	1.6	1.5	2.1
	氢烃摩尔比	2.2	2.0	3.0	3.0	2.0
	催化剂(设计)	CR-201	CR-201	CR-201	AR-501	CR-601
	再生规模/(kg/h)	470	360	500	1800	1870
产品	C₅₊辛烷值 RON	102	102	104	105	102
	C₅₊产率/%	90.5	90.3	81.5		88.3
	芳烃产率/%			66.4	78.0	
	H₂产率/%	3.59	3.50	3.8	3.8	3.3

1. 分批再生工艺

IFP 早期开发的连续重整技术的反应系统流程与半再生基本相同，只是催化剂可以移动，反应压力降至 0.8MPa 左右，并模拟半再生重整催化剂再生流程，设置单独的催化剂再生系统。这项工艺催化剂循环及连续再生系统的特点是：

1）重整反应器为径向，并列布置，所有催化剂的提升均采用氢气。

2）催化剂的再生是在再生器内分批进行的，再生器为固定床空筒结构，根据再生步骤变换再生气的操作温度和氧含量。

3）再生气采取冷循环方式，用压缩机压送，并设有加热炉为再生器供热。

4）催化剂输送管上装设专用阀门，按一定程序开关，并用气体分析数据监控。

我国抚顺石油三厂和洛阳石化总厂的连续重整装置初次建设时采用的就是这项技术，工艺流程见图 6-2-16。

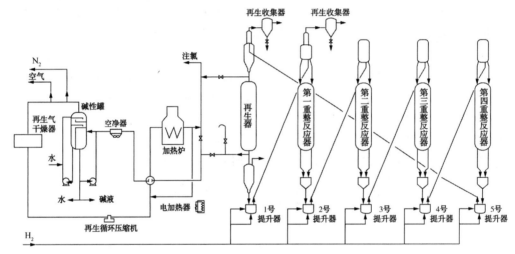

图 6-2-16　分批再生流程

催化剂在各反应器和再生器之间循环流动。每台反应器上下各设一个催化剂料斗，在下料斗下面设有催化剂提升器。待生催化剂从最末一台反应器底下出来，经过下部料斗和提升器提升到设在再生器上部的缓冲料斗，然后分批进入再生器。

催化剂在再生器内依次进行装料和置换、加热和预氯化、一次烧焦、二次烧焦、氧化氯化、焙烧、冷却、吹扫、卸料等步骤的操作。再生器操作压力为 1.3MPa；一次烧焦、二次烧焦、氧化氯化和焙烧时的气体入口温度分别为 420℃、450℃、520℃ 和 525℃，气体中氧含量分别为 0.6%、0.6%、6%、8%；烧焦时气中含水 50~200μg/g，氧化氯化时气中含水 1000~2000μg/g。再生器及换热器、空冷器、碱洗罐、干燥器、压缩机及再生气加热炉等设备构成再生气循环回路。从再生器底出来的气体，经换热、冷却后进入碱洗罐，碱洗后经干燥器干燥，然后用压缩机压送，经换热和加热炉加热后返回再生器。

催化剂的装卸、吹扫以及各再生阶段的切换操作，都是按照一定程序自动进行的，并用在线气体分析监控阀门开关以保证安全。再生器控制程序包括催化剂的装入、吹扫、加热、一次烧焦、二次烧焦、氧化氯化、焙烧、冷却、吹扫、卸出等步骤。

从再生器卸出的催化剂进入下部缓冲料斗，在 450℃ 条件下进行还原。还原后的再生催化剂经提升器用氢气提升到第一反应器的上部料斗，然后流入第一反应器。反应后催化剂从底部出来，经下部料斗到提升器，用氢气提升到下一个反应器的上部料斗，然后再进入下一个反应器。待生催化剂和再生催化剂各设有一个粉尘收集器以收集催化剂的粉末。再生器上下设有催化剂的专用阀门。

再生系统的设计能力一般按每天再生两批催化剂考虑，每批再生时间为12h，全部催化剂藏量再生一次需一周时间。

2. RegenB 工艺

IFP/Axens 开发的连续再生重整工艺 RegenB 于 1990 年工业化，在原来分批再生工艺的基础上大大前进了一步。其主要特点是：

1）重整反应压力由 0.8MPa 左右降低到 0.35MPa，再生器压力稍高于第一反应器。

2）催化剂的再生由分批改为连续，再生器自上而下分成一段烧焦、二段烧焦、氧化氯化和焙烧等区。

3）用电加热器代替加热炉加热再生气。

4）减少了催化剂输送的专用阀门。

5）设置氮气提升气循环系统，待生及再生催化剂的提升气体均由氢气改为氮气。

我国金陵石化和齐鲁石化的连续重整装置采用的就是这一技术，工艺流程见图 6-2-17。

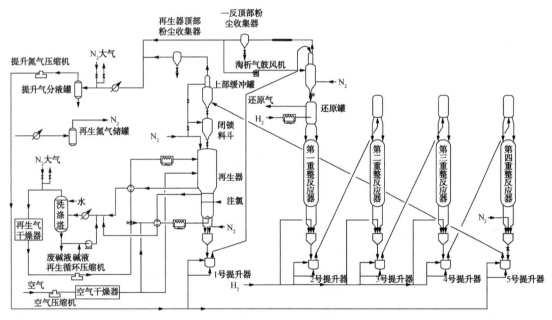

图 6-2-17　RegenB 再生工艺流程

待生催化剂从最后一个反应器出来，用来自提升氮气压缩机的氮气提升到再生器上的上部缓冲料斗内，然后经过闭锁料斗进入再生器。催化剂在第一区即一段烧焦区内将大部分焦炭烧掉，然后进入二段烧焦区，在更高的温度下将剩余的焦炭烧净，然后再依次通过氧化氯化区和焙烧区。再生器压力 0.545MPa，一段烧焦区的气体入口温度为 420~440℃，二段烧焦、氧化氯化区和焙烧区的出口温度分别为 480~510℃、480~515℃和 500~520℃。一段烧焦区和焙烧区的气体入口含氧量分别为 0.5%~0.7%和 4%~6%，二段烧焦区控制出口含氧量为 0.25%左右。

再生气从再生气压缩机出来分为两部分：一部分经换热器和电加热器加热后作两段烧焦用；另一部分与空气混合，经换热器、电加热器加热后作焙烧气体，然后进入氧化氯化区并注入氯化物。从再生器出来的上下两股气体混合后进入洗涤塔，进行碱洗和水洗。再生气通过压缩机循环。再生系统压力用洗涤塔顶放空气控制。

焙烧后的催化剂从再生器出来，在氮气环境下用压缩机送来的氮气提升到第一反应器上面的上部料斗，催化剂淘析粉尘用鼓风机和粉尘收集器分离回收。淘析粉尘后的催化剂进入还原罐，在 0.495MPa 压力下用 480℃ 热氢气还原。还原后的再生催化剂依次通过四个反应器进行反应。催化剂由前一个反应器到后一个反应器用氢气提升。

连续重整 RegenB 工艺以齐鲁石化为例，其实际标定结果见表 6-2-23。

表 6-2-23　重整反应数据对比[4]

项目	标定1	标定2	标定3	设计值
原料性质				
馏程/℃	77~171	77~176	76~171	79~171
组成(P/N/A)/%	63.22/24.88/11.90	62.09/25.48/12.43	63.51/26.76/9.73	56.33/32.30/11.37
重整反应条件				
WAIT/℃	510.0	520.0	525.0	527
高分压力/MPa	0.27	0.27	0.27	0.23
体积空速/h^{-1}	1.72	1.72	1.72	
氢油摩尔比	2.06	2.10	2.03	2.2
重整反应结果				
C$_6$+收率/%	86.69	86.15	84.97	85.90
芳烃产率/%	60.95	64.72	65.04	70.06
纯氢产率/%	3.52	3.83	3.96	3.66
辛烷值 RON	98.5	100.0	100.5	102
催化剂再生				
催化剂循环量/(kg/h)	512	512	510	500~520
一段入口温度/℃	465	462	453	460
一段出口温度/℃	486	491	489	500
还原区温度/℃	463	463	463	480
一段入口氧含量/%(体)	0.66	0.66	0.64	0.5~0.7
待生剂含碳/%	3.47	4.27	5.04	4.0~6.0
再生剂含碳/%	0.02	0.02	0.02	<0.1
待生剂含氯/%	1.07	1.07	1.07	>0.9
再生剂含氯/%	1.06	1.16	1.16	1.0~1.2

3. Regen C 工艺

IFP/Axens 在进一步完善连续再生技术 Regen B 的基础上，开发了 Regen C 催化剂连续再生工艺。将焙烧气由再生循环气改为空气，氧化氯化气单独放空，并改变了再生器烧焦控制条件与方式。催化剂循环和再生都是自动操作,催化剂连续进入再生器后,按一定程序依次进行两段烧焦、氧化氯化和焙烧,工艺流程如图6-2-18所示。

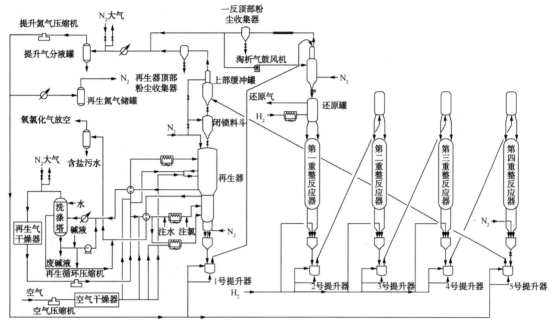

图6-2-18　Regen C再生工艺流程

Regen C工艺对原有催化剂再生技术作了一些改进,其特点如下:

1)通过降低烧焦区的温度、湿度和时间的苛刻度延长催化剂的寿命。

2)改进氧气和空气调节系统,增加烧焦操作的可靠性。

3)通过优化氧氯化操作参数,使催化剂的性能更稳定。

4)由于将烧焦和氧氯化气体回路分开,改进了再生器操作的灵活性。

我国2002年投产的乌鲁木齐石化公司连续重整装置采用的就是这项技术。该装置开工初期催化剂再生实际标定数据见表6-2-24。

表6-2-24　催化剂再生主要运行参数[4]

项目	设计值	标定值	项目	设计值	标定值
一段烧焦入口氧含量/%(体)	0.8	0.6	焙烧段入口温度/℃	520	398
二段烧焦入口氧含量/%(体)	0.8	0.5	还原电加热器出口温度/℃	490	460
二段烧焦出口氧含量/%(体)	0.4~0.8	0.4	催化剂循环量/(kg/h)	480	480
氧氯化出口氧含量/%(体)	10~20	9	还原氢流量/(Nm³/h)	1800	1730
一段烧焦循环气流量/(Nm³/h)	9079	9450	再生烧焦气空气压力/(MPa)	>0.8	0.9
焙烧循环气流量/(Nm³/h)	721	775	烧焦段床层温度/℃	<555	500
一段烧焦入口温度/℃	470	480	待生剂碳/氯含量/%	—	2.84/1.16
氧氯化段入口温度/℃	510	495	再生剂碳/氯含量/%	—	0.05/1.20

经过一段时间的实践,Axens公司对Regen C流程又作了改进,称为Regen C2,修改了再生部分的气体流程,氧化氯化气与焙烧气仍分开,但为了节省能耗,取消了单独的氧化氯

化气放空罐，焙烧气体由空气改为空气与再生气的混合物，维持氧含量为 10% 左右，一段烧焦的氧气由再生气带入，用再生气氧分析仪和焙烧气氧分析仪串级控制，流程如图 6-2-19 所示。

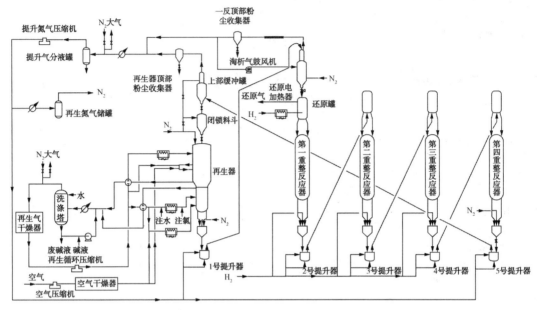

图 6-2-19　Regen C₂ 再生工艺流程

(三)我国开发的连续重整技术

我国开发的催化剂连续再生技术已于 2001 年成功应用在低压组合床重整装置上。在此基础上开发出的超低压连续重整装置(SLCR 工艺)于 2009 年首次成功建成投产，反应压力 0.35MPa，反应器采用 2×2 并列与重叠相结合的布置方式，先后在广州、北海、九江、山东、南京、塔河等地成功建设了工业装置。

我国开发的又一连续重整新工艺——逆流连续重整工艺(SCCCR 工艺)，采用催化剂与反应物流逆向流动的新理念，改善反应条件，创立了新的操作更为简便的催化剂循环方法，于 2013 年在济南成功实现了工业化，为连续重整工艺增加了新的模式。采用这项先进技术的泰州和沧州两套装置也已于 2016 年和 2019 年先后顺利投产。

1. 超低压连续重整

中国石化开发的首套超低压连续重整技术(SLCR 工艺)，于 2009 年成功应用在广州石化 1.0Mt/a 连续重整装置上，再生压力为 0.55MPa，再生规模为催化剂循环量 1135kg/h(重整反应压力 0.35MPa，重整苛刻度 RON 为 104)，其再生技术具有如下特点：

1)再生气体"干冷"循环：再生循环气体采用"干冷"循环流程，焙烧区及氯化区介质均采用纯空气，既抑制了催化剂比表面积下降速度、延长催化剂使用寿命，又保证了催化剂的氯氧化及干燥效果。

2)一段烧焦、一段还原：再生器烧焦区设置成一段，并在内网关键位置增设保护措施，能确保再生器内部结构不易受损并能使催化剂烧焦彻底，再生器整体结构比较简单；还原室设置成一段，所需还原气体采用高纯氢。

3)催化剂循环"无阀输送"：闭锁料斗采用"无阀输送"的催化剂循环方式，并布置于再生器上方，利用再生器上部的催化剂缓冲区同时作为高压区的气体缓冲区，使压力更加稳定、闭锁料斗操作更加平稳。该连续重整再生技术工艺流程示意图见图6-2-20。

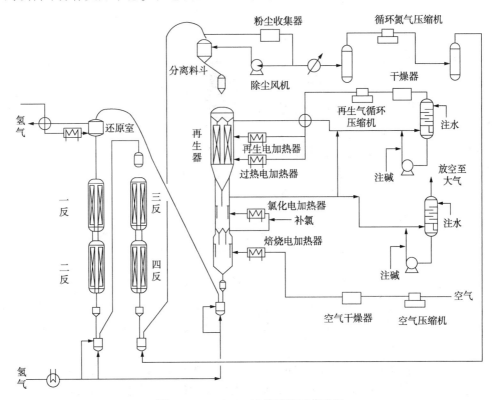

图 6-2-20　SLCR 连续重整工艺流程

装置标定结果，采用芳烃潜含量 44.06%(N+A67.1%) 的原料，在 WAIT525℃、H_2/HC2.4(摩尔比)、WHSV 为 $1.243h^{-1}$ 的条件下，C_{5+}辛烷值 RON 为 104.6，C_{5+}液收 88.87%，芳烃产率 75.19%，纯氢产率 3.99%。

2. 逆流连续重整

我国新开发的连续重整工艺——逆流连续重整(SCCCR 工艺)，于 2013 年 10 月在济南炼油厂成功实现了工业化，该套装置设计规模 600kt/a，反应压力 0.35MPa，产品辛烷值可根据反应温度调节，设计值 RON 为 103。这是世界上第一套逆流连续重整装置，采用与其他所有连续重整都不同的新的设计理念。再生后的催化剂先进四反，然后依次通过三反、二反再到一反，与反应物流逆向流动，改变了现有连续重整工艺中积炭少、活性高的催化剂进行容易的反应，而积炭多、活性低的催化剂却进行难于进行的反应的不合理状态。同时逆流连续重整还对催化剂循环方法进行了重大改革，采用分散料封提升方法由低压向高压逆向流动，取消了闭锁料斗，催化剂输送连续均匀，操作平稳方便。逆流连续重整再生技术工艺流程示意图见图 6-2-21。

反应后的待生催化剂从一反出来，用来自氮气提升风机的氮气提升到再生器的上部缓冲料斗内，然后进入再生器。在再生器内，催化剂自上而下依次经过一段烧焦区、二段烧焦区、氧化氯化区、干燥焙烧区及冷却区，然后流经氮封罐，由氢气提升至第四反应器顶的缓冲料斗，自流至还原段，经还原后，自流入第四反应器，完成再生过程，再依次从四反、三

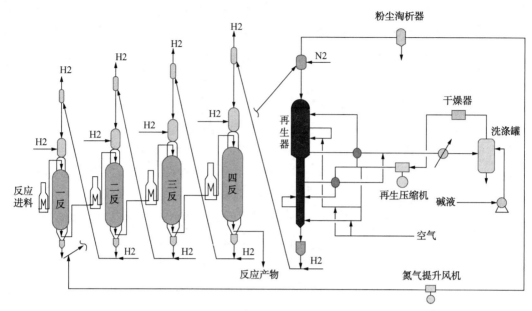

图 6-2-21　逆流连续重整工艺流程示意图

反、二反到一反，构成反应-再生循环。催化剂从后一个反应器向前一个反应器的提升输送要克服 0.05MPa 左右的逆压差，靠设在反应器上部的高位缓冲料斗和上部料斗的组合方式来实现。

催化剂烧焦再生循环气体采用冷循环流程，从第二烧焦区出口来的再生循环气体经与进入第一烧焦区的再生循环气换热后，与从氧氯化区出口来的气体混合，再经冷却后进入碱洗罐，除去其中的氯化氢，然后再经干燥器进入再生气循环压缩机，升压后循环使用。泰州和沧州两套装置再生循环气采用固体吸附方法脱氯，没有碱洗塔，但在换热冷却前设置了脱氯罐。

逆流连续重整再生器压力介于一反与四反之间，与一反出口维持一定压差，通过设置在再生循环气放空线上的压控阀排放气或补入氮气来控制。

还原罐设置在四反的上部，再生催化剂在还原罐中经还原后进入第四反应器。

济南石化公司逆流连续重整装置开工顺利，操作平稳，采用国产 PS-VI 催化剂，待生催化剂碳含量 5.01%，再生催化剂碳含量 0.06%。标定结果表明，在原料 N+A 值为54.33%、平均反应压力 0.35MPa、H_2/HC2.7(摩尔比)、$LHSV$1.6h^{-1}、$WAIT$525.7℃条件下，稳定汽油 RON 为 103.19 时，C_{5+} 液体收率 89.72%，纯氢产率 3.99%，按重整进料计算装置综合能耗为 84.0kgEO/t。

3. 再生气脱氯工艺

连续重整的催化剂再生烟气在排放前需要脱除其中的氯化物，以满足环保要求。早期连续重整的烟气都是采用碱洗方法，脱氯效果良好，但存在碱腐蚀和管道易堵塞等缺点。UOP公司改用 Chlorsorb 工艺，用待生催化剂吸附的方法回收再生烟气中的氯化物，代替碱洗并可回收再生烟气中97%的氯化物，减少注氯用量，但防腐要求严格，并会加速催化剂比表面积的减少。石科院开发的固体脱氯剂吸附脱氯技术，代替碱洗和 Chlorsorb 工艺，已经在工业上应用，流程较简单，但废剂需要定期卸出，送出厂外进行处理。石科院开发的脱氯剂牌号为 RDY-100，性能见表 6-2-25 和表 6-2-26。

表 6-2-25　RDY-100 再生烟气脱氯剂的物化指标

项目	指标	项目	指标
外观	灰白色圆柱条	抗压强度/(N/cm)	≮80
规格/mm	$\phi(2.0\sim5.0)\times(5\sim10)$	穿透氯容/%	≥35
堆积密度/(g/mL)	0.65±0.05		

表 6-2-26　RDY-100 脱氯剂使用条件及技术指标

项目	指标	项目	指标
使用压力/MPa	0.1~2.0	脱氯剂装填高径比	>3
使用温度/℃	300~580	出口 HCl 含量/(μL/L)	≤0.5
气体体积空速/h⁻¹	<1000	穿透氯容/%	≥35

4. 重整生成油脱烯烃工艺

美国 UOP 公司和法国 Axens 公司分别开发了 ORP 工艺和 Arofining 工艺，采用液相反应条件，将重整生成油的烯烃选择性加氢为饱和烃，产物溴指数小于 100mgBr/100g。催化剂每 6 个月再生一次，预期寿命 3 年。ExxonMobil 公司开发了新型非临氢重整油脱烯烃 Olgone 技术，单程使用周期为白土的 4~6 倍，采用易位再生。中国海洋石油、华东理工大学、中国科学院山西煤化所等也开发了各自的脱烯烃技术。中国石化开发的催化加氢脱烯烃和可再生非临氢催化脱烯烃技术已在工业应用中取得良好效果[5]。

(1)FHDO 脱烯烃工艺[11]

中国石化大连(抚顺)石油化工研究院开发的 FHDO 重整生成油选择性液相加氢脱烯烃技术，具有工艺流程简单、运行操作简便、建设投资少、运行费用低等特点，已于 2015 年在扬子石化连续重整装置上成功实现了工业化。在完全取代白土塔的条件下，芳烃产品质量稳定合格，芳烃损失量小于 0.1%，环境友好。

FHDO 工艺流程如图 6-2-22 所示，在重整装置脱戊烷塔前嵌入一个高效静态混氢器和一台上流式固定床反应器，在脱戊烷塔入口进料缓和的工艺条件下，以进料中的溶解氢为主要氢源，以外加的少量重整氢为辅助氢源，对催化重整生成油进行液相加氢，脱除进料中的烯烃，使加氢后的催化重整生成油溴指数显著降低，能够很好地满足后续芳烃装置对进料的质量要求。

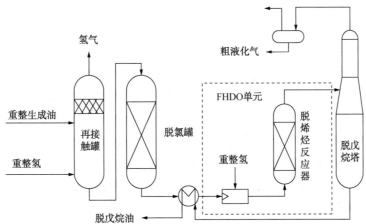

图 6-2-22　FHDO 重整生成油液相加氢脱烯烃流程

FHDO 重整生成油选择性加氢脱烯烃所用的催化剂 HDO-18，采用齿球型 γ-Al_2O_3 为载体，以贵金属钯和铂为加氢活性组分。该催化剂为还原态，开工时无需硫化钝化，首次运行周期 $\nleq$4 年，可采用器外再生技术，总寿命 $\nleq$8 年。FHDO 脱烯烃技术工业应用结果见表 6-2-27。

表 6-2-27　FHDO 脱烯烃技术工业应用结果

项目	JJ	SJZ	QL	TH	YZ
反应温度/℃	153	160	175	135	177
反应压力/MPa	1.3	1.45	1.67	1.6	1.2
补氢量/(Nm³/h)	1000	820	250	230	600
进油量/(t/h)	125	90	80	50	70
原料油溴指数/(mgBr/100g)	3500~4500			2300	3234
苯溴指数/(mgBr/100g)	1	2.2	<10	<10	<20
混合二甲苯溴指数/(mgBr/100g)	<20	<20	<20	<20	<50
苯、甲苯酸洗比色	0.1	0.1	0.1	0.1	0.1
甲苯铂钴色号	5	5	5	5	5

（2）FITS 脱烯烃工艺[14]

中国石化长岭石化分公司采用的 FITS 脱烯烃工艺在重整装置脱戊烷塔前设置专用管式反应器(上部为反应段，下部为混合段)，利用微孔分散技术，在反应器入口进行高效油气混合，反应物料自下向上流经催化剂床层，流程如图 6-2-23 所示。

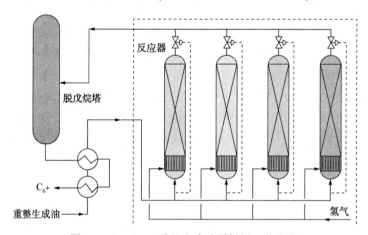

图 6-2-23　FITS 重整生成油脱烯烃工艺流程

FITS 脱烯烃工艺采用石科院 TORH-1 新型脱烯烃催化剂，积炭速率低、选择性高、活性稳定性好，通过液相反应模式，使重整生成油中烯烃得到充分饱和，具有投资低、流程简单、运行费用低、产品质量好的特点。

中国石化长岭石化分公司采用该技术建设的一套重整生成油加氢装置于 2012 年 7 月投产。在空速 9~11h⁻¹、氢油比 2~4、反应温度 140~155℃条件下，长周期运行，全馏分重整生成油的溴指数小于 300mgBr/100g，二甲苯的溴指数小于 10mgBr/100g。

（四）组合床重整工艺

组合床重整工艺前端采用固定床反应器，后部或最末一台反应器采用移动床反应器并设置一套催化剂连续再生系统，从 20 世纪 80 年代开始在一些半再生重整装置的改造工程中使用，UOP 工艺的商业名称是 Hybrid，IFP/Axens 工艺的商业名称是 Dualforming。

我国独立开发的一套低压组合床重整技术于 2001 年 3 月建成投产，重整一、二反应器采用半再生固定床重整工艺，使用高活性、高稳定性的铂铼重整催化剂，三、四反应器采用移动床连续重整工艺，使用新一代高选择性、高热稳定性的铂锡重整催化剂，并设有独特的催化剂连续再生系统，工艺流程见图 6-2-24，主要操作数据见表 6-2-28。

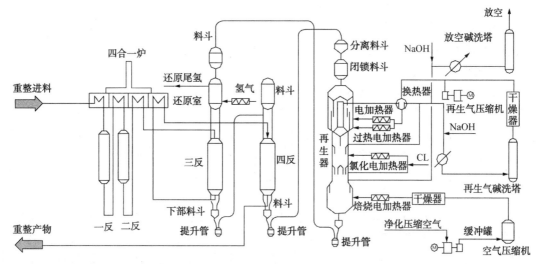

图 6-2-24　低压组合床重整工艺流程[20]

表 6-2-28　低压组合床重整主要操作数据[20]

	项目	数据
原料性质	馏程/℃	36~165
	组成(烷烃/环烷烃/芳烃)	60.76/27.71/11.53
操作条件	催化剂	一、二反 CB-7/三、四反 GCR-100
	反应器入口温度/℃	一、二反　490　/三、四反　515
	产物分离罐压力/MPa	0.75
	氢烃摩尔比	4.7
	质量空速/h⁻¹	1.78
	催化剂装填比例	11/18/25/46
	再生器压力/MPa	0.916
产品性质及收率	C_5+辛烷值 RON	100.8
	C_5+收率/%	87.05
	纯氢产率/%	3.12

再生气体从再生器烧焦区抽出，经换热及进一步冷却、碱洗后，进入干燥器进行干燥，然后再经加热后循环回到再生器烧焦区。氯化区气体因含氯较高，将其从再生器氯化区抽出，与再生循环气混合后碱洗。闭锁料斗布置在再生器的上方，设计为无阀输送，靠气流产生的压力差来控制催化剂的流动(气流由下往上流动，催化剂由上往下流动)，

当气流停止时，催化剂的流动恢复。为配合闭锁料斗的设置，在再生器上部设置了缓冲区，用来缓冲从闭锁料斗批量下来的催化剂，使催化剂能完全连续地进入烧焦区、氯化区及焙烧区。

四、催化重整装置的扩能改造

催化重整的发展已有几十年的历史，早期建设的装置规模小、技术落后，为了适应工厂发展的需要，对这些装置进行扩建改造，消除"瓶颈"，是我们经常面临的一项重要的任务。做好催化重整装置扩能改造工作需要根据重整装置的工艺特点，因地制宜制定改造方案，充分利用现场的有利条件，花最少的钱、最小的工程量，取得最大的经济效果。

(一)重整装置的特点分析

为了对催化重整装置进行改造，有必要对这种装置的技术特点作一些具体分析。从扩建改造的观点来看，催化重整装置具有一些与其他装置不同的特点，这表现在：

1)影响设备大小的因素不仅仅是装置的规模，而且与反应条件有关，反应压力、温度、空速和氢烃比的改变都会对设备大小产生影响。而反应条件又是由原料性质、催化剂性能和产品要求(辛烷值等)决定的，而且各种条件之间还可以相互补偿，因此同样规模的装置，设备大小不一定相同。

2)为了适应吸热反应的需要，催化重整一般包括3~4段反应，即反应器和反应加热炉各有3~4个，大小不等。反应器容积从前到后一个比一个大，前后相差约5倍，加热炉热负荷则从前到后一个比一个小，前后相差约3倍，这样就给改造工程的设备调配带来了灵活性。

3)不同的产品要求选取不同的原料馏程。生产高辛烷值汽油组分一般用80~180℃馏分原料；生产三苯一般用65~145℃馏分原料；如要生产C₉芳烃，原料干点一般提高到165℃左右。原料馏程不同，工厂能提供原料的数量就有差别，从而也影响装置的规模。

4)近年来，催化重整技术不断发展，催化剂不断更新，反应条件和工艺流程不断改进，例如早期半再生重整反应压力为2~3MPa，现在降到1.5MPa以下；连续重整的反应压力由早期的0.8MPa左右降到了0.35MPa，开发出许多性能更好的催化剂，出现了不少高效设备，如焊板式进料换热器、表面蒸发空冷器等，工艺流程上也有不少改进。早期建设的装置与近期建设的装置在技术上有很大差别。

5)催化重整装置在炼油生产中处在一个承上启下的地位，不仅受到上游装置供应原料的制约，也对下游使用重整生成油和氢气的装置直接产生影响，因此减少改造工程对现有装置生产的影响也是做好装置改造工作的一项重要要求。为此需要合理安排施工工作，交叉作业，缩短装置的停工时间，尽量减少对现有设备的动改工作量，并争取改造工程尽早开始进行。

从以上催化重整装置技术特点的分析可以看出，这种装置的技术改造，特别是在扩大能力方面具有相当大的自由度，有很多工作要做，改得好不好差别很大。一套装置规模能够扩大到多大，很难简单地回答，因为原料、产品要求、反应条件、催化剂性能及技术路线等因素都有影响，原有设备调剂使用的灵活性也很大。因此，从某种意义上说，扩建改造规模只有大改、小改的差别，无所谓行不行的问题。应当研究的是改多大和怎样改最合理，因地制宜、少投入多产出，这对设计工作的要求是很高的。

(二)设备利用和改造的基本思路

早期扩能改造以半再生重整装置居多，现在一些连续重整装置也要求扩大规模。

一套典型的半再生重整装置包括预处理和重整两部分，拥有设备约100台，其中反应器5台，压缩机3台，加热炉7台，塔3座，冷换设备30余台，泵20台，容器30余台。尽量利用原有设备，减少改动的工程量，是节约工程投资的关键。连续重整装置多了一套催化剂连续再生设备，这部分相对比较独立，取决于烧焦的能力，具有一定的灵活性，扩建装置时很少变动。

一般对重整装置利用原有设备的基本思路如下：

1)反应器：重整反应器除了根据反应要求可适当调整空速外，可以根据反应器前小后大的特点，将原有的三、四反作一、二反用，新建三、四反或者在后边并联或串联一台反应器。如果原来只有三个反应器，可以在后边增加一台大的反应器作第四反应器，前边反应器不动。

2)压缩机：重整循环氢压缩机可以通过调整氢油比、采用二段混氢流程等方法尽量保留原有压缩机，或者与压缩机制造厂商量对汽缸活塞作适当改动，必要时增加一台压缩机并联操作。氢气增压机是否需要改动要结合流程考虑，必要时可以增加一台并联操作，两开一备。

3)加热炉：扩能改造重整加热炉往往需要加大。原有的几台反应加热炉负荷不等，可以前后调剂使用，加长炉管或增加炉管根数，必要时要考虑新增1~2台加热炉。加热炉的改造比较复杂，往往是扩建工作的重点，要同时考虑增加热负荷、压降要求和现有设备条件等因素，加热炉的热负荷还要与进料换热器的换热量统筹考虑。

4)塔：催化重整装置一般有三个塔，即预分馏塔、汽提塔和稳定塔，这些塔应当在挖潜、优化的基础上分别提出改造方案，有的可以通过降低回流比进行挖潜，有的需要增加塔板数，局部扩大或改用新型塔板或填料，差别太大的则需要更换新塔。

5)冷换设备：通过计算合理地调整冷换设备的负荷，对现有冷换设备作出不动、调整使用或适当增补的不同选择。也可以考虑采用高通量管或表面蒸发空冷等高效设备以提高传热效率，减少占地。对于冷却系统，不是都要加大，可以适当调整热负荷，只加大空冷器或只加大水冷器，以尽量减少改动的工程量。

6)泵：根据泵的特性曲线和需要流量逐台核实泵的规格，有的可以不动，有的可增加一台(两开一备)，有的可调换使用，有的情况则需要以大换小或改变叶轮直径。

7)容器：根据工艺核算情况分别处理，有的可以不动，有的需要调剂使用或新做，如将原有产品分离罐改作回流罐并新加一个产品分离罐等。

以上只是一些基本思路，实际上各厂条件不一样，可以有很多种不同的做法，做得好可以节约不少投资，否则就要多花钱。装置改造还牵涉一些设备更新问题，需要联系实际，一并考虑。

(三)技术方案

催化重整有半再生重整、连续重整、末反再生、组合床重整等多种模式，由于各厂情况不同，改造工作也不一定限于一种模式。消除"瓶颈"的改造，主要还是应当立足于原有工艺技术，这样改造起来比较容易。

鉴于我国原有半再生重整装置的规模一般都不大，反应苛刻度不高，设备又比较陈旧，因此对这些装置的改造主要还是保留原有工艺，只是扩大能力，如将 150kt/a 扩大为 300kt/a 等。有的工厂已新建了规模较大的连续重整装置，则将原有半再生重整装置停下来，改作他用，或者改成组合床或连续重整。连续重整装置的改造目的多半是扩大装置规模，为了减少改造的工程量，往往保留循环氢压缩机和催化剂再生系统设备不变，技术条件不作大的改动，填平补齐以消除装置中的"瓶颈"。

组合床重整比连续重整投资低，它对旧装置的改造和分期建设的工程具有一定的优势，可以将改造工程对生产的影响降至最小；但由于受前边固定床反应器的限制，反应压力不能太低（一般不低于 0.8MPa），氢烃比不能太小，因此重整产品收率比完全的连续重整要差一些。

沧州石化利用闲置的半再生重整设备改造成技术先进的逆流连续重整装置，2019 年开车成功，为老装置的改造开辟了一条新路。

第三节　重整反应系统主要操作参数

催化重整的操作参数是控制反应的独立条件，与催化剂和原料性质有关，主要是指反应压力、反应温度、空速、氢烃比（氢油比）[2]。这些参数的改变将影响产品质量、产率和催化剂的失活速率。催化重整操作参数的设计，与装置的工程投资及操作费用密切相关，反映了技术水平的高低。

在一定催化剂性能和生焦限制条件下，催化重整操作参数的选择与调整决定于两个条件：一个是原料性质，另一个是产品要求，这些是由工厂的实际情况决定的。也就是说，不同原料和产品要求的催化重整装置，应当选用不同的反应条件，而且这些条件之间在一定范围内可以互相补偿。例如，如果空速较高，就可以相应提高反应温度来达到同样的反应效果等。

催化重整操作参数及原料油性质对重整反应的方向性影响可用表 6-3-1 表示。

表 6-3-1　催化重整操作参数及原料油性质对反应的影响[4]

操作参数		产品辛烷值	重整油收率	氢产率	积炭速率
反应压力↗		↘	↘	↘	↘
反应温度↗		↗	↘	↗	↗
空速↗		↘	↗	↘	↘
氢烃比↗		→	→	→	↘
原料油	芳烃潜含量↗	↗	↗	↗	↘
	初馏点↗	↗	↗	↗	↘
	终馏点↗	↗	↗	→	↗

催化重整采用金属和酸性双功能催化剂，金属功能催化加氢和脱氢反应，酸性功能催化异构化和裂化反应。催化剂要求这两种功能有一个恰当的平衡，任何一个功能过高或过低都会影响催化剂的选择性和活性。促进各种反应的条件见表 6-3-2。

表 6-3-2　促进重整主副反应的条件[4]

反应	催化剂功能	温度	压力
环烷烃脱氢	金属	高	低
环烷烃异构	酸性	低①	—
烷烃异构	酸性	低①	—
烷烃脱氢环化	金属/酸性	高	低
加氢裂化	酸性	高	高
脱甲基	金属	高	高
芳烃脱烷基	金属/酸性	高	高

①低温有利于较高的异构/正构比，异构速度随着温度的增加而增加。

一、反应压力

反应压力是催化重整的基本操作参数，它影响产品收率、需要的反应温度以及催化剂的稳定性。催化重整的主要反应是产生氢气的环烷脱氢和烷烃环化脱氢，从热力学的观点分析，降低反应压力有利于向生成芳烃的反应平衡移动，对提高产品收率有利；但是，反应压力降低后氢压下降，会增加催化剂上的生焦速率，影响催化剂的稳定性而缩短操作周期。

一套催化重整装置设有 3~4 台反应器，前后各反应器的压力是不一样的，工程上只能用平均反应压力来表示。根据催化剂装量的分配情况，最后一台反应器中的催化剂大约占整个催化剂装量的一半，其入口压力接近于平均压力，因此一般以最后一台反应器的入口压力代表反应压力。由于系统压降有变化，实际操作中以产物分离罐的压力作为控制参数。

反应压力变化对重整操作的影响，以一套中压半再生重整为例，在原料 82~193℃ 馏分、氢烃比 5.5、辛烷值（RON）为 95 条件下的情况如图 6-3-1 所示。由图中可以看出，降低反应压力对提高 C_{5+} 重整油产率、氢产率和芳烃产率都是有利的，但催化剂的操作周期则会因焦炭的增加而缩短。

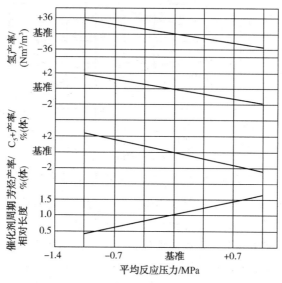

图 6-3-1　反应压力变化对重整操作的影响[4]

用国产 PS-VI 催化剂，处理 P/N/A 为 66.27/23.81/9.92 的原料，在空速为 1.2h⁻¹、氢油比为 2.5mol/mol、反应温度为 535 ℃ 的情况下，反应压力对反应结果的影响见表 6-3-3。

表 6-3-3　反应压力对重整主要反应结果的影响[4]

项目	数据		
平均反应压力/MPa(表)	0.30	0.35	0.40
C₅₊产品研究法辛烷值	105.2	105.1	105
C₅₊产品液收率/%	85.08	84.22	83.35
芳烃产率/%	72.70	71.90	71.06
纯氢产率/%	4.08	4.03	3.87
催化剂积炭速率/(kg/h)	70.6	68.7	66.9

由表 6-3-3 可见，随着反应压力的降低，芳烃产率、氢气产率、重整生成油的液体收率和辛烷值均增加，同时，催化剂的生焦速率也增加。

采用国产铂铼重整催化剂在三种不同压力下的中试结果如图 6-3-2 所示。从图中可以看出，重整产品的收率与辛烷值有关，同时反应压力对 C₅₊收率、芳烃产率及氢产率的影响十分明显。

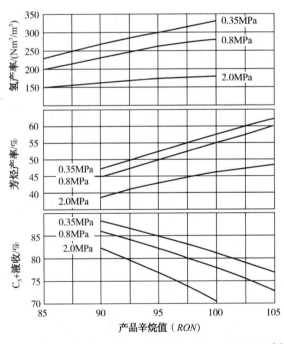

图 6-3-2　不同反应压力及辛烷值对产品收率的影响[4]

催化重整包括各种不同的反应，以上表示的是一般的综合效应，实际上反应压力对各种反应的影响是不完全相同的，而且与催化剂的性能有关系。

反应压力降低，则催化剂上的生焦速率提高，失活速率加快。在处理直馏石脑油时，半再生重整催化剂的失活速率如以反应压力 2.8MPa 时为基准，则压力降至 2.1MPa 和 1.4MPa 时，失活速率分别是它的 1.5 倍和 2.4 倍，压力越低失活速率越大。

连续重整反应压力对催化剂上沉积焦炭的影响如图 6-3-3 所示，在低压条件下，反应压力每降低 0.1MPa，相对积炭因数大约要提高 0.1。

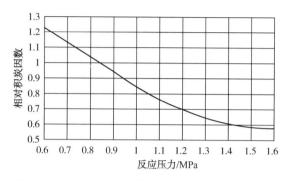

图 6-3-3　反应压力对催化剂上沉积焦炭的影响[4]

催化重整的反应压力是反应的基本参数，也是重整技术先进性的一个标志。反应压力越低，对提高重整产品的收率越有利；但反应压力越低，催化剂上的生焦速率增加，催化剂失活速度越快。为了克服这一对矛盾，技术开发工作从两个方面进行了大量工作：一方面是增加催化剂的容炭能力，减缓催化剂的失活速度，使得半再生重整的反应压力由初期的 1.8～3.5MPa 降低到 1.0～1.5MPa 后，操作周期仍能维持在一年以上；另一方面是开发出催化剂连续再生工艺，及时除去催化剂上的积炭，并逐步增加催化剂连续再生的能力，连续重整的反应压力初期为 0.8～1.0MPa，以后降低到 0.35MPa，装置规模也越来越大。

反应压力的降低不仅取决于催化剂性能和再生技术的改进，还需要在工程技术上创造必要的条件，主要是压力降低以后，气体体积增大，临氢系统流速增加，压降增大，循环氢压缩机的功率增加，为此除了尽量减小氢烃比外，还需要采用低压降的设备和管路。

反应压力是在装置设计时确定的，操作时通过产物分离罐的压力进行控制，在反应压力为 0.35MPa 时，产物分离罐的压力为 0.24MPa。在实际操作中，由于受设备设计条件的限制，反应压力调节的余地不大。

二、反应温度

重整装置实际运行中，操作参数中的反应压力、空速和氢烃比由于受实际条件的限制，任意改变的可能性很小，因此，反应温度是进行调节的主要参数。

适应重整操作的温度范围较宽，提高温度可以提高重整生成油的辛烷值，但会减少其收率，降低氢气纯度，增加生焦速率，对催化剂的稳定性有一定影响。过高温度（例如大于543℃），因为热反应大大增加，会降低重整油和氢气的收率和增加催化剂上的生焦速率，对设备材质影响也很大，一般不予考虑。

由于重整反应主要是吸热过程，各反应器出口温度比入口温度低，温差大小取决于反应热的大小，同时也与氢烃比有关，因为循环氢在反应器内还具有热载体的作用，载热体量大则温降减少。各反应器内反应情况不一样，温降也不一样（最低10℃左右，最高可能达到150℃），前面的反应器主要是进行环烷脱氢反应，反应热较大，温降较大；后面的反应器是烷烃脱氢环化和加氢裂化反应，综合反应热较小，温降较小。同时，同一个反应器内各点温度也不一样，因此很难用一点温度来代表反应温度。反应温度一般用加权平均入口温度

WAIT 或加权平均床层温度 WABT 来表示。

加权平均入口温度 WAIT = 各反应器催化剂装量分数与反应器入口温度乘积之和

加权平均床层温度 WABT = 各反应器催化剂装量分数与反应器进出口平均温度乘积之和

虽然 WABT 更准确地反映了催化剂的平均温度和反应条件,但计算起来比较麻烦。实际操作中为了方便起见,一般都用 WAIT 表示反应温度;特别是大多数重整装置各反应器均采用相同的入口温度,WAIT 就是反应器入口温度,无需进行计算。工业上加权平均反应器入口温度(WAIT)一般为 480~530℃。

反应器加权平均入口温度(WAIT)与加权平均床层温度(WABT)的差值既决定于反应热的多少,也与氢烃比的大小有关。反应热越大,氢烃比越小,则温差越大,WAIT 与 WABT 的差值越大。

反应温度与催化剂的活性有关,在以下情况下需要进行调整:改变重整生成油的辛烷值;处理不同性质的重整原料;改变装置的处理量,从而改变了空速;补偿由于催化剂老化活性逐步下降;补偿由于进料杂质对催化剂活性的损害。

反应温度是用来控制产品质量最主要的操作参数,每增加一个单位辛烷值需要提高反应温度(WAIT)为:在 RON 90~95 范围内为 2~3℃, RON 95~100 范围内为 3~4℃[4]。每提高 0.1MPa 反应压力,需要增加 1.5℃反应温度来进行补偿。增加空速或原料变贫、变轻,催化剂活性变差,也都需要适当提高反应温度以维持产品辛烷值不变。但如果原料中硫、氮、水和金属杂质含量偏高,影响催化剂的活性,应当先搞清原因,然后再采取相应的措施,一般不宜通过提高反应温度来补偿,否则可能会加剧催化剂的中毒失活。

不同组成的原料进行重整反应,如果要求生产同等辛烷值的重整油,应当采用不同的反应温度。图 6-3-4 和图 6-3-5 分别表示在一般半再生重整和连续重整在体积空速 1.0h⁻¹条件下,不同环状烃含量(N+3.5A)的原料生产不同辛烷值产品,所需的反应温度(WAIT)。从图中可以看出,辛烷值越高,要求反应温度越高。在相同辛烷值条件下,原料油的环状烃含量越高,要求反应温度越低;原料油的环状烃含量越低,则要求反应温度越高。

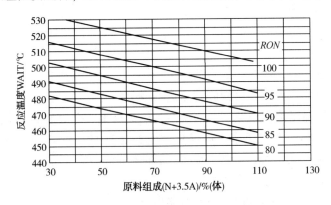

图 6-3-4　半再生重整原料组成对反应温度的影响[4]

表 6-3-4 列出了采用相同原料(原料族组成 P/N/A = 66.27/23.81/9.92),用国产催化剂 PS-Ⅵ,在空速为 1.2h⁻¹、氢油比为 2.5mol/mol、反应压力为 0.35MPa 的情况下,重整反应温度对反应结果的影响。

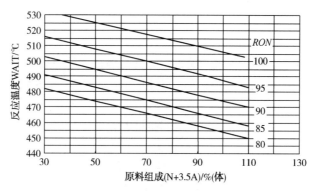

图 6-3-5 连续重整原料组成对反应温度的影响[4]

表 6-3-4 反应温度对重整主要反应结果的影响[4]

项目	数据			
WAIT/℃	521	526	531	536
WABT/℃	488	493	498	504
C_{5+} 产品研究法辛烷值	102	103	104	105
C_{5+} 产品液收/%	87.43	86.59	85.59	84.22
芳烃产率/%	69.48	70.38	71.18	71.90
C_6A	4.33	4.86	5.46	5.21
C_7A	19.50	19.82	20.05	20.19
C_8A	26.69	26.74	26.75	26.73
C_9A	16.68	16.69	16.67	16.57
$C_{10+}A$	2.28	2.27	2.25	2.20
纯氢产率/%	3.85	3.89	3.95	4.03
催化剂积炭速率/(kg/h)	38.0	45.2	54.9	68.7

由表 6-3-4 可见，随着反应温度升高，一方面，重整产物辛烷值升高，芳产和氢产增加；另一方面，液体收率降低，催化剂生焦速率加快。

值得注意的是，随着反应温度的升高，C_8 和 C_9 芳烃产率变化不明显，芳烃产率的增加主要来源于 C_6 和 C_7 芳烃产率的增加，并且 C_6 芳烃增加幅度大于 C_7 芳烃。

重整生成油中的烯烃含量与反应温度的关系见表 6-3-5。由表中可见，重整产物中的烯烃主要是 C_6 烯烃，随着反应温度的升高而增加。

表 6-3-5 反应温度对重整生成油中烯烃含量及其分布的影响[4]

	WAIT/℃	525	530	535	540
烯烃产率/%	$C_4^=$	0.05	0.05	0.06	0.08
	$C_5^=$	0.22	0.23	0.28	0.32
	$C_6^=$	0.80	0.84	0.92	0.99
	$C_7^=$	0.26	0.29	0.29	0.32
	合计	1.33	1.41	1.55	1.71

三、空速

空速是重整反应的一个重要参数，说明反应物与催化剂接触时间的长短，用每小时通过催化剂的石脑油进料量来计量，一般以液时空速即每小时液体体积空速（LHSV）或质量空速（WHSV）表示。

体积空速：
$$LHSV = \frac{\text{进料的体积流率}}{\text{反应器中催化剂的体积}}$$

质量空速：
$$WHSV = \frac{\text{进料的质量流率}}{\text{反应器中催化剂的质量}}$$

设计催化重整装置时选定的空速决定了反应器的大小。设计空速小对反应有利，但反应器要大，要装入较多的催化剂，由于重整催化剂中含有贵金属铂，价格昂贵，对投资影响较大。另外，由于空速与反应温度有关，为了生产一定辛烷值的产品，提高空速时需要提高反应温度，而温度又不宜过高，因此空速的提高受到一定限制。

目前一般工业装置采用的液时空速 LHSV 为 $1.0 \sim 2.0 h^{-1}$。选择设计空速时，要兼顾允许的加氢裂化反应和要求的脱氢环化反应两个方面。改变空速对芳构化和异构化一般不起作用，因为这些反应即使在高空速下也能接近平衡。从热力学考虑，C_6 烃等低相对分子质量馏分在相同范围内不比较重的烃有利[4]。

实际操作中，改变空速与增减反应温度的反向效果相同。降低空速（进料流率减少），意味着增加了反应物和催化剂的接触时间，提高了反应的苛刻度，会使产品辛烷值增加，产率降低，氢纯度降低，沉积焦炭增加；反应温度应当调低一些，以防止热反应过多影响重整生成油的收率。反之，提高空速（进料流率增加），减少了反应物与催化剂的接触时间，降低了反应的苛刻度，会使产品辛烷值减少，产率增加，沉积焦炭减少；辛烷值减少可以通过提高反应温度进行补偿。

重整油辛烷值 *RON* 在 $90 \sim 100$ 范围内，空速提高一倍时，一般要求反应器入口温度提高 $15 \sim 20$℃。高烷烃石脑油在空速提高一倍时，要求提高反应器入口温度 $20 \sim 30$℃；低烷烃石脑油在空速提高一倍时，只要求提高反应器入口温度 $8 \sim 12$℃[4]。

图 6-3-6 表示催化重整装置在处理典型直馏石脑油时，为了保持相同的重整油辛烷值，如进料量变化，引起空速改变，应当对反应温度进行的校正。例如，装置反应器内催化剂的装量为 53.5t，在进料量由 96.3t/h 提高到 120.3t/h，质量空速由 $1.8 h^{-1}$ 提高到 $2.25 h^{-1}$，由图 6-3-6 查得 WAIT 差值由-2℃增加到+2.5℃，因此 WAIT 应当提高 2.5-(-2)= 4.5℃。

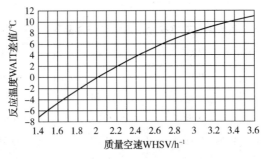

图 6-3-6　空速对反应温度的校正[4]

为了减少加氢裂化和生焦反应，操作中要降低空速时，应当首先降低反应温度，然后再减少进料量；要提高空速时，应当首先增加进料量，然后再提高反应温度。

空速对芳烃转化率(芳烃产率与芳烃潜含量之比)的影响随反应深度的增加而增加。当芳烃转化率低于100%时，主要是环烷脱氢生成芳烃，反应很快，如空速变化不大，它对芳烃转化率影响不大。但当芳烃转化率大于100%时，有一部分芳烃是由烷烃脱氢环化反应而得，空速影响就比较明显。

在反应压力0.35MPa和氢烃比2.65的情况下，采用P/N/A = 49.55/36.07/14.38的原料，PS-VI催化剂，体积空速对主要反应结果的影响见表6-3-6。

表6-3-6　体积空速对主要反应结果的影响[4]

项目	数据		项目	数据	
空速 LHSV/h⁻¹	1.64	1.97	C_{5+}产品液收/%	90.47	90.71
处理量/(kg/h)	125000	150000	芳烃产率/%	72.29	72.41
WAIT/℃	523	529	纯氢产率/%	3.58	3.61
C_{5+}产品研究法辛烷值	102	102	催化剂生焦速率/(kg/h)	26.40	30.98

由表6-3-6可见，空速从$1.64h^{-1}$提高到$1.97h^{-1}$，处理量扩大了1.2倍；在辛烷值保持不变的情况下，反应温度提高了6℃；同时，生焦速率从26.4kg/h增加到30.98kg/h。我们还可以注意到，空速对液体收率、芳产、氢产影响不太显著。因此，一套连续重整装置的反应器尺寸已经确定，空速增加还能否保持苛刻度不变的情况下正常运转，就主要取决于反应温度和再生器的能力。

以中原原油石脑油为例，原料馏程为65~170℃，总芳烃潜含量为51.7%，反应压力为1.5MPa，空速的影响见图6-3-7、图6-3-8。在相同的反应温度条件下，空速降低则辛烷值增加、芳烃产率增加，但循环气中氢纯度降低，C_{5+}液体收率减少。

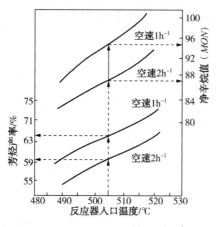

图6-3-7　不同空速下反应温度对辛烷值及芳烃产率的影响[2]

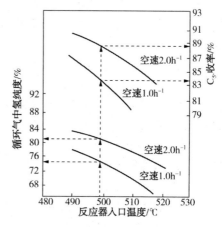

图6-3-8　不同空速下反应温度对C_{5+}收率及循环气中氢纯度的影响[2]

催化重整装置的催化剂分别装在四台反应器中，在原料组成P/N/A = 66.27/23.81/9.92、空速$1.2h^{-1}$、氢油摩尔比2.5、反应压力0.35MPa条件下，按不同装填比装入四台反应器对反应的影响如表 6-3-7 所示。

表 6-3-7　催化剂装填比对重整反应的影响[4]

项目	数据		
催化剂装填比	12/18/25/45	15/20/25/40	20/24/26/30
WAIT/℃	536	536	536
WABT/℃	505	504	502
反应器温降/℃	291	291	289
一反	106	111	118
二反	81	82	83
三反	65	62	58
四反	39	36	30
C_{5+}产品液体收率/%	84.21	84.22	84.41
C_{5+}产品芳烃含量/%	85.38	85.37	85.05
芳烃产率/%	71.90	71.90	71.79
纯氢产率/%	3.97	4.03	3.96
催化剂沉积焦炭速率/(kg/h)	69.1	68.7	65.4

　　由表 6-3-7 可以看出，催化剂装填比在上述实验范围内对各反应器温降的分布有明显影响，但对产品收率、芳烃产率、纯氢产率及催化剂沉积焦炭速率影响都很小。

四、氢烃比

　　为了保持催化剂的稳定性，催化重整反应需要有氢气循环以增加氢分压，它能起到从催化剂上将生焦前身物清除的作用，从而减小生焦的速度，同时使石脑油以较快的速度通过反应器，并使由于吸热反应产生的温降减少。

　　氢烃比(H_2/HC)表示循环氢量与重整进料量的比值，其定义为循环气中的纯氢与液体进料的摩尔比，即：

$$氢烃比 = \frac{循环气中纯氢的摩尔流率}{液体进料的摩尔流率}$$

　　为了方便起见，有时也用气油比或氢油比来表示循环氢量与重整进料量的比值，其定义为标准状态下循环气或其中的纯氢与液体进料的体积流率比，即：

$$气油比 = \frac{循环气的体积流率}{液体进料的体积流率} \quad (标准状态)$$

$$氢油比 = \frac{循环气中纯氢的体积流率}{液体进料的体积流率} \quad (标准状态)$$

　　氢烃比的大小直接影响氢分压的高低，对反应的影响不是很大，但影响催化剂的生焦速度和催化剂的寿命。氢烃比大，虽然不利于芳构化，增加加氢裂化，但催化剂沉积焦炭速率减慢，操作周期增长。氢烃比减小，则氢分压降低，虽有利于环烷脱氢和烷烃的脱氢环化，但会增加催化剂上沉积焦炭速率，降低催化剂的稳定性。

　　循环氢通过反应器时，还起着热载体的作用，氢烃比大小对催化剂的床层温度有影响。

随着氢烃比的降低，在相同加权平均入口温度 WAIT 条件下，加权平均床层温度 WABT 减小，反应苛刻度降低。氢烃比对催化重整主要反应结果的影响见表 6-3-8。由表 6-3-7 可见，达到相同辛烷值时，随着氢烃比增加，液体收率、氢产和芳产略有下降，变化幅度不大。但是，随着氢烃比增加，催化剂上沉积焦炭量大幅度减少，因而可以减小再生器规模。

表 6-3-8　氢烃比对催化重整主要反应结果的影响[4]

项目	数据		
氢烃摩尔比	2.00	2.50	3.00
WAIT/℃	539	536	533
WABT/℃	505	504	504
C_{5+} 产品辛烷值 RON	105	105	105
C_{5+} 产品液收/%	84.54	84.22	83.90
芳烃产率/%	72.18	71.90	71.65
纯氢产率/%	4.06	4.03	3.99
催化剂生焦速率/(kg/h)	80.8	68.7	59.7

注：催化剂 PS-VI，原料 P/N/A=66.27/23.81/9.92。

图 6-3-9 和图 6-3-10 分别表示催化重整装置在处理直馏石脑油时，氢烃比对催化剂相对生焦因数和失活速度的影响，氢烃比越低，催化剂相对生焦因数越大，失活速度越快。

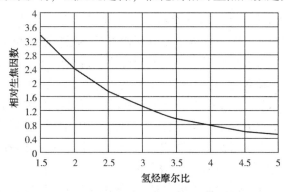

图 6-3-9　氢烃比与催化剂相对生焦因数的关系[4]

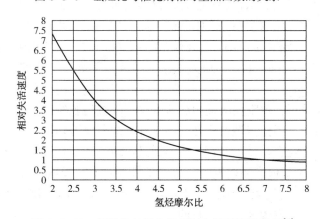

图 6-3-10　氢烃比与催化剂相对失活速度的关系[4]

循环氢量决定了循环氢压缩机的大小和功率，而催化剂的生焦量又决定了催化剂再生设备的规模，因此氢烃比对工程投资和操作费用影响都较大，是在装置设计时要考虑的重要参数。氢烃比大，有利于抑制催化剂生焦，延长催化剂操作周期，但设备投资多，能耗高，经济上不合理。因此，氢烃比的选择，应综合原料性质、反应苛刻度要求、催化剂的性能以及生产费用等因素确定。在原料油芳潜较高、反应苛刻度不高、反应条件比较缓和、催化剂容炭能力较强的条件下，可以选用较低的氢烃比，以减小循环氢压缩机的能力，节省能耗；反之，氢烃比应较高，以保证一定的操作周期。半再生重整氢烃比一般为 5~8，连续重整由于能及时除去催化剂上的积炭，氢烃比可以小一些，早期为 3 左右，现在已降到 1.5~2.0。

氢烃比是决定催化剂稳定性的重要因素，但对生成油性质影响不大。在一般操作范围内，氢烃比对产品质量和收率影响很小，不是需要经常调节的参数。根据辛烷值和原料组成的变化，催化剂生焦速率会有不同，将氢烃比维持在相应要求的最低水平，在经济上是合理的，是设计时必须认真考虑的问题。但在实际操作中，由于受压缩机排量的限制和避免操作的波动，一般很少进行调节。

五、操作参数与原料性质的关系

重整原料一般为直馏石脑油、加氢裂化石脑油、加氢过的焦化石脑油、催化裂化石脑油和乙烯裂解石脑油的抽余油，包含 $C_6 \sim C_{11}$ 的烷烃、环烷烃和芳烃。原料来源、组成、馏程对操作参数都有影响。

原料中族组成(PONA 值)是一项重要指标，反映了用它生产高辛烷值重整油的难易程度，对反应条件的影响较大。P、O、N、A 分别代表重整原料中烷烃、烯烃、环烷烃和芳烃的质量分数，其中烯烃在进行重整反应之前已经除去，环烷烃和芳烃的含量(N 和 A)是用来衡量原料贫富的指标，N 和 A 含量高、P 含量低的为富料，N 和 A 含量低、P 含量高的为贫料，常用 0.85N+A、N+A、N+2A 或 N+3.5A 来表示，国内习惯以芳烃潜含量来表示。

芳烃潜含量是表征重整原料的一项指标，它是原料中的环烷烃全部转化为芳烃的量与原料中的芳烃量之和。芳烃潜含量高，说明原料较富，对重整反应有利；反之原料较贫，对重整反应不利。以 $C_6 \sim C_8$ 芳烃为例计算芳烃潜含量：

$$芳烃潜含量(\%) = 苯潜含量 + 甲苯潜含量 + C_8 芳烃潜含量$$
$$苯潜含量(\%) = C_6 环烷(\%) \times (78/84) + 苯(\%)$$
$$甲苯潜含量(\%) = C_7 环烷(\%) \times (92/98) + 甲苯(\%)$$
$$C_8 芳烃潜含量(\%) = C_8 环烷(\%) \times (106/112) + C_8 芳烃(\%)$$

式中，78、84、92、98、106、112 分别为苯、C_6 环烷、甲苯、C_7 环烷、C_8 芳烃、C_8 环烷的相对分子质量。

随着重整技术的发展，重整生成油中的芳烃除了环烷烃脱氢产生的以外，一部分烷烃也可以脱氢环化产生芳烃，因此芳烃产率往往高于计算的芳烃潜含量。

原料中环烷烃与芳烃含量低的贫料，如沈北石脑油(环烷烃 22.6%，芳烃 4.9%，烷烃72.5%)，用来生产高辛烷值产品较困难，反应条件较苛刻。原料中环烷烃与芳烃含量高的富料，如大港石脑油(环烷烃 45.9%，芳烃 4.4%，烷烃 49.7%)，用来生产高辛烷值产品较容易，反应条件较缓和，但脱氢反应吸收的反应热量较大。

图 6-3-11~图 6-3-13 表示不同组成原料油反应温度与芳烃产率、辛烷值以及液体收率

的关系。由图中可以看出,在相同平均床层温度条件下,芳烃潜含量大的原料油,其芳烃产率、辛烷值和液体收率都较高,而且不同温度下,不同原料的芳烃产率差距变化不大,但辛烷值则不同,高温下差距大,低温下差距小。液体收率随着辛烷值的提高,差距加大。

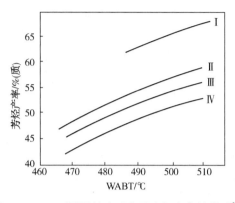

图 6-3-11　不同原料油反应温度与产率的关系[4]

Ⅰ—N+2A = 73.1%；Ⅱ—N+2A = 60.4%；Ⅲ—N+2A = 57.4%；Ⅳ—N+2A = 55.6%

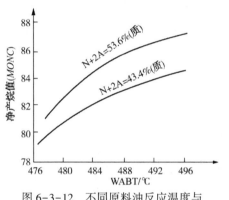

图 6-3-12　不同原料油反应温度与重整油辛烷值的关系[4]

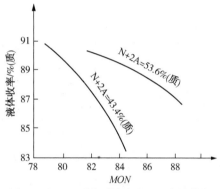

图 6-3-13　不同原料油重整油辛烷值与液收的关系[4]

不同来源的重整原料,不同碳原子中六元环烷烃与五元环烷烃的比值不一样,裂化石脑油比直馏石脑油低,见表 6-3-9。五元环烷烃芳构化首先需要异构化成六元环烷烃,因此六元环烷烃与五元环烷烃的比值高更有利。即使对于比值较有利的 C_{7+} 而言,在环己烷完全转化成苯时,甲基环戊烷也只有大约 60% 转化成苯。

表 6-3-9　环烷烃比值(六元环烷烃/五元环烷烃)

碳原子数	直馏石脑油	焦化石脑油	加氢裂化石脑油	催化裂化石脑油
6	1.4~1.5	0.5~0.6	~0.1	~0.1
7	1.6~1.7	0.9~1.0	~0.5	~0.7
8	~2.0	~1.0	~2.4	~0.8

重整反应与原料油的组成和馏分轻重有关。重整原料初馏点一般为 70~100℃,终馏点一般为 150~180℃。

初馏点低于 77℃ 的原料含有大量 C_{5-},戊烷不能转化成芳烃,通过时不变化,或者异构或裂化成轻烃，稀释了辛烷值，要获得同样辛烷值比高初馏点原料的反应苛刻度要大。初馏点决定甲基环戊烷(沸点72℃)和环己烷(沸点80.7℃)的含量，影响苯的产量，近年来由于对汽油中苯含量限制很严，一般原料初馏点都高于82℃以除掉环己烷。

重整原料干点高，意味着富含芳烃和环烷烃重馏分，容易进行重整反应，但高沸点馏分是生成多环芳烃的来源，易于生焦，会加快重整催化剂的生焦速率，同时重整原料过重会使重整汽油的干点不合格，因此原料干点一般不超过180℃。从图6-3-14可以看出，重整原料馏分干点愈高，催化剂相对失活速度愈快，特别是对180℃以上的馏分影响更大。

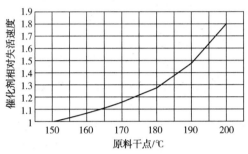

图 6-3-14　直馏石脑油干点对催化剂失活速度的影响[4]

图6-3-15和图6-3-16分别表示催化重整装置在处理典型直馏石脑油时，原料中 A+0.85N 含量和中平均沸点对反应温度的影响。

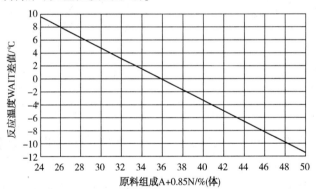

图 6-3-15　原料组成与反应温度的关系[4]

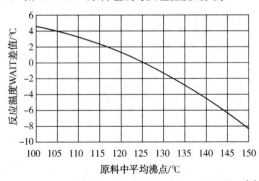

图 6-3-16　原料中平均沸点与反应温度的关系[4]

由图中可以计算出原料组成变化后的反应温度。例如，如果原来处理原料的 A+0.85N 为42%(体)，中平均沸点为130℃(工况 a)，改为处理 A+0.85N 为35%(体)，中平均沸点为122℃(工况 b)的原料后，反应温度变化值计算结果见表6-3-10。

表 6-3-10　原料性质对反应温度的影响[4]

项目	工况 a	工况 b	Δ=b-a
(A+0.85N)/%(体)	42	35	-7
中平均沸点/℃	130	122	-8
从图6-3-15查出 ΔWAIT/℃	-4.8	+0.7	+5.5
从图6-3-16查出 ΔWAIT/℃	-1.2	+0.8	+2.0
ΔWAIT 增加/℃			+7.5

从表6-3-10可以看出，当原料由工况 a 改变为工况 b 时，反应温度(WAIT)应当提高
5.5+2.0=7.5℃。

原料性质的变化将改变反应温度，而反应温度的变化又将改变催化剂的失活速度。从图
6-3-17可以看出重整装置在处理直馏石脑油时，原料中 N+A 含量变化对催化剂相对失活速
度的影响：原料越富，其中 N+A 含量越高，则催化剂相对失活速度越低。

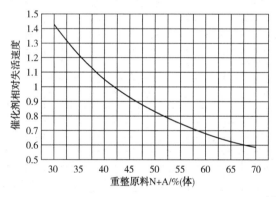

图 6-3-17　重整原料组成对催化剂失活速度的影响[4]

六、操作参数与产品质量的关系

产品辛烷值是重整反应苛刻度的指标，对操作参数有着直接的影响。重整油的辛烷值与
其中的烃组成有关系，各个烃组分的辛烷值不同，而且同一组分与不同基础油调和时，表现
出的调和效应也有差别。$C_6 \sim C_8$ 中部分环烷烃与芳烃的辛烷值见表6-3-11。

表 6-3-11　部分环烷烃与芳烃的辛烷值

名称	研究法辛烷值 (RON)	马达法辛烷值 (MON)	名称	研究法辛烷值 (RON)	马达法辛烷值 (MON)
环己烷	83	77.2	甲苯	120	103.5
乙基环戊烷	67.2	61.2	间二甲苯	117.5	115
甲基环己烷	74.8	71.1	邻二甲苯	120	100
1,3-二甲基环己烷	71.7	71	对二甲苯	>100	
苯	114.8	>100	乙基苯	>100	97.9

重整油辛烷值一般用研究法辛烷值(RON)表示，重整油研究法辛烷值(RON)与马达法辛烷值(MON)的关系，可以大致从图6-3-18看出来。

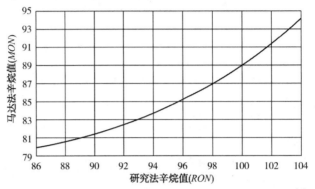

图6-3-18　重整油研究法辛烷值与马达法辛烷值的关系[6]

重整油辛烷值越高，芳烃含量也越高，其关系可从图6-3-19看出来。因此生产芳烃的重整装置一般要求重整生成油的辛烷值要高一些，但由于辛烷值提高后产品收率往往会减少，同时催化剂上生焦速率增加，也不是越高越好，需要根据装置情况具体分析。

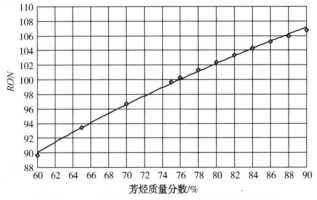

图6-3-19　重整油辛烷值与芳烃含量的关系[8]

重整油的辛烷值和收率是重整反应的重要指标，一般以 C_{5^+} 组分为基准。根据生产需要，重整稳定塔有按塔底油蒸气压、脱丁烷和脱戊烷三种操作方式，不同操作方式对塔底出来的重整油组成有影响。在稳定塔按脱丁烷操作时，塔底油就是 C_{5^+} 组分，可以直接分析和计量。在稳定塔进行脱戊烷操作时，C_5 组分进入塔顶馏分，塔底油偏重，收率略低，辛烷值略高，C_{5^+} 组分的辛烷值和收率可根据实际计量并按化验室组成分析数据计算。

重整油的辛烷值可以通过改变反应温度进行调整。图6-3-20表示在处理典型直馏石脑油时，改变重整油辛烷值 RON 应当对反应温度所作的校正。

例如，从图6-3-20中查出 RON 为96和100时的 ΔWAIT 分别为-4.5℃和5.5℃，则 RON 由96提高到100时，反应温度 WAIT 应当提高 5.5-(-4.5)=10℃。

在催化重整装置中，原料性质确定以后，重整油辛烷值的高低就决定了产品收率，因而是影响技术经济指标的关键因素。生产汽油组分时，常以重整油辛烷值与收率的乘积(国外用辛烷值·桶为单位)作为评估指标；生产芳烃时，以芳烃产率(即芳烃含量与收率的乘积)作为评估的指标。图6-3-21反映了一定条件下重整油辛烷值和原料组成与重整油收率之间的关系。

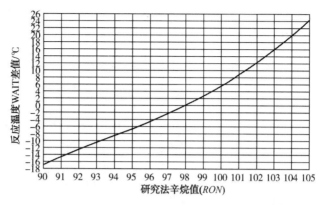

图 6-3-20　重整油辛烷值对反应温度的影响[8]

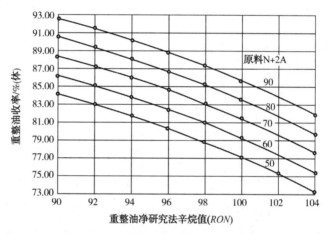

图 6-3-21　重整油辛烷值与收率的关系[6]

　　重整油收率国内一般都用质量分数计算，国外常用体积分数计算，一般体积分数与质量分数的关系见图 6-3-22。

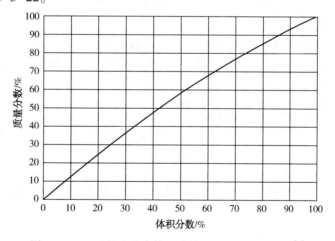

图 6-3-22　重整油收率体积分数与质量分数的关系[6]

　　提高重整反应的苛刻度，重整油辛烷值相应提高，但增加了催化剂的失活速度。图 6-3-23 和图 6-3-24 分别表示催化重整装置在处理直馏石脑油时，重整油辛烷值与催化剂相对生焦因数和失活速度的关系。重整油辛烷值越高，催化剂上生焦因数增加，催化剂的失活速度越快，特别是在高辛烷值条件下，对催化剂寿命影响很大。

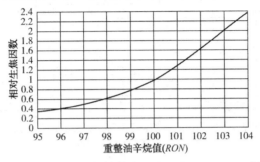

图 6-3-23　重整油辛烷值与相对生焦因数的关系[4]

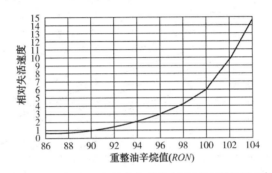

图 6-3-24　重整油辛烷值与催化剂失活速度的关系[4]

对生产汽油调和组分来说，重整油的辛烷值直接反映重整产品的要求。由于产品辛烷值的高低影响产品收率，例如，辛烷值 *RON* 由 85 提高到 100，重整油的收率大约要降低 13%（体）[4]，因此装置生产多少辛烷值的产品应当根据全厂实际需要确定。过低满足不了要求，使工厂汽油达不到标准，出不了厂；过高会降低产品收率，造成辛烷值过剩，又卖不出好价钱，影响工厂的经济效益。对于生产芳烃的重整装置来说，操作参数的选择着眼于芳烃产率要高，即重整油的收率与重整油中芳烃含量之乘积要高。

在目前条件下，生产高辛烷值汽油调和组分的重整装置产品辛烷值 *RON* 一般为 95 ~ 102，生产芳烃的重整装置辛烷值 *RON* 要求高一些，连续重整一般为 102 ~ 105，半再生重整受操作周期限制要低一些。

氢气是催化重整重要的副产品，为加氢装置提供氢源，其产量随处理量的增加和重整油辛烷值的提高而增加。重整装置调整操作参数时应当考虑所产氢气性质及数量变化对工厂生产带来的影响。

第四节　催化剂再生系统主要操作参数

一、催化剂的连续再生

（一）催化剂连续再生过程
催化剂连续再生的任务，就是要控制好催化剂循环和再生的操作参数，将待生催化剂上的焦炭烧干净，恢复催化剂的活性，实现催化剂边反应边再生的目的，延长开工周期。

催化剂连续再生流程因工艺技术的不同而有差别，但都包括烧焦、氧化氯化、干燥(焙烧)和还原四个基本过程。反应后的待生催化剂进入再生器，首先进行烧焦，除去沉积的焦炭；然后在过氧的条件下注氯，调节催化剂上的氯含量，并氧化和分散催化剂上的铂金属；在离开再生器前进行干燥(焙烧)，脱除催化剂上的水分；最后在氢气条件下进行还原，将催化剂上的金属由氧化态变成还原态，完成催化剂的全部再生过程，循环返回反应器。

待生催化剂上的焦炭中约95%是碳，催化剂的含焦量可以通过化验分析测出的含碳数据除以0.95求出，也可以通过烧焦使用的空气量计算。

(二)催化剂再生条件

催化剂连续再生的操作取决于催化剂的循环量和催化剂上沉积的焦炭量。每套催化剂连续再生设备的循环量和烧焦能力在设计中已经作了规定，实际操作要受这些条件的限制。如果沉积的焦炭量超过设计的烧焦能力，就应当调整重整反应的苛刻度，或者降低重整进料的流率。

待生催化剂的焦炭含量是由反应条件决定的，它是原料性质、产品辛烷值、进料流率、反应压力、温度和氢烃比的函数。对催化剂连续再生而言，待生催化剂含炭量一般应为3%~7%，最好是4%~6%，在这个范围内再生，催化剂的性能和寿命比较好。

为了控制住待生催化剂的焦炭含量，要注意维持生焦和烧焦速率的平衡，这就是说，重整反应条件改变，增加或者降低结焦速率，应相应改变催化剂再生条件，增加或降低烧炭速率。但这种改变不是需要立即进行的，因为改变反应条件对待生催化剂上含焦量的影响往往要几天的时间才能看出来。

反应器进油后不久就应开始催化剂的循环，以便帮助焦炭均匀地分布在催化剂上。开始操作时只循环不烧焦，直到待生催化剂焦炭含量稳定在3%(质)以上再开始烧焦。

再生器的操作条件分区进行调节，注意调节好催化剂的循环量、各区气体流量、入口温度及注入空气量，防止超温。

为了保证催化剂在反应器与再生器之间平稳输送，再生器的压力是通过与反应部分设备维持一定压差(一般考虑有约70kPa的偏差)来自动进行控制的。目前连续重整平均反应压力一般为0.35MPa，不同连续重整工艺的再生器压力是不一样的，UOP工艺连续重整再生器的压力与重整反应的产物分离罐关联，规定是0.25MPa；Axens工艺连续重整再生器的压力与第一反应器关联，约为0.55MPa；逆流连续重整再生器的压力介于两者之间。

再生器是在含氧的环境下操作，与反应器的氢/烃环境完全不同，必须严格分开。隔离的方法是使流动的催化剂用氮气置换，并用氮封罐隔开，防止空气与氢气接触。氮封罐压力高于与其连接的前后设备，确保含氧和含氢气体不会进入氮封罐，并有双阀联锁保护。

在催化剂再生与循环操作中需要根据实际情况，设定以下参数：

1)催化剂的循环量：根据生焦情况确定；

2)烧焦区、氧化氯化区和干燥区的气体流量：参照设计值；

3)各区的入口温度(用电加热器控制)：关注烧焦区的出口温度，如果过高应降低其入口温度，但不低于470℃；

4)注入空气量：烧焦区入口0.6%~0.8%(体)，维持出口气含氧0.2%(体)。

(三)黑烧与白烧

催化剂连续再生设备根据再生器下部催化剂含焦炭情况有白烧和黑烧两种操作方式。

所谓白烧,就是正常操作情况,烧焦区通入含氧气体已将催化剂上的焦炭烧完,此时烧焦区下部的催化剂中不含焦炭,往氧化氯化区和干燥区通入空气,使催化剂在高含氧的环境下注氯和分散金属粒子,再进行干燥和冷却后送出再生器。

装置在第一次开工和再生操作不正常时,再生器烧焦区下面往往还存在有含焦炭的催化剂,这时就要采取黑烧方式,即氧化氯化区、干燥(焙烧)区和冷却区只通氮气,不通空气,含氧气体只进入烧焦区,在烧焦区内将催化剂上的积炭烧掉,同时移动催化剂,一直到氧化氯化区和干燥(焙烧)区内所有催化剂上都不含焦炭时,才转入"白烧"。催化剂再生部分停车后,每次重启时都要先采用黑烧方式,然后再转白烧。

黑烧到白烧的转换非常重要,必须密切监控,只有在确保氧化氯化区、干燥区和冷却区绝对没有含焦炭的催化剂的条件下,才能启动白烧方式,否则会使再生器严重超温,烧坏设备和催化剂。催化剂在高温下,氧化铝会产生永久相变,从 α 相变成 γ 相,生成侏儒形缩小的白色催化剂,这种催化剂没有活性。在非常高的燃烧温度下,催化剂还会融化,形成大片的熔融催化剂。当大块催化剂熔融时,高温足够融化再生器内构件。

UOP 公司要求黑烧要一直继续到氯化区、干燥区和冷却区内催化剂都没有焦炭,用闭锁料斗运转 200 周期或在设计循环速率下运行 10h,以确保催化剂已充分置换以后,才允许转入白烧。

二、烧焦过程

催化剂的烧焦区位于再生器的顶部,催化剂在内外两层筛网之间向下流动,含氧的再生热气体由催化剂床层的外部流向内部,与催化剂接触,燃烧催化剂上沉积的焦炭。

1. 烧焦区的操作参数

烧焦区的主要操作参数是催化剂循环速率、烧焦区的氧含量、待生催化剂的焦炭含量和烧焦区的气体流率。这些操作参数是互相关联的,一个参数的采用受到其他参数的限制,所有操作参数都要围绕同一个目的,就是要保证催化剂上沉积的焦炭能在烧焦区内烧干净,否则一旦使焦炭进入氧化氯化区,与过量氧气接触,将会引发高温,烧坏催化剂和设备,是不允许的。

实际上,烧焦区的四个参数中,待生催化剂的焦炭含量和烧焦区的气体流率也不是操作人员能直接控制的,操作人员应当根据待生催化剂的焦炭含量和烧焦区的气体流率,控制好催化剂循环速率和烧焦区的氧含量,保证催化剂上沉积的焦炭完全燃烧,标志是再生后催化剂的含焦量不超过 0.1%,颗粒中心无焦炭,并且基本没有整个黑球颗粒。

2. 氧含量的控制

氧含量是控制烧焦区的一项重要指标,正常操作时的烧焦区氧含量一般为 0.5% ~ 1.0%(摩尔)。高氧含量会提高烧焦温度损坏催化剂,损失催化剂的表面积;低氧含量会使烧焦减慢,从而可能使焦炭在烧焦区内不能完全烧干净。为了减少高温烧焦对催化剂性能造成的负面效应,烧焦区的氧含量在保证焦炭在烧焦区内完全燃烧的条件下,应当尽量少。氧含量的操作范围受催化剂循环量、待生催化剂含焦量和烧焦区气体流率的限制。进入烧焦区的氧量,通过在线分析仪自动进行控制。在两段烧焦条件下,一段入口氧含量 0.6% ~ 0.8%(摩尔），二段出口氧含量应不低于 0.2%(摩尔)，表明催化剂上的焦炭通过烧焦区后已烧干净[含焦量不大于 0.1%(质)]。

3. 温度控制

烧焦区的入口温度达到 410/415℃时开始燃烧，一般控制在 470~480℃，出口温度一般不超过 545℃。烧焦区设置有多点床层温度，它能很好地表示出烧焦的情况。高峰温度一般是在烧焦区顶部以下 40%的地方，该处烧焦速率最大。烧焦区最后几点温度应当保持不变，说明烧焦已经完成。

烧焦区的床层温度是入口氧含量、催化剂循环速率、待生催化剂含炭量和再生气体流率的函数。床层温度不论何时何处发现升高，说明烧焦速率增加。床层高峰温度最高不应超过593℃，过高温度会损坏催化剂和设备[22]。

烧焦区床层高峰温度的增加是以下因素引起的：烧焦区氧含量增加；待生催化剂含炭量增加；催化剂循环量增加。

床层高峰温度位置下降，或床层底部温度增加是以下操作条件改变的结果：催化剂循环量增加；烧焦区氧含量减少；待生催化剂含焦量增加；烧焦区气体流率降低。

为了降低催化剂表面积衰减的速度，在保证积炭在烧焦区内完全烧干净的条件下，床层温度应当尽量降低，这就是说，操作人员应当不采用不必要的高氧含量。

用于烧焦的空气量，除了空气循环外，大约为 10Nm³/kg 焦炭。

4. 烧焦烟气的处理

连续重整催化剂再生时烧焦气体需要放空，其中含有氯化物必须除去，以满足环保要求。除了碱洗方法以外，氯吸附方法也日益得到广泛采用。

目前采用的氯吸附有两种方法：一种方法是采用专门的脱氯吸附剂，吸附放空气中的氯，吸附剂饱和以后从脱氯罐中卸出来，送去安全地点深埋处理；另一种方法是 UOP 公司开发的 Chlorsorb 工艺，利用重整催化剂在低温下持氯高的特性，用温度较低的待生催化剂回收催化剂高温烧焦区放空烟气中的氯化物。

采用 Chlorsorb 脱氯技术受吸氯平衡和腐蚀的限制，要严格控制操作温度。温度过高会影响吸附效率，温度过低会引起酸露点腐蚀设备，一般要求操作温度约 138℃，并要求用不低于 93℃的热空气冷却再生放空气，而且要做好相关设备和管线的保温伴热。用蒸汽管或电热带伴热都要均匀覆盖整个表面，不能有保护不到的地方，要保证所有与放空气接触部位的温度均能符合要求。再生烧焦放空气冷却器是最容易引起腐蚀的设备，在放空气出口附近的壳壁和空气入口附近的管子都是容易发生腐蚀的地方。为防止低温冷凝腐蚀，氯吸附气体入口温度不应低于 116℃(留有约 30℃余量)。同时，为了防止待生催化剂上的积炭在吸附区燃烧，吸附区出口温度也不能太高，设定 204℃高温警报，218℃联锁[22]。

三、氧化氯化过程

催化剂在氧化氯化区中与氧和有机氯化物发生复合反应，以调整氯含量并氧化和分散催化剂上的铂金属。

氧化氯化区的催化剂用气体加热，氧化氯化区的温度用电加热器的出口温度控制，一般在 510℃左右。

高氧含量、合适的停留时间、适当的温度有利于金属的氧化和再分散，更好地发挥催化剂的金属功能。氧含量高对氧化有利，但由于这部分氧全部进入再生气的循环系统，因此必须与烧炭所消耗的氧平衡。氧化氯化的气体流量要考虑这一要求。

为了保持催化剂上酸性功能的活性，氯含量不能过高或过低，在氧化氯化区用氯化物的注入量控制。正常操作期间再生催化剂上的氯含量由催化剂类型确定，一般维持在0.9%~1.3%(质)。常用有机氯化物的性质见表6-4-1。

表6-4-1　常用有机氯化物的性质[4]

化合物	相对分子质量	沸点/℃	冰点/℃	相对密度(20℃)	氯含量/%
全氯乙烯	165.8	120.6	−22.5	1.63	85.5
三氯乙烯	131.39	86.7	−73.0	1.46	81.4
1，1，1-三氯乙烷	133.41	74.1	−30.4	1.34	79.7
1，2，2-三氯乙烷	133.41	113.5	−36.5	1.44	79.7
顺-二氯乙烯	96.94	60.3	−80.5	1.291	73.2
反-二氯乙烯	96.94	48.4	−50.0	1.265	73.2
1，1-二氯乙烷	98.96	57.3	−97.6	1.175	71.7
1，2-二氯乙烷	98.96	83.6	−35.3	1.253	71.7

四、干燥过程

催化剂在干燥区内通过热的干燥气体将水分带走，高温、适当的干燥时间和一定的干燥气体流量是必要的条件，操作时应当予以关注。干燥区入口温度一般为500~520℃。

为了将再生后催化剂载体上的水分完全清除掉，进入干燥(焙烧)区的气体(一般为空气或含氧8%~12%的混合气)必须经过干燥并保持流量恒定。干燥用空气的含水量一般不超过5×10^{-6}(相当于常压下露点低于−65℃)。在催化剂黑烧时，干燥气采用氮气。

为了避免催化剂在离开再生器输送的过程中非受控状态下还原，在干燥区下部设有冷却区，催化剂在冷却区中冷却到150℃左右。冷却区不是再生步骤，而是为了催化剂输送的需要。

五、催化剂还原

催化剂离开再生器以后通过还原罐，在足够高温度下与氢气反应，使金属由氧化态变成还原态。还原是催化剂再生的必要步骤，但它是在与再生器隔开的还原罐中进行的。还原氢大部分装置采用重整产氢，有些装置要求采用提纯氢。还原氢流量按设计值，正常操作时保持不变。

催化剂还原过程有的工艺采用一段，有的采用两段。一段还原入口温度480℃，两段还原上部床层进行低温还原(入口421℃)，下部床层实现高温还原(入口538℃)。

从还原区出来的气体通过还原气换热器冷却，由于其中含有水和HCl，冷却温度不能太低，如有液体生成，腐蚀将十分严重。

六、催化剂循环

1. 催化剂循环过程

催化剂循环过程将反应后的待生催化剂输送到再生器进行再生，再将再生后的再生催化剂送回反应器，并进行反应器之间催化剂的输送，以实现催化剂在装置不停工的条件下连续进行再生。催化剂由高处向低处下落依靠重力，自低处向高处输送采用气体提升。

催化剂循环由高压到低压，再返回原处，要经历由低压到高压的提压过程，一般采用闭锁料斗，交替泄压和充压，分批提升。逆流连续重整采用分散料封的方法，实现催化剂连续逆压差输送，是一个创举。

催化剂在提升管内用提升气提升，提升气由一次气和二次气两部分组成，催化剂输送量的变化通过改变二次气量来实现，但一次气和二次气的总量始终维持不变，以保证催化剂在提升管内的流速恒定，避免催化剂在提升过程中过度磨损。

在操作条件改变而引起提升气密度变化时，提升气流量需要进行调整。为了保持实际提升气流速恒定，提升气流量应按下式修正：

$$V_c = V_r \times \sqrt{\frac{M_d}{M_o} \times \frac{P_o T_d}{P_d T_o}}$$

式中　　　V_c——在操作压力、温度和相对分子质量条件下的修正流量；

V_r——在设计压力、温度和相对分子质量条件下的流量读数；

P_o、T_o、M_o——操作条件下的压力、温度（K）和相对分子质量；

P_d、T_d、M_d——标定流量计使用的设计压力、温度（K）和相对分子质量。

提升管的压差与催化剂的输送量有关，催化剂循环速率由再生催化剂提升管的压差来控制。提升线差压值的变化可显示出催化剂的提升情况。

2. 提升气流量计算

催化剂提升气流量按下式计算：

$$V = 3600 \times \frac{\pi D^2}{4} U = 2826 D^2 U$$

提升气体速度为催化剂颗粒沉降速度与颗粒提升速度之和，即：

$$U = U_t + U_P$$

根据牛顿公式[28]，催化剂颗粒在提升管内的沉降速度为：

$$U_t = 1.74 \sqrt{\frac{d_p(\rho_p - \rho)g}{\rho}}$$

由于ρ_p远远大于ρ，上式可简化为：

$$U_t = 1.74 \sqrt{\frac{d_p \rho_p g}{\rho}}$$

式中　V——提升气流量，m^3/h（操作条件下）；

D——提升管内径，m；

U——提升气体速度，m/s；

U_t——催化剂颗粒沉降速度，m/s；

U_p——催化剂颗粒提升速度，m/s；

d_p——催化剂颗粒直径，m；

ρ_p——催化剂颗粒密度，kg/m^3；

ρ——提升气密度，kg/m^3；

　　g——重力加速度，m/s²。

　　如催化剂平均颗粒直径为 1.62mm，颗粒密度 992kg/m³，则：

$$U_t = \frac{1.74 \times \sqrt{1.62 \times 10^{-3} \times 992 \times 9.81}}{\sqrt{\rho}} = \frac{6.91}{\sqrt{\rho}}$$

　　催化剂在提升管内流速 U_p 一般推荐在 2.5m/s，则提升气体的流动速度应为：

$$U = \frac{6.91}{\sqrt{\rho}} + 2.5$$

　　提升气流量按下式计算：

$$V = 2826D^2 \left(\frac{6.91}{\sqrt{\rho}} + 2.5 \right)$$

　　【例题1】氮气提升，提升气相对分子质量 28，已知操作压力 P 为 0.68MPa（绝），平均温度 175℃，求得操作条件下的气体密度为：

$$\rho = \frac{28 \times 0.68 \times 273}{22.4 \times 0.1013 \times (273 + 175)} = 5.11 \text{kg/m}^3$$

　　提升气流速：　　$U = \dfrac{6.91}{\sqrt{\rho}} + 2.5 = \dfrac{6.91}{\sqrt{5.11}} + 2.5 = 5.56 \text{m/s}$

　　提升管选用 DN80-SCH160，管外径 88.9mm，壁厚 11.13mm，则提升管内径为：

$$D = 88.9 - 2 \times 11.13 = 66.64 \text{mm}$$

　　求得提升气流量（操作条件下）为：

$$V = 2826 \times (66.64 \times 10^{-3})^2 \times 5.56 = 69.78 \text{m}^3/\text{h}$$

　　提升气流量（标准状态下）为：

$$V_\circ = \frac{0.68 \times 69.78 \times 273}{0.1013 \times (273 + 175)} = 285.44 \text{Nm}^3/\text{h}$$

　　【例题2】氢气提升，已知提升气相对分子质量 3.9，操作压力 P 为 0.61MPa（绝），平均温度 225℃，求得操作条件下的气体密度为：

$$\rho = \frac{3.9 \times 0.61 \times 273}{22.4 \times 0.1013 \times (273 + 225)} = 0.57 \text{kg/m}^3$$

　　提升气流速为：　　$U = \dfrac{6.91}{\sqrt{\rho}} + 2.5 = \dfrac{6.91}{\sqrt{0.57}} + 2.5 = 11.65 \text{m/s}$

　　提升管选用 DN80-SCH160，管外径 88.9mm，壁厚 11.13mm，则提升管内径为：

$$D = 88.9 - 2 \times 11.13 = 66.64 \text{mm}$$

　　求得提升气流量（操作条件下）为：

$$V = 2826 \times (66.64 \times 10^{-3})^2 \times 11.65 = 146.21 \text{m}^3/\text{h}$$

　　提升气流量（标准状态下）为：

$$V_\circ = \frac{0.61 \times 146.21 \times 273}{0.1013 \times (273 + 225)} = 482.65 \text{Nm}^3/\text{h}$$

参 考 文 献

[1] GeorgeJ. Antos. Catalytic Naphtha Reforming[M]. New York：Marcel Dekker, Lnc, 1995.

[2] 侯芙生.中国炼油技术[M].3 版.北京：中国石化出版社，2010.

[3] 王金福.重整径向反应器布气系统的流体力学行为及其优化设计[J].石油炼制与化工，1997，28(4)：47-52.

[4] 徐承恩.催化重整工艺与工程[M].2 版.北京：中国石化出版社，2014.

[5] 戴厚良.芳烃技术[M].北京：中国石化出版社，2014.

[6] Robert E Maples. Petroleum Refinery Process Economics. 2nd Edition[M]. Penn Well corp. 2000.

[7] 刘永芳.再接触温度和压力对重整产氢纯度及轻烃回收的影响[J].石油炼制与化工，1999，30(6)：30-32.

[8] 罗家弼.炼油技术常用数据手册[M].北京：中国石化出版社，2016.

[9] Special report refining processes 2002[J].Hydrocarbon Processing.2002，81(11)：96.

[10] Refining Handbook 90[J].Hydrocarbon Process，1990(11)：118.

[11] 崔国英，周嘉文，樊红青.FHDO 重整生成油液相选择性加氢技术工业应用[M]//2019 年催化重整年会论文集，北京：中国石化出版社，2019.

[12] 张兰新，唐激扬，孟宪评.CB-6/CB-7 催化剂两段重整工艺的研究[J].石油炼制，1993，24(1)：1-9.

[13] 孙作霖，张大庆.新型条状重整催化剂[J].石油炼制与化工，1996，27(8)：1-6.

[14] 谢清峰，夏登刚，姚峰，等.重整生成油全馏分 FITS 加氢脱烯烃技术的应用[J].炼油技术与工程，2016，46(1)：7-12.

[15] Rober A. Meyers. Handbook of Petroleum Refining Processes (Second edition) [M]. New York. McGraw-Hill，1997.

[16] 李成栋.催化重整装置操作指南[M].北京：中国石化出版社，2001.

[17] 中华人民共和国国家标准.GB 31570—2015 石油炼制工业污染物排放标准[M].北京：中国环境科学出版社.2015.

[18] 黄勇，高瑞民，张书勤，等.Chlorsorb 氯吸附技术在连续重整装置的工业应用[J].石油炼制与化工，2012，43(9)：62-67.

[19] 纪传佳.Chlorsorb 技术在连续重整催化剂再生系统的应用[J].广州石化，2009，37(6)：202-203.

[20] 徐又春，阎观亮.低压组合床催化重整装置的设计及考核[J].炼油设计，2002，32(1)：8-13.

[21] 任建生，朱迪珠，罗家弼.催化重整装置扩能改造方案探讨[J].石油炼制与化工，2000，31(8)：37-40.

[22] 蒋维钧，戴猷元，顾惠君.化工原理[M].2 版.北京：清华大学出版社，2003.

第七章　催化重整工艺计算

第一节　原料、产品及反应参数的计算

一、原料、产品

重整常用的原料和产品计算主要是原料的芳烃潜含量、芳烃产率、芳烃转化率、液体收率及氢气产率等的计算。

(一)原料芳烃潜含量的计算

1. 传统芳烃潜含量

传统教科书上,将"原料中的全部环烷烃转化为芳烃(一般指 $C_6 \sim C_8$ 芳烃)时所能产生的芳烃"称为"芳烃潜含量",计算方法如下:

$$芳烃潜含量=苯潜含量+甲苯潜含量+C_8芳烃潜含量$$

$$苯潜含量\%(质)=C_6环烷\%(质)\times78/84+苯\%(质)$$

$$甲苯潜含量\%(质)=C_7环烷\%(质)\times92/98+甲苯\%(质)$$

$$C_8芳烃潜含量\%(质)=C_8环烷\%(质)\times106/112+C_8芳烃\%(质)$$

式中,78、84、92、98、106、112 分别为苯、C_6 环烷、甲苯、C_7 环烷、C_8 芳烃和 C_8 环烷的相对分子质量。

某重整装置反应进料族组成见表7-1-1。

表 7-1-1　某重整装置反应进料族组成　　　　　　　　　　　　　%(质)

碳数	P(烷烃)	N(环烷)	A(芳烃)
C_5	0.40	—	—
C_6	5.27	2.98	0.2
C_7	14.48	7.44	2.96
C_8	17.59	11.22	5.79
C_9	11.65	6.95	2.10
C_{10}^+	6.94	3.71	0.32
合计	56.33	32.3	11.37

芳烃潜含量计算如下:

苯潜含量 $=2.98\times78/84+0.2=2.97\%$(质)

甲苯潜含量 $=7.44\times92/98+2.96=9.94\%$(质)

C_8芳烃潜含量 = 11.22×106/112+5.79 = 16.4%(质)

芳烃潜含量 = 2.97+9.94+16.4 = 29.31%(质)

2. 设计芳烃潜含量

传统的原料芳烃潜含量计算没有包括进料中的全部组分。而在实际生产过程中，重整产物分析的芳烃含量为"总含量"，因此，原料的芳烃潜含量按"全馏分"进行计算，即：

芳烃潜含量%(质) = 苯潜含量+甲苯潜含量+C_8芳烃潜含量+C_9芳烃潜含量+C_{10}芳烃潜含量+…

苯潜含量%(质) = C_6环烷%(质)×78/84+苯%(质)

甲苯潜含量%(质) = C_7环烷%(质)×92/98+甲苯%(质)

C_8芳烃潜含量%(质) = C_8环烷%(质)×106/112+C_8芳烃%(质)

C_9芳烃潜含量%(质) = C_9环烷%(质)×120/126+C_9芳烃%(质)

C_{10}芳烃潜含量%(质) = C_{10}环烷%(质)×134/140+C_{10}芳烃%(质)

……

式中，78、84、92、98、106、112、120、126、134、140…分别为苯、C_6环烷(包括甲基环戊烷)、甲苯、C_7环烷、C_8芳烃、C_8环烷、C_9芳烃、C_9环烷、C_{10}芳烃、C_{10}环烷…的相对分子质量。

仍然以表7-7-1的反应进料族组成为例，其设计芳烃潜含量计算如下：

苯潜含量 = 2.98×78/84+0.2 = 2.97%(质)

甲苯潜含量 = 7.44×92/98+2.96 = 9.94%(质)

C_8芳烃潜含量 = 11.22×106/112+5.79 = 16.4%(质)

C_9芳烃潜含量 = 6.95×120/126+2.1 = 8.72%(质)

C_{10+}芳烃潜含量 = 3.71×134/140+0.32 = 3.87%(质)

芳烃潜含量 = 2.97+9.94+16.4+8.72+3.87 = 41.9%(质)

(二)液体收率、芳烃产率、芳烃转化率和氢产率

通常，以重整反应进料作为计算的基础，即将重整反应进料作为100%进行计算，以质量分数计。

1. 液体收率

液体收率通常简称为液收，是指液体产品相对于重整反应进料的产率，液体产品是指C_{5+}(含C_5)的重整产物。

2. 芳烃产率

芳烃产率有时也称芳烃收率，是指在重整反应产物中总芳烃含量相对于重整反应进料的分率，通常为质量分数。

例如，一套重整装置C_{5+}(含C_5)液体收率为90%(质)，其中芳烃含量为80%(质)，则芳烃产率为90%×80% = 72%。

3. 芳烃转化率

芳烃产率与原料的芳烃潜含量之比称为"芳烃转化率"或"重整转化率"。其计算方法如下：

$$芳烃转化率(重整转化率) = \frac{芳烃产率\%(质)}{芳烃潜含量\%(质)}$$

例如，一套重整装置进料的芳烃潜含量(全馏分)为 42%(质)，脱戊烷油的收率(对重整进料)为 90%(质)，其中芳烃含量为 80%(质)，则芳烃转化率为 (90%×80%)/42% =171%。

4. 氢产率

(1)最大理论产氢率

所谓的最大理论产氢率就是指反应进料中全部的 C_{6+}(包括 C_6)环烷烃和烷烃转化为芳烃所产的氢气量占反应进料的百分比，通常以质量分数计。

$$H_0 = \left(\frac{NC_6}{78} + \frac{NC_7}{92} + + \frac{NC_8}{106} + \frac{NC_9}{120} + \frac{NC_{10}}{134} + \frac{NC_{11}}{148} + \frac{NC_{12}}{162} + \cdots\cdots\right) \times 6$$
$$+ \left(\frac{PC_6}{78} + \frac{PC_7}{92} + + \frac{PC_8}{106} + \frac{PC_9}{120} + \frac{PC_{10}}{134} + \frac{PC_{11}}{148} + \frac{PC_{12}}{162} + \cdots\cdots\right) \times 8 \qquad (7\text{-}1\text{-}1)$$

式中　　　　　H_0——最大理论产氢率,%(质)；

NC_6、…、NC_{12}…——反应进料中 C_6、…、C_{12}…环烷烃质量分数；

PC_6、…、PC_{12}…——反应进料中 C_6、…、C_{12}…烷烃质量分数。

(2)理论产氢率

由于在实际重整反应过程中烷烃和环烷烃转化成芳烃的转化率并不是100%，且伴随有加氢裂化等副反应，这些反应消耗一定量的氢。所谓的理论产氢率就是指反应产物中的氢气量占反应进料的百分比，通常以质量分数计。

$$H_S = \left(\frac{NC_6 \times NC_{6S}}{78} + \frac{NC_7 \times NC_{7S}}{92} + \frac{NC_8 \times NC_{8S}}{106} + \frac{NC_9 \times NC_{9S}}{120} + \cdots\cdots\right) \times 6$$
$$+ \left(\frac{PC_6 \times PC_{6S}}{78} + \frac{PC_7 \times PC_{7S}}{92} + \frac{PC_8 \times PC_{8S}}{106} + \frac{PC_9 \times PC_{9S}}{120} + \cdots\cdots\right) \times 8 - H_C \qquad (7\text{-}1\text{-}2)$$

式中　　　　　H_S——理论产氢率,%(质)；

NC_{6S}、…NC_{9S}——C_6、……环烷烃的芳烃转化率；

PC_{6S}、…PC_{9S}——C_6、……烷烃的芳烃转化率；

H_C——加氢裂化等反应所耗氢气量占反应进料量的质量分数,%。

装置的理论产氢率的大小代表了催化剂和装置性能的优劣。装置的理论产氢率扣除溶解氢和机械损失氢后即为装置的实际产氢率。

二、反应参数及计算

(一)重整反应温度

重整反应温度一般以加权平均温度来表示，也称权重平均温度，是处于不同温度下的催化剂数量而计算的平均温度。分为加权平均进口温度和加权平均床层温度两种。

1. 加权平均入口温度

加权平均入口温度是指各反应器入口温度与其催化剂装填分率乘积的和，通常以℃表示。

$$T_{in} = (T_{1_{in}} \times C_1) + (T_{2_{in}} \times C_2) + (T_{3_{in}} \times C_3) + (T_{4_{in}} \times C_4) + \cdots\cdots \qquad (7\text{-}1\text{-}3)$$

式中　　　　　T_{in}——加权平均入口温度,℃；

$T_{1_{in}}$、$T_{2_{in}}$、$T_{3_{in}}$、$T_{4_{in}}$……——各反应器入口温度,℃;

C_1、C_2、C_3、C_4……——各反应器内催化剂藏量占反应部分全部催化剂藏量的分率。

2. 加权平均床层温度

加权平均床层温度是指各反应器出入口温度的平均值与其催化剂装填分率乘积的和,通常以℃表示。

$$T_b = \left(\frac{T_{1_{in}} + T_{1_{out}}}{2}\right) \times C_1 + \left(\frac{T_{2_{in}} + T_{2_{out}}}{2}\right) \times C_2 + \left(\frac{T_{3_{in}} + T_{3_{out}}}{2}\right) \times C_3 + \left(\frac{T_{4_{in}} + T_{4_{out}}}{2}\right) \times C_4 + \cdots\cdots$$

$$(7-1-4)$$

式中　　　　　　　　　T_b——加权平均床层温度,℃;

$T_{1_{out}}$、$T_{2_{out}}$、$T_{3_{out}}$、$T_{4_{out}}$……——各反应器出口温度,℃。

(二)空速

每小时进入反应器的原料量与反应器中催化剂藏量之比,也即单位时间内单位量催化剂处理的原料量称为空间速度,简称空速,分为体积空速和质量空速两种。半再生重整常用体积空速,连续重整大多用质量空速。

1. 体积空速

单位时间内单位体积催化剂处理的原料油体积量称为体积空速,其值为进反应器的原料油体积流量(20℃时的体积流量,m^3/h)除以催化剂的总藏量(m^3)的商,单位为h^{-1}。

$$体积空速 = \frac{反应进料量}{催化剂藏量} \qquad (7-1-5)$$

2. 质量空速

单位时间内单位质量催化剂处理的原料油质量,其值为进反应器的原料油质量流量(kg/h)除以催化剂的总藏量(kg)的商,单位为h^{-1}。

$$质量空速 = \frac{反应进料量}{催化剂藏量} \qquad (7-1-6)$$

例如,重整反应进料量为1000kt/a(120t/h),相对密度(20℃)为0.73,反应器中催化剂装填总量为60t,催化剂装填密度为560kg/m^3,则:

体积空速 = (120/0.73)/(60/0.56) = 1.53h^{-1}

重量空速 = 120/60 = 2h^{-1}

一般情况下,连续重整反应进料的相对密度(20℃)为0.73左右,催化剂堆积密度为560kg/m^3左右,其质量空速是体积空速的1.3倍左右。

空速的大小反映了反应时间的长短,在考察重整反应过程时,常用空速的倒数来相对地表示反应时间的长短。但由于空速是以20℃时的液体流量计算的,因此不等于在反应条件下原料的真正体积流量,而且空速的倒数只能相对地反映反应时间的长短而不可能是真正的反应时间。为了表示区别,将空速的倒数称为假反应时间。

(三)氢油比

重整所使用的氢油比有氢油摩尔比和氢油体积比两种,氢油体积比也称为气油比。

1. 氢油摩尔比

氢油摩尔比是指循环氢(气)中的纯氢摩尔流率与进反应器的原料油的摩尔流率之比。连续重整大多用氢油摩尔比。

$$\frac{H}{HC} = \frac{M_F V_R x_H}{22.4 \times G_F}$$

$$或 \quad \frac{H}{HC} = \frac{M_F G_R x_H}{M_R G_F} \qquad (7-1-7)$$

式中　H/HC——氢油摩尔比；

V_R——循环氢体积流量，Nm³/h；

G_R——循环氢质量流量，kg/h；

M_R——循环氢相对分子质量；

G_F——进料流量，kg/h；

M_F——进料相对分子质量；

x——氢气在循环氢中的体积分数。

连续重整氢油分子比一般为(1.5~3.2)∶1。

2. 氢油体积比

氢油体积比(气油比)是指循环氢(气)标准体积流率(Nm³/h)与进反应器的原料油在20℃的条件下的体积流率(m³/h)之比。半再生重整一般用氢油体积比。

例如，重整反应进料量为1000kt/a(120t/h)，反应进料相对分子质量108，相对密度(20℃)为0.73，循环氢流量为60000Nm³/h，循环氢体积纯度85%，则：

$$氢油摩尔比 = \frac{108 \times 60000 \times 0.85}{22.4 \times 120 \times 1000} = 2.05$$

$$氢油体积比 = \frac{60000}{120 \times 0.73} = 365$$

半再生重整一段混氢的氢油体积比一般为600∶1，二段一般为1200∶1。

第二节　物料平衡计算

一、计算基础

(一)物料平衡基准及产品方案定义

一般情况下，重整装置的物料平衡都以重整反应进料作为基准，即重整反应进料为100%(质)。为简化，重整产物按目的产品不同分为以下两种情况：

1)生产汽油时的产品：稳定汽油、液化气、含氢气体(纯氢)、燃料气(干气)。

2)生产芳烃时的产品：脱戊烷油、戊烷、液化气、含氢气体(纯氢)、燃料气(干气)。

(二)流量校验

在作物料平衡时，当实际操作条件与设计条件不一致时，要对仪表指示的气体介质流量值进行校正。

$$F_c = F_r \sqrt{\frac{M_{Wd}}{M_{Wop}} \times \frac{P_{op} T_d}{P_d T_{op}}} \qquad (7-2-1)$$

式中　　　　F_c——用操作的压力、温度、相对分子质量校正过的流量；

F_r——在设计的压力、温度、相对分子质量条件下读出的仪表流量；

P_d、T_d、M_{Wd}——设计时用的压力、温度、相对分子质量；

P_{op}、T_{op}、M_{op}——实际操作的压力、温度、相对分子质量。

在计算物料平衡时，往往进出装置的物料流量不平衡。如果差别较大时，应找出原因重新计量；如果差别较小时，可进行原整。原整的一般原则是考虑液体物料的计量相对准确，气体计量因受操作条件影响误差较大，因此一般对气体流量进行调整，以达到进出料流量平衡。

（三）分析化验

物料平衡的重要基础之一是全面准确的分析化验数据，对各物料的组成都要进行分析，包括族组成分析和烃组成分析。液体物料采用质量组成，气体物料采用分子或体积组成。每组物料至少有三组以上的分析数据，计算物料平衡时取平均数。

所采集用于分析的物料必须是在稳定的标定操作条件下的物料，并且为同一原料。

在计算物料平衡时，分析的组成数据合计后若不是100%时，如果误差不大，需进行原整，原整的原则是平均分摊；如果误差较大，则不建议采用这组分析数据。

二、计算方法

（一）生产汽油装置物料平衡的计算

取重整反应进料为100%（质）作为基准。

为考核催化剂及装置性能水平，理想的物料平衡应将各产物中的组分进行"归队"处理，各产物中相关组分的"归队"原则和方法如下。

1. 稳定汽油

稳定汽油为稳定塔底物，基本为C_{5+}（包括C_5）组分。根据汽油蒸气压的要求，一般都含有少量C_4组分，大多控制在1%（质）左右。做物料平衡时，将C_4及以下组分扣除，将其余各产品中的C_5及以上组分计入液体汽油中。

换言之，在计算C_{5+}（包括C_5）液收时不包括C_4及以下组分，并且应将其他产品中的C_{5+}组分归队计入。

2. 液化气

液化气（LPG）为稳定塔顶物，主要为C_3、C_4组分。由于分馏过程的气液平衡原因，LPG中都含有一定量的C_{5+}组分，一般在2%以下。在做物料平衡时，应将C_2及以下组分、C_5及以上组分扣除，将其余各产品中的C_3、C_4组分计入。

换言之，在计算LPG（C_3、C_4）产率时，不包括C_2及以下组分以及C_5及以上组分，并应将其他产品中的C_3、C_4组分归队计入。

3. 纯氢

重整所产的纯氢绝大部分在含氢气体中。做物料平衡计算纯氢产率时，应将含氢气体中除H_2之外的其他组分扣除，将其他各产品（主要是稳定塔顶气、预处理补充的含氢气体）中的H_2计入。

4. 燃料气（干气）

干气主要是稳定塔顶气，主要为C_1和C_2。做物料平衡时，将C_3及以上组分扣除，将其

余各产品中的 C_1 和 C_2(主要在含氢气体中)组分计入。

按上述方法,计算出各产品的产率(对重整进料),最终计算出 C_{5+}(包括 C_5)液体收率和纯氢产率,进而可以计算出芳烃产率和转化率,这些都代表了装置最重要的性能指标。

(二)生产芳烃装置物料平衡的计算

与生产汽油装置物料平衡的计算方法相同,取重整反应进料为100%(质)作为基准,将各产物中的组分进行"归队"处理。

1. 脱戊烷油

脱戊烷塔底物,为 C_{6+}(包括 C_6)组分。做物料平衡时,将 C_5 及以下组分扣除,将其余各产品中 C_6 及以上组分计入。

2. 戊烷

脱戊烷塔顶物,为 C_5 组分。做物料平衡时,将除 C_5 以外的组分扣除,将其余各产品中的 C_5 组分计入。

3. 液化气

稳定塔顶物,一般含 C_5 在2%以下,主要为 C_3 和 C_4 组分。做物料平衡时,将 C_2 及以下组分、C_5 及以上组分扣除,将其余各产品中 C_3 和 C_4 组分计入。

4. 纯氢

含氢气体中的 H_2。做物料平衡时,将含氢气体中除 H_2 之外的其他组分扣除,将其他各产品(主要是稳定塔顶气、预处理补充的含氢气体)中的 H_2 计入。

5. 燃料气(干气)

主要是稳定塔顶气,主要为 C_1 和 C_2。做物料平衡时,将 C_3 及以上组分扣除,将其余各产品中 C_1 和 C_2(主要是含氢气体)组分计入。

按上述方法,计算出各产品的产率(对重整进料),最终计算出脱戊烷油收率、戊烷收率和纯氢产率,进而可以计算出芳烃产率和转化率,这些都代表了装置最重要的性能指标。

三、计算实例

以一套规模为 6.0Mt/a 生产高辛烷值汽油组分的连续重整装置为例。

(一)基础条件

1)原料包括直馏石脑油及焦化加氢石脑油共 7.37Mt/a,重整反应进料 6.0Mt/a(71400kg/h)。

2)主要产品为稳定汽油,副产品为含氢气体、拔头油、液化气、燃料气及含硫轻烃。

3)预处理部分采用全馏分加氢,后分馏的流程。

4)连续重整催化剂采用 PS-Ⅵ 催化剂。

5)该装置在考核标定时已经将现场流量计量仪表进行了标定和校验。

(二)原料及产品组成分析数据

1. 原料组成分析数据

进入重整反应部分的精制石脑油分析数据见表 7-2-1 和表 7-2-2。物料的组成分析数据取两天平均数(下同)。

表 7-2-1 精制石脑油性质数据

密度(20℃)/ (kg/m³)	馏程(ASTMD86)					硫含量/ (mg/kg)	氮含量/ (mg/kg)	氯含量/ (mg/kg)
	初馏点	10%	50%	90%	终馏点			
748.4	81	103.5	125	155.5	173	1.01	0.27	0.4

表 7-2-2 精制石脑油组成数据

碳数	组成/%(质)				小计
	nP	iP	N	A	
C_5	0.17	—	0.3	—	0.47
C_6	3.35	2.85	4.32	0.34	10.86
C_7	5.56	4.71	11.22	1.57	23.06
C_8	4.71	5.79	12.28	3.09	25.87
C_9	4.18	5.30	11.54	3.26	24.28
C_{10}	2.56	4.74	5.68	0.24	13.22
C_{11^+}	0.91	0.86	—	—	1.77
合计	21.44	24.25	45.34	8.5	99.53

由表 7-2-2 的组成分析数据可以看出，合计为 99.53%，误差不大，可进行原整。原整后的精制石脑油组成数据见表 7-2-3。

表 7-2-3 原整后的精制石脑油组成数据

碳数	组成/%(质)				小计
	nP	iP	N	A	
C_5	0.17	—	0.3	—	0.47
C_6	3.35	2.85	4.32	0.34	10.86
C_7	5.56	4.71	11.32	1.57	23.16
C_8	4.78	5.79	12.38	3.09	26.04
C_9	4.28	5.30	11.54	3.26	24.38
C_{10}	2.66	4.74	5.68	0.24	13.32
C_{11^+}	0.91	0.86	—	—	1.77
合计	21.71	24.25	45.54	8.5	100

2. 原料芳烃潜含量

苯潜含量 = 4.32×78/84+0.34 = 4.35%(质)

甲苯潜含量 = 11.32×92/98+1.57 = 12.1%(质)

C_8芳烃潜含量 = 12.38×106/112+3.09 = 14.71%(质)

C_9芳烃潜含量 = 11.54×120/126+3.26 = 14.25%(质)

C_{10}芳烃潜含量 = 5.68×134/140+0.24 = 5.68%(质)

C_6 ~ C_{10}芳烃潜含量为 51.09%(质)。

3. 产品组成分析数据

（1）稳定汽油

稳定汽油分析化验组成的两天平均数见表7-2-4。

表7-2-4　稳定汽油分析化验组成的两天平均数

组分名称	含量/%（质）	原整为100%的含量	组分名称	含量/%（质）	原整为100%的含量
iC_4	0.47	0.47	iC_7	4.53	4.53
nC_4	0.58	0.58	nC_7	1.36	1.36
NC_5	0.35	0.35	AC_8	24.72	24.77
OC_5	0.09	0.09	NC_8	0.08	0.08
iC_5	1.28	1.28	OC_8	0.09	0.09
nC_5	0.88	0.88	iC_8	1.30	1.30
AC_6	4.72	4.73	nC_8	0.33	0.33
NC_6	0.55	0.55	AC_9	23.96	24.01
OC_6	0.43	0.43	nC_9	0.32	0.32
iC_6	4.69	4.7	AC_{10}	7.97	7.98
nC_6	2.15	2.15	nC_{10}	0.05	0.05
AC_7	17.39	17.42	AC_{11}	0.94	0.94
NC_7	0.20	0.20	合计	99.8	100.0
OC_7	0.42	0.42			

（2）液化气

液化气分析化验组成的两天平均数见表7-2-5。

表7-2-5　液化气组成分析数据

组成分析	C_2	C_3	iC_4	nC_4	iC_5	nC_5	合计	平均相对分子质量	密度/（g/cm^3）
体积含量/%	6.12	29.17	29.13	31.50	2.63	0.09	98.63	52.51	2.34
质量含量/%	3.55	24.78	32.62	35.28	3.65	0.13	100.00		

（3）重整产氢、燃料气、循环氢

重整产氢、各塔顶产燃料气、重整循环氢分析化验组成的两天平均数见表7-2-6~表7-2-11。

表7-2-6　重整产氢组成分析数据

组分	H_2	C_1	C_2	C_3	iC_4	nC_4	iC_5	nC_5	C_6^+	合计	平均相对分子质量	密度/（g/cm^3）
体积含量/%	92.65	2.065	2.115	1.41	0.465	0.285	0.11	0.04	0	99.14	4.02	0.179
质量含量/%	46.54	8.30	15.94	15.58	6.77	4.15	1.99	0.72	0.00	100.0		

表7-2-7　预加氢高分燃料气组成分析数据

组分	H_2	C_1	C_2	C_3	iC_4	nC_4	iC_5	nC_5	C_6^+	合计	平均相对分子质量	密度/（g/cm^3）
体积含量/%	91.35	1.27	0.77	1.175	0.335	0.83	0.32	0.3	0.24	96.59	4.25	0.190
质量含量/%	44.54	4.95	5.63	12.60	4.74	11.74	5.62	5.27	4.91	100.0		

表 7-2-8　预分馏塔顶燃料气组成分析数据

组分	H_2	C_1	C_2	C_3	iC_4	nC_4	iC_5	nC_5	C_{6+}	合计	平均相对分子质量	密度/（g/cm³）
体积含量/%	61.91	3.28	3.655	7.115	2.49	7.295	4.695	5.33	2.16	97.93	21.14	0.944
质量含量/%	5.98	2.54	5.30	15.13	6.98	20.44	16.33	18.54	8.77	100.0		

表 7-2-9　拔头油分馏塔顶燃料气组成分析数据

组分	H_2	C_1	C_2	C_3	iC_4	nC_4	iC_5	nC_5	合计	平均相对分子质量	密度/（g/cm³）
体积含量/%	47.38	6.11	8.98	16.655	4.54	10.39	0.56	0.105	94.72	22.26	0.994
质量含量/%	4.49	4.64	12.78	34.75	12.49	28.58	1.91	0.36	100.0		

表 7-2-10　稳定塔顶燃料气组成分析数据

组分	H_2	C_1	C_2	C_3	iC_4	nC_4	iC_5	nC_5	合计	平均相对分子质量	密度/（g/cm³）
体积含量/%	20.525	3.195	19.42	31.125	13.55	10.395	0.31	0.01	98.53	35.08	1.566
质量含量/%	1.19	1.48	16.86	39.63	22.74	17.44	0.65	0.02	100.0		

表 7-2-11　重整循环氢组成分析数据

组分	H_2	C_1	C_2	C_3	iC_4	nC_4	iC_5	nC_5	C_{6+}	合计	平均相对分子质量	密度/（g/cm³）
体积含量/%	91.095	2.205	2.33	1.785	0.775	0.585	0.37	0.155	0.09	99.39	4.93	0.220
质量含量/%	37.17	7.20	14.26	16.02	9.17	6.92	5.44	2.28	1.54	100.0		

（三）原料预处理单元物料平衡

1. 仪表计量的各物流流量

原料预处理部分对进出物料进行计量，累计计量时间为 16h。各物料的流量计量值和计算的流量见表 7-2-12。

表 7-2-12　原料预处理部分进出物料流量测量值

	所计量的物料	开始计量时仪表指示累计的物料量	16h 后仪表指示累计的物料量	计算的流量
进料	补充氢	3471761.8Nm³	3482183.5Nm³	651Nm³/h
	预加氢进料	466640.2t	468121.4t	92.6t/h
出料	分馏塔顶燃料气	3148655.0Nm³	3156624.5Nm³	498Nm³/h
	拔头油塔顶燃料气	482288.4Nm³	483159.3Nm³	54.4Nm³/h
	拔头油	963640.7t	963870.4t	14.4t/h
	拔头油塔轻烃	275546.63t	275630.5t	5.2t/h
	重整进料（精制石脑油）	360269.3t	361411.7t	71.4t/h

2. 校正后的各物流流量及收率

根据现场流量仪表测量值、实际操作条件和设计条件进行流量校正。根据校正后的流量，计算出各物流产品的收率，见表 7-2-13。

表 7-2-13　校正后的原料预处理部分各物流流量及收率

物料名称		仪表测量数据			设计值			校正计算		计算结果	
		流量	温度/℃	压力/MPa	密度/(kg/m³)	温度/℃	压力/MPa	操作密度/(kg/m³)	校正系数	实际流量/(t/h)	收率/%
进料	预加氢进料	92.6t/h	37		720			708.3	0.992	91.8	99.88
	补充氢	651Nm³/h	37	2.05	0.161	35	2.05	0.179	0.945	0.113	0.12
	合计									91.913	100.0
出料	高分燃料气	125Nm³/h	33	2	0.218	40	2	0.190	1.085	0.094	0.02798
	预分馏塔顶燃料气	498Nm³/h	38	1	1.67	40	1.2	0.944	1.228	0.575	0.62766
	拔头油塔燃料气	54.4Nm³/h	33	1.25	1.08	40	1.5	1.566	0.772	0.069	0.07154
	拔头油	14.4t/h	35		622			638.6	1.013	14.356	15.617
	拔头油塔轻烃	5.2t/h	35		533			517.2	0.985	5.244	5.70223
	重整进料	71.4t/h	112		672			674.2	1.002	71.519	77.7964
	合计									91.788	99.86

3. 原料预处理部分物料平衡及产品收率

由表 7-2-13 可以看出，进出原料预处理单元的物料基本平衡。将表 7-2-13 进行合并原整得出原料预处理单元的物料平衡及产品收率，见表 7-2-14。

表 7-2-14　原料预处理单元的物料平衡及产品收率

物料名称		流量/(t/h)	收率/%
进料	预加氢进料	91.8	99.88
	补充氢(自重整)	0.113	0.12
	合计	91.913	100.0
出料	预加氢高分燃料气	0.094	0.1
	预分馏塔顶燃料气	0.575	0.62
	拔头油塔燃料气	0.124	0.14
	拔头油	14.356	15.64
	拔头油塔轻烃	5.244	5.7
	重整进料	71.52	77.8
	合计	91.913	100.0

(四)重整及产物分离单元物料平衡

1. 仪表计量的各物流流量

对重整反应及产物分离部分的进出物料进行计量，累计计量时间为 16h。各物料的流量计量值和计算的流量见表 7-2-15。

表 7-2-15　重整反应及产物分离部分进出物料流量测量值

所计量的物料		开始计量时仪表 指示累计的物料量	16h 后仪表指示 累计的物料量	计算的流量
进料	重整进料	360269.30t	361411.70t	71.4t/h
	还原+提升氢气	635615.10Nm³	714738.60t	4945.2Nm³/h
出料	稳定塔底油	362882.66t	363909.25t	64.16t/h
	稳定塔顶燃料气	555310.10Nm³	558510.10Nm³	200Nm³/h
	含氢气体(重整产氢)	83791752.00Nm³	84451112.00Nm³	41210Nm³/h

2. 校正后的各物流流量及收率

根据现场流量仪表测量值、实际操作条件和设计条件进行流量校正。根据校正后的流量,计算出各物流产品的收率,见表 7-2-16。

表 7-2-16　校正后的重整反应及产物分离部分各物流流量及收率

物料名称		DCS 数据			设计值			校正计算		计算结果	
		流量	温度 /℃	压力 /MPa	密度 /(kg/m³)	温度 /℃	压力 /MPa	操作密度 /(kg/m³)	校正 系数	实际流量 /(t/h)	收率/%
进料	重整进料	71.4t/h	112		672			674.2	1.002	71.52	100.0
	还原+提升氢气	4945.2Nm³/h	30	1.73	0.089	40	1.9	0.089	0.972	0.425	0.60
	合计									71.945	100.6
出料	稳定塔底油	64.16t/h	35		802			807.1	1.000	64.16	89.72
	稳定塔顶液化气	0.0kg	38.0		515			514.2	0.999	0.0	0.00
	稳定塔顶燃料气	200Nm³/h	38.0	1	1.41	40	1.4	1.566	0.815	0.256	0.36
	含氢气体(重整产氢)	41210Nm³/h	36	2.04	0.167	40	2.15	0.179	0.947	6.569	9.18
	合计									70.985	99.26

3. 重整及产物分离部分物料平衡及产品收率

由表 7-2-16 可以看出,进出重整反应及产物分离部分的物料基本平衡。将表 7-2-16 合并原整得出重整反应及产物分离单元的物料平衡及产品收率,见表 7-2-17。

表 7-2-17　重整反应及产物分离单元的物料平衡及产品收率

物料名称		流量/(t/h)	收率/%
进料	重整进料	71.52	99.88
	还原+提升氢气	0.425	0.12
	合计	71.945	100.0
出料	稳定塔底油	64.16	89.71
	稳定塔顶燃料气	0.256	0.36
	含氢气体(重整产氢)	7.529	9.93
	合计	71.945	100.0

(五)全装置物料平衡及产品收率

由原料预处理和重整反应及产物分离单元的物料平衡，即表 7-2-14 和表 7-2-17 可以得出全装置的物料平衡和产品收率，见表 7-2-18。

表 7-2-18　全装置的物料平衡和产品收率

物料名称		流量/(t/h)	收率(对重整进料)/%
进料	预加氢进料	91.8	128.36
	外来氢(还原+提升氢气)	0.425	0.59
	合计	92.225	128.95
出料	稳定汽油	64.16	89.72
	拔头油	14.356	20.07
	拔头油塔轻烃	5.244	7.33
	预加氢高分燃料气	0.094	0.13
	预分馏塔顶燃料气	0.575	0.8
	拔头油塔燃料气	0.124	0.17
	稳定塔顶燃料气	0.256	0.36
	含氢气体(重整产氢)	7.416	10.37
	合计	92.225	128.95

此物料平衡是根据现场仪表计量的各物料流量并对其进行校验后做出的装置实际物料平衡。

(六)单体烃产率、氢产率、液收、芳产和转化率

表 7-2-18 给出的物料平衡是根据现场仪表计量的各物料流量并对其进行校验后做出的装置实际物料平衡。各物流中的组分还没有进行"归队"处理。由表 7-2-4～表 7-2-11 的产品分析数据可以看出，在气体产品中含有 H_2 和 C_3 以上组分，在液体产品中含有 C_4 组分等。

可以通过"归队"处理得出各单体烃的产率，进而可以计算出氢产率、液收、芳产和转化率。

1. 单体烃产率

根据表 7-2-4～表 7-2-11 的各产品组成数据及表 7-2-18 的产品收率计算单体烃对重整进料的产率。

(1)氢气产率

H_2 产率 =(含氢气体收率×H_2 含量)+(预加氢高分燃料气收率×H_2 含量)+(预分馏塔顶燃料气收率×H_2 含量)+(拔头油塔燃料气收率×H_2 含量)+(稳定塔顶燃料气收率×H_2 含量)−外来氢

=(10.37%×46.54%)+(0.13%×44.54%)+(0.8%×5.98%)+(0.17%×4.49%)+(0.36%×1.19%)−0.59%

=4.35%

(2)C_1 产率

C_1 产率 =(含氢气体收率×C_1 含量)+(预加氢高分燃料气收率×C_1 含量)+(预分馏塔顶燃料气收率×C_1 含量)+(拔头油塔燃料气收率×C_1 含量)+(稳定塔顶燃料气收率×

C_1 含量)

$= (10.37\% \times 8.3\%) + (0.13\% \times 4.95\%) + (0.8\% \times 2.54\%) + (0.17\% \times 4.64\%) +$
$(0.36\% \times 1.48\%)$

$= 0.9\%$

按此方法可以依次算出 $C_2 \sim C_{11}$ 所有单体烃对重整反应进料的产率，结果见表 7-2-19。

表 7-2-19　单体烃产率 (对重整进料)

组分名称	含量/%(质)	组分名称	含量/%(质)
H_2	4.35	NC_7	0.18
C_1	0.9	OC_7	0.38
C_2	1.23	iC_7	4.07
C_3	1.5	nC_7	1.22
iC_4	1.33	AC_8	22.22
nC_4	0.99	NC_8	0.07
NC_5	0.31	OC_8	0.08
OC_5	0.08	iC_8	1.16
iC_5	1.34	nC_8	0.29
nC_5	0.86	AC_9	21.54
AC_6	4.24	nC_9	0.29
NC_6	0.49	AC_{10}	7.16
OC_6	0.39	nC_{10}	0.04
iC_6	4.22	AC_{11}	0.85
nC_6	1.93	合计	100.0
AC_7	15.63		

2. 产品收率

对表 7-2-19 的单体烃收率进行归队，得出代表装置性能的真正的产品收率，见表 7-2-20。

表 7-2-20　装置真正的产品收率

物料名称	H_2	干气	液化气	C_{5+}	合计
产率/%	4.35	2.13	3.82	89.70	100.00

3. 氢产率、液收、芳烃产率和芳烃转化率

由表 7-2-19 可以计算出：

芳烃产率 = C_6A 产率 + C_7A 产率 + C_8A 产率 + C_9A 产率 + $C_{10}A$ 产率 + $C_{11}A$ 产率

$\qquad = 4.24 + 15.63 + 22.22 + 21.54 + 7.16 + 0.85 = 71.64\%$

芳烃转化率 = $71.64/51.09 = 140.22\%$，结果见表 7-2-21。

表 7-2-21　氢产率、液收、芳烃产率和芳烃转化率

项目	数据	项目	数据
纯氢产率/%	4.35	芳烃产率/%	71.64
C_{5+} 液体收率/%	89.70	芳烃潜含量/%(质)	51.09
C_{5+} 液体芳烃含量/%(质)	79.85	芳烃转化率/%	140.22

第三节　反应热、温降及加热炉负荷计算

一、催化重整的主要化学反应及热效应

催化重整过程主要发生环烷脱氢、烷烃脱氢环化、异构化和加氢裂化反应。

(一)环烷脱氢

环烷混合物，即环己烷、甲基环己烷、二甲基环己烷一直到 C_{10} 环烷烃脱氢反应分别生成苯、甲苯、二甲苯、C_9 和 C_{10} 芳烃，与此同时，1mol 的环烷烃生产 3mol 的氢。以环己烷脱氢生成苯反应为例，反应过程如下：

$$\text{环己烷} \rightleftharpoons \text{苯} + 3H_2$$

环烷烃脱氢反应热力学反应是强吸热性的，高温低压有利于反应。此外碳原子数越多，平衡的高分子芳烃越多。

(二)烷烃脱氢环化

不管对于直链烷烃还是带支链的异构烷烃，烷烃脱氢环化是分步进行的反应过程，涉及脱氢反应。该反应中一个分子重排生成环烷烃就释放 1mol 的氢，后续环烷烃再脱氢，分子重排生成环烷烃是最难促进的反应。以庚烷脱氢环化生成甲苯为例，反应概述如下：

$$C_7H_{16} \rightleftharpoons C_7H_{14} + H_2$$

$$\rightleftharpoons \text{甲基环戊烷}$$

$$\longrightarrow \text{甲苯} + 3H_2$$

该反应过程的最后一步是环烷烃脱氢反应，是强吸热性的反应过程，高温低压有利于反应。烷烃环化脱氢随着相对分子质量的增加而变得容易，然而烷烃裂解的趋势也随之增加。

(三)异构化反应

1. 链烷烃的异构化

反应式如下：

$$C_7H_{16} \rightleftharpoons C_7H_{16}$$

此反应快速，轻微放热，并且不改变碳数。

2. 环烷烃的异构化

烷基环戊烷生成烷基环己烷的异构化涉及环的重整，由于后续的烷基环己烷脱氢生成芳烃。这是轻微的吸热反应，反应式如下：

（四）裂解反应

裂解反应包括氢化裂解和加氢裂化反应。

1. 氢化裂解反应

烷烃和环烷烃都可以发生氢化裂解反应，该反应为放热反应。

烷烃氢化裂解的平行反应是烷烃的脱氢环化。第一步脱氢，催化剂的金属功能起作用。第二步是生成烯烃的裂解和后续短链烯烃的加氢，是由催化剂的酸性功能促进的。

$$C_7H_{16} \underset{(m)}{\rightleftharpoons} C_7H_{14} + H_2$$

$$C_7H_{14} + H_2 \xrightarrow{(a)} C_4H_8 + C_3H_8$$

$$C_4H_8 + H_2 \xrightarrow{(m)} C_4H_{10}$$

式中，(m)表示催化剂金属功能；(a)表示催化剂酸性功能。

环烷烃的氢化裂解反应如下：

$$CH_3\text{-}C_5H_9 + H_2 \longrightarrow C_6H_{14}$$

或

$$CH_3\text{-}C_6H_{11} + H_2 \longrightarrow C_7H_{16}$$

2. 加氢裂化反应

此反应消耗氢并且使分子裂化，因此，类似于氢化裂解，是不希望发生的反应。但它是由催化剂的金属功能促进的，并且生成的 C_1+C_2 轻质烃其价值比 LPG(C_3+C_4)还低。

反应式如下：

$$C_7H_{16} + H_2 \longrightarrow CH_4 + C_6H_{14}$$

或

$$C_7H_{16} + H_2 \longrightarrow C_2H_6 + C_5H_{12}$$

像氢化裂解一样，加氢裂化反应属于放热反应，高温高压有利于该反应。

除上述反应之外，还发生很少量的加氢脱烷基化、烷基化、歧化反应等。总体来说，催化重整反应过程以环烷脱氢和烷烃脱氢环化为主，异构化和加氢裂化反应相对较少。因此，催化重整的整体反应过程为吸热反应过程。

二、反应热的计算

反应热的计算有很多种，包括生成热计算法和几种简算法，其中生成热计算法最准确也最复杂。

(一) 生成热计算法

催化重整反应可以近似地看作是在恒压下进行的反应，恒压下进行的反应按下式计算反应热。

$$\Delta H^{\ominus} = \sum \Delta H^{\ominus}_{产物} - \sum \Delta H^{\ominus}_{反应物} \qquad (7-3-1)$$

式中 $\Delta H^{\ominus}$ ——反应热

$\Delta H^{\ominus}_{产物}$ ——反应产物的标准生成热

$\Delta H^{\ominus}_{反应物}$ ——反应物的标准生成热

计算时，各项必须采用同一温度下的数值。重整过程常见的部分单体烃在 700°K 时的生成热见表 7-3-1。

表 7-3-1 部分单体烃在 700K 时的生成热

单体烃	生成热/(kJ/mol)	单体烃	生成热/(kJ/mol)
甲基环戊烷	−146	C_3H_8	−123.5
环己烷	−153.2	nC_4H_{10}	−149.4
乙基环戊烷	−162.1	iC_4H_{10}	−157.4
甲基环己烷	−186.3	nC_5H_{12}	−173.6
苯	67.1	2-甲基丁烷	−181.4
甲苯	29.6	nC_6H_{14}	−198.3
二甲苯(各异构体平均值)	−5.86	2-甲基戊烷	−204.4
二甲基环己烷(各异构体平均值)	−217.7	nC_7H_{16}	−222.8
C_2H_6	−100.5	2-甲基己烷	227.4

【例 7-3-1】计算在 700K 时环己烷脱氢生成苯的反应热。

$$\begin{array}{c} H_2C \\ H_2C \end{array} \overset{CH_2}{\underset{CH_2}{\bigcirc}} \overset{CH_2}{} \rightleftharpoons HC \overset{CH}{\underset{CH}{\bigcirc}} \overset{CH}{} CH \quad +3H_2$$

解：700K 下的反应热：

$\Delta H^{\ominus}_{700}$ = 苯的生成热(700K)+3×氢的生成热(700K)−环己烷的生成热(700K)

= 67.1+3×0−(−153.2)

= 220.3kJ/mol

重整反应在高温下进行，对于高温下进行的反应可以按下式计算：

$$\Delta H^{\ominus}_T = \Delta H^{\ominus}_0 + \sum (H^{\ominus}_T - H^{\ominus}_0)_{产物} \sum (H^{\ominus}_T - H^{\ominus}_0)_{反应物}$$

式中 $\Delta H^{\ominus}_T$、$\Delta H^{\ominus}_0$ ——在 T°K 及 0°K 下的反应热；

$H^{\ominus}_T$、$H^{\ominus}_0$ ——反应产物或反应物在 T°K 及 0°K 时的焓；

$\Delta H^{\ominus}_0$、$\Delta H^{\ominus}_{298.16}$、$H^{\ominus}_T$ ——$H^{\ominus}_0$ 可在表 7-3-2 中查得。

表 7-3-2　碳（石墨）、氢及一些重整常用单体烃的生成热和相对 0K 的热焓差

名称	分子式	相态	$\Delta H_0^{\ominus}$ /(J/mol)	$\Delta H_{298}^{\ominus}$ /(J/mol)	$\Delta H_T^{\ominus}-\Delta H_0^{\ominus}$ /(J/mol) 温度/K								
					298	300	400	500	600	700	800	900	1000
氢	H_2	气	0	0	8468	8520	11429	14349	17278	20219	23168	26141	29115
β石墨	C	固	0	0	1053	1068	2104	3435	5008	6872	8709	10750	12866
甲烷	CH_4	气	-66890	-74848	10029	10096	13903	18263	23217	28748	34815	43167	48367
乙烷	C_2H_6	气	-69107	-84667	11950	12046	17974	25145	33518	43012	53388	64601	76484
丙烷	C_3H_8	气	-81513	-103847	14694	14836	23246	25146	33518	43012	53388	64601	76484
正丁烷	C_4H_{10}	气	-99035	-126148	19435	19619	30711	44329	60149	77906	97337	118202	140331
异丁烷	C_4H_{10}	气	-105855	-134516	17891	18062	29137	42886	58869	76735	96274	117292	139436
环戊烷	C_5H_{10}	气	-44685	-77237	15058	15213	25304	38768	55179	74069	95060	117826	142130
正戊烷	C_5H_{12}	气	-113930	-146440	23552	23786	37455	54266	73756	95596	119529	145164	172339
2-甲基丁烷	C_5H_{12}	气	-120541	-154473	22154	23797	37473	54292	73790	94478	118464	144375	171668
苯	C_6H_6	气	100464	82967	14232	14400	24111	36628	51404	68106	86273	105738	126250
环己烷	C_6H_{12}	气	-83762	-123194	17736	17933	30775	47825	68667	92712	119452	148436	179370
甲基环戊烷	C_6H_{12}	气	-69571	-106743	19984	20206	33287	50295	70764	85658	119720	147494	176984
正己烷	C_6H_{14}	气	-129389	-167273	27720	27967	44288	64297	87454	113428	141822	172283	204486
2-甲基戊烷	C_6H_{14}	气	-134287	-174389	25522	25794	42195	62581	85897	112227	140650	171418	203858
3-甲基戊烷	C_6H_{14}	气	-133826	-171710	27720	27992	44288	64297	87069	113399	141654	172170	204277
甲苯	C_7H_8	气	73255	50023	18025	18127	30432	45920	44118	84867	107245	131327	156766
乙基环戊烷	C_7H_{14}	气	-84683	-127129	24249	24513	40118	60216	84264	111729	141889	174581	209216
1,1-二甲基环戊烷	C_7H_{14}	气	-94980	-138347	23291	23571	39365	59860	84473	112269	142784	175896	210891
1,2-顺二甲基环戊烷	C_7H_{14}	气	-86483	-129599	23538	23797	39566	60111	84683	112478	142994	175896	210807
1,2-反二甲基环戊烷	C_7H_{14}	气	-93725	-136757	22801	23923	39700	60278	84808	112562	142910	175896	210723
1,3-顺二甲基环戊烷	C_7H_{14}	气	-90627	-133659	23638	23923	39700	60278	84808	112562	142910	175896	210723
1,3-反二甲基环戊烷	C_7H_{14}	气	-92887	135919	23638	23923	39700	60278	84808	112562	142910	175896	210723
甲基环己烷	C_7H_{14}	气	-110092	-154840	21905	22177	38243	59148	84214	112901	144534	178688	214867
正庚烷	C_7H_{16}	气	-144626	-187910	31876	32186	51086	74281	101117	131185	164091	199333	236593
2-甲基己烷	C_7H_{16}	气	-149733	-195068	29817	30127	49562	73297	100883	131650	164928	200091	237346

续表

名称	分子式	相态	$\Delta H_0^\ominus$ /(J/mol)	$\Delta H_{298}^\ominus$ /(J/mol)	$\Delta H_T^\ominus - \Delta H_0^\ominus$ /(J/mol) 温度/K								
					298	300	400	500	600	700	800	900	1000
3-甲基己烷	C_7H_{16}	气	-146343	-19239	29105	29398	48641	72167	99627	130310	163673	198944	236090
乙苯	C_8H_{10}	气	58257	29084	22332	22563	37574	56494	78697	103604	130687	159670	190254
邻二甲苯	C_8H_{10}	气	46448	19004	23341	23588	38892	57792	79827	104491	131382	160177	190593
间二甲苯	C_8H_{10}	气	45736	17246	22290	22529	37360	55921	77705	102201	129000	157720	188090
对二甲苯	C_8H_{10}	气	46314	17958	22429	22663	37377	55799	77437	101799	128468	157080	187344
正丙基环戊烷	C_8H_{16}	气	-100380	-148142	28406	28708	46917	70199	97927	129486	164426	201631	241281
乙基环己烷	C_8H_{14}	气	-121142	-171835	25522	25844	44706	68860	97534	130603	167021	205951	217253
1,1-二甲基环己烷	C_8H_{16}	气	-129473	-181086	24614	24949	43367	67185	95943	128929	165431	204947	246555
顺1,2-二甲基环己烷	C_8H_{16}	气	-121185	-172254	25158	25943	44037	68022	96948	129808	166100	204947	246555
反1,2-二甲基环己烷	C_8H_{16}	气	-129389	-180081	25509	25844	44706	69069	97952	130980	167440	206830	248230
顺1,3-二甲基环己烷	C_8H_{16}	气	-134036	-184854	25409	25719	44372	68441	97450	130394	166770	206077	247393
反1,3-二甲基环己烷	C_8H_{16}	气	-125831	-176649	25409	25719	44372	68441	97199	129808	166100	204947	246137
顺1,4-二甲基环己烷	C_8H_{16}	气	-125915	-176649	25409	25719	44372	68441	97199	129808	166100	204947	246137
反1,4-二甲基环己烷	C_8H_{16}	气	-133910	-184686	25451	25761	44539	68650	97701	130143	376740	206454	248230
正辛烷	C_8H_{18}	气	-159905	-208547	36033	36381	57884	84264	114780	148942	186327	226383	268657
2-甲基庚烷	C_8H_{18}	气	-165012	-215579	34099	34447	56637	83678	115073	150026	187533	227300	269997
3-甲基庚烷	C_8H_{18}	气	-161747	-212733	33685	34032	56092	83092	114487	149440	186696	226881	269578
4-甲基庚烷	C_8H_{18}	气	-160868	-212188	33350	33693	55674	82634	113859	148603	185858	226044	268741
正丙苯	C_9H_{12}	气	41065	7828	27071	27351	45166	65353	93348	122441	154087	187784	223198
异丙苯	C_9H_{12}	气	38720	3935	25522	25794	43451	65720	91841	120975	152663	186528	222235
1,2,3-三甲基苯	C_9H_{12}	气	22939	-9586	27586	27870	45251	66892	92050	120348	151240	184393	219472
1,2,4-三甲基苯	C_9H_{12}	气	18850	-13939	27665	27950	45460	67102	92343	124868	151659	184854	219974
1,3,5-三甲基苯	C_9H_{12}	气	17753	-16074	26480	26757	43894	65369	90514	118824	149813	183045	218220
正丁基环戊烷	C_9H_{18}	气	-115199	-168361	32563	32915	53731	80204	111590	147243	186394	228644	273388
正丙基环己烷	C_9H_{18}	气	-136547	-193393	28879	29260	50902	78697	111264	148561	189207	233202	279625
正壬烷	C_9H_{20}	气	-175142	-229141	40190	40587	64699	94269	128443	166699	208597	253395	300764

【例7-3-2】用上式和表7-3-2计算在700K时环己烷脱氢生成苯的反应热。

解：（1）0K下的反应热：

ΔH_0^e = 苯的标准生成热（0K）+3×氢的标准生成热（0K）－环己烷的标准生成热（0K）

= 100464+3×0-（-83762）=184226J/mol

（2）反应产物和反应物在700K与0K的焓差：

$(\Delta H_{700}^e - \Delta H_0^e)_{苯}$ = 68106J/mol

$(\Delta H_{700}^e - \Delta H_0^e)_{氢}$ = 20219J/mol

$(\Delta H_{700}^e - \Delta H_0^e)_{环己烷}$ = 92712J/mol

（3）700K下的脱氢反应热 ΔH_{700}^e

$$\Delta H_T^e = \Delta H_0^e + \sum (H_T^e - H_0^e)_{产物} - \sum (H_T^e - H_0^e)_{反应物}$$

= 184226(68106+3×20219)-92712

= 220.3kJ/mol

（二）几种简化的反应热计算方法

简单计算方法有几种，其中方法1即近似计算法是新设计装置时的做法，其余的方法是用现场实测数据反算。这些方法相对简单，但有一定的误差，有些误差相对较大。

1. 方法1——近似计算法

（1）计算方法

芳构化为放热反应，加氢裂化为吸热反应，总反应热为两者的差值：

$$Q_{反} = \sum Q_{芳构化} - \sum Q_{裂化} \qquad (7-3-2)$$

式中　　$\sum Q_{芳构化}$——芳构化总反应热；

　　　　$\sum Q_{裂化}$——加氢裂化总反应热。

首先要根据生成的芳烃量计算芳构化过程的反应热（$\sum Q_{芳构化}$）；加氢裂化反应热（$\sum Q_{裂化}$）可取840kJ/kg裂化产物。表7-3-3列出了在700K时部分芳构化的反应热。前提条件是要假定芳构化量，一般用于估算。这种方法相对其他的简算方法更复杂些，但相对误差小些。

表7-3-3　700K时部分芳构化的反应热

芳烃产物	环烷烃脱氢反应生成热/（kJ/kg 产物）	烷烃环化脱氢反应热/（kJ/kg 产物）	加氢裂化反应热/（kJ/kg 产物①）
苯	2822	3375	840
甲苯	2345	2742	
二甲苯	2001	2282	
三甲苯	1675	1926	

①：加氢裂化产物量定义为：加氢裂化产物量=（重整原料量）-（脱戊烷油量）-（实得纯氢量）。

（2）计算步骤

以重整反应进料为100%（质），计算步骤如下：

1)计算芳烃潜含量；

2)假定各组分转化率，包括芳烃转化率；

3)根据各组分转化率，计算转化为各种芳烃的产率；

4)根据各组分转化成的芳烃产率，计算理论产氢率；

5)假定各组分加氢裂化率，计算加氢裂化量；

6)根据芳烃转化率和加氢裂化量，按表7-3-3查出相应的反应热即可计算出总反应热。在此基础上，也可以根据加氢裂化量计算加氢裂化耗氢量，进一步算出产氢率。

（3）计算举例

1)原料数据：一套装置规模为 1.0Mt/a（重整反应部分进料量120000kg/h）的连续重整装置，反应进料的族组成见表7-3-4。

表 7-3-4　反应进料的族组成

组分	含量/%（质）		
	烷烃	环烷烃	芳烃
C_5	1.87	0.87	—
C_6	11.45	8.25	0.69
C_7	12.72	15.51	3.6
C_8	12.21	10.75	2.55
C_9	10.47	7.75	1.3
合计	48.72	43.13	8.14

装置的芳烃产率（对重整进料）按70%左右设计。以重整反应进料为100%（质）作为基础，计算各组分的潜含量、转化率、产品产率（产量）等。

2)计算芳烃潜含量：

①苯潜含量 = $NC_6×78/84+AC_6$ = 8.25×78/84+0.69 = 7.66+0.69 = 8.35%

②甲苯潜含量 = $NC_7×92/98+AC_7$ = 15.51×92/98+3.6 = 14.56+3.6 = 18.16%

③二甲苯潜含量 $NC_8×106/112+AC_8$ = 10.75×106/112+2.55 = 10.17+2.55 = 12.72%

④重芳烃潜含量 = $NC_9×120/1126+AC_9$ = 7.75×120/126+1.3 = 7.38+1.3 = 8.68%

C_6~C_9芳潜47.91%，其中：C_6环烷转化的苯产量为7.66%（相对于重整进料，下同）；C_7环烷转化的甲苯产量为14.56%；C_8环烷转化的二甲苯产量为10.17%；C_9环烷转化的C_9芳烃产量为7.38%。

3)芳烃转化率和转化量的计算：

①首先假定各组分的芳烃转化率和转化为小分子产物的转化率，见表7-3-5。

表 7-3-5　假定各组分的转化率

项目	C_6（苯）	C_7（甲苯）	C_8（二甲苯）	C_9（重芳烃）
环烷脱氢转化生成芳烃/%	100	100	100	100
烷烃环化脱氢转化生成芳烃/%	10	55	65	80
烷烃裂化转化生成小分子烷烃/%	2	25	30	20
脱烷基生成芳烃/%	+15[①]	—	—	—
脱烷基减少芳烃/%	—	—	—	-15[①]

①：在脱烷基反应中，考虑苯的总产量中15%的苯是由C_9芳烃部分脱烷基而来，而C_9芳烃的产量中就相应减少转化成苯的C_9芳烃量。

②根据表 7-3-5 给定的各组分的转化率计算出各组分转化成芳烃的产率和转化率，见表 7-3-6。计算出的芳烃产率为 69.73%，与要求的 70% 接近，所以认为假定的各组分转化的转化率是合理的。

③根据表 7-3-5 各组分的转化率计算出各烷烃组分裂化率，见表 7-3-7。

4）反应热的计算：根据表 7-3-6、表 7-3-7 各组分转化成芳烃的产率及裂化率，再从表 7-3-3 查得相应的反应热，计算出各组分转化成芳烃或者裂化的反应热，从而求出总反应热为 128MJ/100kg，见表 7-3-8。进料量为 120000kg/h，则总反应热为：

$$120000 \times 128/100 = 153.6 \times 10^3 MJ/h = 42.7MW$$

如果知道每个反应器烃类的转化情况，也可按此计算每个反应器的反应热。

5）产氢率的计算：

①理论产氢率：根据前面计算出的各环烷烃和烷烃的芳烃转化率可计算出理论产氢率：

环烷脱氢产氢量 $= (7.66/78 + 14.56/92 + 10.17/106 + 7.38/120) \times 6 = 2.48\%$

烷烃环化脱氢产氢量 $= (1.04/78 + 6.44/92 + 7.38/106 + 7.85/120) \times 8 = 1.74\%$

理论产氢率 $= 2.48\% + 1.74\% = 4.22\%$

②加氢裂化耗氢率：裂化反应极其复杂，若中间断裂，一个烷烃分子正好裂化为两个分子；若一头断裂，一个烷烃分子裂化为一大一小两个分子，而大分子有可能还会继续断裂。为计算简单，做如下假设：

a）2 个烷烃分子裂化时需要消耗 3 个氢分子，生成 5 个分子裂化产品，即平均生成一个裂化烷烃分子消耗氢气为 3/5 分子。

b）裂化产品以 C_3 丙烷为代表，加氢裂化耗氢量为：

$$\frac{9.17}{5 \times 44} \times 3 \times 2 = 0.25\%$$

③芳烃脱烷基耗氢量计算：根据烷基化反应，假定按丙苯依次脱甲基计算，得如下反应方程式：

表 7-3-6 芳烃产率和转化率

项目	环烷脱氢转化生成芳烃量/%	烷烃环化脱氢转化生成芳烃量/%	C₉芳烃脱烷基生成芳烃量/%	芳烃脱烷基减少C₉芳烃量/%	原有芳烃量/%	芳烃产率/%	总转化率/%
苯	7.66×100%=7.66	11.45×78/86×10%=1.04	(7.66+1.04+0.69)/0.85×15%=1.66	—	0.69	7.66+1.04+1.66+0.69=11.05	11.05/8.35=132.3
甲苯	14.56×100%=14.56	12.72×92/100×55%=6.44	—	—	3.6	14.56+6.44+3.6=24.6	24.6/18.16=135.5
二甲苯	10.17×100%=10.17	12.21×106/114×65%=7.38	—	—	2.55	10.17+7.38+2.55=20.1	20.1/12.72=158
C₉芳烃	7.38×100%=7.38	10.47×120/128×80%=7.85	—	1.66×120/78=2.55	1.3	7.38+7.85+-2.55+1.3=13.98	13.98/8.68=161
合计	C₆~C₉ 39.77	22.71	+1.66	-2.55	8.14	69.73	69.73/47.91=146

表 7-3-7 加氢裂化率

项目	进料中烷烃/%	环化脱氢率/%	加氢裂化率/%	加氢裂化量/%
C₆	11.45	10	2	11.45×2%=0.23
C₇	12.72	55	25	12.72×25%=3.18
C₈	12.21	65	30	12.21×30%=3.66
C₉	10.47	80	20	10.47×0.2=2.1
合计	48.72		18.3	9.17

表 7-3-8 反应热的计算

名称	实际生成芳烃/%				原有芳烃	产率/%	反应热/(MJ/kg)					总反应热/(MJ/100kg)
	环烷生成 1	烷烃生成 2	脱烷基生成 3	脱烷基减少 4			1	2	3	4	裂解放热	
苯	7.66	1.04	1.66		0.69	11.09	2.83	3.45	-3.23			7.66×2.83+1.04×3.45-1.66×3.23=19.9
甲苯	14.56	6.44			3.6	24.6	2.35	2.77				14.56×2.35+6.44×2.77=52.1
二甲苯	10.17	7.38			2.55	20.1	2.0	2.53				10.17×2+7.38×2.53=39.0
C₉芳烃	7.38	7.85		2.55	1.3	13.98	1.58	2.27		-2.13		7.38×1.58+7.85×2.27-2.55×2.13=24
裂解气						8.44					-0.84	-8.44×0.84=-7.1
合计												19.9+52.1+39+24-7.1=128

由表 7-3-6 得知，C_9 芳烃脱烷基生成苯的产率为 1.66%，根据上述芳烃脱烷基反应方程式可得：

$(78×13) : (2×36) = 1.66 : H$

则芳烃脱烷基耗氢 H=0.118%

共计耗氢量 = 0.25+0.118 = 0.37%

实得纯氢产量 = 4.22-0.37 = 3.85%

2. 方法 2——基准能耗法

根据中国石化《催化重整装置基准能耗计算》进行计算。此方法考虑到进料和产物组成比较简单，反应热采用物质生成焓法。根据实际装置的原料组成、物料平衡和产品产率进行计算，方法比较简单，但误差较大。

（1）假设和前提条件

此方法有以下假设和前提条件：

1）反应过程视为在末反出口温度的恒温条件下发生，将加热炉虚拟成进料加热炉和中间加热炉。进料加热炉负责将反应物料加热到四反出口温度，即补偿进料换热器热端温差，其热负荷比实际中的第一加热炉小；中间加热炉负责供给反应热。

2）反应可以看作是烷烃、环烷转化成芳烃，一部分大烷烃变较小烷烃（$C_6 \sim C_8$）和小烷烃（$C_1 \sim C_5$）。反应遵循以下规律：

①五元、六元环烷不论侧链如何，1mol 环烷转化成 1mol 芳环的反应热非常接近，同时烷烃也有类似规律。

②氢气对反应热贡献为四反出口温度下的生成焓，小烷烃（$C_1 \sim C_5$）对反应热贡献为四反出口温度下与进料中等质量烷烃的生成焓差。

（2）基准能耗法重整反应热计算公式

$$重整反应热 E = W/(0.36 M_{oil} × 0.9) \qquad (7-3-3)$$

$$W = W_1 + W_2 + W_3 + W_4$$

$$W_1 = 196.55 M_{ni}$$

$$W_2 = 240.45(M_{ao} - M_{ai} - M_{ni})$$

$$W_3 = 164.5 W_{ho} × M_{oil}/100$$

$$W_4 = M_{oil}/100 Σ(W_i dH_i)$$

式中　　W——每 100kmol 进料反应总吸热量，MJ；

$\quad M_{oil}$——重整进料平均相对分子质量，缺省值为 100；

$\quad M_{ni}$——进料中环烷含量,%（摩尔）；

$\quad M_{ai}$——进料中芳烃含量,%（摩尔）；

$\quad M_{ao}$——相对于进料的芳烃收率,%（摩尔）；

$\quad W_{ho}$——相对于进料纯氢产率,%（质）；

$\quad W_i$——干气、液化气、戊烷油相对于进料的产率,%（质）；

$\quad dH_i$——干气、液化气、戊烷油在四反出口温度下的生成焓，MJ/kmol。

3. 方法 3——根据反应器进出口组成和温度计算

对于实际生产装置，不知道单体烃的具体转化情况，很难用单体烃生成热的方法计算生成热。如果能通过取样获得反应器进出口单体烃的组成，也可根据温度和焓值计算得到反应热。

(1) 计算思路

假定不计热损失，反应物带入的热量部分被反应热吸收，使得反应器有温降。

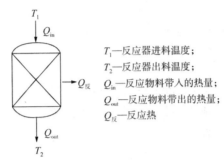

T_1—反应器进料温度；
T_2—反应器出料温度；
Q_{in}—反应物料带入的热量；
Q_{out}—反应物料带出的热量；
$Q_{反}$—反应热

可以将反应器看作是换热器。这里，反应物料是热流，化学反应是冷流。化学反应从反应物料中吸收热量，使反应物料温度下降。根据热量平衡原理，用反应物料进出反应器的"热量差"反算反应热，即：

$$Q_{in} = Q_{反} + Q_{out} \qquad (7\text{-}3\text{-}4)$$

(2) 计算方法

查出各组分在进、出口条件(温度)下的热焓值(基准温度应相同，如0K)，分别计算出反应器进、出口物料单位质量的热焓。

用反应器进、出口物料的焓与基准温度的焓差分别计算进出、口单位质量物料的热量，再用反应器出入口热量的差计算出反应热。

$$Q_{反} = Q_{in} - Q_{out} = (H_T - H_0)_{进料} - (H_T - H_0)_{出料} \qquad (7\text{-}3\text{-}5)$$

式中　H_T、H_0——进料和出料在进和出口温度以及在0K下的焓。

这种计算方法忽略了基准温度(通常为0K)的反应热，有些误差。

考虑循环氢不参与反应，则有：

$$
\begin{aligned}
Q_{反} &= (H_T - H_0)_{进料} - (H_T - H_0)_{出料} \\
&= \left[(H_T - H_0)_{进} - (H_T - H_0)_{出} \right]_{油} + \left[(H_T - H_0)_{进} - (H_T - H_0)_{出} \right]_{循环氢} \\
&= \left[(H_T - H_0)_{进} - (H_T - H_0)_{出} \right]_{油} + \left[(H_T - H_0)_{进} - (H_T - H_0)_{出} \right]_{循环氢} \\
&= G_{油} \left[\left(\sum x_i I_i^{T_1} - \sum x_i I_i^0 \right) - \left(\sum y_i I_i^{T_2} - \sum y_i I_i^0 \right) \right]_{油} \\
&\quad + G_{循环氢} \left[\left(\sum c_i I_i^{T_1} - \sum c_i I_i^0 \right) - \left(\sum c_i I_i^{T_2} - \sum c_i I_i^0 \right) \right]_{循环氢} \\
&= G_{油} \left[\left(\sum x_i I_i^{T_1} - \sum y_i I_i^{T_2} \right) - \left(\sum x_i I_i^0 - \sum y_i I_i^0 \right) \right]_{油} \\
&\quad + G_{循环氢} \left[\sum c_i I_i^{T_1} - \sum c_i I_i^{T_2} \right]_{循环氢}
\end{aligned}
\qquad (7\text{-}3\text{-}6)
$$

由此可归纳出：

$$Q_{反} = G_{油} \left[\left(\sum x_i I_i^{T_1} - \sum y_i I_i^{T_2} \right) - \left(\sum x_i I_i^0 - \sum y_i I_i^0 \right) \right]_{油} + G_{循环氢} \left[\sum c_i I_i^{T_1} - \sum c_i I_i^{T_2} \right]_{循环氢} \qquad (7\text{-}3\text{-}7)$$

式中　$G_{油}$——反应进料精制油的流量；

$G_{循环氢}$——循环氢的流量；

x_i——进口精制油中 i 组分的分数(不包括循环氢,以油品组成为 100% 计);

y_i——出口油品产物中 i 组分的分数(不包括循环氢,以油品组成为 100% 计);

c_i——循环氢中 i 组分的分数(不包括油品,以循环氢组成为 100% 计);

I_i^T、I_i^0——i 组分在 T、0K 温度下的焓。

4. 方法 4——经验公式

由于催化重整进行的主要反应是芳构化反应和裂化反应,前者为吸热的脱氢反应,后者为放热的耗氢反应,两种类型反应的反应热都很大,而其他反应的数量相对较少,并且反应热较小。因此,纯氢产率直接反映了反应的深度,所以与反应热有直接关系,可由纯氢产率归纳出反应热。

$$Q_{反} = 331 \times H + 31.4 \qquad (7-3-8)$$

式中　$Q_{反}$——单位进料反应热,MJ/t 重整进料;

　　　H——对重整进料的纯氢产率,%(质)。

以前面方法 1 举例的处理量为 1000kt/a(反应进料量 120t/h)的装置为例,计算的纯氢产率为 3.85%,则:

$$Q = 331 \times 3.85 + 31.4 = 1305 \text{MJ/t 进料}$$

$$总反应热 = 1305 \times 120 = 156 \times 10^3 \text{MJ/h} = 43.5 \text{MW}$$

与用方法 1 计算所得到的结果(42.7MW)的误差不到 2%,可用于工程计算。

三、理论温降及加热炉热负荷的计算

(一)理论温降

由反应热可以根据反应器内物料的平均比热容计算反应器的理论温降。

$$理论温降 = \frac{反应热(吸热) + 热损失}{物料量 \times 平均比热容} \qquad (7-3-9)$$

$$混合物在进出口温度和组成下的平均比热容 = \sum y_i C_{p_i}$$

式中　y_i——i 组分在进出口的平均分数;

　　　C_{p_i}——i 组分在进出口条件下的平均比热容。

由于在反应过程中,物料的组成和温度不断变化,所以用"平均比热容"有一定的误差。

(二)反应加热炉热负荷

由计算出的理论温降可以得到反应器的进口和出口温度,进而可以知道各反应加热炉的进出口温度,再根据这些温度可以计算出反应加热炉的热负荷。

$$Q_1 = G \times (q_1^{T_{OUT}} - q_1^{T_{IN}}) \qquad (7-3-10)$$

$$Q_2 = G \times (q_2^{T_{OUT}} - q_2^{T_{IN}}) \qquad (7-3-11)$$

$$Q_3 = G \times (q_3^{T_{OUT}} - q_3^{T_{IN}}) \qquad (7-3-12)$$

$$Q_4 = G \times (q_4^{T_{OUT}} - q_4^{T_{IN}}) \qquad (7-3-13)$$

式中　Q_1、Q_2、Q_3、Q_4——一反、二反、三反、四反加热炉的工艺热负荷,MJ/h;

　　　G——进入反应加热炉的物料流量,kg/h;

$q_1^{T_{IN}}$、$q_2^{T_{IN}}$、$q_3^{T_{IN}}$、$q_4^{T_{IN}}$——一反、二反、三反、四反加热炉入口物料的焓,MJ/kg;

$q_1^{T_{OUT}}$、$q_2^{T_{OUT}}$、$q_3^{T_{OUT}}$、$q_4^{T_{OUT}}$——一反、二反、三反、四反加热炉出口物料的焓,MJ/kg。

第四节　重整反应器计算

一、固定床反应器

(一)轴向反应器

在轴向反应器内，反应物流自上而下轴向穿过催化剂床层，见图 7-4-1。轴向反应器需要对其尺寸及压降进行计算。

1. 反应器尺寸

根据反应空速(质量或体积)，计算催化剂装填量(体积)，再确定反应器容积或尺寸。

2. 床层压降

通常情况下，床层压降计算可采用埃索(Issue)公式：

$$\frac{\Delta p}{L} = 2.77 \times 10^{-4} \times \frac{\rho_v^{0.85} \cdot v^{1.85} \cdot \mu^{0.15}}{d_p^{1.15}} \tag{7-4-1}$$

式中　　Δp——压降，kg/cm^2；

L——床层高度(或厚度)，m；

ρ_v——气体介质密度，kg/m^3；

v——气流表观速度，m/s；

μ——气体黏度，$cP(1cP = 10^{-3}Pa \cdot s)$；

d_p——催化剂当量直径，m。

压降计算注意事项如下：

1)反应器的高径比：适宜的高径比(H/D)在 2/1~3/1 之间，高径比过大时，反应器压降增加，使压缩机投资和操作费用增加；高径比小于 1/1 时，容易产生气流分布不均匀现象。

2)反应器床层压降适宜范围为 0.10~0.20kgf/(cm^2)，太低时气流分布不均匀，太高时可能产生催化剂磨损。

3)当催化剂物性数据齐全(空隙率)时，也可以采用欧根(Ergun)公式[式(7-4-2)]计算床层压降。

4)催化剂床层上下惰性瓷球的设置：

①催化剂床层上部瓷球一般分别为 $\phi3$、$\phi6$ 和 $\phi19$ 三层，厚度各 150mm，其作用是：防止过高油气气速所引起的床层扰动；气流再分配；减少高温气流空间停留时间以减少目的产品损失。

②催化剂床层下部瓷球一般采用 $\phi3$、$\phi6$，厚度各 150mm，最底部瓷球为 $\phi19$，厚度以封住收集器为准，其作用为防止催化剂粉尘随气流带入下游。

(二)径向反应器

在径向反应器内，反应物流径向穿过催化剂床层，见图 7-4-2。径向反应器需要对其压降及气流分布不均匀度进行计算。

1. 径向反应器压降计算

按照气流经过反应器内部各部位的先后顺序，径向反应器压降包括：

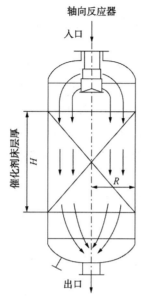

图 7-4-1　轴向反应器

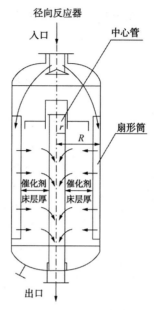

图 7-4-2　径向反应器

$\Delta p_{静分}$：气流从扇形筒（或外网）上部入口到达下部所产生的静压降。

$\Delta p_{扇丝}$：气流流过扇形筒（或外网）丝网所产生的压降。

$\Delta p_{床}$：气流流过催化剂床层所产生的压降。

$\Delta p_{中丝}$：气流流过中心管丝网所产生的压降。

$\Delta p_{孔}$：气流流过中心管开孔层所产生的压降。

$\Delta p_{静集}$：气流从中心管内上部到达下部出口（适应于"Z"形反应器结构，对于"π"形则为下部到达上部出口）所产生的静压降。

通常情况下，扇形筒丝网及中心管丝网开孔率均较高，所产生的压降可以忽略不计，只考虑四项：$\Delta p_{床}$、$\Delta p_{静分}$、$\Delta p_{静集}$、$\Delta p_{孔}$。

（1）催化剂床层压降 $\Delta p_{床}$

催化剂床层压降计算采用欧根（Ergun）公式，见式（7-4-2）。

$$\frac{\Delta p}{L} g_c = 150 \times \frac{(1 - \varepsilon)^2}{\varepsilon^3} \times \frac{\mu U}{(\phi_p d_p)^2} + 1.75 \times \frac{1 - \varepsilon}{\varepsilon^3} \times \frac{\rho_f U^2}{\phi_p d_p} \qquad (7\text{-}4\text{-}2)$$

式中　　Δp——床层压降，kgf/m^2；

L——床层高度（或长度），m；

g_c——换算因子，取 9.8；

ε——床层空隙率；

ϕ_p——催化剂颗粒形状系数，球形催化剂取 1.0；

U——表观速度，m/s；

ρ_f——气体密度，kg/m^3；

μ——气体黏度，Pa·s；

d_p——催化剂当量直径，m。

采用式（7-4-2）计算径向床层压降时，需要将催化剂床层高度（L）取代为催化剂径向床层厚度(L_b)，即取外网当量半径(R_b)与中心管半径(r_b)的差值 $L_b = R_b - r_b$。当外网为大直径丝网时，其当量半径 R_b 即实际半径；当外网采用扇形筒结构时，其当量半径 R_b 需要计算，步骤为：

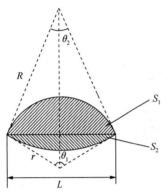

1）计算单个扇形筒截面积 $S_{煽} = S_1 + S_2$，全部（n 个）扇形筒总面积 $S_D = nS_{煽}$，其中 S_1 和 S_2 分别为两个弓形面积，见图 7-4-3，图中 R 为反应器半径，r 为扇形筒半径，L 为扇形筒弦长。

2）计算反应器截面积 $S_反$ 及中心管面积 $S_中$；

3）计算扇形筒与中心管之间的催化剂环形面积 $S_剂$：$S_剂 = S_反 - S_中 - nS_{煽}$；

4）通过公式 $S_剂 = \pi(R2_b - r2_b)$ 得出 R_b。

5）径向床层平均半径 R_m：取外网半径（R_b）与中心管外半径（r_b）的对数平均值 $R_m = (R_b - r_b)/\ln(R_b/r_b)$

6）径向床层平均流通面积 S_m：$S_m = 2\pi \times R_m \times H_b$

7）径向表观速度 U_b：$U_b = V/S_m$

图 7-4-3　扇形筒面积计算示意图

（2）分流流道静压降 $\Delta p_{静分}$

气流在扇形筒（或外网）内从上往下流过时，流量不断减少，属于分流流道，其静压降 $\Delta p_{静分}$ 计算公式为：

$$\Delta p_{静分} = K_D \cdot \frac{u_D^2}{g} \cdot \rho_f$$

式中　K_D——分流流道动量交换系数，取 0.72；

u_D——分流流道气速，m/s，$u_D = V/S_D$；

ρ_f——气体密度，kg/cm³；

g——重力加速度，取 9.8m/s²。

判断分流流道是否为动量交换控制模型，可采用以下方法：

1）方法一：

$$流型准数 = \frac{\lambda \cdot H}{6 \cdot k \cdot D}$$

式中　λ——摩擦系数，取 0.0135；

H——流道长度，m；

K——动量交换系数，取 0.72；

D——流道直径，m。

当流型准数 >>1 时，为动量交换控制模型，重整反应系统一般属该模型；

当流型准数 <<1 时，为摩擦阻力控制模型。

2）方法二：采用高径比。

对于分流流道，高径比 $H/D_{e分}$ <30 时，为动量交换控制模型；

对于集流流道，高径比 $H/D_{e集}$ <50 时，为动量交换控制模型。

式中　$D_{e分}$——分流流道当量直径，m；

$D_{e集}$——集流流道当量直径，m；

H——流道长度，m；

流道当量直径 D_e = 4×流通面积/周长。

（3）集流流道静压降 $\Delta p_{\text{静集}}$

气流在中心管内从上往下（或从下往上）流过时，流量不断增加，属于集流流道，其静压降 $\Delta p_{\text{静集}}$ 计算公式为：

$$\Delta p_{\text{静集}} = K_C \cdot \frac{u_C^2}{g} \cdot \rho_f$$

式中　K_C——集流流道动量交换系数，取 1.15；

u_C——集流流道气速，m/s；

ρ_f——气体密度，kg/cm^3；

g——重力加速度，取 9.8m/s^2。

（4）中心管过孔压降 $\Delta p_{\text{孔}}$

$$\Delta p_{\text{孔}} = \zeta \cdot \frac{u_e^2}{2g} \cdot \rho_f$$

式中　$\Delta p_{\text{孔}}$——过孔压降，kgf/cm^2；

u_e——过孔气速，m/s；

ρ_f——气体密度，kg/cm^3；

g——重力加速度，取 9.8m/s^2。

ζ——过孔阻力系数，与流速比 K 有关，$K = u_e/u_c$，

当 $K \geqslant 2$ 时，$\xi = 1.5\beta$；当 $K < 2$ 时，$\xi = 1.75\beta$。

$$\beta = 1.11 \times (\delta/d)^{-0.336}$$

式中　β——过孔阻力系数与厚径比的校正系数；

u_e——过孔气速，m/s；

u_c——中心管内气流速度，m/s；

δ——开孔层厚度，mm；

d——开孔当量直径，mm。

对于"Z"形结构的反应器，压降值为：$\Delta p_{\text{总}} = \Delta p_{\text{床}} + \Delta p_{\text{静分}} + \Delta p_{\text{静集}} + \Delta p_{\text{孔}}$，气流分布及压降组成见图7-4-4、图7-4-5。

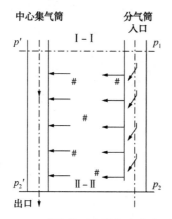

图7-4-4　"Z"形结构反应器气流分布示意图

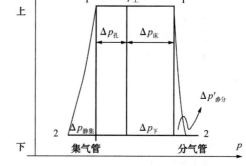

图7-4-5　"Z"形结构反应器压降组成示意图

对于"π"形结构的反应器，其压降值取 $\Delta p_{上}$ 与 $\Delta p_{下}$ 数值较大者，气流分布及压降组成见图 7-4-6 和图 7-4-7。

$$\Delta p_{上} = \Delta p_{床} + \Delta p_{孔} + \Delta p_{静集}$$

$$\Delta p_{下} = \Delta p_{床} + \Delta p_{孔} + \Delta p_{静分}$$

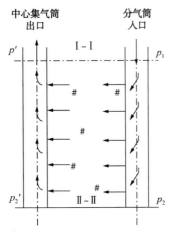
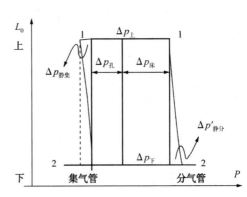

图 7-4-6 "π"形结构反应器气流分布示意图   图 7-4-7 "π"形结构反应器压降组成示意图

2. 气流分布不均匀计算

在径向反应器中，气流流过分流流道及集流流道均产生静压降，反应器上部和下部的压力不同，使上部气流穿过床层等的总压降与下部不同，从而使上部的气流流量与下部不同，即轴向气流分布不均匀，不均匀程度用气流分布不均匀度衡量。

对于"Z"形结构反应器，气流分布不均匀度采用式(7-4-3)计算；对于"π"形结构反应器，气流分布不均匀度采用式(7-4-4)计算。

$$\Delta Q = \left[1 - \sqrt{\frac{\Delta p_{床} + \Delta p_{孔}}{\Delta p_{床} + \Delta p_{孔} + \Delta p_{静分} + \Delta p_{静集}}} \right] \times 100\% \qquad (7\text{-}4\text{-}3)$$

$$\Delta Q = \left[1 - \sqrt{\frac{\Delta p_{床} + \Delta p_{孔} + \Delta p_{静集}}{\Delta p_{床} + \Delta p_{孔} + \Delta p_{静分}}} \right] \times 100\% \qquad (7\text{-}4\text{-}4)$$

二、计算例题

(一)已知条件

1. 反应油气

体积流量 $V = 28394 \mathrm{m^3/h}$

气体密度 $\rho_f = 3.85 \mathrm{kg/m^3}$

气体黏度 $\mu = 0.0216 \mathrm{cP}$

$\qquad 2.16 \times 10^{-5} \mathrm{pa \cdot s}$

$\qquad 2.16 \times 10^{-5} \mathrm{kg/(m \cdot s)}$

2. 催化剂物性

直径 $d_p = 1.60 \times 10^{-3} \mathrm{m}$

空隙率 $\varepsilon = 0.39$(小数表示)

3. 反应器内部结构

外网当量半径 $R_b = 0.81m$

中心管外半径 $r_b = 0.40m$

床层高度 $H_b = 5.53m$

中心管内半径 $r_c = 0.375m$

中心管开孔率 $e = 1.200\%$

中心管开孔孔径 $d = 6.0mm$

中心管开孔层厚度 $\delta = 6.0mm$

分流流道面积 $S_D = 0.482m^2$

(二)计算过程

1. 床层压降 $\Delta p_{床}$

(1)径向床层厚度 L_b

$L_b = R_b - r_b = 0.81 - 0.40 = 0.41$

(2)床层径向平均半径 R_m

$R_m = (R_b - r_b)/\ln(R_b/r_b) = (0.81 - 0.40)/\ln(0.81/0.40) = 0.58m$

(3)床层径向平均流通面积 S_m

$S_m = 2\pi \times R_m \times H_b = 2 \times 3.14 \times 0.58 \times 5.53 = 20.14m^2$

(4)径向表观速度 U_b

$U_b = V/S_m = 28394/(3600 \times 20.14) = 0.3916m/s$

(5)床层压降 $\Delta p_{床}$(按 Ergun 公式计算)

$\Delta p_{床} \times g_c/L_b = 150 \times (1-\varepsilon)^2 \times (\mu \times u_b)/(\varepsilon^3 \times d_p^2) + 1.75 \times (1-\varepsilon) \times \rho_f \times u_b^2/(\varepsilon^3 \times d_p)$

$= 150 \times (1-0.39)^2 \times 0.0000216 \times 0.39/(0.39^3 \times 0.0016^2) + 1.75 \times (1-0.39) \times 3.85$

$\times 0.39^2/(0.39^3 \times 0.0016)$

$= 9.71 \times 10^3$

取 $g_c = 9.8$,则:

$\Delta p_{孔} = 9710 \times 0.41/9.8 = 406kgf/m^2 4.06kPa$

2. 分流流道静压降 $\Delta p_{静分}$

①分流流道气速 u_D

$u_D = V/S_D = 28394/(3600 \times 0.482) = 16.26m/s$

②分流流道静压降 $\Delta p_{静分}$

$p_D = K_D \times u_D^2 \times \rho_f/g = 0.72 \times 16.26^2 \times 3.85/9.8 = 75kg/m^2 = 0.75kPa$

3. 集流流道静压降 $\Delta p_{静集}$

①集流流道面积 S_c

$S_c = r_c^2 \times \pi = 0.375^2 \times 3.14 = 0.4416m^2$

②集流流道气速 u_C

$u_C = V/S_C = 28394/(3600 \times 0.4416) = 17.86m/s$

③集流流道静压降 $\Delta p_{静集}$

$\Delta p_{静集} = K_c \times u_C^2 \times P_f / g = 1.15 \times 17.86^2 \times 3.85 / 9.8 = 144 kgf/m^2 = 1.44 kPa$

4. 中心管过孔压降 $\Delta p_{孔}$

①中心管开孔总面积 S_e

$S_e = 2 \times \pi \times r_c \times H_b \times e = 2 \times 3.14 \times 0.375 \times 5.53 \times 1.2\% = 0.1564 m^2$

②中心管过孔气速 u_e

$u_e = V/S_e = 28394/(3600 \times 0.1563) = 50.43 m/s$

③阻力系数 ξ

$\beta = 1.11 \times (\delta/\phi)^{-0.336} = 1.11 \times (6/6)^{(-0.336)} = 1.11$

$K = u_e/u_c = 50.43/17.86 = 2.82$

$K > 2$, $\xi = 1.5\beta = 1.5 \times 1.11 = 1.665$

④中心管过孔压降 $\Delta p_{孔}$

$\Delta p_{孔} = \xi \times u_e^2 \times p_f / (2 \times g) = 1.665 \times 50.43^2 \times 3.85 / (2 \times 9.8) = 832 kgf/m^2 = 8.32 kPa$

5. 总压降 $\Delta p_{总}$

对于"Z"形结构反应器：

$\Delta p_{总} = \Delta p_{床} + \Delta p_{静分} + \Delta p_{静集} + \Delta p_{孔} = 4.06 + 0.75 + 1.44 + 8.32 = 14.57 kPa$

对于"π"形结构反应器：

$\Delta p_{上} = \Delta p_{床} + \Delta p_{孔} + \Delta p_{静集} = 4.06 + 8.32 + 1.44 = 13.82 kPa$

$\Delta p_{下} = \Delta p_{床} + \Delta p_{孔} + \Delta p_{静分} = 4.06 + 8.32 + 0.75 = 13.13 kPa$

取 $\Delta p_{上}$ 与 $\Delta p_{下}$ 二者中的大者，$\Delta p_{总} = 13.82 kPa$

6. 气流分布不均匀度 ΔQ

对于"Z"形结构反应器：

$\Delta Q = 1 - [(\Delta p_{床} + \Delta p_{孔})/\Delta p_{总}]^{0.5} = 1 - [(4.06 + 8.32)/14.57]^{0.5} = 0.078（小数表示）= 7.8\%$

对于"π"形结构反应器：

$\Delta Q = 1 - (\Delta p_{上}/\Delta p_{下})^{0.5} = 1 - (13.82/13.13)^{0.5} = -0.053（小数表示）= -5.3\%$

计算结果见表7-4-1。从表中可见，对于"Z"形结构的反应器，气流分布不均匀度 ΔQ 数值只能是正值，说明反应器下部的压差大于上部，即反应器下部通过的气流较多、上部通过的气流较少；对于"π"形结构的反应器，气流分布不均匀度 ΔQ 数值可能会出现负值，说明这种情况下反应器下部的压差小于上部，即反应器下部通过的气流较少、上部通过的气流较多。一般情况下，径向反应器上、下气流不均匀度需要控制在5%~10%，不得大于15%。

表7-4-1 反应器计算结果汇总

序号	项目	"Z"形结构	"π"形结构
1	床层压降 $\Delta p_{床}$/kPa	4.06	4.06
2	分流流道静压降 $\Delta p_{静分}$/kPa	0.75	0.75
3	集流流道静压降 $\Delta p_{静集}$/kPa	1.44	1.44
4	中心管过孔压降 $\Delta p_{孔}$/kPa	8.32	8.32
5	总压降 $\Delta p_{总}$/kPa	14.57	13.82
6	气流不均匀度 ΔQ/%	7.8	-5.3

第五节 再生部分计算

一、再生循环气量计算

(一)催化剂积炭组成、氧平衡及燃烧热

1. 纯炭燃烧热

再生过程最重要的是氧含量的控制，在不考虑催化剂上携带的氢分子的情况下，炭的燃烧可按完全燃烧来考虑，即1mol的炭消耗1mol的氧气。

$$C+O_2 \longrightarrow CO_2 \tag{7-5-1}$$

一般情况下，进入再生器的待生催化剂上炭的质量分数按5%设计。进入再生器的再生气体中氧的体积分数按0.5%~1.0%考虑，炭含量越低，要求气体的氧含量越高。为了保证烧焦完全，应保证离开再生器的再生气体中有一定的氧含量，一般情况下控制在0.2%(体)左右。

在500℃左右时，CO_2的完全燃烧热约397kJ/mol。

2. 实际炭组成、燃烧氧平衡及燃烧热

实际上，重整待生催化剂上的积炭是高度缩合的碳氢化合物，H/C摩尔比约为0.5~1.0，按质量计，炭占95%。烧炭反应可表示为：

$$CH_x+(\frac{4+x}{4})O_2 \longrightarrow CO_2+\frac{x}{2}H_2O \tag{7-5-2}$$

研究结果表明，某连续重整催化剂上的积炭的可能组成为$CH_{0.66}$，则烧炭反应为：

$$CH_{0.66}+1.165O_2 \longrightarrow CO_2+0.33H_2O \tag{7-5-3}$$

即1mol的$CH_{0.66}$，生成1mol的CO_2，需要1.165mol的氧。经计算，$CH_{0.66}$的燃烧放热量为487kJ/mol(9.19×10^3kcal/kg)。

不同的装置、所用的催化剂不同，其待生催化剂上积炭的组成也不同，氢的含量有差别，因此燃烧热也不同。

3. 燃烧物组成

假定积炭形式为$CH_{0.66}$，完全燃烧时，按式(7-5-3)计算，1mol的炭生成1mol的CO_2和0.33mol的水，消耗1.165mol的氧。而1.165mol的氧折合成5.55mol的空气，含有4.38mol的N_2。即燃烧1mol的炭生成1+0.33+4.38=5.71mol的烧炭产物。由此可以计算出再生烧炭产物即离开再生烧焦区循环气的组成，见表7-5-1。

表7-5-1 再生烧炭产物的组成

组分	N_2	CO_2	H_2O	相对分子质量
相对分子质量	28.02	44	18	30.24
体积分数/%	76.7	17.5	5.8	

(二)烧炭所需空气量及循环气量的计算

因装置的不同和催化剂的不同，待生催化剂上的积炭组成也不同，以下计算公式是基于炭组成为$CH_{0.66}$，完全燃烧为基础。即按1mol的$CH_{0.66}$完全燃烧需要1.165mol的氧进行计算的，如果积炭组成不同，其计算采用的需氧量需进行相应的调整。

1. 所需空气量的计算

根据催化剂循环量和含炭量可以计算燃烧需要的空气量。

$$V_{空气} = \frac{G_c x_c}{12.66 \times 100} \times 1.165 \times \frac{22.4}{0.21} = 0.098 G_c x_c \tag{7-5-4}$$

式中　$V_{空气}$——烧炭所需的空气体积流量，Nm^3/h；

　　　G_c——催化剂循环量，kg/h；

　　　x_c——待生催化剂上积炭的质量分数。

或者：

$$G_{空气} = 0.127 G_c x_c \tag{7-5-5}$$

式中　$G_{空气}$——烧炭所需的空气质量流量，kg/h。

2. 所需再生循环气体总流量的计算

根据催化剂循环量和炭含量以及进出烧炭区再生循环气中的氧浓度，可以计算出烧炭所需循环再生气体总流量。

$$V_{循环气} = \frac{G_c x_c}{12.66} \times 1.165 \times \frac{22.4}{x_{O_2in} - x_{O_2out}} = \frac{2.06 G_c x_c}{x_{O_2in} - x_{O_2out}} \tag{7-5-6}$$

式中　$V_{循环气}$——再生烧炭所需循环气体积流量，Nm^3/h；

　　　x_{O_2in}——再生器入口循环气体中氧含量的体积分数；

　　　x_{O_2out}——再生器出口循环气体中氧含量的体积分数。

3. 计算举例

如图 7-5-1 所示，一套连续重整装置，其催化剂循环量为 530kg/h，待生催化剂上的炭含量为 5%（质），烧焦区入口循环气中氧的体积分数为 0.63%，烧焦区出口循环气中氧体积含量为 0.21%。求烧焦空气用量和循环气流量。

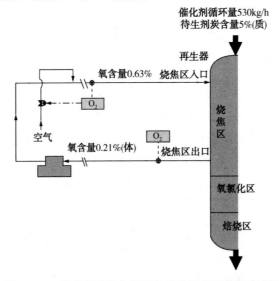

图 7-5-1　催化剂及烧焦循环气进出烧焦区条件示意图

解：烧焦需要空气量：

$$V_{空气} = 0.098 G_c x_c = 0.098 \times 530 \times 5 = 260 Nm^3/h$$

烧焦需要循环气量：

$$V_{循环气} = \frac{2.06G_c x_c}{x_{O_2in} - x_{O_2out}} = \frac{2.06 \times 530 \times 5}{0.63 - 0.21} = 12997 Nm^3/h$$

现场实际仪表测量值：

$$V_{空气} = 255 Nm^3/h$$

$$V_{循环气} = 11832 Nm^3/h$$

计算值与现场测量值基本一致，考虑现场仪表的测量误差，应该相对较准确。所以炭的型式为 $CH_{0.66}$ 进行计算是合理可行的。

(三)根据现场数据计算待生剂炭含量

也可根据现场 DCS 指示的再生气体总流量或空气流量，反算待生催化剂炭含量。

1. 用空气流量反算催化剂炭含量

根据式(7-5-4)，可以用现场仪表测定的烧焦空气体积流量(Nm^3/h)用下式计算出待生催化剂上的积炭量，此积炭型假定为 $CH_{0.66}$：

$$x_c = \frac{V_{空气}}{0.098G_c} \tag{7-5-7}$$

2. 用烧焦循环气流量反算催化剂炭含量

根据式(7-5-6)，可以用现场仪表测定的烧焦空气体积流量(Nm^3/h)用下式计算出待生催化剂上的积炭量，此积炭型假定为 $CH_{0.66}$：

$$x_c = \frac{V_{循环气}(x_{O_2in} - x_{O_2out})}{2.06G_c} \tag{7-5-8}$$

二、再生烧焦热平衡计算

当进入再生烧焦区的待生催化剂的炭含量、温度以及循环气体的流量和温度确定后，就可根据积炭的燃烧热进行再生烧焦热平衡的计算，主要目的是用来确定烧焦过程离开烧焦区的催化剂和循环气体的温度。

(一)烧焦区的热平衡

催化剂和烧焦循环气体进出烧焦区见图 7-5-2。

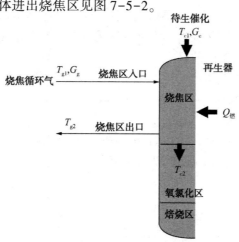

图 7-5-2　催化剂和烧焦循环气体进出烧焦区示意图

1. 循环气以质量流量计算的热平衡

如果循环气按质量流量进行计算，则烧焦区的热平衡如下：

$$0.25G_g \cdot T_{g2} + CP_C \cdot G_c \cdot T_{c2} = 91.9G_c \cdot x_c \cdot (1-\eta_损) + 0.25G_g \cdot T_{g1} + CP_C \cdot G_c \cdot T_{c1}$$

$$(7-5-9)$$

式中　G_g——再生气体总流量，kg/h；

　　　CP_C——催化剂平均比热容，kcal/kg；

　　　T_{g1}——再生气体进入烧焦区的温度，℃；

　　　T_{g2}——再生气体离开烧焦区的温度，℃；

　　　T_{c1}——催化剂进入烧焦区的温度，℃；

　　　T_{c2}——催化剂离开烧焦区的温度，℃；

　　　$\eta_损$——热损失率。

2. 循环气以体积流量计算的热平衡

如果循环气按体积流量进行计算，则烧焦区的热平衡如下：

$$0.313V_g \cdot T_{g2} + CP_C \cdot G_c \cdot T_{c2} = 91.9G_c \cdot x_c \cdot (1-\eta_损) + 0.313V_g \cdot T_{g1} + CP_C \cdot G_c \cdot T_{c1}$$

$$(7-5-10)$$

式中　V_g——烧焦循环气流量[即按式(7-5-6)计算出的 $V_{循环气}$]，Nm³/h。

(二)离开烧焦区循环气和催化剂温度的计算

1. 循环气以质量流量计算

假定离开烧焦区的催化剂和循环气的温度相同，由式(7-5-9)得到：

$$T_{g2} = T_{c2} = \frac{91.9G_c \cdot x_c \cdot (1-\eta_损) + 0.25G_g \cdot T_{g1} + CP_C \cdot G_c \cdot T_{c1}}{0.25G_g + CP_C \cdot G_c} \quad (7-5-11)$$

2. 循环气以体积流量计算

假定离开烧焦区的催化剂和循环气的温度相同，由式(7-5-10)得到：

$$T_{g2} = T_{c2} = \frac{91.9G_c \cdot x_c \cdot (1-\eta_损) + 0.313V_g \cdot T_{g1} + CP_C \cdot G_c \cdot T_{c1}}{0.313V_g + CP_C \cdot G_c} \quad (7-5-12)$$

3. 计算举例

仍然以前面举例的再生烧焦为例，计算出的再生气体循环量为12997Nm³/h，现场实际仪表测量值为11832Nm³/h，分别以这两个流量计算离开烧焦区的催化剂和循环气的温度。

解：有如下三点假设：①热损失率为燃烧热的5%；②假定催化剂的比热容为0.4kcal/kg；③气体和催化剂离开烧焦区的温度相同。

以热平衡计算出的再生气体循环量12997Nm³/h进行计算，则：

$$
\begin{aligned}
T_{g2} = T_{c2} &= \frac{91.9G_c x_c(1-0.05) + 0.313V_g T_{g1} + 0.4G_c T_{c1}}{0.313G_g + 0.4G_c} \\
&= \frac{91.9 \times 530 \times 5 \times 0.95 + 0.313 \times 12997 \times 460 + 0.4 \times 530 \times 90}{0.313 \times 12997 + 0.4 \times 530} \\
&= \frac{2121746}{4280} \\
&= 495℃
\end{aligned}
$$

以现场实际仪表测量值11832Nm³/h进行计算，则：

$$T_{g2} = T_{c2} = \frac{91.9 G_c x_c (1-0.05) + 0.313 V_g T_{g1} + 0.4 G_c T_{c1}}{0.313 G_g + 0.4 G_c}$$

$$= \frac{91.9 \times 530 \times 5 \times 0.95 + 0.313 \times 11832 \times 460 + 0.4 \times 530 \times 90}{0.313 \times 11832 + 0.4 \times 530}$$

$$= 499℃$$

现场仪表测量的实际温度值为：循环气离开再生器温度491℃，催化剂离开再生器温度496~500℃。说明计算值相对比较准确。

三、再生循环气中水含量计算

再生循环气中的水有两个来源：烧焦所用仪表风带入；烧炭过程产生的水。

（一）烧焦所用仪表风带入的水量

尽管烧焦所用仪表风经过了干燥，但还会含有一定量的水。假定仪表风中所含水的体积分数为 x_{air}，由式（7-5-4）可得到空气带入烧焦区的水量为：

$$G_{空气中水} = \frac{0.098 G_c x_c x_{air}}{22.4} = 4.375 \times 10^{-3} G_c x_c x_{air} \quad kmol/h \qquad (7-5-13)$$

式中　　x_{air}——烧焦用仪表风中水的体积分数。

（二）烧焦所产生的水量

催化剂上的积炭是高度缩合的碳氢化合物，根据实验结果，某催化剂积炭的可能组成为 $CH_{0.66}$，根据式（7-5-3）可知其烧炭反应为：

$$CH_{0.66} + 1.165 O_2 \longrightarrow CO_2 + 0.33 H_2O$$

即燃烧1mol的炭（$CH_{0.66}$）生成0.33mol的水，所以积炭燃烧产生的水量为：

$$G_{烧焦水} = \frac{G_c \cdot \dfrac{x_c}{100}}{12.66} \times 0.33 = 2.61 \times 10^{-4} G_c x_c \quad kmol/h \qquad (7-5-14)$$

（三）不同工艺再生烧焦循环气水含量的计算

目前，连续重整采用两种烧焦技术：一种是再生烧焦循环采用热循环回路流程；另一种采用冷循环回路流程。两种技术方案不同，其再生烧焦循环气体中水含量也不同，甚至差别很大。

UOP公司连续重整技术的催化剂再生采用热循环流程，其他公司的技术采用冷循环流程。

1. 热循环流程循环气水含量的计算

（1）流程

采用热循环回路的再生技术，烧焦区出口的高温气体除小部分排放用于控制系统压力外，大部分经热风机增压后直接返回烧焦区循环使用，见图7-5-3。

因循环气体温度较高，循环回路中没有水的冷凝过程。并且由于温度高，再生烧焦循环回路上无法设置干燥器，因此，烧焦过程产生的水分在回路中循环。回路中的水随放空气体排出，实现烧焦过程产生的水量与排放气体带出的水量平衡，即循环气体中的水含量与排放气中的水含量相等。由于排放气体量远远小于循环气量，所以平衡后循环气中的水含量很高。

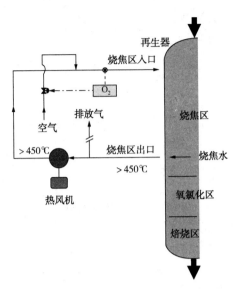

图 7-5-3　热循环流程示意图

（2）燃烧生成物的量

由前面分析得知，燃烧 1mol 的炭（$CH_{0.66}$）生成 5.71mol 的反应物，则生成物即排放气体的量如下：

$$G_{生成物} = \frac{G_C \cdot \dfrac{x_c}{100}}{12.6} \times 5.71 = 4.53 \times 10^{-3} G_C x_c \quad kmol/h \qquad (7-5-15)$$

此排放量也与补充到系统的烧焦空气流量相等，用式（7-5-4）也能推导出与式（7-5-15）相同的计算公式。

（3）水平衡

进入系统的水量=烧焦空气带入的水量+积炭燃烧产生的水量=$G_{空气中水}$+$G_{烧焦水}$

离开系统的水量=排放气体带走的水量

水平衡如下：

$$x \cdot G_{生成物} = G_{空气中水} + G_{烧焦水} \qquad (7-5-16)$$

式中　x——排放气中水的体积分数。

（4）循环气的含水量

进入再生器中循环气的含水量与排放气中的含水量相等，则：

$x_{循环气} \cdot G_{生成物} = G_{空气中水} + G_{烧焦水}$

由式（7-5-13）、式（7-5-14）和式（7-5-15）得到：

$x_{循环气} \cdot (4.53 \times 10^{-3} G_C x_c) = 4.375 \times 10^{-3} G_c x_c x_{air} + 2.61 \times 10^{-4} G_c x_c$

由此得到循环气的含水量计算公式：

$$x_{循环气} = 0.058 + 0.962 x_{air} \qquad (7-5-17)$$

式中　$x_{循环气}$——进入再生器的循环气中水的体积分数；

　　　x_{air}——烧焦用仪表风中水的体积分数。

公式（7-5-17）适用于催化剂上的炭型为 $CH_{0.66}$ 的热循环再生工艺的循环气中水含量的

计算。积炭的氢含量比例增加，则含水量越高；反之亦然。

由式(7-5-17)可以看出，循环气体中的水含量与催化剂循环量和催化剂上的积炭量没有关系，仅与积炭的炭型即氢含量有关。另外，水含量与仪表风中的含水量有关，但影响不大，可以忽略。

(5)计算举例

1)不带催化剂氯吸附

假定再生用仪表风中的水含量为 50mL/m^3，则进入再生器的循环气中的含水量为：

$x_{循环气} = 0.058 + 9.7 \times 10^{-7} x_{air} = 0.058 + 0.962 \times 50 \times 10^{-6} = 0.58$

即进入再生器的循环气中水的体积分数为 5.8%，与表 7-5-1 的组成数据一致，含水量非常高。

如果将再生用仪表风中的水含量增加到 1000mL/m^3，即增大 200 倍，则：

$x_{循环气} = 0.058 + 9.7 \times 10^{-7} x_{air} = 0.058 + 0.962 \times 1000 \times 10^{-6} = 5.9\%$

可以看出，再生用仪表风中的水含量对循环气中的含水量的影响非常小，完全可以忽略。由此可见，采用热循环回路的再生技术的连续重整，其再生循环气中的最低含水量高达 5.8%，含水量非常高。

2)带氯催化剂氯吸附

带催化剂氯吸附的催化剂再生热循环流程示意见图 7-5-4。离开再生器的再生排放气先与进入再生器的冷待生催化剂接触，以吸附排放气中携带的氯。

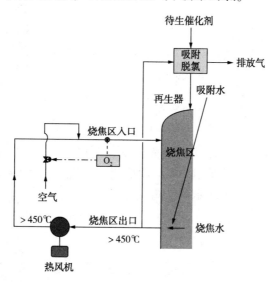

图 7-5-4　带催化剂氯吸附的热循环流程示意图

吸附脱氯过程催化剂将放空气中的氯吸附的同时也吸附水，使得烧焦产生的水几乎全部又被带回系统循环，此时：

进入系统的水量 = $G_{空气中水} + G_{烧焦水} + G_{吸附水} = 2 \times (G_{空气中水} + G_{烧焦水})$

离开系统的水量 = 排放气体带走的水量

由此得到循环气的含水量计算公式：

$$x_{循环气} = 0.11 + 1.92 x_{air} \tag{7-5-18}$$

式(7-5-18)用于计算带催化剂吸附脱氯流程的热循环再生工艺的循环气中的含水量的

计算，积炭型为 $CH_{0.66}$。积炭的氢含量比例增加，则含水量越高；反之亦然。

仍然假定再生用仪表风中的水含量为 $50mL/m^3$，通过式(7-5-18)计算的进入再生器的循环气中的含水量为：

$$x_{循环气} = 0.11 + 1.92 \times 50 \times 10^{-6} = 0.11 = 11\%$$

由此可见，热循环流程再生技术配以催化剂氯吸附的工艺其烧焦循环气体中水含量更高，可达 $10\% \sim 13\%$。

2. 冷循环流程再生烧焦循环气水含量的计算

(1)流程特点

冷循环再生工艺再生循环气脱氯的方法有两种：一种是碱洗；另一种是高温固体脱氯。

1)碱洗方法脱氯流程：采用冷循环回路的再生技术，烧焦区出口的高温气体经换热和热冷凝冷却后温度低于 $40℃$ 后进行碱洗，经干燥器干燥，然后用压缩机增压后返回烧焦区，流程示意见图7-5-5。

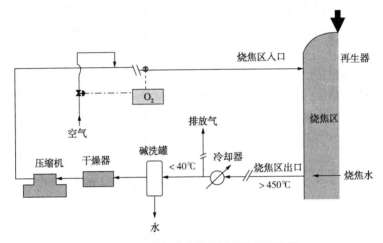

图7-5-5　采用碱洗的冷循环流程示意图

2)高温固体脱氯流程：对于采用高温固体脱氯对再生循环气脱氯的冷循环回路的再生工艺技术，脱氯罐设置在再生器出口，经高温脱氯和换热后的再生循环气被冷却到温度低于 $40℃$ 后进入干燥器进行干燥，流程示意见图7-5-6。

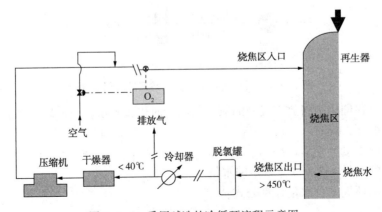

图7-5-6　采用碱洗的冷循环流程示意图

对于冷循环回路的再生工艺，因循环气体在进入增压机之前进行了冷却和干燥，循环回路中的水绝大部分冷凝后排出系统，少部分经干燥器干燥脱除。随循环气进入再生器中的水为空气和干燥后循环气中的水，所以水含量较低。

如果烧焦用仪表风中和干燥后循环气中的水含量都为 5mk/kg 的话，则进入再生器的循环气中的水含量也为 5mk/kg。

（2）循环气水含量的计算方法

假定烧焦用仪表风中水体积分数为 x_{air}，干燥器出口的水含量为 $x_{循环气}$。

按式（7-5-13）空气中的水量为：

$$G_{空气中水} = 4.375 \times 10^{-3} G_c x_c x_{air} \quad kmol/h$$

按式（7-5-6）推导出干燥后循环气中的水量为：

$$G_{循环气中水} = \frac{2.06 G_c x_c x_{循环气}}{22.4 \times (x_{O_2in} - x_{O_2out})} = \frac{0.092 G_c x_c x_{循环气}}{x_{O_2in} - x_{O_2out}} \quad kmol/h \quad (7-5-19)$$

这些水跟随循环气进入烧焦区，也即循环气中所含的水量。

根据式（7-5-4）和式（7-5-6）得知，空气和循环气的流量分别如下：

$$G_{空气} = \frac{0.098 G_c x_c}{22.4} = 4.375 \times 10^{-3} G_c x_c$$

$$G_{循环气} = \frac{2.06 G_c x_c}{(x_{O_2in} - x_{O_2out}) \times 22.4} = \frac{0.092 G_c x_c}{x_{O_2in} - x_{O_2out}}$$

则进入再生器循环气中水含量为：

$$x_水 = \frac{G_{空气中水} + G_{再生气中水}}{G_{空气} + G_{循环气}} \quad (7-5-20)$$

由此得到：

$$x_水 = \frac{4.375 \times 10^{-3} x_{air} + 0.092 x_{循环气}/(x_{O_2in} - x_{O_2out})}{4.375 \times 10^{-3} + 0.092/(x_{O_2in} - x_{O_2out})} \quad (7-5-21)$$

公式（7-5-21）适用于催化剂上的炭型为 $CH_{0.66}$ 的冷循环再生工艺的循环气中水含量的计算，如果积炭的氢含量比例变化，则上述含水量计算公式需要进行调整。

（3）计算举例

1）假定空气和干燥器出口的水含量都为 50mL/m³，再生气入口氧含量为 0.8%（体），出口氧含量为 0.2%（体），则循环气中（再生器入口）水含量：

$$x_水 = \frac{4.375 \times 10^{-3} x_{air} + 0.092 x_{循环气}/(x_{O_2in} - x_{O_2out})}{4.375 \times 10^{-3} + 0.092/(x_{O_2in} - x_{O_2out})}$$

$$= \frac{4.375 \times 10^{-3} \times 50 \times 10^{-6} + 0.092 \times 50 \times 10^{-6}/(0.8 - 0.2)}{4.375 \times 10^{-3} + 0.092/(0.8 - 0.2)}$$

$$= 50 \times 10^{-6}$$

$$= 50 mL/m^3$$

2）假定空气水含量为 50mL/m³，干燥器出口的水含量为 1000mL/m³，即含水增加 20 倍，再生气入口氧含量为 0.8%（体），出口氧含量为 0.2%（体），则：

$$x_水 = \frac{4.375 \times 10^{-3} \times 50 \times 10^{-6} + 0.092 \times 1000 \times 10^{-6}/(0.8 - 0.2)}{4.375 \times 10^{-3} + 0.092/(0.8 - 0.2)}$$

$$= 9.74 \times 10^{-4}$$
$$= 974 \text{mL/m}^3$$

由计算可以看出，干燥器出口的水含量增大 1000 倍，对再生器入口循环气中的水含量有影响，但也远远低于采用热循环再生技术的含水量。

由上述计算可以看出，采用冷循环再生技术其循环气中（再生器入口）水含量远远低于采用热循环再生技术。即使空气和干燥器出口的水含量很高时，其循环气中的水含量增加幅度也较小。

（4）取消干燥器后循环气中的水含量

对于大型连续重整，其再生规模较大，再生循环气体流量较大，需要的干燥器也较大。如果不设置再生循环气干燥系统，则进入再生器的循环气中的水含量是在操作温度和压力下气体的饱和水含量。一般情况下，冷循环再生工艺的再生循环气体在进入增压机前被冷却到 40℃。40℃时不同操作压力下气体的饱和水含量见表 7-5-2。

表 7-5-2　40℃时不同操作压力下气体的饱和水含量

操作压力/MPa（表）	0.2	0.3	0.4	0.5	0.6
气体中饱和水含量/(g/kg 气体)	15.69	11.69	9.32	7.75	6.63

假如再生循环气冷却器出口温度 40℃，压力为 0.3MPa，则循环气中水含量为 11.69g/kg 气体，即 18200mL/m³。

假定空气的水含量为 50mL/m³，根据式（7-5-21），进入再生器的循环气中的水含量：

$$x_水 = \frac{4.375 \times 10^{-3} x_{air} + 0.092 x_{循环气}/(x_{O_2in} - x_{O_2out})}{4.375 \times 10^{-3} + 0.092/(x_{O_2in} - x_{O_2out})}$$

$$= \frac{4.375 \times 10^{-3} \times 50 \times 10^{-6} + 0.092 \times 18200 \times 10^{-6}/(0.8-0.2)}{4.375 \times 10^{-3} + 0.092/(0.8-0.2)}$$

$$= \frac{2.79 \times 10^{-3}}{0.158} = 0.0177$$

$$= 1.77\%（体）$$

由此可见，即使取消再生循环气干燥器，进入再生器的循环烧焦气的含水量仍然远远小于热循环回路再生工艺的烧焦气体的含水量，仅为带催化剂吸附脱氯的热循环回路再生工艺的含水量的 15% 左右。

第六节　催化剂循环相关计算

一、提升气量

连续重整催化剂的循环输送采用气体提升与重力沉降相结合的方式。催化剂在提升管中用含氢气体或氮气作为提升介质，为稀相提升过程。

影响提升的主要因素是催化剂颗粒的粒径、颗粒密度、气体密度和流速等。

（一）催化剂颗粒密度

密度的定义为物质单位体积的质量，随单位体积的意义改变有不同的密度定义。对于连续重整催化剂有骨架密度 ρ_S、颗粒密度 ρ_P、堆积密度 ρ_B、充气密度 ρ_{BLP}。

由于颗粒中具有孔隙的空间，则颗粒的体积包括颗粒中孔隙体积与单纯固体不含孔隙的体积。在容器(或管道中)具有颗粒与气体时，则体积包括颗粒体积与颗粒间的空隙气体体积，则上述四种密度定义为：

①骨架密度 ρ_S：单位颗粒固体体积(不含空隙)的质量；

②颗粒密度 ρ_P：单位颗粒体积(包含孔隙)的质量；

③堆积密度 ρ_B：单位堆积颗粒体积(包含颗粒之间空隙体积)的质量；

④充气密度 ρ_{BLP}：床层(管道)内最小床层密度。

对于床层密度(包括堆积密度)中体积为 V_B，V_B 应包括颗粒体积 V_P 与颗粒之间空隙的体积 V_A。

$$V_B = V_P + V_A \tag{7-6-1}$$

空隙率以 ε 表示，定义为：

$$\varepsilon = \frac{V_A}{V_B} = \frac{V_A}{V_P + V_A} \tag{7-6-2}$$

如果忽略空气中气体的质量 $\rho_A \cdot V_A$，则：

$$\rho_P V_P = V_B \rho_B \tag{7-6-3}$$

如果进行精密计算：

$$\rho_P V_P + \rho_g V_A = V_B \rho_B$$

$$\varepsilon = \frac{V_B - V_P}{V_B} = 1 - \frac{\rho_B}{\rho_P} \tag{7-6-4}$$

$$\rho_P = \frac{1}{V_S - \dfrac{1}{\rho_S}} \tag{7-6-5}$$

式中　V_S——颗粒(催化剂)孔体积。

通过实测和计算一组目前普遍采用的国产连续重整的颗粒密度如下：颗粒的平均粒径 $d_P = 1.61\text{mm}$；堆密度 $\rho_B = 0.565\text{g/mL}$；颗粒密度 $\rho_P = 0.986\text{g/mL}$；空隙率 $\varepsilon = 40.7\%$；骨架密度 $\rho_S = 1.6931\text{g/mL}$。

(二)催化剂颗粒终端速度

1. 颗粒沉降速度

假定在提升管中提升气体的真实速度为 U_f，催化剂颗粒的真实速度为 U_s。

一般情况下，催化剂颗粒在提升管的速度 U_s 小于提升气体的流速 U_f。$U_f - U_s$ 之差称为气-固相对速度 U_{sl}，在垂直立管中称为滑动速度。

$$U_f = U_s + U_{sl} \tag{7-6-6}$$

当 $U_f = U_s$，即 $U_{sl} = 0$ 时，催化剂颗粒没有受提升气体作用力 f_s。而 U_{sl} 存在时，颗粒受两种作用力，即形状阻力 f_x 和摩擦阻力 f_m。

$$f_s = f_x + f_m \tag{7-6-7}$$

$$f_s = C_D A_s \rho_g \frac{U_{sl}^2}{2} \tag{7-6-8}$$

式中　A_s——催化剂颗粒的横截面积；

C_D——曳力系数。

$$C_D = KR_{et}^{-\alpha} \tag{7-6-9}$$

$$R_{et}^{-\alpha} = \frac{d_P U_{sl}\rho_g}{\mu} \tag{7-6-10}$$

式中　R_{et}——雷诺数；

　　　d_P——催化剂颗粒直径；

　　　ρ_g——气体密度；

　　　μ——气体黏度。

当流体向上运动时 $U_f > U_s$，$U_{sl} > 0$，这是由于在重力场中，颗粒受重力作用的结果。此时，颗粒在流体中运动，受到三个力的作用，即浮力、重力、流体作用力。在三力达到平衡时，颗粒以等速运动，即 U_{sl} 为等速：

$$U_{sl} = \left(\frac{4}{3}\frac{gd_P}{C_D}\cdot\frac{\rho_P-\rho_g}{\rho_g}\right)^{\frac{1}{2}} \tag{7-6-11}$$

在流体为静止状态，即 $U_f = 0$ 时：

$$U_{sl} = -U_S$$

此时，U_{sl} 为负值，表示颗粒向下运动，称为沉降速度，以 u_t 表示。

2. 连续重整催化剂的终端速度

对于连续重整催化剂，颗粒直径 $d_P > 100\mu m$，$R_{et} > 500$，用 Newton 公式计算沉降速度 u_t：

$$u_t = 1.74\left(\frac{gd_P(\rho_P-\rho_g)}{\rho_g}\right)^{\frac{1}{2}} = 5.45\sqrt{\frac{d_P(\rho_P-\rho_g)}{\rho_g}} \tag{7-6-12}$$

将均一颗粒的催化剂群放置在提升管底部，提升气体由下向上作垂直流动，此时气体在颗粒间的真实流速为 U_f，由于起始状态颗粒处于静止状态，$U_f = 0$，气体只在颗粒间的空隙中流动，此时床层为固定床。

当 U_f 增大，使 $U_{sl} > u_t$ 时，则堆积在表面的颗粒就要悬浮，空隙率变大，使 $U_{sl} = u_t$，此时从表面起逐渐使表面以下各层颗粒开始悬浮，此时颗粒处于松散状态，颗粒间相互脱离接触，$U_{sl} = u_t$ 称为流化床。

u_t 称为终端悬浮速度，也称终端速度。当气流上升的速度等于颗粒的终端速度时，颗粒就会悬浮于气流中。当气流上升的速度大于 u_t 时，颗粒开始被气流夹带向上流动，系统转为稀相悬浮气力输送。

将国产连续重整催化剂颗粒的平均粒径 $d_P = 1.61mm$，颗粒密度 $\rho_P = 0.986g/mL$ 带入式（7-6-12）可以得到提升的终端速度，按式（7-6-13）计算。

$$u_t = 6.915\sqrt{\frac{0.986-\rho_g}{\rho_g}} \tag{7-6-13}$$

由于气体的密度 ρ_g 远远小于催化剂颗粒的密度 ρ_P，所以式（7-6-13）可以简化为：

$$u_t = \frac{6.87}{\sqrt{\rho_g}} \tag{7-6-14}$$

此简化计算公式（7-6-14）适用于催化剂的颗粒的平均粒径 $d_P = 1.61mm$、颗粒密度 $\rho_P = 0.986g/mL$ 的情况。对于不同催化剂，其物理性质不同，所以在用于不同催化剂时应对上述计算公式进行修正。

式(7-6-14)忽略了提升气体的密度ρ_g，计算结果有一定误差。如果ρ_g与催化剂颗粒的密度ρ_P相比不能忽略时，应按式(7-6-13)进行计算。

提升气在提升管内的真实流速：

$$U_f = U_S + u_t = U_S + 5.45 \sqrt{\frac{d_P(\rho_P - \rho_g)}{\rho_g}} \qquad (7-6-15)$$

一般情况下，催化剂在提升管中的适宜流速U_S为2~3m/s。对于上述的国产催化剂，如果U_S按2.5m/s考虑，并忽略提升气体的密度，则提升气体表观流速为：

$$U_f = 2.5 + \frac{6.87}{\sqrt{\rho_g}} \qquad (7-6-16)$$

由此可见，催化剂在提升管中的流速与提升气体的密度成反比。

(三)提升气体密度

连续重整催化剂的提升介质为含氢气体和氮气两种。可根据理想气体状态方程进行计算。

$$pV = nRT \qquad (7-6-17)$$

式中　p、V、T——气体的压力(Pa)、体积(m^3)和温度(K)；

$\quad\quad\quad n$——气体的量，mol；

$\quad\quad\quad R$——气体常数，J/(mol·K)，数值为8.314。

根据理想气体状态方程式，可以推导出输送气体的密度：

$$\rho_g = \frac{m}{V} = \frac{pM}{RT} \qquad (7-6-18)$$

式中　ρ_g——输送气体密度，kg/m^3；

$\quad\quad m$——输送气体质量，kg；

$\quad\quad M$——输送气体平均摩尔质量，kg/mol。

(四)提升气体流量

仍以上述国产催化剂为例，忽略提升气体的密度，假设希望催化剂在提升管中的真实流速为2.5m/s，则提升气体的流速为：

$$U_f = 2.5 + \frac{6.87}{\sqrt{\rho_g}} \qquad (7-6-19)$$

假设提升管的内径为d_i，则提升气体流量为：

$$V = 0.785 \times d_i^2 \times U_f \times 3600 \qquad (7-6-20)$$

或：

$$G = V \times \rho_g \qquad (7-6-21)$$

式中　V——提升气体体积流量，m^3/h；

$\quad\quad G$——提升气体质量流量，kg/h；

$\quad\quad d_i$——提升管内径，m。

计算过程见表7-6-1。

表 7-6-1　计算表 1

提升气体	N₂ 或含氢气体
相对分子质量(M)	$N_2 = 28.0$ $H_2 =$ 用分析出来的组成计算
压力(p)，以 MPa(绝) 表示	提升管压力，即在流量孔板下游的表上的读数
温度(T)，以℃表示	在提升器和缓冲料斗/分离料斗之间的平均数
密度(ρ_g)，以 kg/m³ 表示	$\rho = \dfrac{M \times p \times 273.15}{(22.414) \times 0.1013 \times (273.15 + T)}$
希望的催化剂速度，以 m/s 表示	2.5m/s
提升气体速度(U_f)，以 m/s 表示	$U_f = 2.5 + \dfrac{6.87}{\sqrt{\rho_g}}$
提升气体流量(V)，以 m/h 表示	$V = 2826 \times d_i^2 \times U_f$
提升气体流量(G)，以 kg/h 表示	$G = V \times \rho_g$

(五)提升气体量的计算实例

催化剂的颗粒的平均粒径 $d_P = 1.61mm$，颗粒密度 $\rho_P = 0.986g/mL$。

1. 以氮气为提升介质

提升管内径 $d_i = 66mm$，提升管平均压力 $p = 0.68MPa(绝)$，提升管进口温度 250℃，提升管出口温度 100℃。计算过程见表 7-6-2。

表 7-6-2　计算表 2

N₂提升气	$p = 0.68MPa(绝)$ $T = \dfrac{100+250}{2} = 175℃$
气体密度	$\rho_g = \dfrac{28.0 \times 0.680 \times 273.15}{22.414 \times 0.1013(273.15 + 175)} = 5.11kg/m^3$
催化剂终端速度	$u_t = \dfrac{6.87}{\sqrt{5.11}} = 3m/s$
希望的催化剂速度 提升气速度 提升气体积流量 提升气质量流量	2.5m/s $U_f = 3 + 2.5 = 5.5m/s$ $V = 2826 \times 0.066^2 \times 5.5 = 67.7m^3/h$ $G = 67.7 \times 5.11 = 346kg/h$

2. 以含氢气体为提升介质

含氢气体相对分子质量 3.9，提升管内径 $d_i = 66mm$，提升管平均压力 $p = 0.61MPa(绝)$，提升管进口温度 250℃，提升管出口温度 200℃。计算过程见表 7-6-3。

表 7-6-3　计算表 3

H₂ 提升气	$p = 0.61MPa(绝)$ $T = \dfrac{200+250}{2} = 225℃$ $M = 3.9$

续表

密度	$\rho_g = \dfrac{3.9 \times 0.61 \times 273.15}{22.414 \times 0.1013(273.15+225)} = 0.58 \text{kg/m}^3$
催化剂终端速度	$u_t = \dfrac{6.87}{\sqrt{0.58}} = 9.02 \text{m/s}$
希望的催化剂速度	2.5m/s
提升气速度	$U_f = 9.02 + 2.5 = 11.52 \text{m/s}$
提升气体积流量	$V = 2826 \times 0.066^2 \times 11.52 = 141.8 \text{m}^3/\text{h}$
提升气质量流量	$G = 141.8 \times 0.58 = 82.3 \text{kg/h}$

3. 提升气体流量的校正

依据装置实际操作参数，选定希望的催化剂流速，根据上述方法计算出提升气体流量 V。为了使催化剂在提升管中保持一个恒定的速度以防止催化剂的过度磨损，如果装置实际用的提升气量(V_C)与计算出的需要量有差别时要进行调整操作，在正常操作时必须经常和定期做此调节。

由于实际操作参数与设计参数一定存在差异，用作提升介质的密度会随时变化，从流量仪表读出的流量(V_R)并不是真正的提升气体流量。因此必须对流量进行校正，以得到真实的提升气体流量(V_C)。

为保持实际的提升气体速度恒定，提升气体流量按如下公式修正：

$$V_C = V_R \sqrt{\frac{M_{Wd}}{M_{Wop}} \times \frac{p_{op} T_d}{p_d T_{op}}} \qquad (7\text{-}6\text{-}22)$$

式中
　　　　V_C——用操作的压力、温度、相对分子质量校正过的流量；

　　　　V_R——在设计的压力、温度、相对分子质量条件下读出的仪表流量；

p_d、T_d、M_{Wd}——设计时用的压力、温度、相对分子质量；

p_{op}、T_{op}、M_{op}——实际操作的压力、温度、相对分子质量。

计算时的温度(T)单位必须用°R 或者 K。

对于可能引起含氢气体组成改变的每次进料质量和/或苛刻度的改变，都应该对提升气体流率进行检查校验，按实际条件使用上述公式计算实际流量。

在装置操作稳定时，每周要进行一次对提升气体流率的检查校验。也可以作简单的调节，包括校核提升气体 FV 和 PDV 的开度。对于给定的催化剂流量，如果在其他条件不变的情况下，提升管 Δp 的减少是实际提升气体流量增加的结果。

二、提升压差[1]

催化剂循环回路的提升管由垂直立管、斜管和弯头几部分组成。而垂直立管又分为匀速立管段和加速立管段。不同装置两部分的长度比例不同，应分别计算。

(一)匀速立管段

当平稳提升输送时，催化剂颗粒在立管中匀速流动，立管压降由重力引起的压力降和摩擦阻力组成，摩擦阻力包括气固摩擦阻力以及流体与管内壁的摩擦阻力。

$$\Delta p = \Delta p_s + \Delta p_f = [\varepsilon \rho_g + (1-\varepsilon) \rho_P] gh + 4\frac{f_g h \varepsilon \rho_g u_g^2}{D} + 4\frac{f_p h(1-\varepsilon) \rho_p u_p^2}{D} \qquad (7\text{-}6\text{-}23)$$

式中　Δp——立管总压降，P_a；

ρ_g、ρ_p——提升气和催化剂颗粒的密度，kg/m^3；

u_g、u_p——提升气和催化剂颗粒群的实际流速，m/s；

f_g、f_p——气体和颗粒的摩擦阻力系数；

h，D——提升管高度和内径，m；

ε——输送气固混合物的空隙率；

g——重力加速度，m^2/s。

通过下式求得 ε 和 u_p：

$$\varepsilon = 1 - \frac{4G_P}{\pi\rho_p u_p D^2} \tag{7-6-24}$$

$$u_p = \frac{U_f}{\varepsilon} - 0.011\mu_p^{-0.1}u_t^{-0.34}\left(\frac{d_p}{D}\right)^{0.56}\left(\frac{\rho_g}{\rho_p}\right)^{-0.68}\left(\frac{U_f}{\varepsilon}\right)^{1.34} \tag{7-6-25}$$

式中　G_P——催化剂循环速率，kg/s；

U_f、u_t——提升气表观气速和催化剂颗粒终端速度，m/s；

d_p——催化剂颗粒直径，m；

μ_p——气固比。

通过式(7-6-12)求得 u_t：

$$u_t = 5.45\sqrt{\frac{d_P(\rho_P - \rho_g)}{\rho_g}}$$

对于催化剂的颗粒的平均粒径 $d_p = 1.61mm$，颗粒密度 $\rho_P = 0.986g/mL$ 的情况可按式(7-6-14)计算求得：

$$u_t = \frac{6.87}{\sqrt{\rho_g}}$$

通过下式求得 μ_p：

$$\mu_p = \frac{G_P RT}{PMV} \tag{7-6-26}$$

式中　p——提升管操作压力，Pa；

T——提升管操作温度，K；

V——提升气体流量，m^3/s；

R——气体常数(8.314J/(mol·K)；

M——提升气体相对分子质量。

(二)加速立管段

加速立管段的压力降，除了考虑重力引起的压力降和摩擦阻力外，还应包括加速颗粒过程所产生的压力损失：

$$\Delta p = \Delta p_s + \Delta p_f + \Delta p_a \tag{7-6-27}$$

式中的最后一项可通过下式计算得到：

$$\Delta p_a = \frac{2G_P}{\pi D^2}\left(\frac{u_{PC}}{1 - \varepsilon_C} - \frac{u_{PO}}{1 - \varepsilon_O}\right) \tag{7-6-28}$$

式中的下角标 O 和 C 分别对应提升管下端入口和加速段终止处的坐标位置。

加速段的长度可按下式计算：

$$l_c = \frac{u_g^2}{2gB}\left(\ln\frac{A - 2\frac{u_{pC}}{u_{gO}} + B\left(\frac{u_{pC}}{u_{gO}}\right)^2}{A} + \frac{1}{Z}\ln\frac{A - (1 - Z)\frac{u_{pC}}{u_{gO}}}{A - (1 + Z)\frac{u_{pC}}{u_{gO}}}\right) \tag{7-6-29}$$

式中　l_c——提升管加速段长度，m；

　　　u_{gO}——提升气入口处速度，m/s；

　　　u_{pC}——加速段终止处催化剂颗粒群的速度，m/s。

式中，变量 A、B、Z 的定义为：

$$A = 1 - \left(\frac{u_t}{u_{gO}}\right)^2 \tag{7-6-30}$$

$$B = 1 - \lambda_P\frac{u_t^2}{2gD} \tag{7-6-31}$$

式中　λ_p——催化剂颗粒的摩擦系数。

$$Z = \sqrt{1 - AB} \tag{7-6-32}$$

根据式(7-6-33)计算出催化剂颗粒的最大速度 u_{pm}：

$$u_{pm} = \frac{u_{gO}\left(1 - \sqrt{1 - AB}\right)}{B} \tag{7-6-33}$$

利用式(7-6-29)计算加速段长度时，取加速结束时的颗粒速度为最大速度的 95%，即 $u_{pC} = 0.95u_{pm}$。

（三）斜管

实验发现，倾斜安装的催化剂输送管单位长度的压降与垂直立管单位长度的压降之比为常数。45°斜管压力梯度与垂直立管的压力梯度之比大约为 2.8，即：

$$\frac{\left(\frac{dp}{dl}\right)_{斜管}}{\left(\frac{dp}{dl}\right)_{立管}} \approx 2.8 \tag{7-6-34}$$

（四）弯头

根据实验结果，常用的 135°上弯头和 135°下弯头的当量压力梯度分别约为 1.6 和 2.0，即：

$$\frac{\left(\frac{dp}{dl}\right)_{135°上弯头}}{\left(\frac{dp}{dl}\right)_{立管}} \approx 1.6 \tag{7-6-35}$$

$$\frac{\left(\frac{dp}{dl}\right)_{135°下弯头}}{\left(\frac{dp}{dl}\right)_{立管}} \approx 2.0 \tag{7-6-36}$$

第七节　公用工程及能耗计算

一、理论计算

能耗是燃料(气和油)、公用工程(水、电、蒸汽、净化风、非净化风和氮气)以及低温热(水和蒸汽)等能源消耗的简称,其单位为 kgEO/h 或 MJ/h(1kg 标准油的热量为41.868MJ)。装置单位能耗是指单位原料(或产品)量所需的各项能耗之和,简称装置能耗,其单位为 kgEO/t 或 MJ/t。

催化重整装置属于炼油装置,其能耗以原料量为计算基准。按照《炼油单位产能能源消耗限额 GB 30251—2013》,连续重整、固定床重整及组合床重整三种类型的重整装置的能耗定额分别为90、80 及85,单位为 kgEO/t,见表 7-7-1。

表 7-7-1　催化重整装置能耗定额

装置名称	能耗定额/(kgEO/t)	能量系数	计算基准
预处理和连续重整	90	9.0	重整进料量
预处理和固定床重整	80	8.0	重整进料量
预处理和组合床重整	85	8.5	重整进料量
脱重组分塔	22	2.2	处理量
芳烃抽提	40	4.0	处理量
芳烃分离(苯塔甲苯塔)	20	2.0	处理量
芳烃分离(苯、甲苯、混二甲苯塔)	25	2.5	处理量

典型的连续重整装置包括预加氢(预处理或石脑油加氢)、重整反应(包括再接触及稳定塔)和催化剂再生三个单元。催化重整装置能耗计算应遵守下列原则:①包括预加氢、重整反应及催化剂再生三个单元的总能耗;②以重整进料量(非预加氢进料量)为计算基准;③装置中加热炉所用燃料(气和油)的总量,包括外供燃料(气和油)和自产燃料气。

目前,催化重整装置能耗计算标准采用《石油化工设计能耗计算标准 GB/T 50441—2016》(见表 7-7-2)。该标准自 2017 年 4 月 1 日施行,取代《石油化工设计能耗计算标准GB/T 50441—2007》。现行标准与旧标准的主要区别是:现行标准对于耗电的能源折算值由0.26kgEO/kWh 修改为 0.22kgEO/kWh。对于同一装置、相同数值的公用工程消耗量,按照现行标准计算出的能耗值会比按照旧标准计算出的能耗值略低。

表 7-7-2　燃料、电、纯氢及耗能工质的统一能耗折算值

序号	类别	单位	能源折算值/kgEO	备注
1	电	kWh	0.22	
2	标准油[①]	t	1000	
3	标准煤	t	700	
4	汽油	t	1030	
5	煤油	t	1030	
6	柴油	t	1020	
7	催化烧焦	t	950	

续表

序号	类别	单位	能源折算值/kgEO	备注
8	工业焦炭	t	800	
9	甲醇	t	470	
10	纯氢②	t	3000	适用于化肥厂能耗计算
11	纯氢②	t	1100	适用于炼油厂能耗计算
12	10.0MPa 级蒸汽	t	92	$7.0\text{MPa} \leqslant P$③
13	5.0MPa 级蒸汽	t	90	$4.5\text{MPa} \leqslant P$③ $< 7.0\text{MPa}$
14	3.5MPa 级蒸汽	t	88	$3.0\text{MPa} \leqslant P$③ $< 4.5\text{MPa}$
15	2.5MPa 级蒸汽	t	85	$2.0\text{MPa} \leqslant P$③ $< 3.0\text{MPa}$
16	1.5MPa 级蒸汽	t	80	$1.2\text{MPa} \leqslant P$③ $< 2.0\text{MPa}$
17	1.0MPa 级蒸汽	t	76	$0.8\text{MPa} \leqslant P$③ $< 1.2\text{MPa}$
18	0.7MPa 级蒸汽	t	72	$0.6\text{MPa} \leqslant P$③ $< 0.8\text{MPa}$
19	0.3MPa 级蒸汽	t	66	$0.3\text{MPa} \leqslant P$③ $< 0.6\text{MPa}$
20	< 0.3MPa 级蒸汽	t	55	
21	7~12℃冷量	MJ	0.010	显热冷量
22	5℃冷量	MJ	0.014	
23	0℃冷量	MJ	0.015	
24	-5℃冷量	MJ	0.016	
25	-10℃冷量	MJ	0.018	
26	-15℃冷量	MJ	0.020	
27	-20℃冷量	MJ	0.024	
28	-25℃冷量	MJ	0.029	相变冷量
29	-30℃冷量	MJ	0.036	
30	-35℃冷量	MJ	0.041	
31	-40℃冷量	MJ	0.046	
32	-45℃冷量	MJ	0.052	
33	-50℃冷量	MJ	0.060	
34	新鲜水	t	0.15	
35	循环水	t	0.06	
36	软化水	t	0.20	
37	除盐水	t	1.0	
38	104℃除氧水	t	6.5	
39	蒸汽机凝结水	t	1.0	
40	需除油除铁的120℃凝结水	t	5.5	
41	可直接回用的120℃凝结水	t	6.0	
42	污水④	t	1.1	
43	净化压缩空气	m³⑤	0.038	
44	非净化压缩空气	m³⑤	0.028	
45	氧气	m³⑤	0.15	
46	氮气	m³⑤	0.15	
47	二氧化碳(气)	m³⑤	0.15	

①燃料应按其低发热量折算成标准油;

②体积分数不小于99.9%，其他纯度的氢气按其质量分数折算;

③蒸汽压力指表压;

④作为耗能工质的污水,为生产过程排出的需耗能才能处理合格排放的污水;

⑤0℃、0.101325MPa状态下的体积。本标准中涉及的气体计量单位(m³)均为该状态下的体积。

现行标准中对耗能体系与外界交换的热量折算为标准能源量进行了下列规定：

1）油品的热进料、热出料：热进料或热出料的温度等于或大于120℃时，高于120℃以上的热量按1：1的比例计算标准能量源、120℃与油品规定温度之间的热量折半计算标准能量源、油品规定温度以下的热量不计算标准能量源。油品的规定温度：汽油60℃、柴油70℃、蜡油80℃、渣油120℃。

2）热量交换：耗能体系之间通过热交换输入或输出的介质，温度高于120℃以上的热量按1：1的比例计算标准能量源；60~120℃之间的热量折半计算标准能量源；60℃以下的热量不计算标准能量源。

3）用于采暖、制冷等季节性的热量输出或输入，应折算为年平均值计入能耗。

二、计算例题

某厂1.0Mt/a连续重整装置（119t/h），预加氢进料量1.2Mt/a（143t/h）、热进料温度130℃，产低温热水：90~105℃、流量400t/h，燃料气组成见表7-7-3，装置公用工程消耗量见表7-7-4。

表7-7-3　燃料气组成　　　　　　　　　　　　　%（体）

组分	数值	组分	数值
H_2	10.15	N_2	2.20
C_1	83.03	H_2S	<20mL/m^3
C_2	3.24	CO_2	0.58
C_3	0.58	总硫	< 50mg/Nm^3
C_4	0.22		

表7-7-4　某厂1.0Mt/a连续重整装置公用工程消耗量

项目	数值	项目	数值
燃料气/（kg/h）	7388	循环水/（t/h）	1461
电/kw	5481	除盐水/（t/h）	18
3.5MPa蒸汽/（t/h）	37	除氧水/（t/h）	25
1.0MPa蒸汽/（t/h）	-29	净化压缩空气/（Nm^3/h）	1985
凝汽机凝结水/（t/h）	-32	氮气/（Nm^3/h）	300

解：第一步：将表7-7-3中燃料气摩尔组成换算为质量组成，并计算其低发热值（质量）为47.78MJ/kg，结果见表7-7-5。

表7-7-5　燃料气组成及发热值（低）

组分	组成/%（摩尔）	组成/%（质）	发热值（低）/（MJ/kg）
H_2	10.15	1.29	119.64
C_1	83.03	84.61	49.86
C_2	3.24	6.19	47.37
C_3	0.58	1.63	46.24

续表

组分	组成/%(摩尔)	组成/%(质)	发热值(低)/(MJ/kg)
C$_4$	0.22	0.81	45.64
N$_2$	2.20	3.92	—
CO$_2$	0.58	1.55	—
合计	100.00	100.00	47.78

第二步：按照低发热值，将表7-7-4中燃料气消耗量折算为标准燃料气消耗量，结果为7388kg/h。按照表7-7-2中能耗折算值对表7-7-4中各项公用工程消耗量进行能耗计算，结果见表7-7-6。

表7-7-6　装置能耗计算

序号	项目	消耗量 单位	消耗量 数值	能耗指标 单位	能耗指标 数值	能耗指标 单位	能耗指标 数值	单位能耗/(MJ/t)	单位能耗/(kgEO/t)
1	燃料气	kg/h	7388	MJ/kg	41.868	kg/t	1000	2599	62.08
2	电	kWh/h	5481	MJ/kwh	9.20	kg/kWh	0.22	424	10.13
3	3.5MPa 蒸汽	t/h	37	MJ/t	3684	kg/t	88	1145	27.36
4	1.0MPa 蒸汽	t/h	−29	MJ/t	3182	kg/t	76	−775	−18.52
5	凝汽机凝结水	t/h	−32	MJ/t	41.868	kg/t	1.0	−11	0.27
6	循环水	t/h	1461	MJ/t	2.51	kg/t	0.06	31	0.74
7	除盐水	t/h	18	MJ/t	41.868	kg/t	1.0	6	0.15
8	除氧水	t/h	25	MJ/t	272.14	kg/t	6.5	57	1.37
9	净化压缩空气	Nm^3/h	1985	MJ/Nm^3	1.59	kg/Nm^3	0.038	27	0.63
10	氮气	Nm^3/h	300	MJ/Nm^3	6.28	kg/Nm^3	0.15	16	0.38
11	热进料(>120℃)	MJ/h	2994	MJ/MJ	1.0	kg/MJ	0.024	25	0.60
12	热进料(60~120℃)	MJ/h	15866	MJ/MJ	0.5	kg/MJ	0.012	67	1.60
13	低温热(热水)	MJ/h	−25120	MJ/MJ	0.5	kg/MJ	0.012	−106	−2.53
	合计							3505	83.72

第三步：对热进料及低温热水进行能耗计算，结果汇总入表7-7-6。

计算结果：装置能耗3505MJ/t或83.72kgEO/t。

参　考　文　献

[1] 徐承恩. 催化重整工艺与工程[M]. 2版. 北京：中国石化出版社，2014.

第八章　重整反应系统环境控制

第一节　重整催化剂环境控制

重整催化剂的发展经历了由高纯 $\gamma\text{-Al}_2\text{O}_3$ 载体取代 $\eta\text{-Al}_2\text{O}_3$、主要金属活性组元铂含量逐步降低、酸性组元由氟氯型转变为全氯型，同时催化剂制备技术也大幅改进，使催化剂的性能不断提高，而催化剂对反应环境的要求也更为苛刻。在正常操作情况下，重整催化剂的性能是否能够得到充分发挥的关键因素是水氯平衡控制。水氯平衡操作对重整催化剂的失活的影响、对催化剂的金属功能、酸性功能充分发挥的影响等问题是人们十分关注的问题。

一、积炭催化剂的炭分布与催化剂酸性功能的关系

在正常的反应环境和条件下，重整催化剂随着运转时间的增加，催化剂积炭量也随之升高，因此控制催化剂的积炭速率在正常范围之内是保证重整催化剂长周期运转的关键。为了控制好催化剂的积炭速率，了解炭在双功能重整催化剂上的分布状况和对催化剂反应性能的影响是十分重要的。

Querini 等人对含炭铂铼重整催化剂的炭分布进行了详细的研究[1~5]，催化剂积炭量与运转时间的关系见图 8-1-1。从图中可以看出，在双功能重整催化剂的金属活性中心上积炭很快，但数量较少，而且在整个运转周期中金属活性中心上积炭几乎不变；酸性中心的积炭量随运转时间的增加而升高，与催化剂上的积炭趋势相同，因此有效控制催化剂酸性中心的积炭速率在正常值是保证催化剂长周期运转的关键因素。

曹东学等人[6,7]对铂铼催化剂最佳氯含量进行了研究（见图 8-1-2），随着氯含量的变化，催化剂的积炭量存在最低值，且催化剂的最佳氯含量与铼/铂比有关。因此，做好运转过程中催化剂的水氯平衡控制，使催化剂始终处在最佳氯含量下运转有利于延长催化剂的运转周期，可带来显著的经济效益。

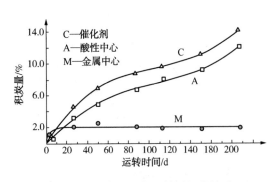

图 8-1-1　积炭量与运转时间的关系

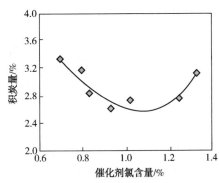

图 8-1-2　催化剂积炭量与氯含量的关系

二、催化剂氯含量对重整反应的影响

重整反应要求重整催化剂具有双功能作用，即既具有金属活性中心，又具有酸性活性中心。Verderone 等人[8~12]研究了重整催化剂氯含量对重整反应的影响。以一种等铂铼比催化剂为例来说明。

等铼铂比催化剂含铂 Pt(0.3%)、含铼 Re(0.3%)，载体为 γ-Al_2O_3，所用原料油族组成见表 8-1-1。其反应行为见图 8-1-3~图 8-1-10。

表 8-1-1　原料油的族组成　　　　　　　　　　%

组成	C_5	C_6	C_7	C_8	C_9	合计
烷烃	1.55	11.61	15.72	73.85	12.46	65.19
环烷烃		7.81	13.55	1.62	0.16	22.94
芳烃		2.56	3.00	5.26	1.05	11.87
总计	1.55	21.98	32.07	30.73	13.67	100.00

注：原料油的密度 $d=720kg/m^3$，相对分子质量=97，$RON=69$。

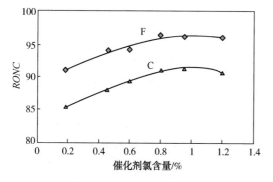

图 8-1-3　生成油辛烷值与催化剂
氯含量的关系
F—新鲜催化剂；C—积炭催化剂

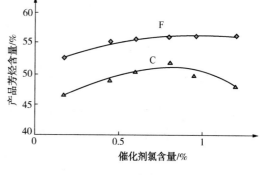

图 8-1-4　生成油芳含与催化剂
氯含量的关系
F—新鲜催化剂；C—积炭催化剂

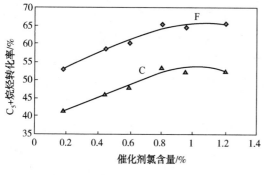

图 8-1-5　C_{5+}烷烃转化率与
催化剂氯含量的关系

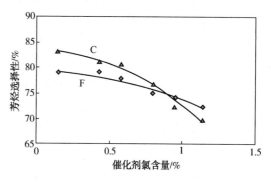

图 8-1-6　C_{5+}烷烃转化率与
催化剂氯含量的关系

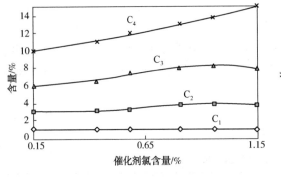

图 8-1-7　循环气体组成与催化剂氯含量关系

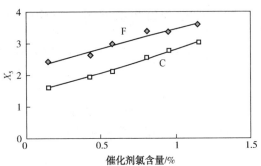

图 8-1-8　X_5 与催化剂氯含量的关系

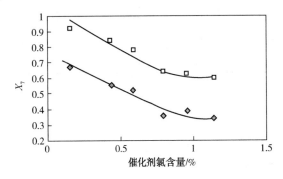

图 8-1-9　X_7 与催化剂氯含量的关系

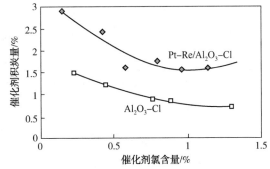

图 8-1-10　催化剂积炭量与催化剂氯含量的关系

图 8-1-2 和图 8-1-3 表示催化剂的氯含量对催化剂活性的影响。无论对新鲜催化剂还是积炭催化剂，重整生成油辛烷值和芳含随催化剂氯含量升高而增加，而催化剂氯含量达到一定程度后，生成油辛烷值(或芳含)趋于稳定，这表明催化剂的金属功能和酸性功能达到平衡状态，此时的催化剂氯含量适宜。当然，同时还需要考虑氯含量对催化剂选择性的影响，当催化剂的氯含量过高时(>1.2%)，催化剂裂解活性明显增强，重整生成油辛烷值和芳含趋于下降。

烷烃芳构化是重整诸多反应中反应速度最慢的反应，烷烃转化率和对芳烃的选择性是反映催化剂性能的重要参数。图 8-1-5 和图 8-1-6 列出了催化剂氯含量对烷烃的转化率和对烷烃转化为芳烃的选择性的影响，其中烷烃转化率定义是原料中的 C_{5+} 烷烃总量扣除产品中的 C_{5+} 烷烃量后，与原料中的 C_{5+} 烷烃总量相除的百分数；烷烃转化为芳烃的选择性定义是产品中的芳烃总量扣除原料中的芳烃和环烷烃转化为芳烃的量，与原料中 C_{5+} 烷烃总量减去产品中的 C_{5+} 烷烃量相除的百分数。

图 8-1-5 表明，随着催化剂氯含量升高 C_{5+} 烷烃的转化率增大，在催化剂氯含量在 1.0% 时转化率趋于稳定。图 8-1-6 说明烷烃转化为芳烃的选择性，在低氯的情况下，积炭催化剂的选择性比新鲜催化剂高；在催化剂氯含量高于 0.8% 时，新鲜催化剂的芳烃选择性优于积炭催化剂。

图 8-1-7 显示出新鲜催化剂氯含量对气体组成的影响。从图中可以看出，气体中甲烷含量与催化剂氯含量变化无关。这是因为甲烷是由金属活性中心的氢解反应生成的，与催化

剂的酸性无关；而气体中 $C_2 \sim C_4$ 组分是随氯含量升高而增多，这显然说明，$C_2 \sim C_4$ 是由于酸性中心的加氢裂化反应生成的，所以它们呈同样的变化趋势。但是气体中的 C_3 组分在催化剂氯含量大于 0.8% 时，C_3 含量随催化剂氯含量进一步增大而趋于稳定，为此气体中 C_3 组成的变化规律可作为催化剂氯含量调整时的重要参考指标之一。

图 8-1-8 和 8-1-9 中 X_5 和 X_7 分别表示产品中 C_5 烷烃或 C_7 烷烃与原料中相应炭数烷烃的比值。图 8-1-8 表明随着催化剂氯含量的升高，X_5 的数值也相应增高，这是因为重质烷烃裂化生成 C_5 烷烃，而这部分烷烃又不能定量转化为芳烃，因此产品中 C_5 烷烃含量升高。但对于 X_7 的数值（见图 8-1-9）则完全相反，催化剂氯含量上升，X_7 的数值不仅小于 1，而且进一步下降，这说明反应前后 C_7 烷烃的量在明显变少。造成这种情况有两个原因：催化剂氯含量升高，C_7 烷烃加氢裂化加剧；另外，芳构化反应也随之增加，使 C_7 烷烃减少。图 8-1-9 显示出，当催化剂氯含量大于 0.8% 时，X_7 数值的下降趋势变缓，趋于稳定。

催化剂氯含量不仅影响催化剂的活性和选择性，而且对催化剂的活性稳定性有十分明显的影响，图 8-1-10 列出了催化剂氯含量与催化剂积炭量的关系。由图中可以看出，催化剂氯含量偏低时，催化剂的积炭较多；催化剂氯含量向 1% 接近时，催化剂的积炭速率明显下降。在催化剂氯含量为 0.9%~1.1% 的范围内，催化剂的积炭量最低；如果催化剂氯含量进一步提高，催化剂积炭量又出现上升趋势。因此，重整催化剂有它的适宜氯含量范围，本文列举的催化剂的适宜氯含量在 0.9%~1.1% 的范围内。

三、重整催化剂水氯平衡基本原理

具有双功能催化性质的重整催化剂，金属活性是由催化剂上的铂提供，酸性活性是由催化剂上的氯提供的。催化剂上的氯在重整反应系统不断流失，同时又不断地补充，处于动态平衡状态。Castro 等人[13] 对重整催化剂上的氯含量调节进行了较为深入的研究。氯在催化剂表面上的状态可用下列反应方程式来描述：

$$\begin{array}{ccc} \text{OH} & \text{OH} \\ | & | \\ \text{Al} & \text{Al} \end{array} \rightleftharpoons \begin{array}{c} \text{O} \\ \diagdown\diagup \\ \text{Al}\quad\text{Al} \end{array} + H_2O \qquad (8\text{-}1\text{-}1)$$

$$\begin{array}{c} \text{O} \\ \diagdown\diagup \\ \text{Al}\quad\text{Al} \end{array} + HCl \rightleftharpoons \begin{array}{cc} \text{OH} & \text{Cl} \\ | & | \\ \text{Al} & \text{Al} \end{array} \qquad (8\text{-}1\text{-}2)$$

把方程（8-1-1）和方程（8-1-2）合并，可得到方程（8-1-3）。

$$\begin{array}{cc} \text{OH} & \text{OH} \\ | & | \\ \text{Al} & \text{Al} \end{array} + HCl \rightleftharpoons \begin{array}{cc} \text{OH} & \text{Cl} \\ | & | \\ \text{Al} & \text{Al} \end{array} + H_2O \qquad (8\text{-}1\text{-}3)$$

从上述方程可看到，$\gamma\text{-Al}_2O_3$ 载体表面具有一定数量的羟基，这些羟基基团在一定温度和湿度的条件下，可以脱去部分水，而生成"氧桥"；"氧桥"又可与气氛中的 HCl 发生交换反应，使气氛中的氯与 $\gamma\text{-Al}_2O_3$ 载体表面羟基发生相互作用而被固定在氧化铝的表面上。这个反应是一个可逆反应,在一定温度和不同水氯摩尔比下可以相互转化,并达到平衡状态。也就是说,气相中氯含量高时催化剂上的氯含量就高,气相中水含量高时催化剂上的氯会流失。

方程(8-1-3)的平衡常数可用下式表示:

$$K = \frac{[H_2O][\diagup Al—Cl]}{[HCl][\diagup Al—OH]} \quad (8-1-4)$$

定义 R 为水氯摩尔比,设:

$$R = \frac{[H_2O]}{[HCl]}$$

方程(8-1-4)就可以改写为方程(8-1-5):

$$[\diagup Al—Cl] = K\frac{1}{R}[\diagup Al—OH] \quad (8-1-5)$$

设:$C_{Cl*} = [\diagup Al—Cl]$ 并定义为催化剂的平衡氯含量,则:

$$L = [\diagup Al—Cl] + [\diagup Al—OH]$$

L 值为氧化铝表面的羟基和氯含量的总和,此值相当于氧化铝不含氯时表面羟基的总数。

由此方程(8-1-5)可改写为:

$$C_{Cl*} = \frac{KL(1/R)}{1+K(1/R)} \quad (8-1-6)$$

式中,R 为水氯摩尔比;K 为平衡常数。

当选定某种催化剂或氧化铝后,K 和 L 值只与温度有关,也就是说,K 和 L 仅仅是温度的函数,可用 $K=f(T)$、$L=f(T)$ 来表示。

当选定某种催化剂后,方程(8-1-6)的催化剂平衡氯含量 C_{Cl*} 值只与温度和水氯分子比有关。方程(8-1-6)可简化为:

$$C_{Cl*} = f(T, R)$$

当反应温度一定时,则

$$C_{Cl*} = f(R) \quad (8-1-7)$$

由方程(8-1-7)可以看出,在催化剂选定后,当反应温度一定时,催化剂上的平衡氯含量只与气氛中的水氯分子比有关。也就是说,在实际操作时,只要调节气氛中的水氯分子比,就可改变催化剂上的平衡氯含量。由方程(8-1-6)可以看出,气氛中水含量升高,R 值变大,方程(8-1-3)的反应向左移动,C_{Cl*} 值变小,即催化剂平衡氯含量变小;气氛中水含量下降,R 值变小,方程(8-1-3)的反应向右移动,C_{Cl*} 值变大,即催化剂平衡氯含量升高。

当在气氛中的水含量很小而注氯量正常时,R 值就很小,$K(1/R)$ 的值远大于1,因此可以认为 $1+K(1/R) \approx K(1/R)$;方程(8-1-6)就可改写为 $C_{Cl*}=L$,这说明催化剂的最大氯含量等于 L,即催化剂的最大氯含量等于催化剂载体表面羟基的总和。由此可见,在系统十分干燥时,如果注氯量正常也会造成催化剂氯含量大大超过催化剂的要求值。

四、影响水氯平衡的因素

(一) 洗氯和补氯

当催化剂氯含量比要求值高时，就需要把催化剂上的氯洗掉；当催化剂氯含量低时，就需要将氯补充到催化剂上。图 8-1-11 显示了三种不同氯含量的催化剂和载体在 500℃下，用水氯摩尔比 $R=80$ 的气体进行处理时的结果。图 8-1-11 中催化剂的载体和浸了氯的、未浸氯的氧化铝是同一型号的氧化铝(CK300)。

图 8-1-11 中的三条曲线说明，无论是含氯高的催化剂或载体，还是不含氯的催化剂或载体，在一定温度下用含一定量水和氯的气体(空气或其他气体)进行处理，均可达到其平衡氯含量。由于催化剂的载体和其他二种氧化铝是同一型号(指同一种方法制备的)，它们的平衡氯含量是相同的。起始氯含量较高的 1# 和 2# 样品氯被洗去，而不含氯的 3# 样品在处理过程中氯被逐渐补充，最后达到平衡。三条曲线水氯处理的结果与方程(8-1-6)的预计情况一致。

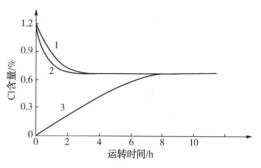

图 8-1-11　氯含量与温度和 R 值的关系
1—Pt(0.3)/Al₂O₃；2—Al₂O₃(浸氯)；3—Al₂O₃

但是必须要注意，催化剂氯含量高时，需要洗去部分氯，其洗氯的速率虽然很快，但也不要在短时间内大量注水使洗氯过快，造成各个反应器中催化剂氯含量再一次不平衡；而氯含量低时，要补充氯到氧化铝上的速率很慢，即氯流失容易，补氯则较困难，这与工业上的实际操作情况是一致的。因此必须注意在实际操作中不要使催化剂的氯流失过多，以免补氯耗时太长，影响重整产品的质量(辛烷值或芳含)以及造成重整催化剂积炭量增加。

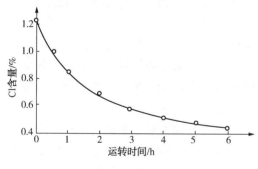

图 8-1-12　气中水对含铂催化剂氯
含量的影响

(二) 气中水的影响

当反应温度一定时，催化剂或氧化铝上氯的流失，主要是气中水的作用。图 8-1-12 是表示一种含氯 1.25% 的 Pt/Al₂O₃ 催化剂在 500℃下用含水 4700μg/g 的空气进行处理的结果。

从图 8-1-12 中可见，将含水量为 4700μg/g 的气体于 500℃下通过时，催化剂在第 6h 氯流失率就达 68%，同时从曲线的斜率变化中可知，含氯高时氯流失速率大，含氯低时氯流失速率小。因此全氯型重整催化剂应避免在高水的条件下运转。同时气中水含量过高时，会使重整催化剂上的铂晶粒长大，催化剂性能变差，而且无法在同一运转周期内恢复。

(三) 不同氧化铝载体的影响

从图 8-1-13 可以看出，不同方法制备的 γ-Al₂O₃ 载体(即不同牌号)持氯能力存在差异。图中列出了五种不同牌号的氧化铝和催化剂在 500℃下其平衡氯含量与水氯摩尔比的关系。十分明显，在相同的水氯摩尔比的条件下，五种不同牌号的氧化铝上的平衡氯含量各不相同，而且差异较大。因此我们在使用重整催化剂时，必须按照生产厂或研究单位提供的水氯平衡计算公式或相关的水氯平衡操作手册来指导操作，对不同系列的重整催化剂不能采用同样的计算公式。图 8-1-13 中，如按图中所示的情况，曲线 1 的含量为 1% 时，曲线 5 在相同 R 值下含氯量只有 0.64%，显然要使曲线 5 的含氯量达 1% 时，相应的 R 值要大大下降。

（四）反应温度的影响

图 8-1-14 是反应温度对水氯平衡的影响。图中曲线 1、2、3 均是以 CK300 Al_2O_3 和用 CK300 Al_2O_3 制备的 Pt/Al_2O_3 催化剂或 Pt-Re/Al_2O_3 催化剂。将这些催化剂置于不同的水氯摩尔比的条件下，在 400℃、500℃、550℃ 观察水氯摩尔比与平衡含量的关系。

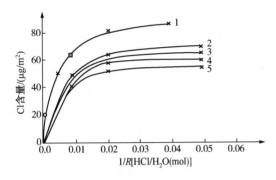

图 8-1-13　不同氧化铝载体对水氯平衡的影响

1—A10104-T 含氯氧化铝；2—SMR55 氧化铝；

3—00-3P 氧化铝；4—CK300 氧化铝；

5—Pt-Re/Al_2O_3

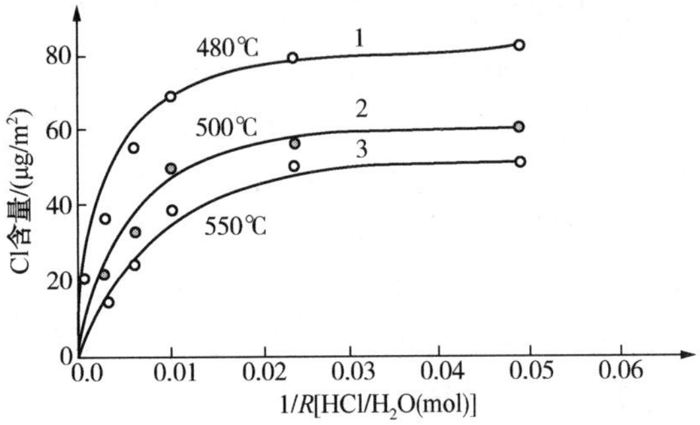

图 8-1-14　不同氧化铝载体对水氯平衡的影响

1、2— Pt/Al_2O_3（CK300）；

3—Pt-Re/Al_2O_3（CK300）

从三条曲线的规律可知：

1）只要氧化铝相同，在低载铂的情况下，催化剂的水氯平衡关系与载体氧化铝相同，即催化剂的持氯能力取决于氧化铝的性质。

2）当催化剂或氧化铝上氯含量需要保持一定值时，如反应温度低，则所需水氯摩尔比（R）要大；如反应温度高，则要采用较小的水氯摩尔比。这说明催化剂或氧化铝载体在低温下氯保持能力强，而在高温下氯保持能力下降。因此在重整操作中，要保持催化剂上氯含量一定，则注氯量要随反应温度的升高而增大。

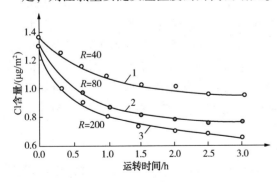

图 8-1-15　催化剂氯含量与 R 值的关系

注：曲线 1 水含量分别为 80μg/g、

250μg/g、550μg/g

（五）气中氯含量的影响

图 8-1-15 中的三条曲线是三种不同水氯摩尔比的条件下处理同一样品的试验结果，数据表明在处理 3h 后三条曲线均趋于平衡状态。从三条曲线相对比较来看，与图 8-1-14 结果相同，R 值小其平衡氯含量就高；R 值大其平衡氯含量就低。曲线 1 是由三条重合的曲线叠合而成，其三条曲线是在相同 R 值（$R=40$）下，但气氛中的水含量不同。从曲线 1 可以看出，样品的平衡氯含量只与水氯摩尔比有关，而与氯浓度无关，换句话说，

在工业运转中催化剂的氯含量与气相的水和氯的摩尔比有关，而与气相中的氯的含量无关。

鉴于这点，在工业装置上如果水含量很高时，在理论上是可以采用加大注氯量，保持水氯摩尔比不变的办法，使催化剂上氯不流失或少流失。但是这样做会引起装置腐蚀，同时还会因气中水过高造成催化剂比表面积下降、铂晶粒变大，从而使催化剂性能变差。因此必须找出气中水高的原因，并采取相应措施降低气中水含量，同时可以适当加大注氯量，以防催化剂的氯流失过多。如果造成气中水较高的原因不能很快找出，重整装置必须降温操作，以保护催化剂的性能不受损伤。

（六）比表面积的影响

当使用某种全氯型催化剂时，由于长期运转使催化剂积炭以及再生等影响，催化剂比表面积会逐渐下降。从前面讨论中我们已经知道催化剂上的氯含量可用下式表示：

$$C_{Cl*} = \frac{KL(1/R)}{1+K(1/R)}$$

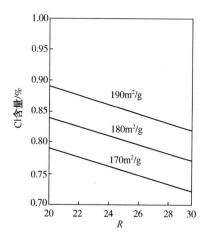

从上面公式中可以看到，在某一反应温度下要保持催化剂的平衡氯含量不变，即 K 和 C_{Cl*} 均为常数，此时只有 L 和 R 是变量了。如在同一运转周期内我们设催化剂的比表面积不变，即 L 为常数，则 R 是一个定值。但是当催化剂由于积炭或多次再生使比表面积下降，则 L 值就要变小；要保持 C_{Cl*} 不变，则 R 值也要相应变小。图 8-1-16 列出了催化剂比表面积变化时，催化剂上氯含量与 R 值的关系。

从图 8-1-16 可知，催化剂比表面积下降时，如果要保持催化剂上氯含量不变，就需要注入更多的氯，使 R 值下降，这点说明，催化剂比表面积下降使它保持氯的能力也随之下降。应该指出的是，国内固定床重整装置由于运转的苛刻度不高，产物的 RON 一般在 92~95 之间，因此

图 8-1-16 比表面积的影响

都采用在同一运转周期内，不考虑因催化剂积炭而造成的比表面积下降的实际情况，注氯量保持在相同的水平上。随着清洁汽油的生产，有的炼厂需要重整装置的生成油 RON 大于或等于 96，此时为保证运转中、后期的产品性质，需要考虑催化剂比表面积的变化，具体要求以催化剂供应商或专利商提供的技术资料为准。

必须指出，不同牌号的新鲜催化剂，即使比表面积相同，而保持氯的能力也会有很大差异，本节讨论的内容是指同一种催化剂比表面积变化的规律。为此需要再一次强调，不同供应商或专利商提供的催化剂，对水氯平衡的要求是不同的，应该很好阅读有关使用手册，并按要求操作。

综上所述，影响催化剂水氯平衡的因素有：氧化铝的种类、反应温度、水氯分子比、催化剂的比表面积等。当选定某种催化剂时，余下的影响因素只有后面三个：反应温度、水氯摩尔比和催化剂的比表面积。在运转苛刻度不太高的条件下，可以认为全周期催化剂的比表面积保持不变，这样在一定温度下操作时，只要调节水氯摩尔比就可以控制催化剂上的氯含量。

五、水氯平衡计算方法

前面已经介绍了氯对重整催化剂反应性能的影响及水氯平衡的基本原理。对使用某种催化剂的装置而言，由于催化剂已经选定，操作中影响催化剂上的氯含量的主要因素共有三个：反应温度(加权平均床层温度)、水氯摩尔比及催化剂表面积的变化。如果在具体操作中处理好这三者的关系，催化剂就可在要求的氯含量下平稳操作。

重整催化剂水氯平衡计算，主要是确定在工业运转的条件下，固定床重整装置中重整催化剂的实际氯含量。由于在计算过程中要使用工业装置的操作参数和分析结果，例如，$WABT$(加权平均床层温度)、进料量、原料油的平均相对分子质量、油中水含量、注氯量、循环气中的水含量和氯含量等，其中有一些分析结果很难取得准确的数据，因此各大公司在重整催化剂的水氯平衡计算的有关手册中推出了各自简化的计算方法，以达到简便、较可靠的获得重整催化剂的氯含量估算数据。应该指出，无论是哪一种简便计算方法，其基本原理是一样的。本节主要介绍水氯平衡计算的基本方法，以利于能够在掌握基本原理的基础上，加深对各种计算方法的理解和掌握。

(一) 重整催化剂最适宜氯含量的确定

从前面的介绍中我们已了解到催化剂氯含量对其反应性能的影响，因此每种催化剂应有它对氯含量的要求。一般情况下氯含量的适宜范围在 0.9% ~ 1.1%。但是，当用户采用某种催化剂时，应了解它对氯含量的具体要求，这些要求均是以实验室的研究结果和工业使用的经验而确定的。

为了讨论问题方便起见，以某重整催化剂为例来说明水氯平衡的计算方法，该催化剂氯含量控制的目标值为 1.0%。

(二) 重整催化剂上氯含量的计算

据资料介绍，国内外各种牌号的重整催化剂的氯含量计算方法各不相同，计算的步骤和公式也不相同，但是详细分析其内容，不难发现它们的基本原理和要点是相同的。不同之处主要在于系统水和氯含量的计算方法。为了便于说明问题，这里不详细讨论各种具体方法，而把计算的基本原理介绍清楚，这样便于大家掌握。

当用户采用某种重整催化剂后，催化剂供应商会提供该催化剂的使用手册，并且可以从手册中查到在基准温度下催化剂的氯含量与水氯摩尔比 R 的计算公式和相应的图表。使用这些公式和图表，可以按下述的基本公式进行计算：

$$Cl_T = Cl_{500℃} \times TCF \times SCF \tag{8-1-8}$$

式中　　Cl_T——操作温度($WABT$)为 $T℃$ 时的催化剂氯含量,%；

　　　　$Cl_{500℃}$——基准温度为 $WABT = 500℃$ 时的催化剂氯含量,%；

　　　　TCF——温度校正系数；

　　　　SCF——比表面积校正系数。

$Cl_{500℃}$ 为 $WABT = 500℃$ 时催化剂上的氯含量。它是作为温度校正系数的基准值，即如果实际操作温度 $WABT = 500℃$ 时，温度校正系数 $TCF = 1$。这个温度是人为规定的，它取决于研究催化剂氯含量计算公式时所取的基准温度。这里所取的基准温度为 $WABT = 500℃$，当然各公司可按自己的需要把基准温度定为 $480℃$、$490℃$ 等均可。这样各公司会给出相应的 TCF 的计算公式或相应的图表。

按方程(8-1-8)进行计算时，$Cl_{500℃}$ 是水氯摩尔比 R 的函数；TCF 是操作温度的函数；SCF 是催化剂比表面积的函数，而对新鲜催化剂而言 $SCF=1$。方程(8-1-8)中的各项数值可由催化剂供应商提供的操作手册中找到相应公式或图表，进行计算或查表而得。

TCF 和 SCF 查阅的图表，见图8-1-17和图8-1-18。

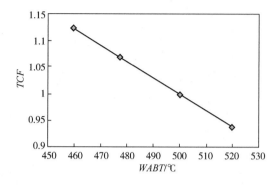

图8-1-17　TCF 与 $WABT$ 的关系

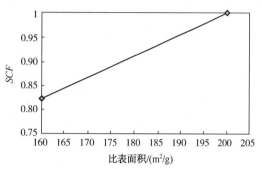

图8-1-18　SCF 与 $WABT$ 的关系

现举一些实例进行计算。

从重整催化剂的使用手册中查到以下公式和计算图(见图8-1-19)：

$$Cl_{500℃}=113.5/(R^{0.233}×50.249)$$

(三)水氯摩尔比 R 值的计算

对于水氯摩尔比的计算，不同专利商均有自己的计算方法，计算过程比较复杂。这里介绍一种较为简单的方法，提供大家参考。

反应系统的水氯摩尔比可按下列公式计算：

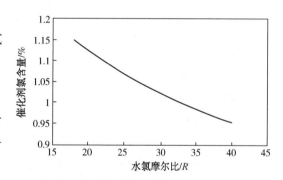

图8-1-19　催化剂氯含量与水氯摩尔比的关系

$$R=\frac{Y_R×G+Y_F×\left(\frac{M_F}{18}\right)}{X_R×G+X_F×\left(\frac{M_F}{35.5}\right)} \tag{8-1-9}$$

式中　X_F——重整进料油中氯(包括注氯量)，$\mu g/g$；

$\quad\quad Y_F$——重整进料油中水(包括注水量)，$\mu g/g$；

$\quad\quad X_R$——循环气中氯，$\mu L/L$；

$\quad\quad Y_R$——循环气中水，$\mu L/L$；

$\quad\quad M_F$——重整原料油的相对分子质量；

$\quad\quad G$——气油摩尔比。

X_R 为实测值，但是由于气中氯的测定是很困难的，所以可采用经验公式 $X_R=(0.45~0.75)X_F$ 估算。由于各装置情况不同，此值也会有所不同。Y_R 也是实测值，可以由循环气水分析仪上读取该数据；气中水仪表失灵时，可以用 $Y_R=(3~5)Y_F$ 进行估算。蒸发脱水塔底油的氯含量$<0.5×10^{-6}$时，可以忽略不计。

投入分子筛干燥罐时，Y_R 为分子筛出口气中水含量，X_R 气中氯含量为零；切出分子筛罐时，Y_R 为高分气中水含量，X_R 为高分气中氯含量。

由于固定床重整装置有一段混氢和二段混氢工艺，因此注水、注氯也相应分成一段注入法和二段注入法，即一段水氯控制工艺和二段水氯控制工艺，本文着重介绍一段水氯控制工艺的计算方法以及简要介绍二段水氯控制工艺计算程序的应用。

（四）计算实例

1. 一段水氯控制工艺的计算

【例 8-1-1】 水氯分子比 R 的计算：已知：蒸发塔底油中水含量为 $5.5\mu g/g$；注水 $2\mu g/g$；气中水为 $24\mu L/L$；注氯为 $1.5\mu g/g$；气中氯为 $0.75\mu L/L$；重整原料油的相对分子质量为 $M_F = 108$；气油摩尔比为 8。

解：
$$R = \frac{Y_R \times G + Y_F \times \left(\dfrac{M_F}{18}\right)}{X_R \times G + X_F \times \left(\dfrac{M_F}{35.5}\right)} = \frac{24 \times 8 + (2.0 + 5.5) \times \left(\dfrac{108}{18}\right)}{0.75 \times 8 + 1.5 \times \left(\dfrac{108}{35.5}\right)}$$

$$= 22.4$$

【例 8-1-2】 重整催化剂氯含量的计算：操作条件：$WABT = 480℃$，其他条件同例 1，催化剂的比表面积 $S = 200m^2/g$（第一次使用的新催化剂）。

按照【例 8-1-1】的方法计算出 $R = 22.4$；

从手册中查到以下公式及数据：$Cl_{500℃} = 113.5/(R^{0.233} \times 50.249)$；

或从图 8-1-18 查出 $Cl_{500℃}$ 的数据：

$Cl_{500℃} = 113.5/(22.4^{0.233} \times 50.249) = 1.098 \%$

从图 8-1-16 和图 8-1-17 分别查出：$TCF = 1.05$，$SCF = 1.0$

$Cl_{480℃} = Cl_{500℃} \times (TCF \times SCF) = 1.098 \times (1.05 \times 1.0) = 1.15 \%$

从计算结果可知，该催化剂在 WABT = 480℃ 下运转，催化剂氯含量偏高。

综上所述，整个计算步骤为：

① 从已知条件计算水氯摩尔比 R；

② 从 R 求得基准温度下的催化剂氯含量；

③ 从 $WABT$ 和催化剂的比表面积查得 TCF 和 SCF；

④ 将上述数据按公式(8-1-8)进行计算，即得到操作条件下的催化剂氯含量。

【例 8-1-3】 注氯、注水量的计算：

一般来讲，重整催化剂对环境中水的要求如下：

① 循环气中水含量在 $30\mu L/L$ 以上时，不要注水，要投运分子筛罐；

② 循环气中水含量在 $30\mu L/L$ 以下时，要切除分子筛罐，并在注氯的同时适量注水。

使用前例的重整催化剂，它要求反应环境的水含量在 $20 \sim 30\mu L/L$，现设定控制值为 $25\mu L/L$。

已知：反应温度 $WABT = 480℃$；脱水塔底油中水 $Y_F = 5\mu g/g$；油气摩尔比 $G = 8$；重整进料的平均相对分子质量 $M = 108$。

解：设注氯量为 X_i、注水量为 Y_i。

重整催化剂在 $WABT = 480℃$ 下运转时，氯含量应该是 1.0%；从图 8-1-16 和图 8-1-17 可以查到 $TCF = 1.05$，$SCF = 1.0$。

$Cl_{500℃} = Cl_{480℃} / (TCF×SCF) = 1.0 / (1.05×1.0) = 0.952\%$；

从 $CL_{500℃}$ 的数据，查图 8-1-18 可以得到水氯摩尔比应该控制在 $R=40$。

循环气中氯按经验公式估算：$X_R = (0.45 \sim 0.75) X_F$，取 $0.5 X_F$；

循环气中水按经验公式估算：$Y_R = (3 \sim 5) Y_F$，取 $Y_R = 3.5 Y_F$。

根据上述条件可以列出以下 2 个方程：

$$40 = [((5+Y_i)×3.5)×8 + (5+Y_i)×(108/18)] /$$
$$[0.5 X_i × 8 + X_i×(108/35.5)]$$
$$(5+Y_i)×3.5 = 25$$

解方程得到：$Y_i = 2.1×10^{-6}$
$$X_i = 0.9×10^{-6}$$

即应注氯 $0.9×10^{-6}$，注水 $2.1×10^{-6}$。

2. 二段水氯控制工艺的计算

重整反应是强烈的吸热反应。在反应的过程中，反应器中的催化剂床层会产生很大的温降，其总温降可达 $150 \sim 350℃$，因此重整装置一般采用 $3 \sim 4$ 个反应器。通常第一、二反应器的温降最大，当所有反应器的入口温度相同时，第一、二反应器的催化剂床层加权平均温度比第三、四反应器的加权平均温度低很多。对二段混氢工艺而言，其差值更大。如果采用一段注氯，催化剂氯含量计算是以四个反应器的 WABT 为基准进行计算的，计算结果是第一、二反应器的催化剂氯含量偏高，而第三、四反应器的催化剂氯含量则偏低。这对高苛刻度运转的装置是十分不利的，直接影响催化剂的选择性和运转周期。现举例说明如下：

【例 8-1-4】　某厂使用上述重整催化剂，有四个反应器，其温度分布见表 8-1-2。

表 8-1-2　重整各反的温度

反应器	一反	二反	三反	四反
入口温度/℃	480	485	490	500
出口温度/℃	395	435	463	490

四个反应器的催化剂装填比是 $1:1.5:2.5:5$；一段混氢，气油摩尔比为 8；原料油的相对分子质量为 108；脱水塔底油水含量 $5μg/g$，注氯 $1μg/g$，注水 $2.1μg/g$。

解：按照重整反应器的出、入口温度计算得到 $WABT = 479.4℃$；

$R = [((5+Y_j)×3.5)×8 + (5+Y_j)×(108/18)] / [0.5×1.0×8 + 1.0×(108/35.5)] = 34.2$

$Cl_{500℃} 113.5 / (R^{0.233}×50.249) = 0.99\%$

按照 WABT 查图 8-1-17，得到 $TCF = 1.05$；新催化剂，$SCF = 1.0$

$Cl_{472℃} = Cl_{500℃} × (TCF×SCF) = 0.99× 1.05×1.0 = 1.04\%$

一段混氢的条件下，四个反应器的催化剂平均氯含量是 1.04%；

如果将一、二、三、四反分别进行计算，其结果见表 8-1-3。

从上述计算中可以看到，在一段注氯的条件下，虽然总体上重整催化剂的氯含量控制在 1.04%，基本符合重整催化剂的要求。但是各个反应器中的催化剂氯含量却出现了很大的差别，一反与四反催化剂氯含量的差别接近 20%。很显然，这样大的氯含量差别，对重整装置催化剂整体水平的发挥是不利的。

表 8-1-3　重整各反催化剂的氯含量

反应器编号	一反	二反	三反	四反
WABT/℃	437.5	460	475.6	495
TCF	1.183	1.113	1.062	1.005
催化剂氯含量/%	1.17	1.10	1.05	1.0

仔细分析表 8-1-3 数据可以发现：如果将四个反应器分成一反和二反、三反和四反两个组，每个组两个反应器中的催化剂氯含量差别较小，因此将这两组反应器分别按照催化剂的氯含量控制值进行水氯平衡计算和操作，就可以实现四个反应器的催化剂氯含量比较均匀。

二段水氯控制的计算方法，其基本原理与一段水氯控制的计算方法相同。但是由于二段混氢，各段的混氢量是不同的；另一方面各段的注水和注氯量也各不相同；而且循环回各段循环气的含水和含氯是与各段注水和注氯的总量相关联，从而使水氯平衡的计算复杂化。为了应用方便，有关专利商会提供相应的计算方法或软件。

六、水氯平衡的判断与调整

催化重整装置的操作十分强调反应环境的控制，其中包括有毒物质和水氯平衡控制。在有毒物质得到良好控制的条件下，搞好水氯平衡是充分发挥催化剂反应性能的关键。

（一）整催化剂水氯平衡的判别

重整催化剂水氯平衡的控制是要求重整装置操作人员通过调节注水量和注氯量，在反应系统水含量维持 $25\mu L/L$ 左右的情况下，使重整催化剂的氯含量保持在$(1.0\pm0.1)\%$。

工业装置在实际运转过程中有时会出现水氯平衡失调的情况，即运转中催化剂的氯含量偏离了 $0.9\%\sim1.1\%$ 的控制范围。此时重整装置的各项技术参数会出现相应的变化，包括各反温降、产品辛烷值、循环气的组成、液化气产率、产品的收率和芳烃含量等。当催化剂氯含量偏离适宜范围时，通过对这些技术参数内在联系的分析，可以得到催化剂氯含量是偏高或偏低的信息。

在正常的操作条件下，为校核固定床重整催化剂的氯含量是否在合适的范围内，可以将重整装置的入口温度调整到 $490\sim500℃$，在空速为 $2.0h^{-1}$ 时，反应器入口温度每提高 $3℃$，测定重整生成油的辛烷值 *RON* 能否提高 1 个单位，如果达不到 1 个单位，说明催化剂的氯含量偏离了适宜范围；如果重整生成油的辛烷值不到但接近 1 个单位时，说明催化剂的氯含量略低于适宜范围。在上述情况下，催化剂氯含量是偏高还是偏低，需要根据循环氢组成、液化气产率、各反应器的温降等情况进行综合分析和判断。

（二）整催化剂水氯平衡的调整

重整催化剂的金属功能和酸性功能之间的平衡，是通过调节注氯和注水量来控制的。

1. 注水

（1）适宜水量

重整催化剂要求在反应系统的气氛中含有适量的水，以保证氯在催化剂上良好的分散和各反催化剂氯含量分布均匀。在重整反应系统中，水分压应保持在 $40\sim60Pa$。相当于平均反应压力为 $1.47\sim1.67MPa$ 的重整装置，循环气中水为 $20\sim35\mu L/L$。

连续重整装置催化剂水氯平衡调节与半再生装置不同，在正常运转的条件下，催化剂的补氯操作在再生系统的氧氯化区完成，重整反应系统不进行注氯操作。反应系统的水是由重整进料和循环回反应系统的催化剂带入，循环气中的氯是由进入反应器的催化剂在水的作用下释放出来的，从而形成良性的水氯平衡，使反应系统催化剂的氯含量维持在适宜的范围内。当连续重整装置处于不同的运转模式时，它的水氯平衡操作也有所变化，其变化模式大致有以下情况：

1. 装置开工

1）开工进油初期：临氢系统中的残存水和催化剂上的吸附水随着反应温度升高而逐步释放，循环气中水含量升高。进油初期原料油也带入一部分的水，造成循环气中水含量进一步提高，此时随进油开始，进行反应系统的集中补氯操作，循环气中水也同时随产氢外排。随循环气中水含量的变化，相应调整注氯量。

2）催化剂黑烧阶段：催化剂随循环次数的增多，积炭量增加，待催化剂炭含量达到3%以上，再生系统开始黑烧操作。黑烧阶段，烧焦区进行催化剂烧焦操作，氧氯化区不进行氧化和补氯操作，反应系统维持注氯。

3）催化剂白烧阶段：催化剂转入白烧时，氧氯化区开始进入空气和注氯操作，此时反应系统停止注氯，整个重整系统进入正常水氯平衡操作。

2. 催化剂停止循环

由于某些原因，再生系统发生热停车或冷停车，此时催化剂循环也相应停止。如果停车需要维持一段较长的时间，催化剂的水氯平衡操作需要进行调整。再生系统停车，氧氯化区也相应停止运转，为防止反应系统催化剂氯的流失，就要投运重整进料的注氯操作，直至再生系统重新投运。

3. 再生系统改黑烧

当重整系统发生某些特殊情况，如待生剂炭含量过高或待生剂混有高炭催化剂等，再生烧焦区可能出现催化剂烧焦不完全，需要将烧焦操作改为黑烧模式，此时水氯平衡操作也需要作相应调整。黑烧时氧氯化区不进空气，改进氮气，再生注氯停止，为弥补反应系统催化剂氯的流失，需要在重整进料中注氯，直至再生系统改为白烧。

1）在再生催化剂氯含量稳定的情况下，如果反应系统出现水含量偏高，将会出现以下可能的现象：

① 再生催化剂的氯含量与待生催化剂的氯含量差值大于0.12% ~0.15%。

② 稳定塔塔顶出现明显腐蚀。

③ 氧氯化区出现催化剂补氯困难或增加注氯后，再生剂氯含量增幅小。

2）造成反应系统水高的原因可能如下：

① 重整进料水含量偏高；

② 进入重整反应系统的再生催化剂水含量升高。

3）纠正反应系统水含量高的技术措施有：

① 检查汽提塔的操作参数是否正常、操作是否平稳，及时采样分析重整进料水含量。

② 检查再生系统干燥区的操作温度是否偏低，及时进行调整。

③ 检查再生系统的空气干燥器（或再生循环气体干燥器）出口气体的水含量是否偏高，及时更换干燥剂。

第二节　金属器壁积炭与处理

现阶段，连续重整(以下简称为CCR)催化剂和工艺技术比较成熟，已经成为炼化企业的标配，近年来已经向高苛刻度、大型化发展，国内数套3.0Mt/a规模以上的连续重整装置投产、重整产品的辛烷值提高到106左右，单套加工规模4.0Mt/a的连续重整装置正在筹划建设中。CCR装置的加工规模、操作苛刻度大大提高，明显提高了重整装置的经济效益。应注意的是：随重整装置反应苛刻度的提高，高温部位金属器壁的积炭趋势也相应增强。

一、概述

重整装置金属器壁积炭，是指在重整反应条件下，重整装置高温部位的金属器壁产生的积炭。这些设备包括加热炉管、反应器、电加热器等，其中反应器壁的积炭最为常见，严重时会导致反应器内构件损坏、装置非计划停工，造成重大经济损失。

自1985年我国第一套CCR装置投运以来，至2019年底已有100套CCR装置建成投产，据不完全统计，发生反应器壁积炭的重整装置已经有20多套，其中反应压力为0.85MPa的装置2套，其余为反应压力为0.35MPa的装置。此外，还有加热炉炉管和还原氢电加热器壁积炭。

在20世纪90年代中期，我国曾经有一套半再生式重整装置(以下简称为SR)也发生过反应器壁的积炭现象，但是该装置没有出现第二次积炭，而且也未见到在SR重整装置上出现反应器壁积炭的国内外相关报道。

上述统计数据表明，重整装置的反应压力从0.85MPa大幅降低到0.35MPa，CCR装置出现反应器壁积炭的比率也随之升高。

二、反应器壁积炭的工艺特征及危害

(一) 反应器壁积炭的工艺特征

由于反应压力为0.85MPa和0.35MPa的连续重整装置在工艺流程、反应苛刻度等方面有明显的不同，因此在出现反应器壁积炭时的工艺特征也有明显的区别。

1. 反应压力为0.85MPa装置反应器壁积炭的工艺特征

我国第一套引进美国专利技术的CCR装置，反应压力为0.85MPa，于1985年3月2日投运。该装置重整催化剂从第四反应器移出时，催化剂经过第四反应器底部的一组下料管(无保温)进入催化剂计量料斗，并用高速吹扫气将催化剂的计量料斗与第四反应器隔离。催化剂经由一组特殊的阀门从计量料斗进入1号提升器，最后经过提升管，催化剂进入再生系统上部的缓冲料斗。装置运转至第204天，第四反应器的催化剂下料管出现堵塞，催化剂卸料不畅，需要人工敲打催化剂下料管才能维持催化剂的正常循环，这是装置出现反应器壁积炭的第一个特征，除此以外反应器壁金属积炭还有以下特征：

① 催化剂收集料斗的高速吹扫气的流量曲线明显变化。
② 第四反应器底部的部分催化剂下料管表面温度变低。
③ 在某一时段催化剂粉尘量异常增多，尤其是细粉增多(见图8-2-1)。
④ 催化剂计量料斗出现延时报警。

⑤ 反应器底部的提升器内出现炭块，甚至出现炭包裹催化剂颗粒的炭块。

⑥ 芳烃产率或 RONC 略有下降。

⑦ 再生剂中出现"侏儒"球，说明有炭块或高炭含量(通常大于 7%)的催化剂颗粒进入再生系统，这部分颗粒在再生区内不能将炭全部烧尽，残余部分进入下一个催化剂处理区域——氧氯化区。氧氯化区是高温、高氧含量的环境，未烧尽炭的颗粒进入该区域后，残余炭得到充分的燃烧，造成局部高温，使得局部高温区周围的催化剂颗粒被高温烧结、晶相变化(由 γ 相变为 α 相)，颗粒缩小变成"侏儒"球，直径大约为 $\phi 1.2mm$(见图 8-2-2)。"侏儒"球很容易从待生剂中分辨出来，因为它已经没有活性，在黑色的待生剂中呈现为灰白色的小球。

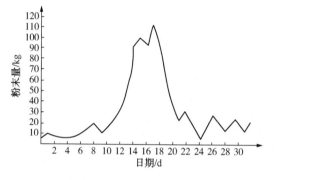

图 8-2-1　催化剂粉尘量变化

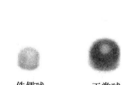

图 8-2-2　侏儒球与正常球比较

反应压力为 0.85MPa 的装置反应器壁积炭时，装置的芳烃产率、液体产品收率和反应器的床层温降等工艺参数变化不明显，难以作为积炭的指示性标志。上述特征中，催化剂收集料斗的高速吹扫气的流量曲线明显变化和第四反应器底部部分催化剂下料管堵塞导致表面温度变低，是装置积炭的指示性标志。

2. 反应压力为 0.35MPa 装置反应器壁积炭的工艺特征

某炼厂从美国引进反应压力为 0.35MPa 的 CCR 装置，于 1996 年 7 月投产，运转 8 个月后停工检修，但反应器和再生器内的催化剂没有卸出，1997 年 4 月底检修结束开工。5 月初第二反应器出现温降减少。至 6 月初，第二反应器的温降进一步减少，第三反应器温降增加(见表 8-2-1，图 8-2-3)。在此期间，重整反应系统仅间断注入少量的硫。

表 8-2-1　各反应器的温降分布情况

反应器编号	第一反应器	第二反应器	第三反应器	第四反应器
温降/℃	60	50~55	100~110	30~40

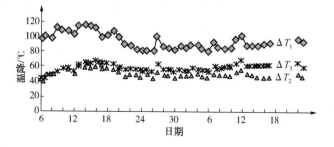

图 8-2-3　各反温降变化趋势

上述特征是反应压力为 0.35MPa 的 CCR 装置在重整进料中基本不注硫的情况下出现的一个重要特征。该类装置在出现反应器壁积炭时还伴有以下特征：

① 重整反应系统出现温降分布不正常时，芳烃产率、液体产品收率和产品辛烷值变化不明显。

② 反应器下部提升器的催化剂提升量不稳定或出现炭块。

③ 再生剂中出现"侏儒"球。

④ 在某一时段催化剂粉尘量异常增多，尤其是细粉增多，这是由于扇形筒内被炭粉或催化剂碎颗粒填充，造成扇形筒流通面积大幅减少，反应器床层内气流速度大大提高引起催化剂局部流化，磨损加剧，产生大量催化剂粉尘。

⑤ 部分装置出现反应器压降逐步增加的趋势。

（二）反应器壁积炭的危害

CCR 装置出现反应器壁积炭所造成的危害程度，与装置出现积炭的迹象后是否及时停工处理有关。通常由于对反应器壁积炭的危害性认识不足、反应器壁积炭判别有困难或生产需要装置不能停工等原因，致使装置未能得到及时处理，就会造成严重危害和重大损失。

反应器壁积炭造成的危害主要表现在两个方面：催化剂大量损失和反应器、再生器内构件损坏。为了说明反应器壁积炭的危害程度，现以一套反应压力为 0.35MPa、处理能力为 400kt/a 的 CCR 装置为例说明。该装置 1996 年 7 月投产，1997 年 9 月因反应器壁积炭而停工。停工清理时从四个反应器内清理出来的炭的数量见表 8-2-2。

表 8-2-2 反应器中清理出来的炭量

反应器编号	一反	二反	三反	四反	合计
炭量/桶(200L)	10	26	9	9	54

从四个反应器中清理出来的总炭量为 $10.8m^3$，实际上四个反应器里的积炭量远大于此数值。在从反应器中卸出催化剂时也夹带了不少的炭块和炭粉，在清理反应器时还用大型吸尘器进行小块炭和少量粉尘的处理，这部分炭块和炭粉没有计算在内。据统计，在装置停工前 6 个月至清理反应器后再次开工期间，共消耗催化剂 30 多吨。

反应系统内构件的损坏主要是催化剂下料管堵塞、扇形筒和中心管损坏。具体数量见表 8-2-3。

表 8-2-3 反应器内构件损坏情况

反应器编号	中心管损坏情况	扇形筒损坏数/根	下料管堵塞数/根
一反	下部 2 个小孔	17	9
二反	无	12	4
三反	无	4(另有 4 根变形)	无
四反	无	无	无

从表 8-2-2 和表 8-2-3 的数据可以看出，积炭主要发生在一反、二反反应器，内构件的损坏也是一反、二反最为严重。第一反应器催化剂下料管堵塞 9 根，扇形筒 17 根；第二反应器催化剂下料管堵塞 4 根，扇形筒 12 根。

第一反应器的扇形筒固定圈被扭断，20mm 厚的半圆形固定圈扭成 S 形(见图 8-2-4)。所有损坏的扇形筒底部几乎全部被沉积的炭胀破，如图 8-2-5 所示。大部分损坏的扇形筒下部被从反应器壁生长出来的炭顶向反应器中部，呈现为弯曲度不到 90° 的 L 形，如图 8-2-6(a)和图 8-2-6(b)所示。弯曲的扇形筒向反应器中部挤压，弯曲的扇形筒或扇形筒挤压时将硬炭块推向中心管造成中心管破损，这种情况已经在多套发生反应器积炭的 CCR 装置上出现。扇形筒的损坏除了上述的筒底破损和弯曲以外，还出现受自下向上的顶力造成皱折而损坏，见图 8-2-6(c)和图 8-2-6(d)。

图 8-2-4　扇形筒固定圈损坏　　　　　　　图 8-2-5　扇形筒底部损坏

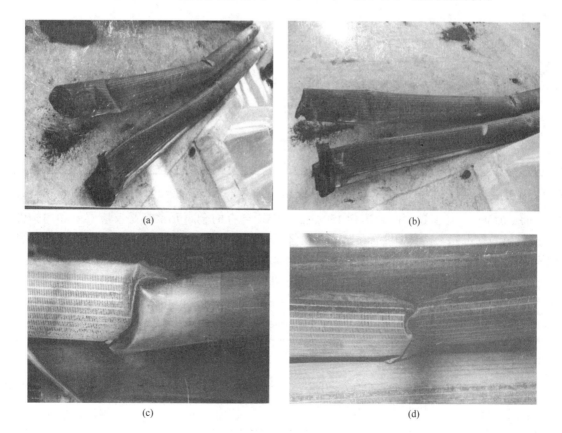

(a)　　　　　　　　　　　　　　　(b)

(c)　　　　　　　　　　　　　　　(d)

图 8-2-6　扇形筒损坏

三、反应器壁积炭的原因

反应器内部的积炭从表观看可以分为粉状炭和块状炭。部分粉状炭和小块炭可以在催化剂循环时被带出反应系统。块状炭又可以分为软炭块、硬炭块和软底炭。软炭块可以用手捻碎，颜色为暗黑色(见图8-2-7)；软底炭是指与反应器壁接触的炭呈现为有十分光滑的接触面的软炭，一定厚度的软炭层后过渡为硬炭；硬炭块有纯炭块和炭包催化剂的硬炭块(见图8-2-8)。

图 8-2-7　软炭块样品　　　　　　　　　图 8-2-8　硬炭块样品

将反应器内积炭的炭样进行元素分析，数据见表8-2-4。

表 8-2-4　炭样的元素分析结果

元素/%	一反底部软质炭	一反底部硬质炭	元素/%	一反底部软质炭	一反底部硬质炭
C	98.84	98.25	Cr	0.0043	0.0029
H	0.65	0.68	Mo	0.0049	0.0052
Fe	0.3708	0.2140	Mn	0.0025	0.0016
Ni	0.0044	0.0051			

从表8-2-4可见，无论是软炭还是硬炭，主要成分是碳，氢的含量很低，只有0.65%~0.68%，碳氢比很高，达到152/1。炭中所含有的金属元素都是反应器壁和内构件制造材料的基本元素，其中铁含量最高，占金属元素总量的93%~95%。这些数据表明，反应器中的积炭包含有制造反应器及内构件的金属材料。

对炭样和积炭催化剂进行透射电子显微镜(TEM)分析，如图8-2-9和图8-2-10所示。积炭催化剂的物化分析结果见表8-2-5。

表 8-2-5　催化剂分析结果

样品名称	C/%	S/%	Cl/%	Pt/%	Sn/%	比表面积/(m²/g)
待生剂	3.4	0.006	1.09			
再生剂	0.02	0.006	1.38			142
还原剂			1.20	0.29	0.30	143

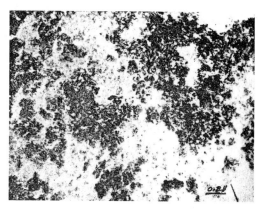

图 8-2-9　炭样品的 TEM 图　　　　　　图 8-2-10　积炭催化剂样品的 TEM 图

　　表 8-2-5 和图 8-2-10 的结果表明，从积炭反应器内的催化剂样品的物化分析结果看，催化剂的炭、硫、氯、铂、锡等的含量在正常范围以内，催化剂上沉积的炭的形态无异常。但是，炭块样品的 TEM 谱图显示，炭块的微观结构呈现为丝状炭结构，而且顶部有明显的黑点。对样品进一步用扫描电子显微镜的电子探针进行分析，结果显示：黑点部位是由 Fe、Ni、Cr 等组成的金属颗粒(见图 8-2-11)。

（一）丝状炭的生成机理

　　炭的沉积是一个包含不同生长形式的复杂结构，可以分为三大类：无定形炭、石墨碳和丝状炭[14~16]。对于金属器壁暴露在烃类的气氛中，这三种炭的相对生成速率与温度的关系如图 8-2-12 所示。

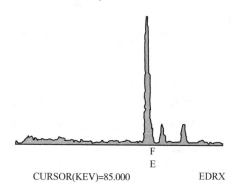

CURSOR(KEV)=85.000　　　　EDRX

图 8-2-11　电子探针分析结果

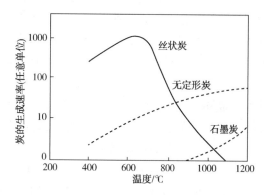

图 8-2-12　相对生炭速率与温度的关系

　　图 8-2-12 表明，在重整反应条件下，金属暴露在烃的气氛中可能生成的炭是无定形炭和丝状炭，而丝状炭的生成速率比无定形炭快 100 倍。由此可见，在重整反应条件下，发生反应器壁积炭主要是生成丝状炭。

　　通常丝状炭的直径是比较一致的，在 500~100 nm 范围内，其形状通常是圆柱形，也观察到实心丝状炭[17]、空心丝状炭和缠绕或编织的丝状炭[18](见图 8-2-13)。大部分丝状物有一小块金属颗粒，其直径与丝状物相同，并镶于沿长度相同的位置上，一般在丝状炭的顶部。这些位于丝状炭顶部的金属颗粒是丝状炭的成长中心[19~21]。

　　含碳气体，如乙烷、一氧化碳、二氧化碳、苯、乙烯等，在一定的条件下可以在铁、镍、钴、铬等金属表面形成丝状炭。由于含碳气体的种类不同，金属的种类也不相同，因此还没有一种生炭机理可以将所有研究报告中的试验结果全部解释清楚[22]。但是有一种生炭机理是被大家普遍接受的，如图8-2-14所示[22]。首先，气相的烃类分子吸附在金属表面；吸附的烃类分子经过一系列分解、脱氢反应，在金属表面生成碳原子；这些碳原子逐渐溶入或渗入金属的晶粒间或金属的颗粒间，随着时间的推移，金属颗粒上生成的炭不断地向颗粒间转移[23]，并逐渐生成丝状炭，最后将金属颗粒推离金属母体。从理论上可以认为，金属表面所有的活性中心都可能发生上述反应。

图 8-2-13　丝状炭

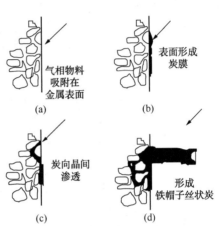

图 8-2-14　金属表面生炭机理示意

在上述机理中，没有涉及烃类分子是如何吸附在金属表面，也没有说明所吸附的烃类是在什么样的活性中心上发生脱碳反应以及脱碳反应的前身物又是什么等复杂的问题。由于金属的种类和组成各不相同，含碳气体的组成也有很大变化，因此回答这些复杂问题时难以用一种统一的机理模型来解释所有的反应和伴随的现象[22]。

Sacco 等人[24]以 CO、CO_2、CH_4、H_2、H_2O 等作为含碳气体的组分，进行了在铁的表面丝状炭生成初期阶段的机理研究。他们将铁表面与含碳气体反应后，用扫描电子显微镜（SEM）对金属表面进行了观察，发现在铁的表面被大量的丝状炭所覆盖，这些丝状炭呈圆柱形，直径约为 500nm，丝状炭顶部含有金属晶粒。对铁的表面进行抛光，并用 2%～3% 的 nital 溶液（硝酸的甲醇溶液）进行腐蚀，处理后的样品用 SEM 进行观察，发现在铁颗粒的边缘有大的碳化铁（Fe_3C）生成，呈珠球状结构。由此认为，这种碳化铁显然是在丝状炭生成前形成的。这个结论与 Tsao 的研究结果相一致的[25]。Tsao 利用纯的一氧化碳在 903K 的温度下与铁进行反应，同时利用 Mossbauer 能谱进行碳的分析，结果如图8-2-15所示。

从图8-2-15可以看到，碳化铁的生成先于游离碳，生成一定量的碳化铁后，游离碳才开始迅速生成；开始时碳化铁的生成速度也是比较快的，但是碳化铁累积到一定量后，就不再增加。Albert 还观察了在铁表面上生成丝状炭时，单位时间（min）、单位质量的铁引起的炭的质量增加分数与反应时间的关系，结果见图8-2-16。从图中可知，炭的质量增加分数在反应初期增加十分迅速，达到最大值以后，炭的质量增加分数有小幅的下降，然后进入稳定值的阶段，质量增加分数不再提高。这种规律在所有的试验中得到了相似的结果。

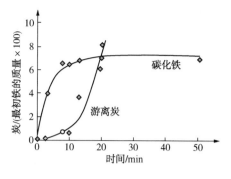

图 8-2-15　炭样品分析结果

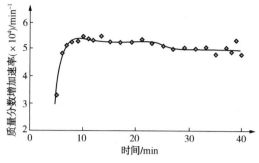

图 8-2-16　炭质量分数增加与反应时间的关系

Buyanov[26,27] 提出了烃类在铁的表面生成丝状炭的"碳化铁循环(Carbide cycle)"模型。碳化铁(Fe_3C)是烃类在金属表面发生分解反应的初期生成，碳化铁在一定的条件下是处于亚稳状态，并在石墨碳覆盖的表面附近分解生成新的石墨碳。此时在石墨碳覆盖的颗粒表面很快达到平衡状态。碳化铁的浓度梯度是炭通过碳化铁颗粒扩散的驱动力。显然，这个丝状炭的生长模型不需要任何晶体的晶格，颗粒可能是液体[24]。在碳化铁颗粒上丝状炭的成核和生长示意图见图 8-2-17。在甲烷的气氛中、680~800℃下，铁颗粒很快被碳化生成碳化铁。在该条件下，碳化铁不稳定而分解，导致带碳粒子的过饱和，在颗粒表面出现石墨晶核[见图 8-2-17(a)]。由于生成晶核需要克服高的激活屏障，其他石墨晶粒配置在石墨晶核的周围[见图 8-2-17(b)]，然后在颗粒表面和甲烷之间活泼的相互作用下，碳化铁的循环不断地被重复。在初期，石墨层在颗粒表面的堆积是以平行的方向进行的。在某一时刻，颗粒变为液体状，后部开始延伸，石墨层变形，由原来的平行堆积改变为中空结构[见图 8-2-17(c)、(d)]。随着毫微管的进一步生长，与颗粒接触的部分变窄，颗粒的尾部推向炭囊的内部，形成了类似竹子状的结构。石墨管的颈部变得更窄，在空腔内的颗粒碎片被切断，石墨层与颗粒表面接触的方向变成垂直的接触，由此使得金属与碳的接触面积变得很小，以致于在碳的溶解和石墨化速率(扩散后的沉积)之间难以保持平衡。多余的碳被排出，并形成另外的石墨晶粒。

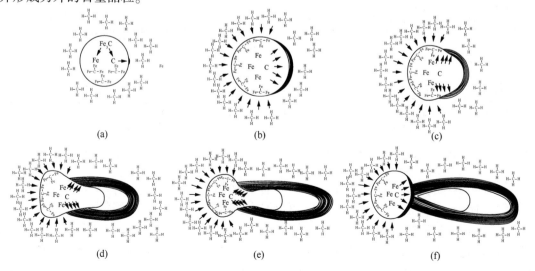

图 8-2-17　在碳化铁颗粒上丝状炭晶化和生长示意图

这些石墨晶粒沉积在已经生长了丝状炭的金属颗粒表面附近［见图8-2-17(f)］，并开始构筑下一个丝状炭的接点。

（二）丝状炭的特征

丝状炭是烃类在金属表面积炭的标志性产物，它具有以下特征：

① 所有丝状炭的顶部都有一个金属颗粒。

② 丝状炭的直径受顶部金属颗粒大小的控制。在大部分情况下，金属颗粒是比较小的，因此丝状炭的直径通常在50~100nm左右[24]。

③ 丝状炭的生长速率与温度有关，在铁、镍和钴-乙炔系统中，温度升高320℃，丝状炭的生长速率加快20倍[28]。

④ 丝状炭顶部的金属颗粒如果被沉积物全部包裹，丝状炭将会停止生长；生长中的丝状炭，顶部的金属颗粒未被沉积物包裹。

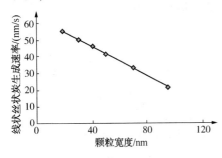

图8-2-18　炭生长速率与金属颗粒大小的关系

⑤ 线状丝状炭的生成速率与顶部金属颗粒的大小有关[28]，如图8-2-18所示，金属颗粒越小，线状丝状炭的生成速率越快。

⑥ 脱离了金属母体的丝状炭仍然具有化学活性。将丝状炭的炭块置于微型反应器中，在重整反应条件下进行反应，其结果见图8-2-19和图8-2-20。反应结果表明，脱离了母体的丝状炭与活性炭相比，有明显的催化脱氢和加氢裂解活性。在环己烷的脱氢反应中，活性炭的环己烷转化率仅为0.4%~1.5%，装置内生成的丝状炭的环己烷转化率高达5.2%~13.5%，二者相差9倍；对于正己烷的裂解产物C_1~C_3的产率，活性炭为0，没有活性，而丝状炭达到0.7%~6.8%，显现出明显的催化活性。由此可以认为，装置内一旦发生器壁积炭，在重整反应条件下，会发生炭生炭的反应，从而加快装置内积炭的速度和积炭量。

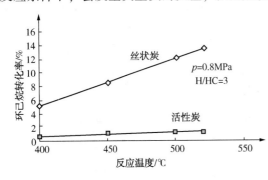

图8-2-19　炭样品环己烷脱氢试验结果

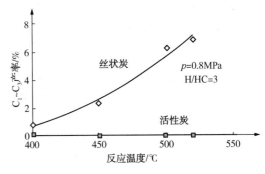

图8-2-20　炭样品 C_1~C_3产率

Baker[28]观察到：丝状炭顶部的金属颗粒在丝状炭生长过程中出现分裂的现象，如图8-2-21所示。由图8-2-21(a)、(b)可以看到，由颗粒A生长的丝状炭，其金属颗粒的直径为95nm；由图8-2-21(c)可以看到，颗粒A发生分裂；由图8-2-21(d)可以看到，分裂的颗粒(直径为50~20nm)上丝状炭的生长情况。对图8-2-21(a)~(d)的图像和数据进行分析后得到，在颗粒A(直径为95nm)上，丝状炭的生长速率是22.3nm/s，在颗粒B(直径为 50nm)和颗粒 C(直径为 20nm)上，丝状炭的生长速率分别为 41.8nm/s 和 56.5nm/s。

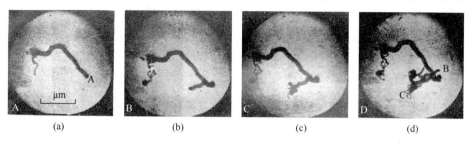

图 8-2-21　丝状炭铁颗粒分裂电子显微镜照片

由上述丝状炭生成机理和特征可以看到，在金属器壁上产生一定数量的丝状炭后，如果未能及时采取相应的技术措施，积炭将会以较快的速度发展，并会产生严重的后果。

四、金属器壁积炭的抑制

金属器壁积炭会导致加工工艺中的管线、阀门、换热器、反应器等发生堵塞或损坏，轻者造成工业装置运转周期缩短，重者造成装置被迫停工或出现安全事故，因此对于抑制金属器壁积炭必须引起重视。

为了抑制金属器壁积炭，人们研究过向金属材料中添加氧化物、在金属表面增加涂层、对金属表面进行硫化处理等方法。

Baker[29]等人考察了在铁-镍中加入 SiO_2、Al_2O_3、TiO_2、WO_3、Ta_2O_5 和 MoO_3 等金属氧化物对抑制生长丝状炭的规律。研究发现，这些氧化物对铁-镍生长丝状炭都有抑制作用，但是它们起作用的机理不同。在 620℃ 以下，Al_2O_3 和 TiO_2 是提供了一个影响烃类吸附和分解的物理屏障；其他氧化物是减少了炭在金属颗粒表面的溶解能力，但不影响炭的扩散速率；SiO_2 是既减少炭的溶解能力，又减低了炭的扩散速度。虽然在试验中这些氧化物能够抑制丝状炭的生长，但是在实验中加入的添加物是氧化态的，如果加入到金属材料中，其是否能够保持原有形态，仍然起到相同的作用，这是需要解决的一个问题；另外，加入最少的量，达到最好的效果，在目前的试验条件下还无法进行考察；最后，这些氧化物加入到金属材料中以后，对材料的力学性能和结构性能的影响还不清楚。因此在工业实践中的应用还为时尚早。

石脑油蒸汽裂解制乙烯装置也是一个长期受金属器壁积炭所制约的工业生产装置，Brown[30]等人提出在 Incoloy 800 的裂解炉管内壁利用气相沉淀法，在炉管高温(995℃)氧化的条件下将烷基硅氧化合物(如四乙基原硅酸酯)沉积在炉管壁上，形成一层很薄的无定形的氧化硅膜。试验结果表明，在炉管温度为 700～880℃ 时，炉管的积炭量可大幅下降(减少10 倍)；当温度大于 900℃ 时，效果明显降低。

利用对工艺设备进行硫化的方法来抑制金属器壁积炭，在工业上已经有成熟的经验，如石脑油蒸汽裂解制乙烯装置[31~33]，Bennett[34]等人对 25/20/Nb 不锈钢进行预先硫化和连续硫化，并在高温下考察了硫化对丝状炭生长的影响。结果表明，无论是使用噻吩、硫化氢、二氧化硫还是硫醇为硫化剂，对于 25/20/Nb 不锈钢而言，都具有抑制丝状炭生成的作用，硫化剂直接吸附在金属表面的吸附活性中心上或将 Fe_2O_3 转化为 Fe 硫化物，阻止或减弱了金属表面对烃类的吸附，其中噻吩是最有效的添加物，因为噻吩的分子最大，吸附在金属表面对表面活性中心的阻隔效应最好；在 600℃ 下，无论是预先硫化还是连续硫化，在 Cr_2O_3 表面的烃类分解没有减少，这表明在 Cr_2O_3 表面的烃类分解的反应机理与 Fe_2O_3 不同；连续硫化的效果，与带入硫化剂气体中的硫化剂的分压有关，硫化物分压愈高，效果愈好。

对 CCR 装置发生反应器积炭后，采集炭的样品分析显示均属于比较典型的丝状炭结构[35]。由于重整催化剂是一种对原料油中杂质含量十分敏感的催化剂，因此在采取抑制金属器壁积炭的措施上必须十分谨慎。按照上述介绍，对金属器壁硫化是 CCR 装置可采取的重要技术措施。由于重整催化剂对原料油中的硫含量要求不大于 $0.5×10^{-6}$，硫含量过高会造成重整催化剂中毒，硫含量太少会引起重整装置金属器壁积炭。为此，重整装置进料的总硫含量必须控制在进料中硫的总含量尽量接近 $0.5×10^{-6}$，但是不要超过 $0.5×10^{-6}$。

五、重整装置出现反应器炭块后的处理

CCR 重整装置在出现反应器内积炭后，它所带来的经济损失少则数十万，多则上千万元，因此装置一旦出现炭块，必须引起充分的重视。首先，对于收集到的炭块，应尽快联系有关部门进行必要的物化分析，并由此确定炭块形成的初步可能的原因，采取相应措施。

1）出现炭块后的首选处理方法是尽早停工处理。由于反应器内构件可能损坏，而且在处理前不能够详细了解内构件损坏的程度和数量，因此必须准备好足够的内构件（数量和规格），同时要考虑好损坏部件的修复办法；另外，由于积炭时，部分催化剂被炭包裹，清出后无法使用，为此需准备好一定数量的催化剂。在做好准备工作的基础上，再停工检修。

2）由于反应器内有大量炭、少量硫化铁及油气，遇见空气易自燃，为此，卸剂、清炭工作需在氮封条件下进行。同时准备好必要的清理工具，如大功率吸尘器等。

3）清炭后必须对反应器内构件进行全面清扫，将扇形筒和中心管缝隙中的夹杂物清除干净。尤其要注意的是仔细检查四反中心管夹层缝隙中有无夹杂物，如果夹有杂物，必须在中心管内进行彻底吹扫，以防运转时引起压降不正常。

4）由于反应器内的积炭附着在设备的壁上，它们都是进一步积炭的种子，因此最好在器内进行喷砂处理。

5）如果全厂因生产需要或其他原因，CCR 装置暂时不能停工处理，此时需要注意以下几点：

① 在准确分析重整原料油硫含量的基础上，将重整进料硫含量调节到 $0.45×10^{-6}$，并稳定长期注硫。

② 装置必须稳定操作，尽量不出现大的波动，如停电、停油泵或循环氢压缩机等。因为大的波动可能使得被炭块包裹着的催化剂床层倒塌，会使反应器下部的催化剂下料管堵塞或引起反应器压降上升。

③ 密切注视装置的压降变化，定期测定各反压降。

④ 最好在一号提升器内加装过滤网，以防止炭块被带入再生系统。

⑤ 在装置满足全厂最低要求的条件下，尽管能在较缓和的苛刻度下运转，防止积炭情况恶化过快，并造成更严重的内构件损坏。

六、重整装置其他部位的金属器壁积炭

在连续重整装置中，处于高温、含烃、临氢条件下的设备均有可能出现金属器壁积炭，

但是各种设备所处的工艺条件和水力学条件不同，它们发生金属器壁积炭的概率、程度和生成炭的形态也会不同。同样的设备，由于操作不当、工艺条件变化不同，引发金属器壁积炭的速率也会有明显的差异，例如连续重整反应器，发生积炭的最短时间是开工进油后 28d，而最长的是装置连续运转 5 年后发生反应器积炭。重整反应器内发生器壁积炭有一个明显特征，即几乎全部是丝状炭。

（一）电加热器积炭

连续重整装置临氢系统只有还原区有 1~2 台电加热器。在两段还原工艺中，一段还原电加热器出口气体分为二路：一路气体直接进入一段还原区，另一路进二段电加热器。据不完全统计，我国至少已有近 20 套 CCR 装置还原区出现电加热器因积炭而烧坏的情况。由于发现电加热器积炭的时间不同，有的电加热器加热元件烧毁，有的被迫停工处理。电加热器中积炭的电子显微镜分析结果如图 8-2-22 所示。

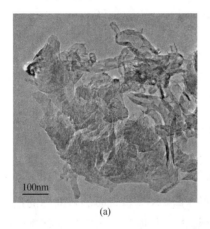 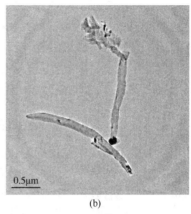

(a)　　　　　　　　　　　　　　　　　(b)

图 8-2-22　电加热器炭样品电子显微镜照片 A

从图 8-2-22(a)可以看出，电加热器的炭样中大部分是丝状炭，但是还有其他形态的炭；图 8-2-22(b)显示，丝状炭的头部有金属颗粒，并且其尾部带有分叉，分叉上又出现众多的分支，显示出有继续生长的趋势。图 8-2-23 是对丝状炭头部的金属颗粒进行电子探针的分析，结果表明，其金属组分与本体材料相符。

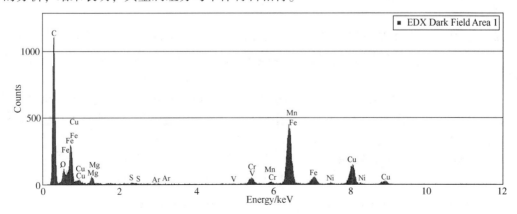

图 8-2-23　电加热器炭样品电子探针分析结果

上述结果表明，电加热器积炭与反应器积炭在形态上比较有明显的相似之处，前者大部分是丝状炭，后者全部是丝状炭，因此在生成积炭的机理上也会有相同之处。

1. 电加热器积炭过程中的现象

1）装置开工阶段，还原区催化剂床层出现严重超温，例如床层温升>100℃。

2）装置正常运转过程中，还原区催化剂床层出现小幅波动性温升，通常温升在 3～10℃。

3）电加热器工作电流较正常工作值大，并有继续增大的趋势。

引起还原区电加热器积炭必须要有炭的来源，还原氢所带的烃类就是炭的唯一提供者。高纯氢和制氢装置生产的氢气只含有少量的甲烷，不会在加热过程中积炭；提纯氢在正常操作条件下含有少量的 C_3～C_5 烃类，经过聚集器的进一步脱烃，在还原区电加热器出口温度377℃和482℃的条件下只会生成少量的炭，不影响正常操作；重整循环氢由于重整高分压力只有 0.25MPa，循环氢带有大量的烃类，甚至含有一定数量的 C_8 烃类(包括苯、甲苯和二甲苯)，为电加热器的积炭提供了丰富的炭源。

以提纯氢为还原介质时，如果装置开工后初期再接触系统未达到正常操作条件或正常运行时重整氢增压机操作波动、聚集器运转不正常，都有可能将较多的轻烃带入还原区，造成还原区催化剂床层出现 3～15℃的温升(国内至少有 3 套装置出现过这种情况)，同时会引起电加热器积炭。

当还原介质带有较多烃类(尤其是芳烃类)时，首先与一段电加热器接触，在加热面上吸附，并引起积炭。由于加热面炭膜的生成，使传热系数下降，在保持出口温度不变的情况下，加热电流将会增大，加热管表面温度升高，同时加热管表面积炭也相应增多。随着时间的延续，炭膜增厚，加热管表面温度升高，碳原子溶入金属表面晶粒间隙的速率加快，并逐步形成丝状炭。一旦形成丝状炭，其生长速率远大于其他类型炭的生长速率，并可保持很长时间的炭生炭的催化活性，从而使加热管的热阻迅速加大，最终导致加热元件的损坏。

2. 减少电加热器积炭的措施

为了防止或减少电加热器因积炭造成的损坏，建议采取以下措施：

1）对于开工初期采用重整循环气作为还原介质的装置，建议在使用重整循环氢期间，电加热器出口温度控制在<350℃，以防止出现还原区催化剂床层超温，并减少电加热器积炭。

2）定期检查还原介质的轻烃聚集器，检查轻烃排出口是否堵塞，排液阀是否灵敏，聚集元件是否失效，必要时及时手动脱液，以防止或消除还原区催化剂床层温升，避免电加热器积炭。

3）定期检查电加热器的工作电流，注意是否出现电流偏高，并有进一步升高的趋势，采取相应技术措施，例如：检查还原气聚集器是否正常，氢提纯单元操作是否平稳，操作参数是否偏离指标等。

（二）加热炉管和集合管积炭

加热炉和集合管是重整临氢反应系统温度最高的设备，理论上讲应该是最可能发生金属器壁积炭的部位。但是在工业实践中，发生加热炉管和集合管器壁积炭的情况并不多。据不完全统计，国内发生加热炉管积炭的装置有 3 套，共 4 次。

在发生金属器壁积炭的装置中，只有 1 套装置在集合管的盲管部位积有 3～5cm 厚的炭，其他装置在该部位只有少量的粉状炭。这些炭样品经电子显微镜分析均为丝状炭。造成这种不同积炭情况的主要原因是由于金属表面钝化不够引起的，即由重整进料中硫含量过低引起的。盲管部位积炭 3~5cm 厚的装置，其所有重整进料均经过脱硫保护床深度脱硫后进入重整反应系统，重整进料硫含量长期保持在 0.1μg/g；同时集合管盲管部位温度高，气流速度相对较慢，停留时间较长。在这两个因素的作用下，造成集合管盲管部位严重积炭。其他重整装置的进料中硫含量均控制在 0.35~0.5μg/g，集合管盲管部位基本不发生积炭，仅有加热炉管产生的少量炭粉被带入盲管。

发生的 4 次加热炉管积炭可分为两种情况：①2 次积炭分别发生在新的加热炉和旧加热炉中；②另外 2 次发生在加热炉新增或更换的新炉管中。从统计上看，新炉管（包括新增加热炉）发生积炭的概率大。情况①积炭样品的电子显微镜图如图 8-2-24 和图 8-2-25 所示。

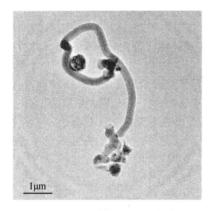

图 8-2-24　炉管积炭电子显微镜图 A

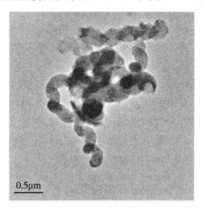

图 8-2-25　炉管积炭电子显微镜图 A

从图中可以看出，积炭样品为直线形炭和螺旋形炭，均属于丝状炭，具备丝状炭的所有性质，其形成机理基本相同。引起积炭的金属表面催化作用不但与金属材质有关，也与金属表面的结构有关，表面粗糙利于结焦的形成，而光滑的表面则有防止结焦的作用[32]。在现有的重整装置上，加热炉的材质和表面状态已经确定，因此抑制加热炉管金属表面积炭的关键是抑制金属表面活性。在重整进料中注硫，使进料油硫含量保持在 0.35~0.5μg/g 是抑制重整装置金属器壁积炭的唯一重要手段。情况①的 2 次加热炉炉管积炭，主要原因是长期重整进料低硫操作，甚至出现 6 个月停止注硫的情况，最终导致炉管积炭的发生。情况②炉管积炭样品的电子显微镜分析表明，

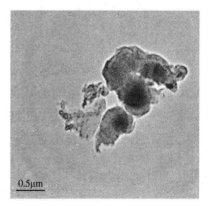

图 8-2-26　炉管积炭电子显微镜图 C

在炭样中除了有丝状炭以外，还有如图 8-2-26 所示的片状炭。情况②新增加的炉管是配置在集合管物料入口的远端，使这部分炉管流量偏小，炉管内流速较慢，容易在炉管内表面引起积炭。

积炭初期主要形成无定形炭和石墨碳，随着炭膜的形成和增厚，炉管的传热系数变小，炉管表面温度升高，从而加快了积炭速率，同时炭膜中沉积的炭开始向金属表面的晶格渗透。如果没有足够的硫对金属表面进行钝化，一旦丝状炭生成，如图 8-2-12 所示，丝状炭

的生成速率是最快的，对炉管的安全运行将会构成很大的威胁。某炼厂的重整装置在运转过程中，加热炉新增炉管的表面颜色失常，紧急停工后检查发现新增炉管已经基本堵死，积炭严重的炉管长度达到3m。

正常运转的重整装置，在加热炉集合管盲区也会发现有少量的炭粉，这是由于加热炉管内气流速度大，生成的少量炭会被吹出滞留在集合管盲管端，炭样分析结果如果是丝状炭，说明系统硫含量过低，局部区域有丝状炭生成。

防止积炭的主要技术措施是加强进料油中硫含量的分析和控制，以下建议在防止加热炉管积炭方面可供参考：①新建装置或加热炉新换炉管的装置，开工时适当提高重整进料注硫量，可控制在 $0.5 \sim 1.0 \mu g/g$；②新建装置或加热炉新换炉管的装置，正常运转期间，进料硫含量控制在 $0.5 \mu g/g$ 左右；③加热炉扩能改造时，注意核算进料集合管远端加热炉管流量分配情况，避免炉管流速过小。

参 考 文 献

[1] Querini C A, Figoli N S, Parera J M. Hydrocarbons reforming on platinum-rhenium-sulfur/alumina-chlorine coked in a commercial reactor[J]. Applied Catalysis, 1989, 52(3): 249-262.

[2] Barbier J, Churin E, Marecot P, et al. Deactivation by coking of platinum/alumina catalysts: effects of operating temperature and pressure[J]. Applied Catalysis, 1988, 36(1-2): 277-285.

[3] Figoli N S, Beltramini J N, Martinelli E, et al. Operational conditions and coke formation on platinum-alumina reforming catalyst[J]. Applied Catalysis, 1983, 5(1): 19-32.

[4] Barbier J, Churin E, Marecot P. Characterization of coke deposited on bifunctional platinum/alumina(Pt/Al$_2$O$_3$) catalysts[J]. Bulletin de la Societe Chimique de France, 1987(6): 910-916.

[5] Marecot P, Churin E, Barbier J. Coke deposits on platinum/alumina catalysts of varying dispersities[J]. Reaction Kinetics and Catalysis Letters, 1988, 37(1): 233-237.

[6] 曹东学. 铂铼重整催化剂的最佳氯含量[D]. 北京：石油化工科学研究院，1999.

[7] 曹东学，冯敢，任坚强，等. 铂铼重整催化剂的最佳氯含量[J]. 石油炼制与化工，2000，31(9)：33-36.

[8] Verdorone R J, Pieck C L, Sad M R, et al. Influence of chlorine content on the behavior of platinum-rhenium/alumina catalyst for naphtha reforming [J]. Applied Catalysis, 1986, 21(2): 239-250.

[9] Castro A A, Scelza O A, Benvenuto E R, et al. Regulation of the chlorine content on platinum/alumina catalyst[J]. Journal of Catalysis, 1981, 69(1): 222-226.

[10] Scelza O A, Baronetti G T, de Miguel S R, et al. Regulation of the chlorine content in fresh, regenerated and coked platinum-rhenium/alumina catalyst [J]. Journal of Chemical Technology and Biotechnology, 1993, 58(2): 135-139.

[11] Figoli N S, Sad M R, Beltramini J N, et al. Influence of the chlorine content on the behavior of catalysts for n-heptane reforming[J]. Industrial & Engineering Chemistry Product Research and Development, 1980, 19(4): 545-551.

[12] Parera J M, Figoli N S, Jablonski E L, et al. Optimum chlorine on naphtha reforming catalyst regarding deactivation by coke formation[J]. Studies in Surface Science and Catalysis, 1980(6): 571-576.

[13] Castro A A, Scelza O A, Baronetti G T, et al. Chlorine adjustment in alumina and naphtha reforming catalysts[J]. Applied Catalysis, 1983, 6(3): 347-353.

[14] Palmer H B, Cullis C F. Formation of carbon from gases[J]. Chemistry and Physics of Carbon, 1966(1):

265-325.

［15］Baker R T K, Harris P S. Chemistry and physics of Carbon［M］. New York: Dakker, 1978.

［16］Gainey B W. US Energy Research and Development Admin［R］. Report GA-A13982 UC-77.

［17］Hofer L J E, Sterling E, McCartney J T. Structure of the carbon deposited from carbon monoxide on iron, cobalt, and nickel［J］. Journal of Physical Chemistry, 1955, 59: 1153~1155.

［18］Oberlin A, Endo M, Koyama T. Filamentous growth of carbon through benzene decomposition［J］. Journal of Crystal Growth, 1976, 32(3): 335-349.

［19］Boehm H P. Carbon from carbon Monoxide Disproportionation on Nickel and Iron Catalysts: Morphological studies and possible growth Mechanisms［J］. Carbon, 1974, 11(6): 583-590.

［20］Baker R T K, Harris P S, Thomas R B, et al. Formation of Filamentous cabalt and chromium catalyzed decomposition of Acetylene［J］. Journal of Catalysis, 1973, 30(1): 86-95.

［21］Baker R T K, Chludzinski J J Jr. Filamentous carbon growth on nickel-iron surfaces［J］. Journal of Catalysis, 1980, 64(2): 464-478.

［22］Lacava A I, Fernandez-Raone E D, Isaacs L L, et al. Effect of Hydrogen on the Iron-and Nickel-Catalyzed Formation of Carbon from Benzene［C］. ACS Symposium Series, 1982.

［23］Baker R T K, Yates D J C, Dumesic J A. Filamentous Carbon Formation over Iron Surfaces［C］. ACS Symposium Series, 1982.

［24］Sacco Abert Jr, Caulmare John C. Growth and Initiation mechanism of Filamentous Coke［C］. ACS Symposium Series, 1982.

［25］Tsao T C, Li Kun, Philbrook W O. Kinetics of dissociation of carbon monoxide on α-iron［J］. Canadian Metallurgical Quarterly, 1977, 16(1): 93-103.

［26］Buyanov R A, Chesnokov V V, Afanas'ev A D, et al, Carbide mechanism of carbon deposit formation and properties of the deposit on iron-chromium dehydrogenation catalysts［J］. Kinetika i Kataliz, 1977, 18(4): 1021-1028.

［27］Chesnokov V V, Buyanov R A. The formation of carbon filaments upon decomposition of hydrocarbons catalysed by iron subgroup metals and their alloys［J］. Russian Chemical Reviews, 2000, 69(7): 623-638.

［28］Baker R T K, Harris P S, Thomas R B, et al. Formation of filamentous carbon from iron-, cobalt-, and chromium-catalyzed decomposition of acetylene［J］. Journal of Catalysis, 1973, 30(1): 86-95.

［29］Baker R T K, Chludzinski J J Jr. Filamentous Carbon Growth on Nickel-iron Surface: The Effect of Various Oxide Additives［J］. Journal of Catalysis, 1980, 64(2): 464-748.

［30］Brown D E, Clark J T K, Foster A I, et al, Inhibition of Coke Formation in Ethylene Steam Cracking［C］. ACS Symposium Series, 1982.

［31］单石灵, 徐志达. 乙烯裂解炉结焦抑制剂的研究进展［J］. 现代化工, 2005, 25(8): 27-30.

［32］张明东. 乙烯裂解炉结焦抑制技术研究［J］. 四川化工, 2009, 12(02): 23-25.

［33］王冬伟. 乙烯裂解炉的结焦原理及其抑制方法［J］. 江西化工, 2018(01): 23-25.

［34］Bennett M J, Chaffey G H, Myatt B L, et al. Inhibition by Sulfur Poisoning of the Heterogeneous Decomposition of Acetone［J］. ACS Symposium Series, 1982, 202: 223-238.

［35］程旭东. 连续重整反应器结焦问题探讨［J］. 中外能源, 2006(05): 56-60.

第九章 催化重整装置开停工与管理

第一节 重整装置绿色开工

一、前期准备工作

1. 人员

操作人员经过系统的培训，懂工艺原理、设备原理，了解设备结构，熟悉装置所有工艺流程，掌握操作技能，并通过考试取得上岗操作证。

2. 物资

准备开工相关物资，重点是：

工艺物料：包括原料、辅助材料、公用工程物料、三剂。

工作物资：包括工具、胶管、废油桶，检测、分析用品，人员劳保用品等。

3. 工艺介质

开工前，工艺介质准备保证充足，原料油储备足够的量，加氢裂化重石脑油准备充足；公用工程介质包括氢气、蒸汽、氮气、净化风和非净化风。

4. 资料准备

1）组织人员编写开工方案、应急预案、工作措施。

2）组织人员讨论和审核开工资料。人员应包括操作人员、专业技术人员和领导，讨论重点是开工过程中各工作步骤合理性，是否最优化，力求不浪费时间、物料和人力。

3）组织人员讨论对接工艺与公用工程介质用量，在确保开工需要的前提下，不浪费介质。

5. 统筹

装置开工前，必须做好严密的工作统筹。在装置实际开工过程中，按统筹开展工作，在实施时，如果出现偏差或新情况，可及时调整、完善统筹。

开工涉及的所有进出物料，由生产管理部门组织相关人员推演、计算和论证，确定物料使用时间，以便生产调度系统平衡工作；精确物料使用量，一方面有利于生产管理平衡；另一方面有利于装置开工过程中不浪费资源，节能减排。

环保排放物料确定排放量、排放指标要求，以便统一安排存放、回收或处置。尽量减少危险废物产生，降低环保工作压力和费用。

二、装置开工要求及准备工作

1. 开工要求

开工前做好"三级检查"，坚持"四不开工"的原则，即检查质量不合格不开工，安全防护设施不齐全不开工，设备堵漏不彻底不开工，环境卫生不符合要求不开工，并由职能处室在装置开工条件确认表上签字，确认开工条件符合，由生产调度下达开工指令。

开工中要求做到"十不"，即不漏、不跑、不冒、不窜、不误操作、不损坏设备、不出事故、不放过一个异常现象、不漏记一个数据、不误时机保证开工顺利进行。

检修情况必须向全体操作人员交底，经学习讨论，熟练掌握开工方案，且经考试合格。

2. 开工检查

1）塔的检查：塔外检查，检查出入口管线流程、人孔、安全阀、各管线出入口阀门、液位计、压力表等情况。

2）加热炉的检查：检查炉管、炉内耐热衬里、支架、回弯头、防爆门等附件是否完好，各火嘴管线、消防蒸汽及吹扫蒸汽阀门是否好用，灭火器是否按要求装好，烟道挡板及风门、风机蝶阀是否灵活好用等。

3）机泵的检查：检查机泵的出入口阀门是否灵活、安装质量是否符合要求，压力表是否装上，泵的冷却水系统、油路等是否畅通，对轮安全罩是否完好。

4）冷换设备的检查：检查有关流程、阀门、丝堵、压力表及温度计、低点导淋等安装情况，设备接地是否良好。

5）容器的检查：容器内经检查无杂物后封好人孔，放空阀、液位计、压力表、排污阀等有关设备附件是否好用，安全阀定压及安装复位是否正确无误。

6）工艺管线管件的检查：检查阀门、盘根、法兰、压盖、大盖是否把紧，垫片、螺栓是否符合标准，导淋是否畅通，压力表、温度计、孔板是否装好。

7）辅助系统检查：检查新鲜水、软化水、循环水、凝结水、污水、蒸汽、高压瓦斯、低压瓦斯、含硫富气、仪表风、工业风系统是否畅通，各电气设备是否接通电源。

8）安全设施的检查：检查所有可燃气体报警仪、消防器材是否好用。

9）环保检查：检查各水沟是否畅通，含油污水及雨水系统是否隔离，污水井入口是否畅通。

10）仪表联校：开工前要对 DCS 系统所有仪表以及联锁进行联校、调试，确认符合开工要求。同时仪表工要保证所有一次表、二次表和控制阀处于完好状态。在开工各阶段，适时将仪表控制改手动，办理相关手续，切除有关联锁。

11）检查装置盲板是否按要求拆装完毕。

3. 开工准备

1）关闭所有管线和机泵上的放空阀。

2）打开所有安全阀的前后截止阀。

3）通知调度将蒸汽引进装置，联系化验、仪表、电气、钳工等单位配合开工。

4）准备好气密用的肥皂水、气密桶、刷子、洗耳球、粉笔等工具。

5）工艺流程经过三级检查并确认无误。

6）协调装置开工用 2000~3000t 直馏油及 1000t 加裂重石脑油。开工用原料油分析合格，具备送油条件，同时协调罐区预留空罐收储预硫化污油。

7）开工用各类辅助化工原材料均已准备到位。

三、开工条件及步骤

1. 新装置投产条件

新建装置中交标准（新装置基本建设完成，现场三查四定基本完成销项）规定装置应达到如下条件：

1）工程按设计内容完成施工。施工单位按蓝图完成工程内容，提交经项目经理审定的工程量清单，项目监理、工程管理部、设计进行确认。

2）工程质量符合国家和行业标准。依据现行国家、行业标准，由施工单位按专业、分项分部工程自检合格后向监理申报审核、验收，监理、质量监督站签署验收意见。

3）工艺、动力管道的耐压试验完成，系统清洗、吹扫完成，保温基本完成。工艺、动力管道耐压试验由施工单位编制详细的试压包清单，试压过程经监理、生产车间见证。系统清洗吹扫由生产单位组织，施工单位配合，试压、吹扫、清洗所需水、气体由生产单位提供，所需临时管材、阀门等由施工单位提出清单，经监理、工程管理部确认，中交前对试压、清洗、吹扫保温情况进行确认。

4）静设备无损检验、强度试验、清扫完成；安全附件（安全阀、防爆门等）已调试合格。施工单位、监理公司对每台静设备及其他附件进行检查、确认。检查合格证、试验数据符合性，安全阀要经市技监局检验所检验，并提供详细清单确认表。

5）动设备单机试车合格（需要物料或特殊介质而未试车的除外）。施工单位列出详细的动设备试车清单，监理、相应车间对试车情况进行确认。

6）大机组空负荷试车完成，机组保护性联锁和报警等自控系统静态调试联校合格。大机组等关键设备的空负荷试车，由生产单位组织，成立试车小组，由施工单位编制试车方案，经过施工、生产、设计、制造厂、监理等单位联合确认，施工单位提供试车记录、联锁报警调试合格记录。

7）装置电气、仪表、计算机、防毒防火防爆等系统调试联校合格。施工单位提交经监理、生产相关专业确认合格的记录清单。

8）装置区施工临时设施已拆除，工完、料净、场地清，竖向工程施工完成。监理组织工程管理、施工单位、生产单位检查确认。

9）对联动试车有影响的"三查四定"项目及设计变更已处理完成，其他未完施工尾项责任、完成时间已明确。对影响联动试车的项目处理完成情况，监理、生产单位确认，施工单位对未完项目列出详细清单，明确完成时间、责任人。

2. 装置气密

本装置气密主要包括预加氢临氢系统、重整临氢系统、再生系统、分馏系统、锅炉系统、稳定系统的气密。

（1）气密的准备工作

1）气密试验必须在装置吹扫完毕，所拆除的法兰、盲板、孔板等管件复位，存在问题整改完毕及所有流程复位后进行。对装置的设备、工艺管线、法兰、垫片、盲板、阀门、安全阀、仪表、机泵等进行全面的检查，有问题均在气密进行之前处理完毕。

2）联系分部调度，落实气密用氮气源，确保有充足的氮气供应。

3）联系保运单位，做好气密保运准备。

4) 联系仪表，在装置气密期间，对仪表引压管线、沉筒、控制阀等进行气密。

5) 提前准备好碱性肥皂或洗洁精、气密壶、粉笔等气密工具，并组织好人员分区域检查记录，车间派专人负责，联系泄漏点的处理。

（2）气密检查内容

气密检查的内容包括装置中设备、管线上全部法兰、焊缝、阀门、低点放空、压力表、液面计、流量计、流量孔板、活接头、仪表及其引压线、热电偶、换热器头盖、沉筒、安全阀等。

（3）气密检查方法

1) 检查气密点是否泄漏，用刷子刷肥皂水、洗耳球、气密壶喷肥皂水于气密点上，观察是否有鼓泡，若有，则说明该点是泄漏点，需标上记号，记录好并及时联系处理。

2) 对于小间隙气密点，可采用胶黏纸封住法兰，然后在胶黏纸上开一小孔，再检查小孔处是否有漏气，若有，则说明该点是泄漏点，需标上记号，并及时联系处理。

3) 放空阀等气密点可将其放空短节插入肥皂水中进行检查。

（4）气密试验的注意事项

1) 升压速度要缓慢，气密试验压力严格按要求的压力进行，不得超压。

2) 发现漏点，应及时做好记号，操作人员自己能处理的应及时处理，不能处理的应汇报工艺组或联系保运人员处理。

3) 严密监视系统压力，防止设备超压，特别要防止高压窜低压。另外要密切注意监视由于环境气温变化引起系统内气体膨胀而使设备超压。应及时投用设备安全阀。

4) 三阀组隔离放空阀打开，防止高压窜低压。对于三阀组内漏的，也要间歇打开放空阀进行检查。

5) 气密试验应根据各部分操作压力的不同分区进行，各区之间如采用盲板隔离，所用盲板应做好登记。

6) 气密试验过程中，要统一指挥，各区域气密人员要相互联系、密切配合，按规定进行，不能出现争抢气密用氮气问题(时间应错开)。

7) 每个系统气密时，必须有两块以上压力表观察压力，量程为气密最高压力的1.5~2倍。

8) 仪表车间负责在气密前按下列控制阀调校方案对所有控制阀调校完毕：控制阀行程检查分别给定0、50%、100%三个开度检查，控制阀能够到达全开或全关位置则在行程一栏画"√"；控制阀不能够到达全开或全关位置，或有卡涩、动作滞后情况则在行程一栏画"×"，并在备注一栏中注明。检查中发现控制阀有其他情况，在备注一栏中注明。每检查一控制阀，请检查人在检查人一栏中签名。检查完成后，要将查出的问题写成书面报告形式，及时汇报并联系处理，逐项消除。

（5）系统置换

为预加氢单元临氢系统、重整单元临氢系统、再生单元置换及其他系统置换。引入氮气置换各系统，采样分析气体氧含量<0.5%(体)。

3. 干燥

包括预加氢临氢系统、重整临氢系统、再生系统干燥。

（1）临氢系统干燥目的

1) 反应系统干燥，采用氮气循环，带走水分，起到系统干燥的目的。同时，脱除重整反应系统及再生系统相关的临氢部分的水分，避免催化剂接触水分而损害强度和活性。

2）在系统干燥过程中，可以考察加热炉钢结构，有关仪表、循环压缩机以及管线等的性能，同时使操作人员熟悉和掌握系统流程及有关机械、仪表、电气等的操作方法。

3）在系统各部温度达到350℃时，应对各高温部位做全面检查并联系保运单位进行热紧。在系统各部降温后，应对原高温部位再一次做全面检查，防止泄漏。

4）再生器系统的干燥单独进行。借助电加热器升温和再生鼓风机循环，一方面带出系统中的水分，干燥系统，另一方面也干燥电加热器。

（2）准备工作

1）装置工艺管线、设备气密吹扫结束，存在问题整改完毕并符合要求。

2）所有反应器内件已安装完毕，现场杂物清除干净。

3）联系调度，准备好氮气、燃料气、蒸汽和锅炉给水等公用工程系统物料的供给。

4）联系仪表校验所有仪表，做好随时投用的准备，特别是联锁停车系统一定要正确无误。

5）做好重整循环氢压缩机和氢气增压机的开车准备，以备随时投用。

6）根据加热炉操作法，做好点炉的准备工作。

7）确认反应器部分和再生器部分的弹簧吊架及膨胀节可动，使其处于正常冷态位置。

8）确保所有安全阀都投用。

9）做好余热锅炉准备工作。

10）投用仪表及报警联锁系统，试验各仪表及联锁好用。

11）如果与"瓦斯系统"和"四合一炉"系统相关的大修动火项目未完工，必须加好临时隔离盲板。

（3）系统干燥要求及步骤

重整临氢系统及再生系统的干燥分为三个系统进行，并做好系统的隔离工作。重整临氢系统和再生临氢系统、再生器系统、氮气循环系统，其中重整临氢系统和再生临氢系统是连通的，通过重整反应炉及还原氢加热器、还原氢电加热器提供热量，在高分、进料与产物换热器低点及压缩机入口分液罐脱水；再生器系统开再生风机循环，通过电加热器升温提供热量，重整再接触系统不进行干燥。

如果重整反应器检修，内构件维修、更换，重整反应系统必须进行热态考核，与系统干燥同时进行。热态考核包括：在升温阶段，定期检查 U 形管，确保炉管畅通，没有局部过热现象。对反应部分和再生部分的热膨胀进行详细检查并记录数据。在反应器部分及再生器部分干燥过程中，要不断地反复检查热膨胀带来的问题，到达设计温度后，装置最后要做一次全面热膨胀检查。

重整反应部分干燥和热态考核完成后，进入设备内部检查内构件情况。

（4）系统干燥注意事项

1）严防燃料气、氮气、空气等介质在系统内互窜，隔离工作必须有专人负责落实，干燥烘炉流程必须严格执行文字流程图所示的走向。

2）必须严格控制升温速度，不能超过工艺指标，由于反应系统干燥需要较高的操作温度，应加强对加热炉、余热锅炉、冷换设备、反应器、再生器、电加热器、鼓风机等现场设备的检查，发现异常及时处理。

3）系统干燥过程中，必须始终保证汽包和除氧器的液面，仔细检查该液面，确保锅炉循环水泵不抽空。

4）系统干燥时，应尽可能使每个根流程均走干燥介质，对不能同时进干燥介质的流程，可每隔 4h 左右切换操作一次，使系统各部分均得到干燥。

5）干燥过程中应加强低点脱水，尤其是低温部分的脱水。

6）干燥过程中密切监视系统的热膨胀情况。

7）干燥结束后，应尽可能避免湿空气或水进入系统。

（5）催化剂干燥注意事项

1）在干燥过程中，要控制升温速度，防止反应器入口温度过高而床层温度过低，造成反应器上部水汽化而又在反应器下部冷凝的现象。催化剂干燥时间的长短主要取决于催化剂的装量、催化剂含水量及 N_2 的循环量大小，催化剂的装入量大、含水量多、氮气循环量小，则需要的干燥时间就长。

2）在干燥阶段，要严防氢气及烃类气体窜入系统。

3）干燥结束后，在氮气循环降温阶段，必须将床层的最高点温度降至 150℃ 以下，系统分析 $O_2<0.5\%$（体）后才能通入氢气置换。

（6）预加氢催化剂预硫化

1）在硫化过程中，关键问题是要避免金属氧化态在与 H_2S 反应转化成硫化态之前被热氢还原，所以，催化剂预硫化时，必须控制好预硫化温度，在循环氢中的硫化氢未穿透床层前，床层最高温度不应超过 230℃。

2）因催化剂在预硫化时，汽提塔与分馏塔在双塔循环，此时应特别注意防止预硫化油窜入塔系统中。通过加强对汽提塔顶气和底油中 H_2S 的浓度分析作判断。

3）硫化时，应控制循环氢中 H_2S 浓度在 $3000\times10^{-6}\sim10000\times10^{-6}$，当下列任何一种情况出现时，应减少 DMDS 的注入量：

① 循环氢中 H_2S 浓度 $>10000\times10^{-6}$ 且在上升；

② 在升温阶段反应器出入口温升 $>10℃$；

③ 在恒温阶段反应器出入口温升 $>25℃$；

④ 硫化过程有水生成，应定时在原料缓冲罐和高分脱水并计量记录。

四、开工管理与监控

1. 预加氢单元进油开工开车及调整操作

（1）预加氢单元进油开车前的准备工作

1）原料油、重石脑油已储足，罐区已具备向装置送油条件。化验分析表明各项指标符合开车用油条件，已取得化验分析单。

2）现场压力表、温度计已安装完毕并投用。

3）各安全阀投用，火炬线畅通。

4）油运方案已组织操作人员认真学习，并已掌握。

5）做好隔离工作，防止跑、冒、窜油，严禁油气窜入临氢系统。

6）拆除不必要的盲板。

7）垫油之前，保证系统氮气置换合格。

（2）重整反应单元进油开车前的准备工作

1）反应器人孔、头盖复位。

2）反应器部分所有弹簧吊架和膨胀节能压缩自如，处于正常的冷态工作位置。

3）确定所有的安全阀都正常投用。

4）系统盲板拆、加完毕并正确无误。

5）联系仪表要求控制仪表处于完好待用状态。

6）注氯灌满四氯乙烯，开车注氯泵已调试校验完毕。

7）开车注水泵已调试校验完毕。

8）公用工程已投入正常运行。

9）闭锁料斗系统已检验标定结束。

10）确认开工用氢质量合格。

11）稳定塔系统单塔循环正常。

12）按加热炉操作法，投用余热锅炉系统。建立除氧器操作，建立汽包水循环，建立开工蒸汽流量。Na_3PO_4溶液已配好，具备投用条件。

13）冷冻系统的液氨已加完，并调试完毕，具备开压缩机条件。

14）氢气脱氯罐脱氯剂已装好，头盖复位。

（3）注意事项

1）垫油前必须做好隔离工作，严防油气跑、冒、窜入临氢系统或其他系统。

2）引油时要加强与调度、罐区等部门的联系，引油速度要缓慢，向容器、塔垫油时必须密切注意其压力，严防憋压、超压。

3）启动泵建立循环时，要严格按操作规程做好准备工作，要注意电机电流，防止超电流。

4）严格控制各操作参数，搞好油运平稳。

5）加强排污脱水。

6）发现容器、塔液面下降时，必须及时分析和查找原因，杜绝跑、冒、窜油的可能，并及时联系调度及罐区，引油补充。

7）开泵前要加强脱水，应特别注意防止泵因带水抽空。

8）冷油运一段时间后，可联系调度退出一部分污油置换系统。

9）第一次收、付物料时要遵守"油到哪里，人到哪里"的要求。任何设备，不管是开、停工，还是平时停用的设备，收、付物料时都要守在现场，要检查流程，检查液位、界位，防止憋压、泄漏、串油。从任何设备中排放物料都要在现场全程监控。设备脱水、撇油、低点排放等，都要在现场守护直到全部操作结束，汇报班长和内操后才能离开。

10）不要过分相信DCS数据。开工初期以及开工过程中，要对DCS显示的真实性加强现场校核。

11）开工过程中涉及界区外流程的，除交班记录以外，在流程变化时要与生产调度进行核对。

（4）重整进料

1）确认预加氢操作正常，分馏操作正常，塔底油符合重整进料要求：$S<0.5\times10^{-6}$，$N<0.5\times10^{-6}$，$H_2O<5\times10^{-6}$。

2）确认预加氢反应器入口温度达到370℃。

3）确认重整气液分离器放火炬控制阀投用，后路畅通。

4）确认操作循环氢压缩机、重整氢增压机运转正常，稳定塔单塔热循环正常。

5）自分馏塔底引油至操作进料控制阀前，先走旁路，副线控制流量在90t/h，当流量稳定后，联系仪表投用进料控制阀。

注意：为保护板换（重整进料与产物换热器），进料速度按板换投用要求进行，即进料量在5min内由0提至60%的设计进料量，升温速度应小于50℃/h。

6）当重整进料后，应立即增点主火嘴，保持反应器入口温度在370~400℃之间。

7）当重整进料后，应立即提循环氢压缩机转速，确保氢油比合适。

8）一旦反应器进料，就应根据循环氢气中水含量，投用注氯设施，进行水氯平衡的调节。方法如下：

① 确定注氯罐装满四氯乙烯，在重整进料前应充满注氯管一直到注氯点切断阀上游。

② 打开原料注氯线上的阀门。

③ 启动注氯泵开始注氯，注入量开始时为重整进料量的$50×10^{-6}$，并根据循环氢气中水含量大小调整注氯量。

④ 根据注氯罐的玻璃板液面计核对注入量。

（5）重整进料注硫

1）确定注硫DMDS桶就位，在重整进料前应充满注硫管一直到注硫点切断阀上游。

2）打开重整进料注硫线上的阀门。

3）启动注硫泵开始注硫，注入量应保证重整进料硫含量控制在$0.25~0.5×10^{-6}$（先以计算值确定注硫量，并通过标定核实；然后以质检室采样分析数据对比，调整注硫量）。

4）根据注硫罐的玻璃板液面计核对注入量。

（6）进油后调整

1）调节压力控制阀，控制好气液分离器的压力。

2）安排专人监视气液分离器液面，当气液分离器液面达到25%时，及时启动罐底泵，防止液面超高引起循环氢压缩机、重整氢增压机联锁。

3）及时投用液位控制，控制重整气液分离器液面在30%，气液分离器底油经罐底泵改去再接触单元。

4）投用脱氯罐其中一个（另一个罐备用），将增压氢并入外系统氢气管网，并逐渐关闭气液分离器氢气放火炬阀，根据产氢量，调整增压机转速，控制好重整气液分离器、各再接触罐压力，及时化验分析脱氯罐前后的氢气组成。

5）引重整氢气至石脑油加氢部分，停止开工氢补入。

6）增点加热炉火嘴，以30℃/h速度，将各反入口温度先提至482℃，如果循环氢中水含量大于$200×10^{-6}$或H_2S含量大于$2×10^{-6}$，则反应温度控制不高于482℃，当循环氢气中水含量正常且再生正常后温度提至正常温度。

7）调整锅炉产汽系统操作，当汽包压力达到3.5MPa、温度大于385℃后3.5MPa蒸汽并网。并网前应采样分析，质量合格后才能并网。并网过程应注意要平稳，缓慢关小放空量，同时缓慢打开过热蒸汽至管网阀门。

第二节　重整装置绿色停工

一、停工准备

1. 人员准备

组织好停工操作人员，落实停工方案，使装置全体操作人员熟悉并掌握停工方案。

联系电气、仪表、化验、检修、动力、油品等单位做好停工的各项配合工作。

2. 物资准备

联系调度，保证有足够中压蒸汽供 C701 运行；装置吹扫后，对所有进人检查、维修的设备氮气线等进行盲板隔离，确保检修安全。

装置停工吹扫置换前，要对所有参与检修部分和不参与检修系统进行盲板或三阀组隔离，防止油气互窜，影响吹扫置换效果。停工吹扫置换，要严把吹扫置换质量关，所有设备、管线的吹扫置换，做到不留死角；要定点、定区、定人吹扫置换，要达到规定的吹扫置换时间，并经技术人员检查合格后方可停气。

3. 工艺物料准备

根据具体安排，做好部分停工前序工作。停工前期，先停掉再生部分，中压蒸汽在停工过程要适时脱网，防止水击。装置停工前要储足再次开工用原料油（5000t 直馏石脑油及 1000t 加裂重石脑油）。联系生产调度，确定具体停工时间，统一协调，确保不合格线、轻污油线、火炬线等系统管线畅通，同时保证氮气、蒸汽、工业风和燃料气等供应充足稳定。

装置停工前三天，重整反应降苛刻度生产。主要是为了降低重整催化剂积炭，为催化剂卸剂及转移打好基础。

4. 资料准备

停工前要完成停工方案、应急预案、相关措施、防硫化亚铁自燃措施等编制审批。

二、停工步骤及条件

1. 停工原则流程

1）停工要求做到安全、稳妥、不出事故，退油干净，零污染，做到不窜、不冒、不跑、不损坏设备，按计划按步骤停工。

2）装置停工前三天，重整反应降苛刻度生产。主要是为了降低重整催化剂积炭，为催化剂卸剂及转移做准备。

3）与上下游装置联系，互相协调、配合。

4）根据盲板图准备好停工用不同规格的隔离盲板。

5）装置停工吹扫置换前，要对所有参与检修部分和不参与检修系统进行盲板或三阀组隔离，防止油气互窜，影响吹扫置换效果。

6）停工和吹扫期间，各岗位要加强联系，要相互协调吹扫用汽（气）。

7）蒸汽吹扫的系统，吹扫完后，应打开所有低点排凝、放空，必要的话，用氮气吹扫赶汽、水。

8）停工吹扫置换，要严把吹扫置换质量关，所有设备、管线的吹扫置换，做到不留死角；要定点、定区、定人吹扫置换。

2. 停工关键步骤控制

1) 停车具体安排，通知有关操作人员。

2) 根据具体安排，做好部分停工前序工作。停工前期，先停掉再生部分，中压蒸汽在停工过程要适时脱网，防止水击。

3) 联系调度，保证有足够中压蒸汽供重整循环压缩机运行。

4) 在停工各阶段，适时将仪表控制改手动，切除有关联锁。

5) 装置吹扫后，对所有进人检查、维修的设备氮气线等进行盲板隔离，确保检修安全。

6) 落实好装置停工用相关临时管线，准备好卸剂用具，包括帆布软管、干净的催化剂空桶或集装箱，以及编织袋、催化剂搬运工具。

3. 化学清洗、钝化

准备好气防用品和安全防护器具。编写化学清洗、钝化施工方案。预加氢进料与产物换热器、高分、汽提塔、重整板换(重整进料与产物换热器)等相关部分要进行化学清洗、钝化，消除安全隐患，确保达到环保要求。

4. 注意事项

1) 停工吹扫要做到密闭吹扫、密闭排放。按规定的吹扫置换时间，并经技术人员检查合格后方可停气。

2) 停工吹扫时，拆除的低点排凝阀丝堵要保管好，并在各低点反复排放，排放时注意环保要求。

3) 注氯、注硫、注缓蚀剂的化工料用量(容器内)提前预算好，尽量做到开始停工时基本用完，严禁乱排放。

三、停工过程管理

重整降温降量时，必须确保预加氢反应部分、汽提塔和分馏塔的操作平稳，直到重整切断进料为止。重整切断进料后，预加氢系统即可按规程停工。

1. 废物、不合格品控制

加热炉打开人孔强制通风降温后，应在人孔处加装禁入牌，防止人员误入加热炉内。

2. 置换、放油

1) 重整455℃热氢带油时，各低点必须放油，但排放中应尽可能减少气体的排出量。降温过程中，系统压力可能无法维持，则可考虑从系统管网引氢补压(管网应为新制氢的氢气)。如在降温过程中反应器出入口法兰发生着火，采用灭火蒸汽等其他措施无效的情况下，可以采取降反应系统压力和补充氮气的措施。

2) 容器、塔等设备退油时，必须注意采用密闭排放至地下罐，绝不允许将油脱至含油污水系统；脱油至地下罐时，应注意不要引起高压气体窜入地下罐引起跑、冒、窜，应及时联系将地下罐污油经轻污油线送出装置去系统污油罐(如果脱不尽的，先脱入小桶中再倒入指定油桶或 V858)。

3. 退油注意事项

1) 退油前应将各系统的压力泄至低压瓦斯系统，以防高压气体窜入地下罐。

2) 退油过程中，应严格监视地下罐液位，并及时将污油送出装置，严防冒罐。

3）退油过程中，严禁随地乱排乱放。

4）退油过程中，应对装置内含油污水井的存油进行回收。

5）退油过程中，要确保轻污油罐与放空大罐之间连通线上阀门处于常开状态，以利退油。退油时注意把设备跨线的油也要退干净。

6）重整气液分离器、预加氢高分退油存在高压串低压风险，退油时必须要有专人监控现场容器液位的下降情况，严禁高压罐、塔、容器的气体串入低压罐或塔等容器，防止超压、闪爆，严禁轻组分带有气体进入罐区。

4. 加热炉瓦斯联锁切断阀

加热炉瓦斯联锁切断阀动作前，尽量将火嘴及长明灯管线内的物料送入加热炉内烧尽；联锁切断阀动作后，将切断阀前后手阀关闭，将调节阀及炉前手阀全开，将管线内少部分未烧尽物料排入加热炉内，严禁现场就地排放。

5. 系统隔断

1）预加氢、重整和再生临氢系统不参加水冲洗。

2）重整临氢系统置换与再生单元临氢系统的置换同时进行，相关管线流程连通。再接触系统与重整反应系统的置换也同时进行，相互之间的管线也保持流程连通。考虑到低压瓦斯系统的吹扫要求，涉及到放低压瓦斯管线用三阀组隔离。

3）预加氢临氢隔离。预加氢进料、临氢系统、高分系统、压缩机系统全部确保有效盲板隔离。有些不能加盲板的地方可用三阀组隔离，但必须采取有效措施以防误操作导致隔离失效。

6. 水冲洗

（1）水冲洗目的

减少污油排放，消除异味源，符合环保要求，同时最大限度回收物料。

1）经充分退油的分馏塔系统的管线内壁、塔盘和死角仍残留不少汽油，引入新鲜水建立循环，形成含油浓度较高的含油污水并集中退至罐区，可减少装置含油污水的排放量，改善工作环境，为蒸汽吹扫创造较好的条件。

2）轻油管线经过水冲洗可增加管线蒸汽吹扫时的安全。

3）水冲洗主要在原料油线、分馏系统以及放空气洗涤塔内进行。

（2）水冲洗原则

1）将管线存油赶至各塔内或预加氢进料缓冲罐，预加氢、预分馏部分污油送回重整装置原料罐区，重整部分的污油经轻污油线送出装置去系统污油罐。

2）看具体情况，可重复进行水冲洗操作。

（3）水循环期间注意事项

1）装置产品油线，可以在系统退水时分别顶水至罐区。

2）系统内的一些不常用管线内在开工时也有存油，水洗时一并冲洗（循环线、垫油线等）。

3）各采样器、调节阀副线也要参加水冲洗，低点导淋。

4）各塔冲洗过程中，炉管要一路一路单独进行水冲洗，水冲洗完后，从塔底泵出口处引氮气，将炉管存水赶至塔内（每路单独赶水），冲洗油水经不合格线送出装置或回原料罐，低点油水密闭排至地下罐后，启轻污油泵对轻污油出装置线进行顶水。

5）水冲洗前各塔回流罐补氮线盲板拆除，对各塔系统进行补压，水冲洗完后复位。

7. 密闭吹扫

1）吹扫之前停用所有需吹扫冷却器（塔顶冷却器除外）之冷却水，打开其排凝阀。

2）确认吹扫蒸汽不带水。必须坚持"先排凝后引汽"的原则。引汽时要缓慢，排出口见汽后，再逐步加大汽量。严防水击，一旦发生水击，必须立即减少汽量，甚至停汽，直到管线不震、水击停止后，再脱水引汽，要遵循"先少量给汽贯通、排凝、暖线，再提量吹扫"的原则。

3）在向系统给汽之前，应检查排汽点是否已打开，防止蒸汽进入设备后因憋压而损坏设备。

4）要按"先扫主线，再扫次线，从上到下"的吹扫原则进行，吹扫前应与调度及相关岗位联系，吹扫面不要铺得太开，控制蒸汽用量，避免因蒸汽管网压力下降影响其他装置正常运行。换热器的跨线不能遗漏。

5）吹扫总过程要指定专人负责，统一指挥协调，具体吹扫要一个区域一个组、一条管线一个人分工负责。吹扫完成后，由吹扫者本人、班组、车间逐级对吹扫质量进行检查和验收。

6）首次给汽吹扫或突然提汽量时，在排放口要有专人监护，以免蒸汽烫伤人员。排放口用物品挡住，以免脏物飞溅。

7）由于蒸汽吹扫时管线受热，严禁引汽后即迅速提大汽量，以免造成管线突然受热膨胀向前推移，来不及补偿而拱起，同时还会造成水击，从而最终造成管托脱落、管线变形、保温层震碎脱落、管架拉斜、焊缝拉裂、垫片撕开等不良后果。在吹扫过程中，要随时注意是否有上述情况发生，并做好记录，以便核实和处理。

8）冷换设备吹扫时，其入口管线必须先吹干净。单程走吹扫介质时，另一程必须打开放空，以防换热器憋漏。蒸汽进冷换设备必须缓慢，要有一个预热过程，以防突然升温而导致换热器受热膨胀不均匀而泄漏。

9）吹扫时调节阀先吹副线，待将铁锈等杂物吹净后再吹正线（全开调节阀）。其他有副线的换热设备也应按此法吹扫。

10）蒸汽吹扫前各计量流量计应先拆下或关闭其上下游阀。联系仪表工一起吹扫仪表引线。

11）严禁吹扫蒸汽经过泵体。严禁蒸汽吹扫时蒸汽串入临氢系统。埋地管线不能用蒸汽吹，要用水顶。

12）吹扫过程中轻污油罐有油、水进入罐内，有液位时需及时开泵外送出去。

13）蒸汽吹扫结束后，应打开系统低点导淋和高点放空，以防因蒸汽冷凝形成负压而损坏设备。

14）吹扫完成后，塔、炉膛等部位要每 2h 检查一次并记录，防止硫化铁自燃。

15）向塔、罐、容器吹扫时，给汽要适中，注意各塔、罐、容器压力，严禁超压，防止损坏设备内件。

16）吹扫炉管时，要全关烟道挡板。

17）所有放空火炬管线、导淋管线、仪表引管线和采样器，应提前与仪表等相关单位协调好，在与其连接的主管吹扫末期同步吹扫，设备壳体的导淋及液面计（包括玻璃液面计）、压力表引出管和阀门等都必须引蒸汽吹扫。

18）做好起始(蒸汽贯通后即计)时间和终止时间的记录，吹扫时间按累计时间计算。

8. 停工注意事项

1）装置退油时先尽量往罐区退油，尽可能将大部分存油退出装置。

2）停汽前各注剂(二甲基二硫醚、碱液、缓蚀剂)要计划用完，确实用不完的应回收。

3）吹扫过程中检查各放空点积油时不得直排，要用小桶装油，不得让污油排到地面。

4）设备吹扫初期要小量缓慢给汽，然后再大汽量吹扫放空，冲洗、蒸煮、吹扫等含油污水，应排到含油污水道(井)。

5）机泵拆修前须将机泵内的存油或残余物料装桶回收。

6）汽提塔钝化清洗液排放，须填写《临时排污申报表》，报炼油分部安全环保处审批，并预先落实排放措施，如接好管线、胶管、落实排放地点，经监测合格后按指定地点排放。

7）不论吹扫管线或设备，开蒸汽前都必须先放尽冷凝水，以防水击。

8）控制阀扫线时，扫正线时控制阀要全开，先扫正线后扫副线。

9）扫线自开蒸汽起，必须沿流程顺序，逐个检查畅通情况，对于正副线，连通阀或有盲肠的死角不许漏扫。

10）吹扫完关蒸汽或转扫其他管线时，务必先关好两端阀门。

11）吹扫塔和容器，要注意蒸汽的压力变化，严防超压，吹翻塔盘，损坏设备。容器放水要先开放空阀，防止抽扁设备。

12）冷换设备要注意一程受热，一程要有放空；走水的冷换设备一定要排空水，防止憋压。

13）注意吹扫期间要做好超温超压的仪表的保护工作(< 200℃的温度计，< 1.5MPa 的压力表及真空表要及时停用)。

14）管线吹扫必须干净彻底，残留物检查与处置要到位。合理选择给、排汽点、排凝点，保证蒸汽压力、吹扫头大小、吹扫时间，避免吹扫留盲肠及死角。

15）蒸汽吹扫排汽口必须设置 30m 范围警戒区，并安排人员监护。动火点周围 15m 内可燃物清除干净，有油品脱水、管线吹扫、放空、采样、刷漆、收油、倒罐等交叉作业时禁止动火。

16）常压塔、低压容器吹扫(如地下罐、放空罐)、蒸罐时必须对压力、温度进行控制，不能超设计压力，顶部、底部必须设压力监测点，可通过 DCS 进行监控，无 DCS 的要定时检查现场压力表(事前要测试确保压力表完好，引管无堵塞)并做好记录。

17）蒸吹常压塔、容器设备前，安全阀必须投用，加强检查顶部放空管、底部排凝管的畅通情况，阀门管线结焦、堵塞的要拆下，确保正常畅通。

18）装置局部提前交出施工的区域，必须经卸压、退料、吹扫干净该区域相关管线、设备并有效隔断，对尚存物料、压力、蒸汽、风等可能给作业人员带来危害的设备管线必须挂明显标识，阀门挂禁动牌，施工交底标志明确，绝不能模糊。

19）各类施工作业不达安全条件禁止施工。设备容器有残压需要提前拆除部分螺丝，开工及日常生产过程中带压紧固螺栓作业要执行《带压作业安全管理规定》，经各相关部门审核同意后方可进行。

20）生成油脱氯罐吹扫完毕打开头盖后，立即接消防水喷淋降温，防止因罐内温度过高使脱氯剂自燃。

四、停工过程环保监控

1. 环保管理监控

停工期间的环保控制重点如下：

1）装置停工期间，临氢系统气体和燃料气系统气体往火炬系统泄压，氮气置换气体往火炬系统泄压。

2）装置停工期间，容器管线存油和存水必须接胶管分别排往地下污油罐和含油污水管道。往外系统退油或顶水时，必须提前通知相关外装置改好流程，避免憋压。容器酸性水排向酸性水汽提装置。

3）预加氢反应器、预加氢脱氯罐、重整生成油脱氯罐卸剂时，要做好防止硫化亚铁自燃的工作措施，卸出的旧催化剂必须要用专用的空桶回装；废脱氯剂要装袋定点摆放，注意扎紧内衬防水，瓷球和废剂必须分离以便重复利用，散落地面的废剂要及时回收。

4）管线、罐、容器吹扫，必须向火炬系统密闭排放，回收气体，密闭吹扫时间不少于8h。密闭吹扫结束后，打开高点检查阀检测吹扫气体合格后改为现场放空。蒸汽吹扫完毕后，要回收地沟、下水道污油，做到无积水、无存油。

5）装置钝化结束后产生的钝化废水，必须要车间对钝化废水进行采样分析，经检查合格并经环保部门审批同意后才能进行外排。

6）环保装置(设施)停工程序及检修计划如下：

① 含油污水提升池，检修期间不停用。

② 火炬气系统，由于装置停工吹扫前期，各容器排放气体均要往火炬气排放，故火炬气系统停工不停用。其他系统吹扫完成后，停止排火炬系统，随放空系统一起吹扫处理。

③ 停止置换、吹扫，检查清理装置下水井，井口覆盖防火布进行密封。

2. 停工采取的环保措施

大修停车造成污染情况如下：装置所有塔罐在吹扫、蒸煮期间顶部直接放空，且产生大量噪音。

装置停车前，为实现密闭排放，连续重整装置将原来在边界开口排汽的盲板改为吹扫盲板，在吹扫头接胶管将气体密闭排至地下污油罐。在吹扫前中期，实现密闭吹扫，不得打开各容器高点放空及各低点；在吹扫后期，再打开各容器高点放空及各低点进行排汽，以减少对大气的污染。

第三节　重整装置日常管理与操作优化

一、原料管理

连续重整装置以直馏石脑油、加氢裂化重石脑油和加氢改质石脑油为主要原料，也可以加工经过加氢处理的焦化石脑油和减黏裂化石脑油、乙烯裂解汽油的抽余油和加氢/催化裂化汽油馏分等。

1. 原料的一般性质

装置原料其杂质含量要求见表 9-3-1。

表 9-3-1　重整进料杂质含量表

项　　目	指标	项　　目	指标
硫/(μg/g)	<0.5	汞/ppb(μg/kg)	<5
氮/(μg/g)	<0.5	铅/ppb(μg/kg)	<10
水/(μg/g)	<2.0	其他重金属/(μg/kg)	<20
氯/(μg/g)	<0.5	溴指数/(mg/100g)	<10
砷/ppb(μg/kg)	<1	氟/(μg/g)	检测不到

2. 原料的选择

主要包括加氢裂化石脑油、焦化石脑油、催化裂化石脑油、乙烯裂解石脑油、抽余油等。实际上，绝大部分炼油厂的催化重整装置主要用于加工常减压装置得到的低辛烷值直馏石脑油(粗汽油)；部分炼油厂还将加氢裂化装置得到的重石脑油送到重整装置，与直馏石脑油一起作为重整原料；也有些炼油厂为了提高全厂汽油的辛烷值，将低辛烷值焦化石脑油、减黏石脑油经加氢精制后也送到催化重整装置处理；国外有些炼油厂甚至把催化裂化石脑油中辛烷值较低的馏分经加氢后送到重整装置进行加工。我国目前由于石脑油缺乏，为了解决重整装置与乙烯装置争料问题，为了改善催化裂化石脑油的品质，使汽油达到环保要求，因此也开始将催化裂化石脑油作为催化重整原料。

(1) 直馏石脑油

直馏石脑油是指原油经过常压蒸馏后，得到的石脑油沸程范围内的烃类化合物。直馏石脑油按其沸程可分为两部分，即轻直馏石脑油和重直馏石脑油。重直馏石脑油作为重整原料，直馏石脑油的量及性质主要取决于原油的性质，不同的原油所含直馏石脑油的量和性质有着很大的差别。直馏石脑油除含有硫外，还含有氮、金属杂质(As、Cu、Pb 等)以及烯烃和水，这些对催化剂均有毒害作用，因此，直馏石脑油必须经过预处理才能作为重整装置的合格进料。

(2) 加氢裂化重石脑油

加氢裂化重石脑油的质量与加氢裂化原料油的种类有关。生产重整原料的最适宜的加氢裂化原料油为中间基或芳香基。另外，反应条件对加氢裂化重石脑油的产量和质量也有较大影响，例如，提高反应温度，可使加氢裂化速度加快，反应产物的中沸点组分含量增加，但是产品中烷烃含量增加，而环烷烃含量下降，异构烷烃与正构烷烃比例下降。

加氢裂化石脑油的突出特点是不饱和烃含量低和有害杂质含量少，是理想的重整原料。一般来说，经过加氢裂化后，加氢裂化重石脑油的硫含量和氮含量均在 0.5μg/g 以下，其他杂质含量也能够满足重整进料的要求，因此，可不用经过预加氢，而直接作为重整进料。

(3) 焦化石脑油

焦化石脑油中硫含量大约比直馏石脑油的硫含量高 10~20 倍，而重金属则几乎全部集中在焦炭中。另外，焦化石脑油中的氮含量也较高，有时高达上百 μg/g。因此作为重整原料，必须调整焦化分馏塔的操作，降低焦化石脑油的终馏点。焦化石脑油必须经过预处理，才能作为重整装置的合格原料。

焦化石脑油除了杂质含量和烯烃含量较高外，原料环烷烃含量少、芳烃潜含量也很低，不是理想的重整原料。

（4）催化裂化石脑油

催化裂化石脑油主要为烷烃、烯烃和芳烃，同时含有一定量环烷烃，并且烷烃、烯烃一般多为异构产物。石蜡基原料生产的催化裂化石脑油，烷烃含量较高，而芳烃含量较低，致使辛烷值偏低。由于催化裂化石脑油环烷烃含量少，因此并不是理想的重整原料。当催化裂化石脑油作重整原料时，由于含有大量烯烃，且硫、氮等化合物含量高，必须进行预处理。

在预加氢条件下，催化裂化石脑油中的烯烃会产生很高的温升，且所含的硫化物也可能是较难加工的噻吩类化合物，现有的预加氢装置很难适应，因此，必须经过特殊的加氢处理，才能作为重整原料。

（5）乙烯裂解抽余油

在裂解生产乙烯的过程中，有裂解石脑油产生，裂解石脑油经抽提后的抽余油可以作为催化重整原料。随着原料油变重和裂解苛刻度减缓，乙烯的收率减少，裂解石脑油和抽余油收率增加。裂解石脑油中一般含有烯烃以及硫、砷、氮等杂质，由于在芳烃抽提前，裂解石脑油需要加氢处理，饱和烯烃及脱除杂质，因此，裂解石脑油抽余油中的烯烃较低，硫、氮杂质一般小于 $0.5\mu g/g$，一般情况下能够满足重整进料的要求。裂解石脑油抽余油的烷烃含量较低，环烷烃和芳烃含量高达60%以上，是良好的重整原料油。

典型的重整进料族组成见表9-3-2。

表9-3-2 典型的重整进料族组成 ％（质）

组分	原料 A			原料 B		
	烷烃	环烷烃	芳烃	烷烃	环烷烃	芳烃
C_5	0.03			0.05		
C_6	6.96	3.97	0.40	6.13	1.99	0.30
C_7	10.15	8.70	2.35	15.78	5.41	1.65
C_8	11.34	10.01	4.48	15.46	4.55	2.99
C_9	10.92	8.33	5.32	15.09	6.00	5.84
C_{10+}	8.74	6.06	2.24	15.05	3.71	0.00
合计	48.14	37.07	14.79	67.56	21.66	10.78

3. 原料品质监控

重整原料的质量对重整催化剂活性及装置正常生产的影响非常大。如果采用重整原料直供，任何一套蒸馏装置的初馏塔、常压塔以及加氢裂化装置的第一分馏塔一旦出现波动，都要立即将作重整原料的石脑油改出，以确保重整原料不受污染。必须加强原料油的脱水、分析管理及外购原料油的分析管理。对新建的炼油改扩建项目考虑设置重整原料罐。

1）重整装置对原料的要求非常高，对原料的硫、氮、氯、重金属等杂质含量和干点都有严格要求，特别是原料金属含量要求达到 10^{-9} 级别，杂质含量超标易造成重整贵金属催化剂中毒失活。原料干点过高，其中的重组分会使重整反应的积炭率增加，实践证明，重整原料干点达到 180℃ 后重整催化剂的积炭率明显上升，使重整催化剂失活，同时原料中过重组分所含的硫化物在重整预加氢中较难脱除，易带入重整系统对重整催化剂造成影响。

2）据了解，目前中国石化系统内也有采用重整原料直供的企业，大都出现过问题。如某重整装置出现催化剂积炭上升，活性明显降低；某炼厂加裂石脑油直供重整装置时将硫化铁等杂质带入重整系统使板式换热器压差升高，影响了循环机的运行，限制了装置处理量和苛刻度的提高；某石化厂重整装置因上游蒸馏装置常压塔出现冲塔，使部分常二线、常三线油带入重整装置，造成重整催化剂失活，装置停工烧焦再生花费了好几天时间。也有部分厂尝试过重整料直供，但出现问题后又改为先进原料罐，再进装置。

3）大部分连续重整装置投产以来都遇到过原料问题，对装置造成影响。外购石脑油因夹带有重组分造成连续重整装置催化剂积炭高，反应温降下降明显，产氢量减少。而且石脑油的干点分析并未超 180℃ 的重整原料指标，可见原料中夹带的少量重组分并不能在干点上反映出来。

4）常减压蒸馏装置的初顶和常顶石脑油都是重整原料的来源，在正常生产时一般都能控制在重整原料指标范围内。但装置也会出现异常情况，如装置在切换重质和劣质原油时由于电脱盐脱水困难，会将水带入初馏塔和常压塔引起冲塔；蒸馏装置炼劣质油时容易出现塔盘结盐，也会引起冲塔。有些蒸馏装置的常顶循环回流都是与原油换热的，因此当换热器内漏时也会将原油重组分漏入常顶石脑油中出现黑油，这种情况是不易及时发现的，如石脑油直供作为重整进料，极易造成重整催化剂的失活。

5）加氢裂化装置受原料影响也会出现分馏系统带水冲塔波动，严重时影响重石脑油质量，波动时容易造成重石脑油干点超过重整原料指标。

6）如果采用重整原料直供还存在原料带水的问题，目前重整原料罐区经常脱水量很大，如果直供则无法沉降脱水，从而把水带入重整装置造成装置波动及催化剂损坏。

4. 原料问题应急处理

因原料出现问题，预加氢精制油出现不合格时，装置应快速切换原料，切换原料罐或备用罐，避免不合格原料进入装置预加氢系统。同时调整预加氢操作，提高反应温度，提高预加氢循环氢纯度。切换原料后，预加氢部分精制油通过不合格线部分退出装置，重整进料同时适当降低。如果重整进料超标不严重，切换原料后，加强重整进料的质量监控；如果重整进料严重超标，应切换加裂重石脑油作为重整进料维持生产，如没有此条件，则应立即停止重整进料。

重整反应温降出现异常、压降异常、循环氢检测硫化氢等异常升高等情况时，说明不合格重整料已进入重整反应系统，造成催化剂性能受到严重影响甚至失活，按实际情况分析原因，并结合轻重程度做出相应的调整和处理。情况较轻微时，可保守处理，降低重整装置进料量至最低，降低重整反应温度至 480℃，加大注氯量，加强重整反应系统运行状态的监控；情况严重时，重整装置需切断进料，保持系统热氢循环，催化剂再生系统以最大负荷运行，实施高强度烧焦和再生催化剂，使催化剂恢复活性。

二、注硫管理

CCR 装置发生反应器积炭，采集炭的样品分析显示，积炭属于比较典型的丝状炭结构，由于重整催化剂是一种对原料中杂质含量十分敏感的催化剂，因此在采取抑制金属器壁积炭的措施时必须十分谨慎。对金属器壁硫化是 CCR 装置可采取的重要技术措施，由于重整催化剂对原料中的硫含量要求不大于 $0.5\mu g/g$，硫含量过高会造成重整催化剂中毒，硫含量过低会引起重整装置金属器壁积炭。为此，在重整装置重整进料的总硫含量控制上必须掌控以下原则：进料中硫含量尽量接近 $0.5\mu g/g$，但是不要超过 $0.5\mu g/g$，装置超负荷运行时可适当放宽至不大于 $0.8\mu g/g$ 控制。

1. 注硫作用

金属器壁积炭会导致加工工艺中的管线、阀门、换热器、反应器等发生堵塞或损坏，轻者造成工业装置运转周期缩短，重者造成装置被迫停工或出现安全事故，因此对于抑制金属器壁积炭必须引起重视。为了抑制金属器壁积炭，采取向金属材料中添加氧化物、在金属表面增加涂层、对金属表面进行硫化处理等方法。利用对工艺设备进行硫化的方法来抑制金属器壁积炭，在工业上已经有成熟的经验。连续硫化的效果与带入硫化剂气体中的硫化剂的分压有关，硫化物分压愈高，效果愈好。

2. 硫含量对重整装置的影响

（1）重整装置反应器壁积炭

① 重整反应系统出现温降分布不正常时，芳烃产率、液体产品收率和产品辛烷值变化不明显；

② 待生催化剂提升器提升量不正常或出现炭块；

③ 待生剂上的炭含量下降；

④ 再生剂中出现"侏儒"球；

⑤ 在某一时段催化剂粉尘量异常增多，尤其是细粉增多，这是由于扇形筒内被炭粉或催化剂碎颗粒填充，造成扇形筒流通面积大幅减少，反应器床层内气流速度大幅提高引起催化剂局部流化，磨损加剧，产生大量催化剂粉尘；

⑥ 一反顶部的催化剂缓冲料斗的料位不稳定；

⑦ 反应器压降突然上升。

（2）对设备危害

CCR 装置出现反应器壁积炭所造成的危害程度，与装置出现积炭的迹象后是否及时停工处理有关。通常由于对反应器壁积炭的危害性认识不足、反应器壁积炭判别有困难或生产需要装置不能停工等原因，致使装置未能得到及时处理，造成严重的危害和重大损失。反应器壁积炭造成的危害主要表现在两个方面：催化剂大量损失和反应器、再生器内构件损坏。

积炭主要发生在第一、第二反应器，内构件的损坏也是第一、第二反应器最为严重。通常是催化剂下料管堵塞、扇形筒损坏、扇形筒固定圈变形甚至扭断等。

扇形筒损坏和其他内构件的损坏，所有损坏的扇形筒的底部几乎全部被沉积的炭胀破，大部分损坏的扇形筒的下部被从反应器壁生长出来的炭顶向反应器的中部，呈现为弯曲状，弯曲的扇形筒向反应器中部挤压，弯曲的扇形筒本身或扇形筒挤压时将硬炭块推向中心管造成中心管破损。扇形筒的损坏除了上述的筒底破损和弯曲以外，还出现受自下向上的顶力造成皱折而损坏等情况。这些情况已经在多套发生反应器积炭的 CCR 装置上出现。

3. 注硫日常监控

在做好设备日常维护的同时，须定期标定注硫设施的运行情况，推荐用液面计标定法，建立并规范注硫泵的调整流量方法、调流量旋钮与实际标定流量的对应关系。正常生产运行时建议 1~2 周标定一次，出现异常时，增加标定频次，保证注硫设施好用、计量准确。

三、注氯管理

重整装置是生产高辛烷值低硫汽油及廉价氢气的重要装置，随着国内汽油质量的不断升级，各个炼油企业对重整汽油及氢气的重视逐步加深，重整装置高效长周期运行，对每一个炼油企业尤为重要。在重整工艺中，催化剂的性能直接影响产品质量，也是装置长周期运行的主要瓶颈之一。

1. 注氯作用

重整催化剂具有金属、酸性双功能，只有保证催化剂金属功能与酸性功能适宜匹配，催化剂的性能才能完整地体现出来。催化剂金属含量已确定，而酸性功能是通过在生产过程中不断地注入氯化剂来实现，也就是说，酸性功能是调节重整催化剂活性的唯一调节手段。

2. 氯含量对重整的影响

水与氯的平衡关系决定了催化剂的酸性活性，水在重整反应过程中以羟基的形式取代催化剂载体上的氯元素，使催化剂氯流失、酸性功能下降、芳烃转化率下降，最终导致产品辛烷值下降，流失的氯元素主要以氯离子的形式存在，具有极高的腐蚀性，并且极易与系统中的氮元素（NH_{4+}）生成铵盐，堵塞管路及设备，严重影响下游设备的长周期运行，因此水氯平衡的控制对于重整装置来说极为重要。

3. 注氯日常监控

如何更好地优化水氯平衡，减少因水氯失衡所带来的产品质量下降、设备腐蚀、堵塞，确保装置长周期、高质量运行是主要目的。

4. 注氯设施的管理

在做好设备日常维护的同时，须定期标定注氯设施的运行情况，推荐用液面计标定法，建立并规范注氯泵的调整流量方法、调流量旋钮与实际标定流量的对应关系。正常生产运行时建议 1~2 周标定一次，出现异常时，增加标定频次，保证注氯设施好用、计量准确。

5. 注氯管理

日常生产工艺管理中，要收集并建立催化剂氯含量与注氯量、催化剂再生循环速率、再生烧焦温度等相关数据并建立台账，统计形成关系曲线。以此关系规律指导实际生产。

定期计算氯平衡情况，建立电子表格，设置计算方法，技术人员输入相关数据，自动计算系统氯平衡情况，以此来掌握催化剂的持氯能力、烧焦氯损失和再生氯化氧化状况。

四、粉尘管控

在重整工艺中，装置的稳定长周期运行很大程度上依赖于催化剂的稳定运行，并保持良好的性能，而最关键的是再生系统的平稳运行。在连续重整装置催化剂再生系统运行中，很多装置都出现过粉尘异常问题，可以说催化剂再生系统粉尘问题已经成为再生系统是否能够长周期运行的难题。

1. 粉尘的危害

① 造成催化剂提升困难；

② 造成仪表引压线堵塞或故障；

③ 堵塞反应器或再生器内外网造成内构件损坏；

④ 增加球阀维修次数；

⑤ 使催化剂 Pt 分散度变差；

⑥ 堵塞各处过滤网；

⑦ 粉尘进入死区形成高碳粉尘，进入再生系统会造成超温，要做待生催化剂粉尘和淘析粉尘的炭含量分析。

2. 粉尘监控

1）还原区料位过低产生局部流化：

① 还原尾氢带粉尘和颗粒；

② 料位计、点位计指示接近或等于零，点位仪具有最后的判别权；

③ 提升困难，四反下料管堵塞需要用木榔头、橡胶锤等非金属工具敲击疏通；

④ 淘析出来的粉尘突然变多。

2）系统粉尘累积形成恶性循环，症状特征如下：

① 长时间淘析粉尘量下降；

② 粉尘收集器压差周期变短；

③ 再生碱洗液颜色变深，由清液变成黑色；

④ 还原尾氢过滤器压差上升，带粉尘，逐渐带颗粒（还原尾氢带粉尘，气体密度增大，达到一定值就会带整颗粒）；

⑤ 还原区第二点温度出现脉动式波动（二段高温气体走短路上窜同时料位脉冲，出现密相流化，粉尘产生最多，会堵塞下料管，被堵的一端下面会空，气体走短路，一反温降下降，二反温降上升）；

⑥ 压缩机突然喘振。

3）闭锁料斗产生的问题：

① 闭锁料斗下料管焊缝漏，形成局部流化；

② 提升压差波动过大，由于闭锁料斗体积小，压力波动大易流化成粉；

③ 闭锁区与缓冲区穿透。

4）内构件损坏产生大量粉尘：

① 反应器中心管损坏，约翰逊网破裂或中心管底座密封损坏，现象是压降增大，温降下降或出现倒置，粉尘增多，产品辛烷值有所下降，降幅不大；

② 再生器内网损坏，现象是再生区最下部测温点明显偏高或偶然偏高，氮封罐或氧氯化区堵塞引起催化剂循环量减少，抱团烧结的催化剂增多，闭锁料斗堵塞；

③ 贴壁，局部气速过大，器壁积炭形成局部流化产生粉尘；

④ 反应器内连续三根条网出现堵塞就会形成流化产生粉尘（催化剂颗粒变小堵塞、粉尘堵塞、约翰逊网变形堵塞）；

5）有阀输送的地方磨损加剧；

6）提升管线不光滑的地方磨损加剧，正常再生不应产生大的粉尘，但是再生时催化剂表面温度变化大，最高超高600℃，会使催化剂易破碎，不是粉尘，同时高温高水易使催化剂产生裂纹，在提升过程中碰撞会破碎或产生小坑，产生粉尘。

3. 异常分析

（1）异常现象及工作要点

① 注意观察粉尘收集器反吹周期及效果变化；

② 注意粉尘颗粒分布的情况；

③ 注意再生碱洗液颜色变化；

④ 正确掌握催化剂采样技术；

⑤ 最好在增压机入口加装缓冲罐。

（2）淘析问题

催化剂及粉尘长期存在淘析不干净的现象，不能单纯以控制淘析气量来判断粉尘的淘析程度，必须以每天卸出的粉尘量及其含破碎颗粒或整粒催化剂不低于 20%～30% 的标准来控制。

系统中的细粉尘伴随了整个催化剂循环，长期积累形成恶性循环。比如还原段粉尘，大量粉尘会集中到四反底部形成死区。闭锁料斗内的粉尘在闭锁区也存在积累粉尘的死区，这就为催化剂循环长期携带粉尘提供了条件。

再生器中心管上的破洞、反应器底部中心管开裂等，都会造成催化剂及粉尘的跑损和携带，为长期积累提供了有利条件。

4. 运行调整

降低粉尘量操作调整的原则和措施如下：

① 每天检查卸出的粉尘中含破碎颗粒或整粒催化剂应不低于 20%～30% 的标准来控制；

② 日常操作中根据催化剂炭含量，密切关注再生器烧焦温度的变化，防止过烧损坏约翰逊网；

③ 如果粉尘淘析使用的是布袋式过滤器，应定期检查或更换粉尘过滤布袋。

五、优化操作

1. 原料优化

连续重整要开展重石脑油直进汽提塔的试验工作，降低重整预加氢负荷，减少预加氢部分溶解氢损失。车间要做好试验期间的委托分析及跟踪工作，试验前对有氮封的重石脑油罐进行氮气置换，通过利用有氮封重石脑油罐的边进边出，减少重石脑油中的溶解氧，将重石脑油直接改进入汽提塔。为防止重石脑油中的硫化氢与氧气反应生成硫黄，保证重整进料的硫含量不超标及重整板式换热器不结硫，又可以降低预加氢进料泵的负荷。

（1）预加氢原料优化

重整原料轻组分多，造成重整预加氢进料泵电流接近额定电流，同时预加氢分馏塔重沸炉负荷有限，原料轻组分多也无法保证重整进料初馏点。太轻的组分尽可能不要进重整装置。燃料气热值要保持稳定。

① 除目前的常规分析外，入厂检验应增加族组成分析，控制 C_{10} 以上烃类的含量，防止价格高时商家往石脑油中混兑重质组分；

② 加强内部储输的管理，低干点原料往高干点原料压送油头，防止重质组分混到轻质组分中；

③ 对外购石脑油进装置前分析时，要对原料罐的上、中、下分别采样分析。同时要将原料的 C_{10} 以上烃类分析结果在分析报告中列出，以便车间制定加工方案；

④ 根据原料的性质确定产品方案，加工高干点或 C_{10} 以上组分超过 4% 的原料时，不生产混合芳烃，只生产高标号汽油组分。C_{10} 组分高的混合芳烃也不利于下游 PX 装置的运行。

（2）重整进料优化

重整进料初馏点控制在 85℃ 左右。目前重整进料中 C_5 组分仍有 0.5% 左右，将重整进料初馏点提高到 85℃ 左右，可进一步降低重整进料中的 C_5 无效组分，重整进料初馏点进一步提高后，下游装置（如苯抽提装置或芳烃抽提等装置）负荷太低可能需要部分循环操作。

2. 目标产品原料优选

连续重整装置重整部分的产品主要是稳定汽油、重整氢气和液化气，要提升产品价值量，就必须尽可能增加产品收率，特别是高价值产品的收率。另外，当液化气（或者轻烃料）的价格高于高辛烷值汽油价格时，则尽可能按指标上限控制液化气 C_5 含量，增产液化气；如果液化气（或者轻烃料）的价格低于高辛烷值汽油价格时，则应该将 C_5 尽量留在汽油中。但是，无论如何都必须尽可能将 C_4 组分从汽油中拔出来（稳定汽油中 C_4 含量必须确保小于 1%），具体措施如下：

1）提高催化剂循环速率，提高催化剂的动态活性，提高产品收率。将催化剂循环速率提高到 100% 并保持。

2）适当降低催化剂氯含量，降低催化剂的裂化活性，提高产品收率。将再生注氯量逐步降低（具体须根据分析数据进行调整），催化剂氯含量调至低限控制。

3）适当提高反应温度，提高产品收率。在确保加热炉炉膛和炉管不超温的前提下，适当提高反应温度。

4）降低反应压力（在催化剂积炭和循环机许可范围内），提高产品收率。设定一个幅度值，每次降低重整高分的压力，因降低反应压力会增加催化剂积炭，所以，每调整一次压力，都必须让催化剂完成一次大循环，以确保催化剂再生部分不超负荷运行。

5）提高重整料的初馏点，确保有效组分进入重整反应，提高产品收率。将重整进料初馏点提高到 80℃ 以上，然后再根据情况进一步调整提高。

6）提高装置处理量，增加氢气产量，提高分部整体效益。不断提升装置处理量，在确保加热炉、压缩机等设备安全运转的前提下，最大处理量生产。

3. 再生系统操作优化

（1）淘析系统优化控制

淘析系统主要是气量优化，在装置不同的生产运行周期，淘析气量不一样。建议催化剂初、中、末期和每次装置大修后，通过调整淘析气量，收集对应催化剂粉尘等数据，用于指导淘析运行调整。

淘析气量的适宜范围是以催化剂粉尘中含有整颗粒催化剂数量为判断标准，一般是整颗粒催化剂占粉尘总量的 20%~30%，同时也要注意是否存在半颗粒催化剂，如果半颗粒催化剂数量多，则要分析原因。催化剂粉尘量如果超出设计范围上限，则要分析原因和采取措施。

（2）脱氯罐优化控制

脱氯罐在装填脱氯剂时，必须严格把关，确保脱氯剂床层装填均匀，堆密度均匀，保证气体通过床层压力降一致，不出现气体走短路或分布不均，充分发挥所有脱氯剂的脱氯能力。

使用时，一个罐投用，另外一个罐备用，当在用脱氯罐出现饱和穿透后，把备用罐串联在后面使用，充分地使用其剩余的脱氯性能。在检测到前面的脱氯罐完全不起脱氯作用后，切出更换脱氯剂，最大限度地使用脱氯剂，降低生产运行成本和减少危险废物的产生。

定期计算脱氯剂的氯容，找出规律，根据情况调整脱氯前后的采样分析频率，以达到监控目的。同时也提前做好换剂准备。

（3）碱洗系统优化控制

设置碱洗系统的装置，运行时需注意 pH 值的控制，尽量控制在工艺卡片指标范围内。另外，控制好催化剂淘析系统，减少粉尘量，确保碱洗塔系统不出现堵塞。注意调整上部冲洗水流量，避免上部破沫网畅通，降低压降，保证碱洗塔的长周期平稳运行。

（4）减少停车

一是优化原料，特别注意高干点原料进入装置，避免催化剂积炭失活。

二是关注循环氢压缩机的运行，保证压缩机长周期运行。

三是关注循环氢压缩机入口与高分之间的压降，严防原料氮含量长期超指标。

四是重整进料与反应产物换热器（板换、缠绕管）运行状况要重点监控，尤其是开停工时必须严格按方案执行操作，杜绝压差、温度大幅波动。

五是定期检查重整进料过滤器内部完好情况，特别是高负荷运行装置更加要提高检查频率，避免进料中杂质进入换热器堵塞喷嘴。

六是注意压缩机用中压蒸汽，在任何时候都必须保持蒸汽管线有 4t 以上流量，以保持系统蒸汽管线温度不降低，确保蒸汽用量突变时，蒸汽温度低造成蒸汽带水、压缩机跳停引起装置停工。

4. 重整反应操作优化

（1）氢油比优化

为了保持催化剂的稳定性，催化重整反应需要有氢气循环以增加氢分压，它能起到从催化剂上将积炭前身物清除的作用，从而降低积炭的速率，同时使反应物料（石脑油）以较快的速度通过反应器，缓解强吸热反应产生反应器床层温度降低。

氢烃比的大小直接影响氢分压的高低，对反应的影响不是很大，但影响催化剂的积炭速度和催化剂的寿命。氢烃比大，虽然不利于芳构化，增加加氢裂化，但催化剂积炭速率减慢，操作周期增长；氢烃比小，则氢分压降低，虽有利于环烷脱氢和烷烃的脱氢环化，但会增加催化剂上的积炭速率，降低催化剂的稳定性。

氢烃比的选择应综合考虑原料性质、反应苛刻度要求、催化剂的性能以及生产费用等因素而确定。在原料油芳潜较高、反应苛刻度不高、反应条件较缓和、催化剂容炭能力较强的条件下，必须选用较低的氢烃比，可以控制在工艺卡片指标低限操作，节省能耗；反之，氢烃比应较高，保证一定的操作周期。

氢烃比是决定催化剂稳定性的重要因素，但对生成油性质影响不大。在一般操作范围内，氢烃比对产品质量和收率影响很小，不需要经常调节。生产实际中根据辛烷值和原料组成的变化，催化剂积炭速率会有不同，将氢烃比尽可能维持在相应最低水平，在经济上是最合理的。

（2）反应温度优化

根据重整反应的实际情况，调整各反应器入口温度，不能采取简单的四个反应器一样的入口温度控制，而应根据具体情况，区别对待，采取不同的反应温度。一是根据反应产物组成和重整装置目标产品要求，调整反应温度，如增加液化气产量，则适当提高末反温度。二是根据反应深度来调整反应温度，如重整生成油中 C_8 烷烃含量高了，表示反应深度不足，应提高反应温度。三是根据重整转化率、循环氢组成（$C_1 \sim C_3$）等情况合理设置各反应温度。四是根据催化剂运行状况决定调整反应温度，原则是：催化剂循环速率尽量保持最大（装置满负荷），不超出再生系统烧焦能力及保证再生系统运行平稳，再生剂性能得到保证。

（3）注氯量优化

重整反应系统循环气中水含量维持 $25\mu L/L$ 左右的情况下，催化剂水氯平衡的控制是要求通过调节注水量和注氯量，使重整催化剂的氯含量保持在（1.0 ± 0.1）%。装置在实际运转过程中有时会出现水氯平衡失调，即运转中催化剂的氯含量偏离了 0.9%～1.1% 的范围，此时重整装置的各项技术参数会出现相应的变化，包括各反温降、产品辛烷值、循环气的组成、液化气产率、产品的收率和芳烃含量等。

在正常的操作条件下，为校核固定床重整催化剂的氯含量是否在合适的范围内，可以将重整装置的入口温度调整到 490～500℃，在空速为 $2.0h^{-1}$ 时，反应器入口温度每提高 3℃，测定重整生成油的辛烷值（RON）能否提高 1 个单位，如果达不到 1 个单位，说明催化剂的氯含量偏离了适宜范围；如果重整生成油的辛烷值不到但接近 1 个单位时，说明催化剂的氯含量略低于适宜范围。在上述情况下，催化剂含氯量是偏高还是偏低，需要根据循环氢组成、液化气产率、各反应器的温降等情况进行综合分析和判断。

根据石油化工科学研究院的意见，催化剂氯含量按 1.0%～1.2% 控制；连续重整装置在日常生产管理基础工作中，做好优化，根据原料性质、重整反应温度、目标成品调整，同时结合催化剂的持氯能力，即比表面积情况综合考虑。催化剂运行初期持氯能力强，应少注氯；运行中、后期受比表面积下降等因素影响，持氯能力变差，注氯量要适当加大。调整注氯量时，要密切监控一反、四反的温降变化，因为一反、四反催化剂对水氯调整比较敏感。正常情况下，注氯量不宜大于 $3\mu g/g$，只有在集中补氯时，才会采取大于 $3\mu g/g$ 的注氯量。

（4）增压机优化

调整原则是关小增压机防喘振阀，控制好增压机防喘振控制的"一返一"和"二返二"，尽可能全关，减少 3.5MPa 蒸汽用量。优化方案：一是增压机防喘振控制系统投自动控制；二是防喘振工作曲线核定准确；三是重整反应部分空冷器全投，降低氢气温度，提高纯度。

增压机优化后，装置 3.5MPa 蒸汽用量减少，会导致蒸汽进入装置流量低，当低于一定数值时，蒸汽管线因蒸汽流量低、温度低而产生凝液，当使用蒸汽量大幅度变化时，蒸汽带液会引起机组停运、影响机组运行甚至损坏透平机组。

第四节　重整装置节能优化

一、用能分析

（一）最低理论极限能耗值

重整装置因所采用的工艺技术、原料种类、原料性质、要求的产品方案以及装置规模的不同等原因，其能耗差别很大。一般半再生重整装置能耗为 70 ~ 90kg EO/t 进料左右；连续重整为 70 ~ 105kg EO/t 进料左右。

一般情况下，原料越差、要求的产品辛烷值越高、外送氢气的纯度及压力越高其能耗越大。循环氢及产氢增压机采用的驱动方式不同，能耗差别也很大。生产高辛烷值汽油与生产芳烃的重整装置能耗相差很大。

受工厂条件的制约和限制，重整装置流程配置、操作条件及设备的选择等要在全厂统一规划安排下进行，很难做到全部优化。不同工厂重整装置的情况都不相同，因此，用一个能耗标准，尤其是用单位重整进料量的能耗高低去衡量不同装置既不合理也不科学。

重整的化学反应是强吸热反应，半再生重整的反应热约 860 ~ 1000MJ/t 重整进料，折合 21 ~ 24kg EO/t 重整进料；连续重整的反应热约 1190 ~ 1420MJ/t 重整进料，折合 28 ~ 34kg EO/t 重整进料。

研究及计算结果表明，根据重整反应热及反应物料最大理论供热和取热效率，包括全馏分石脑油原料预处理单元在内、外送产氢压力 2.0MPa、以高辛烷值汽油组分为目的产品的重整装置的最低理论能耗值是 62kg EO/t 重整进料左右，低于此能耗值基本不可能实现。

（二）用能分析

1. 半再生重整用能分析

因各装置的工艺技术方案和公用工程使用情况不同，很难确定一个典型的装置类型。现以一套常规的半再生重整装置为例，对公用工程的使用情况和各部分用能情况进行分析总结。

（1）基本条件

1）原料：53% 的直馏石脑油和 47% 的加氢石脑油。

2）处理量：200kt/a。

3）产品：RON95 的高辛烷值汽油。

4）平均反应压力：1.4MPa。

5）氢油比：600∶1(一段)和 1200∶1(二段)。

6）产氢外送压力 2.2MPa。

7）循环氢压缩机采用 3.5MPa 蒸汽透平驱动，背压到 1.0MPa。

8）产氢压缩机用电机驱动。

9）重整反应加热炉对流段产生 3.5MPa 蒸汽，并设置烟气余热回收系统。

（2）装置公用工程消耗统计

该装置每 1000kg 重整反应进料的公用工程消耗量详细情况见表 9-4-1。

表 9-4-1　每 1000kg 重整反应进料的公用工程消耗量

公用工程项目	单位	各部分消耗量			合计
		预处理部分	重整反应部分	产品分离部分	
循环水	t	3.3	4.65	7.5	15.45
电	kWh	28.2	1.13	5.22	34.55
燃料	kg	34	83.5	12.5	130
3.5MPa 蒸汽	t	—	0.62	—	0.62
1.0MPa 蒸汽[①]	t	—	-0.868	—	-0.868
除氧水	t	—	0.28	—	0.28

① "-"表示装置产生向外部输送。

（3）装置各部分能耗计算

按表 9-4-1 的公用工程消耗量计算的装置各部分能耗情况见表 9-4-2。

表 9-4-2　装置各部分能耗情况

公用工程项目	各部分能耗/（MJ/t 重整进料）			合计/（MJ/t 重整进料）	单项公用工程能耗比例/%
	预处理部分	重整反应部分	产品分离部分		
循环水	13.8	19.5	31.4	64.7	1.65
电	354.2	14.2	65.6	434	11
燃料	996.2	2446.6	366.2	3800	97
3.5MPa 蒸汽	—	2284	—	2284	58
1.0MPa 蒸汽	—	-2762	—	-2762	-70.1
除氧水	—	108	—	108	2.9
合计	1364.2	2110.3	463.2	3937.7	100
占全装置能耗比例/%	34.6	53.6	11.8	100	

（4）用能分析

由表 9-4-1 和表 9-4-2 可以看出，重整反应部分的能耗最高，约占全装置能耗的 53.6% 左右；预处理部分的能耗约占全装置能耗的 34.6% 左右；产物分离部分的能耗最小，约占全装置能耗的 11.8%。

在单项公用工程消耗中，燃料能耗占比例最大，为 97%，其中重整反应部分燃料消耗量最大，主要是重整反应热；预处理和产物分离燃料能耗分别占各自能耗的 73% 和 79%。

重整反应加热炉烟气余热锅炉发生蒸汽为装置贡献能量，占全装置能耗的 21.6%。循环氢压缩机占全装置能耗的 11.2%。

重整反应加热炉烟气余热锅炉发生 3.5MPa 等级的蒸汽，循环氢压缩机透平背压出 1.0MPa 蒸汽，蒸汽项对能耗的贡献是负的。如果不使用背压透平情况就不一样。

循环氢压缩机用蒸汽驱动，电耗量较低。耗电能占全装置能耗的 11% 左右，如果循环氢压缩机用电驱动，则耗电能占全装置能耗的 35% 左右。装置用电分项情况见表 9-4-3。

表 9-4-3 装置用电分项情况

设备分类	各部分用电量/(kWh/t 重整进料)			合计/(kWh/t 重整进料)	占总耗电/%
	预处理部分	重整反应部分	产品分离部分		
泵	6.9	0.96	2.54	10.4	30.1
压缩机	18.6	—	—	18.6	53.8
空冷风机	2.7	—	2.68	5.38	15.6
其他	—	0.17	—	0.17	0.5
小计	28.2	1.13	5.22	34.55	100
占总耗电/%	81.6	3.3	15.1	100	

由表 9-4-3 可以看出,压缩机耗电量最大,约占全装置用电量的 54%,如果循环氢压缩机用电驱动,则占的比例更大,约 80%。泵耗电量约占全装置用电量的 30%。

循环水能耗占全装置能耗的比例最小,为 1.7%。如果循环氢压缩机用凝气式透平驱动,则循环水耗量就会增加很多。

分析上述装置用能情况,半再生重整装置的两个能耗"大户"是加热炉和压缩机,燃料和电的消耗占能耗比例最高,其中:

1) 加热炉所用燃料的能耗占整个装置能耗的 76%,而重整反应加热炉占整个加热炉能耗的 90% 以上。

2) 循环压缩机的能耗占装置能耗的 11%。

两项共计占全装置能耗的 87%。因此节能措施应主要针对这两个耗能大项进行。

2. 连续重整用能分析

分别以一套采用 A 公司专利技术的常规重整装置(A 装置)和采用 B 公司专利技术的常规连续重整装置(B 装置)为例,对公用工程的使用情况和各部分用能情况进行分析总结。

(1) 装置基本条件

A 装置基本条件见表 9-4-4,B 装置基本条件见表 9-4-5。

表 9-4-4 A 装置基本条件

重整规模/(kt/a)	600
年开工时间/h	8000
重整进料质量组成/% 烷烃 环烷烃 芳烃	65.4 28.1 6.5
产品	脱戊烷油+液化气+氢气
反应苛刻度 RON	102
拔头油占重整进料比例/%	10
平均反应压力/MPa(表)	0.35
再接触温度/℃	4
外送产氢压力/MPa(表)	1.9

表 9-4-5　B 装置基本条件

重整规模/(kt/a)	600
年开工时间/h	8000
重整进料质量组成/%	
烷烃	56.3
环烷烃	32.3
芳烃	11.4
产品	脱戊烷油+液化气+氢气
反应苛刻度 RON	102
拔头油占重整进料比例/%	10
平均反应压力/MPa(表)	0.35
再接触温度/℃	4
外送产氢压力/MPa(表)	2.2

从两个装置的基本情况看,除重整原料组成和外送氢压力不同外,其他基本相同。

(2) 公用工程消耗统计及能耗

两个装置各部分公用工程消耗量及能耗详细情况分别见表 9-4-6 和表 9-4-7。

表 9-4-6　A 装置各部分公用工程消耗量及能耗

项目	能耗指标	预处理部分		重整反应及产物分离部分		催化剂再生部分	
		消耗量	能耗/(kJ/h)	消耗量	能耗/(kJ/h)	消耗量	能耗/(kJ/h)
循环水	$0.4187×10^4$kJ/t	164.8t/h	$69.0×10^4$	504.8t/h	$211.4×10^4$	11t/h	$4.6×10^4$
除盐水	$9.63×10^4$kJ/t	2.4t/h	$23.1×10^4$	32.2t/h	$310.1×10^4$	0.7t/h	$6.7×10^4$
电	$1.256×10^4$kJ/(kW·h)	910.3kW	$1143.3×10^4$	7172.7kW	$9008.9×10^4$	531kW	$666.9×10^4$
3.5MPa 蒸汽	$368.44×10^4$kJ/t	—	—	9.4t/h	$3463.3×10^4$	0.1t/h	$36.8×10^4$
1.0MPa 蒸汽	$318.20×10^4$kJ/t	—	—	-34.9t/h	$-11105.2×10^4$	—	—
凝结水	$30.98×10^4$kJ/t	—	—	-2.1t/h	$-65.1×10^4$	-0.1t/h	$-3.1×10^4$
净化风	$0.1675×10^4$kJ/Nm³	10Nm³/h	$1.7×10^4$	90Nm³/h	$15.1×10^4$	750Nm³/h	$125.6×10^4$
燃料气	$4187.3×10^4$kJ/t	1.8t/h	$7537.1×10^4$	6.5t/h	$27217.5×10^4$	—	—
能耗/(kJ/t 重整进料)		$87.7×10^4$		$290.6×10^4$		$8.4×10^4$	
各部分能耗占的比例/%		22.7		75.1		2.2	

表 9-4-7　B 装置各部分公用工程消耗量及能耗

项目	能耗指标	预处理部分		重整反应及产物分离部分		催化剂再生部分	
		消耗量	能耗/(kJ/h)	消耗量	能耗/(kJ/h)	消耗量	能耗/(kJ/h)
循环水	$0.4187×10^4$kJ/t	120t/h	$50.2×10^4$	722t/h	$302.3×10^4$	85.7t/h	$35.9×10^4$
除盐水	$9.63×10^4$kJ/t	—	—	26t/h	$250.4×10^4$	3.2t/h	$30.8×10^4$
电	$1.256×10^4$kJ/(kW·h)	526kW	$660.7×10^4$	5052kW	$6345.3×10^4$	1097.2kW	$1378.1×10^4$

项目	能耗指标	预处理部分		重整反应及产物分离部分		催化剂再生部分	
		消耗量	能耗/(kJ/h)	消耗量	能耗/(kJ/h)	消耗量	能耗/(kJ/h)
3.5MPa 蒸汽	$368.44×10^4$kJ/t	—	—	4.5t/h	$1658.0×10^4$	—	—
1.0MPa 蒸汽	$318.20×10^4$kJ/t	—	—	−23t/h	$−7318.6×10^4$	0.5t/h	$159.1×10^4$
凝结水	$30.98×10^4$kJ/t	—	—	−1.4t/h	$−43.4×10^4$	−0.5t/h	$−15.5×10^4$
净化风	$0.1675×10^4$kJ/Nm³	10Nm³/h	$1.7×10^4$	90Nm³/h	$15.1×10^4$	700Nm³/h	$117.3×10^4$
燃料气	$4187.3×10^4$kJ/t	1.4t/h	$5862.2×10^4$	5.7t/h	$23867.6×10^4$	—	—
能耗/(kJ/t 重整进料)		$87.7×10^4$		$334.4×10^4$		$22.7×10^4$	
各部分能耗占的比例/%		19.7		75.2		5.1	

（3）用能分析

由表9-4-6和表9-4-7可以看出：

1）重整反应及产物分离部分的能耗较高，约占全装置能耗的75%左右，其中重整反应约占70%，重整油分离约占5%。

2）预处理部分的能耗约占全装置能耗的20%左右。

3）催化剂再生部分的能耗仅占全装置能耗的2%~5%。

预处理部分主要用于重整反应原料的精制，因此它的能耗主要取决于原料油的杂质含量（尤其是氮含量）及C_6烷烃以下的轻石脑油（拔头油）的比例。

催化剂再生部分的能耗占全装置能耗的比例较小，因此，不同技术其催化剂再生工艺的能耗差别对全装置能耗的影响不大。

对于采用不同工艺技术的连续重整装置来讲，在装置生产规模、原料组成、产品要求相同的前提下，原料预处理、重整反应及产物分离等部分的能耗基本相同，只是催化剂再生和循环方式不同使催化剂再生部分的能耗有所差别，但差值较小。

1）反应需供热：

重整主要反应是预加氢及重整反应。预加氢反应热较小，可忽略不计。催化重整是强吸热反应，在反应过程中为了保持所需的温度需多次"接力"加热，一般有四个反应加热炉。热量均由加热炉供给，约占全装置总能耗的45.0%。

加热炉提供的热量（按燃料折算）占重整反应及产物分离部分总能耗的94%左右。

2）蒸馏：

重整装置设有多台蒸馏塔以实现原料的切割及产品分离。塔底加热炉和重沸器所消耗的能量约占全装置能耗总量的22.3%。

3）工艺介质输送：

重整反应及催化剂再生所需气体的增压、循环以及油品的加压、输送都是依靠压缩机及泵的驱动来完成，约占全装置能耗总量的26.3%，其中压缩机部分的能耗占全装置能耗总量的21.6%。

4）产品冷却：

装置塔的回流、气液分离及产品送出装置，均采用空气冷却或水冷却。此外，压缩机及泵在运转时也需冷却水。以上消耗占全装置总能耗的 3.9%。

5）其他：

其他加热及伴热等能耗占总能耗的 2.5%。

通过上述对装置用能分析情况可以看出，连续重整装置的两个能耗"大户"也是加热炉和压缩机：

① 加热炉的能耗占整个装置能耗的 67.3%，而重整反应加热炉占的比例最大。

② 压缩机的能耗占装置能耗的 21.6%。

两项共计占全装置能耗的 88.9%。因此节能措施应主要针对这两个耗能大项进行。

二、主要节能措施

催化重整装置节能途径很多，主要包括如下几个方面：

1）优化工艺流程；

2）优化设计操作参数；

3）选用高效设备；

4）强化换热；

5）提高加热炉热效率，降低加热炉燃料消耗；

6）降低循环系统压降，降低循环氢压缩机功率；

7）选定适当的氢气外送压力；

8）优化分馏塔的设计与操作；

9）对低温余热进行合理利用。

（一）提高加热炉热效率，降低燃料消耗

一套典型的催化重整装置一般设有 8 台加热炉，加热炉多，热负荷大，是装置节能的重点。加热炉有效热负荷是由工艺过程决定的，因此加热炉节能的主要目标是尽可能提高加热炉的热效率。在这些加热炉中，重整反应加热炉所占耗能比例最大，主要节能措施是采用新型高效多流路并联炉管的箱式多合一加热炉，最大限度地回收烟气余热。

1. 重整反应加热炉对流段设置余热锅炉

重整反应加热炉用于加热反应物料（500℃）的负荷只占总负荷的 53%~60%，辐射室排烟温度约 800℃。在对流段设余热锅炉，可用来发生蒸汽或加热其他工艺物料。如果发生 3.5MPa 蒸汽的话，每处理 1t 重整进料可发生 3.5MPa 蒸汽 0.26t。自产的蒸汽基本满足循环氢透平用。

2. 设置高效烟气余热回收系统

离开对流段的烟气温度还比较高，如果不对这部分烟气余热进行回收，加热炉的热效率小于 90%，最低不到 80%。因此在对流段后增设烟气余热回收系统，进一步回收热量，是提高加热炉热效率最有效的途径。目前，重整反应加热炉设计的热效率一般可达 93%，热效率从 90% 提高到 93% 可使全装置能耗降低 3kg EO/t 重整进料以上。

目前，已经开发出高效烟气余热回收新技术，可使加热炉的热效率提高到 95%，可使全装置能耗进一步降低 1kg EO/t 重整进料以上。

除上述节能措施外，还有采用高效火嘴、新型隔热衬里等节能措施。

（二）强化重整反应进料换热器的换热量

反应产物在末反的出口温度为 500℃ 左右，而反应进料要通过加热炉加热到大于 500℃ 以上。反应进料/产物换热器热负荷非常大，其换热量与四个反应炉的总热负荷相当，因此，增加重整进料与反应产物换热器的换热量对降低能耗有重要影响。换热越多，则进料加热炉的热负荷越小，同时产物空冷器的冷却负荷也越小，对节能是非常有利的。强化和提高重整进料和产物换热量的最有效措施有两个方面：一是选择高效换热器；二是尽可能选择大的换热面积。

最早期的重整装置的重整进料换热器都采用普通卧式换热器，由于传热温差及传热效率等问题，一般都需要 6 台以上串联使用。不但传热效率低，而且压降高、占地面积大，装置也无法实现大型化。

随着技术的进步，重整装置开始使用单管程立式换热器和板式换热器或缠绕管式换热器等新型高效换热器，大幅度提升了节能效果，并大幅度提高了装置大型化的上限。

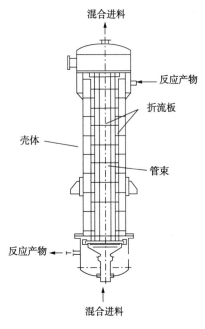

图 9-4-1　单管程立式换热器
结构示意图

1. 单管程立式换热器

单管程纯逆流合金钢立式换热器为立式结构，圆筒型壳体内设置立式单管程管束，并设置多个折流板。冷流为石脑油和循环氢的混合进料走管程，石脑油在管内上升过程中吸收管外产物的冷凝热并不断汽化，出口混合物为全气相；热流为离开末反的重整产物，在壳程向下流动，与冷流换热并不断冷凝。冷流和热流的传热方式为逆流，传热效率高。单管程立式换热器的结构如图 9-4-1 所示。

该类型的换热器的压降非常小，仅为 0.02MPa 左右，占地面积小，传热系数是普通管壳式换热器的 1.5 倍。其冷端传热温差可降低至 20℃，节能效果良好。

但是，由于单位体积传热面积小，单管程立式换热器的大型化受到一定的限制，一般单台的传热面积最大在 5000m² 以内。单台换热器仅能适用于规模为 600kt/a 以下的装置，因此装置的大型化受到限制。

2. 纯逆流焊板式或缠绕管式换热器

纯逆流焊板式换热器是连续重整普遍采用的高效换热器。该类型换热器为立式结构，圆筒型壳体内为多层带波纹的板片，用特殊的方式将板片焊接重叠在一起形成传热板束，具体结构如图 9-4-2 所示。板式换热器的冷流和热流在相邻板片间逆向流动进行换热，传热方式为纯逆流，冷端窄点温度小于 4℃，最低可达到 2.5℃，具有占地面积小、传热效率高、压降小等优点。

某装置采用单管程立式换热器与采用板式换热器的对比结果见表 9-4-8。由表中可以看出，对于该装置达到相同的传热量，如果采用单管程立式换热器需要用两台并联，而采用板式换热器仅用一台。单管程立式换热器的质量为板式换热器的 2 倍以上。

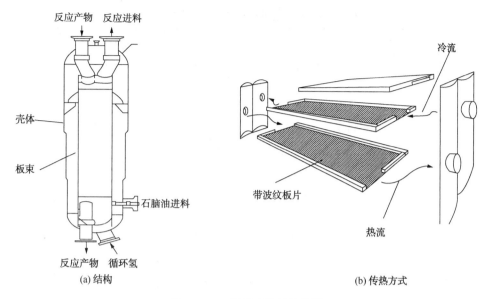

(a) 结构　　　　　　　　　　　　　　　　　　　(b) 传热方式

图 9-4-2　焊板式进料换热器

表 9-4-8　某装置采用立式换热器与板式换热器对比结果

项目	立式管壳换热器	板式换热器	
热负荷/MW	50.21	50.21	51.8
热端温差/℃	49	49	39
台数/台	2	1	1
总传热系数/[W/(m²·℃)]	270	502	499
总传热面积/m²	4657	2499	3396
总压降/kPa	62.6	80.8	81.6
管长或设备长度/m	19.8	13.4	14.9
设备直径/m	1.52	1.96	2.05
设备质量/t	2×54.8	36.6	49.7

　　由此可见，板式换热器具有非常高的传热系数，为单管程立式换热器的 2 倍左右。单位体积传热面积远远高于普通换热器和单管程立式换热器，非常有利于节能，并且还可以大幅度提高装置大型化的上限。

　　由于制造和操作等原因，焊板式换热器经常发生泄漏等问题，因此，现在很多装置开始采用缠绕管式换热器。缠绕管式换热器也是一种高效换热器，具有传热效果好、对适应装置操作性好等优点，正得到越来越多的应用。

　　3. 提高换热器的换热面积

　　在合理范围内尽可能地提高换热器的换热面积是提高换热量、实现节能的有效途径之一。表 9-4-9 列出某重整进料换热器面积变化对冷热流出口温度和反应进料加热炉影响。由表中可以看出，不同换热面积对反应进料加热炉的热负荷影响很大，操作费用变化很大。尽管反应进料/产物换热器面积增大很多，但投资回收期增加幅度不大，节能效果非常好。

表 9-4-9　某重整进料换热器面积变化的效果

项目		数值		
进料/产物换热器	换热面积/m²	1060	1640	2026
	换热器重量/t	35	50	67
换热器热负荷/kW		16428	17330	17856
热流出口温度/℃		140	125	119
冷流出口温度/℃		404	422	432
总传热系数/[W/(m²·℃)]		304	279	275
管程/壳程压力降/kPa		8月21日	9月19日	11月21日
第一重整炉热负荷/kW		4814	3912	3386
燃料气消耗/(kg/h)		505	411	355
燃料气年操作费用/万元人民币①		1485	1208	1044
比前一种方案节省/万元人民币		—4	177	164
换热器投资/万元人民币		288.7	412.5	552.7
比前一种方案增加投资/万元人民币		—	123.8	140.2
投资回收年限/年		—	0.7	0.85

①：燃料气按 3500 元/t 计。

（三）适当选定循环气量，降低循环压缩机功率

压缩机的理论功率按下式计算：

$$N = 16.67 p_1 V_1 \frac{m}{m-1} \left[\left(\frac{p_2}{p_1} \right)^{\frac{m-1}{m}} - 1 \right]$$

式中　N——压缩机理论功率，kW；

　　　p_1——入口压力，MPa(绝)；

　　　p_2——出口压力，MPa(绝)；

　　　V_1——入口体积流量，m³/min；

　　　m——多变指数。

由上式可以看出，循环压缩机的功率与循环气量成正比，因此，循环气量是决定循环压缩机功率的重要因素，而循环气量是由反应的氢烃比决定的。氢烃比的大小直接影响催化剂上的积炭量，应当根据反应的苛刻度正确地加以选定。

表 9-4-10 是在 0.8MPa 条件下两种原料不同反应苛刻度下氢油比的变化情况；表 9-4-11 是在 0.35MPa 条件下两种原料不同反应苛刻度下氢油比的变化情况。

由表 9-4-10 可以看出，原料 A 的产品辛烷值（$C_{5+}RON$）由 92 增加到 97.5 时，氢油分子比由 2.5 增加到 3.0，增加了 20%；原料 B 的产品辛烷值由 92 增加到 97.5 时，氢油分子比由 2.5 增加到 4.0，增加了 60%。

表 9-4-10　0.8MPa 反应压力下两种原料不同反应苛刻度下氢油比的变化

项目	原料 A		原料 B	
P/N/A 组成/%(质)	62.2/30.3/7.5		72.5/22.6/4.9	
C_5+RON	92	97.5	92	97.5
平均反应压力/MPa	0.8	0.8	0.8	0.8
反应器入口温度/℃	497	509	500	512
空速(LHSV)/h^{-1}	1.6	1.6	1.6	1.6
氢油分子比	2.5	3	2.5	4

表 9-4-11　0.35MPa 反应压力下两种原料不同反应苛刻度下氢油比的变化

项目	原料 1		原料 2	
P/N/A 组成/%(质)	32.2/59.6/8.2		36.7/54.9/8.4	
C_5+RONC	106	105.4	106	105.9
平均反应压力/MPa	0.35	0.35	0.35	0.35
反应器入口温度/℃	538	532	538	538
空速(LHSV)/h^{-1}	1.51	1.5	1.51	1.51
氢油分子比	2.75	2	3	2.75

　　在低苛刻度(RON 为 92)时,两种原料采用的氢油比相同,都为 2.5,仅是芳烃潜含量低的原料 B 需采用稍高些的反应温度。但是在高苛刻度条件下,芳烃潜含量低的原料 B,需要比芳烃潜含量高的原料 A 采用更高的氢油分子比。在产品辛烷值 RON 都为 97.5 时,原料 B 需要的氢油分子比要比原料 A 高三分之一,并且反应温度也要高 4℃。

　　表 9-4-11 给出了更高苛刻度下不同性质的原料氢油比随苛刻度变化的情况,其变化规律与表 9-4-10 一致。对于原料 1,苛刻度(RON)由 105.4 变化到 106,仅增加 0.6 个点,但需要的氢油分子比就由 2.0 增加到 2.75,增加了 37.5%;而对于原料 2,苛刻度(RON)从 105.9 增加到 106,仅增加 0.1 个点,但需要的氢油分子比就增加了 9.1%。仅 0.1 个点的辛烷值变化可能对全厂汽油质量或者芳烃产量几乎没有影响,但装置的能耗和投资却增加很多。

　　由此可见,对于不同的原料,原料性质越差,其需要的氢油分子比随操作苛刻度变化而变化的幅度越大;对于相同的原料,操作苛刻度越高,需要的氢油分子比随操作苛刻度变化而变化的幅度越大。

　　循环气量与氢油分子比与成正比,因此循环压缩机的功率也与氢油分子比与成正比。所以操作苛刻度的选择对装置的能耗影响非常大,在满足工厂汽油调和质量或芳烃产率的前提下,应尽可能地降低氢油比。

(四) 降低临氢系统压力降,减少循环压缩机功率

　　由压缩机的理论功率计算式可以看出,循环压缩机的功率与压缩比呈指数关系。循环氢压缩机的功率随压缩比的增加而增加,因此压缩比应当尽量减小。

　　临氢系统的压力降决定循环氢压缩机的压缩比。在相同的系统阻力降时,反应压力越低，压缩比越大，因此，超低压连续重整要求临氢系统的压力降尽可能的小。

对于重整循环氢压缩机其多变指数 m 为 1.4 左右，则：

$$N = 58.345 P_1 V_1 \left[\left(\frac{p_2}{p_1} \right)^{0.286} - 1 \right] = 58.345 p_1 V_1 \left[\left(\frac{p_1 + \Delta p}{p_1} \right)^{0.286} - 1 \right]$$

按上式计算，当循环氢压缩机入口压力为 0.25MPa（表）时，循环系统压力降 Δp 变化对循环氢压缩机功率的影响如下：

当系统压力降 $\Delta p = 0.035$MPa 时，$N = 0.56 V_1$；

当系统压力降 $\Delta p = 0.07$MPa 时，$N = 1.1 V_1$，为 $\Delta p = 0.035$MPa 时的约 2 倍；

当系统压力降 $\Delta p = 0.15$MPa 时，$N = 2.2 V_1$，为 $\Delta p = 0.035$MPa 时的约 3.9 倍。

由此可见，因连续重整循环氢压缩机入口压力较低，所以循环系统的压降对功率影响极其重大，应尽量减少系统的阻力降。

可采取如下措施降低临氢系统压力降以降低循环氢压缩机的功率：

1）优化操作苛刻度，降低氢烃分子比；

2）采用低压降径向反应器；

3）采用大型焊接板式或缠绕管式重整进料换热器，尽可能增加换热面积；

4）增加反应加热炉炉管的并联流路；

5）采用单管程空冷器，水冷器增加并联流路；

6）布置紧凑，以尽量减少管线长度，同时适当增大管径。

（五）采用新型塔板，提高分离效率，优化操作条件

结合工艺要求，采用高效塔板，或适当增加塔板数，同时优化回流比，减小塔底加热炉和塔顶空冷器及水冷器的负荷，降低装置的能耗。

表 9-4-12 和表 9-4-13 分别给出了某装置脱戊烷塔和脱 C_6 塔采用不同数量理论塔板数时重沸炉热负荷的变化情况。

表 9-4-12　脱戊烷塔不同的理论塔板数对重沸炉热负荷的影响

理论塔板数/块	24	28	30	32	34
重沸炉热负荷/MW	6.15	5.4	5.28	5.2	5.14

表 9-4-13　脱 C_6 塔不同的理论塔板数对重沸炉热负荷的影响

理论塔板数/块	30	35	38	40	42
重沸炉热负荷/MW	7.86	7.2	7.1	7.04	7.0

由表 9-4-12 和表 9-4-13 可以看出，如果增加 10 块的理论塔板数，重沸炉热负荷降低近 1MW，每年可节省燃料约 720t，按每吨燃料为 3500 元计算，每年可节省操作费用约 250 万元。而增加约 10 块塔板的投资约为 120 万元左右，投资回收期不到半年，节能效果非常好。

（六）采用分壁塔，降低能耗

分壁塔（Divided Wall Column，DWC）是一种节能和节省投资的分馏过程设备，广泛应用于石油化工产物分离过程，全世界已经建成工业化的分壁塔约 200 余座。采用分壁塔，可以将常规两个塔生产 3 种高纯产品分离任务由一个塔来完成。分壁塔的特点是塔体的某段或多段被隔板分隔，形成两个气液传质区域。

以重整脱戊烷油的 C_6、C_7、C_{8+} 馏分分离为例，常规的分离流程如图 9-4-3 所示，一般设有脱 C_6 塔和脱 C_7 塔两个塔。

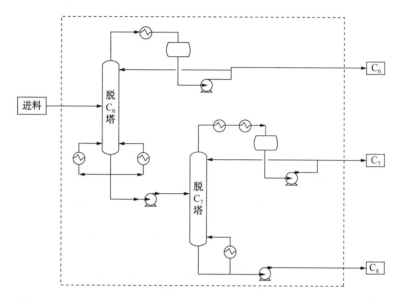

图 9-4-3　常规的 C_6、C_7、C_8 馏分分离流程

对于这种两塔流程的分馏过程，在脱 C_6 塔汽提段的上半部分有大量的 C_7 组分伴随 C_6 组分被汽化。C_7 组分以气相形式上升至精馏段的下半部分，然后又被回流冷却为液相"压回"至汽提段下部，最后在塔底随 C_{8+} 馏分一同进入脱 C_7 塔，在脱 C_7 塔又被汽化蒸馏到塔顶。也就是说，绝大部分 C_7 馏分在脱 C_6 塔和脱 C_7 塔内被两次汽化。

由于在脱 C_6 塔精馏段的每层塔板都有 C_6 组分；在汽提段的每层塔板都有 C_8 组分，所以无论在精馏段还是在汽提段作为侧线抽出的 C_7 馏分的产品纯度都较低。也就是说，采用一个普通的分馏塔很难实现从侧线抽出高纯度的 C_7 馏分，必须采用两个普通的分馏塔。

如果采用分壁塔，设一个塔就可完成三个馏分的分离，且产品纯度较高，其流程见图 9-4-4。

对于分壁塔的分馏过程，在塔的上部和下部分别设置公共精馏段和汽提段，塔的中间部分用隔板分开，形成两个分馏区：一侧为进料区，另一侧为 C_7 馏分抽出区。从公共精馏段底部抽出的液体分别送至进料侧和产品抽出侧的分馏区上部作为回流；从公共汽提段上升的气相馏分分别进入进料侧和产品抽出侧的分馏区底部。

从公共汽提段汽化上升的组分为含少量 C_8 的 C_7 馏分，回流为含少量 C_7 的 C_6 馏分。由于从公共汽提段汽化上升的 C_8 组分在产品抽出侧被冷凝成液相返回公共汽提段，回流中的 C_6 馏分在产品抽出侧被汽化返回公共精馏段，因此在产品抽出侧有 C_7 馏分的高浓度富集区，可以从此侧直接抽出高纯度的 C_7 馏分。

由此可见，分壁塔的分馏过程不存在常规两塔分离 C_7 馏分被两次汽化过程，因此可以节省重沸器供热量。

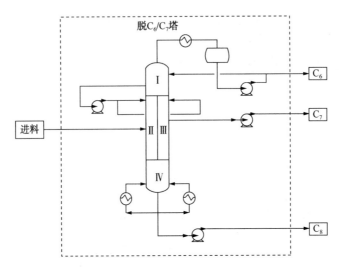

图 9-4-4　采用分壁塔分离 C_6、C_7、C_8 馏分的流程

例如，重整脱戊烷油中的 C_6、C_7 和 C_{8+} 组分含量分别为 18.9%（质）、24.2%（质）和 56.9%（质），欲将其分离成 C_6、C_7 和 C_{8+} 产品，采用传统的两塔分离和分壁塔分离的效果对比见表 9-4-14。

表 9-4-14　两塔与分壁塔分离应用效果对比

项目	两塔分离方案	分壁塔分离方案
进料量/（kg/h）	104870	104870
C_6A 回收率/%	99	99.2
C_7A 产品杂质含量/（mg/kg）	100	100
C_8A 回收率/%	96	96.1
耗能/（MJ/h）	62519	53202
设备投资/（万元）	713	580

由表 9-4-14 可以看出，对于处理 880kt/a（相当于 1000 kt/a 重整装置）重整脱戊烷油的 C_6、C_7 和 C_{8+} 组分分离过程，采用分壁塔比常用常规两塔流程减少耗能 9317 MJ/h（相当于 222.5kg EO/h），节能 14.9%，节省设备投资 18.7%。节能和节省投资效果显著。

（七）低温热的回收利用

重整过程有很多低温热，比如，重整反应产物与进料换热后的温度大于 100℃，直接通过空冷冷却到 40℃ 左右进入气液分离器。稳定汽油塔底的稳定汽油与进料换热后的温度大于 100℃，直接通过空冷和水冷冷却到约 40℃ 后出装置。冷却这些物料所需的冷却热负荷很大，因此这些低温热量应该回收。

可用这些低温物料加热重整余热锅炉所用脱盐水、加热热水或进行低温发电等。

利用汽油的低温热进行发电技术已经成功应用于工业装置。以一套 1200kt/a 重整装置为例，如果利用稳定汽油余热采用有机朗肯循环（Organic Ranking Cycle，简称 ORC）技术发电，净发电量至少 650kW/h。按每度电 0.6 元计，年效益约 330 万元，设备投资回收期约 3 年左右，节能效果较好。

ORC 发电系统是以有机介质为循环工质的发电系统，其流程见图 9-4-5。

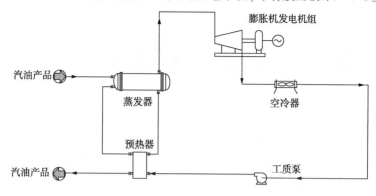

图 9-4-5　ORC 发电流程

ORC 余热发电机组工艺流程主要包括有机工质回路、稳定汽油流程两部分。稳定汽油依次进入 ORC 余热发电机组的蒸发器和预热器，与有机工质换热后温度降低到 (70 ± 5) ℃，离开 ORC 余热发电机组，返回产品空冷器冷却后送出装置。液体有机工质经工质泵升压，与稳定汽油换热后被加热成有机工质蒸汽。有机工质蒸汽进入透平膨胀机膨胀做功发电。膨胀做功后的有机工质蒸汽乏汽进入湿空冷中被冷凝下来重新进入工质泵加压，完成一个循环。

第十章 催化重整装置异常处理

随着产品质量升级、环保标准的提高以及产品转型，催化重整装置在炼化企业中的地位越来越重要，维持重整装置的平稳运行，是提高企业经济效益的基础。

重整工业装置实际运行过程中，难免出现各种异常情况，严重时还会导致重整装置非计划停工，影响全厂生产和产品质量平衡，造成极大的经济损失。重整原料异常会造成催化剂性能受损、再生系统操作紊乱，甚至出现装置非计划停工事故，因此，加强重整原料精细化管理，尽早发现并及时处理装置运行异常，减少异常情况发生，尽可能避免非计划停工。

第一节 异常与处理

一、反应系统异常现象与处理

(一) 催化剂中毒及处理

1. 硫中毒

硫是最常见的重整催化剂毒物，它强烈地吸附在铂上，使催化剂上的金属活性中心中毒。硫中毒后的催化剂活性降低，通常表现为加氢裂化作用(酸性功能)相对强于脱氢和脱氢环化作用(金属功能)。对于连续重整装置，装置运行期间含碳催化剂连续再生，催化剂上吸附的硫将生成 SO_4^{2-}，进一步影响催化剂的氯含量调节及 Pt 金属再分散，催化剂活性、选择性下降。重整装置正常运行期间，为了充分发挥催化剂的性能，应严格控制重整进料油中最大硫含量为 0.5mg/kg。

(1) 硫的来源

① 预加氢精制油不合格，例如预加氢催化剂的活性低或预加氢反应条件不当等。这表现为重整进料的有机硫含量高。

② 预加氢温度过高，预加氢压力低可促使生成的硫化氢与微量的烯烃再次发生加成反应，这表现为重整进料的有机硫含量高。

③ 预加氢精制油蒸发脱水塔操作不正常，硫化氢不能完全脱除。其表现是重整进料的总硫含量高，但有机硫不高。

④ 预加氢进料与反应产物的换热器或汽提塔进料与塔底出料的换热器发生内漏，造成部分物料短路(前者可采用从反应器出口和分离器采集油样分析有机硫含量的方法来判断)。

⑤ 开工线(指不经过预加氢反应器的进料线、物料从进料泵直接进入汽提塔)没有加盲板，阀门内漏。

⑥ 直供料(不经预加氢，如加氢裂化重石脑油)硫含量偏高。

⑦ 其他重质高硫油混入重整进料，如柴油、润滑油等。

（2）催化剂硫中毒的现象

① 首先第一反应器温降显著减少，随之各反温降逐步减少，反应的总温降明显减少。

② 循环气中氢纯度降低。

③ 循环气中硫化氢含量显著提高。

④催化剂的活性降低，提温效果差。

⑤ 氢产量降低。

⑥ 若维持产品辛烷值，则 C_3、C_4 产量增加、重整生成油液体收率下降、催化剂的积炭速率加快(稳定性降低)。

此外，由于硫含量高，还会引起一些其他技术问题，例如装置中生成大量的硫化铁碎片，可能会导致反应器压降增加、催化剂提升不畅等。

（3）处理

为了防止硫污染，必须加强对原料油中硫含量的监测。在没有原料油中硫含量分析数据的情况下，可根据下面的经验进行判断：一般来说，循环气中的 H_2S 体积含量在数值上是原料油中硫含量(质量)的 2~3 倍；稳定塔顶气中的 H_2S 含量是循环气中 H_2S 含量的 5~10 倍。

由于重整催化剂的硫中毒是可逆的，当原料油中硫含量恢复正常后，催化剂上所吸附的硫会慢慢脱附。当循环气中 H_2S 降低到小于 2×10^{-6} 时，可恢复到正常的条件下操作。

一旦发现原料油和循环氢中硫含量增高，应将各反应器入口温度降至 480℃ 以下，找出硫含量高的原因并加以消除。对于重质高硫油(如柴油、润滑油等)混入重整进料的情况，通常会伴有催化剂大量积炭的现象出现，给事故处理带来很大的困难，应特别重视重整原料的管理。

发现硫中毒后应根据本厂实际情况，并结合以下处理原则制定具体方案：

① 视催化剂硫中毒严重程度决定是否停止催化剂再生操作。

② 各反应器入口温度降到 460~480℃。

③ 采集到四反高炭催化剂后，停止催化剂循环。

④ 找出原料油硫高的原因，恢复正常进料，或系统切换为精制油。

⑤ 反应系统进行热氢脱硫，循环氢硫含量 $<2\text{mL/m}^3$ 时，启动催化剂循环和再生。

⑥ 根据待生剂的炭含量和装置的具体情况，决定再生采用黑烧方案或白烧方案。

⑦ 根据催化剂再生情况，适当调节反应部分的操作条件以满足生产要求。

2. 金属中毒

重整催化剂的金属毒物主要有砷、铅、铜、铁、锌和钠等。大多数金属毒物与催化剂的活性金属组元铂生成化合物或合金，改变铂的属性，可导致催化剂永久性中毒，不能用再生的方法恢复其活性。

（1）金属毒物的来源

① 某些石脑油的砷含量较高。

② 使用被金属污染过的重整原料油储罐。

③ 装置腐蚀产物，如 FeS 等。

④ 使用脱硫剂或脱氯剂不当，造成重整原料油中锌、铜、钠含量偏高。

⑤ 原料罐切水不及时，常减压碱洗有误，罐底含碱的水窜入重整系统。

⑥ 原料油加工过程中使用消泡剂带入含硅的化合物。

金属污染物往往是先影响第一反应器，由于 CCR 重整装置的催化剂可由一反循环到整个床层，如果不找到污染的原因，将导致全部催化剂中毒。

（2）金属污染的特点

① 快速地降低第一反应器中的温降，同时提高第二反应器的温降，当中毒催化剂由第一反应器进入第二反应器时，第二反应器温降又变小，依此类推。

② 产品辛烷值降低。

③ 循环氢纯度下降。

④ 若维持产品辛烷值，则液体产品收率下降。

（3）处理

金属污染物通常被吸附在上游预加氢精制催化剂上，但吸附量有一定限度。为了预防重整催化剂的金属中毒，要定期检测预加氢精制油中的金属杂质含量。同时，对进入预加氢精制装置的总金属量也要有限定。不要使用含锌、铜和钠的脱硫剂和高温脱氯剂，以防止重整催化剂金属中毒。

3. 氮中毒

在重整反应的环境下，原料油中的有机氮化物容易转化成氨，氨与催化剂的酸性中心发生中和反应生成 NH_4Cl，减少催化剂上的氯含量，使催化剂酸性功能下降。在及时除去原料油中的氮并补充催化剂上氯后，可恢复催化剂的活性。重整原料油允许的最大氮含量为 0.5×10^{-6}。

（1）氮的来源

① 加氢精制原料油的氮含量高于装置设计的脱氮能力，造成重整进料氮含量不合格；氮含量比较高的重石脑油有焦化石脑油、催化重石脑油、个别油种的直馏石脑油等，其中焦化石脑油氮含量最高。

② 重整上游工艺采用含氮的添加剂，带入重整原料中。

③ 重整系统窜入焦化汽油或其他高含氮原料油。

④ 预加氢催化剂活性降低或失活导致脱氮不彻底。

⑤ 预加氢进出料换热器发生内漏。

（2）氮中毒的表现

① 催化剂活性降低。

② 氢纯度提高。

③ C_3、C_4 产量下降。

④ 反应温降增加。这是由于加氢裂化反应减少，随之耗氢量和产生的热量减少所致。

（3）处理

重整装置被氮污染后，首先要找到氮含量高的原因并加以消除，同时应在重整进料中注氯，维持催化剂上的氯含量。而在高氮高氯的条件下运转，容易生成氯化铵，沉积在冷凝器、分离器及循环压缩机进口的管线内，致使冷却效果降低、系统压降增加，甚至可能导致循环压缩机的损坏，建议注氯量最大为 5×10^{-6}。

在氮污染期间，不应提温操作，否则会导致催化剂的积炭加速、失活加快。

4. 水的影响

装置运转过程中要注意分析重整进料的水含量，将水含量控制在工艺指标范围（小于 5×10^{-6}）内。如果重整原料油中水含量过高，会洗掉催化剂上的氯，使催化剂的酸性功能减弱而活性下降，高温高水也会加速催化剂上铂晶粒的聚集，使催化剂的金属功能下降。另外，氧及有机氧化物在重整条件下会生成水，所以必须避免原料中氧及有机氧化物的存在。

（1）原料油大量带水

1）现象：

① 预加氢加热炉出口、反应器入口、催化剂床层温度突然下降。

② 预加氢产品分离罐水包界控失灵，界面消失。

③ 汽提塔、石脑油分馏塔操作不正常，塔底液面上升、温度下降，塔顶压力、温度上升。

④ 重整进料加热炉出口温度下降。

⑤ 循环压缩机进出口温度升高，密封油及润滑油发生乳化现象。

2）处理办法：

① 切断重整进料。

② 重整降温至 450~460℃，压缩机全量循环脱水。

③ 切断预加氢进料。

④ 预加氢进料加热炉出口温度降至 250℃，压缩机全量循环脱水。

⑤ 汽提塔、分馏塔全回流操作脱水。

⑥ 加强预加氢分离器脱水包脱水。

⑦ 再生系统冷停车。

⑧ 再接触系统停工。

3）预防措施：加强油罐区重整原料罐的脱水工作。

（2）重整进料含水超指标

1）原因：

① 预加氢产品分离罐切水不彻底或界控失灵，导致脱水塔底油带水。

② 汽提塔、分馏塔操作不正常。

③ 直接供给重整反应部分的原料（未经汽提塔）含水偏高。

2）现象：水含量过高在短期内会表现为酸性的增强和选择性的下降，其现象为：

① 反应器温降减少。

② 循环气中氯含量增加。

③ 氢气产量减少和循环氢纯度降低。

④ C_{5+} 液体收率减少，液化气收率增加。

⑤ 催化剂积炭速率加快。

进料中长时间水含量高会导致催化剂上氯的流失、催化剂活性下降和下游设备的腐蚀。

3）处理措施：

① 反应器入口温度降低到 480℃。

② 加强预加氢产品分离罐切水，调整水包界控，严防汽提塔进料带水。

③ 调整汽提塔和分馏塔的塔底温度、塔顶压力、回流比及回流温度等控制参数。

④ 加强直接供料油品分析并对上游工艺条件或容器进行检查，必要时切断这部分进料或改进汽提塔。

（二）重整原料异常

重整原料油的组分变化是导致馏程波动（初馏点偏低或干点升高）的主要原因，对重整装置的反应条件以及产品质量具有不同程度的影响。本节主要介绍由于原料油中混入重质馏分以及二次加工的汽柴油分馏异常导致的重整进料干点超高的情况。

1. 重质原料进入重整进料

重质原料进入重整反应系统，造成催化剂严重积炭，通常伴随中毒现象，催化剂活性将严重受损，而且恢复周期较长。

（1）原因

① 原料罐区管理混乱，石脑油罐中串入柴油或蜡油等重组分。

② 管线未加盲板导致互串或开错阀门。

（2）主要表现

① 温降变化非常明显：温降迅速大幅度下降并有后移现象，一、二反温降下降较快，三、四反温降先升高然后下降。

② 重整产氢量下降。

③ 重整循环气中 H_2S 含量严重超标。

④ 重整进料油颜色异常、杂质含量超标。

⑤ 待生催化剂炭含量超标，再生系统操作困难。

（3）处理对策

① 立即停止催化剂循环和再生。

② 反应系统降温并切换为精制油或停止进料（视中毒程度和时间）。

③ 反应系统热氢循环脱硫，同时加大氢气排放量。若无外供氢，则要根据实际情况确定合适的反应温度，同时恢复反应系统注氯。

④ 待循环气中 H_2S 含量小于 2×10^{-6} 时，启动催化剂循环和烧焦。

⑤ 先进行黑烧，待生剂炭含量在 3%~5% 时转白烧。注意严格控制再生器操作条件和催化剂循环量，避免超温烧坏催化剂和设备。

2. 二次加工油干点偏高

连续重整装置的进料中几乎都掺有二次加工油，如焦化汽油、加氢裂化重石脑油及 FCC 汽油等。而这些二次加工油的前置分馏塔很多采用汽-柴油切割方案，或将原来的汽-煤-柴方案改为汽-柴油切割方案，可能使二次加工油原料带重组分的风险大大增加。

如果二次加工油在总进料中占有的比例比较小（20%~50%），带重组分的二次加工油造成总进料的干点变化不明显（例如：高 2~3℃），但是它会造成催化剂积炭明显增多，对已经满负荷操作和再生能力受限的装置只能降低负荷或降低处理量，同时生成油中 BTX 的含量下降。

（1）主要表现

① 催化剂炭含量明显增高。

② 原料油中 C_{9+} 组分增多。

③ 产物中 C_9 和 C_{9+} 芳烃含量显著增多。

（2）处理对策

① 单独检查二次加工油的族组成分析结果，观察 C_{9+} 组分含量是否增加。

② 检查上游二次加工油的分馏塔的重石脑油抽出塔盘的温度是否正常和平稳。

③ 检查 D-86 的分析装备和方法是否有变化（若同时作 D-2887 更易发现问题）。

只要上游二次加工油的分馏塔操作平稳、合格，经过一段时间后 CCR 的运转就可以恢复正常。

（三）催化剂水氯平衡失调的表现及处理

在连续重整正常生产中，催化剂上的氯含量主要由再生装置的注氯来控制，可根据再生剂的氯含量分析结果，对注氯量随时作出相应调整，再生剂氯含量的控制指标一般由催化剂专利商提供。

1. 催化剂氯含量过低

（1）现象

催化剂氯含量太低时，其活性会明显下降。催化剂氯含量太低的现象是：

① 重整生成油辛烷值和芳烃含量下降，C_{5+} 收率略有增加。

② 循环氢纯度略有上升。

③ 液化气产量下降。

④ 催化剂提温效果不好。

（2）措施

催化剂氯含量偏低，可以采用如下措施去纠正：

① 首先查清催化剂氯含量低的原因。

② 如果是由于循环气中水高引起催化剂上的氯流失，可采用重整进料含水超的措施。

③ 如果循环气中水含量正常，需检查再生注氯系统是否存在泄漏并作好注氯量的调节；检查再生干燥区气体水含量，干燥区气体水含量高也会导致催化剂氯含量低。

2. 催化剂氯含量过高

（1）现象

重整催化剂氯含量太高会出现以下现象：

① 总温降减少，四反温降明显下降。

② C_{5+} 液体收率明显下降，严重时生成油颜色变深。

③ 液化气产率增加。

④ 循环氢气纯度下降，C_3、C_4 组分增多。

⑤ 生成油辛烷值或芳烃含量有所上升，催化剂积炭速率增加。

（2）措施

催化剂氯含量高，可以采用降低注氯量的方法进行调节。

（四）重整各反温降异常

（1）现象

正常情况下，各反应器温降分布的规律为：一反>二反>三反>四反，而且各反之间的温降值保持一定的比例关系。本节讨论的各反温降异常是指各反温降的比例关系发生异常变化，甚至温降倒置，即某个反应器温降异常变小，而后面的反应器温降变大，甚至出现后部反应器的温降大于前部反应器的温降的现象，但尚未引起压降增大。

（2）原因

产生上述现象的原因主要有：

① 反应器扇形筒和/或中心管的缝隙被催化剂碎颗粒或粉末堵塞，造成气流短路。

② 反应器内多根催化剂下料管被催化剂粉末堵塞，造成反应器内部分催化剂移动不畅或不能移动。

③ 反应器内有较多的积炭，并占有一定的空间。

④ 仪表失灵。

（3）处理措施

① 在待生剂提升器或 L 阀组催化剂入口加装过滤网，以尽早发现反应器内有无积炭，如果出现炭块，需要按照反应器内结焦的情况进行处理。

② 进料量、循环氢流量、催化剂循环量尽可能保持稳定，不出现大的波动，避免引起反应器内的物流和催化剂分布情况的变化。

③ 密切注意反应系统压降的变化。

④ 联系仪表校热电偶。

⑤ 一旦出现反应系统压降增大，尽早进行停工处理的准备工作。

⑥ 停工卸催化剂时，需要有专人负责，卸剂速度要慢一些，防止催化剂移动不畅区域的催化剂(炭含量较高)混入正常催化剂中。

二、催化剂循环再生系统异常与处理

连续再生系统依据不同的危险等级设置了不同的联锁及自动停车方式，具体内容请参阅专利商提供的装置操作和使用手册。以下仅介绍与催化剂相关的异常现象及处理。

（一）再生器燃烧区床层超温

（1）原因

引起燃烧区床层高峰温度增加的原因有：

① 燃烧区氧含量增加。

② 待生催化剂炭含量增加。

③ 催化剂循环量增加。

④ 燃烧区床层入口温度升高。

（2）措施

任何燃烧区床层温度上升很快或超高时应立即采取下列措施：

① 再生系统立即热停车，外操到现场关空气手阀。

② 再生器底部通氮气，并尽可能增大氮气流量。

③ 联系仪表校热电偶。

④ 当温度降至正常并且热电偶测量正确后再重新开始催化剂烧焦。

（二）催化剂中出现"侏儒球"

（1）原因

① 炭块或高炭含量(异常积炭或死区催化剂，炭含量通常大于 7%)的催化剂进入燃烧区造成局部超温；再生气入口温度、氧含量失控。

② 在正常烧焦(白烧)过程中，燃烧不完全的含炭催化剂或炭块进入氧氯化区。

"侏儒球"是载体发生了相变的失活催化剂，其出现说明再生器中曾经产生过局部的超温。伴随着"侏儒球"的生成，可能会出现粉尘量增加、约翰逊网堵塞，造成反应器和再生器的压降增加，严重时可能会在再生器内形成大的烧结块堵塞催化剂下料管，导致催化剂无法循环等问题。

（2）处理对策

① "侏儒球"量较少时，反应再生系统可维持正常操作；"侏儒球"量很大时，装置必须停工，采用过筛或密度分选技术将"侏儒球"从催化剂中分离出来。

② 再生正常操作(白烧)时为防止炭块进入再生系统，可以采用在待生剂提升器入口增加过滤网并加强淘析。

③ 出现催化剂炭含量过高(大于7%)的情况时，一定要采取黑烧的方式操作。

④ 停工检修卸剂时，注意将死区催化剂与正常催化剂分开，装剂时不要将死区催化剂重新装入体系。混有死区催化剂的正常催化剂可通过密度分选技术回收，死区催化剂可以由专业厂家进行器外再生或用于铂回收。

（三）粉尘量增加

（1）原因

① 较高的提升气速率。

② 闭锁料斗运行异常。

③ 催化剂输送管线上的阀门故障。

④ 料位计失常导致的还原罐(上部料斗)或分离料斗中催化剂空料位。

⑤ 再生器燃烧区操作不当引起的催化剂损坏。

⑥ 反应系统受到过高水冲击。

（2）措施

① 检查调整提升气流量。

② 不要超过设计的催化剂循环速率并保持稳定的提升管线压差。

③ 进行粉尘测量并相应调节淘析气量。

④ 根据异常现象检查调整闭锁料斗平衡阀、补偿阀运行参数，必要时再生系统停工检查闭锁料斗内部是否有裂纹、平衡阀是否漏气。

⑤ 检查催化剂输送管线上阀门打开、关闭位置是否恰当，移动是否平稳。

⑥ 检查和校正料位计，维持各料位在正常操作范围内。

⑦ 及时调整燃烧区的操作参数，采样分析催化剂物化性质。

第二节　典型案例分析

一、重整反应系统典型案例

（一）重整催化剂中毒

1. 开工期间重整催化剂硫中毒

（1）背景介绍

某连续重整装置检修后投料开工，提温、提量过程中重整反应器总温降不升反降，重整循环氢纯度及重整产氢量逐渐降低，循环氢在线分析仪显示水含量迅速上升，初步判定为重整催化剂中毒。紧急联系化验加样分析，结果显示重整进料硫含量超标达 168×10^{-6}。于是紧急降低重整进料负荷至 60%，反应温度降至 470℃，减少硫对重整催化剂的冲击。

（2）原因分析

投料过程中，因预加氢汽提塔液位计校准不到位（介质密度设定错误）而失灵（液位计显示 80% 而实际已经满液位），汽提塔超负荷运行，失去正常脱除杂质（硫、水）功能，造成精制石脑油硫含量严重超标。化验结果尚未发布，重整部分仓促投料导致催化剂硫中毒。

（3）处理措施

① 校准液位计，控制正常液位，恢复汽提塔脱杂质能力；提高预加氢反应温度到 285℃；因进料水含量严重超高，造成催化剂氯大量流失，提高注氯量；再生维持停车。

② 重整维持反应温度 470℃、60% 低负荷生产，利用产氢和物料脱硫，同时保持催化剂再生停车状态。

③ 低负荷热氢脱硫 3 天后，启动催化剂循环，但不进行烧焦，可以使再生系统内新鲜催化剂进入反应系统，增产氢气以进一步提高脱硫速率，并且可以避免反应器内催化剂碳含量过高。

④ 提高循环氢分析频次，随着硫化氢含量下降，缓慢提高反应温度和进料量，增加产氢并提高自脱硫能力。

（4）处理效果

① 恢复到中毒前进料负荷，反应器总温降和产氢量、重整生成油辛烷值与中毒前基本相同。

② 催化剂氯含量稍低于中毒前，通过补氯逐渐恢复再生剂氯含量。

③ 因开工前催化剂碳含量较低（计划性检修，已提前降低碳含量），为本次处理提供了充足的时间和灵活性。

（5）经验教训

① 开工时，重整投料必须等待分析化验结果合格后才能进行。

② 重整催化剂硫中毒后，应首先降温降量并停止催化剂循环，以减轻硫对催化剂的冲击；随着循环氢中硫化氢含量下降，可逐步提高反应温度和进料量，并适时启动催化剂循环，通过提高重整产氢量来提高脱硫速率。

2. 精制油罐无氮气密封导致重整催化剂硫中毒

（1）背景介绍

某企业制氢装置临时停工，由于全厂氢气供应不足，加氢裂化装置降量，重石脑油由正常 28t/h 降至 8t/h，为保持连续重整装置负荷，将罐区储备精制油与加氢裂化重石脑油直接混合后进入重整预加氢汽提塔。5h 后，重整反应器的总温降开始迅速下降，并且四个反应器温降同时下降，同时重整循环氢纯度也明显下降，说明重整反应出现问题。当晚对精制油组成进行采样分析，各项指标都在正常范围内，并未发现异常。第二日采样分析，重整循环氢中的硫化氢含量超过 50×10^{-6}，最高达到 120×10^{-6}，预加氢分馏塔底精制油硫含量达 22.7$\times10^{-6}$（控制指标为 0.5×10^{-6}），因此判断重整催化剂发生硫中毒，活性明显下降。

（2）原因分析

① 首先怀疑预加氢汽提塔进料换热器管束泄漏，无机态的硫化氢没有经过预加氢汽提

塔直接窜入分馏塔，硫化氢溶解在精制油中导致精制油含硫高。对精制油进行碱洗并分析硫含量，根据分析数据，精制油碱洗前后硫含量基本没有变化，因此判断精制油中所含的硫并非无机硫，排除预加氢汽提塔进料换热器内漏的可能性。

②其次怀疑预加氢反应进料换热器管束泄漏，原料与预加氢生成油互窜，导致精制油含硫高。多个同类装置出现过因该换热器注水洗盐，垢下腐蚀严重导致换热器管束出现内漏的情况。将注水点后的换热器拆卸进行打压，发现管束管层、壳层铵盐堵塞严重，但未发现管束泄漏，又将注水点前的换热器拆卸进行打压，发现管束管层、壳层铵盐堵塞严重，也未发现管束泄漏。预加氢反应进料换热器管束泄漏的可能性排除。

③由于精制油储罐为内浮顶罐，没有氮气密封设施，长期处于空气环境中，油品中必然含有一定量的溶解氧。在预加氢反应部分正常生产的情况下，溶解在精制油中的氧气随着精制油进入汽提塔后与汽提塔中的硫化氢反应生成单质硫。单质硫微溶于精制油而进入重整反应器中，在高温的条件下与氢气发生反应，生成硫化氢，大量的硫化氢导致重整催化剂硫中毒。将精制油切入至预加氢分馏塔后，重整进料中硫含量明显下降，循环氢中硫化氢含量也随之下降明显。至此断定本次硫中毒原因为罐区精制油含氧，氧气与汽提塔中硫化氢反应生成单质硫，带入重整系统导致催化剂硫中毒。

（3）处理措施

原有内浮顶精制油罐增设氮气密封装置，确保精制油与空气隔离。使用罐区储备精制油时需控制流速，防止空气进入。

（4）处理效果

改造后再未发生使用罐区储备精制油导致重整催化剂硫中毒事件。

（5）经验教训

1）预加氢系统不停车的情况下，罐区精制油引入位置建议：

①在预加氢系统持续运行，因某种原因需要使用罐区储备精制油来补充重整进料，罐区精制油分析族组成、流程、杂质含量、水含量，已达到重整精制油指标要求的情况下：

a.如果精制油储罐有氮封系统，建议直接进入预加氢汽提塔。

注意事项：有氮封在引入精制油的前4h也要每隔30min进行一次循环氢中硫化氢含量的分析。

b.如果精制油储罐无氮封系统，或精制油储备时间太长，建议进入预加氢反应系统回炼，如果预加氢反应系统由于超负荷等原因无法回炼，建议精制油进入预加氢分馏塔。

②如果罐区精制油分析结果除水含量超标，其他均符合要求，建议进入预加氢反应系统回炼，如果预加氢反应系统无法回炼，建议进入分馏塔并适当提高塔底温度，以最大限度脱水，此时需要密切关注重整循环氢气中CO、CO_2含量，避免重整催化剂中毒。

③如果罐区精制油杂质分析不合格，必须返回预加氢反应系统回炼。

注意事项：在引入罐区精制油时，如果条件允许，要求引入的精制油流量缓慢增加，防止由于冷油的引入导致汽提塔、分馏塔或重整进料温度大幅度波动。在北方冬季进行此操作时，对系统温度影响更大。

2）预加氢系统停运的情况下，罐区精制油引入位置建议：

在预加氢系统停止运行，因某种原因需要应用罐区精制油来补充重整进料的情况下，需要首先分析罐区精制油族组成、流程、杂质含量，确认上述指标均满足指标要求后，方可直接进入重整反应部分。如果预加氢汽提塔可以运行，建议首先进入汽提塔。

3. 重整催化剂硅中毒

（1）背景介绍

某公司现有两套连续重整装置，均采用 UOP CycleMax 工艺，催化剂分别采用石科院开发的 PS-Ⅵ 和 PS-Ⅶ 催化剂。2015 年 2~4 月发现两套装置的 C_{5+} 产品液体收率和纯氢产率均逐渐下降，且催化剂上的氯含量降至 1% 以下，持氯能力明显下降，大幅度提高再生注氯量后，催化剂上的氯含量增幅不明显。

（2）原因分析

从催化剂的跟踪分析数据来看，2015 年初催化剂上的硅含量突然出现不同程度的增加，分别高达 $500×10^{-6}$ 和 $1500×10^{-6}$。相关资料和实验室研究结果表明，硅对重整催化剂性能的影响包括如下几点：堵塞重整催化剂载体孔道，降低催化剂比表面积；增加催化剂的裂化性能、降低催化剂选择性，使 C_{5+} 产品液收下降；影响催化剂的持氯量，催化剂再生时加速 Pt 烧结，降低催化剂的活性。当催化剂上的硅含量达到（3000~6000）$×10^{-6}$ 时，会明显影响催化剂的反应性能；当催化剂上的硅含量高于 1% 时，催化剂将完全失活。

综上，判断催化剂轻度硅中毒是导致产品液收和氢产下降的主要原因。通过采集重整进料的各种石脑油来源进行分析，发现外购石脑油的性质波动很大，部分外购石脑油中硅含量较高，其中一个石脑油罐的硅含量达 $99.6×10^{-6}$。查阅资料发现，原油中一般不含硅，而部分种类的石脑油生产过程会添加各种含硅添加剂，如焦化石脑油中会添加硅油作为消泡剂。因此判断重整催化剂上的硅主要来自外购石脑油中的含硅添加剂。

（3）处理措施

① 加强原料管理。鉴于该分公司石脑油资源不足，外购石脑油将成为常态的实际情况，建议对外购石脑油杂质含量进行严格的限制，严格控制重整进料油中的杂质含量，建议重整进料油中的硅含量不大于 $0.1×10^{-6}$。

② 对预加氢反应器的级配进行调整，装填脱硅剂。

③ 适当提高再生注氯量。

④ 适当提高催化剂的跟踪分析频次。

（4）处理效果

催化剂上的硅含量不再增加，催化剂性能得到一定程度的恢复。

（5）经验教训

① 焦化石脑油中添加硅油作为消泡剂已是常态，不适宜作为重整原料。

② 外购石脑油的性质波动很大，应严格加以监控，不适合的原料不能进装置。

③ 催化剂硅含量增加导致催化剂持氯能力下降，再生系统补氯效果不明显时，反应系统补氯也是一样的效果。

④ 硅中毒是不可逆的，不能通过常规再生的方法恢复催化剂的活性，若要回到初始性能只能进行催化剂更换。

（二）设备损坏

1. 金属器壁积炭

（1）背景介绍

某连续重整装置于 2006 年 8 月 28 日开工，按照操作要求反应温度达到 370℃ 以 75t/h

进料，随后升温至480℃脱水，29日因重整锅炉产汽安全阀热态定压引起锅炉安全阀跳、过热段法兰面嘶开，锅炉循环水流量低，重整四合一炉联锁，重整切断进料。30日重整重新进料，进料流量90t/h，反应温度480℃。9月2日重整进料提至110t/h，反应温度505℃。18日因工艺专利商性能考核需要，重整进料开始提至130t/h，反应温度528℃。工艺专利商人员在没有解决注硫问题的情况下，为急于进行装置考核，9月21日6：24重整装置因压差不稳，再生系统停车处理，经与工艺专利商专家一起查找原因，主要是分离料斗下降管部分不畅造成，8根下降管中有4根敲打为空管，再生系统只能维持30%负荷运行。经炼厂相关部门与工艺专利商、上级主管部门邀请来的专家讨论，决定22日再生部分卸剂，直到分离料斗卸空。23日4：30分离料斗卸完剂开始处理不畅管线，13：30分离料斗复位好下料管开始装剂，至22：30所有卸出的剂全部回装好，并在收集器出口至待生催化剂"L"阀组处增设临时过滤网，开始系统恢复，至24日4：00系统气密合格，开始催化剂黑烧，24~26日期间临时滤网处曾5次出现焦炭堵塞，其中25日12：39上午从滤网处得到的最大炭团有拳头大小。26日3：31发生重整反应器收集出口堵塞，操作人员采取敲打和反吹都没有效果。27日19：00根据炼厂安排，重整部分停工处理，其他部分维持生产。29日重整反应器开始卸剂，过筛时仅发现小块炭团，未见大块结炭。10月1日打开重整反应器人孔及催化剂盖板检查清理，预计10月3日前清理完毕，10月10日重整装置重新投料开车正常。

（2）原因分析

经过来自上级主管部门、工艺专利商等现场专家探讨和分析，从装置生焦的特点，并结合有关文献的研究工作，分析装置生焦的过程可能机理如下：由于连续重整装置在苛刻操作条件（高温、低压、低空速等）下，在还原气氛中烃被吸附在金属晶粒的表面，由于脱氢或氢解等反应产生原子碳并渗入（或溶解）金属表面下金属晶粒的周围，由于碳的沉积和生长使金属晶粒与基体分离，产生前端带有金属晶粒（俗称"铁帽子"）的丝状炭。随着在高温下的不断反应，丝状炭顶部的铁帽子所含的铁原子团沿丝状炭的长度进一步分散，使含微小铁原子团的丝状炭的催化生炭的能力进一步提高，最终导致大量积炭的生成。经催化剂专利商电镜扫描分析，确认生成的积炭为丝状炭，炭块的内部未包含催化剂颗粒。具体原因分析如下：

① 工艺专利商注硫指令不到位，在了解到注硫量不足的情况下，没有及时提醒和强调注硫问题。

② 工艺专利商在没有解决注硫问题的情况下，急于进行装置考核，且大幅提量提温，造成反应器在未充分钝化的情况下，生成大量丝状炭。

③ 工艺专利商对脱水过程判断失误，对水氯控制指令不到位。没有及时集中补氯，在运转过程中，注氯量没有根据循环气中的水含量进行调整。

④ 重整料由常减压装置直供，上游装置波动短时间将重组分物料带入装置，原料的干点变化较大，从155~179℃不等，进料的干点提高，客观上会加速反应器内的生焦。

（3）处理措施

1）反应器及相关部位进行内部检查和清焦：

① 重整四个反应器扇形筒筒内检查及筒内清焦。

② 重整四个反应器扇形筒与反应器内壳体之间的检查与清焦，避免反应器再次结炭。

③ 重整四个反应器中心管检查、清扫。

④ 重整反应器底收集器检查与清焦。

⑤ 八个重整加热炉出入口集合管的检查、清扫。建议抽查部分炉管，确认底部无杂物。

⑥ 反应器底收集器至待生"L"阀组管线检查及清理。

⑦ 对反应器至再生器催化剂提升管线检查清理。

⑧ 对四个反应器57根输送管进行逐管清理，进行通球试验，确认内部无结炭及杂物。

2）死区催化剂单独处理，暂不回装。

3）重整反应器装剂应按卸剂的顺序重新装回。

4）按照规程有序开工。

（4）处理效果

通过停工紧急抢修，对重整反再系统进行综合检查，分别采取催化剂过筛、部分分级处理，装置恢复正常生产。

（5）经验教训

① 重整新装置开工时要进行金属器壁的钝化。开工时一定要保证足够的注硫量，硫的分析要在仪器检测限内准确报出。注硫泵要保证开工时工作正常，并定期对泵的运行情况进行检查，而且要预备一台备用泵，一旦原注硫泵出现故障，马上使用备用泵来保证注硫量。

② 加强对重整装置原料的管理和控制，保证合理分析频次，考虑对重点参数实现 APC 在线控制（特别是常减压石脑油干点的控制），及时跟踪原料的变化，优化重整操作条件；在实现 APC 控制前，应避免活罐操作，原料满罐分析合格后方可进重整反应器。

③ 强化重整反应的环境控制，形成"精细"重整的管理理念，特别是注硫、注氯等的管理。要完善化学药品注入管理办法，建立完备的技术管理台账，严格考核，确保化学药品注入的准确、及时、有效。

2. 反应器压降升高

（1）背景介绍

某连续重整装置第一周期运行时间为 2012 年 1 月至 2015 年 11 月，第二周期开工时间为 2016 年 1 月 18 日。检修时装置经过质量升级改造，规模由 600kt/a 提高至 780kt/a（实际处理量为 98t/h），设计反应器入口温度为 520℃，氢烃摩尔比为 1.3~1.4，再生循环速率 85%，待生催化剂碳含量为 5%。连续重整装置自 2016 年 1 月第二周期开工至 2016 年 7 月，一反、二反压差稳定在 15~18kPa，略有上升；三反、四反从 2016 年 4 月开始略微上升且趋势相似（19~22kPa），与装置逐渐提负荷正相关；但是从 6 月下旬开始三反压差逐渐超过四反压差，至 2017 年 2 月 11 日三反压差达到 70kPa，其他反应器压差基本不变（20~22kPa）。按照计划，2017 年 2 月 12 日随柴油加氢装置反应器撒头，重整装置进行停工消缺处理。

（2）原因分析

① 2016 年 6 月 3 日~5 日预加氢分馏塔重沸炉 F103 因烟道挡板故障、燃料气联锁停炉等问题，造成重整进料精制油杂质含量不合格。当时重整部分处于高负荷进料状态（98t/h），生产调度未及时降低负荷。罐区泵能力 50t/h，部分塔底不合格精制油一同进入重整反应器。随后重整部分降量后，氢油比过大，加剧各反应器特别是三反压降上升速度。

② 上述操作波动期间，重整循环氢中的 HCl 含量为 12×10^{-6}，通常分析结果不超过 4×10^{-6}，说明此时反应系统内的水含量较高，造成催化剂的强度下降，在催化剂循环过程中容易发生破碎。根据催化剂专利商分析结果，经受过水冲击的催化剂强度降至 32 N/粒（新鲜

催化剂强度大于40 N/粒），再生催化剂磨损率高达4.77%。当碎颗粒与扇形筒或中心筒栅格尺寸相近时，容易堵塞反应器扇形筒和中心筒。

③ 二反提升器提升气量过大，催化剂在提升器内易形成流化沸腾现象，相互碰撞摩擦产生大量粉尘。而粉尘被提升气体携带又会增加气体的密度，造成催化剂间以及催化剂和器壁间碰撞加剧，进一步加大粉尘的生成。

④ 二反中心筒局部强度不够或局部烧结，催化剂泄漏并随油气带入至三反扇形筒。三反上部12根催化剂输送管中少量输送管法兰松动，催化剂从法兰处泄漏，油气带入扇形筒。

⑤ 装置超高负荷运行，装置由600kt/a改造成780kt/a（公称800kt/a），并未对反应器及其管线进行改造，反应器油气通量过大，质量空速高达2.70 h^{-1}，有可能造成催化剂贴壁以及催化剂提升不稳定等问题。

⑥ 三反上部料斗V317过滤器选型过小。该过滤器的作用主要是防止催化剂颗粒进入油气系统。过小的选型可能导致滤网易被粉尘堵塞，使催化剂三反上部料斗内形成局部流化，加剧催化剂破损。

（3）处理措施

① 处理好F103故障、联锁造成的杂质含量不合格问题。

② 分析系统水含量的产生，各提升气用1.0MPa蒸汽加热，多次检测提升气水含量合格；氧氯化区净化风更换干燥剂；再生循环气干燥器更换干燥剂；预加氢汽提塔和分馏塔塔顶水冷关闭；重整反应生产物空冷后新增水冷器关闭；增加重整进料密闭干燥采样，采样后尽可能及时做样，减少重整进料水含量分析滞后产生的误差。

③ 增大淘析气量，增加淘析整颗粒至30%以上。

④ 更换三反上部料斗油气过滤器形式，由Y型改为罐式；增加过滤器拆清频次（3次/周）。

⑤ 适当降低提升气量，减少催化剂提升碰撞和摩擦。

⑥ 2017年2月12日，随柴油加氢装置反应器撇头重整装置进行停工消缺处理。检查并清理各反应器内构件，发现各中心筒和扇形筒、催化剂输送管无物理变形，各反应器中心筒和扇形筒堵塞严重，特别是中上部位，三反尤其严重，三反径向方向7个扇形筒底部存在20cm高含较多碎颗粒催化剂堆积。

（4）处理效果

2017年2月12日停工后，检查并清理反应器内构件，催化剂进行物理分级，补充部分新鲜催化剂，开工后压差正常，提负荷后压差略有上升，截止至4月15日未见明显上涨。

（5）经验教训

① 催化剂碎颗粒堵塞扇形筒和中心筒是三反压降的直接原因。

② 催化剂强度下降是粉尘产生的主要原因。

③ 负荷过高是产生压差上升的原因之一。

④ 在高负荷下操作波动有可能造成反应器压差不可逆上涨。

⑤ 应优化淘析气量，尽可能快地将系统中的粉尘和碎颗粒除净。

⑥ 系统水含量高会导致催化剂强度下降，应严格控制重整进料、干燥空气、还原氢等的水含量以及催化剂干燥温度。

⑦ 正常生产过程中，应减少催化剂的异常冲击（进料、氢油比、压力、温度等短时大幅

度变化)。

3. 重整进料换热器内漏

(1) 背景介绍

某连续重整装置自 2016 年 9 月第一次检修结束开工后，混合二甲苯产品中非芳含量一直偏高(4%左右)，远高于≥2.3%的控制指标。通过调整重整反应及分馏操作，将重整反应温度由 510℃提高至 528℃，氢油摩尔比由 3.2 降低至 2.4，但混合二甲苯中非芳含量没有明显下降。根据重整反应化学原理，在催化剂活性正常和其他条件不变的情况下，反应温度提高 18℃，非芳含量应当明显下降，因此推测重整进料板式换热器(以下简称"板换")E201 可能发生内漏。

为验证此推测，于 2016 年 11 月 11 日在板换前后(即四反 R204 出口与产物气液分离罐 D201 底部)分别采油样分析族组成。结果表明，板换前后的环烷烃含量分别为 0.82%和 2.95%，芳烃含量分别为 79.59%和 76.56%，而重整进料中环烷烃含量与芳烃含量分别为 36.06%和 12.25%，初步断定板换存在内漏。

(2) 原因分析

① 国产板换设计制造问题。国产板换为大型设备国产化项目的成果之一，在歧化、异构化装置中应用相对较成功。但每种设备均有自身的特点和适用范围，国产板换在大型重整装置中遇到了瓶颈，这与重整装置的特殊要求及国产板换为避开国外专利的结构设计特点有关。重整装置板换操作温度在 500℃左右，温度高，对热膨胀及热应力释放的设计及结构要求也高。国产板换的板束为焊接式，残余应力较多，易受热膨胀不均匀造成开裂，耐冲击性能较差。国内部分企业曾经出现过连续重整装置开工即发生泄漏的情况，炼化企业使用国产重整板式换热器 3~4 年后出现泄漏的问题较为普遍。

② 生产波动。经排查，在 2016 年检修之前，该重整装置经历了还原段着火紧急停工、重整进料过滤器反吹两起生产波动过程，当时未造成板换泄漏，但上述过程可能已为泄漏留下了隐患。详细情况如下：2014 年 10 月 19 日，因再生器还原段着火，需切断进料紧急处理。6:10 左右，重整进料阀阀位由 55%紧急降至 0，重整进料量由 90t/h 降至 0，重整反应温度在 3h 内由 512℃降至 400℃，降温速率 37℃/h。

2015 年 10 月 26 日，7:30~15:00 进行板换反吹操作，反吹前后液相进料压力由 1.125MPa 降至 0.550MPa，反吹期间液相进料压力最低降至 0.350MPa，仅为反吹前液相进料压力的 31%。板换反吹期间，板换换热物料间压差、温差波动大，不利于板换长周期运行。

(3) 处理措施

从目前的分析数据看，换热器泄漏较为轻微，可以暂时维持生产。但如果继续通过提高反应温度的方式降低重整生成油中的非芳，可能会加剧进料换热器的泄漏。目前，最好的方式是保持重整反应操作条件的平稳，以免引起更大的泄漏。

为了避免板换泄漏量进一步增大导致非计划停工，需稳定板换的各项操作参数，确保平稳运行，避免生产波动，达到维持生产至 2018 年 4 月缠绕式换热器制造完成、运抵现场、进行更换的目标。影响板换稳定运行参数的因素包括重整进料量、进料温度、重整循环氢量、产氢量、循环氢性质、循环氢组成、反应苛刻度、循环氢压缩机运行状态以及石脑油原料性质等。

1) 控稳重整进料量及原料性质:

① 依据公司生产要求,重整需维持满负荷生产(119t/h)。重整进料为分馏塔 C102 底精制油,预处理系统应稳定操作,确保精制油质量合格,去 E201 流量、压力、温度保持平稳。

② 生产调度应做好统筹,重整装置进料量尽量不做调整。装置操作岗位没有生产指令,严禁私自更改重整进料量。

③ 如果出现紧急情况,优化操作方法,保护板换,避免冲击。非紧急情况下重整装置进料量的降量和提量速度按≯1t/h 控制。

④ 上游应稳定操作,精细调整,控制馏分切割,确保石脑油组分不出现大的波动。

重整进料性质主要取决于精制油馏程,其中重整进料初馏点对重整反应工况有很大影响,如果精制油初馏点出现波动,预处理系统调整要慢,做到微调、细调、慢调。

建议根据预估板换泄漏量和不合格混合二甲苯的产量制定好全厂汽油池调整方案,避免重整装置不合格混合二甲苯的产量过多影响全厂的汽油调和。

2) 控稳重整反应苛刻度:

① 影响重整反应苛刻度的主要因素为全厂瓦斯管网压力及组分性质。生产调度应控制瓦斯管网系统的压力和组分,避免大的波动,保证重整反应温度波动≯±2℃,如果瓦斯管网有调整,应及时告知重整岗位,做好预防措施。

② 没有生产指令,严禁私自更改重整反应温度。如果确实需要调整反应温度、氢油比时,调整要尽量慢,减小反应苛刻度调整对板换的冲击。

3) 紧急情况避免冲击:如果出现紧急情况,保护板换,避免冲击。重整装置反应温度降温和升温速度尽可能按≯15℃/h 控制。

4) 控稳循环氢流量及产氢性质:循环氢压缩机 K201、增压机 K202 输送气体性质取决于重整反应苛刻度、各分液罐(D201、D202、D203)温度和压力等因素。D201、D202 和 D203 的温度与 A201、A202 和 A203 冷后温度息息相关;目前这些空冷均无变频,天气变化及开停空冷会造成冷后温度大幅波动,对循环氢及产氢性质影响很大。

建议重整产物空冷 A-201、增压机一段、二段入口空冷增加变频,保证循环氢压缩机和增压机运行稳定,外送氢稳定。

5) 再接触系统各部压力:影响 D201、D202 和 D203 压力的因素很多,如果重整产氢量、罐内气体温度稳定时,主要取决于 K201、K202 转速及高分罐 D201、再接触罐 D204 压力。D201 压力由 K202 转速控制,较为稳定;D204 压力的主要影响因素为氢气管网压力,可通过适当降低氢气管网压力(1.9~1.95MPa),通过压控 PIC21302 稳定 D204 压力稳定,同时加氢单元应稳定用氢量,避免大幅调整,正常生产期间用氢量波动≯2000Nm³/h。若 D201、D202、D203 和 D204 压力稳定,则 K202 一、二级压比也稳定。

6) 控稳 K201 出口循环氢流量:

① 重整外操应监控好压缩机 K201 的运行,维持压缩机的出口压力稳定,关注蒸汽管网压力的变化和机组振动位移等参数,避免因为压力波动和机组异常停机对板换造成冲击。

② 影响 K201 出口循环氢流量的因素主要是高分罐温度、压力及汽轮机驱动用中压蒸汽压力、温度。要求公用工程单元稳定中压蒸汽压力(±0.03MPa)。

（4）处理效果

2018 年 4 月将板式换热器更换为缠绕管换热器，近一年运行情况良好。

新的缠绕管式换热器的热流侧压降由板式换热器的 78.20kPa 降至 22.41kPa，冷流侧压降则由之前的 54.70kPa 降到 25.86kPa，换热器冷热侧总压降由 132.9kPa 降到 48.27kPa，减少了 84.63kPa。无论是热流侧还是冷流侧，绕管式换热器的压降甚至要优于设计工况。在控制产物分离罐 D201 压力不变的工况下，进料换热器压降的变化使得反应系统平均反应压力由 0.377MPa 降至 0.325MPa，低于设计值 0.34MPa。热端温差也由 46.68 ℃ 降至 33.92℃，减少了 12.76 ℃，换热器换热效率提高。

（5）经验教训

缠绕管式换热器无论从换热效果还是耐冲击能力，均优于其他类型换热器，且目前还未出现其他问题。建议在新建装置、改造装置、换热器更新中应用缠绕管式换热器。

4. 重整进料换热器压差升高

（1）背景介绍

某连续重整装置采用超低压重整工艺和 UOP CycleMax 催化剂连续再生技术，以直馏石脑油、外购石脑油和加氢焦化石脑油为原料，产出高辛烷值汽油调和组分和含氢气体。装置开工重整进料负荷为 67%，氢烃摩尔比为 2.0，重整进料板壳式换热器进料侧差压为 69kPa，生成油侧差压为 116kPa。设计条件下装置 100% 负荷运行时设计进料侧差压为 26kPa，生成油侧差压为 62kPa，实际运行值明显高于设计值，其热端温差最高达到 48℃，装置能耗偏高。

（2）原因分析

可能导致重整进料换热器差压高的主要原因如下：

① 换热器板片结焦或积盐。

② 反应进料油喷淋棒堵塞或气相分配盘堵塞。

③ 换热器内构件损坏，如膨胀节变形或板片变形。

④ 仪表显示问题，如换热器差压引压管堵塞，引压点位置改变。

⑤ 进料量或循环氢量显示偏大，导致实际氢烃比偏大。

⑥ 换热面积偏小，无法满足生产要求。

（3）处理措施

① 联系仪表对换热器差压点进行检查和引压管疏通，检查反应进料流量和循环氢流量是否显示正确。

② 停止反应进料，将循环氢自换热器倒引至入口过滤器放空总管，对反应进料油喷淋棒进行冲洗，判断喷淋棒是否有堵塞。

③ 对重整进料中的氯、氮、烯烃、机械杂质等可能导致结盐或结焦的杂质含量进行精确分析，通过进出换热器物料温度估算换热效率的变化，判断是否有结焦或结盐的情况，并在具备条件时对换热器进行化学清洗，该方法可有效解决结盐问题，但出现结焦时效果并不明显，同时要预防化学清洗时可能导致的腐蚀问题。

④ 在换热器分配盘堵塞或内构件有损坏时需停工检查。

⑤ 换热器的换热面积和装置的处理量有一定的关系，联系供应商提供实际的换热面积，判断换热面积是否满足要求。

⑥ 经过综合判断发现换热器实际的换热面积小于设计换热面积导致差压升高，只有更换换热器才能解决。

⑦ 因该换热器订货周期较长，为维持装置生产，采取控制重整反应进料量、重整反应氢油比等措施控制换热器两侧差压之和不大于 250kPa，防止换热器受力过大而泄漏。

（4）处理效果

2016 年 7 月将重整进料板壳式换热器更换为缠绕管式换热器，装置达到满负荷生产时，进料侧差压和生成油侧差压分别为 24kPa、19kPa，热端温度为 27℃，装置能耗下降约 3kg EO/t(重整反应进料)。

（5）经验教训

在换热器两侧差压降低后反应系统压力降低，闭锁料斗平衡阀的开度变小，为装载合适的曲线，将 UOP 公司提供的原始曲线沿纵坐标逐步下移，并对每一条曲线进行试运行，直至找出合适的标准曲线，然后再进行自适应学习，利用此规律制作的标准曲线可满足生产要求。

5. 加热炉出口集合管盲法兰泄漏

（1）背景介绍

2016 年 10 月 9 日 6：00，某连续重整装置外操在巡检过程中发现二反前加热炉 F202 出口集合管法兰盖发生轻微泄漏着火，遂用汽幕在法兰周围进行蒸汽保护，并联系维保单位人员进行紧固。紧固后泄漏情况得到控制，但并未完全消除，遂联系维保单位制作注胶夹具进行带压堵漏，其间泄漏的法兰采用蒸汽保护。10 月 10 日凌晨泄漏量加大，上午卡子制作完成，装置负荷由 95t/h 降至 87t/h，并于 9：30 开始安装卡子，9：54 泄漏量突然加大，装置紧急停车并进行泄压，随后消防人员赶到现场，对泄漏部位进行消防水掩护。

（2）原因分析

加热炉 F202 出口集合管法兰垫片变形损坏是导致本次非计划停工的直接原因。拆解发现垫片内环严重变形，密封缠绕带散溃变形，石墨缠绕垫完全损坏失效。

为防止其他集合管法兰出现类似泄漏，对所有 8 个盲法兰进行了检查和垫片更换，发现一反和二反出口有缺陷的垫片所属盲盖内部均有不同程度的凹坑，凹坑周边有旋槽。其余 6 个盲盖垫片完好、盲盖内无旋坑。

垫片泄漏原因一方面为垫片加工尺寸偏大，在把紧时螺栓压到垫片部位，导致垫片局部发生凹坑及应力变形。另一方面由于高温油气经过辐射段的大 U 形炉管，切向高速进入集合管产生旋转冲刷管壁，在夹带少量的催化剂粉尘的旋转气流冲击下，作用在法兰盖内侧，不仅将盲盖旋出凹坑，对缠绕垫片内环也造成巨大的破坏，导致密封垫内环变形，强度下降，石墨缠绕部分溃散，进而导致垫片失效。且查阅文献资料，同类装置也有类似问题发生。

（3）处理措施

针对四合一炉出口集合管盲法兰部位泄漏问题，装置更换了全部 8 个法兰垫片，全面检查了集合管、盲法兰设备本体、密封面及垫片的损伤情况，并积极与设计单位及其他兄弟单位沟通，探索对盲法兰部位的密封型式和防涡流措施的改进。例如，将法兰密封垫片升级为波齿垫、自密封垫或金属环槽密封垫片，提高抗干扰能力和密封效果；在盲法兰中心部位设计加装防涡流设施，减少流体介质对法兰的冲刷，装置将此列为检修计划，及时进行消缺。

（4）处理效果

8 个盲法兰更换垫片后，泄漏情况消除。但未从根本上消除盲法兰部位的涡流，须在检修时增装防涡流设施。

（5）经验教训

① 集合管盲法兰部位涡流现象普遍存在，主要由于高温油气经过辐射段的大 U 形炉管，切向高速进入集合管产生旋转冲刷管壁，在夹带少量的催化剂颗粒的旋转气流冲击下，作用在法兰盖内侧，不仅将盲盖旋出凹坑，对缠绕垫片内环也造成巨大的破坏。

② 盲法兰处防涡流设施已在多套装置成功应用。某石化连续重整装置在集合管盲头处加装防涡旋装置，经 CFD 软件模拟，效果良好。

二、催化剂循环再生系统典型案例

（一）重整催化剂粉尘量异常升高

（1）背景介绍

某公司发现其连续重整装置反再系统催化剂粉尘量明显增加，催化剂跑损严重，每天淘析粉尘量达 10~20kg，且频繁地更换粉尘收集器中的过滤布袋，还原尾氢中携带大量破损和整颗粒催化剂，重整氢循环机及增压机轴振动值连续偏高，影响了装置的正常运转。为此，装置采取停工抢修，通过系列措施整改使装置运转归于正常。

（2）原因分析

通过对反再系统各容器内部的检查发现，系统中存在大量的催化剂粉尘，并且是颗粒度极小的细粉尘，经专家分析，认为细粉的产生有以下几方面的原因：

① 催化剂粉尘长期存在淘析不彻底的现象，不能单纯以控制淘析气量来判断粉尘的淘析程度，必须以每天卸出的粉尘量及其含破碎颗粒或整粒催化剂不低于 20%~30% 的标准来控制。

② 系统中的细粉尘伴随了整个催化剂循环，长期积累，形成恶性循环。比如还原段产生的大量粉尘，会集中到四反底部形成死区；闭锁料斗内产生的大量粉尘，会在闭锁区积累。

③ 再生器中心管上部 5 处破损，四反底部中心管开裂，都会造成催化剂的跑损和粉尘的携带。

（3）处理措施

① 将全部催化剂卸出进行过筛分级。

② 对再生器中心管上部 5 处破损进行补焊。

③ 分别对循环机和增压机过滤器内大量的催化剂粉尘、叶轮上附着的粉尘和转子结垢进行清除，并将过滤器补加的内网拆除，只保留骨架。

④ 检查中发现第四反应器中心管底部有约 180mm×11mm 裂纹，且受挤压变形鼓胀，通过增加加强圈进行修复。

（4）处理效果

通过停工紧急抢修，对重整反再系统进行综合检查，装置恢复正常生产。

（5）达成共识

① 装置长周期生产中，出现反再系统催化剂粉尘积累的主要原因包括：高负荷生产、

高苛刻度操作、催化剂粉尘长期淘析不彻底。

②定期对淘析后的催化剂采样目测，确认实际淘析效果。淘析出的催化剂粉尘中整颗粒所占的比例应为20%~30%。

（二）再生氧氯化区超温

（1）背景介绍

某连续重整装置检修后于2016年9月13日进油，14日催化剂进行黑烧，19日达到白烧条件。再生系统由黑烧切换白烧，装置反应和再生系统在黑烧和白烧期间运行一直比较稳定。21日10：08烧焦段氧分析仪氧含量开始下降，10：10氧含量分析仪指示值降到0，操作人员迅速将催化剂由白烧切换至黑烧，查找再生系统发生异常现象原因。自从由白烧切换至黑烧以后，烧焦段温度虽略有波动，但未出现超温和温峰下移现象。17：00发现闭锁料斗下料不畅，无法装料，再生系统手动热停车。

（2）原因分析

①再生器恢复黑烧后，再生剂采样时发现混有极少量黑剂，判断再生烧焦段约翰逊内网可能有微量破损。但10月9日装置改白烧观察后，再生剂采样分析未有黑剂，催化剂粉尘量观察一月左右也未有增大，基本维持在一周10kg左右。

②检查发现再生剂结块并发现侏儒球，基本可判定再生氧氯化区发生了超温现象。高碳催化剂进入再生器烧焦后虽采样合格，但部分催化剂中有黑心导致催化剂在氯化区以下的高氧区燃烧，氧含量降低至0，高氧区超温。

③开工后装置提温提量速度较快，反应器死区催化剂发生扰动，流通至正常催化剂下料，催化剂再生烧焦床层温度未及时监控到超温，催化剂在氧氯化段部分结焦成块。

（3）处理措施

再生系统停热后，车间将再生器出口下部的氮封罐、闭锁料斗和管线中催化剂全部卸出，打开氮封罐和闭锁料斗以及相关管线进行检查，检查发现闭锁料斗分离区到闭锁区下料管中有块状催化剂堵塞，并且催化剂中发现少量侏儒球，检查结果表明在再生器内存在催化剂超温现象。

由专业公司对卸出催化剂进行密度分级处理，处理卸出催化剂1.5t，得到合格剂1t，不合格剂0.5t。

（4）处理效果

再生检查完毕后建立循环，正常黑烧。黑烧正常后装置加强监控运行，在连续黑烧2周无异常后装置于10月9日转入白烧，目前重整再生白烧正常，装置加强监控运行。

（5）经验教训

装置停工检修时，催化剂密度分级确定的标准为碳含量7%以上的催化剂作为死区剂，实际上在分级处理过程中，由于不能做到精确控制，可能会有碳含量超过7%的催化剂作为正常剂被重新装入系统中，超过再生器的负荷，导致烧焦区燃烧不完全和氧氯化区床层局部超温、催化剂结块、产生迷你球等现象。

再生器烧焦区入口、出口、内部有异物，局部粉尘多或催化剂局部烧结，可导致局部催化剂流动不畅、架桥或空腔的现象发生，使得部分含炭催化剂在烧焦区停留时间过短，积炭未完全烧尽，进入氧氯化区后发生超温。

（三）再生器中心筒漏剂

（1）背景介绍

2016 年 8 月 11 日，某重整装置操作工在检查再生循环气碱洗系统的 pH 值时，从再生碱洗循环泵 P1941 出口发现大量碎剂，T1941 退碱控制阀堵塞，通过放空发现有少量催化剂，初步判断为再生器跑剂。通过 T1941 水洗排放两次后，再次检查仍有催化剂，确认再生器跑剂。

（2）原因分析

① 再生烧焦过程中烧焦段发生过超温。导致超温的可能原因有：烧焦循环气中氧含量过大；催化剂提升速率过快；氧分析仪显示不准等。

② 再生停车时温差变化大，降温速度越快，导致床层温度快速下降。由于再生器中心筒的内筒体和约翰逊网的膨胀幅度不一致，造成约翰逊网被挤压，约翰逊网丝变形、间隙扩大。

（3）处理措施

① 编写下发催化剂再生烧焦操作指导书。

② 控制方案优化，控制好再生器烧焦区和氯化区差压，将再生器不下料风险降至最低。

③ 再生器床层测量热偶改用"柔性"热偶，可以测量到再生器实际床层峰温。

④ 增加国产氧分析仪，有助于内操及时发现烧焦区催化剂下落不畅的问题，再生器超温的风险大大降低。

⑤ 优化现有热停车条件，减少热停车次数，和减缓热停车时床层降温速度。

⑥ 中心筒结构改造，约翰逊网一端改为自由端，增加抗形变能力。

⑦ 再生循环气电加热器功率增加，保证再生热停车时能加热循环气到 480℃，减少停工时降温过程总温差。

⑧ 通过管线疏通、过滤网清理、控制方案优化，控制好再生器烧焦区和氯化区差压，使再生器下料不畅风险降至最低。

⑨ 开展岗位联评会，对超温事件报告进行认真学习总结，并继续对催化剂再生岗位指导书加深学习，让操作员熟练掌握。

⑩ 将工艺卡片中再生器床层烧焦温度 ≯560℃ 指标，改为 ≯530℃ 控制，作业区内部按照 ≯525℃ 控制。

（4）处理效果

再生系统运行正常，再生循环气碱洗塔未发现催化剂颗粒现象。

（四）再生循环气露点超标

（1）背景介绍

2016 年 7 月中旬，某连续重整装置催化剂再生干燥器运行过程出现波动，直接影响再生烧焦循环氮气水含量的控制，造成催化剂再生器烧焦区下部温度波动，导致再生干燥罐切换过程必须短时间临时切除再生器烧焦区与焙烧区温升联锁，才能确保催化剂再生系统不会发生热停车。通过对再生干燥器运行发生波动前后数据对比，可以看出干燥罐切换期间出口露点温度波动大，正常期间两罐切换时露点温度最高在 -35℃，波动时最高达 16℃。判断可能为干燥罐干燥后带水或者出口管线存水。

（2）原因分析

① 干燥系统的循环气量小，不足以将水气带出。

② 除尘器滤芯有问题。

③ 干燥系统出口管线存在局部存水不易排出现象。

④ 干燥剂失效。

⑤ 再生干燥器蒸汽加热器泄漏。

（3）处理措施

① 将再生循环气量从 $3500m^3/h$ 提高至 $5000m^3/h$，效果不明显。

② 清理除尘器滤芯，除尘器压差从 22kPa 降至 0.8kPa，效果不理想。

③ 干燥器出口管线增加临时排空阀，在干燥罐切换前排尽管线内存水，露点温度波动有所好转，仍未彻底解决问题。

④ 更换干燥罐中的干燥剂，效果不明显。

⑤ 检查再生干燥系统蒸汽加热器，发现换热器的管程泄漏 16 根，堵漏之后，露点温度恢复正常，问题最终得以解决。

（4）处理效果

自 2016 年 10 月至今，再生循环气露点再未发生过超标。

三、预加氢部分典型案例

（一）预加氢反应器压降升高

（1）背景介绍

某连续重整装置自开工以来，预加氢部分反应器压降增加过快的问题一直制约着装置的长周期、满负荷运行，每连续运行三至四个月就要对预加氢催化剂进行撇头，对全厂的物料平衡造成很大的影响，也带来了一定的经济损失。

（2）原因分析

对卸下来的沉积物及撇头催化剂进行了分析，积垢篮内结焦严重，有高达 78.5% 的炭和 15.3% 的硫，其他部位也有不同程度的结焦，预加氢催化剂上碳含量达到了较高水平，平均 4.38%，最大达到 7%。经过分析，认为引起反应器顶部结焦造成压降频繁快速上升的原因主要是由于原料中氧含量高。连续重整装置预加氢单元的石脑油原料，主要由系统内三个炼油厂常减压装置提供，其中两个炼油厂的原料由公路罐车运输而来，油品装卸及运输过程中难免会与空气中的氧接触；另外，部分石脑油储罐无氮气密封，也会与空气中的氧接触，使预加氢原料中的溶解氧含量增加。经测定，原料油中溶解氧质量分数为 5.2~15.8μg/g，远超原料油所要求的氧含量指标（<1.0μg/g）。

原料油与氧接触，其中的芳香硫醇氧化产生的磺酸，可与吡咯发生缩合反应而产生沉渣；烯烃与氧可以发生反应形成氧化产物，氧化产物又可以与硫、氧、氮的活性杂原子化合物发生聚合反应而形成沉渣。沉渣是结焦的前驱物，它们容易在下游设备中的较高温部位（如生成油/原料油换热器及反应器顶部），进一步缩合结焦，造成反应器和系统压降升高。

（3）处理措施

增设预加氢原料除氧塔，具体流程图 10-2-1 所示。

（4）处理效果

除氧塔投用后，石脑油中溶解氧含量大幅下降，从 2~7μg/g 下降到 500ng/g 以下，效果非常明显，解决了连续重整装置预加氢反应器压降大的技术瓶颈。预加氢反应器压降基本

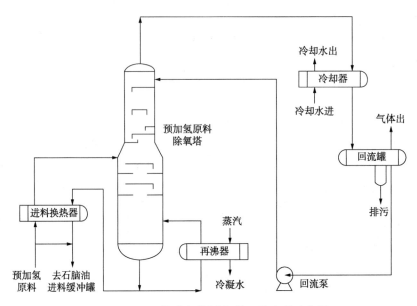

图 10-2-1　预加氢原料除氧塔工艺流程示意图

不变，避免了催化剂频繁撇头，为装置的平稳长周期运行奠定了坚实的基础，实现了可观的经济效益，达到了预期目的。

（5）经验教训

对于外购石脑油或原料由罐车运输的装置，石脑油中溶解氧必然超标。对于已建成的装置，增设除氧塔可有效解决预加氢反应器频繁撇头的装置。新建装置如加工外购石脑油，建议预先考虑增设除氧塔。

（二）预加氢进料换热器泄漏

（1）背景介绍

某连续重整装置进油开工后不到三个月的时间，相继出现预加氢产物空冷器、石脑油分馏塔顶空冷器和预加氢产物后冷器内漏，造成装置停工 6 天，重新开工后精制油硫含量连续超标，经采样分析，最终判断预加氢进料换热器 E-101A/B 漏，随即停工，停工后经验证确认 E-101B 内漏。连续重整催化剂严重硫中毒，造成连续重整装置停工。

（2）原因分析

随着国内原油的深度开采，油田和管道输送过程中使用氯代烷烃助剂，使得氯化物最终都进入原油中，经常压蒸馏装置蒸馏后，原油中的有机氯化物大部分集中于常压塔顶的重整原料油中，氯化物含量远高于常规装置；重整原料经预加氢反应后，有机氯化物转化成氯化氢，形成强腐蚀性介质。

由于预加氢采用的先加氢后分馏的流程，原料全馏分直馏石脑油从罐区来。通常罐区来的原料或多或少含有一定量的水。从对原料的分析看，全馏分直馏石脑油的硫含量为 80×10^{-6}、氯含量为 20×10^{-6}，硫含量不算高，但是氯含量很高。根据 E-101B 的腐蚀情况，判断为典型的低温露点盐酸腐蚀。换热器上部完好，没有腐蚀现象，这是由于高温段没有游离水的存在。

HCl 产生腐蚀有两个要素：一是有氯离子，二是有游离水的存在。含氯的石脑油经过预加氢反应器后，氯全部反应成了 HCl，反应器后设有预加氢脱氯反应器，正常条件下，HCl

在脱氯反应器中脱除，但是由于原料中氯含量较高，不到三个月时间即将脱氯反应器穿透。含 HCl 介质在流经低温的预加氢换热器 E-101B 及空冷器 A-101 时，水开始冷凝并溶解 HCl 形成盐酸，导致 E-101B 底部严重腐蚀。

（3）处理措施

① 预加氢进料应该尽可能直供料，避免罐区的水进入预加氢系统。装置内的进料缓冲罐设有分水包，加强脱水。

② 原料油中如溶有氧气，加氢反应后也会变成水，因此原料罐采用氮封浮顶罐以防止储存过程中溶进空气。

③ 预加氢装置要间断注水，正常情况下预加氢每周至少注水一次，注水时间在 30~60min，尤其在原料中氯含量达到 5μg/g 以上时，需要连续注水，注水量是原料量的 3%。

④ 装置内已设有脱氯反应器，能起脱氯作用，但原料中氯含量为 20μg/g，含量高于原采用值 5μg/g，导致脱氯反应器过早穿透。应加强脱氯反应器出口氯含量检测，一旦发现穿透，尽快更换脱氯剂。

⑤ 鉴于原料氯含量高，脱氯剂更换频繁，再增加一台脱氯反应器，两台互为备用，一台穿透后，切换另一台，保证脱氯反应器连续操作。

（4）处理效果

操作上尽量避免上游水进入装置，关注脱氯反应器的脱氯效果，及时更换脱氯剂，减少氯腐蚀，装置满足长周期运行。

（5）经验教训

预加氢进料应该尽量采用直供料；原料中氯含量高时，应加强采样分析，需密切关注脱氯反应器的脱氯效果，脱氯剂穿透时，需及时更换脱氯剂。

第十一章　催化重整主要设备

第一节　重整反应器

重整反应器是催化重整装置的核心设备，随着催化重整工艺技术的发展而不断更新、完善和提高。

自 1940 年第一套临氢重整工艺装置投产以来，催化重整工艺技术至今已经历了 80 余年的发展历程，并根据市场的需要还将不断地优化、创新。催化重整工艺技术的发展主要包括两部分，即催化剂性能的改进和催化重整工艺水平的提高，二者相辅相成，缺一不可。

催化剂性能的改进主要分为四个阶段[1]，即铬、钼、钴金属氧化物重整催化剂、铂重整催化剂、双(多)金属重整催化剂和高铂铼比、铂-铼和铂-锡系列双(多)金属重整催化剂。催化剂活性、芳构化选择性、稳定性、抗积炭能力、液体产品收率、芳烃产率和产氢量不断提高，操作周期加长，操作费用逐步降低。

催化重整工艺水平的发展主要分为六个阶段，即固定床临氢重整工艺、流化床临氢重整工艺、移动床催化重整工艺、半再生催化重整工艺、循环再生催化重整工艺和连续(再生)催化重整工艺。由早期的催化剂活性低、反应温度较高、工艺操作较复杂、反应效率低，工业上未得到广泛应用，到后来高苛刻条件下操作、压力、温度和氢油比较低、产品收率较高、操作稳定、运转周期长，满足不同产品的需要。

重整反应器的操作条件根据不同阶段的催化剂、重整工艺和催化剂再生技术的需要不断调整，总体来讲主要分为早期高温高压、半再生阶段的高温中压和连续(再生)重整阶段的高温低压三种情况，重整反应器各阶段的操作条件见表 11-1-1。

表 11-1-1　重整反应器在各阶段的操作条件

阶段	操作温度/℃	操作压力/MPa	介质
早期重整	530~570	3.5	油气、氢气
半再生重整	480~530	1.5	油气、氢气
连续(再生)重整	480~550	0.7	油气、氢气

催化重整工艺的目的是从低辛烷值的汽油馏分制取高辛烷值的车用汽油调和组分，或制取石油化工所需的芳烃原料，例如苯、甲苯、乙苯和二甲苯等轻质芳烃。

重整反应器是催化重整装置的核心设备，其主要反应是六元环烷烃脱氢、五元环烷烃脱氢异构化、链烷烃异构化和链烷烃脱氢环化反应，均为吸热反应，临氢条件下进行，采用绝热式，入口温度高，出口温度低。

不同的重整工艺对反应器的要求也不同。早期的催化重整工艺，由于处理量低，多采用轴向反应器，反应器的主要矛盾是如何解决高温、高压、临氢工况下壳体的材料、设计和制造问题。随着处理量的增加，特别是半再生重整技术的应用，径向反应器成为主流设备，内部结构和强度的设计成为主要任务。随着市场需求的变化，大处理量、低压降和高苛刻度的连续（再生）重整技术的出现，设备大型化、内件精细化等问题应运而生，对重整反应器的要求上升到一个新的水平。

重整反应器作为重整装置的核心设备，不同重整工艺技术的反应器结构不尽相同。从器壁内部有无隔热衬里来分，有冷壁和热壁两类；从油气在反应器内的流动方向来分，有轴向和径向两类；从催化剂在反应器内是否流动来分，有固定床和移动床两类。重整反应器一般有 3～5 台，其布置形式有分列式和重叠式。

一、反应器用材料

重整反应器的操作温度较高，通常为 480～570℃，临氢条件下进行，需要考虑高温氢腐蚀工况和材料高温蠕变问题。

碳钢在高温（200℃以上）、高压、氢环境下发生氢腐蚀，反应如下：

$$2H_2+Fe_3C=CH_4+3Fe$$

生成甲烷的化学反应可以在金属的自由表面进行。表面脱碳的结果是机械性能的下降，包括强度、硬度、延性和韧性的逐步下降。反应也可发生在金属内部，起初，甲烷是在显微空穴产生，所生成的甲烷不能从钢中逸出，甲烷在孔穴处生长且连接起来，导致产生高应力，最终形成内部裂纹，使强度、韧性和延性显著降低。碳钢暴露在低压、高温的氢介质中，就会出现表面脱碳。当处于高温高压的氢介质中，就出现了内部脱碳。

金属材料在一定温度和一定的应力作用下，随着时间的增加而缓慢发生塑性变形的现象称为蠕变。不同的材料发生蠕变的温度条件不同，铬钼钢发生蠕变的温度要超过 400℃，温度越高，蠕变速度越快。压力容器行业中，通常要求在设计温度下，经 10 万小时蠕变率为1%的蠕变极限作为设计依据。

反应器的选材通常遵循下列原则：

① 较高的强度，承受压力需要，确保元件的安全性，同时考虑经济性。

② 足够的蠕变强度和持久强度，确保长期高温安全运行。

③ 良好的韧性和抗氢性能。

④ 具有良好的韧性、塑性和焊接性能，易于加工成型，焊接接头不产生裂纹。

在高温氢环境下，会使碳钢发生氢腐蚀，导致设备破裂、失效。解决这个问题通常有两种方法：一种是反应器内壁加隔热衬里，使反应器器壁温降至 200℃以下。由于温度降低，氢的活性下降，对碳钢基本没有腐蚀，反应器壳体可以选用碳钢，这种结构的反应器称为冷壁反应器。另一种是选用含铬和钼的抗氢低合金钢作为反应器壳体，这种设计的反应器称为热壁反应器。反应器内件通常选用不锈钢。

（一）冷壁反应器用材料

我国在 20 世纪 60～70 年代建设的重整装置，因耐高温、抗氢腐蚀的铬钼低合金钢材料短缺，而且又无法进口，反应器壳体多采用冷壁结构。

冷壁反应器的结构如图11-1-1所示，将隔热衬里固定在反应器内壁上，以300℃作为器壁的设计温度，实际壁温控制在200℃以下，这样器壁可选取碳钢制造，以节省投资和解决合金钢材料短缺问题。同时，为了监测反应器壁温变化，一般在外壁涂高温变色漆，当器壁温度超过300℃时，涂漆颜色就会发生变化，说明内部衬里已经损坏，这也是冷壁反应器最为关注的问题。为了防止高温油气冲刷隔热衬里，降低衬里损坏的风险，反应器内一般安装不锈钢制作的内衬筒。冷壁反应器隔热层施工难度大，质量不易保证，操作时如损坏，会形成局部超温。长期在超温下运行时，用碳钢制造的壳体将会受到氢的腐蚀，最终可能导致器壁破裂。近些年，冷壁反应器已经逐步退出市场。

（二）热壁反应器用材料

20世纪80年代以后，从开始进口铬钼低合金钢材料，到自行生产，我国耐高温抗氢钢的材料问题得到解决，反应器壳体均采用热壁结构。热壁反应器结构简单，制造方便，安装容易，深受广大用户青睐。

热壁反应器的结构见图11-1-2~图11-1-4。热壁反应器既应用于固定床也应用于移动床，既有轴向也有径向结构。热壁反应器的壳体直接接触高温油气和氢气，材料需要具有优良的抗氢腐蚀和耐热性能。根据操作条件，受压件材料参照图11-1-5临氢作业用钢防止脱碳和微裂的操作极限可选用1Cr-0.5Mo（SA387 GR.12）、1.25Cr-0.5Mo-Si（SA387 GR.11）或2.25Cr-1Mo（SA387 GR.22）低合金钢，与之对应的国产钢板材料为15CrMoR、14Cr1MoR和12Cr2Mo1R。

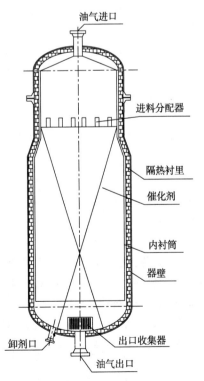

图11-1-1 冷壁轴向反应器

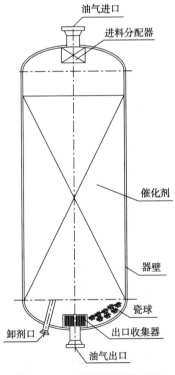

图11-1-2 热壁轴向反应器

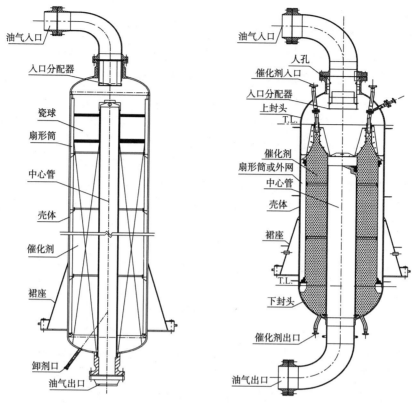

图 11-1-3　热壁径向反应器(固定床)　　　图 11-1-4　热壁径向反应器(移动床)

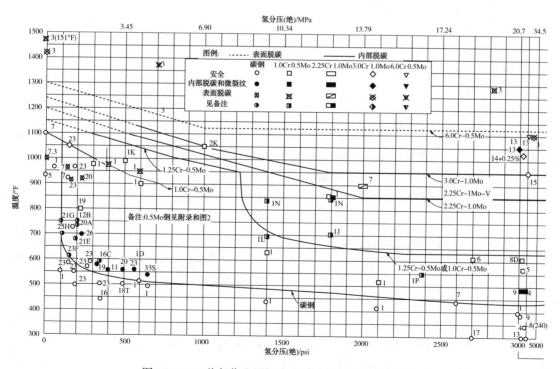

图 11-1-5　临氢作业用钢防止脱碳和微裂的操作极限

注：纵坐标：操作温度+28℃，横坐标：氢分压+0.35MPa，根据坐标点的位置选择合适的材料

anchovy用"

（三）反应器内件用材料

反应器内件相对结构比较复杂，工况苛刻，且受空间、结构和不易无损检测的限制，考虑到耐腐蚀性和便于加工制造，通常选用不锈钢。内件常用的不锈钢是 SA240 TYPE 304、TYPE 321、TYPE 347，对应的国内钢材是 S30408、S32168 和 S34778。

（四）反应器常用的几种钢材的特点

15CrMoR（1Cr-0.5Mo）、14Cr1MoR（1.25Cr-0.5Mo）和 12Cr2Mo1R（2.25Cr-1Mo）是反应器壳体常用的抗氢钢（常规化学成分和力学性能见表 11-1-2、表 11-1-3），均含铬、镍等合金元素。铬主要存在于渗碳体（Fe_3C）中，其提高了碳化物的热力稳定性，阻止碳化物分解，并减弱了碳在铁素体中的扩散作用，减少了甲烷的生成，提高钢材的抗氢蚀性能。而钼对铁素体有固溶强化作用，同时也能提高碳化物的稳定性。钼在钢中形成特殊的碳化物，从而改善钢材的抗氢蚀性能。

表 11-1-2　化学成分　%

牌号	C	Si	Mn	Cu	Ni	Cr	Mo	S	P
15CrMoR	0.08~0.18	0.15~0.40	0.40~0.70	≤0.30	≤0.30	0.80~1.20	0.45~0.60	≤0.010	≤0.025
14Cr1MoR	≤0.17	0.50~0.80	0.40~0.65	≤0.30	≤0.30	1.15~1.50	0.45~0.65	≤0.010	≤0.020
12Cr2Mo1R	0.08~0.15	≤0.50	0.30~0.60	≤0.20	≤0.30	2.00~2.50	0.90~1.10	≤0.010	≤0.020

表 11-1-3　力学性能

牌号	交货状态	R_m/MPa	R_{eL}/MPa	断后伸长率 A/%	冲击功 K_{V2}/J	弯曲试验（180°，b=2a）
15CrMoR	正火加回火	450~590	≥295	≥19	≥47/20℃	D=3a
14Cr1MoR	正火加回火	520~680	≥310	≥19	≥47/20℃	D=3a
12Cr2Mo1R	正火加回火	520~680	≥310	≥19	≥47/20℃	D=3a

这三种钢材属于裂纹敏感性很强的钢材，而 12Cr2Mo1R 还有回火脆性问题。为了在氢工况下使用安全，通常并不片面要求钢材有很高的强度，而是要求强度和韧性综合优良。在原材料和制造过程中提出了附加要求是最有效的做法。例如：钢材冶炼方式、杂质含量控制；原材料的性能热处理；冲击韧性要求；焊接、消除应力热处理、无损检测要求。

另外，这三种钢材属于通过热处理来保证其力学性能的，因此对返修热处理次数有严格规定（特别是 14Cr1MoR 和 12Cr2Mo1R），通常现场只有一次返修热处理的机会。过多的返修热处理会使设备壳体的强度和韧性急剧降低，影响安全使用。如因特殊原因，例如改造项目，要增加热处理次数，需要做试验来验证。

12Cr2Mo1R 钢较其他两种抗氢钢还有特殊性能，即回火脆性。长期在 375~575℃ 的温度范围内操作，会引起材料的脆化。表现为：冲击韧性的降低，脆性转变温度升高，但并不伴随其他性能（如硬度和拉伸性能）的变化；在 P、Sb、Sn、As 微量元素多的情况下，脆化特别显著，多量的 Si 和 Mn 对脆化具有促进作用；脆化是可逆的，严重脆化了的材料，在

593℃以上短时加热便可以脱脆。

材料回火脆化敏感性通常用回火脆化敏感性系数来衡量，而通常降低材料的脆化敏感性的方法就是降低杂质的含量。工程上以 J、X 系数作为预计的回火脆化敏感性系数，从原材料的化学成分来控制，达到降低材料的脆化敏感性。一般要求：

$J=(Si+Mn)·(P+Sn)×10^4≤100$（钢板和锻件）

式中，各元素均以其百分含量代入，如 0.15% 应以 0.15 代入。

$$X=(10P+5Sb+4Sn+As)×10^{-2}≤15×10^{-6}（焊接接头）$$

式中，各元素以×10^{-6}含量代入，如 0.01% 应以 100×10^{-6}代入。

另外，通过钢板、锻件和焊缝金属回火脆化倾向评定试验，来验证零部件实际的回火脆化倾向。要求试验结果必须满足下式要求：

$$VTr54+2.5 \Delta VTr54≤10℃$$

式中　$VTr54$——经 Min. PWHT 处理后的夏比(V 形缺口)冲击功为 54J 时相应的转变温度；

$\Delta VTr54$——经 Min. PWHT+S. C(分步冷却脆化处理)后的夏比(V 形缺口)冲击功为 54J 时相应的转变温度增量。

冲击功与试验温度的关系如图 11-1-6 所示。最符合实际的是脆化温度范围内进行等温时效处理，需要几万小时，时间很长，工程上难以实现。通常采用脆化模拟法，即分步冷却法，如图 11-1-7 所示。

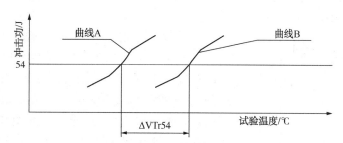

图 11-1-6　冲击功与试验温度的关系曲线

曲线 A—分步冷却脆化处理前冲击功与试验温度关系；曲线 B—分步冷却脆化处理前冲击功与试验温度关系

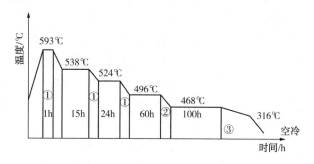

图 11-1-7　分步冷却脆化处理程序

冷却速率：①5.6℃/h；②2.8℃/h；③28℃/h

工程上通过回火脆性敏感系数的控制和回火脆化评定试验的验证，即认为基本上可防止设备回火脆化的发生。

二、反应器主要结构形式

(一) 轴向反应器

轴向式反应器结构见图 11-1-1 和图 11-1-2,其原理是油气从顶部入口进入反应器,通过固定床催化剂进行反应,反应后的生成物及氢气自底部接管引出,整个油气和反应物沿设备轴向自上而下流动,其内件结构相对简单,一般进口设有入口分配器,出口设有出口收集器。其缺点是会引起较大的压降。

在装置规模较小,催化剂装填量较少的早期重整和半再生重整装置中,反应器床层高度较低,通常采用内构件结构简单、安装容易的轴向反应器。我国 20 世纪 70 年代以前的重整反应器多为轴向反应器。随着装置规模的不断扩大(目前在建的重整装置规模超过 3.0Mt/a),重整反应器需要装填的催化剂量大、床层高。另外,随着超低压连续重整的运用,重整反应压力降低,要求反应系统的压降更小。为满足这些要求,径向重整反应器在现代重整装置中被广泛采用。

(二) 径向反应器

径向重整反应器结构见图 11-1-3 和图 11-1-4,有固定床和移动床两种。油气从上部(或侧面)进入反应器,通过扇形筒(或外筛网)沿径向通过催化剂床层,与催化剂反应后进入中心管,最后经出口引出设备。由于流动方式的改变,使油气流通面积加大,床层厚度减薄,阻力和压降变小。

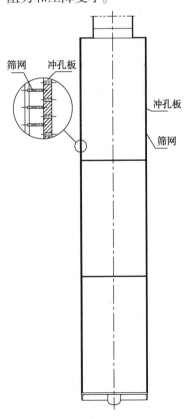

图 11-1-8　中心管简图

径向重整反应器与轴向的不同之处主要在于油气流动方向,油气流动方向由内构件的变化来实现。径向重整反应器内构件相对复杂,装配精度要求也更高,一般在中心设有中心管,在靠近器壁处沿圆周方向设有若干根扇形筒(或一个大型外筛网),以实现油气径向流动和催化剂自上而下的轴向流动(仅对于连续重整)。主要的内构件特点和功能简单介绍如下。

1. 中心管

各种形式的径向反应器都有一根中心管,它由开孔圆筒、外网和上下连接件组成,如图 11-1-8 所示,材料均为不锈钢。内部圆筒根据工艺要求开设一定面积的小孔,孔的大小、数量和布置是实现油气在催化剂床层中流动是否均匀、反应效果好坏的关键。中心管开孔圆筒外可以包外网,主要目的是防止催化剂从中心管中流失。

早期外网选用不锈钢金属丝网,其特点是结构简单、制造容易、价格低,但压降大、强度低,易损坏漏剂。随着制造技术的日益提高和成熟,强度高、压降小、表面平整、光洁度高的焊接条形筛网已取代金属丝网,特别是在连续重整反应器。焊接条形筛网示意图见图 11-1-9。

2. 扇形筒或大直径外筛网

径向反应器的周边有均匀布置若干扇形筒或安装一个大直径外筛网两种形式。扇形筒有两种结构形式：一种是用薄钢板（厚度 1.2mm、1.5mm 或 2mm）冲孔后压制而成，另一种是用焊接条形筛网制成。薄板制扇形筒用得较普遍，但强度低、刚性差。焊接条形筛网制扇形筒强度高、刚性好、开孔率大，可减少催化剂磨损和流动阻力，有后来居上之势。图 11-1-10 为一种焊接条形筛网扇形筒结构简图。

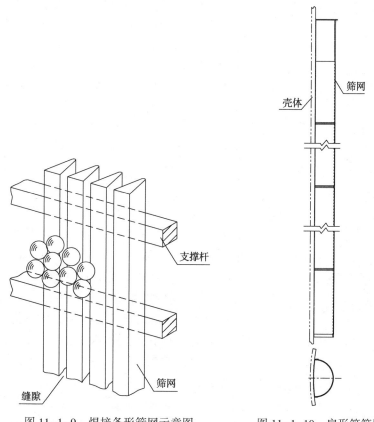

图 11-1-9　焊接条形筛网示意图　　　　图 11-1-10　扇形筒简图

大直径外筛网的基本构件是焊接条形筛网，外筛网缝隙均匀、死区小，与催化剂接触面光洁平整，筛网缝隙方向与催化剂流动方向一致，有利于催化剂流动，可减少催化剂磨损。大直径外筛网由于直径大、强度低，刚度相对较小，成型组装困难，尺寸公差不好控制，制造难度大，不易更换，目前应用较少。

3. 半再生、循环再生、连续重整反应器

半再生重整（固定床）的催化剂在反应器内不流动，催化剂再生时将反应系统置换干净，依次进行烧焦、氧氯化、干燥、还原等过程，反应器也同时是催化剂的再生器。催化剂也可进行"器外再生"，但须将催化剂从反应器卸出后送往催化剂厂再生处理。

循环再生反应器也采用固定床结构，但多设一台反应器，在操作过程中，轮流有一台反应器切换出来，原位对催化剂进行再生，其他反应器照常运行，每台反应器运行的间隔时间

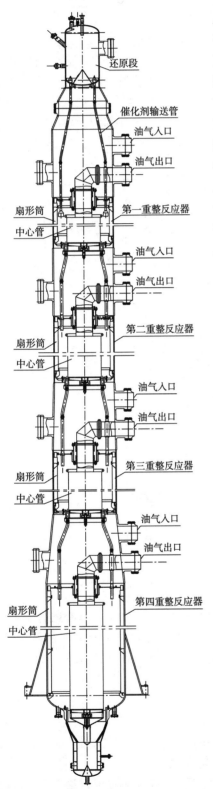

图 11-1-11　四合一重整反应器

从不到一周到一个月不等，以保持系统中的催化剂具有较好的活性和选择性。因此，反应器都要频繁地在正常操作的氢烃环境和催化剂再生时的含氧环境之间变换，要考虑疲劳设计。

连续(再生)重整，即催化剂连续再生的重整工艺，采用移动床反应器，一般采用径向结构，且均为热壁反应器，图 11-1-4 所示就是一台连续重整反应器。催化剂在反应器内依靠重力自上而下流动，油气从反应器外侧环形空间(扇形筒或外筛网)横向穿过催化剂床层，进入中心管内。由于采用催化剂连续再生技术，催化剂生焦过快、失活的问题得到解决，重整反应器可不停工长周期稳定运行，因此在全世界范围内迅速被推广使用。

连续(再生)重整反应器采用移动床径向结构，要考虑催化剂流动和油气密封问题，因此，结构比较复杂，制造难度大，安装要求高。

4. 分列、重叠布置

早期，半再生和循环再生工艺技术的重整反应器均为并列布置，连续重整装置反应器的布置形式根据不同的重整工艺技术而不同。一种是四台重整反应器重叠布置，近年来，规模大的连续重整装置(2.0Mt/a以上)多采用两两重叠布置，可降低框架总高度，并有利于反应器稳定核算，降低投资。另一种为四台重整反应器并列布置。图 11-1-4 为并列式布置的其中一台反应器简图，图 11-1-11 为四合一重整反应器简图。

重叠布置的反应器具有占地面积比较小、反应效率高、节省能源、反应器间催化剂靠重力流动，催化剂提升次数少和流程简单等优点，但内部结构复杂、尺寸公差和装配精度要求严格，设备较高，反应器长径比较大，尤其需要注意稳定性核算。

并列式布置的反应器，催化剂在反应器间的输送用气体提升，设备高度较低，维修比较方便，但占地相对较大，相关联的设备数量较多。

三、反应器的安装和维护

重整反应器是在 480~570℃ 的高温、临氢工况下操作，科学合理的安装和维护是其能够安全、稳定运行的基础。通常需要关注两方面，即反应器壳体和内构件。

（一）反应器壳体

反应器壳体在设计过程中已经提出了许多附加要求，制造中也进行多次试验和检验，本质上是安全的。但由于认识上的误区，认为操作压力不高，重视不够，法兰接头泄漏经常发生。有的因泄漏打临时夹套，还有的增设蒸汽盘管降温、稀释，每年花费巨额额外费用，更有甚者由于处理不当，进而发生火灾事故。分析泄漏的原因，解决法兰接头的泄漏问题，已经迫在眉睫。

1. 法兰接头泄漏原因分析

法兰接头泄漏通常是多方面原因造成的，如温度变化、长期高温操作、压力波动、法兰变形、垫片不佳、密封面损坏、螺栓预紧力不足、安装不当和维护不利等。根据现场反馈的情况来看，重整反应器法兰接头泄漏主要原因如下：

（1）安装不当

目前，由于国内没有法兰安装的国家或行业技术规范，传统的普通扳手、锤击扳手等方法仍在大量使用。由于缺少专业的技术人员、专用设备和科学合理的上紧程序，致使法兰螺栓预紧力的准确性大打折扣。

不准确的螺栓预紧力直接对法兰连接造成不良影响：螺栓预紧力不足，在升温升压后垫片达不到需要的压紧力，造成法兰泄漏；螺栓预紧力过大，垫片局部过度变形，丧失回弹能力，密封失效。据统计，超过80%的法兰接头泄漏是安装不当造成的，应引起足够的重视。

（2）螺栓预紧力不足

螺栓预紧力如何确定是保证法兰连接性能的关键，需要兼顾垫片、螺栓和法兰三方面。但由于国内缺少相应的标准和规范，螺栓预紧力一般参照 GB150《压力容器》法兰设计准则来确定，即：预紧状态下密封需要的最小螺栓载荷和操作状态下密封需要的最小螺栓载荷。螺栓预紧载荷取不低于上述两者的较大值，即满足密封要求。这种做法对法兰和螺栓采取了有效的保护措施，但对密封存在不足。例如：

① 垫片系数 m 是按普通介质（一般是氮气）在常温下试验得到的。实际上不同介质、不同温度 m 值是不同的，差别很大，有的可达数倍。这差异较大的 m 值对法兰设计问题不大，但对高温下渗透性很强的氢气和密封要求高的重整反应器法兰连接，显然是不合适的，由此计算的螺栓预紧载荷明显偏小。

② 法兰预紧后，由于弹性作用常温下螺栓存在自然松弛，预紧力自行下降。

③ 垫片的回弹性能随着温度的升高而下降，高温下垫片密封力下降。

④ 由于反应器长期在500℃左右高温下操作，材料蠕变使垫片回弹性能下降，螺栓应力松弛，密封力下降。

显然按法兰设计准则确定的螺栓预紧载荷无法解决上述密封问题，往往造成螺栓预紧载荷不足，现场为了解决这个问题，通常采用热紧的方式。从现代技术来看，热紧是法兰连接安装的大忌：一是在热紧时，与锁紧螺栓相邻的螺栓会松弛，介质易泄漏，有安全隐患。二是装置进油后，受安全和施工条件的限制，专用设备无法使用，而普通设备精度达不到要求，往往会超载，在设备运行一段时间后，法兰发生泄漏。

（3）外部管线载荷影响

法兰接头除压力载荷外，还要承受外部管线的附加拉、压或弯矩载荷，这也是影响法兰接头性能的一个重要因素。在工程上通常采用当量设计压力法来考虑外部管线载荷对法兰的影响。

在进行管线设计时，通常是计算每一条管线单独对反应器法兰的外部载荷，并据此确定法兰的当量设计压力。但由于平面布置的需要，重叠式重整反应器的八个油气进出口往往集中布置在反应器靠近加热炉一侧，而多条管线对法兰的联合作用无法准确计算，以致上述所得法兰当量设计压力可能偏低，影响法兰预紧力选择。因此，重叠式重整反应器法兰接头泄漏问题最突出。

另外，从现场观察来看，管线支吊架施工偏差或质量不佳，使其无法正常工作，法兰所承受的管线实际外载荷远远偏离设计值，这也是影响法兰连接性能的原因之一。

(4) 法兰和紧固件维护不利

现场一直存在一种习惯做法，即法兰接头在操作时不泄漏，停工检修时不再对该法兰进行维护，特别是反应器操作压力低时(约 0.4MPa)，更是降低了对其关注度。但紧固件和垫片都是有设计使用年限的，特别是高温工况下(长期在 500℃ 左右高温下操作)问题更突出。这种不科学的做法，可能丧失对法兰检查、维护的时机，未能及时发现垫片和紧固件的性能下降，以致重新开工后，原本不漏的法兰接头陆续开始泄漏，但又不能停车更换，只能采取非常规措施，临时对付。

(5) 垫片不当

重整反应器法兰密封元件通常直接选用不锈钢加柔性石墨缠绕垫或波齿垫，而不是根据法兰的设计工况进行设计选型。国内标准，无论是 GB/T 4622.3《缠绕式垫片 技术条件》，还是 GB/T 19066《柔性石墨金属波齿复合垫片 技术条件》，其中的要求比较宽松，许多细节要求交给制造厂自行决定。而国内垫片制造厂数量繁多，大多数厂家设计能力较低，技术水平参差不齐、试验装备短缺，通常只是按标准要求进行常温、一般介质(氮气和水等)性能试验。没有对高温条件下的密封性能进行长期、系统的试验研究，缺少高温下垫片回弹能力减低、蠕变老化等相关数据，没有也无法按实际的设计工况要求调整具体结构和尺寸，以致现场往往出现刚投用时不漏，运行一段时间后，由于结构不适合苛刻的工况，开始泄漏。于是，越漏越紧，越紧越漏，直至垫片压溃失效，不得不采取其他非常规临时措施。

另外，JB/T 7758.2《柔性石墨板 技术条件》规定柔性石墨有两个性能指标：450℃ 下热失重≤1%，600℃ 下 ≤20% 即为合格。显然普通柔性石墨用作填充带材料不适合本工况要求，石墨会烧失而造成垫片密封失效。

(6) 法兰密封面变形或损伤

由于反应器主体材质为 14Cr1MoR/12Cr2Mo1R 低合金钢，根据其特性在制造过程中需经历多次 620℃ 以上的中间热处理和 690℃ 最终热处理，而热处理会造成法兰密封面微量变形。

反应器制造的常规做法是，法兰在热处理前已经加工完毕，热处理时法兰密封面仅涂临时保护层，热处理后打磨去除保护层，而法兰密封不再进行精加工。因此，法兰密封面微量变形和因打磨使密封面粗糙度过光，降低了法兰连接的可靠性。

另外，反应器制造完毕到装置运行通常需要很长的时间，法兰密封面保护不利，易出现磕碰损伤或锈蚀，特别是沿海地区的装置问题尤其突出。图 11-1-12 所示某连续重整装置重整反应器法兰面，由于在设备吊装就位，进行配管施工时没有进行有效防护，造成法兰密封面锈蚀，仅进行简单打磨处理，无法形成有效的密封。

图 11-1-12　法兰密封面锈蚀图

2. 对策

法兰接头在不同的时期、不同的工况，出现过不同程度的泄漏，但随着技术水平和装备能力的提高，采取适当措施，法兰接头泄漏的问题是可以得到解决的。主要措施如下：

1）优先选择专业的法兰安装公司，专用设备、专业技术人员操作，制定科学合理的安装程序，并考虑以下主要因素：

① 安装程序的制定。采用液压螺栓拉伸器或扳手，分多次对称上紧。12h 后按 100% 螺栓载荷再复核一次。螺栓预紧载荷要一次到位，不建议热紧。

② 操作人员培训，使其了解安装程序，掌握设备操作，准确施工。

③ 专用设备使用前的检查、调试。建议测量螺栓的实际载荷，并与设定值比较，以便矫正螺栓载荷偏差。

④ 法兰密封面检查，及时修理划痕、沟痕、腐蚀等缺陷。

⑤ 垫片检查、安装。核对垫片的形式、尺寸、材质和质量，对存在影响密封可靠性缺陷的垫片应及时更换。

⑥ 法兰对中检查，严禁强行组对。

⑦ 螺栓上紧前，两法兰密封面间隙不要过大，宜提前预组装。另外，螺栓上紧时应密切注意两法兰盘间距离，尽量平行压缩、间距一致、不翘边、不伤垫片、不过度拉伸螺栓均匀密封法兰。

⑧ 螺栓、螺母的润滑、安装和螺栓锁紧。降低法兰安装施工操作对螺栓预紧力的影响。

对于目前现场施工管理的实际情况，大多无法选择专业的法兰安装公司，但可以租用专业安装公司的设备，接受其对操作人员的专业培训，按照其制定的安装、检验程序，科学合理地施工，同样可以取得良好的效果。

2）选用技术能力强、试验设备齐全、业绩良好的制造厂生产的垫片，做到设计选型，并满足下列要求：

① 选择回弹性良好的、带内外加强环的缠绕垫，适合 RF 密封面。

② 金属带材质宜选择抗蠕变性能较好的 347 型不锈钢，其抗蠕变性能较 304 型不锈钢高 25% 以上，高温性能更出色。

③ 填充带可选用蛭石、云母、滑石粉等抗氧化性材料。如选用石墨须经氧化惰性处理，并严格控制其杂质含量。

④ 垫片订货时需同时提交法兰设计温度、设计压力、介质、法兰尺寸、螺栓材质和规格等信息，由垫片制造厂根据本工况确定金属带几何形状、厚度、层数、拉紧度等具体结构和要求，并提供垫片最大允许压紧载荷，避免安装时对垫片造成损伤。

3）充分考虑外部管线载荷叠加、螺栓应力松弛、垫片高温回弹性能下降和材料蠕变等不利因素，在满足垫片最大允许压紧载荷的前提下，适当增大螺栓预紧载荷，必要时需校核法兰的强度和刚度，避免造成法兰的过度变形，影响连接的可靠性。充足、准确的螺栓预紧载荷使反应器在长周期、高温操作下垫片仍有足够的密封力，并留有适当的余量。

同时，纠正管线支吊架施工偏差，使其能正常工作，可降低管线额外的附加载荷，对法兰的密封十分有益。

4）在反应器最终热处理后、出厂前，对法兰密封面再进行一次精机加工，要求法兰密封面符合设计要求。经检查合格后，对法兰密封面采取可靠的保护措施，防止在运输和安装过程中损坏和锈蚀。

（二）内构件

由于反应器内介质沿径向流动，流通面积增大，催化剂床层厚度减薄，阻力和压降变小，因此，径向重整反应器广泛用于要求压力降较低的连续重整装置。但在操作一段时间后，作为反应器主要内构件的中心管和扇形筒，经常会出现不同形式、不同程度的损坏，造成昂贵的催化剂流失，装置不得不临时停工。损坏往往是不可预见的，有的是操作较长一段时间后发生，有的则是刚刚停工检修、检查后发生。这给安全、稳定生产造成很大影响，特别是给目前要求的四年或五年一检修的长周期运行带来了极大的困难。

中心管和扇形筒损坏通常有几个因素，即结焦、异常工况、设计与实际应用偏离等。

结焦的破坏性最大，无论是中心管还是扇形筒都将造成损坏。结焦的原因目前没有定论，可能是高温、低压、高苛刻度、低硫和低氢分压等，众说纷纭。但有些观点得到大家一致认可，即保持一定的硫含量能减少结焦；一旦发现结焦需将其清理干净，否则焦会急剧增长。

过大的开工、停工升、降温速率和紧急停车等异常工况是造成扇形筒受压过大、失稳损坏的主要原因，通常表现为局部凹陷、局部压溃或整体扭曲等。严格遵循开停工程序，可大大减少扇形筒的损坏。

设计与实际应用偏离是造成中心管损坏的主要原因。中心管通常由开孔的内部圆筒和外部焊接条形筛网组成。内部圆筒根据工艺要求开设一定数量的小孔。孔的大小、数量和布置方式是否合理是决定油气在催化剂床层中流动是否均匀以及反应效果好坏与否的关键。同时，内部圆筒还要承担支撑作用，承受所有压力载荷。内部圆筒外部包裹焊接条形筛网的主要目的是防止催化剂从中心管中流失。中心管的损坏多发生在其外表面包裹的焊接条形筛网，而内部圆筒很少损坏。典型的损坏形式有纵向焊接接头处开裂和筛条断裂等，如图11-1-13和图11-1-14所示。

中心管在操作时主要承受两部分载荷，即介质流动造成的内、外压力降（外高内低）和催化剂床层静压。通常设计时，假设承压主体是内部有开孔的圆筒，需承担所有外压，而外部焊接条形筛网紧贴内筒，仅需计算两支撑杆间的局部强度。设计计算中，内部圆筒和外部焊接条形筛网分别进行核算。

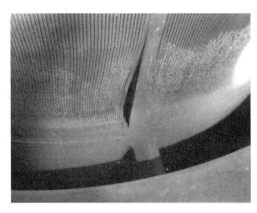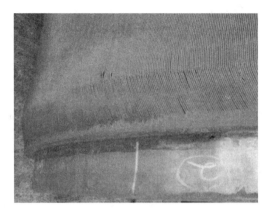

图 11-1-13　纵向焊接接头处开裂图　　　　　　图 11-1-14　筛条断裂图

早期外部包裹的不锈钢金属丝网比较软，易松动，可紧贴内部圆筒。而强度和刚度高的焊接条形筛网取代金属丝网后，制造时要使其紧贴内部圆筒非常困难。特别是内部圆筒是分段预制再拼接成形的，无论是圆度、直线度，还是同轴度、圆柱度都存在偏差，无法保证焊接条形筛网的支撑杆都能与内部圆筒紧贴，即在制造阶段，焊接条形筛网与内部圆筒之间就存在间隙。因支撑点数量巨大，间隙大小无法有效控制，因而筛网与圆筒是否贴紧也无法判断。

另外，由于焊接条形筛网由楔形丝和支撑杆通过特殊的焊接工艺焊接成一个圆柱筒体，然后沿纵向剖开、展平，形成一片焊接条形筛网原材料。焊接条形筛网制造成形的这种特殊性，其在受热时，不是像钢板一样均匀地向四周膨胀，而是呈不规则性，因此在受外载荷时，变形也不一致。由于焊接条形筛网的这种特性，使其在反应器从安装状态转变为操作状态时，与内部圆筒变形不一致。特别是二者均有多条环向和纵向焊接接头，使得变形情况非常复杂，有些在转变为操作状态后，制造时二者之间存在的间隙消失了，有些制造时紧紧贴合的反而出现间隙了，完全是不可控的。

制造和操作变形协调的偏离，使实际使用情况偏离设计假设，超出设计安全范围，中心管的外部焊接条形筛网需单独承受超出原设计条件的部分载荷，相当于一个承受外压的圆筒。这个"圆筒"部分与内部圆筒接触，部分已脱离，造成局部超载的情况。当超载失稳后，首先破坏的是强与弱的连接部位，即焊接条形筛网纵向焊接接头处，如图 11-1-13 所示。由于事先无法发现破坏的征兆，出现问题后又无法及时更换或有效修补损坏部件，只能采取临时补焊的方式进行处理，随后继续开工。因临时修补措施不当，进而又会出现外压圆筒失稳的典型破坏形式，即局部失稳后大面积失稳，如图 11-1-14 所示。

在装置新开工时，由于中心管是新材料制成的，强度余量较大，不易出现破损的情况。在高温运行一段时间后，随着材料性能的下降以及变形协调不一致情形的加剧，通常两支撑杆之间的间距会进一步加大，原结构不足以承受外部载荷，随即出现破损。

通过设计修正和结构改进可以延长中心管的使用寿命。实际使用时，由于外部的焊接条形筛网与内部圆筒之间存在间隙，无法对所有支撑杆起到有效的支撑作用。因此，外部焊接条形筛网筛条的计算长度需要调整，并通过增加筛条和支撑杆间的结合力和增大筛条、支撑杆的厚度、高度进行加强。由于中心管开孔率的控制点在内部圆筒，此修改不会影响中心管的工艺性能。

另外，控制外部焊接条形筛网的分段长度，不能根据加工能力任意选取，其两端应按承受外压圆筒的固定端设计，而不是仅仅作为拼接接头处理，使其能够对外部的焊接条形筛网起到有效的加强作用。

中心管的损坏有些情况是有先兆的，在停工检修时要仔细观察，需检查的关键部位有：焊接条形筛网纵向焊接接头附近；焊接条形筛网环向焊接接头附近；焊接条形筛网表面。如果这几个部位出现异常，如局部隆起、过量变形、缝隙超差较大等，即有可能已经出现外压失稳的情况了，需提前制定应对措施。

根据异常情况的程度，通常可以考虑如下措施：中心管整体更换；外部焊接条形筛网局部或整体更换；降低操作负荷，等待更换时机。

第二节　再生器

催化重整工艺按其催化剂再生方式不同，通常可分为半再生（固定床）和连续再生（移动床）两种类型。

半再生重整无需单独设置再生器，具有工艺流程简单、投资少等优点。但为保持催化剂较长的操作周期，重整反应必须维持在较高的反应压力和较高的氢油比下操作，因而重整反应产物液体收率较低，产品辛烷值和氢气产率均较低，并且随着操作周期的延长，催化剂活性因结焦逐渐减弱，重整产物 C_{5+} 液体收率及氢气产率也逐渐降低，需逐步提高反应温度直至停工对催化剂进行再生。

连续重整设有一个催化剂连续再生系统，可将因结焦失活的重整催化剂进行连续再生，从而保持重整催化剂活性稳定，因而重整反应可在低压、低氢油比的苛刻条件下操作，充分发挥催化剂的活性及选择性，使重整产物的 C_{5+} 液体收率及氢气产率都较高，并且随着操作周期的延长催化剂的性能基本保持稳定，装置因而能维持较长的操作周期。

连续重整因增加了催化剂连续再生系统，工艺流程较为复杂，相应投资也高，但产品的辛烷值高，收率高，装置开工周期长，操作灵活性大。通常装置的规模越大，原料越差，对产品的苛刻度要求越高，连续重整的优越性也就越突出。目前新建的大型重整装置大都采用连续重整技术。

再生器是催化剂再生系统中的关键设备，主要有催化剂烧焦、氧氯化、干燥和冷却等四个工艺过程，将结焦失活的重整催化剂进行连续再生，再返回到反应器中。再生器设计条件见表 11-2-1。

表 11-2-1　再生器设计条件

设计温度/℃	设计压力/MPa	介质
565~580	0.45~0.88	氮气、氧气、二氧化碳

一、再生器用材料

再生器的操作温度较高，通常为 565~580℃，氧化环境下进行。再生器的选材通常遵循下列原则：

① 较高的强度，承受压力需要，确保元件的安全性，同时考虑经济性。

② 足够的蠕变强度和持久强度，确保长期高温安全运行。

③ 良好的韧性和抗氧化性能。

④ 具有良好的韧性、塑性和焊接性能，易于加工成型，焊接接头不产生裂纹。

在高温氧化环境下，会使碳钢发生氧化腐蚀，导致设备破裂、失效，通常选用 Cr-Ni 合金或不锈钢。早期考虑到氯化物的低温腐蚀，再生器曾经选用 Cr-Ni 合金，即 Incoloy800。随着再生工艺技术的日益完善，较经济的奥氏体不锈钢逐步取代昂贵的 Cr-Ni 合金，06Cr17Ni12Mo2(TP316) 和 06Cr18Ni11Ti(TP321) 是常用的两种奥氏体不锈钢。表 11-2-2、表 11-2-3 是再生器常用的材质的化学成分和力学性能。

表 11-2-2　化学成分　　　　　　　　　　　　　　　　　wt%

牌号	C	Si	Mn	P	S	Cr	Ni	Mo	N	Ti	Al	Cu
06Cr17Ni12Mo2	0.08[①]	1.00	2.00	0.035	0.015	16.00~18.00	10.00~14.00	2.00~3.00	0.10			
06Cr18Ni11Ti	0.08[①]	0.75	2.00	0.035	0.015	17.00~19.00	9.00~12.00			5C~0.7		
Incoloy800	0.10	1.00	1.50		0.015	19.00~23.00	30.00~35.00			0.15~0.60	0.15~0.60	0.75

① 再生器用 C≥0.04%。

表 11-2-3　力学性能

牌号	交货状态	$R_{P0.2}$/MPa	R_m/MPa	断后伸长率 A/%
07Cr17Ni12Mo2	固熔	220	515	40
06Cr18Ni11Ti	固熔	205	520	40
Incoloy800	退火	205	520	30

二、再生器主要结构

再生器根据设置的烧焦段数量不同，分为一段烧焦再生器和两端烧焦再生器。

一段烧焦再生器是采用一段径向移动床，将催化剂积炭一次烧焦完成，烧焦气氧浓度和循环量控制非常重要，否则易出现过烧现象。

两段烧焦再生器的烧焦区采用二段径向移动床烧焦。分别控制一段烧焦区入口氧浓度及二段烧焦区出口过剩氧以保证烧焦安全。采用大循环烧焦气量及低氧浓度的方式以优化烧焦条件。第一烧焦段烧去催化剂积炭量的 70%~80%，第二烧焦段烧去剩余的积炭。为保证烧焦充分，通过控制进入一段和二段烧焦区的氧含量和第二烧焦区出口的氧含量，保证最终烧焦气中有一定的过剩氧，这样既可以保证烧焦完全又可以降低操作难度。

(一) 一段烧焦再生器

一段烧焦再生器的结构形式如图 11-2-1 所示。催化剂从顶部催化剂入口进入外筛网和内筛网之间的环形空间，在这里进行烧焦，烧焦完成的催化剂下流到氯化区进行补氯，然后继续下流到干燥区，干燥完后入冷却区进行冷却，最后从下部催化剂出口流出。

　　催化剂在再生器内的烧焦、氯化、干燥和冷却是由从外部通入的各种介质在器内完成的。在上段的烧焦区，从烧焦区入口通入含有一定量空气的高温氮气，绕过设置在入口处的挡板，从四周均匀地径向进入催化剂床层，烧去催化剂上的积炭，燃烧之后的气体进入内网并向上流动，从顶部烧焦气出口流出。下部再加热气入口也是引入含有一定量空气的高温氮气，进一步烧去从上部来的催化剂上的积炭。含氯化物气体从氯化气入口进入，向上流动，完成催化剂的氯化。干燥气体从干燥气入口进入，与催化剂逆流接触，完成催化剂干燥。冷却气体从冷却气入口进入，与催化剂逆流接触，完成催化剂冷却。

　　烧焦区内件是再生器的核心内构件，主要由内外两层圆筒形或锥形焊接条缝筛网构成。筛网缝隙(开孔)均匀、表面光滑，催化剂流动畅通，烧焦均匀，结构如图 11-2-2 所示。氯化、干燥和冷却各区的内件主要是以不锈钢板构成较简单的内件。

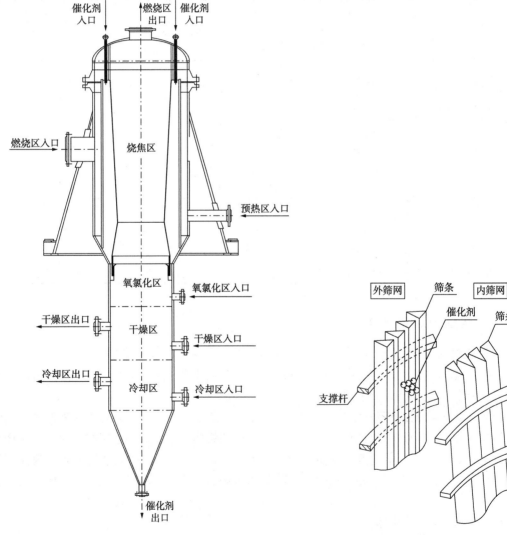

图 11-2-1　一段烧焦再生器　　　　　图 11-2-2　烧焦筛网示意图

(二) 两段烧焦再生器

两段烧焦再生器的结构如图 11-2-3 所示。催化剂从顶部催化剂入口进入(有的设置缓冲区),然后经催化剂输送管进入第一个中心管和外筛网之间的环形空间,再经催化剂输送管下流到第二个中心管和外筛网之间的环形空间,之后再从催化剂输送管先后下流到氧氯化、干燥和冷却轴向床层,最后催化剂从催化剂出口管进入下部料斗。

催化剂在再生器内完成烧焦、氧氯化、干燥和冷却。在主烧焦区的一段烧焦气入口通入含有一定量空气的高温再生气,进入两隔板之间的空间,下流到外筛网与器壁之间,径向进入催化剂床层,烧去催化剂上的积炭,燃烧之后的再生气进入中心管向下流动,从一段烧焦气出口排出。在第二段烧焦区,二段烧焦气从二段烧焦气入口进入下一个外筛网与器壁之间的空间,再径向进入催化剂床层,完成最终烧焦,之后再生气体下流到下部两隔板之间的空间,从二段烧焦气出口流出。含氯化物气体从氧氯化段的氧氯化气入口进入,经由焊接条缝筛网制成的升气管向上流动,与催化剂逆流接触,完成催化剂的氯化。干燥气体从下部焙烧气入口进入,与催化剂逆流接触,完成催化剂干燥。最后经冷却床层完成催化剂冷却。

烧焦区内件是再生器的核心内件,设置成两段,每段均由外筛网、中心管和底板构成的径向流动床层完成催化剂的烧焦,结构如图 11-2-4 所示。氧氯化、干燥和冷却内件不同的专利商结构不尽相同,但结构相对简单,不再叙述。

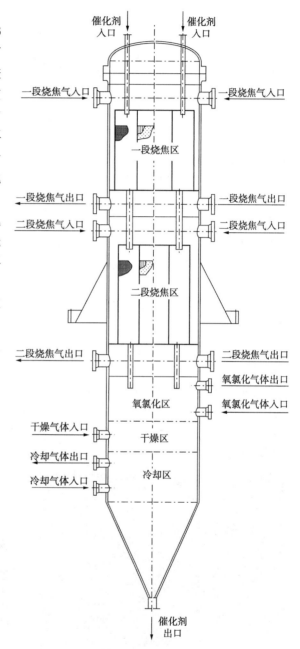

图 11-2-3　两段烧焦再生器

三、再生器的操作、维护

再生器的操作温度较高,通常为 565~600℃,氧化环境下进行,烧焦区的内构件是关键点,合理的操作和维护是其能够安全、稳定运行的基础。

再生器的烧焦区温度分布为,催化剂烧焦点温度最高,接近 600℃,内外筛网温度与其接近，烧焦产生的热量通常通过烧焦烟气带走，壳体温度要低于筛网温度，所以通常损坏的是内件，壳体损坏相对较少。

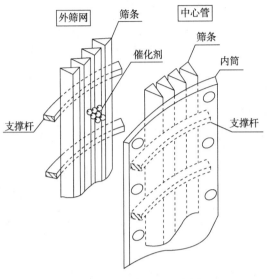

图 11-2-4　烧焦区示意图

再生器的烧焦程度是由烧焦气来控制的，所以烧焦气氧浓度和循环量控制非常重要，通常其数值是根据焦量计算而得，要求尽量匹配。但往往由于下列因素，造成烧焦气控制不利：

① 氧分析仪的准确性不佳，烧焦气实际氧浓度高于显示值，使催化剂过烧，造成局部超温。

② 热电偶测量点数量有限，不能全面反映整个烧焦床层的温度，局部飞温不能及时显示。

③ 操作参数调整，焦量变化，未及时调整烧焦气氧浓度和循环量。

④ 上部反应器结焦，大焦块突然下落，在烧焦区未能烧净，过量的焦在高氧含量的氧氯化区燃烧，造成超量的热量上移。

上述原因均可造成操作温度远远超过设计值，使烧焦区内件损坏。由于损坏发生得突然，无法及时更换损坏的内件，通常采用补焊的方法处理。补焊使原筛网的开孔率局部变小，烧焦产生的热量不能及时带走，补焊处很快又损坏了。图 11-2-5 和图 11-2-6 所示为筛网损坏现象。

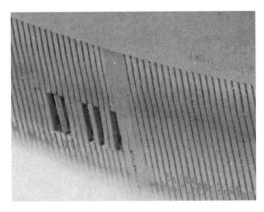

图 11-2-5　超温损坏

图 11-2-6　补焊后再次损坏

为了减少内件的损害，需从操作和维护入手，加强管理：

① 烧焦气氧分析仪的维护非常重要，只有准确的测量数据才能指导正确操作，避免烧焦过烧损坏内件。

② 适当增加热电偶的数量或调整热电偶的布置，准确显示床层的温度。

③ 在反应器原料或产品变化时及时调整烧焦参数，与之匹配。

④密切关注催化剂焦量的非正常变化，避免烧焦不足造成氧氯化区温度急剧上升，致使设备损坏或催化剂结块、堵塞。

⑤如筛网突然损坏无法及时整体更换，不得已采取局部补救的临时措施时，建议要扩大筛网切除面积，把性能下降的筛网都切除，换上新的筛网，恢复性能。不建议采取局部补焊的方法，避免因局部开孔率变小、超温导致再次损坏。

另外，催化剂粉尘堵塞筛网缝隙，烧焦产生的热量无法通过烧焦烟气带走，使筛网局部温度超标，造成损坏。停工时应认真检查筛网缝隙，清除缝隙中催化剂，保证流通面积正常。

第三节　进料换热器

进料换热器是反应产物与重整进料之间的热交换，以减小加热炉负荷，降低装置能耗。重整装置反应系统的操作压力，特别是连续重整反应系统的操作压力较低，为了降低循环氢压缩机的负荷，节省动力，要求反应系统的压力降要小，即反应器、换热器和管线的压力降要小；要回收反应产物的热量，就必然要提高换热器的传热效率和增大传热面积。要实现压力降小、传热效率高的目标，重整进料/反应产物换热器宜采用单台(或双台并联)、单管程、纯逆流结构。对于中小型重整装置，一般选用常规列管式立式换热器；而对大型重整装置，由于换热器的热负荷大，如果选用常规列管式立式换热器，则需几台大型立式换热器并联操作，不但增加了设备制造、运输和钢结构施工的工作量，而且还增加了操作难度，因此，选用一台板壳式换热器更为经济合理。近来，缠绕管式换热器的应用有取代板壳式换热器的趋势。

板壳式换热器结构紧凑、管壳程温差小、回收热量大、热效率高、压降低，可减少第一重整加热炉的热负荷，但结构复杂、制造难度大、维修困难，抗冲击性能差。而缠绕换式换热器同样可以达到板壳式换热器的效果，且抗冲击能力强，但结构尺寸偏大，重量重，不易运输。总体来讲板壳式换热器的换热效率要优于缠绕管式换热器，但抗冲击能力方面，缠绕管式换热器要优于板壳式换热器。

对于规模大的重整装置，重整进料换热器大多选用一台板壳式或缠绕管式换热器。但当换热器大到一定程度，由于受到板宽的限制(最宽2m)，板束横截面的长宽比差别加大，分配问题会突出。为了保证传热，板长可能要加大，压降又是问题。所以双板束还是两台板壳式换热器并联操作，需要我们认真考虑。同样，特大型缠绕管式换热器理论上可以设计和制造，但设备直径越大，纯逆流的效果越差，即效率下降。设备直径越大不但管程分配均匀越困难，而且壳程分配问题也会出现。这都是选型时需要注意的问题。

一、进料换热器用材料

进料换热器通常可以按照操作介质、操作温度梯度，参照《临氢作业用钢防止脱碳和微裂的操作极限》选择不同的材料。壳体高温段是在高温氢环境下，可选用与反应器类似的材料和要求，如15CrMoR(1Cr-0.5Mo)、14Cr1MoR(1.25Cr-0.5Mo-Si)和12Cr2Mo1R(2.25Cr-1Mo)，而低温段可选择碳钢。管束或板束则根据结构形式、加工难易程度选择不同的材料。如常规列管式立式换热器选用1.25Cr-0.5Mo无缝钢管，板壳式换热器选用S32168或S30408奥氏体不锈钢钢板，缠绕管式换热器选用S32168或S30408奥氏体不锈钢无缝钢管。

二、进料换热器主要形式

（一）立式纯逆流式

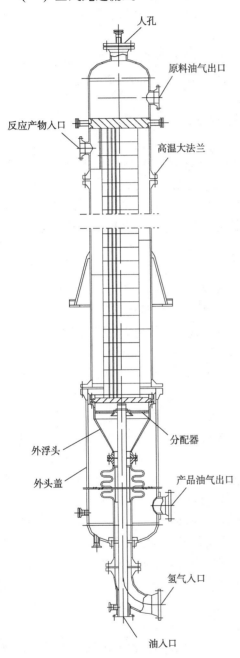

图 11-3-1　列管式立式换热器

列管式立式换热器在我国应用较多，在许多中小型重整装置中有成功应用经验，单台换热面可达 4000m²。国内制造经验丰富，价格低，结构牢固可靠，可以维修。其由上部管箱、上端固定管板、带有一对高温大法兰的壳体、管束、外头盖和带有膨胀节、分配器的外浮头组成。

典型的列管式立式换热器的结构见图 11-3-1。从重整最末一台反应器出来的高温反应产物从壳程上部进入，往下流经若干折流板与换热管换热之后进入外头盖，从产品油气出口流出。原料分成油和氢气两股物料，分别从油入口和氢气入口进入，油通过中间液体进料管上部的分配头喷出，氢气通过盘式分配器，两股流体在浮动管板前端均匀混合之后进入换热管内，经壳程热流加热之后进入管箱，从原料油气出口进入第一重整加热炉。当传热面积小时，结构可简化，冷端只有一个开口，油和循环氢气进入换热器之前，先在管道上混合，后进入外浮头端，没有专用的油分配头，只有盘式分配器。

由于结构原因，列管式立式换热器无论是设计还是制造都有局限性，通常换热管长度最大到 23~25m，换热面积最大到 4000~5000m²。过大的列管式立式换热器既不经济，操作的可靠性也不能保证。

（二）板壳式

板式换热器如图 11-3-2 和图 11-3-3 所示。它由外壳、板束、膨胀节和内部管线等几部分组成。板束由若干板片焊制而成，每块板片用 0.8~1.0mm 厚不锈钢板冲压或爆炸成型并带有合适的流道。板片两侧各通一股流体（相当于壳程或管程），两股流体在板束的上下端汇集成进出两个通道并通过膨胀节、内部管线与进出口相连。壳体是用抗氢钢制成的受压圆筒，在受压圆筒与板束间充满循环气体，以平衡板束压力，减低板束压差。重整最末一台反应器的油气从上部进入板束的一程，经换热后从下部流出，原料分为油和氢气两股物流分别从液体进口和循环气体进口进入，在下部均匀混合之后进入板束的另一程，与高温油气换热之后从上部流出。

图中标注：人孔、原料油气出口、反应产物入口、高温大法兰、外浮头、外头盖、分配器、产品油气出口、氢气入口、油入口

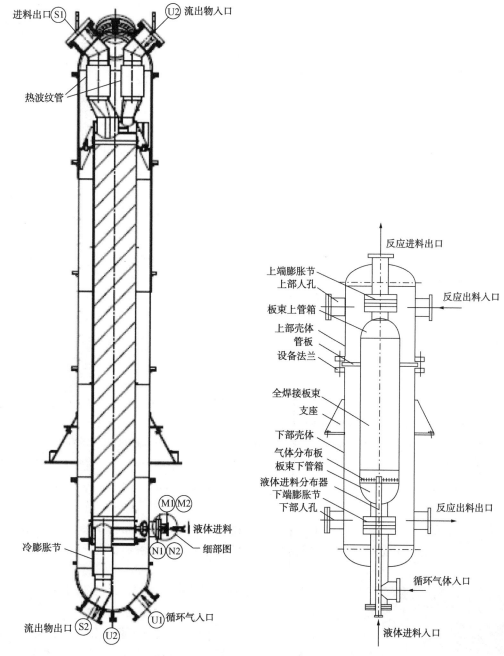

图 11-3-2　进口板壳式换热器　　　　　　　图 11-3-3　国产板壳式换热器

　　进口板壳式换热器与国产板壳式换热器基本结构类似，但在某些细节问题的处理上有所不同。主要不同点如下：

　　① 板束所用板片成型方式不同。进口的为爆炸成型，流道尺寸规整、均匀，残余应力低，但工艺复杂，价格高。国产的为连续冲压成型，冲压结合处尺寸易出现偏差，残余应力偏大，但工艺简单，价格低。

　　② 板束承载方式不同。进口板束承受外压，板片连接处不易泄漏，承载能力强。国产

板束承受内压，承载能力较弱，板片连接处应力较高，处理不当易泄漏。

③ 进料分布器不同。进口的是喷淋棒结构，雾化效果好，几何形状与板束类似，气液混合好。国产的是分布管加分布板结构，初期效果不佳，改进后与进口相当。

总体来说，进口板壳式换热器比国产板壳式换热器换热效率高、压降小、结构紧凑、抗冲击能力强。而国产板壳式换热器价格低、交货期短、售后服务好。

（三）缠绕管式

缠绕管式换热器不是一种新型设备，早在 20 多年前已有，只是用于化工装置多股流介质、温度较低的换热场合。近来开发应用到连续重整装置，发挥其抗冲击能力强的特殊作用。其具有如下特点：

① 结构紧凑。单位容积具有较大的传热面积，缠绕管式换热器是普通换热器的 2 倍以上。每 m^3 容积的传热面积可达 $100 \sim 170 \ m^2$，而普通列管式换热器，每 m^3 容积的传热面积只有 $54 \sim 77 \ m^2$。

② 换热系数较高。缠绕管式换热器层与层之间换热管反向缠绕，这种特殊结构极大地改变了流体流动状态，形成强烈的混流效果，湍流状态更强烈，提高了换热系数，减小了传热面积，以最少的材料达到最佳的换热效果，同时可通过优化设计寻找压降和换热系数的最佳匹配关系。

③ 抗振动、耐高温差性能好。缠绕管式换热器由于管端存在一定长度的自由弯曲段，因而具有很好的挠性。传热管的热膨胀可部分自行补偿，反向绕制的换热管与垫条/管箍组合形成一个紧密结构，既紧凑又抗振。

④ 介质温度端差小。由于其独特的螺旋缠绕结构，介质在换热管束中停留更长时间，换热更加充分，故冷热介质温度端温差小。

⑤ 密封可靠性高、介质压力高。缠绕管换热器彻底改变了大型换热器的密封结构、不存在大法兰等密封件，管箱和壳体可以实现异径，提高了密封可靠性，保证了装置安稳长周期运行。缠绕管结构采用换热管与壳体组合结构，耐压性能好且不存在不同介质小压差的要求。

⑥ 介质流畅，不存在换热死区。管内介质以螺旋方式通过，壳程介质逆流横向交叉通过绕管，避免了折流板结构换热器在折流板背面存在的换热死区和垢物积聚沉淀。同时流体在相邻管之间、层与层之间不断地分离和汇合，使壳体侧流体的湍流加强，减少层流，降低了壁面附着的可能性，换热器结垢倾向低。

图 11-3-4　缠绕管式换热器管束

⑦ 换热器易实现大型化。当前国内最大单台换热面积已达 $30000 m^2$，设备内径 5400mm。

缠绕管式换热器由上部管箱、上端固定管板、壳体、管束、下端固定管板、下部管箱和进料分布器组成，其中管束较复杂，由中筒、换热管、定距条和关卡等组成。相邻层换热管通常缠绕方向不同（如图 11-3-4 所示），这种特殊结构改变了流体流动形态，强化了换热效果，换热效率远远超过列管式立式换热器。由于换热管是螺旋缠绕结构，自然吸收了管壳程的热膨胀差，无需设置膨胀节，同时，也不会出现振动现象。

缠绕管式换热器的结构见图 11-3-5。从重整最末一台反应器出来的高温反应产物从壳程上部进入，换热之后从产品油气出口流出。原料分成油和氢气两股物料，分别从油入口和氢气入口进入，油通过中间液体进料管上部的分配头喷出，氢气通过盘式分配器，两股流体在浮动管板前端均匀混合之后进入换热管内，经壳程热流加热之后进入管箱，从原料油气出口进入第一重整加热炉。

三、进料换热器的操作、维护

进料换热器是在 500~100℃ 高温变低温、临氢工况下操作，必要的维护是其能够安全、稳定运行的基础。通常需要关注几个方面：

① 壳体高温端法兰接头。高温端法兰接头的维护可以参照重整反应器进行。

② 内部膨胀节。膨胀节是进料换热器的薄弱环节(立式列管式和板壳式换热器)，需要定期检查，有问题的膨胀节要及时更换，否则会造成管壳程介质窜漏。

③ 低温端进料分配器。循环氢中的 Cl^- 和原料中的氮化物生成 NH_4Cl，在分配板处析出、积累，造成管程侧压降升高。需从上游装置考虑减少原料氮质量分数，减少 NH_4Cl 的生成。对已经析出的 NH_4Cl 需及时处理，避免影响进料换热器的操作，如偏流、换热效果下降等。

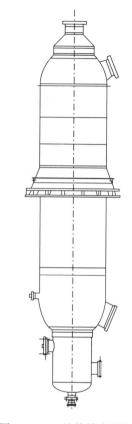

图 11-3-5 缠绕管式换热器

第四节 加热炉与废热锅炉

催化重整装置中的油品蒸馏和重整反应所需的热量由管式加热炉提供，因此在装置中常常可以见到一个庞大的炉群，原料预处理部分和重整反应部分一般有 7~8 台加热炉。

催化重整装置中的管式加热炉是直接见火的加热设备。燃料在管式炉的辐射室内燃烧，释放出的热量通过辐射传热和对流传热传递给炉管，再经过传导传热和对流传热传递给管内的介质。管式炉的盘管要承受高温、压力和介质腐蚀，由于需要足够的传热温差，加上内膜热阻、焦垢层热阻、管壁金属热阻和各种受热不均匀性的作用，管壁金属温度一般要比管内介质高几十到一百多度。盘管直接见火，且管内介质是易燃、易爆的油和氢气，任何泄漏都可能造成爆炸或火灾，这也是非见火设备不能相比的。

管式加热炉是连续运行的，它的运行平稳是全装置长周期操作的必要条件。

在重整装置中，管式炉的主要特点表现为加热温度高，传热能力大。如果由于设计和操作不当致使整体或局部炉温过高，就会发生管内流体结焦、炉管烧穿、炉衬烧塌等事故，从而迫使装置停工检修；反之，如果设计和操作不当致使炉温整体或局部过低，则管内流体达不到工艺所需的温度，从而直接影响装置的处理量。因此，重整装置加热炉选型、设计、操作水平的优劣对装置的正常生产、燃料的节约和经济效益的提高有着重要的影响。据国内近几年开工投产的重整装置投资数据统计，加热炉的投资约为全装置的 12% ~ 18%，由此可见，加热炉在重整装置中占有举足轻重的地位，是重整装置中的核心设备之一。

重整装置的加热炉按用途可分为三类：预加氢进料加热炉、各种塔底重沸炉、重整反应进料加热炉。

一、加热炉传热

（一）辐射传热

热量由壁面一侧的流体通过壁面传到另一侧流体中去的过程称为传热过程。热辐射、热传导和对流传热是热传递的三种基本方式。在加热炉炉膛内，热辐射是最主要的传热方式。物体以电磁波的形式传递能量的过程称为辐射，被传递的能量称为辐射能。当物体因热的原因而引起电磁波的辐射即称为热辐射。电磁波的波长范围很广，但能被物体吸收转变成热能的辐射线主要是可见光线和红外光线，也即波长在 $0.4 \sim 20\mu m$ 的部分，此部分称为热射线。波长在 $0.4 \sim 0.8\mu m$ 的可见光线的辐射能仅占很小一部分，对热辐射起决定作用的是红外光线。热射线的可见光线服从反射和折射定律，能在均一介质中作直线传播。在真空中和绝大多数气体中，热射线可完全透过，但不能透过工业上常见的大多数液体和固体。

1. 辐射传热简介

当物体之间存在温差时，以热辐射的方式进行能量交换的结果使高温物体失去热量，低温物体获得热量，这种热量传递称为辐射换热。辐射是电磁波，有一般电磁波的共性，以光速在空间传播的。热辐射的特点如下：

① 不依靠物质接触而进行热量传递，即不需要介质的存在而传递能量，在真空中也能传递。

② 辐射换热过程伴随能量形式的转化：物体热力学能-电磁波能-物理热力学能。

③ 温度大于 0K 的一切物体，都会不停地发射热射线，高温物体辐射给低温物体的能量大于低温物体辐射给高温物体的能量。总之，热量由高温传向低温。

2. 两固体间的辐射传热

工业上遇到的两固体间的辐射传热多在灰体中进行。两灰体间的辐射能相互进行着多次的吸收和反射过程，因此在计算传热时，要考虑到它们的吸收率、反射率、形状和大小以及两者间的距离及相互位置。

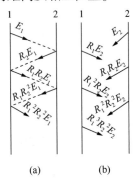

图 11-4-1　平行灰体平板间的辐射过程

如图 11-4-1 所示为面积很大且相互平行的两灰体，中间的介质为透热体。因两板很大又很近，故认为从板发射出的辐射能可全部投到另一板上，并且 $\tau=0$，$\alpha+\tau=1$。

从板 1 发射的辐射能流率为 E_1，被板 2 吸收了 $\alpha_2 E_1$，被板 2 反射回 $\rho_2 E_1$，这部分又被板 1 吸收和反射……，如此进行到 E_1 被完全吸收为止。从板 2 发射的辐射能 E_2 也有类同的吸收和反射过程。

3. 气体热辐射

气体辐射的特点主要有：

① 气体辐射对波长具有选择性。它只在某谱带内具有发射和吸收辐射的本领，而对于其他谱带则呈现透明状态。

② 气体的辐射和吸收是在整个容积中进行的，因而，气体的发射率和吸收比还与容器的形状和容积大小有关。单原子和分子结构对称的双原子气体，如惰性气体和氢、氮、氧等，不具有吸收热辐射的能力，可看作透明体；而三原子、多原子气体以及结构不对称的双原子分子，如 CO_2、H_2O、SO_2、CH_4、CO、烃类和醇类等，则有相当大的辐射能力和吸收能力。由于燃烧产物中 CO_2、H_2O 等是主要的辐射成分，因此这两种气体在工程计算中很重要。

4. 火焰类型和辐射

火焰类型和辐射见表 11-4-1。

表 11-4-1　各种火焰的辐射特性

火焰种类	形成场合	辐射成分	辐射情况
不发光火焰	气体燃料和空气预先充分混合，在燃烧器根部迅速完全燃烧，也称无焰燃烧	CO_2、H_2O 等三原子气体	辐射能力较小，黑度低，辐射具有选择性
发光火焰	液体燃料及事先没有和空气充分混合的气体燃料燃烧时，燃烧器根部由于烃类热解有炭黑粒子的生成，随着火焰气流向上运动，炭粒逐渐燃尽	炭黑粒子及三原子气体	炭粒的辐射能力强，辐射光谱是连续的，且含可见光成分，形成发光火焰，炭粒燃尽部分，火焰不发光
半发光火焰	固体燃料的燃烧，煤粉逸出水分和挥发后形成的焦炭粒，炭粒燃尽，形成灰粒	焦炭粒子、灰粒及三原子气体	焦粒辐射能力大，灰粒也有辐射能力，两者的辐射都无选择性

由表 11-4-1 可知，不发光火焰的辐射主要成分是 CO_2、H_2O 等三原子气体，其辐射具有选择性，这种火焰的灰度和吸收率可按气体辐射公式来计算。另外，在发光火焰和不发光火焰(统称辉焰)中，也有三原子气体辐射成分，但对这两类火焰还应考虑炭粒和灰粒的辐射，而且火焰辐射主要取决于固体粒子的辐射。由于这些颗粒的辐射光谱是连续的，因此可以近似地认为发光火焰和半发光火焰是灰体。

5. 罗波-伊万斯法

罗伯-伊万斯法是管式炉辐射室的主要设计方法之一。该方法假定炉膛内气体温度相同，辐射室中高温的火焰及烟气对辐射管的传热是由两部分组成的：一部分是由火焰和烟气直接辐射给炉管的热量以及火焰和烟气通过反射墙间接辐射给炉管的热量，另一部分是烟气以对流方式传给炉管的热量。烟气对辐射室炉墙的对流传热速率和辐射室炉墙对外界的散热损失都较小，为了简化计算，可以认为两者相等。因此，由火焰及烟气以辐射方式传给炉墙的热量便由炉墙间接传至辐射管。

辐射室管外传热速率方程可用下式表示：

$$Q_R = 5.72\alpha A_{cp} F\left[\left(\frac{T_g}{100}\right)^4 - \left(\frac{T_w}{100}\right)^4\right] + h_{RC} A_R (T_g - T_w) \qquad (11\text{-}4\text{-}1)$$

式中　　Q_R——辐射室传热速率，W；

$\quad\quad\alpha$——有效吸收因数(或角系数)，无因次；

$\quad\quad A_{cp}$——冷平面面积，m^2；

$\quad\quad F$——总交换因数，无因次；

$\quad\quad T_g$——辐射室中烟气平均温度，K；

$\quad\quad T_w$——辐射管外壁平均温度，K；

$\quad\quad h_{RC}$——辐射室内烟气对辐射管外表面的对流传热系数，$W/(m^2 \cdot K)$；

$\quad\quad A_R$——辐射管外表面积，m^2。

(二)对流传热

1. 对流传热简介

在工程上，对流传热是指流体固体壁面的传热过程，它是依靠流体质点的移动进行热量传递的，因此与流体的流动情况密切相关。热流体将热量传给固体壁面，再由壁面传给冷流体。当流体流经圆体壁面时，在靠近壁面处总有一薄层流体顺着壁面作层流流动，即层流底层。当流体作层流流动时，在垂直于流动方向的热量传递，主要以热传导方式进行。由于大多数流体的导热系数较小，故传热热阻主要集中在层流底层中，温差也主要集中在该层中。而在湍流主体中，由于流体质点剧烈混合，可近似地认为无传热热阻，即湍流主体中基本上没有温差。在层流底层与湍流主体之间存在着一个过渡区，在过渡区内，热传导与热对流均起作用使该区的温度发生缓慢变化。

传热的主要热阻便在温度梯度较大的层流底层，因此，减薄层流底层的厚度是强化对流传热的重要途径。在传热学中，该层又称为传热边界层。

2. 对流传热系数的计算

对流传热系数也称对流换热系数。对流换热系数的基本计算公式由牛顿于1701年提出，又称牛顿冷却定律。牛顿指出，流体与固体壁面之间对流传热的热流与它们的温度差成正比，即：

$$q = h \times (t_w - t_\infty) \qquad (11\text{-}4\text{-}2)$$

$$Q = h \times A \times (t_w - t_\infty) \qquad (11\text{-}4\text{-}3)$$

式中　　q——单位面积的固体表面与流体之间在单位时间内交换的热量，称作热流密度，W/m^2；

$\quad\quad t_w、t_\infty$——固体表面和流体的温度，K；

$\quad\quad A$——壁面面积，m^2；

$\quad\quad Q$——单位时间内面积 A 上的传热热量，W；

$\quad\quad h$——表面对流传热系数，$W/(m^2 \cdot K)$。

通过管壁的对流传热量 Q_c，可按式 $Q_c = K_c A_i \Delta t$ 求出。其中 K_c 数值大小主要取决于管内膜传热系数 h_i 和管外膜传热系数 h_o。

二、炉型

(一)预加氢进料加热炉和塔底重沸炉

预加氢进料加热炉和塔底重沸炉一般多采用对流-辐射型圆筒炉(图11-4-2)。加热炉的对流段炉管为水平管,由于靠近加热炉的辐射段,受到炉膛火焰和高温烟气的强烈辐射,为避免局部过热,一般对流段的下部三排炉管为光管,其他各段均采用高效传热的翅片管或钉头管。

加热炉的辐射段炉管为靠墙布置的立管,直接接受火焰和炉墙的高温辐射。工艺介质先经加热炉的对流段预热,然后经转油线进入辐射段加热到工艺所要求的温度。

由于工艺对预加氢进料加热炉的出炉温度要求较为严格,要求出炉的温度偏差小、温度控制响应快,多采用温控灵敏、调节方便灵活的气体燃烧器。塔底重沸炉出炉温度的范围较宽,可采用油气联合燃烧器。

预加氢进料加热炉的管材比较特殊,由于管内被加热介质中含有一定量的 H_2+H_2S,对炉管有腐蚀,常规的选材为抗 H_2+H_2S 腐蚀的 $5Cr-^1/_2Mo$、$18Cr-10Ni-Ti$ 或 $18Cr-10Ni-Nb$。预加氢炉一般为 2~4 路,管内介质流速一般为 $300~500kg/(m^2 \cdot s)$。

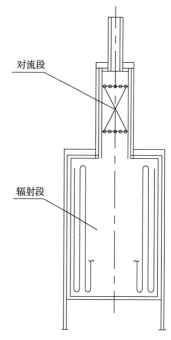

图 11-4-2 对流-辐射型圆筒炉

塔底重沸炉的炉管材质为碳钢炉管,一般选用 $20^{\#}$ 碳钢管(石油裂化管或高压锅炉管)。国外常用 ASTM A106GrB 材质。重沸炉管路一般为 2~4 路,管内流速一般为 $730~980$ kg/$(m^2 \cdot s)$。

对于多管程的加热炉,流量过低容易形成偏流,严重时炉管局部过热,造成炉管破裂或事故。因此在操作上必须重视各路流量的调节和控制。

对于一般的加热炉,炉膛温度控制其实质就是加热炉的燃烧控制,在常规的控制系统中,一般将加热炉的炉膛温度作为副参数,被加热介质的总出口温度为主参数,构成与燃料气阀门的串级调节回路。

加热炉各管程出口温度控制的常规方法是,在入口上都安装各自的流量变送器和控制阀,用炉出口汇合后的温度来调节加热炉的燃料量。这种调节方法,只能将加热炉总出口温度保持在规定的范围内,而各支路的出口温度会有变化,某一路炉管有可能局部过热而结焦。为了改善和克服这种情况,对于多管程加热炉也可采用支路均衡控制,即保持通过加热炉的总流量一定,而允许支路流量有微小变化;各管程出口温度自动与炉总出口温度比较,通过公式计算自动调节各管程的进料流量,维持各管程温度均衡,同时流量不能低于该管程的流量限制。

(二)重整反应加热炉

重整反应部分的加热炉与重整反应器是一一对应的,一般为 3~4 台。

重整反应加热炉是炉群中的核心,其投资约占炉群总投资的 60%。国内外的工程公司对重整反应加热炉作了大量的工作,分别推出自己公司的炉型和结构,主要有立式圆筒炉和箱式加热炉两种。

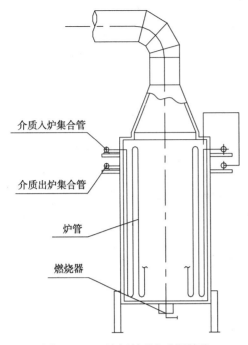

介质入炉集合管

介质出炉集合管

炉管

燃烧器

图 11-4-3　纯辐射型立式圆筒炉

1. 立式圆筒炉

在早期的重整装置中，重整反应加热炉常采用纯辐射型立式圆筒炉（图 11-4-3）。这种炉型一般用于处理量较小的 150~300kt/a 半再生重整装置，炉内管线呈立管多路并联，辐射顶部设计两圈大口径集合管，炉内出入口管线与该环形集合管连接。炉型特点为：①炉管多路并联；②压降较大；③燃烧器布置在底部，可油-气混烧，一般烧气居多；④单炉排烟温度较高，热效率低。需将高温烟气引入余热回收系统进行热量回收；⑤单台炉子结构简单，建造周期短，投资小。

2. 箱式加热炉

随着催化重整工艺技术的进步，重整反应加热炉的结构也发生了重大变化。低压重整能更好地发挥催化剂的效能，因此降低系统压力成为现代催化重整的发展方向。早期的立式圆筒型加热炉在结构上不能满足大型化的工艺要求。

重整反应加热炉管内介质体积流量大，允许压降小，出炉温度高，加热炉的炉管一般设计为多路炉管并联，多台燃烧器联合供热。为此，设计上出现了大型联合箱式炉。

（1）辐射室的设计

大型重整反应加热炉的典型设计是将三台或四台加热炉合并为一台大型的箱式加热炉，中间用火墙隔出三间或四间辐射室，以避免温度相互干扰。每间辐射室内的炉管为多路并联，达到 20~48 路甚至更多。各支管的出入口与炉外的大型集合管相连。辐射室的高温烟气进入公用的对流室，发生装置所需的中压蒸汽。燃烧器则根据炉管的排列特点进行特殊布置。该炉型适用于大处理量（400kt/a 以上）的重整装置。

辐射室内的炉管，可按 Y 形、竖琴式、正 U 形和倒 U 形排列。不同的炉管排列具有不同的特点。

1）Y 形排列

辐射室内的炉管按 Y 形排列（图 11-4-4、图 11-4-5），此种炉管的排列特点为：

① 燃烧器底烧时，可烧油也可烧气；燃烧器侧烧时，宜烧气。

② 集合管位于辐射室顶部，管内的滞留杂物不容易清出。

③ 炉管采用急弯弯管相连，管内压降较大。

④ 炉管排列紧凑，炉体占地面积较小。

⑤ 钢结构投资较小。

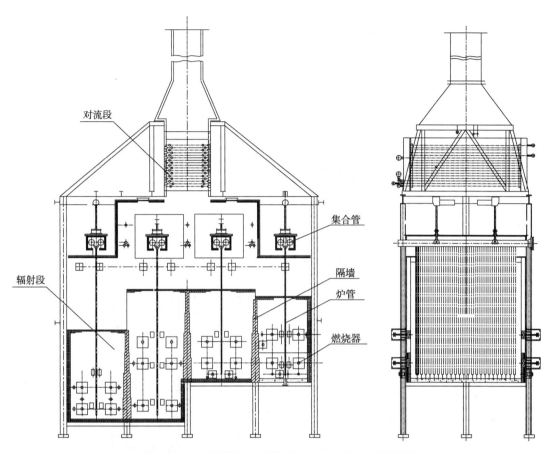

图 11-4-4　辐射管 Y 形排列四合一重整反应加热炉

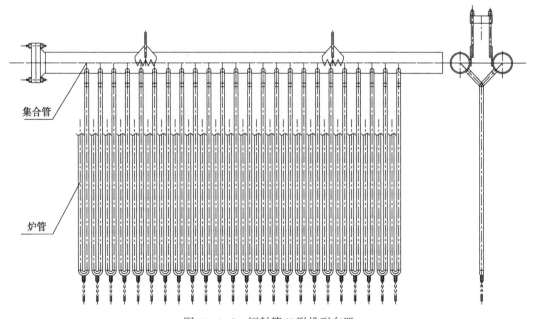

图 11-4-5　辐射管 Y 形排列布置

2）竖琴式排列

炉管按竖琴式排列，顶底双侧集合管（图 11-4-6、图 11-4-7）的特点为：

① 适用底烧，可用于油-气混烧。

② 集合管位于辐射室顶部和底部，管内的滞留杂物易清出，可通过炉底集合管排放。

③ 炉管为竖琴式连接，管内压降较小。

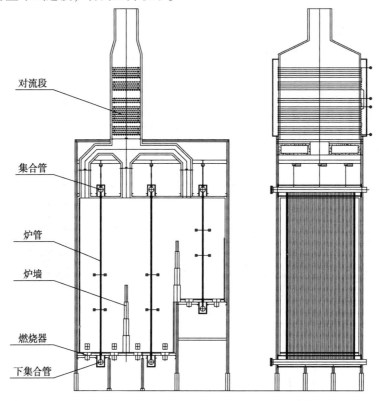

图 11-4-6　辐射室炉管竖琴式排列三合一重整加热炉

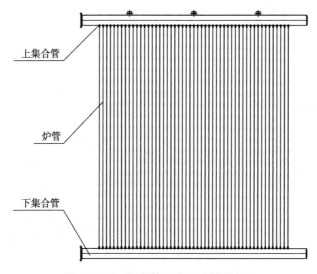

图 11-4-7　辐射管呈竖琴式排列布置

④ 适用于较大的装置。

⑤ 集合管由辐射室顶部的弹簧吊挂，易于吸收管系的膨胀。

⑥ 由于有上下两组集合管，管系设计、施工较复杂。

⑦ 占地较大。

⑧ 建设投资较大。

3）正 U 形排列

炉管按正 U 形排列(图 11-4-8、图 11-4-9)的特点为：

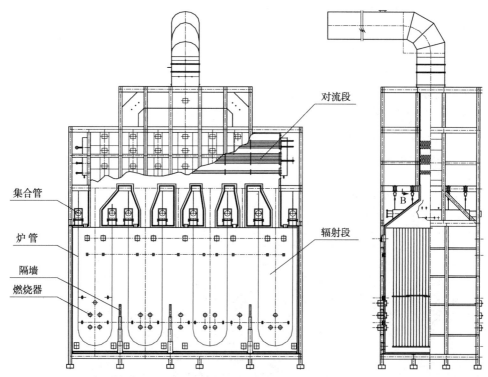

图 11-4-8 正 U 形炉管排列四合一重整反应加热炉

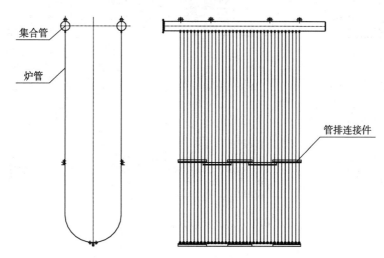

图 11-4-9 辐射管呈正 U 形排列布置图

① 适合采用侧烧气体燃烧器；

② 燃烧器设置在加热炉侧墙上，沿加热炉高度方向多层布置，炉管表面热强度较均匀。适合高大的炉膛；

③ 集合管位于辐射室顶部，管系由弹簧吊挂，炉顶钢框架承力较大；

④ 管系由大半径弯管在炉内相连，管内压降较小，但管内的滞留杂物不易清出；

⑤ 占地较大；

⑥ 建设投资较大；

⑦ 适合大型重整装置。

4）倒 U 形排列

炉管按倒 U 形排列（图 11-4-10、图 11-4-11）的特点为：

① 适用于底烧，可油气混烧。

② 集合管位于辐射室底部，管内滞留杂物容易清出。

③ 管系由大曲率半径的弯管在炉内连接，管内压降小。

④ 集合管在炉底，炉管位于集合管上，且为炉外单独支承，钢结构投资较正 U 形炉省。

⑤ 燃烧器安装在炉底，炉管表面热强度的分布不如正 U 形炉均匀。

⑥ 炉管不宜太高，太高容易失稳，且固定困难。

⑦ 适用于中大型重整装置。

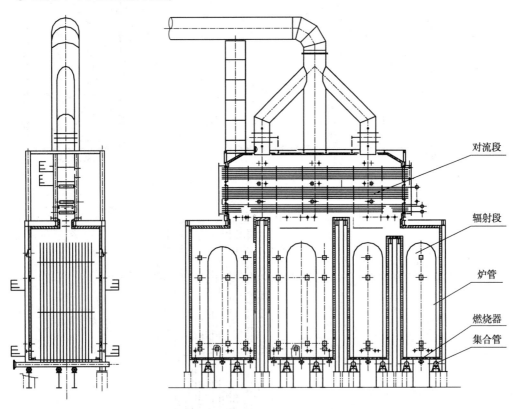

图 11-4-10 倒 U 形炉管排列四合一重整加热炉

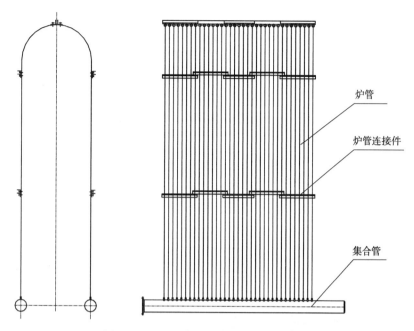

图 11-4-11　辐射管呈倒 U 形排列布置图

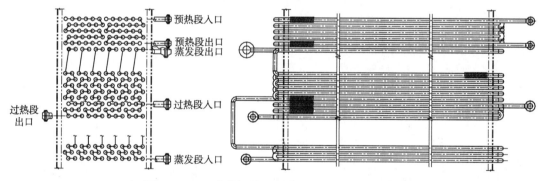

图 11-4-12　余热锅炉的预热段、蒸发段、过热段

（2）对流室的设计

重整反应加热炉高温烟气出辐射室的温度约为 770℃。高温烟气引入加热炉对流段的余热锅炉用于产生蒸汽。

对于中大型重整反应加热炉，其余热锅炉的预热段、蒸发段、过热段通常设在辐射室顶部的对流室内(图 11-4-12)，烟囱在对流室顶部。这种布置与烟气的流动方向一致，利用烟囱的抽力将烟气排出，可不用烟气引风机，而且充分利用辐射顶部的空间，布置紧凑，占地面积小。所发生的蒸汽供给本装置压缩机使用。其钢材总耗量少，能量利用合理，最为经济合理，为国内外同类装置普遍采用。加热炉的排烟温度低于 190℃，加热炉热效率可达 90% 以上。

3. 双面辐射技术的应用

处理量在 1.2Mt/a 以下的重整反应炉多采用"四合一""三合一"的形式，即四个或三个加热炉的辐射室在一个辐射段箱体内。处理量在 1.4Mt/a 以上的重整反应炉则发生了较大的变化，炉体从多合一走向分离，多采用"三加一"或"二加二"形式。

一般小负荷重整反应炉的辐射盘管多采用单面辐射形式，只有热负荷最大的一段进料在 U 形管的内外侧均设置燃烧器，采用了双面辐射的炉型。在 1.2Mt/a 以上的重整反应炉设计时，如果继续采用单面辐射形式，炉体结构将会变得较大。对于 2.0Mt/a 以上的重整反应炉，炉体将会放大一倍以上。显然，单面辐射的形式不适应大型化的需要。近几年，大型重整广泛采用了双面热辐射(图 11-4-13)的传热技术。从表 11-4-2 辐射传热特性比较中可以看到双面辐射炉型有以下优点：

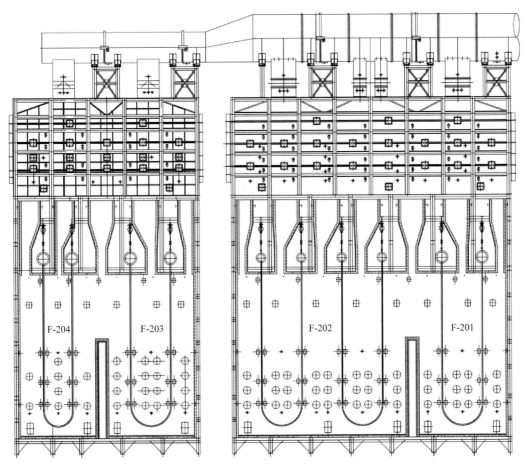

图 11-4-13　双面热辐射的重整加热炉

（1）平均热强度高

与单面辐射炉型相比，双面辐射炉型在同样允许最高炉管热强度下，平均热强度是单面辐射炉的 1.4~1.5 倍。

表 11-4-2　沿炉管圆周的辐射传热特性比较

项目	一面辐射，一面反射	双面辐射
直接辐射率	0.419	每面 0.419
反射率	0.143	—
合计	0.562	双面 0.838

续表

项目	一面辐射,一面反射	双面辐射
管排有效吸收因数	0.838	1.316
最高热强度/平均热强度	1/0.562 = 1.78	1/0.838 = 1.19
最高热强度/最小热强度	1/0.312 ≈ 3.21	1/0.672 = 1.49
炉管表面利用率	56.2%	83.8%

注:本表为管心距为2倍炉管外径、单排管沿炉管圆周的辐射传热特性比较。

(2)压降最小

由于单排管双面辐射的平均热强度是单面辐射的1.5倍,其水力长度一般就只有单面辐射的66%,即在管内流速相同的条件下,其压降仅是单面辐射的66%。

(3)管材利用率高,一次投资最小

重整反应炉的炉管为铬钼合金钢,提高炉管的利用率是减少投资的关键之一。从表11-4-2可以看出,双面辐射的炉管表面利用率是83.8%,而单面辐射仅有56.2%。采用单排管双面辐射的炉型,同比单排管单面辐射的炉型,其辐射盘管投资可减少33%左右。

在同样热负荷、同样炉管面积的条件下,双面辐射炉管的热强度峰值较单面辐射炉管低,有利于对辐射炉管进行相对均匀的加热,提高了传热的有效性,避免(或缓解)了炉管因局部过热引起的结焦甚至烧穿。采用双面辐射加热炉,燃烧器布置在炉管两侧,高温烟气可在炉管两侧呈湍流流动,明显改善烟气在辐射室的不均匀分布,使传热更均匀。

双面辐射强化传热技术将是大型化重整加热炉的发展趋势。

三、重要工艺参数的确定

(一)支管流速与压降

质量流速是选择支管管径的主要依据。设计取值不当将影响加热炉的平稳安全操作。重整反应炉管内介质为纯气相,过高的设计流速,会导致管内压降增大。而速度太低,会导致内膜传热系数降低,导致浪费且可能造成操作中的安全隐患。工程设计经验证明,质量流速宜在 $90 \sim 200 \mathrm{kg/(m^2 \cdot s)}$ 之间。

(二)集合管截面积

在重整反应加热炉的炉管系统设计中,集合管的设计是非常重要的一项内容,集合管设计应遵循以下原则:①应使介质在各支管(炉管)间分布均匀;②便于加工制造及安装;③满足机械设计的要求。

集合管直径选择是否合适,决定了炉管系统内介质的流量是否均匀,分布不均将导致介质偏流从而出现事故。

集合管内流体走向有两种形式,如图11-4-14和图11-4-15所示。支管的偏流情况和集合管截面积与支管总面积之比密切相关。

应用流体力学模拟计算软件分别对A、B两种形式和不同集合管截面积与支管截面积的比值,以35根炉管并联为例,进行了1#和35#管之间的流量偏差分析计算,结果见表11-4-3。

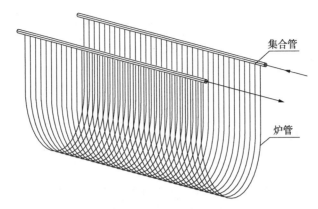

图 11-4-14　集合管 A 型介质流向

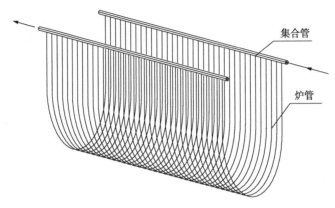

图 11-4-15　集合管 B 型介质流向

表 11-4-3　炉管流量分布

集合管截面积/支管总截面积	第 1 根管与平均流量之间的偏差/%		第 35 根管与平均流量之间的偏差/%	
	A	B	A	B
0.11	142.72	−60	−49.4	271.27
0.246	39.315	—	−15.398	—
0.437	12.496	−21.636	−4.612	30.985
0.683	5.060	—	−2.050	—
0.984	2.360	−4.628	−0.997	1.254
1.339	1.231	—	−0.531	—
2.213	0	−0.993	0	1.254

　　从表中可知，当集合管截面积与支管总面积比值达到 0.984 时，A 型第 1 根管支管及第 35 根支管的流量与平均流量之间的偏差分别仅为 2.36% 和 −0.997%，也就是说，各路支管的流量是比较均匀的；当比值为 1.339 时，流量偏差仅为 1.231% 和 −0.531%。在设计上一般把此比值定为 0.9~1.5，作为选择集合管直径的依据。模拟计算显示集合管 A 型流向优

于 B 型，因此工程设计上一般采用 A 型。

（三）辐射管平均热强度

炉管表面平均热强度的取值范围因辐射管排的受热方式不同而变化较大；同时炉管材质所允许的最高金属管壁温度、管内的内膜温度对所选取的炉管表面热强度起关键作用。另外，炉管表面平均热强度的高低，也将影响加热炉的建设规模。

对于重整反应加热炉：当采用单面辐射管时，炉管表面平均热强度一般取 20000～33000W/m²；当采用双面辐射炉管时，炉管表面热强度的不均匀系数降低。因此，炉管表面平均热强度可取 30000～49500W/m²。

（四）挡墙温度与辐射室的热效率

挡墙温度是指隔墙上方位置烟气的温度，即高温烟气从辐射室进入对流室的温度。

对于箱式加热炉来说，挡墙温度是一个重要参数。工程设计经验常将挡墙温度控制在720～850℃，辐射室的热效率一般为55%～62%，这样对流室热负荷与辐射室热负荷的比例比较合理。对于大型化重整加热炉辐射室的热效率一般为60%～62%。设计的挡墙温度过高，必将投入更多的钢材用以回收烟气热量。

另外，挡墙温度也是加热炉操作中的一个重要参数，操作中挡墙温度过高，说明火焰太猛烈，容易烧穿炉管、管板及损坏炉衬材料。

四、炉管及选材

（一）辐射室内分支炉管的材料选择

分支炉管的材料选择与管内被加热的介质、温度、压力有关；重整反应炉管内介质为烃类+氢气，介质炉出口温度为 420～553℃，压力为 0.3～0.53MPa，在这种条件下，抗氢耐热钢通常优先选择 5Cr-1/2Mo 和 9Cr-1Mo。5Cr-1/2Mo 和 9Cr-1Mo 的化学成分、许用应力和温度限制见表 11-4-4～表 11-4-6。

表 11-4-4 5Cr-$^1/_2$Mo 和 9Cr-1Mo 化学成分 %

钢的牌号	C	Si	Mn	S	P	Cr	Mo
5Cr-1/2Mo	≤0.15	≤0.50	0.30～0.60	≤0.025	≤0.025	4.00～6.00	0.45～0.65
9Cr-1Mo	≤0.15	0.25～1.00	0.30～0.60	≤0.025	≤0.025	8.00～10.00	0.90～1.10

表 11-4-5 5Cr-$^1/_2$Mo 和 9Cr-1Mo 的许用应力

材质		许用应力/MPa					
	ASTM A335	500℃		550℃		600℃	
		弹性许用应力	断裂许用应力	弹性许用应力	断裂许用应力	弹性许用应力	断裂许用应力
5Cr-1/2Mo	P5	113.3	70.1	103.5	40.5	90.3	23.4
9Cr-1Mo	P9	97.4	113.4	85.6	67.6	71.3	36.9

表 11-4-6　5Cr-$\frac{1}{2}$Mo 和 9Cr-1Mo 的温度限制

材质		最高使用温度/℃	抗氧化温度/℃	极限设计金属温度/℃	临界下限温度/℃
5Cr-1/2Mo	ASTM A335 P5	600	650	650	820
9Cr-1Mo	ASTM A335 P9	650	705	705	825

炉管材料的确定受到最高管壁温度的限制，因此应对炉管的最高管壁温度进行详细计算，计算方法详见中国石化标准 SH/T3037 或 API530 标准。一般最高管壁温度小于 580℃时，采用 5Cr-$\frac{1}{2}$Mo；而最高管壁温度大于 600℃时，可选用 9Cr-1Mo。

（二）集合管材料的选择

集合管通常设置在炉外的保温箱内，它与炉内支管相连，通过它将被加热介质送入炉内各支管，加热后流向另一根集合管，从而送出加热炉引至反应器。集合管的管壁温度接近管内介质温度，它的最高壁温低于炉内各支管的管壁温度，材料可选择 1-$\frac{1}{4}$Cr-$\frac{1}{2}$Mo、2-$\frac{1}{4}$Cr-1Mo 或 5Cr-1Mo，其许用应力见表 11-4-7。这种材料在集合管的使用温度范围内具有良好的机械性能，并且抗氢耐热。

表 11-4-7　1-$\frac{1}{4}$Cr-$\frac{1}{2}$Mo、2-$\frac{1}{4}$Cr-1Mo、5Cr-$\frac{1}{2}$Mo 许用应力

材质		许用应力/MPa					
	ASTM A335	500℃		550℃		600℃	
		弹性许用应力	断裂许用应力	弹性许用应力	断裂许用应力	弹性许用应力	断裂许用应力
1-$\frac{1}{4}$Cr-$\frac{1}{2}$Mo	P11	100.5	105.2	91.7	50.6	80.7	23.8
2-$\frac{1}{4}$Cr-1Mo	P22	100.5	100.4	91.7	54.7	80.7	29.8
5Cr-$\frac{1}{2}$Mo	P5	113.3	70.1	103.5	40.5	90.3	23.4

从表中可见，温度在 500~550℃时，对 P11、P22 与 P5 的机械性能接近，目前广泛采用 P11。当采用该材料时，应对材料中的 S、P、Sn 等微量元素加以限制，防止出现材料的脆化。当采用 P11 材质计算出的管壁过厚时，可升级为 P22 材质。从价格上来看，P11 比 P5 经济。如果集合管受力复杂，介质温度较高，也可采用 P5。

（三）对流段管材的选择

在对流段余热锅炉中，各段工艺参数如表 11-4-8 所示。

表 11-4-8　工艺参数

项目	过热段	蒸发段	预热段
出口温度/℃	~450	~260	~220
压力/MPa	3.9	3.9	3.9

各段管材的确定主要取决于各段的管壁金属温度和管内介质压力。最高管壁金属温度由计算得出，材料根据计算分段选取。

过热段出口温度为 450℃左右，炉管的管壁温度已超过碳钢的允许使用温度，常选用 1-$\frac{1}{4}$Cr-$\frac{1}{2}$Mo 或 5Cr-1Mo，蒸发段和预热段的出口温度为 200~260℃，可选用碳钢。

五、炉管支承件的选材和设计原则

常见的炉管支承件是管架和管板。除两端管板可采用钢板焊制外，其他炉管支承件均为铸造件。炉管支承件应根据其设计温度、设计荷载、许用应力和烟气腐蚀性进行选材和设计。

（一）设计温度

炉内的炉管支承件直接暴露在烟气中，通常按其所在部位的烟气温度再加上温度裕量作为设计温度。辐射室和遮蔽管段部位的炉管支承件温度裕量取 100℃，且设计温度不得低于 870℃；而对流室中的炉管支承件取其接触的最高烟气温度加 55℃。

炉管支承件根据其设计温度和钒+钠的腐蚀等因素按表 11-4-9 选材。

（二）设计荷载

炉管支承件承受的荷载与其支承方式有关。支承水平管的中间管板或管架，其静荷载应按多点连续梁确定，且应承受炉管热膨胀时由于摩擦力产生的瞬时水平推力，计算摩擦荷载的摩擦系数一般取 0.3；辐射室炉管的吊钩或吊架的静荷载应按其所吊的炉管、管件及管内充水重的 1.5 倍计，没有摩擦水平推力。

表 11-4-9 炉管支撑材料的最高设计温度

材质	最高使用温度/℃	材质	最高使用温度/℃
碳钢	425	19Cr-9Ni	815
25Cr-12Ni	980（铸件）870（钢板）	50Cr-50Ni-Nb	980（铸件）（>649℃，且燃料中含钒+钠>100×10⁻⁶）
25Cr-20Ni	1090（铸件）870（钢板）		

（三）许用应力

支承件在设计温度下管架最大许用应力应不超过下列各值：

（1）对静荷载

① 抗拉强度的 1/3。

② 屈服强度（0.2%残余变形）的 2/3。

③ 10000h 产生 1%蠕变时平均应力的 50%。

④ 10000h 发生断裂时平均应力的 50%。

（2）对静荷载加摩擦荷载

① 抗拉强度的 1/3。

② 屈服强度（0.2%残余变形）的 2/3。

③ 10000h 产生 1%蠕变时的平均应力。

④ 10000h 发生断裂的平均应力。

对于铸件，许用应力应乘以 0.8 的铸造系数。许用应力值见规范《一般炼油装置用火焰加热炉》SH/T3036 的附录 D。

辐射室内的炉管连接件根据工况条件多采用 25Cr-20Ni，其安装位置如图 11-4-8 所示。

对流段中间管板则根据不同部位的烟气温度分段选材，常规设计为：烟气高温段的为

25Cr-12Ni，低温段为 RQTSi-5.0 或 RQTSi-4.0。由于 RQTSi-5.0 或 RQTSi-4.0 已经停产了，采购比较困难，加之随着重整加热炉的大型化，对流管板的宽度越来越大，要求管板提供更大的承载力，因此，近几年的设计，在靠近辐射段出口处的高温段，管板多采用 25Cr-20Ni，在这部分以上的各个管段均为 25Cr-12Ni。

炉管支承件的截面应根据强度计算确定。

六、辐射室管系的热膨胀

辐射室管系由炉外集合管与炉内的支管组成。在管系的设计中，除了满足传热的要求，还应考虑炉内每根炉管及炉外相联管线的热膨胀。某厂在烘炉时，发生加热炉侧自由移动端被卡住，管线热膨胀反向位移，致使反应器顶端倾斜。

实际生产操作中，重整炉介质出炉温度一般在 550℃ 左右，管线的热膨胀不可忽视。热膨胀来自两部分：一是炉内管线即各个支管自身的热膨胀；另一是来自集合管和外部工艺管线的热膨胀。

炉内管线的热膨胀主要靠支管来吸收，支管被设计成可自由移动的结构，在必要的位置上设有导向结构和管排连接结构，使其按照设计的方向自由膨胀。对于上部悬挂式的管排受热后将向炉底自由膨胀。而底部支承的管排受热后将向炉顶自由膨胀。

集合管是炉内支管与炉外工艺管线的连接部件，因此炉内支管的膨胀和工艺管线的膨胀对它均有影响。为了补偿集合管及其相连管线的热膨胀，一般将整个管系设计成可以自由移动的结构，集合管的设置通常有三种形式：集合管置于辐射室顶部外侧；集合管置于辐射室底部外侧；采用顶-底双侧集合管；每种结构形式对吸收热膨胀都有特殊的考虑。特点如下：

集合管位于辐射室顶部外侧(图 11-4-8)，管系受热部分处于悬垂状态，不妨碍支管受热膨胀和变形，同时通过安装时冷预紧，吸收一部分来自工艺转油线的水平膨胀；集合管采用恒力弹簧吊挂，能吸收部分转油线的垂直热膨胀。该结构的整个管系悬挂在炉顶大梁上，增加了辐射室钢结构的复杂性，增大了钢结构的截面尺寸。

集合管置于辐射室底部外侧(图 11-4-10)，避免了辐射室上部的复杂结构，不需采用恒力弹簧吊挂。通过安装时的冷预紧吸收部分来自工艺转油线的水平热膨胀；下部支承改善了炉体的受力形式。采用这种结构，管系受热部分在加热过程中易产生变形，必须采取定位措施；且这种形式决定了辐射盘管高度不宜太高，因而限制了辐射炉管的有效长度。下部支承形式不能吸收来自转油线的垂直位移。

顶-底双侧集合管(图 11-4-6)，管系为顶部吊挂，能吸收部分转油线的垂直热膨胀。同时通过安装时冷预紧措施吸收一部分来自工艺转油线的水平膨胀；但上下集合管对与之相连的直线状支管约束较大，当炉内的支管受热膨胀不一致时容易产生较大的附加应力。

七、燃烧器

燃烧器是加热炉的关键设备之一，其好坏直接影响热量在炉内的分布和传递。燃烧器应满足以下要求：

(一)燃烧器应与燃料特点相适应

根据燃料的不同，选择不同类型的燃烧器。采用油-气联合燃烧器时必须选用雾化效果好的油喷嘴与其相适应。

重整反应进料加热炉一般使用本装置的副产气作燃料。该燃料中氢含量较高，火焰传播速度快，容易回火。因此大多采用外混式，而不应选用预混式或半预混式燃烧器，以免回火影响正常操作，甚至造成事故。

当燃料改变时，往往需要对原用气体燃烧器进行进一步核算。特别是燃料由气体改为液化气时，常常需要更换燃烧器，并增设液化气汽化设备和伴热管线，将液化气汽化后送至气体燃烧器进行燃烧。

（二）燃烧器应满足加热炉的工艺要求

燃烧器的放热量应满足加热炉热负荷的要求。在不同的装置中，燃烧器的操作参数（燃料性质和压力、雾化蒸汽的压力和温度）不尽相同。设计通用燃烧器时，一般以较低的操作参数作为设计计算依据，以保证燃烧器在较差的工况运行仍能达到额定能量。确定燃烧器数量时，其总能量比加热炉所需燃料供热量多20%~25%，以便在个别燃烧器停运检修时仍可保证操作负荷不致下降。

设计和布置燃烧器时还应保证炉管不致局部过热，燃烧器的火焰应稳定不飘动、不舔炉管，且不应使火焰过分靠近炉管。

要使炉管表面热强度均匀。炉管表面热强度的均匀与否直接影响加热炉的处理量、操作周期和炉管寿命。根据不同的炉型和工艺条件，需要采用不同的燃烧器，并进行合理布置。对于特殊的加热炉燃烧器还应采用分区布置，通过分区调节的方法来控制以满足工艺要求。

（三）燃烧器应与炉型相匹配

加热炉的炉型与燃烧器是密切相关的。不同的炉型要求不同的燃烧器与之配合。如果不匹配，将影响操作，甚至难以满足工艺要求。对于炉膛较高大的加热炉，一般采用圆柱形火焰的燃烧器，集中布置在炉底或侧墙上；对于炉膛不高、深度有限的加热炉，不宜采用火焰太长的燃烧器，为保证热强度沿炉管分布均匀，应采用能量较小的燃烧器均匀布置；对于炉膛较高的加热炉，宜采用细长火焰的燃烧器，一般认为火焰长度为炉管高度的2/3较合适。

大型加热炉，需要用大能量的燃烧器，以减少燃烧器的数量，便于操作维护和自动控制。例如，正U形重整反应加热炉，其燃烧器为侧墙布置，炉内火焰为水平状。它应具有如下特点：要有一定的火焰直径，最大为两倍的燃烧器直径，且火焰应刚直有力；要有一定的火焰长度，两侧的燃烧器对烧时，火焰尖端应有一定距离，火焰不能触及炉管；较低的NO_x产物。

（四）燃烧器应满足节能和环保要求

燃烧器是加热炉的供能设备，应满足既节约能源又环保的要求。前者要求燃烧器尽可能地减少自身能耗，并在尽可能少的过剩空气量下达到完全燃烧。后者指燃烧器也是污染源，燃烧产生的SO_3和NO_x会污染大气，SO_3还会造成加热炉低温部位的腐蚀。为了满足环境保护方面的要求，宜采用低NO_x燃烧器。在燃烧过程中，NO_x可由三种方式产生：瞬时或直接转化（瞬发NO_x），在烃基燃烧过程的早期阶段，由空气中的N_2生成NO_x产物，一般在火焰的焰面内产生；热转化（热NO_x）一般表现为分子氮（N_2）转化成NO_x，一般在火焰的焰面外产生，这一转化过程取决于转化温度，高温有利于热NO_x反应；燃料中化学氮转化（燃料NO_x），由燃料中氮的转化成NO_x。为了降低烟气中的NO_x的含量，减少对大气的污染，燃烧器需采用特殊设计和措施减少NO_x的生成量。

1. 分级配风低 NO_x 燃烧器

分级配风燃烧器属于低 NO_x 燃烧器。分级配风燃烧器通过限制燃烧反应区温度来限制热 NO_x 产生。通过提供一个燃料富余区，在该区内燃料的有机氮能转化成分子氮，从而减少燃料 NO_x 生成。

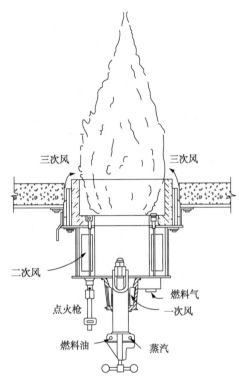

图 11-4-16　典型的分级配风燃烧器

分级配风燃烧器在两个独立的燃烧区内完成燃烧，即初级燃烧区和二级燃烧区。空气被分别引入燃烧区，每一区内的火焰温度不会接近普通标准燃烧器内的温度。燃烧发生在两个不同的阶段，这种燃烧器因此被称作分级配风燃烧器。图11-4-16 是典型的分级配风燃烧器。

一部分空气和燃料进入初级燃烧区。该区中由于没有足够的空气，许多燃料未被点燃。这种不完全燃烧导致火焰温度低于普通标准燃烧器。火焰外缘的热量通过热辐射向周围传递。较低的火焰温度及有限的氧浓度有助于降低热 NO_x 生成。在燃料富余(还原)条件下，由于燃料分子分解，限制了燃料 NO_x 的产生。由燃料氮生成的部分氮原子能结合成氮分子(N_2)而没有氧化成 NO_x 。

另一部分剩余空气被引入初级燃烧的燃烧气流中，在二级燃烧区内(多数情况下位于燃烧器砖的外侧)完成燃烧。由于初始燃烧阶段的热损失，火焰外缘的热量继续通过热辐射不断地向周围传递，火焰温度不会接近标准燃烧器中的温度。

分级供风燃烧器与普通标准燃烧器相比，该种燃烧器火焰最高温度可降低 100℃ 左右，NO_x 生成量可减少 30%～35%。该种燃烧器用于烧燃料油时需要多个进风调节挡板，操作控制较为复杂。

2. 分级配燃料的低 NO_x 燃烧器

分级配燃料的燃烧器归类于低 NO_x 燃烧器。该燃烧器通过限制燃烧反应区的温度来限制 NO_x 产物。

分级配燃料的燃烧器在两个独立的燃烧区内完成燃烧。燃料被分别引射入燃烧区，任一燃烧阶段的火焰温度不会接近标准燃烧器内的温度。燃烧在两个阶段完成，该种燃烧器因此被称作分级燃料燃烧器。图 11-4-17 为典型的分级燃料燃烧器。在初级燃烧区中，将部分燃料和全部助燃空气引入初级燃烧区。燃料的燃烧在过量的空气中完成，过量的空气降低了火焰温度，火焰外缘的热量通过热辐射向周围传递。

在二级燃烧区中，剩余燃料被引入燃烧区，与来自初级区的剩余空气完成燃烧。火焰外缘的热量继续通过热辐射向周围传递，火焰温度不会接近标准燃烧器中的温度。分级供应燃料燃烧器与普通标准燃烧器相比，该种燃烧器火焰最高温度可降低 120℃ 左右，NO_x 生成量可减少 55%～60%。该种燃烧器仅能用于燃烧气体。

3. 烟气再循环低 NO_x 燃烧器

将烟气再循环引入到燃烧气体中，惰性的烟气冷却火焰降低氧分压，并减少氮氧化物排放，当使用分级燃烧的燃烧器时，烟气再循环可进一步降低这种排放。烟气再循环一般可采用两种方法，即外部烟气再循环和内部烟气再循环。

外部烟气再循环时，利用引风机将烟气从加热炉引出(通常在对流段下游)并返回到燃烧器中。内部烟气再循环时，利用燃烧空气或燃料气流产生的低压区将炉膛内的烟气引入燃烧器的燃烧区。

烟气再循环燃烧器与普通燃烧器相比，进入燃烧空气中的烟气再循环量会影响火焰的稳定性。内部烟气再循环的燃烧器必须注意，避免出现类似于预混燃烧器中出现的回火等问题。

重整反应炉一般烧气，燃烧器多采用分级燃料的燃烧器。

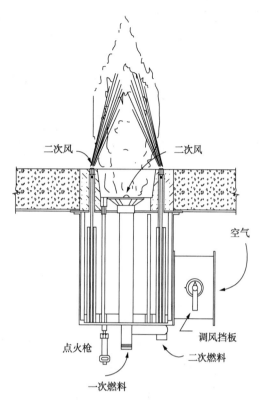

图 11-4-17　典型的分级燃料燃烧器

较之常用的标准普通燃烧器，当采用了空气分级或燃料分级+烟气循环等燃烧技术以后，可有效降低氮氧化物的生成量。表 11-4-10 为各种环保型低 NO_x 燃烧器的参考数值。

表 11-4-10　不同形式的燃烧器 NO_x 的排放值

烧气(过剩空气系数15%)		
燃烧器的形式	采用环境空气	采用预热空气
标准燃烧器	$110×10^{-6}(225mg/Nm^3)$	$152×10^{-6}(312mg/Nm^3)$
低 NO_x 空气分级燃烧器	$77×10^{-6}(158mg/Nm^3)$	$106×10^{-6}(218mg/Nm^3)$
低 NO_x 燃料分级燃烧器	$61×10^{-6}(124mg/Nm^3)$	$83×10^{-6}(171mg/Nm^3)$
超超低 NO_x 燃烧器	$20×10^{-6}(48mg/Nm^3)$	$30×10^{-6}(65mg/Nm^3)$
烧油(过剩空气系数25%)		
标准燃烧器	$280×10^{-6}(575mg/Nm^3)$	$386×10^{-6}(793mg/Nm^3)$
低 NO_x 空气分级燃烧器	$210×10^{-6}(431mg/Nm^3)$	$290×10^{-6}(595mg/Nm^3)$

注：1. 本表的数据是对国内使用的引进或国产燃烧器的统计值；

2. 其中烧油的燃烧器的排放数据来源于国外燃烧器。如果燃料中含有氮化物，其燃烧产物中的 NO_x 会高于表中的数据。

(五) 火检技术的应用

炼油厂加热炉运行过程中的 HSE 愈来愈受到重视，其中燃烧器的火焰监测尤为重要。

某厂重整加热炉在开工过程中遇到了过燃烧器熄火闪爆事故。重整装置中加热炉数量多，燃烧器的火焰监测应引起炼厂管理、操作人员的高度重视。

1. 相关标准

我国目前已出台与燃烧器火焰监测相关的标准，其提出的要求见表11-4-11。从表中可以看出，我国标准与国外标准相近。

表11-4-11　火检设置相关标准

序号	标准名称	标准号	相关条款	要求
1	石油化工企业设计防火标准	GB 50160—2008	5.7.8	烧燃料气的加热炉应设长明灯，并宜设置火焰检测器
2	石油工业用加热炉安全规程	SY 0031—2012	9.6.1	具备电力供应条件的热炉应设置燃烧器熄火报警装置；火筒式加热炉应设置加热段低液位报警装置；管式加热炉应设置炉膛超温报警装置
3	燃油(气)燃烧器安全技术规则　总则第二条本规则适用于各类燃油(气)锅炉用燃烧器，其他用途用燃烧器可参照本规则执行	TSG ZB001—2008	第三章，第14条	在其《安全与控制装置》中的第十四条：燃烧器应当设有火焰检测装置，并且符合以下要求：能够验证火焰是否存在；火焰检测装置的安装位置，能够使其不受外部信号的干扰；在点火火焰和主火焰分别设有独立的火焰检测装置的场合，点火火焰不能影响主火焰的检测
4	美国API标准			燃烧系统的设计应尽可能降低火焰熄灭的可能性。可以通过提供可靠的燃料系统、稳定可靠的长明灯及燃烧器燃料压力控制手段得以实现。如果长明灯燃料气的来源不可靠或者在火焰有可能熄灭的情况下，应该设置火焰监视设备。有多个火焰检测器时，应设置相应的逻辑功能实现紧急停车。即任何一个检测器显示燃烧器熄火后应立刻报警，当燃烧器熄火的个数达到用户设定值时应自动触发紧急停车功能，且火焰熄灭后不允许再次自动点火。若长明灯具备单独的燃料气系统，一般不需要再设置火焰检测器

2. 常用的火焰监测设备

国内炼油厂加热炉上常用的火焰监测设备主要有两类：一类是直观监视燃烧器火焰情况，主要类型为工业电视，由人通过监视设备看到的图像判断火焰是否燃烧。另一类属于非直观监测类，主要类型有红外火焰检测器、紫外火焰检测器、离子火焰检测器三种，通过给出电子信号自动判断火焰是否燃烧。

（1）高温工业电视监视器

高温工业电视火焰监视器是设置在炉壁上可监视炉内所有燃烧器燃烧状况的彩色工业电视监视系统。控制室的操作人员可在监视屏上看到炉内燃烧器燃烧火焰的真实图像，操作人员根据图像及时处理、调整发现的问题。高温工业电视是目前国内炼厂应用最广泛的火焰监测手段。

目前设计单位与科研单位联合开发了具有报警功能的高温(防爆)电视监控系统,可直接观察炉膛内情况,而且可对各个燃烧器单独进行监视。一旦检测到某个燃烧器火焰熄灭,即可输出实时报警信号,并可将报警前后2min的画面录制下来,供分析研究使用。

(2) 红外火焰检测器

红外火焰检测器属于非接触式的火焰监测设备,它采用传感器原理,响应红外光谱的波长,通常相应的波长范围为760~1700nm,提供检测目标火焰产生的红外线强度及火焰闪烁频率来确定火焰是否存在。当任何一个火焰熄灭后,立即报警。

红外火焰检测器可以单独检测燃烧器长明灯火焰或主火焰,且更适合于液体燃料、重油火焰和惰性气体含量较大的燃料的火焰监测。这是因为液体燃料燃烧产生的红外线强度高,气体燃料燃烧产生的红外线强度低,而且红外线不易被粉尘颗粒、水蒸气和其他燃烧产物吸收。红外火焰检测器只能监测单独火焰,如果长明灯火焰和主火焰都要检测,每个燃烧器就需要安装2台红外检测器。

(3) 紫外火焰检测器

紫外火焰检测器也属于非接触式火焰监测设备。它采用传感器原理,响应紫外光谱的波长(范围在400nm以下,主要在300nm附近),提供检测目标火焰产生的紫外线强度及火焰闪烁频率来确定火焰是否存在。当任何一个火焰熄灭后,立即报警。当达到设定个数燃烧器火焰熄灭后可进一步触发安全连锁。

紫外火焰检测器稳定性好、灵敏度高、抗干扰能力强,可单独检测燃烧器长明灯火焰或主火焰更适用于净气体燃料的工况,因为其产生的紫外线强度高,液体燃料燃烧产生的紫外线强度低,且紫外线容易被水蒸气、粉尘颗粒等吸收。

紫外火焰检测器只能检测单独火焰。如果长明灯火焰和主火焰都要检测,需要2个紫外检测器。

(4) 离子火焰检测器

离子火焰检测器属直接接触型火焰检测装置。工作时,探头的探针深入火焰区,利用燃料高温气化时产生的电离特性,解离成正负离子,在极化电压形成的电场中,正负离子向各自相反的电极移动,形成离子流,导通电极,发出火焰建立信号,该信号经转化和放大成为可测量的电信号。放大处理后的信号送入DCS,当任何一个火焰熄灭后,立即报警。

离子火焰检测器属于直接接触式,工作时探针时刻处于高温区,易受污染,它通常适合于较为洁净的燃料气。工程上用它检测长明灯火焰。离子火焰检测器虽然单体价格相对较低,但其有效使用寿命较短,因此后期使用和维护的工作量及费用还是比较大的。

3. 火检报警

目前国内各个炼油厂的设计一般是长明灯熄灭则报警,甚至给出强烈报警。提醒操作人员查明原因及时处理,保证设备完好运行。美国某公司规定:长明灯熄灭报警,同时规定熄灭率大于50%,立即连锁停炉。法国某公司规定:长明灯熄灭报警,熄灭率大于50%时,如果炉膛温度低于600℃,则连锁停炉。

八、吹灰器

当采用重质燃料油时，对流段炉管积灰是不可避免的。目前国内常用的吹灰器有以下三种：

（一）蒸汽吹灰器

蒸汽吹灰器目前仍然是最为常用的吹灰设备，由于它结构简单便于操作，目前仍然广泛应用在欧美国家的加热炉上。一般常见为伸缩式蒸汽吹灰器，利用高压蒸汽直接对积灰表面进行吹扫，清除积聚在炉管表面的积灰。其特点是安全可靠。

（二）声波清灰器

声波清灰技术是利用声波发生器把一定强度的声波送入运行中的加热炉的对流段中，通过声能量的作用，使空气分子与粉尘颗粒产生振荡，破坏和阻止粉尘粒子在炉管表面沉积，使粘附在炉管表面的粉尘颗粒处于悬浮流化状态，借助烟气流动和扰动流将其带走或使其自动脱落。

声波清灰器在炼油加热炉上有应用，该设备周期运行，间歇操作，工作时间一般为30s，间歇时间一般为 20~30min。可以手动或自动运行。

（三）激波除灰器

在炉外一个特殊的容器中使可燃气体产生爆燃，剧烈爆燃的气体在容器内瞬时升压，并产生压缩波，通过管线将冲击激波引入加热炉的对流段，辐射至积灰的炉管表面，通过调整和控制产生的激波强度，使积聚在炉管表面上的积灰在足够强度的激波冲击下碎裂，最终脱离炉管表面。

在电站和锅炉行业应用较多，在炼油炉上应用较少，每次清灰大约 30min。

值得注意的是，对于声波清灰器和激波除灰器在设计上和选用时应充分对其进行安全评估，因为低频声波和爆燃冲击波泄漏均危害人身安全，为此应充分考虑该设备的安全性，在使用中还应对该设备进行必要的安全防护。

九、耐火材料

重整反应加热炉的辐射室炉墙以前多为砖砌结构，施工周期较长，施工困难大，隔热效果较差，后来过渡至采用轻质衬里，这种材料可塑性强，可用于各种形状复杂的场合，抗冲刷能力强，便于施工。

（一）耐火陶瓷纤维衬里（简称陶纤衬里）

近年来又出现了耐火陶瓷纤维衬里。陶瓷纤维炉衬最大的特点是耐热隔热性能好。在同等条件下可获得最薄、最轻的炉墙。炉墙外壁温度低，散热损失小。

陶纤衬里具有以下特点：

① 耐高温。一般由 Al_2O_3 构成，使用温度可达 1260℃。

② 重量轻。密度为 $128kg/m^3$，为轻质耐火砖墙的 1/3，重质耐火砖墙的 1/14。

③ 热导率低。陶纤衬里的热导率见表 11-4-12。用此材料可降低所需耐火材料的设计厚度，一般为轻质砖墙的 1/2，重质耐火砖墙的 1/4。使用陶瓷纤维炉衬可以大大减轻钢结构的承重。

④ 热容小，为轻质耐火砖墙的 1/4，重质耐火砖墙的 1/21，有利于快速升温、降温。

⑤ 由于陶纤衬里为多孔柔性耐热材料，具有耐震动、吸音等特点。

表 11-4-12　耐火陶瓷纤维毡(喷涂陶瓷纤维)的热导率

体积密度/(kg/m³)	在平均温度 t℃ 下的热导率/[W/(m·K)]				
	t = 204	t = 427	t = 649	t = 871	t = 1093
96	0.062	0.120	0.211	0.332	0.493
128	0.058	0.105	0.179	0.273	0.395

陶纤衬里成本较高，因此，高温炉墙向火面一般采用高温陶瓷纤维毡而背衬采用低温陶瓷纤维毡或矿渣棉板的复合结构，以节省投资。陶瓷纤维炉衬不能承受机械载荷，在加热炉炉墙的某些部位和喷嘴处，衬里结构都需特殊设计。例如，燃烧器的衬里结构应加强，并支承于炉外壳的壁板上。另外，陶瓷纤维不耐高速气流冲刷，气流速度高的部位，往往不采用此种材料。

需要注意的是陶瓷纤维炉衬怕水浸泡，浸水之后体积缩小致使炉衬变形乃至坍塌。因此在施工和正常生产期间应注意防范。

目前，国外设计的重整炉均采用耐火陶瓷纤维复合层，向火面的热面层为耐温1260℃，容重128kg/m³ 针刺纤维毡，背衬为耐温870℃，容重96kg/m³ 的针刺纤维毡，这种结构需要层层施工，纤维毡需用保温钉固定，暴露在炉膛内部的保温钉端部需用陶瓷螺帽或小块陶纤毡覆盖，以避免热量通过金属保温钉在钢板外壁形成高温热点。这种结构施工质量要求较高。

国内设计并投产使用的重整炉，耐火隔热结构多采用喷涂陶纤或陶纤可塑料。向火面热面层为耐温1260℃的高铝纤维，背衬层为耐温870℃以上的普铝纤维，施工方便、速度快，可用于形状复杂的部位。施工周期短，隔热效果好，现场实测炉外壁温度通常在60℃左右，散热损失小，得到了用户的欢迎。对流段的温度低于600℃，此段烟气流速较大，气流冲刷严重。衬里采用陶粒-蛭石-高铝水泥结构。生产实践证明采用这种衬里材料，炉体外壁温度通常低于80℃，是既经济、隔热性能又好的材料。

(二) 组合衬里的使用

近几年来，炉衬结构又有了新的发展。为了充分发挥各种材料的性能，目前辐射段、对流段和炉底的衬里结构发生了变化，不再是单一的材料，而是不同材料的组合。

1. 辐射段炉壁组合炉衬

近几年发现，辐射段炉壁因烟气露点腐蚀造成的损坏时有发生，为了阻止酸性气体穿透陶瓷纤维在低温段冷凝，近年来多采用陶瓷纤维折叠块+阻气不锈钢箔的特殊结构。新的设计采用了陶瓷纤维折叠块+浇注料的组合结构，这一特有的结构在工程应用中被证实非常有效。

2. 辐射段炉底组合炉衬

目前，炉底多采用耐火砖+憎水性纤维板+隔热耐火浇注料的组合衬里形式。

3. 对流段的组合炉衬

目前，对流段炉衬多采用憎水性纤维板+隔热耐火浇注料。中国石化工程建设公司(SEI)研发了高强度低导热率的浇注料，在相同的炉衬厚度条件下，其外壁温度可比普通浇注料降低15℃左右。这种材料被用于加热炉的对流段和辐射段。

(三) 降低加热炉炉壁上热点的温度

加热炉炉壁上易出现热点的部位常见于看火门、泄压门、燃烧器周圈与壁板连接位置、对流弯头箱等。这些部位的热点长期以来困扰着生产部门。设计人员为此进行了诸多改进，对于看火门、泄压门部位，采用了与门孔配套的陶纤真空成型块，减少了门孔四周裸露的缝隙，从而避免热点。对于燃烧器周圈与壁板连接部位，多采用垫设陶瓷纤维编织带或高效绝热材料，降低该区域的温度。

对于弯头箱这样的特殊部位，必要时可采用定制的陶瓷纤维真空成型块包裹裸露的弯头，以减少散热损失。

长期以来，衬里锚固件给炉壁带来的热点是最难于消除的，纵观国内外炼油加热炉，这个热点比比皆是，减少这个热点几乎没有良策。对此，SEI开发了陶瓷+金属组合保温钉。

随着客户对外壁温度的严苛要求，SEI开发了纳米板+耐火纤维材料（+高强低导注料）的复合隔热耐火衬里结构。经过实际应用，效果良好，外壁温度可降低至近50℃。

上述技术已应用在多个工程项目中，效果显著，使加热炉的热点温度明显降低。

十、余热回收系统

用于重整装置中的烟气热回收方案很多，其设计和选用的一般原则为：

① 选用的方案技术上应是安全可靠，且能满足长周期运转的要求；经济上一般要求三年内回收基建投资。余热回收方案的选用应通过详细的技术经济比较来决定。

② 选用的余热回收方案应能满足环保的要求。

③ 选用余热回收方案时，应首先考虑充分利用对流室的受热面降低排烟温度。排烟温度与对流室末端被加热的工艺介质温度之差应按经济温差确定，一般情况下，对流室采用钉头管时为90~120℃，采用翅片管时为60~90℃。烟气侧换热面的低温露点腐蚀和积灰堵塞问题是决定余热回收方案的关键因素，在选用余热回收方案、确定设计参数和结构时均应给予充分的重视。

在重整炉群中，反应进料加热炉烟气出辐射室的温度为750~850℃左右，一般采用余热锅炉进行热量回收，并产生装置所需的中压蒸汽，最终排烟温度为190℃以下。

预处理进料加热炉和塔底重沸炉对流室排烟温度为280~360℃，这部分烟气热量需要回收利用。一般将此烟气集中收集，并导入空气预热器与冷空气换热，产生燃烧器所用的热空气。排烟温度为180℃以下，热效率可达90%以上。

目前常用的空气预热器有管式、扰流子式和热管式等多种形式。根据不同的工况条件，设计者往往有不同的选择。

1. 管式空气预热器

管式空气预热器（图11-4-18）为列管式结构，空气与烟气分别进入壳程和管程进行垂直交错换热。列管可用钢管、铸铁管或玻璃管。根据烟气高温硫腐蚀及露点腐蚀程度来确定采用单一式列管或组合式列管。耐露点腐蚀钢管、合金铸铁管和硼硅玻璃管都耐低温露点腐蚀，但受热面积灰和堵塞需在设计时予以解决。

管式预热器一般采用二组或三组，最后一组应采用易检修或可更换的结构。根据使用经验，烟气走壳程，空气走管程可减少管内积灰。反之则增大烟气侧阻力，甚至堵塞通道。烟气走壳程可便于吹灰和冲洗。

管式空气预热器方案结构简单，技术成熟，可回收500℃以内烟气余热。缺点是传热效率低、结构庞大、钢材耗量大。

2. 扰流子式管式空气预热器

为了强化传热，在传热管的内部增设扰流装置所形成的换热器，称为扰流子式管式空气预热器(图 11-4-19)；扰流子单管图见图 11-4-20。

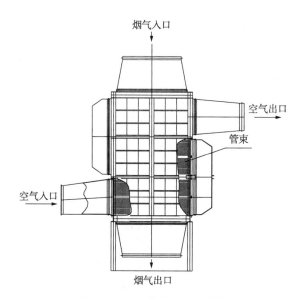

图 11-4-18　管式空气预热器

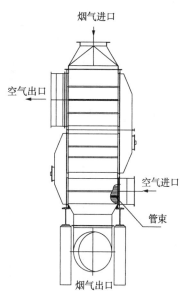

图 11-4-19　扰流子管式空气预热器

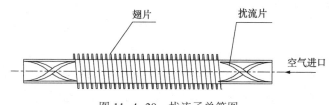

图 11-4-20　扰流子单管图

本方案结构简单，技术成熟，可回收 500 ℃以内烟气余热。传热效率较高。缺点是气体的流动阻力较大，钢材耗量大。

3. 水-钢热管预热器

水-钢热管预热器是由多个传热单管组成，烟气侧与空气侧用隔板密封，防止气体窜漏。水-钢热管以水为工质，单管结构如图 11-4-21 所示。该管在真空条件下封装了传热工质，工作时，高温烟气将管底的工质加热，工质在高真空下受热汽化上升，在管顶放出汽化热将管外的空气加热，该工质冷凝再次回流到管底，如图 11-4-22 所示。

为了进一步强化传热，冷端(空气侧)常常采用翅片管，热端(烟气侧)在烧气时一般采用翅片管，烧油或油气混烧时宜采用钉头管或齿形翅片管，并应设置吹灰装置。热管常用管径有 $\phi25mm$、$\phi32mm$、$\phi42mm$、$\phi51mm$ 等。热管可水平倾斜 10°放置或垂直放置。热管预热器设计负荷为 0.1~10MW，适合于大、中、小炉余热回收应用。热管失效后可送制造厂再生。单管可以定期取出清洗。

本方案具有设计紧凑、传热系数比管式预热器高 2~5 倍、无泄漏、用钢量少等优点。

重整装置主要以烧气为主，烟气中灰分含量极少，热管空气预热器是最佳选择，它具有传热效率高、预热器体积小、施工周期短、检维修方便等特点。

由于热管要求具有较高的真空度和较严格的密封技术和高纯度的工作液体，在使用几个周期后，必须对所用的热量进行复查和维护。失效的管束应及时更换，以确保该预热器高效地回收烟气余热。

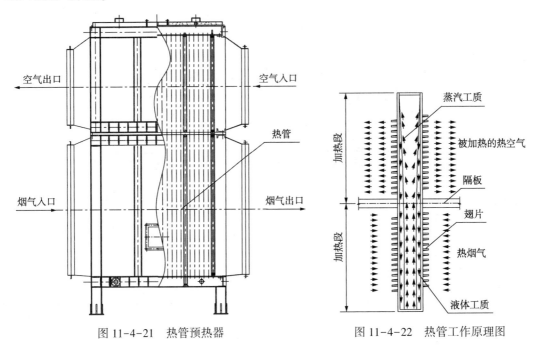

图 11-4-21　热管预热器　　　　　　　　图 11-4-22　热管工作原理图

4. 铸铁预热器

铸铁预热器并不是近期出现的新技术，典型结构如图 11-4-23 所示。但长期以来，该技术几乎没有得到发展，究其原因主要是与其他形式预热器相比过于笨重，研究对比发现：铸铁预热器板片的厚度只有小于等于 6mm 才有竞争力，这需要高超的铸造技术。

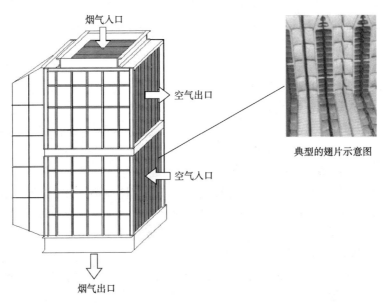

典型的翅片示意图

图 11-4-23　典型的铸铁预热器

2009 年国内成功开发研制了新型的耐烟气低温腐蚀的高效铸铁空气预热器，设计了新型的双向板片结构和特殊的齿形，并在金属材料中加入了微量合金元素，铸铁预热器板片厚度可以做得很薄，单位重量的预热器传热面积大，总重量轻。特殊形状的翅片还获得最小的气体流动阻力，微量合金元素的加入不但提高了板片的强度，而且提高了耐蚀能力，其技术水平已经达到了国际同类产品的水平。

为了确保新材料能够适应空气预热器的工作温度变化工况及离线后及时水冲洗时的温度急剧变化，进行了大量的试验，使设计的预热器可以承受 600℃高温下急速水冷却的冷热急剧变化，图 11-4-24 为快速火焰加热后急速水冷却的试验情况。试验结果证明，换热元件没有出现裂纹，翅片完好无脱落。

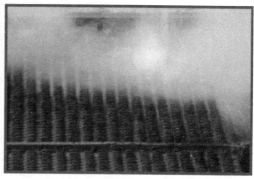

图 11-4-24　换热元件耐冷、热急变实验

铸铁双向翅片空气预热器与其他类型的预热器相比具有以下特点：

① 板片双面具有翅片，比表面积大，传热效率高，结构紧凑。

② 空气侧与烟气侧的不连续翅片采取错列式并列排布，翅片的排列形式具有扰流的作用，可强化流体的湍流状态，在强化换热的同时具有一定的自清洁能力。

③ 换热元件有较好的热震稳定性，可离线后及时进行水冲洗，有效缩短维护时间，提高设备在线率。

④ 抗露点腐蚀能力较好，低温腐蚀速率较小，使用寿命长。可进一步降低排烟温度，排烟温度达 120~130℃，有的用到了 110℃（暂不推荐 110℃的排烟温度，过低的排烟温度会造成大量的含酸冷凝水出现，需要进一步处理）。

十一、模块化制造设计

20 世纪 80 年代末，国内工程公司开始接触加热炉模块化设计，经过专业工程师的不懈努力，模块化设计已经成为重整装置加热炉的主流设计方式实现了圆筒炉的模块化设计，也实现了立式方炉辐射段分片、对流段分块的模块化设计方式。

经过工程实践，根据工程经验，对模块的设计不断完善，从仅仅只做对流段模块，发展到现在的全炉模块化，加热炉的模块制造水平已接近国外同类模块的水平。国内几套 2.0Mt/a 以上的连续重整均实现了加热炉的模块化。

加热炉模块化缩短了施工工期，节省了现场人工，保证了整体制造质量，降低了生产成本。模块化制造带来的好处主要表现在：

① 减少场地占用，节约了现场临时施工用地。

② 能够更大限度地使用自动焊、自动车床等自动化设备，节约了更多的人力投入，也节省了大量资金。

③ 大量的焊接工作在车间或地面进行，减少了高空作业的危险性，改善了人员的工作环境，提高了人员工作的安全性。

④ 有效地控制尺寸偏差，提升了加热炉的制造精度，进而提高了加热炉整体安装质量。

⑤ 使加热炉本体的制造与土建基础同时开工，当土建施工结束后，加热炉的模块就可进入现场进行安装，与传统的施工建造方法相比可缩短工期 $1/3 \sim 2/3$。

⑥ 可以集中使用施工现场的吊车，节省起重台班费用。

2004 年某厂重整芳烃联合装置中的二甲苯炉采用这种方法进行辐射室、对流室模块化制造，现场安装组对，施工工期节约 2 个月，质量验收一次合格率达 100%。2010～2011 年中国石油四川某厂重整芳烃联合装置共 11 台加热炉，均采用此种工法进行施工，节约工期 4 个月，安装质量一次验收合格率达 100%。

目前，这种建造模式已被大多数用户接受，国内多个炼厂均采用了这种建造模式，其质量已经达到国外同类加热炉的制造水平。

十二、余热回收系统中的露点腐蚀

(一) 露点腐蚀的危害

长期以来，酸露点腐蚀严重影响炼油装置加热炉设备，尤其是余热回收系统的长周期安全运行。

1. 腐蚀设备，造成安全隐患

一般炼油加热炉的燃料多为炼油厂自产的减压渣油或炼厂瓦斯。当燃料中含有大量硫时，燃烧产物中出现了硫化物。在低温的炉壁板上冷凝出酸性冷凝液，对金属材料和炉衬保温钉产生破坏性的腐蚀。酸露点腐蚀对管式空气预热器管板的破坏见图 11-4-25。同样，当含酸的烟气在钢壁板(图 11-4-26、图 11-4-27)或空气预热器(图 11-4-28)冷壁上产生酸性冷凝液时，也会产生不同程度的腐蚀。烟气酸露点腐蚀是加热炉的一种特殊现象。

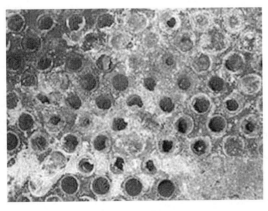

图 11-4-25　预热器管板严重腐蚀

图 11-4-26　重整加热炉炉墙腐蚀损坏

图 11-4-27　重整加热炉炉墙腐蚀损坏　　　图 11-4-28　热管预热器管外腐蚀

2. 酸露点腐蚀制约加热炉热效率的进一步提高

为了保证预热器烟气侧冷端不受露点腐蚀，通常低温余热回收系统冷端金属壁温的设计值须在酸露点温度以上至少 15℃。因此，烟气露点腐蚀制约了最终排烟温度的进一步降低，制约了加热炉热效率的提高。

3. 影响炼油厂生产运行

露点腐蚀不可小视，它已经严重威胁到加热炉的安全生产。遭到烟气酸露点腐蚀的加热炉及余热回收系统，轻则需要调整工艺操作，牺牲热效率；重则被迫停工，需要维修和更换损坏严重的设备或部件，影响生产，造成较大的经济损失。

（二）露点腐蚀原理及影响因素

1. 烟气酸露点腐蚀原理

随着加工原油的劣质化，燃料油或燃料气中均含硫，燃料燃烧后，其中的硫全部生成 SO_2。由于燃烧室中有过量的氧气存在，SO_2 再与氧化合形成 SO_3。在炼油加热炉中，通常约有 1%~3% 的 SO_2 进一步转化成 SO_3。当烟气温度降到 400℃ 以下，SO_3 将与燃烧产物中的水蒸气化合生成硫酸蒸气，其反应式如下：

$$SO_3\uparrow + H_2O \xrightarrow{<400℃} H_2SO_4\uparrow \qquad (11-4-4)$$

当硫酸蒸气凝结到炉子尾部低温金属表面上就会发生硫酸露点腐蚀。与此同时，硫酸液体还会黏附烟气中的灰尘形成不易清除的酸性黏灰，腐蚀设备且堵塞烟气流动通道，影响换热效果。

2. 影响露点腐蚀的因素

过剩空气量和燃料中的硫含量是影响烟气露点温度的重要因素。此外，露点温度还会随烟气中水蒸气含量的增多而升高。烟气凝结液中硫酸浓度对换热面腐蚀的速度影响较大。如图 11-4-29 中所示，浓度为 50% 左右的硫酸对碳钢材料的腐蚀速度最大。

接触烟气的热交换面上的结露是在相当长的时

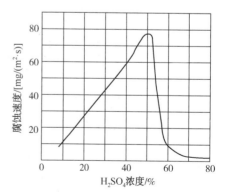

图 11-4-29　硫酸浓度对碳钢腐蚀
速度的影响（恒壁温）

间内进行的。烟气中的硫酸蒸气和水蒸气在遇到冷面时开始冷凝成硫酸液体，随着硫酸的冷凝，此后烟气中硫酸和水蒸气的浓度都有所降低(但前者降低较多，后者降低较少)，烟气的露点也有所下降。在恒壁温条件下，不同浓度的硫酸对碳钢的腐蚀速度是不同的。

(三) 露点温度的计算方法

1. 露点温度的公式计算

各国的学者对露点腐蚀进行了大量的研究，尽管如此，大家均没推导出一个精确的公式，多个研究机构根据经验给出了相近的计算公式，由于考虑的因素不同，计算结果存有差异，这里提供加热炉核算软件 FRNC5 中的计算方法，供大家参考。

$$\ln(K_{\mathrm{p}}) = \frac{12.12}{T_{\mathrm{p}}} \times (1 - 0.942^{T_{\mathrm{p}}} + 0.0702^{T_{\mathrm{p}}^{2}} - (0.0108^{T_{\mathrm{p}}}) \times \ln(1000^{T_{\mathrm{p}}}) - \frac{0.0013}{T_{\mathrm{p}}})$$

$$(11-4-5)$$

$$K_{\mathrm{p}} = \frac{P_{\mathrm{SO_3}}}{P_{\mathrm{SO_2}} \times \sqrt{P_{\mathrm{O_2}}}} \qquad (11-4-6)$$

$$T_{\mathrm{dew}} = 203.25 + 27.6\lg(P_{\mathrm{H_2O}}) + 10.83\lg(P_{\mathrm{SO_3}}) + 1.06\,[\lg(P_{\mathrm{SO_2}}) + 8]^{2.19}$$

$$(11-4-7)$$

式中　　T_{dew}——计算露点温度，℃；

　　　　$P_{\mathrm{SO_3}}$——SO_3 的分压，Pa；

　　　　$P_{\mathrm{SO_2}}$——SO_2 的分压，Pa；

　　　　$P_{\mathrm{H_2O}}$——H_2O 的分压，Pa；

　　　　$P_{\mathrm{O_2}}$——O_2 的分压。

2. 推荐的线算图

对于正在运行的加热炉的烟气露点，推荐图 11-4-30 给出的快速计算法，它根据燃料的含硫量、烟气采样的分析数据求得较为准确的露点值，考虑了较多的影响因素。

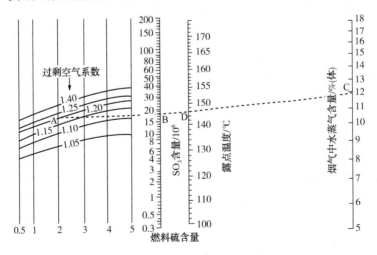

图 11-4-30　烟气露点温度线算图

图 11-4-30 用法：根据燃料硫含量(质量)和过剩空气系数得到点 A，由 A 画水平线与 SO_3 含量线交于 B，根据烟气中水蒸气含量(体积)得到点 C，连 BC 两点即可得露点温度 D。

使用燃料气时，可用下式将 H_2S 含量换算为 S 含量。

$$S = 0.94 H_2S \frac{V_{油}}{V_{气}} \tag{11-4-8}$$

式中　H_2S——燃料气中的 H_2S 含量，%；

　　　$V_{油}$、$V_{气}$——1kg 油和 1kg 气燃烧后的烟气体积，m^3（标准状态）/kg。

3. 工程用估算曲线

烟气的硫酸露点温度可按图 11-4-31 和图 11-4-32 进行估算。空气预热系统中与烟气接触的金属表面的最低温度（冷端温度）应在烟气酸露点温度以上，最低烟气温度应高于冷端产生酸露点时的烟气温度 8℃ 以上。

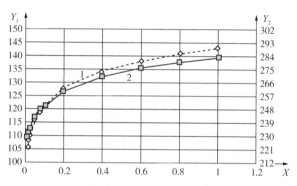

图 11-4-31　燃料气中硫含量和烟气硫酸露点温度之间的关系曲线

X—燃料气中硫含量（H_2S 的体积分数，1.5%的 SO_2 转化成 SO_3）；Y_1—烟气硫酸露点温度，℃；Y_2—烟气硫酸露点温度，℉；

1—Pierc 曲线；2—Totham 曲线

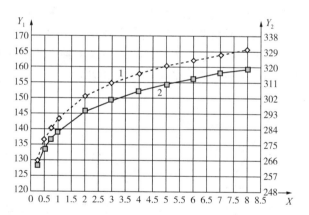

图 11-4-32　燃料油中硫含量和烟气硫酸露点温度之间的关系曲线

X—燃料油中硫含量（质量分数，3%的 SO_2 转化成 SO_3）；Y_1—烟气硫酸露点温度，℃；Y_2—烟气硫酸露点温度，℉；

1—Pierc 曲线；2—Totham 曲线

（四）减缓烟气腐蚀的常用方法

1. 开发耐腐蚀材料

1）通过在换热设备金属表面涂非金属抗腐蚀材料设置阻隔层，阻止金属表面接触烟气冷凝液。目前国内已有研究对管式空气预热器钢管外表面（烟气侧）涂非金属防腐层的方法，试用取得了初步成果。

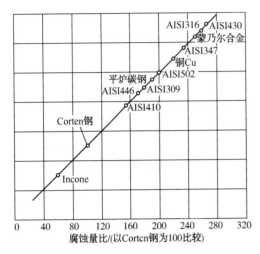

图 11-4-33　几种材料的耐腐蚀性能试验结果

2）开发研制耐腐蚀的金属材料。图 11-4-33 是 J. F. Barkley 对几种钢材进行挂片低温腐蚀实验的结果，其中低合金 Corten 钢的抗低温露点腐蚀性能较好，而多数高铬镍钢在抗低温露点腐蚀方面还不如碳钢，有的反而更差。

国内研制的 ND 钢（现行国家标准《钢制压力容器》GB150 附录 H 中，钢号为 09CrCuSb）也有同样的耐低温露点腐蚀性能，在炼油管式炉的空气预热器上得到广泛使用。研究人员曾经做过抗硫酸腐蚀对比试验，硫酸浓度 50%（体），浸泡 6h 的腐蚀速率见表 11-4-13。

表 11-4-13　50%硫酸浸泡（6h）腐蚀速率　　　　　　　mg/（cm² · h）

钢种	09CrCuSb	碳钢	Cast 日本	CRIA 日本
腐蚀速率	7.3	103.5	63	13.4

除此之外，SEI 近年同研究机构协作，研究应用耐烟气酸露点的低合金铸铁作为基本材料制成空气预热器，延长其使用寿命。腐蚀试验数据表明，研发的新材料有良好的抗腐蚀性能。新开发的材料是在铸铁材质中加入了微量合金，使它具有较好的抗腐蚀性能。对比数据见图 11-4-34。在铸铁件中，硅、磷含量允许高于碳钢等钢材多倍；在电化学腐蚀中硅使铁进入稳定的钝化区；而磷对促使锈层非晶态转变具有独特的作用。微量合金的加入提升了该材料的耐蚀性能。从试验结果分析，新开发的铸铁材料在各种实验条件下，腐蚀速率均低于对比材料，尤其在 100~160℃抗露点腐蚀的效果是非常明显的。

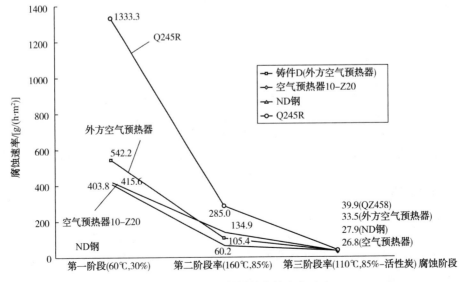

图 11-4-34　几种材料的腐蚀速率对比

SEI 开发的微合金铸铁预热器在某厂应用,其排烟温度110℃,一个操作周期下来,经检查基本没有明显减薄,达到了设计要求。

2. 提高冷端换热面壁温

冷端换热面指暴露于烟气中的最冷表面,如果预热器冷端换热面温度超过露点,预热器下游的表面温度一般会在露点温度以上。图 11-4-35 提供了不同硫含量下烟气接触部件的推荐最低金属温度。提高入预热器的空气温度可以提高预热器冷端换热面的壁温,防止形成冷凝液产生露点腐蚀。最常用的方法是设立冷空气旁通风道,也有利用装置低温热源将冷空气预热,如利用蒸汽-空气预热器先将空气加热到 60~80℃后,再进烟气-空气预热器,或两种方法共用。有的公司还在空气侧安装空气回流器,用以提升预热器冷端壁温度。考虑到炉子负荷有波动,尾部换热面壁温经常变化等因素,可在预热器冷端金属上安装壁面热电偶,操作中一般控制预热器冷端金属温度高于露点温度15℃(API560 规定 8~14℃)。

提高壁温的方法虽然可以有效地防止预热器冷端的酸露点腐蚀,但减少了回收的热量,是以牺牲部分热效率为代价的。

3. 使用低硫燃料或将燃料脱硫,降低酸露点温度

我国炼油厂通常使用减压渣油作为燃料油,硫含量常在 0.3%以上。烧油的炼油装置加热炉,排烟温度都在170℃以上。目前将渣油脱硫后作为燃料的代价太高,多考虑把渣油转换为其他液体产品而非燃料油。在使用燃料气的炼油厂,燃料气一般都经过脱硫,常规脱硫后燃料气的硫含量为$(30~50)\times10^{-6}$,理论热效率可达到90%左右;当加热炉采用气体燃料(天然气或其他燃料气)时,对燃料气进行深度脱硫,使产品气体硫含量小于15×10^{-6},则可使露点温度减低至100~110℃,烟气换热后的排烟温度可降低到 130℃以下。

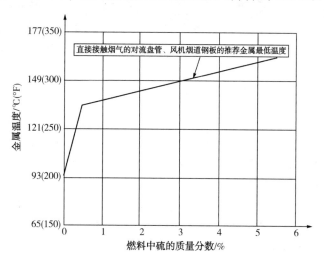

图 11-4-35　推荐的最低金属温度

燃料气脱硫可以从根本上降低露点温度,减少加热炉及余热回收系统的烟气酸露点腐蚀,同时可以降低排烟温度,提高热效率。燃料气脱硫还可减少随烟气排放到大气的硫化物,减轻对环境的污染,不失为解决加热炉露点腐蚀的优选方法。

十三、加热炉的检验和维护

加热炉的炉管是在苛刻条件下运转，直接见火，长时间运行会有损伤。加热炉的操作人员应时时刻刻关注加热炉炉管的运行状态。本节介绍加热炉炉管几种常见的损伤形式。

（一）常见的炉管损伤

炉管损坏常见的形态是壁厚减薄、变形、破裂、鼓包、内外腐蚀等，图 11-4-36～图 11-4-40 收集了各种炉管损坏的实例照片。

图 11-4-36　蠕涨的炉管　　　　　　　图 11-4-37　炉管外表面氧化脱皮

图 11-4-38　炉管的　　　　图 11-4-39　炉管的外部腐蚀　　　图 11-4-40　向火面严重
　　鼓包和开裂图　　　　　　　　　　　　　　　　　　　　　　　腐蚀减薄

（二）损伤原因分析

炉管的损坏对于加热炉来说是严重的危害，轻者壁厚减薄，使用寿命减少；重者炉管破裂，造成停炉，装置停产；更严重的将引发爆燃，甚至伤及操作人员。为此，加热炉的操作人员应密切关注在用加热炉炉管的状态，发现异常应尽快处理。

炉管损坏的原因较多，往往是多种原因综合作用的结果，如：传热恶化、局部过热、火焰舔管、管内结焦；管内介质含有某些腐蚀性介质，发生管内腐蚀；燃料中某种物质，经燃烧后产生的腐蚀性物质对炉管形成外部腐蚀等等。上述图片给出了炉管各种腐蚀的案例。炉管损坏的原因复杂，其腐蚀的特点也各不相同。为防止和减轻炉管的损坏，应该注意到以下几方面的问题。

1. 腐蚀

炉管内外的腐蚀类型都是常见的，从机理上讲，与一般设备材料的腐蚀没有本质上的差别。

2. 传热恶化

传热恶化可能是因为燃烧器离炉管太近，也可能发生在对流室最下排的"热遮蔽管"上。为改善传热，可以调整燃烧火焰，重新布置或更换燃烧器，重新布置炉管，把油品温度低的入口管安排到过热区，在必要时，甚至在过热区的炉管的向火面上覆盖一层耐火材料。

3. 炉管外壁氧化减薄

某炼油厂一台立管圆筒式辐射炉管在操作数年后因管壁减薄全部更换，并将换下来的管子全部切开，切开管子后没有发现管内腐蚀，管内也没有结焦，减薄的程度不但每根辐射炉管不一样，而且同一根炉管在不同高度上、不同角度处（向火或是背火）都不一样，炉管表面附有大量的氧化皮，这是典型的炉管外表面的高温氧化减薄现象。

4. 管内磨损

重整装置四合一炉出口集合管盲法兰的内部磨损是重整装置的一个特殊现象。2000年某厂连续重整装置第一周期检修期间，发现集合管大法兰盖中心部位有4~15mm的冲蚀凹坑；2002第二次检修期间，拆下的四块出口盲板表面有明显金属光泽，并在中心部位有经过冲蚀引起的变形；2005年第三次检修期间，出口转油线集合管法兰盖中心处出现旋涡状的凹坑，其中最严重的是F201出口，中心处发生较为严重的冲蚀凹坑；2007年检修时又发现出现了旋涡状的凹坑，特别是F201出口法兰盖中心处存在局部较深的冲蚀坑。如图11-4-41~图11-4-43所示。

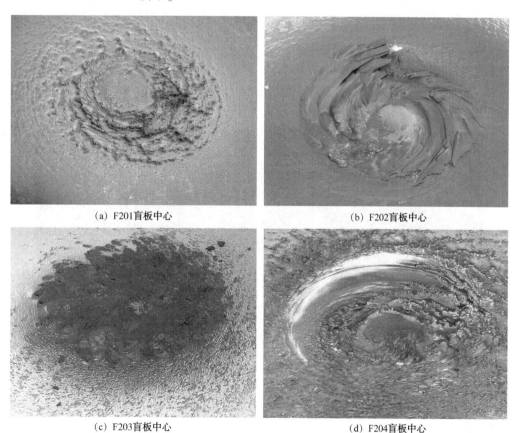

(a) F201盲板中心

(b) F202盲板中心

(c) F203盲板中心

(d) F204盲板中心

图11-4-41　法兰盖中心处冲蚀的浅坑

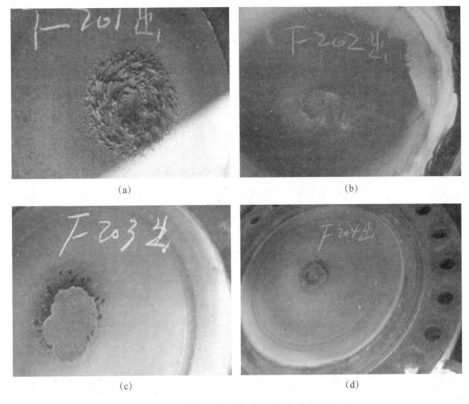

图 11-4-42　法兰盖中心处冲蚀的坑

图 11-4-43　法兰盖中心处较深的冲蚀坑

　　对法兰盖的表面进行观察，发现有沙砾状突起，表面有逆时针旋转片状切割痕迹，伴有少量颗粒。经检查发现：在每根集合管盲端都发现了催化剂粉末和少量催化剂颗粒，集合管表面和盲法兰表面显现出金属光泽。初步判断四合一炉出口盲板产生的凹坑是由于高温油气经过辐射段的大 U 形炉管，切向高速进入集合管产生旋转冲刷管壁，夹带了少量的催化剂颗粒的旋转气流冲击下，作用在法兰盖内侧，形成了凹坑。为此，设计进行了改进，修改了集合管尾部的长度，并增加了气流防涡板，有效减少了涡流冲刷，延长了法兰的使用周期。

第五节　压缩机

一、离心式压缩机

（一）压缩机各工况参数的确定

1. 压缩机主要操作工况参数的选择

随着装置规模大型化，在催化重整装置中循环氢压缩机及重整氢增压机通常选用离心式压缩机，由蒸汽轮机驱动，通过改变转数以适应多工况的操作要求。当装置规模较小时，亦可采用电机驱动的往复式压缩机，并配置备机。

重整循环氢和增压机一般采用机组并联方案布置；当增压机压比过大时（一般压比在4.5左右，小于9），循环氢排气量可以兼顾增压机气量，采用增压机和循环氢串联布置方式，以减少增压机气缸数量。

在催化重整装置的整个操作周期中，从开工初期的反应系统气密（介质氮气）、反应系统干燥、催化剂的预硫化，到正常操作中的不同阶段（包括因催化剂积炭活性降低引起循环氢流量改变，以及反应器床层积垢造成压力降增加），循环氢压缩机均应能适应工况要求，并平稳而可靠地连续运行。在机组仪表控制系统作用下，重整氢增压压缩机可以根据外送管网压力的要求，把重整氢连续不断外输并且稳定重整反应器压力。

表11-5-1为某1.2Mt/a催化重整装置循环氢及增压压缩机机操作条件。

表11-5-1(a)　循环氢压缩机和增压机并联方案

工位	体积流量/(Nm³/h)	质量流量/(kg/h)	入口压力/MPa(表)	入口温度/℃	相对分子质量	出口压力/MPa(表)
循环氢	81338	28068	0.25	40	7.73	0.55
	89472	34151	0.25	40	8.55	0.65
增压机	77423	25642	0.25	40	7.42	2.85
	85165	31709	0.25	40	8.34	2.85

表11-5-1(b)　循环氢压缩机和增压机串联方案

工位	体积流量/(Nm³/h)	质量流量/(kg/h)	入口压力/MPa(表)	入口温度/℃	相对分子质量	出口压力/MPa(表)
循环氢	152151	52506	0.25	40	7.73	0.55
	167366	63883	0.25	40	8.55	0.65
增压机	77423	25642	0.51	40	7.42	2.85
	85165	31709	0.61	40	8.34	2.85

循环氢压缩机各工况参数是根据工艺操作要求确定的。其进出口压力由工艺所选定的反应压力及操作周期中可预见的压力降决定。增压压缩机机压比根据外送管网及入口压力确定，其气量根据上游反应器产氢量及下游需求确定。

循环氢压缩机的操作工况根据工艺要求由产品方案、生产周期的初期末期气体组成的变化、反应器保持反应温度的最大循环量，以及开工阶段的氢气循环工况、催化剂预硫化工况及催化剂氮气工况等因素的变化而确定。在上述各工况中介质主要是氢气时，尽管相对分子质量略有变化，但对机器操作影响不大，唯有在氮气工况时，由于相对分子质量达 29，而出口压力要求比较高(约 3MPa)时，采取降转速操作。通常由制造厂提出在该工况下可能达到的流量以及保证的操作压力，以压缩机出口温度小于 150℃ 为限。在硫化工况及烷烃脱氢工况(介质相对分子质量约 3)下进行设备选型时，由于是短期工况，可以考虑在最大连续转速以内运行。

增压压缩机的气量是根据装置反应产氢量确定的，机组通过转速调节和装置产氢量匹配，压缩机入口设有放火炬设施，可以临时调节压缩机入口压力。

2. 需要注意的工程问题

在压缩机所有操作工况中，应以正常工作点作为压缩机的性能保证点，亦是压缩机的设计点，保证机组运行效率达到最佳。对于不同模型级的选型对比，具体的效率应保证效率具体数值是否优越，而不是单纯考虑是否在曲线的最高点上，并应兼顾考虑更宽的可操作范围，以便于现场操作。

按照 API617 的规定，离心压缩机的额定操作点是指在 100% 转速曲线上所有规定操作点中对应最大流量的操作点。这是一个实际并不存在的点，仅是为了定义的目的。而正常工作点是压缩机操作周期中工作时间最长的点，它可以不在 100% 转速曲线上，也不应理解为压缩机的额定操作点。

关于装置初期压缩机组运行的小相对分子质量介质工况，由于操作时间比较短，一般在一周左右，机组选型时可以考虑不按该操作工况定义压缩机 100% 转速，现场运行中以不超过最大连续转速为限。

(二) 压缩机工程选型常见问题

1. 气动计算结果的复核及确认

制造厂按用户要求提供报价书时，根据介质物性、操作参数进行气动计算，并对机组进行优化选型，提出各操作工况下的气动计算结果。所以需要对计算结果进行技术上的复核，及对各厂商的报价进行技术分析比较以选择最佳的机型。

(1) 压缩机主要参数的选择

循环氢压缩机属于大流量、低压比的多级压缩机，考虑到介质含有富氢的物性特点，在压缩机选型中叶轮级数及直径、转速的选择更为重要。

增压机压比高，可以根据具体压比情况，选择是否可以和循环氢机组串联的方案，以减少气缸数量。

体现离心压缩机性能的主要参数有叶轮转速、马赫数、离心压缩机流量系数、压缩机进出口压比、压缩机多变效率及能量头系数，称为压缩机气动性能参数。

1) 叶轮转速：是压缩机基础参数，直接影响压缩机质量流量、进出口总压比以及多变效率。

$$u = \omega r = \frac{2\pi n r}{60}$$

式中　　n——叶轮转速，r/min；

　　　　ω——叶轮角速度，rad/s；

u——线速度，m/s。

2）马赫数：是可压缩流体重要的相似参数，它是用来表示可压缩性程度的性能参数，很大程度上影响可压缩流体流动的特性。

① 当设定离心压缩机内部的流体是理想气体时，机器马赫数定义为：

$$Ma_{2a} = \frac{u_2}{\sqrt{\kappa R T_{in}}}$$

式中　u_2——叶轮出口圆周速度，m/s。

② 当压缩机内部流体为实际气体时，机器马赫数为：

$$Ma_{2a} = \frac{u_2}{a_1}$$

$$a_1 = \sqrt{k_1 Z_1 R_1 T_1 / y_1}$$

式中　a_1——压缩机进口处的当地音速；

y_1——压缩机进口处气体压缩性函数。

3）级间压比：表示压缩机经过压缩后级间升高的压力值。

$$\varepsilon_i = \frac{p_i}{p_{in}}$$

式中　p_{in}——压缩机进气压力，MPa(绝)；

p_i——压缩机出口压力，MPa(绝)。

4）压缩机的多变效率：是压缩机内的气体压力由 p_1 升到 p_2 的过程时所需要的多变压缩功与总功耗之间的比值。

$$\eta_{pol} = \frac{1}{\frac{\kappa}{\kappa - 1}} \cdot \frac{\lg\left(\frac{p_2}{p_1}\right)}{\lg\left(\frac{T_2}{T_1}\right)}$$

实际气体多变效率计算公式：

$$\eta_{pol} = \frac{H_p}{h_2 - h_1}$$

式中　H_p——压缩机多变能量头，kJ·kg。

h_2、h_1——出口、进口实际焓值，kJ/kg。

5）多变能量头系数 ψ：

$$\psi = \frac{H_p}{u_2^2 \cdot i}$$

式中　H_p——压缩机多变能量头，kJ/kg；

i——压缩机的级数。

6）流量系数：压缩机的流量通常是表征流通的能力，一般用质量流量或体积流量来表示，通常也用流量系数表示，它是无量纲系数。其公式为：

$$\phi = \frac{Q_v}{\frac{1}{4}\pi D_2^2 u_2}$$

式中　D_2——叶轮出口直径，m；

　　　u_2——叶轮出口圆周速度，m/s。

当流量系数 ϕ 为 0.03~0.09 时，压缩机可以得到较为理想的效率，当流量系数对于该区间有所增加时，气体在流道内的速度增加，导致效率下降；当流量系数对于该区间减低时，由于叶轮轮毂的泄漏及叶轮轮盘和叶片的边界层摩擦的影响，效率下降更为明显。可以通过下列途径，在合理区间内提高流量系数以达到较高的效率：

① 重整装置中，离心压缩机在最大连续转速下，叶轮顶尖速度一般不超过 300m/s。综合考虑叶轮材料及允许应力及驱动机转速的限制，选择叶轮直径、级数。如果减小叶轮直径，叶轮级数不变，意味着增加转速才可以保证必需的能头。

② 增加叶轮级数而不改变叶轮直径，会使转速降低，由于叶轮级数的增加使转子加长，临界转速降低。

③ 采用上述两种综合方案，利用计算机进行优化设计，综合考虑流量系数、轴向长度、不同直径的叶轮等方法使压缩机的参数得以优化。

（2）制造厂报价技术参数的评定

可以参考下列原则：

1）叶轮级数较少：在兼顾叶轮圆周速度的情况下，较少的叶轮表示转子长度较短。一般单级叶轮可以提供约 3000~3500m·kg/kg 能头。国内压缩机制造厂在催化重整装置中单级叶轮设计能头达到约 4300m·kg/kg。

2）圆周速度合适：评定时以正常工况为准，还应考虑在额定工况及 105%连续运转工况及 115%跳闸工况下的圆周速度，应保证有足够的强度安全系数。

3）效率：在综合考虑叶轮级数、圆周速度（转速和叶轮直径）情况下，选择较高效率者。

4）对其余工况点的复核：压缩机所有工况点的复核包括转速、效率、功率是否合理和符合工艺操作要求。按正常工况点参数对压缩机进行初步选型后，根据已定的叶轮型式、直径及数量（级数）就可以计算出不同转速下叶轮所能提供的能量头，按下式计算：

$$H_p = \sum \mu \cdot u^2 \approx Z\mu u^2$$

而每一个工况点，压缩气体所需的多变能量头按下式计算：

$$H_p = \frac{8.314}{M_w} \cdot Z_{avg} \cdot T_1 \frac{k\eta_{pol}}{k-1}\left[\left(\frac{p_d}{p_s}\right)^{\frac{k \cdot 1}{k \cdot \eta_{pol}}} - 1\right]$$

对于每一个工况点，叶轮提供的能量头应等于压缩气体所需的能量头：

$$H_p = H_p{}'$$

压缩机不同工况点的复核，其主要参数的变化应符合以下原则：相对分子质量的增加趋向于降低转速；压力比的降低趋向于降低转速；其他气体操作点的效率低于正常操作点；在复核中重点考虑在氮气或空气工况时的操作参数，如转速、进出口压力等。

5）按 API617 的要求复核性能曲线：压缩机的性能曲线应包括所有操作工况，每一个操作工况应提供在调速器操作范围内不同转速的性能曲线（通常 65%~105%额定转速）。

对性能曲线的复核应主要检查在每一工况的操作转速下（对正常工况应检查其工作转速及额定转速）的性能，即流量、出口压力（或压比）、效率、轴功率。

在正常工况下的性能曲线应检查在100%转速曲线上的额定点到飞动点的流量范围(称为稳定性),以及从额定点到额定点等压线与飞动线交点的距离(调节范围)。

在性能曲线复核中需要注意的问题有:正常工况点离飞动线过近;正常转速与第一或第二临界转速隔离裕度不足;正常工作点的效率不够理想;正常工作点的转速。上述4点中正常工作点的转速尤为重要,因为满足规定的压力比,转速越高意味着可以采用较少的叶轮级数,而叶轮的顶尖圆周速度则越高,因而需要复核在105%转速(MCR转速)及跳闸转速下叶轮的周速及应力水平。

应注意的问题有:操作点与飞动点的距离;某些工况操作转速可能超过正常转速(如小相对分子质量工况),应检查其与临界转速的隔离裕度;在氮气工况时的操作转速是否在调速器的控制范围内;由于压缩机主要按满足正常操作点要求而设计的限制,不能完全满足某些工况的特定要求时,如氮气时受转速的限制造成流量或压力不足。

按API617的要求,压缩机应有性能保证点,通常应规定正常工作点,该点的流量和能头比应无负偏差,轴功率允许+4%。

2. 压缩机典型结构

压缩机应参照API617的规定条款进行设计制造,如果设计中采用经过可靠性验证的新技术应得到用户的确认。

(1) 压缩机壳体

API617规定,压缩机处理的介质中氢分压(最大允许工作压力下)大于1.38MPa时,压缩机应采用径向(垂直)剖分结构。对于催化重整装置循环氢压缩机和增压机所采用的壳体,国内制造单位多采用双壳体筒形压缩机。

筒形压缩机由外壳体、内壳(或机芯)及端盖三部分组成。

1) 外壳体:压缩机外壳体应具备以下性能:

① 受压元件:压缩机的壳体设计借助有限元分析,应力强度应符合ASME标准Ⅷ卷第2册的技术规定。并且API617强调压缩机壳体所受的应力,应满足在规定操作条件下所选的结构材料的推荐值要求。

② 气密性:壳体的设计应保证所处理的易燃、易爆、有毒气体介质的气密性,不会发生泄漏。

③ 物理作用:对其他组件如轴承、轴封、转子等起支撑和定位作用。

④ 提供平滑的气体通道,在进口、出口处应对气体的加速、减速运动进行气体动力学优化设计。

压缩机外壳通常是整体锻造或钢板卷焊件,或部分锻件和卷焊件焊接而成。根据工艺要求,在外壳体上开口一般均焊接在外壳上。焊接外壳体上的接口法兰为锻钢件,按要求焊接后加工结合面及密封槽。

筒型压缩机外壳体均为锻造结构,其厚度及材质选择取决于压力等级。

2) 内壳:筒型压缩机的内壳为水平(轴向)剖分,转子在内壳抽出后可以整体吊出,内壳仅承受内外壳体差压,上下壳间的密封易于解决。内壳体和转子也可以在外部完成装配调整。内壳的上下壳通常采用整体铸造,用螺栓连接上下配合面。

水平剖分的内壳体有以下特点:

① 不存在任何中间件,不存在附加的间隙及误差,因而转子和隔板、密封的对中性好。

② 在水平剖分面上，紧密结合的较大面积的连接面能得到更有效的密封。

目前，很多机组上采用这种结构，压力可以用到 35MPa。静止元件(回流器、扩压器)则装配在内壳体上。

3) 端盖：外壳体两端应与端盖连接，连接应考虑操作压力下的气密性、装入和抽出转子的方便性以及在抽出内壳时尽可能少拆卸有关辅助管线。

端盖与壳体的密封结构：传统的螺栓加 O 形圈的连接方式仍是目前使用最广泛的方法。

采用螺栓连接的端盖不采用金属垫片来达到密封，因为难以控制合适的密封压力。螺栓的上紧主要靠上紧力矩来控制。

另一种广泛使用的结构是剪切环(卡环)结构，如图 11-5-1 所示。剪切环通常由几段组成，装入壳体上槽内，压力侧通过端盖的作用力和保持环反力组成的力矩被反力矩平衡，两者互相垂直，分段的剪切环均匀受力不会变弯，同时剪切环不会因弹性变形而使端盖沿轴向运动。剪切环还具有装卸方便、易于安装的优点，减少了螺栓连接中对上紧扭矩的控制要求。此结构受制于密封引气结构限制，仅适用于

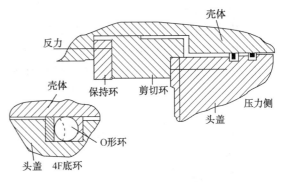

图 11-5-1　剪切环结构

较大机组。内壳和外壳的内表面间利用 O 形密封，也有的采用类似活塞环的金属密封圈。

(2) 转子及叶轮

压缩机转子包括叶轮、轴、轴套、推力盘、平衡盘及半连轴节。

1) 转子：转子是压缩机的核心部件，压缩机的性能主要取决于转子上叶轮的型式、数量和转速，压缩机操作的平稳和可靠性取决于转子参数的合理选择及转子动力学的计算和评估。转子的运行稳定性是离心压缩机选型首先要保证的先决条件。

催化重整装置工艺气压缩机所处理的介质是富氢气体，是多级非冷却式单轴压缩机，循环氢采用单缸，增压机采用多缸串联。其转子的特征是：

① 叶轮为单向顺序排列，通常为同一直径，有时为了提高效率也可采用不同叶轮直径。

② 叶轮与轴为过盈配合加键或径向固紧，级间密封大多采用拉比令密封结构。

③ 推力盘或平衡盘紧配合装于轴上并以锁紧螺母可靠定位。

④ 径向轴头处通常与可倾瓦相配。

⑤ 联轴节处多为无键液压紧固的结构。

根据操作要求的气动性能确定叶轮的型式和数量以后，根据叶轮的选型尺寸进行一系列的计算后，最终确定压缩机转子的所有结构参数。这些计算包括：

① 根据确定的轴承间距和各转动元件的质量分布进行转子横向振动特性的计算(临界转速)，以及根据 API617 要求的转子不平衡响应的计算。

② 根据压缩机的最大连续转速及跳闸转速进行强度校核。

③ 转子轴向力及轴向位移。

④ 有叶扩压器模型级进行频率校核。

2) 叶轮：

催化重整装置工艺气压缩机叶轮采用闭式叶轮结构，流量系数一般为 0.05~0.14，属于低比转速型，可以采用准三元或全三元叶轮结构。流量系数小于等于 0.05 的窄叶轮通常为二元轮，小于等于 0.14 的宽叶轮为三元叶轮，宽叶轮采用大的叶片出口角，以提高能量头，窄叶轮采用较小的叶轮出口角以改善效率。叶轮的直径和流量系数、叶片形状三者的组合可以达到理想的性能和效率。

叶轮还可以进行三维的有限元应力和应变分析，并计算和分析在最大圆周速度下叶轮的应力和应变。

叶轮的制造方法有铆接、铸造、电火花加工及焊接，整体铣制。催化重整装置压缩机的叶轮主要采用焊接叶轮和铸造叶轮。

① 焊接叶轮：焊接叶轮包括槽焊和钎焊，用于叶轮的制造。对于较大型叶轮，沈阳鼓风机集团拥有整体铣制能力，可以有效保障流道的光洁度。目前，在叶轮制造中不采用胎具焊接叶片，全部采用两件焊接叶轮，可以有效保障流道的制造精度，保证压缩机的性能，同时也可直接提高叶轮的平衡精度，有利于保证机组长周期运行。

a. 槽焊叶轮：当叶轮出口宽度一般在 16mm 以上时，可以采用通常的焊接方法，即轮盖、轮盘和叶片分别加工，然后将叶片与轮盖焊接，再和轮盘焊接。采用定位夹具保证精确找正。

一般当出口宽度小于 16mm 时，将叶片和轮盖作为整体锻造，在轮盖上将叶片加工成型后，再和轮盘焊接。事先在轮盘上按照叶轮型线铣出空槽，将轮盖和叶片放入后，在轮盘的背面焊接。

也有叶片直接铣制在轮盖或轮盘上的，然后轮盖与轮盘焊接，中间不用任何胎具。相比采用胎具三件焊接具有更高的焊接精度。

为保证叶轮的气动气体通道及详细尺寸和性能，所有叶轮均在数控机床上加工，叶轮的形状均按照计算机优化设计的结果精密制造成型，制造过程中对叶轮材料要进行严格的检查，每次焊接后均要进行磁粉探伤检查，每次热处理前后也要进行磁粉探伤，在最终安装在转子上以前，经过动平衡及超速试验以后还要进行磁粉探伤。

b. 钎焊叶轮：钎焊又称为高温真空钎焊，钎焊用含金 82%、镍 18% 的合金作为焊料，钎焊间隙一般为 0.07~0.12mm，在真空炉中加热到 1050℃ 形成钎焊层，再经保温、冷却、再加热再冷却形成高强度的结合层。其主要优点为：

可制造出宽度极窄的叶轮；叶轮出口宽度误差小，精确度高；接头处的屈服强度可与母材相同；叶片通道内无焊渣；沿叶片全长焊接质量均匀可靠；在施焊时可以进行热处理；无需采用焊剂。

② 铸造叶轮：精密铸造的叶轮采用高强度低合金钢整体精密铸造叶轮，对每种叶轮在加工前均进行 X 射线探伤磁粉或表面渗透检查，在叶轮加工完成后，以及动平衡和超速试验后除进行尺寸检查外，还要进行最终的磁粉或液体渗透检查，并且每种新叶轮还要进行140% 正常的超速试验以确定叶轮的变形。

沈阳鼓风机集团制造的铸造叶轮一般用于小于 500mm、流量系数大于 0.015、圆周速度小于 295m/s 的场合。

叶轮在轴上的安装，通常为热压配合和键或径向销的组合。

压缩机叶轮通常按照直径、流量系数按几何级数分类。大多数制造厂按叶轮标准化的结构尺寸，确定外壳的几何尺寸及相应标准化壳体，并形成系列。

沈阳鼓风机集团自主研发34个系列345个模型级，表11-5-2、表11-5-3是应用在催化重整装置中典型模型级的参数表。

表 11-5-2 循环氢压缩机叶轮模型级参数

循环氢压缩机	模型级类型	能量头系数	机组效率	叶轮周速/(m/s)
BCL608	Q/二元	0.65	0.75~0.76	263
BCL904+905	T/三元	0.55~0.56	0.85~0.86	230
BCL1407	K/三元	0.7	0.86	288
BCL1307+1308	LR/三元	0.68~0.7	0.88	298

表 11-15-3 增压压缩机叶轮模型级参数

增压压缩机	模型级类型	能量头系数	机组效率	叶轮周速/(m/s)
BCL707+708+709	B/二元	0.64~0.68	0.79~0.76	254~276
BCL907+908+908	K/三元，R/二元	0.7	0.75~0.85	288
BCL1207+1209+1110	LR/三元，二元	0.68~0.7	0.85~0.7	297
BCL1307+1308	LR/三元	0.68~0.7	0.88	298

应用在轻介质高能头系列模型级分别是R、K、LR。R系列(目前很少使用)属于中小流量系数模型级，适于氢增压机高压缸，能量头系数高，效率略低，轮毂比较小；K系列属于大中流量系数模型级，适于循环氢或增压机的低压缸；LR系列属于中小流量系数模型级，适于小相对分子质量、高压比的循环氢或增压机的中高压缸。

沈阳斯特透平机械有限公司生产的工艺离心压缩机产品型号及叶轮模型级见表11-5-4、表11-5-5。

表 11-5-4 重整循环氢压缩机产品型号和叶轮模型级

循环氢压缩机	模型级类型	能量头系数	机组效率	叶轮周速/(m/s)
VSMC608	二元	0.65	0.78~0.84	260
VSMC 806+806	三元	0.55~0.56	0.85~0.86	230
VSMC 1107	三元	0.7	0.86	290

表 11-5-5 重整增压压缩机产品型号和叶轮模型级

增压压缩机	模型级类型	能量头系数	机组效率	叶轮周速/(m/s)
VSMC 707+707+707	三元，二元	0.64~0.68	0.79~0.76	280
VSMC 807+807+807	三元，二元	0.7	0.75~0.85	285
VSMC608+609	三元，二元	0.68~0.7	0.85~0.7	290
VSMC 458+459	二元	0.68~0.7	0.84	298

3）主轴：主轴应为整体锻造件，经严格的热处理和精密加工，达到要求的尺寸精确度和表面光洁度，在安装轴振动及轴位移探头处应按要求进行去磁处理，以限制该处的磁

跳动。

　　按照规定推力盘宜和轴做成整体，当需要拆卸密封轴套时，允许采用可拆卸的推力盘，并采用可靠的锁紧装置。

　　由于催化重整装置压缩机每缸要求的压比不高，一般为 1.8~2.1，并且压差小，因而正常不采用背靠背的叶轮布置方式来平衡轴向力，而是采用平衡盘或平衡活塞，如平衡盘或平衡活塞与轴不做成整体，应对其固定方式进行认真复核。目前多采用平衡盘结构。

　　4) 联轴器：联轴器的型式通常为无润滑膜片联轴器或膜盘联轴器，瑞士 SULZER 是唯一广泛使用刚性联轴器的厂家。高速旋转的离心压缩机推荐采用膜片或膜盘联轴器，以减少转子对中找正敏感性，同时可吸收转子的部分轴向力，保证机组长周期运行。

　　5) 轴套：为保护碳钢轴不受磨损和腐蚀，在与工艺介质流经处、级间密封处都应装设可拆换的轴套。轴套和叶轮组装时可以留有一定的间隙，保证转子在高温运行时不发生暂时和永久的变形。

　　为保证转子在高速运转中的稳定性，也有将拉比令密封齿装在转子上的结构，这既可以不加轴套，也易于更换。同时还防止在动静部分发生摩擦时，转子局部过热。

　　(3) 轴端密封

　　轴端密封是离心压缩机组安全运行的关键部件，目前炼化工业催化重整装置广泛采用干气密封及其系统，可以达到连续运行 50000h 的指标。干气密封及其系统可以参照 API692 标准执行。

　　1) 干气密封：由在转动的碳化钨硬质合金上加工出一系列深度为 1~8μm 的螺旋槽与在弹簧作用下的石墨静环接触，当轴转动后，气体被吸入螺旋槽并提高压力使静环和动环表面分开，其间隙约为 0.005~0.025mm，从外部气源(或引自压缩机出口)经精细过滤(0.001mm 级)后被送到密封处，通过压力控制以实现对气体介质的密封。

　　2) 干气密封系统流程：来自压缩机出口或其他外部气源的气体，经过 1μm 的双联过滤器(通常为恒流转换)精细过滤后，以一定压力注入密封处，通过密封后的气体经过一个限流孔板放空或排入火炬。双联过滤器由差压指示和差压变送器监视过滤器差压；放空气体通过压力和流量变化监测密封泄漏压力，进入密封腔的主密封气则通过调节阀控制压力，并通过压力和流量对主密封气报警监测。

　　一般要求注入的主密封气压力高于入口压力 0.1~0.3MPa。

　　对干气密封总体的工程技术要求是：

　　① 满足所有工况下介质气体密封的要求，特别是蒸汽透平低速暖机过程。

　　② 在压缩机开车过程中，应保证主密封气通过介质侧拉比令密封的流速不小于 5m/s，可以考虑设置开车增压泵设施。

　　③ 在压缩机开车中，润滑油泵投入前应保证隔离气建立压力。

　　④ 运转可靠，维修方便。

　　(4) 轴承

　　重整循环氢压缩机通常采用高速轻载型转子方案，其径向轴承宜采用可倾瓦型，推力轴承采用双向多块型可倾瓦轴承，如 kingsbury 型。

　　1) 布置方式：推力轴承一般在非驱动端，非驱动端通常也是压缩机的入口端。

　　2) 测温元件：预埋测量元件以准确测量轴瓦温度。测温元件通常为 Pt100 热电阻。有采用 K 型热电偶的。一般要求每组径向轴承埋 2 块，止推轴承主推面埋 3 块，副推面埋 2 块。备用瓦块也应预理同样数量。

3）轴承承载能力：推力轴承承载轴向推力应小于止推轴承额定负载能力的 50%。

径向轴承和推力轴承通常采用薄壁瓦，巴氏合金层厚度 1.5~1.7mm，径向轴承有 4 块瓦也有 5 块瓦的型式，推力轴承一般采用 6~8 块或者 10 块。轴承的型式、尺寸及承载情况通常由制造厂选择，由制造厂自制或外购，在选型时应了解制造厂的经验和有关资料。

3. 压缩机零部件的材料选择

压缩机零部件的材料选择应兼顾材料的适用性和经济性。材料既要符合介质组成、操作条件的要求，又要考虑制造、使用、维护成本。选型设计时材料的选择可以参照 API617 标准或其他适用标准。

（1）壳体

按照 API 617 标准的规定，循环氢压缩机处理可燃性气体其材料应为碳钢。

外壳通常为锻钢（按照 ASME A266 class1 或 ASME A336 CLASS F1）或偶有钢板卷制（按 ASTM A414）。国内制造单位多采用 20 或 20CrMo 材料。

内壳体包括隔板，无论为整体或用螺栓连接一般为铸铁（按 ASTM A48）。铸铁可用在最大工作压力小于 2.76MPa、温度小于 260℃场合。

（2）叶轮

按照 API617 标准的规定，当处理含氢气的介质，氢气分压大于 0.69MPa 或氢含量大于 90%时，叶轮材料的屈服强度不应大于 826MPa，硬度小于 RC34。沈阳鼓风机集团采用 FV520B 材料。

（3）轴

轴应为整体锻造，并经过适当热处理和精密加工，常用材料标准为 AISI4140。国内制造单位多采用 40NiCrMo7 材料。

（4）隔板

通常用灰铸铁（按 ASTM A48 或 A278 CL30）或球磨铸铁（ASTM A536）制造。国内制造单位多采用 ZG230-450、20、Q235B、Q345R 材料。

二、蒸汽轮机

由于催化重整装置工艺气离心压缩机的多工况操作、介质相对分子质量有一定变化以及爆炸性环境场所的要求，驱动机多采用蒸汽轮机。

驱动压缩机的蒸汽轮机应按照 API612 标准的要求，对蒸汽轮机的参数、材料选择、结构、试验、检验及仪表控制系统等制定详细的技术协议，并根据压缩机的各工况要求、整个机组的总体性能及操作范围来复核蒸汽轮机的能力。

目前根据循环氢及增压压缩机配用的蒸汽轮机功率范围及现场新蒸汽条件，可以采用背压式或凝汽式汽轮机作为驱动机。

为保证压缩机组可靠而稳定地运行，蒸汽轮机的选型应根据工厂汽源条件、蒸汽平衡要求、装置能耗指标及操作运转的可靠性和经济性等多方面因素，结合蒸汽轮机的功率、转速、焓降及压力比的范围，对蒸汽轮机的型式进行合理的选择和比较。目前催化重整装置规模逐渐变大，同时出现高转速、大功率驱动机组的需求，并且基于蒸汽轮机规格的考虑，避免机型太大引起的设计、制造困难，并考虑节省大量循环水，凝汽式蒸汽轮机的应用越来越多，并且采用空气冷凝器(ACC)的应用案例逐渐增加。

（一）汽轮机型式的选择

1. 选型基础条件

蒸汽轮机在选择凝汽式或背压式具体型式时应考虑以下各项内容：

（1）新蒸汽条件

目前炼油厂通常采用 3.5MPa、435℃蒸汽锅炉作为新蒸汽条件的首选参数，也有采用 10MPa、535℃蒸汽锅炉配前置发电机组，抽出 3.5MPa、435℃的蒸汽作为驱动用蒸汽参数。

按照蒸汽能量逐级利用的原则，一般低压蒸汽管网为 1.0MPa 和 0.5MPa 两档，视蒸汽平衡情况而定；凝汽透平排汽压力一般按照 0.005~0.035MPa(绝)考虑。

（2）功率和转速

根据催化重整装置规模的差异，驱动循环和增压压缩机用的蒸汽轮机功率约在 3000~17000kW，转速为 3500~14000r/min，见表 11-5-6。

表 11-5-6　催化重整装置相关机组操作参数

项目	种类	气量/($10^4Nm^3/h$)	入口压力/MPa(绝)	出口压力/MPa(绝)	入口温度/℃	相对分子质量	额定转速/(r/min)	轴功率/kW
1	循环氢	46	0.34	0.79	45	7.3	3900	16600
	增压机	21	0.68	2.32	45	6.5	6500	11300
2	循环氢	9.5	0.35	0.75	40	6.5	7800	3500
	增压机	9	0.35	3.17	40	5.6	7700	9000

（3）蒸汽应用的指导原则

目前国内炼油厂对装置能耗及全厂能耗的计算方法中，有关汽轮机的蒸汽及凝结水的统一耗能指标为：3.5MPa 过热蒸汽：88kg 标油/t；1.0MPa 过热蒸汽：76kg 标油/t；0.3~0.6MPa 蒸汽：66kg 标油/t；循环水：0.1kg 标油/t；汽轮机凝结水：3.4kg 标油/t。

2. 汽轮机的选型

（1）汽轮机的型式与规格

为提高蒸汽轮机的热效率，当绝热焓降大于 250~340kJ/kg 时，必须采用多级汽轮机。凝汽式和背压式多级汽轮机(包括冲动式和反动式)均可以选择，从工厂应用的角度其选用原则为：

① 重整装置工艺气压缩机要求可以变转数调节。相对高转速蒸汽轮机可使设备外形尺寸减少，通流效率适当改善，价格降低。

② 凝汽式汽轮机由于每单位功率的制造成本明显超过背压式透平，所以其极限功率系数远小于背压透平的极限功率系数，即凝汽式透平的极限功率在一定转速下是比较小的。

极限功率系数：

$$\psi = \frac{H_b C_2}{V_2 \cdot k}$$

式中　H_b——通过透平的绝热焓降，kJ/kg；

C_2——末级排汽速度，m/s；

V_2——末级排汽比容，m^3/kg，

k——叶片维度系数，直叶片 $k=1$，扭叶片 $k=0.3\sim0.8$。

对背压式一般 $H=420\sim630kJ/kg$，$C_2=70\sim110m/s$，$V_2=0.25\sim1.25m^3/kg$，$k=1$；

极限功率系数 $=3.77\times10^4\sim1.17\times10^5$；

凝汽式一般 $H=1050\sim1260kJ/kg$，$C_2=180\sim220m/s$，$V_2=13\sim30m^3/kg$，$k=0.35\sim0.5$；

极限功率系数 $=2.3\times10^4\sim2.93\times10^4$

由于极限功率系数是从透平设计角度用来衡量透平允许最高转速高低的参数，因而是否达到极限功率来判断转速的高低时，当凝汽式透平已达到与极限功率相对应的高转速时，而背压式透平则往往还是较低的转速。

从能量角度，显然背压式透平能耗低于凝汽式透平；

从蒸汽平衡角度，从全厂蒸汽平衡的优化结果，供给蒸汽轮机的进排汽参数及可供的蒸汽量决定以后，可对汽轮机的选型进行比较，或以背压式和凝汽式的不同汽耗量进行初步平衡计算。

从背压式和凝汽式汽轮机的结构及辅助系统来比较，凝气式通常级数较多，辅助系统复杂，操作变量多，因为有凝汽设备，占地更多。以杭汽反动式汽轮机为例，背压机的内效率一般高于凝汽机，约 $3\%\sim5\%$。

随着目前装置规模逐渐变大，要求蒸汽轮机规格越来越大，从实现大功率驱动角度考虑，凝汽式蒸汽轮机应用越来越广泛。同时，考虑节约冷却水耗量，空气冷凝器应用越来越多。

从上述比较看，选用哪种型式的汽轮机及其系统，要根据具体应用需求合理选择型式和配置。

（2）蒸汽轮机技术选型要求

1）估算汽耗量由下式决定：

$$Q=\frac{3600\times N}{(h_{adm}-h_{exh})\times\eta_{tot}}$$

式中　h_{adm}——进汽热焓，kJ/kg；

　　　h_{exh}——排汽热焓，kJ/kg；

　　　η_{tot}——预估透平效率；

　　　N——透平功率。kW。

2）理论汽耗率：

$$Q_{TH}=\frac{3600}{h_{adm}-h_{exh}}$$

3）汽轮机具体型式的确定：

① 蒸汽参数：蒸汽轮机进出口蒸汽参数是选择蒸汽轮机结构、材料以及保证蒸汽轮机安全运行的基础。

a. 进汽参数：蒸汽进口的压力和温度应根据工厂或装置所能保证提供至蒸汽轮机入口法兰处的压力及温度值仔细确定。通常为 3.5MPa、425℃的中压蒸汽，或 1.0MPa、280℃的低压蒸汽，其压力波动范围为±0.2MPa，温度波动范围±15℃或+5℃、-15℃，取决于汽源

条件。

但过大的波动范围是汽轮机不能承受的，在汽轮机设计时需考虑最小能量条件下汽轮机仍然能满足压缩机的各工况要求，会导致汽轮机规格设计过大，所以正常运行点偏离过多，会影响整机效率，杭汽一般按照±5℃设计。

但原则上符合 NEMA SM-23 的规定，汽轮机可以在105%的最大进汽压力下操作，但在每12个月的操作周期内进汽压力平均值不应超过最大进汽压力，而且在正常操作条件下为保证其平均值，进汽压力不应超过110%最大进汽压力。

在不正常操作条件下，进汽压力可以为120%最大进汽压力，但在12个月的操作周期中超过105%最大进汽压力以上的波动累计应小于12h。

对于进汽温度，SM-23 规定在12月的操作周期中进气温度的平均值不超过最大值进气温度，但在正常操作中进气温度不应超过最大进气温度8℃，在不正常操作中每12个月内超过14℃的时间累计小于400h，或超过28℃每次15min，12个月中总累计不超过80h。

b.排汽参数：背压式汽轮机最终排汽压力取决于工厂或装置的低压管网压力，一般为1.0MPa 和 0.5MPa；背压机的排汽温度是设备决定的，效率高的背压机在相同进汽参数和相同排汽压力下，排汽温度相对低些，最终由减温减压器作用达到排汽管网要求。排汽压力应比管网压力高0.1~0.2MPa，允许在考虑管网压力波动后提出压力的波动值，一般为±0.1MPa。

NEMA SM-23 对排汽压力波动的规定是，在12个月的周期内允许排汽压力的平均值不超过最大值，但不应超过最大排汽压力的10%或低于最低排汽压力的20%。

凝汽式汽轮机，采用空气冷凝器时，一般排汽条件为0.015~0.035MPa(绝)，温度为排汽压力对应的饱和温度；采用水冷凝器时，排汽条件一般为0.005~0.015MPa(绝)，温度为排汽压力对应的饱和温度。

② 汽轮机结构形式的选择：对应于规定的进出口蒸汽参数及要求的额定功率和额定速度，汽轮机结构形式有多种选择，为保证压缩机组可靠而稳定地工作，在汽轮机结构形式的选择上应注意以下几点：

a.结构形式的不同：蒸汽轮机绝大多数为轴流式，径向流动的辐流式的汽轮机为数不多，用于驱动循环氢压缩机的汽轮机的结构形式，API612 标准未作规定，根据经验应选择两端支撑的轴流式。

b.对于驱动功率在1000kW 以下的蒸汽轮机，在汽轮机制造厂的初选型中，有时配用单级(或复速级)的悬臂式轴流或径流式汽轮机，尽管其设计制造要求符合 API612 标准的规定，但考虑到悬臂式结构在转子动力学、轮盘和轴的连接结构、安装维护等方面与两端支撑式相比较，存在缺陷或影响长周期操作的因素，因而不推荐选用。

c.考虑到离心式压缩机长周期无故障操作的要求，推荐采用汽轮机和压缩机直联，不通过增速或减速齿轮箱连接的方案。

③ 汽轮机级的选择：汽轮机的级可分为速度级和压力级，无论是冲动式还是反动式都存在压力级和速度级。冲动式汽轮机选用的通流部分直叶片反动度为0即速度级，反动式汽轮机选用的通流部分直叶片反动度为0.5即压力级，例如反动式进汽第一级也就是调节级，就是略带反动度的冲动速度级，而冲动式和反动式低压扭叶片往往都是反动度不为0的级。

单级汽轮机最常见的形式为双列速度级汽轮机(又称复速级)。其他还有回流式、周向旋流式(又称 terry 汽轮机,最大功率约为 1000kW)及辐流式(径流式单级或复速级)。

多级汽轮机可分为冲动式和反动式,用于驱动压缩机组的多级汽轮机一般为冲动式的复速级(curtis 级)、压力级(reteau 级)与反动式压力级的组合,纯冲动式的多级汽轮机也有广泛的应用,纯反动式的多级汽轮机则应用很少。

反动式多级汽轮机有下列特点:在理想的条件下,由于反动式的蒸汽在静叶和动叶中均有膨胀,而冲动式动叶蒸汽没有膨胀,所以叶片损失较小,其效率比冲动式要高约 5%(最大值);对效率及流通能力允许的偏差范围小;负荷的调节需要调节级进行控制,即通过调节阀控制流量来调节负荷的;由于级数多(一般多 50%以上),因而价格贵;反动式安全系数相比冲动式更高,因为采用不调频叶片设计方法,叶片更粗壮,转子为轮鼓式,其振动也较冲动式明显小;叶片故障时因有双层结构(静叶持环和外缸),相对于冲动机组的单层结构,叶片发生危险时,危险性小(叶片不脱落不易击穿汽缸)。

冲动式多级汽轮机有下列特点:效率较低;由于对间隙变化不敏感,在苛刻的工况下仍可保护效率;变工况时效率相对下降明显;改造性能好,而且费用不高。

④ 调节阀(控制阀)数的选择:单级汽轮机通常为一个调节阀加若干手阀来调节蒸汽流量,多级蒸汽轮机有单阀加手阀或多阀加手阀的选择。从适应符合变化范围以及操作的可靠性、经济性考虑,推荐采用多阀形式。

(二)蒸汽轮机选型中的工程技术问题

根据汽轮机的进排汽参数、机组的长周期安全运行以及减低装置能耗,及配套离心压缩机的多个工况参数,可以选择多级背压式或凝汽式汽轮机。在汽轮机的结构形式、级数及调节阀数确定以后,为使全机组配置先进、合理及操作可靠,下列工程问题应仔细研究确定。

1. 汽轮机的额定功率及额定转速

用于驱动循环氢压缩机及增压机的汽轮机必须适应多工况操作条件,而作为设计基准必须有相应的功率和转速。汽轮机的额定功率应为压缩机所有工况中最大耗功功率的 1.1 倍。额定转速应为转速最高的工况的转速。汽轮机的额定功率及额定转速作为气动及结构设计的基础,额定转速也是确定转速范围的基础。

按照 API 612 标准的规定,汽轮机能在最小能量条件下,在额定转速下发出额定功率。额定功率和额定转速在汽轮机的所有操作工况中并不实际存在。额定功率定义为 1.1 倍最大功率,充分考虑了汽轮机的设计、制造误差以及压缩机功率的误差,在最小能量条件下也能发出额定功率则是考虑了蒸汽条件波动的另一个误差,总的目的是保证压缩机在最极端的工况条件以及汽轮机的蒸汽条件最为苛刻时,有满足工艺操作条件的要求。

在某些情况下要满足上述条件可能使汽轮机的选择偏于过分保守或其效率过低,当大驱动功率条件下,可能会出现蒸汽轮机过度设计问题,需要根据具体情况确定机型。API612 标准允许以协商的方式确定合适的汽轮机规格。

2. 汽轮机的特性曲线

汽轮机的特性曲线通常包括以下内容:

① 调节气阀开度和蒸汽的关系(多阀的蒸汽轮机调节汽阀依序开启)。

② 蒸汽流量和蒸汽轮机输出功率间的关系(在某一转速下)。

③ 汽室压力(调节级后压力级前和蒸汽流量的关系)。

④ 调速汽阀升程和蒸汽流量的关系。

⑤ 不同转速下蒸汽流量与输出功率间的关系。

3. 汽轮机的最大负荷能力

当汽轮机操作在最低进汽和最高排汽条件下(最小能量条件),仍需要发生额定功率时,其耗汽量是所有工况中最大的,使通过主汽门的蒸汽体积流量提高,在选择主汽门、调节汽门及相应设施时应充分考虑其通过能力,不应使某一环节成为蒸汽流通时的"瓶颈"。

另外,为了使汽轮机在以后具有扩容的可能性,调节级前的喷嘴环的部分进汽度以60%~70%为好。

作为参考,按 NEMA23,对蒸汽管线的流速作如下规定:进汽管线 53.34m/s,排汽管线(背压)76.2m/s,(凝汽)137.16m/s。

4. 轴电流

在旋转的转子内由于各种电磁设备的应用,如磁力探伤、磁力吊车、焊接等使残存于汽轮机机壳内的磁场在转子中感应产生了电流,在转子内部流通,因而造成和静止部分的电位差(电压),会在动静间隙较小的部分如汽封和轴承处形成放电的现象,引起上述零件的损坏。通常在凝汽式汽轮机中是由静电作用引起轴电流,在末级湿蒸汽中的雾滴冲击叶片时形成静电,当电位达到一定等级时便形成周期性放电,电压可达 30V 至几百伏特,极易在径向或推力轴承油膜处、联轴器、调速器或齿轮箱等齿轮啮合处引起故障。因电磁感产而产生的内部感应电流则极为严重,这种感应电流通常变为热量,在产生动静摩擦的瞬间会产生类似焊接的效应,造成零部件的损坏。

为防止轴电流的影响,可在轴端设置电刷以导出转子内的电流。同时还应对转子等进行退磁处理,按 API612 标准的要求,经退磁处理后的残留磁场强度应小于 5Gs。

5. 节流、跳闸阀(T&T 阀)

T&T 阀与主蒸汽管道的连接法兰及其与汽轮机壳体的连接法兰是汽轮机连结法兰条件最为苛刻的部位,除压力、温度外,还要承受两者经常的波动,对 3.5MPa、425℃的进汽参数,按照规定可以选择凸凹带颈法兰即 RF 连接,但在操作中往往发生泄漏,所以在选型时应明确要求为槽型金属垫即 RJ 型,以增加可靠性。

6. 蒸汽轮机的主要部件

(1) 节流及跳闸阀(T&T 阀)

汽轮机的 T&T 阀有多种型式,如全油压不带手轮操作型(SIEMENS 公司)、带手轮的油压操作型(典型的 GIMPEL 公司)。带手轮操作的 T&T 阀在汽轮机启动时可用作节流阀,正常操作时则处于全开位置作为跳闸保护用。

T&T 阀在选型时注意以下问题:

① 按照 API612 标准要求应能手动调节蒸汽量,利用弹簧作用关阀使汽轮机跳闸。

② 在最大蒸汽压力下能重新设定。

③ 阀杆、阀座及入口过滤器应采用防腐蚀材料。

④ 应核算在最低的蒸汽入口压力及最高的蒸汽入口温度情况下,该阀的通流能力是否满足耗气量的要求。

⑤ 阀的连接法兰等级通常应要求 ANSI600LB。法兰面为 RJ 面,材料按照蒸汽温度选择。

(2) 汽轮机的壳体

通常为水平剖分，要求上下壳间为金属对金属的密封。在存在高压缸和低压缸时，两者间可以垂直剖分连接。某些汽轮机还采用中间承缸将静叶固定。以下问题需要注意：

① 受压壳体的环向应力计算应按 ASME 规定的最大允许应力。

② 壳体上应设排凝口。

③ 壳体上的进出口连接法兰，对 3.5MPa 进汽，原则上应按照如下要求：进口一般为 600LB，法兰面 RJ；出口 300LB，法兰面 RF。

（3）汽轮机转子

根据确定的汽轮机形式和级数，汽轮机转子包括轴、各级轮盘（含叶片）以及推力盘、平衡活塞等，它的设计、制造应按照 API612 标准的要求，对制造厂提出的修改意见应仔细讨论。以下问题值得注意：

① 转子叶片的叶顶圆周转速：API612 标准要求为，当超过 250m/s 时，应复核材料的应力水平。

② 叶片的 CAMPBELL 图确定叶片的自振频率、通道频率（NPF）和操作速度的裕量。GOODMAN 用于确定叶片动应力水平。

③ 轴向力平衡活塞通常与轴成为一整体。对反动式汽轮机，其推力是可以通过调整通流布置、平衡活塞等进行调整的，平衡后的残余推力由推力轴承承担，在高压汽轮机中可能达到 $(2\sim3)\times10^8$kN，在冲击式汽轮机中可 10~1000kN。平衡活塞采用迷宫式汽封。

④ 转子上半联轴器，某些汽轮机中采用和转子成整体的半联轴器方式。

（4）轴封

汽轮机轴封采用迷宫式。安装方式有两种，一种是轴上安装，另一种是壳体上安装。

（5）轴承

径向轴承和推力轴承的要求参考压缩机轴承的技术要求。

（6）材料

操作温度对汽轮机的材料选择影响比较大，选材原则见表 11-5-7。

表 11-5-7　选材原则

项目	数据		
蒸汽室（壳体）	398℃	碳钢	A216GRADEWCB
	398~468℃	含钼钢	A217 WCI
排汽壳体	260℃	铸铁	A48 30B
	398℃	铸钢	A216 WCB

7. 调节汽阀的执行机构

当采用电子调速器时，需通过以电子讯号（调速器输出）进入电液伺服阀控制的油缸以控制调节汽阀，或将电讯号以 I/P 进入由气动定位器控制的气动执行机构再通过油缸控制调节汽阀。

当采用 WOOD WARD VS 一体化执行器时，VS 电液执行器内部电路含有一个 4~20mA 输出以指示控制阀位置，同时具有报警和停机继电器输出用于设备的运行状态指示。另有可冗余的 4~20mA 设定值输入和双冗余阀位传感器使得系统可在单个给定输入或反馈传感器故障时继续保持工作，在强制停机之前进行不停机维护，确保并延长透平机械运行时间。

8. 蒸汽轮机的调速、超速跳闸系统

1）按照 API612 标准的规定，驱动压缩机的蒸汽轮机的调速器满足 NEMA SM-23 CLASS D 级的要求，即：

最大稳态转速调节率（转速不等率）为 0.5%额定转速，其定义为：

（高于设定转速的变化值+低于设定转速的变化值）/2×额定转速×100%

最大转速飞升为 7%额定转速，其定义为：

（零输出功率时最大转速−额定转速）/额定转速×100%

即以汽轮机操作在额定功率和额定转速下，当突然完全丧失负荷时，转速飞升到的最大值为基准。

2）蒸汽轮机速度调节和跳闸保护系统通过 CCS 系统控制回路实现。现场设置 7 个速度探头实现速度检测，3 个用于联锁，3 个用于调速功能，1 个用于连续记录；通过 CCS 系统控制回路进行速度调节，以及三取二表决后发出信号，实现现场超速跳闸功能。跳闸系统有机械和电子（控制）式。

机械式跳闸系统通常由弹簧和撞块组成，尽管这种方式已沿用多年且有足够的可靠性，但存在以下缺点：操作时不能改变设定值；没有冗余的可能；仅在超速时才能试验；存在运动和磨损部件。

而电气式跳闸完全克服以上缺点，采用非接触式的速度检测，跳闸速度设定方便以及无运动磨损部件，无需修理（故障时更换回路板）。

实践证明对汽轮机的超速跳闸应采用以下方式：机械和电气跳闸联合使用，一般设定电子跳闸为最大连续转速的 108%，机械跳闸设计为最大连续转速的 110%，增压机驱动透平采用双出轴结构，只有电子跳闸设施。

三、离心压缩机组的辅助系统

（一）油系统

离心压缩机的油系统主要由润滑及控制油系统组成，是机组重要的辅助系统，对机组正常运行关系极大，因而在选型中应予以重视。油系统除提供润滑功能以外，控制油系统提供动力给汽轮机的主汽门，控制汽轮机的启动、转速调节及紧急停车。

润滑和控制油系统的选择和配置中应注意的主要问题有：

① 油系统的设计、制造、检验及验收执行 API614 标准。

② 润滑油泵一般选择螺杆泵（三螺杆）。可以采用双电泵配置的方案，也可采用主泵由汽轮机驱动，备用泵由电动机驱动的方案。一汽一电方案，小汽轮机通常采用和主蒸汽轮机相同的蒸汽参数，在电源故障时，仍能保证机组维持一段时间的运行。

③ 润滑油泵出口压力按汽轮机控制油压力确定，油泵的流量是润滑和控制（汽轮机）油量的总和加上规定的裕量。而控制系统除正常量外，为防止在过渡状态下因用油量增加而引起油压下降及平稳油压和双泵的切换，需要增加蓄能器。油站蓄能器一般按 4S 全流量考虑。

④ 油箱加热器推荐采用防爆电加热器。油过滤器的滤油精度，按控制油要求 10μm。润滑油压过低，停车联锁应设置三取二表决方式。

(二) 控制系统

离心压缩机机组的控制系统通常包括主机的性能调节及报警联锁两部分。

性能调节主要进行机组的转速调节及反飞动控制；报警联锁内容主要包括机组轴振动、轴位移、相位及轴承温度、润滑油、干气密封以及其他辅助系统的检测、报警及联锁保护控制。机组参数均进入 DCS 系统，实现对机组的控制保护。

机组紧急停车项目主要有润滑油压力过低、转速过高、轴位移(压缩机和汽轮机)过大等。其他项目如轴振动、轴瓦温度、汽轮机背压等有时制造厂会推荐为停车项目，但为防止停车项目过多或仪表误动作，除上述停车项目外，均作为报警项目。

1. 开机条件

润滑油压力正常，≥ 0.25MPa(表)；润滑油温度正常，$\geq 35℃$；汽轮机速关阀全开；盘车脱开；低/中/高压缸一级密封气/平衡管压差正常，≥ 0.05MPa；干气密封隔离气压力正常。

2. 控制和保护系统

机组转速调节控制系统；机组轴承温度、轴位移、轴振动检测系统；润滑油压力调节控制系统；干气密封调节控制系统；机组紧急停机保护系统，当发生下列故障时机组应自动跳闸紧急停机：压缩机轴振动过大，汽轮机轴振动过大，压缩机轴位移过大，汽轮机轴位移过大，润滑油总管压力过低，汽轮机排气压力过高，汽轮机转速过高，干气密封气泄漏放火炬压力过高，手动紧急停车。

带 ACC 的凝汽式汽轮机驱动离心压缩机报警联锁一览表见表 11-5-8。

表 11-5-8　带 ACC 的凝汽式汽轮机驱动离心压缩机报警联锁一览表

序号	项 目	操作值	报警限	报警值	停车值	备 注
1	压缩机止推轴承温度	<105℃	H HH	105℃ 115℃		
2	压缩机支撑轴承温度	<105℃	H HH	105℃ 115℃		
3	汽轮机推力轴瓦温度	<105℃	H HH	105℃ 115℃		
4	汽轮机径向轴承温度	<105℃	H HH	105℃ 115℃		
5	压缩机轴振动	<63.5μm	H HH	63.5μm 88.9μm	88.9μm	
6	汽轮机轴振动	<56.5μm	H HH	54.9μm 80.5μm	80.5μm	
7	压缩机轴位移	<0.5mm	H HH	0.5mm 0.7mm	0.7mm	
8	汽轮机轴位移	<0.56mm	H HH	0.56mm 0.8mm	0.8mm	

续表

序号	项　目	操作值	报警限	报警值	停车值	备注
9	润滑油总管压力	0.25MPa	L LL	0.15MPa(表) 0.1MPa(表)	0.1MPa(表)	启动备泵
10	汽轮机控制油压力		L	0.6MPa(表)		启动备泵
11	汽轮机转速		HH	×××r/min	×××r/min	三取二联锁
12	汽轮机排汽压力	0.025MPa(A)	H HH	0.04MPa(abs) 0.07MPa(abs)	0.07MPa(abs)	
13	驱动端、非驱动端 一级泄漏气压力	0.06MPa	H HH	0.1MPa 0.2MPa	0.2MPa	
14	驱动端、非驱动端 一级泄漏气流量	12Nm³/h	H HH	24Nm³/h 48Nm³/h	48Nm³/h	
15	一级密封气过滤器前后压差	<0.08MPa	H	0.08MPa		
16	一级密封气/平衡管压差	0.1MPa	L	0.02MPa		
17	氮气过滤器前后压差		H	0.08MPa		
18	氮气过滤器后压力	≥0.02MPa				允许启动润滑油泵
19	隔离气压力	0.03MPa	L	0.01MPa		
20	冷却器后润滑油温度		H	55℃		
21	润滑油箱液位		L	≥843mm		距法兰上表面
22	润滑油过滤器差压		H	0.15MPa		
23	集液器液位		H	300mm		
24	空冷器风扇振动	4mm/s	H	现场整定		
25	空冷器冷凝温度	>25℃	L LL	25℃ 20℃	20℃	
26	空冷器抽气温度		L	-20℃		

（三）空气冷凝系统（ACC）

凝汽式蒸汽轮机的冷凝系统可以采用水冷凝器和空气冷凝器（ACC）两种。由于机组大型化，考虑降低水耗，直接式空气冷凝器应用越来越多。

空气冷凝器系统（ACC）由空冷凝器、热井、热井凝结水泵、集液箱、疏水膨胀箱、两级射汽抽气装置、排汽安全阀及相关管道和阀门等组成。汽轮机排出的低压蒸汽经汽轮机排汽接管进入空冷器被凝结为水，流入热井；而汽轮机各疏水点的凝结水流入疏水膨胀箱中，疏水膨胀箱与集液箱连通，冷凝水集中排进热井中。另外，为了防止机组在冬季开工引起空冷器冻裂，设置暖机蒸汽旁路，并安装蒸汽减温减压器，当汽轮机蒸汽流量小于空冷器所需要的最小流量时，需先打开蒸汽旁路向空冷器中补充蒸汽用以防冻。

ACC 需要注意的工程技术问题：

① 空气冷凝系统的设计、制造及检验执行 API661 或 NB/T 47007 标准。

② 换热管路采用石化标准无缝钢管标准 GB 9948 或 ASME SA179。

③ 系统压力设计 1.0/FV，保证管路内外承压。

④ 冷却管箱、水箱满足 GB 150 规范的相关要求。

⑤ 蒸汽轮机乏气出口到 ACC 集合管压降小于 8mbar。

⑥ 推荐采用多冷却单元操作的方式，辅以变频调节设施进行负荷调节。

⑦ ACC 的环境设计温度的设定应根据环境气象资料，按照 API661 标准相关条款执行。

⑧ 制造单位应提供寒冷季节最小蒸汽对照曲线，并合理设置防冻设施。

⑨ 制造单位应根据环境条件合理设置清洗设施。

⑩ 热井采用双阀分程控制液位。

四、离心压缩机组的试验及检验

(一) 离心压缩机

离心压缩机的试验及检验项目通常分为两类：

1. 不需要买方见证的项目

(1) 主要零部件材料的化学组分及机械性能数据

这些数据包括壳体(内、外)隔板、主轴、叶轮、轴套(如果有的话)、平衡活塞、轴承以及外壳固定螺栓和螺母。

(2) 无损探伤检查

包括 PT(渗透)、MT 磁粉、UT 超声及 RT 射线，对壳体焊缝通常要求 100%RT 检查。UT 检查通常在加工后进行(主要对轴)，对壳体和叶轮通常为 MT.

(3) 尺寸检查，间隙检查及外观检查

2. 需买方见证的检查项目

下列需要买方见证的试验是指重要的对压缩机运行及性能有较大影响的项目。

(1) 水压试验(由卖方规定其程序和要求)

通常所有受压元件应进行 1.5 倍最大允许工作压力的试验，至少持续 30min。

(2) 叶轮超速试验(由卖方规定其程序及要求)

每个叶轮应该在最大边界操作转速的 115% 的转速下，超速 1min。

(3) 机械运转试验

机械运转试验的程序、方法和要求，通常应由买卖双方共同商定，卖方应事先提供有关资料。

机械运转试验通常采用制造厂的试验用驱动机(电机或汽轮机)和监测设施。油系统、轴封、轴承、联轴器、各种非接触式探头应是合同设备。

试验程序及步骤可按照 API617 标准以及制造厂的资料商定，但应满足下列基本要求：在轴承温度稳定以后，跳闸转速下至少运行 15min，在最大连续转速下至少运行 4h；订购的备用转子，也应进行机械运转试验；机械运转试验中对振动、轴瓦温度以及轴封泄漏应记录并严格要求合格。

(4) 气体泄漏试验

试验通常在机械运转试验后进行，向压缩机腔内送入惰性气体(N_2)以最大密封压力(或最大密封设计压力)保持30min并以冒泡法检查泄漏。

（5）选择性试验

按照API617标准规定，有若干试验项目属于选择性试验，如性能试验，全机组试验，全压、全负荷、全压检验、氦气泄漏等。通常仅选择性能试验。

1）性能试验：

离心压缩机性能试验在制造厂进行时，由于制造厂无法提供实际处理的介质，通常按照PTC-10规定进行CLASSⅢ类试验。

① 试验气体：根据设计条件，试验气体通常采用氦气混合物，并满足PTC-10对容积比、容积速度比、马赫数和雷诺数的要求。

② 试验要求：按照API617规定，在正常转速下至少应进行包括喘振和过负荷点在内的5个点的试验。通常规定为飞动点、额定点、飞动点与额定点之间一点、最大流量点、额定点与最大流量点之间一点共5点。对变转速压缩机，多工况的操作要求有多种操作转速，可以在其他转速下增加试验点，由于考虑费用问题，一般只试5点。

③ 试验结果换算：按照PTC-10 CLASSⅢ类试验，由于K值及压缩机系数偏差超出了理想气体范围，应用真实气体方程计算。在性能试验后应将试验结果换算到设计条件，并和设计结果比较。

2）性能试验需要注意的工程问题：

性能试验是一项耗费很大的试验，其重要性在于在投产前可以比较准确地预现压缩机的性能，或发现问题；事实证明，性能试验后通常会发现预计的性能(计算值)和实际值存在差别，特别是飞动点(小流量点)和效率值。用户在决定是否进行这一试验时，主要考虑制造厂的经验和业绩以及选购的压缩机在操作条件上有无特殊性。

如确定进行这一试验，应该在合同中明确按PTC-10 CALSSⅢ以及试验气体、要求的试验点及见证要求。

对有备用转子的机组，不需要两个转子都进行性能试验。

通常在投产前后还要进行现场的性能试验或称为验收试验。由于现场的仪表配置、管线安装以及辅助条件，如数据采集整理均达不到ASTM PTC-10的要求，因而试验结果不可能和性能试验结果很吻合，这是正常的。

（二）蒸汽轮机的试验及检查

试验及检验和压缩机相同，分为两类。

1. 不需要买方见证的项目

1）主要零部件的化学成分及机械性能数据，如壳体、隔板、轮盘、轴、叶片等。

2）无损探伤检查，包括MT磁粉，UT超声，RT射线；对壳体、轴、轮盘、叶片及静叶(喷嘴)进行MT，叶片、轴及轮盘在粗加工后进行UT，对焊缝(壳体上)通常要求100% RT检测。

3）尺寸检查及间隔检查。

2. 需买方见证的检查项目

1）壳体的水压试验，所有受压元件应承受1.5倍最大允许工作压力的水压试验，至少30min，某些大型壳体可以要求更长的时间。

2) 机械运转试验，机械运转试验的程序、方法和要求，通常应由双方共同商定。

试验通常在汽轮机制造厂进行，油系统为试验台车间设施，轴振动、位移、转速、相位探头应采用合同元件，检测和记录仪器可以采用车间设施。试验应注意以下问题：调速系统应进行试验；应进行转子的不平衡响应试验；有备用转子的也应进行机械运行试验；试验时轴振动、轴承温度应记录。

第十二章　催化重整工艺中的分析技术

分析作为工艺过程中原料及产物的质量监控手段，与仪表共称为"工艺的眼睛"，在生产和科研工作中起着极其重要的作用。对于催化重整工艺而言，多年的生产和科研实践表明，分析的重要性尤为突出。从装置开工，到正常运转，从原料的精制，到产物的性质分析，每一个环节都需要分析的保障。究其原因，主要是由于重整催化剂多为贵金属催化剂，如铂、铼等，这些催化剂不但价格昂贵，而且对于硫、氮、氯、砷、铅、铜、汞等多种微量杂质极为敏感，极易中毒而丧失催化活性。如果原料或中间产物的指标控制不好，导致催化剂中毒，将会给企业造成严重的经济损失。

重整工艺中涉及的分析项目很多，既有微量或痕量杂质的分析，也有常量组成的分析，既有气体分析，也有油品分析，还有催化剂的分析。采用科学的采样技术，选择正确的分析方法，利用性能优良的分析仪器，严格把握每个细节，才能够确保样品的代表性和数据的可靠性，为工艺人员提供有价值的参考数据。

第一节　主要分析项目及采样方法

一、主要分析项目

催化重整工艺中涉及的分析项目多达数十项，主要分析项目(按工艺流程)见表 12-1-1和表 12-1-2。

表 12-1-1　预加氢装置的分析项目

分析项目	预分馏塔进料	预分馏塔底油	预分馏塔顶气	汽提塔底油	循环氢
常压馏程	√	√	√	√	
密度	√	√			
气体组成			√		√
PONA	√			√	
硫含量	√			√	
氮含量	√			√	
氯含量	√			√	
砷含量	√			√	
铜含量	√			√	
铅含量	√			√	
水含量				√	√
硫化氢					√
氢纯度					√

表 12-1-2　重整装置的分析项目

分析项目	重整进料	重整生成油	循环氢
常压馏程	√	√	
密度	√	√	
气体组成			√
PONA	√	√	
RON	√	√	
MON	√	√	
硫含量	√		
氮含量	√		
氯含量	√		
砷含量	√		
铜含量	√		
铅含量	√		
水含量	√		√
溴价	√	√	
硫化氢			√
氯化氢			√
氢纯度			√

　　上述所列分析项目，在装置运行的不同阶段的分析频次不同。一般而言，装置开工阶段的分析频次远远大于正常运行阶段的分析频次。

　　除上述所列分析项目外，还涉及多项催化剂再生阶段的控制分析项目，如催化剂的碳含量、氯含量、铂锡等贵金属含量等。

二、采样过程中的注意事项

　　采样过程是分析工作的第一步，也是极其重要的一步。若采集的样品缺乏代表性，则后续的分析过程再严谨、再科学，分析结果再准确，对工艺过程而言也是缺乏指导意义的，甚至可能产生误导作用。

　　如前所述，重整工艺中的分析项目既包括了气体分析、汽油分析，也包括了轻烃分析和催化剂分析，采样位置、采样要求和采样难度大不相同。下面简要说明各种样品采样过程中的注意事项。

(一) 气体样品的采样

　　采样环节是影响气体样品分析数据准确性的重要因素，必须保证采集的样品具有代表性、组分无损失。盛放容器的内壁应为惰性，不会对样品中的组分造成吸附而导致组分含量发生变化。

　　为保证采集的样品具有代表性，采样前应通过内路循环或"放气"的办法充分置换采样管线及控制阀，并用待测气体多次置换盛样容器。

盛样容器一般采用铝箔气袋或小钢瓶。许多炼厂采用球胆取样，主要原因是球胆的价格较低且采样过程容易控制。需要注意的是，球胆具有一定程度的吸附性和渗透性，会引起样品组成的变化，所以，对于常量组分的分析，采用球胆取样后必须马上分析。对于微量杂质组分的分析，不能使用球胆取样，应使用聚四氟乙烯内涂层的塑料袋或铝箔取气袋。

高于常压的气体样品，必须用耐压的不锈钢瓶取样。样品压力应在钢瓶的承受压力之内，取样前，须用样品气将取样钢瓶进行充分置换。

气体样品采样后必须尽快分析，以减小组分变化对测定结果的影响。

（二）轻烃样品的采样

为减少样品中轻组分的损失，轻烃样品的采集应使用采样钢瓶。需要注意的是，为了保证安全，所采液态烃样品的体积不应超过钢瓶体积的80%。

（三）汽油样品的采样

从重整工艺的流程上看，预加氢原料、重整原料、重整生成油以及分馏后的重整汽油或芳烃产物等均需要进行分析。总而言之，要求样品具有代表性，但由于分析项目不同，对采样过程的要求也不尽相同。

1. 预加氢原料的采样

对于预加氢原料而言，需要分析馏程、密度、组成及其中的杂质含量，采样点一般在原料储罐，采样时必须严格按照标准规范的要求，分别采集油罐上、中、下三个部位的样品，再按等量比例进行调和，得到具有代表性的罐储样品。

2. 精制油的采样

对于预加氢精制油，即重整原料而言，需要分析馏程、密度、组成及杂质含量[硫、氯、氮、砷、铅、铜(汞)及水含量]，而且各种杂质含量的分析尤为重要，因为杂质含量的高低直接影响到催化剂的活性及稳定性，需要密切监控，特别是在装置的开工初期，分析频次较高。若精制油的杂质含量不合格，则不能进入重整装置。

精制油的采样点一般设在蒸发脱水塔的底部出口管线上、邻近换热器的管线上或重整进料泵的入口管线上。采样前，要充分置换采样管线，使采出的样品能够代表装置内的物料情况。所用盛样瓶，均需要预先清洗干净。由于待测杂质的性质不同、含量不同，对容器的要求也有所不同。现将一些需要特别注意的问题说明如下，供重整分析人员参考。

1) 对于痕量砷(汞)的分析，为避免因容器器壁吸附或脱附引起测定结果偏低或偏高的现象出现，采样前应对容器进行彻底清洗。若用玻璃瓶采样，需事先将采样瓶用铬酸洗液浸泡24h以上，然后用水冲洗干净，再用稀碱液清洗，以中和器壁的酸性组分，最后用蒸馏水冲洗干净、烘干备用。采样时，要先用油样多次涮洗，置换充分后进行正式采样。采样后必须及时分析，避免因器壁吸附或脱附对测定结果产生的影响。

2) 对于微量水含量的分析，影响测定结果的主要因素是容器或环境中的水分，采样过程较难控制，需要一些采样技巧。所用采样器皿，均需事先进行干燥。采样时，既要进行多次置换，又要尽量避免油样接触空气，即最好在无气泡条件下采样。采样后要及时测定，以防止空气中的水分对测定结果产生干扰。

3) 对于其他项目的分析，只要保证采样管线置换充分、采样瓶预先洗净并用油样置换充分，即可确保样品具有代表性。

第二节　重整原料及产品组成及馏程测定

重整原料油和生成油的组成分析数据，是重整工艺的基础数据。重整原料油的组成数据是判断原料优劣的主要指标，而重整生成油的组成数据则是判断催化剂性能、重整工艺条件及产品质量的重要技术指标。

气相色谱具有很强的分离能力，特别适合于分析石油馏分这种非常复杂的混合物的组成，包括重整原料油和生成油的单体烃分析、碳数族组成分析和单体芳烃的分析。采用气相色谱还可以测定原料和产物的馏程分布，与常规物理蒸馏方法相比，色谱法测定更加快捷简便，所需样品量更少。

一、采用 13X 分子筛柱色谱法分析重整原料油的碳数族组成

通过对重整原料油碳数和类型的组成分析，可以获知原料油中环烷烃的含量以及芳烃的含量，据此可计算芳烃的潜含量，预测重整的效果。

根据烃类化合物的保留特性，采用 13X 分子筛作固定相的色谱柱，可以实现环烷烃和链烷烃的分离。由于 13X 分子筛孔径的特点，同碳数的烃类化合物中，环烷烃先于链烷烃流出而实现分离。早期的分析方法中，均直接采用 13X 分子筛作为色谱固定相的填充柱，分离效果较差；后来发展了动态涂渍法制备的多孔层 13X 分子筛不锈钢毛细管柱，可以测定初馏点~180℃的重整原料油及生成油的组成。由于 13X 分子筛芳烃的保留较强，苯在 C_8 烷烃之后流出，甲苯在 C_9 烷烃之后流出，二甲苯及 C_9 以上芳烃由于保留时间很长，甚至无法出峰，因而很难检测。对于初馏点~180℃的重整原料油以及含较多 C_{10} 芳烃的生成油，测定结果还必须结合单体芳烃的测定结果加以校正。同时该方法要求色谱柱箱温度至少升至400℃，对仪器要求较高。色谱柱的制备由于采用了动态涂渍法，成功率低，制备重复性差，因此该方法渐渐较少使用，逐渐被单体烃测定法所取代。

二、重整原料和产物的单体烃组成分析

重整原料油和生成油的单体烃组成测定法（Detailed Hydrocarbon Analysis）是测定汽油馏分的详细烃组成的方法，可以给出单个组分的含量信息。重整原料油的单体烃数据是工艺计算的基础数据，根据某些特征化合物的含量可通过工艺计算软件包计算出合适的工艺参数。

（一）方法原理

单体烃组成测定法采用一根柱效很高的高分辨毛细管色谱柱对组分进行分离，氢火焰离子化检测器检测。样品中的化合物经色谱柱分离为单个的色谱峰，根据每一个色谱峰的保留时间或保留指数对组分定性，面积归一化法定量，可以获得每一个色谱峰对应的组分的含量。根据单体烃组分含量，可进一步计算样品的碳数族组成（CPNA）数据。

目前，常用的单体烃分析的实验条件见表 12-2-1。

表 12-2-1　汽油单体烃组成分析的实验条件

项　目	条　件
色谱柱	PONA 测定用弹性石英毛细管柱
固定相	100%甲基硅酮
尺寸	50m×0.2mm×0.5μm

项　目	条　件
色谱柱升温程序	
初始温度	35℃±0.5℃
平衡时间	5min
初温停留时间	15min
升温速率	2℃/min
最终温度	200℃
终温停留时间	10min
进样器	
温度	230℃
分流比	200∶1
样品量	0.2~1.0μL
检测器	火焰离子化(FID)
温度	250℃
燃气	氢气(~30mL/min)
助燃气	空气(~350mL/min)
补偿气	氮气(~30mL/min)
载气	氮气
平均线速	~12cm/s(35℃)

（二）定性和定量方法

用于汽油单体烃分析的色谱柱都采用交联100%甲基硅酮(OV-1)固定相的弹性石英毛细管柱。由于固定相为典型的非极性固定相，烃类化合物在OV-1色谱柱上按照沸点顺序分离，沸点越低，出峰时间越早，根据色谱峰的保留时间，可以计算出相应的保留指数，与标准库中的保留指数相比较，即可对组分定性。

对于恒温过程，组分的保留指数可采用式(12-2-1)计算：

$$I_{iso} = 100 \times N + 100 \times \frac{\lg t'_{R(A)} - \lg t'_{R(N)}}{\lg t'_{R(N+1)} - \lg t'_{R(N)}} \tag{12-2-1}$$

式中　　　　I_{iso}——化合物A的保留指数；

$t'_{R(N)}$、$t'_{R(N+1)}$——碳数为N和$N+1$的正构烷烃的调整保留时间，化合物A的调整保留时间$t'_{R(A)}$刚好介于两者之间。

调整保留时间由式(12-2-2)计算得来：

$$t'_{R(A)} = t_{R(A)} - t_0 \tag{12-2-2}$$

式中　$t_{R(A)}$——组分的保留时间；

t_0——测定的死时间，即不被保留的组分通过色谱系统的保留时间。

对于恒温过程，色谱保留指数仅与色谱固定相的类型和温度有关，为一常数，而与色谱柱的尺寸及流量无关。因此组分恒温过程的保留指数可以作为组分的定性依据。

对程序升温过程来说，组分保留指数与组分的保留温度成正比，对于线性程序升温过程来说，组分的保留温度与保留时间成正比，因此，线性程序升温过程的保留指数可由式(12-2-3)来表示：

$$I_{prog} = 100 \times N + 100 \times \frac{t_{R(A)} - t_{R(N)}}{t_{R(N+1)} - t_{R(N)}} \qquad (12-2-3)$$

　　程序升温过程的保留指数与色谱固定相类型、色谱柱初温、升温速率、载气流速、色谱柱尺寸等因素有关，因此，采用程序升温过程的保留指数对组分进行定性时，为保证定性的准确性，采用的色谱条件必须与建立定性数据库时完全一致。

　　性能重复稳定的色谱柱，是获得可重现的定性结果的关键。在单体烃分析中广泛采用的标准PONA分析用色谱柱为50m×0.20mm×0.5μm的100%甲基硅酮弹性石英毛细管柱。为保证难分离物质对的分离以及定性结果的可移植性，标准化的PONA分析柱对色谱柱的柱效、分离度和极性都有特殊的要求。一般要求色谱柱理论塔板数大于4500块/m，2-甲基庚烷和4-甲基庚烷35℃时的分离度大于1.35，甲苯和2，3，3-三甲基戊烷的保留指数之差为0.4±0.4。

　　图12-2-1、图12-2-2为典型的重整原料油和重整产物的单体烃测定色谱图。沸点小于正壬烷的组分的色谱保留指数见表12-2-2。

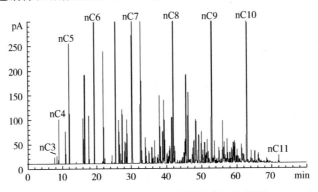

图 12-2-1　重整原料油单体烃分析色谱图

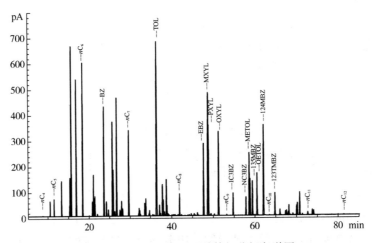

图 12-2-2　重整生成油单体烃分析色谱图

表 12-2-2　$C_2 \sim C_9$ 组分的色谱保留指数

化合物	英文及缩写	保留时间/min	调整保留时间/min	恒温保留指数（35℃）	线性程序升温保留指数
甲烷	Methane	6.91	0.00	100.0	—

续表

化合物	英文及缩写	保留时间/min	调整保留时间/min	恒温保留指数（35℃）	线性程序升温保留指数
乙烷	Ethane	7.13	0.22	200.0	—
丙烷	Propane	7.50	0.50	300.0	—
异丁烷	Isobutane	8.06	1.15	366.0	—
正丁烷	n-Butane	8.54	1.63	400.0	—
2,2-二甲基丙烷	2,2-DMC$_3$	8.79	1.88	414.5	—
异戊烷	Isopentane	10.31	3.40	474.8	—
正戊烷	n-Pentane	11.27	4.36	500.0	—
2,2-二甲基丁烷	2,2-DMC$_4$	13.09	6.18	535.3[①]	—
环戊烷	CYC$_5$	15.02	8.11	563.1[①]	572.3[②]
2,3-二甲基丁烷	2,3-DMC$_4$	15.11	8.20	—	573.1[②]
2-甲基戊烷	2-MC$_5$	15.42	8.50	—	575.8[②]
3-甲基戊烷	3-MC5	16.59	9.68	—	586.2[②]
正己烷	n-Hexane	18.15	11.23	—	600.0
2,2-二甲基戊烷	2,2-DMC$_5$	20.54	13.62	—	621.2
甲基环戊烷	MCYC$_5$	20.83	13.92	—	623.8
2,4-二甲基戊烷	2,4-DMC$_5$	21.18	14.27	—	626.9
2,2,3-三甲基丁烷	2,2,3-TMC$_4$	21.79	14.87	—	632.3
苯	Benzene	23.39	16.48	—	646.5
3,3-二甲基戊烷	3,3-DMC$_5$	23.99	17.07	—	651.8
环己烷	CYC$_6$	24.46	17.54	—	655.9
2-甲基己烷	2-MC$_6$	25.43	18.52	—	664.6
2,3-二甲基戊烷	2,3-DMC$_5$	25.65	18.73	—	666.5
1,1-二甲基环戊烷	1,1-DMCYC$_5$	26.00	19.09	—	669.6
3-甲基己烷	3-MC$_6$	26.47	19.55	—	673.7
顺-1,3-二甲基环戊烷	c-1,3-DMCYC$_5$	27.25	20.34	—	680.7
反-1,3-二甲基环戊烷+3-乙基戊烷	t-1,3-DMCYC$_{5+}$ 3-EC$_5$	27.59	20.67	—	683.7
反-1,2-二甲基环戊烷	t-1,2-DMCYC$_5$	27.91	21.00	—	686.6
2,2,4-三甲基戊烷	2,2,4-TMC$_5$	28.06	21.15	—	687.9
正庚烷	n-Heptane	29.43	22.52	—	700.0
甲基环己烷+顺-1,2-二甲基环戊烷	MCYC6+c-1,2-DMCYC$_5$	31.94	25.02	—	720.6
2,2-二甲基己烷	2,2-DMC$_6$	32.08	25.17	—	721.8
1,1,3-三甲基环戊烷	1,1,3-TMCYC$_5$	32.24	25.33	—	723.1

化合物	英文及缩写	保留时间/min	调整保留时间/min	恒温保留指数（35℃）	线性程序升温保留指数
乙基环戊烷+2, 5-二甲基己烷	ECYC$_5$+2, 5-DMC$_6$	33.30	26.39	−731.8	
2, 4-二甲基己烷+2, 2, 3-三甲基戊烷	2, 4-DMC$_6$+2, 2, 3-TMC	533.56	26.65	−733.9	
反, 12 顺-4-三甲基环戊烷	tr, 12cis-4-TMCYC$_5$	34.33	27.42	—	740.2
3, 3-二甲基己烷	3, 3-DMC$_6$	34.46	27.55	−741.3	
反, 12顺-3-三甲基环戊烷	tr, 12cis-3-TMCYC$_5$	35.23	28.31	—	747.5
2, 3, 4-三甲基戊烷	2, 3, 4-TMC$_5$	35.55	28.64	—	750.2
甲苯+2, 3, 3-三甲基戊烷	Tolene+2, 3, 3-TMC$_5$	36.11	29.20	—	754.8
2, 3-二甲基己烷	2, 3-DMC$_6$	36.82	29.91	—	760.6
2-甲基-3-乙基戊烷+1, 1, 2-三甲基戊烷	2-M-3EC$_5$+1, 1, 2-TMCYC$_5$	37.02	30.11	—	762.3
2-甲基庚烷	2-MC$_7$	37.53	30.62	—	766.4
2, 6-二甲基庚烷+C$_9$环烷烃	2, 6-DMC$_7$+C$_9$-N	45.11	38.20	—	830.9
乙基环己烷+正丙基环戊烷	ECYC$_6$+NC$_3$CYC$_5$	45.36	38.44	—	833.0
未确定的 C$_9$ 环烷烃	Unidentified C$_9$-N	45.64	38.73	—	835.6
1, 1, 3-三甲基环己烷+2, 5-二甲基庚烷	1, 1, 3-TMCYC$_6$+2, 5-DMC$_7$	45.98	39.06	—	838.5
3, 5-二甲基庚烷+3, 3-二甲基庚烷+环烷烃	3, 5-DMC$_7$+3, 3-DMC$_7$+N	46.17	39.25	—	840.2
未确定的 C$_9$环烷烃	Unidentified C$_9$-N	46.26	39.35	—	841.1
未确定的 C$_9$环烷烃	Unidentified C$_9$-N	46.41	39.50	—	842.4
未确定的 C$_9$环烷烃	Unidentified C$_9$-N	46.55	39.63	—	843.6
未确定的 C$_9$环烷烃	Unidentified C$_9$-N	46.71	39.80	—	845.0
乙苯	Ethyl Benzene	47.34	40.43	—	850.6
2, 3, 4-三甲基己烷	2, 3, 4-TMC$_6$	47.47	40.56	—	851.7
未确定的 C$_9$环烷烃	Unidentified C$_9$-N	47.70	40.78	—	853.7
未确定的环烷烃	Unidentified C$_9$-N	48.04	41.14	—	856.9
未确定的环烷烃	Unidentified C$_9$-N	47.78	44.21	—	852.7
2, 3-二甲基庚烷+3, 4-二甲基庚烷	2, 3-DMC$_7$+3, 4-DMC$_7$	48.23	41.32	—	858.5
间二甲苯	m-Xylene	48.31	41.40	—	859.2
对二甲苯	p-Xylene	48.43	41.52	—	860.2
4-乙基庚烷+环烷烃	4-EC$_7$+N	48.71	41.80	—	862.7

续表

化合物	英文及缩写	保留时间/min	调整保留时间/min	恒温保留指数（35℃）	线性程序升温保留指数
4-甲基辛烷	4-MC$_8$	49.03	42.11	—	865.5
2-甲基辛烷	2-MC$_8$	49.12	42.21	—	866.4
3-乙基庚烷	3-EC$_7$	49.22	42.31	—	867.2
3-甲基辛烷	3-MC$_8$	49.90	42.98	—	873.2
未确定的环烷烃	Unidentified N	50.20	43.29	—	875.9
未确定的环烷烃	Unidentified N	50.31	43.40	—	876.9
未确定的环烷烃	Unidentified N	50.44	43.53	—	878.1
未确定的环烷烃	Unidentified N	50.62	43.71	—	879.6
邻二甲苯	o-Xylene	50.88	43.97	—	881.9
1，1，2-三甲基己烷	1，1，2-TMCYC$_6$	51.11	44.20	—	883.9
未确定的环烷烃	Unidentified N	51.39	44.48	—	886.5
未确定的环烷烃	Unidentified N	51.63	44.71	—	888.5
未确定的链烷烃	Unidentified N	51.89	44.98	—	890.9
未确定的环烷烃	Unidentified N	52.13	45.22	—	893.0
未确定的环烷烃	Unidentified N	52.23	45.32	—	893.9
正壬烷	n-Nonane	52.92	46.01	—	900.0

①由 n-C$_4$ 和 n-C$_5$ 外推而得。②由 n-C$_6$ 和 n-C$_7$ 外推而得。

组分的定量一般采用归一化法进行。组分含量由式(12-2-4)计算。

$$\omega_i = \frac{A_i \times B_i}{\sum (A_i \times B_i)} \times 100 \qquad (12-2-4)$$

式中　ω_i——组分 i 的质量分数，%；

　　　A_i——组分 i 的峰面积；

　　　B_i——组分 i 的相对质量校正因子。

由于烃类组分在火焰离子化检测器上的质量响应因子都接近于1，因此，在简化计算中，各组分的含量直接用色谱峰面积百分数来表示。

重整原料和产物经色谱分离可以得到200个左右的色谱峰，对这些组分的定性定量很难采用手工完成。中国石化石油化工科学研究院开发了专用的分析软件，可以对得到的单体烃结果进行详细的定性定量分析，并进行进一步的分类计算，从而获得样品碳数族组成数据（PONA值）。采用单体烃结果计算汽油的PONA值与传统的采用13X分子筛色谱柱相比，操作简单、色谱柱的重复性好，仪器不采用高温，测定方便，因而得到了非常广泛的应用。

（三）单体烃快速测定法

尽管标准PONA测定色谱柱的柱效很高，但是，由于汽油组分十分复杂，不可能将汽油中的所有组分完全分离，特别是沸点大于正壬烷的组分，不可避免地存在许多重叠峰。为此，人们进行了一些方法的改进，希望获得更好的分离效果。ASTM D6729 和 ASTM D6730 均采用 100m×0.25mm×0.5μm 的色谱柱，希望通过增加柱长来增加色谱柱的总柱效，从而获得更好的分离。但是随着色谱柱长的增加，单次分析时间加长，完成一次分析需 100min 以上，同时方法采用的起始柱温较低，需增加液氮或干冰冷却设备，增加了分析成本。

近年来，随着色谱柱制备技术以及色谱仪器技术的发展，人们提出了快速色谱的概念，由于色谱柱的柱效和色谱柱内径的平方成反比，因此采用内径为 0.1mm 或更小的细径色谱柱，可以获得很高的柱效。因而在保证柱效的前提下，可以采用较短的色谱柱，同时分析时间大大缩短。

采用细径的毛细管柱进行分析对色谱仪提出了更高的要求。色谱进样系统必须能满足提供 100psi（700kPa）以上的柱前压，检测器必须很快的响应，能够分辨相隔很近的色谱峰。同时色谱峰之间的保留时间的间隔很小，往往在几秒钟，为保证准确定性，对仪器测定时保留时间的重复性有很高的要求。随着全程电子流量控制（EPC）技术的普遍应用，使得色谱柱流量控制精度大大提高，可获得很好的保留时间的重复性。图 12-2-3 为采用 40m 长、内径 0.1mm 的 DB-1 色谱柱分离得到的重整原料油的色谱图。色谱分离获得了优于传统 50m PONA 色谱柱的分离效果，分析时间仅为 30min。

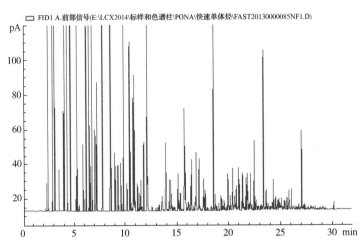

图 12-2-3　采用 40m×0.1mm 色谱柱快速分析重整原料油的色谱图

（四）根据单体烃组成计算多项物性参数

由于单体烃分析可以得到样品的详细烃类组成信息，根据这些组成信息结合一定的计算模型可以计算得到重整原料油的芳烃潜含量，也可以计算得到样品的密度、折射率、C/H 含量、热值、饱和蒸汽。辛烷值是重整生成油的一项重要指标。由于辛烷值的"调和效应"，使辛烷值预测存在一定难度。为此，中国石化石油化工科学研究院开发了专门的计算软件，将化学计量学模糊聚类原理与线性回归相结合，对连续重整和半再生工艺分别建立计算模型，可以根据汽油单体烃结果预测重整生成油辛烷值，研究法辛烷值预测值与实测值的偏差小于 0.5。部分样品的预测结果见表 12-2-3。

表 12-2-3　部分重整生成油辛烷值预测结果

序号	样品名称	实测 RON	模糊聚类预判类别	预测 RON	偏差
1	D5-154-14	98.5	半再生重整	98.7	-0.2
2	D5-154-21	97.4	半再生重整	97.9	-0.5

序号	样品名称	实测 RON	模糊聚类预判类别	预测 RON	偏差
3	D6-154-7	97.8	半再生重整	98.6	-0.8
4	D6-154-14	98.6	半再生重整	98.5	0.1
5	D6-154-21	97.4	半再生重整	97.9	-0.5
6	D5-181-4	99.6	连续重整	99.0	0.6
7	D5-181-39	99.3	连续重整	99.0	0.3
8	D6-143-1	103.7	连续重整	103.6	0.1
9	D6-181-18	100.2	连续重整	100.0	0.2
10	D8-143-5	102.3	连续重整	102.7	-0.4

三、多维色谱法测定重整原料油和生成油的碳数族组成

多维色谱系统是将性质不同的色谱柱联合使用来实现某种特定分离测定的方法。一根色谱柱只分离某种特定组分，将两根或多根色谱柱的分离结果结合以获得所需的分离结果。ASTM D5443 给出了一种采用多维气相色谱法测定不含烯烃的汽油馏分组成的方法。方法采用了 5 根不同类型的色谱柱，利用阀切换技术，使汽油中不同类型的组分实现分离测定，该方法所用的色谱柱见表 12-2-4。

表 12-2-4　多维色谱法测定重整汽油样品所用的色谱柱

色谱柱	固定相类型	色谱柱参数	用途
柱 1	OV-275	柱长 3m，内径 2.0~2.1mm，30%OV-275，Chromasorb WAW 担体(60~80 目)	保留芳烃，使非芳烃通过
柱 2	OV-101	柱长 4m，内径 1.8~2.0mm，4%~5% OV-101，Chromasorb WAW 担体(80~100 目)	按照沸点分离芳烃
柱 3	Tenax	柱长 0.16~0.18m，内径 2.5mm，80~100 目	吸附芳烃
柱 4	13X 分子筛	柱长 1.8m，内径 1.6~2.0mm	按照碳数分离环烷烃和链烷烃
柱 5	Platinum	柱长 0.2~6cm，内径 1.6mm	通氢气将少量烯烃转化为饱和烃

该方法的基本原理是使组分按照碳数和类型的不同进行分离。试样注入色谱系统后，首先进入一根固定相为 OV-275 的强极性色谱柱，组分按照极性顺序分离，沸点小于 200℃ 的链烷烃和环烷烃通过色谱柱，芳烃和沸点大于 200℃ 的组分在色谱柱中保留。链烷烃和环烷烃进入含金属铂的色谱柱，在这里如果样品中含少量的烯烃，将加氢成为饱和烃。饱和烃组分继续进入 13X 分子筛填充柱，链烷烃和环烷烃按照碳数和类型分离。芳烃组分经过 OV-275 色谱柱后经 TENAX 吸附柱吸附富集，进入含固定相 OV-101 的非极性色谱柱，组分按照沸点进行分离，沸点大于 200℃ 的组分作为反吹峰测定。所有组分经 FID 检测器检测，校正因子归一化法定量。见图 12-2-4。

该方法由于按照组分的碳数和类型进行分离，避免了单体烃组分分离不完全带来的定性误差，但无法给出更为详细的单体烃组成数据。同时，由于试样中的烯烃经过加氢饱和后作为饱和烃检测，因此，方法只能用于不含或含极少量烯烃的试样的分析，否则，测定结果会

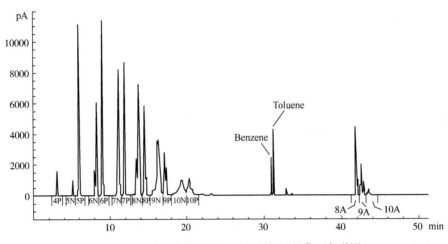

图 12-2-4　多维色谱法分析重整原料油的典型色谱图

有较大误差。

ASTM D6839 的方法在 D5443 分离原理的基础上增加了烯烃的吸附阱和醇醚化合物吸附阱，主要是用于成品汽油的测定，同时也可兼顾重整原料及产物的分析。由于系统的构造十分复杂，硬件成本高，相应的维护十分复杂，目前，国内部分炼厂购置了该种专用分析系统，在重整装置原料和产物分析方面应用的还不是十分广泛。

四、芳烃含量的分析

最简便的测定重整原料和产物中芳烃含量的方法是采用一根强极性的色谱柱，使得样品中的非芳烃组分先于芳烃从色谱柱中流出而分离芳烃，采用火焰离子化检测器检测。

早期大多采用聚乙二醇(PEG20M)作固定相的填充柱进行单体芳烃的分离，但填充柱的柱效较低。现多采用以聚乙二醇类固定相涂渍的极性毛细管色谱柱(DB-WAX、HP-INNOwax 等)进行单体芳烃的分离检测。以硝基苯甲酸封端的改性聚乙二醇(FFAP)作固定相的弹性石英毛细管柱来进行单体芳烃的分析，对芳烃有很好的分离效果。采用交联技术制得的交联 FFAP 毛细管柱，有很好的惰性和热稳定性。图 12-2-5 为采用 50m 长的 FFAP 毛细管柱在 100℃恒温条件下获得的重整生成油芳烃的分离色谱图，相应的色谱条件见表 12-2-5。

表 12-2-5　用 FFAP 毛细管柱测定芳烃的色谱条件

项　　目	数　　据
色谱柱	FFAP 弹性石英毛细管柱
尺寸	50m×0.2mm×0.5μm
汽化室温度	250℃
色谱柱温度	100℃
检测器	FID
温度	300℃
燃气	氢气　25~30mL/min

续表

项　目	数　据
助燃气	空气　400 mL/min
补偿气	氮气　25mL/min
载气	氮气
柱前压	84kPa
分流比	200∶1

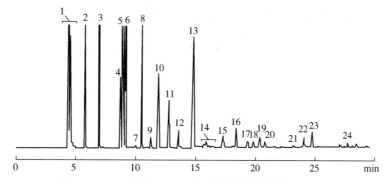

图 12-2-5　采用 FFAP 毛细管柱测定单体芳烃色谱图

1—非芳烃；2—苯；3—甲苯；4—乙苯；5—对二甲苯；6—间二甲苯；7—异丙苯；8—邻二甲苯；9—正丙苯；10—1，3+1，4-甲基乙基苯；11—1，3，5-三甲基苯；12—1，2-甲基乙基苯；13—1，2，4-三甲基苯；14—碳十芳烃；15—1，3-二甲基-5-乙基苯；16—1，2，3-三甲基苯；17—1，2，3-三甲基苯；18—1，2，3-三甲基苯；19—1，2，3-三甲基苯；20—茚满；21—1，2-二甲基-3-乙基苯；22—1，2，4，5-四甲基苯；23—1，2，3，5-四甲基苯；24—1，2，3，4-四甲基苯

五、重整原料和产物的色谱模拟蒸馏测定

重整原料和产物的馏程分布数据是工艺过程中的一项重要基础数据。馏程测定一般采用恩氏蒸馏测定仪来完成，基本原理是将 100mL 的待测试样在蒸馏仪上进行常压蒸馏，同时收集并记录馏出组分的体积和馏出温度，得到蒸馏曲线。尽管自动蒸馏仪器不断普及，但方法需要的人工成本仍然较高。

近年来色谱模拟蒸馏测定方法越来越普及。根据烃类组分在非极性色谱柱上按照沸点的顺序流出色谱柱的特点，由组分保留时间和流出组分切片面积模拟计算可以得到样品的蒸馏曲线。色谱模拟蒸馏方法与传统恩氏蒸馏方法相比，所需样品量少（微升级进样量），完成一次分析只需要几分钟的时间，并且全部可以通过仪器自动化完成，可以大大节约人工成本，提高分析效率。

色谱模拟蒸馏的基本原理是，首先分析正构烷烃混合物，得到正构烷烃保留时间和沸点分布曲线，见图 12-2-6；然后在同样条件下进行样品分析，对于得到的色谱图与色谱基线所包围的区域采用切片积分的方式计算切片面积，在某个温度点对应的保留时间之前的所有切片面积之和占色谱图得到的总的切片面积的质量分数即为该温度点对应的样品中馏出组分收率，由此可以计算得到每 1% 收率对应的温度即样品的蒸馏曲线。计算过程示意图见图 12-2-7，实际汽油样品的测定谱图见图 12-2-8。

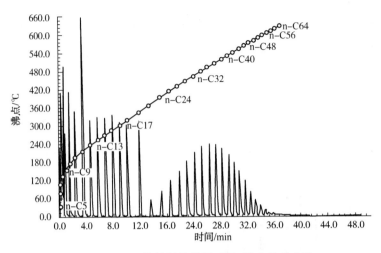

图 12-2-6　正构烷烃的保留时间-沸点关系曲线

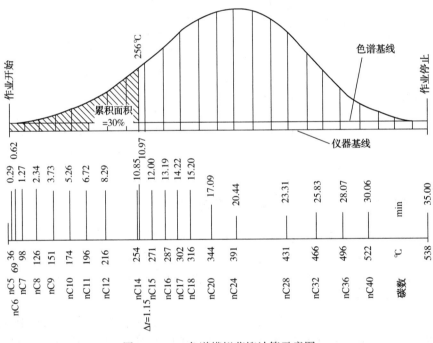

图 12-2-7　色谱模拟蒸馏计算示意图

对于初馏点~538℃的馏分油，一般都采用 SH/T 0558(ASTM D2887)的方法来测定，此外汽油馏分可采用 ASTM D7096 的方法。对于宽馏分的样品需要采用冷柱头进样口来避免分流歧视，对于汽油样品也可采用常规的分流进样口来进行。

由于模拟蒸馏方法的计算过程比较复杂，必须采用专用的分析计算软件来完成，同时要求色谱工作站可以提供切片积分数据以应用于后续的计算。由于在 FID 检测器上，烃类组分具有基本相同的响应因子，因此，直接根据切片面积计算得到的是"质量收率-温度"的蒸馏曲线。为得到恩氏蒸馏的"体积收率-温度"的蒸馏曲线，一般方法是根据多个样品自动蒸馏仪实测得到的"体积收率-温度"结果报告和色谱模拟蒸馏得到的"质量收率-温度"，建立一定的关联计算模型，用于计算待测样品的"体积收率–温度"报告。

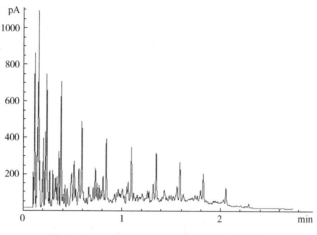

图 12-2-8　汽油快速模拟蒸馏分析色谱图

第三节　重整原料的杂质含量分析

重整原料预精制过程的任务就是脱除原料中的有害物质，具体而言就是脱除含有硫、氮、氯、氧等元素的非烃化合物及含有砷、铅、铜、汞等元素的有机金属化合物，以保护重整催化剂的活性，保证催化剂有较长的使用寿命。以下分别介绍各种杂质元素含量的分析方法。

一、硫含量分析

目前，国内外可用于硫含量分析的方法多种多样。常用的适合于测定预精制前的重整原料中总硫含量的方法主要有紫外荧光法、X-射线荧光光谱法、微库仑法等。对于重整进料精制油而言，常用紫外荧光法或微库仑法测定其中的硫含量；若具备条件，也可以利用燃烧离子色谱法及等离子体质谱法（ICP-MS 法）进行分析。

（一）紫外荧光法

1. 方法原理

1993 年轻质油品中硫含量的紫外荧光测定法首次成为 ASTM 方法，即 ASTM D5453—93。2017 年，与 ASTM D5453—09 等效的国家标准方法 GB/T 34100—2017 颁布实施。紫外荧光法的工作原理如图 12-3-1 所示。

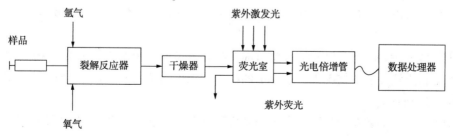

图 12-3-1　紫外荧光法的工作原理示意图

样品被引入裂解反应器后，在高温和氧气存在的条件下充分燃烧，其中的硫元素定量地转化为 SO_2 气体（少部分转化为 SO_3 气体）；反应气经干燥器脱水后进入荧光室，在此基态的 SO_2 分子受到紫外光的照射，因吸收部分光能而转变为激发态（SO_2^*）；由于激发态的 SO_2^* 分子不稳定，会在短时间内以发射荧光的方式释放多余的能量并回到基态。上述反应过程可表示如下：

$$R—S + O_2 \longrightarrow SO_2 + SO_3 + CO_2 + H_2O$$
$$SO_2 + h\nu \longrightarrow SO_2^*$$
$$SO_2^* \longrightarrow SO_2 + h\nu'$$

式中　h——普朗克常数；

　　　ν——激发光的频率；

　　　ν'——SO_2 特征荧光的频率。

在操作条件一定的情况下，样品中的硫元素转化为 SO_2 的转化率一定，SO_2 分子发射荧光的效率一定，该荧光信号的强度与样品中的总硫含量成正比，故可通过检测 SO_2 特征荧光信号的强度实现样品中总硫含量的测定。

2. 仪器情况

仪器主要由进样器、裂解炉、紫外荧光检测器、控制电路及数据处理部分组成。如图 12-3-2 所示，不同厂家仪器裂解炉的温度控制有所不同，汽化段的温度一般控制在 550～800℃范围内，而燃烧段的温度一般控制在 1000～1050℃范围内。所用的氧气和氩气流量以保证样品氧化完全为目的，不同形式的燃烧管所允许的进样量有所不同。一般用光电倍增管对 SO_2 荧光信号进行检测，并用微电流放大器进行放大处理，放大倍数依据待测样品的硫含量大小而定。

3. 主要试验操作

（1）仪器准备

包括升温、气体流量调节、参数设置、仪器稳定等。

（2）仪器校准

由于样品转化过程、荧光检测过程的影响因素较多，需要利用一系列已知硫含量的标准溶液建立校正曲线，用以计算未知样品的硫含量。需要注意的是，建立校正曲线时，应使用与待测样品硫含量相近且基质相似的标准溶液，并使标准溶液的硫含量范围包含待测样品的硫含量。

（3）试样测定及硫含量计算

在与标准溶液完全相同的操作条件下测定未知试样，利用校正曲线计算得到待测样品的硫含量。

目前，紫外荧光法是最常用的轻质石油产品硫含量的分析方法，也是相关产品标准中指定的仲裁分析方法。一般情况下，该方法的检测下限可以达到 0.5μg/g，性能优异的仪器检测下限可以达到 0.1μg/g。

对于重整工艺的控制分析而言，可以利用紫外荧光法测定原料精制前后的硫含量，在有合适的气体硫含量标准物质的情况下，也可用该方法直接测定循环氢中的硫含量。

（二）微库仑法

1. 方法原理

ASTM D3120 和 SH/T 0253 为轻质油品中硫含量的微库仑测定标准方法。图 12-3-2 为该方法的工作流程示意图。

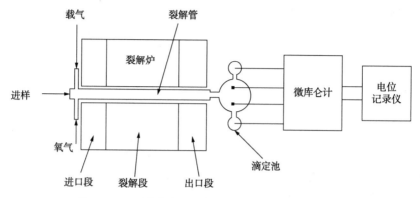

图 12-3-2　微库仑法测定硫含量的工作流程示意图

微库仑法的工作原理：用微量注射器取样，用恒速进样器将试样送入石英裂解管中，在高温并有氧气的条件下，试样中的硫元素绝大部分转化为 SO_2 气体（少部分转化为 SO_3 气体）；反应混合气由载气带入滴定池，SO_2 与滴定池内的 I_3^- 发生反应，致使 I_3^- 离子浓度降低；参比/测量电极对指示出这一浓度变化，并将信号传送给放大器，由放大器输出一个相应的电压信号到电解电极对，在阳极上电生滴定剂 I_3^- 以补充 SO_2 所消耗的 I_3^- 离子，直至电解液中 I_3^- 离子恢复到原始浓度。

样品转化反应、滴定反应及电解反应分别表示如下：

$$R—S + O_2 \longrightarrow SO_2 + SO_3 + CO_2 + H_2O$$
$$SO_2 + I_3^- + 2H_2O \longrightarrow SO_4^{2-} + 3I^- + 4H^+$$
$$3I^- \longrightarrow I_3^- + 2e$$

测定整个反应过程所消耗的电量，根据法拉第电解定律计算得到试样硫含量。

2. 仪器的主要情况及工作条件

（1）滴定池

电解液：含有 0.5g/L 碘化钾、0.6g/L 迭氮化钠、5mL/L 冰醋酸的水溶液。

参考电极：位于参考臂内，为一根浸于含饱和碘的电解液中的铂丝。

指示电极：为一铂片或铂丝，浸于滴定池主室的电解液中。

电解阳极：为一铂片或铂丝，浸于滴定池主室的电解液中。

电解阴极：位于阴极臂内，浸于阴极臂内的电解液中。

（2）裂解炉

可分段控制炉温，以满足样品汽化过程和氧化裂解反应过程的不同温度要求。汽化温度一般控制在 550～800℃ 范围内，氧化裂解反应温度一般控制在 850～1000℃ 范围内。

（3）微库仑计

可测量出参考/指示电极对的电位差，并将该电位差与给定偏压相比较，再将比较后的差值放大，加到电解电极对上，使之电解出 I_3^- 离子。

3. 试验步骤

（1）仪器准备

包括升温、清洗电解池、平衡仪器、调节气体流量等操作。

（2）仪器校准

由于样品转化过程、滴定反应过程、电解反应过程中的影响因素较多，样品中的硫含量与根据法拉第定律计算得到的硫含量之间存在一定偏差，故需要利用标准溶液进行仪器校准，即测定标准溶液的转化率。校准时，应使用与待测试样硫含量相近的标准溶液。

（3）试样测定及硫含量计算

在与标准溶液完全相同的操作条件下测定试样，所得测定结果要进行转化率的修正。

微库仑法是国内外常用的硫含量分析方法，也是重整工艺控制分析中常用的方法。一般情况下，该方法的检测下限可以达到 $0.5\mu g/g$。对于重整工艺而言，微库仑法既可以用来测定精制前的重整原料中的硫含量，也可以用来测定精制油的硫含量。

（三）单波长色散 X 射线荧光光谱法

不同元素的 X 射线荧光的能量是不同的，这是每种元素的特有属性。当含硫试样受到 X 射线照射时，会产生硫元素的特征 X 射线荧光（硫元素 K_α 特征谱线的波长为 5.373Å，能量为 2.3keV），且所产生的硫 X 射线荧光的强度与试样的硫含量成正比，故可以通过测定硫 X 射线荧光的强度，得到试样的硫含量。

硫含量的 X 射线荧光光谱分析方法划分为两大类，即波长色散 X 射线荧光光谱法（WDXRF）和能量色散 X 射线荧光光谱法（EDXRF），相关的分析仪器也分为两大类。WDXRF 法所用仪器的分辨率较高，相邻元素的干扰较小，仪器的灵敏度较高，低硫含量分析结果的可靠性较好；EDXRF 法的主要优势在于仪器价格较便宜，其低含量样品的分析性能远不及 WDXRF 法。

与经典的油品 WDXRF 硫含量分析法相比较，单波长色散 X 射线荧光光谱法（MWDXRF法）（ASTM D7039，SH/T 0842）的各方面性能均具有明显优势，如仪器的分辨率高、受干扰程度小、灵敏度高、稳定性好、价格便宜等，故在油品硫含量分析中的应用越来越普及。单波长色散 X 射线荧光分析仪的各方面性能之所以比较优异，主要原因在于仪器使用了两块"聚焦型的分光晶体"，一块晶体用于原级 X 射线的分光和聚焦，以便在提高激发光强度的同时降低原级 X 射线的总强度；另一块晶体用于硫荧光 X 射线的分光和聚焦，以便在有效接收硫荧光 X 射线的同时，降低相邻谱线的干扰程度。此外，由于仪器的光路系统还采取了抽真空的方式，有效降低了空气中氩气对检测过程的干扰。这种特殊的结构设计，有效降低了背景信号强度、提高了硫荧光 X 射线强度，因而提高了仪器的信噪比；由于使用了小功率的 X 射线管，大幅降低了仪器的制造成本。图 12-3-3 为单波长色散 X 射线荧光分析仪的结构示意图。

利用 MWDXRF 法测定试样硫含量的实验过程主要包括两部分，即定期建立校正曲线、日常样品测试。建立校正曲线时，需要测试一系列不同硫含量的标准溶液，以建立硫含量与硫 K_α 谱线荧光强度的关系曲线。日常测试样品前，需要利用已知硫含量的检查样核查校正曲线的适用性，以确保测定结果准确可靠，主要样品测试条件应与建立校正曲线时的条件相同。

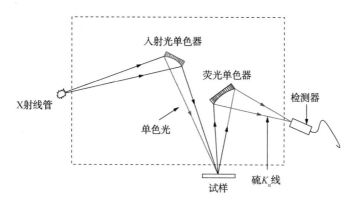

图 12-3-3 单波长色散 X 射线荧光分析仪结构示意图

MWDXRF 法(ASTM D7039，SH/T 0842)的定量下限为几个 μg/g，可用于重整预加氢进料中的硫含量测定，分析速度快，结果准确可靠。

二、氮含量的分析

目前，国内外常用的油品氮含量的分析方法主要是化学发光法(ASTM D4629、SH/T 0657)。对于重整原料和精制油样品，化学发光法均适用。该方法的工作原理如图 12-3-4 所示。

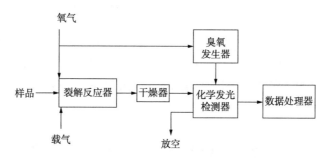

图 12-3-4 化学发光方法的原理示意图

由图 12-3-4 可知，当样品由进样器送入高温裂解反应器后，经氧化裂解，其中的氮元素定量地转化为 NO 气体。反应气由载气携带，经干燥脱水后进入化学发光反应室，在此与来自臭氧发生器的臭氧气体发生反应，部分 NO 气体转化为激发态的 NO_2^* 气体。由于 NO_2^* 分子不稳定，要向基态跃迁，在此跃迁过程中，会以光子的形式释放能量。光信号由光电倍增管接收并放大，转换为与发光强度成正比的电信号。整个反应过程可表示如下：

$$R\text{—}N + O_2 \longrightarrow NO + NO_2 + CO_2 + H_2O$$
$$NO + O_2 \longrightarrow NO_2^* + NO_2 + O_2$$
$$NO_2^* \longrightarrow NO_2 + h\nu$$

在一定条件下，反应中的化学发光强度与 NO 的生成量成正比，而 NO 的量又与样品中的总氮含量成正比，故可以通过测定化学发光的强度来测定样品的总氮含量。

1. 仪器的主要情况

该方法所用仪器主要由进样器、裂解炉、化学发光检测器、控制电路及数据处理部分组成。如图 12-3-4 所示，不同厂家仪器裂解炉的温度控制有所不同，汽化段的温度一般控制在 600～800℃ 范围内，而燃烧段的温度一般控制在 1000～1050℃ 范围内。所用的氧气和氩气流量以保证样品氧化完全为目的，不同形式的燃烧管所允许的进样量有所不同。一般用光电倍增管对化学发光信号进行检测，并用微电流放大器进行放大处理，放大倍数依据待测样品的氮含量大小而定。

2. 主要试验操作

（1）仪器准备

包括升温、气体流量调节、参数设置、仪器稳定等。

（2）仪器校准

由于样品转化过程、化学发光检测过程的影响因素较多，需要利用一系列已知氮含量的标准溶液建立校正曲线，用以计算未知样品的氮含量。需要注意的是，建立校正曲线时，应使用与待测样品氮含量相近且基质相似的标准溶液，并使标准溶液的氮含量范围包含待测样品的氮含量。

（3）试样测定及氮含量计算

在与标准溶液完全相同的操作条件下测定未知试样，利用校正曲线计算得到待测样品的氮含量。

与克氏法和微库仑法氮含量测定方法相比，化学发光法具有很多突出优点，如操作简便、分析速度快、灵敏度高、检测下限低、抗干扰性能强等。一般情况下，化学发光氮含量方法的检测下限可以达到 $0.3\mu g/g$，而性能优异的氮含量测定仪器的检测下限可以达到 $0.1\mu g/g$。

在重整工艺的控制分析工作中，精制前后的重整原料中的氮含量均可以用化学发光法进行测定。需要注意的是，必须利用与待测样品氮含量接近的系列标准溶液制作校正曲线，并使标准溶液的氮含量范围包含待测样品的氮含量，以保证测定结果的准确可靠。

三、氯含量的分析

目前，适合于测定重整原料及精制油中氯含量的分析方法有两种，即氧化微库仑法和燃烧离子色谱法。这两种方法的样品转化原理相同，都是将油样中的氯元素通过燃烧方式转化HCl，主要区别在于氯离子的检测原理不同；若使用性能较好的仪器，两种方法的氯含量检测下限均有可能达到 $0.1mg/L$。

（一）微库仑法

微库仑法的工作原理和微库仑法测定硫含量的原理类似，所不同的是滴定反应。

如图 12-3-2 所示，将样品送入石英裂解管内，在高温并有氧气的条件下，其中的氯元素转化为HCl气体，进入滴定池后，转变为 Cl^- 离子，并与滴定池内的 Ag^+ 离子发生沉淀反应，使 Ag^+ 离子的浓度降低；参比/测量电极对指示出这一浓度变化，并将信号传送给放大器，由放大器输出一个相应的电压信号到电解电极对，在阳极上电解出滴定剂 Ag^+ 以补充 Cl^- 离子所消耗的 Ag^+ 离子，直至电解液中 Ag^+ 离子浓度恢复到平衡状态。所发生的样品转化反应、滴定反应、电解反应分别表示如下：

$$R\text{—}Cl + O_2 \longrightarrow HCl + CO_2 + H_2O$$

$$Cl^- + Ag^+ \longrightarrow AgCl\downarrow$$

$$Ag \longrightarrow Ag^+ + e$$

根据进样量和电解过程中所消耗的电量，依据法拉第电解定律，可计算得到样品的总氯含量。

方法所用的参考电极为 Ag/AgCl 电极，电解液为 70%的冰醋酸溶液。

实验过程中应注意以下两点：第一，始终使电极浸泡在电解液中，避免暴露在空气中被氧化而钝化。第二，注意使滴定池避光，因为光线会使 AgCl 镀层见光分解而干扰测定过程。

（二）燃烧离子色谱法

燃烧离子色谱法是近些年发展起来的一种新型元素分析技术，主要用于测定样品中的硫元素及各种卤素的含量，ASTM D7359 方法即是用于测定芳烃中总氟、总氯、总硫含量的标准分析方法。图 12-3-5 为燃烧离子色谱法的工作原理示意图。

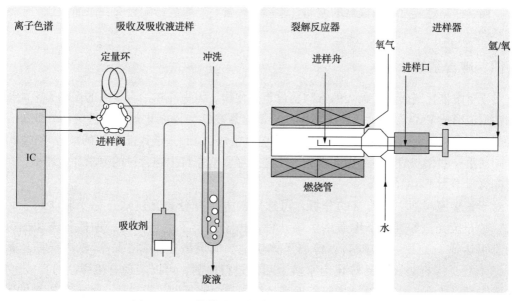

图 12-3-5　燃烧离子色谱分析仪工作原理示意图

由图 12-3-5 可知，将已知量的试样放入进样舟内，将进样舟缓慢地推入到燃烧管的高温区（900~1100℃），试样会在高温、富氧条件下发生氧化裂解及水解反应，其中的硫元素生成 SO_2 及少量 SO_3 气体，卤素生成 HX 或 X_2 气体；当混合气体进入盛有一定体积吸收剂的吸收管后，SO_x 被吸收液中的 H_2O_2 氧化成 SO_4^{2-} 离子，卤素均转化为 X^- 离子；当氧化反应、吸收过程结束后，一定量的吸收液会通过进样阀自动注入到离子色谱仪内，经过色谱柱分离、电导检测器检测后，分别得到吸收液中 F^-、Cl^- 和 SO_4^{2-} 离子的含量，再根据试样的进样量、吸收剂体积、离子色谱的进样量等，计算得到试样中总氟、总氯、总硫含量。试样中各种元素的含量，需要利用相应的标准溶液、在相同试验条件下的测定结果，建立校正曲线，进行校正计算得到。

对于氟、氯、硫元素的分析，选用电导检测器即可，所用阴离子分离柱应保证待测离子的有效分离；若需要分析碘含量，最好增配电化学检测器。

ASTM D7359 方法给出的氟、氯、硫元素的检测下限为 0.1mg/kg，基本可以满足重整进料精制油中总硫、总氯含量的分析要求，只是需要采取多次燃烧、集中检测的方式，以提高仪器的低含量样品分析水平。

对于氯含量、硫含量的分析，与微库仑法相比，燃烧离子色谱法的主要优点是省去了相对繁琐的滴定池操作，且可以实现多元素的同步分析。对于氯含量的分析，因为采取了先分离、后逐一元素单独检测的分析程序，燃烧离子色谱法的测定结果更为准确可靠，为实际的总氯含量；而微库仑法中，由于 Br^-、I^- 离子也可与 Ag^+ 离子发生沉淀反应，且溴、碘元素只能部分地转化为 Br^-、I^- 离子，故所谓的总氯含量测定结果实际上包含了氯元素的贡献及部分溴、碘元素的贡献，除非样品中不含溴、碘元素。另外，燃烧离子色谱法也有一个非常大的弱点，即并非所有进入裂解炉的样品均可进入检测系统，进入离子色谱仪的溶液只是很少部分的吸收液（5%以内），故单次进样分析的灵敏度较低；为了提高方法的灵敏度，需要进行多次烧样、集中检测，故对于氯含量较低的油样（低于 1mg/kg），分析周期长、分析速度慢，而且样品燃烧时段内仪器的波动、漂移等因素对结果的影响较大，进而导致结果的精密度不佳。

四、砷含量的分析

对于重整催化剂而言，最大的毒物莫过于砷化物。因为砷和铂有很大的亲和力，能迅速地和铂反应形成 PtAs 合金，从而破坏催化剂的金属功能，使催化剂永久性失活。此外，砷元素还很容易和催化剂的酸性组分——氯反应，生成 $AsCl_3$，导致催化剂的酸性功能降低。鉴于砷对重整催化剂的毒害作用非常大，工艺上对重整原料中砷含量的要求非常严格，一般要求砷含量不大于 $1×10^{-9}$。

对于重整原料油中砷含量的分析，可选用的方法有分光光度法、原子吸收法、微库仑法、原子荧光法和等离子体质谱法等几种。由于进行了适当浓缩，前四种方法的检测下限都可达到 1ng/g。比较而言，等离子体质谱法的灵敏度最高，不需要进行样品预处理，即不需要将石脑油样品转化为水溶液后再进行检测，可以实现有机样品的直接测定，检测下限可以达到 0.1ng/g，能够较好地满足精制油中痕量砷、铅、铜、汞元素含量的同时分析要求。

（一）分光光度法

常用的石脑油及重整原料油中砷含量的分光光度测定方法有两种，即硼氢化钾-硝酸银分光光度法（SH/T 0629）和 Ag-DDC 法（SH/T 0167）。前者不用吡啶等毒性大、异味大的溶剂。下面简要介绍硼氢化钾-硝酸银分光光度法的基本情况。

1. 方法原理

用硫酸和过氧化氢萃取试样中的砷。加热破坏萃取液中的有机砷，将其转化为五价无机砷。在酒石酸介质中，用硼氢化钾发生砷化氢。净化除去砷化氢中的杂质后，用硝酸银-聚乙烯醇-乙醇溶液吸收，形成黄色银溶胶。在 410nm 处测定吸光度。

2. 主要仪器

分光光度计：带 1cm 比色皿。

砷化氢发生及吸收装置如图 12-3-6 所示。

3. 试验步骤

（1）取样

参考表 12-3-1 用量，移取合适体积的试样于分液漏斗中。

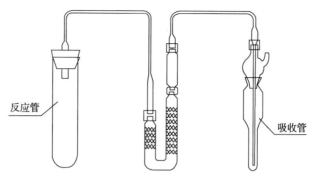

图 12-3-6　砷化氢发生及吸收装置示意图

表 12-3-1　**SH/T 0629 方法的参考取样量**

砷含量/(μg/kg)	取样量/mL	吸收液体积/mL
≤5	500	3
>5~20	300	5
>20~60	100	5
>60~200	30	5
>200	≤10	5

注：当砷含量大于 200μg/kg 时，可不萃取，直接取样于三角瓶中，加 10mL 过氧化氢和 30mL 硫酸溶液，混合后在电炉上加热。

（2）萃取

向分液漏斗中加入 5mL 过氧化氢和 15mL 硫酸溶液，剧烈震荡 5min，静置分层，分出下层酸液于 100mL 三角瓶中。再加入 5mL 过氧化氢和 15mL 硫酸溶液，剧烈震荡 5min，静置分层，收集酸液。用 15mL 水再萃取一次，并收集萃取液。

（3）消解

将盛有酸液的三角瓶放在电炉上加热至剩余液为 2~3mL 时停止，冷至室温。沿瓶壁加少量水，冷至室温。加 1~2 滴甲基橙指示剂，滴加氨水溶液中和至刚转变为黄色。将溶液转移至反应管内。

（4）工作曲线的建立

用不同浓度的砷标准溶液的吸光度（扣空白）为纵坐标，相应的砷含量（μg）为横坐标，建立校正曲线。

（5）试样的测定

于盛有试样溶液的反应管中加入 6mL 酒石酸溶液，用上述方法测定试液的吸光度，同时测定空白样品的吸光度。由校正曲线计算砷含量。

当样品处理量为 500mL 时，方法的检测下限可达到 1μg/kg。

需要注意的是，进行分析操作之前，应将所用器皿用洗液浸泡、清洗干净。

（二）原子吸收光谱法

石墨炉原子吸收方法测定汽油中砷含量的操作过程主要包括以下操作步骤：

1. 建立工作曲线

砷标准溶液的配制：配制砷浓度分别为 0.05μg/mL、0.1μg/mL、0.2μg/mL 的砷标准溶液，并使标准溶液中含有 500μg/mL 左右的硝酸镁。

根据仪器的具体情况选择最佳的操作条件，并在此条件下测定各标准溶液的吸收值。砷元素的特征吸收波长为 193.7nm。

以各标准溶液的吸收值为纵坐标，相应的砷浓度为横坐标，绘制工作曲线。

2. 萃取砷化物

油样先用碘-甲苯溶液氧化，再用 1% 的硝酸溶液进行萃取。所用的碘-甲苯溶液一般为 1g 碘/100mL 甲苯。

取一定体积的油样于分液漏斗中，加入 0.5mL 碘-甲苯溶液，充分震荡后，静置片刻，加入 1% 的硝酸溶液 10mL，再震荡 1min；静止分层后将下层酸液收集于 50mL 的石英烧杯中；再用 1% 的硝酸溶液 10 mL 萃取一次，合并两次萃取液。

3. 处理萃取液

向烧杯中加入 0.1mL 的硝酸镁溶液（1g/100mL）后，将烧杯置于电热板上加热，缓慢蒸干溶液。

用适量 1% 硝酸溶液进行溶解，并定量转移至一 10mL 容量瓶中，再用 1% 硝酸溶液稀释至刻度，得到处理后的样品试液。

4. 测定样品试液

在所选定的操作条件下，测定试液的吸收值。根据工作曲线，计算出试液的砷浓度。

5. 计算样品砷含量

根据所取油样的体积、试液的砷浓度、空白试液的砷浓度，即可计算出油样的砷含量。

上述砷含量测定方法，当取样量在 250mL 左右时，检测下限可达到 1μg/kg。单个样品两次平行测定时间约需 2h。需要注意的是，取样量要控制在样品的绝对含砷量在 1μg 左右，以保证样品试液的砷浓度落在工作曲线范围内。

（三）原子荧光法

原子荧光是原子蒸气受具有特征波长的光源辐射后，其中一些自由原子被激发跃迁到较高能态，然后去活化回到某一较低能态而发射出特征光谱的物理现象。波长与激发光波长相同的原子荧光称为共振荧光，此类荧光在原子荧光分析中最为常用。

各种元素都有其特定的原子荧光光谱，通过测定原子荧光强度，利用校正计算方法，可以测得试样中待测元素的含量。原子荧光强度 I_f 与激发光强度 I_0 及原子荧光量子效率 Φ 有关，即：$I_f = \Phi I_0$；对于低浓度溶液，原子荧光强度 I_f 与待测元素的浓度 C 成正比关系，可表述为：$I_f = kC$。

氢化物发生-原子荧光分析技术（HG-AFS）是具有中国知识产权的分析技术，已在很多行业的痕量分析工作中得到了广泛应用，可分析的元素包括 As、Sb、Be、Ge、Se、Pb、Te、Sn、Cd、Zn 及 Hg 等十余种元素。

原子荧光光度计的主要组成部分包括进样系统、氢化物发生系统、原子化器、分光系统、检测器和数据处理系统。

对于重整预加氢进料或重整精制油样品中砷含量的分析，分析过程相同，取样量大小略有差异，分析步骤简述如下。

1. 样品预处理方法

取适量石脑油样品，用 10~15mL 85% 硫酸和 2 mL 过氧化氢混合液分两次进行萃取，再用 5~10mL 纯水萃取一次。将萃取液收集于锥形瓶中。取样量决定于砷含量高低，对于重整精制油样品，可取 100mL；如果砷含量高于 100μg/kg，取 10mL 即可。

将盛有萃取液的锥形瓶放在电热板上加热，控制加热温度，蒸发掉水分后缓慢升温，进行酸消解，直至瓶口冒白烟后，再继续加热 1h，将各种形态的砷化物全部转化为砷酸，同时除掉大部分的硫酸。同时处理空白样品。

2. 预还原反应

将上述消解后的溶液定量转移至 100mL 容量瓶内，加入 20mL 预还原剂(5%硫脲与 5%抗坏血酸的混合溶液)，用水定容；混匀后静置反应 2h 左右，将砷酸转化为亚砷酸。

3. 工作曲线的建立

利用高浓度的砷标准溶液配制砷含量分别为 0、2μg/kg、4μg/kg、8μg/kg、10μg/kg、20μg/kg 的系列标准溶液，用 5%(体)盐酸作为稀释液；定容前，加入适量的硫脲/抗坏血酸混合溶液。令预还原反应充分进行。

在优化的、稳定的仪器工作条件下，以 5%(体)盐酸为载流、2%KBH$_4$ 溶液(含 0.5% NaOH)为还原剂，将标准溶液中的亚砷酸还原为 AsH$_3$；产生的 AsH$_3$ 及 H$_2$ 气一同进入原子化器，AsH$_3$ 在氩氢焰中转化为 As 原子，在受到光源辐射后发射出 As 原子荧光，荧光信号用光电倍增管检测并转换为电信号；逐一测定预还原后的系列标准溶液，即可建立 As 荧光强度与 As 含量的关系曲线。图 12-3-7 为氢化物发生系统示意图，氢化物发生反应如式(12-3-1)及式(12-3-2)所示，AsH$_3$ 的原子化过程如式(12-3-3)所示。图 12-3-8 为原子荧光光度计的光路系统示意图。

$$BH_4^- + 3H_2O + H^+ \longrightarrow H_3BO_3 + 8H\cdot \tag{12-3-1}$$

$$6H\cdot + AsO_2^- + H^+ \longrightarrow AsH_3 + 2H_2O \tag{12-3-2}$$

$$2AsH_3 \longrightarrow 2As + 3H_2 \uparrow \tag{12-3-3}$$

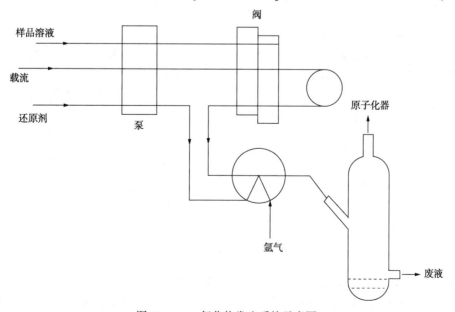

图 12-3-7　氢化物发生系统示意图

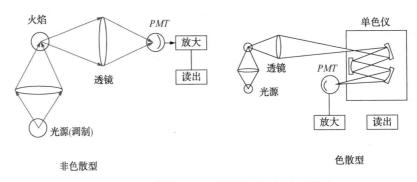

图 12-3-8　原子荧光光度计的光路系统示意图

4. 试样溶液的测定

在与标准溶液相同的实验条件下测定空白溶液、试样溶液的荧光信号强度，利用试样溶液的净荧光强度及校正曲线，即可得到试样溶液的砷浓度，再结合试样的取样量，即可得知未知油样的砷含量。

目前的氢化物发生-原子荧光分析仪已经实现了从进样过程、荧光信号检测到数据处理的全过程自动化，也可以实现多元素的同时测定。氢化物发生-原子荧光分析方法具有原子化效率高、谱线简单、光谱干扰小、无基体干扰、灵敏度高、多元素同时测定等多方面的优势。对于石脑油样品而言，砷含量的检测下限优于 0.1μg/kg，能够较好地满足重整工艺的控制要求。

（四）等离子体质谱法

等离子体质谱方法（ICP-MS）是近二十年发展起来的痕量元素分析技术，主要用于无机多元素的定量分析。图 12-3-9 为等离子体质谱仪的工作原理示意图。

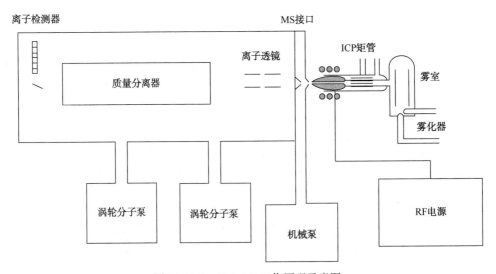

图 12-3-9　ICP-MS 工作原理示意图

由图 12-3-9 可知，等离子体质谱仪是以等离子体为离子源，用质谱分析系统进行离子检测的元素分析技术。液体试样通常用蠕动泵泵入雾化器（泵速约 1mL/min），在此与流量约为 1L/min 的 Ar 载气相互作用，转化为气溶胶；经过雾室的分离，有不足 2% 的小气溶胶雾滴被载气带入氩等离子体；等离子体的高温(～10000K)使样品去溶剂化、汽化、解离并电离，部分离子经过质谱接口(真空度为 1~2torr，1torr ≈ 133.3Pa)导入后续的质谱分析系统。在真空系统内，正离子经过离子光学系统(真空度约为 10^{-3}torr)后被拉出，进入四级杆质量分析器(真空度约为 10^{-6}torr)后按照质核比进行分离。检测器将离子转换成电脉冲，后由积分电路进行计数，电脉冲的大小与样品中待测元素的浓度有关。用校正曲线法进行定量。

ICP-MS 分析技术已经在很多领域的分析工作中得到了较好应用。该技术具有很多突出优势，如：灵敏度高，水溶液样品的检测下限可能优于 1ng/kg；线性范围宽，可达到 9 个数量级；可以实现多元素同时分析；可以实现有机溶液的直接进样分析；易于与其他分离技术实现联用分析，如 GC-ICP-MS 方法、HPLC-ICP-MS 方法等。

对于重整预加氢进料或重整精制油中重要的痕量杂质元素，如 As、Pb、Cu、Hg 等，可以采取有机溶液直接进样的方式进行 ICP-MS 分析，不需要进行复杂的样品预处理，将石脑油样品转化为水溶液，测定过程简单方便。

有机溶液直接进样、测定轻质油样中痕量元素含量方法的分析过程如下：准确称取有代表性的试样，用不含待测元素的二甲苯、喷气燃料或乙醇等空白溶剂稀释约 10 倍；为了补偿不同试样因物性差异导致的进样效率差异所引起的测量误差，可在稀释液中定量加入内标元素；准确称取稀释液的总重量，稀释液中试样的含量及内标元素的含量均用重量法计算。以同样方式制备系列标准溶液，所用的原标准溶液为油基质的标准溶液。待仪器状态稳定后，采用自吸入或蠕动泵进样方式，分别测试系列标准溶液，得到各种待测元素的离子强度与相应元素含量的数学关系；试样稀释液以同样的方式进行测试，得到其中各种待测元素的离子强度；根据校正曲线、试样稀释倍数及内标元素的回收率等分别进行各种元素的相关计算，即可得到试样中各种待测元素的含量结果。

五、其他杂质元素含量的分析

重整原料中铜、铅、汞等金属含量超标时，会造成催化剂永久性失活，因而是重整工艺需要控制的重要指标。目前，灵敏度最高的痕量元素分析方法是等离子体质谱法(ICP-MS 方法)，可以实现石脑油中痕量元素的同时直接测定，检测下限能够满足重整工艺对精制油中痕量元素的分析要求。此外，铜、铅、汞等痕量元素的含量测定还可以选用灵敏度稍低的原子光谱分析方法，但多数情况下需要进行样品的预处理，以实现待测元素的富集及基体消除。

除了涉及铜、铅、汞等痕量金属杂质含量的分析方法外，鉴于工艺方面对重整原料中硅杂质含量的关注越来越多，本节也给出了一些微量及痕量硅的分析方法，以供读者参考。

(一)铜含量测定方法

UOP 962 方法规定了利用干灰化法进行油样预处理，用火焰原子吸收光谱法(FAAS)或等离子体发射光谱法(ICP-AES)进行检测的汽油及石脑油中铜含量的测定方法。该方法的定量检测下限约为 5μg/kg，灵敏度和精密度可以满足重整进料中铜含量的分析要求；样品分析周期约为 4h。该方法的基本原理及实验要点简介如下。

① 干灰化油样：准确称取待测油样 100g 左右于 250mL 石英烧杯中；将烧杯放在电热板上，缓慢加热以蒸发样品，并保持样品温度不致沸腾；当油样基本挥发完毕，升高电热板温

度至 400℃左右，进行炭化，直至停止冒烟；再将烧杯转入 500℃的马弗炉内，烧炭至少 2h，直至炭质残余物被烧尽。

② 溶解灰分：令灰化完毕的烧杯冷却至室温，用移液管向其中加入 7mL 纯水、3.8mL 浓盐酸、1.2mL 浓硝酸、2 滴氢氟酸，将烧杯置于电热板上，缓慢加热约 10min，令溶液缓慢沸腾；取下烧杯，令其冷却至室温。

注意：实验用水及各种酸，纯度均应符合要求，不会带入明显的试剂空白。

③ 溶液转移及定容：用水将烧杯中的溶液定量转移至 25mL 容量瓶中并稀释至刻度。若用 ICP-AES 方法测定，稀释过程中，还可以定量加入选定的内标元素。

④ 试液中铜元素的测定：预处理过程得到的试样溶液，可以选用 ICP-AES 方法测定，也可以选用空气-乙炔焰 AAS 方法进行测定。选用 324.754 nm 谱线，利用校正曲线法进行定量，注意扣除相应的试剂空白。

对于重整进料中的痕量铜，除了 UOP 962 方法外，还可以选用 ASTM D6732 方法。该方法为直接进样的石墨炉原子吸收光谱法（GF-AAS 方法），要求所用分析仪器具有背景校正功能，使用基体匹配的有机铜标准溶液建立校正曲线以计算待测石脑油样品中的铜含量。

此外，石脑油中的痕量铜，也可以通过先氧化，再用酸萃取，将含铜化合物转移至水相，最后利用 GF-AAS 方法进行测定。该方法用无机铜化合物的酸性标准溶液进行校正计算。方法的灵敏度能够满足重整料对铜含量的控制分析要求。

（二）铅含量测定方法

UOP 952 方法规定了利用 GF-AAS 方法测定汽油及石脑油中痕量铅的方法。该方法的工作原理为：先用碘的甲苯溶液将石脑油中的有机铅氧化为水溶性的无机铅，再用稀硝酸将铅化合物萃取到水相；用磷酸二氢铵和硝酸镁作为基体改进剂，以提高铅元素的挥发温度，避免原子化前的挥发损失，用 GF-AAS 方法测定萃取液中的铅含量，外标法进行定量计算。该方法的适用范围为 10~400μg/L，通过改变取样体积或萃取液的稀释比例，测定范围可以进一步拓宽，灵敏度基本可以满足重整工艺的要求。该方法的实验要点简介如下。

① 有机铅的氧化：移取适量待测油样于分液漏斗中，加入 1mL 3%碘的甲苯溶液，震荡 30s 后，静止 10min，令氧化反应继续进行。

② 无机铅的萃取：移取 50mL 10% HNO_3 溶液于上述分液漏斗中，震荡反应 10min 后，静止分层。

③ 标准溶液的配制：配制 15μg/L、30μg/L 的 10% HNO_3 介质的无机铅标准溶液。使用前配制。

④ 改进剂溶液的配制：配制含有 0.1% HNO_3、1% $NH_4H_2PO_4$、100mg/L $Mg(NO_3)_2$ 的混合改进剂水溶液。

⑤ 按照表 12-3-2 实验条件进行空白测定及标准溶液测定，建立校正曲线；测定萃取液，得到待测油样的铅含量。

表 12-3-2　GF-AAS 方法的测定条件

项　　目	数　　据
分析波长	283.3nm
狭缝宽度	0.7nm

续表

项　目	数　据		
背景校正	开		
试样体积	20μL		
基体改进剂	5μL 10%NH$_4$H$_2$PO$_4$和0.06%Mg(NO$_3$)$_2$		
干燥温度程序	第1步	140℃ 30s	250mL/min 氩气流量
	第2步	150℃ 20s	250mL/min 氩气流量
	第3步	200℃ 10s	250mL/min 氩气流量
灰化温度程序	第4步	850℃ 20s	250mL/min 氩气流量
原子化温度程序	第5步	1500℃ 5s	250mL/min 氩气流量
除残温度程序	第6步	2400℃ 2s	250mL/min 氩气流量

　　与 UOP 952 类似的方法也有文献报道，差别之一在于所用的氧化剂不同，除了 UOP952 方法中选用的碘外，还有用溴或过氧化氢作为氧化剂的研究，萃取用酸多选用稀硝酸；差别之二在于采用的石墨炉升温程序有所不同，主要表现在干燥及灰化阶段，不同的检测系统得到的最佳实验条件可能会存在一定差别。

（三）汞含量测定方法

　　可用于石脑油中痕量汞测定的较为灵敏的分析方法主要包括等离子体质谱法（ICP-MS）、直接测汞仪方法及原子荧光光谱法（AFS）等。其中，ICP-MS 方法的灵敏度最高，且可以实现有机试样的直接进样分析及多元素同步分析，分析原理及实验要点可参考砷含量分析中的有关章节；测汞仪方法也可以实现有机试样的直接进样分析，而 AFS 方法则必须要将汞元素转化为水溶液后才能进行检测。

　　1. 燃烧-金汞齐补集-冷蒸气原子吸收光谱法

　　与湿法预处理、光谱法检测的汞含量分析方法相比，20 世纪 90 年代出现的燃烧-金汞齐补集-冷蒸气原子吸收光谱法具有明显优势，不仅缩短了分析周期，也大幅度减小了样品预处理带来的分析误差，故此类方法在痕量汞的分析方面具有非常重要的意义。ASTM D7623 方法是应用此种工作原理测定原油中总汞含量的标准方法，适用的测量范围为 5~400μg/L；UOP938 方法用于测定液体烃类物质中的痕量汞，测量范围为 0.1~10000μg/L。与此类分析方法配套的代表性分析仪器为日本仪器公司（NIC）生产的 SP-3D 型汞分析仪，该仪器在痕量汞的分析方面得到了广泛应用。

　　燃烧-金汞齐补集-冷蒸气原子吸光谱法测定样品中痕量汞的基本原理为：通过燃烧的方式将样品中的汞分解成气态汞，汞蒸气在载气的携带下进入汞补集器并与其中的金混合形成金汞齐；加热汞补集器，令金汞齐受热分解，释放出的汞蒸气被载气带入原子吸收检测器，检测元素汞在 253.7nm 处的特征吸收强度，利用外标法进行定量计算。

　　利用 UOP938 方法测定石脑油等强挥发性油样中的痕量汞时，应注意以下几点：

　　① 由于汞元素很容易与多种金属元素结合形成金属汞齐，为了保证样品的代表性，不能用金属容器采集样品，应使用预先用酸清洗过的玻璃容器装盛样品，且采样后应尽快测定；测试前应将油样低温保存，以减小元素汞及其化合物的挥发损失。

　　② 所用的样品舟及添加剂等均需要在 700℃ 高温下预先煅烧 2h，以消除干扰。

③ 所用添加剂 B 为 Al_2O_3，作为分散剂使用，用于减少油样的挥发损失；添加剂 M 为 40% $Ca(OH)_2$ 和 60% Na_2CO_3 的混合物，用于减小酸性气体对汞检测过程的干扰。当试样中含硫时，需要使用两种添加剂。

④ 仪器的主要工作参数如下：样品裂解温度 850℃；汞补集温度 150℃；汞释放温度 700℃。

⑤ 测定标准溶液及未知样品时，均应扣除空白值。

⑥ 应根据待测样品的大致汞含量选定测量范围，选用合适浓度的汞含量标准溶液，可采取变化进样量的方式测定标准溶液，建立校正曲线。所用标准溶液为氯化汞的酸性水溶液，其中半胱氨酸碱的浓度为 10mg/L。

⑦ 测定石脑油等轻油样品时，在将样品舟推至高温段前，需停留 5min，令挥发性物质缓慢挥发。如图 12-3-10 所示。

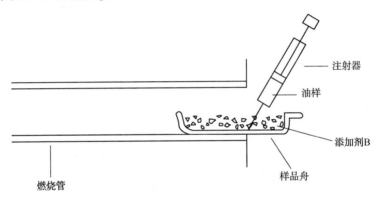

图 12-3-10　轻质油样分析时的加样过程示意图

2. 原子荧光光谱法

利用湿法消解，将油样中的汞转化为水溶液后，可以利用氢化物发生-原子荧光光谱法进行测定。为了避免汞元素的损失及污染，可选用微波消解方法进行样品预处理，消解试剂一般用浓硝酸及过氧化氢；对于预处理得到的水溶液，进行原子荧光检测时，多选用硼氢化钠的碱性溶液作为还原剂，进行在线还原后，用冷蒸气原子荧光方法检测。

（四）硅含量测定方法

近年来，重整工艺方面对于重整原料中硅杂质含量的关注越来越多，主要原因在于重整原料的来源不断扩大，硅杂质引发的催化剂中毒问题时有发生。重整原料中的含硅化合物主要来源于石脑油的生产过程，如焦化石脑油中的硅来源于焦化工艺中使用的消泡剂。因含硅化合物不可逆地吸附在催化剂的表面上，降低了催化剂的化学吸附性能，损坏了催化剂的酸性功能，故重整进料中的硅可导致催化剂中毒、重整产物分布劣化。为了避免催化剂的硅中毒现象发生，必须严格控制重整进料中的硅含量不大于 0.1mg/kg。

油品中硅含量的测定方法可大致划分为两类：一类是间接测定法，即先将油样转化为水溶液，再进行检测；第二类是直接测定法，即将油样用合适的有机溶剂稀释后直接进行检测。常用的硅含量检测方法包括电感耦合等离子体发射光谱法（ICP-OES）、电感耦合等离子体质谱法（ICP-MS）、原子吸收光谱法（AAS）和单色波长色散 X 射线荧光光谱法（MWDRF）等。

对于硅含量高于 1mg/kg 的油样，可以选用原子吸收方法，也可以选用近年推出的单波长能量色散 X 射线荧光方法（ ASTM D7757）。对于痕量硅的分析，只能选用灵敏度较高的分析方法。下面简要介绍两种适合于重整进料的痕量硅分析方法。

1. 有机溶液直接进样 ICP-OES 测定法

在此分析方法中，西班牙的 M. F. Gazulla 等人进行了系统的研究，并获得了令人满意的结果[1]。作者利用安捷伦公司的 5100 SVDV 等离子体发射光谱仪（配置 27MHz 射频发射器、中阶梯光栅、CCD 检测器、可控温的旋流雾室、同芯雾化器、垂直炬管等，可进行双向观测），通过严格把控各个实验环节、防止系统污染和样品污染、优化操作条件，建立了定量下限约为 25μg/kg 的石脑油中硅含量分析方法，可以较好地满足重整进料中痕量硅的分析需求。

该方法的要点如下：

① 测试前，利用 20%（ v/v） HNO_3 彻底清洗整个分析系统，包括蠕动泵管、雾化器、炬管等各个部分，以便降低系统污染，改善测量重复性。

② 使用一次性聚乙烯塑料瓶配制/装盛样品溶液及标准溶液，稀释过程使用一次性的塑料移液枪头。

③ 利用异辛烷作稀释剂，配制样品溶液及标准溶液（硅含量 10μg/kg、25μg/kg、50μg/kg、100μg/kg），并加入 0.5mg/kg 的 Y 内标。稀释比例 1∶1~1∶5，如果样品的挥发性较强，可进行较大比例稀释，一般的石脑油样品可以稀释 1 倍。制备好的溶液储存在 -5℃ 的冰箱中，测试前取出。

④ 主要工作条件：射频功率 1.5kW，雾室温度 -10℃，雾化气流量 0.4L/min，蠕动泵转速 6r/min，轴向观测、Si 观测谱线 251.611nm，Y 观测谱线 371.029nm，读数时间 20s。

2. 有机溶液直接进样 ICP-MS 测定法

如前所述，ICP-MS 方法是目前国内外公认的灵敏度最高的元素分析技术，适用于多种痕量元素的同时测定，也可用于石脑油及其他油品中微量或痕量硅的检测，灵敏度可满足对重整进料中硅含量的限制性要求（不大于 0.1mg/kg）。方法的大致情况可参见前述"砷含量分析方法"，此处不再重复介绍。

3. 微波消解处理/ICP-MS 测定法

应用有机溶液直接进样/ICP-MS 方法分析石脑油样品中的痕量硅元素，虽然免去了繁琐的样品预处理过程，但不可避免地会遇到一些问题，如因样品过载导致采样锥、截取锥的结焦问题，以及更为严重的等离子体熄火问题，多原子分子的干扰问题较为严重等。

为了有效减缓上述问题，闻环等人建立了微波消解处理样品、ICP-MS 方法测定石脑油中硅含量的方法[2]，所建方法的检出限为 0.007mg/L，相对标准偏差 ≤3.56%，样品加标回收率在 92.7%~106.3% 之间，可以较好地满足重整进料中痕量硅元素的定量分析需求。

作者使用的主要仪器设备包括：7500A 型电感耦合等离子质谱仪（美国 Agilent 公司），ETHOS 1 型密闭式微波消解仪（意大利 Milestone 公司）。

样品预处理方法如下：

① 称取约 0.5g 石脑油样品于聚四氟乙烯消解罐中，加入 7mL 65% HNO_3、1mL 30% H_2O_2 等消解试剂，加盖密闭。同步制备样品空白。微波消解程序如下：

$$室温\xrightarrow[8min]{500W}100℃\xrightarrow[4min]{1000W}180℃(10min)$$

② 冷却 30min 后，打开消解罐，再置于电热板上加热赶酸；再加入 5mL 2% NaOH 溶液，继续加热浓缩消解液至剩余约 2mL，转移至 10mL 塑料容量瓶中，用 1% HNO_3 溶液稀释至刻度。同步制备样品空白溶液。

③ 样品溶液及标准溶液的 ICP-MS 仪器测试条件如表 12-3-3 所示。校正用系列标准溶液用 1000mg/L 硅标准溶液（氢氧化钠介质，GSB 04-1752—2004）逐级稀释得到，稀释剂为 1% HNO_3 溶液。为了消除可能存在的氧化物、双电荷、多原子离子、质量歧视效应、基体抑制、物理效应等各种干扰因素，采用优化仪器条件、选择适宜内标元素、利用干扰校正方程等方法消除各种干扰，提高测定结果的准确度。

表 12-3-3　ICP-MS 仪器工作条件及参数

参数	设定值	参数	设定值
雾化器	高盐雾化器	雾化室温度/℃	2
屏蔽炬	铂金屏蔽炬	积分时间/s	0.3
采样深度/mm	7.8	氧化物（CeO/Ce）/%	<1.0
采样锥	镍锥	双电荷（Ce^{2+}/Ce）/%	<1.75
射频功率/W	1200	内标元素及质量数	^{45}Sc
载气流量/（L/min）	1.06	Si 检测质量数	29
补偿气流量/（L/min）	0.12		

六、水含量的分析

精制前的重整原料中，水含量一般在 10^{-6} 级，且水含量的高低和原料的保存环境、保存时间等因素都有关系。在南方潮湿环境下较长时间保存的原料中的水含量必然大于在干燥环境下保存的原料中的水含量。

对于精制前的重整原料、精制油的水含量都适合的测定方法是电量法/卡尔费休滴定法，即通常所指的库仑/卡尔·费休滴定法。对于水含量较高的精制前的重整原料，还可以用容量/卡尔·费休滴定法进行测定。下面简要介绍库仑/卡尔·费休滴定方法。

（一）库仑/卡尔·费休方法测定水含量的基本原理

卡尔·费休方法测定水含量的原理，是利用卡尔·费休反应来测定水含量。可以用下面的反应式来表示广义的卡尔·费休反应：

$$H_2O + I_2 + SO_2 + ROH + 3R_1N \longrightarrow (R_1NH)SO_4R + 2(R_1NH)I$$

式中　ROH——醇类物质（如甲醇、乙醇、异丙醇等）；

R_1N——有机碱类物质（如咪唑、胺、醇胺、酰胺类物质等）。

广义的卡尔·费休反应的含义为：在由有机碱类和醇类物质组成的非水溶液中，在 SO_2 大大过量的前提下，H_2O 分子和 I_2 分子将以 1∶1 的比例发生反应，故可以用 I_2 来滴定溶液中的水，从而实现测定样品中水含量的目的。根据所用碱类物质的不同、醇类物质的不同，广义的卡尔·费休反应的具体表现形式是多种多样的。

对于库仑/卡尔·费休滴定方法而言，上述反应中，所需要的滴定剂（I_2）是通过电化学的方法产生的，并通过测定滴定过程所消耗的电量，根据法拉第电解定律，计算得到试样中的水含量。

（二）库仑/卡尔·费休水含量测定仪器的工作原理

库仑/卡尔·费休水分测定仪示意图如图 12-3-11 所示。

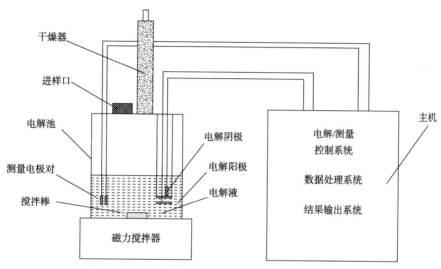

图 12-3-11　库仑/卡尔·费休水分测定仪示意图

由图 12-3-11 可知，仪器由电解池单元、磁力搅拌器及主机等几部分组成。电解池单元由电解电极对、测量电极对、电解液、搅拌子、干燥器、进样口等几部分组成。主机部分由电解过程控制系统、测量过程控制系统、搅拌控制系统（有的仪器搅拌器自控）、数据处理系统和结果输出系统等几部分组成。

在平衡状态下，电解液中碘的浓度恒定在一个很低的水平（对应于测量电极对间的一个极化电流水平），池内处于无水状态。当含水试样进入电解液后，立即发生卡尔·费休反应，引起电解液中碘浓度的降低，致使电解池失去平衡；测量电极对将此变化信号输出给放大器，放大器再将放大后的信号输出给电解电极对，使 I⁻ 离子在电极阳极被氧化为 I_2（$2I^- + 2e \longrightarrow I_2$），以补充水分消耗的 I_2；当进入池内的水分被反应完全后，电解池重又恢复平衡状态。测定整个过程电生碘所消耗的电量，根据法拉第电解定律和加入的试样的量，即可得出试样中的含水量。

水含量的计算公式如下：

$$W_{水} = \frac{18Q}{2 \times 96500 W_s} \times 100\%$$

式中　Q——电解过程所消耗的电量，C；

　　　W_s——试样的进样量，g；

　　　18——水的相对分子质量，g/mol；

　　　2——1 分子水反应所需要的电子转移数；

　96500——法拉第常数，C/mol。

（三）水分测定时的注意事项

为了获得有代表性的、准确的水分测定结果，以指导工艺操作，必须在以下几个环节的操作方面特别加以注意：

1. 采样要有代表性

如前所述，采样前要充分置换装置的采样管线，使采出的样品能够代表装置内物料的水含量。所用采样器皿均需事先进行干燥，且绝对避免用醛酮溶剂清洗，以免有副反应发生。采样时应尽量避免接触空气，采样后要及时进行测定，以防止空气中的水分对测定结果产生干扰。

2. 选用合适的计量方法

推荐使用称重的方法来确定样品量，以避免用样品体积代表进样量所造成的计量误差。

第四节　重整工艺中的气体分析

一、气体组成的分析

重整装置中气体组成的分析主要包括开工用氢气纯度测定、循环氢中氢含量测定和 $C_1 \sim C_5$ 烃类组成测定以及氮气开工置换气和催化剂再生气的组成测定等。氢气纯度及循环氢中的氢含量是工艺开工的重要指标，烃类气体的组成数据是工艺控制过程能量交换及物料平衡的重要参数。准确测定气体组成对重整装置开工具有重要意义。

由于需要测定的组分包括了非烃气体及烃类气体多种组分，很难采用一根色谱柱完成所有组分的分析。早期人们一般是分别测定非烃气体和烃类组分，采用两台到三台色谱仪来完成。配有多个检测器的多维色谱可以在一台仪器上一次完成所有气体组成的分析，获得了广泛的应用，但系统的构造较为复杂，使用及维护的要求较高。近年发展了快速多通道并行微型色谱仪，可在 3min 内完成单次样品的分析，但仪器的造价高，还未得到普及。

(一) 循环氢气纯度分析

1. 用分子筛柱色谱方法测定开工用氢气纯度

循环氢的组成分析包括开工用氢气纯度测定和循环氢的含量和组成测定。对于氢气、氧气和氮气的分离和测定，一般均采用分子筛作固定相的色谱柱，包括 5A、13A 和 13X 分子筛，组分的检测采用热导检测器。使用 $1 \sim 3m$ 长、内径为 2mm 的分子筛色谱柱，柱温为 50℃下，即可将氢气组分与其他组分分离。

分子筛色谱柱在使用前应在 260℃下老化，色谱柱经长期使用吸收载气和样品中的水以及一些较重的组分，会使色谱柱柱效降低，这时需对色谱柱重新进行老化以获得较高的柱效。

测定氢气可以采用氮气或氩气作载气，尽量避免使用氦气，不能使用氢气作载气。由于氦气和氢气的导热系数接近，采用氦气作载气，使得氢气的检测灵敏度低，并且氢气在一定浓度范围内会出现倒峰或 W 形峰等不规则峰，影响定量。

氢气为最先流出色谱系统的组分，采用一十通阀，可以在氢气出峰后将其余的组分反吹出色谱系统。连接示意图见图 12-4-1。氢气组分定量采用外标法。可以通过测定一系列不同浓度的氢气标准样品获得氢气含量测定的标准曲线，也可直接采用纯氢样品来测定氢气的响应因子。在有些情况下，当氢气含量接近 100% 时，氢气含量的标准曲线会发生一定的弯曲，即超出了检测器响应的线性范围。采用更小体积的定量管，会对此情况有所改善。为尽量减小测定的误差，应尽量采用与样品气含量接近的标准气绘制氢气的标准曲线或测定响应因子。

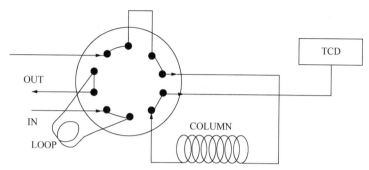

图 12-4-1　氢气纯度测定色谱连接示意图

2. 用选择性氢气分析仪测定氢气纯度

采用气相色谱法测定氢气含量，用于氢含量接近 100% 的高含量气样分析时，往往容易使热导检测器超线性，从而造成定量失真。工业生产上用得较多的热导式氢分析仪虽然具有稳定性好、不易毒化等特点，但因它无预分离系统，当实际气样组成与标定气组成偏离较大时，所得结果会与真值有很大出入。

中国石化石油化工科学研究院开发了一种选择性氢含量分析仪。它利用特殊的膜分离技术，使样品经过一选择性氢分离器，样品中的部分氢会按比例定量透过选择性氢分离膜进入另一侧，被载气带入检测器检测，而其余组分经过样品池后放空，避免了重组分对检测器的污染和对测定的干扰。由于仅有少量氢气分子定量进入检测器被检测放大，因而避免了高含量氢气组分进入检测器后引起的超线性，可测定 1%~100%（体）浓度范围的氢气含量，提高了定量的可靠性和适用范围。

该仪器样品测试时间短，单次样品分析时间约为 3min 左右，也可以直接连接在装置上，实现在线氢气含量监测。

（二）$C_1 \sim C_5$ 气态烃组成的测定

气态烃的组成分析主要有重整循环氢、脱戊烷塔顶气、稳定塔顶气、蒸发脱水塔顶气的组成分析等。

分析 $C_1 \sim C_5$ 气态烃可以采用非极性色谱柱，如角鲨烷、100% 甲基硅酮（OV-1、SE-30）等色谱固定相的色谱柱。烃类组分在色谱柱上完全按照沸点顺序分离，可以采用热导检测器或火焰离子化检测器检测。

气体分析一般采用六通阀或十通阀进样。进样量决定于采用的定量管的容量，一般从 0.2mL 至 2mL。定量采用校正因子归一化法，扣除氢气等非烃组分含量。采用热导检测器时，各组分有不同的校正因子。采用火焰离子化检测器，各组分的质量校正因子非常接近，可直接采用面积归一化结果。

采用非极性的色谱柱分析气态烃组成时，有些组分无法分离或分离不完全，影响定量，如乙烷与乙烯、丙烷与丙烯、正丁烯与异丁烯等，为此必须采用特殊类型固定相的色谱柱，如 25% 顺丁烯二酸二丁酯柱（8m）、25% 顺丁烯二酸二丁酯柱（8m）与 25%β，β'-氧二丙腈柱（3m）串联柱以及 20% 癸二腈柱（9m）等。采用这些色谱柱，丙烷和丙烯得到很好的分离，在癸二腈柱上，正异丁烯也获得了较好的分离。

随着色谱制备技术的发展，采用 Al_2O_3 作固定相的多孔层开管柱（PLOT）在气态烃的分离分析上获得了很好的效果。该种色谱柱具备了毛细管柱的极高柱效和对气态烃分离的极好选择性，C_5 之前的烃类组分可以获得完全分离，不仅可以用于分析常量的气态烃组成，还特别适合于测定聚合级的乙烯、丙烯中的微量烃类杂质。表 12-4-1 为采用 50m 长的 Al_2O_3 PLOT 柱测定气态烃的典型色谱条件，色谱图见图 12-4-2。

测定时采用火焰离子化检测器检测，校正因子归一化法定量，计算时扣除氢气等非烃组分的含量。

表 12-4-1　Al_2O_3 PLOT 柱分析烃类组分典型色谱

项目	数据
色谱柱	Al_2O_3 PLOT柱，柱长 50m，内径 0.53mm
进样阀	1/16″六通阀，50℃
定量管	200～500μL
色谱柱升温程序	初温 80℃，初时 5min，程升速率 20℃/min，终温 160℃，终时 10min
检测器	FID
温度	250℃
燃气	氢气　35mL/min
助燃气	空气　400mL/min
补偿气	氮气　25mL/min
载气	氢气或氮气　5mL/min
分流比	(5∶1)～(10∶1)

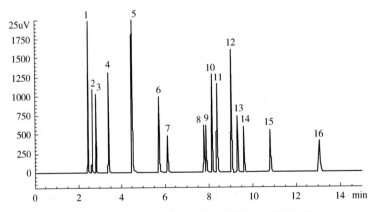

图 12-4-2　Al_2O_3 PLOT 柱分析烃类组分典型色谱

1—甲烷；2—乙烷；3—乙烯；4—丙烷；5—丙烯；6—异丁烷；7—正丁烷；8—反-2-丁烯；
9—异丁烯；10—正戊烷；11—顺-丁烯；12—异戊烷；13—正戊烷；
14—1,3-丁二烯；15—戊烯；16—正己烷

（三）多维色谱测定气体组成

气体中包含的 C_1～C_5 烃类组分和氢气、氧气、氮气等非烃气体，无法在一根色谱柱上实现全分离。多维色谱法采用一系列的切换阀和多根色谱柱，使样品中的不同组分在特定的色谱柱及检测器上进行分离测定，分离测定在一台仪器上完成。

1. "四阀五柱"系统

美国环球化学公司标准方法 UOP539 采用的多维气体组成分析系统在 20 世纪 80、90 年代得到了非常广泛的应用。该系统采用两个十通阀、两个六通阀、五根不同类型的色谱柱，因此习惯上被称为"四阀五柱系统"。系统采用氢气和氮气双载气和双热导检测器，可以一次进样分析气体样品中的氢气、氮气、氧气、一氧化碳、二氧化碳、$C_1 \sim C_5$ 烃类组分的含量，样品中 C_6 及以上组分作为一组峰测定。系统的气路示意图见图 12-4-3。该系统适合于各种炼厂气的组成分析，重整工艺开工气态烃组成测定、氢气纯度测定、循环氢组成测定、氮气开工置换气及催化剂再生气组成测定等均可在此系统上完成。

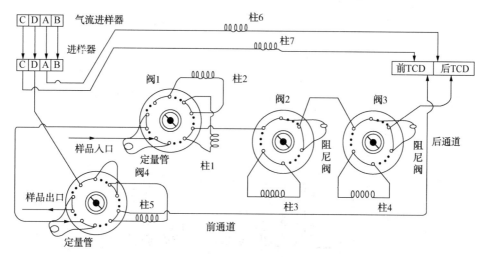

图 12-4-3 多维色谱测定炼厂气色谱系统示意图

样品气进入色谱系统后首先分为两路：一路随氮气载气进入一根 13X 分子筛色谱柱，在此色谱柱上氢气最先出峰，经热导检测器检测，待氢气出峰后将其余组分反吹出色谱系统；另一路样品随氢气载气首先进入一根 0.6m 长的癸二腈色谱柱，C_5 烯烃及 C_6 以上组分在此保留，其余组分进入 9m 长的癸二腈色谱柱，$C_3 \sim C_5$ 组分在此保留并分离，其余组分进入有机多孔高聚物 Porapak Q 色谱柱，C_2 组分和 CO_2 保留并分离，O_2、N_2、CH_4 和 CO 进入 13X 分子筛色谱柱实现分离。通过切换阀，使得 C_5 烯和 C_6 以上组分、$C_3 \sim C_5$ 组分、C_2 和 CO_2 以及 O_2、N_2、CH_4 和 CO 依次流出色谱系统，热导检测器检测。典型的操作条件见表 12-4-2，典型色谱图见图 12-4-4。

表 12-4-2 多维色谱法测定炼厂气组成的分析条件

项目	数据
色谱柱	内径 1/8″不锈钢管
柱 1	长 0.6m，20%癸二腈/Chromasorb PAW(60~80 目)
柱 2	长 9m，20%癸二腈/Chromasorb PAW(60~80 目)
柱 3	长 1.8m，有机多孔高聚物 Porapark Q (80~100 目)
柱 4	长 3m，13X 分子筛(40~60 目)
柱 5	长 1.2 m，13X 分子筛(40~60 目)

项目	数据
柱 6、7	2% OV-101/Chromasorb PAW（60~80 目）
阀室温度	85℃
进样口温度	60℃
色谱柱温	50℃
检测器温度	100℃
载气流速	30mL/min
定量管	0.25mL

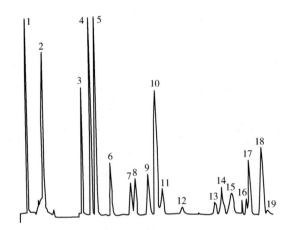

图 12-4-4　多维色谱测定炼厂气典型色谱图

$1—H_2$，$2—C_5^=$、C_{6+}，$3—C_3^0$，$4—C_3^=$，$5—iC_4^0$，$6—nC_4^0$，$7—nC_4^=$，$8—iC_4^=$，

$9—2-反 C_4^=$，$10—iC_5^0$，$11—2-顺 C_4^=$，$12—nC_5^0$，$13—CO_2$，$14—C_2^=$，$15—C_2^0$，

$16—O_2$，$17—N_2$，$18—CH_4$，$19—CO$

组分定量采用校正因子归一化法。校正因子可以采用可靠的文献值，也可以采用已知浓度的标准气测定。由于采用了双载气，氢气的校正因子可以通过测定氮气载气上纯氢的响应和氢气载气上纯氮的响应，经计算求得。

该方法有较好的精密度，氢气含量大于 80% 时，标准偏差为 0.3%，C_6 以上组分含量大于 3% 时，测定标准偏差为 0.2%，其余组分测定的标准偏差不大于 0.1%。

2. 新型炼厂气分析系统测定气体组成

新型炼厂气分析系统也是一种多维色谱测定炼厂气的分析系统，与前述"四阀五柱"系统相比，系统配置更加简化，使用更加灵活。系统的气路流程示意图见图 12-4-5。

分析系统由三根色谱柱、一个十通阀、一个六通阀、一个热导检测器和一个氢焰检测器组成。样品经十通阀和六通阀分两路进入色谱系统。柱 1 为 Porapak Q 柱，用于分离 CO_2，并通过阻尼柱进入检测器；柱 2 为 5A 分子筛柱，用于分离 O_2、N_2、CH_4 和 CO；柱 3 为 Al_2O_3 毛细柱，用于分离 $C_1 \sim C_5$ 烃类组分。以氢气作载气，氢气在本方法中不能分析，可配合选择性氢气分析仪完成炼厂气的全分析；也可以氦气作载气，完成包括氢气在内的所有炼厂气组分的全分析。

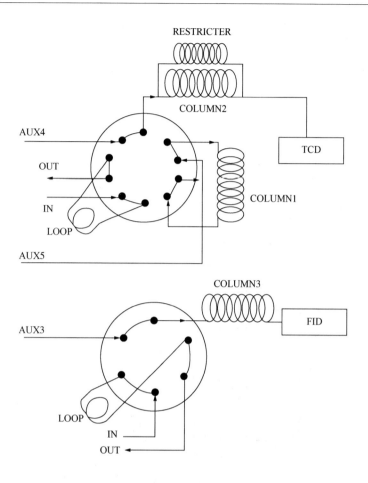

OFF/取样状态

图 12-4-5 炼厂气分析系统流路图

表 12-4-3 给出了常用的色谱条件，测定常量标气时的色谱图见图 12-4-6。

表 12-4-3 新型炼厂气分析系统测定气体组成的色谱条件

色谱柱	数 据
色谱柱 1	PORAPAK Q 柱，柱长 3m，内径 2mm
色谱柱 2	5A 分子筛柱，柱长 2m，内径 1.2mm
色谱柱 3	氧化铝柱，柱长 20mm，内径 0.5mm;
色谱柱 4	阻尼柱，柱长 0.3m，内径 2.2mm;
色谱柱升温程序	初温 50℃，初时 0min，程升速率 6℃/min，终温 120℃，终时 5min
六通阀	1/16″
十通阀	1/16″
检测器	热导检测器 (TCD)
温度	250℃

色谱柱	数　据
参比气流量	50mL/min
检测器	火焰离子化（ FID ）
温度	250℃
燃气	氢气（~30mL/min）
助燃气	空气（~350 mL/min）
补偿气	氮气（~30mL/min）
载气	氢气
平均线速	

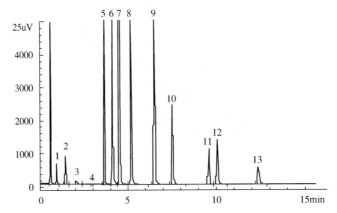

图 12-4-6　采用该分析系统分析常量标气的谱图

1—二氧化碳；2—氮气；3—甲烷；4——氧化碳；5—甲烷；6—乙烷；7—乙烯；
8—丙烷；9—丙烯；10—正丁烷；11—正丁烯；12—异丁烯；13—1，3-丁二烯

　　由于两个通道的响应可以在一张色谱图中流出，采用校正因子即可对两通道的所有组分进行定量。

　　该分析系统与经典"四阀五柱"炼厂气分析仪相比节省了阀件、简化了系统，因而使系统的可靠性增加，成本下降，同时采用毛细管烃分析柱和 FID 检测器后，还使系统对烃类组分的分离和检测范围得到极大的改善，是一种值得推广的专用分析仪。

　　近些年，各仪器厂家推出了各自的快速炼厂气全分析系统，方法的分析思路均与这套系统相类似，为实现组分的全分析，通常会增加一个用于分析氢气含量的通道和检测器，其他通道的分离采用 13X 分子筛柱测定 O_2、N_2、CH_4 和 CO，高分子小球 Porapak Q 或 Hayesep Q 色谱柱分析 CO_2 和 H_2S，Al_2O_3 毛细管柱分析 $C_1~C_5$ 烃类组分，实现分析全过程的系统配置为四个切换阀和六根色谱柱三个检测器的"四阀六柱"系统。在此基础上，增加一根短的非极性柱用于反吹样品中 C_6 以上的重烃组分，以缩短组分在 Al_2O_3 色谱柱上的流出时间，从而缩短全分析的时间，实现这一分析过程的色谱配置又被称为"五阀七柱"系统。这些系统可以一次进样获得炼厂气的全组成数据，在炼油企业得到了较为广泛的应用。图 12-4-7 为 Agilent 公司的多维炼厂气系统连接示意图，图 12-4-8 为得到的典型色谱图。

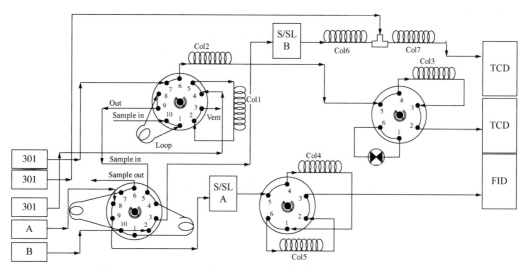

图 12-4-7　Agilent 公司"五阀七柱"炼厂气分析气路连接示意图

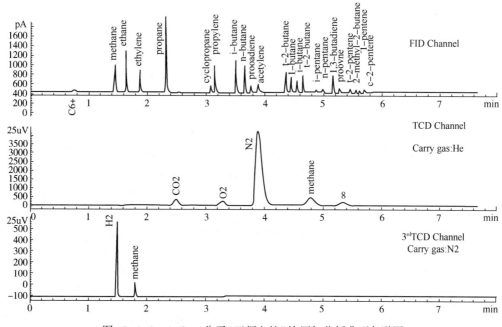

图 12-4-8　Agilent 公司"五阀七柱"炼厂气分析典型色谱图

（四）微型色谱仪测定气体组成

　　微型色谱是近年来基于色谱分析技术与芯片微加工技术结合发展起来的一种新型色谱分析系统，具有多通道、快速、便携的特点，如代表性的有美国 Agilent 公司的 490 型以及瑞士 Inficon 公司的 3000 型便携式气相色谱仪，炼厂气分析可在 3min 中内完成。

　　该系统的原理是采用多通道并行的方式进行不同类型的组分的分析。传统的多维色谱是使待分析混合组分依次进入串联在一起的多根不同类型的色谱柱，组分在特定的色谱柱上分离，并依次流出色谱系统进行检测。在时间上组分依次出峰，很难实现快速分析。多通道并行色谱是使试样同时进入多个通道中不同类型的色谱柱，在各色谱柱中只有特定的组分实现分离，其余组分反吹出系统，信号由多检测器同时采集，将各通道的分离信息结合计算，即可获得样品中全部组分的分析结果。由于多个通道的分离和检测是同时进行的，因此，可以使分析的时间大大缩短。

采用芯片微加工技术而制成的微型色谱，采用高效细径的色谱柱从而可实现快速分离，加工制成的微型热导池具有很快的响应，可以满足快速检测的要求。表 12-4-4 为仪器的配置及参数。

表 12-4-4　仪器配置参数

项目	通道 A	通道 B	通道 C	通道 D
分析组分名称	H_2、O_2、N_2、CH_4、CO	CO_2、乙烷、乙烯	$C_3 \sim C_5$ 饱和烃和 C_3、C_4 烯烃	C_5 烯烃和 C_6 以上组分
分析柱柱类型		多孔层开管柱（PLOT）		壁涂渍开管柱（WCOT）
预柱类型		多孔层开管柱（PLOT）		壁涂渍开管柱（WCOT）
分析柱柱长/m	10	8	10	10
预柱柱长/m	2	1	1	—
内径/mm	0.32	0.32	0.32	0.15
预柱固定相	13X 分子筛	PoraPlot Q	Al_2O_3	—
分析柱固定相	5A 分子筛	PoraPlot U	Al_2O_3	OV-1
涂层厚度/μm	20	10	8	2
反吹时间/s	8	7	4	3
分析时间/s			160	

微型色谱由于同时提供了四个不同类型的分析通道，因而可以根据不同的样品类型设计不同的分析方案，如只需测定氢气的纯度，则只需在通道 A 上进行。

微型色谱由于采用了芯片加工集成技术，使其体积很小，具有"微型"的特点，其大小仅为一台计算机主机大小，两通道配置的微型色谱重量仅约 5kg，配上内置气瓶和电池，可以直接拿到现场取样分析，并可以实现现场实时、在线分析，有广阔的应用空间。

二、循环氢杂质分析

（一）循环氢中水含量分析

循环氢中的水含量，是重整反应系统的一项非常重要的控制指标，它标志着系统运行状态的正常与否，影响着重整产物的分布情况。循环氢中的水含量过高，会导致催化剂上的氯大量流失，若补氯不够，则催化剂的酸性功能下降，进而导致催化剂的选择性变差；反之，循环氢中的水含量过低，若不及时补水或减少注氯，将会导致催化剂的酸性功能过强，表现为裂化反应加剧、氢纯度下降、C_{5+} 液收减少、催化剂上的积炭速度加快、催化剂的寿命缩短等。

综上所述，及时准确地提供循环氢中的水含量数据是保证水氯平衡操作的前提，特别是在装置的开工初期，更需要分析人员密切注意气中水含量的变化，使工艺人员及时调整注氯速度。

目前，比较适合且应用较多的测定重整循环氢中水含量的方法为露点仪法，所用的仪器分为在线式露点仪和便携式露点仪两种，采样点位置大多选在重整高压分离器或其出口管线。在开工初期，因水含量较高、酸性气体含量稍高的可能性大，为保护价格昂贵的在线式水分测定仪，人们常使用价格相对较低的便携式露点仪来进行循环氢中水含量的测定；当气中水含量接近正常范围后(几十个 $\mu g/g$ 的硫)，在线式水分测定仪开始投入使用。另外，由于重整装置为临氢装置，被测介质主要由氢气及少量轻烃物质组成，故无论是在线式露点仪，还是便携式露点仪，均要求具备防爆功能，以确保测定过程及装置的安全。

所选用的露点仪可以是 Al_2O_3 薄膜电容式露点仪，也可以是镜面式露点仪或电化学式露点仪，但总体来看，选用 Al_2O_3 薄膜电容式露点仪的情况较多。

需要注意的有以下几点：首先，为了得到准确的、可反映重整循环氢实际情况的水含量数据，采样点的位置与循环氢系统间的距离必须尽量缩短。第二，对于使用便携式露点仪的情况，测定前必须进行充分的气体置换，以使样品的水含量接近循环氢系统内的水含量；对于使用在线式露点仪的情况，必须保证采样管线内的气体与循环氢系统能够实时地进行有效的循环。第三，采取必要的措施，减少露点仪探头被烃类物质污染的可能性，保证所测水含量的真实准确。

(二)循环氢中硫含量分析

重整循环氢中的硫化物主要是重整过程中生成的硫化氢气体，其含量一般低于 1×10^{-6}，很少高于 5×10^{-6}。通过监测循环氢中硫化氢含量的变化，可以间接地了解精制系统操作是否正常，也可以及时发现诸如换热系统泄漏、脱硫罐脱硫剂性能下降等设备故障。

循环氢中的硫含量，可以利用前述的几种硫含量测定方法测定得到，也可以使用硫化氢检测管、硫化氢便携式测定仪进行现场半定量或定量分析。工业上最常用的是硫化氢检测管方法。采样点一般设在重整高压分离器的气体出口管线上。采样时，首先要进行采样管线的充分置换，随后，还要进行采样器皿的彻底置换，使采集出来的气样能够代表装置内的物料的真实情况。

1. 检测管方法

选用检测管的方法测定硫化氢，可以选用专用的检测管采样器采样，也可以利用玻璃针筒注射器(100mL)。测定步骤简要说明如下：

① 将装置的采样口阀门打开，进行采样管线的吹扫，待置换充分后，调节流出的气体流量至 100~300mL/min(为了确保采样的代表性，可在采样口处设置分流管线)。

② 将检测管两端的熔封折断，然后将检测管的一端插入采样器的进气嘴，并使检测管上的箭头方向指向采样器。

③ 将检测管的另一端与装置的采样口管线对接后，立即拉动注射器的柱塞，并控制采样速度在 100~300mL/min 范围内，当拉至 100mL 刻度时，将检测管从采样口取下，读出变色的位置，即可得到气样中硫化氢的含量；重复测定几次，取平均值作为测定结果。

使用检测管方法时，有以下几方面的问题需要注意：

第一，要注意检测管的测量范围，应选用合适量程范围的检测管，以获得较高的灵敏度。

第二，要注意检测管的有效期限问题，过期的检测管绝对不能用。

第三，压力校正的问题：在海拔较高地区使用检测管时必须进行压力校正。气样中硫化氢的真实含量应为实测结果乘以压力校正因子(见表12-4-5)。

表 12-4-5 压力校正因子

海拔高度/m	1524	2743	3800	4724	5486	6096
校正因子	1.2	1.4	1.6	1.8	2.0	2.2

第四，可采用增加或减小取气量的方法来扩大检测管的测量范围，如：当测定重整循环氢中的硫化氢含量时，由于含量很低，可采取通数百 mL 的气样来提高测量的准确度。

2. 硫含量分析仪方法

选用硫含量分析仪测定循环氢中的硫含量，需要注意以下两个问题：第一，要保证样品采集后及时进行测定，以减少因容器器壁吸附导致的硫含量偏低的程度。第二，若选用微库仑方法测定硫含量，可以使用液体标准溶液进行仪器校准；若选用氧化-紫外荧光法或氢解-光电比色法测定硫含量，则需要使用含量相近的硫标准气体进行仪器校准，这一点往往是较难做到的，因为含量那么低的硫标准气体既难配置，又难保存，故影响了紫外荧光法和光电比色法在气体样品硫含量测定方面的应用。

(三) 循环氢中氯含量分析

重整循环氢中的氯化物主要是重整过程中生成的氯化氢气体，其含量一般低于 1×10^{-6}，很少高于 5×10^{-6}。通过监测氯化氢含量的变化，可以判断精制系统操作是否正常，还可以了解催化剂上氯的流失情况是否正常。当循环氢中的氯化氢含量过高时，会在低温部位与氨反应生成氯化铵固体，发生管道堵塞现象。

循环氢中的氯含量，可以通过采样后利用微库仑氯含量测定方法测定，也可以使用氯化氢检测管进行半定量分析。工业上最常应用的是氯化氢检测管方法，操作方法和注意事项与前述的硫化氢检测管方法相似。

第五节 重整催化剂的分析

装置运行一段时间后，重整催化剂的反应活性及选择性会因积炭、中毒、金属沉积、结构变化等原因逐渐降低甚至丧失，故必须进行催化剂的再生操作，使其活性及选择性得到恢复。另一方面，当装置在运转过程中出现异常现象时，如出现产物分布恶化、氢纯度下降、液收下降等现象时，也可能需要通过催化剂的分析结果来查找原因。对于连续重整装置而言，催化剂的分析是重整工艺控制分析中的重要内容之一，是指导催化剂再生操作的重要依据。

重整催化剂的分析项目包括催化剂的碳含量、氯含量、硫含量、活性金属含量、污染金属含量的分析，以及催化剂的比表面、孔分布、粒度分布、压碎强度等物化指标的分析。

一、催化剂碳含量分析

重整催化剂的碳含量是反映催化剂的活性、表征催化剂状态的重要指标之一，特别是对于连续重整工艺尤为重要，是指导催化剂再生条件控制的重要依据。

对于催化剂上碳含量的分析，经典的管式炉燃烧/碱吸收测定法的应用越来越少，主要原因是测定结果偏高、操作繁琐。

高温燃烧-红外吸收法是测定催化剂碳含量的常用方法。顾名思义，该方法是将含碳的催化剂样品通过高温燃烧，将碳元素转化为二氧化碳气体，再利用红外吸收的方法进行检测，最终得到催化剂的总碳含量。

红外吸收法测定催化剂的碳含量，根据所采用的燃烧方式，又可划分为两种不同的方法：其一是利用管式炉进行燃烧（炉温一般在 1300℃ 左右），其二是利用高频感应炉进行燃烧（炉温一般在 1600℃ 左右）。配套的商品仪器亦划分为两类，即高频感应炉燃烧/红外吸收碳含量测定仪、管式炉燃烧/红外吸收碳含量测定仪。

上述两种红外吸收碳含量测定方法相比较，高频感应炉/红外吸收法的优点是分析速度快，缺点是只适合测定无机材料样品，不适合测定有机材料样品；管式炉/红外吸收法的优点是有机或无机材料样品均可测定，缺点是分析周期相对较长。

无论使用哪种方法进行重整催化剂碳含量的测定，均需要注意以下几点：第一，样品测定之前，应先将样品研细，再进行干燥脱水；第二，需要用含量相近、基质相近的标准溶液进行仪器的校准，以确保测定结果的准确可靠；第三，选用合适的助熔剂或助燃剂；第四，准确测定并扣除空白值。

二、催化剂氯含量分析

氯元素是重整催化剂不可缺少的活性组分，是催化剂的酸性组元，氯含量的大小是重整催化剂的一个重要指标。

多年来，人们用来测定重整催化剂氯含量的方法有多种，如比色法、容量滴定法、电位滴定法、离子选择性电极法、微库仑法、离子色谱法以及 X 射线荧光法等。以下简要介绍几种常用的方法。

（一）电位滴定法

电位滴定法是以玻璃电极为参比电极、银电极为指示电极，用硝酸银标准溶液滴定一定量的处理液中的氯离子，根据电位突跃点判断滴定终点。根据硝酸银标准溶液的消耗量，计算处理液中氯离子含量，进而得到催化剂样品的总氯含量。

滴定过程中所用的仪器有电位滴定仪、磁力搅拌器等。

（二）离子选择性电极法

1. 方法原理

方法原理如 SH/T 0343 方法所述。试样中的氯经氢氧化钠溶液抽提后，用氯离子选择性电极测定试液中的氯离子，采用标准加入法定量测定。

2. 仪器及试剂

仪器：离子计、氯离子选择性电极、饱和甘汞电极等。

试剂：氯化钠（光谱纯）、氢氧化钠、硝酸等。

3. 样品的预处理

准确称取一定量的预先研细的试样于烧杯中，加入一定量的氢氧化钠溶液，煮沸数 10min 后，冷却，再用硝酸溶液调节 pH 值至 6~8，最后转移至容量瓶中并定量。

4. 试样及空白溶液的测定

将氯离子选择性电极与饱和甘汞电极和离子计相连。用水洗涤电极直至在水中的空白电位达到要求。擦净电极上的水滴后，将电极插入待测试液中，搅拌 3min、静置 2min 后，读取电位值 E_1。用微量注射器加入一定量的标准溶液后，经搅拌、静置后，再读取电位值 E_2。

空白溶液的测定与试液的测定过程类似。

5. 测定并计算试样在 850℃条件下的灼烧基

6. 计算试样的氯含量

（三）离子色谱法

离子色谱法是测定水溶液中氯离子含量的常用方法之一，可以用来测定催化剂中的氯含量，只是需要将催化剂样品进行前处理，将氯元素转化为水溶液中氯离子的形式，再进行测定。

样品前处理的方法如下：称取一定量的预先研细的催化剂样品于压力溶弹的聚四氟乙烯杯中，加入适量的 1∶1 氨水，将溶弹密封后放在 180℃左右的烘箱中恒温数小时；将溶弹从烘箱中取出，冷却至室温后打开，用玻璃漏斗将试液滤入烧杯中；在电炉上加热烧杯，将试液浓缩，冷却后转移至容量瓶中，并用淋洗液稀释至刻度，该溶液即可直接进行离子色谱测定。

（四）波长色散 X 射线荧光光谱法

上述几种氯含量的测定方法均是基于氯离子的测定，而 X 射线荧光法则与此完全不同，其原理及注意事项简要介绍如下。

1. 波长色散 X 射线荧光光谱方法测定元素含量的工作原理

X 射线荧光光谱分析方法是利用由 X 射线管发出的一次 X 射线照射试样，再把试样反射出的二次 X 射线(X 射线荧光)进行分光，只取出目的元素的 X 射线荧光；由于所得到的目的元素的 X 射线荧光的强度与该元素的含量有定量关系，故可以进行目的元素的定量分析。

图 12-5-1 为波长色散 X 射线荧光分析仪的结构示意图。

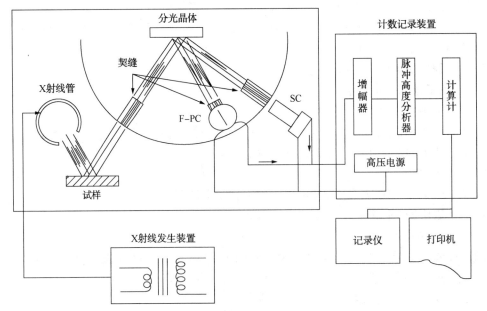

图 12-5-1　波长色散 X 射线荧光分析仪示意图

2. 主要仪器及试剂

X-射线荧光光谱仪：日本理学 ZSX100 型或其他具有同样性能的仪器。

压片机：最大压力为 30t。

压片模具及铝制样盒：直径为 25mm。

氯化钠：光谱纯。

3. 标准溶液的制备及校正曲线的建立

制备标准溶液和测定校正曲线是 X 射线荧光方法测定元素含量的前提和基础，但并非是需要经常重复的工作。只要待测样品基质变化不大、元素含量不超出校正曲线的有效范围、仪器的硬件及工作环境变化不大，则不需要经常测定校正曲线。

（1）标准溶液的制备方法

选用试剂级的氧化铝作载体，用光谱纯的氯化钠作溶质，制备一系列不同浓度的氯含量标准溶液，氯含量范围为 0.10% ~ 1.90%。

制备前，需将氯化钠和氧化铝置于烘箱中，于 120℃ 温度下干燥处理 2h。制备时，按预先计算好的比例称取氧化铝载体于研钵中，再定量加入预先配制好的氯化钠溶液，研磨混匀近干后置于马弗炉中，于 600℃ 高温下进行煅烧 2h。

称取制备好的氯标准溶液约 1.5g，放入铝制样品盒中，利用压片模具，在压片机上用 5t 的压力压制成直径为 25mm 的圆片标样。用同样的方法将不同含量的氯标准溶液均制备成圆片标样。

（2）校正曲线的测定

参考表 12-5-1 的仪器工作条件，将制备好的不同浓度的氯含量标准溶液圆片逐一进行测定，即可得到不同氯含量标准溶液的氯特征谱线强度。计算机进行基体校正计算和回归计算，得到基体校正系数、回归系数以及以谱线强度为纵坐标、氯含量为横坐标的校正曲线。校正曲线测定制作完成后，立即测定标准化样品，其信息用于以后的仪器校正。

表 12-5-1　氯含量测定条件

分析线	2θ	靶材	激发电压	激发电流	分光晶体	探测器	测量时间
K_α	92.86	Rh	50kv	50mA	TAP	P.C	40s

4. 催化剂样品的测定

催化剂样品在测定之前，需先进行研磨、烘干，再制成圆片样品，取样量和制备方法与标准溶液的情况完全相同。

催化剂样品的测定条件与校正曲线制作时的条件完全相同，测定结果由仪器自动给出。

5. 干扰因素的影响问题

经各种干扰实验考察，上述重整催化剂氯含量的 X 射线荧光测定方法，对于铂-铼和铂-锡系列的重整催化剂而言，当铂、锡、铼含量分别小于 0.5% 时，对氯元素的测定基本无影响。主要的影响来自于基体元素(铝)的吸收增强效应，通过使用基质相同或近似的标准溶液，仪器可通过基体校正计算予以修正。

三、催化剂中贵金属含量分析

较早的重整催化剂贵金属含量的分析方法为经典的分光光度法。目前，原子吸收光谱法（AAS）、等离子体发射光谱法(ICP-AES)、等离子体质谱法(ICP-MS)和 X 射线荧光光谱法(XRF)等大型仪器方法的应用已经越来越普遍。其中，前三种方法既可以实现不同金属组元的同时测定，又可以用来测定微量杂质(硅、铁、钠、铜、钙、镁、锌等)元素的含量。

　　AAS 方法、ICP-AES 方法和 ICP-MS 方法的共同特点是，均需要进行样品预处理，即：利用微波消解或压力溶弹装置，在高温高压条件下，用酸进行消解，将催化剂样品转化为可直接测定的水溶液形式。定量方法为校正曲线法。

　　除了上述几种方法以外，重整催化剂中铂、铼、锡等金属组元的含量还可以利用 X-射线荧光光谱法进行测定。由于不需要进行繁琐的样品预处理，只需要进行简单的压片制样，故测定过程快速而简单。需要考虑的是进行合理的基体及相关元素间相互干扰的校正，保证测定结果的准确可靠。

四、催化剂砷含量分析

　　将催化剂样品处理成水溶液后，可以利用分光光度法、原子吸收法、原子荧光法和等离子体质谱法等进行测定，以得到催化剂样品中的砷含量。需要注意的是，样品中存在的大量金属物质可能会严重影响测定结果的准确性，故必须采取适当方法减小或消除干扰。

参 考 文 献

[1] Gazulla MF, Rodrigo M, Orduña M, et al. High precision measurement of silicon in naphthas by ICP-OES using isooctane as diluent [J]. Talanta, 2017(164): 563 – 569.

[2] 闻环，王希在，吕玉平，等. 应用 ICP-MS 测定石脑油中硅的方法研究[J]. 光谱实验室，2011，28(1): 317-319.

第十三章 催化重整过程控制与优化

第一节 催化重整过程检测、控制与联锁

一、常规过程控制简介

过程自动控制(automatic control)是指在没有人直接参与的情况下,利用控制装置或控制器,使生产过程(称被控对象)的某个工作状态或参数(即被控量)自动地按照预定的规律运行。

在炼油生产装置中,定值控制是一种主要控制形式。为了使控制对象的被控参数控制在预定的值(设定值)或其附近,被控参数的检测仪表测量出被控参数的变化,将变化信号输入到控制器,控制器接收到该信号后与设定值进行比较计算后发出控制指令,该指令作为控制信息通过执行器传递到系统(即控制对象)中去,指令执行之后再把执行的情况作为反馈信息输送回来,并作为决定下一步调整控制的依据,直到被控参数与设定值一致或接近。由被控对象、被控参数检测量仪表、控制器以及执行器组成一个完整的控制链路作为一个控制回路。

(一)常规控制系统结构

在催化重整装置中,被控制参数主要是生产过程中的温度、压力、流量和液位等一些过程变量。常规控制回路示例(加热炉出口温度控制)如图 13-1-1 所示。

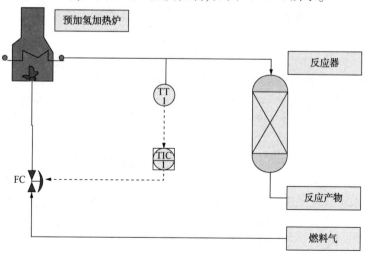

图 13-1-1 加热炉出口温度控制

加热炉—被控对象(通过加热炉炉膛温度加热介质出口温度)

TT—加热炉介质出口温度测量仪表-被控参数检测变送器;

TIC—温度控制器;FC(调节阀)—执行器。

为便于分析，在自动控制中常采用直观图形的方法来表达，即用框图方式直观表示。加热炉出口温度控制回路用框图表示如图 13-1-2 所示。

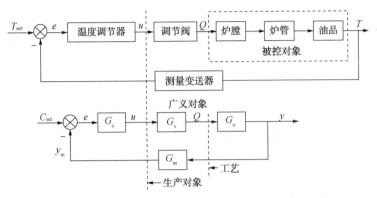

图 13-1-2　加热炉出口温度控制框图

T_{set}—温度设定值；E—过程被控参数测量值（温度测量值）与设定值的偏差；

u—温度调节器（控制器）输出指令；Q—调节阀开度（对应管道介质的流量）；

T—加热炉出口价值温度；G_c—控制器的传递函数；G_v—执行器的传递函数；

G_o—对象控制通道的传递函数；G_m—检测及变送装置。

框图中箭头方向表示的是信号的流向、指向与指离的关系（或输入/输出的关系），是原因与结果的关系。

所以一个常规控制系统的结构主要由被控对象（加热炉）、检测变送器、控制器（温度调节器）以及执行器（调节阀）组成。

1. 被控对象

催化重整装置的被控对象主要有加热炉、分馏塔、换热器、反应器及机泵等。一般一个被控对象有多个被控参数，例如分馏塔的液位、塔顶温度、进料流量以及塔顶压力等，所以一个被控对象的被控参数不止一个。当生产工艺过程中需要控制的参数只有一个时，如加热炉的出口温度控制，则生产设备与被控对象是一致的。

2. 检测变送器

催化重整装置的工艺参数需用不同的测量仪表进行自动检测以获得可靠的过程生产信息，其中需要进行自动控制的参数称为被控变量，测量仪表将被控变量转换为标准电信号输送到控制器。一般标准电信号为 4~20mA 直流电流信号或 1~5V 的直流电压信号。

3. 控制器

控制器也称调节器，它接收测量变送器的输出信号（被控变量测量信号）。将被控变量的设定值与测量值进行比较得出的偏差信号按一定控制规律（控制算法）进行计算后输出控制信号，当被控变量符合工艺要求时，控制器的输出保持不变，否则，控制器的输出发生变化，控制器就发出控制命令，对系统施加控制作用，使被控变量回到设定值。常规控制器一般采用 PID（比例、积分、微分）算法。被控变量的测量值与设定值在控制器内进行比较后得到偏差值，控制器根据偏差值的大小按控制器预设的 PID 控制算法进行运算后，输出控制信号。

4. 执行器

控制器的输出控制信号经转换和放大后去推动执行器，使过程被控变量改变。延迟焦化装置的执行器主要为气动控制阀、电动调节阀及变频调速器等。一般调节阀执行器应用较多的是气动控制阀，控制器的输出信号经过电/气转换器转化成气信号作用到气动调节阀，调节阀的开度与气信号的大小对应。如果采用的是电动执行器，则控制器的输出信号经伺服放大器放大后才能驱动执行器，以推动控制阀开闭。

（二）控制器的作用方式

对于常规控制系统，控制器是根据被控变量测量值与设定值进行比较得出的偏差值进行计算后对被控对象进行控制的。被控对象的被控变量通过传感器检测与变送器的作用转换成电信号，将该信号反馈到控制器的输入端，就构成一个闭环控制回路，简称闭环控制。如果系统的被控变量只是被检测和显示，并不反馈到控制器的输入端，则是一个没有闭合的开环控制系统，简称开环控制。例如上述加热炉出口温度控制系统，将控制器的输出与调节阀的输入断开，手动给调节阀一个开度信号，加热炉出口温度会基本稳定在某一值上。如果燃料气的压力变化，虽然调节阀的开度没有变化，但燃料气的流量会发生变化，加热炉出口温度也会随着变化，所以开环控制系统只按对象的输入量变化进行控制，即使系统是稳定的，其控制品质也较低。开环控制一般是自动控制系统因故障而失效后或在某些紧急情况下或在某些控制品质要求不高的场合，对系统进行手动控制。

在闭环控制回路中，控制系统的输出通过检测变送器返回到控制系统的输入，反过来作用于控制系统，这种控制称为反馈控制。有两种形式的反馈，即正反馈与负反馈。正反馈的作用会扩大不平衡量，是不稳定的。如采用正反馈去控制加热炉出口温度，当温度超过设定值时，加热炉会增加热量，使加热炉出口温度继续升高；当温度低于设定值时，它又减少热量，使加热炉出口温度进一步降低。所以具有正反馈的控制回路，总是将被控变量锁定在高端或低端的极值状态下，这种性质是不符合控制目的的。如采用负反馈，其作用与正反馈相反，总是力求系统恢复到设定温度，即保持在规定的设定值范围内。具有负反馈作用的控制回路，一般称为反馈控制。这种控制系统能密切监视和控制被控对象输出变量的变化，抗干扰能力强，能有效地克服对象特性变化的影响，有一定的自适应能力，因而控制品质较高，是在过程控制领域应用最广、研究最多的控制系统。

控制回路通过选择控制器作用方式实现控制系统负反馈功能。控制器的作用方式有正作用和反作用二种方式：控制器的输出与输入正相关，即控制器的输入信号增加控制器的输出也增加，则该控制器的作用方式为正作用；反之，控制器的输入信号增加，控制器的输出减小，则该控制器的作用方式为反作用。在工程实践中如何确定控制器的作用方式？首先确认调节阀的作用方式，调节阀在小信号作用下处于关闭状态为气开阀用 FC 表示，该调节阀输入信号增大，调节阀的开度增大；调节阀在小信号作用下处于开启状态为气关阀用 FO 表示，该调节阀输入信号增大，调节阀的开度减小。以图 13-1-1 为例，确定温度控制器 TIC 的作用方式，该控制回路中调节阀的作用方式为 FC，即调节阀输入信号增大，调节阀的开度增大。假设 TIC 控制器的作用方式为正作用，如果加热炉出口温度升高，温度检测变送器输出信号增大，温度控制器 TIC 的输入信号增大，温度控制器 TIC 的输出信号增大，调节阀输入信号增大，调节阀的开度增大，进加热炉的燃料量增大，加热炉炉膛温度升高，加热炉出口温度会进一步升高，显然 TIC 控制器的作用方式为正作用使得控制进一步偏离了设定温度，所以 TIC 控制器的作用方式为反作用才能使系统恢复到设定温度，这样就确定 TIC 控制器的作用方式为反作用。

（三）控制系统的性能指标

一个控制系统的优劣在于该控制系统的设定值发生变化或系统受到扰动作用后，能否在控制器的作用下稳定下来，以及克服扰动造成的偏差而回到设定值的准确性、平稳性和快速性如何。通过对控制系统的准确性、平稳性和快速性性能指标的评价来确定规控制系统优劣。

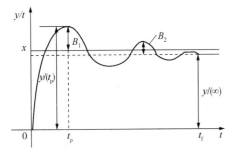

图 13-1-3　过程阶跃响应曲线图
$n<1$：发散振荡，图 13-1-4(a)；
$n=1$：等幅振荡，图 13-1-4(b)；
$n>1$ 衰减振荡图，图 13-1-4(c)。

1. 控制系统的几项性能指标。

（1）衰减比——衡量过渡过程稳定程度的动态指标

图 13-1-3 是设定值由 0 阶跃变化到 x 时控制系统的典型过程响应曲线。设被控变量最终稳态值是 $y(\infty)$，超出其最终稳态值的第一个波峰瞬态偏差为 B_1，超出其最终稳态值的第二个波峰瞬态偏差为 B_2。B_1 与 B_2 的比值为衰减比 n，即 $n=B_1/B_2$。

n 越大，衰减越大，系统越接近非周期过程。为保持足够的稳定裕度，在整定控制器 PID 参数时，衰减比一般取（4∶1）～（10∶1），这样，大约经过两个周期，系统趋于新的稳态值。

(a)发散振荡　　(b)等幅振荡　　(c)衰减振荡

图 13-1-4

（2）最大偏差（或超调量）

最大偏差（或超调量）是一个反映超调情况和衡量稳定程度的指标，则定义超调量为：

$$超调量 \delta = \frac{y(t_p)-y(\infty)}{y(\infty)} \times 100\% \tag{13-1-1}$$

（3）调节时间 t_s

调节时间是从过渡过程开始到结束所需的时间。过渡过程要绝对地达到新的稳态，理论上需要无限长的时间，一般认为当被控变量进入新稳态值附近±5%或±2%以内区域，并保持在该区域内时，过渡过程结束，此时所需要的时间称为调节时间 t_s。调节时间是反映控制系统快速性的一个指标。

在同样的振荡频率下，衰减比越大，则调节时间越短。而在同样的衰减比下，振荡频率越高，则调节时间越短。因此，振荡频率在一定程度上也可作为衡量控制快速性的指标。

（4）余差

余差 $e(\infty)$ 是系统的最终稳态偏差，即过渡过程终了时新稳态值与给定值之差，即：

$$e(\infty)=x-y(\infty)$$

余差是反映控制精确度的一个稳态指标，相当于生产中允许的被控变量与给定值之间长期存在的偏差。

（四）过程控制中被控对象的特性

在炼油生产过程中常伴随着复杂的物理变化和化学反应，还有物质和能量的转换和传递，生产过程的复杂性决定了对它进行控制的艰难程度。有的生产过程进行得很缓慢，有的则进行得非常迅速，过程中许多参数之间互相关联耦合，这就为对象的辨识带来困难。

在催化重整装置中过程对象主要是化学反应和能量的转换和传递，过程参数之间相互影响，加热炉及分馏塔等的储存能力大，惯性较大，被控参数不可能立即产生响应，重整反应及催化剂烧焦过程反应激烈，被控参数响应激烈，容易失控。另外控制方案的确定、控制参数的整定都要以对象的特性为依据，而对象的特性又如上述那样复杂而难以充分地认识，要完全通过理论计算进行控制系统设计与控制参数的整定，至今仍没有找到好的办法，目前已设计出各种各样的控制系统，一般是通过必要的理论论证和通过对过程长期的运行、试验、分析、总结得到的，只要对各控制回路的参数整定方法得当，就能够得到相当满意的控制效果。

1. 被控对象近似传递函数

过程对象的特性如上述那样复杂很难建立完整准确的数学模型，为便于分析被控对象的特性，采用简单近似的过程对象的传递函数。典型的工业过程的传递函数可以用一阶惯性加纯滞后表示，如：

$$G(s) = \frac{Ke^{-\tau s}}{T_S + 1} \tag{13-1-2}$$

式中　K——被控对象放大系数；

　　　T_S——被控对象的时间常数；

　　　τ——被控对象时滞系数。

用曲线图表示被控对象的开环阶跃响应趋势图如图 13-1-5 所示，K、TS、τ 的含义与式(13-1-2)中的相同。

实际上炼油化工领域的过程对象的数学模型非常复杂，特别是动态数学模型更为复杂，但被控对象的主要特性比较相似。

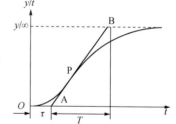

图 13-1-5　开环阶跃响应趋势图

2. 被控对象近似传递函数中各参数的特性

（1）放大系数 K 的影响

被控对象的增益 K 越大，则控制器控制作用的影响越强；反之，K 越小，则控制作用的影响越弱。对于图 13-1-1 所示的被控对象，K 越大；说明加热炉的燃料气的流量变化会迅速反映到加热炉介质出口温度上。

（2）时间常数 T_S 的影响

T_S 的变化主要影响控制过程的快慢，T_S 越大，则响应过程越慢。T_S 的变化将同时影响系统的稳定性。T_S 越大，系统越易稳定，过渡过程越是平稳。

（3）时滞系数 τ 的影响

滞后的大小决定于生产设备的结构和规模，生产设备的规模越大，物质传输的距离越长，热量传递的阻力越大，过程响应滞后越严重。τ 的存在不利于控制。测量方面有了时滞，则使控制器无法及时发现被控变量的变化；控制对象有了时滞，则使控制作用不能及时产生效应。

(五) 常规控制器 PID 控制算法及控制规律

在炼油化工领域，实际工程应用比较广泛的常规控制规律为比例（Proportion）、积分（Integral）、微分控制（Differential），简称 PID 控制

1. PID 控制算法

在控制器中，设定值 s 与测量值 y 相比较，得出偏差 $e=s-y$，控制器依据偏差的情况，通过相应的控制策略，给出控制作用，作用到被控对象，使得被控对象稳定在设定值或附件。常规控制规律的组成有以下三种形式：

1）与 e 成比例的分量，称为比例（P）控制作用。

2）与 e 对时间的积分 $\int_{te}^{0}\mathrm{d}t$ 成比例的分量，称为积分（I）控制作用。

3）与 e 对时间的导数 $e=\mathrm{d}e/\mathrm{d}t$ 成比例的分量，称为微分（D）控制作用。

常用的表示形式：

$$u = Kc\left(e + \frac{1}{T_i}\int_0^{t_e}\mathrm{d}t + T_\mathrm{d}\frac{\mathrm{d}e}{\mathrm{d}t}\right) \tag{13-1-3}$$

式中　Kc——放大倍数（比例度）；

$\quad\quad T_i$——积分时间；

$\quad\quad T_\mathrm{d}$——微分时间。

2. PID 控制器参数的作用

（1）比例（P）作用的控制算法

（P）作用控制算法的方程式：

$$u = K_\mathrm{c}e \tag{13-1-4}$$

（P）作用控制具有以下特点：

1）比例（P）作用的控制称作比例调节，比例调节及时，响应速度快，比例度越大控制作用越强。

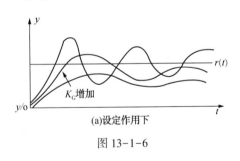

图 13-1-6

2）比例调节一般会存在稳态误差，也就是说，控制趋于稳态时，只有比例调节的控制被控变量和设定值之间存在一定的偏差。

3）Kc 会影响闭环系统的稳定性，Kc 越大，闭环系统的稳定性越低。另外，Kc 越大，控制系统的振荡频率越高，振荡倾向越强，如图 13-1-6 所示。

（2）积分作用的控制算法

$$u = Kc\left(e + \frac{1}{T_i}\int_0^{t_e}\mathrm{d}t\right) \tag{13-1-5}$$

式中　T_i——积分时间，在一般的控制器中，可在数秒至数十分钟的范围内调整。

1）积分对控制系统的影响：

T_i 越短，则积分作用越强，减小 T_i，导致闭环系统的振荡倾向加强，稳定裕度会下降。图 13-1-7 表示在同样的 K_c 值条件下减小 T_i 值对过渡过程的影响。

2）积分规律可消除稳态误差：由于积分的作用，微小的偏差随着时间的推移都能使控

制作用增强，使系统回到稳定值内。

3）积分饱和及其防止：积分饱和是控制器输出达到一定限值后不再继续上升或下降了，但控制器的积分仍在进行中，这是一种饱和特性，是一种积分过量现象。这种积分过量会导致输入偏差反向时，控制器的输出会推迟一段时间起作用，这一时间上的推迟，使初始偏差加大，也使以后调节过程中的动态偏差加大，甚至失控。

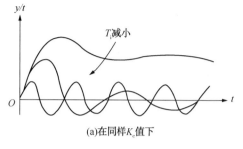

图 13-1-7 T_i 值对过渡过程的影响

如何防止出现积分饱和现象，一般在控制器加一条件判断去积分功能，即当控制器的输出到最大值或最小值时，控制器切换成仅有 P 作用的控制，以防止积分饱和现象的出现。现在一般控制系统都具有抗积分饱和功能。

（3）微分（D）作用的控制算法

D 作用控制算法的方程式：

$$D = T_d \frac{d_e}{d_t} \tag{13-1-6}$$

式中 T_d——微分时间，或者称为预调时间。

微分 D 作用适当，可使系统的稳定裕度提高，D 作用太强，会降低控制系统的稳定裕度。所以选择微分时，微分时间小一点有好处。

引入微分（D）作用的目的是为改善高阶对象的控制品质。D 作用是按照偏差的变化趋势来控制，控制作用更加及时。所以对温度和成分控制系统，引入 D 作用往往是必要的。

3. 控制器 PID 参数整定

设置和调节控制回路中控制器的 PID 参数，使控制系统达到满意的品质，这一过程统称为控制器参数整定。控制回路的性能好坏基本取决于该控制回路中控制器 PID 参数的整定。在石油化工领域过程控制对象十分复杂，各被控参数相互关联，所以整定好相关控制回路控制器 PID 参数的是十分困难，需要长期的实践摸索和经验总结。以下是控制器 PID 参数的整定的一些基本规则。

1）被控对象的传递函数的增益（放大系数）为 K，控制器的比例增益（比例度 P）是 Kc，当 K 大的时候，Kc 应该小一些；K 小的时候，Kc 应该大一些。设某一温度控制系统变送器的测量范围原为 $0 \sim 500℃$ 现改为 $200 \sim 300℃$，则 Kc 应降为原来的 1/5。

2）被控对象的动态参数，可取 τ/T 作为特征值。τ/T 越大，系统越不易稳定，因此 K_c 应该选择小一点。一般常取积分 T_i 为 2τ 左右，微分 T_d 为 $0.5T\tau$ 左右。

3）在 P、I、D 三个作用中，P 作用往往是最基本的控制作用，所以一般先用单纯的 P 作用，选出合适的 K_c 值，然后适当引入 T_i 和 T_d，对 T_i 和 T_d 值进行挑选。

4）积分 I 作用的引入既有利又有弊。应尽量发挥 I 作用消除控制余差，缩小 I 作用不利于稳定的弊端。一般取 $T_i \approx 2\tau$，或 $T_i \approx (0.5 \sim 1)Tp$（$Tp$ 是振荡周期）。在引入 I 作用后，K_c 应比单纯 P 作用时减小 10% 左右。

5）积分 D 作用的引入是为了减少（或消除）被控对象的过渡滞后对调节过程的不利影响。D 作用主要用于以温度或组成为被控变量的系统，一般取 $T_d \approx (0.25 \sim 0.5)T_i$。$T_d$ 太小，效果不好；T_d 太大，会带来较大的相位超前，振幅值比增加，会导致系统稳定性的下降。一般情况下，在引入 D 作用后，K_c 可比经单纯 P 作用时增加 10% 左右。

6）PID 参数整定简单经验方法：

① 衰减曲线法：先在单纯 P 作用下测试比例度 δ 值，衰减比 n 取（4∶1）～（10∶1）之间，找出满足相应衰减比下的比例度 δ。同时测出上升时间 T（即从被控变量明显地开始变化到接近第一个峰值 所需的时间）。表 13-1-1 给出了采用衰减曲线法的整定控制器参数。

表 13-1-1　衰减曲线法的 PID 参数的经验取值

控制作用	比例度 δ	积分时间 T_i	微分时间 T_d
P	δ	—	—
PI	1.2δ	2 T	—
PID	0.8δ	1.2T	0.4T

注：曲线振荡两次后基本平衡可以近似认为衰减比达到 4∶1。

② 临界振荡比例度法：控制系统达到等幅振荡时相当容易观察到。先用单纯 P 作用，比例度自宽向窄作调整，当系统达到等幅振荡时，此时的比例度称为临界比例度，这时候的工作周期是周期 T_k，然后按表 13-1-2 整定控制器的 PID 参数。

表 13-1-2　临界振荡比例度法的 PID 参数的经验取值

控制作用	比例度 δ	积分时间 T_i	微分时间 T_d
P	2δ	—	—
PI	0.2δ	0.85T_k	—
PID	1.7δ	0.5T_k	0.125T_k

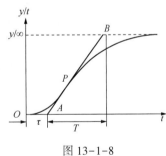

图 13-1-8

这种方法危险性较大，一般工艺过程不允许，特别是装置在运行过程中，被控参数波动大可能会引起装置停车或对产品质量造成较大的影响。

③ 反应曲线法：当操作变量作阶跃变化时，被控制变量随时间的变化曲线称为反应曲线，如图 13-1-8 所示。通过反应曲线用图解法可以得出被控对象的特性参数 K、τ 及 T，然后按照表 13-1-3 整定控制器的 PID 参数

表 13-1-3　反应曲线法的 PID 参数的经验取值

控制作用	比例度 δ	积分时间 T_i	微分时间 T_d
P	K(τ/T)×100	—	—
PI	1.1K(τ/T)×100	3.3τ	—
PID	0.85K(τ/T)×100	2.0τ	0.5τ

（六）过程控制常用的控制回路

1. 串级控制

图 13-1-9(a)为重整分馏塔顶温度单回路控制，塔顶温度通过调节塔顶油回流量稳

定在设定值，这种调节直接、简单，但控制作用不及时，系统克服扰动的能力不够，例如塔顶回流油由于压力波动引起塔顶回流油流量变化，这时只有当这种变化影响到塔顶温度时，温度控制才起作用。图 13-1-9(b) 为塔顶温度控制回路与塔顶回流流量控制回路组成串级控制，塔顶温度控制的输出作为塔顶回流量控制的给定，塔顶温度控制为主控制回路，塔顶回流量控制为副控制回路。通过副回路的调节，可以减小副回路中相关的扰动对主被控量的影响，例如塔顶回流油由于压力波动引起塔顶回流油的流量变化，这时流量控制会先起作用进行调节，以减小对塔顶温度的影响，通过主回路温度控制的进一步调节，使塔顶出口温度调回设定值，这样会减轻主回路的负担，提高控制系统的性能指标。

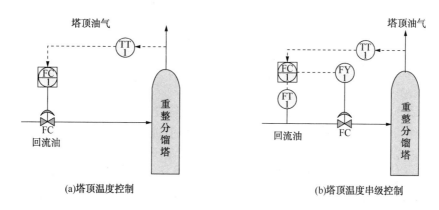

图 13-1-9　重整分馏塔温度控制

（1）串级控制的特点

1）对进入副回路的干扰有很强的抑制能力。

2）减小了调节通道的惯性，提高系统的工作频率，在主、副调节器的同时作用下，加快了调节阀动作速度，即加强了控制作用。

（2）串级控制主、副回路的匹配

1）主、副控制器的控制规律的选择：在串级控制系统中，主控制器是定值控制，副控制器是随动控制。主回路一般要求无差，主控制器的控制规律应选取 PI 或 PID 控制规律；副控制回路要求控制的快速性，可以有余差，一般情况选取 P 控制规律而不引入 I 或 D 控制。如果引入 I 控制，会延长控制过程，减弱副回路的快速控制作用；也没有必要引入 D 控制，因为引入 D 控制会使调节阀的动作过大，不利于整个系统的稳定控制。

2）主、副控制器的正反作用的确定：一个过程控制系统的正常工作就要求必须使控制回路采用的反馈是负反馈。串级控制系统有两个回路，主、副控制器作用方式的确定必须要保证两个回路均为负反馈。一般先确定副控制器的作用方式，然后再确定主控制器的作用方式。

例如图 13-1-9(b) 为塔顶温度串级控制回路，13-1-10 为该塔顶温度控制的控制回路框图。调节阀的作用方式为 FC(故障关或气开式)，调节阀的输入信号增加，调节阀的开度增大。假设流量控制器的作用方式为正作用，当流量增加时，流量检测仪表信号增加，流量控制器的输出信号增加，调节阀开度增大，流量会进一步增大，无法使流量稳定在设定值，所以假设不成立，故流量控制器的作用方式应为反作用。同样假设主控制器 TC1 为正作用，

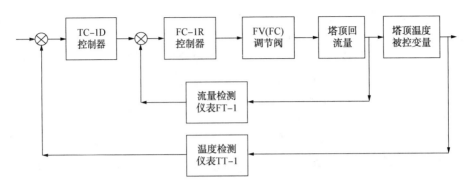

图 13-1-10 塔顶温度串级控制框图

当塔顶温度升高(相比设定值),温度检测仪表信号增加,主控制器的输出信号增加,则流量控制器设定值增加,意味着塔顶回流量增加,这样会减小塔顶温度的上升,使塔顶温度回到设定值,所以主控制器为正作用的假设成立,故确定主控制器为正作用。

2. 均匀控制

在连续生产过程中,前一设备的出料往往是后一设备的进料,前后生产过程相互关联。如图 13-1-11 中的前塔要求液位稳定,后塔要求进料稳定。稳定前塔的液位要通过改变后塔的进料流量来实现,而稳定后塔进料的流量又要通过改变前塔的液位来实现,前后系统的控制存在一定的矛盾。如果在设计中只关注局部系统的控制指标,不能很好地照顾到前后设备物料之间的协调关系,整个系统就无法正常运行。所以在设计包含多个塔串联工作的控制系统时,既要考虑到各个"子系统"的控制要求,又要协调各个"子系统"间的配合关系。

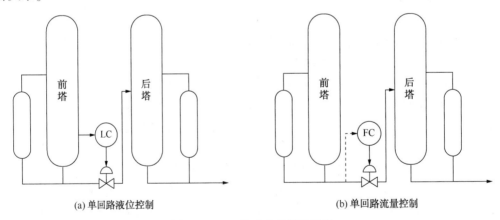

(a) 单回路液位控制   (b) 单回路流量控制

图 13-1-11 前后分馏塔的控制

均匀控制是解决此类问题的较好的控制方案。所谓均匀控制系统,就是在一个含有多个相互串联"子系统"的系统中兼顾两个被控量控制的控制系统。图 13-1-11 中的两个控制系统都可以设计成为均匀控制系统,它的控制策略是既要照顾到前塔的液位波动不大,又要照顾后塔进料稳定。即通过均匀控制系统使液位在允许的范围内波动,物料的流量变化也可以控制在被控过程允许的变化范围,

图 13-1-12 是液位控制、流量控制和均匀控制的控制效果比较图,可见均匀控制系统是以降低了两个被控量的控制指标来实现兼顾对两个量的同时控制。

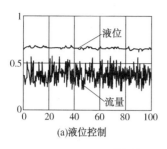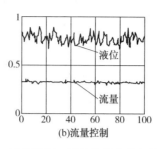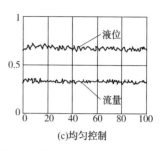

图 13-1-12　液位控制、流量控制和均匀控制的效果图

（1）串级均匀控制系统

图 13-1-13 是串级均匀控制系统示意图，将前塔塔底的液位作为主被控量，进料流量作为副被控量，组成串级均匀控制系统。副回路的调节作用可以很大程度上削弱流量变化对液位的影响，提高系统的控制质量。

串级均匀控制系统与普通串级控制系统的区别主要体现在整定控制器 PID 参数时液位控制器控制品质可以要求低一些，其比例度更大些，积分时间更长些。副控制器常采用比例积分调节器，加入积分的目的是为了增强控制作用。副控制器在整定控制器 PID 参数时要求控制相对缓慢，振幅小一些。例如芳烃抽提装置苯塔塔底液位与甲苯塔进料流量组成串级均匀控制系统。图 13-1-14 为芳烃抽提装置苯塔塔底液位与甲苯塔进料流量组成的串级均匀控制示意图。

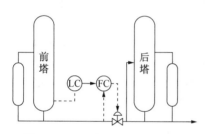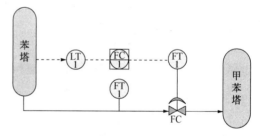

图 13-1-13　串级均匀控制系统　　　　　图 13-1-14　苯塔塔底液位与甲苯塔进料串级均匀控制

（2）均匀控制系统的特点

1）均匀控制系统采用一个控制器实现对两个被控量的控制。

2）均匀控制系统采用的系统与普通的控制系统结构相似，均匀控制是通过控制器参数合理整定实现的。

3）均匀控制器的整定原则是比例度较大些，积分时间常数较长些。

（3）均匀控制系统的参数整定

简单均匀控制系统的控制器一般采用 P 控制而不采用 PI 控制，其原因是均匀控制系统的控制要求是使液位和流量在允许范围内缓慢变化，允许被控量有余差。由于在控制器参数整定时比例度设置较小，控制器输出引起的流量变化一般不会超越流量的允许变化范围，满足系统的控制要求。当然，为了照顾流量参数使其变化更稳定，有时也采用 PI 控制，当液位波动较剧烈或输入流量存在急剧变化场合、系统要求液位没有余差则要采用 PI 控制规律，在此情况下，加入 I 作用相应增大了控制器的比例度，削弱了比例控制作用，使流量变化缓慢，也可以很好实现均匀控制作用。但是引入 I 作用的不利之处是，I 作用的引入将使系统稳定性变差，系统几乎处于不断的控制中，平衡状态相比 P 控制的时间要短。此外，I 作用的引入，有可能出现积分饱和，导致洪峰现象。

串级均匀控制中的流量副控制器的 PID 参数整定与普通流量控制器参数整定相似，其整定主要原则使控制过程变化缓慢，过渡过程不出现明显的振荡。具体整定原则和方法如下：

1) 保证液位不超出波动范围，先设置好控制器参数。

2) 修正控制器参数，充分利用容器的缓冲作用，使液位在最大允许范围内波动，输出流量尽量平稳。

3) 根据工艺对流量和液位的要求，适当调整控制器的参数。

4) 先将比例度放置在估计液位不会超过允许限定值内，通过观察过程运行曲线调节比例度：如果液位最大波动值小于允许范围，则可以增大比例度；如果液位最大波动范围超出允许波动范围，则可以减小比例度；反复调整，直到得到满意的运行曲线为止。

5) 对于 PI 控制。首先确定比例度 P，方法与 4) 整定方法相同；然后适当加大比例度后加入 I 控制，逐渐减小积分时间，直到流量曲线将要出现缓慢周期性衰减振荡过程为止。

3. 比值控制系统

生产过程常需保持两种物料的流量成一定的比例关系，比例失调就会影响产品质量和增加装置运行成本，甚至造成生产和安全事故。通常把这种能够实现保持两个或多个参数比值关系的过程控制系统称为比值控制系统。

例如加热炉的空燃比控制，为了保证燃料的充分燃烧，防止大气污染，在加热炉的燃料燃烧过程中，需要自动保持燃料量与空气量按一定比例混合后送入炉膛。燃料比例过大，燃烧不充分，导致大气污染；燃料比例过小，大量的热量随加热炉烟气排出，导致加热炉效率降低，影响生产经济指标。

（1）概念

比值控制系统是实现两个或多个参数符合一定比例关系的调节系统。

（2）控制的目的

如图 13-1-15 所示，比值控制的目的是实现副流量 F_2 与主流量 F_1 成一定的比值关系。

$$K = F_1 / F_2 \qquad (13-1-7)$$

式中　K——实际流量比值系数。

图 13-1-15 中加热炉空燃比控制系统由主动量回路和一个跟随主动量变化的随动控制回路组成，该控制使主、从控制按照预定的比例稳定运行。如果要改变运行负荷，只需缓慢改变主动量控制回路的给定值，从动量就可以自动跟踪变化，保持系统设定的比值不变。

如图 13-1-16 所示，重整装置分馏塔重沸炉加热炉空燃比控制系统为双闭环比值控制系统的控制框图，主动量回路作为整个串级控制系统（如燃烧控制系统）的一部分，在保证加热炉出口温度控制的前提下，可保证燃料与空气的动态比值关系。使用双闭环比值控制系统时需要注意的一个问题是防止控制系统产生"共振"。因为当主动量采用定值控制后，由于调节作用，从动量控制器调节变化的频率往往会加快，从而通过比值器使从动量控制器的给定值处于不断变化中。当它的变化频率与从动量控制回路的工作频率接近时，有可能引起共振，使系统不能稳定运行。

（3）比值控制器参数的整定

比值控制调节器控制规律要根据不同控制方案和控制要求而确定。一般对于双闭环控制的主、从动量回路的控制器均选用 PI 控制规律，因为它不仅要起比值控制作用，而且要起稳定各自的物料流量的作用；变比值控制可仿效串级调节器控制规律的选用原则。对于定值控制（如双闭环比值控制中的主回路）可按单回路系统进行整定；对于随动系统（如单闭环比值控制、双闭环的从动控制回路及变比值的控制回路），要求从动量控制器能快速、正确跟随主动量变化。

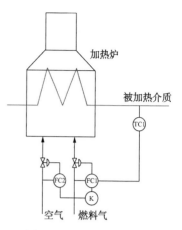

图 13-1-15　加热炉空燃比控制系统

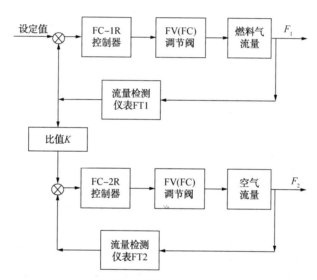

图 13-1-16　加热炉空燃比控制系统控制框图

4. 分程控制

（1）概念

分程控制系统通过有选择地切换控制通道，使各通道的各环节工作在不同区域内，从而扩大了系统的控制范围，有效地提高了过程控制系统的控制能力，能够满足更高要求的被控过程的控制指标。一个控制器控制两个或更多个执行器，而各个执行器的工作范围不同。

（2）工作范围

控制器的输出信号一般可分为 2~4 段，每一段带动一个控制阀或执行器动作。

（3）分程的目的

1）不同的工况需要不同的控制手段。

2）扩大控制阀的可调范围。将两个调节阀当作一个调节阀使用，从而可扩大其调节范围，改善其特性，提高控制质量。分程控制能够大大提高调节阀的调节能力。

（4）分程控制应用示例

在生产过程中，有许多存放着石油原料或产品的储罐，为保证使这些原料或产品与空气隔绝，以免被氧化变质或引起爆炸危险，常采用罐顶充氮气的方法与外界空气隔绝。采用氮封技术的工艺要求是保持储罐内的氮气压力呈微正压。当储罐内的原料或产品增减时，会引起罐顶压力的升降，如果罐顶压力不加以控制将引起储罐变形，甚至破裂，造成事故，所以必须及时进行控制。当储罐内介质增加时，即液位升高时，应停止充氮气并及时适量排空罐内氮气；反之，当储罐内介质减少，液位下降时，应及时停止氮气排空并及时向储罐内充氮气。同样，为保持塔罐的压力，必须及时补充或排放油气。这种压力控制采用分程控制。图13-1-17 为重整装置稳定塔顶回流罐压力控制。

在图 13-1-17 分程控制系统中，控制器 PC1 为正作用，控制器的输出信号分成 2 段，0~50%、50%~100%，其中 0~50%对应调节阀 VB 输入（加反向 100%~0），50%~100%对应调节阀 VA（0~100%）。当罐内压力上升时，控制器 PC1 的输出信号增加，调节阀 VB 输入信号逐渐减小，直至阀门关闭；当罐内压力继续上升时，控制器 PC1 的输出信号继续增加，超过 50%，这时，调节阀 VA 的输入信号逐渐增加，阀门逐渐开启，排放油气以减小罐内压力。

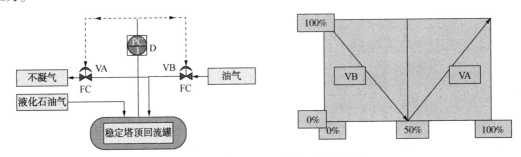

图 13-1-17　塔顶回流罐分程控制系统

5. 选择控制

（1）概念

选择性控制系统是把生产过程中的限制条件所构成的逻辑关系叠加到正常的自动控制系统的一种组合控制方法。在控制回路中引入选择器（高选或低选）的控制，称为选择性控制系统，或称取代（超驰）控制系统。

（2）选择性控制系统和结构

选择性控制系统中通常有两个控制器，通过（高、低值）选择器选出能适应生产安全状况的控制信号，实现对生产过程的自动控制。正常情况下，当生产过程趋近于危险极限区，但还未进入危险区时，用于控制不安全情况的控制器通过高、低值选择器将取代正常生产情况下工作的控制器，限制生产过程进一步趋于危险极限区；当生产过程重新恢复正常，又通过选择器使原来的控制器重新恢复工作。

（3）选择性控制系统的应用示例

图 13-1-18 为加热炉燃料气选择性控制系统流程图。在正常情况下，用控制燃料气的流量来维持加热炉出口介质温度的稳定；当出口介质温度增加时，温度控制器（反作用）的输出信号会减小，加热炉燃料气的流量控制器 FC1 输出减小，调节阀（FC）会逐渐关小，同

时，燃料气压力也随燃料气流量的减小而
降低。当燃料气压力超过某一安全极限
时，会产生熄火现象，造成生产事故。为
此，设计了加热炉燃料气流量控制与燃料
气压力控制的选择性控制系统。图 13-1-
19 为加热炉燃料气选择性控制系统框图。

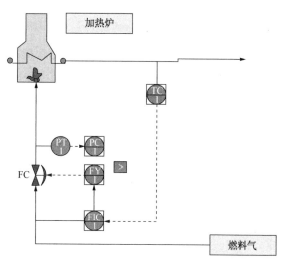

从图 13-1-19 可以看出，在正常情
况下，燃料气流量控制器 FC1 输出信号
大于燃料气压力控制器 PC1 输出信号，
高值选择器 HS 选中 FC1 去控制调节阀。
当 FC1 输出信号大幅度降低，调节阀关
得过大，阀后压力接近熄火压力时，压力
控制器 PC1 输出信号迅速增加，被选择
开关 HS 选中来取代燃料气流量控制器的

图 13-1-18　加热炉燃料气选择性控制系统

工作去开启调节阀的开度，避免熄火现象的发生，起到自动保护的作用。当燃料气的流量恢
复正常时，经自动切换，燃料气流量控制器 FC1 重新恢复运行。

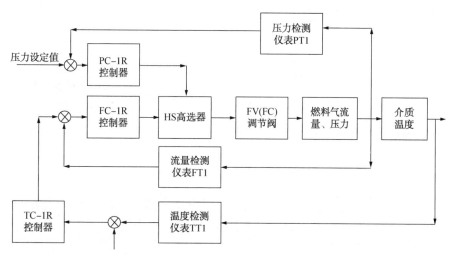

图 13-1-19　加热炉燃料气选择性控制系统框图

（4）选择性控制器的参数整定

由于被控量的控制对控制精度要求较高，同时要保证产品的质量，所以一般选择带积分
的 PI 控制；如果过程存在较大的滞后，也可以选用 PID 控制；对于取代控制器，由于在正
常情况下为开环备用，仅在出现极端情况时，能迅速及时采取措施，防止事故发生，所以一
般选用比例 P 控制。另外取代控制器投入工作时，需要发出快速较强的控制信号，所以其
比例度应整定得小一些。如果需要积分控制时，积分控制也应整定得弱一点。

在选择性控制中，总有一个控制器处于开环状态，此时一定存在偏差，而且一般为单一
极性的大偏差，只要有积分作用就可能产生积分饱和现象。所以选择性控制器必须采取抗积
分饱和措施。

6. 前馈控制系统

（1）前馈控制的原理

前馈控制的原理是在控制系统中通过建立另外一个通道——前馈控制通道，使同一个扰动通过两个通道对被控量产生影响。合理选择前馈补偿器的传递函数，使两个通道的作用完全相反，就可以"补偿"扰动量通过扰动通道对被控量的影响。

（2）前馈控制的应用示例

在石油炼化过程中，加热炉汽包的液位三冲量控制是典型的前馈控制。汽包水位控制主要是为了保证加热炉汽包的安全运行，为此必须维持汽包水位基本恒定。在汽包给水自动控制中，以汽包液位作为被控参数。而引起水位变化的扰动量很多，如汽包的蒸汽流量、给水流量、炉膛热负荷及汽包压力等。蒸汽量是汽包的负荷，显然这是一个可测而不可控的扰动，因此对蒸汽负荷可以考虑采用前馈补偿，以改善在蒸汽负荷扰动下的控制品质。最后，从物质平衡关系可知，为适应蒸汽负荷的变化，应以给水流量为控制变量。在三冲量给水控制系统中，控制器接受汽包水液位、蒸汽流量及给水流量三个信号（冲量），如图 13-1-20 所示。图中 FT2、F1、LC 分别为蒸汽流量、给水流量、水位测量变送器的转换系数。

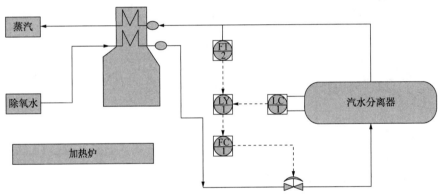

图 13-1-20　汽包水位前馈-串级三冲量控制系统示意图

FT——蒸汽流量测量仪 FC——给水流量控制器 FY——前馈计算模块 LC——液位控制器

在这种三冲量给水控制系统中，汽包水位信号是主信号，也是反馈信号，在任何扰动引起汽包水位变化时，控制器都会动作，以改变给水阀门开度，使汽包水位恢复到允许的波动范围内。因此，以水位信号为被控量形成的外回路能消除各种干扰对水位的影响，保证汽包水位维持在工艺允许的变动范围内。蒸汽流量是系统的主要干扰，而应用了前馈补偿后，就可以在蒸汽负荷变化的同时按准确方向及时改变给水流量，以保证汽包中物料的平衡关系，从而保证水位的平稳。

另外，蒸汽流量与给水流量的恰当配合，又可消除系统的静态偏差。给水流量信号是内回路反馈信号，它能及时地反映给水量的变化，当给水调节阀门的开度没有变化，而由于其他原因使给水压力发生波动引起给水流量变化时，测量给水量的流量计信号迅速响应，在被控量水位还未来得及变化时，流量控制器就可消除给水的扰动而使过程稳定下来，因此，由给水信号局部反馈形成的内回路能迅速消除该系统的内部扰动，以稳定给水量。式（13-1-8）为汽包液位三冲量控制前馈计算模块的计算公式。

$$FY1_{op} = FT2_{pv} \times K + \frac{LC_{op} - 50}{100} FC1\,刻度 \qquad (13-1-8)$$

式中　　$FY1_{OP}$——前馈计算模块输出值；

　　　　$FT2_{PV}$——蒸汽流量的测量值；

　　　　$FC1_{刻度}$——给水流量计的刻度流量；

　　　　LC_{OP}——汽包液位控制器的输出值。

二、重整装置的主要检测控制

在国际上连续重整技术，主要由美国 UOP 公司和法国 IFP 公司垄断，特别是重整催化剂连续再生技术，美国 UOP 公司和法国 IFP 公司已经发展到第三代技术。国内已建成的和在建的连续重整装置，绝大多数为引进国外的专利技术，由国内工程公司完成工程设计，一些关键设备从国外引进，主要控制方案由专利商提供，重要的控制回路、闭锁料斗的控制以及安全联锁保护出于技术保密的需要，专利商将其集成为一套专用的控制系统(系统内的应用程序不可读)随工艺包提供给用户，这种专用控制设备非常昂贵。中国石化洛阳工程有限公司以及国内相关单位经过多年努力，开发出国产化的超低压连续重整技术。已于 2009 年在中国石化广州分公司一次开汽成功。连续重整装置的各种复杂控制回路、闭锁料斗的控制以及重整再生系统的安全联锁由中石化洛阳工程有限公司开发完成，各控制回路在装置开车后都实现了自动控制。同时中国石化工程建设有限公司及国内相关单位开发成功的逆流床连续重整技术，国内也有部分石油化工企业使用。

连续重整装置的主要设备有预加氢反应器、重沸加热炉、分馏塔、四合一炉、重整反应器、再生器、增压机等。连续重整装置反应过程比较复杂，整个装置的控制回路大部分为单回路控制和串级控制，也有部分相当复杂的控制回路。

(一)重整反应压力的控制

1. 重整反应压力

重整反应压力不仅影响重整装置的收率，而且影响重整催化剂的生焦速率，是连续重整装置中非常重要的控制参数，该参数的控制不仅关系到重整反应系统的平稳操作，同时也关系到重整装置催化剂再生系统的平稳操作。

一般地，重整装置的四个反应器串联布置，反应介质依次经过四个反应器。美国 UOP 连续重整技术采用叠置式反应器，法国 IFP 连续重整技术的反应器采用并列式排列，中国石化洛阳工程有限公司连续重整的反应器采用两两重叠并列式排列。重整反应采用密相床反应器，每个反应器有一定的压降(0.015~0.02MPa)。重整反应为吸热反应，为了保持一定的反应温度，反应介质进入每个反应器前经过加热炉加热，每个加热炉也有一定的压降(0.02~0.03MPa)，所以每个反应器的反应压力不一样。反应物(芳烃、氢气、烃类)经过换热冷凝后进入分离器，分离器将氢气从重整反应物的液体烃类里分离出来。从产品分离的角度来说，产品分离压力越高，分离效果越好，温度越低产品分离效果也越好，所以从首次产品分离器分离出来的气体通过重整氢增压机压缩，在更高的压力和更低的温度下和分离后的液体再次接触，并在另一个更高压力状态下的分离器内再次分离，使重整产氢中的轻烃组分溶于油相中，达到尽可能多地回收轻烃组分并提高氢气纯度和重整油收率的目的，同时又提高了氢气进入下游装置的净气压力。另外，重整反应生成的氢气可以作为重整装置预加氢部分的原料。多余氢气排出装置外进入系统管网作为其他加氢装置的氢气原料。整个重整装置的压力控制由三部分组成，即重整反应系统压力控制（重整分离器压力）、预加氢系统压力控制（预加氢分液罐压力）及再生系统压力控制。整个重整装置以反应系统压力（即反应产物分离器压力）为主要控制目标，预加氢系统压力控制及再生系统压力控制是以重整反应压力为基准的，所以重整反应压力控制是否平稳直接影响预加氢系统压力及催化剂再生系统的压力稳定。

2. 重整反应压力的控制

重整反应压力是以反应产物分离器的压力为控制目标，根据工艺流程以及选用不同类型的重整氢增压机，所采用压力控制方案也各不相同。以下为几种比较复杂的重整反应压力控制方案。

（1）往复式增压机的控制方案

重整氢增压机一般为二段式往复压缩机，压缩机的负荷有四档：25%、50%、75%、100%。根据装置负荷的大小选择适当的压缩机工作负荷，为了使装置有一定的操作弹性，增压机的操作负荷选择大一档操作，这样可以通过调节压缩机的级间返回阀调节压缩机的负荷，通过调节压缩机的负荷可以调节重整反应压力，如图 13-1-21 所示。这种控制方案的主要目的是调节重整反应压力时，使压缩机的压缩比接近于或等于设计的压缩比。重整反应压力控制器 PC1 为分程控制，PC1 的输出信号分成二段，第一段 0~50%/0~100% 与重整再接触罐 V03 的压力控制器 PC2 的分程信号通过信号低选器 LS1 低选后作用到一段出入口返回阀 V2，第二段 50%~100%/0~100% 直接控制放空阀 V3。重整再接触罐 V03 的压力控制器 PC2 的输出信号也分为二段，一段 0~50%/0~100% 与重整再接触罐 V04 的压力控制器 PC3 的分程信号通过信号低选器 LS2 低选后作用到二段出入口返回阀 V1，另一段 50%~100%/100%~0% 与重整反应压力控制器 PC1 的分程信号通过信号低选器 LS1 低选后作用到一段出入口返回阀 V2。重整再接触罐 V04 的压力控制器 PC3 的输出信号也分为二段，第一段 0~50%/0~100% 直接排氢气出装置阀 V6；另一段 0~50%/0~100% 与重整再接触罐 V03 的压力控制器 PC2 的分程信号通过信号低选器 LS2 低选后作用到二段出入口返回阀 V1。此控制为递推控制，其工作过程如下：

当重整反应压力升高时，即重整分液罐 V02 压力高，则 PC1 的输出信号增大，先关阀 V2，仍不能满足要求则打开阀门 V3。当阀门 V2 逐渐关闭时，再接触罐 V03 的压力会升高，PC2 的输出信号增大，PC2 和 PC3 的控制信号经过一个低信号选择器的比较选出最低信号作用到阀门 V1，阀门 V1 则逐渐关闭。同时再接触罐 V04 的压力升高，PC3 控制氢气出装置调节阀 V6 打开。这说明重整装置产氢多，通过增大氢气的外排量来控制重整的反应压力。当重整分液罐 V02 压力低时，则 PC1 先关闭阀门 V3，V3 完全关闭后仍不能满足要求，则打开阀 V2，同时 V03 的压力逐渐减小，PC2 的输出使控制阀 V1 逐渐打开，V04 的压力因此也会降低，PC3 的输出会逐渐关闭阀 V6，氢气外排至管网的量会减少直至停止，重整向预加氢的供氢量也会减少，预加氢分液罐 V01 的压力降低，则 PC3 将逐渐打开阀门 V4。这说明重整反应生成氢气不能满足预加氢处理的要求，这样预加氢系统的压力就随压缩机的压缩比减小而逐渐降低，而重整的反应压力 PC2 尽可能维持不变。这种控制方案使 PC1、PC2、PC3 的设定值不变，即重整反应压力以及重整增压机的压缩比不变。但压缩机的级间返回阀 V2、V1 经常处于一定的开度，所以压缩机会损失一部分能量。如果压缩机的功率很大，则能量损失相当可观。

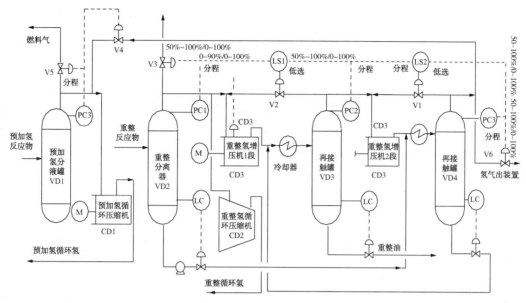

图 13-1-21　重整反应压力流程示意图

（2）往复式增压机（带气量调节装置）的控制方案

为了节能，可以在往复式压缩机上增加气量调节装置，使压缩机的负荷可调，具体控制方案如图 13-1-22 所示。

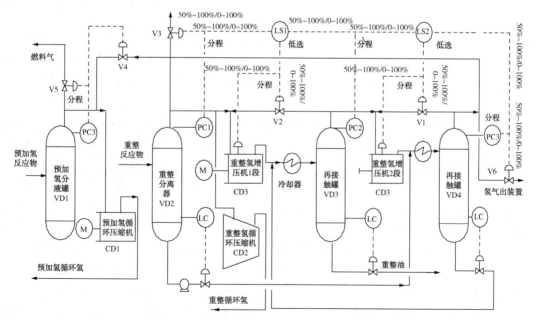

图 13-1-22　重整反应压力流程示意图（压缩机带气量调节功能）

其工作原理如下：当重整反应压力升高时，则 PC1 的输出信号增大，使压缩机一段气缸上的气阀逐渐开大，使压缩机的一段气缸负荷增大，压缩的气体量增大，从而使 PC1 的压力降低，而 PC2 的压力升高，PC2 的输出信号增大，使压缩机二段气缸上的气阀逐渐开大，使压缩机的二段气缸负荷增大，从而使 PC1、PC2 的压力降低。当重整反应压力降低时，则 PC1、PC2 的输出信号减小，使压缩机一段、二段气缸上的气阀逐渐关闭，使压缩机的负荷减小，所压缩的气体量减少，从而使 PC1、PC2 的压力升高。如果 PC1、PC2 的输出信号减小，并没有使 PC1、PC2 的压力升高，说明压缩机气缸上的气阀自动调节系统故障，则 PC1、PC2 的输出信号继续减小，过渡到控制 V1、V2 逐渐打开，使 PC1、PC2 的压力升高，以稳定重整反应压力。显然，正常情况下，阀门 V1、V2 是关闭，压缩机始终工作在适当的状态，使压缩机的能耗降低。一旦压缩机的气量自动调节系统故障，则图-2 所示的控制方案自动过渡到图-1 所示的控制方案，使工艺过程和压缩机不会因压缩机气量自动调节系统故障而停车。

（3）离心式增压机的控制方案

如果重整氢增压机采用汽轮机驱动的离心式压缩机，则重整反应压力控制采用如图 13-1-22 所示的控制方案。在压缩机的入口流量不变时，压缩机进出口的压缩比是压缩机转速的函数，同样压缩机的压比不变时，压缩机的入口流量是压缩机转速的函数。所以在正常情况下通过控制压缩机的转速就能控制反应分离器的压力。考虑到极端情况，在压缩机的出口后路不畅时，通过控制反应分离器上的放空阀控制反应压力；如果重整产氢不够，则通过控制压缩机出入口返回阀控制反应压力。所以反应分离器的压力控制器 PC1 通过分程输出分别控制压缩机转速、压缩机一段出入口返回阀以及放空阀以实现反应压力的平稳控制。重整氢增压机为二段离心式压缩机由一台汽轮机驱动，增压机的每级压缩均设置反喘震控制 XC1、XC2（分别控制一段、二段出入口返回阀 V2、V1）。同时，在一段压缩机设置出口压力高限控制 PC2，二段压缩机设置入口压力低限 PC4 及出口压力高限控制 PC5，以防止控制点的压力超出允许的范围。PC1 为分程控制，其输出信号分为三段：第 1 段 0-33%/0-100% 通过反喘振控制器 XC1 控制一段出入口返回阀 V2，第 2 段 33-66%/0-1005 与重整氢增压机的转速控制器 SC1 组成串级控制，第 3 段 66-100%/0-100% 控制放空阀 V3。增压机一段出口压力高限控制 PC2 输出信号通过反喘振控制器 XC1 控制一段出入口返回阀 V2，增压机的二段入口压力低限 PC4 及出口压力高限控制 PC5 输出信号通过反喘振控制器 XC2 控制二段出入口返回阀 V1。当一段出入口返回阀 V2 动作时，FC2 的流量以及 PC1 的压力都会随着波动，这说明控制器 PC1、XC1、XC2 之间存在一定的耦合，所以控制器 PC1、XC1、XC2 之间设置相互传递相关信息的通道，通过解耦控制以消除它们之间的耦合。

正常情况下，压缩机一段出入口返回阀 V2 以及放空阀 V3 处于关闭状态。重整增压机设计有一定的余量，通过调节压缩机的转速就能稳住反应分离器的压力，即控制器 PC1 通过控制重整氢增压机 C03 的转速来稳定反应分离器的压力。具体工作过程如下：当反应分离器 V02 的压力降低时，PC1 的输出信号先控制压缩机 C3 的转速，使压缩机的转速降低，压缩机的流量减小，压缩机入口压力增加。当压缩机的转速降低到允许最低转速时，如果反应分离器的压力继续降低，PC1 的输出信号打开一段出入口返回阀 V2 以增加分离器的压力，同时再接触罐 V04 的压力降低，PC6 控制氢气外排出至管网的调节阀 V6 关闭，最终维持重整装置的反应压力。另外反喘振控制器 XC1、XC2 随时监测增压机的工作点是否进入喘振区，如果压缩机的工作点进入喘振区，喘振控制器 XC1、XC2 的输出将超越其他控制信号分别控制出入口返回阀 V2、V1 打开，以防止压缩机喘振，同时一个相关信号传递到压力控制器 PC1 以稳定反应分离器的压力。当反应分离器 V02 的压力升高时，PC1 的输出信号控

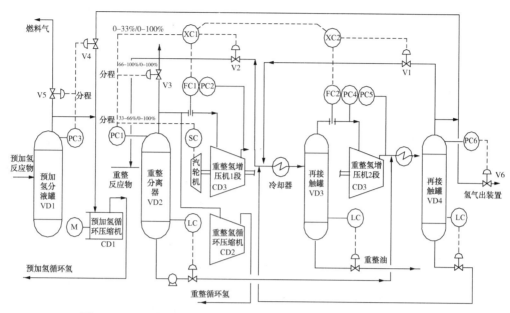

图 13-1-22　重整反应压力流程示意图(重整增压机为离心式压缩机)

制压缩机 C03 的转速，使压缩机的转速升高，压缩机的流量增加，以降低压缩机入口压力。当压缩机的转速升高到允许最高转速时，如果反应分离器 V02 的压力继续升高，PC1 的输出信号打开放空阀 V3 以降低分离器 V02 的压力。同时反喘振控制器 XC1、XC2 随时监测增压机的工作点是否进入喘振区，如果压缩机的工作点进入喘振区，喘振控制器 XC1、XC2 的输出将超越其他控制信号分别控制出入口返回阀 V2、V1 打开，以防止压缩机喘振。另外一个相关信号传递到压力控制器 PC1 以稳定反应分离器的压力。如果由一段压缩机的出口压力高限控制器 PC2 的输出打开 V2 而引起的反应压力升高，则 PC1 并不控制压缩机的转速升高，而是直接控制放空阀来稳定反应压力。

上述控制方案是将离心式多级压缩机的控制和过程控制有机的结合，在满足过程控制的要求时还必须满足离心式压缩机的控制要求，所以必须由专业的机组控制系统完成，在控制方案实施时必须由工程技术设计人员和机组控制技术人员充分对接，利用专业机组控制系统的相关模型，将压缩机的性能控制(喘振、负荷、转速)和工艺过程的主要控制参数组合在一起。这样既要保证了压缩机的安全运转，也要确保了重整反应压力的平稳。

(二)重整压缩机的反喘振控制控制：

当离心机工作在某转速时，如果其入口流最低于某一极限值，就会出现出口管道中的压力高于压缩机出口压力，因此被压缩的气体很快倒流回压缩机，此时管道内压力又下降，气体流动方向又反过来，这样反复进行引起剧烈的振动，这就是所谓的离心式压缩机"喘振现象"，严重时会损坏机器，为此离心式压缩机运行中要避免出现喘振，通常采用反喘振控制克服压缩机喘振现象的发生。通常重整氢增压机为二段离心式压缩机由一台汽轮机驱动，如图 13-1-22 所示，每段压缩机均设置反喘震控制 XC1、XC2。

离心式压缩机的特性曲线如图 13-1-23 所示，离心式压缩机的特性曲线是指离心式压缩机出口压力与入口压力之比(即压缩比)与进口体积流量之间关系曲线。每一转速下有一个喘振点，且转速越高在相同流量下发生喘振的可能性越大，这些喘振点连接成一条曲线就是所谓的压缩机喘振线，如图 13-1-23 虚线所示，虚线左边的区域叫作喘振区。

从图 13-1-23 看出，只要压缩机入口流量始终大于某一极限值，压缩机的运行稳定，不会发生喘振现象。图 13-1-23 中的 Q_B 就是固定流量的极限值，它大于任何转速下的喘振点流量，只要压缩机入口流量 $Q \geqslant Q_B$，就不会出现喘振现象。压缩机入口流量调节器 FC1 的给定值为 Q_B，一旦入口流量小于极限值 Q_B 时，则调节阀自动打开，一部分出口气体返回入口，以保证入口流量 $Q \geqslant Q_B$，从而防止喘振发生。固定极限流量防喘振控制方法简单，可靠性高，投资少，但压缩机在低转速运行时能耗较大，不够经济。

为了减少压缩机的能量损失，不同工况压缩机的工作负荷不同，通常通过调节压缩机的转速来调节压缩机的负荷，因此不同工况（不同转速）下，压缩机的喘振极限流量不同（如图 13-1-23 所示），不同喘振极限流量点连成的线称为喘振线，例如选择两个不同的转速（如 100%额定转速，70%额定转速）下两个喘振点 M_1 和 M_2，如图 13-1-24 所示，M_1 与 M_2 的连线为喘振线，考虑一定的安全控制裕量，压缩机喘振控制保护线（如图 13-1-24 所示 B 线）应当位于喘振线的右边，防喘振控制的操作点控制在此线的右侧；两个直线的间距为 5%~8%流量值。所以防止离心式压缩机在运行中进入喘振区，实际上就是控制压缩机的入口流量使压缩机工作点运行在喘振线（B 线）的右侧区域。这种控制压缩机的工作点工作在喘振线（B 线）的右侧区域的控制称之为随动防喘振控制系统。一般系统负荷通过变转速运行的离心式压缩机实现的采用随动防喘振控制系统，随压缩机的不同工况（压缩比、出口压力或转速）自动改变防喘振流量调节器的给定值，克服了固定极限流量防喘振控制能耗较大的缺点。

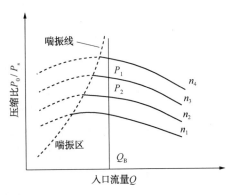
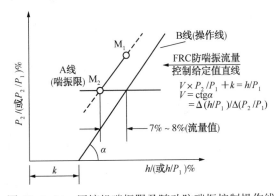

图 13-1-23　离心式压缩机特性曲线　　图 13-1-24　压缩机喘振限及随动防喘振控制操作线

随动防喘振流量控制系统采用如下所示的数学模型：

$$h/P_1 = V \cdot P_2/P_1 + k \tag{13-1-9}$$

式中　h——压缩机入口流量差压变送器量程的百分数；

　　　P_1——压缩机入口压力（绝）变送器量程的百分数；

　　　P_2——压缩机出口压力（绝）变送器量程的百分数；

　　　V——喘振限直线的斜率

　　　k——随动防喘振控制操作线的截距

随着基于可编程逻辑控制器 PLC 的成熟的应用，成熟的压缩机控制软件包，组成专用于压缩机控制控制系统 CCS（Compressor Control System）。除了将压缩机组的控制，包括：

机组开车、停车、转速控制、负荷控制、反喘振控制、参数监视、报警等包含在内；还将压缩机组的联锁，包括：润滑油压力、压缩机转速、键相、轴振动、轴位移、轴温等诸多参数包括在内。组成一个完整的一体化的控制和联锁保护监控系统。

（三）重整反应温度控制

重整反应温度是非常主要的参数，根据重整反应苛刻度以及产品的质量需要经常操作的参数。通常几个重整反应器的温度不一样，所以把反应器加权平均温度(各反应器进出口温度乘以该反应器内催化剂占整个催化剂重量的比值之和)作为重整反应温度的参数。各重整反应器的反应温度的控制相对是比较简单的，用控制反应器加热炉的燃料气量控制反应器的入口温度实现。一般第四反应器的催化剂占催化剂总量的45%左右，所以控制好四反温度对操作工来说是比较关键的。重整装置的反应温度由各反应器的入口温度作为主控参数控制相应加热炉的燃料流量，如图 13-1-24 所示，即控制加热炉的炉膛温度，同时要兼顾加热炉的效率及环保的要求。

重整反应器温度变化会对重整反应产品质量影响很大，所以稳定反应器入口温度非常重要。

在重整反应器中大部分化学反应是吸热反应，需对流出反应器的反应物进行加热以达到下一个重整反应器所需要的反应温度。

中间加热炉的目的是对反应器出口的物流进行加热使其达到下一个反应器的反应温度。

因为几个重整反应器装填催化剂的量不同，所以重整反应温度采用加权平均入口温度或加权平均床层温度来表示。

（四）重整装置加热炉的控制

加热炉是重整装置的大型加热设备，工艺介质通过加热炉受热升温，其温度的高低直接影响重整装置的工艺操作的质量。炉温过高，会使工艺介质在炉管中结焦或烧坏炉管。炉温过低，会影响重整装置的反应深度。因此，有必要对炉温进行严格控制。加热炉属于明火加热设备，由燃料的燃烧产生炽热火焰和高温气流，主要通过辐射的方式将热量传给炉管管壁，然后由管壁传给炉管中的工艺介质。加热炉的主要控制指标是工艺介质的出口温度，在此温度控制系统中，控制变量为加热炉的燃料油或燃料气的流量。加热炉被控变量的主要干扰因素有：工艺介质进料的流量、温度、组分以及燃料气的压力、组分等情况，空气的过量情况及加热炉烟道阻力等也是干扰因素。在这些扰动因素中有的是可控的，有的是不可控的。为保证加热炉出口温度稳定，就必须对扰动应采取必要的控制措施。常见的加热炉温度控制方案有以下几种。

1. 加热炉出口温度与燃料气串级控制

加热炉介质出口温度与加热炉的燃料气流量的串级控制如流程图 13-1-25 所示。加热炉介质出口介质温度控制器为主控制回路，燃料气的流量控制器为副控制回路，控制目的主要是通过控制燃料气的流量来维持稳定加热炉的炉膛温度，进而稳定加热炉出口介质温度。同时为了防止燃料气调节阀由于超调而关闭引起火嘴熄火，设置燃料气压力限制控制，当加热炉出口介质温度增加时，温度控制器(反作用)的输出信号会减小，加热炉燃料气的流量控制器 FC1 输出减小，调节阀(FC)会逐渐关小，同时，调节阀阀后燃料气的压力也随燃料气流量的减小而降低。当燃料气压力超过某一安全极限时，燃料气压力控制器通过选择性控制器选择使调节阀停止进一步关小，以避免燃料气火嘴熄火。同时重整中间加热炉进出口温差控制与加热炉介质出口温度控制组成选择控制, 以防止某一个重整中间加热炉超负荷工作。

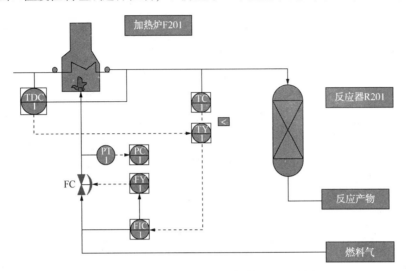

图 13-1-25　重整反应温度控制流程示意图

在满足工艺介质加热要求时, 同时如何通过控制加热炉的相关参数稳定加热炉的高效率工作也是至关重要的。加热炉的热效率(经济燃烧)主要反映在烟气成分和烟气温度两个方面。烟气中各种成分如 O_2、CO_2、CO 和未燃烧的烃的含量基本上可以反映加热炉的燃烧情

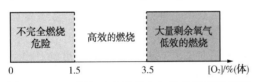

图 13-1-26　烟气中氧含量与加热炉的运行状况

况, 最简单的方法是用烟气中氧含量来表示加热炉的燃烧情况, 如图 13-1-26 所示。由燃烧反应方程式, 可计算出使燃料完全燃烧时所需的氧量, 进而可得到所需的燃烧空气量。一般把使燃料完全燃烧时所需的空气量称为理想空气量。但实际情况是完全燃烧所需的空气量要比理论计算的值大得多, 即要有一定的过量空气。另外加热炉烟气的热损失占加热炉热损失的绝大部分, 当过剩空气量增多时, 烟气流量增加会带走大量的热量, 使炉膛热效率下降, 造成热损失增多。因此对不同的燃料, 过剩空气量都有一个最优值, 即所谓最经济燃烧, 如图 13-1-27 所示, 加热炉烟气中未燃烧 CO 含量及烟气中含氧量与加热炉效率之间的关系, 从图中可看出, 加热炉效率最高时对应烟气中的 O_2 含量 1.5%~3.5%。因此烟气中的 O_2 含量可作为直接测量热效率的指标。

保持炉膛负压稳定也是加热炉控制的重要组成部分。如果炉膛负压减小甚至为正, 则炉膛内火焰及热烟气会往外冒出, 会影响设备和操作人员的安全; 如果炉膛负压太大, 会使大量冷空气漏进炉内, 从而使热量损失增加, 降低燃烧效率。

显然, 加热炉燃烧控制系统是一个多输入/多输出控制系统, 有三个被控变量, 燃料流量、空气流量及烟气排放流量。由烟气中含氧量控制进风量, 由炉膛负压控制烟气挡板控制烟气的排放量, 加热炉出口温度控制燃料气流量, 所以加热炉燃烧控制系统是由燃料量、进风量以及烟气排出量相互协调的控制系统组成, 如图 13-1-28 所示。其中燃烧控制子系统通过控制燃料量和送风量使加热炉出口介质温度稳定在设定值; 送风量控制子系统保证加热炉燃烧的高效率; 加热炉炉膛负压控制子系统保持炉膛负压值稳定。这三个控制子系统组成了不可分割的一个整体, 统称为加热炉燃烧控制系统, 共同保证加热炉燃烧系统运行的安全

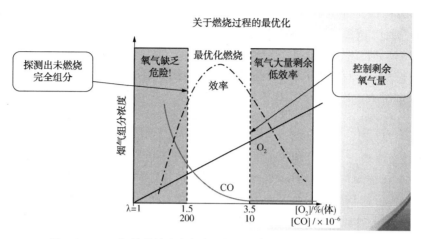

图 13-1-27　加热炉效率与烟气中含氧量及 CO 含量之间的关系

性和经济性。

2. 空燃比控制

（1）加热炉空燃比控制流程示意图

在加热炉出口温度与燃料气及燃料的流量控制组成串级控制中，如果加热炉出口介质温度低，温度控制器会控制燃料调节阀打开，这时由于进加热炉的空气量不变，就会造成加热炉的燃料过量，不完全燃烧，出现加热炉烟囱排黑烟现象，造成环境污染情况。加热炉空燃比控制可以很好克服这种现象发生。加热炉空燃比控制流程示意图如 13-1-28：

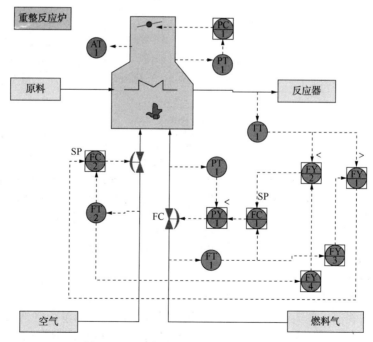

图 13-1-28　加热炉空燃比控制流程示意

（2）加热炉空燃比控制的目的

1）满足环保要求；

2）降低能耗；

3）燃料与空气按照优化比例控制。

（3）加热炉空燃比控制原理

采用选择控制可以很好地实现上述要求，即加热炉负荷增加(被加热介质出口温度需要升高时)先增加空气，再按照一定比率增加燃料，加热炉负荷减小时先减小燃料，再按照一定比率减小空气。调节送风量与燃料量的比例，保证加热炉燃烧的高效性，既不能因空气量不足而使烟囱冒黑烟，也不能因空气过量而增加热量损失。在加热炉出口温度稳定的情况下，要使燃烧效率最优，燃料量与空气量应保持一个合适的比值(或者烟气中含氧量应保持一定的数值)。由燃料流量控制与空气流量控制组成比值控制系统，使燃料与空气保持一定的比例，获得良好燃烧。通常如果加热炉燃料为燃料气，则燃料气与空气的比率为 13.6。如图 13-1-28 中加热炉出口介质温度控制为主回路，送风量随燃料量变化而变化的比值控制为副回路，同时采用在双闭环比值控制系统的基础上增加选择控制环节，保证足够的送风量使燃料完全燃烧，在加热炉出口介质温度(负荷)降低时，先增大送风量，然后再增加燃料量；在加热炉出口介质温度升高时，先减少燃料量，然后再减小送风量。

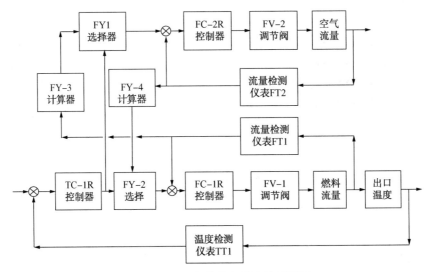

图 13-1-29　加热炉空燃比控制框图

TC-1——加热炉出口介质温度控制器(正作用)；FC-1——加热炉燃料流量控制器(反作用)；

FV-1——加热炉燃料流量调节阀(气关阀)；FT-1——加热炉燃料流量检测元件；

TT1——加热炉出口介质温度检测元件；FC-2——加热炉空气流量控制器(反作用)；

FV-2——加热炉空气流量调节阀(气关阀)；FT-2——加热炉空气流量检测元件；

FY-1、FY-2——选择模块；FY-3、FY-4——计算模块；

3. 控制回路方框图：

加热炉出口介质温度降低时，控制器(TC1)的输出信号增大(控制器为正作用)，通过高选器(FY1)选择以空气流量为主导控制系统，即先增加空气流量，空气流量(FT2)信号增大，信号通过比值计算器(FY4)计算后按照比值增加、经过信号选择器(FY2)选择作为燃料气流量控制器(FC1)给定，从而导致燃料气流量也增加。如果加热炉出口温度升高时，控制器(TC1)的输出信号减小，通过低器(FY2)选择以燃料气流量为主导控制系统，即先降低燃料气流量，燃料气流量(FT1)信号减小，信号通过比值计算器(FY3)计算后按照比值减小，通过信号选择器(FY1)选择作为空气流量控制器(FC2)给定，从而减小空气流量。

（五）重整装置催化剂再生气氧含量控制

催化剂在再生器中为密相输送，装置正常运行时，再生器处理焦的量是由反应系统的生焦量来决定的，一般再生器的再生气循环量和催化剂循环量不改变，保持在设定值，这样催化剂既保持平稳输送以减少催化剂破损量，同时使进入再生器的焦量完全由待生催化剂的焦含量来决定。重整反应条件及处理量不变，待生催化剂的焦含量一定，待生催化剂在再生器烧焦区的烧焦程度由进入再生器烧焦区的氧含量来控制，一般氧含量控制在 0.5—0.8mol%，氧含量越高导致的再生温度越高，容易损坏烧焦区的催化剂和设备。氧含量过低会导致烧焦速度过慢而烧焦不彻底，而含炭催化剂进入氯化区后，会和高含氧量的氯化气体接触发生燃烧产生过高的氯化区温度，也会损坏催化剂，因此烧焦期间，再生气氧含量的控制是非常重要的，必须严格控制在上述范围，保证再生器的烧焦能力并且使烧焦条件尽量温和。在保证进入烧焦区的焦炭被完全燃烧的前提下，尽可能地降低再生循环气中的氧含量，以便能在尽量温和的条件操作，避免高温，保护催化剂和再生设备。

再生气氧分析仪控制烧焦区的氧含量，正常操作期间，氧分析控制器控制下部空气放空阀，而在使用上部空气进行黑催化剂开工时氧分析控制器直接控制进入烧焦气的空气量。图13-1-30 为催化剂再生氧含量控制流程简图。该控制方案本身比较简单，关键是如何选择好氧分析仪表。UOP 再生工艺是采用再生循环气热循环流程，再生气中的氯含量较高，所以要特别注意氧分析仪选材及引压管配管问题，防止氯腐蚀。否则由于氯离子的腐蚀，会使氧分析仪的使用寿命非常短。而 IFP 工艺再生气循环采用冷循环，氧分析仪的防腐蚀问题不是很严重，材质选择也比较简单。中石化洛阳工程有限公司连续重整技术催化剂再生工艺是再生循环气采

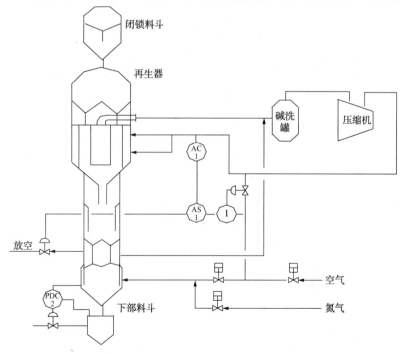

图 13-1-30　为催化剂再生氧含量控制流程简图

用冷循环流程，但循环气的压力比较高，所以要特别注意氧分析仪耐压能力是否匹配。

（六）催化剂循环量控制

连续重整催化剂再生技术的关键控制就是如何控制催化剂的循环量。UOP 公司和 IFP 公司以及国内连续重整工艺，都采用闭锁料斗作为催化剂循环量的控制手段，但各家闭锁料斗的控制方法各不相同，是各家的专有技术的一部分。UOP 公司的闭锁料斗采用无阀输送，IFP 采用有阀输送，中石化洛阳工程有限公司连续重整技术的催化剂循环量控制也采用无阀输送。因为闭锁料斗有阀输送催化剂的控制比较简单，这里不再赘述，以下主要介绍闭锁料斗无阀输送催化剂的控制。

1. 闭锁料斗的工作原理

闭锁料斗的工作过程为周期性循环进行，每个循环周期分为五个基本步骤，即：准备、加压、卸料、降压及装料。其中，加压和降压是两个子步骤。（见图 13-1-31）

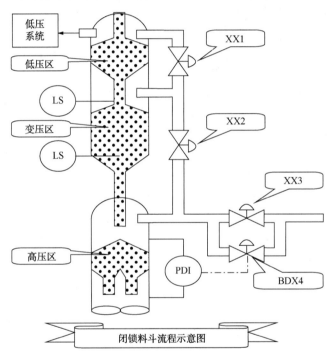

图 13-1-31　闭锁料斗流程示意图

准备：闭锁料斗变压区已装满催化剂，处于低压状况，等待加压信号。

加压：闭锁料斗以程序化的形式，打开下平衡阀来平衡闭锁料斗区和再生器缓冲区之间的压力，以达到变压区变成高压的目的。

卸料：催化剂从变压区进入再生器缓冲区。

降压：闭锁料斗以程序化的形式，先关闭下平衡阀，再打开上平衡阀来平衡闭锁料斗区和低压区之间的压力，以达到变压区变成低压的目的。

装料：催化剂从低压区装入变压区。

当"装料"步骤完成之后，闭锁料斗又回到"准备"步骤。

2. 闭锁料斗控制系统的主要目的：

闭锁料斗是将重整待生催化剂经过加压后输送到高压区，所以待生催化剂经过闭锁料斗时会经过加压和降压过程，闭锁料斗控制器控制目标是闭锁料斗在加压和降压过程不会影响再生器催化剂的烧焦压力，进而影响再生器催化剂的烧焦质量。

3. 闭锁料斗控制系统的主要控制技术

加压和降压过程采用简单神经网络智能先进控制技术，并且使控制系统具有简单的自学习功能，随时修正控制系统内的控制曲线，使控制目标(再生器缓冲区的压力)更加趋于平稳。

目前闭锁料斗控制系统采用将闭锁料斗的操作控制过程编制成控制程序固化到 PLC (Programmable Logc Controller)，由 PLC 自动控制闭锁料斗的各个步骤，其中加压和降压过程采用神经网络智能先进控制技术，可以通过简单的自学习功能，随时修正控制系统内的控制曲线，使控制目标更加趋于平稳，也就是待生催化剂经过闭锁料斗迅速加压和降压时，不会影响再生系统的烧焦压力，确保再生系统的烧焦过程稳定。

（七）连续重整装置催化剂的料位控制

催化剂反应-再生部分一共有三个催化剂提升器，催化剂提升器的控制机理各专利商基本相同，只是所使用的提升设备不同，一种提升设备是 L 阀组，另外一种是提升器。提升器的催化剂提升量由提升器二次风量来控制，而一次风量提供催化剂的动能。当二次风量增大时，催化剂提升量增大；当二次风量减小时，催化剂提升量减小。催化剂料位控制流程简图如图 13-1-32 所示。

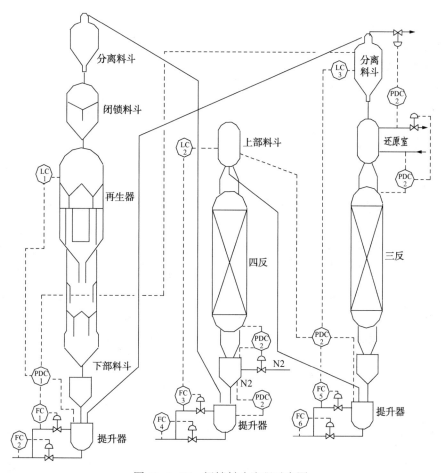

图 13-1-32　闭锁料斗流程示意图

1. 连续重整装置催化剂的料位控制主要控制回路

1）再生器缓冲区料位：再生器缓冲区催化剂的进入量是由闭锁料斗控制的，催化剂循环量的设定值是由闭锁料斗控制系统给定，催化剂循环量一定，催化剂由闭锁料斗输送到再生器缓冲区的量也是一定的，这样再生器缓冲区料位由排出量控制，也就是由再生器下部提升器控制。再生器缓冲区料位与提升器与分离料斗之间的提升管压差串级后，再与再生器提升器二次风流量控制串级，通过控制再生器提升器的催化剂提升量，以实现再生器缓冲区料位的控制。由于再生器缓冲区料位存在脉动现象，所以再生器缓冲区料位控制采用死区控制。

2）一反上部还原室的料位：还原室的料位与二反提升管压差串级后，再与二反下部提升器二次风串级，来控制二反提升器的催化剂提升量，以实现控制还原室的料位。

3）三反上部料斗料位：三反上部料斗料位与四反下部提升器二次风串级，来控制四反提升器的催化剂提升量，以实现三反上部料斗料位的控制。

2. 连续重整装置催化剂的料位控制需要注意的问题

提升器二次风线上的调节阀关闭太快，容易造成催化剂堆积在提升管内，造成提升管堵塞。所以必须限制二次风线上调节阀的开关速率。在控制系统组态时采用斜坡控制技术能够避免上述问题的发生。

三、重整装置主要检测仪表

（一）温度检测仪表

1. 就地温度检测仪表

重整装置就地温度测量基本采用双金属式温度计，双金属式温度计是把两种膨胀系数不同的金属薄片焊接在一起制成的，结构简单、牢固。温度变化时，感温元件的弯曲率会发生变化，并通过指针轴带动指针偏转，在刻度盘上显示出温度的变化。

2. 温度检测仪表

重整装置远传温度测量基本采用热电偶和热电阻测温元件，热电偶测温原理是基于热电效应。两种不同材料的金属丝 A 和 B 两端牢靠地接触在一起如图 13-1-33 所示，当两个接触点温度 T 和 T0 不相同时，回路中产生电势，并有电流产生，一般电势大小与两段的温度差成正比，这种把热能转换成电能的现象称为热电效应。通常情况热电偶的一端 T 感应被测介质温度，另外一端 T0 为环境温度。

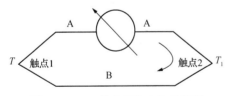

图 13-1-33　热电偶热电势示意图

热电偶测温时必须考虑其参考端温度补偿的问题，通常用热电性质与热电偶相近的材料制成导线，用它将热电偶的参考端 延长到环境温度比较温度的地方（控制室），而且不会对热电偶回路引入超出允许的附加测温误差。

热电阻温度计是利用导体和半导体的电阻随温度变化这一性质进行测温的。热电阻温度计最大的特点是测量精度高，在测量 500℃ 以下高温时，其输出信号比热电偶大得多，性能稳定，灵敏度高，常用的金属热电阻有铂热电阻和铜热电阻。

3. 再生器烧焦温度检测元件

再生器烧焦床层温度检测点如图 13-1-34，监视再生器催化剂烧焦床层温度有二种形式：一种是再生器设备带温度测量套管，测温元件直接插入该套管，由于套管与热偶之间存在较大的空隙，导致再生器烧焦床层温度测量存在较大滞后及偏差，一般测量温度的响应时间为2~3min。

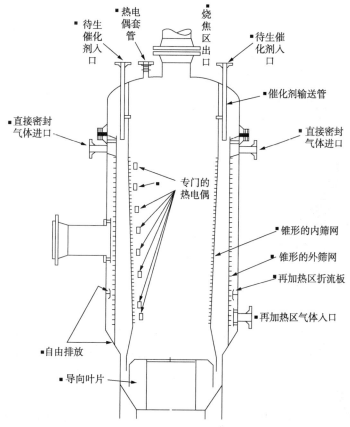

待生催化剂入口　　热电偶套管　　烧焦区出口　　待生催化剂入口

催化剂输送管

直接密封气体进口　　　　　　　　　　　直接密封气体进口

专门的热电偶

锥形的内筛网

锥形的外筛网

再加热区折流板

再加热区气体入口

自由排放

导向叶片

图 13-1-34　再生器烧焦床层温度检测点示意图

另一种再生器催化剂烧焦床层温度形式为铠装热电偶直接插入再生器烧焦床层相应的测量点，这种方式称为柔性热电偶检测技术。由于测量方便，测温点可以设在再生器内任何需要的位置上，并且测量温度时响应时间快仅为4~7s。

（二）压力仪表

1. 就地压力测量仪表

重整装置的就地显示压力表一般是基于弹性元件受力变形的原理，将被测压力转换微位移来实现测量，通常采用弹簧管、膜片以及膜盒。弹簧管是一根弯曲成圆弧形、横截面呈椭圆形或几乎椭圆形的空心管子。它的一端焊接在压力表的管座上固定不动，并与被测压力的介质相连通。被测压力介质从开口端进入并充满弹簧管的整个内腔，弹簧管的自由端产生位移，在一定的范围内，该位移与被测介质压力成线性关系。膜片式压力表一般用于介质黏度比较大的场合。介质压力比较低的用膜盒式压力表测量。

2. 压力远传测量仪表

在过程检测仪表中，压力测量是比较成熟测量仪表，使用比较广泛的压力变送器一般采用电容式或硅片压电式测量原理。如图 13-1-36 所示，差动电容式压力变送器的测量部分采用差动电容结构，介质压力是通过两腔室中的填充液作用到中心可动极板上。一般采用硅油等理想液体作为填充液。隔离膜片的作用既传递压力，又避免电容极板受损。当正负压力（差压）由正负压导压口加到膜盒两边的隔离膜片上时，通过腔内硅油液体 压力传递到中心测量膜片上，中心测量膜片产生位移，使可动极板和左右两个极板，形成差动电容。差动电容的相对变化值与被测压力成正比。

图 13-1-35　再生器烧焦床层温度测量实图

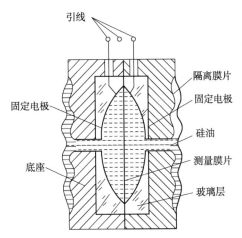

图 13-1-36　差动电容式压力变送器的
测量原理示意

重整装置中特别是催化剂再生单元的部分存在催化剂粉尘，这些介质容易在引压管中沉积，造成引压管导压不畅，引起测量信号失真。采用引压管向上，使引压管向上有一定的角度，同时增大引压管的管径以克服上述不利因素。

（三）流量测量仪表

炼油化工过程的流量检测介质以及操作条件比较复杂，流量仪表的检测类型非常多，按照检测量的不同，流量仪表检测方法可以分为体积流量检测和质量流量检测，按照检测原理，流量检测可分为速度法、容积法和质量法。在重整装置中常用到流量仪表有下列几种形式：

节流元件（差压式流量计）：孔板、文丘里、楔式、平衡式、阿牛巴……

速度式流量测量仪表：涡街、电磁、超声波

质量式流量测量仪表：质量流量计

1. 节流元件（差压式流量计）

差压式流量计是在流通管道上安装节流元件如图 13-1-37，流体在通过节流元件时，流束将在节流元件处形成局部收缩，使流速增大，静压力降低，于是在阻力元件前后产生压力差。该压力差值可以通过压差仪表检测，流体的体积流量或质量流量与压差仪表所测得的压差值有确定的数值对应关系，通过测量压差值便可求得流体的流量。根据伯努利方程可以推导出介质流量与压差之间的关系式（式 13-1-

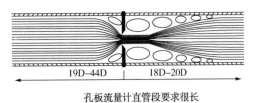

孔板流量计直管段要求很长

图 13-1-37　节流装置示意图

10 及式 13-1-11)。

国际国内标准化组织对标准节流装置进行过大量的实验研究，已经有一整套十分完整的数据资料，并形成了一套完整的标准规范(ISO 5167、GB/T 2624)，只要按标准规定的设计、制造和安装即可满足相应精度要求。标准节流装置是重整装置应用最广泛的流量测量仪表。在使用过程中需要注意以下问题：

(1) 节流装置的温度压力补偿

式 13-1-10 中流量系数 C 与介质温度、压力及黏度相关，节流元件的开口 d 尺寸及直径比 β 与温度相关(节流元件材料受温度影响会有一定的变形)，介质密度 ρ 也会随介质温度、压力变化而变，所以如果被测介质温度、压力变化也会影响节流装置的测量精度。

质量流量与差压的关系由下式确定：

$$q_m = \frac{C}{\sqrt{1-\beta^4}} \varepsilon \frac{\pi n}{4} d^2 \sqrt{2\Delta\rho \cdot \rho_1} \qquad (13-1-10)$$

体积流量与差压的关系由下式确定：

$$q_v = \frac{C}{\sqrt{1-\beta^4}} \varepsilon \frac{\pi n}{4} d^2 \sqrt{\frac{2\Delta\rho}{\rho_1}} \qquad (13-1-11)$$

式中　q_m——流体的质量流量，kg/s；

$\quad\quad q_v$——流体的体积流量，m^3/s；

$\quad\quad C$——流出系数；

$\quad\quad \varepsilon$——可膨胀系数，对于流体 $\varepsilon=1$，对于气体、蒸汽 $\varepsilon<1$；

$\quad\quad d$——节流件开孔尺寸，mm；

$\quad\quad \beta$——直径比，$\beta=\sqrt{n}\,d/D$；

$\quad\quad D$——管道内径，mm；

$\quad\quad \rho$——被测流体密度，kg/m^3；

$\quad\quad \Delta p$——差压，Pa；

$\quad\quad n$——为节流件开孔数。

国际国内标准化组织对标准节流装置进行过大量的实验研究，已经有一整套十分完整的数据资料，并形成了一套完整的标准规范(ISO 5167、GB/T 2624)，只要按标准规定的设计、制造和安装即可满足相应精度要求。标准节流装置是重整装置应用最广泛的流量测量仪表。在使用过程中需要注意以下问题：

(2) 节流装置的温度压力补偿

式 13-1-10 中流量系数 C 与介质温度、压力及黏度相关，节流元件的开口 d 尺寸及直径比 β 与温度相关(节流元件材料受温度影响会有一定的变形)，介质密度 ρ 也会随介质温度、压力变化而变，所以如果被测介质温度、压力变化也会影响节流装置的测量精度。

在工程设计时，节流装置的口径是根据介质正常操作状态下计算的，所以只要被测介质的特性(温度、压力及密度)和计算状态下的条件不一样，就会产生附加误差，与计算状态下的条件偏离越大测量误差越大。

可以通过温度、压力补偿方式补偿部分误差。式 13-1-10 中流量系数 C、节流件开口 d 尺寸及直径比 β 受温度、压力的影响是无法补偿的，对于黏度变化造成的偏差也是无法补偿的。由于介质温度、压力与介质密度存在着确定的数值对应关系，可以用一定的函数表达，因此由介质温度、压力引起被测介质密度变化造成的偏差可以通过补偿修正。例如：对于气体流量测量一般采用温压补偿，补偿公式如下：

$$q_{v2} = q_{v1} \times \sqrt{P_1 \times (273 + T_2) / P_2 \times (273 + T_1)} \qquad (13-1-12)$$

式中　q_{v1}——设计状况下的流量；

　　　P_1——设计状况下压力；

　　　T_1——设计状况温度；

　　　q_{v2}——工作状况下的流量；

　　　P_2——工作状况下压力；

　　　T_2——工作状况温度。

对于水蒸气测量，因为水蒸气的密度与水蒸气温度、压力的关系只能通过相关标准中通过查表的方式得到，所以水蒸气密度与温度、压力补偿只能通过查表方式得到。

（3）差压式流量计引压管的堵塞问题

差压式流量计的引压管是将流量计形成的差压信号引至差压检测仪表如图13-1-4，将差压信号转换成标准电信号传输到监视控制系统。引压管一般比较细，在施工焊接时容易被焊渣堵塞（施工焊接质量问题），也可能被黏稠介质或介质中携带的固体颗粒堵塞，这样就会造成流量差压测量信号失真导致流量测量偏差。

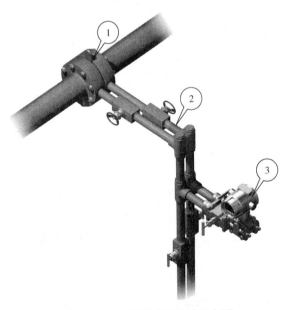

图13-1-38　差压式流量计示意图
1—节流装置；2—引压管；3—差压变送器

（4）引压管中介质的凝结

重整装置中也有些介质黏度比较大，这些介质在环境温度较低时也容易在引压管中凝结，造成引压管导压不畅，引起流量差压信号失真。对于黏度比较大的介质通过加强仪表引压管的伴热保温或增设仪表引压管隔离液等方法解决上述问题。对于黏稠介质可以采用引压管加冲洗液的方法防止引压管中介质凝结。也可以采用法兰压力变送器测量压力，流量采用楔式节流装置加双法兰差压变送器。

（5）气体流量中引压管中的积液

采用节流元件测量介质的流量是通过测量节流元件前后的差压实现的，一般差压为10kPa、16kPa、25kPa，部分差压更小。石油化工过程中的气体一般为饱和性气体，由于环境温度的变化以及介质本身温度和压力的变化，测量气体流量时仪表引压管容易产生液柱，并且很多气体本身带有部分液体，如果在引压管中产生20mm的液柱，就可能产生2%的附加误差。这种误差可以通过仪表维护调校时定期将仪表引压管内产生的凝液排出，或者通过改变安装方式避免引压管中形成一定的积液，一般采取将测量变送器安装在比测量点高的位置，引压管应有一定的坡度，这样引压管中形成的积液会沿引压管流入过程介质中。

（6）液体流量中引压管中的气泡

同样在石油化工过程中的液体一般容易挥发，由于环境温度的变化引压管中液体容易产生气体或液体中本身夹带的气体很容易在引压管上积聚产生气泡，这种气泡会造成流量测量产生比较大的附加误差。克服这种偏差可以通过仪表引压管上的放空阀将引压管中的气体排出或者变送器位置安装比测量点的低，引压管应有一定的坡度，使气体沿引压管进入介质中。

2. 电磁流量计

电磁流量计是根据电磁感应原理制成的一种测量导电液体体积流量的仪表。电磁流量计的测量原理图如图 13-1-39 所示，在均匀磁场中（由 EPD 电极产生的磁场），垂直于磁场方向有一个直径为 D 的管道。管道由不导磁材料制成，当导电的液体在导管中流动时，导电液体切割磁力线，在磁场及流动方向垂直的方向上产生感应电动势，如在产生感应电动势的方向上安装一对电极，则电极间将产生和流速成比例的电动势。感应电动势的大小为：

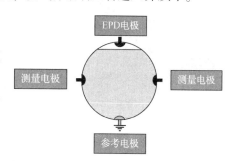

图 13-1-39　电磁流量计测量原理示意图

$$E = BDv \qquad (13-1-13)$$

式中　　B——为磁感应强度；

　　　　D——为管道直径；

　　　　v——为流体平均流速。

由于电磁流量计的测量导管内无可动部件或突出于管道内部的部件，因而压力损失极小。流量计的输出电流与体积流量成线性关系，且不受液体温度、压力、密度、黏度等参数的影响。电磁流量计反应迅速，可以测量脉动电流，其量程比一般为 10：1，精度较低的量程比可达 100：1。电磁流量计的测量口径范围很大，可以做到 1mm 以上，测量精度高于 0.5 级。电磁流量计可以测量各种腐蚀性介质：酸、碱、盐溶液以及带有悬浮颗粒的浆液。电磁流量计只能测量导电液体，因此对于气体、蒸汽以及含大量气泡的液体，或者电导率很低的液体不能测量。由于测量管内衬材料一般不宜在高温下工作，所以目前一般的电磁流量计也不能用于测量高温介质。为了保证电磁流量计测量精度，在安装时应注意如下事项。

1）要求液体充满管道。

2）电磁流量计对直管段要求不高，前直管段长度 10D，后直管段长度 5D 以上。

3）安装地点应避免强烈振动，并远离电磁场。

3. 质量流量流量计

科氏力质量流量计是利用流体在振动的弯管中流动时，产生与质量流量成正比的科氏力而制成的一种直接式质量流量计。利用科氏力构成的质量流量计有直管、弯管、单管、双管等多种形式。

以双管质量流量计为例，如图 13-1-40 所示双管质量流量计由两根金属 U 形管组成，其端部连通并与被测管路相连，这样流体可以同时在两个 U 形管内流动在两管的中间各装有一组由电能驱动的振荡器。振荡器在交变电压作用下使两根 U 形管彼此一开一合地振动，当被测介质在 U 形管内流动时将产生科氏力使 U 形管相位变形，此相位差的大小与质量流量成正比。通过变送器将此相位变形转换成直流 4~20mA 或脉冲信号。

图 13-1-40　科氏力质量流量计示意

科氏力质量流量计的测量精度较高，主要用于黏度和密度相对较大的单相和混相流体的流量测量。由于结构等原因，这种流量计适用于中小尺寸的管道的流量检测。在延迟焦化装置中主要用于工艺介质的进出装置计量。

（四）液位测量仪表

液位是过程控制中重要的物理量，在延迟焦化装置的生产过程中，需要对油罐、塔以及各种储液罐的液位进行检测，在延迟焦化装置中常用的液位测量仪表一般为基于静压式和浮力式测量原理的液位仪表。

1. 静压式液位仪表

基于液体静力学原理，液面高度与液柱重量形成的静压力成比例关系，当被测介质密度不变时，通过测量参考点的压力可测量相应的液位，在延迟焦化装置中大部分远传液位测量都是采用差压式液位计。差压液位计采用差压式变送器，将容器底部反映液位高度的压力引入变压器的正压室，容器上部的气体压力引入变送器的负压室，如图 13-1-41 所示。

差压变送器的两端差压：

$$\Delta P=\rho_1 H+\rho_1 h_1-\rho_2 h_2 \tag{13-1-14}$$

式中　ρ_1——隔离液体密度
　　　ρ_2——被测液体的密度

2. 浮力式液位仪表

浮力式液位测量仪表是基于阿基米德定律，当飘浮于液面上的浮子或浸没在液体中的浮筒，在液位发生变化时其浮力发生相应的变化，通过将因浮力变化引起的变化量转化成成比例的电信号，通过这种方式来测量液位的有浮子式液位计和浮筒式液位计，测量测量分液罐的液位以及回流罐的界位采用浮筒式液位计。浮筒式液位计的测量原理图如图 13-1-42 所示。

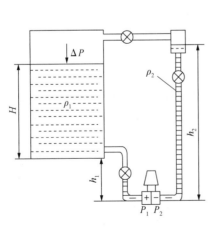

图 13-1-41　差压液位计测量原理示意图

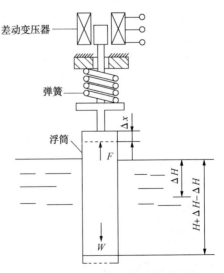

图 13-1-42　浮筒液位测量原理图

液面刚接触浮筒处为液面零点。当浮筒的一部分被液体浸没时，浮筒受到液体对它的浮力作用向上移动。当浮力与弹簧力和浮筒的重力平衡时，浮筒停止移动。通过差动变压器使输出电压与位移成正比关系。也可将浮筒所收到的浮力通过扭力管达到力矩平衡，把浮筒的位移量变成扭力矩的角位移，将角位移转换为电信号。

3. 再生系统催化剂料位测量仪表

重整装置催化剂反应-再生部分需要监视部分容器中催化剂的料位。例如再生器缓冲区料位、反应器上部还原室料位、分离料斗及闭锁料斗的料位；料位测量通常采用放射性料位计测量。放射性料位计的测量原理图如图 13-1-43 所示。

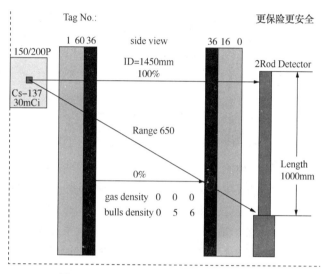

图 13-1-43　放射性料位计的测量原理图

放射性料位计的放射源一般为铯 137 部分采用钴 60。检测器采用盖格米勒管、碘化钠、塑料闪烁晶体。放射源的活度(强弱)取决于探测器的探测效率。通常会选择探测效率高的探测器，这样放射源的活度(强弱)可以选择比较小，以满足 GBZ125《含密封源仪表的卫生防护标准》中较高的防护等级。

(五) 在线分析仪表

连续重整装置再生器处理催化剂的焦含量是由反应系统的生焦量来决定的，一般再生器的再生气循环量和催化剂循环量不变，这样催化剂既保持平稳输送以减少催化剂破损量，同时使进入再生器的焦量完全由待生催化剂的焦含量来决定。重整反应条件及处理量不变，待生催化剂的焦含量一定，待生催化剂在再生器烧焦区的烧焦程度由进入再生器烧焦区烧焦气中的氧含量来控制，一般氧含量控制在 0.5~0.8mol%，氧含量越高，再生器的烧焦温度越高，越容易烧坏催化剂和设备。氧含量过低会又会导致烧焦不彻底，含炭催化剂进入氯化区后，会和高含氧量的氯化气体接触发生燃烧氯化区的温度过高，也会损坏催化剂，因此，再生气氧含量的控制非常重要。再生气氧含量由氧分析仪测量，选择好氧分析仪表是控制好烧焦温度的关键。如果再生工艺是采用再生循环气热循环流程，再生气中的氯含量较高，所以要特别注意氧分析仪选材及引压管配管问题，防止氯腐蚀。如果再生气循环气采用冷循环，氧分析仪的防腐蚀问题不是很严重，材质选择也比较简单。

再生气氧含量由氧分析仪采用氧化锆检测元件，一般氧化锆检测元件不耐压，需要对氧化锆检测元件进行特殊处理，使其能够适应循环气的比较高压力环境，同时使其具有抗氯腐蚀能力。通常连续重整装置再生循环气氧分析仪有 2 种测量方式。一种是闭环抽气式背压式氧化锆分析仪，如图 13-1-44 所示。另一种是压力平衡式氧化锆分析仪，通过压力平衡装置使不耐压的氧化锆内外面受压平衡，使氧化锆检测元件能用在压力较高工况。

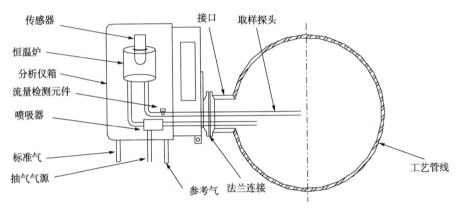

图 13-1-44　闭环抽气式氧化锆分析仪示意图

氧化锆分析仪实际测量的是被测介质的氧分压和参比气的氧分压的比值，并不是直接测量介质中的氧含量，被测介质以及参比气的压力变化将影响分析仪的测量值。所以必须对分析仪的测量值进行压力补偿，补偿公式如下：

$$E = K * Ln(20.6/O2 测量值) + K * Ln(PA/P) \tag{13-1-15}$$

$$O2C = O2M(PMdes/PAdes) * (PAM/PM) \tag{13-1-16}$$

（六）执行机构（调节阀）

执行机构是将控制器的输出信号转换为推力或位移推动调节机构，控制调节阀阀芯的动作，改变调节阀阀芯与阀座间的流通面积，从而改变被测介质的流量或压力。如图 13-1-45 所示，由于阀芯随着阀杆在阀体内移动，改变了阀芯和阀体之间的流通面积，即改变了控制阀的阻力系数，被控变量的流量也发生了相应的改变，以实现控制工艺变量的目的。

调节阀的流通能力可以通过式 13-1-17 计算，该方程式以伯努利方程为基础得到的。

$$Qv = \xi C_V \sqrt{(P_1 - P_2)/\rho} \tag{13-1-17}$$

式中　C_V——为调节阀的流通能力；

P_1——调节阀的入口压力；

P_2——调节阀的出口压力；

ρ——介质密度；

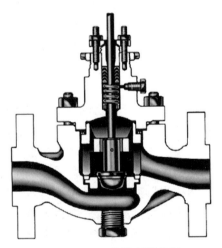

图 13-1-45　调节阀结构图

ξ——阻力系数。

调节阀的流量特性一般有线性、等百分及快开特性如图 13-1-46 所示。图 13-1-46 所示是调节阀理想状态下的流量特性，是在假定控制阀前后差压不变的情况下得到的，在实际应用中，控制阀安装在管道上，与其他设备串联或并联，因此控制阀前后差压总是变化的。这种情况下的控制阀流量特性会发生变化。控制阀与其他设备串联工作的示意图如图 13-4-47 所示，调节阀上的压差是其所在管道总压差的一部分，总压差 Δp 等于管路系统的压差 Δp_1 与控制阀压差 Δp_2 之和。当总压差 Δp 一定时，随着阀门开度的增加，引起流量的增加，管道的阻力损失相应增加，控制阀上的压差减小，引起控制阀所能通过的最大流量减少，所以控制阀的实际可调量会降低，如图 13-1-48 所示，调节阀的流量特性为线性，但在实际运行时，调节阀的流量特性有一定的变形，与线性特性相差较远。

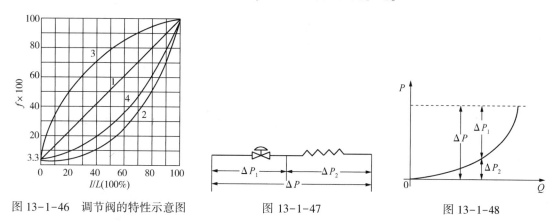

图 13-1-46　调节阀的特性示意图　　　　　图 13-1-47　　　　　　　图 13-1-48

调节阀的种类比较多，要根据工艺介质状况选择，在焦化装置中使用的调节阀种类相对比较简单，使用比较广泛的调节阀为单/双座调节阀(单座调节阀结构如图 13-1-45)和套筒式调节阀。连续重整装置中部分介质存在催化剂粉尘，所以在选择调节阀时应特别注意调节阀的抗粉尘能力，使调节阀在介质存在催化剂粉尘的情况下不容易卡死，并且调节阀的阀芯和阀座具有一定的抗催化剂粉尘冲刷能力，以延长调节阀的使用寿命。

（七）控制系统

在石油化工领域，目前控制系统基本都采用分散型控制系统(DCS)，DCS 融合了计算机技术、通信技术和图形显示技术、以微处理器为核心、对生产过程进行集中操作管理和分散控制，具有控制精确度高，可靠性好和维护工作量少等特点，能够实现工艺装置的集中控制、平稳操作，从而提高产品产量和质量，降低能耗。同时可以充分发挥工艺装置的生产加工能力，提高装置的经济效益。

DCS 系统的结构图如图 13-1-49 所示，由工程师站、操作员站、控制站、数据库以及控制网络组成。

1. DCS 控制网

DCS 控制网是将若干个控制器(过程站)、操作站以及相关控制设备通过网络连接在一起，各控制器通过网络可进行数据交换。操作站通过网络收集生产数据，传达操作指令。DCS 控制网对于 DCS 的系统来说是十分重要的。它必须满足监视及控制信息的实时性要求，即在一定的时间限度内完成信息的传送。同时 DCS 系统控制网络还必须非常可靠，无论在任何情况下，网络通信都不能中断。

2. DCS 控制站

DCS 控制站有由中央处理器(CPU)、信号输入、输出模块(I/O 模块)及网络接口组成，

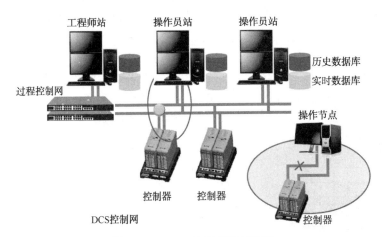

图 13-1-49　DCS 系统的结构图

如图 13-1-50 所示。中央处理器存放并运行所有过程控制程序，处理现场仪表数据，执行控制决策。所有现场仪表信息通过 I/O 模块采集输送到控制站，控制站的控制指令通过 I/O 模块输出到现场执行器。

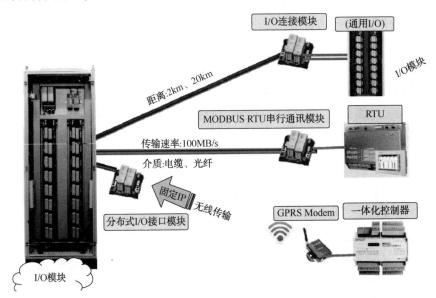

图 13-1-50　DCS 系统控制站示意图

3．操作站

DCS 操作站是处理一切与运行操作相关的人机界面（HMI-Human Machine Interface 或 operator interface）功能的网络节点。

操作站用于过程信息的监视、操作、报警及记录。流程图显示画面为系统主要监控和操作界面，在流程图上可以实时显示过程工艺参数、报警信息以及运行状态 。

操作站的其他主要显示画面有趋势画面显示、调整画面显示、报警画面以及联锁逻辑图画面显示，如图 13-1-51 所示。

4．工程师站

工程师站是对 DCS 进行离线的配置、组态工作和在线的系统监督、控制、维护的网络节点，其主要功能是对 DCS 系统进行组态，并在 DCS 在线运行时实时地监视 DCS 网络上各个节点的运行情况，使系统工程师及时调整系统配置及一些系统参数的设定。

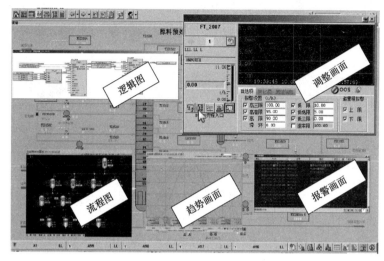

图 13-1-51　DCS 显示画面

四、装置安全联锁系统

SIS 系统（Safety Instrumented System 安全仪表系统）用于保障工艺装置安全生产的系统，安全等级高于 DCS 的控制系统。当生产过程出现异常时，SIS 会进行干预，使工艺过程处于安全状态（装置自动停车）或隔离危险装置，降低事故发生的可能性，以达到对装置和人员的保护等功能。

如图 13-1-52 所示，正常情况下，工艺参数在控制系统的控制下处于正常波动范围内，但由于某种原因，控制失效，失控的过程参数就会超出正常范围达到临界报警值，通过发出报警的方式提醒操作人员进行进一步的干预，使失控参数回到正常控制范围内。如果失控参数进一步恶化，达到安全联锁值，安全仪表系统的逻辑运算单元就会执行预定程序，使失控参数相关过程停止运行处于安全状态，防止失控参数继续恶化而造成严重事故。

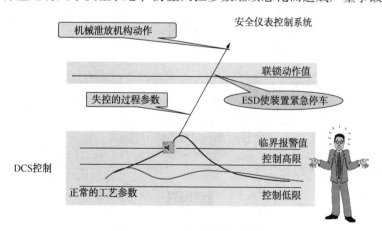

图 13-1-52　安全控制示意图

安全仪表系统包括传感器、逻辑运算控制器和最终执行元件，即检测单元、控制单元和执行单元如图 13-1-53 所示。SIS 系统可以监测生产过程中出现的或者潜伏的危险(检测单元)，发出告警信息或直接执行预定程序(控制单元)，立即执行操作指令(执行单元)，防止事故的发生、降低事故带来的危害及其影响。

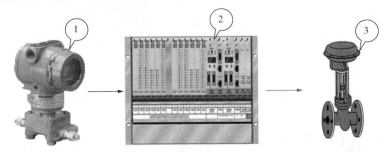

图 13-1-53　安全仪表系统示意图

1—传感器；2—逻辑运算控制器；3—执行元件

SIS 系统应满足工艺过程要求的特定安全完整性等级(SIL)要求。

(一) SIS 系统的控制单元

符合 IEC61508 和 IEC61511 国际安全协会规定的安全标准规定具有特定安全完整性等级(SIL)等级认证。

容错性的多重冗余系统，SIS 系统的控制单元一般采用多重冗余结构以提高系统的硬件故障裕度，单一故障不会导致 SIS 系统的控制单元安全功能丧失。

SIS 系统的控制单元系统结构主要有双重化、TMR(三重化)及 2004D(四重化)等。

TMR 结构：它将三路隔离、并行的控制系统(每路称为一个分电路)和广泛的诊断集成在一个系统中，用三取二表决提供高度完善、无差错，高可靠性的控制。

2004D 结构：2004D 系统是有 2 套独立并行运行的系统组成如图 13-1-54 所示，通讯模块负责其同步运行，当系统自诊断发现一个模块发生故障时，CPU 将强制其失效，确保其输出的正确性。一个输出电路实际上是通过四个输出电路及自诊断功能实现的。这样确保了系统的高可靠性，高安全性及高可用性。

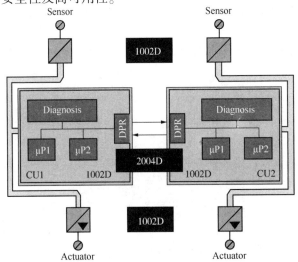

图 13-1-54　2004D 结构示意图

自诊断覆盖率大，可实现从传感器到执行元件所组成的整个回路的安全性设计，具有 I/O 短路、断线等监测功能。

响应速度快，从输入变化到输出变化的响应时间一般在 10-50ms 左右，一些小型 SIS 的响应时间更短。

（二）SIS 系统的检测单元

SIS 系统的检测单元，实际上目前石油化工生产装置采用的是过程控制检测元件，但随着国家安全标准体系的完善、工业产品以及产品使用经验数据库建立，SIS 系统的检测单元也应该具有特定安全完整性等级的安全功能，根据过程特定安全完整性等级的要求，可根据检测元件自是安全等级采用 1 到 3 个检测元件，组成 2 取 1、2 取 2 或 3 取 2 方式。

（三）SIS 系统的执行元件

执行元件在石油化工生产装置的安全仪表系统中投资比例相对比较高，特别是装置规模大型化后，执行元件的投资比例进一步升高，所以在满足过程特定安全完整性等级要求应尽可能减少执行元件数量。

通常情况下，在满足过程特定安全完整性等级要求时为提高装置运行的可靠性，执行元件紧急切断阀采用双电磁阀并联方式，如图 13-1-55 所示任何一个电磁阀失效不会影响装置正常运行。

在过程特定安全完整性等级要求更高的情况下，执行元件采用双紧急切断阀配双电磁阀并联方式，如图 13-1-56 所示任何一个电磁阀失效不会影响装置正常运行，同时任何一个切断阀失效不会影响过程的安全功能。通常重整装置反应部分的切断阀采用这种方式。

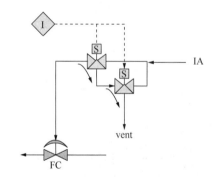

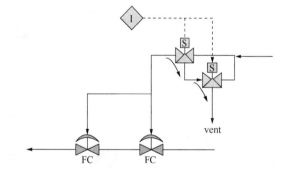

图 13-1-55　切断阀双电磁阀并联气路示意图　　　图 13-1-56　双切断阀双电磁阀并联气路示意图

（四）重整装置的安全联锁

整个连续重整装置的安全联锁系统非常复杂，联锁点也比较多，并且装置有大型加热炉及大型旋转设备，重整装置通常有大型重整反应加热炉和分馏塔重沸炉，有大型离心式压缩机及往复式压缩机，这些设备自身有许多联锁保护。整个重整装置由于同时存在氧、氢、烃环境，装置运行时必须有良好的隔离措施防止这些介质互相接触形成危险环境，对人员及设备造成非常大的损失。所以完善的安全联锁系统是保证装置平稳运行的关键。

1. 重整反应进料加热炉主要安全联锁

1）加热炉燃料气压力低低或高高时，切断各燃料气切断阀及重整进料阀。

2）加热炉炉腔温度高高时，切断各燃料气切断阀及重整进料阀。

3）当重整循环氢流量低低时，切断各燃料气切断阀及重整进料阀。

4）当中压汽包液位过低时，切断各燃料气切断阀及重整进料阀。

5）当循环热水流量低时，启动备用泵。当循环热水流量低低时，切断各燃料气切断阀及重整进料阀。

2. 压缩机自身保护联锁条件

压缩机自身有许多保护联锁条件，这里不再赘述。

3. 催化剂再生单元联锁保护

（1）催化剂循环隔离系统

由于重整反应部分为氢烃环境，而催化剂再生部分为氧环境，因此在两种环境之间使用氮气或循环氮气进行隔离。为了避免氧与氢烃互串及避免氧与氢烃串入循环氮气系统，所以在催化剂循环系统设置了气体隔离安全联锁保护系统，从而保证了催化剂循环的安全运行。

隔离系统的原理相似，设置一个切断阀及一个压差调节控制阀，如图 13-1-57 再生器下部隔离系统，正常操作时，向隔离界面吹入氮气以形成"氮气泡"，吹入的氮气量靠压差调节控制阀来控制，以维持隔离界面的压差，这时的隔离称为"软隔离"；而当隔离界面的压差不能维持时切断阀自动阀关闭，这时的隔离称为"硬隔离"，相应的联锁逻辑图如图 13-1-58 所示。

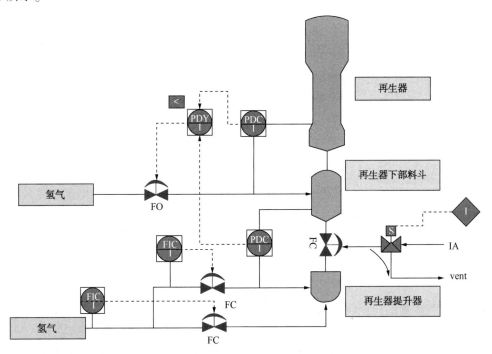

图 13-1-57　再生器下部隔离系统

（2）催化剂再生系统自动停车及联锁

当连续重整装置催化剂再生系统出现不安全情况时，安全联锁保护系统立即发出自动停车指令。催化剂再生系统的自动停车有二种方式：热停车、冷停车，每种停车方式都有其特有的原因、动作。热停车主要是催化剂再生系统的部分运行参数不正常，超出了安全运行边界，例如再生循环气流量低低、氧分析仪故障、焙烧区气相出口温度高高等，发生热停车后，再生器停止烧焦，催化剂停止循环，催化剂氯化及干燥停止运行，隔离系统的切断阀关

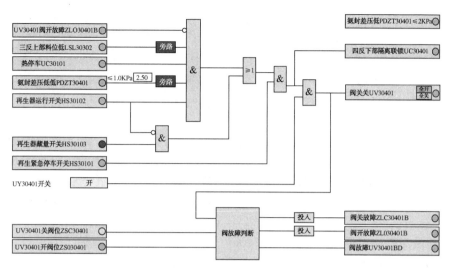

图 13-1-58　隔离系统联锁逻辑图

闭，但再生系统气体循环继续进行，加热设备不停止（再生系统电加热器继续工作），因此再生循环气不会冷却，避免了再生系统重新起动后恢复再生系统所需要的工作温度时延误很长时间。

当表隔离系统的阀位动作不到位以及再生循环气中氢烃、氧含量过高时，会导致再生系统冷停车发生。冷停车发生后，再生系统停止烧焦、催化剂循环停止、再生系统停止加热，氯化、干燥及循环气由氮气代替，再生系统会冷却，避免了在不安全状态下再生器处于高温操作。

第二节　催化重整先进控制

一、先进控制概述

先进控制（Advanced Process Control，简称 APC），是相对于基于比例积分微分（PID）控制的传统经典控制技术而言的，是基于现代控制理论的高级过程控制技术。

（一）先进控制的特点

1. 与常规 PID 控制的不同

在生产过程自动控制中使用最为广泛的是 PID 控制算法，缘于 PID 算法鲁棒性强、操作简单方便。常规 PID 控制适用于单回路对象或者由主副回路组成的串级控制对象，但无法将一个操作单元作为整体对象来处理。

先进控制可以理解为一个多对多的大串级控制器，与串级的区别是其采用的算法不是 PID，而是基于对象模型矩阵的预估控制算法。

PID 控制算法是单输入、单输出简单反馈控制回路的核心算法，其理论基础是经典控制理论，主要采用频域分析方法进行控制系统的分析设计和综合。预估控制是直接从工业过程应用中提出的一类基于模型的优化控制算法。它的出现使得过程控制中强耦合、大迟延等难题迎刃而解，为过程控制技术增添了新的活力。

2. 对于装置对象的针对性

常规 PID 控制仅有三个参数可以调整——比例度 P、积分时间 I、微分时间 D，无法准确应对被控对象的动态特性与稳态特性，控制效果不一定是最佳的。

预估控制普遍采用参数模型或者非参数模型，能够有效地表达被控指标(因变量)与调节手段以及干扰因素(自变量)的影响。

3. 系统实现与运行特点

先进控制系统的实现，往往需要基于大规模的计算：数据处理与传输，模型辨识与预测计算，控制规律的计算，稳态寻优，控制性能的评价，整体系统的监视(包括统计计算、各种图形显示)等，均依赖于计算机，因而需要借助于上位机的计算资源来实现。

先进控制系统采取周期性方式运行，根据对象的时间常数特性确定合适的运行间隔，多数情形为 1min 或 30s。每一运行周期，首先从 DCS 控制系统读取变量参数数据，进行计算，然后输出到 DCS 控制系统执行。

(二) 先进控制的作用

1. 先进控制最基本的作用是提高装置运行的平稳性

先进控制通过装置或过程单元的多变量协调控制和约束控制，可以充分发挥 DCS 常规控制回路的潜力，协调管理各调节回路，降低各被控参数的运行波动。也就是说，先进控制能提高装置操作的平稳性，见图 13-2-1。

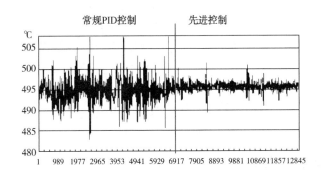

图 13-2-1　先进控制最基本的效果是提高工艺参数运行控制的平稳性

2. 先进控制能提高装置自动控制水平，降低操作人员劳动强度

先进控制通过软仪表或在线质量分析仪，实现产品质量的在线实时检测和直接闭环控制，提高质量控制平稳性。

先进控制为装置操作人员提供一个方便的协调控制工具，承担大多数常规平稳操作的任务，相当于一个优秀的操作员全天 24h 持续工作。先进控制能降低操作人员的劳动强度。

3. 先进控制可以获得直接经济效益

在提高装置平稳性的基础上，先进控制器采用成熟的寻优技术，在操作弹性区域中找出最优操作点，并协调管理各调节回路，实现卡边操作，将装置稳定在最优点，从而提高高价值产物的收率、降低装置能耗、提高装置处理量等，因此而获得经济效益。

(三) 中国石化先进控制技术应用中主流 APC 软件简介

在中国石化各炼化企业的先进控制系统中，采用的 APC 软件主要是：美国艾斯本科技公司的 DMCplus 控制器软件及 Aspen IQ 软仪表软件；美国霍尼韦尔公司的 Honeywell Profit

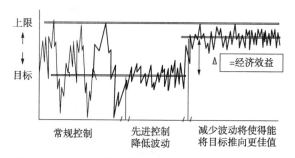

图 13-2-2　先进控制器通过卡边优化实现经济效益

Suite 软件,该软件的控制器部分,过去的版本被称为 RMPCT 控制器软件。由于这两个品牌的 APC 软件应用广泛,本文就不再详细介绍了。

近年来,国内自主品牌的 APC 软件也取得了长足的进步,主要如下:

PROCET-APC 先进控制软件,起步于 2013 年,由石化盈科联合清华大学合作开发,近几年已经在催化裂化、气体分馏、催化重整、加热炉、常减压、延迟焦化、S-Zorb 等装置上成功应用。

PROCET 先进控制软件套装(PROCET-APC)是具有国内完全自主知识产权的先进控制套装软件,核心功能是实现多变量预估协调控制和质量指标在线软测量。如图 13-2-3 所示,PROCET-APC 软件套装包括:多变量控制器、软测量、监控器、专用智能控制器和数据平台等在线组件,和软测量建模、控制器模型辨识、控制器组态与仿真等离线组件。

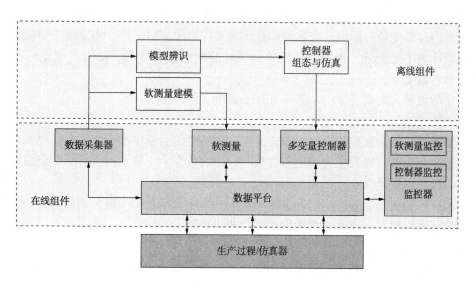

图 13-2-3　PROCET-APC 软件套装的组成

浙江中控的 SUPCON APC Suite 软件在化工领域和石化企业也有不少应用案例。

浙江中控的先进控制软件,其核心功能也是实现多变量预估协调控制和质量指标在线软测量。如图 13-2-4 所示,SUPCON APC Suite 包括先进控制平台、多变量鲁棒预估控制软件、智能软测量软件、智能控制等四大部分。

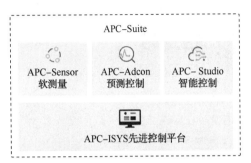

图 13-2-4　SUPCON APC-Suite 的组成

二、先进控制技术基础

（一）基本术语

1. 被控对象

先进控制器所控制的工艺单元，称为被控对象，也称被控系统或被控过程。

炼油化工装置通常是一系列由大型工艺处理设备为核心的基本工艺单元组成，例如：反应、再生、加热炉、精馏塔、吸收稳定、萃取单元等。一个先进控制器，一般设计为控制一个基本工艺单元，或包含及其附属基本单元，或相互关系复杂密切的两个或多个基本工艺单元。

2. 被控变量

被控变量（Controlled Variable，简称 CV）是先进控制器的非独立变量（Dependent Variable），指在被控对象中不能直接进行调节，而只能受操作变量、干扰变量的变化影响而改变的变量，可以理解为数学意义上的因变量。

3. 操作变量

操作变量（Manipulating Variable，简称 MV）是先进控制器的可操作调节的独立变量（Independent Variable），其值不受被控系统内其他变量的影响。例如：设计为 MV 的常规 PID 控制回路的设定值、常规手操回路的输出（阀位）值。

4. 干扰变量

干扰变量（Disturbing Variable，简称 DV）是先进控制器的不可调节的独立变量，其值不受被控系统内其他变量的影响。有测量信息、对被控对象有影响的、本系统中不能调节的变量，均应设计为干扰变量，例如：被控单元无法控制的进料压力、随天气改变的冷却水温度、外来物料温度等。

干扰变量也称为前馈变量（Feedforward Variable，简称 FF）。

5. 控制器模型

控制器模型是用来在控制算法中表达被控对象特性的数学模型，用模型预测未来时刻被控对象的运动和误差，以其作为确定当前控制作用的依据。一般可以是阶跃响应曲线、脉冲响应曲线、传递函数等。

现阶段，炼油化工装置应用的先进控制系统，采用商品化的先进控制软件辨识、调整装配、展示控制器模型时，通常表现为阶跃响应曲线矩阵。

（二）预估控制

预估控制也称预测控制，大体可以用以下三个基本特征来加以描述：

1. 模型预估

用模型来预测未来时刻被控对象的运动规律和被控参数的误差，以之作为确定当前控制作用的依据，使控制策略适应被控对象的存储性、因果性和滞后性，可得到预想的控制效果。

2. 反馈校正

利用可测信息，在每个采样时刻对被控参数的预测值进行修正，抑制模型失配和干扰带来的误差。用校正后的预测值作为计算最优控制的依据，使控制系统的鲁棒性得到明显提高。

3. 滚动优化

预估控制是一种最优控制策略，其控制目标是使某项性能指标最小，并采用预测偏差来计算控制作用序列，但只有第一个控制作用序列是实际加以执行的。在下一个采样时刻还要根据当时的预测偏差重新计算控制作用序列。这种控制作用序列的计算，不像最优控制那样一次计算出最优结果，而是按采样时间周而复始地不断进行，故被称为滚动优化。

预估控制的上述三个基本特征，是控制论中模型、反馈控制、优化概念的具体体现。它继承了最优的思想，提高了鲁棒性，可处理多目标及各种约束，因而符合工业过程的实际要求，故在理论和应用中得到迅速发展。

（三）先进控制器中的实时优化

1. 动态控制与稳态优化

生产过程处于不断变化的动态中，但是稳态过程才是操作追求的终极目标。在先进控制系统中，稳态优化为动态控制提供终值目标，动态控制是实现稳态优化的具体调节手段。常规的思路是通过建立线性规划模型求解稳态优化问题，然后通过一系列动态控制步骤来实现稳态优化目标。

2. 线性规划

先进控制的实施目的是平稳操作，卡边优化，实现经济效益。经济效益可以看作是产品收益增加或者生产成本的降低。稳态优化一般针对经济效益指标，其目标是最小化一系列操作手段的成本之和，或者最大化一系列产品收益之和，以及前两者的某种线性组合，多采用线性规划来计算。一个标准的线性规划如下面描述的数学表达式：

$$\text{minimize} \quad c^T x$$
$$\text{subject to} \quad Ax \leq b$$
$$\text{and} \quad x \geq 0$$

求解上述问题，可以得到 x 向量的各个决策变量数值。

3. 先进控制器的实时优化设计

在先进控制器的每个控制周期，首先进行稳态优化计算，确定 CV、MV 的稳态目标值，然后通过优化求解，计算 MV 动作序列，使得过程对象从当前状态平稳过渡到稳态目标值，并执行第一步动作；采用这种滚动时域（Receding Horizon Control）的方式周而复始。

（四）软仪表技术

软仪表（Soft-Instrument）也称软测量（Soft-Sensor）。它是对一些难于测量或暂时不能测量的重要变量，选择过程对象中相关的一些常规仪表测量的变量（称为输入变量），通过构成某种数学关系用计算机软件来推断和估计，以用来代替仪表功能。

被软仪表推断和估计的工艺参数，通常是产品质量指标，也可以是反应再生等复杂过程的一些难以采用常规仪表直接检测的过程参数，称为主导变量。

从输入变量到主导变量的数学关系，称为软仪表模型。

软仪表建模的理论依据，基于工艺过程机理分析、物理化学理论、化学工程理论和技术、线性系统理论及方法等，和过程数据统计分析。

1. 软仪表可行性

软测量与常规测量仪表相比，在原理上并无本质的区别，像流量变送器将压力传感器测量信号通过变送器内的电子元件或气动元件转换为流量输出信号、早期通过单元组合仪表实现分馏塔的内回流的计算，也是利用类似的方法得到不能直接测量的变量，只不过它们是利用测量仪表内的模拟计算元件或模拟单元组合仪表来实现简单的计算，而不是利用计算机软件来实现的。

2. 软仪表建模

软仪表建模方法一般有机理建模、半机理建模、黑箱回归建模三种。

（1）机理建模

就是依据物理化学原理和工艺过程机理，推导出主导变量和输入变量的数学关系，逐步解构、组合成主导变量与中间变量的简单数学关系。机理模型的系数通常可由工艺设计、运行数据计算获得，有时为简化计算，也可由生产运行数据回归获得。

（2）半机理建模

同机理建模过程基本相同，模型型式需要解构组合成中间变量$(X_1、X_2、\cdots)$的简单线性关系：

$$Y = A_0 + A_1 \times X_1 + A_2 \times X_2 + \cdots$$

因工艺过程的复杂性，在机理推导过程中，需要确定一些经验假定，并采用线性系统理论来处理一些难以确定的局部数学关系。模型系数通常难以直接计算得出，而是采用实际运行数据回归获得，因此称为半机理模型。对于半机理模型，上式中线性项的系数（即模型系数）的正负应当是明确的，线性项不应过多，以 1、2 项或 3 项为常见。零位项 A_0 通常也是能够确定正负的。

（3）黑箱回归建模

采用机理、半机理建模方法无法建立主导变量与输入变量确定的简单数学关系时，就只能采用黑箱回归方法来建立软仪表模型。

黑箱回归建模方法是基于非线性系统线性化理论。线性系统理论的基本结论指出：非线性系统，可以通过划分工作点区间，分段线性化。对于炼油化工过程单元，从温度、压力、流量等可测参数，到质量指标，通常是严重非线性的，但过程单元通常运行在比较小的波动范围。因此，在正常操作条件下，可以将它们之间的关系线性化。

先进控制工程应用经验表明：模型关系越简单（输入变量少），模型稳定性越好；反之，模型关系越复杂（输入变量多），模型稳定性越差。

3. 实时校正

多数软仪表采用半机理或黑箱回归模型，并非严格的机理推算建模，因而具有对不同工况的适应性；并且，建模数据中的化验数据，其采样和化验均为人工操作，存在较多的随机误差，模型系数本身就存在一定偏差；而装置原料性质、反应深度、操作条件的变化，必然会造成新的模型偏差，特别是零位飘移。因此，实时校正是必要的。

实时校正数据源通常有化验数据、在线分析仪数据。

先进控制软件中的软仪表组件，本身均具有实时校正模块，在系统建设时完成组态配置，即可实现实时校正功能。

既然有了在线质量分析仪，为什么还要建立软仪表呢？这是由于在线分析仪数据存在一些非持续准确的因素：有的分析仪，需要周期性的停用来清洗采样系统等保养维护；有的分析仪，本身采样间隔就比较长，例如数十分钟。建立软仪表，可以充分发挥计算机软件的优势，剔除非正常数据、侦测分析仪未出结果的时间段里的过程变化。

（五）阶跃测试

1. 阶跃测试

先进控制建模过程中的装置测试，通常采用阶跃测试法，即：采用事先设计好的阶跃变化序列，逐个对先进控制器的 MV、可控 DV 进行调节扰动，以获取建模数据。通用的先进控制软件，要求是开环测试，即测试某个 MV 或可控 DV 时，要求被控对象的其他 MV 和 DV 保持稳定不变。

阶跃测试的一种阶跃变化序列设计如图 13-2-5 所示。图中 T_{au} 表示 CV 的响应达到稳态值 63.2% 所用的时间，如有多个 CV，则取其最大值。图中方波的振幅，表示测试幅度。测试序列不是固定不变的，也可以根据实际情况做出调整。

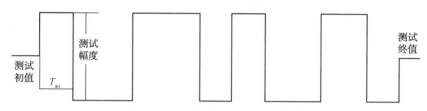

图 13-2-5　阶跃测试变化序列示例

由于是开环测试，为确保装置安全操作并适当兼顾产品质量，阶跃测试的幅度不应过大；但为了获得较好的模型，又必须保证主要 CV 有足够大的信噪比。

装置测试是建设先进控制系统非常重要的一步。

2. 阶跃测试对催化重整装置运行和产品质量的影响

在进行阶跃测试期间，生产调度部门需要保持装置原料性质、处理量、生产方案的稳定，减小原料性质和生产负荷变化对装置的干扰。

为保证各主要 CV 有足够的响应，需要对每一测试变量进行较大幅度和数小时甚至十几小时的阶跃扰动，这必然会对精制石脑油、重整汽油、芳烃等中间产物和产品的质量控制以及加热炉的热效率产生一定的扰动。生产调度和质量管理部门应适当放宽测试期间对产品、中间产品质量指标和热效率等的考核，但测试过程中不应出现产品质量严重不合格或影响加热炉燃烧安全的状况。

（六）模型辨识

控制工程的模型辨识，就是在输入-输出数据的基础上，从一类特定的系统（模型）中确定一个在某种准则下与所测系统等价的系统（模型）。

要说明模型辨识的机理和特点，涉及非常复杂的数学表述，此处不再展开叙述。

在先进控制工程实际应用中，模型辨识实际上就是：采用商品化先进控制软件工具，对阶跃测试获得的试验数据进行一系列的数据预处理、数据分析、运算处理、模型评估，再结合装置工艺特点和控制工程经验，构建先进控制器模型矩阵。

图 13-2-6 所示为模型辨识器软件展示的某重整装置一个先进控制器的模型。其以表格状图示形式展示一个"10CVs-7MVs-3DVs"的控制器模型。最左一列，列出了 10 个 CVs 变量的位号；顶上一行，从左至右依次列出了 7 个 MVs 变量和 3 个 DVs 变量的位号。每一个

基于绿底网格(或蓝底网格)的模型曲线，表示一个"子模型"，即该 CV 对于该 MV 或 DV 的单位阶跃响应曲线。

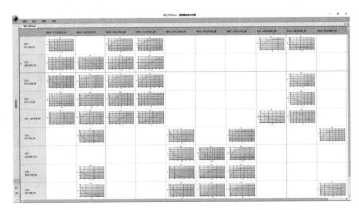

图 13-2-6　模型辨识软件工具展示的先进控制器模型

CV 行和 MV/DV 列相交的子模型区域为空白，表示该 MV/DV 的变化，对该 CV 没有影响或影响极小，可忽略。

在 PROCET-Model 模型辨识工具的如图 3-2-6 所示的模型，还可以查看每一个子模型的传递函数形式。子模型的传递函数形式如下：

$$G(s) = -0.01424 \frac{1}{S^{0}} \frac{4.63965S+1}{108.193S^{2}+24.53254S+1} e^{-1.65369S}$$

(七) 控制策略

先进控制器的控制策略包括三个方面：其一，先进控制器的变量表，即 CV、MV、DV 变量设计；其二，控制器模型矩阵结构；其三，变量优先级等 APC 参数设置以及由先进控制控制器组件的逻辑运算功能实现的特殊执行策略。第二、第三两个方面的策略，与装置的工况特点、设备状况和先进控制设计实施经验密切相关。本文后续的介绍，只涉及第一点。

另外，对于各被控变量的区别管理，也可以称为控制策略的组成部分。

例如：在先进控制器的操作和运行管理中，被控变量通常分为两种情形：被控目标，安全约束变量。

被控目标 CV 是指需要被控制在较窄范围内的工艺参数，如重整进料 10%馏程点、加热炉烟气氧含量、精馏塔灵敏温度等。被控目标 CV 的控制高/低限一般设置得比较窄。

安全约束 CV 是指为保证安全生产、物流平衡，而需要限制在一定范围内的工艺参数，如塔底液位、回流罐液位、回流比等，以及 CV 中一些 MV 控制回路的输出(阀位)约束等。安全约束 CV 的控制高/低限一般可设置得比较宽。

(八) 无扰切换和安全管理

1. 无扰切换的机理

常规自动控制回路的控制模式无扰切换体现在：在控制模式切换时，控制回路的输出是连续的，没有明显的阶跃性或脉冲性变化。先进控制与常规控制之间的无扰切换也参照这一原则要求。

先进控制器的 MV 通常是 DCS 常规控制回路的设定值，当然也有先进控制的 MV 直接设计为控制回路阀位(输出值)的情形。

先进控制器的每一周期，首先读取 MV 当前值，控制器运算得出是控制增量，叠加到读入的 MV 当前值上，最终给出的 MV 控制输出受到 MV 控制步幅(通常很小，是正常运行所允许的)的限制。先进控制器 MV 从常规控制切换到先进控制，一个运行周期的调节动作幅度相当于操作员对设定值(或输出值)的正常人工调节，幅度甚至更小，符合无扰动的要求。先进控制器 MV 从先进控制切换到常规控制，只要没有 DCS 控制回路或其他因素导致设定值(或输出值)突变，就不会有扰动。

　　因此，先进控制与常规控制的切换是无扰动的。

　　2. 安全管理与紧急切除

　　先进控制系统通常运行在上位机服务器上，上位机与 DCS 通过以太网连接。为确保通讯故障、先进控制器中止、装置工况异常等情况时 DCS 上的 MV 控制回路能作出正确、及时的响应，需要在 DCS 建立安全管理与紧急切除逻辑，以实现以下安全要求：

　　1) 上位机与 DCS 通讯监控(看门狗)：通讯中断、先进控制器程序中止时，将各控制回路切出先进控制模式，返回到预先确定的常规控制模式。

　　2) 当装置工况异常或较大波动时，一键整体切除先进控制。

　　3) 检查 MV 控制回路的模式是否符合先进控制设定的模式要求，确保先进控制能够正常地调节。

　　为防止通信接口中异常因素的影响，也可以在安全管理逻辑中增加调节幅度检查限制以及其他实时跟踪措施。

(九) 先进控制系统集成架构

　　先进控制系统的集成架构一般采取上位机方式，通信接口实现上位机与 DCS 之间数据的实时交换。常规 PID 控制运行在 DCS 上，多变量预估控制器、软测量在上位机运行，并最终通过常规 PID 控制来实现。另外，上位机服务器可与企业管理网相连，如图 13-2-7 所示。

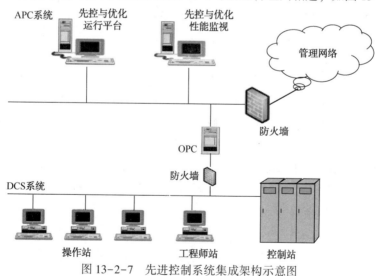

图 13-2-7　先进控制系统集成架构示意图

三、催化重整装置先进控制策略

(一) 催化重整装置的特点和控制要求

1. 从过程控制角度看催化重整装置的工艺特点

催化重整技术是最主要的炼油加工工艺之一，原料石脑油经过加氢精制和预分馏、催化重整反应、分馏和稳定等基本工艺单元的处理，根据市场需求，主要产品为高辛烷值汽油或芳烃。

催化重整反应是吸热反应，反应过程所需的热和装置中一些分馏塔的重沸热源由加热炉供给，装置热能用量大，且重整装置各加热炉出口温度控制精度比原油蒸馏、延迟焦化等炼油装置的要求更高。催化重整反应的操作调整，主要依据是进料性质的改变，装置各单元之间相互关联性也比较强。

由于原料性质、产品目标的不同和全厂装置流程特点，催化重整装置的预分馏、后分馏单元，其工艺流程会有很大的不同。

2. 催化重整装置的控制要求

催化重整装置的过程控制要求，主要体现在四个方面：

1）平稳装置的操作：实现装置安全、平稳运行，包括提/降处理量的过程，在相关约束不超限的情况下，及时使装置处理量达到生产调度要求。

2）实现重整反应炉和各塔重沸加热炉的平稳操作，在确保安全的前提下，降低烟气过剩氧含量，提高加热炉热效率。

3）产品质量控制：实现预处理塔底石脑油（重整反应进料）、重整生成油、液化气等产品质量指标的平稳控制。

4）在平稳控制、产品质量合格的基础上，实现卡边优化，提高重整汽油或芳烃的收率。

（二）先进控制策略

1. 预处理单元的控制策略

预处理单元包括原料石脑油的加氢精制和预分馏两个基本工艺过程。原料加氢精制过程一般设计为充分加氢，常规 PID 控制能满足生产要求。而预分馏过程，根据原料的不同和装置特点，工艺流程不一样。有的催化重整装置，预分馏过程只设计一个汽提塔，脱除精制石脑油中的 C_5 及更轻组分，送往下游装置；有的重整装置预分馏过程，则设计有汽提塔、石脑油分馏塔和脱异戊烷塔。

预分馏的首要生产任务是为重整反应供给合格的原料，从质量检测和过程控制角度考虑，通常即控制反应进料石脑油的馏程，石脑油的终馏点由上游装置控制。

重整预分馏的首要控制目标是控制石脑油分馏塔（或石脑油汽提塔）塔底石脑油的初馏点，使重整反应进料中 C_5 及更轻组分的含量不超标，由于初馏点的化验分析误差较大，工程上一般设计为控制 10% 馏程点。

汽提塔塔顶产物的控制、脱异戊烷塔分离精度的控制通常由控制塔顶温度、塔底温度或灵敏温度来间接实现（见表 13-2-1）。

表 13-2-1　某催化重整装置预分馏过程先进控制器变量表

被控变量 CV	操作变量 MV	干扰变量 DV
汽提塔顶温度	汽提塔回流量设定	汽提塔顶压力
汽提塔底温度	汽提塔重沸炉出口温度设定	汽提塔进料量
汽提塔顶回流罐液位	石脑油分馏塔回流流量设定	石脑油分馏塔顶压力
石脑油分馏塔顶部灵敏板温度	分馏塔塔顶出装置流量设定	石脑油分馏塔进料量
分馏塔底石脑油 10% 馏程点	分馏塔重沸炉出口温度设定	脱异戊烷塔顶压力

续表

被控变量 CV	操作变量 MV	干扰变量 DV
石脑油分馏塔底出口温度	脱异戊烷塔回流量设定	
脱异戊烷塔顶部灵敏板温度	脱异戊烷塔底加热蒸汽量设定	
脱异戊烷塔底出口温度		
脱异戊烷塔回流比		

2. 重整反应单元的控制策略

重整反应单元主要由串联的四个重整反应器及相应的四个入口加热炉段组成。自预处理单元来的原料油物流，经换热后进入加热炉一段，随后进入第一反应器，与反应器内催化剂床层接触，在临氢条件下进行重整反应，因反应吸热，产物温度降低；第一反应器出口产物经加热炉二段后进入第二反应器，经过相同的反应过程；如此类推，加热—反应，依次进入第三、第四反应器。反应单元是重整装置的核心工艺单元。

重整反应单元的主要质量控制指标是生成油芳烃含量、辛烷值。

在没有配置重整产物族组成或辛烷值在线分析仪时，先进控制器一般设计为通过控制反应器加权平均温度(WAIT)来间接控制质量。重整反应先进控制器通过调节每一段反应器的入口温度来控制 WAIT，实现生成油的辛烷值或芳烃含量的间接控制，并通过先进控制器的稳态卡边优化，提高重整汽油的辛烷值或芳烃产率。

WAIT 的控制精度取决于加热炉出口温度控制的平稳度。因此，平稳加热炉的操作对重整反应过程的控制具有重要意义。

如果配置有在线分析仪，能够在线获得生成油辛烷值、生成油芳烃含量、重整进料芳潜含量等数据，则先进控制器便以在线分析数据为直接质量控制指标 CV，而 WAIT 则设计为备用约束变量 CV(见表 13-2-2)。

表 13-2-2　某催化重整装置反应过程先进控制器变量表

被控变量 CV	操作变量 MV	干扰变量 DV
反应器加权平均温度	一反入口温度设定	反应进料流量
二反入口与一反入口温度差	二反入口温度设定	反应进料芳潜含量
三反入口与一反入口温度差	三反入口温度设定	
四反入口与一反入口温度差	四反入口温度设定	
研究法辛烷值		
重整生成油中芳烃含量		

3. 后分馏单元的控制策略

根据装置产品方案的不同，重整装置的后分馏单元具有不同的工艺流程。

对于以生产高辛烷值汽油为目标的重整装置，其后分馏单元的任务是：分离反应产物中的液化气组分。此时的后分馏单元，通常就是一个以稳定塔为核心的基本工艺单元。

稳定塔的控制策略通常设计为：以塔底重沸炉出口温度/塔底重沸热源量、塔顶回流量、回流罐抽出量为调节手段 MV，以塔灵敏温度、塔底液相温度、顶回流罐液位为主要被控变量 CV，通过多变量协调控制，实现轻重组分的平稳分离。为进一步提高分离精度，可以建立塔顶液化气中 C_{5+} 含量、塔底汽油蒸气压（或 10% 馏程点）的在线预测软仪表或配置在线分析仪，实现质量指标直接闭环控制和实时卡边优化。

以芳烃生产为目标的重整装置，其后分馏单元通常由四个精馏塔组成：脱戊烷塔、脱丁烷塔、脱 C_6 塔、脱 C_7 塔，这四个精馏塔均可看作近似二元精馏塔。对于每一个精馏塔，均参照上述稳定塔的控制策略。但四个塔之间存在着相互关联和影响，例如：脱戊烷塔顶回流罐抽出，是脱丁烷塔的进料，等等。一个塔的操作调整，会影响到相关塔的运行。在先进控制器设计和建模以及运行监控中，需要充分了解和考虑各塔之间的相互影响。

对于以芳烃生产为目标的重整装置，提高芳烃回收率是后分馏单元的关键目标。脱戊烷塔是含芳重组分和非芳轻组分的首位分离点。配置脱戊烷塔塔顶油气组分在线分析或建立脱戊烷塔塔顶苯含量软仪表，实现直接质量控制和实时卡边优化，能进一步提高芳烃回收率。

4. 加热炉的控制策略

催化重整装置是个能耗大户，其中重整反应的四合一炉中，进料预处理和产品后分馏各塔也有部分塔采用加热炉作重沸热源。燃气消耗占装置总能耗的比例相当大，因此，提高加热炉热效率、节约燃气消耗所带来的经济效益也是很可观的。

加热炉的先进控制策略通常考虑为：以鼓风机变频、引风机变频、空气挡板开度、烟道挡板开度为调节手段 MV，以烟气氧含量、炉膛负压为被控变量 CV，通过多变量协调控制，及时应对加热炉热负荷的变化，在提高各 CV 运行平稳性的基础上，实现氧含量的卡低限实时优化，从而提高加热炉热效率，降低燃气消耗。

（三）质量指标的在线检测

随着炼油化工工业对生产过程控制、计量、节能增效和运行可靠性等要求越来越高，常规过程检测仪表仅获得温度、压力、流量、液位等过程参数，已经不能满足工艺操作和控制的要求。随着经济发展和环境管理的进步，催化重整装置对汽油产品质量控制的要求也越来越高。通过先进控制实现直接质量控制成为通常的技术手段。因此，质量指标的在线实时检测需求越来越强烈。

为解决工业过程的质量检测需求，经常采用两种途径：一是实现实时直接测量，即采用在线分析仪表；二是采用间接测量，即利用直接获得的有关常规仪表测量信息，通过计算机来实现对常规不可测变量的预测计算，即软测量。

采用在线分析仪表需要较大的设备投资，后续维护投入也比较大。采用软仪表需要准确可靠的、足够的输入变量信息和建模数据，且通常需要准确的化验数据经常校准。随着数字化智能化技术的发展，软仪表模型推断技术将取得进一步的突破，日益成熟。

催化重整装置先进控制器设计实施中，通常考虑的质量指标参数有：反应进料的初馏点（或 10% 馏程点）、芳潜含量；产品汽油的辛烷值（RON、MON）、芳烃含量；汽油稳定塔塔顶液化气中 C_{5+} 含量、塔底汽油蒸气压（或 10% 馏程点）、脱戊烷塔塔顶苯含量等。

反应进料芳潜含量及产品汽油的辛烷值、芳烃含量难以建立软仪表在线模型，或软仪表预测精度不高，建议采用在线分析仪。

反应进料的 10% 馏程点、汽油稳定塔塔顶液化气中 C_{5+} 含量、塔底汽油蒸气压、脱戊烷塔塔顶苯含量等，通常可建立比较准确的软仪表模型。当然，在线分析仪更为准确。

（四）催化重整装置先进控制的直接经济效益

1. 先进控制的经济效益

先进控制的经济效益，体现为间接经济效益和直接经济效益。

不便于核算的或核算方法很复杂的、但显然具有的经济效益，称为间接经济效益。例如，装置平稳性的提高和产品质量的直接闭环控制，可以降低操作人员劳动强度，降低产品的不合格率，显然具有经济效益。

但降低操作人员劳动强度所形成的经济效益，通常难以准确核算。而不合格产品通常要返回处理或进污油系统，因此，降低产品不合格率，最终体现在装置能耗或操作费用的降低和/或装置处理量的提高。不合格产品的处理通常涉及其他装置，效益核算比较复杂，且不一定能单独准确核算。这两方面的效益，通常归入间接经济效益。

可以通过本装置相关数据、简单核算得出数据的经济效益，称为直接经济效益。例如：提高高价值产品的收率、提高装置处理量、降低装置能耗等，就是可以简单核算的直接经济效益。

2. 催化重整装置先进控制直接经济效益的核算

对于催化重整装置，先进控制的直接经济效益体现在：

1）重整汽油辛烷值的提高，或芳烃收率的提高；

2）燃气消耗等能耗的降低；

3）装置处理量的提高。

经济效益的核算，需要首先确定对比数据时间段，考虑到数据可获得性、原料性质变化、产品方案变化等因素。为简化核算过程，通常选择先进控制全面投用后一段时间的数据，和阶跃测试之前的原料性质相同的一段时间（长度相同）的数据。

时间长度可以是一周、两周、一个月，更长时间的数据是没有必要的。如果原料性质不稳定、产品方案有变化，反而影响对比结果的客观性。

对比数据的获得方法，可以是装置标定数据，也可以是实际运行数据。

表13-2-3为某催化重整装置先进控制直接经济效益核算的一个实例。

表13-2-3 某800kt/a 催化重整 APC 投用前后装置经济效益对比核算表

对比项	APC 实施前	APC 投用后	对比差值	年变化量	价格	年总价差值
时间段	2013.9.1~9.30	2014.6.1~6.30				
原料和产品对比				吨	元/吨	万元
石脑油加工量/（t/h）	76.55	77.29	加工量的增加由调度安排，非 APC 投用的效果不参与经济效益核算			
苯收率/%	4.39	4.53	+0.14	914.8	6850	626.6
甲苯收率/%	18.76	18.97	+0.21	1372.2	7600	1042.9
混合二甲苯收率/%	18.18	18.22	+0.04	261.4	8150	213.0
邻二甲苯收率/%	4.21	4.34	+0.13	849.5	8150	692.3
重整汽油/%	40.87	40.35	-0.52	3397.9	7020	-2385.3
能耗对比				kg	元/kg	

对比项	APC 实施前	APC 投用后	对比差值	年变化量	价格	年总价差值
时间段	2013.9.1~9.30	2014.6.1~6.30				
能量单耗/(kg/t 原料)	78.42	75.78	-2.64	1713983	0.6	102.8
APC 投用率/%	--	100				
年经济效益/万元						292.3

注：(1) 芳烃收率，均为根据原料芳潜含量折算后的收率；(2) 产品单价为当年中国石化产品价格；(3) APC 投用对液化气、脱戊烷油的收率影响微小，不考虑其变化；(4) 装置年开车总时间按 8400h 计。

四、先进控制系统的操作与监控

(一) 先进控制操作界面

1. PC 机操作界面

先进控制的 PC 机操作界面，即 APC 软件本身配置的 APC 操作界面，因 APC 软件厂家不同而各异，一般均包括 APC 操作员级信息、工程师级信息、日志信息等。因中国石化以前采用的 APC 软件多为国外的品牌，PC 机操作界面文字均为英文，APC 参数比常规控制 PID 参数多得多，操作人员看起来是比较繁杂的，不符合我国操作人员的操作习惯；且 PC 机操作界面运行在单独的 PC 显示器上，监视起来也比较麻烦。

另外，随着 DCS 系统的逐步改造或升级，各炼化企业的装置 DCS 控制系统已经趋向于集中到一个中央控制室。一个操作台要监控管理几套装置，各装置在操作台上为 APC 安排一台 PC 机客户端显示器存在很大困难，多数企业的中控室已经不太可能。

2. DCS 操作画面

基于中国石化先进控制推广应用经验，操作人员更习惯于在 DCS 操作画面上进行先进控制的操作。为方便操作人员、节省硬件设备，通常在 DCS 上设计实施 APC 操作界面。

DCS 操作界面的设计，在具体实施时可遵循装置操作人员的习惯和企业管理规范。同时要做到视觉舒适、清晰、美观。在先进控制器的 DCS 界面上，至少应当给出以下信息：

1) 控制器总开关：操作人员通过设置该开关量进行整个控制器的开关请求操作。

2) 控制器状态：上位机先进控制器返回的信息，表明控制器是否正常运行。

3) 通信监控计时器：计时器(减法/加法计时)的当前值，或其他代表不断变化的图形元素。如果不停地变化，则说明 APC 控制器与 DCS 通讯正常。

4) 变量位号：显示 CV/MV 变量的 DCS 位号。

5) 变量开关：该值为一开关量，由操作人员操作"投用/切除"。

6) 变量状态：上位机 APC 控制器返回的状态信息，表明该变量每一周期的运行情况。

7) 变量下限：由操作人员设定的 CV/MV 的控制(/操作)下限。

8) 变量上限：由操作人员设定的 CV/MV 的控制(/操作)上限。

9) 当前值：该 CV/MV 变量的当前值。

10) 稳态值：上位机 APC 计算该 CV/MV 变量将要达到的值或控制目标值。

11) 当前调节量：该列只适用于 MV 变量，已经实现的当前周期 MV 改变量。

DV 信息在画面上可以不显示，只要 DV 值在正常范围内变化，该 DV 就投用。

（二）先进控制运行操作与监控

1. 日常操作监控要点

APC 系统日常操作监控，主要包括如下几个方面：

1）监视装置和各 APC 控制器的运行。

2）及时完成质量指标软仪表的化验校正数据录入工作，比对软仪表值和化验数值的趋势变化的一致性，对趋势偏差值做到心中有数。

3）根据生产管理和工况变化，调整 CV 的控制上/下限、MV 的操作上/下限。

4）由于故障维护或其他原因，切除某个 CV/MV 变量，以及恢复正常后的投用。

5）因 APC 控制器所管理的工艺单元工况异常而切除 APC 控制器，或工况正常之后的 APC 控制器启动与各变量恢复投用。

6）向工艺工程师报告 APC 调整及运行情况。

先进控制系统的日常操作监控，其具体的操作方法与装置和 APC 系统的 DCS 画面设计实施有关，需要参照 APC 操作手册。以下仅就 MV 和 CV 的上/下限设置与调整给出指南性的说明。

2. MV 操作上/下限的设置与调整

MV 的操作上、下限，是允许 APC 控制器 MV 值变化的范围。在控制器正常运行中，MV 值不会超出这个范围。

（1）MV 操作上/下限的设置与调整原则

MV 操作上/下限的设置原则：装置正常生产工况，允许该 MV 变量的调节范围。但基于以下原因，适当的安全裕量是必要的：

1）APC 控制器是多变量协调控制，因实时寻优的作用，会有使某个或某几个 MV 变量推向最大或最小的趋向。

2）随着 APC 投用时间的逐渐加长，控制器模型和被控过程的匹配性会逐渐变差，从而导致 MV 预测偏差的加大。

3）CV 中的软仪表或在线质量分析仪的误差，会导致 MV 的预测偏差。

但如果 MV 操作上、下限范围太窄，就会削弱 APC 控制器的协调调节能力。不必要地压缩关键 MV 的允许调节区间，会使被控过程始终运行在某个状态点上，控制器将无法实现最优目标和经济效益，甚至满足不了 CV 的调节需要。同时，也会降低 APC 的有效投用率。

APC 控制模型预测各 CV 的变化趋势、相应给出的 MV 调节动作，与被控工艺过程的实际变化趋势和调节需求是一致的。因此，在 APC 控制器运行中，只要操作者用心观察和分析，就能够将各 MV 的操作上/下限设置好。在装置原料、产品方案、相关条件变化不大时，通常是不需要调整的。

（2）特殊情形说明

前面提到，在 APC 控制器正常运行时，MV 值不会超出其操作上、下限范围。但操作人员应注意：

当 MV 设计为 DCS 控制回路的设定值时，MV 值等于 DCS 回路的设定值，而不是回路的测量值！当该 MV 对应 DCS 控制回路 PID 参数整定不好或其他原因导致测量值跟踪不好时，测量值往往会与设定值有显著的差值，此时，务请区分清楚：MV 对应控制回路的测量值，有时会显著超出 MV 的操作上/下限，但 MV 值(即回路设定值)是不会超限的。

如果 MV 投入 APC 控制之前没有检查操作上/下限，或在 APC 控制器运行中有"切除该 MV，调整其控制回路设定值(或输出值)，然后再投入 APC 控制"的操作过程，就可能会出现 MV 当前值超出 MV 控制上/下限的情形。此时，不同的 APC 软件品牌及相关参数设置会有不同的结果：

1) 或者 APC 控制器会强制地逐步调整 MV 值，使之进入其操作上、下限之内(跟踪速率取决于 MV 最大步幅的设置)，这种情形称为 MV"跟踪"功能。

2) 或者该 MV 会切至前馈状态。

3) 或者会使 APC 控制器故障切除。

APC 运行中，要避免"调整 MV 的操作上/下限值，导致 MV 超限"的情形发生。这种时候，原则上应当先切除该 MV，再调整、恢复投用。MV 有"跟踪"功能的时候，可缓慢调整，逐步移动。

3. CV 控制上/下限的设置与调整

CV 的控制上、下限是根据生产、质量管理要求，需要将该 CV 控制在其内的区间范围。在 APC 正常运行时，一旦某 CV 值超出这个范围，控制器就会调节相关的 MV，使该 CV 值逐渐回到其控制上、下限之内。

与 MV 不同，在 APC 正常运行中，CV 常有超出其上、下限范围的情形。

CV 操作上/下限的设置与调整原则是：根据装置工艺、质量、安全管理要求，设置 CV 的控制上/下限。

由于 CV 常有超出其控制上/下限之时，因此，实际设定的 CV 控制上/下限，比工艺卡片控制要求的范围要窄很多。实际设定的下限高于控制要求的下限，实际设定的上限低于控制要求的下限。一般可参考以下原则：

1) 对于温度、温差、氧含量、比值等常规仪表测量(或简单计算)参数的 CV 变量，考虑一定的裕量，压缩设置其控制上、下限。

2) 对于软仪表或在线质量分析仪 CV，在考虑安全裕量的基础上，还要附加考虑误差，再进一步压缩其控制区间。

3) 具有实时优化(卡边)功能的 APC 控制器，对于质量卡边(或消耗卡边)的指标性 CV，可从前一段时间的运行检验中，根据其超限幅度情况、软仪表或在线分析仪误差情况，逐步减小安全裕量，以利于装置高价值产物的增加或消耗的降低。

4) 对于液位、阀位等安全约束 CV，可从前一段时间的运行检验中，根据其超限幅度情况，逐步减小安全裕量，以利于被控工艺过程的寻优。

当拟调整到的 CV 控制上/下限值，会使 CV 超限或超限幅度更大，则需要小幅、缓慢调整，避免给装置运行造成较大的扰动。

4. 工艺工程师的监控管理

工艺工程师的监控管理，主要包括：

1) 监视上位机的运行，保证上位机与 DCS 之间通信正常。

2) 定期比对软仪表值和化验数值的趋势变化的一致性，趋势偏离程度过大时，分析原因，如果不是工况异常或化验采样分析误差造成，则联系 APC 系统维护人员检查处理。

3) 在需要时，调整相关工程师参数，如 CV 优先级、MV 调节速率等。

4) 遇到 APC 故障或异常问题时，联系 APC 系统维护人员检查处理。

第三节　催化重整在线实时优化

一、在线实时优化基本概念

(一) 在线实时优化概念

流程系统的在线实时优化(Real-Time Optimization，RTO)是指结合工艺知识和现场操作数据，通过快速、高效的优化计算技术对操作运行中的生产装置参数进行优化调整，增强其对环境变化、原材料波动、市场变化等的适应能力，保持生产装置始终处于高效、低耗并且安全的最优工作状态的技术。炼化装置实施 RTO 后，可以实时跟踪原料性质的变化，在满足工艺、设备约束的前提下，以产品、公用工程价格为导向，持续不断地对装置进行优化计算，结果既可以离线对工艺人员进行操作指导，又可以与 APC 系统结合实现在线闭环控制，以实现装置生产尽量达到或靠近最佳的经济效益操作点。

一个工业装置一旦投入运行，将始终被一系列的影响因素所干扰，使得现场运行的操作点逐渐偏离原先最优设计时确定的最佳工作点。这些影响因素可分为外部不确定性和内部不确定性两种。

1) 外部不确定性：原料变化，包括进料量、原料特性(组成、温度等)；公用资源的供应约束，如能耗；市场需求变化，来自决策部分的产品规格发生的调整；气候变化。

2) 内部不确定性：装置设备性能漂移，如换热器结垢、催化剂活性发生变化，以及来自流程中其他单元的影响，如蒸汽流量波动、循环物料。

其中第 1)类外部不确定性影响因素主要来自上层环节，第 2)类内部不确定性因素主要来自下层环节和过程装备。RTO 的目标就是，通过实时采集生产数据，检测过程运行状况，在满足所有约束条件的前提下，不断实时地调整下层环节的工作点，以克服内部和外部不确定性因素，从而保证过程始终能够得到最佳的经济效益。RTO 系统具有在线自动运行的特点，从数据采集、模型修正，到优化计算和实施，构成一个闭环，无需人工干预。

(二) 在线实时优化技术发展历程

RTO 的概念于 20 世纪 50 年代提出。由于当时软硬件条件的限制，相关优化理论研究尚不完善，一直以来未能在流程工业领域得到推广和应用。直到 20 世纪 80 年代，壳牌公司对在线大规模优化进行了首次尝试，开发了具有 20000 个变量和方程的模型并采用序列二次规划算法(Sequencial Quadratic Programming，SQP)对优化命题进行求解。1986 年，壳牌公司开发了 Opera 软件包，并用于乙烯生产设备上。Opera 后来成为许多 RTO 软件包的基础，如 DMO 和 ROMeo。DMO 于 1988 年应用于美国太阳石油公司(Sunoco)的加氢裂化器实时优化上，并于 1991 年应用于美国莱昂德尔化学公司的炼油厂。日本三菱化成工业公司于 1994 年在变量和方程数高达 200000 的系统上应用了 RTO 技术。

目前，随着 RTO 理论日趋成熟，计算机硬件、软件和网络技术发展迅猛，加上国际竞争压力的日益迫切以及来自流程工业企业的呼声日益高涨，RTO 技术与软件得到了前所未有的发展契机，其在流程工业中的普及度日益提高。多个过程控制系统供应商和独立高科技软件与工程公司投入大量人力、物力进行研究开发，推出各自的实时优化软件，如 AspenTech 公司的 RT-Opt、Simulation Science 公司的 ROMeo(现被施耐德电气收购)、Honeywell 公司的 ProfixMax、Emerson 公司的 RTO⁺等。RTO 的应用领域涉及天然气加工、原油蒸馏和分馏、催化裂化、加氢、溶剂脱蜡、减黏、延迟焦化、硫回收、乙烯装置、合成氨、PET、苯乙烯、氯乙烯单体、用能组合、炼厂装置及整体等。这些软件在几百家大型石化、化工、炼油、钢铁等工厂企业中应用成功，取得了很好的应用效果。

国外应用表明，对于一般的过程系统采用 RTO 技术可以使经济效益提高3%以上，采用优化技术的投资费用一般可以在0.2~2年收回成本。对于国民经济占主导地位的流程工业，尤其是我国国民经济的基础和支柱——石油和化学工业总产值占国民生产总值的20%左右，3%以上的效益提高意味着极高的经济回报。因此，在生产过程操作优化理论和技术上的研究与进展对于我国流程工业和相关方面的科学研究都具有重要意义。

（三）在线实时优化的特点

在线实时优化技术有两条路线：一种是基于稳态机理模型的实时优化技术，其典型代表有 Aspen Tech 公司的 RTO 和 Invensys 公司(施耐德电气收购)的 ROMeo；另一种是基于动态的实时优化技术，典型代表有 Honeywell 公司的 Profit Optimizer。以下分别就两者的特点进行阐述。

1. 动态优化技术

动态优化采用协调控制与优化算法，利用动态关联模型对各对应的单元间的相互干扰进行描述，同时将动态控制层的约束条件和其他的全局优化变量及中间变量的动态约束条件结合起来。将传统的稳态优化问题化为整个控制框架下的动态问题，通过及时的现场反馈处理和实时求解动态优化问题，逐步逼近稳态最优解。这一技术将传统的基于机理的模型的优化问题转化为控制/协调问题。

动态优化比较适合解决中大规模的实时控制与优化问题，易于实施，并且比传统的实时优化方法有更强的鲁棒性。由于每1~2min 运行一次，它可很快地检测到干扰并及时作出响应。因此，它能使装置的运行更接近装置约束，更接近优化目标。

动态优化技术路线不完全依赖于装置的稳态机理模型(可以完全不需要，也可以用机理模型来更新增益)，主要应用实测的过程变量之间的关系，并且完全利用下层 APC 控制器的动态模型。因为它可以不依靠严格的工艺机理模型，系统维护难度降低。

动态优化都是线性动态模型，对于高度非线性的过程，增益更新技术是提高多变压量预测控制适应范围的一个很有效的方法。通常，增益更新是采用对非线性模型进行数值蠕动的方法。由于只需要更新增益，因此不要求在每个执行周期都进行严格的参数拟合。

采用动态模型代替稳态优化模型，优化计算不要求装置处于稳态。以 QP 描述优化，求解方便。严格稳态模型与动态系统相集成的方案实现在线更新先进控制器和优化器模型增益，以处理非线性。

动态优化的技术特点如下：

1) 提供可靠、易于维护和操作的单装置、多装置、全厂横向加工过程和纵向多层次在线闭环优化方案。

2) 利用已有的 APC 预测控制模型，便于实施和维护，节省了开发时间和资源，降低了投资和维护成本。

3) 不需要等到过程稳态，有效地解决了模型黑洞问题，相比于稳态模型更接近真实生产过程，实时优化效果更明显。

4) 可通过连接第三方机理模型，自动获取非线性模型增益。

5）可以衔接计划调度优化与装置过程优化，达到全厂多装置多层次在线闭环优化。

动态优化的缺点是：不能作离线分析，难以解释为何这么优化，是否还有更优化的操作参数等。从适应性分析，该技术相比基于稳态的严格机理模型在线实时优化技术更容易实施，尤其适合难以建模或装置原料又多变的装置，比如催化裂化装置。

2. 稳态优化技术

稳态优化是以严格机理模型为基础，在同一平台上集成了三种运行模式：模拟、数据整定和优化，从而在同一界面实现离线分析、在线优化、数据协调、在线性能监测等多种功能，并通过实时系统技术与 APC 衔接，实现自动执行功能。

在线实时优化是建立在开放方程基础上的模拟、在线实时开环优化、在线实时闭环优化的先进应用平台。其宗旨是针对存在巨大经济利益驱动的炼油和化工行业中的连续工艺装置，通过实施实时的优化，最大化生产效益。另外，在线优化系统是一个集成的环境，利用单一的工艺模型，就可以实现不同用户在宽业务范围内的使用。在线应用的范围覆盖闭环的优化到设备的性能监测、热量和物料平衡的校正、坏仪表的检测等。离线应用包括由在线优化系统的模拟和优化模式，可以进行单元设计、脱瓶颈研究和故障诊断、进料评估、投资项目评估等。

稳态在线实时优化技术经历以下步骤：

1）数据提取：首先从工厂提取实时数据。

2）装置稳态判定：判断装置是否处于相对稳态，不稳定状态下不适宜优化计算。

3）数据整定：数据质量对于优化系统运算结果有很大的影响。通过建立数据点异常值的判断和剔除功能，保证输入模型中原始数据的准确性。

4）参数化计算：根据现场的测量值，来判定设备的运行状态（比如压缩机效率）。

5）优化计算：基于对工厂运行状态的正确理解，同时考虑价格信息以及装置设备限制情况，按照设定目标函数进行计算。

6）执行控制：实时优化结果输出到 APC 系统，作为外部目标值，参与工艺系统的控制。经过一段时间的稳定，进行下一轮优化计算。

（四）在线实时优化商品化软件现状

国外有多家过程控制系统供应商和独立高科技软件与工程公司投入了大量人力、物力进行研究开发，推出了各自的实时优化软件，如 AspenTech 公司的 RT-Opt、Invensys 公司的 RoMeo、Honeywell 公司的 Optimizer 、Emerson 公司的 RTO+（原 MDC Technology 公司产品）等，另外还有 ABB、GE controls、Shell Global Solutions 等。在炼化生产领域基于稳态机理模型的实时优化软件的典型代表有 Aspen Tech 公司的 RTO、Invensys 公司的 ROMeo 和 Honeywell 公司的 Optimizer 。

表 13-3-1 为三家公司软件进行对比。

表 13-3-1　国外在线优化软件对比

项　　目	Aspen Tech RTO	InvensysROMeo	HoneywellProfit Optimizer
能否与任何先进控制系统连接	能	能	不能
是否需要机理模型	是	是	不是
是否需要稳态检测	需要（小时级）	需要（小时级）	不需要（分钟级）
实施难度	大	大	小
实施周期	长	长	短
维护难易程度	复杂	复杂	简单

(五) 国外典型应用案例

在国外，RTO 技术已经比较成熟，在炼油和化工领域得到了成功应用，已有数百套成功案例。RTO 的应用领域涉及天然气加工、原油蒸馏和分馏、催化裂化、加氢、溶剂脱蜡、减粘、延迟焦化、硫黄回收、乙烯装置、合成氨、PET(聚酯)、苯乙烯、氯乙烯单体、用能组合、炼厂装置及整体等。

在国内，RTO 技术在燕山石化、镇海炼化、赛科等三套乙烯装置上得到了较好的应用。RTO 成功实施的案例表明，具有原料性质多变、高处理量、低转化率、决策变量多并具有比较成熟的严格机理模型等特点的装置，适宜应用 RTO 技术。

二、在线实时优化策略

先进控制及在线实时优化策略设计不仅需要对先进控制和优化的工作原理、实施过程，同时也要对项目针对装置的工艺过程、操作目标和装置可能存在的约束有一个全面的理解和认识。

连续重整装置一般由预加氢单元、连续重整单元、催化剂再生单元、分馏单元、抽提蒸馏单元、芳烃精馏单元、产汽部分和公用工程系统组成。

重整装置在线实时优化的总体目标一般为：提高加工处理能力；提高重整生成油中的芳烃含量；降低装置单耗；提高芳烃产量；提高其他高附加值组分的收率。

为了实现上述总体目标，在对现有连续重整先进控制分析的基础上，对现有的预加氢、重整、脱戊烷塔和脱丁烷塔的先进控制器的性能进行提升并考虑区域优化系统对下层先进控制的要求。在对重整反应和再生系统的先进控制的设计中，充分利用重整工艺计算包提供的关键工艺参数的计算值，作为先进控制的新的被控变量(CV)，同时重整工艺计算包还提供工艺操作目标值作为先进控制被控变量和操作变量的目标值。

以稳态优化技术路线为例，重整装置在线实时优化的系统架构如图 13-3-1 所示。

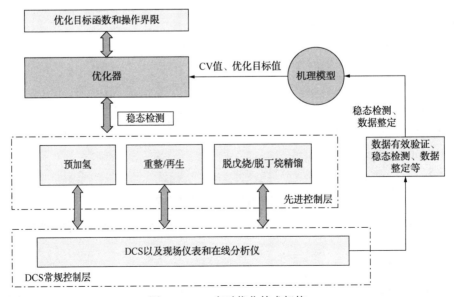

图 13-3-1　实时优化技术架构

三、重整装置在线实时优化系统的建设

在线实时优化系统是基于数学工艺模型而形成的一个集成模型。系统可以估计约束条件和收益变量变化，实时更新数据保证模型的精确度，能在各种操作条件约束和生产条件约束下，优化各个操作变量获得显著的效益，从而达到比常规稳态优化更先进、更有效的实时优化。

重整装置 RTO 系统建设内容主要有以下几个方面：数据采集、装置稳态判断、数据整定和校验、装置模型开发、优化模型建立、优化报告输出、APC 改造或完善，最终实现操作闭环优化，即 RTO 输出的调节变量优化值传递到 APC，执行操作优化。

（一）数据采集

首先从工厂提取实时数据，该数据既可来源于 DCS，也可来自于实时数据库系统和 LIMS，部分还需要人工输入，适用于任何 OPC 协议数据接口。

建立连续重整装置模型，需要装置流程数据、原料和产品的化验分析数据、装置操作数据、物料平衡数据、塔设计数据，见表 13-3-2。

表 13-3-2　连续重整装置 RTO 所需数据及来源

类型	需　　　求	数据来源
装置流程数据	包括精馏塔、泵、换热器以及各设备连接顺序	人工输入
原料和产品数据	原料和产品的密度、馏程，以及重整进料和重整生成油的详细族组成 PONA 分析数据	从 LIMS 采集，不全部分可手动输入
装置操作参数	反应器每个床层的入口温度和温降，各分馏塔的塔顶/底温度和压力、进料温度和压力、塔顶回流量和温度、塔底再沸负荷	从 DCS 或实时数据库获得
塔设计数据	塔板数、进料位置和各侧线抽出位置	人工输入（相对固定）
物料平衡数据	一段时间内的原料和各产品的质量数据	可从 DCS 或实时数据库提取

确定数据类型后，做好数据接口工作，数据的接口分为三类，分别是 OPC 接口、ODBC 接口和 Manual 接口。

1）OPC 接口：是利用标准的 OPC 协议，来获取实时数据库的数据。OPC 接口支持生产装置的 PI 数据库、IP.21、PHD 数据库等。

2）ODBC 接口：是利用标准的 ODBC 协议，来获取 LIMS 的 Oracle 数据库的数据。ODBC 接口支持 SampleManager LIMS 数据库。

3）Manual 接口：是一个基于模板的人工输入接口，这主要是处理一些设备的结构数据。这些数据在装置设备确定后是不变的，如塔的塔板数、塔径等。

Manual 接口会直接将人工输入的数据保存到中心数据库中，而 OPC 接口和 ODBC 接口并不保存数据到中心数据库，而要将数据经过数据预处理模块后才能保存到中心数据库。

（二）装置稳态判断

实施 RTO 技术需要装置在相对稳定状态底条件下进行，因此判断装置是否处于相对稳态也是重要的步骤。稳态判定的作用在于，当现场操作变化较大时，计算结束时，工厂的实

际情况已出现了很大偏差,因此计算结果已经不适合当前的运行情况。如果装置处于不稳定状态,这一时刻不适宜进行优化计算。

系统从装置得到测量数据,首先根据测量数据计算判断系统是否处于稳态,若是非稳态,系统自动处于等待状态,下一个测量周期再检测;若是稳态,则自动步入数据确认阶段。数据确认阶段主要是分析过程中严重误差的阶段。

稳态检测是最基本也是最重要的环节,优化器执行的周期,即从优化设定点被下载至控制系统到工况调整到新的稳态点的时间必须大于过程的动态过渡时间。由于系统受噪声与测量误差都会影响系统稳定状态的判定,所以常用基于统计检验的方法检测系统稳态是否稳定,这样可以减少甚至完全滤掉噪声及测量误差,准确判定系统稳态。

(三)数据整定和校验

数据整定和校验对实时优化系统的建设起着至关重要的作用。现场实测数据不可避免地会受到干扰、传感器特性漂移等因素的影响而带有误差,这些数据误差包含系统性显著误差和随机性误差两类,使得物料、能量平衡关系不能得到满足。因此在 RTO 中可以预定义相应的处理规则,在详细分析现场数据的基础上,剔除系统性显著误差,建立物料和能量平衡关系,并利用冗余分析方法剔除随机误差,从而使其满足物料平衡等约束关系,减少坏值进入模型的可能性,同时也为装置和仪表的故障诊断提供依据。

数据整定和校验主要包括以下内容:

1)工艺数据的数据整理:数据质量对于优化系统运算结果有很大的影响。通过建立数据点异常值的判断和剔除功能,保证输入模型中原始数据的准确性。

2)建立自整定工艺模型:建立自整定工艺模型,基于冗余性分析对每一块仪表进行校核,模型计算值和实际仪表值进行比对,按照方差的大小进行排序,排出最有可能存在误差的仪表,提醒技术人员进行方差较大的异常数据的校核。

3)工艺参数软仪表:在模型中,对装置流程原本不存在的而模型又需要的仪表点建立对应的软仪表点。软仪表点的数值通过整个模型质量平衡核算、能量平衡核算计算出来。

(四)装置模型开发

重整装置模型范围一般包括预加氢单元、重整反应单元、催化剂再生系统;分馏塔包括:汽提塔、石脑油分馏塔、脱异戊烷塔、脱戊烷塔、脱丁烷塔、脱 C_6 塔、脱甲苯塔、二甲苯塔,以及相应的冷换设备(具体范围视装置界区而定)。

连续重整反应是由许多的平行、串连、可逆和不可逆的反应组合成的一个复杂反应体系,参与反应的组分多达 300 种以上,各组分之间的耦联性强。因此模型中将众多组分分成若干个集总(Lump)组分,其中每个集总组分视为一个虚拟的单一组分来处理。

模型开发步骤:

1)建立反应器模型:输入反应器及相关设备的操作数据、进出料物流特性。

2)对连续重整反应动力学参数进行校正。

3)建立分馏塔模型,包括:汽提塔、石脑油分馏塔、脱异戊烷塔、脱戊烷塔、脱丁烷塔、脱 C_6 塔、脱甲苯塔、二甲苯塔等,建模步骤见常减压部分。

4)根据产品分布情况和产品质量再次校正反应动力学参数。

RTO 的核心是模型，为了让模型运算能自动进行，就必须将经过预处理的数据送入到模型计算软件中去，将数据与模型变量关联起来。

（五）优化模型建立

1. 确定目标函数

装置模型开发完成后，要建立优化目标模型，一般会以装置取得最大的经济效益为目标来建立目标函数，它是通过产品价值减去原料价值和公用工程消耗来计算：

$$Profit = \sum product_i\, C_{p,i} - \sum feed_j\, C_{f,j} - \sum utility_k\, C_{u,k}$$

式中　　$C_{p,i}$——产品 i 的价值；

　　　　$C_{f,j}$——原料 j 的价值；

　　　　$C_{u,k}$——公用工程 k 的价值。

具体的价格信息包括：

1）原料：原油、重整进料石脑油。

2）产品：各牌号汽油、苯、甲苯、邻间对二甲苯、重芳烃等。

3）公用工程：燃料、瓦斯、各种压力等级蒸汽、氢气、循环水、电等。

2. 优化变量、约束变量的选取

确定全部优化变量/约束变量，见表 13-3-4。

表 13-3-3　连续重整装置优化模型优化/约束变量表

需求分析		优化变量和约束变量
重整反应器反应温度控制器	优化变量	重整反应温度
	约束变量	重整进料量、进料温度、四合一加热炉控制
加热炉控制器	优化变量	加热炉热效率
	约束变量	加热炉氧含量、负压、烟气排烟温度、风门和烟道挡板的开度
预加氢反应器控制器	优化变量	预加氢反应温度控制、重整进料初馏点控制
	约束变量	预加氢进料量、预加氢进料加热炉瓦斯流量、预加氢进料加热炉出口温度
重整反应器控制器	优化变量	重整氢气量、重整反应的芳烃转化率
	约束变量	重整进料量控制、重整进料初馏点、重整反应温度、重整各个反应器温降
中压汽包控制器	优化变量	中压汽包液位稳定
	约束变量	高压除氧水进料量、自产 3.5MPa 蒸汽流量、自产 3.5MPa 蒸汽温度压力
脱戊烷塔控制器	优化变量	脱戊烷塔顶液组成
	约束变量	脱戊烷塔进料量、塔顶温度、塔顶压力、塔底温度、塔釜液位
C_4/C_5 分馏塔控制器	优化变量	液化气和 C_5 产品质量
	约束变量	C_4/C_5 分馏塔进料温度、塔顶压力、灵敏板温度、塔底温度、塔釜液位

（六）APC 改造或完善

对于已建 APC 的装置，需根据装置本身特点及优化目标要求对 APC 系统进行适当的改造或完善，连续重整装置 APC 控制器参照表 13-3-4 所示进行改造或完善，未建 APC 的装置可参照表 13-3-4 进行 APC 建设。

表 13-3-4　重整装置各类型变量表

控制器名称	变量类型	变量名称
预加氢汽提塔	操作变量	加热炉燃气流量、回流量、加热炉进空气量
	被控变量	塔顶温度、灵敏盘温度、塔底温度、回流罐液位、液化气 C_4 含量、加热炉出口温度、炉膛温度
	干扰变量	进料流量、进料温度、压力
石脑油分馏塔	操作变量	加热炉燃气流量、总回流量、出装置轻石脑油流量、加热炉进空气量
	被控变量	塔顶温度、塔底温度、回流罐液位、回流比、塔底初馏点、加热炉出口温度、炉膛温度
	干扰变量	进料流量、进料温度、压力
重整反应单元控制器	操作变量	一反入口温度、二反入口温度、三反入口温度、四反入口温度、烟道挡板开度
	被控变量	加权入口温度、二反一反入口温差、三反二反入口温差、四反三反入口温差、RON 或芳烃含量、烟气氧含量、烟气温度、负压、1 号炉炉膛平均温度、2 号炉炉膛平均温度、3 号炉炉膛平均温度、4 号炉炉膛平均温度
	干扰变量	重整反应进料
稳定塔控制器	操作变量	加热炉燃气流量、总回流量、出装置液化气流量、加热炉进空气量、回流泵变频
	被控变量	塔顶温度、灵敏盘温度、塔底温度、回流罐液位、回流比、塔顶 C_5 含量、加热炉出口温度、炉膛温度
	干扰变量	进料温度、压力

（七）与 APC 连接

实时优化结果输出到 APC 系统，作为外部目标值，参与工艺系统的控制，RTO 与 APC 间数据流转关系如图 13-3-2 所示。经过一段时间的稳定，实时优化系统将进行下一轮计算。

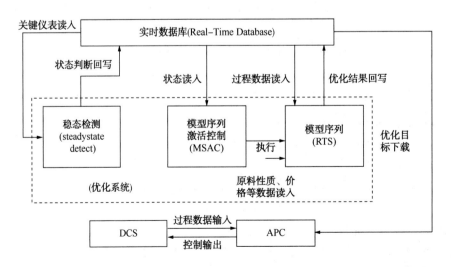

图 13-3-2　在线优化系统结构示意图

（八）APC 执行

预加氢实时在线优化的主要目的是：在满足各种约束前提下，为重整反应提供合格的进料，同时降低系统能耗。针对此目标，APC 系统设计如下：

1）预加氢反应温度控制：石脑油加氢反应是放热反应，提高反应温度不利于加氢反应的化学平衡，但能明显提高化学反应速度，提高精制深度，提高预加氢反应脱杂质的效果。但过高的反应温度会发生严重的加氢裂解反应，使产品液收率下降，增加催化剂结焦，降低催化剂的使用寿命；但反应温度过低，不能保证将杂质除净。预加氢加热炉的出口温度是优化控制预加氢反应温度的手段。

2）汽提塔温度控制：通过控制汽提塔回流量、汽提塔加热炉燃料气量，控制汽提塔塔底初馏点、再沸温度和回流比，稳定汽提塔温度，在保证重整进料合格的情况下优化回流比，达到节能的效果。

3）加热炉效率控制：通过控制加热炉进风量及烟道挡板开度，控制汽提塔加热炉的过剩空气量，并最小化烟气氧含量，从而提高加热炉热效率，降低能耗。

重整反应与再生单元中，在确定了重整原料性质和催化剂情况下，实时在线优化主要对重整生成油的辛烷值、产品收率(或芳烃产率)、纯氢产率及催化剂的运转周期等进行优化。针对此目标，APC 系统设计如下：

1）通过控制四个反应器入口温度设定，实现重整反应温度、苛刻度控制，从而提高辛烷值或芳烃收率。

2）通过控制循环氢量，调整氢烃比，控制重整反应结焦量。

3）通过控制再生氧含量设定、再生混合气温度设定，控制再生器烧焦 O_2 浓度，控制再生催化剂含焦量。

4）通过控制催化剂循环百分率，最大化催化剂循环量。

5）在工艺和设备约束下，通过重整进料量，最大化重整处理量。

6）通过对四合一加热炉进风量等控制，提高四合一炉热效率。

（九）优化报告/结果输出

输出实时优化结果，用于离线优化指导和在线实时优化控制。在线实时优化控制需建立实时序列模型，主要包括：

1）建立和测试调度所要求的顺序和模型，自动执行在线优化操作。

2）建立和测试模型的顺序，执行导入工艺数据、约束和价格信息等情况下的任务，在数据调理和优化模式下计算流程模型和输出结果。

3）对稳态监测器和模型顺序工作控制器进行组态。

4）测试来自实时监测系统的数据库的信息通信。

第四节　催化重整流程模拟

一、流程模拟的必要性

（一）流程模拟的概念

流程模拟技术是近几十年来发展起来的一门综合学科，是过程系统工程中一门重要的技术。不论是过程系统的分析和优化，还是过程系统的综合，都是以流程模拟为基础的。

流程模拟是一种采用数学方法来描述过程的静态/动态特性，通过计算机进行物料平衡、热平衡、化学平衡、压力平衡等计算，对生产过程进行模拟的过程[i]。可以将流程模拟系统定义为应用过程工程理论、系统工程理论、计算数学理论同计算机系统软件相结合而建立起来的一种计算机综合软件系统，专用于模拟流程工业的过程和设备以及整个流程系统。

流程模拟技术可以在项目规划阶段对工艺过程进行可行性分析，评价各种方案；在研究阶段进行概念设计，弄清研究的重点；在进行实验室研究的同时开展数学模型的研究，进行模拟实验，使两者互相补充，提高研究质量、加快研究进度；在工程设计阶段对初步设计进行方案比较，寻求最优设计；在生产阶段通过对过程性能进行监控，克服"瓶颈"，实现操作优化，离线指导生产来实现企业节能降耗、挖潜增效、提高经济效益的目的。总而言之，流程模拟技术在流程工业中应用十分广泛。相对一般的化工过程，石油化工和炼油工业的大型化为流程模拟技术的应用带来了更大的舞台和应用空间。

（二）流程模拟的基础

流程模拟软件系统涉及到基础物性、物性参数、物流数据、能流数据、单元模块数据、各功能模块数据等各种数据。需要对这些数据进行有效的管理，以实现不同模块之间、不同功能之间，以及同其他系统之间进行数据的传递与共享。

1. 物性数据库

物性系统在流程模拟中具有重要的意义，这可以从两个方面来看：一方面，模拟的质量好坏显然首先取决于数学模型的质量，但最终却受物性数据的准确程度限制；另一方面，在整个模拟计算中，物性的计算占有举足轻重的地位。例如，在一个精馏塔的模拟中，可能要求反复计算逸度和热焓上万次（通常更多）。因而，这种物性计算往往可以占整个计算机计算时间的80%或更多。

物性分为平衡性质（热力学性质）和非平衡性质（传递性质）。热力学性质又可分为：体积或密度，是与状态方程有关的物性；热焓、熵及自由能的计算，这是计算热量平衡，以及化学反应能量平衡时所需的物性；气-液平衡计算所需的物性为平衡常熟 K 值及逸度系数等。传递性质有热导率 λ、黏度 μ、扩散系数 D_{ab}、表面张力 σ 等。

2. 物性估算

石油化工过程涉及化合物的数量和种类非常多，即使物性数据库包括的组分数再多或允许用户添加纯组分物性，要使模拟软件具有通用性和更大的应用范围，流程模拟软件也必须具有物性估算功能，否则就不能处理包括物性数据库中没有、用户无法添加的组分的模拟与优化。物性估算通常包括基础物性估算（包括临界物性估算、偏心因子、理想气体热容等）、传递物性估算（包括气液黏度、导热系数、扩散系数、表面张力）和热力学性质估算（包括液体密度、饱和蒸气压、汽化潜热、气液热容等）。由于流程工业涉及的物质种类非常多，具有不同的特性，需要分门别类地建立其物性估算方法，因此，模拟软件具有适用的物性估算方法也成为关键技术之一。

3. 热力学性质计算

即使有了纯组分的物性数据，模拟软件还需要采用适用的热力学性质计算技术来计算模拟所需要的各种热力学性质。热力学性质计算方法是化工分离计算的基础，可用于计算焓、熵、逸度系数、活度系数等，决定相平衡计算、热负荷计算、分离计算的准确性和可靠性。不同热力学方法适用于不同的操作体系。热力学计算方法从功能上分为立方型状态方程、多参数状态方程、活度系数模型、经验关联式等，以及每种模型的默认路线和方法。

4. 石油馏分计算

当工艺流程中包含石油成分时，石油成分往往只能得到实验蒸馏数据，而分离计算只能对普通化合物进行处理。这就需要将蒸馏数据转换为虚拟组分，并估算虚拟组分物性，然后作为普通组分进行计算，最后再次拟合为蒸馏曲线。石油馏分的处理包括：蒸馏数据的转换、拟合、外延，虚拟组分物性的估算，初馏点、终馏点的处理，虚拟组分拟合为蒸馏曲线等。

5. 单元模块模拟

石油化工过程涉及各种各样的过程，不同的过程包括不同的设备，对应于过程模拟软件中不同的单元模块。因此，单元模块的数量与种类将决定着过程模拟系统的应用范围和推广应用程度。单元操作模块是对实际工业装置的抽象和建模，包含进料和出料，可对实际工业装置在计算机环境下进行模拟计算，确定操作所需的进料条件，以及出料产品的状态与指标。单元操作模块从功能上可以划分为塔系列、压力改变系列、分离系列、反应器系列等，适用于不同的工艺过程。

6. 流程模拟算法

有了过程涉及的纯组分数据、热力学性质计算方法和单元模块模拟技术，还需要能处理整个过程系统模拟的模拟算法。流程模拟算法用来对复杂的流程（尤其是循环流程）、进行流程的分块、判断撕裂流股、撕裂流股赋初值、判断求解次序，并对流程求解过程进行加速等。流程模拟系统依据模拟方法可分为序贯模块法模拟系统、联立方程法模拟系统、联立模块法模拟系统。

（三）流程模拟软件现状

国外流程模拟软件开发始于 20 世纪 50 年代末，美国起步早，水平也较高。国外主要的化工流程模拟软件主要有：美国 AspenTech 公司的 Aspen Plus、HYSYS；SimSci-Esscor 公司的 PRO/Ⅱ；Chemstations 公司的 ChemCAD；WinSim Inc. 公司的 Design Ⅱ；英国 PSE 公司的 gPROMS 以及加拿大 Virtual Materials Group 的 VMGSim 等。

Aspen Plus 是生产装置设计、稳态模拟和优化的大型通用流程模拟工具，可用于化学化工、医药、石油化工等多种工程领域的工艺流程模拟、工厂性能监控、优化等贯穿于整个工厂生命周期的过程行为。该软件由美国麻省理工学院（MIT）组织并于 1981 年底完成。经过 20 多年来不断地改进和完善，业已成为举世公认的标准大型流程模拟软件，应用案例数以百万计。该软件的主要特点：①产品具有完备的物性数据库；②集成能力很强；③结构完整；④较强大的模型/流程分析功能。Aspen Plus 根据模型的复杂程度，支持规模工作流，可以从简单的、单一的装置流程到巨大的、多个工程师开发和维护的整厂流程。分级模块和模板功能使模型的开发和维护变得更简单。

Aspen HYSYS 是面向油气生产、气体处理和炼油工业的模拟、设计、性能监测的流程模拟工具。HYSYS 已有 25 年以上的历史，原为加拿大 Hyprotech 公司的产品。2002 年 5 月，Hyprotech 公司与 Aspen Technology 公司合并，HYSYS 成为 Aspen Technolopgy 工程套件的一部分。它为工程师进行工厂设计、性能监测、故障诊断、操作改进、业务计划和资产管理提供了建立模型的方便平台。

PRO/Ⅱ是一个历史悠久的、通用型的化工稳态流程模拟软件，最早起源于1967年SimSci公司开发的世界上第一个蒸馏模拟器SP05，1973年SimSci推出了基于流程图的模拟器，1979年又推出了基于PC机的流程模拟软件Process(即PRO/Ⅱ的前身)，很快成为该领域的国际标准。

ChemCAD是美国Chemstations公司开发的化工流程模拟软件，主要用于化工生产方面的工艺开发、优化设计和技术改造，应用范围包括炼油、石化、气体、气电共生、工业安全、特化、制药、生化、污染防治、清洁生产等多个方面。

DESIGN Ⅱ是美国WinSim Inc.公司开发的流程模拟软件。经过三十年多年的开发和改进，DESIGN Ⅱ已经成为流程模拟变革的先驱。许多DESIGN Ⅱ的革新，如在线FORTRAN和严格塔计算，均已成为流程模拟的标准，目前可以严格模拟炼油和油气、制冷、石化、气体处理、管道、燃料电池、氨、甲醇、硫以及氢设施等。

gPROMS是帝国理工学院PSE (Process System Enterpris Ltd.)研究中心2006年推出的化工模拟软件，它的特点是可以建造任何反应过程、分离过程和多个过程的组合，特别适用于任何新的工艺过程的研究开发及动态过程的建模。已广泛用于化学工业、石油化工、石油和天然气加工、造纸、精细化工、食品工业和制药及生物制品技术等加工行业。

VMGSim由VGM公司开发的流程模拟软件。该软件采用非序贯法，部分数据流进行单元操作计算的交互式计算原理。VMGSim在计算结果的精确性、真正的交互式设计、现代化的开放式计算结构、客户支持和软件的价格方面的卓越表现受到了广泛的赞誉，所以它迅速地被全球范围内的气体加工行业、炼油行业及化工行业的许多顶级的工程公司所采用。

（四）流程模拟的必要性

炼油与石油化工是化工过程中两个非常重要的与石油相关的行业，因为它们是提供能源、化学纤维，尤其是交通运输燃料和有机化工原料的最重要的流程工业。与其他化工过程一样，希望其设计和操作都处于最优状态。在计算机技术日益渗透到各个领域的今天，为炼油与石油化工过程的最优设计和最优操作与控制创造了物质基础。

近年来，随着世界能源短缺以及我国加入WTO所带来的国际市场的激烈竞争，特别是国内许多石油化工企业由于生产设备陈旧、工艺技术落后等原因，和国外发达国家同类企业相比，生产成本高，经济效益差距较大，在国际同行面前缺乏竞争力。因此，如何加快老企业的技术改造，组织装置达标和新技术开发，如何在装置达标后保标、超标，进一步挖潜增效以使我们的生产能力和效率赶上世界先进水平，已成为一个非常迫切的企业战略决策问题。流程模拟技术是最切合实际、适用范围广。受约束因素最少的技术之一，是提高炼化企业市场竞争力的重要途径和措施之一。

目前通用石油化工过程模拟软件在工程设计、科研和炼化生产单位中应用广泛，已成为石油化工科研、设计和生产部门开发新技术、开展工程设计、优化生产运行不可或缺和极为重要的辅助工具，且依赖性日益加大。中国石化目前正在进行智能工厂试点的建设，智能工厂的一大特征就是模型化，对生产的感知能力、预测能力和分析优化能力也是智能工厂的几个关键能力之一，这一切都离不开流程模拟技术作为支撑。

二、催化重整工艺流程建模

(一) 数据准备

下面以某石化企业重整装置为例介绍流程模拟建模过程：

1. 物料平衡

物料平衡见表 13-4-1。

表 13-4-1　物料平衡

原料	流量/(t/h)	产品	流量/(t/h)
进料	194.05	重整氢	21.13
		脱戊烷塔顶气	1.62
		脱戊烷塔顶液	13.2
		脱戊烷塔底液	158.1
合计	194.05	合计	194.05

2. 分析数据

化验分析数据包括：重整氢、排放气、稳定塔顶气、稳定塔顶液、重整生成油等。

3. 操作数据

操作数据见表 13-4-2。

表 13-4-4　操作参数

项目	单位	数值
进料流量	m³/h	260
进料温度	℃	80
进料压力	kPa	600
氢油比	mol/mol	1.744
重整产物气液分离器压力	kPa	344.7
重整产物气液分离器温度	℃	32.22
催化剂循环量	kg/h	1588
重整产物进稳定塔前的温度	℃	32.2
重整产物进稳定塔前压力	kPa	344.7
重整再接触(一级压缩出口压力)	kPa	1551
重整再接触(末级压缩出口压力)	kPa	3792

项目	单位	数值
重整再接触(一级压缩出口温度)	℃	98.9
重整再接触(末级压缩出口温度)	℃	98.9
重整再接触罐(一级)(入口物流压降)	kPa	0
重整再接触罐(一级)(温度)	℃	35.0
重整再接触罐(一级)(分离效率)		1
重整再接触罐(末级)(入口物流压降)	kPa	0
重整再接触罐(末级)(温度)	℃	36.1
重整再接触罐(末级)(分离效率)		1
纯氢排放量		0
一反入口温度	℃	526.1
二反入口温度	℃	526.7
三反入口温度	℃	532.2
四反入口温度	℃	532.8

4. 设备数据

各数据见表 13-4-5、表 13-4-6。

表 13-4-5　反应床层数据

反应床层	反应器长度/m	催化剂装填量/kg
1#	0.5	9245
2#	0.7	13870
3#	0.9	19260
4#	1.1	38520

表 13-4-6　催化剂性质

项目	单位	数值
催化剂空隙率		0.35
催化剂密度	kg/m³	560

5. 标定数据

标定数据见表 13-4-7~表 13-4-9。

表 13-4-7　反应器床层数据

反应床层	入口压力/MPa(表)	温降/℃	压降/kPa
1#	460	116.9	10.34
2#	437	69.72	10.34
3#	414	44.72	20.68
4#	391	19.72	20.68

表 13-4-8　辛烷值

组分	RON	MON
C_{5+}	100	90
C_{6+}	101	91

表 13-4-9　循环氢压缩机进入口压力和循环氢摩尔纯度

项目	数值
入口压力/kPa	344.7
出口压力/kPa	600
循环氢纯度/%(摩尔)	0.8

(二)物性及热力学选择

针对重整反应及分馏部分,选用 SRK 物性方法,并采用 STMNBS2 计算自由水的相平衡。

(三)催化重整装置模型开发

1.建模范围

本次重整建模范围包含反应部分、再接触部分及分馏部分。以下以某催化重整装置为例,说明建模过程。

2.重整反应模型标定

(1)配置标定范围

本次标定对象为连续重整反应器模型,其范围包含 4 个反应床层和氢气再接触系统。

(2)输入催化剂床层参数

根据催化剂床层数据,输入催化剂孔隙率及密度,并对反应器床层长度及装填量进行定义。

(3)输入原料分析数据

在物性处,选择输入色谱分析数据。

(4)输入操作参数

操作参数主要包含原料油进料参数、各床层入口温度、反应器入口参考温度、氢油摩尔比、重整产物气液分离器温度和压力等。

(5)输入测量参数

输入各反应器入口压力、压降及温降;输入循环氢压缩机出口压力及入口压力;输入循环氢纯度及重整生成油辛烷值等参数。

（6）开始预标定

1）调整标定目标函数 Sigma：

调整目标函数的 Sigma 值，将循环氢气纯度的 Sigma 从 $5E^{-3}$ 调大至 0.01，这样可以防止出现循环氢纯度的过拟合。将反应器温降的 Sigma 值从 1 降低至 0.75，这样可提高反应器温降的准确性，防止反应温降出现欠拟合。

2）开始预标定（Run Pre-Calibration）：

预标定时，不勾选任何目标函数。仅通过预标定，查看重整装置的物流平衡情况。

（7）开始正式标定（Run Calibration）

调整反应器模型参数，使模拟结果与工厂数据匹配。

3. 重整流程建模

（1）保存标定因子参数

保存标定成功的反应器参数。

（2）将标定模式切换为模拟模式

将反应器从标定模式切换为模拟模式。

（3）建立全流程

1）新建一个模拟文件，并导入组分和物性方法包。

2）新建一个重整反应器模型，并读取模板文件。

3）读取反应器模板（已标定成功的文件）。

4）建立全流程模型。

重整装置流程模拟模型如图 13-4-1 所示。

（四）催化连续重整装置模型的应用

1. 重整反应部分模型应用

以下分别考察重整反应温度（WAIT：加权平均入口温度）、氢油比、和空速对 C_{5+} 收率、C_{5+} 辛烷值、总芳烃收率、P1+P2（甲烷和乙烷）收率、氢气纯度和氢气收率的影响。

（1）反应温度的影响

图 13-4-2 为反应温度对 C_{5+} 收率的影响。从图中可以看出，随着反应温度的增加，C_{5+} 收率逐步降低。这主要是由于反应温度的增加使加氢裂化反应深度增加所致。

图 13-4-3 为反应温度对 C_{5+} 辛烷值的影响。从图中可以看出，随着反应温度的增加，C_{5+} 辛烷值呈近似线性增加。这主要是由于反应温度的增加使直链烷烃异构化反应深度增加所致。

图 13-4-4 为反应温度对总芳收率的影响。从图中可以看出，随着反应温度的增加，总芳收率逐步上升，当温度高于 535℃时，总芳收率增加速率趋于平缓。这主要是由于反应温度的增加导致环烷烃脱氢反应接近热力学平衡所致。

图 13-4-5 为反应温度对 P1+P2 收率的影响。从图中可以看出，随着反应温度的增加，P1+P2 收率逐步上升，当温度高于 535℃时，P1+P2 收率增长速率增加。这主要是由于反应温度的增加导致加氢裂化反应深度增加所致。

图 13-4-6 为反应温度对氢气纯度的影响。从图中可以看出，随着反应温度的增加，氢气纯度呈下降趋势。这主要是由于反应温度的增加导致加氢裂化反应深度增加、P1+P2 收率增加所致。

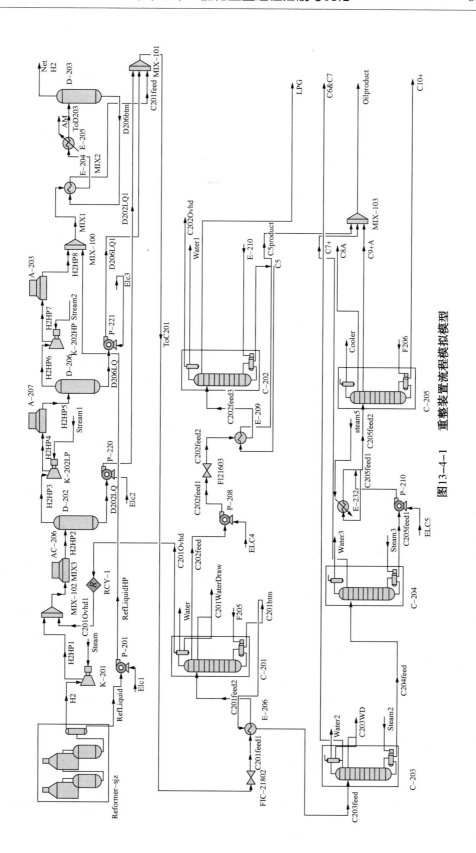

图 13-4-1　重整装置流程模拟模型

图 13-4-7 为反应温度对氢气收率的影响。从图中可以看出，随着反应温度的增加，氢气收率呈上升趋势，当温度高于 535℃时，氢气收率呈下降趋势。这主要是由于反应温度的增加导致加氢裂化及异构化反应深度高于脱氢反应深度所致。

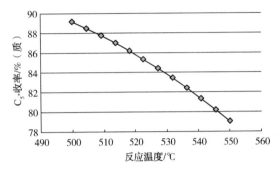

图 13-4-2　反应温度对 C_{5+} 收率的影响

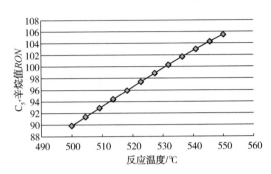

图 13-4-3　反应温度对 C_{5+} 辛烷值 RON 的影响

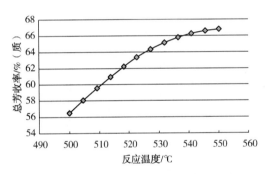

图 13-4-4　反应温度对总芳收率的影响

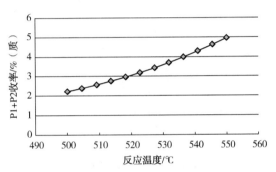

图 13-4-5　反应温度对 P1+P2 收率的影响

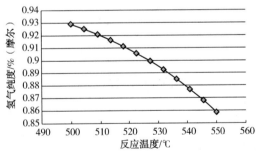

图 13-4-6　反应温度对氢气纯度的影响

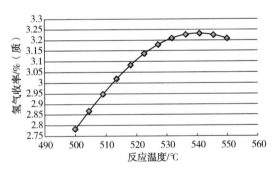

图 13-4-7　反应温度对氢气收率的影响

图 13-4-8 为反应温度对催化剂焦炭沉积速率的影响。从图中可以看出，随着反应温度的增加，各反应器催化剂焦炭沉积速率逐步上升，当温度高于 535℃时，催化剂焦炭沉积速率增加。此外，催化剂焦炭沉积主要发生在三反和四反。

综上分析，反应温度不宜高于 535℃。

（2）氢油比的影响

图 13-4-9 为氢油比对 C_{5+} 收率的影响。可见，随着氢油比的增加，C_{5+} 收率逐步降低。这主要是由于氢油比的增加使加氢裂化反应深度增加所致。

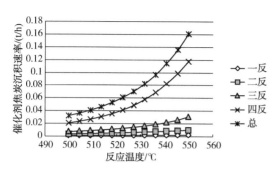

图 13-4-8　反应温度对催化剂焦
炭沉积速率的影响

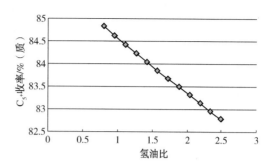

图 13-4-9　氢油比对 C_{5+} 收率的影响

图 13-4-10 为氢油比对 C_{5+} 辛烷值的影响。从图中可以看出，随着氢油比的增加，C_{5+} 辛烷值变化不大，当氢油比高于 1.5 时，C_{5+} 辛烷值呈下降趋势。保持一定氢油比有利于减少催化剂结焦，但氢油比过大，将导致脱氢反应速率降低，不利于芳烃的生成，最终导致 C_{5+} 辛烷值降低。

图 13-4-11 为氢油比对总芳收率的影响。从图中可以看出，随着氢油比的增加，总芳收率逐步降低。这主要是由于氢油比的增加不利于环烷烃脱氢反应所致。

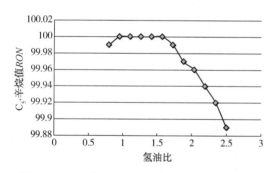

图 13-4-10　氢油比对 C_{5+} 辛烷值 RON 的影响

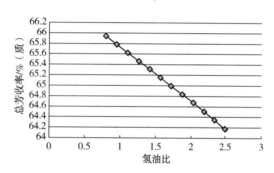

图 13-4-11　氢油比对总芳收率的影响

图 13-4-12 为氢油比对 P1+P2(甲烷和乙烷)收率的影响。从图中可以看出，随着氢油比的增加，P1+P2 收率呈线性上升。这主要是由于氢油比的增加导致加氢裂化反应深度增加所致。

图 13-4-13 为氢油比对氢气纯度的影响。从图中可以看出，随着氢油比的增加，氢气纯度呈下降趋势。这主要是由于氢油比的增加导致加氢裂化反应深度增加、P1+P2 收率增加所致。

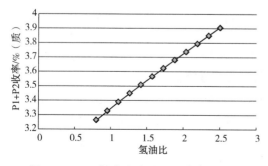

图 13-4-12　氢油比对 P1+P2 收率的影响

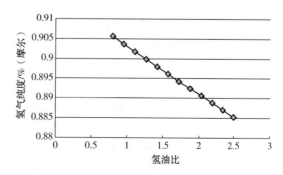

图 13-4-13　氢油比对氢气纯度的影响

图 13-4-14 为氢油比对氢气收率的影响。从图中可以看出，随着氢油比的增加，氢气收率呈下降趋势。这主要是由于氢油比的增加，不利于环烷烃脱氢反应所致。

图 13-4-15 为氢油比对催化剂焦炭沉积速率的影响。从图中可以看出，随着氢油比的增加，各反应器催化剂焦炭沉积速率逐步降低，当氢油比高于 2 时，催化剂焦炭沉积速率降低变缓。此外，催化剂焦炭沉积主要发生在三反和四反。

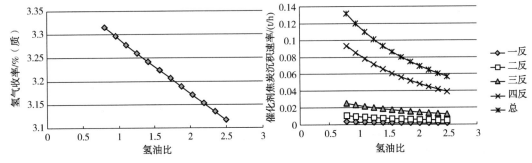

图 13-4-14　氢油比对氢气收率的影响　　　图 13-4-15　氢油比对催化剂焦炭沉积速率的影响

综上分析，氢油比保持在 1.0~1.5 范围内较好。若氢油比过低，将导致催化剂结焦率增加。

（3）空速的影响

图 13-4-16 为空速对 C_{5+} 收率的影响。从图中可以看出，随着空速的增加，C_{5+} 收率逐步上升。这主要是由于空速的增加使加氢裂化反应深度降低所致。

图 13-4-17 为空速对 C_{5+} 辛烷值的影响。从图中可以看出，随着空速的增加，C_{5+} 辛烷值逐步降低。这主要是由于空速增加使得加氢裂化反应深度降低所致。

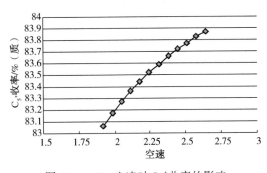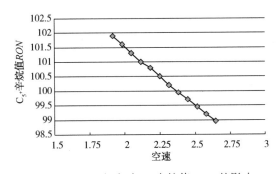

图 13-4-16　空速对 C_{5}^{+} 收率的影响　　　图 13-4-17　空速对 C_{5}^{+} 辛烷值 RON 的影响

图 13-4-18 为空速对总芳收率的影响。从图中可以看出，随着空速的增加，总芳收率逐步降低。这主要是由于空速的增加使环烷烃脱氢反应深度降低所致。

图 13-4-19 为空速对 P1+P2(甲烷和乙烷)收率的影响。从图中可以看出，随着空速的增加，P1+P2 收率呈下降趋势，当空速高于 2.25 时，P1+P2 收率降低减缓。这主要是由于空速的增加导致加氢裂化反应深度降低所致。

图 13-4-20 为空速对氢气纯度的影响。从图中可以看出，随着空速的增加，氢气纯度呈上升趋势，当空速高于 2.25 时，氢气纯度上升趋势趋于平缓。

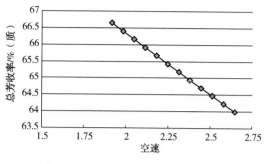

图 13-4-18 空速对总芳收率的影响

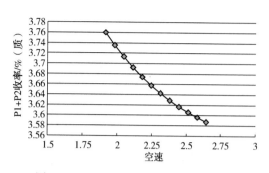

图 13-4-19 空速对 P1+P2 收率的影响

图 13-4-21 为空速对氢气收率的影响。从图中可以看出，随着空速的增加，氢气收率呈下降趋势。这主要是由于空速的增加导致环烷烃脱氢反应速率降低所致。

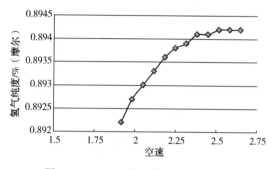

图 13-4-20 空速对氢气纯度的影响

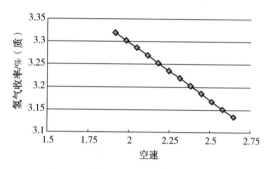

图 13-4-21 空速对氢气收率的影响

图 13-4-22 为空速对催化剂焦炭沉积速率的影响。从图中可以看出，随着空速的增加，各反应器催化剂焦炭沉积速率无显著变化。此外，催化剂焦炭沉积主要发生在三反和四反。

综上分析，空速保持在 2.25 左右较好。若空速过低，将导致催化剂结焦率增加。

2. 重整分馏部分模型应用

（1）汽提塔应用分析

在汽提塔底、塔顶外甩量不变的情况下，以塔顶回流为变量对塔顶温度、塔底温度、塔顶 C_5 组分、塔底 C_4 组分、塔底热负荷作灵敏度分析，结果见图 13-4-23。

由图 13-4-23 可以看出，因该塔进、出

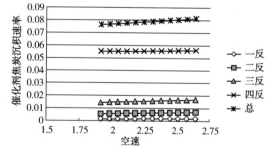

图 13-4-22 空速对催化剂焦炭沉积速率的影响

物料不变，在塔顶回流增加的情况下，塔顶 C_5 组分、塔底 C_4 组分含量下降，但塔底温度、热负荷同样增加，综合考虑产品质量和能耗，可根据该图选择最佳的操作条件。

（2）石脑油分馏塔应用分析

在控制塔底、塔顶外甩量不变的情况下，塔顶灵敏板温度、塔底温度、塔底油初馏点、塔顶 C_7 组分、塔底 C_6 组分、塔底热负荷对回流变化的响应曲线如图 13-4-24 所示。

由图 13-4-24 可以看出，增加回流量，塔顶 C_7 组分、塔底 C_6 组分含量下降，同样底温和塔底热负荷增加，综合考虑该塔能耗和塔顶、塔底组分要求，可根据该图找到最佳的操作条件。

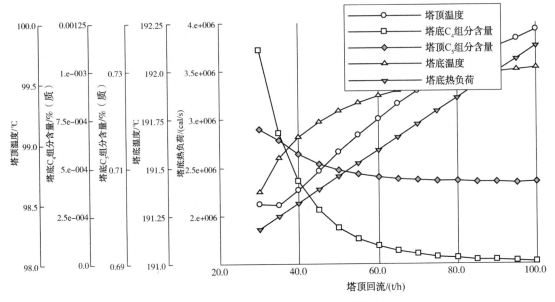

图 13-4-23　汽提塔灵敏度分析曲线

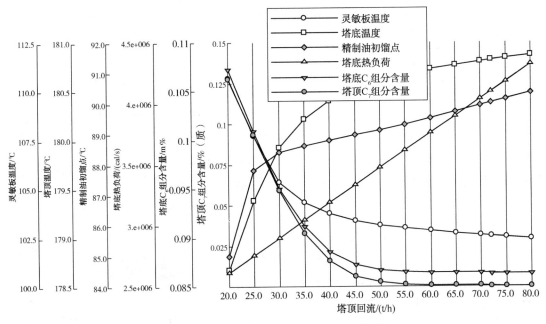

图 13-4-24　石脑油分馏塔灵敏度分析曲线

（3）脱异戊烷塔应用分析

在保证该塔顶、塔底物料量不变的前提下，模拟塔顶回流与塔顶灵敏板温度、塔底温度、塔顶 C_5 组分、塔顶正构 C_5 组分、塔底异构 C_5 组分、塔底热负荷的关系，如图 13-4-25 所示。

由图 13-4-25 可以看出，在保持塔顶 C_5 纯度大于 98% 的前提下增加回流，塔顶正构 C_5、塔底异构 C_5 组分含量均下降，塔底温度、热负荷均增加，为增产异构 C_5，综合考虑能耗，可根据该图选择最佳操作条件。

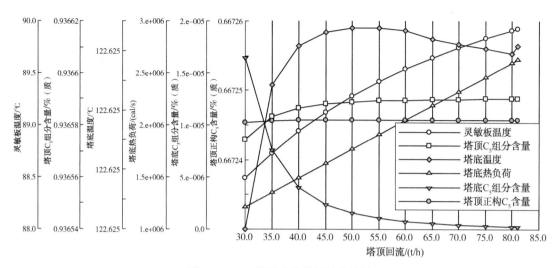

图 13-4-25　脱异戊烷塔灵敏度分析

（4）脱戊烷塔应用分析

在保证该塔顶、塔底物料量不变的前提下，模拟塔顶回流与塔顶灵敏板温度、塔底温度、塔顶 C_6 组分、塔底 C_5 组分、塔底热负荷的关系，如图 13-4-26 所示。

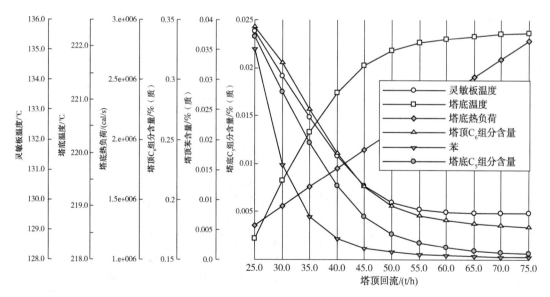

图 13-4-26　脱戊烷塔灵敏度分析

由图 13-4-26 可以看出，随着回流的增加，塔顶 C_6 组分、塔底 C_5 组分含量均下降，且塔底温度、塔底热负荷随之增加，在确保塔顶 C_6 组分、塔底 C_5 组分尽量少的前提下，综合考虑该塔的操作能耗，可根据该曲线选择最佳的操作条件。

（5）脱丁烷塔应用分析

维持该塔塔顶、塔底物料采出不变，塔顶灵敏板温度、塔底温度、塔顶 C_5 组分、塔底

C_4 组分、塔底热负荷对回流变化的响应曲线如图 13-4-27 所示。

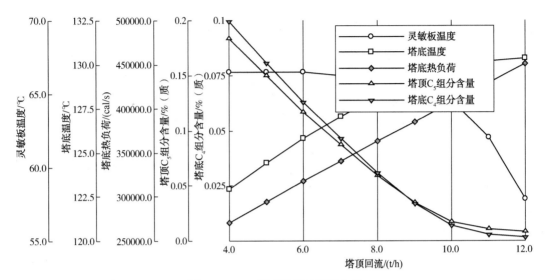

图 13-4-27　脱丁烷塔灵敏度分析

由图 13-4-27 可以看出，回流增加，塔顶 C_5 组分、塔底 C_4 组分含量减少，塔底温度、塔底热负荷增加，为保证塔顶液化气中 C_5 含量<5%(体)、塔底戊烷油中 C_4 组分含量<15%(质)，并降低该塔的能耗，可根据该曲线选择最佳的操作条件。

（6）脱 C_6 塔应用分析

在维持该塔顶、塔底物料量不变的前提下，模拟回流与塔顶灵敏板温度、塔底温度、塔顶 C_7 组分、塔底苯含量、塔底热负荷的关系如图 13-4-28 所示。

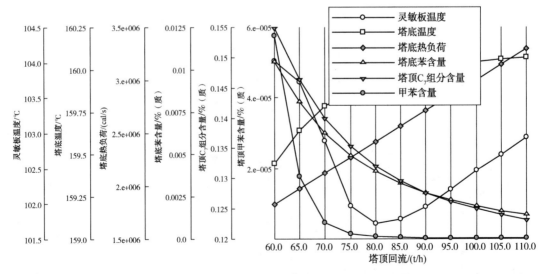

图 13-4-28　脱 C_6 塔灵敏度分析

由图 13-4-28 可以看出，随着回流的增加，塔顶 C_7 组分、塔底苯含量下降，但塔底温度、塔底热负荷均增加，为最大限度地减少塔底苯含量、增产苯，并考虑能耗问题，根据该曲线可找到最佳的操作条件。

（7）脱甲苯塔应用分析

在该塔塔顶、塔底物料采出不变的情况下，模拟塔顶回流与塔顶灵敏板温度、塔底温度、塔顶二甲苯组分、塔底甲苯组分、塔底热负荷的关系，如图13-4-29所示。

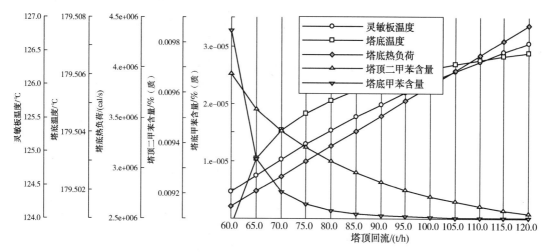

图13-4-29 脱甲苯塔灵敏度分析

由图13-4-29可以看出，增大回流，塔顶二甲苯含量、塔底甲苯含量减少，但塔顶灵敏板温度、塔底温度、塔底热负荷增加，为降低塔底甲苯量、保证二甲苯产品的初馏点合格，减少塔顶二甲苯量、增产二甲苯，并考虑该塔能耗，可根据该曲线找到最佳的操作条件。

（8）二甲苯塔应用分析

在二甲苯塔底、塔顶外甩不变的情况下，塔顶灵敏板温度、塔底温度、塔顶C_{9+}组分、塔底二甲苯组分、塔底热负荷与回流的关系如图13-4-30所示。

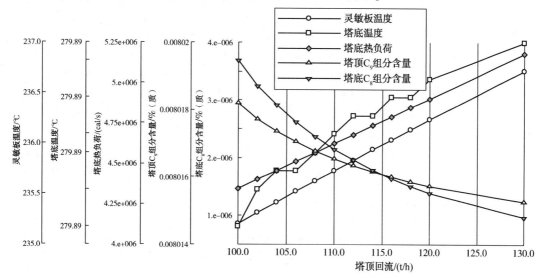

图13-4-30 二甲苯塔灵敏度分析

由图 13-4-30 可以看出，随着回流的增加，塔顶 C_{9+} 组分、塔底二甲苯组分减少，而塔顶灵敏板温度、塔底温度、塔底热负荷一直增加，可综合考虑能耗选择该塔的最优操作条件。

(五) 重整装置模拟应用案例

1. 中国石化重整装置流程模拟应用业绩

在中国石化科技部和炼油事业部的推动下，由石化盈科联合中国石化生产企业，利用流程模拟技术，对 15 套重整装置进行优化，提出并实施了优化方案，取得直接经济效益约 1.4 亿元/年，各装置应用效益点汇总见表 13-4-10。

表 13-4-10　催化重整装置流程模拟应用汇总表

编号	企业名称	装置名称	优 化 应 用
1	镇海炼化	Ⅲ催化重整	(1) 适当调整再接触系统空冷冷后温度和出装置氢气温度，重整出装置氢气纯度比以前平均提高 0.5%，增加稳定汽油收率 0.15%，增效 277 万元； (2) 随着氢气带液减少，氢气脱氯剂使用寿命由之前的半年延长到目前的一年以上，每年至少可以少更换一次氢气脱氯剂，年节约化工原材料费用为 30 万元； 两者合计增效 307 万元/年
2		Ⅳ催化重整	(1) 将脱丁烷塔顶压由 0.92MPa 降低至 0.80MPa，蒸汽耗量由 13.5t/h 下降至 11.3t/h； (2) 将脱己烷塔顶压力由 0.03MPa 降至 0.01MPa 蒸汽耗量由 23.5t/h 下降至 20.5t/h； 合计节约蒸汽 5.2t/h，装置节能 2.55 kgEO/t，节省燃料 2423.5tEO，节能效益 727 万元/年
3	青岛炼化	催化重整	(1) 降低汽提塔(C101)顶压，节约燃料气 200Nm³/h，节能效益 303.75 万元/年； (2) 降低石脑油分馏塔(C102)顶压，节约 0.7MPa 氮气用量 88Nm³/h，节约燃料气 100Nm³/h，节能效益 174.05 万元/年； (3) 降低脱 C_6 塔(C203)压力，塔底重沸器蒸汽用量由 20t/h 下降至 16t/h，节约 1.0MPa 蒸汽 4t/h，节能效益 322.56 万元/年； (4) 降低脱 C_6 塔(C203)压力，C203 塔底油中苯含量由 1.2% 下降为 0.2%，大约可多回收苯 1t/h，增效 840 万元/年； (5) 优化脱甲苯塔(C204)、二甲苯塔(C205)操作，降低 C204 顶二甲苯含量及 C205 底二甲苯含量，将二甲苯收率由 19.01% 提高至 19.85%，二甲苯产量增加 1.5t/h，增效 2520 万元/年； 五项合计 4140.36 万元/年
			(1) 优化二甲苯塔侧线抽出率，解决了重整汽油干点偏高问题，为扩大重整料来源、提高催化汽油产量，可年多产汽油 10kt 以上，实现增效 500 万元/年以上； (2) 通过降低分馏塔加热炉出口温度及侧线产品抽出量，催化增产汽油 0.8t/h，全年实现创效 202 万元； 对高压空冷器的防腐进行模拟，准确地计算出高压空冷器的物流腐蚀系数，对高压空冷器的防腐保护起到较好的指导作用

续表

编号	企业名称	装置名称	优 化 应 用
4	金陵石化	Ⅰ催化重整	（1）以目标产品产率最大化为目标提出优化建议；
5		Ⅱ催化重整	（2）指导脱丁烷塔降压操作，塔压分七次由0.9MPa降低到0.83MPa，塔底蒸汽耗量由12.8t/h降低至11.7t/h，降低装置能耗0.717kgEO/t，实现节能效益63.8万元/年
6	九江石化	催化重整	（1）优化预分馏塔、脱戊烷塔和脱重塔回流比，降低能耗 （2）优化塔操作，增产芳烃1067t/a
7	青岛石化	连续重整	通过优化蒸发塔、石脑油分馏塔、稳定塔等，优化进料温度，热载体使用量由调整前的135t/h降低至118t/h，节约17t/h，则节能效益为214.2万元/年
8	湛江东兴	催化重整	（1）指导重整部分稳定塔汽提塔降压操作，节约蒸汽0.5t/h，节燃料气381吨/年，综合能耗降低1.3kgEO/t，节能效益183万元/年； （2）指导芳烃部分预分馏塔、脱己烷塔、脱庚烷塔、二甲苯塔优化后，节约蒸汽1.6t/h，节约燃料气551t/a，综合能耗降低2.86kgEO/t，节能效益348万元/年； 两项合计531万元/年
9	海南炼化	催化重整	以模型为指导将脱C_6^+塔的回流量从110t/h降至100t/h实施后，塔底热负荷降低了7%，约节省蒸汽1.7t/h，苯量增加0.073t/h，年增产苯613.2t，实现挖潜增效232.68万元/年
10	济南炼化	催化重整	（1）指导脱水塔降压操作，由0.25MPa降至0.2Mpz，相应调整回流和塔温，节约燃料气30Nm³/h，节能效益47.30万元/年； （2）指导分馏塔降压操作，由0.95MPa降至0.8MPa，相应调整回流和塔温，节约燃料气30Nm³/h，节能效益63.07万元/年
11	石家庄炼化	催化重整	（1）指导汽提塔降压操作，由0.3MPa降低至0.25MPa，回流比控制在0.2~0.25之间。优化后，节约燃料气50Nm³/h，节能效益74.3万元/年； （2）指导脱戊烷塔进行降压操作，塔压由0.95MPa降低至0.85MPa，回流比控制在0.3以上，实施后，节约燃料气60 Nm³/h，节能效益89.2万元/年； 两项合计163.5万元/年
12	沧州炼化	催化重整	指导预分馏塔、蒸发塔和稳定塔降压操作，年节约瓦斯336t，节约电37.8×10⁴kW·h，实现节能效益115.97万元/年
13	塔河炼化	催化重整	（1）优化脱水塔，达到熄导热油炉的目的，可节约燃料气用量约60Nm³/h左右，年节约燃料气374.4t，节能效益93.6万/年； （2）提高脱水塔分离精度，液化气中C_5、C_6含量平均下降了2.5%，多产轻石脑油量为600t/a，增效84万元/年； （3）液化气中苯含量平均下降了1.5%，年可增加苯量为240t，增效108万元/年； 三项合计285.6万元/年

续表

编号	企业名称	装置名称	优 化 应 用
14	武汉石化	催化重整装置	(1) 通过模型寻找三苯塔的灵敏板位置； (2) 优化三苯塔操作，苯塔节约蒸汽 0.2t/h，二甲苯塔塔底重沸炉瓦斯消耗降低 10kg/h
15	高桥石化	催化重整	对重整各塔降压操作提出指导建议

2. 流程模拟案例

(1)镇海炼化Ⅳ催化重整装置

镇海炼化Ⅳ催化重整装置以模型结果为指导，对重整后分馏系统脱丁烷塔 T701、脱己烷塔 T801 进行了降压操作，降低装置能耗。

1) 在保证产品质量合格、T701 塔底油能自压至 T801 的前提下分 6 次将 T701 顶压力由 0.92MPa 降低至 0.80MPa，T701 塔底蒸汽耗量由−13.5t/h 下降至 11.3t/h。如图 13-4-31 和图 13-4-32 所示。

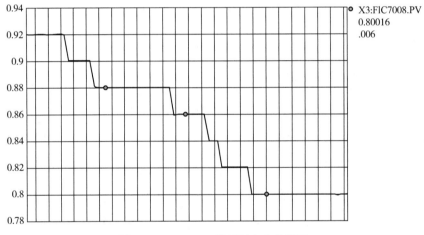

图 13-4-31　T701 塔顶压力变化情况

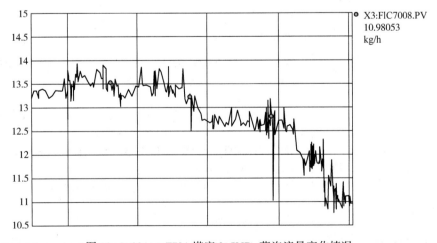

图 13-4-32　T701 塔底 3.5MPa 蒸汽流量变化情况

2）在保证 T801 塔底脱已烷油、T802 苯馏分合格的前提下，装置将 T801 塔顶压力分二次由 0.03MPa 降至 0.01MPa 运行，T801 塔底蒸汽耗量由 23.5t/h 下降至 20.5t/h。如图 13-4-33 和图 13-4-34 所示。

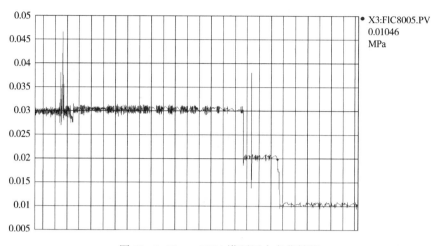

图 13-4-33　　T801 塔顶压力变化情况

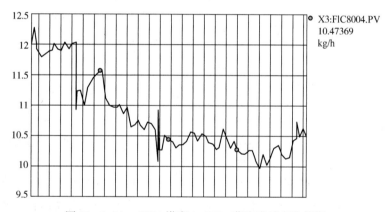

图 13-4-34　　T801 塔底 1.1MPa 蒸汽流量变化情况

经过 T701 和 T801 降压操作后，T701 塔底 3.5MPa 蒸汽消耗按减少 2.2t/h 计算，降低装置能耗 1.17kgEO/t。T801 塔底 1.1MPa 蒸汽按减少 3.0t/h 计算，降低装置能耗 1.38kgEO/t，合计装置节能 2.55 kgEO/t。

（2）青岛炼催化重整装置

青岛炼化连续重整装置建立了汽提塔、石脑油分馏塔、脱异戊烷塔、脱戊烷塔、脱丁烷塔、脱 C_6 塔、脱甲苯塔、二甲苯塔八塔流程模拟模型，依据模型做了如下应用：

1）降低汽提塔（C101）顶压，减少燃料气的消耗：

通过模型分析优化汽提塔 C101 的操作，将塔顶压力由 1.1MPa 降低为 0.82MPa 控制，节约燃料气 200Nm³/h，燃料气价格按照 2318 元/t，计算折合经济效益 303.75 万元/年。

2）降低石脑油分馏塔（C102）顶压，降低氮气用量，减少燃料气的消耗：

通过模型分析得知石脑油分馏塔 C102 塔顶组分在回流温度 50℃时压力为 0.01MPa，实际操作中 D106（C102 顶回流罐）顶压控阀充压阀开度一直在 85% 左右，利用 N_2 维持 D106

压力为 0.34MPa。优化操作时，在保证 D106 底回流泵正常运行的前提下尽量降低 D106 压力，现 D106 压力控制在 0.25MPa，D106 充压阀开度由 85% 降为 30%，节约 0.7MPa 氮气用量 88Nm³/h，燃料气 100Nm³/h，燃料气价格按照 2318 元/t 计算，氮气价格按照 0.3 元/Nm³ 计算，折合经济效益 174.05 万元/年。

3）降低脱 C_6 塔（C203）压力，减少蒸汽用量，提高苯收率：

通过模型分析优化脱 C_6 塔 C203 操作，在确保该塔正常操作的前提下将塔顶压力由 0.075MPa 降至 0.045MPa，塔底重沸器蒸汽用量由 20t/h 下降至 16t/h，节约 1.0MPa 蒸汽 4t/h，1.0MPa 蒸汽价格按照 96 元/t 计算，折合经济效益 322.56 万元/年。

通过降压操作，C203 塔底油中苯含量由 1.2% 下降为 0.2%，大约可多回收苯 1t/h，苯和汽油差价按 1000 元/t 计算，折合经济效益 840 万元/年。

4）优化脱甲苯塔（C204）、二甲苯塔（C205）操作，提高二甲苯收率：

通过模型分析结合实际优化 C204、C205 操作，降低 C204 塔顶二甲苯含量及 C205 塔底二甲苯含量，二甲苯收率由 19.01% 提高至 19.85%，二甲苯产量增加 1.0t/h，二甲苯和汽油差价按 1000 元/t 计算，折合经济效益 840 万元/年。

通过以上分析，装置实施流程模拟的经济效益为：

$$303.75 + 174.05 + 840 + 322.56 + 840 = 2480.36 \text{ 万元/年}$$

同时通过对装置的流程模拟，得到了装置的设备操作工况及操作数据，使技术人员对装置有了进一步的了解，为装置解决生产"瓶颈"、优化操作、提高产品质量提供了理论依据，具有一定的潜在效益。

（3）塔河炼化催化重整装置

塔河炼化催化重整装置运用模型进行如下应用：

1）提高脱水塔的进料温度：

根据计算结果，可以看出进料温度在 153～160℃ 之间调整对脱水塔 T3101 塔底温度和液化气抽出量影响最敏感，效果最好。根据三塔所需热负荷中 T3101 的供热负荷占导热油全负荷的 60% 以上，为此，在保证精制油合格的前提下，将 T3102 的底温由 168～171℃ 提至 171～174℃ 控制来提高 T3101 的进料换热温度；同时将 T3101 的底温由 200～205℃ 降至 195～198℃ 来降低 T3101 底的热负荷而减少导热油系统的负荷，从而达到了熄导热油炉的目的。导热油炉熄炉可节约燃料气用量约 30Nm³/h 左右，每年（8000h 计算）节约燃料气 187.2t，按目前干气市场价 2500 元/t 计算，则经济效益为 46.8 万/年，经济效益明显。

2）提高分离精度减少脱水塔液化气中 C_5、C_6 含量提高液收：

由于重整装置原料中加氢石脑油的掺炼比例的增加，而加氢石脑油进料组成中 80℃ 以前的轻组分占到 40% 以上，对脱水塔负荷和装置液体收率影响较大。通过本次流程模拟，在提高脱水塔进料温度和降低塔底热负荷调整基础上，得到了脱水塔顶液化气中 C_5、C_6 含量与回流比之间的关系，并通过对比调整操作，液化气中 C_5、C_6 含量平均下降了 2.5%。液化气产量按 1.5t/h，则每年（按 8000h 计算）可多产轻石脑油量为 300t，轻石脑油与液化气市场差价按 1400 元/t 计算，经济效益达 42.0 万元/年。

3）提高分离精度，减少稳定塔液化气苯含量，提高苯产量：

由于重整装置原料不足，重整汽油不能满足芳烃装置大负荷生产，通过模拟，得到了稳定塔顶液化气中苯含量与回流比之间的关系，并通过对比调整操作，液化气中苯含量平均下降了1.0%。液化气产量按1.5t/h计，则每年可增加苯量为120t，增产芳烃平均按4500元/t计算，年经济效益达54.0万元/年。

参 考 文 献

[1] 戴连奎，于玲，田学民．过程控制工程[M].3版．北京：化学工业出版社，2012.
[2] 陆德民，张振基，黄步余．石油化工自动控制设计手册.3版．北京：化学工业出版社，2001.
[3] 韩方煌，郑世清，荣本光．过程系统稳态模拟技术[M].北京：中国石化出版社，1999.
[4] 张瑞生，王弘轼，宋宏宇．过程系统工程概论[M].北京：科学出版社，2001.
[5] 林世雄．石油炼制工程[M].3版．北京：石油工业出版社，2007.

第十四章　腐蚀与防腐

第一节　腐蚀类型及特征

一、高温氢攻击

(一) 腐蚀特征

催化重整的目的是生产 $C_6 \sim C_9$ 芳烃产品或高辛烷值汽油，在催化重整过程中，其中六元环烃进行脱氢反应，五元环烃进行异构化脱氢反应，烷烃环化反应都会产生氢气。反应过程都是在临氢高温($480 \sim 510℃$)和一定压力下进行，所以临氢设备和管线都可能产生氢损伤。氢损伤包括如下两种：

1) 表面脱碳：钢材与高温氢接触后，形成表面脱碳。表面脱碳不形成裂纹，其影响是强度及硬度略有下降，而延伸率增高。

2) 氢腐蚀(内部脱碳)：高温高压下的氢渗入钢材之后，和不稳定碳化物形成甲烷。钢中甲烷不易逸出，致使钢材产生裂纹及鼓泡，并使强度和韧性急剧下降，其腐蚀反应是不可逆的，使钢材永久性脆化。

(二) 影响因素

1. 温度、氢分压、服役时间

温度越高，氢分压越高，发生高温氢攻击的可能性越高。因为铬钼钢材具有良好的高温力学性能和抗高温氢攻击性能，高温临氢设备一般选用 2.25Cr1Mo 铬钼钢制作，正常情况下是安全可靠的，但是最近有资料介绍该种材料在大于 538℃ 时性能开始劣化，将会发生氢腐蚀的内部脱碳和强度下降，因此操作中要防止异常的超温事故。此外附加应力能加速氢腐蚀及甲烷气泡的形成，也需注意。

材料的抗高温氢腐蚀性能随着服役时间的延长而下降。特别要注意，材料的服役时间是累计的。

高温氢攻击的孕育及发展基本没有特定的检测技术可以确认，其潜伏期是可以是几个小时，也可以是几年，具体情况和材料与服役环境相关。

2. 材料

由于高温氢攻击是高温条件下氢和钢中的碳反应生成甲烷，因此与碳结合力增加的元素可以抑制高温氢攻击，一般来说，增加钢中的 Cr 含量和 Mo 含量可以增加钢材耐高温氢攻击的性能。一般碳钢低合金钢耐高温氢攻击的顺序如下(从低到高)：碳钢，C-0.5Mo，Mn-0.5Mo，1Cr-0.5Mo，1.25Cr-0.5Mo，2.25Cr-1Mo，2.25Cr-1Mo-V，3Cr-1Mo，5Cr-0.5Mo。

300 系列不锈钢、5Cr、9Cr 以及 12Cr 钢对于 HTHA(高温氢攻击)是不敏感的。

图 14-1-1 是临氢作业用钢防止脱碳和微裂的操作极限。

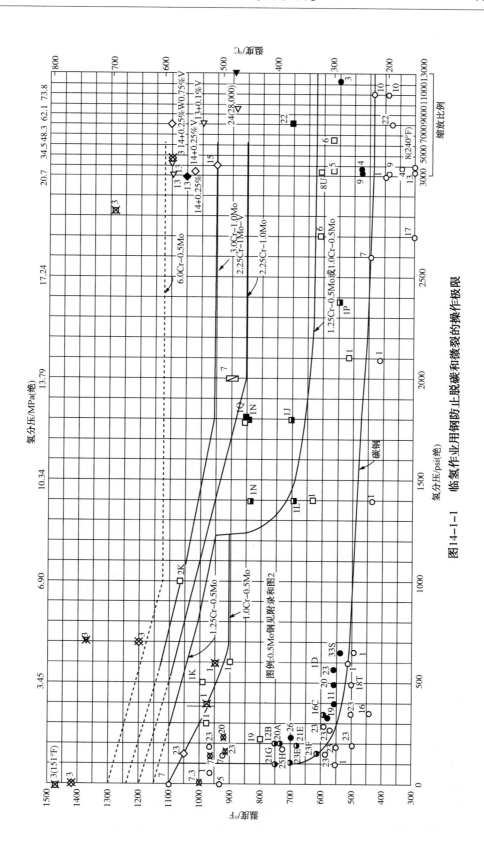

图14-1-1 临氢作业用钢防止脱碳和微裂的操作极限

二、高温 H_2+H_2S 型腐蚀

为了保护催化重整催化剂，重整原料油一般进行加氢预处理以脱出原料中的硫等杂质，预加氢是在催化剂的作用下，压力 $1.5\sim1.8MPa$，温度 $280\sim360℃$，氢油比 $70\sim150Nm^3/m^3$ 的加氢精制操作。在此操作过程中，原料中 90% 以上的有机硫转化为硫化氢，故重整装置高温 H_2+H_2S 型腐蚀主要发生在预加氢系统。

（一）腐蚀特征

在氢气存在下，硫化氢加速对设备腐蚀，腐蚀产物也不能像无氢环境下那样致密，具有一定的保护性，其原因是原子氢不断侵入腐蚀层，造成其疏松而多孔，从而失去保护性，因此高温 H_2+H_2S 型腐蚀与高温硫腐蚀相比要严重。另外，高温 H_2+H_2S 型腐蚀与普通均匀腐蚀相比，腐蚀减薄面积大而光滑，因此比局部腐蚀或孔蚀更易导致破裂失效。

（二）影响因素

高温 H_2+H_2S 型腐蚀，介质中 H_2S 浓度在 1%（体）以下时，随 H_2S 浓度的增加，腐蚀速率急剧增加；当浓度超过 1%（体）时，腐蚀速率基本不发生变化。一般来说，高温 H_2+H_2S 型腐蚀在低氢气分压下腐蚀比高氢气分压下严重。图 14-1-2 是碳钢高温 H_2+H_2S 型腐蚀速率（低 H_2 分压）。

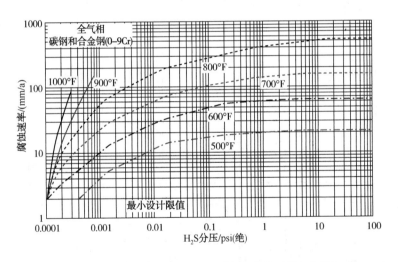

图 14-1-2　碳钢高温 H_2+H_2S 型腐蚀速率（低 H_2 分压）

高温 H_2+H_2S 型腐蚀，在 $315\sim480℃$ 时，随着温度的升高，腐蚀速率急剧增加，温度每升高 55℃，腐蚀速率大约增加 2 倍。图 14-1-3 是碳钢在汽油中的腐蚀速率。

高温 H_2+H_2S 型腐蚀的腐蚀速率随着时间的延长而下降，超过 500h，腐蚀速率比短时间的腐蚀速率小 $2\sim10$ 倍。

碳钢和合金钢（如 Cr5Mo、Cr9Mo）等对高温 H_2+H_2S 型腐蚀不耐蚀，只有含铬量达到 12% 的钢才能有效地抵御高温 H_2+H_2S 型腐蚀。高温 H_2+H_2S 型腐蚀控制主要是材料防腐。一般加氢装置在 200℃ 以下时，H_2+H_2S 型腐蚀介质中使用碳钢；温度超过 200℃ 使用铬钼钢或奥氏体不锈钢。图 14-1-4 是不同材料的高温 H_2+H_2S 型腐蚀速率。

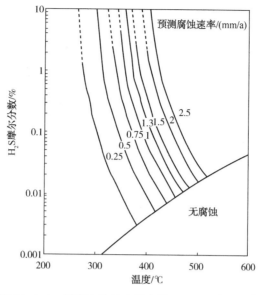

图 14-1-3　碳钢在汽油中的高温 H_2+H_2S 腐蚀速率

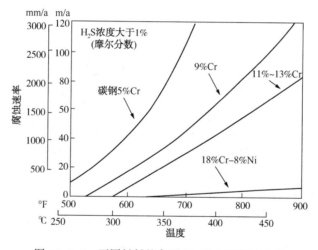

图 14-1-4　不同材料的高温 H_2+H_2S 型腐蚀速率

三、H_2S-HCl-H_2O 型腐蚀

原料中的硫、氮、氧、氯等化合物，在预加氢时生成 H_2S、HCl、H_2O 和 NH_3 等，一般情况下，原料中氯含量很少，易为氨所中和，所以腐蚀以 H_2S-H_2O 为主，但是 1984 年以来某些厂发现原料中氯含量增加，多以有机氯为主，预加氢时造成 HCl 过量，这样便在预加氢低温部位形成 H_2S-HCl-H_2O 型腐蚀环境。

重整催化剂的酸性功能靠卤素提供，一般都采用氯。催化剂的氯含量过低直接影响活性，过高会使液体产品减少，芳烃产率下降。重整原料中的水和含氧化合物加氢所生成的水，不仅会冲掉催化剂上的氯，降低催化剂的活性，而且会生成 HCl，在某些低温部位形成 HCl-H_2O 型腐蚀环境。另外，催化剂烧焦后，使用氯更新时，过多的氯也会形成同样的腐蚀环境。

（一）腐蚀特征

虽然有研究表明硫化氢在"HCl-H$_2$S-H$_2$O"腐蚀环境中有协同作用，但结合 H$_2$S-H$_2$O 相图（图 14-1-5），在"HCl-H$_2$S-H$_2$O"腐蚀环境中主要考虑盐酸腐蚀。

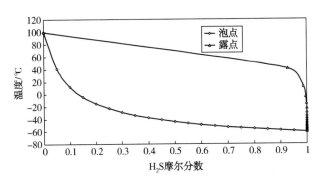

图 14-1-5　1atm 压力下 H$_2$S-H$_2$O 相图

干 HCl 气体对设备腐蚀轻微，一旦遇到水生成盐酸，腐蚀十分强烈，其腐蚀过程如下：

$$HCl \longrightarrow H^+ + Cl^-$$

$$H^+ + Fe \longrightarrow H_2 \uparrow + Fe^{2+}$$

"HCl-H$_2$S-H$_2$O"腐蚀环境中，HCl-H$_2$O 二元体系可形成共沸物，共沸组成为：氯化氢质量分数 20.2%，共沸点 108.6℃，因此，HCl-H$_2$O 二元体系和 H$_2$S-H$_2$O 体系截然不同。对于 100kPa 下 HCl-H$_2$O 二元体系，盐酸强电解质溶液，同时相应的相平衡温度高于氯化氢的临界温度（HCl 不可能液化），所以 HCl-H$_2$O 二元体系气液相平衡关系包含 HCl 在水中的溶解度变化、水的气液平衡、共沸物的气液平衡等，因此对于 HCl-H$_2$O 二元体系的气液平衡数据的关联工作往往是经验性的，较严格的热力学关联相当困难。

图 14-1-6 是利用 PROII 采用 Wilson 方程计算的 1atm 压力下 HCl-H$_2$O 二元体系相图。考虑常减压装置塔顶冷凝冷却系统中 HCl 的摩尔分数很小，因此仅考虑 HCl-H$_2$O 二元体系共沸点以前的相图更具有实用性。

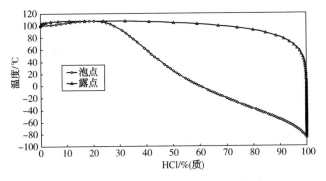

图 14-1-6　1atm 压力下 HCl-H$_2$O 相图

"HCl-H$_2$S-H$_2$O"型腐蚀对于碳钢为均匀腐蚀，铁素体不锈钢（如 0Cr13）、奥氏体不锈钢（如 022Cr19N10）为点蚀，且奥氏体不锈钢还表现出氯化物应力腐蚀开裂。

（二）影响因素

盐酸(HCl 水溶液)会引发全面腐蚀和局部腐蚀，很大浓度范围内的盐酸对于大部分普通材料来说侵蚀性都很强。

1. 氯离子浓度

炼油厂中盐酸的腐蚀破坏通常伴随着露点腐蚀，含有水以及氯化氢的蒸气在蒸馏塔、分馏塔或汽提塔的过热蒸汽中凝结时发生的腐蚀。冷凝的第一滴水酸性很大(低 pH 值)，即初露点生成的盐酸浓度较高，可导致严重的腐蚀。油气中所含氯化氢浓度越高，初露点生成的盐酸浓度越高，腐蚀性也越强。

2. 材质

碳钢和低合金钢在 pH<4.5 下的任何浓度的盐酸中都会遭受严重的腐蚀，一般碳钢为均匀腐蚀。铁素体不锈钢、奥氏体不锈钢在盐酸中点蚀更为常见，同时在盐酸环境使用奥氏体不锈钢氯化物应力腐蚀开裂风险非常高。在实际应用中，400 系列合金(蒙乃尔合金)、钛合金及镍基合金耐稀盐酸腐蚀性能优异。

腐蚀环境中存在氧化剂(氧离子、铁离子和铜离子)将会大幅增加很多材质的腐蚀速率，400 合金和 B-2 合金尤其严重。钛及其合金适用于氧化物介质，但不适用于无水的 HCl 介质。

四、氯化铵腐蚀

氯化铵(NH_4Cl)可造成脱戊烷塔、脱丁烷塔空冷器或冷却器堵塞，影响正常操作，且氯化铵易吸收水分潮解，对设备造成腐蚀。

（一）腐蚀特征

氯化铵是无色晶体或白色颗粒性粉末，极易潮解，吸湿点一般在 76% 左右，当空气中相对湿度大于吸湿点时，氯化铵即产生吸潮现象。氯化铵在 350℃ 以上可分解成氨气和氯化氢。

氯化铵是一种强酸弱碱盐，在水溶液中会发生水解：

$$NH_4Cl + H_2O \Longrightarrow HCl + NH_3 \cdot H_2O$$

温度升高有利于氯化铵进一步水解，溶液中的 H^+ 浓度增大，可致使氯化铵水溶液的 pH 值随温度的升高逐渐降低。表 14-1-1 列出了不同温度、氯化铵浓度水溶液的 pH 值。

表 14-1-1　不同温度、氯化铵浓度水溶液的 pH 值

NH₄Cl 浓度/%	不同温度下氯化铵溶液的 pH 值				
	25℃	30℃	40℃	50℃	60℃
0.005	6.63	6.47	6.28	6.20	6.17
0.05	6.02	6.04	5.91	5.81	5.72
0.5	5.63	5.55	5.35	5.18	5.07
1	5.37	5.26	5.09	4.95	4.81
5	5.34	5.18	4.99	4.78	4.60
10	5.26	5.11	4.90	4.67	4.54
20	5.36	5.20	4.99	4.75	4.57

炼化行业中氯化铵盐随高温工艺介质的冷却而沉淀，积盐温度与 NH₃ 和 HCl 在工艺介质中的含量相关(氯化铵的沉积温度可用图 14-1-7 进行估算)。氯化铵腐蚀可表现为均匀或局部腐蚀，但通常表现为点蚀，一般发生在铵盐沉积处，在高于水的露点温度时也能对设备造成腐蚀。在冲洗过程中形成的氯化铵溶液对设备造成的腐蚀也不能忽视。

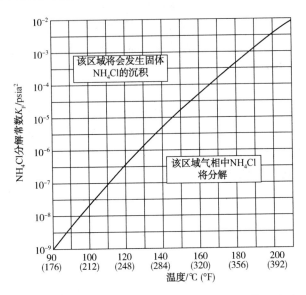

图 14-1-7　氯化铵沉积温度与氨和氯化氢 K_p 值的关系

(二)影响因素

1. 温度

随着温度的升高，一方面有利于金属腐蚀反应的进行，另一方面可使氯化铵在水中的水解程度增加，使溶液的酸性增强，从而促进金属的腐蚀。图 14-1-8 是 20# 钢在不同温度下，1% 和 10% 氯化铵水溶液中的腐蚀速率。

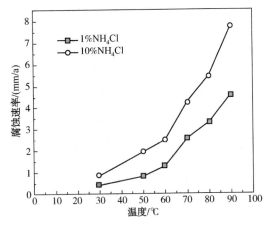

图 14-1-8　温度对 20# 钢在氯化铵水溶液中腐蚀速率的影响

2. 氯化铵浓度

氯化铵浓度越高，水溶液中由氯化铵水解生成的 H⁺ 浓度越高，溶液的酸性越强，因此

$20^\#$ 钢和 15CrMo 钢的腐蚀速率均随氯化铵浓度的升高而增大。图 14-1-9 是 $20^\#$ 钢和 15CrMo 钢在 80℃ 不同浓度的氯化铵水溶液中的腐蚀失重结果。

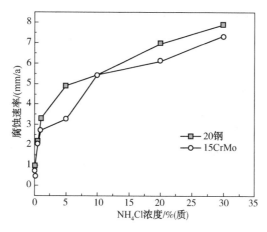

图 14-1-9　氯化铵浓度对 $20^\#$ 钢和 15CrMo 钢在氯化铵溶液中腐蚀速率的影响

3. 材质

在 80℃、较高浓度的氯化铵水溶液中对 316L、2205 和 825 合金进行耐蚀性能评价，结果见表 14-1-2。虽然 316L、2205 和 825 合金在氯化铵水溶液中的耐均匀腐蚀性能优异，但对于氯化铵腐蚀还应该考虑耐点蚀性能和抗应力腐蚀的性能。

表 14-1-2　五种金属材料在高浓度氯化铵水溶液中的腐蚀速率

材质	温度/℃	腐蚀速率/(mm/a)		
		10% NH₄Cl	20% NH₄Cl	30% NH₄Cl
$20^\#$	80	5.426	6.943	7.870
15CrMo	80	5.419	6.088	7.333
316L	80	0.0031	0.0042	0.0037
2205	80	0.0041	0.0050	0.0053
825	80	0.0012	0.0014	0.0012

4. 流速

表 14-1-3 是不同介质流速下氯化铵水溶液 $20^\#$ 钢和 15CrMo 钢腐蚀试验结果。在 80℃、氯化铵的浓度 5%、流速 2.5m/s 时，$20^\#$ 钢和 15CrMo 钢的腐蚀速率分别为 42.83mm/a 和 20.05mm/a，因此对于碳钢和低合金管线，在注水冲洗过程中要特别注意控制流速。

表 14-1-3　不同流速条件下五种材料在 20%氯化铵水溶液中的评价结果

材质	温度/℃	NH₄Cl 浓度/%(质)	不同流速下腐蚀速率/(mm/a)			
			0m/s	0.4m/s	1.1m/s	2.5m/s
$20^\#$	80	20	6.943	17.81	25.29	94.58
15CrMo	80	20	6.088	8.49	11.11	28.67

5. 垢下腐蚀

干燥的氯化铵盐不具有腐蚀性，但是由于其具有极强的吸湿性，沉积在金属表面以后，能够吸收油气中的水分，从而造成垢下腐蚀。20#钢和316L的垢下腐蚀试验，结果见表14-1-4。20#钢呈均匀腐蚀；316L在60℃时表面出现零星锈斑，无点蚀坑，整体光亮，腐蚀轻微，而在80℃时表面出现大量大小不一的点蚀坑。

表 14-1-4　氯化铵垢下腐蚀失重试验结果

温度/℃	20#钢腐蚀速率/（mm/a）	316L腐蚀速率/（mm/a）
60	2.403	0.024
80	7.609	0.087

第二节　工 艺 防 腐

一、预加氢系统

（一）原料控制

重整预加氢原料是直馏石脑油，一般情况下硫含量、氮含量、氯含量和金属含量都能满足设计要求，为了避免预加氢系统腐蚀，催化重整原料杂质含量应严格按照设计指标控制。特别是氯含量，因为氯含量超出设计值，可导致预加氢反应流出物系统低温部位形成H_2S-HCl-H_2O型腐蚀环境。

另外，重整进料中硫含量低于 0.25μg/g 时，需要向重整进料中注硫（注硫剂应不含磷）。注硫除了能抑制催化剂的初期活性，还有一个重要作用，即钝化反应器壁，形成保护膜，防止渗碳发生，减少催化剂积炭。

（二）反应流出物系统

重整预加氢原料符合设计要求，尤其是原料的硫含量、氮含量、氯含量和金属含量必须控制在设计值范围内，重整预加氢系统腐蚀问题并不严重，并不需要注入水、缓蚀剂或中和剂等，但是如果原料的硫含量、氮含量、氯含量超出设计值范围，特别是氯含量超标，导致预加氢反应流出物系统低温部位盐酸腐蚀环境，则需要按照常减压装置一样进行工艺防腐。

图 14-2-1 是 HCl-H_2O 二元体系不同注水量冷却生成液相 HCl 浓度示意图。直线 AB 表示无注水情况下体系冷却至露点，直线 BC 是连接平衡相的结线，点 B 表示此时情况下气相 HCl 浓度，点 C 表示此时情况下液相 HCl 浓度。直线 AA' 表示在体系内注水，但是水量不足以使体系状态达到露点以下，$A'B'$ 表示体系进一步冷却至露点，直线 $B'C'$ 是连接平衡相的结线，点 B' 表示此时情况下气相 HCl 浓度，点 C' 表示此时情况下液相 HCl 浓度。直线 EF 表示注水使体系直接至露点以下，泡点之上，即体系处于气液共存态，直线 DG 是连接平衡相的结线，点 D 表示此时情况下气相 HCl 浓度，点 G 表示此时情况下液相 HCl 浓度。直线 $E'G'$ 表示注水使体系直接至泡点的情况，点 G' 表示此时情况下液相 HCl 浓度。

HCl-H_2O 二元体系气相在冷却过程中，如果注水量不足，在初凝区可生成高浓度的盐酸。实际计算表明，水蒸气分压为 0.05MPa 时纯水的露点为 81.6℃，但是随着氯化氢含量的增加，露点温度升高，体系中氯化氢质量分数为 0.003% 时，露点为 82℃，对应形成的水相中盐酸质量分数约为 1.9%；体系中氯化氢质量分数为 0.005% 时，露点为 82.2℃，对应形成的水相中盐酸质量分数约为 2.1%。因此对于"HCl-H_2S-H_2O"型腐蚀环境，必须防止形

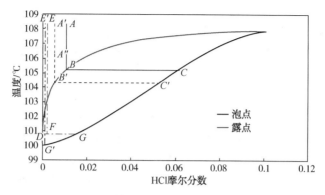

图 14-2-1　HCl-H₂O 二元体系不同注水量冷却生成液相 HCl 浓度示意图

成盐酸初露点，否则可对常减压装置低温部位造成严重腐蚀。如果采用注水方式控制盐酸露点，其注入量最好直接使体系处在泡点之下。

基于上述分析，注水是控制"HCl-H₂S-H₂O"型腐蚀工艺防腐措施的重要一环，其目的是消除盐酸初凝区，溶解铵盐，避免铵盐结垢引起垢下腐蚀，因此，合理的注水量是发挥注水作用的保障。HCl-H₂O 二元体系相图表明，注水量应使 HCl-H₂O 二元体系直接处于泡点之下。"中国石化《炼油工艺防腐蚀管理规定》实施细则"中规定：注水（必要时），注水位置：预加氢反应流出物空冷器前管线；用量：保证注水点有 10%～25% 液态水；注水水质要求：可采用本装置含硫污水，补充水宜选择净化水或除盐水，水质要求见表 14-2-1。注入方式宜采用可使注剂分散均匀的喷头，喷射角度以不直接冲击管壁为宜。

表 14-2-1　注水水质指标

成分	最高值	期望值	分析方法
氧/(μg/kg)	50	15	HJ 506
pH 值	9.5	7.0～9.0	GB/T 6920
总硬度/(μg/g)	1	0.1	GB/T 6909
溶解的铁离子/(μg/g)	1	0.1	HJ/T 345
氯离子/(μg/g)	100	5	GB/T 15453
硫化氢/(μg/g)	—	小于 45	HJ/T 60
氨氮/(μg/g)	—	小于 100	HJ 535 HJ 536 HJ 537
CN⁻/(μg/g)	—	0	HJ 484
固体悬浮物/(μg/g)	0.2	少到可忽略	GB 11901

对于缓蚀剂，目前国内炼厂一般使用有机缓蚀剂，有机缓蚀剂通常含有以 N、O、S、P 等原子为中心的极性基团以及烷烃组成的非极性基团，可在金属表面通过极性基团形成吸附层，非极性基团形成疏水层，从而将腐蚀介质与金属隔离，大幅度减缓腐蚀。为了避免由于 S、N 元素对后续重整反应有影响，如果在必要时注入缓蚀剂，应选择水溶性缓蚀剂，用量一般不超过 20μg/g（相对于反应总流出物，连续注入），必要时在预加氢汽提塔塔顶挥发线

进空冷之前，注入点距空冷器入口大于 5m。

由于有机胺在生成油中有一定的溶解度，选用无机氨，可在预加氢汽提塔中分离出来，所以对于重整装置，如果需要注入中和剂，应选择无机氨作为中和剂，依据水 pH 值为 7.0~9.0 来确定注入量。

二、重整分馏部分

虽然重整原料经过预加氢处理，但在原料油中残余有极其微量的氮化物，重整反应过程中生成氨，重整催化剂中氯元素可流失生成氯化氢，这两种物质在脱戊烷塔及脱丁烷塔上部聚集，在塔顶冷凝冷却过程中反应生成氯化铵(NH_4Cl)，造成空冷器或冷却器堵塞，影响正常操作。氯化铵一旦沉积，易吸收水分潮解，对设备造成腐蚀。

对于脱戊烷塔和脱丁烷塔的氯化铵沉积与腐蚀问题，目前采用"控水"方式控制。由于重整原料都经过加氢处理，因此杂质含量很低，含氧化合物很少，在重整反应过程中基本没有水生成，所以在脱戊烷塔及脱丁烷塔也不应该有水存在，保持脱戊烷塔及脱丁烷塔塔顶系统无水，即可避免氯化铵(NH_4Cl)吸收水分潮解，对设备造成腐蚀。注意，在开工过程中，由于设备吹扫残余的水分可在脱戊烷塔及脱丁烷塔聚集，一般在两周内排放完成，可造成短期腐蚀，由于塔顶系统选材均为碳钢，要控制设备使用年限，及时更换，避免造成腐蚀泄漏导致影响生产。

如果氯化铵(NH_4Cl)沉积很快或者生产过程中一直有水生成，为避免影响正常操作或设备腐蚀，可考虑注水。如果注水，一定遵照注入点存在 25% 液态水的规则。为避免对后续加工的影响一般不考虑加注中和剂或缓蚀剂。

三、催化剂再生系统

催化剂在烧焦过程中可以产生 HCl 等酸性物质，需要对循环烧焦气进行脱氯处理。

循环烧焦气若采用高温脱氯剂脱氯，应监控脱氯罐出口气中氯小于 $30mg/m^3$；若超过 $30mg/m^3$，即视为脱氯剂已穿透，需要及时更换。

循环烧焦气若碱液脱氯，碱液与循环气混合所使用的静态混合器及冷却器等设备及管线要采用防止氯离子腐蚀的双相钢等材质，同时连续注碱。

控制循环碱液的 Na^+ 浓度为 2%~3%，pH 值为 8.5~9.5。

四、其他工艺防腐

(一) 加热炉操作

燃料气硫化氢含量应小于 $100mg/m^3$，宜小于 $50mg/m^3$。初顶气、常顶气、减顶气不得未经脱硫处理直接作加热炉燃料。

辐射炉管过热现象时有发生，日常生产应根据加热炉炉管设计温度，控制炉管表面温度，宜定期采用红外热成像仪等监测炉管表面温度，一旦发现炉管表面温度超过设计值，建议进行在线烧焦，烧焦时不应超过表 14-2-2 中的规定值。

控制排烟温度，确保管壁温度高于烟气露点温度 8℃ 以上，含硫烟气露点温度可通过露点测试仪检测得到或用烟气硫酸露点计算公式估算。

表 14-2-2 各种材料炉管烧焦控制温度

材 料	型号或类别	极限设计金属温度	
		℃	℉
碳钢	B	540	1000
C-0.5Mo 钢	T1 或 P1	595	1100
1.25Cr-0.5Mo 钢	T11 或 P11	595	1100
2.25Cr-1Mo 钢	T22 或 P22	650	1200
3Cr-1Mo 钢	T21 或 P21	650	1200
5Cr-0.5Mo 钢	T5 或 P5	650	1200
5Cr-0.5Mo-Si 钢	T5b 或 P5b	705	1300
7Cr-0.5Mo 钢	T7 或 P7	705	1300
9Cr-1Mo 钢	T9 或 P9	705	1300
9Cr-1Mo-V 钢	T91 或 P91	650[1]	1200[1]
18Cr-8Ni 钢	304 或 304H	815	1500
16Cr-12Ni-2Mo 钢	316 或 316H	815	1500
16Cr-12Ni-2Mo 钢	316L	815	1500
18Cr-10Ni-Ti 钢	321 或 321H	815	1500
18Cr-10Ni-Nb 钢	347 或 347H	815	1500
Ni-Fe-Cr	Alloy800H/800HT	985[1]	1800[1]
25Cr-20Ni	HK40	1010[1]	1850[1]

① 该值为断裂强度数据可靠值的上限。这些材料通常用于温度较高、内压很低且达不到断裂强度控制设计范围的炉管。

(二) 循环冷却水控制

循环冷却水水质应符合 GB 50050 循环冷却水水质的控制指标要求。使用再生水作为补充水应符合 Q/SH 0628.2《水务管理技术要求 第 2 部分: 循环水》要求,具体见表 14-2-3。

表 14-2-3 循环水使用再生水作为补充水的水质要求

项目	单位	控制值
pH 值(25℃)		6.5~9.0
COD	mg/L	≤60
BOD	mg/L	≤10
氨氮[1]	mg/L	≤1.0
悬浮物[1]	mg/L	≤10
浊度	NTU	≤5.0
石油类	mg/L	≤5.0
钙硬度(以 CaCO_3 计)[1]	mg/L	≤250
总碱度(以 CaCO_3 计)[1]	mg/L	≤200
氯离子	mg/L	≤250
游离氯	mg/L	补水管道末端 0.1~0.2

续表

项目	单位	控制值
总磷(以 P 计)	mg/L	≤1.0
总铁	mg/L	≤0.5
电导率①	μS/cm	≤1200
总溶固	mg/L	≤1000
细菌总数	CFU/mL	≤1000

① 在满足水处理效果(腐蚀速率、黏附速率等)基础上，可对指标进行适当调整。

循环冷却水管程流速不宜小于 1.0m/s。当循环冷却水壳程流速小于 0.3m/s 时，应采取防腐涂层、反向冲洗等措施。循环冷却水水冷器出口温度推荐不超过 50℃。

(三) 开停工保护

注意临氢系统的 Cr-Mo 钢回火脆性问题，在开停工过程中，凡临氢设备、管线应遵循"先升温、后升压，先降压、后降温"的原则。

五、腐蚀控制回路

腐蚀回路(Corrosion Loops)是 RBI(基于风险的检验)分析中把将失效机理相同(一般是材料、温度、压力、介质相同)且彼此相连的设备划定为一个腐蚀回路，用于评估失效的可能性以及失效导致的后果。每个腐蚀回路使用一个唯一的代码标识，说明该腐蚀回路所用的材料、介质环境、工艺条件等。腐蚀回路可简化 RBI 分析，提高 RBI 评估的可靠性。

完整性操作窗口(IOW)是为了操作一个过程单元，对一些操作参数(温度、压力、流量、腐蚀性物质含量等)建立了一套操作范围和限制，操作参数在这些操作范围内变化，过程单元可安全可靠操作；操作参数超出这些操作范围和限制，过程单元安全性和可靠性都会受到影响。例如，按照标准 API 530，加热炉炉管设计温度 950℉(510℃)，设计寿命 100000h。如果高于设计值，则炉管实际寿命就会减少。因而，一旦生产运行温度超过设计温度(950℉)，操作人员就会按照程序调节加热炉，在预定的时间内把温度调到 950℉(510℃)以下。950℉(510℃)的温度限定就是加热炉管 IOW 设定的一个参数。

腐蚀控制回路是以物料回路为基础，分析可能的腐蚀类型，确定腐蚀类型在物流前后设备之间变化，再采用完整性操作窗口对具体部位设定操作区间，保证工艺防腐措施的连续性和有效性，从而达到控制腐蚀的目的。

例如脱戊烷塔塔顶及冷凝冷却系统作为一个腐蚀控制回路，见图 14-2-2。该腐蚀控制回路包含脱戊烷塔顶部、空冷器、后冷器、塔顶分液罐及相应管线等设备。

脱戊烷塔顶部可能发生的腐蚀类型有氯化铵腐蚀、盐酸腐蚀。氯化铵腐蚀主要与重整催化剂的氯脱落相关，发生在空冷器或后冷器，塔顶馏出物随着温度的降低发生氯化铵沉积。一旦脱戊烷塔顶油气中水蒸气含量达到一定值，则氯化铵潮解，导致氯化铵腐蚀。如果脱戊烷塔顶油气中水蒸气随着温度的降低可以析出形成液态水(游离水)，由于 HCl 含量和氨含量相比过量，在形成液态水部位则形成盐酸腐蚀。

根据上述分析，如果采用控制无水区域控制脱戊烷塔塔顶腐蚀，需要严格控制重整原料的水含量和含氧化合物含量，保证脱戊烷塔塔顶属于无水区域，避免沉积的氯化铵潮解引起腐蚀。所以应跟踪监测重整原料的水含量、含氧化合物含量、氮含量、脱戊烷塔塔顶系统压

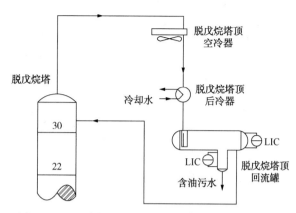

图 14-2-2　脱戊烷塔塔顶冷凝冷却系统流程示意图

降，注意脱戊烷塔顶回流罐是否有液态水聚集等。

如果发现脱戊烷塔塔顶系统压降上升很快，或者脱戊烷塔顶回流罐一直存在液态水聚集现象，说明采用控水防腐措施不能解决腐蚀问题，或已严重影响正常生产，则可考虑注水。塔顶空冷器是腐蚀控制的重点部位，如果决定注水，必须保证注水量到底注入位置为 25%液态水的条件。

脱戊烷塔顶冷凝冷却系统关键参数及推荐控制范围见表 14-2-4，关键参数超标后的相关推荐措施见表 14-2-5。

表 14-2-4　脱戊烷塔顶系统关键参数

参 数 名 称	单位	推荐上限值	推荐下限值
塔顶温度	℃	—	露点温度+14
塔顶回流罐排水 pH 值		7	5.5
塔顶回流罐切水量		无	
塔顶回流罐排水铁离子含量	mg/L	3	—
塔顶回流罐排水氯离子含量	mg/L	30	—
在线腐蚀探针(如有)	mm/a	0.2	
在线测厚(如有)	mm/a	0.2	—
重整进料水含量	%	无	
脱戊烷塔顶系统压降	MPa		

表 14-2-5　关键参数超标后推荐操作

参 数 名 称	超标状态	推 荐 操 作
塔顶温度	超下限	升高塔顶温度至露点温度+14℃以上
空冷器前注水量(注水)	超下限	塔顶回流罐应一直无水，脱戊烷塔塔顶系统压降没有升高，则不应考虑注水；如果注水，则保证 10%~25%液态水

参 数 名 称	超标状态	推 荐 操 作
顶回流罐排水量 pH 值	超上限	注意分析腐蚀的原因，是否持续存在水凝结？如果持续存在液态水，分析产生水的原因，控制相关因素，保证无水
塔顶回流罐排水量 pH 值	超下限	注意分析腐蚀的原因，是否持续存在水凝结？如果持续存在液态水，分析产生水的原因，控制相关因素，保证无水
塔顶回流罐排水量铁离子含量	超上限	加强监控，一般情况下无凝结水
塔顶回流罐排水量氯离子含量	超上限	加强监测，注意是否持续存在液态水？如果持续存在液态水，分析产生水的原因，控制相关因素，保证无水
在线腐蚀探针	超上限	加强监测，注意是否持续存在液态水？如果持续存在液态水，分析产生水的原因，控制相关因素，保证无水
在线测厚	超上限	加强监测，注意是否持续存在液态水？如果持续存在液态水，分析产生水的原因，控制相关因素，保证无水
重整进料水含量	超上限	加强监测，如长时间，可考虑采用注水防腐
脱戊烷塔塔顶系统压降	快速增加	加强监测，可考虑采用注水冲洗

综上所述，通过选择腐蚀控制回路，利用信息化方法控制监测各种参数，及时调整，可以大幅度提高工艺防腐效果，避免发生设备腐蚀问题，保障生产安全。

第三节　装 置 选 材

装置选材应考虑最严苛的条件，考虑使用年限，选择适当的材料，保障装置安全运行。

一、预加氢部分选材

预加氢部分的腐蚀类型是高温氢攻击、高温 H_2+H_2S 腐蚀、氯化铵腐蚀、盐酸腐蚀和酸性水腐蚀。

氯化铵沉积一般发生在反应流出物系统，其腐蚀是由于氯化铵水解形成的酸性环境，氯化铵腐蚀一般应采取工艺防腐。盐酸腐蚀主要是原料中含有较大含量的有机氯时发生，而且石脑油硫、氮含量相对较低，所以预加氢部位选材主要考虑高温氢攻击、高温 H_2+H_2S 腐蚀以及低温部位的酸性水腐蚀。

预加氢反应器可以选择 Cr-Mo 钢或 Cr-Mo 钢+0Cr13，进料加热炉低温部位选择 347H，其他高温部位选择 Cr-Mo 钢；低温部位考虑碳钢为主，可预见的腐蚀严重部位可以考虑不锈钢。

二、重整部分选材

重整反应部分的腐蚀类型是高温氢攻击，反应器可以选择 2.25Cr1Mo，进料加热炉选择 Cr9Mo，其他高温部位临氢选择 Cr-Mo 钢，非临氢部位可选择碳钢。

重整分馏部分低温腐蚀主要是氯化铵腐蚀、盐酸腐蚀和酸性水腐蚀，主要发生在脱戊烷塔塔顶冷凝冷却系统和脱丁烷塔塔顶冷凝冷却系统，鉴于一般腐蚀不严重，重整分馏部分选材以碳钢为主。

重整催化剂再生部分，接触300℃以上再生气部件应选择H型不锈钢，如304H；200~300℃宜选用Cr-Mo钢，如1.25Cr0.5Mo等。

循环烧焦气若碱液脱氯，碱液与循环气混合所使用的静态混合器及冷却器等设备及管线要采用防止氯离子腐蚀的双相钢以上材质，如2205、2507等。

第四节 腐 蚀 监 测

腐蚀监(检)测方式包括在线监测(在线pH计、高温电感或电阻探针、低温电感或电阻探针、电化学探头、在线测厚等)、化学分析、定点测厚(含在线测厚)、腐蚀挂片、红外热测试、烟气露点测试等。各装置应根据实际情况建立腐蚀监(检)测系统和腐蚀管理系统，保证生产的安全运行。

腐蚀探针安装在脱戊烷塔、脱丁烷塔和预加氢汽提塔顶冷凝器的入口管线上，对腐蚀速率进行实时监测，根据监测结果对评价工艺防腐措施的有效性，调节工艺防腐。

装置运行中的定点测厚重点部位有：预加氢反应流出物管线、弯头、三通，预加汽提塔塔顶挥发线；脱戊烷塔塔顶挥发线，出空冷器管线；脱丁烷塔塔顶挥发线，重沸炉的出入口管线等。对于盲肠、死角部位，如排凝管、采样口、调节阀副线、开停工旁路、扫线头等在定点测厚中应引起足够的重视，其他根据装置检修腐蚀状况适当增减在线定点测厚点。

对于加热炉，需要定期对原料中硫等杂质和烟气露点进行分析，大修期间对炉管进行测厚检查。

一、定点测厚

重整装置的定点测厚布点一般应控制在300个左右，定点测厚选点时应重点考虑如下部位：

① 预加氢反应流出物管道弯头、大小头。

② 预加氢反应进料系统超过240℃的碳钢和铬钼钢管道，反应系统超压泄放管道。

③ 预加氢混氢点部位管道，加热炉进出口管道、弯头。

④ 预加氢进料换热器管箱、进出口管道。

⑤ 脱戊烷塔塔顶挥发线。

⑥ 脱丁烷塔塔顶挥发线。

⑦ 空冷器、冷却器壳体及出入口短节。

⑧ 循环烧焦气碱液脱氯注入点、后续管线。

⑨ 对于盲端、死角部位，如排凝管、采样口、调节阀副线、开停工旁路和扫线头也应引起重视。

二、腐蚀挂片

重整装置主要设备腐蚀挂片推荐位置见表14-4-1。

表 14-4-1　加氢装置腐蚀挂片推荐位置

序号	位　　置	监 测 内 容
1	预加氢产物分离器	硫污水的腐蚀性
2	预加氢汽提塔顶部	塔顶油气对设备的腐蚀性
3	脱戊烷塔顶部	塔顶油气对设备的腐蚀性
4	脱丁烷塔顶部	塔顶油气对设备的高温腐蚀性
5	预加氢汽提塔顶回流罐	罐内污水腐蚀性能
6	脱戊烷塔顶回流罐	罐内污水腐蚀性能

注：根据装置具体情况选用腐蚀挂片。

低温部位腐蚀挂片的悬挂位置应处于水相或与水相接触的部位。挂片材质应根据挂片部位设备的材质和腐蚀环境，按照材质等级选取 1~3 种材料，每种材料需要 2~3 个平行挂片。

三、腐蚀探针

重整装置腐蚀探针的安装位置及探针类型见表 14-4-2。监测低温水相腐蚀时，腐蚀探针安装应保证探针浸入到有冷凝水的位置。腐蚀探针材质应选用监测部位设备或管道相同的材质。安装腐蚀探针时管道开孔、底座焊接等按照相关标准规范，安装后腐蚀探针应具有在线拆卸、更换等功能。

表 14-4-2　重整装置腐蚀探针安装位置及探针类型

序号	位　　置	探针类型	检测内容
1	预加氢汽提塔顶油气空冷器之前总管	连续低温电感或电阻探针	塔顶油气和水的腐蚀
2	脱戊烷塔顶油气空冷器之前总管	连续低温电感或电阻探针	塔顶油气和水的腐蚀
3	脱丁烷塔顶油气空冷器之前总管	连续低温电感或电阻探针	塔顶油气和水的腐蚀

注：根据装置具体情况选用腐蚀探针。

四、化学分析

重整装置与腐蚀检测相关的化学分析介质、分析项目、分析频率及分析方法见表 14-4-3。

表 14-4-3　重整装置与腐蚀检测相关的化学分析

分析介质	分析项目	单位	最低分析频次	建议分析方法
原料油	总氯含量	$\mu g/g$	1 次/周	GB/T 18612
	金属含量	$\mu g/g$	按需	砷：Q/SSZ093 铜：Q/SSZ094
	硫含量	%	1 次/周	GB/T 380
	氮含量	$\mu g/g$	1 次/周	NB/SH/T 0704
循环氢	氯化氢含量	mg/m^3	2 次/周	Q/SH 3200—109
	硫化氢含量	%	2 次/周	GB/T 11060.1

分析介质	分析项目	单位	最低分析频次	建议分析方法
预加氢产物分离罐排出水、预加氢汽提塔顶回流罐排出水、脱戊烷塔顶回流罐排出水	pH 值	mg/L	1 次/周	GB/T 6920
	氯离子含量		1 次/周	GB/T 15453
	硫化物含量		按需	HJ/T 60
	铁离子含量		1 次/周	HJ/T 345
	氨氮		1 次/周	HJ 537
加热炉烟气	CO	%	1 次/周	Q/SH 3200—129
	CO_2		1 次/周	Q/SH 3200—129
	O_2		1 次/周	Q/SH 3200—129
	氮氧化物		1 次/周	HJ 693
	SO_2		1 次/周	HJ 57

五、红外监测

在装置运行期间，应通过红外热成像检测设备和管道保温隔热材质的破损情况，检测加热炉炉管的温度分布状况、检测空冷器入口管道和管束中介质的流动状况。红外热成像测试周期应根据设备和管道的具体情况以及测量结果确定。

六、腐蚀检查

腐蚀检查工作应遵循普查与重点检查相结合的原则，应与设备、管道的点检、日常维修、停车大修、定期检验等工作紧密结合。装置检修时将腐蚀检查工作列入检修计划，了解腐蚀形态，分析腐蚀原因，预测腐蚀发展趋势，提出维修和下一运行周期的防腐措施。重整装置的重点检查部位包括预加氢反应进料换热器、预加氢产物分离器、脱烷塔顶空冷器、冷却器、回流罐，脱丁烷塔顶冷却器、回流罐、循环烧焦气碱液脱氯注入点、后续管线设备等。

加热炉腐蚀检查的重点包括重整反应进料加热炉辐射炉管蠕变测量、预加氢进料加热炉辐射炉管蠕变测量、奥氏体不锈钢炉管焊缝裂纹检查。

预加氢与重整反应器的腐蚀检查重点包括催化剂支撑凸台裂纹情况、检查主焊缝和接管焊缝裂纹情况、法兰梯形密封槽底部拐角处裂纹检查。

管道的腐蚀检查重点包括检查奥氏体不锈钢材质管道焊缝及阀门的裂纹、铬钼钢管线材质鉴定、测厚。

第十五章　工程伦理和职业操守

第一节　工程师的职业伦理

一、工程伦理简介

工程伦理在国内是一个新兴的研究领域，由于工程质量直接关乎人们的福利和安全，迫切需要高等教育培养出具有"工程伦理"高素质的工程师，工科高校工程伦理教育及研究越来越被人们所重视。目前工程伦理教育尚未形成统一培养模式，从工程伦理的认知方面着手，对工程师进行伦理与传统文化教育认知状况进行分析是学术界的一个"探索开拓区"。通过一次封闭式调查问卷，针对炼油炼化工程类专业为主的研究院、设计院、炼油厂等企业，旨在掌握工程师工程伦理知识普及和工程师对传统文化融入工程伦理教育认知程度的数据。在数据处理分析的基础上，提出工程师工程伦理教育的必要性和紧迫性、把传统文化融入工程伦理教育的理念、构建卓越工程师计划工程伦理培养模式和工程伦理教育体系，这些设想与实施将对工程师工程伦理教育具有一定的指导作用和意义。采取群体抽样和随机抽样相结合的方法进行调查，发放问卷 80 份，其中收回 80 份，经过严格筛查，有效回收率为100%。图 15-1-1 为工程伦理的调查结果。

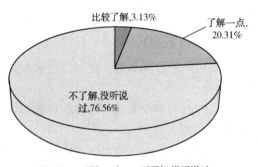

图 15-1-1　工程伦理问卷调查结果

大部分从事炼油炼化的工程师对工程伦理相关的概念认知肤浅，了解不全面、不深入。工程伦理内容认知支离破碎，对实现人才培养目标及日后立业成才不利。所以，工程伦理的教育与普及势在必行！

随着科技的进步，大量新兴科学成果正在迅速转化为技术产业和工程实践。科技的高速发展为改善人类生存环境和状态起到了巨大的作用。然而，科技在工程中的应用同样成为一把"双刃剑"，即在造福人类的同时，也对自然和人类产生灾难性的影响。随着大型工程项目的不断实施，工程技术的社会负面效应越来越突出和严重。科技力量的强大和高速发展以及后果的不确定性，使人类社会置身于巨大的风险之中。

工程是以满足人类需求的目标为指向，应用各种相关的知识和技术手段，调动多种自然和社会资源，通过一群人的相互协作，将某些现有实体汇聚并建造为具有使用价值的人造产品的过程。人类在工程领域不断发展与突破，带来了诸如炼油化工、道路桥梁、航空航天、生物医药等各行各业的工程实践产物。

伦理是指人与人相处的各种道德规则、行为准则，伦理是一套价值规范系统，一般伦理所论者为适用社会所有成员的价值规范，而专业伦理则是针对某一专业领域的人员所制定的相关规范。近代以来，伦理也进一步推广为人与外界，以至人与环境之间的关系。伦理在起源之初，便与道德密切相关，两者都包含着传统风俗、行为习惯等内容。在中国文化中，关于道德的论述可追溯到古代思想家老子的《道德经》，老子说："道生之，德蓄之，物行之，器成之。是以万物莫不尊道而贵德。道之尊，德之贵，夫莫之命而常自然。"这其实也可引申为古人对伦理含义的最初描述。随着历史的变迁和时代的发展，符合道德规范的伦理逐渐演化成为具有广泛适用性的一些准则和在特殊实践活动中应遵循的行为规范。

在传统的大众认知里，工程师是从事某项工程技术活动的"专家"，而"专家"的词源本是"profess"，意为"向上帝发誓，以此为职业"。因此，在传统的工程师"职业"的概念中先天包含了两个方面的内容：一是专业技术知识，二是职业伦理。而现代赋予工程师"职业"以更多的内涵，诸如"组织、准入标准，还包括品德和所受的训练以及除纯技术外的行为标准"。

工程伦理的首要意义，在建立专业工程人员应有的认知与实践的原则，及工程人员之间或与团体及社会其他成员互动时，应遵循的行为规范。其探讨的内容，说明工程人员应维护及增进其专业之正直、荣誉及尊严，增进工程人员对职业道德认识，使其个人以自由、自觉的方式遵守工程专业的行为规范，利用所学之专业知识及素养提供服务，积极地结合群体的智慧与能力，善尽社会责任，达成增进社会福祉的目的。这就是工程伦理相当准确的定义。

工程伦理就是阐述、分析工程实践活动（包括活动和结果）与外界之间关系的道理。工程伦理是用以规范人类在工程活动的各种行为规范。工程一旦出现安全环保等影响人类生存和发展的问题，工程造福人类的目标非但不能实现，还会给社会带来灾难。因此，加强工程师在工程伦理方面的学习与教育在当下显得尤为重要。

公众的安全、健康、福祉被认为是工程师带给人类利益最大的善，这使得工程伦理规范在订立之初便确认"将公众的安全、健康和福祉放在首位"的基本价值准则。沿着这个基本思路，西方国家各工程社团制定并实施的职业伦理规范以外在的、成文的形式强调了工程师在"服务和保护公众、提供指导、给以激励、确立共同的标准、支持负责人的专业人员、促进教育、防止不道德行为以及加强职业形象。"工程建设涉及工程共同体的各方（见图15-1-2），各参与方都要承担相应的伦理责任，因此工程伦理教育应当覆盖到全体工程活动参与者中，政府、高校、企业、新闻媒体都要主动承担起工程伦理的宣传教育职责。

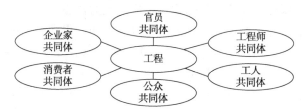

图 15-1-2　工程共同体示意图

首先，作为职业伦理的工程伦理是一种预防性伦理。它包含两个维度：第一，工程伦理的一个重要部分是首先防止不道德行为。作为职业人员，为了预测其行为的后果，特别可能具有重要伦理维度的后果,工程师必须能够前瞻性地思考问题。负责任的工程师需要熟悉不同的工程实践情况,清楚地认识自己职业行为的责任。

其次,作为职业伦理的工程伦理是一种规范伦理。责任是工程职业伦理的中心问题。

最后,作为职业伦理的工程伦理是一种实践伦理,它倡导了工程师的职业精神。这可以从三个维度来理解:其一,它涵育工程师良好的工程伦理意识和职业道德素养,有助于工程师在工作中主动地将道德价值嵌入工程,而不是作为外在负担被"添加"进去。其二,它帮助工程师树立起职业良心,并敦促工程师主动履行工程职业伦理规范。工程职业伦理规范用规范条款明确了工程师多种多样的职业责任,履行工程职业伦理规范就是对雇主与公众的忠诚尽责,也就对得起自己作为工程师的职业良心。在工程师的职业生涯中,职业良心将不断激励着个体工程师自愿向善,并主动在工程活动中进行道德实践,内化个体工程师职业责任与高尚的道德情操,并形塑个体工程师强烈的道德感。其三,它外显为工程师的职业责任感,即工程师应主动践行"服务和保护公众、提供指导、给以激励、确立共同的标准、支持负责任的专业人员、促进教育、防止不道德行为以及加强职业形象"这八个方面的具体职业责任。

工程伦理责任示意图见图15-1-3。

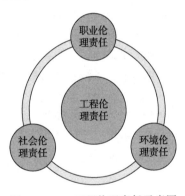

图15-1-3　工程伦理责任示意图

二、工程伦理规范

伦理规范代表了工程职业对整个社会做出的共同承诺——保护公众的安全、健康与福祉,这常在伦理规范中被表述为"首要条款"。作为一项指导方针,伦理规范以一种清晰准确的表达方式,在职业中营造一种伦理行为标准的氛围,帮助工程师理解其职业的伦理含义。但是,伦理规范为工程师提供的仅仅是一个进行职业伦理判断的框架,不能代表最终的伦理判断。伦理规范只是向工程师提供从事伦理判断时需要考虑的因素。

工程伦理在工程师之间及在工程师和公众之间表达了一种内在的一致。工程师群体受到社会进步及科技进步的影响,其职业责任观发生了多次改变,归纳起来如下:经历了从服从雇主命令到承担社会责任、对自然和生态负责的几种不同伦理责任观念的演变。工程师责任观的演变直接导致了工程师职业伦理规范的发展。在当今欧美国家,几乎所有的工程社团都把"公众的安全、健康与福祉"放在了职业伦理规范第一条款的位置,确保工程师个人遵守职业标准并尽职尽责,这成为现代工程师职业伦理规范的核心。

无论是西方国家的工程师职业伦理规范,还是中国的工程师职业伦理规范,无一不突出强调工程师职业的责任。"责任的存在意味着某个工程师被制定了一项特别的工作,或者有责任去明确事物的特定情形带来什么后果,或阻止什么不好的事情发生"。因此,在工程师职业伦理规范中,责任常常归因于一种功利主义的观点,以及对工程造成风险的伤害赔偿问题。

工程师责任具体来说包含三个方面的内容,即个人、职业和社会,相应地,责任也区分为微观层面(个人)和宏观层面(职业和社会)。责任的微观层面由工程师和工程职业内部的伦理关系所决定,责任的宏观层面一般指的是社会责任,它与技术的社会决策相关。对责任在宏观层面的关注，体现在工程伦理规范的基本准则中。在微观层面，其一，各工程社团的职业伦理规范鼓励工程师思考自己的职业责任。工程师通过积极参与到技术革新过程中，就能引导技术和工程朝向更为有利的方面发展，尽可能规避风险。这就要求工程师认真思考自己在当前技术和工程发展背景中考虑到自己行为的后果。其二，微观层面的责任要求作为职业伦理规范的一部分，它体现为促进工程师的诚实责任，即"在处理所有关系时，工程师应当以诚实和正直的最高标准为指导"，引导工程师在实践中发扬诚实正直的美德。

工程伦理规范从制度和规范的角度制约了工程师"应当如何行动"，并明确了工程师在工程行为的各环节所应承担的各种道德义务。面对当今世界在技术推陈出新和社会快速发展问题上的物质主义和消费主义倾向，伦理规范从职业伦理的角度表达了对工程师"把工程做好"的时间要求，更寄予工程师"做好的工程"的伦理期望，着力培养并形塑工程师的职业精神。伦理规范不仅为"将公众的安全、健康和福祉放在首位，并且保护环境"提供合法性与合理性论证，并且还要求工程师将防范潜在风险、践行职业责任的伦理意识以良心的形式内化为自身行动的道德情感，以正义检讨当下工程活动的伦理价值，鼓励工程师主动思考工作的最终目标和探索工程与人、自然、社会良序共存共在的理念，从而形成工程实践中个体工程师自觉的伦理行为模式，主动履行职业承诺并承担相应的责任。

伦理规范要求工程师以一种强烈的内心信念与执着精神主动承担起职业角色带给自己的不可推卸的使命——"运用自己的知识和技能促进人类的福祉"，并在履行职业责任时"将公众的安全、健康和福祉放在首位"，并把这种资源向善的道德努力升华为良心。具体表现在：①工程师视伦理规范为工作中的行为准则，为自己的工程行为立法。②伦理规范时刻在检视工程师的行为动机是否合乎道德要求，通过对自己职业行为可能造成后果的评估，设身处地为可能受到工程活动后果不良影响的人和物考虑，对自己的行为作进一步权衡和慎重选择。③伦理规范敦促工程师在工作中明确自身职业角色和社会义务，及时清除杂念，纠正某些不正当手段或行为方式，不断向善。④伦理规范以其明确的规范引导工程师在平常甚至琐碎的工作中自觉遵从规范，主动承担责任。

从职业伦理的角度，主动防范工程风险、自觉践行职业责任，增进并可持续发展工程与人、自然、社会的和谐关系，都是工程师认同和诉求的工程伦理意识。基于这种共识，伦理规范要求工程师在具体的工作中，把实行负责任的工程实践这一道德要求变为自己内在、自觉的伦理行为模式，主动履职职业承诺并承担相应的责任。在工程职业伦理规范建立的逻辑链中，工程师的自律一方面凸显人的存在总是无法摆脱经验的领域；另一方面，又表现出人对工程实践中风险的主动认识，以及对行业的职业责任、具体工作中角色责任和风险防御、造福公众的社会责任的主动担当。伦理规范将自律建立在工程师自觉认识、理解、把握工程－人－自然－社会整体存在的客观必然性的前提和基础上。可以说，伦理规范所倡导的工程师自律使被动的"我"成长为自由的"我"，从而表现为一种从向善到行善的自觉、自愿与自然的职业精神。

三、工程职业制度

一般来说，工程职业制度包括职业准入制度、职业资格制度和执业资格制度。其中，工程职业资格又分为两种类型：一种属于从业资格范围，这种资格是单纯技能型的资格认定，不具有强制性，一般通过学历认定取得；另一种则属于职业资格范围，主要是针对某些关系人民生命财产安全的工程职业而建立的准入资格认定制度，有严格的法律规定和完善的管理措施，如统一考试、注册和颁发执照等管理，不允许没有资格的人从事规定的职业，具有强制性，是专业技术人员依法独立开业或独立从事某种专业知识、技术和能力的必备标准。

工程师职业准入制度的具体内容包括高校教育及专业评估认证、职业实践、资格考试、职业管理和继续教育五个环节。其中，高效工程专业教育是注册工程师职业资格制度的首要环节，是对资格申请者教育背景进行的限定。在一些国家，未通过评估认证的专业毕业生不能申请职业资格，或者要经过附加的、特别的考核才能获得申请资格。职业实践，要求工程专业毕业生具备相应的工程实践经验后方可参加职业资格考试。资格考试，分为基础和专业考试两个阶段，通过基础考试后，才允许参加职业资格考试。通过资格考试获得资格证书，再进行申请注册，取得职业资格证书，才具备在工程某一领域执业的资格和权利。

职业资格制度是一种证明从事某种职业的人具有一定的专门能力、知识和技能，并被社会承认和采纳的制度。它是以职业资格为核心，围绕职业资格考核、鉴定、证书颁发等而建立起来的一系列规章制度和组织机构的统称。执业资格制度是职业资格制度的重要组成部分，它是指政府对某些责任较大、社会通用性较强、关系公共利益的专业或工种实行准入控制，是专业技术人员依法独立开业或独立从事某种专业技术工作学识、技术和能力的必备标准。参照国际上的成熟做法，我国职业资格制度主要由考试制度、注册制度、继续教育制度、教育评估制度及社会信用制度五项基本制度组成。

四、工程师的权利和责任

（一）工程师的权利

工程师的权利指的是工程师的个人权利。作为人，工程师有生活和自由追求自己正当利益的权利，例如在雇佣时不受基于性别、种族或年龄等因素的不公正歧视的权利。作为雇员，工程师享有作为履行其职责回报的接收工资的权利、从事自己选择的非工作的政治活动、不受雇主的报复或胁迫的权利。作为职业人员，工程师有职业角色及其相关义务产生的特殊权利。

一般来说，作为职业人员，工程师享有以下八项权利：①使用注册职业名称；②在规定范围内从事职业活动；③在本人执业活动中形成的文件上签字并加盖职业印章；④保管和使用本人注册证书、执业印章；⑤接受继续教育；⑥对本人执业活动进行解释和辩护；⑦获得相应的劳动报酬；⑧对侵犯本人权利的行为进行申诉。上述八项权利中，最重要的是第二条和第五条。工程师应该了解自身专业能力和职业范围，拒绝接受个人能力不及或非专业领域的业务。

（二）工程师的责任

工程师必须遵守法律、标准的规范和惯例，避免不正当的行为，要求工程师必须"努力提高工程职业的能力和声誉"。严厉禁止随意的、鲁莽的、不负责任的行为，"不得故意从事欺诈的、不诚实的或不合伦理的商业或职业活动"，需要对自己工作疏忽造成的伤害承担过失责任。同时，根据已有的工程实践历史及经验，提醒工程师不要因为个人私利、害怕、微观视野、对权威的崇拜等因素干扰自己的洞察力和判断力，对自己的判断、行为切实负起责任。

五、工程师的职业操守

负责任的职业操守，是工程师最综合的美德。

（一）诚实可靠

"科技的精髓是求实创新"。这个"求实"是从实际出发，实事求是，把握客观世界的本质和规律；是工程师诚实不欺的职业品格和严谨踏实的工作作风。严谨求实是工程伦理的重要内容，是工程师应该具有的又一职业道德素质。

工程师应该清清白白地做人，光明磊落地做事，个人名利的获取应该途径正当、手段光明，应当确立起诚实光荣、作伪可耻的是非观和荣辱观。我们应坚定自己的道德信念，提升自己的道德境界，工程师的思想和行为应该能够代表人类文明发展的方向，是社会成员效法的楷模。因此，淡化名利观念，抵御各种不正当利益的诱惑，维护工程劳动的诚实性，是工程师道德自律的重要方面。

严谨的作风要求在工程活动中一丝不苟、兢兢业业，只有这样才能获得未知世界的第一手材料和真实信息，建设优质工程。正确对待工程活动中的错误，真理和错误往往相伴而行，事实上，无论是观察结果、实验结果和根据观察与实验所得出的推论与结论都可能出错。我们不能犯不诚实的错误，不能犯疏忽大意的错误，因为这是我们工作态度、工作作风的问题，是可以避免的。正确的态度是认识到犯错误的可能，以严谨的态度防止或减少这种可能性。

工程师必须要客观和诚实，禁止撒谎或有意歪曲夸大，禁止压制相关信息（保密信息除外），禁止要求不应有的荣誉以及其他旨在欺骗的误传。而且诚实可靠还包括在基于已有的数据做出声明或估计时，要真实；对相关技术的诚实分析和客观评判；以客观和诚实的态度来发表公开声明。

（二）尽职尽责

从职业伦理的角度来看，工程师的"尽职尽责"体现了"工程伦理的核心"。"诚实、公平、忠实地为公众、雇主和客户服务"是当代工程职业伦理规范的基本准则。

在当前充满商业气息的人类生活中，忠诚尽责的服务是工程师为公众提供工程产品、满足社会发展和实现公众需要的行为或活动，从而呈现出工程师与社会、公众之间最基础的帮助关系。因为工程实践的过程充满风险和挑战，工程活动的目标和结果可能存在不可准确预估的差距，工程产品也极有可能因为人类认识的有限性而对社会发展和公众生活存在不可准确预估的差距，工程产品也极有可能因为人类认识的有限性而对社会发展和公众生活存有难以预测的危害。工程活动及产品通过商业化的服务行为满足社会和公众的需要，并通过"引进创新的、更有效率的、性价比更高的产品来满足需求，使生产者和消费者的关系达到最优状态"，促进社会物质繁荣和人际和谐。由此看来，服务作为现代社会中人类工程活动的一个伦理主题，是经济社会运行的商业要求，服务意识赋予现代工程职业伦理价值观以卓越的内涵。

（三）忠实服务

服务是工程师开展职业活动的一项基本内容和基本方式。"诚实、公平、忠实地为公众、雇主和客户服务"依然是当代工程职业伦理规范的基本准则。作为一种精神状态，忠实服务是工程师对自身从事的工程实践伦理本性的内在认可。

工程师不仅要具有必备的专业技术素养，还要具有环境人文素养。工程师应注重对工程进行环境影响评价，充分考虑工程对社会大众、对自然环境以及对未来后代可能造成的负面影响。工程师不仅要对雇主负责，还要对社会大众、对环境和对人类的未来负责，不能为了少数人的利益而损害大多数人的利益，也不能只顾眼前的利益而损害子孙后代的利益。

（四）客观真实的态度去做事

作为一个合格的工程师，在经济发展和环境保护相矛盾的情况下，如何做到平衡？这是工程师要解决的问题。例如炼油炼化工厂的搬迁对环境的影响必然降低和有利，但是在工厂搬迁过程中对社会造成重大影响也必须考虑到。例如员工的生计问题及家庭的分散、对中下游客户的冲击等。整个社会应该进行文化讨论，是否通过工程技术的改进来避免如此问题。工程师在面对诸多问题时，必须秉持专业的分析，工程师要兼顾工程业务需求与自然环境的平衡，考虑环境的容纳能力进而降低对环境和社会的负面影响，以提供给决策者正确评价，使之不偏颇于经济发展、生态或文化，而能做出可持续发展决策。

六、石化行业对从业工程师的规范要求

石油化工具有高温高压、易燃易爆、有毒有害、链长面广的行业特点，从业风险较高，员工的丝毫麻痹大意都有可能给自己和他人带来伤害。因此，石化行业员工必须认真执行中国及业务所在国家（地区）的 HSE 方面的法律、法规和标准，掌握行业 HSE 管理规定和相关知识与技能，了解应对突发事件的知识，并严格按照 HSE 规定和要求约束自己的行为。

遵循工程伦理和道德规范要求，也是石化行业对从业工程师的基本要求。应严格遵守组织纪律，服从工作安排和指挥，并按照规定程序和制度下达指令、执行操作、请示汇报；严格遵守岗位纪律，履行岗位职责，提高工作效率和质量，认真完成各项工作任务；遵守诚信规范的从业要求，做到"当老实人、说老实话、办老实事"；遵守社会公德、职业道德、家庭美德，培育良好个人品德，尊重社会主流文化，与社会、自然和谐相处；倡导绿色低碳、厉行节约，认真履行节能环保等社会责任，践行简约俭朴、健康向上的生活方式，推进生态文明建设。

以中国石化为例，中国石化每天面对上千万的顾客和利益相关者，产品质量有着重要的社会影响，因此中国石化对从业工程师和员工提出了严格的质量要求：①应以一丝不苟的态度和精细严谨的作风，确保产品质量、工程质量和服务质量100%合格，践行"每一滴油都是承诺"的社会责任；②牢固树立整体质量意识，上游为下游着想，上一环节对下一环节负责，上道工序对下道工序负责，严把各环节质量关，提高质量保障水平；③必须认真执行中国及业务所在国家（地区）的质量管理方面的法律、法规和标准，掌握公司质量管理规定和相关知识与技能，注重识别和控制质量风险，防范和杜绝质量事故；④坚持"质量永远领先一步"的行业质量方针，力求实现"质优量足，客户满意"的质量目标。

在严格把好产品质量关的同时，中国石化始终坚持生产过程的严格监控和管理，从节约资源、保护环境和坚持以人为本等宗旨出发，确保企业各项工作和活动中始终遵守以下几项原则：①把人的生命健康放在第一位，坚守"发展决不能以牺牲人的生命为代价"的安全生产红线；②在企业所有生产经营活动中切实做到对人的健康负责、对环境负责；③用安全衡量生产实践，用行动保障生命健康，追求生产与环境的和谐；④以"零容忍"的态度努力实现"零违章、零伤害、零事故、零污染"；⑤始终坚持"一切隐患可以消除，一切违章可以杜

绝，一切风险可以控制，一切事故可以避免"的理念。通过落实责任、加强监督、严格考核等措施实现控制风险、杜绝违章、消除隐患、避免事故的目的；⑥在工作中应采取必要措施，最大限度地减少安全事故，最大限度地减少对环境造成的损害，最大限度地减少对自己和他人健康造成的伤害。

中国石化秉承"为美好生活加油"的企业使命，企业始终坚持"严、细、实、恒"的工作作风，弘扬"人本、责任、诚信、精细、创新、共赢"的企业核心价值观，致力于建设成为人民满意、世界一流的能源化工公司。企业愿景和发展战略的实现，也需要从业工程师认同企业文化，遵守共同的行为准则，营造和谐有序的工作氛围，建设团结高效的工作团队；共同践行中国石化《员工守则》，履行"每一滴油都是承诺"的责任，为社会提供一流的产品、技术和服务。

通过了解中国石化企业文化、企业核心价值观及其《员工守则》，我们可以看出中国石化所提倡的员工行为规范理念和对从业人员的要求，也契合工程伦理中"将公众的安全、健康和福祉放在首位"的基本价值准则。

七、企业开展工程伦理教育的难点

（一）工程类企业尚未对工程伦理教育建立认知

尽管在学界，对于工程伦理和工程伦理教育的讨论已经兴起，并初步形成了基本的学术范式和颇具特色的学术共同体，但在企业中，对于工程伦理这一概念还缺乏系统的认知，没有一家企业明确以"工程伦理"为主题开展培训和教育活动。比如，不少企业都重视的"合规"文化建设，倡导的是"企业经营管理活动和全体员工对所有适用法律法规、制度规定和职业操守的普遍遵从"，侧重的是对于人员诚实守信、反腐败反贿赂等的管理，其实这正是工程伦理的重要内容。从这些已经被企业认可的概念过渡到内容更为丰富、充分和有体系的工程伦理以及工程伦理教育的概念，还需要政府、学界及企业自身的大力推进。

（二）不同企业间在理念和实践上的差距较大

开展工程伦理教育，需要企业在理念上认同工程伦理的重要性，从而在实践上把伦理道德提升到与生产效益同等重要的位置上；也需要企业认同终身教育理念，从而在实践上能够建设人员培养体系，保证教育的持续推进。曾有相关研究指出，国企普遍认识到培训的重要性，已经取得了非常瞩目的成效；但是民企尤其是民企的最高决策者对培训的认识还需加强，仍需进行大力的宣传和推广。与大型企业相比，许多中小企业存在的主要问题，包括在理念上对教育培训工作认识不够到位、机构设置上不够健全、制度建设上不够规范以及内容设计上缺乏体系等。企业之间因为所处行业的差异，也会导致对于工程伦理问题有不同的认识与做法，比如，以煤炭生产经营为主要业务的神华集团就十分重视安全；四大石油公司则更为关注石油工业衍生出来的环保问题给公众带来的伦理隐患，如石油泄漏问题和 VOCs 排放量超标问题。这种行业间的差异能够突显出企业关注的重点，也有利于企业在开展工程伦理教育时找到重心，但同时也可能对企业建构整体的工程伦理教育框架产生影响。

八、企业开展工程伦理教育的构想

工程类企业本身也要加强策划和顶层设计，企业管理者应当从责任和发展两方面维度认识工程伦理教育的双赢效果。一方面，企业加强对员工的工程伦理教育，意味着企业工程活动的承担者将具备工程伦理知识，从而在工程进行过程中充分考虑到伦理因素，产生积极的工程活动成果；另一方面，工程伦理教育能通过员工伦理素质的提升为企业的工程活动带来更好声誉，实现企业"软实力"的提升。

（一）探寻方法，重构人才标准

在企业探索开展工程伦理教育时，重点也是难点的就是要充分调动受教育者的积极性，保证教育效果。除在人力资源管理的各项制度上予以保障外，擅于综合运用案例分析、场景模拟等互动式的教育方法也会起到事半功倍的效果。另外，开展工程伦理教育，还应当与企业传统的专业技能型培训相结合，比如在一些企业十分流行、效果也好的"师带徒"培训方式，在"师傅带徒弟"的过程中对于强化伦理规范的传承能起到非常好的效果。对员工开展工程伦理教育，应当重新构建新的人才培养标准，打破以往主要依靠专业技能、知识学历等评价员工的旧有体系，"德才兼备"的人才理念应当从高校走入企业中，成为企业开展工程伦理教育最核心的理念指导。只有将员工在工程伦理方面的表现纳入整体评价中，才能真正推动工程伦理教育。

（二）根据岗位特色全员参与

在企业中开展工程伦理教育，与高校不同的是，教育对象既有学历差异大、工作岗位差异大的情况，教育对象面对的工程类型和项目要求也不尽相同，但全员培训已逐渐成为企业培训的趋势。就工程伦理教育而言，旨在建立工程伦理共同体的目标，也要求在企业中做到全员覆盖，这就需要在培训中注重对高层管理者、中层管理者、工程师以及一线工人等不同岗位人员的分类细化。企业应当积极利用高校的工程伦理教育资源，通过校企融合，也可以把已有的从事与工程伦理内容相关培训的培训师送到高校中补充工程伦理知识，再与企业的经验、做法相融合，对校企共同开展工程伦理教育起到相互促进的作用。

（三）文化助推，营造伦理氛围

企业文化是指企业在生产经营过程中所逐步探索形成的具有自身个性的经营宗旨、价值观念和道德行为准则的总和。企业文化中，伦理文化是其中重要部分。企业追求盈利，而伦理文化崇德、崇信，如果将两者对立起来，即使短时间企业获得发展，但迟早会出现损害声誉的事件，其中典型案例就是国内三鹿奶粉的"三聚氰胺"事件。根据一项调查显示，在市场经济条件下，经济效益好的企业，除行业、规模、技术、资金等物质条件较雄厚外，也十分注重企业伦理文化的建设和发展。必须认识到企业追求盈利与企业建设伦理文化之间存在十分重要的联系，在工程企业中通过营造伦理文化氛围，适时开展伦理文化活动。

第二节　催化重整装置工程师职业操守

一、催化重整装置工程伦理问题

改革开放以来，随着我国经济高速增长，石化化工行业也进入快速增长期，全行业总产值在 30 年间增长了 100 多倍，我国石化化工产业规模也已经连续 4 年保持世界第一位，基本满足了人民群众日益增长的物质生活需要，极大地改善和增进了群众的福祉。但是，不可回避的是，随着化工行业生产力的极大发展，整个行业面临着一系列环境伦理和安全伦理冲突，对可持续发展形成了严峻挑战。

催化重整最初是为生产二战时需要的航空汽油和炸药原料甲苯而开发的。时至今日，催化重整的作用已历史性地转变为增产清洁车用汽油、提供石油化工的基本原料——轻质芳烃、为炼厂提供廉价氢气。这种作用的转变使催化重整在炼厂中的地位越来越重要，成为炼厂中必不可缺的工艺装置，见图 15-2-1。

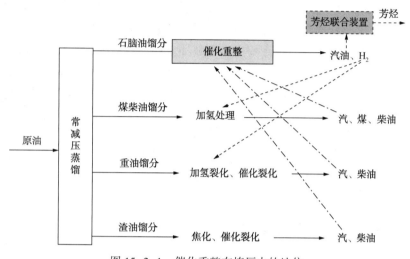

图 15-2-1　催化重整在炼厂中的地位

从图 15-2-1 可以看出：

① 催化重整汽油作为调和组分，对提高汽油辛烷值、降硫、降烯烃可起到十分重要的作用。

② 催化重整是有机化工基本原料轻质芳烃的主要提供者。

③ 催化重整是炼油厂的廉价氢源。

为提高企业经济效益和充分、合理利用石油资源，炼厂大型化和炼油、化工一体化建设已是我国石油工业建设中出现的新常态。催化重整装置和乙烯生产装置一样，是炼油和化工间的一个重要联接点。有了催化重整装置生产的芳烃，就可大大延伸企业的生产链。

催化重整是临氢、高温和有一定压力条件下操作的。其所加工的原料和生产的产品，都具有易燃易爆的特点，有些产品如苯、二甲苯还对人体有较大毒性。随着石油化工的发展和对高辛烷值汽油以及芳烃需求的增加，催化重整装置规模发展方向趋于大型化。近十年发展迅猛，国内新建连续重整装置及处理能力是前 30 年的 2 倍，不少单套装置规模超过了 2Mt/a，甚至 3Mt/a。由于这些因素存在，一旦设计不周全、施工质量差、操作不平稳、维护不及时而出现事故，造成的后果很难控制在工厂范围内，将会对周边社区居民和企事业单位产生不利影响，甚至造成严重的生态灾难。催化重整装置作为炼油炼化一体化中最重要的装置之一，从规划、设计到运营、维护等全过程都蕴藏着安全风险。如果对安全风险估计不足，特别是对装置本身的操作风险和运行风险没有做好风险分析、风险控制和应急准备，那么一旦风险触发产生安全事故，往往对厂区、社会和公众造成严重影响。因此安全伦理冲突是催化重整装置工程师需要面对的工程伦理冲突。装置大型化必须对装置的安全提出严要求、高标准。

随着催化重整装置的长周期运转，尤其日常检维修过程中会不可避免地出现一些挥发性烃类对大气的污染、转动设备噪音产生的危害、废水(含硫污水、含油污水等)、固废(废催化剂、检修时的废油泥废渣等)的产生造成对环境的影响等。在当前日趋严格的环保法律法规要求下,依靠技术进步,依靠先进工艺管理和平稳操作,尽可能减少污染物产生,并适当采取各种防治措施来保护生态环境是催化重整装置设计、运行、检维修过程中必须考虑到的。因此对生态环境的危害和保护引发的环境伦理冲突,是催化重整装置工程师所首要面对的工程伦理冲突。工程师的环境伦理责任包含了维护人类健康,使人免受环境污染和生态破坏带来的痛苦和不便;维护自然生态环境不遭破坏,避免其他物种承受其破坏带来的影响。

随着装置大型化趋势和当前催化重整装置的大规模建设,为了满足新的排放标准,催化重整工艺技术得到进一步发展。进步不仅表现在工艺技术上,还表现在工艺的应用和运行方式上。为了获得较高的氢气收率、较高的液体收率和较高的辛烷值(或较高的芳烃产率),催化重整装置工程师在以下四个方面的要求越来越高:工艺过程认识、工艺过程评价、工艺过程监控和工艺过程控制;并且应达成以下共识:通过行动来减少污染物的排放,降低能源消耗,这样更符合工程的环境伦理;通过行动来改善装置现场面貌,消除安全隐患,这样更符合工程的安全伦理。

二、催化重整装置安全健康措施

所有炼油企业都要把员工的安全卫生放到经营战略的重要地位考虑。安全健康的措施目标是无事故、无害于人的健康、无损于财产和环境。在任何一个企业和基层作业部,员工生命安全是最重要的底线,石化行业坚持"安全高于一切,生命最为宝贵"的 HSE 价值观,这也是催化重整装置工程师在日常管理和操作过程中需要关注的关键点。

近些年,化工企业事故频发,而问题的根源往往在于炼油炼化生产的诸多环节中漠视甚至忽视工程伦理问题。炼油炼化工业生产过程中产生的工程伦理问题究其一点,即在关键时刻工程师、技术操作人员、生产企业单位和相关部门是否能够坚持人民利益至上,是否能够把公众的安全、健康和福祉放在首位。

生产装置奉行的安全方针是"安全第一,预防为主"。要做到预防为主,就必须对装置的危险因素进行十分清晰的了解和掌握。本节只讨论与工艺介质和操作条件有关的因素。

(一) 催化重整装置危险因素

1. 火灾危险

催化重整工艺介质较多,火灾危险系数高,大部分工艺介质闪点<28℃,按照我国防火规范对可燃液体火灾危险分类,催化重整装置属于危险性较大的甲类易燃液体。催化重整装置典型操作温度为480~530℃,这一温度远远超过多数工艺介质自燃点。此外装置催化剂预硫化用的硫化剂也是易燃介质。油品的硫化物与碳钢材质接触产生的硫铁化物,与空气的氧接触反应后,释放大量热量,积累到一定程度后会发生火灾事故。如果容器或设备内有爆炸性混合气体将会导致后果更严重的火灾爆炸事故。因此装置检修期间,设备开启以前,要对可能存在硫铁化物的容器或设备进行钝化清洗,处理过程要做到无腐蚀、无污染、方便操作和低成本。

2. 爆炸危险

催化重整装置工艺介质为烃类和氢气,都具有爆炸危险,尤其氢气具有很宽的爆炸极限。氢气在空气中扩散速度很快,还具有较大的爆炸能量,因此对氢气防爆要非常重视。

3. 毒害危险

催化重整装置的产品如苯、甲苯、二甲苯等和装置使用的一些化学药剂如四氯乙烯等，均对人体有毒害作用。在催化重整装置生产过程中还会出现一些硫被转化为硫化氢，硫化氢是极度危害物质，硫化氢中毒事件在我国职业性急性中毒事件中排名第二，仅次于一氧化碳。

4. 腐蚀危险

腐蚀促使生产措施寿命缩短，对环境造成污染，对安全构成威胁。均匀性腐蚀速率低，容易检查，危害性相对小。一些局部性腐蚀如孔蚀、应力腐蚀等常常发生，可能会引起着火爆炸事故，并造成意外伤害。催化重整装置主要腐蚀因素为氢蚀、硫化氢腐蚀、氯化氢腐蚀等。

5. 核辐射危险

在连续重整催化剂中，存在固体催化剂的输送和存储，在一些设备如反应器、再生器、分离料斗、闭锁料斗等位置，设有放射性核磁料位仪。正常情况下，放射源处于有屏蔽作用的铅盒内，不会造成危害，但如果对核放射源使用和防护不当也会造成危害。

6. 窒息危险

在催化重整装置运行和检维修过程中，经常会用到氮气作为吹扫、试压试漏、充压补压的手段。氮气本身无害，但是如果处在较高浓度的受限空间中，就会导致窒息死亡。因此可能含有较高浓度氮气的容器要挂有明显标志的"禁止进入"牌，用人孔封闭器封闭，严禁进入或把头探入高浓度氮气容器内，也不能在容器放空、控制阀排氮气附近区域逗留。催化重整装置氮气线与危险介质相连部位较多，日常不用时要加盲板隔离。进入设备开具受限空间作业票之前，要落实安全措施，盲板隔离设备与氮气关联，严格取样分析合格后方能进入。

（二）安全措施

针对 OSHA 事故致因模型（见图 15-2-2），针对催化重整装置潜在危险性较大的特点，从技术上要采取以下措施：

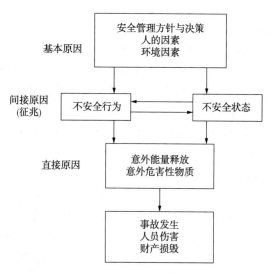

图 15-2-2　OSHA 事故致因模型

1. 要对装置的安全设计进行系统评价分析

针对催化重整这种复杂工艺、危害风险较大的装置，从设计阶段开始就要进行安全评价和系统风险分析。对于石油化工装置来说，最常用的是 HAZOP 分析方法。我国对石油化工装置 HAZOP 分析频次要求是 3~5 年开展一次。

2. 正确的平面布置

装置平面布置是否合理得当，对减少事故和事故发生时预防次生事故、控制事故危害范围扩大以及迅速消灭事故，起着十分关键的作用。

3. 对毒害物质的防治措施

尽量选用低毒性的化学药剂，加强对有毒泄漏物质的监管，经常性对装置进行 VOCs 监测，杜绝跑冒滴漏现象。

4. 选用正确的设备、管道材料

催化重整装置临氢高温、存在腐蚀介质，要根据实际情况选用合适的材料，高温高压设备和管道密封材料的选用必须严格要求。

5. 防雷防静电以及防火防爆措施

通过控制流速、静电接地措施来防止静电而产生的火灾爆炸事故。通过露天布置机泵、压缩机等转动设备，对承重的框架、管架、塔的裙座要用防火、耐火性能材料，按防火规范要求高度，包覆各种耐火材料。

6. 设置能适应操作变化的安全系统

装置运行过程中，出现紧急情况如超温超压时，安全系统要能及时启动，避免事故发生。主要是压力泄放系统、报警措施、逻辑控制和联锁保护系统、机械设备的状态监测和故障诊断等。

7. 电气设备安全

催化重整装置内工艺介质大多属易燃易爆，要按照爆炸危害区域分级选用电气设备和仪表。

8. 消防措施

装置四周要有环状消防水管道，消防栓或消防炮要布置四周，严格按照消防管理规定设置消防设施。装置内宜设置固定式或半固定式蒸汽灭火系统。一些事故或泄漏状态下易流出油品的设备区域周围要设置围堰，排水口要有水封。控制室要有可靠的火灾报警系统。装置内要有小型干粉型或泡沫型灭火器，仪表机柜间要有氯代烷型或二氧化碳型灭火器。

9. 设置气体浓度监测报警仪表

催化重整装置要在有效位置设置可燃气体和硫化氢气体浓度监测仪，可燃气体监测仪置于压缩机等易泄漏点，硫化氢浓度监测仪置于预加氢设备区。

10. 配备个人防护用品

催化重整装置内有许多刺激性和麻醉性介质，甚至是致癌物。个人防护用品包括呼吸器官防护用品如各种口罩、防毒面具、空气呼吸器等；头部以及面部防护器具如安全帽、防护镜、面罩等；防噪声器具如耳塞、耳罩等；防护服如酸碱防护、隔热服、静电防护等。身体接触有毒介质，一定要立刻冲洗，因此装置区要设置必要冲洗措施，如洗眼器、冲淋喷头等。

重视但不畏惧各种有毒有害介质的危险性是催化重整装置工程师所应具备的基本职业素

质，杜绝有毒有害物质泄漏，找出并通过科学方法消除装置存在的安全隐患；催化重整工程师应严格遵守并执行企业相关安全制度，对作业许可证的开具要严格把关，安全措施要充分落实，确保装置人员和自身安全，是催化重整装置工程师所应具备的最基本工程伦理要求。

三、催化重整装置环境的保护

（一）正常操作

虽然相对其他炼油装置，催化重整装置对环境危害较小，但随着国内相关新环保法规的颁布和实施，社会对催化重整装置环境影响认识发生了变化。

2015 年新颁布的环保法规要求更严格的催化重整装置排放指标。催化重整装置的污染源主要有四种类型：废水、废气、废渣和噪声，见图 15-2-3~图 15-2-5。

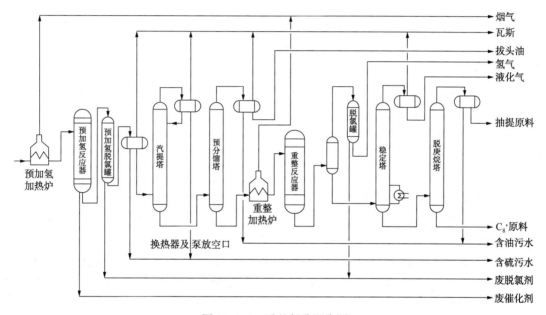

图 15-2-3　重整部分污染源

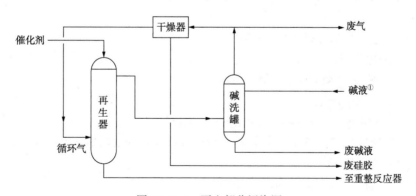

图 15-2-4　再生部分污染源

如果是固体脱氯剂或者 Chlorsorb 工艺则没有废碱液环境保护措施目标，是对已经产生的污染，经过治理达到法律法规规定的指标。排放标准一般炼厂所在地政府标准比国家标准要严格。

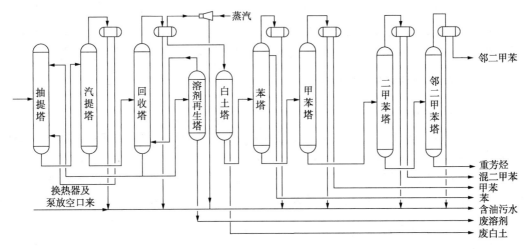

图 15-2-5　芳烃抽提以及精馏部分污染源

1. 污水治理

催化重整装置排出各种污水量不大，所含污染物与其他炼油装置类似，装置内不设污水处理措施，直接密闭排放至全厂污水处理设施。对于地下水的防污染措施，主要是防渗设计，例如分区域划分、管道尽可能地上铺设、地下污水污油要高等级防腐、地面要做硬化处理并防裂、污水污油罐基础用塑料膜防渗等措施。

2. 对废气的防治措施

（1）减少加热炉烟气污染措施

① 加热炉烟气是崔重整装置废气排放量最大的污染源，通过优化全装置热能利用，尽量减少加热炉负荷，节约燃料，减少烟气排放量是最根本措施。

② 采用低硫燃料和低氮燃烧器。通过采用低硫燃料和低氮燃烧器，排放烟气 SO_2 含量减少，污染物减少。不会出现局部高温，降低 NO_x 排放，可以尽量降低排烟温度，尽可能利用烟气余热。

③ 采用集合烟道，将多个加热炉烟气集中回收到高烟囱排放，保证污染物落地浓度不超过规定值。

（2）催化重整再生部分排出气体的治理措施

催化重整再生部分的污染物气体主要是含 HCl 和 Cl_2，一般会采用专用碱洗设施或 UOP 公司的 Chlorsorb 脱氯技术或固体脱氯技术等三种技术。

（3）烃类蒸气防治措施

加强密封，采用密闭采样措施，采用内浮顶罐减少损失和对大气污染。注意加强 VOCs 检测和监控，用热成像检测仪定期对装置密封点进行检查并及时紧固和封堵。

3. 对废渣的防治措施

催化重整装置废渣较多，分为以下几类：

（1）废预加氢催化剂

一般去催化剂处理厂回收里面的 Ni 等金属。

（2）废重整催化剂

含有贵重金属 Pt，一般去专门催化剂厂家回收贵重金属 Pt。

（3）废脱砷剂、废脱氯剂、废白土

此类废渣含有砷化物或氯化物、烃类等有毒有害物质，需要用无害化处理才能进行掩埋。

（4）废溶剂降解物

该物质一般由专门厂家处理，炼厂内可以小批量的去延迟焦化装置处理，一般该降解物经过焦化热裂解后，分解为 H_2S 等，需要注意配炼量，防止对其他装置产品造成影响。

4. 噪声的防治措施

噪声的防治，一般采用低噪声的风机、电机等设备，设置消音器和减振措施防治。对电机和加热炉火嘴等高噪声设备进行消声隔离，但要注意通风散热问题。操作人员和技术人员等炼厂职工去现场要佩戴耳塞或护耳罩等个人防护用具。

催化重整装置工程师对装置的优化程序分为四个步骤：①确保所有设备处于正常状态并且正常运行；②寻找最佳热力学工作条件并使装置在这些条件下运行；③尽量降低装置污染物排放量；④消除装置现场"跑、冒、滴、漏"和安全隐患。

（二）开停工操作

催化重整装置开车和停车的规程在装置操作手册中有详细的说明，虽然不同装置的常规程序仅在细节上有区别，这些区别是企业相关设施和操作习惯不同造成的，但总体的开停车步骤和节点在一定程度上是具备统一条件的。一些大型企业，比如中国石化，通过企业内部下发的《炼油装置开停工指导意见》对催化重整装置开车和停车步骤、节点和操作内容进行了详细的规定和说明，在对催化重整装置工程师开停车操作进行指导的同时，以期达到统一和规范管理的目的。

在开停车期间，催化重整装置排放污染物会高于正常运行工况，但是可以通过合理的开停车操作和过程优化使污染物排放量大幅降低。催化重整装置工程师需要对开停工方案进行反复推演，对三废排放进行细致核算，用理论结合实际经验提出有效措施，将开停工期间的污染物排放量降至最低。

催化重整装置工程师必须对自己的管理和操作行为进行评价、约束和规范，以减少催化重整装置运行过程中污染物的排放。作为主持装置工程活动的工程师，要担负起相应职责，在日常工程实践活动中不仅从道德的角度出发重新审视工程与自然的关系，而且要从意识形态上树立起环境伦理责任感，加强环境保护意识，最终实现催化重整装置的清洁生产与环境保护的良性循环。

四、催化重整过程操作中设备及化工三剂的保护

在催化重整装置的设计和日常运行过程中，工程师应仔细地考虑和跟踪设备的保护。尤其是通过由相关压力容器规范制定的压力释放系统，保护设备免受超温、超压的破坏。

由于催化重整装置特点属于高温、有一定压力、临氢环境，因此必须使用合适的材料保护加热炉和换热器等设备、管道的端部和余热回收设备。工程师还应着重考虑超温超压造成腐蚀的保护和预防，制定严格细致的检查规范并对检查情况进行记录，这样可以预防严重问题的发生。同时，因为氯、氢等元素贯穿催化重整整体流程，当系统温度过低时会产生较严重的露点腐蚀、氢腐蚀等，运行工程师需要建立装置露点腐蚀监测点，并详细记录分析腐蚀情况。

对于催化重整装置，催化剂的更换和装卸在装置运行和维护费用中占比较高，主要是催化剂本身的成本较高，尤其是含 Pt 的重整催化剂等。催化重整装置的核心是反应部分，而反应的核心是催化剂的使用，随着催化剂制备技术的进步，催化剂性能不断提高，催化剂对反应环境的要求更为苛刻。充分发挥重整催化剂双功能即金属功能和酸性功能作用，维持好水氯平衡，是一个系统工程，请参考前面几章催化剂的使用章节。

保护好催化重整催化剂既是一个设计问题，也是一个操作问题。在设计阶段，催化重整工程师应该根据原料和产品的需要，根据全厂流程的情况，选择最适合本炼厂的工艺技术。根据前面几章中，对全世界四种不同工艺的特点分析，国产的 SLCR 和 SCCCR 由于再生系统是干冷循环，同时国产催化剂的通用性、可移植性、经济性以及催化剂服务商的良好服务态度，推荐优先选用国产催化重整技术和国产催化剂。在运行阶段，应最大化装置经济效益，选用多种合适的原料，严格控制原料的品质，采用组分管理，选择最合适、最经济的组分来进行生产，严格控制各种毒物和杂质含量，保护好催化重整催化剂。在装置开停车过程中，严格遵守装置操作规定和设备管理规定，将对装置、设备和催化剂的不良影响降至最低，防止催化剂和设备超温超压，采取注硫的方法抑制器壁积炭，通过合适的组分和最佳操作苛刻度抑制催化剂积炭。

五、催化重整装置的高效精益化管理和装置工程师的责任

同样的催化重整装置，不同的管理者和使用者可能体现出不同的运行效果。作为负责任的催化重整装置工程师，应不受外界的干扰，客观地评价装置各项参数，追求设备较长的使用寿命，降低化工三剂消耗，维持好水氯平衡进而保持较高的催化剂运行水平，并使装置保持在较低的能耗程度运行，这是催化重整装置工程师所应具备的最基本的职业要求。催化重整装置工程师应对装置各个生产环节进行检验和控制，消除浪费，特别是减少对资源和能源不必要的消耗，从而有力地在满足环保指标的大前提下使生产向精益型和可持续型转变。装置应该在工程师的管理下走出一条生产上精耕细作、管理上精雕细刻、经营上精打细算、技术上精益求精的发展之路，为建设节约型社会尽自己的一份责任。同时也符合工程伦理中责任伦理、利益伦理的要求。

任何一名催化重整装置工程师都有责任通过利用自己的专业知识，并在工程伦理规范的指导下，将自己的装置通过维护和优化变得更加平稳和高效。高效的催化重整装置应有能力长期在满负荷状态下运行，并发生最少的运行中断和指标超标情况。实现这个目的的首要条件就是：催化重整装置工程师具备更加专业的技术和更加严格的工程伦理约束。对于催化重整装置来讲，其处理量依赖于基础设计、工艺设备配置、过程控制、各种原料和产品的需求以及操作者技能。对于已经建成的催化重整装置，基本流程和工艺配置一般都已无法更改，同时受原料来源影响，操作者一般也无法直接控制原料的质量和数量。因此催化重整装置工程师成了装置运行中最灵活的变量，相比其他装置工程师在装置运行过程中所起的作用和影响更加显著，这也就要求催化重整装置工程师在职业素养和工程伦理方面有更加高的自我要求。

一套装置按其设计能力满负荷运行是装置工程师的责任，而经过装置工程师的管理和优化是否能达到设计目的，这取决于装置工程师的知识、风险精神、面对各种可能发生的问题的应对能力和在工程伦理方面的自我要求。高效的装置需要以高负荷和稳定运行为基础，在

此状态下运行，装置将取得最高的芳烃收率(辛烷值桶)、纯氢产率和最大化的经济回报，使催化剂具有更长的使用寿命，使装置对环境的污染降到最低。

在催化重整装置的日常运行中，装置工程师及其他操作者的重要性众所周知。装置工程师在管理好自己装置的同时，还要加强与上游装置的工程师的密切联系和沟通，以期对自己装置的现状和未来状态有一个完整的了解。装置工程师必须全面熟悉本装置的方方面面，学会及时发现问题，特别是在装置不正常的时候。还需要通过培训，使操作人员也具备更高的操作技能。以往，催化重整装置重要性不如催化裂化等重油加工装置，操作者的培训往往被忽视。然而随着环保等级的提升，市场对芳烃和氢气的需求增加，催化重整装置开始得到重视，相关技能培训也应逐步展开。

催化重整装置工程师有责任对装置的运行情况进行记录，及时发现不正常现象，并通过这个过程将现时数据与以往数据进行比较，定期进行分析，发现变化并找出变化的原因。实践证明，这些记录和做法是非常宝贵的工程经验，当装置发生问题时可以及时发现并采取措施进行调整和消除，已期达到装置高效运行的目的。以上工作都需要工程师具有负责任的职业精神，而尽职尽责，也是工程伦理的核心。

六、催化重整装置安全环保事故的伦理分析

事故案例：2015 年 XX 公司二甲苯装置发生爆炸着火重大事故

2015 年 4 月 6 日 18：56，XX 有限公司二甲苯装置在停产检修后开车时，二甲苯装置加热炉区域发生爆炸着火事故，导致二甲苯装置西侧约 67.5m 外的 607 号、608 号重石脑油储罐和 609 号、610 号轻重整液储罐爆裂燃烧。4 月 7 日 16：40，607 号、608 号、610 号储罐明火全部被扑灭；之后，610 号储罐于 4 月 7 日 19：45 和 4 月 8 日 02：09 分两次复燃，均被扑灭；607 储罐于 4 月 8 日 02：09 分复燃，4 月 8 日 20：45 被扑灭；609 号储罐于 4 月 8 日 11：05 分起火燃烧，4 月 9 日 02：57 分被扑灭。事故造成 6 人受伤(其中 5 人被冲击波震碎的玻璃刮伤)，另有 13 名周边群众陆续到医院检查留院观察，直接经济损失 9457 万元。事故后果图如图 15-2-6 所示。

事故的直接原因：在二甲苯装置开工引料操作过程中出现压力和流量波动，引发液击，存在焊接质量问题的管道焊口作为最薄弱处断裂。管线开裂泄漏出的物料扩散后被鼓风机吸入风道，经空气预热器后进入炉膛，被炉膛内高温引爆，此爆炸力量以及空间中泄漏物料形成的爆炸性混合物的爆炸力量撞裂储罐，爆炸火焰引燃罐内物料，造成爆炸着火事故。即：有焊接缺陷的管线 41-8"-PL-03040-A53F-H 受开工引料操作波动引起的液击冲击，21 号焊口断裂，是本次事故的直接原因。

事故的间接原因主要有以下几点：

1) ××有限公司安全观念淡薄，安全生产主体责任不落实。

① 重效益、轻安全。"7.30"事故后，拒不执行省安监局下发的停产指令，违规试生产；超批准范围建设与试生产。

② 工程建设质量管理不到位。未落实施工过程安全管理责任，对施工过程中的分包、无证监理、无证检测等现象均未发现；工艺管道存在焊接缺陷，留下重大事故隐患。

③ 工艺安全管理不到位。一是二甲苯单元工艺操作规程不完善，未根据实际情况及时修订，操作人员工艺操作不当产生液击。二是工艺联锁、报警管理制度不落实，解除工艺联

断开的管线　　　　　　　　　　断开口焊接缺陷

图 15-2-6　事故后果图

锁未办理报批手续。三是试生产期间，事故装置长时间处于高负荷甚至超负荷状态运行。

2）施工单位××建设有限公司违反合同规定，未经业主同意，将项目分包给××工业设备安装有限公司，质量保证体系没有有效运行，质检员对管道焊接质量把关不严，存在管道未焊透等问题。

3）分包商××工业设备安装有限公司施工管理不到位，施工现场专业工程师无证上岗，对焊接质量把关不严；焊工班长对焊工管理不严；焊工未严格按要求施焊，未进行氩弧焊打底，焊口未焊透、未熔合，焊接质量差，埋下事故隐患。

4）××工程监理有限公司未认真履行监理职责，内部管理混乱，招收的监理工程师不具备从业资格，对施工单位分包、管道焊接质量和无损检测等把关不严。

5）××检测有限公司未认真履行检测机构的职责，管理混乱，招收 12 名无证检测人员从事芳烃装置检测工作，事故管道检测人员无证上岗，检测结果与此次事故调查中复测数据不符，涉嫌造假。

6）地方党委、政府及其有关部门没有正确处理好严格监管与服务的关系，存在监管"严不起来、落实不下去"现象。

①××市委、市政府安全生产属地监管责任落实不够到位，在××有限公司项目建设和试生产期间，督促××经济开发区党工委、管委会及××市政府有关部门开展监督检查工作不够到位。

②××经济开发区党工委、管委会未认真落实安全生产属地监管责任，督促开发区有关部门依法履行安全生产监督管理职责、落实生产安全责任不力；没有按照新《安全生产法》规定设立安全生产监管机构；对安全监管职责不清、人员不足、执法不落实等问题未予以重

视和解决。

③ ××经济开发区经济发展局未按"管行业必须管安全"原则，认真履行安全生产监管工作职责，督促××有限公司落实安全生产主体责任不到位。

④ ××市质量技术监督局及古雷办事处对监督检验单位监管不到位，未按照《特种设备安全监察条例》要求认真开展古雷项目部的监督检查，未按规定对建设单位实施重点监管，违规出具特种设备可以投入使用意见函。

⑤ ××市安全生产监督管理局及古雷分局在对腾龙芳烃(漳州)有限公司安全生产监督管理中，存在对该公司违规试生产行为制止不力问题。

此外，省锅炉压力容器检验研究院对施工、检测单位违法违规行为失察，违反规定对未出具监督检验合格报告的13个装置压力管道提出允许其运行的意见；省环保厅、省安监局、××市消防支队在日常安全监管工作中也存在履职不够到位、工作不够认真问题。

很多化工事故都在现实中演变为灾难，不仅极大地影响到公众的安全、健康和福祉，也给社会发展和公众生活的生态环境造成难以估量的损害。催化重整装置作为炼油化工产业链中核心装置之一，具有设备数量多、易燃易爆、含有部分有毒有害物质、操作温度高等高风险的特点。催化重整装置必须有效而可靠运转的同时，还必须达到相应的环保排放标准和安全运行标准。对于催化重整装置来说，工艺复杂、流程较长，精细化管理程度要求较高，这就对人员操作能力、仪表自动化程度和设备可靠性提出了严格要求。

上述代表性事故案例充分说明了催化重整装置一旦出现事故后的严重后果，也对催化重整装置工程师和技术操作人员分析和处理问题的能力提出了高要求。如何在工程设计、项目建设、日常生产管理、检维修质量等过程中有效掌握和控制潜在风险？如何规避可能存在的风险而不至于演化为事故？这就需要催化重整工程师在各环节中将公众的安全、健康和福祉放在首位，积极主动排查装置的隐患和故障，保证装置在符合环保要求的前提下，以最高的可靠安全性和符合环保要求的工况运转。

同时，催化重整工程师还应注重参与和利用团体思维解决问题，需要经常参与团体决策。管理、工程和操作部门对问题和隐患的理解不同，应广泛听取意见并系统考察本系统以前所发生的类似问题，弄清问题和隐患是如何被诊断和解决的，查阅操作和维修记录，对比正常工况时和问题工况时装置的各项性能有何不同。注意装置数据的实时采集和分析计算，包括催化剂数据和热平衡、物料平衡数据。通过集体讨论的方法列出所有可能的原因或各种原因的组合，然后系统地逐一排除。问题的发现和解决可以提高装置操作水平、提高平稳率和达标率，避免停车和事故的发生，增加装置的可靠性。

作为催化重整工程师，对重要信息的忽视和无知也可能是导致风险演变为事故的一个重要因素。因此催化重整工程师要认真学习与装置相关的国家标准和地方标准，了解装置设计规范和准则，掌握催化重整安全管理、应急管理、风险管理的本质，这样就可以避免在管理装置和处理突发事件时做出错误的决定。

化工过程安全的核心就是风险管理。催化重整工程师应在"零事故"的安全理念下，科学地评估风险，辨识生产过程中存在的危险源，采取有效的风险控制措施，将风险降至可接受程度，避免事故的发生。严格按照相关规定，对装置各项操作(工艺参数、工艺流程、设备和关键人员等)的变更进行管理，按专门程序对所有的变更进行风险评估、批准、授权、沟通、实施前检查并做变更记录，必要时落实相应的变更培训。过程安全管理的各个要素之间存在紧密的内在联系，需要相互协同，催化重整工程师只有做到工作中不出现管理之间衔接的漏洞，才能发挥好事故预防的作用。

炼油化工作为流程工业，流程中的任何一个环节都起着承上启下的作用。在炼油化工企业氢平衡、经济效益和环境保护目标达成的过程中，催化重整装置同样发挥着不可替代的作用。作为催化重整工程师，应坚持环境与生态的可持续发展，以综合全面的视角积极掌控已知的与潜在的风险，做好相关的各项评估，减少风险引发的各种不确定因素，缓解公众的担忧情绪，实现炼油化工项目与人、自然、社会的和谐有序发展。

参 考 文 献

[1] 李正风，丛杭青，王前. 工程伦理[M]. 北京：清华大学出版社，2016.

[2] 王永伟，徐飞. 当代中国工程伦理研究的态势分析[J]. 自然辩证法研究，2012(5)：45-50.

[3] 张立. 如何建立企业的合规文化[J]. 北京石油管理干部学院学报，2015(2)：48-50.

[4] 谭媛，张允允. 近四年大中型工业企业培训状况调研报告之二：整体培训与个性需求[J]. 中国培训，2015(4)：49-51.

[5] 徐承恩. 催化重整工艺与工程[M]. 北京：中国石化出版社，2014.